中國歷代曆象典

廣陵書社

欽定古今圖書集成曆象彙編庶徵典

第一卷目錄

庶徵典第一卷

庶徵總部彙考一

周

周制凡有災變則君臣交儆膳夫減膳大司樂弛縣大宗伯旅望於上帝岳瀆小宗伯禱祠於社稷宗廟鬯人禜門巫祝之官以辭令歌哭祈禱於神示而占視妖祥吉凶則眡祲與保章司之

按禮記曲禮歲凶年穀不登君膳不祭肺馬不食穀馳道不除祭事不縣大夫不食粱士飲酒不樂

注皆自爲貶損憂民也 疏歲凶者謂水旱災害也登成也 陳注膳者美食之名肺爲氣主周人所重故食必先祭肺言不祭肺示不殺牲爲盛饌也馳道人君驅馳車馬之路不除不埽除也祭必有鐘磬之懸今不懸言不作樂也大夫食黍稷以粱爲加公食大夫禮設正饌之後乃設稻粱所謂加也自君至士各舉一事尊者舉其大者卑者舉其小者其實互相通耳

按周禮天官膳夫王齊日三舉大喪則不舉大荒則不舉大札則不舉天地有烖則不舉邦有大故則不舉

注大荒凶年大札疫癘也天烖日月晦蝕地烖崩動也大故寇戎之事鄭司農云大故刑殺也春秋傳曰司寇行戮君爲之不舉 訂義李氏曰荒札烖皆不舉然則非直於外事殺禮若王膳亦爲之貶也曲禮曰歲凶年穀不登君膳食不祭肺馬不食穀大夫不食粱士飲酒不樂皆自貶損憂民之道也如此天不爲之順人不爲之悅用度不足海內不寧未之聞也

春官大宗伯之職以荒禮哀凶札

注荒人物有害也札讀爲截謂疫癘

以弔禮哀禍烖

注禍烖謂遭水火

國有大故則旅上帝及四望

注故凶烖旅陳也陳其祭事以祈焉禮不如祀之備也上帝五帝也鄭司農云四望日月星海元謂四望五嶽四鎮四瀆 疏凶謂年穀不熟烖謂水火也 訂義鄭鍔曰旅非常祭也如禹貢言荊岐既旅蔡蒙旅平九山刊旅之類皆因水烖之後而合祭也五帝因變故而有禱焉則合五帝與四望之山川旅而祭之不如常時之祭以事出於一時之變故不能如禮也

小宗伯大烖及執事禱祠於上下神示

注執事大祝及男巫女巫也求福曰禱得求曰祠讄曰禱爾於上下神祇鄭司農云小宗伯與執事共禱祠

凡天地之大烖類社稷宗廟則爲位

訂義王昭禹曰大烖若日月蝕山冢崩皆非常之變則合聚社稷宗廟之神而禱祠焉故曰類 鄭鍔曰天神曰類而社稷宗廟亦曰類者蓋當變故之祭依倣其正禮聚一處以禱祠故以類言之

鬯人禜門用瓢齎

注禜謂營酇所祭門國門也春秋傳曰日月星辰之神則雪霜風雨之不時於是乎禜之山川之神則水旱癘疫之不時於是乎禜之魯莊二十五年秋大水鼓用牲於社於門 訂義王昭禹曰禜則禜正春秋祭禜是也 鄭鍔曰禜祭必於國門意以災害屯塞人事有所不通門者人所出入往來交通之所盛秬鬯則用瓢齎蓋瓢齎者取甘瓠割去其柢以齊爲尊質略無文之器夫雪霜風雨水旱癘疫之變良由政失於此變見於彼茲其爲過也大矣君子有過則謝以質故用瓢以齎以表其純質之義禜之於門以冀其通變之意王安石云雩禜所以除害門所以禦暴除害禦暴皆所以養人甘瓠則有養人之美道以之爲瓢又中虛爲善容亦有門之象易以艮爲門闕八音以艮爲瓢爵之意無乃穿鑿之甚觀祭天用瓦泰瓦甒又用瓢爵禮記言器用陶瓢以象天地之性物莫足以稱天地之德故貴全素而用陶瓠此所謂大罍則瓦甒之類用瓢齎則瓠之類皆質而已

司服大札大荒大烖素服

注大札疫病也大荒饑饉也大烖水火爲害君臣素服縞冠

大司樂凡日月食四鎮五嶽崩大傀異烖諸侯薨令去樂

注 四鎮山之重大者謂揚州之會稽青州之沂山幽州之醫無閭冀州之霍山五嶽岱在兗州衡在荊州嵩在豫州華在雍州恆在幷州傀猶怪也大怪異烖謂天地奇變若星辰奔霣及震裂爲害者去樂藏之也春秋傳曰壬午猶繹萬入去籥萬言入則去者不入藏之可知

大札大凶大烖大臣死凡國之大憂令弛縣

注 札疫癘也凶凶年也烖水火也弛釋下之若今休兵鼓之爲

眡祲掌十煇之灋以觀妖祥辨吉凶

注 妖祥善惡之徵

一曰祲二曰象三曰鑴四曰監五曰闇六曰瞢七曰彌八曰敘九曰隮十曰想

注 鄭司農云祲陰陽氣相侵也象者如赤烏也鑴謂日旁氣四面反鄉如煇狀也監雲氣臨日也闇日月食也瞢日月瞢瞢無光也彌者白虹彌天也敘者雲有次序如山在日上也隮者升氣也想者煇光也元謂鑴讀如童子佩鑴之鑴謂日旁氣刺日也監冠珥也彌氣貫日也隮虹也詩云朝隮于西想雜氣有似可形想

大祝掌六祝之辭以事鬼神示一曰順祝

注 順豐年也

三曰吉祝

注 祈福祥也

四曰化祝

注 弭烖兵也

五曰瑞祝

注 逆時雨寧風旱也

國有大故天烖彌祀社稷禱祠

注 大故兵寇也天烖疫癘水旱也彌猶徧也徧祀社稷及諸所禱旣則祠之以報焉 訂義 鄭鍔曰國有烖故祀社稷之神以弭息之始禱祈終報祠皆掌之

小祝掌小祭祀將事侯禳禱祠之祝號以祈福祥順豐年逆時雨寧風旱彌烖兵遠辠疾

注 侯之言候也候嘉慶祈福祥之屬禳禳卻凶咎寧風旱之屬順豐年而順爲之祝辭逆迎也彌讀曰敉敉安也

司巫掌羣巫之政令國有大烖則帥巫而造巫恆

注 杜子春云司巫帥巫官之屬會聚常處以待命也元謂恆久也巫久者先巫之故事造之當按視所施爲

女巫凡邦之大烖歌哭而請

注 有歌者有哭者冀以悲哀感神靈也 訂義 李嘉會曰歌與哭兼之者若五子之歌及今喪家輓歌其哀怨尤甚　孫氏曰祠祀禬禳本於人心之不能免者聖人旣因之以爲節文鬼神巫覡出乎天道之不可測者聖人亦存之以銷怪妄後世儒生學士乃欲一切絕之不知其不容絕也夫大祝小祝用之宗廟朝廷可也宮闈嚴密之地亦有女祝以供祭祀之役先王不慮其蠱惑兆釁何哉蓋命之爲祝而領之天官乃可以盡奉祀之誠而習禮法之正凡非其鬼而祭之者不容入矣男巫女巫凡以神士者皆不限其數而錄用於官府蓋必神降之而後在男爲巫在女爲覡凡以神士者掌三辰之法以猶鬼神示之居亦本於天象而狀其神位者也鄭氏曰巫旣知神如此又能居以天法故聖人用之夫聚之官府而不散於鄉黨水旱疾疫爲民以祈而鬼神肹蠁乃見先王慮事之周矣

保章氏掌天星以志星辰日月之變動以觀天下之遷辨其吉凶

注 星謂五星辰日月所會五星有贏縮圜角日有薄蝕暈珥月有盈虧朓側匿之變七者右行列舍天下禍福變移所在皆見焉 訂義 天文志云歲星所在其國不可以伐人起舍如前出爲贏贏爲客晚出爲縮縮爲主人故人有言曰天下太平五星循度亡有逆行日不蝕朔月不蝕望云圜角者星備云五星更王相休廢其色不同王則光芒相則內實休則光芒無角不動搖廢則少光色順四時其國皆當也 訂義 王昭禹曰掌天與星所謂日月之變動五雲之物十有二風皆天也所謂星辰分星者皆星也　劉執中曰掌天星謂占眡之志者記載其變動之順逆以知天下之遷易而辨其吉凶之小大淺深　黃氏曰二十八星十二辰隨天左旋日月星辰右運大日月五星皆動物也觀諸天星而星辰日月之動爲可志矣堯典日中宵中日永日短蓋以其星志之不日天之動而日星辰之動天之動不可見也不言五星日月五星爲七政從可知也星辰日月之動有疾徐贏縮循軌不循軌

日月薄食五星陵犯皆於此乎占之天下之遷遷
變也變則其占不可常梓慎論孛曰夏數得天火
作宋衛陳鄭當之占歲曰歲在星紀而淫於元枵
蛇乘龍宋鄭必饑裨竈曰歲棄其火而旅於明年
之次以害鳥帑周楚惡之星孛大辰而占在宋衛
陳鄭失次在星紀而占在宋鄭周楚是皆所謂遷
也其後崔浩占熒惑亦曰星亡必以庚辛秦也是
當入秦此猶得古人遺法循軌爲吉不循軌爲凶
又有時變如當食不食當陵犯不陵犯爲吉暈珥
朓朒員角失色皆非常度之變爲凶

以星土辨九州之地所封封域皆有分星以觀妖祥

註星土星所主土也封猶界也十二次之分星紀
吳越也元枵齊也娵訾衛也降婁魯也大梁趙也
實沈晉也鶉首秦也鶉火周也鶉尾楚也壽星鄭
也大火宋也析木燕也此分野之妖祥主用客星
彗孛之氣爲象

以十有二歲之相觀天下之妖祥

註歲謂太歲歲星與日同次之月斗所建之辰也
歲星爲陽右行於天太歲爲陰左行於地十二歲
而小周其妖祥之占甘氏歲星經其遺象也鄭司
農云太歲所在歲星所居春秋傳曰越得歲而吳
伐之必受其凶之屬是也

以五雲之物辨吉凶水旱降豐荒之祲象

註物色也視日旁雲氣之色降下也知水旱所下
之國鄭司農云以二至二分觀雲色青爲蟲白爲
喪赤爲兵荒黑爲水黃爲豐故春秋傳曰凡分至
啓閉必書雲物爲備故也故曰凡此五物以詔救
政

以十有二風察天地之和命乖別之妖祥

註十有二辰皆有風吹其律以知和不其道亡矣
春秋襄十八年楚師伐鄭師曠曰吾驟歌北風又
歌南風南風不競多死聲楚必無功是時楚師多
凍其命乖別審矣

凡此五物者以詔救政訪序事

註訪謀也見其象則當預爲之備以詔王救其政
且謀今年天時占相所宜次序其事訂義鄭鍔曰占
辨於方萌之始詔人君以救災應變之道而已救
災者必責乎有政應變者不可以無事以政而救
災者王之職也故行應變之事當先後之序必詢
訪然後知　易氏曰政者國之大本詔救政於上
則人君知修省之道事者有司之常職訪序事於
下則人臣知儆戒之意　李嘉會曰救政詔於上
序事訪於下五物之變可以感通君上之心而盡
臣下欲言之情後世因災異以求直言近之

漢

文帝後元年以荒歉水旱疾疫詔議闕失以聞

按漢書文帝本紀後元年春三月詔曰間者數年比
不登又有水旱疾疫之災朕甚憂之愚而不明未達
其咎意者朕之政有所失而行有過與乃天道有不
順地利或不得人事多失和鬼神廢不享與何以致
此將百官之奉養或費無用之事或多與何其民食
之寡乏也夫度田非益寡而計民未加益以口量地
其於古猶有餘而食之甚不足者其咎安在無乃百
姓之從事於末以害農者蕃爲酒醪以靡穀者多六
畜之食焉者衆與細大之義吾未能得其中其與丞
相列侯吏二千石博士議之有可以佐百姓者率意
遠思無有所隱

後六年以旱蝗詔行錮賑減省諸政

按漢書文帝本紀後六年夏四月大旱蝗令諸侯毋
入貢弛山澤減諸服御損郎吏員發倉庾以振民民
得賣爵

宣帝元康元年以祥瑞詔賜吏民有差

按漢書宣帝本紀元康元年春三月詔曰乃者鳳皇
集泰山陳留甘露降未央宮朕未能章先帝休烈協
寧百姓承天順地調序四時獲蒙嘉瑞賜茲祉福夙
夜兢兢靡有驕色內省匪解永惟罔極書不云乎鳳
皇來儀庶尹允諧其赦天下徒賜勤事吏中二千石
以下至六百石爵自中郎吏至五大夫佐史以上二
級民一級女子百戶牛酒加賜鰥寡孤獨三老孝弟
力田帛所振貸勿收

元康四年以神爵見詔賜吏民爵及牛酒帛

按漢書宣帝本紀四年三月詔曰迺者神爵五采以
萬數集長樂未央北宮高寢甘泉泰畤殿中及上林
苑朕之不逮寡於德厚屢獲嘉祥非朕之任其賜天
下吏爵二級民一級女子百戶牛酒加賜三老孝弟
力田帛人二匹鰥寡孤獨各一匹

神爵元年以祥瑞數見改元

按漢書宣帝本紀神爵元年春三月詔曰朕承宗廟
戰戰栗栗惟萬事統未燭厥理乃元康四年嘉穀元
稷降於郡國神爵仍集金芝九莖產於函德殿銅池
中九眞獻奇獸南郡獲白虎威鳳爲寶朕之不明震

於珍物飭躬齋精祈爲百姓東濟大河天氣清靜神魚舞河幸萬歲宮神爵翔集朕之不德懼不能任其以五年爲神爵元年賜天下勤事吏爵二級民一級女子百戶牛酒鰥寡孤獨高年帛所振貸物勿收行所過毋出田租

神爵二年以鳳皇甘露降集赦天下

按漢書宣帝本紀二年春二月詔曰迺者正月乙丑鳳皇甘露降集京師羣鳥從以萬數朕之不德屢獲天福祗事不怠其赦天下

五鳳三年以匈奴來降祥瑞並見赦天下

按漢書宣帝本紀五鳳三年三月詔曰往者匈奴數爲邊寇百姓被其害朕承至尊未能綏定匈奴虛閭權渠單于請求和親病死右賢王屠耆堂代立骨肉大臣立虛閭權渠單于子爲呼韓邪單于擊殺屠耆堂諸王並自立分爲五單于更相攻擊死者以萬數畜產大耗什八九人民饑餓相燔燒以求食因大乖亂單于閼氏子孫昆弟及呼遬累單于名王右伊秩訾且渠當戶以下將衆五萬餘人來降歸義單于稱臣使弟奉珍朝賀正月北邊晏然靡有兵革之事朕飭躬齋戒郊上帝祠后土神光並見或興於谷燭燿齊宮十有餘刻甘露降神爵集已詔有司告祠上帝宗廟三月辛丑鸞鳳又集長樂宮東闕中樹上飛下止地文章五色留十餘刻吏民並觀朕之不敏懼不能任婁蒙嘉瑞獲茲祉福書不云乎雖休勿休祗事不怠公卿大夫其勗焉減天下口錢赦殊死以下賜民爵一級女子百戶牛酒大酺五日加賜鰥寡孤獨高年帛置西河北地屬國以處匈奴降者

元帝初元元年以大水饑疫蠲減有差

按漢書元帝本紀初元元年以民疾疫令大官損膳減樂府員省苑馬關東郡國十一大水饑人相食詔曰間者陰陽不調黎民饑寒無以保治惟德淺薄不足以充入舊貫之居其令諸宮館希御幸者勿繕治大僕減穀食馬水衡省肉食獸

初元二年以災異赦天下

按漢書元帝本紀二年三月詔曰蓋聞賢聖在位陰陽和風雨時日月光星辰靜黎庶康寧考終厥命今朕恭承天地託於公侯之上明不能燭德不能綏災異並臻連年不息乃二月戊午地震於隴西郡毀落太上皇廟殿壁木飾壞敗豲道縣城郭官寺及民室屋壓殺人衆山崩地裂水泉湧出天惟降災震驚朕師治有大虧咎至於斯夙夜兢兢不通大變深惟鬱悼未知其序間者歲數不登元元困乏不勝饑寒以陷刑辟朕甚閔之郡國被地動災甚者無出租賦赦天下有可蠲除減省以便萬姓者條奏毋有所諱丞相御史中二千石舉茂材異等直言極諫之士朕將親覽焉　按翼奉傳二月戊午地震其夏齊地人相食七月己酉地復震因赦天下舉直言極諫之士奉奏封事曰臣聞之於師曰天地設位懸日月布星辰分陰陽定四時列五行以視聖人名之曰道聖人見道然後知王治之象故畫州土建君臣立律曆陳成敗以視賢者名之曰經賢者見經然後知人道之務則詩書易春秋禮樂是也易有陰陽詩有五際春秋有災異皆列終始推得失考天心以言王道之安危至秦迺不說傷之以法是以大道不通至於滅亡今陛下明聖深懷要道燭臨萬方布德流惠靡有闕遺罷省不急之用振救困貧賦醫藥賜棺錢恩澤甚厚又舉直言求過失盛德純備天下幸甚臣奉竊學齊詩聞五際之要十月之交篇知日蝕地震之效昭然可明猶巢居知風穴處知雨亦不足多適所習耳臣聞人氣內逆則感動天地天變見於星氣日蝕地變見於奇物震動所以然者陽用其精陰用其形猶人之有五藏六體五藏象天六體象地故藏病則氣色發於面體病則欠申動於貌今年太陰建於甲戌律以庚寅初用事曆以甲午從春歷中甲庚律得參陽性中仁義情得公正貞廉百年之精歲也正以精歲本首王位日臨中時接律而地大震其後連月久陰雖有大令猶不能復陰氣盛矣古者朝廷必有同姓以明親親必有異姓以明賢賢此聖王之所以大通天下也同姓親而易進異姓疏而難通故同姓一異姓五迺爲均平今左右亡同姓獨以舅后之家爲親異姓之臣又疏二后之黨滿朝非特處位執尤奢僭過度呂霍上官足以卜之甚非愛人之道又非後嗣之長策也陰氣之盛不亦宜乎臣又聞未央建章甘泉宮才人各以百數皆不得天性若杜陵園其已御見者臣子不敢有言雖然太皇太后之事也及諸侯王園與其後宮宜爲設員出其過制者此損陰氣應天救邪之道也今異至不應災將隨之其法大水極陰生陽反爲大旱甚則有火災春秋宋伯姬是矣唯陛下裁察　按匡衡傳衡遷博士給事中是時有日蝕地震之變上問以政治得失衡上疏曰臣聞五帝不同樂三王各異教民俗殊務所遇之時異也陛下

躬聖德開太平之路閔愚吏民觸法抵禁比年大赦使百姓得改行自新天下幸甚臣竊見大赦之後姦邪不爲衰止今日大赦明日犯法相隨入獄此殆導之未得其務也蓋保民者陳之以德義示之以好惡觀其失而制其宜故動之而和綏之而安今天下俗貪財賤義好聲色上侈靡廉恥之節薄淫辟之意縱綱紀失序疏者踰內親戚之恩薄婚姻之黨隆苟合徼幸以身設利不改其原雖歲赦之刑猶難錯而不用也臣愚以爲宜一曠然大變其俗孔子曰能以禮讓爲國乎何有朝廷者天下之楨幹也公卿大夫相與循禮恭讓則民不爭好仁樂施則下不暴上義高節則民興行寬柔和惠則衆相愛四者明王之所以不嚴而成化也何者朝有變色之言則下有爭鬭之患上有自專之士則下有不讓之人上有克勝之佐則下有傷害之心上有好利之臣則下有盜竊之民此其本也今俗吏之治皆不本禮讓而上克暴或忮害好陷人於罪貪財而慕勢故犯法者衆姦邪不止雖嚴刑峻法猶不爲變此非其天性有由然也臣竊考國風之詩周南召南被賢聖之化深故篤於行而廉於色鄭伯好勇而國人暴虎秦穆貴信而士多從死陳夫人好巫而民淫祀晉侯好儉而民畜聚太王躬仁邠國貴恕由此觀之治天下者審所上而已今之僞薄忮害不讓極矣臣聞教化之流非家至而人說之也賢者在位能者布職朝廷崇禮百僚敬讓道德之行由內及外自近者始然後民知所法遷善日進而不自知是以百姓安陰陽和神靈應而嘉祥見詩曰商邑翼翼四方之極壽考且寧以保我後生此成湯所以建至治保子孫化異俗而懷鬼方也今長安天子之都親承聖化然其習俗無以異於遠方郡國來者無所法則或見侈靡而放效之此敎化之原本風俗之樞機宜先正者也臣聞天人之際精祲有以相盪善惡有以相推事作乎下者象動乎上陰陽之理各應其感陰變則靜者動陽蔽則明者晻水旱之災隨類而至今關東連年饑饉百姓乏困或至相食此皆生於賦斂多民所共者大而吏安集之不稱之效也陛下祗畏天戒哀閔元元大自減損省甘泉建章宮衞罷珠崖偃武行文將欲度唐虞之隆絶殷周之衰也諸見罷珠崖詔書者莫不欣欣人自以將見太平也宜遂減宮室之度省靡麗之飾考制度修外內近忠正遠巧佞放鄭衞進雅頌舉異才開直言任溫良之人退刻薄之吏顯潔白之士昭無欲之路覽六藝之意察上世之務明自然之道博和睦之化以崇至仁匡失俗易民視令海內昭然咸見本朝之所貴道德弘於京師淑問揚乎疆外然後大化可成禮讓可興也上說其言遷衡爲光祿大夫太子少傅

初元三年詔舉明陰陽災異者

按漢書元帝本紀三年六月詔曰蓋聞安民之道本繇陰陽間者陰陽錯謬風雨不時朕之不德庶幾羣公有敢言朕之過者今則不然媮合苟從未肯極言朕甚閔焉永惟烝庶之饑寒遠離父母妻子勞於非業之作衞於不居之宮恐非所以佐陰陽之道也其罷甘泉建章宮衞令就農百官各省費條奏毋有所諱有司勉之毋犯四時之禁丞相御史舉天下明陰陽災異者各三人於是言事者衆或進擢名見人人自以得上意

初元五年以災異下詔脩省

按漢書元帝本紀五年夏四月詔曰朕之不逮序位不明衆僚久曠未得其人元元失望上感皇天陰陽爲變咎流萬民朕甚懼之乃者關東連遭災害饑寒疾疫夭不終命詩不云乎凡民有喪匍匐救之其令大官毋日殺所具各減半乘輿秣馬無乏正事而已罷角抵上林宮館希御幸者齊三服官北假田官鹽鐵官常平倉博士弟子毋置員以廣學者賜宗室子有屬籍者馬一匹至二駟三老孝者帛人五匹弟者力田三匹鰥寡孤獨二匹吏民五十戸牛酒省刑罰七十餘事除光祿大夫以下至郎中保父母同産之令令從官給事宮司馬中者得爲大父母父母兄弟通籍

建昭四年詔修省

按漢書元帝本紀建昭四年夏四月詔曰朕承先帝之休烈夙夜栗栗懼不克任間者陰陽不調五行失序百姓饑饉惟烝庶之失業臨遣諫大夫博士賞等二十一人循行天下存問耆老鰥寡孤獨乏困失職之人舉茂材特立之士相將九卿其帥意毋怠使朕獲觀教化之流焉　按京房傳永光建昭間西羌反日蝕又久靑亡光陰霧不精房數上疏先言其將然近數月遠一歲所言屢中天子說之數召見問房對曰古帝王以功舉賢則萬化成瑞應著末世以毀譽取人故功業廢而致災異宜令百官各試其功災異可息詔使房作其事房奏考功課吏法上令公卿朝臣與房會議溫室

成帝建始元年以火災星孛赦天下

按漢書成帝本紀建始元年二月詔曰迺者火災降於祖廟有星孛於東方始正而虧咎孰大焉書云惟先假王正厥事羣公孜孜帥先百寮輔朕不逮崇寬大長和睦凡事恕己毋行苛刻其大赦天下使得自新　按孝成許皇后傳上採谷永劉向之說以報皇后曰日者建始元年正月白氣出於營室營室者天子之後宮也正月於尚書爲皇極皇極者王氣之極也白者西方之氣其於春當廢今正於皇極之月興廢氣於後宮視后妾無能懷妊保全者以著繼嗣之微賤人將起也至其九月流星如瓜出於文昌貫紫宮尾委曲如龍臨於鉤陳此又章顯前尤著在內也其後則有北宮井溢南流逆理數郡水出流殺人民後則訛言相傳驚震女童入殿咸莫覺知夫河者水陰四瀆之長今乃大決沒漂陵邑斯昭陰盛盈溢違經絕紀之應也迺昔之月鼠巢於樹野鵲變色五月庚子鳥焚其巢太山之域易曰鳥焚其巢旅人先笑後號咷喪牛於易凶言王者處民上如鳥之處巢也不顧卹百姓百姓畔而去之若鳥之自焚也雖先快意說笑其後必號而無及也百姓喪其君若牛亡其毛也故稱凶泰山王者易姓告代之處今正於岱宗之山甚可懼也三月癸未大風自西搖祖宗寢廟揚裂帷席折拔樹木頓僵車輦毀壞檻屋災及宗廟足爲寒心四月己亥日蝕東井轉旋且索與既無異己猶戊也亥復水也明陰盛咎在內於戊己虧君體著絕世於皇極顯禍敗及京都於東井變怪衆備末重益大來數益甚成形之禍月以迫切不救之患日寖婁深咎敗灼灼若此豈可以忽哉書云高宗肜日粵有雊雉祖己曰惟先假王正厥事又曰雖休勿休惟敬五刑以成三德卽飭椒房及掖庭耳今皇后有所疑便不便其條刺史大長秋來白之吏拘於法亦安足過蓋矯枉者過直古今同之且財幣之省特牛之祠其於皇后所以扶助德美爲華寵也咎根不除災變相襲祖宗且不血食何戴侯也傳不云乎以約失之者鮮審皇后欲從其奢與朕亦當法孝武皇帝也如此則甘泉建章可復興矣世俗歲殊時變日化遭事制宜因時而移舊之非者何可放焉君子之道樂因循而重改作昔魯人爲長府閔子騫曰仍舊貫如之何何必改作蓋惡之也詩云雖無老成人尚有典刑詹是莫聽大命以傾孝文皇帝朕之師也皇太后皇后成法也假使太后在彼時不如職今見親厚又惡可以踰乎皇后其刻心秉德毋違先后之制度力誼勉行稱順婦道減省羣事謙約爲右其孝東宮毋闕朔望推誠求究爰何不臧養名顯行以息衆讙垂則列妾使有法焉皇后深惟毋忽是時大將軍鳳用事威權尤盛其後比三年日蝕言事者頗歸咎於鳳矣

建始三年以日蝕地震求直言

按漢書成帝本紀三年冬十二月戊申朔日有蝕之夜地震未央宮殿中詔曰蓋聞天生衆民不能相治爲之立君以統理之君道得則草木昆蟲咸得其所人君不德謫見天地災異婁發以告不治朕涉道日寡舉錯不中乃戊申日蝕地震朕甚懼焉公卿其各思朕過失明白陳之女無面從退有後言丞相御史與將軍列侯中二千石及內郡國舉賢良方正能直言極諫之士詣公車朕將覽焉

鴻嘉元年詔以災異遣使舉冤獄申敕守相

按漢書成帝本紀鴻嘉元年春二月詔曰朕承天地獲保宗廟明有所蔽德不能綏刑罰不中衆冤失職趨闕告訴者不絕是以陰陽錯謬寒暑失序日月不光百姓蒙辜朕甚閔焉書不云乎卽我御事罔克耆壽咎在厥躬方春生長時臨遣諫大夫理等舉三輔三河弘農冤獄公卿大夫部刺史明申敕守相稱朕意焉其賜天下民爵一級女子百戶牛酒加賜鰥寡孤獨高年帛逋貸未入者勿收

永始二年以龍見日蝕申敕百寮

按漢書成帝本紀永始二年春二月詔曰迺者龍見於東萊日有蝕之天著變異以顯朕郵朕甚懼焉公卿申敕百寮深思天誡有可省減便安百姓者條奏所振貸貧民勿收　按谷永傳上初卽位謙讓委政元舅大將軍王鳳議者多歸咎焉永知鳳方見柄用陰欲自託迺復曰方今四夷賓服皆爲臣妾北無薰粥冒頓之患南無趙佗呂嘉之難三垂晏然靡有兵革之警諸侯大者迺食數縣漢吏制其權柄不得有爲亡吳楚燕梁之埶百官盤互親疏相錯骨肉大臣有申伯之忠洞洞屬屬小心畏忌無重合安陽博陸之亂三者無毛髮之辜不可歸咎諸舅此欲以政事過差丞相父子中尚書宦官檻塞大異皆瞽說欺天者也竊恐陛下舍昭昭之白過忽天地之明戒聽晻昧之瞽說歸咎乎無辜倚異乎政事重失天心不可之大者也陛下卽位委任遵舊未有過政元年正月

白氣較然起乎東方至其四月黃濁四塞覆冒京師申以大水著以震蝕各有占應相爲表裏百官庶士無所歸倚陛下獨不怪與白氣起東方賤人將興之表也黃濁冒京師王道微絕之應也夫賤人當起而京師道微二者已醜陛下誠深察愚臣之言致懼天地之異長思宗廟之計改往反過抗湛溺之意解偏駁之愛奮乾剛之威平天覆之施使列妾得人人更進猶尚未足也急復益納宜子婦人毋擇好醜毋避嘗字毋論年齒推法言之陛下得繼嗣於微賤之間迺反爲福得繼嗣而已毋非有賤也後宮女史使令有直意者廣求於微賤之間以遇天所開右慰釋皇太后之憂慍解謝上帝之譴怒則繼嗣蕃滋災異訖息陛下則不深察愚臣之言忽於天地之戒咎根不除水雨之災山石之異將發不久發則災異已極天變成形臣雖欲捐身關策不及事已疏賤之臣至敢直陳天意斥譏帷幄之私欲間離貴后盛妾自知忤心逆耳必不免湯鑊之誅此天保右漢家使臣敢直言也三上封事然後得召待詔一旬然後得見夫由疏賤納至忠甚苦由至尊聞天意甚難語不可露願具書所言因侍中奏陛下以示腹心大臣腹心大臣以爲非天意臣當伏妄言之誅即以爲誠天意也奈何忘國家大本背天意而從欲唯陛下省察熟念厚爲宗廟計永遷爲涼州刺史奏事京師訖當之部時有黑龍見東萊上使尚書問永受所欲言永對曰臣聞王天下有國家者患在上有危亡之事而危亡之言不得上聞如使危亡之言輒上聞則商周不易姓而迭興三正不變改而更用夏商之將亡也行道之人皆知之晏然自以若天有日莫能危是故惡日廣而不自知大命傾而不寤易曰危者有其安者也亡者保其存者也陛下誠垂寬明之聽無忌諱之誅使芻蕘之臣得盡所聞於前不懼於後患直言之路開則四方衆賢不遠千里輻輳陳忠羣臣之上願社稷之長福也漢家行夏正夏正色黑黑龍同姓之象也龍陽德由小之大故爲王者瑞應未知同姓有見本朝無繼嗣之慶多危殆之隙欲因擾亂舉兵而起者邪將動心冀爲後者殘賊不仁若廣陵昌邑之類臣愚不能處也去年九月黑龍見其晦日有食之今年二月己未夜星隕乙酉日有食之六月之間大異四發二而同月三代之末春秋之亂未嘗有也臣聞三代所以隕社稷喪宗廟者皆由婦人與羣惡沈湎於酒書曰迺用婦人之言自絕於天四方之逋逃多罪是宗是長是信是使詩云燎之方揚寧或滅之赫赫宗周褒姒威之易曰濡其首有孚失是秦所以二世十六年而亡者養生泰奢奉終泰厚也二者陛下兼而有之臣請略陳其效易曰在中饋无攸遂言婦人不得與事也詩曰懿厥哲婦爲梟爲鴟匪降自天生自婦人建始河平之際許班之貴頃動前朝熏灼四方賞賜無量空虛內臧女寵至極不可上矣今之後起天所不饗什倍於前廢先帝法度聽用其言官秩不當縱釋王誅驕其親屬假之威權從橫亂政刺舉之吏莫敢奉憲又以掖庭獄大爲亂阱榜箠瘠於炮烙絕滅人命主爲趙李報德復怨反除白罪建治正吏多繫無辜掠立迫恐至爲人起責分利受謝生入死出者不可勝數是以日食再既以昭其辜王者必先自絕然後天絕之陛下棄萬乘之至貴樂家人之賤事厭高美之尊號好匹夫之卑字崇聚僄輕無義小人以爲私客數離深宮之固挺身晨夜與羣小相隨烏集雜會飲醉吏民之家亂服共坐流湎媟嫚溷殽無別閔免遁樂晝夜在路典門戶奉宿衞之臣執干戈而守空宮公卿百僚不知陛下所在積數年矣王者以民爲基民以財爲本財竭則下畔下畔則上亡是以明王愛養基本不敢窮極使民如承大祭今陛下輕奪民財不愛民力聽邪臣之計去高敞初陵捐十年功緒改作昌陵反天地之性因下爲高積土爲山發徒起邑並治宮館大興繇役重增賦斂徵發如雨役百乾谿費疑驪山靡敝天下五年不成而後反故又廣旴營表發人冢墓斷截骸骨暴揚尸柩百姓財竭力盡愁恨感天災異屢降饑饉仍臻流散冗食餧死於道以百萬數公家無一年之畜百姓無旬日之儲上下俱匱無以相救詩云殷監不遠在夏后之世願陛下追觀夏商周秦所以失之以鏡考己行有不合者臣當伏妄言之誅漢興九世百九十餘載繼體之主七皆承天順道遵先祖法度或以中興或以治安至於陛下獨違道縱欲輕身妄行當盛壯之隆無繼嗣之福有危亡之憂積失君道不合天意亦已多矣爲人後嗣守人功業如此豈不負哉方今社稷宗廟禍福安危之機在於陛下陛下誠肯發明聖之德昭然遠寤畏此上天之威怒深懼危亡之徵兆蕩滌邪辟之惡志厲精致政專心反道絕羣小之私客免不正之詔除悉罷北宮私奴車馬媠出之具克己復禮毋貳微行出飲之過以防迫切之禍深惟日

食再旣之意抑損椒房玉堂之盛寵毋聽後宮之請謁除掖庭之亂獄去炮烙之陷阱誅戮邪佞之臣及左右執左道以事上者以塞天下之望且寢初陵之作止諸繕治宮室闕更減賦盡休力役存卹振救困乏之人以弭遠方厲崇忠直放退殘賊無使素餐之吏久尸厚祿以次貫行固執無違夙夜孳孳婁省無怠舊愆畢改新德旣章纖介之邪不復載心則赫赫大異庶幾可銷天命去就庶幾可復社稷宗廟庶幾可保唯陛下留神反覆熟省臣言臣幸得備邊部之吏不知本朝失得瞽言觸忌諱罪當萬死成帝性寬而好文辭又久無繼嗣數爲微行多近幸小臣趙李從微賤專寵皆皇太后與諸舅夙夜所常憂至親難數言故推永等使因天變而切諫勸上納用之永自知有內應展意無所依違每言事輒見答禮至上此對上大怒衞將軍商密擿永令發去上使侍御史收永敕過交道廄者勿追御史不及永還上意亦解自悔明年徵永爲大中大夫遷光祿大夫給事中元延元年爲北地太守時災異尤數永當之官上使衞尉淳于長受永所欲言永對曰臣永幸得以愚朽之材爲大中大夫備拾遺之臣從朝者之後進不能盡思納忠輔宜聖德退無被堅執銳討不義之功猥蒙厚恩仍遷至北地太守絕命隕首身膏草野不足以報塞萬分陛下聖德寬仁不遺易忘之臣垂周文之聽下及芻蕘之愚有詔使衞尉受臣所欲言臣聞事君之義有言責者盡其忠有官守者脩其職臣永幸得免於言責之辜有官守之任當畢力遵職養綏百姓而已不宜復關得失之辭忠臣之於上志在過厚是

故遠不違君死不忘國昔史魚旣沒餘忠未訖委柩後寢以屍達誠汲黯身外思內發憤舒憂遺言李息經曰雖爾身在外迺心無不在王室臣永幸得給事中出入三年雖執干戈守邊垂思慕之心常存於省闥是以敢越郡吏之職陳累年之憂臣聞天生蒸民不能相治爲立王者以統理之方制海內非爲天子列土封疆非爲諸侯皆以爲民也垂三統列三正去無道開有德不私一姓明天下迺天下之天下非一人之天下也王者躬行道德承順天地博愛仁恕恩及行葦籍稅取民不過常法宮室車服不踰制度事節財足黎庶和睦則卦氣理效五徵時序百姓壽考庶屮蕃滋符瑞並降以昭保右失道妄行逆天暴物窮奢極欲湛湎荒淫婦言是從誅逐仁賢離逖骨肉羣小用事峻刑重賦百姓愁怨則卦氣悖亂咎徵著郵上天震怒災異屢降日月薄食五星失行山崩川潰水泉涌出妖孽並見茀星耀光饑饉荐臻百姓短折萬物夭傷終不改寤惡洽變備不復譴告更命有德詩云迺眷西顧此惟予宅夫去惡奪弱遷命賢聖天地之常經百王之所同也加以功德有厚薄期質有脩短時世有中季天道有盛衰陛下承八世之功業當陽數之標季涉三七之節紀遭无妄之卦運直百六之災阸三難異科雜焉同會建始元年以來二十載間羣災大異交錯鋒起多於春秋所書八世著記久不塞除重以今年正月己亥朔日有食之三朝之會四月丁酉四方衆星白晝流隕七月辛未彗星橫天乘三難之際會畜衆多之災異因之以饑饉接之以不贍彗星極異也土精所生流隕之應出於饑

變之後兵亂作矣厥期不久隆德積善懼不克濟內則爲深宮後庭將有驕臣悍妾醉酒狂悖卒起之敗北宮苑囿街巷之中臣妾之家幽閒之處徵舒崔杼之亂外則爲諸夏下土將有樊並蘇令陳勝項梁奮臂之禍內亂朝暮日戒諸夏舉兵以火角爲期安危之分界宗廟之至憂臣永所以破膽寒心豫言之累年下有其萌然後變見於上可不致愼禍起細微姦生所易願陛下正君臣之義無復與羣小媟黷燕飲中黃門後庭素驕慢不謹嘗以醉酒失臣禮者悉出勿留勤三綱之嚴修後宮之政抑遠驕妒之寵崇近婉順之行加惠失志之人懷柔怨恨之心保至尊之重秉帝王之威朝覲法出而後駕陳兵淸道而後行無復輕身獨出飲食臣妾之家三者旣除內亂之路塞矣諸夏舉兵萌在民饑饉而吏不卹興於百姓困而賦斂重發於下怨離而上不知易曰屯其膏小貞吉大貞凶傳曰饑而不損茲謂泰厥災水厥咎亡訞辭曰關動牡飛辟爲無道臣爲非厥咎亂臣謀篡王者遭衰難之世有饑饉之災不損用而大自潤故凶百姓困貧無以共求愁悲怨恨故水城關守國之固固將去焉故牡飛往年郡國二十一傷於水災禾黍不入今年蠶麥咸惡百川沸騰江河溢決大水泛濫郡國十五有餘比年喪稼時過無宿麥百姓失業流散羣輩守關大異較炳如彼水災浩浩黎庶窮困如此宜損常稅小自潤之時而有司奏請加賦甚繆經義逆於民心布怨趨禍之道也牡飛之狀殆爲此發古者穀不登虧膳災婁至損服凶年不塈塗明王之制也詩云凡民有喪扶服救之論語曰百姓不足君

執于足臣願陛下勿許加賦之奏益減大官導官中御府均官掌畜廩犧用度止尚方織室京師郡國工服官發輸造作以助大司農流恩廣施振贍困乏開關梁內流民恣所欲之以救其急立春遣使者循行風俗宣布聖德存䘏孤寡問民所苦勞二千石敕勸耕桑毋奪農時以慰綏元元之心防塞大姦之隙諸夏之亂庶幾可息臣聞上主可與爲善而不可與爲惡下主可與爲惡而不可與爲善陛下天然之性疏通聰敏上主之姿也少省愚臣之言感寤二難深畏大異定心爲善捐忘邪志無貳舊愆厲精致政至誠應天則積異塞於上禍亂伏於下何憂患之有竊恐陛下公志未專私好頗存尚愛羣小不肯爲耳對奏天子甚感其言　按劉輔傳劉輔河間宗室也舉孝廉爲襄賁令上書言得失召見上美其材擢爲諫大夫會成帝欲立趙倢伃爲皇后先下詔封倢伃父臨爲列侯輔上書言臣聞天之所與必先賜以符瑞天之所違必先降以災變此神明之徵應自然之占驗也昔武王周公承順天地以饗魚烏之瑞然猶君臣祇懼動色相戒況於季世不蒙繼嗣之福屢受威怒之異者虖雖夙夜自責改過易行畏天命念祖業妙選有德之世考卜窈窕之女以承宗廟順神祇心塞天下望子孫之祥猶恐晚暮今迺觸情縱欲傾於卑賤之女欲以母天下不畏於天不媿於人惑莫大焉　按張禹傳禹爲丞相封安昌侯以老病乞骸骨禹雖家居以特進爲天子師國家每有大政必與定議永始元延之間日蝕地震尤數吏民多上書言災異之應譏切王氏專政所致上懼變異數見意頗然之未有以明見乃車駕至禹第辟左右親問禹以天變因用吏民所言王氏事示禹禹自見年老子孫弱又與曲陽侯不平恐爲所怨禹則謂上曰春秋二百四十二年間日蝕三十餘地震五十六或爲諸侯相殺或夷狄侵中國災變之意深遠難見故聖人罕言命不語怪神性與天道自子贛之屬不得聞何況淺見鄙儒之所言陛下宜修政事以善應之與下同其福喜此經義意也新學小生亂道誤人宜無信用以經術斷之上雅信愛禹由此不疑王氏後曲陽侯根及諸王子弟聞知禹言皆喜說遂親就禹

綏和二年四月哀帝即位秋以災異遣使巡行郡國

按漢書哀帝本紀綏和二年四月丙午太子即皇帝位秋詔曰朕承宗廟之重戰戰兢兢懼失天心間者日月亡光五星失行郡國比比地動迺者河南潁川郡水出流殺人民敗壞廬舍朕之不德民反蒙辜朕甚懼焉已遣光祿大夫循行舉籍賜死者棺錢人三千其令水所傷縣邑及他郡國災害什四以上民貲不滿十萬皆無出今年租賦　按李尋傳哀帝初即位名尋待詔黃門使侍中衛尉傅喜問尋曰間者水出地動日月失度星辰亂行災異仍重極言毋有所諱尋對曰陛下聖德尊天敬地畏命重民悼懼變異不忘疏賤之臣幸使重臣臨問愚臣不足以奉明詔竊見陛下新即位開大明除忌諱博延名士靡不並進臣尋位卑術淺過隨衆賢待詔食大官衣御府久汙玉堂之署比得召見亡以自效復特見延問至誠自以逢不世出之命願竭愚心不敢有所避庶幾萬分有一可采唯棄須臾之間宿留瞽言考之文理稽之五經揆之聖意以參天心夫變異之來各應象而至臣謹條陳所聞易曰縣象著明莫大乎日月夫日者衆陽之長煇光所燭萬里同晷人君之表也故日將旦清風發羣陰伏君以臨朝不牽於色日初出炎以陽君登朝佞不行忠直進不蔽障日中煇光君德盛明大臣奉公日將入專以壹君就房有常節君不脩道則日失其度晻昧亡光各有云爲其於東方作日初出時陰雲邪氣起者法爲牽於女謁有所畏難日出後爲近臣亂政日中爲大臣欺誣日且入爲妻妾役使所營間者日尤不精光明侵奪失色邪氣珥蜺數作本起於晨相連至昏其日出後至日中間差瘉小臣不知內事竊以日視陛下志操衰於始初多矣其咎恐有以守正直言而得罪者傷嗣害世不可不慎也唯陛下執乾剛之德強志守度毋聽女謁邪臣之態諸保阿乳母甘言悲辭之託斷而勿聽勉強大誼絕小不忍良有不得已可賜以財貨不可私以官位誠皇天之禁也日失其光則星辰放流陽不能制陰陰桀得作間者太白正晝經天宜隆德克躬以執不軌臣聞月者衆陰之長銷息見伏百里爲品千里立表萬里連紀妃后大臣諸侯之象也朔晦正終始弦爲繩墨望成君德春夏南秋冬北間者月數以春夏與日同道過軒轅上后受氣入太微帝廷揚光煇犯上將近臣列星皆失色厭厭如滅此爲母后與政亂朝陰陽俱傷兩不相便外臣不知朝事竊信天文即如此近臣已不足仗矣屋大柱小可爲寒心唯陛下親求賢士無彊所惡以崇社稷尊彊本朝臣聞五星者五行之精五帝司命應王者號令爲之節度

歲星主歲事爲統首號令所紀今失度而盛此君指意欲有所爲未得其節也又塡星不避歲星者后帝共政相留於奎婁當以義斷之熒惑往來亡常周歷兩宮作態低卬入天門上明堂貫尾亂宮太白發越犯庫兵寇之應也貫黃龍入帝庭當門而出隨熒惑入天門至房而分欲與熒惑爲患不敢當明堂之精此陛下神靈故禍亂不成也熒惑厥弛佞巧依勢微言毀譽進類蔽善太白出端門臣有不臣者火入室金上堂不以時解其憂凶塡歲相守又主內亂宜察蕭牆之內毋忽親疏之微誅放佞人防絕萌牙以盪滌濁濊消散積惡毋使得成禍亂辰星主正四時當效於四仲四時失序則辰星作異今出於歲首之孟天所以譴告陛下也政急則出蚤政緩則出晚政絕不行則伏不見而爲彗茀四孟皆出爲易王命四季皆出星象所諱今幸獨出寅孟之月蓋皇天所以篤右陛下也宜深自改治國故不可以戚戚欲速則不達經曰三載考績三考黜陟加以號令不順四時旣往不咎來事之師也間者春三月治大獄時賊陰立逆恐歲小收季夏舉兵法時寒氣應恐後有霜雹之災秋月行封爵其月土溼奧恐後有雷雹之變夫以喜怒賞罰而不顧時禁雖有堯舜之心猶不能致和善言天者必有效於人設上農夫而欲冬田肉袒深耕汗出種之然猶不生者非人心不至天時不得也易曰時止則止時行則行動靜不失其時其道光明書曰敬授民時故古之王者尊天地重陰陽敬四時嚴月令順之以善政則和氣可立致猶枹鼓之相應也今朝廷忽於時月之令諸侍中尚書近臣宜皆令通知月令之意設羣下請事若陛下出令有謬於時者當知爭之以順時氣臣聞五行以水爲本其星元武婺女天地所紀終始所生水爲準平王道公正脩明則百川理落脈通偏黨失綱則踊溢爲敗書云水曰潤下陰動而卑不失其道天下有道則河出圖洛出書故河洛決溢所爲最大今汝潁畎澮皆川水漂踊與雨水並爲民害此詩所謂爗爗震電不寧不令百川沸騰者也其咎在於皇甫卿士之屬唯陛下留意詩人之言少抑外親大臣聞地道柔靜陰之常義也地有上中下其上位震應妃后不順中位應大臣作亂下位應庶民離畔震或於其國國君之咎也四方中央連國歷州俱動者其異最大間者關東地數震五星作異亦未大逆宜務崇陽抑陰以救其咎固志建威閉絕私路拔進英儁退不任職以彊本朝夫本彊則精神折衝本弱則招殃致凶爲邪謀所陵聞往者淮南工作謀之時其所難者獨有汲黯以爲公孫弘等不足言也弘漢之名相於今亡比而尚見輕何況亡弘之屬乎故曰朝廷亡人則爲賊亂所輕其道自然也天下未聞陛下奇策固守之臣也語曰何以知朝廷之衰人人自賢不務於通人故世陵夷馬不伏歷不可以趨道士不素養不可以重國詩曰濟濟多士文王以寧孔子曰十室之邑必有忠信非虛言也陛下秉四海之衆曾亡柱幹之固守聞於四境殆開之不廣取之不明勸之不篤傳曰士之美者善養禾君之明者善養士中人皆可使爲君子詔書進賢良赦小過無求備以博聚英儁如近世貢禹以言事忠切蒙尊榮當此之時士厲身立名者多禹死之後日日以衰及京兆尹王章坐言事誅滅智者結舌邪僞並興外戚顓命君臣隔塞至絕繼嗣女宮作亂此行事之敗誠可畏而悲也本在積任母后之家非一日之漸往者不可及來者猶可追也先帝大聖深見天意昭然使陛下奉承天統欲矯正之也宜少抑外親選練左右舉有德行道術通明之士充備天官然後可以輔聖德保帝位承大宗下至郎吏從官行能亡以異又不通一藝及博士無文雅者宜皆使就南畝以視天下明朝廷皆賢材君子於以重朝尊君滅凶致安此其本也臣自知所言害身不辟死亡之誅唯財留神反覆愚臣之言是時哀帝初立成帝外家王氏未甚抑黜而帝外家丁傅新貴祖母傅太后尤驕恣欲稱尊號丞相孔光大司空師丹執政諫爭久之上不得已遂免光丹而尊傅太后語在丹傳上雖不從尋言然采其語每有非常輒問尋尋對屢中遷黃門侍郎以尋言且有水災故拜尋爲騎都尉使護河堤

按師丹傳丹爲大司空上書言古者諒闇不言聽於冢宰三年無改於父之道前大行尸柩在堂而官爵臣等以及親屬赫然皆貴寵封舅爲陽安侯皇后尊號未定豫封父爲孔鄉侯出侍中王邑射聲校尉王邯等詔書比下變動政事卒暴無漸臣縱不能明陳大義復曾不能牢讓爵位相隨空受封侯增益陛下之過間者郡國多地動水出流殺人民日月不明五星失行此皆舉錯失中號令不定法度失理陰陽溷濁之應也

欽定古今圖書集成曆象彙編庶徵典

第二卷目錄

庶徵典第二卷

庶徵總部彙考二

後漢

光武帝建武六年以往歲災荒詔給稟撫循

按後漢書光武帝本紀建武六年春正月辛酉詔曰往歲水旱蝗蟲爲災穀價騰躍人用困乏朕惟百姓無以自贍惻然愍之其命郡國有穀者給稟高年鰥寡孤獨及篤癃無家屬貧不能自存者如律二千石勉加撫循無令失職

中元元年羣臣以諸瑞並至請付太史撰集帝不納

按後漢書光武帝本紀中元元年夏京師醴泉涌出飲之者固疾皆愈惟眇蹇者不瘳又有赤草生於水崖郡國頻上甘露羣臣奏言地祇靈應而朱草萌生孝宣帝每有嘉瑞輒以改元神爵五鳳甘露黃龍列爲年紀蓋以感致神祇表彰德信是以化致升平稱爲中興今天下清寧靈物仍降陛下情存損挹推而不居豈可使祥符顯慶沒而無聞宜令太史撰集以傳來世帝不納自謙無德每郡國所上輒抑而不當故史官罕得記焉

明帝永平三年以連有災異詔求直言

按後漢書明帝本紀永平三年秋八月詔曰朕奉承祖業無有善政日月薄蝕彗孛見天水旱不節稼穡不成人無宿儲下生愁墊雖夙夜勤思而智能不逮昔楚莊無災以致戒懼魯哀禍大天不降譴今之動變儻尚可救有司勉思厥職以匡無德古者卿士獻詩百工箴諫其言事者靡有所諱　按鍾離意傳永平三年會連有變異意上疏曰伏惟陛下躬行孝道修明經術郊祀天地畏敬鬼神憂恤黎元勞心不怠而天氣未和日月不明水泉涌溢寒暑違節者咎在羣臣不能宣化理職而以苛刻爲俗吏殺良人繼踵不絕百官無相親之心吏人無雍雍之志至於骨肉相殘毒害彌深感逆和氣以致天災百姓可以德勝難以力服先王要道民用和睦故能致天下和平災害不生禍亂不作鹿鳴之詩必言宴樂者以人神之心洽然後天氣和也願陛下垂聖德揆萬機詔有司愼人命緩刑罰順時氣以調陰陽垂之無極帝雖不能用然知其至誠亦以此故不得久留出爲魯相

永平十一年衆瑞並見

按後漢書明帝本紀十一年漅湖出黃金廬江太守以獻時麒麟白雉醴泉嘉禾所在出焉

永平十七年以諸瑞並見告廟加恩天下

按後漢書明帝本紀十七年甘露仍降樹枝內附芝草生殿前神雀五色翔集京師夏五月戊子公卿百官以祥物顯應並集朝堂奉觴上壽制曰天生神物以應王者朕以虛薄何以享斯唯高祖光武聖德所被不敢有辭其敬舉觴太常擇吉日策告宗廟其賜天下男子爵人二級三老孝悌力田人三級流人無名數欲占者人一級鰥寡孤獨篤癃貧不能自存者粟人三斛郎從官視事十歲以上者帛十匹中二千石二千石下至黃綬貶秩奉贖在去年以來皆還贖

章帝元和二年以龍鳳並見加恩宇內

按後漢書章帝本紀元和二年夏五月戊申詔曰乃者鳳皇黃龍鸞鳥比集七郡或一郡再見及白烏神雀甘露屢臻祖宗舊事或班恩施其賜天下吏爵人三級高年鰥寡孤獨帛人一匹經曰無侮鰥寡惠此煢獨加賜河南女子百戶牛酒令天下大酺五日賜公卿以下錢帛各有差及洛陽人當酺者布戶一匹城外三戶共一匹賜博士員弟子見在太學者布人三匹令郡國上明經者口十萬以上五人不滿十萬三人九月壬辰詔鳳皇黃龍所見亭部無出二年租賦加賜男子爵人二級先見者帛二十匹近者三匹太守三十匹令長十五匹丞尉半之詩云雖無德與

汝式歌且舞它如賜爵故事

章和元年以祥瑞改元

按後漢書章帝本紀章和元年秋七月壬戌詔曰朕聞明君之德啓迪鴻化緝熙康乂光照六幽訖惟人面靡不率俾仁風翔於海表威霆行乎鬼區然後敬恭明祀膺五福之慶獲來儀之貺朕以不德受祖宗弘烈乃者鳳皇仍集麒麟並臻甘露宵降嘉穀滋生芝草之類歲月不絕朕夙夜祗畏上天無以彰於先功今改元和四年爲章和元年秋令是月養衰老授几杖行糜粥飲食其賜高年二人共布帛各一匹以爲醴酪死罪囚犯法在丙子赦前而後捕繫者皆減死勿笞詣金城戍

安帝永初二年以災異詔求明習陰陽者以聞

按後漢書安帝本紀永初二年秋七月戊辰詔曰昔在帝王承天理民莫不據璇璣玉衡以齊七政朕以不德遵奉大業而陰陽差越變異並見萬民饑流羌貊叛戾夙夜克己憂心京京間令公卿郡國舉賢良方正遠求博選開不諱之路冀得至謀以鑒不逮而所對皆循尚浮言無卓爾異聞其百僚及郡國吏人有道術明習災異陰陽之度璇璣之數者各使指變以聞二千石長吏明以詔書博衍幽隱朕將親覽待以不次冀獲嘉謀以承天誡

順帝陽嘉二年以災異屢見詔公卿言事靡諱

按後漢書順帝本紀陽嘉二年夏五月庚子詔曰朕以不德統奉鴻業無以奉順乾坤協序陰陽災眚屢見咎徵仍臻地動之異發自京師矜矜祗畏不知所裁羣公卿士將何以匡輔不逮奉答戒異異不空設必有所應其各悉心直言厥咎靡有所諱　按郎顗傳順帝時災異屢見陽嘉二年正月公車徵顗詣闕拜章曰臣聞天垂妖象地見災符所以譴告人主責躬修德使正璣平衡流化興政也易內傳曰凡災異所生各以其政變之則除消之亦除伏惟陛下躬日昃之聽溫三省之勤思過念咎務消祗悔方今時俗奢佚淺恩薄義夫救奢必於儉約拯薄無若敦厚安上理人莫善於禮修禮遵約蓋惟上興革文變薄事不在下故周南之德關雎政本本立道生風行草從澄其源者流清溷其本者末濁天地之道其猶鼓籥以虛爲德自近及遠者也

永和元年以災異詔上封事

按後漢書順帝本紀永和元年春正月乙卯詔曰朕秉政不明災眚屢臻典籍所忌震食爲重今日變方遠地搖京師咎徵不虛必有所應羣公百僚其各上封事指陳得失靡有所諱　按周舉傳舉遷司隸校尉永和元年災異數見省內惡之詔召公卿中二千石尚書詣顯親殿問曰言事者多云昔周公攝天子事及薨成王欲以公禮葬之天爲動變及更葬以天子之禮卽有反風之應北鄉侯親爲天子而葬以王禮故數有災異宜加尊謚列於昭穆羣臣議者多謂宜如詔旨舉獨對曰昔周公有請命之應隆太平之功故皇天動威以章聖德北鄉侯本非正統奸臣所立立不踰歲年號未改皇天不祐大命夭昏春秋王子猛不稱崩魯子野不書葬今北鄉侯無它功德以王禮葬之於事已崇不宜稱謚災眚之來弗由此也於是司徒黃尚太常桓焉等七十人同舉議帝從之

靈帝建寧二年以災異詔公卿各上封事

按後漢書靈帝本紀建寧二年夏四月癸巳大風雨雹詔公卿以下各上封事　按張奐傳建寧元年奐遷少府又拜大司農明年夏青蛇見於御坐軒前又大風雨雹霹靂拔樹詔使百僚各言災應奐上疏曰臣聞風爲號令動物通氣木生於火相須乃明蛇能屈申配龍騰蟄順至爲休徵逆來爲殃咎陰氣專用則凝精爲雹故大將軍竇武太傅陳蕃或志寧社稷或方直不回前以讒勝並伏誅戮海內默默人懷震憤昔周公葬不如禮天乃動威今武蕃忠貞未被明宥妖眚之來皆爲此也宜急爲改葬徙還家屬其從坐禁錮一切蠲除又皇太后雖居南宮而恩禮不接朝臣莫言遠近失望宜思大義顧復之報天子深納奐言以問諸黃門常侍左右皆惡之帝不得自從轉奐太常　按謝弼傳弼字輔宣東郡武陽人也中直方正爲鄉邑所宗師建寧二年詔舉有道之士弼與東海陳敦元菟公孫度俱對策皆除郎中時青蛇見前殿大風拔木詔公卿以下陳得失弼上封事曰臣聞和氣應於有德妖異生乎失政上天告譴則王者思其愆政道或虧則奸臣當其罰夫蛇者陰氣所生鱗者甲兵之符也鴻範傳曰厥極弱時則有蛇龍之孽又熒惑守亢裴回不去法有近臣謀亂發於左右不知陛下所與從容帷幄之內親信者爲誰宜急斥黜以消天戒臣又聞惟虺惟蛇女子之祥伏惟皇太后定策宮闈援立聖明書云父子兄弟罪不相及竇氏之誅豈宜咎延太后幽隔空宮愁感天心如有霧露之疾陛下當何面目以見天下昔周襄王不能敬

事其母戎狄遂至交侵孝和皇帝不絕竇氏之恩前世以爲美談禮爲人後者爲之子今以桓帝爲父豈得不以太后爲母哉援神契曰天子行孝四夷和平方今邊境日蹙兵革蜂起自非孝道何以濟之願陛下仰慕有虞蒸蒸之化俯思凱風慰母之念臣又聞爵賞之設必酬庸勳開國承家小人勿用今功臣久外未蒙爵秩阿母寵私乃享大封大風雨雹亦由於茲又故太傅陳蕃輔相陛下勤身王室夙夜匪懈而見陷羣邪一旦誅滅其爲酷濫駭動天下門生故吏並離徙錮蕃身已往人百何贖宜還其家屬解除禁網夫台宰重器國命所繼今之四公惟司空劉寵斷斷首善餘皆素餐致寇之人必有折足覆餗之凶可因災異並加罷黜徵故司空王暢長樂少府李膺並居政事庶災變可消國祚惟末臣山藪頑闇未達國典策曰無有所隱敢不盡愚用忘諱忌伏惟陛下裁其誅罰左右惡其言出爲廣陵府丞去官歸家

熹平六年以災異頻見蔡邕奏七事詔納之

按後漢書靈帝本紀熹平六年春二月南宮平城門及武庫東垣屋自壞夏四月大旱七州蝗冬十月癸丑朔日有蝕之京師地震　按蔡邕傳初帝好學自造皇羲篇五十章因引諸生能爲文賦者本頗以經學相招後諸爲尺牘及工書鳥篆者皆加引召遂至數十人侍中祭酒樂松賈護多引無行趣埶之徒並待制鴻都門下憙陳方俗閭里小事帝甚悅之待以不次之位又市賈小民爲宣陵孝子者復數十人悉除爲郎中太子舍人時頻有雷霆疾風傷樹拔木地震隕雹蝗蟲之害又鮮卑犯境役賦及民六年七月制書引咎誥羣臣各陳政要所當施行邕上封事曰臣伏讀聖旨雖周成遇風訊諸執事宣王遭旱密勿祇畏無以或加臣聞天降災異緣象而至辟歷數發殆刑誅繁多之所生也風者天之號令所以教人也夫昭事上帝則自懷多福宗廟致敬則鬼神以著國之大事實先祀典天子聖躬所當恭事臣自在宰府及備朱衣迎氣五郊而車駕稀出四時至敬屢委有司雖有解除猶爲疎廢故皇天不悅顯此諸異鴻範傳曰政悖德隱厥風發屋折木坤爲地道易稱安貞陰氣憤盛則當靜反動法爲下叛夫權不在上則雹傷物政有苛暴則虎狼食人貪利傷民則蝗蟲損稼去六月二十八日太白與月相迫兵事惡之鮮卑犯塞所從來遠今之出師未見其利上違天文下逆人事誠當博覽衆議從其安者臣不勝憤懣謹條宜所施行七事表左一事明堂月令天子以四立及季夏之節迎五帝於郊所以導致神氣祈福豐年清廟祭祀追往孝敬養老辟雍示人禮化皆帝者之大業祖宗所祗奉也而有司數以蕃國疎喪宮內產生及吏卒小污屢生忌故竊見南郊齋戒未嘗有廢至於它祀輒興異議豈南郊卑而它祀尊哉孝元皇帝策書曰禮之至敬莫重於祭所以竭心親奉以致肅祗者也又元和故事復申先典前後制書推心懇惻而近者以來更任太史忘禮敬之大任禁忌之書拘信小故以虧大典禮妻妾產者齋則不入側室之門無廢祭之文也所謂宮中有卒三月不祭者謂士庶人數堵之室共處其中耳豈謂皇居之曠臣妾之衆哉自今齊制宜如故典庶答風霆災妖之異二事臣聞國之將興至言數聞內知己政外見民情是故先帝雖有聖明之姿而猶廣求得失又因災異援引幽隱重賢良方正敦樸有道之選危言極諫不絕於朝陛下親政以來頻年災異而未聞特舉博選之旨誠當思省述修舊事使抱忠之臣展其狂直以解易傳政悖德隱之言三事夫求賢之道未必一塗或以德顯或以言揚頃者立朝之士曾不以忠信見賞恆被謗訕之誅遂使羣下結口莫圖正辭郎中張文前獨盡狂言聖聽納受以責三司臣子曠然衆庶解悅臣愚以爲宜擢文右職以勸忠謇宣聲海內博開政路四事夫司隸校尉諸州刺史所以督察姦枉分別白黑也伏見幽州刺史楊憙益州刺史龐芝涼州刺史劉虔各有奉公疾奸之心憙等所糾其効尤多餘皆枉撓不能稱職或有抱罪懷瑕與下同疾綱網弛縱莫相舉察公府臺閣亦復默然五年制書議遣八使又令三公謠言奏事是時奉公者欣然得志邪枉者憂悸失色未詳斯議所因寢息昔劉向奏曰夫執狐疑之計者開羣枉之門養不斷之慮者來讒邪之口今始聞善政旋復變易足令海內測度朝政宜追定八使糾舉非法更選忠清平章賞罰三公歲盡差其殿最使吏知奉公之福營私之禍則衆災之原庶可塞矣五事臣聞古者取士必使諸侯歲貢孝武之世郡舉孝廉又有賢良文學之選於是名臣輩出文武並興漢之得人數路而已夫書畫辭賦才之小者匡國理政未有其能陛下即位之初先涉經術聽政餘日觀省篇章聊以游意當代博奕非以教化取士之本而諸生競利作者鼎沸其高者頗引經訓風喻之言下

則連偶俗語有類俳優或竊成文虛冒名氏臣每受詔於盛化門差次錄第其未及者亦復隨輩皆見拜擢既加之恩難復收改但守奉祿於義已弘不可復使理人及仕州郡昔孝宣會諸儒於石渠章帝集學士於白虎通經釋義其事優大文武之道所宜從之若乃小能小善雖有可觀孔子以爲致遠則泥君子故當志其大者六事墨綬長吏職典理人皆當以惠利爲績日月爲勞褒責之科所宜分明而今在任無復能省及其還者多召拜議郎郎中若器用優美不宜處之冗散如有釁故自當極其刑誅豈有伏罪懼考反求遷轉更相放效臧否無章先帝舊典未嘗有此可皆斷絕以覈眞僞七事伏見前一切以宣陵孝子者爲太子舍人臣聞孝文皇帝制喪服三十六日雖繼體之君父子至親公卿列臣受恩之重皆屈情從制不敢踰越今虛僞小人本非骨肉既無幸私之恩又無祿仕之實惻隱思慕情何緣生而羣聚山陵假名稱孝行不隱心義無所依至有奸軌之人通容其中恆思皇后祖載之時東郡有盜人妻者亡在孝中本縣追捕乃伏其辜虛僞雜穢難得勝言又前至得拜後輩被遺或經年陵次以暫歸見漏或以人自代亦蒙寵榮爭訟怨恨凶凶道路太子官屬宜搜選令德豈有但取丘墓凶醜之人其爲不祥莫與大焉宜遣歸田里以明詐僞書奏帝乃親迎氣北郊及行辟雍之禮又詔宣陵孝子爲舍人者悉改爲丞尉焉光和元年以災異頻見詔光祿大夫楊賜議郎蔡邕等言事書奏邕徙朔方賜免答

按後漢書靈帝本紀光和元年春二月辛亥朔日有蝕之己未地震夏四月丙辰地震侍中寺雌雞化爲雄五月壬午有白衣人入德陽殿門亡去不獲六月丁丑有黑氣墮所御溫德殿庭中秋七月壬子青虹見御坐玉堂後殿庭中八月有星孛於天市冬十月丙子晦日有食之

按蔡中郎集光和元年七月十日詔書尺一召光祿大夫楊賜諫議大夫馬日磾議郎張華蔡邕太史令單颺詣金商門引入崇德殿署門內南辟帷中爲都座漏未盡三刻中常侍育陽侯曹節冠軍侯王甫從東省出就都座東面十門劉寵龐訓北面賜南面日磾華邕颺西面受詔書各一通尺一木板草書兩常侍又諭旨朝廷以災異憂懼特旨密問政事所變改施行務令分明賜等稱臣再拜受詔書起就坐五人各一處給財用筆硯爲對臣邕言今月十日詔名金商門問臣邕災異之意臣學識淺薄心慮愚瘖不足以答聖問情㮚變易怔營怖悸謹列狀上臣邕頓首頓首詔問去月二十九日有黑氣墮溫德殿東庭中黑如車蓋降氣奮勢五色有頭長十餘丈形狀似龍似虹蜺對虹著於天而降施於庭以臣所聞則所謂天投蜺者也不見尾足者不得稱龍易曰蜺之比無德以色親也潛潭巴曰虹出后妃陰脅主又曰五色蜺迭至照於宮殿有兵革之事演孔圖曰蜺者斗之精氣失度投蜺見態主惑於毀譽合誠圖曰天子外苦兵威內奮臣無忠政變不虛生占不虛言意者陛下關機之內衽席之上獨有以色見進陵尊踰制以招變象若羣臣有所毀譽聖意低回未知誰是兵戎不息威權浸移忠言不聞則虹蜺所生也抑內寵任忠賢決毀譽分直邪各得其所嚴守衛整武備威權之機不以假人則其救也易傳曰陽感天不旋日書曰惟辟作威惟辟作福臣或爲之謂之凶害是以明主尤務焉詔問曰正月三日有白衣入德陽殿門辭稱伯夏教我上殿與中黃門桓賢晤言相往來不得入遂亡去不知姓名臣聞凡人爲怪皆皇極道失下或謀上故其傳曰皇之不極是謂不建則有下謀上之病孝成綏和二年八月男子王褒衣小冠帶劍入北司馬殿東門上殿入室解帷組佩之招前殿署王業等曰天帝命我居此業收縛考問褒故公車卒病狂不自知入宮乃下獄死是時王莽爲司馬遂爲篡亂亦卒誅臣竊思之與綏和時相似而有異被服既不同來入雲龍門而稱伯夏教入殿裏與桓賢言伯夏即故大將軍梁商商子冀不疑等皆以罪受戮殘餘非天所祐以往況今將狂狡之人爲王氏之禍未至殿省而覺亡不久伏誅夫誠仰見上帝之厚德也潛潭巴曰有人走入宮不知其名大木爲戒天子驚羣陰太隆羣下並湊強盛也建大中之道舉賢良而寵祿之則其救也經曰皇建其有極斂時五福用敷錫厥庶民惟時厥庶民於汝極錫汝保極詔問曰南宮侍中寺聞雌雞欲化爲雄尾身毛已似雄頭尚未變臣聞凡雞爲怪皆貌之失也傳曰貌之不恭是謂不肅時即有雞禍孝宣黃龍元年未央宮輅軨中雌雞化爲雄不鳴無距是時元帝初即位將立妃王氏爲后至初元元年丞相史家雌雞化爲雄距而鳴是歲封后父禁爲平陽侯而后正位王氏之寵始盛哀帝晏駕后攝政王莽以后兄子爲大司馬由是爲亂

昔武王伐紂曰牝雞之晨惟家之索易傳曰婦人專政國不靜牝雞雄鳴主不榮夫牝雞但雄鳴尚有索家不榮之名況乃陰陽易體名實變改此誠大異臣竊以意推之頭爲元首人君之象今雞身已變未至於頭而聖主知之訪問其故是將有其事而不遂成之象也若應之不精誠無所及頭冠或成卽爲患災敬慎威儀動作之容斷要御改興政之原則其救也夫以匹夫顏氏之子有過未嘗不知知之未嘗復行易曰不遠復無祇悔元吉詔問曰卽祚以來災眚屢見頻歲月蝕地動風雨不時疾癘流行迅風折樹河洛盛溢臣聞陽勝則震陰勝則蝕思亂則風貌失則雨視闇則疾癘流行簡宗廟則水不潤下而河流滿溢明君正上下抑陰尊陽修五事於聖躬致精慮於供御則其救也詔問星辰錯謬臣竊見熒惑變色入太微西門太白正晝而見臣聞熒惑示變主當精明其德而有休慶之色太白當晝而見是陰陽爭明強國弱弱國強皆有失政又失道而見是爲嬴長侯王不榮熒惑主禮太白主兵謹禮事治兵政審察中外之言申明守禦之令以杜漸防萌則其救也昔宋景公小國諸侯三有德言而熒惑爲之退舍詔問蝗蟲冬出臣聞易傳曰大作不時天降災厥咎蝗蟲來河圖祕徵篇曰帝貪則政暴吏酷則誅深而蝗蟲出息不急之作省役賦之費進清仁黜貪虐介損求安屈省別藏以贍國用則其救也易曰得臣無家言有天下者何私家之有詔問平城門及武庫屋各損壞臣愚以爲平城門向陽之門郊祀法駕所從出門之尊者也武庫禁兵所藏國家之本兵也變此二處異於凡屋易傳曰小人在位上下咸悖其妖城門內崩潛潭巴日出宮瓦自墮諸侯強凌主易傳曰一柱泥故法棄其咎宮室傾圮小人在顯位者黜之以尊上整下去暴悖之愆抑諸侯強凌主之漸率由舊章以變柱泥棄法之咎則其救也洪範傳曰六沴作見若時共禦帝用不羞神則不怒五福乃降用彰於下詔問朝廷焦心聞災恐懼每訪羣公卿士皆各括囊迷國莫肯建忠規闕以邕博學深奧退食在公故特密問宜披演所懷指陳政要所先後勿有依違顧忌以經術分別皂囊封上勿漏所問臣邕伏惟陛下聖德允明深悼變異德音懇誠褒臣博學深奧特垂訪及非臣螻蟻愚怯所能堪副亦臣輸寫肝膽出命之秋豈可顧患避害復使陛下不聞至戒哉臣邕頓首死罪伏思諸異各應皆亡國之怪也天於大漢殷勤不已故屢出妖變以當責讓因以感覺則危可爲安凶可作吉假使大運已移豈有譴告哉春秋魯定哀公之時周德已絕故數十年無有日蝕此人爲天所棄故也至於今者災眚之發不於他所遠則門垣近在署寺欲使陛下豁然大悟可謂至切矣陛下幸問臣敢不盡情以對蜺墮雞化皆婦人干政之所致也卽祚以來宮中無他逸寵而乳母趙嬈貴重赫赫生則貲富侔於帑藏死則丘墓踰越園陵兩子受封兄弟典郡續以永樂門史霍玉依阻城社大爲姦禍盜竊寵權藏晦惑之罪事必積浸然後成形虹蜺集庭雌雞變化豈不謂是今者道路紛紛復云有程大人者察其風聲將爲國患宜高其隄防明其禁令深惟趙霍以爲至戒今聖意勤勤思明邪正而聞太尉張顥爲玉所進暗昧已成非外臣所能審處如誠有之近者不治無以正遠傾邪在官當有所懲光祿勳偉璋所在尤貪濁九列之中豈宜有此牧守數十選代既不盡由本朝反有異輩無以示四方聖意勤勤欲清流蕩濁扶正黜邪不得但以州郡無課而已長水校尉趙玹屯騎校尉蓋升其貴已足其富已優當以見災之故爲陛下先羣臣引退以解易傳所載小人在位之咎伏見廷尉郭禧敦重純厚國之老成光祿大夫橋元聰達方直有山甫之姿故太尉劉寵忠實守固悃愊剛正並宜爲謀主數見訪問夫宰相大臣君之四體委任責成優劣已分春秋之義以貴治賤遠間親小加大引在六逆陛階增則堂高輔位重則上尊不宜聽納小吏雕琢大臣也又尚方工技之作洪都篇賦之文宜且消息以示憂懼詩云畏天之怒不敢戲豫天戒誠不可戲也宰府孝廉士之高選但當察其眞僞以加黜陟近者每以辟名不愼切責三公乃並以書疏小文一介之技超取選舉開請托之門違明王之典衆心不厭莫之敢言臣願陛下聽納忠言忍而絕之側身踊躍思惟萬幾以答天望以導嘉應聖朝既自約厲以身率人左右近臣亦宜戮力從化人自抑損天道虧滿鬼神福謙久高不危常滿不溢羣公之福諸侯凌主之戒不可不察也臣邕愚戇感激忘身敢觸忌諱手書具對夫君臣不密上有漏言之戒下有失身之禍臣安敢漏所問願寢臣表無使盡忠之吏受怨姦仇按蔡中郎本集例居後漢書本傳之後今因本傳文義聯承章奏後故先本集

按蔡邕傳章奏帝覽而歎息因起更衣曹節於後竊

覩之悉宜語左右事遂漏露其爲邕所裁黜者皆側目思報初邕與司徒劉郃素不相平叔父衛尉質又與將作大匠楊球有隙球卽中常侍程璜女夫也璜遂使人飛章言邕質數以私事請託於郃郃不聽邕含隱切志欲相中於是詔下尚書召邕詰狀邕上書自陳曰臣被召問以大鴻臚劉郃前爲濟陰太守臣屬吏張宛長休百日郃爲司隷又託河內郡吏李奇爲州書佐及營護故河南尹羊陟侍御史胡母班郃不爲用致怨之狀臣征營怖悸肝膽塗地不知死命所在竊自尋案實屬宛奇不及陟班凡休假小吏非結恨之本與陟姻家豈敢申助私黨如臣父子欲相傷陷當明言臺閣具陳恨狀所緣內無寸事而謗書外發宜以臣對與郃參驗臣得以學問特蒙褒異執事祕館操管御前姓名貌狀微簡聖心今年七月名詣金商門問以災異齋詔申旨誘臣使言臣實愚戇唯識忠盡出命忘軀不顧後害遂譏刺公卿內及寵臣實欲以上對聖問救消災異規爲陛下建康寧之計陛下不念忠臣直言宜加掩蔽誹謗卒至便用疑怪盡心之吏豈得容哉詔書每下百官各上封事欲以改政思譴除凶致吉而言者不蒙延納之福旋被陷破之禍今皆杜口結舌以臣爲戒誰敢爲陛下盡忠孝乎臣季父質連見拔擢位在上列臣被蒙恩渥數見訪逮言事者因此欲陷臣父子破臣門戶非復發糾姦伏補益國家者也臣年四十有六孤特一身得託名忠臣死有餘榮恐陛下於此不復聞至言矣臣之愚冗職當咎患但前者所對質不及閩而衰老白首橫見引逮隨臣摧沒并入阬埳誠冤誠痛臣一入牢獄當爲楚毒所迫趣以飲章辭情何緣復聞死期垂至冒昧自陳願身當辜戮匄質不幷坐則身死之日更生之年也唯陛下加餐爲百姓自愛於是下邕質於洛陽獄劾以讎怨奉公議害大臣大不敬棄市事奏中常侍呂強愍邕無罪請之帝亦更思其章有詔減死一等與家屬髡鉗徙朔方不得以赦令除楊球使客追路刺邕客感其義皆莫爲用球又賂其部主使加毒害所賂者反以其情戒邕故每得免焉

按楊震傳震孫賜拜光祿大夫光和元年有虹蜺晝降於嘉德殿前帝惡之引賜及議郎蔡邕等入金商門崇德署使中常侍曹節王甫問以祥異禍福所在賜仰天而嘆謂節等曰吾每讀張禹傳未嘗不憤恚嘆息不能竭忠盡情極言其要而反留意少子乞還女壻朱游欲得尚方斬馬劍以理之固其宜也吾以微薄之學充先師之末累世見寵無以報國猥當大問死而後已乃書對曰臣聞之經傳或得神以昌或得神以亡國家休明則鑒其德邪辟昏亂則視其禍今殿前之氣應爲虹蜺皆妖邪所生不正之象詩人所謂蝃蝀者也於中孚經曰蜺之比無德以色親方今內多嬖倖外任小臣上下竝怨諠譁盈路是以災異屢見前後丁寧今復投蜺可謂孰矣案春秋讖曰天投蜺天下怨海內亂加四百之期亦復垂及昔虹貫牛山管仲諫桓公無近妃宮易曰天垂象見吉凶聖人則之今妾媵嬖人閹尹之徒共專國朝欺罔日月又鴻都門下招會羣小造作賦說以蟲篆小技見寵於時如讙兜共工更相薦說旬月之間並各拔擢欒松處常伯任芝居納言郄儉梁鵠俱以便辟之性佞辯之心各受豐爵不次之寵而令搢紳之徒委伏畎畝口誦堯舜之言身蹈絕俗之行棄捐溝壑不見逮及冠履倒易陵谷代處從小人之邪意順無知之私欲不念板蕩之作虺蜴之誡殆哉之危莫過於今幸賴皇天垂象譴告周書曰天子見怪則修德諸侯見怪則修政卿大夫見怪則修職士庶人見怪則修身唯陛下愼經典之誡圖變復之道斥遠佞巧之臣速徵鶴鳴之士內親張仲外任山甫斷絕尺一抑止槃游留思庶政無敢怠遑冀上天還威衆變可弭老臣過受師傅之任數蒙寵異之恩豈敢愛惜垂沒之年而不盡其慺慺之心哉書奏甚忤曹節等蔡邕坐直對抵罪徙朔方賜以師傅之恩故得免咎

吳

大帝赤烏十一年以黃龍見白虎仁下詔勉修所職

按三國志孫權傳赤烏十一年夏四月雲陽言黃龍見五月鄱陽言白虎仁詔曰古者聖王積行累善修身行道以有天下故符瑞應之所以表德也朕以不明何以臻茲書云雖休勿休公卿百司其勉修所職以匡不逮

晉

武帝太康七年以災異詔求直言

按晉書武帝本紀太康七年春正月甲寅朔日有蝕之乙卯詔曰比年災異屢發日蝕三朝地震山崩邦之不臧實在朕躬公卿大臣各上封事極言其故勿有所諱

按八王故事太康七年正旦日蝕詔公卿大臣各上封事咎其安在汝南王亮與司徒魏舒司空衛瓘上

言三司之任天地人也乾道不普故木旱爲災人倫失序故姦宄不禁乃者荆州之城妖災仍興任城國都水流變赤延三朝之始日有蝕之孟陽節過堅冰未消臣等瑣才竊傻高位可謂小人而乘君子之器宜就顯戮以答天意謹免官徒跣上所假章綬詔曰陰陽失序朕刑政失中所致也其使冠履勿復道

元帝大興元年以雷震暴雨詔上封事

按晉書元帝本紀大興元年十一月庚申詔曰朕以寡德纂承洪緒上不能調和陰陽下不能濟育羣生災異屢興咎徵仍見壬子乙卯雷震暴雨蓋天災譴戒所以彰朕之不德也羣公卿士其各上封事具陳得失無有所諱將親覽焉

哀帝隆和元年詔以災異親行祈禳不果

按晉書哀帝本紀隆和元年詔曰元象失度亢旱爲患豈政事未洽將有板築渭濱之士邪其搜揚隱滯蠲除苛碎詳議法令咸從損要　按孔嚴傳隆和元年詔曰天文失度太史雖有祈禳之事猶釁眚屢彰今欲依鴻祀之制於太極殿前庭親執虔肅嚴諫曰鴻祀雖出尚書大傳先儒所不究歷代莫之興承天接神豈可以疑殆行事乎天道無親惟德是輔陛下祗順恭敬留心兆庶可以消災復異皆已蹈而行之德合神明丘禱久矣豈須屈萬乘之尊修雜祀之事君舉必書可不愼歟帝嘉之而止

宋

文帝元嘉三年旱蝗疾疫范泰請赦不報

按宋書文帝本紀不載　按范泰傳元嘉三年秋旱蝗上表曰陛下昧旦丕顯求民之瘼明斷庶獄無倦政事理出羣心澤謠民口百姓翕然皆自以爲遇其時也災變雖小要有以致之守宰之失臣所不能究上天之譴臣所不敢誣有蝗之處縣官多課民捕之無益於枯苗有傷於殺害臣聞桑穀時亡無假斤斧楚昭仁愛不禁自瘳卓茂去無知之蟲宋均囚有異之虎蝗生有由非所宜殺石不能言星不自隕春秋之旨所宜詳察禮婦人有三從之義而無自專之道周書父子兄弟罪不相及女人被宥由來上矣謝晦婦女猶在上方始貴後賤物情之所甚苦匹婦一室亦能有所感激臣於謝氏不容有情蒙國重恩寢處思報伏度聖心已當有在禮春夏敎詩無一而闕也臣近侍坐聞立學當在入年陛下經略粗建意存民食入年則農功興農功興則田里闢入秋治庠序入冬集遠生二塗並行事不相害夫事多以淹稽爲戒不遠爲患任臣學官竟無微績徒墜天施無情自處臣之區區不望目覩盛化竊慕子囊城郢之心庶免苟偃不瞑之恨臣比陳愚見便是都無可採徒煩天聽愧怍反側書奏上乃原謝晦婦女時旱災未已加以疾疫泰又上表曰頃亢旱歷時疾疫未已方之常災實爲過差古以爲王澤不流之徵陛下昧旦臨朝無懈治道躬自菲薄勞心民庶以理而言不應致此意以爲上天之於賢君正自殷勤無已陛下同規禹湯引百姓之過言動於心道數自遠桑穀生朝而殞熒惑犯心而退非唯消災弭患乃所以大啓聖明靈雨立降百姓改瞻應感之來有同影響陛下近當仰推天意俯察人謀升平之化尚存舊典顧思與不思行與不行耳大宋雖揖讓受終未積有虞之道先帝登遐之日便是道消之初至乃嗣主被殺哲藩嬰禍九服徘徊有心喪氣佐命託孤之臣俄爲戎首天下蕩蕩王道已淪自非神英撥亂反正則宗社非復宋有革命之與隨時其義尤大是以古今異用循方必壅大道隱於小成欲速或未必達深根固帝之術未洽於愚心是用狷狂妄作而不能緘默者也臣既頑且鄙不達治宜加之以篤疾重之以惛耄言或非言而或不能無言陛下錄其一毫之誠則臣不知唇身之所

元嘉五年詔獻讜言以答天譴

按宋書文帝本紀五年春正月乙亥詔曰朕躬承洪業臨饗四海風化未弘治道多昧求之人事鑒昧惟憂加頃陰陽違序旱疫成患仰惟災戒責深在予思所以側身剋念議獄詳刑上答天譴下恤民瘼羣后百司其各獻讜言指陳得失勿有所諱

南齊

武帝永明元年以星緯失序陰陽愆度詔赦原賑卹

按南齊書武帝本紀永明元年三月丙辰詔曰朕自丁荼毒奄便周忌瞻言負荷若墜淵壑而遠圖尚蔽政刑未理星緯失序陰陽愆度思播先澤兼酬天眚可申辛亥赦恩五十日以期訖爲始京師囚繫悉皆原宥三署軍徒優量降遣都邑鰥寡尤貧詳加賑卹

永明八年以災異赦天下

按南齊書武帝本紀八年秋七月癸卯詔曰陰陽舛和緯象愆度儲嗣嬰患淹歷旬晷思仰祗天戒俯紓民瘼可大赦天下

梁

武帝普通二年詔停賀瑞

按梁書武帝本紀普通二年五月丁巳詔曰王公卿士今拜表賀瑞雖則百辟體國之誠朕懷良有多愧若其澤漏川泉仁被動植氣調玉燭治致太平爰降嘉祥可無慙德而政道多缺淳化未凝何以仰叶辰和遠臻冥貺此乃更彰寡薄重增其尤自今可停賀瑞

北魏

太祖天興三年以災異詔諭羣臣

按魏書太祖本紀天興三年十有二月乙未詔曰世俗謂漢高起於布衣而有天下此未達其故也夫劉承堯統曠世繼德有蛇龍之徵致雲彩之應五緯上聚天人俱協明革命之主大運所鍾不可以非望求也然狂狡之徒所以顛蹶而不已者誠惑於逐鹿之說而迷於天命也故有踵覆車之軌蹈釁逆之蹤毒甚者傾州郡害微者敗邑里至乃身死名頹殃及九族從亂隨流死而不悔豈不痛哉春秋之義大一統之美吳楚僭號久加誅絕君子賤其僞名比之塵垢自非繼聖載德天人合會帝王之業夫豈虛應歷觀古今不義而求非望者徒喪其保家之道而伏刀鋸之誅有國有家者誠能推廢興之有期審天命之不易察徵應之潛授杜競逐之邪言絕姦雄之僭肆思多福於止足則幾於神智矣如此則可以保榮祿於天年流餘慶於後世夫然故禍悖無緣而生兵甲何因而起凡厥來世勗哉戒之可不慎歟時太史屢奏天文錯亂帝親覽經占多云改王易政故數革官號一欲防塞凶狡二欲消災應變

世祖太延元年詔以祥瑞並見賜酺五日禮荅百神

按魏書世祖本紀太延元年六月甲午詔曰頃者寇逆消除方表漸晏思崇政化敷洪治道是以屢詔有司班宣恩惠綏理百揆羣公卿士師尹牧守或未盡導揚之美致令陰陽失序和氣不平去春小旱東作不茂憂勤克己祈請靈祇上下咸秩豈朕精誠有感何報應之速雲雨震灑流澤霑渥有鄗婦人持方寸玉印詣潞縣侯孫家既而亡去莫知所在玉色鮮白光照內映印有三字爲龍鳥之形要妙奇巧不類人迹文曰旱疫平推尋其理蓋神靈之報應也朕用嘉焉比者已來禎瑞仍臻所在甘露流液降於殿內嘉瓜合蒂生於中山野木連理殖於魏郡在先后載誕之鄉白燕集於盛樂舊都元鳥隨之蓋有千數嘉禾頻歲合秀於恆農白雉白兔並見於渤海白雉三隻又集於平陽太祖之廟天降嘉貺將何德以酬之所以內省驚震欣懼交懷其令天下大酺五日禮報百神守宰祭界內名山大川上荅天意以求福祿

高宗興安二年詔以衆瑞兼呈大酺三日降殊死以下罪

按魏書高宗本紀興安二年八月戊戌詔曰朕以眇身纂承大業懼不能宣慈惠和寧濟方寓夙夜兢兢若臨淵谷然即位以來百姓晏安風雨順序邊方無事衆瑞兼呈不可稱數又於苑內獲方寸玉印其文曰子孫長壽羣公卿士咸曰休哉豈朕一人克臻斯應實由天地祖宗降祐之所致也思與兆庶共茲嘉慶其令民大酺三日諸殊死已下各降罪一等

世宗延昌三年詔以山鳴地震恤瘼寬刑

按魏書世宗本紀延昌三年春二月乙未詔曰肆州秀容郡敷城縣鴈門郡原平縣並自去年四月以來山鳴地震於今不已告譴彰咎朕甚懼焉祗畏兢兢若臨淵谷可恤瘼寬刑以荅災譴

肅宗正光四年以水旱星變申飭百司釐恤窮民旌命善良

按魏書肅宗本紀正光四年秋八月戊寅詔曰朕以眇闇忝承鴻緒因祖宗之基託王公之上每鑒寐屬慮思康億兆比雨旱愆時星運舛錯政理闕和靈祇表異未尋夕惕載懷於懷宜詔百司各勤厥職諸有鰥寡窮疾冤滯不申者並加釐恤若孝子順孫廉貞義節才學超異獨行高時者具以言上朕將親覽加以旌命

北周

孝閔帝元年詔恤災厲

按周書孝閔帝本紀元年春正月辛丑即天王位戊申詔災厲所興水旱之處並宜具聞

武帝保定二年五月庚午以山南衆瑞並集大赦天下百官及軍人普汎二級

按周書武帝本紀云云

靜帝大象元年以災異詔求直言（按是年宣帝已內禪故稱靜帝）

按周書宣帝本紀大象元年十二月戊午以災異屢見帝御路寢見百官詔曰穹昊在上聰明自下吉凶由人妖不自作朕以寡德君臨區寓大道未行小信非福始於秋季及此元冬幽顯殷勤屢貽深戒至有金入南斗木犯軒轅熒惑干房又與土合流星照夜東南而下然則南斗主於爵祿軒轅爲於後宮房曰

明堂布政所也火土則憂孽之兆流星乃兵凶之驗豈其官人失序女謁尚行政事乖方憂患將至何其昭著若斯之甚上瞻俯察朕實懼焉將避正寢齋居克念惡衣減膳去飾撤懸披不諱之誠開直言之路欲使刑不濫及賞弗踰等選舉以才宮闈脩德宜宣諸內外庶盡弼諧允叶民心用銷天譴於是舍使衛往天興宮百官上表勸復寢膳許之

隋

隋制凡遇災荒癘疫天子避殿撤膳遣使祭告

按隋書禮儀志隋制諸岳崩瀆竭天子素服避正寢撤膳三日遣使祭崩竭之山川牲用大牢　又按志凡大疫大荒大災則素服縞冠

欽定古今圖書集成曆象彙編庶徵典

第三卷目錄

庶徵典第三卷

庶徵總部彙考三

唐

唐制凡遇災荒天子遣使至州及蕃國賑撫日蝕行救護禮祥瑞大者特賀小者彙奏

按唐書禮樂志凡四方之水旱蝗天子遣使者持節至其州位於庭使者南面持節在其東南長官北面寮佐正長老人在其後再拜以授制書　按百官志禮部郎中掌諸祥瑞凡景星慶雲爲大瑞其名物六十有四白狼赤兔爲上瑞其名物三十有八蒼烏朱鴈爲中瑞其名物三十有二嘉禾芝草木連理爲下瑞其名物十四大瑞則百官詣闕奉賀餘瑞歲終員外郎以聞有司告廟

按通典合朔伐鼓其日合朔前三刻郊社令及門僕各服赤幘絳衣守四門令巡門監察鼓吹令平巾幘袴褶帥工人以方色執麾旒分置四門屋下龍蛇鼓隨設於左東門者立於北塾南面南門者立於東塾西面西門者立於南塾北面北門者立於西塾門側堂曰塾麾制各長一丈旒以方色各長八尺隊正一人著平巾幘袴褶執刀帥衛士五人執五兵於鼓外矛在東戟在南斧鉞在西矟在北郊社令立櫕於社壇四隅以朱絲繩縈之太史官一人著赤幘赤衣立於社壇北向日觀變黃麾次之龍鼓一面次之在北弓一張矢四隻次之諸鼓工靜立候日有變史官曰祥有變工人齊舉麾龍鼓齊發聲如雷史官稱止工人罷鼓其日廢務百官守本司日有變皇帝素服避正殿百官以下皆素服各於廳事前重行每等異位向日立明復而止

諸州伐鼓其日見日有變則廢務所司置鼓於刺史廳事前刺史及州官九品以上俱素服立於鼓後重行每等異位向日刺史先擊鼓執事伐之明復俱止

皇帝遣使賑撫諸州水旱蟲災本司散下其禮所司隨職供辦使者未到之前所在長官先勒集所部寮佐等及正長老人本司先於廳事大門外之右設使者便次南向又於大門外之右設使者位東向大門外之左設長官以下及所部位重行北向西上於廳事之庭少北設使者位南向又於使者位之南三丈所設長官位北向其所部寮屬則位於長官之後文東武西每等異位重行北面相對爲首正長老人則位其南重行北面西上使者到所司迎引入便次長官及所部嚴肅以待正長老人等並列於大門外之南重行北面西上至時使者以下各服其服所在長官及所部寮佐亦各服公服行參軍引長官以下出就門外位立司功參軍引使者就門外位立持節者立於使者之北史二人對舉制案列於使者之南俱少退東向行參軍贊拜長官及所部在位者再拜拜訖行參軍引長官等以次先入立於門內之右重行西面司功參軍引使者入幡節前導持案者從之使者到庭中位立持節者於使者東南西面行參軍引長官以下俱入就庭中位立定持節者脫節衣持案者以案進使者前使者取制書持案者退復位使者稱有制行參軍贊再拜長官及諸在位者皆再拜使者宣制書訖行參軍又贊拜長官及諸在位者皆再拜行參軍引長官進詣使者前受制書退復位訖功曹參軍引使者以下出復門外位行參軍引長官及諸在位者各出卽門外位如初行參軍引使者以下還便次長官退其正長老人等任散

蕃國賑撫同諸州禮其國王供待及出入卽館享食之屬則如常但略其燕好

按唐六典祕書四部十一日天文靈臺郎凡占天文日月薄蝕五星陵犯有甘石巫咸三家中外官占瑞祅星氣有諸家雜占太史令每季錄災祥送中書門下入起居注歲終總錄送史館

高祖武德二年以兵荒未息權斷屠酤

按唐書高祖本紀不載　按冊府元龜武德二年閏二月乙卯詔曰酒醪之用表節制於權娛芻豢之滋致甘旨於豐衍然而沈湎之輩絕業忘資惰窳之民騁嗜奔慾方今烽燧尚驚兵革未寧年穀不登市肆騰踊趨末者衆浮冗尚多肴羞麴櫱重增其費救弊之術要在權宜關內諸州官民宜斷屠酤

太宗貞觀八年隴右山崩大蛇見山東江淮大水

按唐書太宗本紀貞觀八年七月隴右山崩餘不載

按虞世南傳貞觀八年進封縣公會隴右山崩大蛇屢見山東及江淮大水帝憂之以問世南對曰春秋梁山崩晉侯召伯宗問焉伯宗曰國主山川故山崩川竭君爲之不舉降服乘縵徹樂出次祝幣以禮焉梁山晉所主也晉侯從之故得無害漢文帝元年齊楚地二十九山同日崩水大出詔郡國無來貢施惠天下遠近洽穆亦不爲災後漢靈帝時青蛇見御坐晉惠時大蛇長三百步見齊地經市入廟蛇宜在草野而入市此所以爲災耳今蛇見山澤適其所居又山東淫雨江淮大水恐有冤獄枉繫宜省錄纍囚庶幾或當天意帝然之於是遣使賑饑民申挺獄訟多所原赦

高宗儀鳳元年以風水諸災詔減匠罷工慮囚

按唐書高宗本紀儀鳳元年八月庚子避正殿減膳撤樂損食粟馬慮囚詔文武官言事

按冊府元龜上元三年卽儀鳳元年八月青州大風齊淄等七州大水詔停此中尚梨園等作坊減少府監雜匠放還本邑兩京及九成宮土木工作亦罷之天下囚徒委諸州長官慮之

元宗開元十三年九月丙戌罷奏祥瑞

按唐書元宗本紀云云

代宗大曆十四年五月德宗卽位十二月詔元日朝會不得奏祥瑞事

按唐書德宗本紀不載　按舊唐書德宗本紀云云

德宗貞元元年秋七月以蝗旱詔節用緩刑以謹天戒十二月詔罷明年賀正

按唐書德宗本紀不載　按舊唐書德宗本紀貞元元年秋七月關中蝗食草木盡旱甚灞水將竭井多無水甲子詔夫人事失於下則天變形於上咎徵之作必有由然自頃以來災沴仍集雨澤不降綿歷三時蟲蝗繼臻彌亙千里菽粟翔貴稼穡枯瘁嗷嗷蒸人聚泣田畝興言及此實切痛傷徧祈百神曾不獲應方悟禱祠非救災之術言詞非謝譴之誠憂心如焚深自刻責得非刑法舛繆忠良鬱湮暴賦未蠲勞師靡息事或無益而重爲煩費任或非當而橫肆侵蠹有一於此足傷和氣本其所以罪實在予萬姓何辜重罹饑殍所宜出次貶食節用緩刑側身增修以謹天戒朕自今視朝不御正殿有司供膳並宜減省不急之務一切停罷

按冊府元龜貞元元年十二月丁亥詔曰朕以眇身纘明烈聖不能纂修先志以洽昇平馴致寇戎屢興兵革上元降譴蝗旱爲災年不順成人方歉食言念於此實用傷懷是以齊心別宮與人祈穀雖陽和在候而黔首無聊稱慶於予竊所不敢其來年正月一日朝賀宜罷

貞元二年正月以荒饉停朝賀詔減尚食飛龍廐馬及科徵諸色五月始復常膳

按唐書德宗本紀不載　按冊府元龜貞元二年正月壬辰朔以關輔荒饉停朝賀之禮丙申詔曰朕以薄德託於人上勵精思理期致雍熙而鑒之不明百度多缺傷痍未瘳而征役荐起流亡既甚而賦斂彌繁人怨上聞天災下降連歲蝗旱蕩無農收惟茲近郊遭害尤甚豈非昊穹作沴深警予衷跼蹐憂慚罔知攸措今穀價騰踊人情震驚鄉閭不居骨肉相棄流離殞斃所不忍聞公私之間廩食俱竭既無賑恤猶復徵求財殫力盡捶楚仍及弛征則軍莫之贍厚取則人何以堪念茲困窮痛切心骨思所以濟浩無津涯補過實在於增修救患莫如於息費致咎之本旣繇朕躬謝譴之誠當自朕始尚食每日所進御膳宜各減一半應宮內人等每月唯供給糧米一千五百石其飛龍廐馬從今已後至四月三十日並減半料京兆尹應科徵諸色名目一切並停如有能減有均無闕救貧乏者當授以官秩五月百寮上表請復御膳先以旱蝗寇盜充斥故從貶省至是從之

順宗永貞元年憲宗卽位詔祥瑞不得上聞

按唐書憲宗本紀永貞元年八月庚戌罷獻祥瑞

按舊唐書憲宗本紀八月庚戌荊南獻龜二詔曰朕以寡昧纂承丕業永思理本所寶惟賢至如嘉禾神芝奇禽異獸蓋王化之虛美也所以光武形於詔令春秋不書祥瑞朕誠薄德思及前人自今以後所有祥瑞但令准式申報有司不得上聞其奇禽異獸亦宜停進

憲宗元和二年中書奏請大瑞隨表奏聞

按唐書憲宗本紀不載　按舊唐書憲宗本紀元和二年八月中書奏先停諸道奏祥瑞伏以所獻祥瑞皆緣臘饗告廟元會奏聞今後諸大瑞隨表聞奏中瑞下瑞申有司其元日奏祥瑞請依令式從之

文宗太和七年正月以頻年水旱疾疫詔蠲逋慮四停工役禱山川各上封事閏七月以陰陽失和詔減御膳工役

按唐書文宗本紀不載　按舊唐書文宗本紀太和七年閏七月乙卯朔詔曰朕嗣守丕圖覆幬生類兢業寅畏上承天休而陰陽失和膏澤愆候害我稼穡災於黔黎有過在予敢忘咎責從今避正殿減供膳停教坊樂廄馬量減芻粟百司廚饌亦宜權減陰陽鬱堙有傷和氣宜出宮女千人五坊鷹犬量須減放內外修造事非急務者並停

按冊府元龜太和七年正月壬子詔曰朕承上天之眷佑荷累聖之丕圖宵旰兢勞不敢暇逸思致康乂八年於今而水旱流行疾疫作沴兆庶艱食札瘥相仍蓋德未動天誠未感物一類失所有過在予載懷罪己之心深軫納隍之歎宜敷惠澤式表憂勤如聞去年以來河東關輔亢旱為災秋稼不收人甚窮困今方春之時須務農事若不賑救恐至流亡其京兆府河中等九州府宜賜七萬石同華陝虢晉等州各賜十萬石並以常平義倉及折糴斛斗充無本色以運米折給為本州府長吏明作等第差官吏對面宣賜先從貧下起給京兆府太和六年青苗榷酒錢在百姓腹內並放免京兆河中同華陝虢晉絳等州府自太和六年秋稅以前諸色逋懸在百姓腹內悉放免議獄恤刑前王攸重苟有冤滯即傷陽和應在城諸司諸使應有囚徒限七月內處分訖奏聞河南府八州府勅到准此處分諸色工役非灼然交切者勒停應管內名山大川能致風雨者委長吏精誠禱請水旱之數雖云常理導化失節亦致咎災顧惟寡昧敢忘刻責常參官及外州府長吏如有規諫者各上封事極言得失俟有規正期於阜安咸啓乃誠用致于理無或有隱以忝在公內外官有貪暴殘虐蠹政害人者臺司紀察聞奏朕為人父母虔奉丕業夕惕若厲夙興匪寧減膳徹樂庶答天戒否爾長吏實分予憂勉加撫綏用副惻隱庶切救災之義爰申為上之懷中外臣僚宜體朕意

太和九年以仍歲水旱制觀察使糾察宰牧賢否刑政得失以聞

按唐書文宗本紀不載　按冊府元龜太和九年三月乙丑制以仍歲水旱黎民艱食其宰牧非才貪殘為害及承前積弊須有條疏或冤獄留滯速宜疏決者並委觀察使糾察詳訪具狀聞奏用弭天眚

開成二年禁諸道言祥瑞

按唐書文宗本紀不載　按通鑑綱目太和之末杜悰鎮鳳翔時有詔沙汰僧尼會有五色雲見於岐山近法門寺民間訛言佛骨降祥以僧尼不安之故監軍欲奏之悰曰雲物變色何常之有未幾獲白兔監軍又欲奏之悰曰野獸未馴且宜畜之旬日而斃監軍不悅畫圖獻之及鄭注代悰奏紫雲見又獻白雉是歲遂有甘露之變及悰判度支河中奏騶虞見百官稱賀上謂悰曰李訓鄭注皆因瑞以售其亂乃知瑞物非國之慶卿在鳳翔不奏白兔眞先覺也對曰昔河出圖伏羲以畫八卦洛出書大禹以敘九疇皆有益於人故足尚也至於禽獸草木之瑞何時無之劉聰桀逆黃龍三見季龍暴虐得蒼龍白鹿以駕芝蓋以是觀之瑞豈在德願陛下專以百姓富安為國慶自餘不足取也上善之他日謂宰相曰時和歲豐是為上瑞嘉禾靈芝誠何益於事宰相因言春秋記災異以儆人君而不書祥瑞用此故也遂詔諸道有瑞皆勿以聞亦勿申牒所司其祠祭受朝奏祥瑞皆停按此事據綱目作三年

懿宗咸通十年以旱蝗詔赦罪斷屠

按唐書懿宗本紀不載　按舊唐書懿宗本紀咸通十年六月戊戌制曰動天地者莫若精誠致和平者莫若修政朕顧惟庸昧託於王公之上於茲十一年矣祗荷丕搆寅畏小心慕唐堯之欽若昊天遵周王之昭事上帝念茲夙夜靡替虔恭同馭朽之憂勤思納隍之軫慮內戒奢靡外罷畋游匪敢期於雍熙所自得於清淨止望寰區無事稼穡有年然而燭理不明涉道唯淺氣多堙鬱誠未感通旱暵是虞蟲螟為害蠻蜒未賓於遐裔寇盜復蠹於中原尚駕戎車益調兵食俾黎元之重困每宵旰而忘安今盛夏驕陽時雨久曠憂勤兆庶日夕焦勞內修香火以虔祈外罄牲玉以精禱仰俟元貺必致甘滋而油雲未興秋稼闕望因茲愆亢軫於誠懷矧復暴政煩刑強官酷吏侵漁蠹耗陷害孤煢致有冤抑之人構災沴之氣主守長吏無忘奉公伐叛興師蓋非獲已除奸討逆

必使當辜苟或陷及平人自然風雨愆候凡行營將帥切在審詳昭示惻惘之心敬聽勤䘏之旨應京城天下諸州府見禁囚徒除十惡忤逆官典犯贓故意殺人合造毒藥放火持杖開刼墳墓及關連徐州逆黨外並宜量罪輕重速令決遣無久繫留雷雨不同田疇方瘁誠宜愍物以示好生其京城未降雨間宜令坊市權斷屠宰昨陝號中使廻方知旱蝗有損處諸道長吏分憂共理宜各推公共思濟物內有饑歉切在慰安哀此烝人毋俾艱食徐方寇孽未殄師旅有征凡合誅鋤審分淑慝無令脅從橫死元惡倫生宜申告戒之文使知逆順之理於戲每思禹湯之罪己其庶成康之措刑孰謂德信未孚教化猶梗吝爾多士俾予一人旣引過在躬亦漸幾於理布告中外稱朕意焉

後晉

出帝開運元年以兵荒詔減省諸費

按五代史晉出帝本紀不載　按冊府元龜開運元年九月詔曰朕虔承顧命獲嗣丕基常懼顚危不克負荷宵分日昃罔敢怠荒夕惕晨興每懷祇畏但以恩信未著德教未敷理道不明咎徵斯至向者頻年災沴稼穡不登萬姓饑荒道殣相望上天垂譴涼德所招仍屬干戈尚興邊陲多事倉廩不足則輟人之餼食帑倉不足則率人之貲財兵士不足則取人之中丁戰騎不足則假人之乘馬雖事不獲已而理將若何訪聞差去使臣殊乖體認不能敦於勉諭而乃臨以威刑自有所聞益深愧悼旋屬守臣叛命戎虜犯邊致使甲兵不暇休息軍旅有戰征之苦人民有飛輓之勞疲瘵未蘇科斂尚急言念於此寢食何安得不省過興懷側身罪己載深減損思名和平所宜去無用之資罷不急之務棄華取實惜費省功一則符先帝慈儉之規一則慕前王樸素之德向者造作軍器破用稍多但取堅剛不須華靡今後作坊製造器械不得更用金銀裝飾比於遊畋素非所好凡諸服御尤欲去奢應天下州府不得以珍寶玩好及鷹犬爲貢在昔聖帝明君無非惡衣菲食況予薄德所合恭行今後大官常膳減去多品衣服帷帳務去華飾在禦寒濕而已峻宇雕牆昔人攸誡玉杯象箸前代所非今後凡有營繕之處丹堊雕鏤不得過度宮闈之內有非理費用一切禁止於戲纘聖承祧握樞臨極昧於至道若履春冰屬以天災流行國步多梗因時致懼引咎推誠期於將來庶幾有補更賴王公將相貴戚豪宗各磬乃心率繇茲道共臻富庶以致康寧凡百臣僚宜體朕意

後周

太祖廣順元年詔諸道祥瑞不得奏獻

按五代史周太祖本紀不載　按冊府元龜周太祖初卽位制曰帝王之道德化爲先崇飾虛名朕所不取苟致治之未洽雖多瑞以奚爲今後諸道所有祥瑞不得輒有奏獻

宋

太宗雍熙　年詔司天監依經占奏

按宋史太宗本紀不載　按玉海雍熙中詔司天監占候依經具吉凶隱情不言必劾以臯

淳化二年始定訴水旱之制

按宋史太宗本紀不載　按燕翼貽謀錄民間訴水旱舊無限制或秋而訴夏旱或冬而訴秋旱往往於收割之後欺罔官吏無從覈實拒之則不可聽之則難信故太宗淳化二年正月丁酉詔荊湖江淮二浙四川嶺南管內州縣訴水旱夏以四月三十日秋以八月三十日爲限自此遂爲定制

至道三年三月眞宗卽皇帝位六月辛丑詔罷獻祥瑞

按宋史眞宗本紀云云

眞宗大中祥符五年十一月乙卯罷獻珍禽異獸

按宋史眞宗本紀云云

大中祥符九年九月戊午禁諸路貢瑞物

按宋史眞宗本紀云云

天禧元年十月壬申諭諸州非時災沴不以聞者論罪

按宋史眞宗本紀云云

仁宗天聖三年九月乙巳詔司天監奏災異據占書以聞

按宋史仁宗本紀云云　按食貨志仁宗英宗一遇災變則避朝變服損膳徹樂恐懼脩省見於顏色惻怛哀矜形於詔旨

天聖五年罷司天監兼領翰林天文院

按宋史仁宗本紀不載　按玉海天聖五年八月上封者言先朝以司天監與測驗渾儀所奏災祥非實遂更置翰林天文院以較得失每天象差忒各令奏聞冀相關防庶令儆戒近命判司天監領之頗異舊制乙酉遂令各掌其事罷司天監兼領

明道二年以旱蝗去尊號求直言

按宋史仁宗本紀明道二年秋七月戊子詔以蝗旱去尊號睿聖文武四字以告天地宗廟仍令中外直言闕政　按張士遜傳士遜領定國軍節度使知許州明道初復入相進中書侍郎兼兵部尚書明年進門下侍郎昭文館大學士監修國史是歲旱蝗士遜請如漢故事冊免不許及帝自損尊號士遜又請降官一等以答天變帝慰勉之

慶曆三年右正言孫甫以災異上言

按宋史仁宗本紀慶曆三年十二月丁巳河北雨赤雪　按孫甫傳孫甫爲右正言時河北降赤雪河東地震五六年不止甫推洪範五行傳及前代變驗上疏曰赤雪者赤眚也人君舒緩之應舒緩則政事弛賞罰差百官廢職所以召亂也晉太康中河陰降赤雪時武帝怠於政事荒宴後宮每見臣下多道常事不及經國遠圖故招赤眚之怪終致晉亂地震者陰之盛也陰之象臣也後宮也四夷也三者不可過盛過盛者則陰爲變而動矣忻州趙分地震六年每震則有聲如雷前代地震未有如此之久者惟唐高宗本封於晉及即位晉州經歲地震宰相張行成言恐女謁用事大臣陰謀宜制於未萌其後武昭儀專恣幾移唐祚天地災變固不虛應陛下救紓緩之失莫若自主威福時出英斷以懾姦邪以肅天下救陰盛之變莫若外謹戎備內制後宮謹戎備則切責大臣使之預圖兵防熟計成敗制後宮則凡掖庭非典掌御幸者盡出之且裁節其恩使無過分此應天之實也時契丹西夏稍強後宮張修媛寵幸大臣專政甫以此諫焉又言修媛寵恣市恩禍漸已萌夫后者正嫡也其餘皆婢妾爾貴賤有等用物不宜過僭自古寵女色初不制而後不能制者其禍不可悔帝曰用物在有司朕恨不知耳甫曰世謂諫臣耳目官所以達不知也若所謂前世女禍者載在書史陛下可自知也

神宗熙寧元年以災異詔宰臣極言闕失

按宋史神宗本紀春正月丁亥命宰臣曾公亮等極言闕失　按呂公著傳熙寧初知開封府時夏秋淫雨京師地震公著上疏曰自昔人君遇災者或恐懼以致福或簡誣以致禍上以至誠待下則下思盡誠以應之上下至誠而變異不消者未之有也惟君人者去偏聽獨任之弊而不主先入之語則不爲邪說所亂顏淵問爲邦孔子以遠佞人爲戒蓋佞人惟恐不合於君則其勢易親正人惟恐不合於義則其勢易疏惟先格王正厥事未有事正而世不治者也

熙寧二年二月乙巳帝以災變避正殿減膳撤樂

按宋史神宗本紀云云

熙寧七年三月乙丑詔以災異求直言

按宋史神宗本紀云云

高宗建炎元年五月乙未詔天文休咎令太史局依經奏聞

按宋史高宗本紀不載　按玉海云云

紹興三年八月以災異求直言九月詔監司毋隱災異

按宋史高宗本紀八月甲辰以雨暘不時蘇湖地震求直言九月詔凡遇水旱災異監司郡守即具奏毋隱

按玉海紹興三年七月乙未詔太史局每月具天文風雲氣候日月交蝕等事實封報祕書省

紹興二十六年夏四月甲午禁州郡進祥瑞

按宋史高宗本紀云云

孝宗隆興元年以災異詔陳時政闕失

按宋史孝宗本紀七月乙巳以旱蝗星變詔侍從臺諫兩省官條上時政闕失

隆興二年八月甲寅朔以災異避殿減膳

按宋史孝宗本紀云云

淳熙八年秋以災異屢見詔條時政闕失

按宋史孝宗本紀秋七月乙巳以旱蝗星變詔侍從臺諫兩省官條上時政闕失八月丙子以飛蝗風水爲災避殿減膳

光宗紹熙二年詔條時政闕失

按宋史光宗本紀二月乙酉詔以陰陽失時雷雪交作令侍從臺諫兩省卿監郎官館職各具時政闕失以聞

寧宗開禧三年秋七月以災傷下詔罪己

按宋史寧宗本紀云云

嘉定十七年八月理宗即位十二月定災異祥慶免官私房賃之例

按宋史理宗本紀嘉定十七年八月嗣皇帝位十二月甲午雪寒免京城官私房賃地門稅等錢自是祥慶災異寒暑皆免

理宗寶慶元年定災異祥慶給賞軍戍緡錢例

按宋史理宗本紀寶慶元年十一月壬午雪寒在京

諸軍給緡錢有差出戌之家倍之自是祥慶災異霆雨雪寒咸給

端平三年以災異罷宴

按宋史理宗本紀端平三年春正月己未朔以星行失度雷發非時罷天基節宴

度宗咸淳元年定災異祥慶免徵商稅給賞宿衛之例

按宋史度宗本紀咸淳元年四月丁未壽崇節免徵臨安官私房僦地錢戊申乾會節如上免徵再免在京征商三月自是祥慶災異寒暑皆免五月丁未發錢二十萬贍在京小民錢二十萬賜殿步馬司軍人錢三萬三千賜宿衛自是行慶恤災或遇霆雨雪寒咸賜如上數

金

海陵天德二年詔奏災異

按金史海陵本紀天德二年十二月乙卯有司奏慶雲見上曰朕何德以當此自今瑞應毋得上聞若有災異當以諭朕使自警焉

章宗承安五年以亢旱久陰詔百官言時政闕失

按金史章宗本紀承安五年十月集百官於尚書省問間者亢旱近則久陰豈政有錯謬而致然歟各以所見對

元

成宗大德六年御史臺奏災異數見請議更新時政帝命中書郎議行之

按元史成宗本紀大德六年十二月庚申朔熒惑犯鎮星辛酉御史臺臣言自大德元年以來數有星變及風水之災民間乏食陛下敬天愛民之心無所不盡理宜轉災爲福而今春霜殺麥秋雨傷稼五月太廟災尤古今重事臣等思之得非荷陛下重任者不能奉行聖意以致如此若不更新後難爲力乞令中書省與老臣識達治體者共圖之復請禁諸路釀酒減免差稅賑濟饑民帝皆嘉納命中書郎議行之

大德八年以災異減免稅役刑罰

按元史成宗本紀八年春正月己未以災異故詔天下恤民隱省刑罰雜犯之罪當杖者減輕當笞者並免私鹽徒役者減一年平陽太原免差稅三年隆興延安及上都大同懷孟衛輝彰德眞定河南安西等路被災人戶免二年大都保定河間路免一年江南佃戶私租太重以十分爲率減二分永爲定例仍弛山場河泊之禁聽民採捕五月庚辰以去歲平陽太原地震宮觀摧圮者千四百餘區道士死傷者千餘人命賑恤之是月蔚州之靈仙太原之陽曲隆興之天城懷安大同之白登大風雨雹傷稼人有死者大名之濬滑德州之齊河霖雨汴梁之祥符太康衛輝之獲嘉太原之陽武河溢六月益津蝗汴梁祥符開封陳州霖雨蠲其田租扶風岐山寶雞諸縣旱烏撒烏蒙益州芒部東川等路饑疫並賑恤之八月太原之交城陽曲管州嵐州大同之懷仁雨雹隕霜殺禾杭州火發粟賑之以大名高唐去歲霖雨免其田租二萬四千餘石

武宗至大元年以災異頻見中書省臣請退位以避賢路

按元史武宗本紀至大元年秋九月丙辰以內郡歲不登諸都人馬之入都城者減十之五中書省臣言夏秋之間鞏昌地震歸德暴風雨泰安濟寧眞定大水廬舍蕩析人畜俱被其災江浙饑荒之餘疫癘大作死者相枕籍父賣其子夫鬻其妻哭聲震野有不忍聞臣等不才猥當大任雖欲竭盡心力而聞見淺狹思慮不廣以致政事多舛有乖陰陽之和百姓被其災殃願退位以避賢路帝曰災害事有由來非爾所致汝等但當愼其所行

仁宗皇慶二年禿忽魯以災異乞黜免不允

按元史仁宗本紀皇慶二年三月壬子禿忽魯言臣等職專燮理去秋至春亢旱民間乏食而又隕霜雨沙天文示變皆由不能宣上恩澤致茲災異乞黜臣等以當天心帝曰事豈關汝輩耶其勿復言六月癸亥禿忽魯等以災異乞賜放黜不允

延祐二年御史臺奏災異頻見政有未善詔議其當行者以聞

按元史仁宗本紀延祐二年正月御史臺臣言比年地震水旱民流盜起皆風憲顧忌失於糾察宰臣燮理有所未至或近侍蒙蔽賞罰失當或獄有冤濫賦役繁重以致乖和宜與老成共議所由詔明言其事當行者以聞

英宗至治二年以地震日食敕羣臣修飭命集議國事以聞

按元史英宗本紀至治二年十一月御史李端言近者京師地震日月薄蝕皆臣下失職所致帝自責曰是朕思慮不及致然因敕羣臣亦當修飭以謹天戒十二月以地震日食命中書省樞密院御史臺翰林

集賢院集議國家之事以聞

至治三年詔議行便民利物之事以弭災變

按元史英宗本紀三年二月癸酉畋於柳林顧謂拜住曰近者地道失寧風雨不時豈朕纂承大寶行事有闕歟對曰地震自古有之陛下自責固宜良由臣等失職不能燮理帝曰朕在位三載於兆姓萬物豈無乖戾之事卿等宜與百官議有便民利物者朕卽行之

泰定帝泰定元年以災異戒飭百官御史請罷斥避位不允

按元史泰定帝本紀泰定元年四月庚辰以風烈月蝕地震手詔戒飭百官辛巳太廟新殿成木憐撒兒蠻部及北邊蒙古戶饑賑糧鈔有差江陵路屬縣饑雲南中慶昆明屯田水五月丁亥監察御史董鵬南劉潛邊筒慕完沙班以災異上言平章乃蠻台宣徽院使帖木兒不花詹事禿滿答兒黨附逆徒身虧臣節太常守廟不謹遼王擅殺宗親不花卽里矯制亂法皆蒙寬宥甚爲失刑乞定其罪以銷天變不允壬辰御史臺臣禿忽魯紐澤以御史言災異屢見宰相宜避位以應天變可否仰自聖裁顧惟臣等爲陛下耳目有徇私違法者不能糾察慢官失守宜先退避以授賢能帝曰御史所言其失在朕卿等何必遽爾禿忽魯又言臣已老病恐誤大事乞先退於是中書省臣兀伯都剌張珪楊廷玉皆抗疏乞罷丞相旭邁傑倒剌沙言比者災異陛下以憂天下爲心反躬自責謹遵祖宗聖訓修德愼行敕臣等各勤乃職手詔至大都居守省臣皆引罪自劾臣等爲左右相才下識昏當國大任無所襄贊以致災祲罪在臣等所當退斥諸臣何罪帝曰卿若皆辭避而去國家大事朕孰與圖之宜各相諭以勉乃職　按宋本傳泰定元年春除監察御史踰月調國子監丞夏風烈地震有旨集百官雜議弭災之道時宿衞士自北方來者復遣歸乃百十爲羣剽刼殺人桓州道中旣逮捕旭滅傑奏釋之蒙古千戶使京師宿邸中適民間朱甲妻女車過邸門千戶悅之并從者奪以入朱泣訴於中書旭滅傑庇不問本適與議本復抗言鐵失餘黨未誅仁廟神主盜未得桓州盜未治朱甲寃未伸刑政失度民憤天怨災異之見職此之由辭氣激奮衆皆聳聽　按王結傳泰定元年遷集賢侍讀學士中奉大夫會有月蝕地震烈風之異結昌言於朝曰今朝廷君子小人混淆刑政不明官賞太濫故陰陽錯謬咎徵薦臻宜修政事以弭天災旭邁傑傳作旭滅傑元人聲音彷彿之訛

泰定二年以地震民饑詔宰臣與諸司集議便民之事以聞

按元史泰定帝本紀二年正月庚戌詔諭宰臣曰向者卓兒罕察苦魯及山後皆地震內郡大小民饑朕自卽位以來惟太祖開創之艱世祖混一之盛期與人民共享安樂常懷祗懼災沴之至莫測其由豈朕思慮有所不及而事或僭差天故以此示儆卿等其與諸司集議便民之事其思自死罪始議定以聞朕將肆赦以詔天下肇慶鞏昌延安贛州南安英德新州梅州等處饑賑糶有差閏月壬子朔詔赦天下除江淮刱科包銀免被災地差稅一年

泰定三年中書省臣以災變請力行善政御史趙思魯請罷來年元夕搆燈從之

按元史泰定帝本紀三年六月中書省臣言比郡縣旱蝗由臣等不能調燮故災異降戒今當恐懼儆省力行善政亦冀陛下敬愼修德憫恤生民帝嘉納之八月甲戌兀伯都剌許師敬並以災變饑歉乞解政柄不允甲午以災變罷獵十一月壬午敕以來年元夕搆燈山於內庭御史趙思魯以水旱請罷其事從之丙戌以回回陰陽家言天變給鈔二千錠施有道行者及乞人繫囚以禳之　按宋本傳三年冬烏伯都剌自禁中出至政事堂集宰執僚佐命左司員外郎胡彝以詔稾示本乃以星孛地震赦天下仍命中書酬累朝所獻諸物之直擢用自英廟至今爲憲臺奪官者本讀竟白曰今警災異而畏獻物未酬直者憤怨以有司細故形諸王言必貽笑天下司憲褫有罪者官世祖成憲也今上御位累詔法世祖今擢用之是廢成憲而反汗前詔也復有邪佞贓穢者將治之邪置不問邪宰執聞本言相視嘆息罷去明日宣詔竟本遂稱疾不出

泰定四年諸臣以旱蝗請解職不允

按元史泰定帝本紀四年秋七月御史臺臣言內郡江南旱蝗荐至非國細故丞相塔失帖木兒倒剌沙參知政事不花史惟良參議買奴並乞解職有旨毋多辭朕當自儆卿等亦宜各欽厥職

致和元年敘用罪黜官吏以弭災異

按元史泰定帝本紀致和元年三月塔失帖木兒倒剌沙言災異未弭由官吏以罪黜罷者怨誹所致請量才敘用從之

順帝至元六年以災異下詔罪己

按元史順帝本紀至元六年七月戊午以星文示異地道失寧蝗旱相仍頒罪己詔於天下

至正八年監察御史張楨劾太尉阿乞剌及請降皇后爲妃以消災異皆不聽

按元史順帝本紀至正八年十一月監察御史張楨劾太尉阿乞剌欺罔之罪又言明里董阿也里牙月魯不花皆陛下不共戴天之讎伯顏賊殺宗室嘉王郯王一十二口稽之古法當伏門誅而其子兄弟尚仕於朝宜急誅竄別兒怯不花阿附權奸亦宜遠貶今災異迭見若不振舉恐有噬臍之禍不聽監察御史言世祖誓不與高麗共事陛下乃以高麗奇氏亦位皇后今災異屢起河決地震盜賊滋蔓皆陰盛陽微之象乞仍降爲妃庶幾三辰奠位災異可息不聽

至正十八年大同路有聲如雷有雲如火蒙古大都饑疫

按元史順帝本紀至正十八年三月辛丑大同路夜黑氣蔽西方有聲如雷少頃東北方有雲如火交射中天遍地俱見火空中有兵戈之聲

按明昭代典則戊戌三月辛丑夜大同路黑氣蔽西方有聲如雷頃之東北方有雲如火交射中天遍地俱見火光空中如有兵戈之聲冬十有二月蒙古大都饑疫時兩河山東被兵之民攜老幼流入京師重以饑疫死者枕籍宦者樸不花請市地收葬之前後凡二十餘萬人

欽定古今圖書集成曆象彙編庶徵典

第四卷目錄

庶徵典第四卷

庶徵總部彙考四

明一

明以欽天監掌占候星象

按明會典凡天文如日月星辰風雲霾霧本監各委官生晝夜占候或有變易舊例自具白本占奏正統後始會堂上官僉書同奏弘治十八年始用印信其觀象臺分定四面每面天文生四人專覘　凡每歲立春前期五日本監官面奏差官二員往順天府候氣至日回監具呈依書占奏　凡占候天象本監自洪武以來設觀星臺於雞鳴山上令天文生分班晝夜觀望或有變異開具揭帖呈堂上官當奏聞者隨即具奏

太祖洪武元年敕凡遇災異具實奏聞又令中書臺部集議便民事宜

按明會典祖宗克謹天戒後祥瑞而先災異洪武元年敕天下有司但遇災異具實奏聞　災傷國朝重恤民隱凡遇水旱災傷則蠲免租稅或遣官賑濟蝗蝻生發則委官打捕皆有其法云

按明昭代典則洪武元年八月上謂中書省臣曰近京師火四方水旱相仍朕夙夜不遑寧處豈刑罰失中武事未息徭役屢興賦斂不時以致陰陽乖戾而然耶朕與卿等同國休戚宜輔朕修省以消天譴參政傅瓛等對曰古人有言天心仁愛人君則必出災異以譴告之使知懼自省人君遇而能驚懼則天變可弭今陛下修德省愆憂形於色居高聽卑天實鑒之顧臣等待罪宰輔有乖調燮貽憂聖衷咎在臣等帝曰君臣一體苟知驚懼天心可回卿等其盡心力以匡朕不逮於是詔中書省及臺部集耆儒講議便民事宜可消天變者

洪武二年三月以災異祭告考妣九月令四方災異即時飛奏

按明會典洪武二年令災異即奏無論大小

按名山藏典謨記洪武二年三月告皇考皇妣曰兒為民牧惟恐弗勝伏見去年四方旱災今春風雨不調凶稔未卜惟徵時荒艱皇考妣茹草雜炊今何敢忘旬日草蔬糲飯與妻孥共食先答天譴敢告知之

按明昭代典則二年九月禮部尚書崔亮奏凡祥瑞應見皆為國家休徵按唐六典四瑞有大瑞上瑞中瑞下瑞其大瑞景星慶雲麟鳳龜龍之類上瑞白狼赤兔之類中瑞蒼烏朱鴈之類下瑞岐麥嘉禾芝草連理枝之類又按唐令凡祥瑞應見若麟鳳龜龍之類依圖書合大瑞者所司隨即表奏百僚詣闕上表拜賀告廟頒下其諸郡瑞并令所司轉申以聞若鳥獸之類有生獲以獻者仍遂其本性放之山野亦有可致者如連理枝之類則不須齋送今擬凡祥瑞應見若麟鳳龜龍之類合大瑞者許各處表奏不得泛言虛飾干惑上聽其餘諸瑞所在官司驗實圖進上曰卿等所議但及祥瑞而不及災異不知災異之來乃上天示戒所繫尤重今後四方或有災異無論大小皆令所司即時飛奏

洪武四年令天下勿奏祥瑞遇有災異即以上聞

按明會典四年令天下勿奏祥瑞

按大政紀七月令奏災異 按明國史紀聞通紀昭代典則等書俱作十月事

按明昭代典則洪武四年冬十月上嘗謂丞相汪廣洋曰朕觀前代人君多喜佞諛以飾虛名甚至臣下詐為瑞應以恣矯誣至於天災垂戒厭聞於耳如宋眞宗亦號賢君初相李沆日聞災異其心猶存警惕厥後澶淵既盟大臣首啓天書以侈其心羣下曲意迎合苟圖媚悅致使言祥瑞者相繼於途獻芝草者三萬餘本朕思凡事惟在於誠況為天下國家而可偽乎爾中書自今凡祥瑞不必奏如災異及蝗旱之事即時報聞廣洋叩首曰陛下敬天勤民孰大於此非惟四海蒼生蒙福誠為聖子神孫萬世之謨訓也臣謹奉詔旨

按明通紀四年十月上諭中書省臣曰祥瑞災異皆上天垂象然人之常情聞禎祥則有驕心聞災異則有懼心朕常戒天下勿奏祥瑞若災異即時報聞尚慮臣庶罔體朕心遇災異或匿而不舉或舉而不實使朕失致謹天戒之意中書其行天下遇有災變即以實上聞

洪武六年定日月蝕行禮之制

按明會典凡日月蝕洪武六年奏定若遇雨雪雲翳則免行禮

洪武九年以災異詔羣臣言事

按明昭代典則洪武九年閏九月詔曰朕本布衣因元季故遂與羣雄並驅險阻艱難更歷備至方得偃兵息民稱尊海內紀年洪武已九春秋矣邇來欽天監奏報五星紊度日月相刑於是靜居日省古今乾道變化殃咎在於人君思之至此皇皇無措惟爾臣民許言朕過於戲於斯之道惟忠且仁者能鑑之若假公濟私豈賢人君子之操非所望焉上以手詔諭山東布政使吳印曰嘗聞殷高宗思治而賢人入夢得傅說於版築殷藉以興周文王起磻溪之釣叟遂相武王而創八百年之業古有是君亦有是臣自是之後如是者蓋鮮昨天厭元德羣雄並起朕於是摧強撫順綱維海內以主黔黎已九年矣其間尚有不迪於教而麗法者欲以刑治之則不可勝誅姑緩其刑俾之輸作冀其向化期於無刑頃者天變於上朕心皇皇詔告臣民許言朕過獨卿敷露肝膽面陳國計朕以至意諭卿卿若夙夜如此爲國爲民非特盡心於朕卿之令名亦不朽矣時刑部主事茹泰素上書論時務五事累萬餘言上令中書郎中王敏誦而聽之虛文多而實事少次夕又於宮中使人誦之再三審其切要可行者四事纔五百餘言因慨然曰爲君難爲臣不易朕所以求直言者欲其切事情有益於天下國家彼浮詞者徒亂聽耳遂令中書行其言之善者具爲定式頒示中外使言者無事繁文

按明國史紀聞時下詔求言於是山東布政吳印御史孫化刑部主事茹泰素海州學正曾秉正各應詔陳言上多採納

按明外史曾秉正傳秉正南昌人洪武初薦授海州學正九年以天變詔羣臣言事秉正上疏數千言大略曰古之聖君不以天無災異爲可喜惟以祗懼天譴爲心陛下聖文神武統一天下天之付與可謂盛矣兵動二十餘年始得休息天之有心於太平亦已久矣民之思治亦切矣創業與守成之政大抵不同開創之初則行富國強兵之術用趨事赴功之人大統既立邦勢已固則普天之下水土所生人力所成皆邦家倉庫之積乳哺之童垂白之叟皆邦家休養之人不患不富庶惟保成業於未久爲難耳於此之時當盡革向之所爲何者足應天心何者足慰民望感應之理其效甚速又言天既有警則變不虛生極論大易陰陽春秋中外之旨帝嘉之名爲思文監丞

按葉伯巨傳伯巨字居升寧海人以國子生授平遙訓導洪武九年上書臣伏讀聖論因邇者五星紊度日月相刑詔臣民直言得失海內聞之懽呼雷動皆曰此禹湯罪己之道也凡有識知莫不敢竭志盡忠況臣愚蒙久承養育以至今日者乎臣竊惟漢晉唐宋之世凡有災異必由刑政失宜賢愚倒置遂至紀綱不振或制於權臣或移於宦寺或凌遲於女主或潰敗於戎翟上下偷安苟延歲月天變於上而不知戒人怨於下而不知恤天下已壞而莫之救也今天厭元德特命陛下以神聖之資掃除亂略薄海內外罔不臣服方宵衣旰食以圖至治漢晉唐宋之失舉皆無有然而日月星辰失序者得毋陛下鑑觀前世矯枉其弊又有太過者與臣觀當今之事太過者三曰分封太侈也曰用刑太繁也曰求治太速也何以明之日者君象也月者臣象也五星者卿士庶人象也詩曰彼月而食則維其常陰盛陽微斯爲不善矣是故日刑於月猶之可也日月相刑是月敢抗日臣敢抗君也陛下之有天下掃除羣雄如刈草芥包絡豪傑如使臂指將相大臣將數十萬衆戰必勝攻必取者朝廷遣一介名之則拱手聽命無敢後時況有敢抗者乎惟是都城過百雉國之害先王之制上下等差必有定分良以強幹弱枝遏亂原而崇治本爾今裂土分封使諸王各有土地蓋懲宋元孤立宗室不競之弊而秦晉燕齊梁楚吳蜀諸國無不連邑數十城郭宮室廣狹大小亞於天子之都優之以甲兵衛士之盛臣恐數世之後尾大不掉然後削其地而奪之權則必生觖望如漢之七國晉之諸王否則恃險爭衡否則擁衆入朝甚則緣間而起防之無及此皇天眷顧之甚或者譴告以相刑之象歟議者曰諸王皆天子骨肉分地雖廣立法雖侈犬牙相制其誰敢抗者臣竊以爲不然何不摭漢晉之事觀之乎孝景皇帝漢高皇帝之孫也七國諸王皆景帝之同祖父兄弟之子孫也一削其地則遽構兵西向晉之諸王皆武帝親子孫也易世之後迭相攻伐以危王室遂成劉石雲擾之患由此言之分封踰制禍患立生援古証今昭昭然矣此臣所以爲太過者也昔賈誼勸漢文帝盡分諸國之地空置之以待諸王子孫文帝早從誼言則必無七國之禍願及諸王未之國之先節其都邑之制減其衛兵限其疆理亦以待封

諸王之子孫此制一定然後諸王有賢且才者入爲輔相其餘世世藩屏與國同休割一時之恩倡子孫之利消天變而安社稷莫先於此臣又觀歷代開國之君未有不以任德結民心以任刑失民心者國祚長短悉由於此方冊具在可盡而鑑也蓋古者之斷死刑也天子必爲撤樂減膳誠以天生斯民立之司牧而教養之固欲其並生非欲其即死不幸有不率教者入於其中則不得已而授之以刑惟其仁愛之篤浹於民肌淪於民髓民思其德愈久而不忘故其子孫享國遠者至六七百年近者亦三四百年議者曰宋元中葉之後專事姑息賞罰無章以至亡滅主上痛懲其弊故制不宥之刑權神變之法使人知懼而莫測其端臣又以爲不然開基之主垂範百世一動一靜必使子孫有所持守況刑者民之司命可不愼歟夫笞杖徒流死今之五刑也用此五刑既無假貸一出乎大公至正可也而用刑之際多裁自聖衷遂使治獄之吏惟務趨求意旨深刻者多功平反者多罪或至以贓罪多寡爲殿最欲求治獄之平豈易得哉近者特旨雜犯死罪免死充軍矣又刪定舊律諸則減宥有差矣然未聞有戒勅治獄者務從平恕之條是以法司猶循故例雖聞寬宥之名未見寬宥之實所謂實者誠在主上不在臣下也故必有罪疑惟輕之意而後好生之德洽於民心必有王三宥然後制刑之政而後有囹圄空虛之效此非可以淺淺期也何以明其然也古之爲士者以登仕版爲榮以罷職不敘爲辱今之爲士者以溷跡無聞爲福以受玷不錄爲幸以屯田工役爲必獲之罪以鞭笞捶楚爲尋常之辱其始也朝廷取天下之士網羅捃摭務無餘逸有司敦迫上道如捕重囚比到京師所學或非其所用所用或非其所學洎乎居官一有蹉跌苟免誅戮則必在屯田工役之科率是爲常不少顧惜此豈陛下所樂爲哉誠欲人之懼而不敢犯也竊見數年以來誅殺亦可謂不少矣而犯者日月相踵良由激勸不明善惡無別議賢議能之法既廢人不自勵而爲善者怠也有人於此廉如夷齊智如良平少戾於法上將錄長棄短而用之乎將舍其所長苛其所短而置之罪乎苟取其長而舍其短則中庸之才爭自奮於廉智取其短而棄其長爲善之人皆曰某廉若是某智若是朝廷不少貸之吾屬何所容其身乎莫不苟且旦夕以求自免良以此也漢嘗徙大族於山陵矣未聞實之以罪人也今鳳陽皇陵所在龍興之地而率以罪人居之愁苦之聲充斥園邑殆非所以恭承宗廟意也且夫强敵在前則揚精鼓銳奮三軍之氣攻之必克擒之必獲可也今賊人突竄山谷如狐如鼠無窟可追以計求之庶可獲得願勞重兵以討彼方驚駭潰散入於深林大壑不可蹤跡之地與之較奔走則彼就熟路而輕行與之較死生則彼負必死之氣三軍之衆孰肯舍死而爭鋒哉捕之數年既無其方而乃歸咎於新附戶籍之細民而遷徙之數千里之地室家不得休居雞犬不得寧息况新附之衆向者流移他所朝廷許之復業附籍矣而又加遷徙是法不信於民也夫戶口盛而後田野闢田野闢而後賦稅增方責守令年增戶口正爲是也近者已納稅糧之家雖承旨分釋還家而其心猶不自安已起戶口雖蒙憐恤而猶見在開封祗候訛言驚動不知所出太原諸郡則又外界邊境民心如此甚非安邊之計也晉郭璞有言曰陰陽錯繆皆煩刑所致此臣所謂太過者也臣願自今朝廷宜錄大體赦小過明詔天下修舉八議之法嚴禁深刻之吏斷獄平允者超遷之殘酷裒斂者罷黜之鳳陽屯田之制見在居屯者聽其耕種起科已起戶口見留開封者悉放復業如此則足以降好生之德樹國祚長久之福而兆民自安天變自消矣昔者周自文武至於成康而教化大行漢自高帝至於文景而始稱富庶文武高帝之才非不欲使教化行富庶備也蓋天下之治亂氣化之轉移人心之趨向非一朝一夕故也今國家紀元九年於茲偃兵息民天下大定紀綱大正法令修明可謂治矣而陛下切切於民俗澆漓人不知懼法出而奸生令下而詐起故或朝信而暮猜者有之昨日所進今日被戮者有之乃至甫令而尋改已赦而復收天下臣民莫之適從甚不稱陛下求治之心臣愚謂天下之趨於治猶堅冰之及於泮也冰之將泮非太陽所能驟致陽氣發生土脈微動然後得以融釋聖人之治天下亦猶是也刑以威之禮以導之漸民以仁摩民以義而後其化熙熙孔子曰如有王者必世而後仁此非空言也求治之道莫先於正風俗正風俗之道莫先於守令知所務使守令知所務莫先於風憲知所重使風憲知所重莫先於朝廷知所尚則必以簿書期會獄訟錢穀之不報爲可恕而俗流失世敗壞爲不可不問而後正風俗之道得矣古郡守縣令爲民師帥以正率下以善導民

使化成俗美征賦期會獄訟簿書固其末也今之守令以戶口錢糧獄訟爲務至於農桑學校王政之本乃視爲虛文而置之將何以教養斯民哉以農桑言之方春州縣下一白帖督里甲回申文狀而已守令未嘗親視種藝次第旱澇戒備之道也以學校言之廩膳諸生國家資之以取人才之地也今四方師生缺員甚多縱使具員守令亦鮮有以禮讓之實作其成器者朝廷切切於社學屢行取勘師生姓名所習課業乃今廟鎮城郭或但置立門牌遠村僻處則又徒存其名守令不過具文案備照刷而已上官分部案臨亦但循習故常徵取遵依未嘗巡行廉訪也興廢之實上下視爲虛文小民不知孝悌忠信爲何物鬭爭之俗成奸詐之風熾而禮義廉恥掃地矣風紀之司所以代朝廷宣導德化訪察善惡者也顧其始但知以去一贓吏決一獄訟爲治而不知勸民成俗使民遷善遠罪爲治之大者此守令風憲未審輕重之失也王制論鄉秀士升於司徒曰選士司徒論其秀士而升於太學曰俊士大樂正又論造士之秀升之司馬曰進士司馬辨論官材論定然後官之任官然後爵之其考之詳如此故成周得人爲盛今使天下諸生考於禮部升於太學歷練衆職任之以事非不可以洗歷代舉選之陋上法成周然而升於太學者或未數月遽選入官間或委以民社臣恐其人未諳時務未熟朝廷禮法不能宣導德化上乖國政而下困黎民也顏回子奇之屬舉世不可驟得以賈誼之材識文帝猶疑其年少不用願開國以來選秀舉才不爲不多所任名位不爲不重自今數之在者有幾臣恐後之視今亦猶今之視昔昔年所舉之人豈不可深痛惜乎凡此皆臣所爲求治太速之過也昔者宋有天下蓋三百餘年其始以禮義教其民當其盛時閭閻里巷皆有忠厚之風至於恥言人之過失洎乎末年扞城之將力屈計窮往往視死如歸忠臣義士不可勝數雖婦人女子羞被汚辱此皆教化之效也元之有國其本固不立矣犯禮義之分壞廉恥之防自古未有不數十年棄城降敵者亦不可勝數雖老儒碩臣甘心屈辱大軍北征以來爲之死者何人乎其遺風流俗至今未革深可怪也臣謂莫若敦禮義尚廉恥守令則責其以農桑學校爲急風憲則責其先教化審法律以平獄緩刑爲急如此則德澤下流求治之道庶幾得矣郡邑諸生升於太學者須令在學肄業或三年或五年精通一經兼習一藝然後入選且令宿衛辦事以觀公卿大夫之能而後任之以政則其學識兼懋庶無敗事且以塞覬覦富貴僥倖爵祿之心也治道既得陛下端拱於上百官效能於下陰陽調而風雨時諸福吉祥莫不畢至尚何天變之不消也哉臣干犯天威罪在不赦書上帝大怒曰小子間吾骨肉速逮來吾手射之既至丞相乘帝喜乃敢奏命繫刑部獄瘐死獄中

洪武十三年以時令失調勅諭王本等

按名山藏典謨記洪武十三年十月勅王本等曰自春徂秋天災疊見惟秋之暮天氣尚暄諭爾齋沐精勤爾等奉命盡誠候及立冬朔風釀寒以成未令鳴呼感應如響古者三公四輔論道經邦理陰陽順四時乖戾則曰失職卿等尚竭忠勤用佐厥終

洪武十八年嚴有司隱諱災傷以災異求直言

按明會典凡報勘災傷洪武十八年令災傷去處有司不奏許本處耆宿連名申訴有司極刑不饒

按名山藏典謨記洪武十八年二月以陰雨久晦雷電間作詔中外有司下至編民卒伍苟有所見皆得盡言

按明國史紀聞二月詔求直言國子監祭酒宋訥獻守邊策上嘉納之

洪武十九年帝命編輯災異感應書賜名存心錄省躬錄

按明國史紀聞洪武十九年三月上命翰林儒士編集歷代帝王祥異感應可爲鑒戒者爲書名曰存心錄後復命贊善劉三吾編類漢唐以來災異之應於臣下者別爲一書名曰省躬錄至是成頒行之

洪武二十六年定獻祥瑞奏災異檢看災荒救護日月之制

按明會典二十六年凡各處獻來祥瑞禮部進其事收下如有非時災異卽時奏聞若遇日月交蝕預行諸司救護　又按會典二十六年定凡各處田禾遇有水旱災傷所在官司踏勘明白具實奏聞仍申合干上司轉達戶部立案具奏差官前往災所覆踏是實將被災人戶姓名田地頃畝該征稅糧數目造冊繳報本部立案開寫災傷緣由具奏

成祖永樂六年以水旱諭廷臣各宜修省

按明昭代典則永樂六年上御奉天門顧廷臣曰近日郡縣數奏水旱朕甚不寧右通政馬麟對曰水旱出於天數堯湯之世所不免今聞一二處有之不至

大害上曰爾此言不學故也洪範恆雨恆暘皆本於人事不修顧尚書方賓等曰朕與卿等皆當修省更須擇賢守令守令賢則下民安民安於下則天應於上麟言豈識天人感應之理麟慚而退

永樂二十一年禮部奏進諸瑞百官表賀不許

按明通紀二十一年八月禮部左侍郎胡濙進瑞光圖及椰梅靈芝具奏云今歲萬壽聖節太嶽太和山頂金殿現五色圓光紫雲周匝踰時不散又山石產靈芝椰梅結實符盛往年此聖壽之徵也於是禮部尚書呂震率百官進賀

按明昭代典則禮部左侍郎胡濙進太嶽太和山祥瑞禮部尚書呂震請賀上曰朕創建太和山宮殿上資福於皇考皇妣下爲天下生民祈福初非爲己且朕德涼薄不敢恃此爲祥其勿賀

永樂二十二年定踏勘災傷之例十二月作觀天臺

按明會典永樂二十二年令各處災傷有按察司處按察司委官直隸處巡按御史委官會同踏勘

按明昭代典則永樂二十二年十二月作觀天臺於禁中

仁宗洪熙元年正月賜侍臣天元玉曆祥異賦三月以災異詔求直言

按明昭代典則洪熙元年三月敕曰朕以眇躬處億兆之上御天下之大機務之繁殆難獨理是以下詔求言冀匡不逮此朕之實心也自即位以來臣民上章以數百計朕未嘗不忻然聽納言之而當即與施行苟有不當未嘗加譴此皆羣臣所共知者間因大理寺少卿戈謙所言過於矯激多非實事朕一時不能禁於心而羣臣有迎合朕意者交章奏其實直欲置諸法朕特優容令在職視事不得朝參自是以來言者益少豈爲無事可言歟抑懷自全之計而退爲默默歟今自冬不雪春亦少雨陰陽愆期必有其咎豈無可言而爲人臣者惟念保身亦何以爲忠朕之一時不能含容蓋未嘗不自省爾文武羣臣亦各思以君子之道自勉攄其嘉議嘉猷凡遇國家軍民利有未興弊有未革及政令有未當者咸直言之勿以前事爲戒而有所諱庶幾君臣相與之義戈謙自明日以後仍舊朝參故諭

按明國史紀聞洪熙元年正月賜三公及六部尚書天元玉曆祥異賦上初得此書示侍臣曰天道人事原非二途有動於此必應於彼朕少侍太祖每教以愼修敬天朕未嘗敢怠此書言簡理當左右輔臣亦宜知之遂命刊布親爲之序

宣宗宣德五年秋七月禮官請賀龍駒瑞麥嘉禾皆不許

按大政記云云

英宗正統四年更定賀瑞弭災之例

按明會典凡一切祥瑞應稱賀者正統四年勅諭止行在京衙門不必行移各王府在外文武官及土官衙門凡各處地震山川異常雨暘愆期等項奏到禮部案候年終類奏通行在京大小衙門及南京禮部幷各被災地方一體修省或有異常災變不在類奏之例者即行具題一應祭告寬恤修省事宜照災輕重議擬上請候旨施行凡民間一產三男令有司給米養贍

按明昭代典則正統四年六月皇帝勅諭南京守備襄城伯李隆參贊機務兼戶部尚書黃福及五府六部都察院等衙門官朕承大統夙夜祇勤惟天惟祖宗付託之重不敢怠逸比年以來停罷一切徵斂除漣負薄刑罰所冀四方咸遂生息今歲以來災沴數見京畿尤甚兼以各處水旱相仍軍民困苦洪範咎徵皆由人事此蓋朕不德所致也修省兢惕勉圖善道爾等皆與同休自今其體朕心以敬天愛人爲心毋懈夙夜夫持廉戒貪者善身之本至公絕私者善政之要欽哉勖哉無懈朝夕庶幾以回天意以固宗社生民之福爾等尚亦有利哉凡軍民一切利病及今可以濟時恤患除奸去弊之事許諸人指實直言無隱翰林編修劉定之上言十事一言號令之出宜求其大公至正久而無弊信賞必罰不爲苟且二言公卿侍從宜時常召見俾承清問因以觀其才能察其心術而進退之三言降人近處京畿宜漸分其類移置南地四言宜以京官出任郡縣使民得蒙循良之政五言宜做唐制朝官歷任之時舉賢良自代六言武臣子孫宜習韜略七言守令之官宜詳加察八言安富恤貧九言丁憂宜令終制十言宜遏僧尼疏留中不下

代宗景泰五年以災異詔求直言

按明國史紀聞景泰五年二月王竑上疏言去年正月山東河南及徐淮之境大雪異常夏秋雨水人民廬舍漂蕩麥稻淹沒顛連流徙逋者新春風雨連月寒沍倍冬不識天意何在嘗觀泰卦彖曰內陽外陰君子道長小人道消否卦彖曰內陰外陽小人道長

君子道消蓋陽爲君子陰爲小人今方春陽長其候類秋冬是陰盛陽微殆食祿者君子少而小人多故也然小人之行豈惴而無用鈍而不敏訥而無言愚戇而冒犯天怒者乎必其欺詐若誠敬便佞若忠鯁大貪若廉大奸若愚卽書所謂靜言庸違孔子所謂色厲內荏者是也伏望皇上念祖宗社稷之重上天咎徵之戒進君子退小人俾忠良者任政奸邪者屏處庶幾人事修而天變可回然欲知君子小人又本於聖德之明睿伏望日親講臣俾陳二帝三王與祖宗列聖養心修德之要以淸出治之源則邪正莫逃天鑑矣上嘉納之

按明通紀景泰五年五月南京大理少卿廖莊應詔上疏不報莊以庶吉士給事中陞大理寺丞再陞南京大理少卿時值災異下詔求言莊上疏仰惟上皇被留邊廷皇上撫有萬方屢降詔書以大兄皇帝鑾輿未復寇讎未報爲意皇上之心卽堯親九族敦五典之心也賴郊廟神靈皇上勝筭迎歸上皇於南宮臣遠臣未知皇上於萬幾之暇曾時朝見以敘天倫之樂敦友愛之情否也臣自爲翰林庶吉士刑科給事中大理寺丞時覩上皇卽位之初遣太師英國公張輔吏部尚書郭璡爲正副使冊封皇上奄有大國每遇正旦冬至令節羣臣見皇上於東廡而百官咸上皇兄弟友愛如此天下其有不治乎今幸上皇迎歸伏望篤親親之恩萬幾之暇時時朝見上皇於南宮或講明家法或商確治道仍令羣臣時令亦得朝見以慰上皇之心如此則孝弟刑於國家恩義通於神明災可弭而祥可召矣然其所係之重又不特此太子者天下之本臣愚竊以爲上皇諸子皇上之猶子也宜令親近儒臣誦讀經書以待皇嗣之生使天下臣民曉然知皇上有公天下之心蓋天下者太祖太宗之天下仁宗宣宗之繼體守成者此天下也上皇之北征亦爲此天下也今皇上撫而有之必能念祖宗創業之艱難思所以係屬天下之人心矣近年日食星變地震且陷山崩木溢災異疊見非止霜雪不時而已臣切憂心以爲弭災名祥之道莫過於此詞意悲切留中不報

景泰六年以水旱不調御史倪敬請節工費報聞

按名山藏典謨記景泰六年五月旱閏六月淫雨七月監察御史倪敬等言天氣失調災異迭見雨水霖霪軍民艱難臣等敢直陳修省之助竊惟府庫之財不宜濫予游觀之樂不可無節曩因齋醮累出藏金易米供給米價湧貴不免損民異端惑衆無耕蠶衣食之勞征科徭役之擾厚之如此則遐陬遠漠櫛風沐雨之窮軍荒年歉歲趨事赴役之饑民又將何以濟之近聞起造燕室龍船宴娛頻繁木石資餉爲費不少恐非所以保聖躬隆聖德也帝曰朕知

景泰七年以災異疊見道錄司仰彌高奏請平反諸獄詔從之

按名山藏典謨記七年六月淮安揚州鳳陽三府大旱蝗徐州大雨水河南亦大雨河決開封河南彰德淹沒無筭七月兩畿山東西江浙諸省蟲蝻旱疫九月戊子道錄司右元義仰彌高奏近聞東南蝗疫盛發河間等府旱澇相仍而圻甸之間盜賊充牣八月二十九夜迅雷雨雹九月初九太陽無光色紅如血薄暮太陰色亦紅近者陰霾連日不散此殆囹圄冤滯之徵乞勅法司明淸庶獄詔曰朕屢命諸司平反諸獄今有逮問未完速斷遣之

英宗天順元年以災異祈禱天地太廟社稷山川赦天下逮臺臣閣臣下獄以天變譴降有差

按名山藏典謨記天順元年七月丁卯上躬禱昊天上帝后土皇祇曰恭惟皇昚命臣承統卽位以來星變不消烈風震雷拔樹壞屋午門吻牌推毀承天門樓被災屢見變異深懼不勝意者事天法祖未盡誠歟爵賞刑罰未當歟忠良未盡用姦邪未盡去歟所見不明信讒佞歟節儉不崇侈財用歟徵斂掊剋之未息而刑獄冤濫之未雪歟思過省躬仰體仁恩大赦天下伏祈曲賜洪原用寧邦家臣不勝待罪惶懼之至復遣告於太廟社稷山川勅諭羣臣曰朕以非德膺乾復祚圖治雖勤應天無效六月丙寅承天門災朕心震驚罔知所措意者敬事天神有未盡歟善惡不分用舍乖歟曲直不辨刑獄冤歟征調多方軍旅勞歟賞賚亡度府庫空歟請謁不息官爵濫歟賄賂公行政事廢歟朋姦欺罔附權勢歟羣吏弄法擅威福歟征斂徭役之太重閭閻田里靡寧歟讒諂奔競之倖進忠言正士不用歟抑文武有司闒茸酷吏貪冒無厭致軍民失所歟此皆所由傷和致災而朕或未明也爾文武羣臣股肱耳目休戚惟均果有直言必當無隱其或躬蹈前非亦宜洗心改之遂下詔大赦天下

按明通紀天順元年五月逮十三道御史張鵬楊瑄等下獄後復逮都御史耿九疇羅綺內閣徐有貞李

賢皆下獄降謫有差時石亨曹吉祥等恃功恣橫御史楊瑄自河間印馬還京師劾奏亨吉祥家人占奪民田乞加禁約上謂有貞及賢曰御史敢言如此實爲難得命戸部覈實於是十三道御史張鵬合章糾亨不法兵科都給事中王鉉知之潛以告亨亨疑有貞與賢主使遂與吉祥泣於上前訴其迎駕奪門之功有貞等欲加排陷且言鵬乃已誅奸臣内官張末從子故結黨誣臣上怒命收鵬及瑄及十三道御史悉下錦衣衛獄究主使之者甯官奏右都御史耿九疇副都御史羅綺諷使爲此併執鞫之謂其阿附有貞及賢主使妄劾遂併下有貞賢於獄會是日晚雷雹大作雨雹如注大風拔木吉祥之門老樹皆折亨宅水深數尺京師震恐翌日即赦出有貞等降有貞賢皆參政九疇布政司綺亦參政御史盛顒等謫知縣瑄鵬俱謫戍遼東鐵嶺衛言路從此不通矣越二日上復留李賢爲吏部右侍郎時曹石專恣有貞輩亦欲遏其勢每沮其謀曹石銜之故起此大獄使非感召天變如此之速搢紳之禍殆不止於此矣

天順四年詔賑鄖水旱以欽天監湯序匿奏災異降謫之

按名山藏典謨記天順四年八月上諭戸部曰四方奏報水旱民多困苦朕甚憫焉其移文巡撫巡按官覆視災傷甚者租稅悉除輕者量蠲之不能自給者速發廩賑濟禁假校尉行事害人者

按明昭代典則天順四年閏十一月十六日早見月蝕欽天監失於推算不行救護上謂李賢曰月蝕人所共見欽天監失於推算如此因言湯序以禮部侍郎掌監事凡有災異必隱蔽不言或見天文有變必曲爲解說甚至書中所載不祥字語多自改削而進惟遇天文喜事却詳書以進且朝廷正欲知災異以見上天垂戒庶知修省而序乃隱蔽如此豈臣下盡忠之道賢曰自古聖帝明王皆畏天變實同聖意序若如此罪可誅也上曰今有此失法不可容於是收下獄降爲太常少卿仍掌監事

天順八年憲宗即位以災異戒飭羣臣

按名山藏典謨記憲宗即皇帝位五月大風雹飄瓦拔木壞郊壇勅曰朕雖在疚敬天恤民不敢忘慮天災屢見朕甚懼焉意者德未修政未舉歟心未誠行未至歟抑爾羣臣弛慢不飭無能匡輔安和歟其各恪恭以回天意

憲宗成化　年戸科給事中丘弘以災異疏請修省納之

按明外史丘弘傳丘弘字寬叔上杭人天順末進士授戸科給事中成化初上言水旱相仍天變屢見或征斂苛急流移未輯或土木漸興財用不節或賞罰過當請囑肆行内變鮮恭順之節左右無正直之人讜言莫褒忠鯁見斥願陛下痛加修省盡反前政因條上時務十一事帝頗納之

成化三年四月科道疏請修省七月戒諭廷臣

按名山藏典謨記成化三年七月勅曰地載失寧南京午門復有雷震之異朕齋潔求過爾在廷諸臣共朕天職得無有竊位蔽賢懷利徇私未達聽聞者乎夫怠而能勉過而能改知止足而能退朕所與也

按明通紀成化三年四月六科十三道上言近日以來或日月赤色或陰氣昏蒙或大風激烈或黃霧蔽天遼東宣府四川地震雖各遠在一方實關朝廷氣數況三廣四川兵革之後南北直隸水旱之餘公私俱困虜寇在邊此正側身修行思患預防之時伏望以敬爲所以慾自懲游戲宴樂無益之事必節之金豆銀豆無名之賞必罷之仍於萬幾之餘日御經筵講明聖學仍勅在廷臣工同加修省庶足以解天怒慰人心上嘉納之

成化四年六科以災異疏請修省上納之

按名山藏典謨記成化四年九月六科給事中魏元等言竊見今春以來災異疊見近又彗見東方皆陰盛陽微之證也臣聞君之與后猶天與地不可得參貳焉聞陛下於中宮有參貳之者禮部尚書姚夔等嘗言之陛下謂內事朕自處置屛息傾聽將及半年而昭德宮進膳不聞減中宮不聞增夫宮幃雖深視聽猶咫衽席雖微懸象甚著陛下富有春秋震宮尚虛豈可以宗社大計一付愛專情壹之所不求子孫衆多固萬年之業哉君者民父母也子有饑寒疾苦父母必寢食不安今四方旱潦民困日急盜賊日盛荊襄流民所在劫殺人心搖撼陛下覽饑民之奏不蒙省懼尚循故事付部施行尚書馬昻等持尋常活套之言以爲題覆殆猶子訴饑寒父母若不聞知今賣官鬻爵徧於內外征稅未罷內帑未發兩京文武大臣多奸貪蒙蔽之徒陛下謂先朝舊臣不忍遽去夫大臣者君之冢子而小臣衆子也若冢子慢惰衆子効尤父恬不治家道散矣至於僧徒過爲信待每遇生悠之辰輒費無限貲財建無益齋醮而西番劄

實巴等又加以法王名號賞賚隆厚出乘欆轎導用金吾計其奉養過於親王又朝廷賞賚無節玩好太多或印施經懺或塡寫佛經或爲繪畫之像或造寶石之具雲南等處鑛場採辦不止如此而欲民富國安不可得也伏惟陛下思祖宗傳體之重正宮闈之分罷征稅之務施賑濟之政革去法王等號勅止寺觀不得建醮修齋節無益之賞罷不急之好大臣不職者許其自陳休致則天變可弭治道克舉上曰宮中事朕自處之其餘所司施行十三道御史康永韶等亦奏比者雷震殿門風拔陵木旱澇地震中外迭聞星象垂異密邇三垣兼今西兵失利南北荐饑人事天時皆可憂懼臣聞太子天下本古者人君一娶九女以廣繼嗣今前星未耀宗廟神靈四海人物所托陛下宜念也伏望均六宮之愛協宜家之祥庶幾螽斯麟趾繩繩振振如是則大本立佛之無益從古論之今寵遇番僧有佛子國師法王名號儀衞過於王侯服玩擬於供御錦衣玉食徒類數百竭閭閻之脂膏奉虛幻之妄徒又多中國之人習爲番教圖寵貴者伏望資遣番僧使之還國若係中國人追奪成命使供稅役如是則民生厚祖宗以儉立國嚬笑不輕近年予既太濫用亦大奢一美珠而賞銀數百一寶石而累價巨千傾府庫之財易無益之物又後宮供奉倍增光祿常供不足以給則和買於外如唐宮市民心惶惶怨言盈路伏望節珠寶之費減宮闈之供如是則民心悅陛下即位之初放鷹犬罷土木海內欣欣近日以來土木漸興鰲山預建伏望痛自抑損罷去不急其採辦銀鑛印馬內臣已行者取回未行者停止如是則民困舒上納之命西天佛子劄實巴出所求田地歸民勅曰朕弗克修心正身近御家邦遠寧海宇將奚繇格高厚感神祇八月癸巳京都地震九月初以來彗見北斗朕齋潔自新祇告天地非徒言之爾文武羣臣輔朕尚各警怠去欺堅忠固節大將鑒之以不致罰朕將賚之以不負使三光上全九域下安豈非君臣同德之效與爾文武羣臣圖利之

按明國史紀聞成化四年九月兩河旱蝗王恕上疏曰蝗雖天災實關人事良由臣失職所致況河南頻年水旱加以荊襄盜起軍勞征調民困轉輸今歲買辦物料多於往年民何以堪伏望罷臣別選賢能代理尤望陛下去奢崇儉除祭祀軍需外一切不急之務無益之事悉從停止庶天意可回災沴可弭矣

按山西通志憲宗成化四年繁峙太峪口山崩者數處水漲平川高數丈水退有巨石橫居周圍五丈其厚二丈五寸或疑爲老松所化云

成化五年兵科給事中郭鏜劾禮部奏祥匿災之罪帝置之

按明昭代典則成化五年十二月兵科給事中郭鏜奏今年正月河南布政司奏地震旣而掌太常寺事李希安奏甘露降俱下禮部尚書鄒幹即以甘露事上聞臣備位諫官適覩二事不敢不言蓋遇災異則懼心起悅休祥則驕心萌懼則修德驕則怠政故聖人不貴祥瑞春秋獨紀災異商之中宗高宗桑穀生庭雉雊鼎耳二君因巫咸祖己之言恐懼修省變災爲祥故能享國長久商道益隆漢文景時日蝕地震山崩川湧星變之異未易遽數二君恐懼修省今年下詔勸農桑明年下詔減租稅以致民和氣應海內富安惟遇災而不知懼者然後亂亡隨之皇上踐祚於茲六載位列大臣職居典禮者正當如巫咸之告君祖己之正事鄒幹等乃以先奏地震遲留不言顧以後奏甘露諂言瑞應跡其所存實懷容悅之私伏願皇上以年豐爲瑞以民安爲祥以賢才爲寶遇災而懼聞瑞不喜仍罷幹希安二人以謝天下及禁約天下今後不許獻言祥瑞仍以地震天旱因災求言博訪政事缺失民間疾苦以次施行使天下後世知皇上不愛祥瑞不近諂諛懼災修德其爲瑞應豈不大哉上曰朕未嘗以此怠於德政郭鏜安得爲此言姑置之

成化六年尚書白圭編修陳音以災異陳時政

按名山藏典謨記成化六年二月兵部尚書白圭等言陝西延慶平凉等處人民累遭寇掠加以官府酷虐轉徙流離困苦已極四川瘡痍未瘳兩廣盜擾未息疫癘大行於閩粵災異迭見於淮南且旱潦相仍者連歲南北畿甸河南山東雨雪愆期二麥槁死而荊襄流民以四十萬計衣食所迫姦盜繇之乞簡兩京大臣循行天下考覈政事黜罷不才官吏便宜興革其有巡撫官者就委行之上曰其與吏部計

按明外史陳音傳音字師名莆田人天順末進士改庶吉士授編修成化六年三月以災異陳時政言講學莫先於好問陛下雖間御經筵然勢分嚴絕上有疑未嘗問下有見不敢陳願引儒臣賜坐便殿從容咨論仰發聖聰異端者正道之反法王佛子眞人宜

一切罷遣致仕尚書李秉在籍修撰羅倫編修張元禎新會舉人陳獻章皆當世人望宜召還秉等而置獻章臺諫言官多緘默願召還判官王徽評事章懋等以開言路忤旨切責

成化七年以災異屢見吏部尚書姚夔疏請弭災修德

按明昭代典則成化七年屢有災變姚夔上弭災修德疏曰伏惟皇上春秋鼎盛之日正嗣續繁衍之時柰震位尚虛切繫人望天與祖宗之意固自有待然臣區區愛戀之私有不能已前代遠事不敢援引切見英宗睿皇帝聖旨臨祚以來克遵祖訓以御家邦而慈懿皇太后貴妃宸妃以下皆有關雎之德螽斯之美所以子孫衆多本支隆茂伏乞皇上修身養德感天格祖思國本之爲不輕思宗社之爲至重思聖體之當愼惜思聖愛之當均溥將見六宮奉職則百斯男九廟降祥本支百世實爲天下大幸然此事自陛下身心上用力非求神奉佛所能致也若西山塔院勞民傷財宜在停罷阿叱嗶之流惑世誣民宜在斥回其餘府庫金銀綵緞俱是民間膏髓不宜浪自費用內局諸作匠役未爲重大勤勞不宜濫與官爵此皆足以名災異者也先儒眞德秀有言人主修德講學則天下安昆蟲草木各得其所此言誠爲至論伏望皇上奮發乾剛痛自省改仍乞每日視朝之後依祖宗及英宗皇帝初年未變時故事駕御文華殿留心講筵裁決政事開誠心布公道以來善言親君子遠小人以圖治化凡一服食之所一言動之間悉依祖宗舊規如此而天意有不回災異復有降者臣甘當萬死不辭也

成化八年以災異屢見工科都給事王詔請節財用愼名器不允

按明昭代典則八年秋七月丙午陝西隴州大風雨雹有如牛者五州之北山吼三日裂成溝長半里工科都給事中王詔等言陛下紹承鴻業於茲九載頻年天變於上而星妖示見地變於下而江海泛溢或炎夏霜降或平地阜出或猛虎食人或雨雹傷稼加以水旱相仍瘟疫流行軍民疾苦日甚一日於是汰冗官去冗食以節國用以救凶荒猶且緩不及事乃因寺成碑完而濫陞官爵如此彼西征北伐捐軀隕命之人將何以酬之方修寺之初臣等失於論諫固已獲罪於陛下不容於淸議矣於此而又不言如祖宗設官之意何伏望斷自宸衷追寢前命則名器不濫國體斯正矣不允

成化九年以災傷祭告岳瀆蠲免稅糧

按明昭代典則九年四月總理河道刑部侍郎王恕奏去年自京師直抵揚州南北三千餘里水旱災傷今歲雨雪少降狂風彌月土乾麥槁民不聊生迺三月初四日山東地方忽暗黑如夜乞詔廷臣講究恤患之策幷祭告各處山川之神上曰山東旣災重民艱須行實惠今年稅糧盡與蠲免仍遣禮部左侍郎劉吉往祭告東嶽泰山東鎭沂山及東海之神以祈雨澤

成化十一年命欽天監所占天象會本封進

按明昭代典則十一年夏四月命欽天監所占天象會本封進欽天監五官靈臺郎劉伸奏自洪武以來凡天象有變本臺官輒自具奏不用本監印信至正統間監正彭得清等始變舊制且本監官俱故陰陽官子孫係專門之學所奏天象據舊書以爲占候今掌監事太常少卿童軒出自科目以天象隱匿不奏又所奏多增損舊書不以實對上宥之命所占天象仍會本封進

成化十二年定踏勘被災田畝之例御史薛爲學等以災異請飭兵備詔議之

按明會典成化十二年令各處巡按御史按察司官踏勘災傷係民田者會同布政司官係軍田者會同都司官

按明昭代典則十二年夏四月御史薛爲學等言近者滿都魯自稱可汗亂加思蘭亦自稱太師逆謀已著一旦大舉入寇倉卒之間難於制馭況今災異屢見南京地震陰霾榆林天鳴如砲流星隕於城中有聲大抵皆兵象也乞勅在廷文武大臣及科道等詳議兵備若不先時而慮患至而後圖之不曰將才難得則曰軍士不足不曰器械不備則曰糧餉不給失機貽患可勝道哉上命所司詳議以聞

成化十三年六月御史戴縉以災異請復西廠十一月浙江巡按御史侶鍾以災變疏請修省從之

按明昭代典則十三年六月御史戴縉言近年以來災變荐臻伏蒙皇上諭兩京人臣同加修省未聞大臣進何賢才退何不肖亦未聞羣臣革何宿弊進何謀猷惟太監汪直緝捕楊曄吳榮等之姦高崇王應奎等之貪奏釋馮徽等寃抑之囚禁襄河害人之弊是皆允合公論足以服人警衆柰其部下官校韋瑛

等張皇行事大臣奏蒙俞允即將西廠革罷伏望推誠任人及時修政上悅其言命所司議行之時西廠方革人心稍安縉九年考滿不遷以西廠雖革汪直猶幸乃假災異建言頌直功德以覬倖進先以奏草示直然後上之於是直復開西廠詗察益苛人不堪命勢焰薰灼天下聞而畏之其禍端實肇於縉冬十一月浙江杭州大雷雨虹見巡按浙江御史侶鍾言按月令八月雷始收聲二月雷乃發聲今十一月初旬一陽始生正閉藏之時而乃雷電交作虹霓出見皆為非時乞加修省事下禮部覆奏近年杭湖等府旱澇相仍今又值此災變不可不預為警備宜移文巡按及都布按三司等官痛加修省伸冤抑捕強橫撫恤軍民操練士馬從之

成化二十一年以災異詔陳時政赦天下

按名山藏典謨記二十一年正月甲申朔申刻有火光自中天少西下墜化白氣復曲折上騰其聲如雷蹌時西方復有流星如碗大赤色自中天西行近濁尾跡化白氣曲曲如蛇形良久正西轟轟如雷震地須臾止勅曰上天垂戒災異迭見歲暮及今正旦星變有聲如雷朕甚驚懼爾文武百官其指陳國家生民之利病朕采行之庚寅詔曰朕思惟艱荷罔敢自逸治效未著災沴迭興地道弗寧天時亢旱朕切憂遑齋心勤禱遣廷臣祭告山川奈歲竟不登而河南山東畿內率多饑饉陝西山西尤劇至有棄恆產家室不相顧元元何辜罹此危阨朕已博采羣議發內帑倉儲勅所司小大賑濟期此矜人咸歸樂土不意冬暮春初星變有聲朕愈兢惕救勅廷臣備陳時政采納而行今春時和祇承資始之仁誕敷寬恤之典其大赦天下

欽定古今圖書集成曆象彙編庶徵典

第五卷目錄

庶徵典第五卷

庶徵總部彙考五

明二

孝宗弘治元年以災異疊見諭德張昇御史張昺曹璘等疏言時政

按明昭代典則弘治元年四月天壽山大風雨雹先是大學士萬安尹直既被劾罷劉吉慮科道有言乃阿結科道昏夜款門遂建言當超遷掌科道之官待以不次之位祈免彈劾左庶子張昇上疏謂應天之實有大本有急務大本在心急務在政心在陛下罔當無時而不謹畏矣政以人才爲先人才以輔臣爲先可不慎乎初科道首以萬安劉吉尹直爲言安與直以次罷遣惟吉偃然獨存知今日惟科道得言遂欲超遷科道不知朝廷用人惟取賢能不論方類吉柔佞取悅無所不至自是科道無復肯言而舉臣靡然附之臣思陛下方日御經筵虛心聽納吉以患失部夫爲講官領袖臣與之旅進旅退實汗顏也先時貴戚萬通萬喜萬達等依憑宮闈兇焰熏灼吉與締姻請托公府賂入私門李林甫之蜜口劍腹賈似道之牢籠言路吉實合而爲一因數吉十罪請亟譴斥以應災變以回天意疏上御史魏章等阿吉意交章劾昇左遷昇南京工部員外郎

按明外史張昇傳昇字啓昭南城人成化五年進士第一授修撰歷諭德弘治改元遷庶子大學士劉吉當國昇因天變疏言陛下卽位言者率以萬安劉吉尹直爲言安直被斥吉獨存吉乃傾身阿佞取悅言官昏暮款門祈免糾劾許以超遷由是諫官緘口奸計始遂貴戚萬喜依憑宮壼凶焰熾張吉與締姻及喜下獄猶爲營救父存則移居各爨父沒則奪情起官談笑對客無復戚容盛納豔姬恣爲淫黷且歷數其納賄縱子等十罪吉憤甚風科道劾昇誣詆調南京工部員外郎昇在部五年遇災異輒進直言亦數爲言者所攻然自守謹飭　按張昺傳昺擢南京御史弘治元年七月偕同官上言頃陛下免喪遣官告孝陵將祭陰雲忽變暴風大作豈皇祖神靈以是啓陛下俾益謹履霜之戒與請略陳之邇臺諫交章論事矣而扈蹕糾儀者不免錦衣捶楚之辱是言路將塞之漸也經筵既舉矣而封章累進卒不能回寒暑停免之說是聖學將怠之漸也內侍雖斥梁芳而賜祭仍及使辟是復啓寵倖之漸也外戚既罪萬喜而莊田又賜皇親是驕縱姻婭之漸也左道雖斥而符書尚揭於宮禁番僧旋復於京師是異端復興之漸也傳奉雖革而千戶復除張質通政不去張苗是傳奉復啓之漸也織造停矣仍聞有蟒衣斗牛之織淫巧其漸作乎寶石廢矣又聞有戚里不時之賜珍玩其漸崇乎詩云靡不有初鮮克有終願陛下以爲戒帝嘉納之先是南京御史黎鼎等以雷震孝陵柏樹與昺劾大學士劉吉等十餘人給事中周紘亦與同官方向等劾吉吉銜之　按曹璘傳璘授御史弘治元年七月上言近日星隕地震金木二星晝見雷擊禁門皇陵雨雹南京內園災狂夫叫閽景寧白氣飛騰而陛下不深求致咎之由以盡弭災之實經筵雖御徒爲具文方舉輒休暫行遽罷一年之中豈半不學日所接者宦官宮妾而已所謂一日暴之十日寒之者也願日御講殿與儒臣論議罷大學士劉吉徐溥尚書周洪謨侍郎李嗣何琮呂雯謝宇以消天變臣昨冬曾請陛下墨衰視政今每遇節序輒漸御黃衮從官朱緋三年之間爲日有幾宜但御淺服且陛下方諒闇少監郭鏞乃請選妃嬪雖拒勿納鏞猶任用何以解臣民疑祖宗嚴自宮之禁今此曹干進紛紜當論罪朝廷特設書堂令翰林官教習內使本非高皇帝制詞臣多夤緣以干進而內官亦且假儒術以文奸宜速罷之諸邊有警輒命京軍北征此輩驕惰久不足用乞自今勿遣而以出師之費賞邊軍帝得疏不喜降旨譙讓

弘治二年以災異問消弭之道刑尚何喬新條奏修省事宜議行之

按名山藏典謨記弘治二年正月以災異問輔臣消弭之道七月勅曰近京師大雨水南京又有風雨之異朕躬祇天戒爾文武百官其修省斟酌以缺政聞於是廷臣各言事皆從之

按何喬新集題爲修省事該刑部題前事節該太監

尋傳奉聖旨近日京城雨水爲災南京奏大風雷雨之異朕當檢身飭行祗謹天戒爾文武百官尤當各加修省勉圖報稱毋事因循各衙門政事有缺失當舉行改正斟酌停當來說欽此欽遵臣等備員法司所掌者刑所講者律不敢泛及他事竊惟刑律之制肇自虞之象刑其後夏有政典商有官刑周有三典以及漢唐宋而律書日繁我太祖高皇帝肇造區夏本諸欽恤之心旁採漢唐之制定大明律以爲輔治之具輕重適中度越前代矣列聖相傳因時制宜又有事例以輔律之不及內外法司遵守惟謹迨今百有二十餘年罔敢違越然律文深奧百司官吏講解未明或一字之差而害一條之義及其引律斷罪往往有乖律意承訛踵謬不知其非此乃有司因襲之弊非聖祖制律之本意也夫律意不明則刑罰不當刑罰不當則民有不得其死者矣臣等謹條今之擬罪有當改正者於後伏乞聖明裁處參酌輕重著於典章頒行天下永爲遵守臣民幸甚等因具本奉聖旨這本恁還會都察院大理寺詳議停當來說欽此欽遵會同都察院右都御史屠等大理寺卿馮等詳議得凡告子孫及子孫之婦不孝并監臨官因公毆人至死及因事威逼人致死律例甚明近來有司遇有告子孫及婦不孝者不問虛實卽坐重罪因公毆人致死者雖不曾用慘酷刑具俱作酷刑官員起送吏部奏請降調愚民或因忿爭小故致令自盡者俱坐以威逼致死此皆有司因襲之弊殊失律意合依本部所擬改正通行內外法司永爲遵守庶幾不失聖祖制律之意其邊遠充軍江南等處發西北衛分江北等處發東南衛分律有坐定地方但近年兵部奏稱內外法司問該充軍人犯俱要就近編發以便勾取合無照依見行事例發遣其言國初定律之時鈔重而物輕經今百有餘年鈔輕而物重要將銀每一兩銅錢每一千文各估鈔四十貫揆之時估固爲有理但銀錢估鈔行之已久合仍依原估其他一應貨物委有估計失當臣等再行斟酌估計務在輕重得中另行具奏定奪緣節該奉欽依還會都察院大理寺詳議停當來說事理未敢擅便今將會議過緣由開坐謹題一節該伏覩大明律內一款凡罵祖父母父母及妻妾罵夫之祖父母父母者並絞註云須親告乃坐又一款其祖父母父母誣告子孫子孫之婦者各勿論欽此竊詳律意蓋謂祖父母之於孫父母之於子天性之至親也子婦悖戾至於毆罵其親故坐以絞然恐人誣告致罪故云須親告乃坐謂之親告乃坐者以見他人雖告不坐也近見問刑衙門遇有祖父母父母告子孫及子孫之婦罵者不問虛實輒坐以絞是乃親告卽坐非親告亦坐矣使凡親告卽坐何以有誣告子孫之律乎凡人之誣告子孫及子孫之婦者多出於愛憎之偏有因後妻之譖而憎前妻之子者有溺愛少子而惡其長子者有欲奪孫之資產以歸其子者有憎其孫遂及其婦者使親告卽坐則雖恭順如薛包孝友如王祥者父母一有誣告將不免於死況於其他乎合無通行內外問刑衙門今後若祖父母告子孫及子孫婦不孝者必須追究得實然後坐罪如律若祖父母父母偏私誣告仍依誣告子孫律擬斷庶無乖聖朝制律之意而充全天性之恩矣一節該伏覩大明律內一款凡官司決人不如法者笞四十因而致死者杖一百均徵埋葬銀一十兩若監臨官因公事於人虛怯去處非法毆打及自以大杖或禁兩手足毆人至折傷以上者減凡鬭傷罪二等至死者杖一百徒三年追埋葬銀一十兩若於人臀腿受刑去處依法決打邂逅致死及自盡者各勿論欽此查得見行事例各處有司及問刑官有用腦箍夾棍烙鐵悶馬棍等項酷刑官員問罪起送吏部奏請定奪或降雜職或發爲民蓋所以懲戒殘忍之徒也近見內外官司或因督責公事或因考訊獄囚依法決打致死人命者問刑衙門一槩擬作酷刑黜罷殊與律例不合且鞭作官刑扑作教刑自古有之但不當肆爲殘忍以毒其民耳若因公事決打致死輒出爲民非律例之意也合無通行內外問刑衙門今後有犯除用腦箍夾棍烙鐵悶馬棍等項慘酷刑具及於虛怯去處毆打致死者照例問罪爲民其餘如因公事或笞或杖於臀腿去處決打致死者各依本律科斷不在起送降調之例庶於情法得中一節該伏覩大明律內一款凡因事威逼人致死者杖一百追埋葬銀一十兩欽此竊詳律意蓋謂諸色人等或逼取田園或強索財物或見其愚弱而恐之以罪或因其卑賤而脅之以威其人畏威懾勢以至自殺者坐以前罪仍追埋葬之資給與死者之家近見街市愚夫愚婦或一時語言忿爭或偶因酒醉戲罵本無用威挾勢凌逼情由而愚民輕生輒便自盡者官司往往問擬威逼罪名追給銀兩殊非律意其罪雖止於杖然監追銀兩有力者隨卽送

官貧窘者淹禁連月甚至於鬻子女典房屋而後完納深爲可憫合無通行內外問刑衙門今後遇有此等四犯研審明白果係因事威逼人致死者依本律科斷若因一時忿爭或因醉戲謔互鬬等項致人輕生自盡別無逼迫之情者止依不應井毆罵人等項律條科斷不必追銀庶幾情法相當而死生無憾一伏覩大明律邊遠充軍條內開江南井浙江江西等布政司府分發定遼山西等都司所轄衛分充軍江北山西陝西等布政司府分發廣東廣西等都司所轄衛分充軍竊見近來編發充軍四犯不分南北多發西北邊衛充軍蓋以西北近邊故欲塡實邊衛也然此等四犯多是原問斬絞罪名饒死及一應奸頑梗化輕於犯法之徒往往隨到隨逃仍復爲惡雖有仍問死罪處決之例然逃者接踵終不知警況中間又有外國諳知邊情恐其乘隙逃入外地爲之謀主啓釁擾邊不可不防漢之衞律宋之張元可爲未鑑合無今後編發充軍四徒仍照律內所定地方原係北人者編發江南衛分原係南人者編發江北衛分庶可革其屢逃之弊亦可免意外之虞一伏覩大明律凡四百六十條其間計贓科罪者居多至於計贓又須估鈔方可定罪然計贓科罪者律也律一定而不可易以贓估鈔者例也例所以輔律可隨時損益之但國初制律之時每銀一兩値鈔一貫今則値鈔八十貫是國初常人盜銀八十兩方得絞罪監守盜銀四十兩方得斬罪今常人盜銀一兩監守盜銀五錢卽坐絞斬罪名雖曰民俗澆漓恐人易犯故重以繩之然非祖宗制律之本意查得正統成化年間都御史陳智監察御史李志剛等各有論奏或欲照依國初估鈔常人盜銀八十兩方坐絞罪或欲照今時估常人盜銀一兩卽坐絞罪合而論之贓輕罪重者似過於刻贓重罪輕者似過於縱況陳智等擬奏時估止稱銀兩銅錢而貨物固未之及其後估計貨物雖有定規一向遵行就中輕重失倫者亦多如綿被一件値銀不過七八錢乃估以一百貫金一兩値銀不過五六兩止估以一百六十貫大車一輛値銀十餘兩而以七十貫估之柴草一大車値銀五六錢而以一百貫估之其他估計失當者不可枚舉依此論罪刑罰豈能得中合無今後估計鈔貫銀每一兩銅錢每一千文各値鈔四十貫其餘馬騾等畜井諸般貨物本部會同都察院大理寺從公斟酌估計務在合乎人情宜於時俗定擬停當通行內外問刑衙門遵依折錢擬罪庶幾得輕重之中而不失制律之意矣弘治二年九月十八日刑部尚書何等具題本月二十一日奉聖旨這本內罵祖父母一條係干倫理還著吏部會同戶禮兵工四部及通政司六科將律意講明來說其餘准擬

弘治四年丘濬以災異上時政疏

按明國史紀聞弘治四年冬十月丘濬上時政疏曰成化時彗星三見徧掃三垣地無慮五六百震逼者彗見天津地震天鳴無虛日且異鳥三鳴於禁中考諸經史天變莫大於彗孛在三垣三台九重地變莫大於震動在京師邊防爲急矧禽鳥動物得氣之先春秋二百四十二年書彗孛者三地震者五飛禽者二今乃屢見於二十五六年之間甚可畏也臣願體上天仁愛念祖宗基業端身以正本清心以應務謹好尚勿流於異端節財費勿至於耗國公任使勿失於偏聽禁私謁以肅內政明義理以絕神奸愼儉德以懷永圖勤政務以弘至治庶可以回天災消物異帝王之治可幾也疏凡十餘萬言

弘治五年以各省水旱馬文升請賑恤訓練納之

按明外史馬文升傳弘治五年山東久旱浙江及蘇松諸府水災文升請命所司加意賑恤訓練士卒以戒不虞帝褒納之

弘治六年以災異詔鎭巡官修省從西安知府嚴永濬請命罷織工

按名山藏典謨記弘治六年十二月以災異疊見諭在外鎭巡等懲貪暴賑困窮防賊寇撫軍民痛加修省西安知府嚴永濬疏言災變之來恆以類應天久不雨陛下近察禁幄服御之物遠驗工作司局之費則德澤流滯皎然可知下工部罷命織未就者悉罷

弘治七年以災異詔言時政得失

按名山藏典謨記弘治七年正月二月以災異命羣臣修省井極言時政得失軍民利病

弘治八年以災異求直言文武大臣耿裕胡爟等條奏不省

按明昭代典則弘治八年十二月靖虜衛天鼓鳴河南江西大震電詔求直言

按明國史紀聞中官李廣以燒煉齋醮得幸於上戶部主事胡爟乃上言地震之類災之小者也西北旱熯父子相食東南饑疫骨肉流離此大變也陛下深居九重左右蒙蔽未之知耳今李廣楊鵬引用劉良

輔輩以左道惑亂聖心齋醮靡費差遣在外如虎橫行吞噬無厭士大夫昏夜乞哀於宦官貴戚交相賄托不以爲恥言官有所舉劾瞻前顧後苟且塞責陰盛陽微災異曷由弭乎乞用臣言則邪妄斥而陰慝消矣疏入不報

按明外史周經傳弘治八年文武大臣以災異陳時政經爲具奏章而奏中斥戲樂一事深中帝諱密令中官廉草奏者尚書耿裕曰疏首吏部裕實具草經曰疏草出經手即有罪罪經世兩賢之

弘治十年以災異詔求直言刑部主事鄭岳下獄

按明昭代典則弘治十年五月京師風霾各省天鳴地震詔求直言時有刑部主事鄭岳以直言下獄戸部侍郎許進疏救得赦

按福建通志弘治十年七月十二日雷雨晝晦大風飛瓦大樹皆折

弘治十一年定奏報災傷限期禮科給事中馮子聰請停工役以弭災

按明會典弘治十一年令災傷處所及時委官踏勘夏災不得過六月終秋災不得過九月終若所司報不及時風憲官徇情市恩勘有不實者聽戸部參究

按名山藏典謨記弘治十一年四月禮科給事中馮子聰言壽寧侯賜第役作未休毓秀亭繼之興濟廟繼之甎石鏤木百匠並興帖翠塗朱萬民失業工延累歲費過鉅萬今者四方天鳴地震水旱災傷京師風霾連日陛下高拱九重耳不聞中外愁歎之聲目不擊斯民貧苦之狀土木之工不止豈謂世道之際方亨乞將臣言下所司集議緩急區別停減下所司

弘治十二年科道魏江姚壽等請愼名器以弭災變

按名山藏典謨記弘治十二年十月吏科都給事中魏江監察御史姚壽等言邇清寧宮重修告成匠官人等陞授夫清寧方災闕里繼之亢旱星文加之示變陛下降詔修省而名器反濫乞照宣德以來及近年增修祧廟舊例量與恩賞庶盡修弭之道

弘治十三年吳世忠林瀚疏論災異

按野史吳世忠傳弘治十三年寇犯延綏大同世忠言天變屢徵火患頻發雲南地震壓萬餘家大同馬災踰二千匹此天意足憂也　按明外史林瀚傳瀚歷吏部左右侍郎弘治十三年拜南京吏部尚書以災異率羣僚陳十二事

弘治十五年以災異詔羣臣言事劉健馬文升疏奏皆允行

按名山藏典謨記弘治十五年五月以災異修省下羣臣言事劉健請早朝以勤政日講以視學節儉以省費剛斷以決事納之十月工部奏太監李典請辦元宵烟火物料有旨減半民受賜已今天示頻仍災變迭生乞通停罷許之

按野史馬文升傳弘治十四年自太子少保屢加至少保兼太子太傅明年南京鳳陽大風雨壞屋拔木文升請帝減膳撤樂修德省愆御經筵絕游宴停不急務止額外織造賑饑民捕盜賊已又上吏部職掌十事帝悉褒納

弘治十六年雲南災異疊見遣樊瑩巡視劾奏兩省溺職官吏

按名山藏臣林記席書歷戸工二部主事時雲南晝晦者五日南京刑部左侍郎樊瑩巡視雲貴奏黜貴州一省官自參政而下三百餘員以應災變書上言自古弭災之道人君則修行側身大臣則引咎去位然後察百寮舉庶政未聞災出一方壓罪本方之吏近歲雲南景東衞雲迷霧慘晝晦五日陶孟等處各有地震雷火等災皇天后土昭示非常愛陛下至矣樊瑩奏黜貴州省官三百餘員意謂不職所召臣竊謂此等災異繫朝廷不繫雲貴繫天下不繫一方在近不在遠在大臣不在小臣謹按春秋梁山崩不書晉者爲天下記異也宋眞宗時彗出應在齊魯帝曰朕以天下爲憂直一方耶詔求直言減膳避位而彗遂滅推古證今殆可知已天地之氣譬一人一身平時調攝有道元氣無虧然後肢骸無滯癰毒不作若居常寒暑失和飮食失度情欲失節則元氣內損血脈不周癰疽壅腫或發胸背或發手足今天下京師人首也兗豫荆徐腹心也靑齊浙陜手也川廣雲貴足也手足疾作補其氣血理其榮衞則內氣壯而餘毒消苟藥石鍼砭專攻毒所竊恐病根未除將入腹心雲貴災異正如手足毒疾今議弭災修政專治災作處所豈非舍血氣之本源攻手足之末流天子四海爲家中國爲身雲貴雖遠疾痛疴癢未有不切陛下氣脈者夫天下以軍民爲根本軍民以財力爲氣脈財力足則生養遂生養遂則人心和而天變不見於四方近年諸邊重鎭寇患不止腹裏地方水旱相仍縣官疲征斂小民困徵求有鬻子輸官者有出產無貿者民窮財盡莫甚此時而光祿寺諸監局供應進用數倍先年冗食官員積至累千投充匠較積至累

萬修齋設醮歲靡虛月僧道坐食無紀寺觀營築無停蘇浙織造無已近臣賞賜無度皇親之家侵奪軍民網羅市利大小內官凡繫軍馬錢穀衙門日漸加添幾倍祖宗時大獄據招詞而不敢辨刑官知冤抑而不能更大臣直言在閑未起用小臣言事被謫未原復文官傳奉有之武官不由兵部有之雜流外品僭濫名器乖政傷和致災之由孰過於此近中外報災陛下累下寬恤尚書馬文升等請減派恤民卽日施行陛下好生之心可謂至矣然使陛下徒有其心而民財民力日益耗瘁者法不振故也夫法者祖宗之法天子與臣下百世守者也設有諸事如臣所言爲大臣者不惜爵寵不避權勢確執成憲一不允至再再不允至三三不允懇乞去位陛下將曰此大臣何爲去也必感悟矣居言路者不懼乖忤不避極言一不聽至再再不聽至三三不聽懇外乞補陛下將曰此言官何爲去也必容納矣今爲大臣者遇壞法事未嘗不執一不允則曰職盡矣無如不允也況有漫不執者爲科道者見壞法事未嘗不陳一不聽則曰已言矣無如不聽也況有漫不言者故使陛下仁恩不敷者左右壅蔽也使陛下不知左右壅蔽者大臣言官也如近日延壽塔之作諸大臣力正科道交言陛下俯納停止中外臣民焚香作慶蓋由言之也詳故陛下知甚明正之也力故陛下斷甚決也使陛下舉一事興一役率匡救如此豈有言不聽諫不行哉又如近日商人達等投認皇親家人奏准淮蘆鹽引戶部雖經執奏科道亦嘗進言未蒙采納者蓋由任法者不能三四執奏司言路者不能三四力言也使陛下眞知商人名雖買補其實虧損百萬邊儲豈肯徇貴戚之私壞祖宗大法哉中外皆曰方今上有堯舜之君惜下無皐夔之臣故使斯民不被陛下堯舜之澤者諸大臣過也使陛下不能率由舊章者諸大臣過也使陛下不能燭左右奸欺知閭閻疾苦者諸大臣過也考古大臣有以霖雨恆陰謝罪求去者有以地震免者有以無雲而震免者今大臣引罪不聞一人貴州偏藩考退乃至三百餘衆而雲南一省不知所退又幾百人矣雲貴僻居萬里苗蠻雜處鬬殺相尋仕其地者妻孥不給窮乏難歸且所退黜類多小吏夫其虐暴則不能淫刑貪饕則不能賣惠用區區微臣當赫赫大變臣愚不知所以也若云災傷地方則貴州原無災異若以罪由米魯則雲南故非所部若曰二處相鄰則四川亦在接壤因此加彼治西遺東臣愚不知所以也去歲湖湘江浙諸處或地震軍民房屋或水沒人畜生命或雷霆殊常或雷火迭見或猛虎在處傷人或山蛟同日出地淮揚應天等處流移載道餓殍塡途議者獨察雲貴不及他方豈雲貴多貪他方盡廉臣愚不知所以也前此數年有星如輪隕於禹城近年有物如黑黍徧雨忠州而議者以事關國家非係州縣未聞罪禹城忠州官者在此則原其無辜在彼則謂其有罪臣愚不知所以也唐陸贄曰凡今在位任大者其責重位近者其罪深邇年大臣據高爵而不圖委任妨賢路而不引正人迷祿戀寵一息尚存一念不止幸藉聖天子太平之福祖宗無疆之休竊祿偷安一旦有事誰寄安危誰擔忠孝誠恐人議未一人心未愜天道有知災異殆甚臣聞瑩奏不覺心思失乎望勅吏部議處或欲綜核名實感格天意則先自兩京文武大臣下至科道部屬等官應自陳者自陳應考退者考退然後分遣中外黜貪酷之尤者與雲貴同例或以朝覲在邇京師考察亦近乞詔百官改圖旣往思報將來令雲貴被考有名官員待會朝之時與各省官員一體從公再察此帝王蕩蕩平平奉三無私之心也書入孝宗欣覽帖置座右

按明外史樊瑩傳十六年雲南景東衛晝晦七日宜良地震如雷曲靖大火數發貴州亦多災異廷議遣大臣巡視乃以命瑩至則劾鎭巡官罪黜文武不職者千七百人威震蠻俗旣竣事廉知景東之變乃指揮吳勇侵官帑圖脫罪因雲霧晦冥虛張其事劾罪之還進尚書

弘治十七年吏科給事中許天錫請因災異策免大臣劉大夏條奏十六事詔詳議

按名山藏典謨記弘治十七年五月吏科給事中許天錫言天視聽在民民殃禍在政而政之蠹弊在人自古災變未有多若今者天鳴地震水火之患昆蟲草木之妖風霾星雹之異甚至晝晦八日赤地千里而盜賊縱橫臣聞之古有災異策免三公霖雨恆陰亦或避位今文武大臣旣不能引咎避位陛下又未遽策免亦宜且暫革其公少之銜以昭憂勤之實俟天心旣回乃復還厥職

按明外史劉大夏傳南京鳳陽大風拔木河南湖廣大水京師苦雨沉陰大夏請凡事非祖宗舊而害軍民者悉條上釐革十七年二月又言之帝命事當興

華者所司具實以聞乃會廷臣條上十六事皆權倖所不便者相與力尼之帝不能決下再議大夏等言事屬外廷悉蒙允行稍涉權貴復令察覈臣等至愚莫知所以久之乃得旨傳奉官疏名以請幼匠廚役減月米三斗增設中官司禮監覈奏四衛勇士御馬監具數以聞餘悉如議織造齋醮皆停罷光祿省浮費鉅萬計而勇士虛冒之弊亦大減制下舉朝歡悅先是外戚近倖多干恩澤帝一無所拒故叢弊帝亦深知其害政奮然欲振之因時多災異復宣諭羣臣令各陳缺失大夏乃復上數事

按江西通志弘治十七年六月廬山鳴經三日雷電大雨平地水湧丈餘蛟四出石崩數十處

武宗正德元年以災異疊見府部科道皆陳言

按名山藏典謨記正德元年四月刑科給事中湯禮敬言陛下更始之初災異屢出旱潦蝻蝗星變天鼓之類疊見京邑近者雷電交作雨雹雜下當六陽用事之時陰氣與抗得非邪佞倖用忠鯁疏遠之應乎聞陛下宮中走馬獵射以爲遊樂羣臣有所論列雖賜俞允未見克謹消弭之道伏願思祖宗基業之大念先帝付託之重講學勤政去冗禁濫必矜細行無忽小民左右咸選忠良起居悉內於正則中外乂安至治可期報聞六月辛酉雷夜擊西中門柱脊獸風大祀殿齋宮獸瓦墜郊壇樹折劉健李東陽謝遷請禁奢靡戒玩戲罷弋獵以弭災上曰朕將改過焉於是府部科道諸臣皆陳言劉健摘其要者五事請省置坐隅一日單騎輕出宮禁二日頻幸監局三日泛舟海子四日鷹犬彈射五曰曲納內侍所獻飲食

按明國史紀聞正德元年四月林瀚因災異陳十二事首曰隆大孝以先天下言先帝奄忽上賓陛下親承付託惟任大臣而不改先帝所倚用立大政而不易先帝所貽謀斥遠近習力體先帝親賢遠佞之方不假貴戚力行先帝割私任公之法戒飭邊備常若先帝不忘敵國節省財費常若先帝不忘生靈事無鉅細無內外惟倣先帝所已行者而力行之則大孝之實通於天下矣其餘集羣議以決大政改州治以奉陵寢崇儉德以裕財用省虛費以甦軍民增貢舉以進人才修武備以禦寇盜省匠役以甦民困節工役以省財用清吏役以革宿弊淸馬政以防欺蔽大優容以廣言路皆剴切無忌諱

按明外史戴銑傳李光翰新鄉人弘治十二年進士授南京戶科給事中正德改元災異求言公疏劾太監苗逵高鳳李榮及保國公朱暉帝不省徐暹歷城人弘治十五年進士武宗卽位擢南京工科給事中正德改元暹等因災異上言七事且請斥英國公張懋尚書張昇等撤諸添註內官明正張瑜劉文泰用藥失宜致悞先帝太監李興擅伐陵木新寧伯譚佑侍郎李鐩同事不舉之罪帝下之所司　按陸崑傳崑拜南京御史武宗卽位時八黨竊柄朝政日非崑偕十三道御史上疏極諫曰陛下嗣位以來天下顒然望治乃未幾寵倖奄寺顚覆典刑太監馬永成魏彬劉瑾傅興羅祥谷大用輩共爲蒙蔽日事宴遊上干天和災祲疊告廷臣屢諫未蒙省納昨者雷震郊壇彗出紫微夏秋亢旱江南米價騰貴京城盜賊橫行顧可恣情縱欲不以顧念乎伏望側身修行亟屏未成輩以絕禍端委任大臣務學親政以還至治李熙上元人由將樂知縣擢御史正德元年九月以災異偕御史陳十事請罷鷹犬射獵以愼好惡正中官張瑜等罪以彰天討斥中官所薦順天巡撫柳應辰江西參政王綸以抑奔競罷侍郎張元禎王華葉贊巡撫李進畢亨歐信太僕卿王珩尚寶少卿祝祥以黜不職退按察使李善參議林沂知府陳塤等十三人以清庶官他五事不具載　按李鉞傳鉞除御史正德改元天鳴星變偕同官陳數事論中官李興甯謹苗逵高鳳等罪而請斥尚書李孟暘都督神英武宗不能用　按劉玉傳武宗卽位甫四月災異迭見玉陳修省六事出按京畿中官吳忠奏命選后妃肆貪虐玉奏不問劉健謝遷罷玉馳疏言劉瑾等佞倖小臣巧戲弄投陛下一笑顧讒邪而棄輔臣此亂危所自起今白虹貫日彗見紫微宮星搖天王之位民窮財殫所在空虛陛下不改圖天下將殆乞置瑾等於理仍留健遷輔政不報玉遂引疾歸

正德九年工部主事韓邦靖言諸臣因災變陳闕失者乞延採詔下邦靖錦衣獄黜爲民

按名山藏典謨記正德九年六月工部主事韓邦靖言諸臣頃因災變極陳闕失未見聽納前後以言獲罪者未蒙召用乞開延攬採擇之門以收人心下錦衣獄黜爲民詔自今言事黜謫者毋敘

世宗嘉靖元年以災異陳言議行之

按明外史何孟春傳孟春召拜吏部右侍郎嘉靖元年秋以災異修省力陳號令失恆恩澤濫施之弊尋陳救災預備策多議行

嘉靖二年張翀劉瑞以災異偕六科疏陳六事冬帝以災變欲罷郊祀裴紹宗唐皐爭之得如禮

按明外史張翀傳嘉靖二年四月以災異偕六科諸臣上疏曰昔成湯以六事自責曰政不節與民失職與宮壼崇與女謁盛與苞苴行與讒夫昌與今誠以近事較之快船方減而輒允戴保奏添鎮戍方裁而更聽趙榮分守詔核馬房矣隨格於閻洪之一言詔汰軍匠矣尋奪於監門之羣咻是政不可謂節也末作競於奇巧遊手半於閭閻耕桑時廢缺俯仰之資教化未聞成偷薄之習是民不可謂不失職也兩宮營建採運艱辛或一木而役夫萬千或一椽而費財十百死亡枕籍之狀呻吟號歎之聲陛下不得而見聞是宮壼不可謂不崇也奉聖保聖之後先女寵於冊后莊奉肅奉之名聯殊稱於乳母或承恩漸鄰於飛燕或黠慧不下於婉兒內以移主上之性情外以開近習之負倚是女謁不可謂不盛也窮奸之鋭雄公肆賂遺而逃籍沒之律極惡之鵬鎧密行請託而逋三載之誅錢神靈而王英改問於錦衣關節通而于喜竟漏於禁網是苞苴不可謂不行也獻廟主祀屈府部之議而用王槐諛佞之謀重臣批答乏體貌之宜而入羣小甚間之論或譖發於內陰肆毒螫或讒行於外顯逞擠排上以汨朝廷之是非下以亂人物之邪正是讒夫不可謂不昌也凡此皆成湯之所無而今日之所有是以不避斧鉞之誅用附責難之義望陛下採納其年冬命中官督蘇杭織造舉朝阻之不能得翀復偕同官張原等力爭時世宗初政楊廷和等在內閣羣小雖已用事正論猶伸翀前後指斥無避帝雖不見用然亦嘗報聞不罪也　按劉瑞傳瑞爲南京太僕少卿嘉靖二年由南太常卿就遷禮部右侍郎因災變偕同官條上六事具言齋醮無益且妨政織造多費且病民帝多納用之　按裴紹宗傳嘉靖二年冬帝以災異頻仍欲罷明年郊祀慶成宴紹宗言祭祀之禮莫重於郊丘君臣之情必通於宴享往以國戚廢大禮今且從吉宜即舉行豈可以災傷復免修撰唐皐亦言之竟得如禮

按明外史劉世揚傳嘉靖二年四月帝以災異修省世揚言去冬無雪入春無雨陛下側身修行一念感格雨雪隨降苟擴而充之日延儒臣咨訪治道更做古人几杖箴銘之義取聖賢格言書之殿廡則燕閒獨處罔非齋肅之時於以轉災爲祥不難矣帝納之歷吏科左給事中

嘉靖三年韋商臣奏清刑獄以弭災謫清江丞

按明外史韋商臣傳商臣字希尹長興人嘉靖二年進士授大理評事明年冬商臣以大禮初定廷臣下吏貶謫者無虛日乃上疏曰臣所居官以平獄爲職乃自授任以來竊見羣臣以議禮忤旨者左遷則吏部侍郎何孟春一人謫戍則學士豐熙等八人杖斃則編修王思等十七人以拂中使逮問則副使劉秉鑑布政馬卿知府羅玉查仲道等十人以失儀就繫則御史葉奇主事蔡乾等五人以京朝官爲所屬訐奏下獄則少卿樂護御史任洛等四人此皆不平之甚上干天象下駭衆心臣竊以爲皆所當宥矧比者水旱疫癘星隕地震山崩泉涌風雹蝗蝻之害殆徧天下有識莫不寒心及今平反庶獄復成者之官錄死者之後釋逮繫者之囚正告訐者之罪亦弭災禳患之一道也帝責以沽名賣直謫清江丞

嘉靖四年以災異頻見余珊應詔陳十漸

按明外史余珊傳嘉靖四年二月應詔陳十漸其略言正德之世天鳴地震物怪人妖曾無虛歲賴陛下紹統災異始除乃頃歲以來雨雹殺禽獸雷風拔樹屋婦人產子兩頭無極晝晦如夜四方旱潦奏報不絕曾何異正德之季乎且京師陰霾之氣上薄太陽白晝冥冥罕有暉采尤爲可畏疏最剴切帝不能用付之所司

嘉靖五年以四方災異疊奏勅閣臣悉陳過失又申飭羣臣

按名山藏典謨記嘉靖五年十二月時四方災異疊奏水旱雷雨地震山崩以數省或冰雹大如人頭捲裂民舍百數十家江南婦生子六目四面有角手足各一節獨爪鬼聲河南生牛犢一身兩手卽陽牛產二身心肺膽各二江西虎具人手足大學士楊一清以修省上言勅曰覽卿疏者再論之至切朕涼寡冲昧日夜求治未知民瘼欲求直言言或不實朕過多不自悟其悉陳之庸開朕心毋忌以不盡項之勅羣臣曰比者坤輿弗靖乾象失常風雨冰雹水旱之災物怪人妖疊報屛見靜言思之疚實在朕爾文武羣臣亦宜洗心去垢交修成治曠職瘝官則有國典

嘉靖六年詔各官條奏弭災事宜罷慶成宴

按名山藏典謨記嘉靖六年正月令四品以上及六科十三道條民間疾苦具上便宜足消弭災變者已丑大祀南郊以災罷慶成宴

嘉靖七年勅君臣交相修省

按名山藏典謨記嘉靖七年四月勅曰比者風霾蔽天旱潦連聞地震同日羣盜竊邇咎實繇朕君臣共理皆天事也文武羣工宜加省悔大者會奏小者立改庶民懷無怨朕亦免於多戾

嘉靖八年勅輔臣條奏弭災事宜

按名山藏典謨記嘉靖八年春正月戊戌朔風霾晝晦立春日長星出白氣亙天勅輔臣條書急務諸修省弭災毋有不盡

按野史黎貫傳貫同年進士華陽王汝梅由行人歷禮科都給事中八年二月以災異求言汝梅偕同官上言二事一謂比來章奏多事逢迎請分別忠佞毋信誕言二謂大臣奏事近多留中致是非不分請悉付之公論三謂人主之學以當務為急詞命非所重今一事之行動煩宸翰亦少褻矣宜倣祖宗故事時御平臺召見宰執面決大議既省筆札之勞且絕壅蔽之害疏入忤旨

嘉靖九年兵部主事趙時春劾奏禮官不以災異應詔陳言而再請賀瑞黜時春為民

按名山藏典謨記嘉靖九年七月兵部主事趙時春言中外屢言瑞應禮官再請稱賀大小臣工浮詞面諛不能上體君父警災求言之意上怒下詔獄黜為民

按明外史趙時春傳時春為嘉靖五年會試第一選庶吉士以張璁言改官得戶部主事尋轉兵部九年七月上疏曰陛下以災變求言已旬月大小臣工率浮詞面謾蓋自靈寶知縣言河清受賞都御史汪鋐繼進甘露今副都御史徐讚訓導范仲斌進瑞麥指揮張楫進嘉禾鋐及御史楊東又進鹽華禮部尚書李時再請表賀仲斌等不足道鋐讚司風紀時典三禮乃罔上欺君壞風傷政此小臣所以撫膺流涕弗能自已也帝責其妄言黜為民

嘉靖十二年詔非正瑞勿獻

按名山藏典謨記嘉靖十二年三月上曰鵲兔鹿有疊至重出者禮部其宣示天下自今非正瑞勿復獻於是吏部尚書汪鋐作詩三章美上謙德上褒答焉

嘉靖二十三年以災異禁屠停刑

按名山藏典謨記嘉靖二十三年七月上諭禮部曰今夏霪沴災人疫物近復彌旬不雨兼聞近畿湖浙諸處久旱越時又火星逆行未順太廟假工乃覘是象所以序昭穆之位未必不可行也獨今人不古無是識者既非執正行禮之材無徒事諸芒昧之謗朕茲蘄天下生靈於上元其禁屠停刑止常封若有軍機勿論

嘉靖二十五年以諸瑞連見詔告謝

按名山藏典謨記嘉靖二十五年七月久雨賑京師饑上曰鹿瑞龜祥海呈去歲今朕辰日近醴泉復出承華雖聖賢不恃以怠也而不可不敬謝其自二十五日至於八月望與謝停封供事毋慢

嘉靖二十六年淮安災變屢見

按江南通志嘉靖二十六年四月朔淮安紫雲自西來空中若兵馬之聲大風冰雹又大鼓鳴

嘉靖四十四年同安災異並見

按福建通志嘉靖四十四年三月十七日同安疾風迅雷陰雨如注至未時忽昏如夜咫尺不辨至申時始稍開霽

嘉靖四十五年以災異屢見御史方新疏請修省疏奏斥為民

按明外史沈束傳嘉靖四十五年御史方新上言黃河之患自古有之乃今豐沛間陸地為渠而興都有陵寢之憂鳳陽有冰雹之厄河南有饑饉之災堯之洚水不烈於此矣諸邊將惰卒驕寇至輒巽懦觀望而寧武有軍士之變南贛有土兵之叛徽州諸府有礦徒竊發之虞舜之三苗不棘於此矣夫洚水三苗不足為累者以堯舜兢業於上而禹皐諸臣分憂於下也今司論納者日獻禎祥而疆埸之臣惟冒首功隱喪敗為國分憂者誰也斥罰之法今不得不嚴而陛下亦宜隨事自責痛加修省然後災變可息而外患可弭也疏入斥為民

穆宗隆慶二年御史周弘祖兵部郎中鄧洪震疏陳修省事宜弘祖疏不報洪震疏下禮官議行

按明外史周弘祖傳弘祖徵授御史隆慶改元之明年春言近四方地震土裂成渠旂竿數火天鼓再鳴隕星旋風天雨黑豆此皆陰盛之徵也洪範傳曰人憤怨則水湧溢翼奉曰陰極生陽不早則火陛下嗣位二年未嘗接見大臣咨訪治道邊患孔棘備禦無方事涉內庭輒見撓沮如閱馬核庫詔出復停皇莊則親收子粒太和則權取香錢織造之使累遣糾核之疏留中內臣爵賞謝辭溫旨遠出六卿上尤祖宗朝所絕無者疏入不報隆慶初以地震言事者又有鄧洪震宣化人時為兵部郎中上疏曰入夏以來淫

雨彌月此陽制於陰仁柔不斷之象又京師夫冬地震今春風霾大作白日無光占者謂地震陰不靜也主孽倖蠱惑女寵漸盛風霾兵象也主外國窺中國近大同又報雨雹傷物地震有聲陛下臨御甫半年災異疊見傳聞後宮游幸無時嬪御相隨後車充斥左右近習溢賜予政令屢易前後背馳邪正混淆用舍猶豫所謂女寵孽幸及仁柔不斷者其漸已見萬一奸宄潛生寇戎軼犯其何以待之帝納其言下禮官議修省

隆慶三年刑部主事鄭履淳疏陳回天開泰之計黜爲民

按明外史鄭履淳傳履淳除刑部主事遷尚寶丞隆慶三年冬疏言頃年以來萬民失業四方多故天鳴地震災害洊臻臣等當慟哭流涕於殿廷陛下亦當臥薪嘗膽於宵旰也夫饑寒迫身易爲衣食嗷嗷赤子聖主之所以爲養不及今定周家桑土之謀切虞廷困窮之懼則上天所以警動海內者適足以養他人矣今最急莫如用賢陛下御極三禩矣曾名問一大臣面質一講官賞納一諫士以共畫思患豫防之策乎高亢睽孤乾坤否隔忠言重折檻之罰儒臣虛納牖之功宮闈違脫珥之規朝陛拂同舟之義回奏蒙譴補牘奚從內批徑出封還何自紀綱因循風俗玩愒功罪罔核文案徒繁閹寺滯爲厲階善類漸以短氣言涉宮府肆撓多端梗在私門堅持不破童牛羸豕無先事之圖社鼠城狐有難施之計患豈在明前車不遠萬衆惶惶皆謂羣小侮常明良疏隔自開闢以來未有若是而未安者伏願奮英斷以決大計勿爲小故之所淆弘濬哲以任君子勿爲孽昵之所惑移美色奇珍之玩而保瘝痍分晷陽細務之勤而和庶政以蠻裔爲關門勁敵以錢穀爲黎庶脂膏拔用陸樹聲石星之流嘉納殷士儋翁大立諸疏經史講筵日親無倦臣民章奏與所司面相可否萬幾之裁理漸熟人才之邪正自知察變謹徵回天開泰計無踰於此疏入帝大怒杖之百繫刑部獄數月刑科舒化等以爲言乃釋爲民

隆慶六年神宗即位御史胡涍因災異請出宮女忤帝斥爲民

按明外史陳吾德傳胡涍擢御史神宗即位之冬妖星見慈慶宮後延燒連房涍言星陰象火積陰所生災咎之應决在宮妾竊見兩朝宮女閉塞後庭鬱而不散足干天和乞徧察掖庭中曾蒙先朝寵幸者體恤優遇其餘無論老少一槩放遣奏中且言唐高不君則天爲虐幾危宗社往古覆轍亦可爲鑒帝問輔臣二語所指爲誰張居正對曰涍言雖狂悖心無他帝意未釋嚴旨譙讓涍惶恐請罪斥爲民

神宗萬曆四年題准救護月食祈禱雨雪及申報旱潦之制

按明會典萬曆四年題准月食救護遇日出之刻即止不待復圓凡祈禱雨雪及晴禮部題請行順天府率所屬人員於都城隍等廟行香禁屠宰三日百官就各衙門致齋青衣角帶辦事凡各處雨澤有無乾溢沾足俱要依期備細造冊申報禮部查考

萬曆九年題准奏勘災傷之例務使民沾實惠

按明會典萬曆九年題准地方凡遇重大災傷州縣官親詣勘明申呈撫按巡撫不待勘報速行奏聞巡按不必等候部覆即將勘實分數作速具奏以憑覆請賑䘏至於報災之期在腹裏地方仍照舊例夏災限五月秋災限七月內延邊如延寧甘固宣大山西薊密永昌遼東各地方夏災改限七月內秋災改限十月內俱要依期從實奏報如州縣衞所官申報不實聽撫按參究如巡撫報災過期或匿災不報巡按勘災不實或具奏遲延併聽該科指名參究又或報時有災報後無災及報時災重報後災輕報時災輕報後災重巡按疏內明白從實具奏不得執尼巡撫原疏至災民不沾實惠

萬曆十八年王家屏以頻年災異疊見乞賜罷歸不報

按明外史王家屏傳萬曆十八年家屏以久旱乞罷言邇年以來天鳴地震星隕風霾川竭河涸加以旱潦蝗螟疫癘札瘥調燮之難莫甚今日乞賜罷歸用避賢路不報

萬曆四十三年以山東連歲災異大旱隕霜大饑遣使賑之

按山東通志萬曆四十三年乙卯正月地裂寬數寸深不測二月大雪桃杏無花麥熟後大旱汶水絕流城門樓獸口噴烟七月雨八月霜晚禾盡傷大饑或父子相食盜起遣御史過庭訓賑之

萬曆四十六年以災異疊見閣臣方從哲疏請修省不報

按明外史方從哲傳萬曆四十六年長星見東南長二丈廣尺餘十有九日而滅是日京師地震從哲言

妖象怪徵層見疊出除臣奉職無狀痛自修省外望
陛下大奮乾綱與天下更始朝士雖然笑之帝亦不
省

按贛州府志萬曆四十六年伏秋酷熱異常且苦旱晚禾無收民間疫鄉落尤甚闔門死者相枕藉九月之杪東南方蒼白氣一道闊尺餘約長丈二尺每至五更出見浹二旬始滅靈臺占長庚星主兵屬楚分又冬暖少霜桃李實

愍帝崇禎九年春正月安邑大風震電雨雪

按山西通志云云

崇禎十一年以災異策試閣員

按春明夢餘錄崇禎十一年於中極殿御試閣員策題年來天象頻仍今年爲災甚烈且金星晝見已踰五旬將謂主兵耶今方在用兵四月山西大雪凍斃人畜將謂邊地耶然時已入夏何所致歟朝廷腹心耳目托寄臣工今應擔當者嫌怨在念司舉劾者情賄縈心以致囂尤易起直枉難分何所懲歟欽限屢違寇尚未滅處分則勦局更張再寬則功令不信況勦兵難撤歛寇生心邊餉欠多釐南未已民貧既甚正供猶難侵剝旁出如火益熱在於重利尚欺分畛去公近多比比卽有操守清謹者又自傲睨遂非必也俱令處置得宜禁戢有法卿等忠能體國才足匡時其悉心以對至六月十八日上命楊嗣昌以兵部尚書改禮部尚書程國祥以戶部尚書改禮部尚書方逢年以禮部侍郎陞禮部尚書蔡國用以工部侍郎陞禮部尚書范復粹以大理寺少卿陞禮部侍郎俱兼東閣大學士入閣辦事

崇禎十六年上諭閣臣議減諸費停止選擇

按春明夢餘錄崇禎十六年癸未九月上諭內閣輔臣修省應有實政庶幾挽回起運仰希天慈如賊寇失事各案應速結戰守有功應速敘此二事全賴先生每秉公擔當如錢糧不足亦宜節儉先自朕躬始若祀典豐潔仍舊不敢議減外朕既服浣濯之衣此無可議唯日用膳品減去一半各宮分減去十分之四宮女內員卓銀減去十分之三通俟平定之日照舊在外衙門有可節裁者亦著照此推行再如兵火焚殺之酷災變死亡之慘朕皆不能拯捄消弭殊愧君師之位若又添嬪御之奉乃是增過增慚之舉其選擇之事竟宜停止此亦節儉之一其章疏沉壓過多朕不能朝上夕下稽誤政幾皆朕之過當竭力披閱發行先生每卽擬旨來行

皇清

國初定欽天監執掌遇有災祥卽時呈報

大淸會典欽天監滿五官靈臺郎三員漢軍五官靈臺郎一員漢五官靈臺郎四員漢五官監候一員滿博士二員漢博士二員職司觀候天象日月旁氣風雲雷雨氣暈飛流測驗日出日沒中影中星月五星凌犯古驗周天星座移徙動搖芒角喜怒七曜躔度五星妖變等事　一每日滿漢官各一員督率天文生一十五員在觀象臺晝夜觀候每一更四人輪直分定四面按時記註風雲晴雨雷電起發次日呈堂或遇天象變異卽時呈報　一每年正旦寅時候風起何方卽行呈報每歲八節俱按時候風起呈報　一每歲雷初發聲候起自何方卽時呈報　一每歲晴雨該直官生按時驗明記註繕寫晴明風雨錄滿字一本漢字一本於次年二月初一日
進呈

康熙十六年

三月十三日

上諭禮部帝王克謹
天戒凡有垂象皆關治理故設立專官職司占候所係甚重一切祥異理應詳加推測不時具奏今欽
天監衙門止於尋常節氣尚有觀驗至今歲三月初間霜霧及以前星辰凌犯等項應行占奏者並未奏聞皆由該監官員蒙昧疎忽有負職掌爾部卽行察議具奏以後欽天監所奏占候本章內閣照例票擬批發特諭

康熙十八年

四月初十日

上諭禮部民資粒食以生今時值夏令雨澤未降久旱傷麥秋種未下農事堪憂皆由朕躬涼德政治未協大小臣工不能廉己愛民勤修職業致干
天和朕用是夙夜靡寧深切警惕實圖修省諸臣亦宜循省過愆恪共乃職期於共襄治理感召休和

茲當虔誠齋戒躬詣
大壇親行祈禱為民請命爾部即擇期具儀來奏特諭

康熙二十五年

三月初三日

上諭大學士勒德洪明珠王熙吳正治宋德宜學士吳興祖王起元徐乾學韓菼各省晴雨不必繕寫黃冊特本具奏乘奏事之便寫細字摺子附於疏內以聞其下禮部

康熙三十年

六月二十二日

上諭內閣戶部差年壯司官一員令馳驛至直隸巡撫處詳悉詢問畿輔所屬地方雨澤曾否霑足蝗蝻較前何如還奏

康熙三十二年

六月二十八日

上諭內閣朕於各省往來者及請安而至者必問其地方情形雨澤應時與否頃自江南浙江來者問之云江浙間今年甚旱戶部其擇司官二員一遣往江南一遣往浙江詳詢江南總督浙江巡撫雨水情形來奏

康熙四十一年

三月初十日

上諭戶部朕躬理幾務年久深知稼穡之事念阜民之道期於有備去冬北地少雪今春雨澤微降尚未霑足誠恐蝗蝻易生有傷農事所在官吏亟宜先時預防直隸山東山西河南陝西江北地方歷年積貯倉糧果否足額該督撫宜確加稽核務使廩有餘儲不致匱乏其一切預備事宜須悉心講求料理縱年歲不甚豐稔亦可賑濟無虞至直隸各省現今雨澤有無多寡著該督撫即行具摺奏聞以紓朕宵旰勤民之意爾部即遵諭行特諭

康熙四十五年

三月初六日

上諭九卿詹事科道朕總理幾務甚久茲年歲日益夙夜乾惕與月俱增自去冬無雪及今春深尚未得雨地氣燠燥不和又雲色多細縷狀朕知之既斷豈可不降諭旨此非僅無雨且恐別有變異與其有變而後講求不如君臣於未事之先將政事得失任為己責竭誠攄忠詳加計議之為當也但數語頌揚虛辭省改未可即以塞責夫民為邦本食為民命朕自東作以至收穫廑念靡寧迨秋成以後或豐或歉之既定然後此心少釋別為計畫爾等俱係大臣或司言職事有缺失各宜直陳這所議未詳盡著再行確議以聞

康熙四十五年

三月初八日

上諭大學士馬齊席哈納張玉書陳廷敬朕觀前史如漢朝有災異見即誅一宰相此大謬矣夫宰相者佐君理事之人儻有失誤君臣共之竟諉之宰相可乎或有為君者凡事俱付與宰相此乃其君之過不得獨咎宰相也康熙十八年地震魏象樞云有密本因獨留面奏言此非常之變惟重處索額圖明珠可以弭此災矣朕謂此皆朕身之過與伊等何預朕斷不以己之過移之他人也魏象樞惶遽不能對當吳三桂叛時索額圖奏云始言遷徙吳三桂之人可斬也朕謂欲遷移者朕之意也與他人何涉索額圖甚懼而退至於巴圖魯公拔拜過必隆為圈地事殺尚書蘇納海督撫朱昌祚王登聯冤抑殊甚此等事皆朕所不忍行者朱昌祚不但不當殺並不當治罪也

欽定古今圖書集成曆象彙編庶徵典

第六卷目錄

庶徵總部彙考六

庶徵典第六卷

庶徵總部彙考六

書經

洪範

次八曰念用庶徵

蔡傳庶徵者推天而徵之人也庶徵曰念所以省驗也大全朱子曰八位在艮木之成數氣合而形益著矣故爲庶徵庶徵則往來相盪屈伸相感而得失休咎之應定矣

八庶徵曰雨曰暘曰燠曰寒曰風曰時五者來備各以其叙庶草蕃廡

蔡傳徵驗也所驗者非一故謂之庶徵雨暘燠寒風各以時至故曰時也備者無缺少也叙者應節候也五者備而不失其叙庶草且蕃廡矣則其他可知也雨屬水暘屬火燠屬木寒屬金風屬土五行乃生數自然之序五事則本乎五行庶徵則本於五事其條理次序相爲貫通有秩然而不可紊亂者也大全朱子曰自五行而下得其道則有衆休之徵失其道則有衆咎之徵得失在於身休咎應於天匹夫尚然況人主乎

一極備凶一極無凶

蔡傳極備過多也極無過少也唐孔氏曰雨多則澇雨少則旱是極備亦凶極無亦凶餘准是

曰休徵曰肅時雨若曰乂時暘若曰晢時燠若曰謀時寒若曰聖時風若曰咎徵曰狂恆雨若曰僭恆暘若曰豫恆燠若曰急恆寒若曰蒙恆風若

蔡傳狂妄僭差豫怠急迫蒙昧也在天爲五行在人則爲五事五事修則休徵各以類應之五事失則咎徵各以類應之自然之理也然必曰某事得則某休徵應某事失則某咎徵應則亦膠固不通而不足與語造化之妙矣大全朱子曰洪範庶徵固不是必定如漢儒之說必以爲有是事多雨之徵必推說道是某時做某事不肅所以致此爲此必然之說所以教人難盡信但古人意思精密只於五事上體察是有此理如王荆公又却要一齊都不消說感應只把若字做如似字義說了做譬喻說了這也不得荆公固是也說道此事不足驗然而人主自當謹戒如漢儒必然之說固不可荆公全不相關之說亦不可古人意思精密恐後世見未到耳　人主之行事與天地相爲流通故行有善惡則氣各以類而應然感應之理非謂行此一事卽有此一應統而言之一德修則凡德必修一氣和則凡氣必和固不必曰肅自致雨無與於暘乂自致暘無與於雨但德修而氣必和矣分而言之則德各有方氣各有象肅者雨之類乂者暘之類求其所以然之故固各有所當也咎徵亦然　李氏杞曰休咎之分皆起於君一念之微　西山蔡氏曰君卽五者之應以察吾之得失一事得則五事從休徵無不應矣一事失則五事違咎徵無不應矣

曰王省惟歲卿士惟月師尹惟日

蔡傳歲月日以尊卑爲徵也王者之失得其徵以歲卿士之失得其徵以月師尹之失得其徵以日蓋雨暘燠寒風五者之休咎有係一歲之利害有係

一月之利害有係一日之利害各以其大小言也
歲月日時無易百穀用成乂用明俊民用章家用平康
蔡傳歲月日三者雨暘燠寒風不失其時則其效如此休徵所感也
日月歲時既易百穀用不成乂用昏不明俊民用微家用不寧
蔡傳日月歲三者雨暘燠寒風既失其時則其害如此咎徵所致也

禮記

月令

孟春行夏令則雨水不時
注巳之氣乘之也四月於消息爲乾
草木蚤落
注生日促
國時有恐
注以火訛相驚
行秋令則其民大疫
注申之氣乘之也七月始殺
猋風暴雨總至
注正月宿直尾箕箕好風其氣逆也回風爲猋
藜莠蓬蒿並興
注生氣亂惡物茂
行冬令則水潦爲敗雪霜大摯首種不入
注亥之氣乘之也舊說首種爲稷
仲春行秋令則其國大水寒氣總至
注酉之氣乘之也八月宿直昴畢畢好雨
寇戎來征
注金氣動也畢又爲邊兵
行冬令則陽氣不勝麥乃不熟
注子之氣乘之也十一月爲大陰
民多相掠
注陰姦衆也
行夏令則國乃大旱煖氣早來
注午之氣乘之也
蟲螟爲害
注暑氣所生爲災害也
季春行冬令則寒氣時發草木皆肅
注丑之氣乘之也肅謂枝葉縮栗
國有大恐
注以水訛相驚
行夏令則民多疾疫時雨不降
注未之氣乘之也六月宿直鬼鬼爲天尸時又有暑也
山林不收
注高者暵於熱也
行秋令則天多沈陰淫雨蚤降
注戌之氣乘之也九月多陰淫霖也雨三日以上爲霖今月令曰衆雨
兵革並起
注陰氣勝也
孟夏行秋令則苦雨數來五穀不滋
注申之氣乘之也苦雨白露之類時物得雨傷
四鄙入保
注金氣爲害也鄙界上邑小城曰保
行冬令則草木蚤枯
注長日促
後乃大水敗其城郭
注亥之氣乘之也
行春令則蝗蟲爲災暴風來格
注寅之氣乘之也必以蝗蟲爲災者寅有啓蟄之氣行於初暑則當蟄者大出矣格至也
秀草不實
注氣更生之不得成也
仲夏行冬令則雹凍傷穀
注子之氣乘之也陽爲雨陰氣脅之凝爲雹
道路不通暴兵來至
注盜賊攻劫亦雹之類
行春令則五穀晚熟
注卯之氣乘之也生日長
百螣時起其國乃饑
注螣蝗之屬言百者明衆類並爲害
行秋令則草木零落
注酉之氣乘之也八月宿直昴畢爲天獄主殺
果實早成
注生日短
民殃於疫
注大陵之氣來爲害也
季夏行春令則穀實鮮落國多風欬
注辰之氣乘之也未屬巽辰又在巽位二氣相亂爲害

民乃遷徙
注 象風轉移物也
行秋令則丘隰水潦
注 戌之氣乘之也九月宿直奎奎爲溝瀆溝瀆與此ロ天雨井而高下皆水
禾稼不熟
注 傷於水也
乃多女災
注 含任之類敗也
行冬令則風寒不時
注 丑之氣乘之也
鷹隼蚤鷙
注 得疾癘之氣也
四鄙入保
注 象鳥雀之走竄也都邑之城曰保
孟秋行冬令則陰氣大勝
注 亥之氣乘之也
介蟲敗穀
注 介甲也甲蟲屬冬敗穀者稻蟹之屬
戎兵乃來
注 十月宿直營室營室之氣爲害也營室主武事
行春令則其國乃旱
注 寅之氣乘之也雲雨以風除也
陽氣復還五穀無實
注 陽氣能生而不能成
行夏令則國多火災
注 巳之氣乘之也

寒熱不節民多瘧疾
注 瘧疾寒熱所爲者今月令瘧疾爲厲疫
仲秋行春令則秋雨不降
注 卯之氣乘之也卯宿直房心心爲大火也
草木生榮
注 應陽動也
國乃有恐
注 以火訛相驚
行夏令則其國乃旱蟄蟲不藏五穀復生
注 午之氣乘之也
行冬令則風災數起
注 子之氣乘之也北風殺物
收雷先行
注 先猶蚤也冬主閉藏
草木蚤死
注 寒氣盛也
季秋行夏令則其國大水冬藏殃敗民多鼽嚏
注 未之氣乘之也六月宿直東井氣多暑雨
行冬令則國多盜賊邊境不寧土地分裂
注 丑之氣乘之也極陰爲外邊境之象也大寒之時地隆坼也
行春令則暖風來至民氣解惰
注 辰之氣乘之也巽爲風
師興不居
注 辰宿直角角主兵不居象風行不休止也
孟冬行春令則凍閉不密地氣上泄
注 寅之氣乘之也

民多流亡
注 象蟄蟲動
行夏令則國多暴風方冬不寒蟄蟲復出
注 巳之氣乘之也立夏巽用事巽爲風
行秋令則雪霜不時
注 申之氣乘之也
小兵時起土地侵削
注 申陰氣尚微申宿直參伐參伐爲兵
仲冬行夏令則其國乃旱
注 午之氣乘之也
氛霧冥冥
注 霜降之氣散相亂也
雷乃發聲
注 震氣動也午屬震
行秋令則天時雨汁瓜瓠不成
注 酉之氣乘之也酉宿直昴畢畢好雨雨汁者水雪雜下也子宿直虛危虛危內有瓜瓠
國有大兵
注 兵亦軍之氣
行春令則蝗蟲爲敗
注 啓蟄者出卯之氣乘之也
水泉咸竭
注 大火爲旱
民多疥癘
注 疥癘之病孚甲之象
季冬行秋令則白露蚤降介蟲爲妖
注 戌之氣乘之也九月初尚有白露月中乃爲霜

丑爲鼈蟹

四鄙入保

注 畏兵辟寒象

行春令則胎夭多傷

注 辰之氣乘之也夭少長也此月物甫萌芽季春乃句者畢出萌者盡達胎夭多傷者生氣早至不充其性

國多固疾

注 生不充性有久疾也

命之曰逆

注 衆害莫大於此

行夏令則水潦敗國時雪不降冰凍消釋

注 未之氣乘之也季夏大雨時行

禮運

聖王所以順山者不使居川不使渚者居中原而弗敝也用水火金木飲食必時合男女頒爵位必當年德用民必順故無水旱昆蟲之災民無凶饑妖孽之疾

注 言大順之時陰陽和也昆蟲之災螟螽之屬也 大全 臨川吳氏曰居民之順因於地時物之順因於天昏姻任使力役之順因於人因天地人以行順道故天地人之應亦順而天地不生水旱昆蟲之災人不罹凶饑妖孽之疾凶謂疫癘饑謂荒歉草木等怪爲妖飛走等怪爲孽

故天不愛其道地不愛其寶人不愛其情故天降膏露地出醴泉山出器車河出馬圖鳳皇麒麟皆在郊棷龜龍在宮沼其餘鳥獸之卵胎皆可俯而闚也則是無故先王能修禮以達義體信以達順故此順之實也

注 膏甘也器謂若銀甕丹甑也馬圖龍馬負圖而出也 大全 程子曰君子修己以敬篤恭而天下平惟上下一於恭敬則天地自位萬物自育而四靈畢至矣此體信達順之道

昏義

男教不修陽事不得適見於天日爲之食婦順不修陰事不得適見於天月爲之食是故日食則天子素服而修六官之職蕩天下之陽事月食則后素服而修六宮之職蕩天下之陰事

注 適之言責也食者見道有虧傷也

汲冢周書

時訓解

立春之日東風解凍又五日蟄蟲始振又五日魚上冰風不解凍號令不行蟄蟲不振陰奸陽魚不上冰甲胄私藏雨水之日獺祭魚又五日鴻鴈來又五日草木萌動獺不祭魚國多盜賊鴻鴈不來遠人不服草木不萌動果蔬不熟驚蟄之日桃始華又五日倉庚鳴又五日鷹化爲鳩桃不始華是謂陽否倉庚不鳴臣不闕主鷹不化鳩寇戎數起春分之日元鳥至又五日雷乃發聲又五日始電元鳥不至婦人不闕雷不發聲諸侯闕民不始電君無威震清明之日桐始華又五日田鼠化爲鴽又五日虹始見桐不華歲有大寒田鼠不化鴽國多貪殘虹不見婦人苞亂穀雨之日萍始生又五日鳴鳩拂其羽又五日戴勝降於桑萍不生陰氣憤生鳴鳩不拂其羽國不治兵戴勝不降於桑政教不中立夏之日螻蟈鳴又五日蚯蚓出又五日王瓜生螻蟈不鳴水潦淫漫蚯蚓不出嬖奪后王瓜不生困於百姓小滿之日苦菜秀又五日靡草死又五日小暑至苦菜不秀賢人潛伏靡草不死國縱盜賊小暑不至是謂陰慝芒種之日螳螂生又五日鵙始鳴又五日反舌無聲螳螂不生是謂陰息鵙不始鳴令奸壅偪反舌有聲佞人在側夏至之日鹿角解又五日蜩始鳴又五日半夏生鹿角不解兵戈不息蜩不鳴貴臣放逸半夏不生民多厲疾小暑之日溫風至又五日蟋蟀居壁又五日鷹乃學習溫風不至國無寬教蟋蟀不居壁急迫之暴鷹不學習不備戎盜大暑之日腐草化爲螢又五日土潤溽暑又五日大雨時行腐草不化爲螢穀實鮮落土潤不溽暑物不應罰大雨不時行國無恩澤立秋之日涼風至又五日白露降又五日寒蟬鳴涼風不至無嚴政白露不降民多邪病寒蟬不鳴人皆力爭處暑之日鷹乃祭鳥又五日天地始肅又五日禾乃登鷹不祭鳥師旅無功天地不肅君臣乃闕農不登穀暖氣爲災白露之日鴻鴈來又五日元鳥歸又五日羣鳥養羞鴻鴈不來遠人背畔元鳥不歸室家離散羣鳥不養羞下臣驕慢秋分之日雷始收聲又五日蟄蟲培戶又五日水始涸雷不始收聲諸侯淫佚蟄蟲不培戶闕靡有賴水不始涸甲蟲爲害寒露之日鴻雁來賓又五日爵入大水化爲蛤又五日菊有黃華鴻雁不來小民不服爵不入大水失時之極菊無黃華土不稼穡霜降之日豺乃祭獸又五日草木黃落又五日蟄蟲咸俯豺不祭獸爪牙不良草木不黃

落是爲從陽蟄蟲不咸俯民多流亡立冬之日水始冰又五日地始凍又五日雉入大水爲蜃水不冰是謂陰負地不始凍咎徵之咎雉不入大水國多淫婦小雪之日虹藏不見又五日天氣上騰地氣下降又五日閉塞而成冬虹不藏婦不專一天氣不上騰地氣不下降君臣相嫉不閉塞而成冬母后淫佚大雪之日鶡鳥不鳴又五日虎始交又五日茘挺生鶡鳥不鳴闕二字虎不始交闕四字茘挺不生卿士專權冬至之日蚯蚓結又五日麋角解又五日水泉動蚯蚓不結君政不行麋角不解兵甲不藏水泉不動陰不承陽小寒之日鴈北向又五日鵲始巢又五日雉始雊鴈不北向民不懷主鵲不始巢國不寧雉不始雊國大水大寒之日雞始乳又五日鷙鳥厲疾又五日水澤腹堅雞不始乳淫女亂男鷙鳥不厲國不除兵水澤不腹堅言乃不從

易緯

京房飛候

四方常有大雲五色具其下賢人隱青雲潤澤蔽日在西北爲舉賢良

凡日食皆於晦朔不於晦朔食者名曰薄主人民有災患也

視四方常有青雲主豐

雲在西南爲舉士

何以知聖人隱也風清明其來長久不動搖物此有龍德在下也

太平之時十日一雨凡歲三十六雨此休徵時若之應

鼠舞國門厥咎亡鼠舞於庭厥咎誅死

稽覽圖

太平時陰陽和風雨咸同海內不偏地有險易故風有遲疾雖太平之政猶不能均同也唯平均乃不鳴條

川靈圖

黃氣抱日輔臣納忠德至於天日抱戴

至德之萌日月若連璧五星若貫珠

聖人受命瑞應先見於河君子得衆人之助瑞應先見於陸

通卦驗

震東方也立春春分日青氣出直震此正氣也氣出右物半死氣出左蛟龍出震氣不出則歲中少雷萬物不實人民疾熱

離南方也夏至日中赤氣出直離此正氣也氣出右萬物半死氣出左赤地千里

仲夏之月反舌無聲反舌有聲佞人在側

驚蟄大壯初九桃始華不華倉庫多火

書緯

璇璣鈐

冬至有雲迎日者來歲大美

考靈曜

五星若偏珠璇璣中星星調則風雨時

中候

醴甘也取名醴酒堯祇德匪懈醴泉出文命盛德俊又在官醴泉出山

詩緯

含神霧

德化充塞照潤八冥則鸑鷟也

春秋緯

運斗樞

璇星明則嘉禾液

機星得則麒麟生萬人壽

文耀鉤

老人星見則主安不見則兵起

合誠圖

五光垂彩天下大嘉

五殘主出亡

孔演圖

天子舉賢則景星放於天

王者德政海內富昌則鎮星入闕

八政不中則鐵飛人無脣

感精符

人主含天光據璣衡齊七政操八極故君明聖人道得正則日月光明五星有度

日下淪於地則嘉禾興

麟一角明海內共一主也王者不刳胎不剖卵則出於郊

王者上感皇天則鸞鳳至

大電繞樞星炤郊野感符寶而生黃金

潛潭巴

火從井出有賢士從人起

君德應陽君臣得道叶度則日含王字含王字者日中有王字也王者德象日光所照無不及也

君德應陽則醴泉出又旅星得則醴泉出
里社鳴此里有聖人其呴百姓歸之
疾風拔木讒臣恣忠臣辱
天赤有大風發屋折木兵大起行千里
虹五色迭至照於宮殿有兵革之事
異之爲言怪也謂先發感動
女子化爲丈夫賢人去位君獨居丈夫化爲女子陰氣淖小人聚
宮有牛鳴政教衰諸侯相井牛兵之符也
枉矢黑軍士不勇疾流腫

禮緯

稽命徵

天子祭天地宗廟六宗五嶽得其宜則五穀豐雷雨時至四夷貢物
外內之制各得所四方之事無有畜滯則麒麟遊囿六畜繁多天苑有德星應
王者刑殺當罪賞賜當功得禮之儀則醴泉出
祭五岳四瀆得其宜則黃雀見

含文嘉

王者得禮制則澤谷之中有白玉焉
玉石得宜則太白常明
作樂制禮得天心則景星見
出號令合民心則祥風至
神靈滋液百寶爲用則白象至
神鼎者質文精也知吉凶存亡能輕能重能息能行王者興則出

斗威儀

君乘木而王其政升平則福草生廟中朱草別名又日南海輸以蒼烏
君乘金而王其政訟平芳桂常生麒麟在郊又曰乘金而王則黃銀見
君乘水而王爲人黑色大耳其政和平則景雲至北海輸以文狐
君乘火而王其政和平梓爲常生又曰南海輸以駿馬
君乘土而王其政太平鳳凰集於苑林
政理太平則時日五色
政太平則月圓而多輝政升平則月清而明

孝經緯

援神契

神靈滋液則碧玉出
周成王時越裳獻白雉去京師三萬里王者祭祀不相踰宴食袍服有節則至
德至山陵則景雲出德下至地則嘉禾生德至木泉則黃龍見
德至草木則芝草生又曰善養老則芝草茂又曰德至於草木則木連理
德至鳥獸則麒麟臻鳳凰翔鸞鳳舞又曰德至鳥獸則白鳥下
王者奉己儉約臺榭不侈尊事耆老則白雀見
天子孝天孽消滅景雲出遊

鉤命決

國多孝則風雨時
春政不失五穀蘗初夏政不失甘雨時季夏政不失地無苗秋政不失人民昌冬政不失少疾喪五政不失百穀稚熟日月光明
作樂制禮孝以事天則景星見也

左契

元氣混沌孝在其中天子孝天龍負圖地龜出書妖孽消滅景雲出遊庶人孝則澤林茂浮珍舒怪草秀水出神魚
赤雀者王者孝則銜書來
孝悌之至通於神明則鳳凰巢

內事

天子行孝則景星見
王者動得天度止得地意從容中道陰陽合度則太微五帝座星明以光也
王者得禮之制不傷財不害民君臣和草木昆蟲各象正性則三台爲齊明不闕不狹如其度宋均云君臣制度宮室車旗多少各有品則則應也
王者敬諸父有差則火角光明以揚宋均云諸父伯仲叔季也斗爲帝車所乘也角堅剛而居帝前帝敬諸父感天應之也
王者遠嫌別微殊貴賤抑驕臣息亂子則屏星爲之明
天子得雲臺之禮則五車均明河行不離其常宋均云天子考察天氣若梓慎見星之祲者也所以獲福禳災五車主五穀民禳災得福民無饑寒之困五穀之星明以應之河若離常則有決溢之憂則九穀失所植矣
昆弟有親親之恩則鉤鈐入房宋均云鉤鈐遠房則

疏闊今昆弟相親故天相近明其友也

王者厚長幼各得其正則房心有德星之應宋均云房心爲天子明堂布政之官長幼厚則政著明房心應之而時也

彗在北斗禍大起在三台臣害君在太微君害至在天獄諸侯作禍彗行所指其國大惡

管子

幼官

春行冬政肅

注 肅寒也冬氣乘之故也

行秋政雷

春陽秋陰陰承陽故雷

行夏政閹

春既陽夏又陽陽氣猥并故掩閉也

夏行春政風

春箕宿多風

行冬政落

寒氣肅殺故凋落也

重則雨雹

其災重則雨雹水寒所致

行秋政水

秋畢宿多霖雨

秋行夏政葉

盛陽氣乘之故卉木生葉

行春政華

少陽氣乘之故卉木更生華

行冬政耗

盛陰肅殺故虛耗

冬行秋政霧

秋多陰霧

行夏政雷

盛陽乘盛陰故雷

行春政烝泄

少陽乘陰故烝泄

四時

日掌陽月掌陰星掌和陽爲德陰爲刑和爲事是故日食則失德之國惡之月食則失刑之國惡之彗星見則失和之國惡之風與日爭明則失生之國惡之是故聖王日食則修德月食則修刑彗星見則修和風與日爭明則修生此四者聖王所以免於天地之誅也信能行之五穀蕃息六畜殖而甲兵强治積則昌暴虐積則亡

注 失則當受罰故其所失各以其所類而與惡也日惡風且熱旱災成矣方生之物皆枯瘁矣此失生德也故失生之國惡也

史記

天官書 天官雖皆庶徵中事今專言星者入星辰專言雲者入雲氣占皆不入總部

若霧非霧

注 索隱曰霧音如字一音蒙又亡遘反爾雅云天氣下地不應曰霧言蒙昧不明也

衣冠而不濡見則其域被甲而趨天雷電蝦虹辟歷夜明者陽氣之動者也春夏則發秋冬則藏故候者無不司之天開縣物

孟康曰謂天裂而見物象天開示縣象

地動坼絕

正義曰趙世家幽繆王遷五年代地動自樂徐以西北至平陰臺屋牆垣大半壞地坼東西北三十步

山崩及徙川塞谿垘

徐廣曰土雍曰垘音服駰案孟康曰谿谷也垘崩也蘇林曰垘流也

水澹澤竭地長見象城郭門閭閨臬枯槀宮廟邸第人民所次謠俗車服觀民飲食五穀草木觀其所屬倉府廄庫四通之路六畜禽獸所產去就魚鼈鳥鼠觀其所處鬼哭若呼其人逢俉化言誠然

俉迎也伯莊曰音五故反索隱曰逢俉謂相逢而驚也俉亦作迕音同化當爲訛字之誤耳

凡候歲美惡謹候歲始歲始或冬至日產氣始萌臘明日人衆卒歲一會飲食發陽氣故曰初歲正月旦王者歲首立春日四時之卒始也

索隱曰謂立春日是去年四時之終卒今年之始也

四始者候之日

正義曰謂正月旦歲之始時之始日之始月之始故云四始言以四時之日候歲吉凶也

而漢魏鮮

孟康曰人姓名作占候者

集臘明正月旦決八風風從南方來大旱西南小旱西方有兵西北戎菽爲

孟康曰戎菽胡豆也爲成也索隱曰韋昭云戎菽大豆也又郭璞註爾雅亦云胡豆與孟康同

小雨

徐廣曰一無此上兩字

趣兵

索隱曰趣音促謂風從西北來則戎菽成而又有小雨則其國趣兵起也

北方爲中歲東北爲上歲

韋昭曰歲大穰

東方大水東南民有疾疫歲惡故八風各與其衝對課多者爲勝多勝少久勝亟疾勝徐旦至食爲麥食至日昳爲稷昳至餔爲黍餔至下餔爲菽下餔至日入爲麻欲終日有雨有雲有風有日

正義曰正月旦欲其終一日有風有日則一歲之中無災害也

日當其時者深而多實無雲有風日當其時淺而多實有雲風無日當其時深而少實有日無雲不風當其時者稼有敗如食頃小敗熟五斗米頃大敗則風復起有雲其稼復起各以其時用雲色占種其所宜其雨雪若寒歲惡是日光明聽都邑人民之聲聲宮則歲善吉商則有兵徵旱羽水角歲惡或從正月旦比數雨

索隱曰比音鼻律反數音疎舉反謂以比數日以候一歲之雨以知豐穰也

率食日一升至七升而極

孟康曰月一日雨民有一升之食二日雨民有二升之食如此至七日

過之不占數至十二日日直其月占水旱

孟康曰月一日雨正月水

爲其環城千里內占則其爲天下候竟正月

孟康曰月三十日周天歷二十八宿然後可占天下正義曰按月列宿日風雲有變占其國并太歲所在則知其歲豐稔水旱饑饉也

月所離列宿

索隱曰韋昭云離歷也

日風雲占其國然必察太歲所在在金穰水毀木饑火旱此其大經也正月上甲風從東方宜蠶風從西方若旦黃雲惡冬至短極縣土炭

孟康曰先冬至三日縣土炭於衡兩端輕重適均冬至日陽氣至則炭重夏至日陰氣至則土重晉灼曰蔡邕律曆記候鍾律權土炭冬至陽氣應黃鍾通土炭輕而衡仰夏至陰氣應蕤賓通土炭重而衡低進退先後五日之中

炭動鹿解角蘭根出泉水躍略以知日至要決晷景歲星所在五穀逢昌其對爲衝歲乃有殃

正義曰言晷景歲星行不失次則無災異五穀逢其昌盛若晷景歲星行而失舍有所衝則歲乃有殃禍災變也

漢書

五行志

經曰初一曰五行五行一曰水二曰火三曰木四曰金五曰土水曰潤下火曰炎上木曰曲直金曰從革土爰稼穡傳曰田獵不宿飲食不享出入不節奪民農時及有姦謀則木不曲直說曰木東方也於易地上之木爲觀其於王事威儀容貌亦可觀者也故行步有佩玉之度登車有和鸞之節田狩有三驅之制飲食有享獻之禮出入有名使民以時務在勸農桑謀在安百姓如此則木得其性矣若迺田獵馳騁不反宮室飲食沈湎不顧法度妄興繇役以奪民時作爲姦詐以傷民財則木失其性矣蓋工匠之爲輪矢者多傷敗及木爲變怪是爲木不曲直

傳曰棄法律逐功臣殺太子以妾爲妻則火不炎上說曰火南方揚光輝爲明者也其於王者南面鄉明而治書云知人則悊能官人故堯舜舉羣賢而命之朝遠四佞而放諸壄孔子曰浸潤之譖膚受之訴不行焉可謂明矣賢佞分別官人有序帥由舊章敬重功勳殊別適庶如此則火得其性矣若迺信道不篤或燿虛僞讒夫昌邪勝正則火失其性矣自上而降及濫炎妄起災宗廟燒宮館雖興師衆弗能救也是爲火不炎上

傳曰好戰攻輕百姓飾城郭侵邊境則金不從革說曰金西方萬物既成殺氣之始也故立秋而鷹隼擊秋分而微霜降其於王事出軍行師把旄杖鉞誓士衆抗威武所以征畔逆止暴亂也詩云有虔秉鉞如火烈烈又曰載戢干戈載櫜弓矢動靜應誼說以犯難民忘其死如此則金得其性矣若迺貪欲恣睢務立威勝不重民命則金失其性蓋工冶鑄金鐵金鐵冰滯涸堅不成者衆及爲變怪是爲金不從革

傳曰治宮室飾臺榭內淫亂犯親戚侮父兄則稼穡不成說曰土中央生萬物者也其於王者爲內事宮室夫婦親屬亦相生者也古者天子諸侯宮廟大小高卑有制后夫人媵妾多少進退有度九族親疏長幼有序孔子曰禮與其奢也寧儉故禹卑宮室文王

刑于寡妻此聖人之所以昭教化也如此則土得其性矣若乃奢淫驕慢則土失其性有木旱之災而草木百穀不孰是爲稼穡不成

傳曰簡宗廟不禱祠廢祭祀逆天時則水不潤下說曰水北方終藏萬物者也其於人道命終而形藏精神放越聖人爲之宗廟以收魂氣春秋祭祀以終孝道王者卽位必郊祀天地禱祈神祇望秩山川懷柔百神亡不宗事愼其齋戒致其嚴敬鬼神歆饗多獲福助此聖人所以順事陰氣和神人也至發號施令亦奉天時十二月咸得其氣則陰陽調而終始成如此則水得其性矣若乃不敬鬼神政令逆時則水失其性霧水暴出百川逆溢壞鄉邑溺人民及淫雨傷稼穡是爲水不潤下京房易傳曰顓事有知誅罰絕理厥災水其水也雨殺人以隕霜大風天黃饑而不損茲謂泰厥災水水殺人辟遏有德茲謂狂厥災水水流殺人已水則地生蟲歸獄不解茲謂追非厥水寒殺人追誅不解茲謂不理厥水五穀不收大敗不解茲謂皆陰解舍也王者於大敗誅首惡赦其衆不則皆函陰氣厥水流入國邑隕霜殺穀

經曰羞用五事五事一曰貌二曰言三曰視四曰聽五曰思貌曰恭言曰從視曰明聽曰聰思曰睿恭作肅從作艾明作悊聰作謀睿作聖休徵曰肅時雨若艾時暘若悊時奧若謀時寒若聖時風若咎徵曰狂恆雨若僭恆暘若舒恆奧若急恆寒若霧恆風若

傳曰貌之不恭是謂不肅厥咎狂厥罰恆雨厥極惡時則有服妖時則有龜孽時則有雞旤時則有下體生上之痾時則有青眚青祥唯金沴木說曰凡草木之類謂之妖妖猶夭胎言尚微蟲豸之類謂之孽孽則牙孽矣及六畜謂之旤言其著也及人謂之痾痾病貌言寖深也甚則異物生謂之眚自外來謂之祥祥猶禎也氣相傷謂之沴沴猶臨莅不和意也每一事云時則以絕之言非必俱至或有或亡或在前或在後也孝武時夏侯始昌通五經善推五行傳以傳族子夏侯勝下及許商皆以教所賢弟子其傳與劉向同唯劉歆傳獨異貌之不恭是爲不肅肅敬也內曰恭外曰敬人君行己體貌不恭怠慢驕蹇則不能敬萬事失在狂易故其咎狂也上嫚下暴則陰氣勝故其罰常雨也水傷百穀衣食不足則姦軌並作故其極惡也一曰民多被刑或形貌醜惡亦是也風俗狂慢變節易度則爲剽輕奇怪之服故有服妖水類動故有龜孽於易巽爲雞雞有冠距文武之貌不爲威儀貌氣毀故有雞旤一曰木歲雞多死及爲怪亦是也上失威儀則下有彊臣害君上者故有下體生於上之痾木色青故有青眚青祥凡貌傷者病木氣木氣病則金沴之衝氣相通也於易震在東方爲春爲木也兌在西方爲秋爲金也離在南方爲夏爲火也坎在北方爲冬爲水也春與秋日夜分寒暑平是以金木之氣易以相變故貌傷則致秋陰常雨言傷則致春陽常旱也至于冬夏日夜相反寒暑殊絕水火之氣不得相併故視傷常奧聽傷常寒者其氣然也逆之其極曰惡順之其福曰攸好德劉歆貌傳曰有鱗蟲之孽羊旤鼻痾說以爲於天文東方辰爲龍星故爲鱗蟲於易兌爲羊木爲金所病故致羊旤與常雨同應此說非是春與秋氣陰陽相敵木病金盛故能相幷唯此一事耳旤與妖痾祥眚同類不得獨異

傳曰言之不從是謂不艾厥咎僭厥罰恆陽厥極憂時則有詩妖時則有介蟲之孽時則有犬旤時則有口舌之痾時則有白眚白祥惟木沴金言之不從從順也是謂不乂乂治也孔子曰君子居其室出其言不善則千里之外違之況其邇者虖詩云如蜩如螗如沸如羹言上號令不順民心虛譁憒亂則不能治海內失在過差故其咎僭僭差也刑罰妄加羣陰不附則陽氣勝故其罰常陽也旱傷百穀則有寇難上下俱憂故其極憂也君炕陽而暴虐臣畏刑而拑口則怨謗之氣發於謌謠故有詩妖介蟲孽者謂小蟲有甲飛揚之類陽氣所生也於春秋爲螽今謂之蝗皆其類也於易兌爲口犬以吠守而不可信言氣毀故有犬旤一曰旱歲犬多狂死及爲怪亦是也及人則多病口喉欬者故有口舌痾金色白故有白眚白祥凡言傷者病金氣金氣病則木沴之其極憂者順之其福曰康寧劉歆言傳曰時有毛蟲之孽說以爲天文西方參爲虎星故爲毛蟲

傳曰視之不明是謂不悊厥咎舒厥罰恆奧厥極疾時則有草妖時則有臝蟲之孽時則有羊旤時則有目痾時則有赤眚赤祥惟水沴火視之不明是謂不悊悊知也詩云爾德不明以亡陪亡卿不明爾德以亡背亡仄言上不明暗昧蔽惑則不能知善惡親近習長同類亡功者受賞有罪者不殺百官廢亂失在舒緩故其咎舒也盛夏日長暑以養物政弛緩故其罰常奧也奧則冬溫春夏不和傷病民人故極疾也

誅不行則霜不殺草繇臣下則殺不以時故有草妖凡妖貌則以服言則以詩聽則以聲視則以色者五色物之大分也在於眚祥故聖人以為草妖失秉之明者也溫奧主蟲故有嬴蟲之孽謂螟螣之類當死不死未當生而生或多於故而為災也劉歆以為屬思心不睿於易剛而包柔為離離為火為目羊上角下蹏剛而包柔羊大目而不精明視氣毀故有羊旤一曰暑歲羊多疫死及為怪亦是也及人則多病目者故有目痾火色赤故有赤眚赤祥凡視傷者病火氣火氣傷則水沴之其極疾者順之其福曰壽劉歆視傳曰有羽蟲之孽雞旤說以為於天文南方喙為鳥星故為羽蟲旤亦從羽故為雞雞於易自在巽說非是庶徵之恆奧劉向以為春秋亡冰也小奧不書無氷然後書舉其大者也京房易傳曰祿不遂行茲謂欺厥咎奧雨雪四至而溫臣安祿樂逸茲謂亂奧而生蟲知罪不誅茲謂舒其奧夏則暑殺人冬則物華實重過不誅茲謂亡徵其咎當寒而奧六日也

傳曰聽之不聰是謂不謀厥咎急厥罰恆寒厥極貧時則有鼓妖時則有魚孽時則有豕禍時則有耳痾時則有黑眚黑祥惟火沴水聽之不聰是謂不謀言上偏聽不聰下情隔塞則不能謀慮利害失在嚴急故其咎急也盛冬日短寒以殺物政促迫故其罰常寒也寒則不生百穀上下俱貧故其極貧也君嚴猛而閉下臣戰栗而塞耳則妄聞之氣發於音聲故有鼓妖寒氣動故有魚孽雨以龜為孽服虔曰多雨則龜多出龜能陸處非極陰也魚去水而死極陰之孽也於易坎為豕豕大耳而不聰察聽氣毀故有豕禍也一曰寒歲豕多死及為怪亦是也及人則多病耳者故有耳痾水色黑故有黑眚黑祥凡聽傷者病水氣水氣病則火沴之其極貧者順之其福曰富劉歆聽傳曰有介蟲孽也庶徵之恆寒劉向以為春秋無其應周之末世舒緩微弱政在臣下奧煖而已劉歆以為大雨雪及未當雨雪而雨雪及大雨雹隕霜殺叔草皆常寒之罰也劉向以為常雨屬貌不恭京房易傳曰有德遭險茲謂逆命厥異寒誅過深當奧而寒盡六日亦為雹害正不誅茲謂養賊寒七十二日殺蜚禽道人始去茲謂傷服虔曰有道之人去其寒物無霜而死涌水出戰不量敵茲謂辱命其寒雖雨物不茂聞善不予厥咎聾

傳曰思心之不睿是謂不聖厥咎霿厥罰恆風厥極凶短折時則有脂夜之妖時則有華孽時則有牛禍時則有心腹之痾時則有黃眚黃祥時則有金木水火沴土思心之不睿是謂不聖思心者心思慮也睿寬也孔子曰居上不寬吾何以觀之哉言上不寬大包容臣下則不能居聖位貌言視聽以心為主四者皆失則區霿無識故其咎霿也雨旱寒奧亦以風為本四氣皆亂故其罰常風也常風傷物故其極凶短折也傷人曰凶禽獸曰短草木曰折一曰凶夭也兄喪弟曰短父喪子曰折在人腹中肥而包裹心者脂也心區霿則冥晦故有脂夜之妖一曰有脂物而夜為妖若脂木夜汙人衣淫之象也一曰夜妖者雲風並起而杳冥故與常風同象也溫而風則生螟螣有裸蟲之孽劉向以為於易巽為風為木卦在三月四月繼陽而治主木之華實風氣盛至秋冬木復華故有華孽一曰地氣盛則秋冬復華一曰華者色也土為內事為女孽也於易坤為土為牛牛大心而不能思慮思心氣毀故有牛禍一曰牛多死及為怪亦是也及人則多病心腹者故有心腹之痾土色黃故有黃眚黃祥凡思心傷者病土氣土氣病則金木水火沴之故曰時則有金木水火沴土不言惟而獨曰時則有者非一衝氣所沴明其異大也其極曰凶短折順之其福曰考終命劉歆思心傳曰時則有臝蟲之孽謂螟螣之屬也庶徵之常風劉向以為春秋無其應京房易傳曰潛龍勿用衆逆同志至德迺潛厥異風其風也行不解物不長雨小而傷政悖德隱茲謂亂厥風先風不雨大風暴起發屋折木守義不進茲謂耄厥風與雲俱起折五穀莖臣易上政茲謂不順厥風大猋發屋賦斂不理茲謂禍厥風絕經緯止即溫溫即蟲侯專封茲謂不統厥風疾而樹不搖穀不成辟不思道利茲謂無澤厥風不搖木旱無雲傷禾公常於利茲謂亂厥風微而溫生蟲蝗害五穀棄正作淫茲謂惑厥風溫螟蟲起害有益人之物侯不朝茲謂叛厥風無恆地變赤而殺人

傳曰皇之不極是謂不建厥咎眊厥罰恆陰厥極弱時則有射妖時則有龍蛇之孽時則有馬禍時則有下人伐上之痾時則有日月亂行星辰逆行皇之不極是謂不建皇君也極中建立也人君貌言視聽思心五事皆失不得其中則不能立萬事失在眊悖故其咎眊也王者自下承天理物雲起於山而彌於天天氣亂故其罰常陰也一曰上失中則下彊盛而蔽君明也易曰亢龍有悔貴而亡位高而亡民賢人在

下位而亡輔如此則君有南面之尊而亡一人之助故其極弱也盛陽動進輕疾禮春而大射以順陽氣上微弱則下奮動故有射妖易曰雲從龍又曰龍蛇之蟄以存身也陰氣動故有龍蛇之孽於易乾爲君爲馬馬任用而彊力君氣毀故有馬禍一曰馬多死及爲怪亦是也君亂且弱人之所叛天之所去不有明王之誅則有篡弒之禍故有下人伐上之痾凡君道傷者病天氣不言五行沴天而曰日月亂行星辰逆行者爲若下不敢沴天猶春秋曰王師敗績於貿戎不言敗之者以自敗爲文尊尊之意也劉歆皇極傳曰有下體生上之痾說以爲下人伐上天誅已成不得復爲痾云皇極之常陰劉向以爲春秋亡其應一曰久陰不雨是也劉歆以爲自屬常陰京房易傳日有蜺蒙霧霧上下合也蒙如塵雲蜺日旁氣也占曰后妃有專蜺再重赤而專至衝旱妻不壹順黑蜺四背又白蜺雙出日中妻以貴高夫茲謂擅陽蜺四方日光不陽解而溫內取茲謂禽蜺如禽在日旁以尊降妃茲謂薄嗣蜺直而塞六辰迺除夜星見而赤女不變始茲謂乘夫蜺白在日側黑蜺果之氣正直妻不順正茲謂擅陽蜺中窺貫而外專夫妻不嚴茲謂媟蜺與日會婦人擅國茲謂頊蜺白貫日中赤蜺四背適不答茲謂不次蜺直在左蜺交在右取於不專茲謂危嗣蜺抱日兩未及君淫外茲謂亡蜺氣左日交於外取不達茲謂不知蜺白奪明而大溫溫而雨尊卑不別茲謂媟蜺三出三已三辰除除則日出且雨臣私祿及親茲謂罔辟厥異蒙其蒙先大溫已蒙起日不見行善不請於上茲謂作福蒙一日五起五解辟不下謀臣辟異道茲謂不見上蒙下霧風三變而俱解立嗣子疑茲謂動欲蒙赤日不明德不序茲謂不聽蒙日不明溫而民病德不試空言祿茲謂主窳臣夭蒙起而白君樂逸人茲謂放蒙日青黑雲夾日左右前後行過日公不任職茲謂怙祿蒙三日又大風五日蒙不解利邪以食茲謂閉上蒙大起白雲如山行蔽日公懼不言道茲謂蔽下蒙大起日不見若雨不雨至十二日解而有大雲蔽日祿生於下茲謂誣君蒙微而小雨已乃大雨下相攘善茲謂盜明蒙黃濁下陳功求於上茲謂不知蒙微而赤風鳴條解復蒙下專刑茲謂分威蒙而日不得明大臣厭小臣茲謂蔽蒙微日不明若解不解大風發赤雲起而蔽日衆不惡惡茲謂蔽蒙尊卦用事三日而起日不見漏言亡喜茲謂下厝用蒙微日無光有雨雲雨不降廢忠惑佞茲謂亡蒙天先清而暴蒙微而日不明有逸民茲謂不明蒙濁奪日光公不任職茲謂不緇蒙白三辰止則日青青而寒寒必雨忠臣進善君不試茲謂遏蒙先小雨雨已蒙起微而日不明惑衆在位茲謂覆國蒙微而日不明一溫一寒風揚塵知佞厚之茲謂庳蒙甚而溫君臣故弼茲謂悖厥災風雨霧風拔木亂五穀已而大霧庶正蔽惡茲謂生蘖災厥異霧此皆陰雲之類云

淮南子

天文訓

丙子干甲子蟄蟲早出故雷早行戊子干甲子胎夭卵毈鳥蟲多傷庚子干甲子有兵壬子干甲子春有霜戊子干丙子霆庚子干丙子夷壬子干丙子雹甲子干丙子地動庚子干戊子五穀有殃壬子干戊子夏寒雨霜甲子干戊子介蟲不爲丙子干戊子大旱苽封熯壬子干庚子大剛魚不爲甲子干庚子草木再死再生丙子干庚子草木復榮戊子干庚子歲或存或亡甲子干壬子冬乃不藏丙子干壬子星墜戊子干壬子蟄蟲冬出其鄉庚子干壬子冬雷其鄉

時則訓

正月失政七月涼風不至二月失政八月雷不藏三月失政九月霜不降四月失政十月不凍五月失政十一月蟄蟲冬出其鄉六月失政十二月草木不脫七月失政正月大寒不解八月失政二月雷不發九月失政三月春風不濟十月失政四月草木不實十一月失政五月下雹霜十二月失政六月五穀疾狂春行夏令泄行秋令水行冬令肅夏行春令風行秋令蕪行冬令格秋行夏令華行春令榮行冬令耗冬行春令泄行夏令旱行秋令霧

劉熙釋名

釋天

厲疾氣也中人如磨厲傷物也

疫役也言有鬼行疫也

痳截也氣傷人如有斷絕也

災栽也火所燒滅之餘曰栽言其於物如是也

害割也如割削物也

異者異於常也

眚痟也如病者痟瘦也

慝態也有姦態也

妖殀也殀害物也

孽蘖也過之如物見兒孽也

許愼說文

祆蠥

衣服歌謠草木之怪謂之祆禽獸蟲蝗之怪謂之蠥

崔寔農家諺

雜占

二月昏參星夕杏花盛桑葉白

河射角堪夜作犂星沒水生骨

麻黃種麥麥黃種麻夏至後不沒狗

但雨多沒橐駝五月及澤父子不相借

日沒臙脂紅無雨也有風

乾星照溼土明日依舊雨

雲行東車馬通雲行西馬濺泥雲行南水漲潭雲行北好曬麥

未雨先雷船去步歸

鵓浴風鵲浴雨

春甲子雨乘船入市夏甲子雨赤地千里秋甲子雨禾頭生耳冬甲子雨雪飛千里

上火不落下火滴沰

黃梅寒井底乾

稻秀雨澆麥秀風搖

雨打梅頭無水飲牛

黃梅雨未過冬青花未破冬青花已開黃梅雨不來

又云冬青花不落溼沙

舶䑲風雲起旱魃深歡喜

南齊書

五行志

木傳曰東方易經地上之木爲觀故木於人威儀容貌也木者春生氣之始農之本也無奪農時使民歲不過三日行什一之稅無貪欲之謀則木氣從如人君失威儀逆木行田獵馳騁不反宮室飲食沈湎不顧禮制出入無度多發徭役以奪民時作爲姦詐以奪民財則木失其性矣蓋以工匠之爲輪矢者多傷敗故曰木不曲直

貌傳曰失威儀之制怠慢驕恣謂之狂則不肅矣下不敬則上無威天下既不敬又肆其驕恣肆之則不從夫不敬其君不從其政則陰氣勝故曰厥罰常雨

傳曰大雨雪猶庶徵之常雨也然有甚焉雨陰大雨雪者陰之蓄積甚也一曰與大水同象曰攻爲雪耳

傳曰雷於天地爲長子以其首長萬物與之出入故雷出萬物出雷入萬物入夫雷者人君之象入則除害出則興利雷之微氣以正月出其有聲者以二月出以八月入其餘微者以九月入冬三月雷無出者若是陽不閉陰則出涉危難而害萬物也

傳曰雨雹君臣之象也陽之氣專爲雹陰之氣專爲霰陽專而陰脅之陰盛而陽薄之雹者陰薄陽之象也霰者陽協陰之符也春秋不書霰者猶月蝕也

貌傳又曰上失節而狂下怠慢而不敬上下失道輕法侵制不顧君上因以荐饑貌氣毀故有雞旤一曰水歲雞多死及爲怪亦是也上下不相信大臣奸宄民爲寇盜故曰厥極惡一曰民多被刑或形貌醜惡風俗狂慢變節易度則爲輕剽奇怪之服故曰時則有服妖

貌傳又曰危亂端見則天地之異生木者青故曰青眚爲惡祥凡貌傷者金沴木木沴金衝氣相通

火南方揚光煇出炎爚爲明者也人君向明而治蓋取其象以知人爲分讒佞既遠羣賢在位則爲明而火氣從矣人君疑惑棄法律不誅讒邪則讒口行內間骨肉外疎忠臣至殺世子逐功臣以妾爲妻則火失其性上災宗廟下災府榭內熯本朝外熯闕觀雖興師衆不能救也

傳又曰犯上者不誅則草犯霜而不死或殺不以時事在殺生失柄故曰草妖也一曰草妖者失衆之象也

劉歆視傳有羽蟲之孽謂雞旤也班固案易雞屬巽今以羽蟲之孽類是也依歆說附視傳云

傳曰維木沴火又曰赤眚赤祥

思心傳曰心者土之象思心不睿其過在瞀亂失紀風於陽則爲君於陰則爲大臣之象專恣而氣盛故罰常風心爲五事主猶土爲五行主也一曰陰陽相薄偏氣陽多爲風其甚也常風陰氣多者陰而不雨其甚也常陰一曰風宵起而晝晦以應常陰同象也

傳又曰山之於地君之象也山崩君權損京陵易處世將變也陵轉爲澤貴將爲賤也

傳又曰雷電所擊蓋所感也皆思心有尤之所致也

傳又曰土氣亂者木金水火亂之

金者西方萬物既成殺氣之始也其於王事兵戎戰伐之道也王者興師動衆建立旗鼓仗旄把鉞以誅殘賊止暴亂殺伐應義則金氣從工冶鑄化革形成器也人君樂侵陵好攻戰貪城邑輕百姓之命人民不安內外騷動則金失其性蓋冶鑄不化氷滯固堅

故曰金不從革又曰維木沴金

言傳曰言易之道西方曰兌爲口人君過差無度刑法不一斂從其重或有師旅炕陽之節若動衆勞民是言不從人君既失衆政令不從孤陽持治下畏君之重刑陽氣勝則旱象至故曰厥罰常陽也

言傳曰下既悲苦君上之行又畏嚴刑而不敢正言則必先發於歌謠歌謠口事也口氣逆則惡言或有怪謠焉

言傳曰言氣傷則民多口舌故有口舌之痾金者白故有白眚若有白爲惡祥

水北方冬藏萬物氣至陰也宗廟祭祀之象死者精神放越不反故爲之廟以收其散爲之貌以收其魂神而孝子得盡禮焉敬之至則神歆之此則至陰之氣從則水氣從溝瀆隨而流去不爲民害矣人君不禱祀簡宗廟廢祭祀逆天時則霧水暴出川水逆溢壞邑軼鄉沈溺民人故曰水不潤下

傳曰極陰氣動故有魚孽魚孽者常寒罰之符也

聽傳曰不聰之象見則妖生於耳以類相動故曰有鼓妖也一曰聲屬鼓妖

傳曰皇之不極是謂不建其咎在霿亂失聽故厥咎霿思心之咎亦霿天者正萬物之始王者正萬事之始失中則害天氣類相動也天者轉於下而運於上雲者起於山而彌於天天氣動則其象應故厥罰常陰王者失中臣下盛強而蔽君明則雲陰亦衆多而蔽天光也

傳曰易曰乾爲馬逆天氣馬多死故曰有馬禍一曰馬者兵象也將有寇戎之事故馬爲怪

京房易傳曰生子二胸已上民謀其主三手已上臣謀其主二口已上國見驚以兵三耳已上是謂多聽國事無定二鼻已上國主久病三足三臂已上天下有兵其類甚多蓋以象占之

京房易傳曰野獸入邑其邑大虛又曰野獸無故入邑朝廷門及宮府中者邑逆且虛

欽定古今圖書集成曆象彙編庶徵典

第七卷目錄

庶徵典第七卷

庶徵總部彙考七

唐李德裕窮愁志

祥瑞

夫天地萬物異於常者雖至美至麗無不為妖覩之宜先戒懼不可以為禎祥何以言之桓靈之世多鸞鳳丘墳之上生芝草神仙之物食之上可以凌倒景次可以保永年生於丘墳豈得為瑞若以孝思所致則瞽瞍之墓曾皙之墳宜生萬枝矣何者為仁孝之瑞唯甘露降於松柏皜鹿素烏馴擾不去皆有皜素之色足表幽明之感貞元中余在甌越有隱者王遇好黃冶之術暮年有芝草數十莖產於丹竈之前逾月而遇病卒齊中書抗有別業生芝草百餘莖數月而中書去世又餘姚守盧君名從在郡時有芝草生於督郵屋梁上其歲盧君為叛將栗鍠所害置遺骸於屋梁之下並耳目所驗非自傳聞由是而言則褒姒驪姬皆為國妖以禍周晉綠珠窈娘皆為家妖以災喬石不可不察也又黃河清而聖人生徵應不在於當世明矣柳谷元石為魏室之妖啓將來之端亦不可不察也是以宜先戒懼以消桑穀雉雊之變耳

喜徵

陸賈稱蟢子垂而百事禁不徵其故何也凡人將有喜兆必垂于冠冕余常思之蓋以人肖圓方之形稟五行之氣有生之最靈者也如景如火忽有歎然感氣發于圓首之上其榮盛也如陽氣發生烟涵爐煦其變衰也如秋氣索然寂寞沈悴雖不能自覩其鑒明者必可察之唐舉許負疑用此術所以望表而知窮達何以明之淑春愛景必有蟢子垂於簷楹之間室有明燭膏爐必垂於屏幃之際喜氣將盛故集於冠冕之上以此推之無所逃也

宋俞誨百怪斷經

嚏噴占

子時主酒食　丑時主女思
寅時主女相和　卯時主財喜
辰時主酒食　巳時主人來財
午時主有客來　未時主酒食
申時主驚不利　酉時主文人來求
戌時主和合　亥時主吉利

眼跳占

子時　左主貴　右主酒食
丑時　左主憂　右主人思
寅時　左主行人　右主吉
卯時　左主貴人　右主平安
辰時　左主客來　右主害
巳時　左主酒食　右主凶
午時　左主得意　右主凶
未時　左主吉　右主喜
申時　左主財　右主人思
酉時　左主音信　右主客至
戌時　左主他喜　右主酒食
亥時　左主貴人　右主官事

心驚占

子時有女人思　丑時惡事不利
寅時有客來　卯時有酒食
辰時有喜事　巳時有大獲
午時主有酒食　未時有女人思
申時主喜事　酉時主喜信
戌時有官客至　亥時主惡服夢怪大凶

耳鳴占

子時　左主女思　右主失財
丑時　左主他喜　右主口舌
寅時　左主失物　右主心急
卯時　左主坎坷　右主客至

辰時　左主得意　右主行人至
巳時　左主凶　右主大吉
午時　左主信　右主親人至
未時　左主他役　右主遠人來
申時　左主行人　右主吉
酉時　左主失財　右主吉
戌時　左主遠行　右主康
亥時　左主吉　右主凶

耳熱占

子時主有僧道來議事　丑時主有喜事大吉
寅時主有酒食吃　卯時主有遠人來
辰時主有喜事大吉　巳時主失財物不利
午時主有喜事來　未時主有奇獲
申時主有客來酒食　酉時主女子至婚事
戌時主有爭訟口舌　亥時主有詞訟口舌

鵲鳴占

寅卯時　正東送物東南爭正南吉西南吉正西外人思西北酒食正北口舌東北病
辰巳時　正東風雨東南女客正南相命西南爭正西官訟西北貴人至正北相命東北親至
午時　正東爭東南親客正南爭西南不寧正西送物西北酒食正北六畜至東北送物
未申時　正東凶東南凶信正南遠信西南大雨正西吉西北親客正北失物在東北客至
酉時　正東公事東南外服正南故人西南相名正西客至西北失物正北病東北客至凡呼羣喚子鬪食爭巢難以概占但其鳴異常者占之甚驗若在百步之外不必聽也

明婁元禮田家五行

論日

日暈則雨諺云月暈主風日暈主雨　日脚占晴雨諺云朝又天暮又地主晴反此則雨　日沒後起青白光數道下狹上闊直起亙天此特夏秋間有之俗呼青白路主來日酷熱　日生耳主晴雨諺云南耳晴北耳雨日生雙耳斷風截雨若是長而下垂通地則又名曰日幢主久雨日出早主雨出晏主晴老農云此特言久陰之餘夜雨連日正當天明之際雲忽一掃而捲卽日光出所以言早少刻必雨立驗言晏者日出之後雲晏開也必晴亦甚準蓋日之出入自有定刻實無早晏也愚謂但當云晴得早主雨晏開主晴不當言日出早晏也占者悟此理日外自雲障中起主晴諺云日頭趕雲障曬殺老和尚日沒返照主晴俗名爲日返塢一云日沒臙脂紅無雨也有風或問二候相似而所主不同何也老農云返照在日沒之前臙脂紅在日沒之後不可不知也諺云烏雲接日明朝不如今日又云日落雲沒不雨定寒又云日落雲裏走雨在半夜後已上皆主雨此言一朶烏雲漸起而日正落其中者諺云日落烏雲半夜枵明朝曬得背皮焦此言半天元有黑雲日落雲外其雲夜必開散明必甚晴也又云今夜日沒烏雲洞明朝曬得背皮痛此言半天上雖有雲及日沒下去都無雲而見日狀如巖洞者也已上皆主晴甚驗

論月

月暈主風何方有闕卽此方風來新月下雨諺云月如挂弓少雨多風月如偃瓦不求自下又云月偃偃水漾漾月子側水無滴新月落北主米貴荒諺云月照後壁人食狗食作糴者易敗果驗月初始生前月大盡初二晚見前小盡初三晚見諺云大二小三初五夜裏更半月初八廿三上落半夜十二夜裏天亮月十三四大明月著地十五十六正團圓十七十八正轟喧十八九坐可守二十二十一月上一更急二十二與三月上半闌殘二十四五六月上好煮粥二十七與八日月東方一齊發二十九夜略有上弦初七八九下弦二十二三四按此但言晦朔弦望之候幷志之以見田家之諺

論星

諺云一個星保夜晴此言雨後天陰但見一兩星此夜必晴星光閃爍不定主有風夏夜見星密主熱諺云明星照爛地來朝依舊雨言久雨正當黃昏卒然雨住雲開便見滿天星斗則豈但明日有雨當夜亦未必晴

論風

夏秋之交大風及有海沙雲起俗呼謂之風潮古人名之曰颶風言其具四方之風故名颶風有此風必有霖淫大雨同作甚則拔木偃禾壞房室決堤堰其先必有如斷虹之狀者見名曰颶母航海之人見此則又名破帆風凡風單日起單日止雙日起雙日止諺云西南轉西北搓繩來絆屋又云夜半五更西天明拔樹枝又云日晚風和明朝再多又云惡風盡日沒又云日出三竿不急便寬大凡風日出之時必略靜謂之風讓日大抵風自日內起者必善夜起者必毒日內息者必和夜半息者必大凍已上並言隆冬之風諺云風急雨落人急客作又云東風急備蓑笠

風急雲起愈急必雨諺云東北風雨太公言艮方風雨卒難得晴俗名曰牛筋風雨指丑位故也諺云行得春風有夏雨言有夏雨應時可種田也非謂水必大也經驗諺云春風踏脚報言易轉方如人傳報不停脚也一云既吹一日南風必還一日北風報答也二說俱應諺云西南早到晏弗動草言早有此風向晚必靜諺云南風尾北風頭言南風愈吹愈急北風初起便大春南夏北有風必雨冬天南風三兩日必有雪

論雨

諺云風打五更日曬水坑言五更忽有雨日中必晴甚驗晏雨不晴雨著水面上有浮泡主卒未晴諺云一點雨似一個釘落到明朝也不晴一點雨似一個泡落到明朝未得了諺云天下太平夜雨日晴言不妨農也諺云上牽晝暮牽齋下晝雨晴晴諺云病人怕肚脹雨落怕天亮亦言久雨正當昏黑忽自明亮則是雨候也雨夾雪難得晴諺云夾雨夾雪無休無歇諺云快雨快晴道德經云飄風不終朝驟雨不終日凡雨喜少惡多諺云千日晴不厭一日雨落便厭

論雲

雲行占晴雨諺云雲行東雨無蹤車馬通雲行西馬濺泥水沒犂雲行南雨潺潺水漲潭雲行北雨便足好曬穀上風雖開下風不散主雨諺云上風皇下風隘無蓑衣莫出外雲若砲車形起主風起諺云西南陣單過也落三寸言雲陣起自西南者雨必多尋常陰天西南陣上亦雨諺云太婆年八十八勿曾見東南陣頭發又云千歲老人不曾見東南陣頭雨沒子田言雲起自東南來者絕無雨凡雨陣自西北起者必雲黑如潑墨又必起作眉梁陣主先大風而後雨終易晴天河中有黑雲生謂之河作堰又謂之黑豬渡河黑雲對起一路相接亘天謂之女作橋雨下闊則又謂之合羅陣皆主大雨立至少頃必作滿天陣名通界雨言廣闊普徧也若是天陰之際或作或止忽有雨作橋則必有挂帆雨脚又是雨脚將斷之兆也不可一例而取凡雨陣雲疾如飛或暴雨乍傾乍止其中必有神龍隱見易曰雲從龍是也諺云旱年只怕沿江挑水年只怕北江紅一云太湖晴上文言亢旱之年望雨如望恩纔是四方遠處雲生陣起或自東引而西自西而東俗所謂排也則此雨非但今日不至必每日如之卽是久旱之兆也此吳語也故指北江爲太湖若是晚霽必兼西天但晴無雨諺云西北赤好曬麥陰天卜晴諺云朝要頂穿暮要四脚懸又云朝看東南暮看西北諺云魚鱗天不雨也風顛此言細細如魚鱗斑者一云老鯉斑雲障曬殺老和尚此言滿天雲大片如鱗者故云老鯉往往試驗各有准秋天雲陰若無風則無雨冬天近晚忽有老鯉斑雲起漸合成濃陰者必無雨名曰護霜天諺云識每護霜天不識每著子一夜眠

論霞

諺云朝霞暮霞無水煎茶主旱此言久晴之霞也諺云朝霞不出市暮霞走千里此皆言雨後乍晴之霞暮霞若有火焰形而乾紅者非但主晴必有久旱之兆朝霞雨後乍有定雨無疑或是晴天隔夜雖無今朝忽有則要看顏色斷之乾紅主晴間有褐色主雨滿天謂之霞得過主晴霞不過主雨若西方有浮雲稍厚雨當立至

論虹

俗呼曰鱟諺云東鱟晴西鱟雨諺云對日鱟不到晝主雨言西鱟也若鱟下便雨還主晴

論雷

諺云未雨先雷船去步來主無雨諺云當頭雷無雨卯前雷有雨凡雷聲響烈者雨陣雖大而易過雷聲殷殷然響者卒不晴雷初發聲微和者歲內吉猛烈者凶甲子日尤吉雪中有雷主陰雨百日方晴東州人云一夜起雷三日雨言雷自夜起必連陰

論霜

每年初下只一朝謂之孤霜主來年歉連得兩朝以上主熟上有鋒芒者吉平者凶春多主旱

論雪

下雪而不消名曰等伴主再有雪久經日照而不消亦是來年多水之兆也

論電

夏秋之間夜晴而見遠電俗謂之熱閃在南主久晴在北主便雨諺云南閃千年北閃眼前北閃俗謂之北辰閃主雨立至諺云北辰三夜無雨大怪言必有大風雨也

論氣候

凡春寒必多雨諺云春寒多雨水元宵前後必有料峭之風謂之元宵風凡春有二十四番花信風二月初有水謂之春水二月八日張大帝生日前後必有風雨極準俗號爲請客風送客雨正日謂之洗街雨

初十謂之洗廚雨社日多有微雨數點謂社公不吃乾糧果驗諺云清明斷雪穀雨斷霜芒種後雨爲黃梅雨夏至後爲時雨此時陰晴易變諺云黃梅天氣釐（蒲閒切）向老婆頭邊也要擔了蓑衣著帽去六月有水謂之賊水八月十八日潮生日前後有水謂之橫港水九月初有雨多謂之秋水立冬前後起西北風謂之立冬信月內風頻作謂之十月五風信

論朔日

晴主月內晴雨謂之交月雨主久陰雨若此先連綿有雨反輕風吹月建方位主米貴自建方來爲得其正萬物各得其所晴雨各得其宜

論旬中尅應

新月下有黑雲橫截主來日雨諺云初三月下有橫雲初四日裏雨傾盆月盡無雨則來月初必有風雨諺云廿五廿六若無雨初三初四莫行船廿五日謂之月交日有雨主久陰廿七日最宜晴諺云交月無過廿七晴

論甲子

諺云春雨甲子乘船入市夏雨甲子赤地千里秋雨甲子禾頭生耳冬雨甲子飛雪千里一說甲子春雨主夏旱六十日夏雨主秋旱四十日此說蓋取其久陰之後必有久晴諺云半年雨落半年晴甲子遇雙日是雌甲子雖雨不妨

論壬子

春雨人無食夏雨牛無食秋雨魚無食冬雨鳥無食又云春雨壬子秧爛蠶死又云雨打六壬頭低田便罷休一云更須看甲寅日若晴拗得過不妨諺云壬子是哥哥爭柰甲寅何若得連晴爲上不然二日內亦當以壬子日爲主一說壬子雨丁丑晴則陰晴相半二日俱晴六十日內少雨二日俱雨主六十日內雨多近聞此說累試有驗

論甲申

諺云甲申猶自可乙酉怕殺我言申日雨尚庶幾酉上雨主久雨一云春甲申日則主米暴貴又云閩中見四特甲申日雨則人家閉糴價必踊貴也吳地竊最畏此二日雨故特以怕殺二字表其可畏之甚也每試極准

論甲戌庚必變

諺云久雨久晴多看換甲又云甲午旬中無燥土又云甲雨乙拗又云甲日雨乙日晴乙日雨直到庚又云久晴逢戊雨久雨望庚晴又云逢庚須變逢戊須晴又云久雨不晴且看丙丁又云上火不落下火滴沰言丙丁日也

論鶴神

己酉日下地東北方乙卯轉正東庚申轉東南丙寅轉正南辛未轉西南丁丑轉正西壬午轉西北戊子轉正北癸巳上天在天上之北戊戌日轉天上之南甲辰轉天上之東己酉復下周而復始括云纔逢癸巳上天堂己酉還居東北方上天下地之日晴主久晴雨主久雨轉方稍輕若大旱年雖轉方天並不作變諺云荒年無六親旱年無鶴神己亥庚子己巳庚午謂之水主土多是值雨庚申日晴甲子必晴丁未日雨殺百蟲

論山

遠山之色清朗明爽主晴嵐氣昏暗主作雨起雲主雨收雲主晴尋常不曾出雲小山忽然雲起主大雨久雨在半山之上山水暴發一月則主山崩却非尋常之水

論地

地面濕潤甚者水珠出如流汗主暴雨若得西北風解散無雨石磉水流亦然四野鬱蒸亦然

論水

夏初水底生苔主有暴水諺云水底起青苔卒逢大水來水際生靛青主有風雨諺云水面生青靛天公又作變諺云大水無過一周時諺云大旱不過周時雨大水無非百日晴言天道須是久晴則水方能退也故論潮者云晴乾無大汛合而言之可見水漲之易退之難也如此凡東南風退水西北反爾此理蓋只是吳中太湖東南之常事往年初冬大西北風潮水泛起吳江人家俱浸水中風息復平謂之翻湖水纔是南風連吹半月十日便可退水三二尺又不還漲水邊經行聞得水有香氣主雨水驟至極驗或聞水腥氣亦然河內浸成包稻種既沒復浮主有水

論潮

每半月逐日候潮時有詩訣云午未未申申寅寅卯卯辰辰巳巳午午半月一遭輪夜潮相對起仔細與君論十三二十七名曰水起是爲大汛各七日二十初五名曰下岸是爲小汛亦各七日諺云初一月半午時潮又云初五二十夜岸潮天亮白遙遙又云下岸三潮登大汛凡天道久晴雖當大汛水亦不長諺云乾晴無大汛雨落無小汛（按此祇言潮汐之常候然反此則異故備錄之）

論草

五穀草占稻色草有五穗近本莖爲早色腰末爲晚禾隨其穗之美惡以斷豐歉未必極驗但其草每年根根相似茹蕩內春初雨過菌生俗呼爲雷蕈多則主旱無則主水草屋久雨菌生其上朝出晴暮出雨諺云朝出曬殺暮出濯殺看窠草一名千戈謂其有刺故也蘆葦之屬叢生於地夏月暴熱之時忽自枯死主有水諺云頭苧生子沒殺二苧二苧生子旱殺三苧茭草水草也村人嘗剝其小白嘗之以卜水旱味甘甜主水味餿氣主旱

論花

梧桐花初生時赤色主旱白色主水匾豆五月開花主水杞夏月開結主水藕花謂之水花魁開在夏前主水野薔薇開在立夏前主水麥花晝放主水鳳仙花開在五月主水槐花開一遍糯米長一遍價豐苦水旱四等草花雜占云薺菜先生歲欲甘葶藶先生歲欲苦藕先生歲欲雨蒺藜先生歲欲旱蓬先生歲欲荒水藻先生歲欲惡艾先生歲欲病皆以孟春占之係江南農事云

論木

凡竹筍透林者多有水楊樹頭並水際根乾紅者主水此說恐每年如此不甚應

論飛禽

諺云鴉浴風鵲浴雨八八兒洗浴斷風雨鳩鳴有還聲者爲之呼婦主晴無還聲者爲之逐婦主雨鵲巢低主水高主旱俗傳鵲意既預知水則云終不使我沒殺故意愈低既預知旱則云終不使我曬殺故意愈高朝野僉載云鵲巢近地其年大水海燕忽成羣而來主風雨諺云烏肚雨白肚風赤老鴉含水叫雨則未晴晴亦主雨老鴉作此聲者亦然鴉若叫早主雨多人辛苦叫晏晴多人安閒農作次第夜間聽九逍遙鳥叫卜風雨諺云一聲風二聲雨三聲四聲斷風雨鵓鳥仰鳴則晴俯鳴則雨鵲噪早報晴明曰乾鵲冬寒天雀羣飛翅聲重必有雨雪鬼車鳥即是九頭蟲夜聽其聲出入以卜晴雨自北而南謂之出窠主雨自南而北謂之歸窠主晴古詩云月黑夜深聞鬼車吃鵂叫主晴俗謂之賣蓑衣鶻叫諺云朝鶻晴暮鶻雨夏秋間雨陣將至忽有白鷺飛過雨竟不至名曰截雨家鷄上宿遲主陰雨燕巢做不乾淨主田內草多母鷄背負鷄鶵謂之鷄馱兒主雨（鶵字查字典不載乃方言也音屋字亦係俗字）

論走獸

獺窟近水主旱登岸主水有驗圍塍上野鼠爬沙主有水必到所爬處方止鼠咬麥苗主不見收咬稻苗亦然倒在根下主藩下米貴銜在洞口主囤頭米貴狗爬地主陰雨每眠灰堆高處亦主雨狗咬青草吃主晴狗向河邊吃水主水退鐵鼠其臭可惡白日銜尾成行而出主雨貓兒吃青草主雨絲毛狗褪毛不盡主梅水未止

論龍

龍下便雨主晴凡見黑龍下主無雨縱有亦不多白龍下雨必到水鄉諺曰黑龍護世界白龍壞世界龍下頻主旱諺云多龍多旱龍陣雨始自何一路只多行此路無處絕無諺云龍行熟路

論魚

魚躍離水面謂之秤水主水漲高多少增水多少凡鯉鯽魚在四五月間得暴漲必散子散不盡水未止盛散水聲必定夏至前後得黃鱨魚甚散子時雨必止雖散不甚水終未定最緊車溝內魚來攻水逆上得鮎主晴得鯉主水諺云鮎乾鯉濕又鯽魚主水鱨魚主晴黑鯉魚脊翼長接其尾主旱夏初食鯽魚脊骨有曲主水漁者網得死鱖謂之水惡故魚著網即死也口開主水立至易過口閉來遲水旱不定鰕籠中張得鰻魚主風水

論祥瑞

兩岐麥謂一稈而秀兩穗也主時年祥瑞又主其田秋必倍收其家日必驟進又主太平之兆漢史云桑無附枝麥秀兩岐張君爲政樂不可支紫燕來巢主其家益富此燕與烏燕同類而異凡名曰舍鸝兒又名黃腰燕子嘗巢却與烏燕絕不相似余所居村巷有此燕巢者僅二家一巷之最溫潤者亦僅此二家又凡燕巢長及大者主吉祥北向者令人家道興旺更利田蠶也凡六畜自來占吉凶諺云猪來貧狗來富貓兒來開質庫一云鷄來貧蓋鷄之得失尋常有之何足爲異因猪鷄音相近俗傳之謬音有一人言其家主翁乃是富室長者忽鄰家走一猪入其猪闌未遠長者取之長者故意妄言多其猪數以攘其猪其人不敢索而去富室遂致廢弛破碗上下作兩截斷而齊者名曰無底碗大吉往往以上藏書古語於其中懸東壁謂祥瑞也近者一友人云數年前曾見上洋高仲明家有一無底碗謂其祥瑞懸之東壁其

弃如截愛若至寶不三年其家財貨大進田連阡陌今則爲當地田戶凡牛退齒每每人不得而知見若有見其齒已脫在口候而得之者大吉利主三年內大發貓洗面至耳主有遠親至之喜黃昏雞啼主有天恩好事或有減放稅糧之喜臘月廿五日夜赤豆粥鑊滾則三年大發貓犬生子皆雄主其家有喜事三白大吉謂白雀巢簷白鼠穿屋白魚入舟也鼠咬人幞頭帽子衫領主得財喜百日內至半夜作數錢聲者主招財吉鼠狠來窟其家必長吉犬生一子其家興旺諺云犬生獨家富足春初獺祭魚忽有人拾得其遺殘者食之大吉鵲噪簷前主有佳客至及有喜事蛇蛻殼人有見之者主大發迹燈花不可剔去至一更不謝明日有吉事半夜不謝主有連綿喜慶之事或有遠親信物至諺云燈花今夜開明朝喜事來久陰天息燈燈煤如炭紅良久不過明日喜晴諺云火留星必定晴久晴後火煤便滅主喜雨長墩忽然門內泥土自然墳去聲起成墩者謂之長墩主其家長進余嘗記幼時曾見東鄰有一村店始於賣酒營生僅以自給忽門內泥土自然墳起店主謂其祥瑞愛護不鋤日見漸高家亦日益遂添賣香燭麩麪之類踰年愈高成墩不勝添進人口積蓄米麥乃大與販京果海錯南貨等物無所不有雖百里之外或富室或寺院咸來垂顧動以千緡每歲年及春季日有數千緡交易長夏門亦如市四方馳名遠近自爲巨富三十年後墩漸平下家亦暗消凡見鼠立主大吉慶嘗聞余大父言昔中年一元旦曾於庭前溝口獨見一鼠對面拱立心雖不以爲怪亦謂頗奇因向之曰爾亦知泰來之賀耶其鼠復如揖拜之狀而去大父晚年子孫蕃衍家事從容至老康健壽享八十九歲可謂吉慶矣因以此事問前輩乃云嘗於雜書中曾見此說名曰狠恭鼠拱主大吉慶必有陰德所致而然已上數事初非好奇以惑衆皆以目擊耳聞實確可考之言始附卷末以備田家五行中之一事云爾

詳補拾遺凡出入遇合物及犬過橋大吉所謀皆遂錢穀豐盈

農政全書

占四時

上元日晴春少水括云上元無雨多春旱清明無雨少黃梅夏至無雲三伏熱重陽無雨一冬晴

雨水後陰多主少水高下大熟諺云正月罾坑好種田

二月十二日夜宜晴可折十二夜夜雨二月怕夜雨若此夜晴雖雨多亦無妨越人陳元義云二月內得十二個夜晴則一年雨晴勻更十二夜雨爲潦年矣十夜以上雨水鄉人盡叫苦

清明無雨少黃梅

雨打紙錢頭麻麥不見收雨打墓頭錢今年好種田

清明午前晴早蠶熟午後晴晚蠶熟

清明日喜晴諺云簷頭插柳青農人休望晴簷頭插柳焦農人好作橋

若清明寒食前後有水而渾主高低田禾大熟四時雨水調

穀雨日雨主魚生諺云一點雨一個魚穀雨前一兩朝霜主大旱是日雨則魚生必主多雨

二麥紅腐不可食用

月內有暴水謂之桃花水則多梅雨無澇亦無乾雪不消則九月霜不降雷多歲稔虹見九月米貴

夏至日風色看交時最要緊屢驗

月中看魚散子占水黃梅時水邊草上看魚子高低以卜水增止

立夏日看日暈有則主水諺云一番暈添一番湖塘是夜雨損麥諺云二麥不怕神共鬼只怕四月八夜雨大抵立夏後夜雨多便損麥蓋麥花夜吐雨多花損故麥粒浮秕也

月內日暖夜凉主少水諺云日暖夜寒東海也乾虹見米貴五月諺云初一雨落井泉浮初二雨落井泉枯初三雨落連太湖又云一日值雨人食百草又云一日晴一年豐一日雨一年歉

立梅芒種日是也宜晴陰陽家云芒後逢壬立梅至後逢壬斷梅或云芒種逢壬是立梅按風土記云夏至前芒種後雨爲黃梅雨田家初插秧謂之發黃梅逢壬爲是

芒後半月內西南風諺云梅裏西南時裏潭潭但此風連吹兩日雨立至

畏雷諺云梅裏雷低田折舍囘言低田巨浸屋無用也其驗或云聲多及震響反旱往往經試才有雷便有雨遍插秧之患大抵芒後半月謂之禁雷天又云梅裏一聲雷時中三日雨

立梅日早雨謂之迎梅雨一云主旱諺云雨打梅頭無水飲牛雨打梅額河底開拆一云主水諺云迎梅

一尺送梅一尺雜占云此日雨卒未晴試以二日比較近年纔是無雨雖有黃梅亦不多不可不知也

重五日只宜薄陰但欲曬得蓬癟步結切枯病也便好大晴主水雨主絲綿貴大風雨主田內無邊帶風水多也

至後半月爲三時頭時三日中時五日末時七日頭中時雨主大水若末時縱雨亦善括云夏至未過水袋未破諺云時裏一日西南風准過黃梅兩日雨又云時雨西南老龍奔潭皆主旱全不應晚轉東南必晴諺云朝西暮東風正是旱天公

末時得雷謂之送時主久晴諺云迎梅雨送時雷送了去便弗回諺云黃梅天日幾番顛

夏至端午前叉手種田年

夏至日雨落謂淋時雨主久雨其年必豐

夏至有雲三伏熱卯吹西南風急吹急沒慢吹慢沒

端午日雨來年大熟

分龍之日農家於是日早以米篩盛灰藉之紙至晚視之若有雨點迹則秋不熟穀價高人多閉糶

五月二十日大分龍無雨而有雷謂之鎖龍門

田家五行曰至正壬辰春末夏初水至既非桃花亦非黃梅去而復來進退不已余家所種低田數多正苦於插種過時田中積水車沒未有乾期此日尚且勉強督工喜晴固好然八風周旋止不知吉凶如何至申時忽東南陣起見掛帆雨隨有雷三四聲方且驚愕忽見一老農拱手仰天且邊稱慚愧不已因問其故答云今日無雨而有雷謂之鎖龍門復拱手相賀喜躍或問此處無雨他處却雨如何老農云晴雨各以本境所致爲占候也幼聞父老言前宋時平江府崑山縣作水災鄰縣常熟却稱旱上司謂接境一般高下之地豈有水旱如此相背之理不准復申其里人直赴於朝訴諸史丞相丞相怪問亦然衆人因泣下而告曰崑山日日雨常熟只聞雷丞相謂有此理悉聽所陳至今吳中相傳以爲古諺又諺云夏雨隔田晴又云夏雨分牛脊又云龍行熟路正此謂也其年果熟晴多雨少自此日至立秋止雨兩番

月內虹見麥貴有三卯宜種稻有應時雨

諺云二十分龍廿一雨車閣在衖堂裏二十分龍廿一發拔起黃秧便種豆

六月初一一劑雨夜夜風潮到立秋按下條作初三一陣雨互異

六月蓋夾被處處田裏不生米

六月西風吹遍草八月無風秕子稻

處暑雨不通白露枉相逢

三伏中大熱冬必多雨雪

蝍蟟蟬叫稻生芒

小暑日晴雨亦要看交時最緊

六月初三日略得雨主秋旱收乾稻蘇秀人云此日略得雨則西山及南海不斫藁竿

初三日雨難槁稻諺云六月初三晴山篠盡枯零六月初三一陣雨夜夜風潮到立秋

小暑日雨名黃梅顛倒轉主水東南風及成塊白雲起至半月舶棹風主水退兼旱無南風則無舶棹風水卒不能退諺云舶棹風雲起旱魃精空歡喜仰面看青天頭巾落在麻坼裏東坡詩云三時已斷黃梅雨萬里初來舶棹風正此日也

諺云六月不熱五穀不結老農云三伏中槁稻天氣又當下壅時最要晴晴則熱故也又云六月蓋夾被田裏無粒米言涼冷則雨多雨多則大水沒田無疑矣月令云季夏行秋令則丘隰水潦禾稼不熟又云伏裏西北風臘裏船不通主冬冰堅秋稻秕又云六月無蠅新舊相登米價平

夏秋之交槁稻還水後喜雨諺云夏末秋初一劑雨賽過唐南一囤珠言及時雨絕勝無價寶也

諺云秋前生蟲損一莖發一莖秋後生蟲損了一莖無了一莖螟蟊螣蜮是也

七月秋蒔到秋六月秋便罷休

朝立秋涼颼颼夜立秋熱到頭

立秋日天晴萬物少得成熟小雨吉大雨主傷禾齊民要術云晴主歲稔未詳孰是

有雷損晚稻諺云秋霹靂損晚穀大抵秋後雷多晚稻少收非但忌此日

喜西南風主田禾倍收諺云三日三石四日四石

七月有雨名洗車雨主八月有蓼花諺云七月七無洗車八月八無蓼花

八月早禾怕北風晚禾怕南風

朔日晴主冬旱宜蕎略得雨宜麥一云風雨宜麥主布貴麻子貴十倍又云凡朔要晴惟此月要雨好種麥

白露雨爲苦雨稻禾沾之則白颯蔬菜沾之則味苦諺云白露日個雨來一路苦一路又云白露前是雨白露後是鬼其時之雨片雲來便雨稻花見日吐出陰雨則收正吐之時暴雨忽來卒不能收遂至白颯之患若連朝雨反不爲災不免擔閣吐秀有皮殼厚

之病
秋分要微雨或陰天最妙主來年高低田大熟
喜雨諺云麥秀風搖稻秀雨澆此言將秀得雨則堂
肚大穀穗長秀實之後雨則米粒圓
畏旱諺云田怕秋乾人怕老窮秋熱損稻旱則必熟
怕秋水潦稻諺云雨水淹沒產全收不見半
重九日晴則冬至元日上元清明四日皆晴雨則皆
雨又主寵荒括云重陽無雨一冬晴
諺云九日雨米成脯又云重陽濕漉漉穰草千錢束
十月立冬晴則一冬多晴雨則一冬多雨亦多陰寒
諺云賣絮婆子看冬朝無風無雨哭號咷
立冬日西北風主來年旱天熱
晴過寒諺云立冬晴過寒弗要檵柴積又主有魚
雨主無魚諺云一點雨一個摸魚鴉 按檵字鴉字音義俱無可考
冬前霜多主來年旱冬後多晚禾好
十六日爲寒婆生日晴主冬暖此說得之崇德舉人
徐伯和自江東石洞秩滿而歸云彼中客旅遠出專
看此日若晴暖則但隨身衣服而已不必他備言極
有准也
月內有雷主災疫諺云十月雷人死用耙推有霧俗
呼曰沐露主來年水大仍相去二百單五日水至老
農咸謂極驗或云要看霧著水面則輕離水面則重
諺云十月沐露塘瀊十一月沐露塘乾
十一月冬至古語云明正晴至又諺云晴乾冬至濕
濛年二說相反諺云乾冬濕年坐了種田又云開熱
冬至冷淡年蓋人人向冬欲晴故也或云冬至雨年
必晴冬至晴年必雨此說頗准

沈存中筆談云是月中遇東南風謂之歲露有大毒
若飢感其氣開年著瘟病又云風色多與下年夏至
相對
農桑輯要云欲知來年五穀所宜是日取諸種各平
量一升布囊盛之埋窖陰地後五日發取量之息多
者歲所宜也
月內雨雪多主冬春米賤有雷主春米貴冬至前米
價長後必賤落則反貴諺云冬至前米價長貧兒受
長養冬至前米價落貧兒轉蕭索有霧主來年旱諺
云一日折過十月內三日 闕二字 風雨來春少水
十二月立春在殘年主冬暖諺云兩春夾一冬無被
暖烘烘
至後第三戌爲臘臘前三兩番雪謂之臘前三白大
宜菜麥諺云若要麥見三白又云臘雪是被春雪是
鬼又主來年豐稔諺云一月見三白田翁笑嚇嚇又
主殺蝗子
占風驗云今夜東北明年大熟
月內有霧主來年有水風雨主來年六月七月內橫
水
十二月裏霧無水做酒庫霧主半月旱准十月內五
日霧 此條疑有訛字
冰結後水落主來年旱冰結後水漲名上水冰主水
若緊厚來年大水

論雜蟲

水蚯蟠在蘆青高處主水高若干漲若干回頭望下
水即至望上稍慢
水蛇及白鰻入蝦籠中皆主大風水作

春暮暴暖屋木中出飛蟻主風雨平地蟻陣作亦然
鼈探頭占晴雨諺云南望晴北望雨
田角小螺兒名曰鬼螄浮於水面主有風雨
石蛤蝦蟆之屬叫得響亮主晴諺云杜蛤叫三通不
用問家公言報晚晴有准也
田雞噴水叫主雨
蚱蜢蜻蜓黃𧕟等蟲在小滿以前生者主水俗呼是
魚口中食謂其纔經風雨俱死於水故也
黃梅三時內蝦蟆尿曲有雨大曲大雨小曲小雨
二蠶初出變化得多主水
蚯蚓俗名曲蟮朝出晴暮出雨
夏至日蟹到岸夏至後水到岸

楊愼古今諺

占候

山擡風雨來海嘯風雨多
早霞紅丢丢晌午雨瀏瀏晚來紅丢丢早晨大日頭
樓梯天曬破磚
日出早雨淋腦日出晏曬殺鴈
魚兒秤水面水來淹高岸
蜻蜓高穀子焦蜻蜓低一壩泥
春寒四十五窮漢出來舞窮漢且莫誇且過桐子花
戊午己未甲子齊便將七日定天機七日有雨兩月
泥七日無雨兩月灰
甲寅乙卯晴四十五日放光明甲寅乙卯雨四十五
日看泥水
三月三日晴桑上掛銀瓶三月三日雨桑葉生苔菩

欽定古今圖書集成曆象彙編庶徵典

第八卷目錄

庶徵典第八卷

庶徵總部彙考八

遵生八牋

四時調攝箋

正月朔忌北風主人民多病忌大霧主多瘟災忌雨雹主多瘡疥之疾忌月內發雷主人民多殃七日忌風雨主民災忌行秋令主多疫

二月忌東北雷主病西北多疫春分忌晴主病

三月朔忌風雨主多病忌行夏令主多疫

四月立夏日忌北風主疫

五月夏至忌東風主病行秋令主多疫

六月行秋令主多女災

七月甲子日忌雷主多暴疾晦日忌風主多癰

八月秋分後忌多霜主病

九月忌行夏令主多鼽嚏

十月立冬日忌北風主殃六畜

十一月忌行夏令主多疥癘之疾

十二月朔日忌西風主六畜疫忌行春令主多痼疾

曆學會通

天地雨霜篇第一

惟天爲大惟君爲最尊政敎兆於人理祥變見於天文行有玷缺則日象顯示天有妖孽則德宜日新確乎在上而晶明者天之體也隤乎在下而安靜者地之形云地土忽陷萬民離散天色忽變四方來侵天裂是謂陽不足君弱政亂而土裂地震是謂陰有餘臣專民擾而兵興地鳴有聲天子失國政天鳴有聲至尊有憂驚天雨草慼祿信衰所致地生毛人勞兵起之徵地成泉大水而兵亂天雨石大戰而君凶天陰晦而不雨者內亂陰謀鬭議地坼裂而有聲者大兵失土不寧山鳴乃有大亂天鼓乃有暴兵地燃乃專恣自害之災天火乃虛僞侈靡之戒民勞而祿不肖則天雨以土霾賢滅而用小人則地生乎光怪下人將起也踴土如山貴人將死也木冰而介雨雹雨霰外國侮而臣后專山徙山崩社稷亡而君道壞雨羽則人相殘食雨毛則兵徭不息雨金鐵殘酷之由雨螽螟貪苛之致雨血則君不親於民雨肉則天不享其德有暴政則天雨成灰多陰謀則天雨成墨雨釜甑歲穰之徵降餇餳易王之異雨物則其野大兵雨冰則其分大疫無雲而雨者封拜無功非時而雷也賊臣將起霜雪之降苟非其時政在大臣而不在辟

太陽應瑞篇第二

凡日之應主君司陽含王字和平之異揚光耀德政之祥聖人在上則五色燭耀人君有德則四彗熒煌欲行再赦之恩內出二彗將有封禪之慶外有重光

黃氣潤於日上宮中有喜青雲澤於西北國降賢良外國入貢也若黃人守日而立天下歸心也如飛鳳抱日而翔

太陽凶變篇第三

切詳日久不明上下蔽塞過中光暗德政不明日未入而無光爲喪之異日已出而光暗主病之徵色赤如赭將死民怨而天下旱色赤如血有喪臣叛而盜賊生雲全無而光暗者臣叛雲盡赤而光暗者兵興日中分再出再沒皆爲亡土日消小飛鳥飛燕並主君凶日隕則爲鼎立而爲失政日鬬則爲兩競而爲敵君星月晝見則爲爭明小國強而大國弱飛流犯日則爲易政民流疫而王者崩妖日宵出兮綱紀大滅衆日並出也天下紛爭又有當晝而冥晦者陰反爲陽而臣將制其主日中有黑氣者臣不掩惡而百姓惡其君黑子若黑氣臣謀作亂乍三若乍五爵賞不平齒足俱見者兵敗而將軍死日月並出者臣叛而戎狄侵號令害民則日應之而赤君弱下貧則日色白而青黃則君聞善不舉黑則君惡見於民

日旁異氣篇第四

君不見國中之異事將有日旁之異氣焉黑如龍銜日而臣叛青如龍守日而臣謀臣將叛則黑氣如人在日中或如背臥兵欲起則赤雲如輪在日側亦如相扶將謀則日下雲如虎躑兵起則日旁氣若冬株如人持如人牽在日下臣將叛去若青鳥若青馬向日下主有憂虞如車走日下者軍敗如斧鉞在日側者君憂赤如杵以衡絕其野萬人死而君惡或如血以覆蔽其下千里旱而民流大戰之氣掩日而如席如布兵傷之象守日而如馬如牛日下雲如人垂衣天子之候日出雲如車張蓋雨澤之由日上下青氣來居出軍乃吉日出入黑雲橫貫望雨須周氣直立於日旁宮內爭鬬或相交於日側其下賊遊如八頭居日之旁兵戰流血若死蛇在日之下饑疫多愁左右如鳥而色赤者君憂之咎上下似龍而色黑者風雨之籌氣映日如旗爲兵流血雲走日如帚後起無尤二白雲扶日國憂兵起三赤鳥啄日必有戈矛雲如雞臨於日上兵喪並起氣如箭外向日下兵出三秋伏虎守日也將軍謀亂曲雲向日也自立王侯氣青黃赤白刺日甲兵哭泣雲如虹與日俱出國分兵憂日未出赤雲在上佞臣在側氣相交貫穿其日將相不儔氣如蛇貫當占其色青疫白兵赤爲將叛黃乃交兵其黑雨浮

日旁專氣篇第五

日旁之氣青而且赤形曲而向日者爲抱爲子喜而爲忠臣形曲而背日者爲背爲臣反而爲叛逆圓而小者爲珥所臨者喜長而立者爲直下有自立一珥爲拜將而爲戰攻兩珥爲壽考而爲勢一三珥爲喜也驗之女后四珥爲慶也應於子息類兩直而相交者爲交交淫內亂形如背而中起者爲玦玦敗傷北直橫於上下爲格格則爲鬬交曲於左右爲紐紐則爲喜氣小在日下而向上者爲纓爲得地之歡形直在日上而微起者爲戴有推戴之德承者承於日下喜且得地冠者包於日上封建親戚開闢土地兮日上氣彎而如負內外安寧也日下氣立而如履長而斜倚日旁爲戟戈戟相傷赤而曲在日旁爲提地亡兵起

日旁雜氣篇第六

事有異常雜出日旁重抱兩珥兮人主喜四珥兩抱兮子孫昌三抱兩珥是謂太和而喜慶一抱一背名爲破走而乖張背而玦大臣反叛冠而抱人主吉祥戴珥並出天子有子孫之慶冠纓俱見善人出南北之邦叛逆皆除冠紐兩珥福祿並降抱珥重光二背一直大臣謀欲自立一抱兩珥至尊喜且爲常戴而冠至尊有喜珥而戴天下和平君若私幸姦臣則日冠而紐後宮將有喜事則日珥而纓冠珥而背雜於中主將亂國背玦而直交於內臣欲邪行直少背多謀自立者必矣抱多直少欲有立者無成兩敵相當日旁雜見有抱者宜從抱而擊無抱者當順虹而戰

日暈篇第七

安居而日暈也多成風雨對敵而日暈也尤主軍營色黑則穀傷大水色青則糴貴大風色赤則暑雨霹靂色白則當有暴兵黃則人君有喜亦爲時雨農功半暈所在之方其軍戰勝日上如車之蓋有欲和親半暈再重國民蓄息兩畔相向其下大風暈井垣車輪兩敵因兵以亡國方暈聚而背於上下人亡將北交暈如連環而貫日兵起相爭暈再重人君有德或三四對有兵戎暈三重兵起穀傷其下有失地暈四重軍敗於野其下有叛臣五則后憂而六失政國弱暈七八則民亂而九荒擾大亂十重

日暈別氣篇第八

別有抱珥之屬尤主軍兵之事抱珥在暈內圍城則內人勝抱珥在暈外攻城者外人利暈而直珥爲破

軍暈而抱背爲敗亡日暈有抉裂土立王日暈而負得地之祥暈兩珥而虹貫之戰得將軍暈兩珥而雲貫之年多病疾暈四背則爲內亂而爲臣反暈二背則無兵兵起而有兵兵入暈有抱珥虹背抉皆宜順其抱而擊暈有背珥直而虹並宜順虹所指攻暈四抱天子有喜暈兩抱天下和平重暈背抉叛從中起半暈背抉臣謀不成暈一冠一紐一珥主有慶且有所立暈四珥四背四抉臣有謀夷關不行暈而負氣著暈上負爲喜亦爲得地暈而白虹貫日體近臣亂諸侯不忠有軍暈而珥外軍有悔無軍暈而珥宮中忿爭暈而抱抱所臨其軍戰勝暈而背背所在必有反城長大實有密曲遠厚澤而抱反皆爲必勝之兆短小虛無疎直近薄枯而背亟幷爲必敗之徵

日食變異篇第九

日食有數而推氣象別出爲異王者惡於歲初大人憂其食既食而大風則宰相專權食而大寒則外國兵至臣不盡忠則氣若虹蜺而或有黑雲后妃有謀則氣如暈烏而或成暈珥日食有氣如兔而守日不移者民叛兵典日食兩珥四珥而白雲中出者以日占事

太陰休咎篇第十

月者闕也爲陰主臣行陰道則陰雨行陽道則旱風君有禍昌黃芒或戴國有喜慶正月偃形月若變色饑憂則青赤色爲旱爲亂黃則爲德爲榮黑爲水石爲病白爲喪而爲兵初出光色甚明女后專權執政當望蟾蜍不見大水城陷流亡月無光則下有死亡臣不忠教令廢亂月晝明則姦臣專政中國饑陰國兵强臣下相殘月傍生齒國家昏亂月底垂芒分爲二道也禍生僭逆毀爲數毀也天下分張月赤如赭兮大將死月自天墜兮大臣亡月各角有一星有軍在外而賊主兩月數月並見君弱陰盛而乘陽月見日中其下失土大星入月野有兵喪

月旁異氣篇第十一

臣下將殃異雲在旁雲如禽獸在中所主之者受害氣如人隨月下所當主者侯王其中有如人行相爭客勝其旁如杵抵月將死軍亡雲如人頭在旁赤戰白兵黑雨雲氣或有來刺黑雨赤戰白喪黑如鳴雞飛鳥羣羊羣豕不雨則匈奴兵起雲生月側一白三蒼二黑貫月則闔邑城降

月旁氣篇第十二

珥占其色青憂赤兵黃珥爲喜白喪黑凶昏時月珥國有半喜夜半兩珥邊地大驚三珥忽見國喜將見四抉俱出臣謀不成四提天子無后四珥女主憂生兩珥無虹爲風雨白虹貫之爲戰兵珥且戴主有吉慶背而抉國有反城暈日暈月戰謀不決而戰兵不合且抱且背有欲爲逆而有欲爲忠

月暈諸氣幷五星篇第十三

月暈受衝國不安無風雨臣下專權天下偃兵終歲無暈大風將至月暈重圓或三或九有失地受兵之數若四若八有死王亡國之慼暈五重則女后之憂七當易主暈六重則政教之失十乃更元虹蜺背抉度暈中兵喪之象若三若四雲抵月以戰勿當有背抉而暈不合謀叛自敗有暈氣而蜺指月將殺軍傷暈而白氣從外入拔城得將暈而白氣從中出圍城白殃雲來貫暈左右吏死白虹貫月臣亂於王后有陰謀暈連環而白虹連暈下遭兵華暈交貫而色赤有光暈而背所臨者敗暈而珥時歲平康暈色黃將軍益祿暈有光主有來降二暈相連而如環兩國交兵而爭地連環及斗天下兵火而大亂拔城重暈於魁大臣下獄而流移千里暈熒惑則大戰后憂卒歲星則主病糴貴暈太白則其野受兵暈辰星則其下多水暈塡星則兵起於所在之鄉暈客星則憂及於所臨之國流星入暈則大使來流星出暈則貴人出

月食變異篇第十四

月食有變爲異無變可以數窮暈歲星而食者天下大戰暈塡星而食者天下與兵暈熒惑而食破軍亡地暈金水而食大水兵喪月食而鬬有軍必死月食而暈其國君凶食而氣入暈者不宜爲主食而氣出暈者不利攻城食而彗孛來入當有哭泣之聲

月凌犯五星篇第十五

將有災眚月犯五星犯歲則饑荒而流落乘之則相死而拔城月食歲星乃將相侯王之戮死歲星食月爲君長女后之憂饑多盜賊刑獄極繁月凌歲側有逐相人臣賊主歲入月中月與火光相及其宿國兵將起犯之則貴人出而有兵嚙之則其師破而敗北火食月則讒臣貴而後宮憂月食火則其地亂而白衣會憂在宮中非賊乃盜者火順行而入焉人主惡之讒臣用事因逆犯而入矣月犯土主後宮下欲犯上土入月有土功事臣將賊主月食土其國之亡也以殺以伐土食月女主之凶也有喪有黜月犯金强侯作亂金貫月國有大兵月食金强國君憂臣弒主

其臣亦死金入月大人爲亂將軍死臣謀不成月戴金星國有卒至之軍旅太白蝕月臣有篡弑之禍心太陰犯水爲兵起而上鄕亡水入月中有水刑而臣叛主水食於月大水橫流月食於辰女憂亡國彗貫月則臣謀君彗入月則兵大起流星衝月大臣凶奔星入月則君失地

歲星篇第十六

歲星爲福其占在春白無光風雨總至赤有角旱暖旱臻色黑有非時之冷色青爲應候之溫初出小而日益大國利之本初出大而日漸小國耗之因去其舍而所去之國爲兵爲饑失地之害之他舍而所之之地爲慶爲樂得地之忻所衝之方乃有殃咎所在之國可以伐人若自暈則爲喪事其晝見也爲強臣

熒惑篇第十七

熒惑主罰於時爲夏色青而變者暴風損苗色白而昧者若雨傷稼色黑則雹凍變生色赤則赫曦施化赤如炬火兵喪因亂臣小人而生失度吐舌旱火從宮殿高臺而發逆行二舍之餘或火焚或有女災酉以庚辛之日有大喪而有戰伐若反明者爲備爲主惡有正旗也爲軍破將殺晝見自暈臣謀背於君王燒跡成勾大凶旱饑荒迫

塡星篇第十八

塡星主德占爲夏季迹陳於外而咎發於中居四方之中戊己之位萬物因之以生四氣據之而備故星之名曰塡主德厚安危存亡之機以其屬土之行而動靜吉凶占於夏季變白則水澇不熟變青則國多風雨色黑爲風寒不時色黃爲滯蒸當位春不青夏不赤秋不白冬不黑並爲女后有憂春色青夏色赤秋色白冬色黑皆爲女主有喜白而闕芒有子孫立王之慶黃而光耀更宮室土功之役如自暈亦爲土功若角芒則有爭地色白則素服將集餌魚則黃巾將起

太白篇第十九

太白兵候占之素秋辛主生成故爲之將觀象察法因以爲名青而昧者陽氣復退黑而角者雷乃先收色赤則國有旱暵色白則其令蕭颼初出小而後大者兵強而起初出大而後小者兵弱之愁失舍則爲破軍而亡國經天則爲革命而民流行縮后族之患行盈將相之謀行疾則速戰行遲則可留出西方爲刑右之背之而得吉出東方爲德左之迎之而獲休日暈則天下大赦爲有兵而有喜晝見則兵喪並起爲強后而強侯炎然而上兵起滿野炎然而下兵起盈溝光明見影者歲豐戰勝體小而昧者國敗軍變

辰星篇第二十

辰星執刑於時爲冬色青則凍閉不密色赤則流木不冰色白則冰雪雜下色黑則寒氣嚴凝有軍於野占爲偏將無軍於野占爲法刑與太白各在一方不戰之象抵太白太白不去將死之徵在東而赤者中國勝在西而赤者外國亨無軍於野而赤兵將起而欲征

五星凌犯篇第二十一

水火相近爲戰旱饑蝕而掩國亡君惡合而鬪殺將憂賊火觸木子孫之慶木觸火國亂憂疾木土合犯有兵戰敵赤爲謀更代之事又爲饑內亂之異歲白同處軍戰將死木金相犯臣黜女喪合而交鬪兮軍破將死而內亂合而環繞兮軍破相逐而亂亡合鬪於東外有兵戰合鬪於西內有死王歲與辰合內兵來戰有兵不利先起亦爲變謀更事相犯爲兵輿守之憂賊至熒惑合塡爲憂禍喪亦爲大人惡之又爲舉事之殃犯之旱亂大戰或爲女子之當火犯金兵起而至凶金犯火逆謀而主病大戰殺兮犯而或鬪流血盈野兮守而不動水火相近不宜用兵火觸水僭叛世亂木觸火主哭於宮若合則赤地千里相守則國憂赦行土金合也其國亡地爲白衣而爲疾苦爲內兵而爲水國有大兵則合於太微天下謀則合於營室金干土五穀不熟金犯土（原本闕二字）不利土水台處則爲壅阻不可用兵舉事或爲更事變謀戰之客敗或有陰謀國有憂懼金火相留金犯水國家不安之候水犯金將相傾敗之由環繞或鬪或大亂而爲內亂相合若旗爲變謀而爲兵憂辰星入太白而上出爲主者破軍殺將辰星入太白而下出爲客者亡地多愁二星同度遠則毋傷三星若聚改立侯王四星若合是謂大盪閉其關梁而兵喪並起五星若合是謂易行有德受慶而無德受殃

瑞星篇第二十二

帝王有德天見其瑞國有昌周伯黃光國有喜天保流墜不種而獲格澤之氣類火戎秋奉化含春之耀若彗景星如月而助月德厚合天歸邪如雲而若星慶其歸國（按恆星之外而有客星皆主禍殃此占多歉誤者附會之說）

妖星篇第二十三

人事有失乖氣致異芒光四出者曰孛偏指如帚者

曰彗彗星爲喪也除舊布新孛星爲兵也合謀闇蔽長星自三丈以至橫天其形與彗孛略同而異

歲星精變篇第二十四

天棓天槍之妖本類星而末銳東出爲棓而主奪爭西出爲槍而主捕制國皇類南極而體大主寇難而爲兵喪天衝如蒼人而色赤爲臣謀而主滅位蒼彗之妖占爲不義

熒惑精變篇第二十五

蚩尤類彗而委曲爲旗帝將暴虐而征伐不已昭明如太白而光芒不行占以爲起霸而或爲起德司危如太白而有目臣行主德而國相殘賊天欃出西方而如劍枯骨籍籍而赤地千里五都滅亡彗星再赤此火星之精流而爲變者

填星精變篇第二十六

五殘上有五枝乖士毀敗獄漢下有三彗逐王兵起六賊星其類熒惑爲兵喪光動而赤茀星類茀殃占宿地旬始近北斗而類雄雞其怒如伏鼈而色黑主兵亂且主改更爲暴屍而爲積骨忽爾黃彗見之當有女亂者矣

太白精變篇第二十七

天狗星流止地爲狗聲所墜如火衝天血盈野伏屍滿谷白彗橫天斬强是主

辰星精變篇第二十八

枉矢若流而蛇行色蒼黑如有毛目反兵合射而行誅以亂伐亂而臣酷上有權謀黑色彗出五星之散精而爲妖期應以衝處則事舉

雜妖篇第二十九

營頭如壞山以墜軍大流星如雷而晝出所墜有大戰而拔地有覆軍流血而積骨長庚如布天鋒似鋒二星所見皆爲起兵老子則淳淳然色白者兵大起蓬星則熒熒然色靑者穀不登赤氣竟天格澤之氣伏屍之象流血之徵燭星上有二彗所見大盜不成

客星篇第三十

非其常有是爲客星體小去速者事微而禍淺芒角見久者事大而禍深黃爲土功而得地赤爲殺將而侵城靑黑則其下多病純白則其分多兵周伯其色枯黃兵喪饑饉王蓬狀如紛絮饑儉或兵溫星之出四隅所生如風搖動而白色人饑大水而兵爭

流星飛星篇第三十一 附奔星

流星自上而降飛星自下而昇所之之地曰有使所墜之下言有兵姦事乃蛇行而曲曲怒氣則聲震而隆隆奔星所墜其下有兵五星自流則帝王不安其位衆星並流則將軍並舉其兵

飛流異狀篇第三十三

然曰飛流過大則異如桃則爲使行如甕則謀爭起白光橫天者將相當之白氣曲環者斬奪爵位搖頭而上下者此謂降石而饑荒有喙而赤黑者名曰梁星而失地白化爲雲名天滑流血積骨於飛流白若周天爲查山兵戰流血於隕墜赤色而光照地者所往有兵色白而前卑下者所之削邑有謀策則星自敵來兵敗散則星投於壘帝王發使慰勞散爲八角將軍出疆割地縵縵曲曲照地而流四方者五穀不豐光而如布疋者以色各異

隕墜晝見篇第三十四

民離叛兮星隕於天天下亂兮星墜於地列宿所墜其下國亡星墜爲石流血兵起墜而如有人言者善惡如其言墜而化爲龍形者將有哭泣事爲獸則國有兵凶爲土則天下大木化爲金鐵天下兵凶變作草木干戈在國墜爲人形粟麥飛蟲皆爲水旱兵饑大起星隕墜聯人而杳聲如雷爲大戰覆軍而血流千里夕見則臣有陰謀夕墜則其下兵疲星晝流而光耀橫天誅忠良而臣下圖議若六七八九皆晝見墜地爲喪旱兵饑而君憂遍獄晝出而與日爭光主兵喪而傷大水常星不見及次舍動搖君將崩亡而庶民勞役

帝王氣象篇第三十五

天子之氣外黃內赤氣多上達於天見必在於王日如龜鳳龍馬人虎兮鬱鬱然雜色橫天如城門高樓囷倉兮森森然極帶殺氣或氣霧隱蓋之形或五色如山鎮之勢或象靑衣人垂手在日西皆帝王起徵遊幸之符瑞

猛將氣篇第三十六

名將之氣鬱鬱然與天連猛將之氣勃勃然如火烟內白而赤氣繞外中黑而赤氣在前森森如龍而似虎漸漸如霧而作山形如反蛇勢如張弩其白如粉絮囷倉其氣如山林竹木或紫黑如門上樓或赤黑如旌旗舉並爲猛將强卒亦主深謀遠慮

軍勝氣篇第三十七

軍勝之氣覆軍似堤若烏鳥之飛去如旌旗之指敵氣如堤坡而前後摩地雲如日月而赤氣繞之徘徊其上兮如飛鳥赤白相隨兮如鬭鷄如疋帛而後大

前賡如五馬而尾仰首低如赤杵在烏雲之內如烏雲與赤氣相隨如人持斧而望彼如蛇舉首而向敵或如牽牛或如覆舟或象山坡之林木或如虎豹之潛伏或粉沸如樓緣以赤氣或赤黃五色上連天體或如華蓋之獨居或如引索之不一在吾軍急擊而勿留在敵上急去而勿擊

軍敗氣篇第三十八

氣色四廢枯散占爲軍敗之徵如敗車擊牛壞屋或蓋道蔽蒙晝冥黑如壞山墮於軍白如羣鳥趨入屯勃勃然如燔生草紛紛然如轉枯蓬類偃蓋偃魚臨於軍上如羣羊羣豬在於氣中氣出半絕而漸盡或前高白而後青如雞兔之臨陣如馬羊之入軍如人形而無頭如人頭而缺身如雙蛇之委曲如羣鹿以驚奔有赤光從天流下如氣發連夜照之或如揚灰或如捲席或如人臥或如烏飛或如覆船車蓋或如敗決垣堤或如霧始起而聚散或如人叉手而頭低不爲將敗軍北必爲降退逃歸

城勝氣篇第三十九

雲青黃臨城而城勝色青白中出而勿攻白雲中出而赤氣北入赤氣如符而黑雲似星青赤起壘內而四外出濛氣繞城外而不入中白如旌旗而赤界青如牛頭而觸人或氣无極而如烟火或氣從中出而入吾軍或如雙蛇之氣或分兩彗之雲或平旦有雲而色克其日或欲攻擊而雷雨過旬氣濛而人不相覩可速引去而還屯茲皆城勝之氣不宜修樓櫓轒轀

屠城氣篇第四十

氣如死灰其城可克赤氣臨城而黃氣四繞則將死城降氣聚如樓而出見於外則攻之可得屈虹從外入城重暈白虹貫日濛霧圍城而入城白氣繞城而內入或赤黑如貍皮或雲氣如雄雉赤如人頭飛鳥似敗車氣出向東回西而若北或雲如立人五枚或如三牛邊城圍或攻城城上無氣或如白蛇以指城或氣下白而上赤或如日死而霧濛或有氣出而復入皆屠城客勝之徵智將勿疑而急擊赤如人頭下原本有遺字

伏兵氣篇第四十一

兩軍相當有赤氣隨氣所在有伏兵雲綿綿絞絞兮車騎潛蹤如布席蒿草兮步卒匿形白氣粉沸而起如樓狀黑氣渾渾而赤氣在中或烏雲中之赤杵或赤雲內之烏人或如數人之在黑氣或如幢節之在烏雲或雲如山嶽在外或前烏後白相鄰此氣象之所見伏兵藏而莫聞

暴兵氣篇第四十二

暴兵之象赤氣赫然赤如旌旗或四方徧滿白如疋布或赤氣亘天如瓜蔓而八九不斷若仙衣而千萬相連或如方暈或如赤虹或如狗四枚相聚或如人行止不前或如人行或如伏虎雲氣自中天而下吾陣黑雲從敵上而覆吾軍有雲如人而赤色無雲獨見此黑雲或如戎以列陣或如人以執楯或如執杵或如火雲凡此氣之所形有賊兵而暴臻

戰陣氣篇第四十三

赤氣如傘以覆軍千里內戰則有慶天昏暗寒甚則遇敵相攻氣青白如膏則大戰將勇赤雲如狗以入營赤雲屈旋而不動如丹蛇如立蛇如覆舟如耕隴或白氣如車入斗以轉遷或日有白氣若虹而交見氣如人以無頭如死人以偃臥或一抉四五白虹此並爲交兵大戰

圖謀氣篇第四十四

敵國圖謀白氣羣行士卒內亂日月濛濛黑如幢節而出於營敵欲求戰而有謀詐黑如車輪而臨我陣敵人謀亂臣與賊通晝陰則君讒將出夜陰則臣謀乃興或天氣陰沉夜不見星而晝不見日或連陰十日不見日月而亂風四起並主君臣俱有陰謀亦爲兩敵陰相圖議黑含五色臨我軍敵與臣謀當自死

軍營雜氣篇第四十五

兩軍相當各占其氣以高厚實長澤之類爲勝以下薄虛短枯之類爲北氣安則軍安而治氣散則軍亂而躓對敵有雲來而其勢甚卑是賊必大至而急起嚴備將軍失魄兮雲如蛟龍軍士死亡兮雲如兔雉遇四方勝氣也無向而攻遇四方死氣也宜順而擊赤氣隨日出軍行有憂赤氣隨日沒外有告急赤黑氣並行赤氣滅賊可以獲赤氣若獨行無黑氣賊不可得被圍則平視圍救來處其氣翕翕新出軍行占雲逆可屯而順可擊

吉凶氣篇第四十六

五色氣兮蕭索輪囷是爲慶雲也太平之應大風將至則雲如亂穰大雨將至則雲甚重潤將有喪則青氣東西極天軍有喪則白雲南北如陣赤氣如血則血流黑氣如道則有赦有雲如龍行大水也人亦流亡赤氣如火影臣叛也不過三月賢人隱逸也雲俱備五色而常有常存大臣縱恣也雲赤黃四塞而終

日連夜赤氣覆日而如血大旱民饑黑氣變化而更移狄欺中國雲如一疋布而行君長憂焉雲如氣也昧而濁賢人去矣

濛霧篇第四十七

日月不見而在天者爲濛氣前後不見而在地者爲霧冥霧大作姦臣謀上日不見政令不明臣志不伸晝明夜霧臣志得伸晝霧夜明臣行邪政於百姓霧從夜半至日中積日不解兮天下分散乍合乍散兮臣謀不臣山中冬大霧十日不解非國之災也山將欲崩

虹霓篇第四十八

虹霓之占氣散之異對日月則風雨將至而皆不爲夾抱日月則黑白爲喪青黃爲瑞貫日月則秋爲雨而餘月喪夜穿星則有陰謀而其地多木晝霧而白虹見則君憂夜霧而白虹見則臣亂后盛而君凶下宮殿園池及井內出地中其地大饑出井中國變兵起赤虹如杵則君凶而萬人死亡白虹貫日則臣亂而君憂逼弒日出黑而虹貫之君變攻城邑而虹不匝可擊虹霓見三日占之大風雨自然災釋

占風篇第四十九

風氣汎常來往四方其政鳴條啓坼其化鼓舞飄揚須平則清和明靜政治則天氣溫凉發屋折木者爲怒揚砂轉石者爲狂勢紛錯交横任小人而疎君子聲啾唧慘切不疾疫而必大喪搣搣蓬勃大兵將至炎炎恍惚火旱爲殃大風黃霧兮白日沉沉主上昏亂兮政化未明觸塵蓬勃者爲勃亂扶搖羊角者爲飄風凜冽而人懷戰懔刑罰暴急卒起而南北不定上下不寧

八風篇第五十

聖人在上時風乃若賢人在朝八風循道立春條風而艮生春分有明庶而東作清明巽出當立夏之時景風南來入夏至之日立秋兮西南凉風乍凉秋分兮西來閶闔欲剝立冬乾來兮不周冬至坎來兮廣莫正朔之風立春同較

五音風篇第五十一

何以別風之五音宮則如牛鳴窌中急惡土工大興宮來山摧岸崩自角而來蟲蝗敗穀從商而至大水暴風發徵兮蟲狠爲害起羽地大雨寒陰如羊離羣風聲入商暴起有鬬兵急令商來必夷塞關津發宮方邑有憂起角地國有喪君令行也生於徵上大雨至也來於羽方如千人呼啃其風聲配角拔木則賊來鬬戰起角則急兵入郭商則軍令起而暴兵來宮則貴人疾而土功作羽來兮人泣而其野饑徵來兮絲貴而火爍爍聲如縛彘其音曰徵發屋有急事來自徵有火燄起角則旱火發而土功宮則寺舍災而泣哭商爲急兵鬬爭羽爲寶物出國揚波擊濕鼓孰不謂之羽急怒則糴貴而有兵起羽則霜雹而大雨從商則兵鬬將憂自宮則暴寒傷物徵來兮臣民有憂角來兮城圍不安

六情風占篇第五十二

五音既定參之六情申子爲貪狠貪而無厭寅午爲廉貞遷進專精卯亥陰賊潛爲寇盜己酉寬大酒食歡榮戊丑公正兮悲哀而報仇諫諍辰未奸邪也淫泆而在詐虛驚甲乙爲本情而不動丙丁合戊己則參刑庚辛沖壬癸取鈎情而須辨陰前陽後各三辰是日鈎名

假令甲子日陽商貪狠乙丑日陰商公正本情　丙寅日陽徵陰賊丁卯日陰徵公正合情　戊辰日陽角姦邪己巳日陰角貪狠刑情　庚午日陽宮貪狠辛未日陰宮公正沖情　壬申日陽商寬大癸酉日陰商貪狠鈎情

京房曰六情者好惡喜怒哀樂也好行貪狠主欺紿不信亡財遇盜求物强取事惡行廉貞主賓客禮儀嫁娶圖議爲人誠信主遷官事喜見寬大主爵祿賞賜聚集酒食慶賀事怒行陰賊主戰鬬殺傷及叛逆劫暴事哀行公正主報仇諫諍事樂行姦邪主淫泆疾疫欺紿事

日辰大風篇第五十三

風塵蔽天干支共觀甲則海中兵起乙則戎狄侵邊丙丁旱疫而邊兵鬬急戊己糴貴而土功邑遷州怒庚辛急備邊陲無咎飛砂壬癸北人侵境不寧子爲兵起水中丑爲粟貴之徵寅有赤氣則炎火卯有黃霧則蠶生辰爲將卒有行巳爲天下大旱午爲民散未爲土功大興申則盜攻穀貴也酉作河瀆流溢戌則敵兵四起也亥爲兵賊相攻三日有雨即解陽怒利以陰承

風占勝負篇第五十四

兩軍相遇風占勝負先明其日納音次察起時方所其日納音爲客時與來方爲主時方制音利爲主而後應納音反制宜爲客而先舉還若相生是爲和睦逆風雨交戰則師徒大敗而名落屍順風雨交戰則

軍旅大捷而爲得助受宮羽商日風從四季來或申子亥卯時當子午戴刑殺急速而寒濁有寇兵犯塞而出沒受角日子午之時季來則將伐賊去受角日徵來則火災受羽日羽來則暴雨自刑日風來徵兮大火起災及貴府飄驟而牙旗折交戰將死急惡而軍墓傾將卒皆惡暴風迅起於刑墓之方宜防急賊及伏兵掩覆

旋風占篇第五十五

獨鹿盤桓風名曰旋入吾寨急宜嚴備入敵城急合攻焉入宮宅屋室之內決音情刑德爲先德爲喜慶刑作憂煩入屋室飛揚衣物驚財耗不盜須燃凡行次逆來衝我宜迴避暫止勿前噫祥變無窮占書雜註余乃撮機要爲集解之篇舉宏綱爲長短之句士乎士乎志欲學匡國佐君之術尤宜覽斯書誦斯賦

附占

風從德合上來吉刑衝上來凶

干德

甲甲　乙庚　丙丙　丁壬　戊戊　己甲　庚庚
辛丙　壬壬　癸戊

支德

子巳　丑午　寅未　卯申　辰酉　巳戌　午亥
未子　申丑　酉寅　戌卯　亥辰

三合

申子辰　亥卯未　巳酉丑　寅午戌

刑衝

子卯　卯子　丑戌　戌未　未丑　寅巳　巳申
申寅　辰午酉亥自刑
子午　丑未　寅申　卯酉　辰戌　巳亥衝

墓

木未　火戌　土辰　金丑　水辰

太歲爲天子月建爲大臣日爲師尹時爲庶民

庶徵總部總論一

易經

坤卦

積善之家必有餘慶積不善之家必有餘殃

大全東萊呂氏曰善如何得積惡如何得不積肉羶則蟻集醯酸則蚋聚皆胸中有容著善處善自然積胸中無容著惡處惡自然不積

震卦

象曰洊雷震君子以恐懼修省

程傳君子畏天之威則修正其身思省其過咎而改之不唯雷震凡遇驚懼之事皆當如是大全建安丘氏曰君子於恐懼之後必以修省繼之者所以盡畏天之實也徒恐懼而不修省則變至而憂變已而休猶无懼耳恐懼者憂其變之來修省者思其變之弭誠齋楊氏曰恐懼以先之修省以繼之修省者恐懼之功用也修其身省其過則恐無恐懼無懼矣瀘川毛氏曰恐懼者作於其心修省者見於行事

賁卦

象曰觀乎天文以察時變觀乎人文以化成天下

程傳天文謂日月星辰之錯列寒暑陰陽之代變觀其運行以察四時之遷改也

繫辭上傳

天垂象見吉凶聖人象之

大全雙湖胡氏曰象謂日月星辰循度失度而吉凶見

書經

虞書大禹謨

禹曰惠迪吉從逆凶惟影響

蔡傳惠順迪道也逆反道者也惠迪從逆猶言順善從惡也禹言天道可畏吉凶之應於善惡猶影響之出於形聲也大全朱子曰迪字或解爲道或解爲行疑只是順字以逆對迪可見書中迪字皆用得輕也問須得邵堯夫之術曰吾之所知者惠迪吉從逆凶滿招損謙受益若明日晴明日雨吾安能知耶

商書湯誥

天道福善禍淫

伊訓

嗚呼古有夏先后方懋厥德罔有天災山川鬼神亦莫不寧暨鳥獸魚鼈咸若于其子孫弗率皇天降災假手于我有命造攻自鳴條朕哉自亳

惟上帝不常作善降之百祥作不善降之百殃

詩經

小雅十月之交

日月告凶不用其行四國無政不用其良彼月而食則惟其常此日而食于何不臧

朱注 凡日月之食皆有常度矣而以爲不用其行者月不避日失其道也然其所以然者則以四國無政不用善人故也如此則日月之食皆非常矣而以月食爲其常日食爲不臧者陰亢陽而不勝猶可言也陰勝陽而掩之不可言也故春秋日食必書而月食則無紀焉亦以此耳

爗爗震電不寧不令百川沸騰山冢崒崩高岸爲谷深谷爲陵哀今之人胡憯莫懲

朱注 爗爗電光貌震雷也寧安徐也令善沸出騰乘也山頂曰冢崒崔嵬也高岸崩陷故爲谷深谷塡塞故爲陵憯曾也言非但日食而已十月而雷電山崩水溢亦災異之甚者是宜恐懼修省改紀其政而幽王曾莫之懲也 大全 慶山謝氏曰災異如此幽王之心曾不懲創詩人不指幽王而曰哀今之人徵而婉也 華谷嚴氏曰十月雷電天道乖矣川沸山崩陵谷遷變地道亂矣胡爲莫懲創也

春秋四傳

僖公十有六年

春秋春王正月戊申朔隕石于宋五是月六鷁退飛過宋都

公羊傳十有六年春王正月戊申朔霣石于宋五是月六鷁退飛過宋都曷爲先言霣而後言石霣石記聞聞其磌然視之則石察之則五是月者何僅逮是月也何以不日晦日也晦則何以不言晦春秋不書晦也朔有事則書晦雖有事不書曷爲先言六而後言鷁六鷁退飛記見也視之則六察之則鷁徐而察之則退飛五石六鷁何以書記異也外異不書此何以書爲王者之後記異也

穀梁傳十有六年春王正月戊申朔隕石于宋五先隕而後石何也隕而後石也于宋四竟之內曰宋後數散辭也耳治也是月六鷁退飛過宋都是月者決不日而月也六鷁退飛過宋都先數聚辭也目治也子曰石無知之物鷁微有知之物石無知故日之鷁微有知之物故月之君子之於物無所苟而已石鷁且猶盡其辭而況於人乎故五石六鷁之辭不設則王道不亢矣民所聚曰都

胡傳隕石自空凝結而隕也退飛有氣逆驅而飛也石隕鷁飛而得其數與名在春秋時凡有國者察於物象之變亦審矣此宋異也何以書于魯史亦見當時諸國有非所當告而告者矣

大全 劉氏曰人君遇怪異非常之變當內自省而已非所以告同盟也同盟有救患分災之義故水火兵戎之爲害則告告則弔之此所待於外也奇物祅變之至則天之所以警人君雖有堯湯之智反而責其躬此無待於外者也何赴告之有春秋因而書之以見人君之莫能畏天命乃反以責於己者望於人也

何以不創乎聖人因災異以明天人感應之理而著之於經垂戒後世如隕石於宋而書曰隕石此天應之也和氣致祥乖氣致異人事感於下則天變應於上苟知其故恐懼修省變可消矣宋襄公以亡國之餘欲圖霸業五石隕六鷁退飛不自省其德也後五年有盂之執又明年有泓之敗天之示人顯矣聖人所書之義明矣可不察哉

大全 星隕爲石不祥也鷁退飛不順也宋襄欲圖霸而無其德故天出怪異以警畏之或問洪範配合庶徵有理否胡氏曰但不可泥如漢儒牽合附會

宣公十五年

春秋六月癸卯晉師滅赤狄潞氏以潞子嬰兒歸

左傳伯宗曰天反時爲災地反物爲妖民反德爲亂亂則妖災生故文反正爲乏

疏 正義曰據其害物謂之災言其怪異謂之妖時由天物在地故屬災於天屬妖於地其實民有亂德感動天地天地爲之見變妖災因民而生天地共爲之耳非獨天爲災而地爲妖民謂人也感動天地皆是人君感之非庶民也釋例曰物者雜而言之則昆蟲草木之類也大而言之則歲時日月星辰之謂也歲者木旱饑饉也時者寒暑風雨雷電雪霜也日月者薄食夜明也星辰者彗孛霣錯失其次也山崩地震者陽伏而不能出陰迫而不能升也凡天反其時地反其物以害其物性皆爲妖災是言妖災皆通天地共爲之也此傳地反物者唯言妖耳洪範五行傳則有妖孽禍痾眚祥六者之名以積漸爲義漢書五行志說此六名云凡草木之類謂之妖妖猶夭胎言尚微也蟲豸之類謂之孽孽則牙孽矣及六畜謂之禍言其著也及人謂之痾痾病類言浸深也甚則異物生謂之眚自外來謂之祥是六名以漸爲稱唯眚祥有外內之異耳大旨皆是妖也許慎說文序云蒼頡之初

作書蓋依類象形謂之文其後形聲相益謂之字文者物象之本字者孳乳而生是文謂之字也制字之體文反正爲乏服虔云言人反正者皆乏絕之道也人反德則妖災生妖災生則國亡滅是乏絕之道也

禮記

禮器

升中於天而鳳凰降龜龍假

注 功成而太平陰陽氣和而致象物

饗帝于郊而風雨節寒暑時

注 五帝主五行五行之氣和而庶徵得其序也五行木爲雨金爲暘火爲燠水爲寒土爲風

是故聖人南面而立而天下大治

注 南面而立者視朝 疏 聖人南面而立而天下大治者以其陰陽相合嘉瑞竝來以是之故聖人但南面而立朝夕視朝而天下大治

關尹子

二柱篇

五雲之變可以卜當年之豐歉八風之朝可以卜當時之吉凶是知休咎在災祥一氣之運爾渾人我同天地而彼私智認而已之

管子

度地篇

善爲國者必先除其五害人乃終身無患害而孝慈焉桓公曰願聞五害之說管仲對曰水一害也旱一害也風霧雹霜一害也厲一害也蟲一害也此謂五害五害之屬水最爲大五害已除人乃可治

七臣七主篇

四禁者何也春無殺伐無割大陵倮大衍伐大木斬大山行大火誅大臣收穀賦夏無遏水達名川塞大谷動土功射鳥獸秋無赦過釋罪緩刑冬無賦爵賞祿傷伐五穀故春政不禁則百長不生夏政不禁則五穀不成秋政不禁則姦邪不勝冬政不禁則地氣不藏四者俱犯則陰陽不和風雨不時大水漂州流邑大風漂屋折樹火暴焚地燋草天冬雷地冬霆草木夏落而秋榮蟄蟲不藏宜死者生宜蟄者鳴苴多螣蟆山多蟲蟁六畜不蕃民多夭死國貧法亂逆氣下生故曰臺榭相望者亡國之廡也馳車充國者追寇之馬也羽劒珠飾者斬生之斧也文采纂組者燔功之窯也明王知其然故遠而不近之也能去此取彼則人主道備矣

孔子家語

五儀解

哀公問於孔子曰夫國家之存亡禍福信有天命非唯人也孔子對曰存亡禍福皆己而已天災地妖不能加也公曰善吾子之言豈有其事乎孔子曰昔者殷王帝辛之世有雀生大鳥於城隅焉占之曰凡以小生大則國家必王而名必昌於是帝辛介雀之德不修國政亢暴無極朝臣莫救外寇乃至殷國以亡此即以己逆天時詭福反爲禍者也又其先世殷王太戊之時道缺法圮以致妖孽桑穀於朝七日大拱占之者曰桑穀野木而不合生朝意者國亡乎太戊恐駭側身修行思先王之政明養民之道三年之後遠方慕義重譯至者十有六國此即以己逆天時得禍爲福者也故天災地妖所以儆人主者也寤夢徵怪所以儆人臣者也災妖不勝善政寤寐不勝善行能知此者至治之極也唯明王達此公曰寡人不鄙固此亦不得聞君子之教也

子華子

北宮意問

北宮意問曰上古之世天不愛其寶是以日月淑清而揚光五星循晷而不失其次鳳凰至蓍龜兆甘露下竹實滿流黃出朱草生敢問何所修爲而至于是也子華子曰異乎吾所聞夫禎祥瑞應之物有之足以備其數無之不缺于治也聖王不識也君子不道也治世所無有也上古之世居有以虛宰多以少所以同於人者用舍也所以異於人者神明也神明之運其由也甚微其効也甚徑與變相蕩還與化相推移陰陽不能更四序不能虧洞於纖微之域通於恍惚之庭挹之而不沖注之而不滿彼其視鳳凰麒麟也豢牢之養爾彼其視醴液甘露也畎澮之寫爾彼其視芝房竹實凡草木之異者畦圃之蔬爾彼其視玉石瓌怪凡種種之族者篋襲之藏爾故曰聖王不識也君子不道也治世所無有也昔者有虞氏彈五絃之琴以歌南風之詩而光被四表格于上下周公之佐成王也希膳不徹于前鐘鼓不解于懸而歌雍詠勺六服承德凡禎祥瑞應之物有之足以備其數無之不缺于治聖王已沒天下大亂父子質性君臣失紀未有甚于今日也然且日月星辰衡陳于上與治世同焉而已矣故曰大道遠人道邇待蓍龜而襲吉福之末也顛蹶望拜而謁焉其待則薄矣故聖王

不識也君子不道也治世所無有也吾恐後世之人主方且睢睢盱盱唯此之事而爲人臣者巧詐誕譎以容悅於其君舍其所當治而責成天借或氣然而數繆也忽有鍾其變者邑澤狀貌非耳目之所屬也於是奉以爲祥君臣動色士庶華聽以至作爲聲歌而薦之於郊廟錯采續畫而以夸諸其臣民奄然以爲後世莫我之如也彼其却數於上世其所謂豢牢之養也畎澮之寫也畦圃之毓也篋櫜之藏也章章焉如日星之在上也乃始矜跂而以爲希有之事夷世而不可以幸冀者也甚矣其亦弗該於帝王之量者矣

神氣

夫神氣之所以動可謂微矣日月薄食虹蜺晝見五緯相凌四時相乘木竭山崩宵光晝冥石言大病夏霜冬雷繆盭之族諸禍之物不約而總至所以然者氣之所成故也夫神氣之所以動可謂微矣故曰天之與人其有以通此之謂也

文子

精誠

老子曰天設日月列星辰張四時調陰陽日以暴之夜以息之風以乾之雨露以濡之其生物也莫見其所養而萬物長其殺物也莫見其所喪而萬物亡此謂神明是故聖人象之其起福也不見其所以而福起其除禍也不見其所由而禍除稽之不得察之不虛日計不足歲計有餘寂然無聲一言而動天下是以無心動化者也故精誠內形氣動于天景星見黃龍下鳳凰至醴泉出嘉穀生河不滿溢海不波湧逆天暴物卽日月薄蝕五星失行四時相乖晝冥宵光山崩川涸冬雷夏霜天之與人有以相通故國之殂亡也天文變世惑亂虹蜺見萬物有以相連精氣有以相薄故神明之事不可以智巧爲也不可以強力致也故大人與天地合德與日月合明與鬼神合靈與四時合信懷天心抱地氣執沖含和不下堂而行四海變易習俗民化遷善若出諸己能以神化者也

十守

人與天地相類而心爲之主耳目者日月也血氣者風雨也日月失行薄蝕無光風雨非時毀折生災五星失行州國生受其殃天地之道至閎以大尚猶節其章光愛其神明人之耳目何能久燻而不息神精何能馳騁而不乏是故聖人守內而不失外

道德

積道德者天與之地助之鬼神輔之鳳凰翔其庭麒麟遊其郊蛟龍宿其沼故以道蒞天下天下之德也無道蒞天下天下之賊也

莊子

胠篋

上誠好知而無道則天下太亂矣何以知其然耶夫弓弩畢弋機變之知多則鳥亂於上矣鉤餌網罟罾笱之知多則魚亂於水矣削格羅落罝罘之知多則獸亂於澤矣知詐漸毒頡滑堅白解垢同異之變多則俗惑於辯矣故天下每每大亂罪在於好知故天下皆知求其所不知而莫知求其所已知者皆知非其所不善而莫知非其所已善者是以大亂故上悖日月之明下爍山川之精中墮四時之施喘耎之蟲肖翹之物莫不失其性甚矣夫好知之亂天下也

墨子

尚同中

夫既尚同乎天子而未尚同乎天者則天菑將猶未止也故當若天降寒熱不節雪霜雨露不時五穀不熟六畜不遂疾菑戾疫飄風苦雨薦臻而至者此天之降罰也將以罰下人之不尚同乎天者也故古者聖王明天鬼之所欲而避天鬼之所憎以求興天下之利除天下之害是以率天下之萬民齋戒沐浴潔爲酒醴粢盛以祭祀天鬼

荀子

富國

高者不旱下者不水寒暑和節而五穀以時熟是天下之事也若夫兼而覆之兼而愛之兼而制之歲雖凶敗水旱使百姓無凍餒之患則是聖君賢相之事也

天論

天行有常不爲堯存不爲桀亡應之以治則吉應之以亂則凶彊本而節用則天不能貧養備而動時則天不能病修道而不貳則天不能禍故水旱不能使之饑渴寒暑不能使之疾祆怪不能使之凶本荒而用侈則天不能使之富養略而動罕則天不能使之全倍道而妄行則天不能使之吉故水旱未至而饑渴寒暑未薄而疾祆怪未至而凶受時與治世同而殃禍與治世異不可以怨天其道然也故明於天人之分則可謂至人矣不爲而成不求而得夫是之謂天職如是者雖深其人不加慮焉雖大不加能焉雖

精不加察焉夫是之謂不與天爭職天有其時地有其財人有其治夫是之謂能參舍其所以參而願其所參則惑矣列星隨旋日月遞照四時代御陰陽大化風雨博施萬物各得其和以生各得其養以成不見其事而見其功夫是之謂神皆知其所以成莫知其無形夫是之謂天唯聖人為不求知天天職既立天功既成形具而神生好惡喜怒哀樂藏焉夫是之謂天情耳目鼻口形能各有接而不相能也夫是之謂天官心居中虛以治五官夫是之謂天君財非其類以養其類夫是之謂天養順其類者謂之福逆其類者謂之禍夫是之謂天政暗其天君亂其天官棄其天養逆其天政背其天情以喪天功夫是之謂大凶聖人清其天君正其天官備其天養順其天政養其天情以全其天功如是則知其所為知其所不為矣則天地官而萬物役矣其行曲治其養曲適其生不傷夫是之謂知天故大巧在所不為大智在所不慮所志於天者已其見象之可以期者矣所志於地者已其見宜之可以息者矣所志於四時者已其見數之可以事者矣所志於陰陽者已其見知之可以治者矣官人守天而自為守道也治亂天耶曰日月星辰瑞曆是禹桀之所同也禹以治桀以亂治亂非天也時耶曰繁啓蕃長於春夏畜積收藏於秋冬是又禹桀之所同也禹以治桀以亂治亂非時也地耶得地則生失地則死是又禹桀之所同也禹以治桀以亂治亂非地也詩曰天作高山大王荒之彼作矣文王康之此之謂也天不為人之惡寒也而輟冬地不為人之惡遼遠也而輟廣君子不為小人匈匈也而輟行天有常道矣地有常數矣君子有常體矣君子道其常小人計其功詩曰何恤人之言兮此之謂也楚王後車千乘非知也君子啜菽飲水非愚也是節然也若夫心意修德行厚知慮明生於今而志乎古則是其在我者也故君子敬其在己者而不慕其在天者小人錯其在己者而慕其在天者君子敬其在己者而不慕其在天者是以日進也小人錯其在己者而慕其在天者是以日退也故君子之所以日進與小人之所以日退一也君子小人之所以相懸者在此耳星墜木鳴國人皆恐曰是何也曰無何也是天地之變陰陽之化物之罕至者也怪之可也畏之非也夫日月之有蝕風雨之不時怪星之常見是無世而不常有之上明而政平則是雖並世起無傷也上闇而政險則是雖無一至者無益也夫星之墜木之鳴是天地之變陰陽之化物之罕至者也怪之可也畏之非也物之已至者人祆則可畏也楛耕傷稼耘耨失薉政險失民田稼薉惡糴貴民饑道路有死人夫是之謂人祆政令不明舉錯不時本事不理夫是之謂人祆禮義不修內外無別男女淫亂則父子相疑上下乖離寇難並至夫是之謂人祆祆是生於亂三者錯無安國其說甚邇其菑甚慘勉力不時則牛馬相生六畜作祆可怪也而不可畏也傳曰萬物之怪書不說無用之辯不急之察棄而不治若夫君臣之義父母之親夫婦之別則日切磋而不舍也雩而雨何也曰無何也猶不雩而雨也日月食而救之天旱而雩卜筮而後決大事非以為得求也以文之也故君子以為文而百姓以為神以為文則吉以為神則凶在天者莫明於日月在地者莫明於水火在物者莫明於珠玉在人者莫明於禮義故日月不高則光輝不赫水火不積則輝潤不博珠玉不睹乎外則王公不以為寶禮義不加於國家則功名不白故人之命在天國之命在禮君人者隆禮尊賢而王重法愛民而霸好利多詐而危權謀傾覆幽險而盡亡矣大天而思之孰與物畜而制之從天而頌之孰與制天命而用之望時而待之孰與應時而使之因物而多之孰與騁能而化之思物而物之孰與理物而勿失之也願於物之所以生孰與有物之所以成故錯人而思天則失萬物之情百王之無變足以為道貫一廢一起應之以貫理貫不亂不知貫不知應變貫之大體未嘗亡也亂生其差治盡其詳故道之所善中則可從畸則不可為匿則大惑水行者表深表不明則陷治民者表道表不明則亂禮者表也非禮昏世也昏世大亂也故道無不明外內異表隱顯有常民陷乃去萬物為道一偏一物為萬物一偏愚者為一物一偏而自以為知道無知也慎子有見於後無見於先老子有見於詘無見於信墨子有見於齊無見於畸宋子有見於少無見於多有後而無先則羣眾無門有詘而無信則貴賤不分有齊而無畸則政令不施有少而無多則羣眾不化書曰無有作好遵王之道無有作惡遵王之路此之謂也

欽定古今圖書集成曆象彙編庶徵典

第九卷目錄

庶徵總部總論二

庶徵典第九卷

庶徵總部總論二

史記

天官書

太史公曰自初生民以來世主曷嘗不曆日月星辰及至五家三代紹而明之內冠帶外夷狄分中國為十有二州仰則觀象於天俯則法類於地天則有日月地則有陰陽天有五星地有五行天則有列宿地則有州域三光者陰陽之精氣本在地而聖人統理之幽厲以往尚矣所見天變皆國殊窟穴家占物怪以合時應其文圖籍禨祥不法是以孔子論六經紀異而說不書至天道命不傳傳其人不待告告非其人雖言不著昔之傳天數者高辛之前重黎於唐虞羲和有夏昆吾殷商巫咸周室史佚萇弘於宋子韋鄭則裨竈在齊甘公楚唐昧趙尹皐魏石申夫天運三十載一小變百年中變五百載大變三大變一紀三紀而大備此其大數也為國者必貴三五上下各千歲然後天人之際續備太史公推古天變未有可考於今者蓋略以春秋二百四十二年間日蝕三十六彗星三見宋襄公時星隕如雨天子微諸侯力政五伯代興更為主命自後衆暴寡大幷小秦楚吳越夷狄也為彊伯田氏簒齊三家分晉並為戰國爭於攻取兵革更起城邑數屠因以飢饉疾疫焦苦臣主共憂患其察禨祥候星氣尤急近世十二諸侯七國相王言從衡者繼踵而皐唐甘石因時務論其書傳故其占驗凌雜米鹽二十八舍主十二州斗秉兼之所從來久矣秦之疆也候在太白占於狼弧吳楚之疆候在熒惑占於鳥衡燕齊之疆候在辰星占於虛危宋鄭之疆候在歲星占於房心晉之疆亦候在辰星占於參罰及秦幷吞三晉燕代自河山以南者中國中國於四海內則在東南為陽陽則日歲星熒惑填星占於街南畢主之其西北則胡貉月氏諸衣旃裘引弓之民為陰陰則月太白辰星占於街北昴主之故中國山川東北流其維首在隴蜀尾沒於勃碣是以秦晉好用兵復占太白太白主中國而胡貉數侵掠獨占辰星辰星出入躁疾常主夷狄其大經也此更為客主人熒惑為孛外則理兵內則理政故曰雖有明天子必視熒惑所在諸侯更彊時菑異記無可錄者秦始皇之時十五年彗星四見久者八十日長或竟天其後秦遂以兵滅六王幷中國外攘四夷死人如亂麻因以張楚並起三十年之間兵相駘藉不可勝數自蚩尤以來未嘗若斯也項羽救鉅鹿枉矢西流山東遂合從諸侯西坑秦人誅屠咸陽漢之興五星聚于東井平城之圍月暈參畢七重諸呂作亂日食晝晦吳楚七國叛逆彗星數丈天狗過梁野及兵起遂伏尸流血其下元光元狩蚩尤之旗再見長則半天其後京師師四出誅夷狄者數十年而伐胡尤甚越之亡熒惑守斗朝鮮之拔星茀于河戍兵征大宛星茀招搖此其犖犖大者若至委曲小變不可勝道由是觀之未有不先形見而應隨之者也夫自漢之為天數者星則唐都氣則王朔占歲則魏鮮故甘石曆五星法唯獨熒惑有反逆行逆行所守及他星逆行日月薄蝕皆以為占余觀史記考行事百年之中五星無出而不反逆行反逆行嘗盛大而變色日月薄蝕行南北有時此其大度也故紫宮房心權衡咸池虛危列宿部星此天之五官坐位也為經不移徙大小有差闊狹有常水火金木填星此五星者天之五佐為經緯見伏有時所過行盈縮有度日變修德月變省刑星變結和凡天變過度乃占國君彊大有德者昌弱小飾詐者亡太上修德其次修政其次修救其次修禳正下無之夫常星之變希見而三光之占亟用日月暈適雲風此天之客氣其發見亦有大運然其與政事俯仰最近大人之符此五者

天之感動爲天數者必通三五終始古今深觀時變察其精粗則天官備矣

索隱述贊曰

在天成象有同影響觀文察變其來自往天官既書太史攸掌雲物必記星辰可仰盈縮匪僭應驗無爽至哉元監云誰欲網

漢書

天文志序

凡天文在圖籍昭昭可知者經星常宿中外官凡百一十八名積數七百八十三星皆有州國官宮物類之象其伏見蚤晚邪正存亡虛實闊陿及五星所行合散犯守陵歷鬭食彗孛飛流日月薄食暈適背穴抱珥虹蜺迅雷風袄怪雲變氣此皆陰陽之精其本在地而上發於天者也政失於此則變見於彼猶景之象形鄉之應聲是以明君覩之而寤飭身正事思其咎謝則禍除而福至自然之符也

五行志序

易曰天垂象見吉凶聖人象之河出圖雒出書聖人則之劉歆以爲虙羲氏繼天而王受河圖則而畫之八卦是也禹治洪水賜雒書法而陳之洪範是也聖人行其道而寶其眞降及於殷箕子在父師位而典之周既克殷以箕子歸武王親虛己而問焉故經曰惟十有三祀王訪於箕子王迺言曰烏嘑箕子惟天陰騭下民相協厥居我不知其彝倫逌敘箕子迺言曰我聞在昔鯀陻洪水汩陳其五行帝乃震怒弗畀洪範九疇彝倫逌斁鯀則殛死禹迺嗣興天迺錫禹洪範九疇彝倫逌敘此武王問雒書於箕子箕子對禹得雒書之意也初一曰五行次二曰羞用五事次三曰農用八政次四曰旪用五紀次五曰建用皇極次六曰艾用三德次七曰明用稽疑次八曰念用庶徵次九曰嚮用五福畏用六極凡此六十五字皆雒書本文所謂天迺錫禹大法九章常事所次者也以爲河圖雒書相爲經緯八卦九章相爲表裏昔殷道弛文王演周易周道敝孔子述春秋則乾坤之陰陽效洪範之咎徵天人之道粲然著矣漢興承秦滅學之後景武之世董仲舒治公羊春秋始推陰陽爲儒者宗宣元之後劉向治穀梁春秋數其禍福傳以洪範與仲舒錯至向子歆治左氏傳其春秋意亦已乖矣言五行傳又頗不同是以擥仲舒別向歆傳載眭孟夏侯勝京房谷永李尋之徒所陳行事訖於王莽舉十二世以傳春秋著於篇

眭兩夏侯京翼李傳贊

幽贊神明通合天人之道者莫著乎易春秋然子贛猶云夫子之文章可得而聞夫子之言性與天道不可得而聞已矣漢興推陰陽言災異者孝武時有董仲舒夏侯始昌昭宣則眭孟夏侯勝元成則京房翼奉劉向谷永哀平則李尋田終術此其納說時君著明者也察其所言彷彿一端假經設誼依託象類或不免乎億則屢中仲舒下吏夏侯囚執眭孟誅戮李尋流放此學者之大戒也京房區區不量淺深危言刺譏構怨彊臣罪辜不旋踵亦不密以失身悲夫

陸賈新語

明誠

君字闕二政可以及遠臣篤於信可以致大何以言之湯以七十里之封而升帝王之位周公以字闕四比德於五帝斯乃口出善言身行善道之所致也安危之效吉凶之字闕一一出於身字闕二之道成敗之驗一起於行堯舜不易日月而興桀紂不易星辰而亡天道不改而人道易也夫持天地之政操四海之綱字闕二不可以失度動作不可以離道謬誤出於口則亂及萬里之外況刑及無罪於獄而殺及無辜於市乎故世衰道亡非天之所爲也乃國君者有所取之也惡政生於惡氣惡氣生於災異蝮虫之類隨氣而生虹蜺之屬因政而見治道失於下則天文度於上惡政流於民則蟲災生於地賢君智則知隨變而改緣類而試思之於字缺三變聖人之理恩及昆蟲澤及草木乘天氣而生隨寒暑而動者莫不延字缺四傾耳而聽化聖人察物無所遺失上及日月星辰下至鳥獸草木昆蟲字缺三鷁之退飛治五石之所隕所以不失纖微至於鴝鵒來冬多麋言鳥獸之類字缺三也十有二月李梅實十月隕霜不殺菽言寒暑之氣失其節也鳥獸草木尚欲各得其所綱之以法紀之以數而況於人乎聖人承天之明正日月之行錄星辰之度因天地之利等高下之宜設山川之便平四海分九州同好惡一風俗易曰天垂象見吉凶聖人則之天出善道聖人得之言預占圖曆之變下衰風化之失以匡衰盛紀物定世後無不可行之政無不可治之民故曰則天之明因地之利觀天之化推演萬事之類散之於字缺二之間調之於寒暑之制養之以四時之氣同之以風雨之化故絕國異俗莫不知字缺三樂則歌哀則哭蓋聖人之教所齊一也夫善道存於身無

遠而不至惡行著於（缺三字）而不去周公躬行禮義郊祀后稷越裳奉貢重譯而臻麟鳳草木緣化而應殷紂（缺二字）微子棄骨肉而亡行善則鳥獸悅行惡則臣子恐是以明者可以致遠鄙者可以（缺一字）近故春秋書衛侯之弟鱄出奔晉鱄絕骨肉之親棄大夫之位越先人之境附他人之域窮涉寒飢織屨而食不明之傚也

韓詩外傳

論災異

傳曰雩而雨者何也曰無何也猶不雩而雨也星墜木鳴國人皆恐何也是天地之變陰陽之化物之罕至者也怪之可也畏之非也夫日月之薄蝕怪星之晝見風雨之不時是無世而不嘗有也上明政平是雖並至無傷也上闇政險是雖無一無益也夫萬物之有災人妖最可畏也曰何謂人妖曰枯耕傷稼枯耘傷歲政險失民田穢稼惡糴貴民飢道有死人寇賊並起上下乖離鄰人相暴對門相盜禮義不循牛馬相生六畜作妖臣下殺上父子相疑是謂人妖是生于亂傳曰天地之災隱而廢也萬物之怪書不說也無用之變不急之災棄而不治若夫君臣之義父子之親男女之別切磋而不舍詩曰如切如磋如琢如磨

淮南子

繆稱訓

身有醜夢不勝正行國有妖祥不勝善政

泰族訓

精誠感於內形氣動於天則景星見黃龍下祥鳳至醴泉出嘉穀生河不滿溢海不溶波故詩云懷柔百神及河喬岳逆天暴物則日月薄蝕五星失行四時干乖晝冥宵光山崩川涸冬雷夏霜詩曰正月繁霜我心憂傷天之與人有以相通也故國危亡而天文變世惑亂而虹蜺見萬物有以相連精祲有以相蕩也

要略

天文者所以和陰陽之氣理日月之光節開塞之時列星辰之行知逆順之變避忌諱之殃順時運之應法五神之常使人有以仰天承順而不亂其常者也

春秋繁露

二端

春秋至意有二端不本二端之所從起亦未可與論災異也小大微著之分也夫覽求微細於無端之處誠知小之為大也微之將為著也吉凶未形聖人所獨立也雖欲從之末由也已此之謂也故王者受命改正朔不順數而往必迎來而受之者授受之義也故聖人能繫心於微而致之著也是故春秋之道以元之深正天之端以天之端正王之政以王之政正諸侯之位五者俱正而化大行然書日蝕星隕有蜮山崩地震夏大雨水冬大雨雹隕霜不殺草自正月不雨至於秋七月有鸜鵒來巢春秋異之以此見悖亂之徵是小者不得大微者不得著雖甚末亦端孔子以此效之吾所以貴重始是也因惡夫推災異之象於前然後圖安危禍亂於後者非春秋之所甚也然而春秋舉之以為一端者亦欲其省天譴而畏天威內動於心志外見於事情修身審己明善心以反道者也豈非貴微重始慎終推效者哉

必仁且知

何謂之知天地之物有不常之變者謂之異小者謂之災災常先至而異乃隨之災者天之譴也異者天之威也譴之而不知乃畏之以威詩云畏天之威殆此謂也凡災異之本盡生於國家之失乃始萌芽而天出災害以譴告之譴告之而不知變乃見怪異以驚駭之驚駭之尚不知畏恐其殃咎乃至以此見天意天意有欲也有不欲也所欲所不欲者人內以自省宜有懲於心外以觀其事宜有驗於國故見天意者之於災異也畏之而不惡也以為天欲振吾過救吾失故以此救吾也春秋之法上變古易常應是而有天災者謂幸國孔子曰天之所幸有為不善而屢極且莊王曰天不見災地不見孽則禱之於山川曰天其將亡予耶不說吾過極吾罪也以此觀之天災之應過而至也異之顯明可畏也此乃天之所欲救也春秋之所獨幸也莊王所以禱而請也聖主賢君尚樂受忠臣之諫而況受天譴也

同類相動

今平地注水去燥就濕均薪施火去濕就燥百物其去所與異而從其所與同故氣同則會聲比則應其驗皦如也試調琴瑟而錯之鼓其宮則他宮應之鼓其商則他商應之五音比而自鳴非有神其數然也美事召美類惡事召惡類類之相應而起也如馬鳴則馬應之帝王之將興也其美祥亦先見其將亡也妖孽亦先見物故以類相召也故以龍致雨以扇逐暑軍之所處以棘楚美惡皆有從來以為命莫知其

處所天將陰雨人之病故爲之先動是陰相應而起也天將欲陰雨又使人欲睡臥者陰氣也有憂亦使人臥者是陰相求也有喜者使人不欲臥者是陽相索也水得夜益長數分東風而酒湛溢病者至夜而疾益甚雞至幾明皆鳴而相薄其氣益精故陽益陽而陰益陰陰陽之氣固可以類相益損也天有陰陽人亦有陰陽天地之陰氣起而人之陰氣應之而起人之陰氣起而天地之陰氣亦宜應之而起其道一也明於此者欲致雨則動陰以起陰欲止雨則動陽以起陽故致雨非神也而疑於神者其理微妙也非獨陰陽之氣可以類進退也雖不祥禍福所從生亦由是也無非己先起之而物以類應之而動者也故聰明聖神內視反聽言爲明聖內視反聽故獨明聖者知其本心皆在此耳故琴瑟報彈其宮他宮自鳴而應之此物之以類動者也其動以聲而無形人不見其動之形則謂之自鳴也又相動無形則謂之自然其實非自然也有使人之然者矣物固有實使之其使之無形尚書傳言周將興之時有大赤烏銜穀之種而集王屋之上者武王喜諸大夫皆喜周公曰茂哉茂哉天之見此以勸之也恐恃之

五行變救

五行變至當救之以德施之天下則咎除不救以德不出三年天雷雨石木有變春凋秋榮秋木水春多雨此繇役衆賦斂重百姓貧窮叛去道多饑人救者省繇役薄賦斂出倉穀賑困窮矣火有變冬溫夏寒此王者不明善者不賞惡者不絀不肖在位賢者伏匿則寒暑失序而民疾疫救之者舉賢良賞有功封有德士有變大風至五穀傷此不信也不敬父兄淫泆無度宮室營救之者省宮室去雕文舉孝弟恤黎元金有變畢昴爲回三覆有武多兵多盜寇棄義貪財輕民命重貨賂百姓趣利多奸宄救之者舉廉潔立正直隱武行文束甲械水有變冬濕多霧春夏雨雹此法令緩刑罰不行救之者憂囹圄案奸宄誅有罪蒐五日蒐字疑

大戴禮

盛德

聖王之盛德人民不疾六畜不疫五穀不災諸侯無兵而正小民無刑而治古者天子常以季冬考德以觀治亂得失凡德盛者治也德不盛者亂也德盛者得之也德不盛者失之也是故君子考德而天下之治亂得失可坐廟堂之上而知也德盛則修法德不盛則飾政法政而德不衰故曰王也凡人民疾六畜疫五穀災者生於天天道不順生於明堂不飾故有天災則飾明堂也

千乘

卿設如大門大門顯美小大尊卑中度開明閉幽內祿出災以順天道近者閑焉遠者稽焉君發禁宰而行之以時通於地散布於小理天之災祥地寶豐省及民共饗其祿共任其災此國家之所以和也

誥志

古之治天下者必聖人聖人有國則日月不食星辰不隕勃海不運河不滿溢川澤不竭山不崩解陵不施谷川浴不處深淵不涸於時龍至不閉鳳降忘翼鷙獸忘攫爪鳥忘距蠭蠆不螫嬰兒蟁蝱不食夭駒雜出書河出圖自上世以來莫不降仁國家之昌國家之藏

用兵

聖人愛百姓而憂海內及後世之人思其德必稱其仁故今之道堯舜禹湯文武者猶威致王今若存夫民思其德必稱其人朝夕祝之升聞皇天上神歆焉故永其世而豐其年也夏桀商紂嬴暴於天下暴極不辜殺戮無罪不祥於天粒食之民布散厥親疏遠國老幼色是與而暴慢是親讒貸處穀法言法行處辟妖替天道逆亂四時禮樂不行而幼風是御曆失制攝提失方邦大無紀不告朔於諸侯玉瑞不行諸侯力政不朝於天子於是降之災水旱臻焉霜雪大滿甘露不降百草殣黃五穀不升民多夭疾六畜餼皆此太上之不論不議也

易本命

帝王好壞巢破卵則鳳凰不翔焉好竭水搏魚則蛟龍不出焉好刳胎殺夭則麒麟不來焉好填谿塞谷則神龜不出焉故王者動必以道靜必以理動不以道靜不以理則自夭而不壽訞孽數起神靈不見風雨不時暴風水旱並興人民夭死五穀不滋六畜不蕃息

桓寬鹽鐵論

水旱

大夫曰禹湯聖主后稷伊尹賢相也而有水旱之災水旱天之所爲饑穰陰陽之運也非人力故太歲之數在陽爲旱在陰爲水六歲一饑十二歲一荒天道固然殆非獨有司之罪也

賢良曰古者政有德則陰陽調星辰理風雨時故循行於內聲聞於外爲善於下福應於天周公載紀而天下太平國無夭傷歲無荒年當此之時雨不破塊風不鳴條旬而一雨雨必以夜無丘陵高下皆熟詩曰有渰萋萋興雨祁祁今不省其所然而曰陰陽之運也非所聞也孟子曰野有餓莩不知收也狗豕食人食不知檢也爲民父母民饑而死則曰非我也歲也何異乎以刃殺之則曰非我也兵也方今之務在除饑寒之患罷鹽鐵退權利分土地趣本業則水旱不能憂凶年不能累也

論菑

大夫曰巫祝不可與並祀諸生不可與逐語信往疑今非人自是夫道古者稽之今言遠者合之近日月在天其徵在人菑異之變夭壽之期陰陽之化四時之敘木火金水妖祥之應鬼神之靈祭祀之福日月之行星辰之紀曲言之故何所本始不知則默無苟亂耳

文學曰始江都相董生推言陰陽四時相繼父生之子養之母成之子藏之故春生仁夏長德秋成義冬藏禮此四時之序聖人之所則也刑不可任以成化故廣德教言遠必考之邇故由恕以行是以刑罰若加於己勤勞若施於身又安能忍殺其赤子以事無用罷弊所恃而達瀛海乎蓋越人美蠃蚌而簡太牢鄙夫樂咋唶而怪韶濩故不知味者以芬香爲臭不知道者以美言爲亂耳人無夭壽各以其好惡爲命羿臯以功力不得其死知伯以貪狠亡其身天菑之證禎祥之應猶施與之望報各以其類及故好行善者天助以福符瑞是也易曰自天祐之吉無不利好行惡者天報以禍妖菑是也春秋曰應是而有天菑周文武尊賢受諫敬戒不殆純德上休神祇相貺詩云降福穰穰降福簡簡日者陽陽道明月者陰陰道冥君尊臣卑之義故陽先盛於上衆陰之類消於下月望于天蚌蛤盛於淵故臣不臣則陰陽不調日月有變政教不均則水旱不時螟螣生此災異之應也四時代序而人則其功星列於天而人象其行常星猶公卿也衆星猶萬民也列星正則衆星齊常星亂則衆星墜矣

劉向說苑

敬慎

孔子曰存亡禍福皆在己而已天災地妖亦不能殺也昔者殷王帝辛之時爵生烏於城之隅工人占之曰凡小以生巨國家必祉王名必倍帝辛喜爵之德不治國家亢暴無極外寇乃至遂亡殷國此逆天之時詭福反爲禍至殷王武丁之時先王道缺刑法弛桑穀俱生於朝七日而大拱工人占之曰桑穀者野物也野物生於朝意朝亡乎武丁恐駭側身修行思昔先王之政興滅國繼絕世舉逸民明養老之道三年之後遠方之君重譯而朝者六國此迎天時得禍反爲福也故妖孽者天所以警天子諸侯也惡夢者所以警士大夫也故妖孽不勝善政惡夢不勝善行也至治之極禍反爲福故太甲曰天作孽有可違自作孽不可逭

辨物

顏淵問於仲尼曰成人之行何若子曰成人之行達乎性情之理通乎物類之變知幽明之故睹遊氣之源若此而可謂成人既知天道行躬以仁義飭身以禮樂夫仁義禮樂成人之行也窮神知化德之盛也易曰仰以觀於天文俯以察於地理是故知幽明之故夫天文地理人情之效存于心則聖智之府是故古者聖王既臨天下必變四時定律歷考天文揆時變登靈臺以望氣氛故堯曰咨爾舜天之曆數在爾躬允執其中四海困窮書曰在璿璣玉衡以齊七政璿璣謂北辰勾陳樞星也以其魁杓之所指二十八宿爲吉凶禍福天文列舍盈縮之占各以類爲驗夫占變之道二而已矣二者陰陽之數也故易曰一陰一陽之謂道道也者物之動莫不由道也是故發於一成於二備於三周於四行於五是故元象著明莫大於日月察變之動莫著於五星天之五星運氣於五行其初猶發於陰陽而化極萬一千五百二十所謂二十八星者東方曰角亢氐房心尾箕北方曰斗牛須女虛危營室東壁西方曰奎婁胃昴畢觜參南方曰東井輿鬼柳七星張翼軫所謂宿者日月五星之所宿也其在宿運外內者以官名別其根荄皆發於地而華形於天所謂五星者一曰歲星二曰熒惑三曰鎮星四曰太白五曰辰星欃槍彗孛旬始枉矢蚩尤之旗皆五星盈縮之所生也五星之所犯各以金木水火土爲占春秋冬夏伏見有時失其常離其時則爲變異得其時居其常是謂吉祥

易曰天垂象見吉凶聖人則之昔者高宗成王感於雊雉暴風之變修身自改而享豐昌之福也逮秦皇帝即位彗星四見蝗蟲蔽天冬雷夏凍石隕東郡大

人出臨洮妖孽並見熒惑守心星茀大角大角以亡終不能改二世立又重其惡及即位日月薄蝕山林疑有缺文辰星出於四孟太白經天而行無雲而雷枉矢夜光熒惑襲月孽火燒宮野禽戲庭都門內崩天變動於上羣臣昏於朝百姓亂於下遂不察是以亡也

揚雄法言

五百

或問聖人占天乎曰占天地若此則史也何異曰史以天占人聖人以人占天或問星有甘石何如曰在德不在星德隆則晷星星降則晷德也

後漢書

天文志序

易曰天垂象聖人則之庖犧氏之王天下仰則觀象於天俯則觀法於地觀象於天謂日月星辰觀法於地謂水土州分形成於下象見於上故曰天者北辰星合元垂耀建帝形運機授度張百精三階九列二十七大夫八十一元士斗衡太微攝提之屬百二十官二十八宿各布列下應十二子天地設位星辰之象備矣三皇邁化協神醇樸謂五星如連珠日月如合璧化由自然民不犯慝至於書契之興五帝是作軒轅始受河圖鬭苞授規日月星辰之象故星官之書自黃帝始至高陽氏使南正重司天北正黎司地唐虞之時羲仲和仲夏有昆吾湯則巫咸周之史佚萇弘宋之子韋楚之唐蔑魯之梓慎鄭之裨竈魏石申夫齊國甘公皆掌天文之官仰占俯視以佐時政步變擿微通洞密至探禍福之原覩成敗之勢秦燔詩書以愚百姓六經典籍殘爲灰炭星官之書全而不毀故秦史書始皇之時彗孛大角大角以亡有大星與小星鬬於宮中是其廢亡之徵至漢興景武之際司馬談談子遷以世黎氏之後爲太史令遷著史記作天官書成帝時中壘校尉劉向廣洪範災條作五紀皇極之論以參往行之事孝明帝使班固敘漢書而馬續述天文志今紹漢書作天文志起王莽居攝元年迄孝獻帝建安二十五年二百一十五載言其時星辰之變表象之應以顯天戒明王事焉

班固白虎通

災變

天所以有災變何所以譴告人君覺悟其行欲令悔過修德深思慮也援神契曰行有點缺氣逆於天情感變出以戒人也災異者何謂也春秋潛潭巴曰災之言傷也隨事而誅異之言怪先感動之也何以言災有哭也春秋曰新宮火三日哭傳曰必三日哭何禮也災三日哭所以然者宗廟先禮所處鬼神無形體日今忽得天火得無爲災所中乎故哭也變者何謂變者非常也耀嘉曰禹將受位天意大變迅風靡木雷雨晝冥服乘者何謂衣服乍大乍小言語非常故尚書大傳曰時則有服乘也孽者何謂也曰介蟲生爲非常尚書大傳曰時則有介蟲之孽時則有龜孽堯遭洪水湯遭大旱示有譴告乎堯遭洪水湯遭大旱命運時然所以或災變或異何各隨其行因其事也霜之爲言亡也陽以散亡雹之爲言合也陰氣專精積合爲雹日食者必殺之何陰侵陽也鼓用牲于社社者衆陰之主以朱絲縈之鳴鼓攻之以陽責陰也故春秋曰日食鼓用牲于社所以必用牲者社地別神也尊之故不敢虛責也日食大水則鼓用牲於社大旱則雩祭求雨非苟虛也勳陽責下求陰道也月食救之者陰失明也故角尾交日月食救之者謂夫人擊鏡傳人擊杖庶人之妻楔搔

欽定古今圖書集成曆象彙編庶徵典

第十卷目錄

庶徵總部總論三

王充論衡譴告篇　變動篇　講瑞篇　指瑞篇　是應篇　自然篇　感類篇　驗符篇

庶徵典第十卷

庶徵總部總論三

王充論衡

譴告篇

論災異謂古之人君爲政失道天用災異譴告之也災異非一復以寒溫爲之效人君用刑非時則寒施賞違節則溫天神譴告人君猶人君責怒臣下也故楚嚴王曰天不下災異天其忘子乎災異爲譴告故嚴王懼而思之也曰此疑也夫國之有災異也猶家人之有變怪也有災異謂天譴人君有變怪天復譴告家人乎家人既明人之身中亦將可以喻身中病猶天有災異也血脉不調人生疾病風氣不和歲生災異災異謂天譴告國政疾病天復譴告人乎釀酒於罌烹肉於鼎皆欲其氣味調得也時或鹹苦酸淡不應口者猶人勺藥失其和也夫政治之有災異也猶烹釀之有惡味也苟謂災異爲天譴告是其烹釀之誤得見譴告也占大以小明物事之喻足以審天使嚴王知如孔子則其言可信衰世霸者之才猶夫變復之家也言未必信故疑之夫天道自然也無爲如譴告人是有爲非自然也黃老之家論說天道得其實矣且天審能譴告人君宜變易其氣以覺悟之用刑非時刑氣寒而天宜爲溫施賞違節賞氣溫而天宜爲寒變其政而易其氣故君得以覺悟知是非今乃隨寒從溫爲寒爲溫以譴告之意欲令變更之且大王亶父以王季之可立故易名爲歷歷者適也太伯覺悟之吳越採藥以避王季使大王不易季名而復字之季太伯豈覺悟以避之哉今刑賞失法天欲改易其政宜爲異氣若大王之易季名今乃重爲同氣以譴告之人君何時將能覺悟以見刑賞之誤哉鼓瑟者誤於張弦設柱宮商易聲其師知之易其弦而復移其柱夫天之見刑賞之誤猶瑟師之睹弦柱之非也不更變氣以悟人君反增其氣以渥其惡則天無心意苟隨人君爲誤非也紂爲長夜之飲文王朝夕曰祀茲酒齊奢於祀晏子祭廟豚不掩俎何則非疾之者宜有以改易之也子弟傲慢父兄教以謹敬吏民橫悖長吏示以和順是故康叔伯禽失子弟之道見於周公拜起驕悖三見三笞往見商子商子令觀橋梓之樹二子見橋梓心感覺悟以知父子之禮周公可隨爲驕商子可順爲慢必須加之捶杖教觀於物者冀二人之見異以奇自覺悟也夫人君之失政猶二子失道也天不告以政道令其覺悟若二子觀見橋梓而顧隨刑賞之誤爲寒溫之報此則天與人君俱爲非也無相覺悟之感有相隨從之氣非皇天之意愛下譴告之宜也凡物能相割截者必異性者也能相奉成者必同氣者也是故離下兌上曰革革更也火金殊氣故能相革如俱火而皆金安能相成屈原疾楚之晁洿故稱香潔之辭漁父議以不隨俗故陳沐浴之言凡相溷者或教之薰隧或令之負豕二言之於除晁洿也孰是孰非非有不易少有以益夫用寒溫非刑賞也能易之乎西門豹急佩韋以自寬董安于緩帶弦以自促二賢知佩帶變己之物而以攻身之短夫至明矣人君失政不以他氣譴告變易反隨其誤就起其氣此則皇天用意不若二賢審也楚莊王好獵樊姬爲之不食鳥獸之肉秦繆公好淫樂華陽后爲之不聽鄭衛之音二姬非兩主拂其欲而不順其行皇天非賞罰而順其操而渥其氣此蓋皇天之德不若婦人賢也故諫之爲言間也持善間惡必謂之一亂周繆王任刑甫刑篇曰報虐用威威虐皆惡也用惡報惡亂莫甚焉今刑失賞寬惡也夫復爲惡以應之此則皇天之操與繆王同也故以善駁惡以惡懼善告人之理勸厲爲善之道也舜戒禹曰毋若丹朱敖周公勅成王曰毋若殷王紂毋者禁之也丹朱殷紂至惡故曰毋以禁之夫言毋若孰與言必若哉故毋必二辭聖人審之況肯譴非爲非順人之過以增其惡哉天人同道大人與天合德聖賢以善返惡皇天以惡隨非豈道同之效合德之驗哉孝武皇帝好僊司馬長卿獻大人賦上乃僊僊（宜訂爲褼褼字）有凌雲之氣孝成皇帝好廣宮室揚子雲上甘泉頌妙稱神怪若曰非人力所能爲鬼神力乃可成皇帝不覺爲之不止長卿之賦如言仙無實效子雲之頌言奢有害孝武豈有僊僊之氣者孝成豈有不覺之惑哉然即天之不爲他氣以譴告人君

反順人心以非應之猶二子爲賦頌令兩帝惑而不悟也實嬰灌夫疾時爲邪相與日引繩以糾纏之心疾之甚安肯從其欲政教之相違文質之相反政失不相反襲也譴告人君誤不變其失而襲其非欲行譴告之教不從如何管蔡篡畔周公告教之至於再二其所以告教之者豈云當篡畔哉人道善善惡惡施善以賞加惡以罪天道宜然刑賞失實惡也爲惡氣以應之惡惡之義安所施哉漢正首匿之罪制亡從之法惡其隨非而與惡人爲羣黨也如束罪人以詣吏離惡人以異居首匿亡從之法除矣狄牙之調味也酸則沃之以水淡則加之以鹹水火相變易故膳無鹹淡之失也今刑罰失實不爲異氣以變其過而又爲寒於寒爲溫於溫（溫一本作寒）此猶憎酸而沃之以鹹惡淡而灌之以水也由斯言之譴告之言疑乎必信也今熯薪燃釜火猛則湯熱火微則湯冷夫政猶火寒溫猶熱冷也顧可言人君爲政賞罰失中也逆亂陰陽使氣不和乃言天爲人君爲寒爲溫以譴告之乎儒者之說又言人君失政天爲異不改災其人民不改乃災其身也先異後災先教後誅之義也曰此復疑也以夏樹物物枯不生以秋收穀穀棄不藏夫爲政教猶樹物收穀也顧可言政治失時氣物爲災乃言天爲異以譴告之不改爲災以誅伐之乎儒者之說俗人言也盛夏陽氣熾烈陰氣干之激射礉裂中殺人物謂天罰陰過外一聞若是內實不然夫謂災異爲譴告誅伐猶爲雷殺人罰陰過也非謂之言不然之說也或曰谷子雲上書陳言變異明天之譴告不改後將復有願貫械待時後竟復然即不

爲譴告（告一作復）何故復有子雲之言故後有以示改也曰夫變異自有占候陰陽物氣自有終始履霜以知堅冰必至天之道也子雲識微知後復然借變復之說以效其言故願貫械以待時也猶齊晏子見鉤星在房心之間則知地且動也使子雲見鉤星則將復曰天以鉤星譴告政治不改將有地動之變矣然則子雲之願貫械待時猶子韋之願伏陛下以俟熒惑徙處必然之驗故譴告之言信也予之譴告何傷於義損皇天之德使自然無爲轉爲人事故難聽之也稱天之譴告譽天之聰察也反以聽察傷損於天德何以知其聾也以其聽之聰也何以知其盲也以其視之明也何以知其狂也以其言之當也夫言當視聽聰明而道家謂之狂而盲聾今言天之譴告是謂天狂而盲聾也易曰大人與天地合其德故太伯曰天不言殖其道於賢者之心夫大人之德則天德也賢者之言則天言也大人刺而賢者諫是則天譴告也而反歸告於災異故疑之也六經之文聖人之語動言天者欲化無道懼愚者之言非獨吾心亦天意也及其言天猶以人心非謂上天蒼蒼之體也變復之家見誣言天災異時至則生譴告之言矣驗古以知今天以人受終於文祖不言受終於天堯之心知天之意也堯授之天亦授之百官臣子皆鄉與舜舜之授禹禹之傳啓皆以人心效天意詩之眷顧洪範之震怒皆以人身效天之意文武之卒成王幼少周道未成周公居攝當時豈有上天之敎哉周公推心合天志也上天之心在聖人之胸及其譴告在聖人之口不信聖人之言反然災異之氣求索上天之意何其遠哉世無聖人安所得聖人之言賢人庶幾之才亦聖人之次也

變動篇（節）

論災異者已疑於天用災異譴告人矣更說曰災異之至殆人君以政動天天動氣以應之譬之以物擊鼓以椎扣鐘鼓猶天椎猶政鐘鼓聲猶天之應也人主爲於下則天氣隨人而至矣曰此又疑也夫天能動物物焉能動天何則人物繫於天天爲人物主也故曰王良策馬車騎盈野非車騎盈野而乃王良策馬也天氣變於上人物應於下矣故天且雨商羊起舞使天雨也商羊者知雨之物也天且雨屈其一足起舞矣故天且雨螻蟻徙蚯蚓出琴絃緩固疾發此物爲天所動之驗也故天且風巢居之蟲動且雨穴處之物擾風雨之氣感蟲物也夏末蜻蛚鳴寒螿啼感陰氣也雷動而雉驚發蟄而蛇出起陽氣也夜及半而鶴唳晨將旦而雞鳴此雖非變天氣動物物應天氣之驗也顧可言寒溫感動人君人君起氣而以賞罰乃言以賞罰感動皇天天爲寒溫以應政治乎六情風家言風至爲盜賊者感應之而起非盜賊之人精氣感天使風至也風至怪不軌之心而盜賊之操發矣何以驗之盜賊之人見物而取睹敵而殺皆在徙倚漏刻之間未必宿日有其思也而天風已以貪狼陰賊之日至矣以風占貴賤者風從王相鄉來則貴從囚死地來則賤夫貴賤多少斗斛故也風至而糴穀之人貴賤其價天氣動怪人物者也故穀價低昂一貴一賤矣天官之書以正月朔占四方之風風從南方來者旱從北方來者湛東方來者爲疫西

方來者爲兵太史公實道言以風占水旱兵疫者人物吉凶統於天也使物生者春也物死者冬也春生而冬殺也天者如或欲春殺冬生物終不死生何也物生統於陽物死繫於陰也故以口氣吹人人不能寒吁人人不能溫使見吹吁之人涉冬觸夏將有凍暍之患矣寒溫之氣繫於天地而統於陰陽人事國政安能動之鉤星在房心之間地且動之占也齊太卜知之謂景公臣能動地景公信之夫謂人君能致寒溫猶齊景公信太卜之能動地夫人不能動地而亦不能動天夫寒溫天氣也天至高大人至卑小篙或作莛不能鳴鐘而螢火不爨鼎者何也鐘長而篙短鼎大而螢小也以七尺之細形感皇天之大氣其無分銖之驗必也占大將且入國邑氣寒則將且怒溫則將喜夫喜怒起事而發未入界未見吏民是非未察喜怒未發而寒溫之氣已豫至矣怒喜致寒溫怒喜之後氣乃當至是竟寒溫之氣使人君怒喜也或曰未至誠也行事至誠若鄒衍之呼天而霜降杞梁妻哭而城崩何天氣之不能動乎夫鄒衍之狀孰與屈原見拘之冤孰與沉江離騷楚辭悽愴孰與一歎屈原死時楚國無霜此懷襄之世也厲武之時卞和獻玉刖其兩足奉玉泣出涕盡續之以血夫鄒衍之誠孰與卞和見拘之冤孰與刖足仰天而歎孰與泣血夫歎固不如泣拘固不如刖料計冤情衍不如和當時楚地不見霜李斯趙高讒殺太子扶蘇并及蒙恬蒙驁其時皆吐痛苦之言與歎聲同又禍至死非徒苟徒而其死之地寒氣不生秦坑趙卒於長平之下四十萬衆同時俱陷當時啼號非徒歎也誠雖不及鄒衍四十萬之冤度當一賢臣之痛入坑埳之啼度過拘囚之呼當時長平之下不見隕霜甫刑曰庶僇旁告無辜于天帝此言蚩尤之民被冤旁告無罪於上天也以衆民之叫不能致霜鄒衍之言殆虛妄也鄒衍時周之五月正歲三月也中州內正月二月霜雪時降北邊至寒三月下霜未爲變也此殆北邊三月尚寒霜適自降而衍適呼與霜逢會傳曰燕有寒谷不生五穀鄒衍吹律寒谷復溫則能使氣溫亦能使氣復寒何知衍不令時人知己之冤以天氣表己之冤竊吹律於燕谷獄令氣寒而因呼天乎即不然者霜何故降范雎爲須賈所讒魏齊僇之折幹摺脅張儀遊於楚楚相掠之被捶流血二子冤屈太史公列記其狀鄒衍見拘雎儀之比也且子長何諱不言案衍列傳不言見拘而使霜降僞書遊言猶太子丹使日再中天雨粟也由此言之衍呼而降霜虛矣則杞梁之妻哭而崩城妄也頓牟叛趙襄子帥師攻之軍到城下頓牟之城崩者十餘丈襄子擊金而退之夫以杞梁妻哭而城崩襄子之軍有哭者乎秦之將滅都門內崩霍光家且敗第牆自壞誰哭於秦宮泣於霍光家者然而門崩牆壞秦霍敗亡之徵也或時杞國且圮而杞梁之妻適哭城下猶燕國適寒而鄒衍偶呼也又城老牆朽猶有崩壞一婦之哭崩五丈之城是城則一指摧三仞之楹也春秋之時山多變山城一類也哭能崩城復能壞山乎女然素縞而哭河流通信哭城崩固其宜也案杞梁從軍死不歸其婦迎之魯君弔於途妻不受弔棺歸於家魯君就弔不言哭於城下本從軍死從軍死不在城中妻向城哭非其處也然則杞梁之妻哭而崩城復虛言也因類以及荆軻秦王白虹貫日衛先生爲秦畫長平之計太白食昴復妄言也夫豫子謀殺襄子伏於橋下襄子至橋心動貫高欲殺高祖藏人於壁中高祖至柏人亦動心二子欲刺兩主兩主心動實論之尚謂非二子精神所能感也而況荆軻欲刺秦王秦王之心不動而白虹貫日乎然則白虹貫日天變自成非軻之精爲虹而貫日也鉤星在房心間地且動之占也地且動鉤星應房心夫太白食昴猶鉤星在房心也謂衛先生長平之議令太白食昴疑矣歲星害鳥尾周楚惡之綝然之氣見宋衞陳鄭災案時周楚未有非而宋衞陳鄭未有惡也然而歲星先守尾災氣著垂於天其後周楚有禍宋衞陳鄭同時皆然歲星之害周楚天氣災四國也何知白虹貫日不致刺秦王太白食昴使長平計起也

講瑞篇

儒者之論自說見鳳凰麒麟而知之何則案鳳凰麒麟之象又春秋獲麟文曰有麏而角麏而角者則是麒麟矣其見鳥而象鳳皇者則鳳皇矣黃帝堯舜周之盛時皆致鳳皇孝宣帝之時鳳皇集於上林後又於長樂之宮東門樹上高五尺文章五色周獲麒麟似麏而角武帝之麟亦如麏而角如有大鳥文章五色獸狀如麏首戴一角考以圖象驗之古今則鳳麟可得審也夫鳳皇鳥之聖者也麒麟獸之聖者也五帝三王皐陶孔子人之聖者也十二聖相各不同而欲以麏戴角謂之麒麟相與鳳皇象合者謂之鳳皇如何夫聖鳥獸毛色不同猶十二聖骨體不均也戴

角之相猶戴午也顓頊戴午堯舜必未然今魯所獲麟戴角卽後所見麟未必戴角也如用魯所獲麟求知世間之麟則必不能知也何則毛羽骨角不合同也假令不同或時似類未必眞是虞舜重瞳王莽亦重瞳晉文駢脅張儀亦駢脅如以骨體毛色比則王莽虞舜而張儀晉文也有若在魯最似孔子孔子死弟子共坐有若問以道事有若不能對者何也體狀似類實性非也今五色之鳥一角之獸或時似類鳳皇麒麟其實非眞而說者欲以骨體毛色定鳳皇麒麟誤矣是故顏淵庶幾不似孔子有若恆庸反類聖人由是言之或時眞鳳皇麒麟骨體不似恆庸鳥獸毛色類眞知之如何儒者自謂見鳳皇麒麟輒而知之則是自謂見聖人輒而知之也皐陶馬口孔子反宇設後輒有知而絕殊馬口反宇尚未可謂聖何則十二聖相不同前聖之相難以照後聖也骨法不同姓名不等身形殊狀生出異土雖復有聖何如知之桓君山謂揚子雲曰如後世復有聖人徒知其才能之勝己多不能知其聖與非聖人也子雲曰誠然夫聖人難知知能之美若桓揚者尚復不能知世儒懷庸庸之知齎無異之議見聖不能知可保必也夫不能知聖則不能知鳳皇與麒麟世人名鳳皇麒麟何用自謂能之乎夫上世之名鳳皇麒麟聞其鳥獸之奇者耳毛角有奇又不妄翔苟遊與鳥獸爭飽則謂之鳳皇麒麟矣世人之知聖亦猶此也聞聖人人之奇者身有奇骨知能博達則謂之聖矣及其知之非卒見暫聞而輒名之爲聖也與之偃伏從文受學然後知之何以明之子貢事孔子一年自謂過孔子二年自謂與孔子同三年自知不及孔子當一年二年之時未知孔子聖也三年之後然乃知之以子貢知孔子三年乃定世儒無子貢之才其見聖人不從之學任倉卒之視無三年之接自謂知聖誤矣少正卯在魯與孔子並孔子之門三盈三虛唯顏淵不去顏淵獨知孔子聖也夫門人去孔子歸少正卯不徒不能知孔子之聖又不能知少正卯門人皆惑子貢曰夫少正卯魯之聞人也子爲政何以先之孔子曰賜退非爾所及夫才能知佞若子貢尚不能知聖世儒見聖自謂能知之妄也夫以不能知聖言之則亦知其不能知鳳皇與麒麟也使鳳皇羽翮長廣麒麟體高大則見之者以爲大鳥巨獸耳何以別之如必巨大別之則其知聖人亦宜以巨大春秋之時鳥有爰居不可以爲鳳皇長狄來至不可以爲聖人然則鳳皇麒麟與鳥獸等也世人見之何用知之如以中國無有從野外來而知之則是鸜鵒同也鸜鵒非中國之禽也鳳皇麒麟亦非中國之禽獸也皆非中國之物儒者何以謂鸜鵒惡鳳皇麒麟善乎或曰孝宣之時鳳皇集於上林羣鳥從上以千萬數以其衆鳥之長聖神有異故羣鳥附從如見大鳥來集羣鳥附之則是鳳皇鳳皇審則定矣夫鳳皇與麒麟同性鳳皇見羣鳥從麒麟見衆獸亦宜隨案春秋之麟不言衆獸隨之宣帝武帝皆得麒麟無衆獸附從之文如以麒麟爲人所獲附從者散鳳皇人不獲自來蜚翔附從可見書曰簫韶九成鳳皇來儀大傳曰鳳皇在列樹不言羣鳥從也豈宣帝所致者異哉或曰記事者失之唐虞之君鳳皇實有附從上世久遠記事遺失經書之文未足以實也夫實有而記事者失之亦有實無而記事者生之夫如是儒書之文難以實事案附從以知鳳皇未得實也且人有佞猾而聚者鳥亦有狡黠而從羣者當唐虞之時鳳慤愿宣帝之時狡黠乎何其俱有聖人之德行動作之操不均同也無鳥附從或時是鳳皇羣鳥附從或時非也君子在世清節自守不廣結從出入動作人不附從豪猾之人任使用氣往來進退士衆雲合夫鳳皇君子也必以隨多者效鳳皇是豪黠爲君子也歌曲彌妙和者彌寡行操益清交者益鮮鳥獸亦然必以附從效鳳皇是用和多爲妙曲也龍與鳳皇爲比類宣帝之時黃龍出於新豐羣蛇不隨神雀鸞鳥皆衆鳥之長也其仁聖雖不及鳳皇然其從羣鳥亦宜數十信陵孟嘗食客三千稱爲賢君漢將軍衛青及將軍霍去病門無一客亦稱名將太史公曰盜蹠橫行聚黨數千人伯夷叔齊隱處首陽山鳥獸之操與人相似人之得衆不足以別賢以鳥附從審鳳皇如何或曰鳳皇麒麟太平之瑞也太平之際見來至也然亦有未太平而來至也鳥獸奇骨異毛卓絕非常則是矣何爲不可知鳳皇麒麟通常以太平之時來至者春秋之時麒麟嘗嫌於王孔子而至光武皇帝生於濟陽鳳皇來集夫光武始生之時成哀之際也時未太平而鳳皇至如以自爲光武有聖德而來是則爲聖王始生之瑞不爲太平應也嘉瑞或應太平或爲始生其實難知獨以太平之際驗之如何或曰鳳皇麒麟生有種類若龜龍有種類矣龜故生龜龍故生龍形色小大不異於前者也見之父察其子孫何爲不可知夫

恆物有種類瑞物無種適生故曰德應龜龍然也人見神龜靈龍而別之乎宋元王之時漁者網得神龜焉漁父不知其神也方今世儒漁父之類也以漁父而不知神龜則亦知夫世人而不知靈龍也龍或時似蛇蛇或時似龍韓子曰馬之似鹿者千金良馬似鹿神龍或時似蛇如審有類形色不異王莽時有大鳥如馬五色龍文與衆鳥數十集於沛國蘄縣宣帝時鳳凰集於地高五尺與言如馬身高同矣文章五色與言五色龍文物色均矣衆鳥數十與言俱集附從等也如以宣帝時鳳皇體色衆鳥附從安知鳳皇則王莽所致鳥鳳皇也如審是王莽致之是非瑞也如非鳳皇體色附從何爲均等且瑞物皆起和氣而生生於常類之中而有詭異之性則爲瑞矣故夫鳳皇之至也猶赤烏之集也謂鳳皇有種赤烏亦有類乎嘉禾醴泉甘露嘉禾生於禾中與禾中異穗謂之嘉禾醴泉甘露出而甘美也皆泉露生出非天上有甘露之種地下有醴泉之類聖治公平而乃沾下產出也蓂莢朱草亦生在地集於衆草無常本根暫時產出旬月枯折故謂之瑞夫鳳皇麒麟亦瑞也何以有種類案周太平越裳獻白雉白雉生短而白色耳非有白雉之種也魯人得戴角之麞謂之麒麟亦或時生於麞非有麒麟之類由此言之鳳皇亦或時生於鵠鵲毛奇羽殊出異衆鳥則謂之鳳皇耳安得與衆鳥殊種類也有若曰麒麟之於走獸鳳皇之於飛鳥太山之於丘垤河海之於行潦類也然則鳳皇麒麟都與鳥獸同一類體色詭耳安得異種同類而有奇奇爲不世不世難審識之如何堯生丹朱舜生商均商均丹朱堯舜之類也骨性詭耳鯀生禹瞽瞍生舜舜禹鯀瞽瞍之種也知德殊矣試種嘉禾之實不能得嘉禾恆見粢粱之粟莖穗怪奇人見叔梁紇不知孔子父也見伯魚不知孔子子也張湯之父五尺湯長八尺湯孫長六尺孝宣鳳皇高五尺所從生鳥或時高二尺後所生之鳥或時高一尺安得常種種類無常故曾晳生參氣性不世顏路出回古今卓絕馬有千里不必麒麟之駒鳥有仁聖不必鳳皇之雛山頂之溪不通江湖然而有魚水精自爲之也廢庭壞殿基上草生地氣自出之也按溪水之魚殿基上之草無類而出瑞應之自至天地未必有種類也夫瑞應猶災變也瑞以應善災以應惡善惡雖反其應一也災變無種瑞應亦無類也陰陽之氣天地之氣也遭善而爲和遇惡而爲變豈天地爲善惡之政吏生和變之氣乎然則瑞應之出殆無種類因善而起氣和而生亦或時政平氣和衆物變化猶春則鷹變爲鳩秋則鳩化爲鷹蛇鼠之類輒爲魚鼈蝦蟆爲鶉雀爲蜃蛤物隨氣變不可謂無黃石爲老父授張良書去復爲石也儒知之或時太平氣和麞爲麒麟鵠爲鳳皇是故氣性隨時變化豈必有常類哉褒姒元黿之子二龍漦也晉之二卿熊羆之裔也吞燕子薏苡履大人跡之語世之人然之獨謂瑞有常類哉以物無種計之以人無類議之以體變化論之鳳皇麒麟生無常類則形色何爲當同案禮記瑞命篇云雄曰鳳雌曰皇雄鳴曰卽卽雌鳴曰足足詩云梧桐生矣于彼高岡鳳皇鳴矣于彼朝陽菶菶萋萋雝雝喈喈瑞命與詩俱言鳳皇之鳴瑞命之言卽卽足足詩云雝雝喈喈此聲異也使聲審則形不同也使審同詩與禮異世傳鳳皇之鳴故將疑焉案魯之獲麟云有麞而角言有麞者色如麞也麞色有常若烏色有常矣武王之時火流爲烏云其色赤赤非烏之色故言其色赤如似麞而色異亦當言其色白若黑今成事色同故言有麞麞無角有異於故故言而角也夫如是魯之所得麟者若麞之狀也武帝之時西巡狩得白麟一角而五趾角或時同言五趾者足不同矣魯所得麟云有麞不言色者麞無異色也武帝云得白麟色白不類麞不言有麞正言白麟色不同也孝宣之時九眞貢獻麟狀如麞而兩角者孝武言一角不同矣春秋之麟如麞宣帝之麟言如鹿鹿與麞小大相倍體不同也夫三王之時麟毛色角趾身體高大不相似類推此準後世麟出必不與前同明矣夫麒麟鳳皇之類麒麟前後體色不同而欲以宣帝之時所見鳳皇高五尺文章五色準前況後當復出鳳皇謂與之同誤矣後當復出見之鳳皇麒麟必已不與前世見出者相似類而世儒自謂見而輒知之奈何案魯人得麟不敢正名麟曰有麞而角者時誠無以知也武帝使謁者終軍議之終軍曰野禽幷角明天下同本也不正名麟而言野禽者終軍亦疑無以審也當今世儒之知不能過魯人與終軍其見鳳皇麒麟必從而疑之非恆之鳥獸耳何能審其鳳皇麒麟乎以體色言之未必等以鳥獸隨從多者未必善以希見言之有鸜鵒來以相奇言之聖人有奇骨體賢者亦有奇骨聖賢俱奇人無以別由賢聖言之聖鳥聖獸亦與恆鳥庸獸俱有奇怪聖人賢者亦有知

而絕殊骨無異者聖賢鳥獸亦有仁善廉清體無奇者世或有富貴不聖身有骨爲富貴表不爲聖賢驗然則鳥亦有五采獸有角而無仁聖者夫如是上世所見鳳皇麒麟何知其非恆鳥獸今之所見鵲麞之屬安知非鳳皇麒麟也方今聖世堯舜之主流布道化仁聖之物何爲不生或時以有鳳皇麒麟亂於鵠鵲麞鹿世人不知美玉隱在石中楚王令尹不能知故有抱玉泣血之痛今或時鳳皇麒麟以仁聖之性隱於恆毛庸羽無一角五色表之世人不之知猶玉在石中也何用審之爲此論草於永平之初時來有瑞其孝明宣惠衆瑞並至至元和章和之際孝章耀德天下和洽嘉瑞奇物同時俱應鳳皇麒麟連出重見盛於五帝之時此篇已成故不得載或問曰講瑞謂鳳皇麒麟難知世瑞不能別今孝章之所致鳳皇麒麟不可得知乎曰五鳥之記四方中央皆有大鳥其出衆鳥皆從小大毛色類鳳皇實難知也故夫世瑞不能別別之如何以政治時王之德不及唐虞之時其鳳皇麒麟目不親見然而唐虞之瑞必眞是者堯之德明也孝宣比堯舜天下太平萬里慕化仁道施行鳥獸仁者感動而來瑞物小大毛色足翼不必同類以政治之得失主之明闇準況衆瑞無非眞者事或難知而易曉其此之謂也又以甘露驗之甘露和氣所生也露無故而甘和氣獨已至矣和氣至甘露降德洽而衆瑞湊案永平以來訖於章和甘露常降故知衆瑞皆是而鳳皇麒麟皆眞也

指瑞篇

儒者說鳳皇麒麟爲聖王來以爲鳳皇麒麟仁聖禽也思慮深避害遠中國有道則來無道則隱稱鳳皇麒麟之仁知者欲以褒聖人也非聖人之德不能致鳳皇麒麟此言妄也夫鳳皇麒麟聖聖人亦聖聖人恓恓憂世鳳皇麒麟亦宜率教聖人游於世間鳳皇麒麟亦宜與鳥獸會何故遠去中國處於邊外豈聖人濁鳳皇麒麟清哉何其聖德俱而操不同也如以聖人者當隱乎十二聖宜隱如以聖者當見鳳麟亦宜見如以仁聖之禽思慮深避害遠則文王拘於羑里孔子厄於陳蔡非也文王孔子仁聖之人憂世憫民不圖利害故其有仁聖之知遭拘厄之患凡人操行能修身正節不能禁人加非於己案人操行莫能過聖人聖人不能自免於厄而鳳麟獨能（一有而字）自全於世是鳥獸之操賢於聖人也且鳥獸之知不與人通何以能知國有道與無道也人同性類好惡均等尚不相知鳥獸與人異性何能知之人不能知鳥獸鳥獸亦不能知人兩不能相知鳥獸爲愚於人何以反能知之儒者咸稱鳳皇之德欲以表明王之治反令人有不及鳥獸論事過情使實不著且鳳麟豈獨爲聖王至哉孝宣皇帝之時鳳皇五至麒麟一至神雀黃龍甘露醴泉莫不畢見故有五鳳神雀甘露黃龍之紀使鳳麟審爲聖王見則孝宣皇帝聖人也如孝宣帝非聖則鳳麟爲賢來也爲賢來則儒者稱鳳皇麒麟失其實也鳳皇麒麟爲堯舜來亦爲宣帝來矣夫如是爲聖且賢也儒者說聖太隆則論鳳麟亦過其實春秋曰西狩獲死麟人以示孔子孔子曰孰爲來哉孰爲來哉反袂拭面泣涕沾襟儒者說之以爲天以麟命孔子孔子不王之聖也夫麟爲聖王來孔子自以不王而時王魯君無感麟之德怪其來而不知所爲故曰孰爲來哉孰爲來哉知其不爲治平而至爲己道窮而來望絕心感故涕泣沾襟以孔子言孰爲來哉知麟爲聖王來也曰前孔子之時世儒已傳此說孔子聞此說而希見其物也見麟之至怪所爲來實者麟至無所爲來常有之物也行邁魯澤之中而魯國見其物遭獲之也孔子見麟之獲獲而又死則自比於麟自謂道絕不復行將爲小人所獲獲也故孔子見麟而自泣者據其見得而死也非據其本所爲來也然則麟之至也自與獸會聚也其死人殺之也使麟有知爲聖王來時無聖王何爲來乎思慮深避害遠何故爲魯所獲殺乎夫以時無聖王而麟至知不爲聖王來也爲魯所獲殺知其避害不能遠也聖獸不能自免於難聖人亦不能自免於禍禍難之事聖者所不能避而云鳳麟思慮深避害遠妄也且鳳麟非生外國也中國有聖王乃來至也生於中國長於山林之間性廉見希人不得害也則謂之思慮深避害遠矣生與聖王同時行與治平相遇世間謂之聖王之瑞爲聖來矣剝巢破卵鳳皇爲之不翔焚林而畋漉池而漁龜龍爲之不遊鳳皇龜龍之類也皆生中國與人相近巢剝卵破屏竄不翔林焚池漉伏匿不遊無遠去之文何以知其在外國也龜龍鳳皇同一類也希見不害謂在外國龜龍希見亦在外國矣孝宣皇帝之時鳳皇麒麟黃龍神雀皆至其至同時則其性行相似類則其生出宜同處矣龍不生於外國外國亦有龍鳳麟不生外國外國亦有鳳麟然則中國亦有未必外國之鳳麟也人見鳳

麟希見則曰在外國見遇太平則曰爲聖王來夫鳳皇麒麟之至也猶醴泉之出朱草之生也謂鳳皇在外國聞有道而來醴泉朱草何知而生於太平之時醴泉朱草和氣所生然則鳳皇麒麟亦和氣所生也和氣生聖人聖人生於衰世物生爲瑞人生爲聖同時俱然時其長大相逢遇矣衰世亦有和氣和氣時生聖人聖人生於衰世衰世亦時有鳳麟也孔子生於周之末世麒麟見於魯之西澤光武皇帝生於成哀之際鳳皇集於濟陽之地聖人聖物生於盛衰世聖王遭（一有出聖物遭字）見聖物猶吉命之人逢吉祥之類也其實相遇非相爲出也夫鳳麟之來與白魚赤烏之至無以異也魚遭自躍王舟逢之火偶爲烏王仰見之非魚聞武王之德而入其舟烏知周家當起集於王屋也謂鳳麟爲聖王來是謂魚烏爲武王至也王者受富貴之命故其動出見吉祥異物見則謂之瑞瑞有小大各以所見定德薄厚若夫白魚赤烏小物小安之兆也鳳皇麒麟大物太平之象也故孔子曰鳳鳥不至河不出圖吾已矣夫不見太平之象自知不遇太平之時矣且鳳皇麒麟何以爲太平之象鳳皇麒麟仁聖之禽也仁聖之物至天下將爲仁聖之行矣尚書大傳曰高宗祭成湯之廟有雉升鼎耳而鳴高宗問祖乙祖乙曰遠方君子殆有至者祖乙見雉有似君子之行今從外來則曰遠方君子將有至者矣夫鳳皇麒麟猶雉也其來之象亦與雉同孝武皇帝西巡狩得白麟一角而五趾又有木枝出復合於本武帝議問羣臣謁者終軍曰野禽并角明同本也衆枝內附示無外也如此瑞者外國宜有降者是若應殆且有解編髮削左衽襲冠帶而蒙化焉其後數月越地有降者匈奴名王亦將數千人來降竟如終軍之言終軍之言得瑞應之實矣推此以況白魚赤烏猶此類也魚木精白者殷之色也烏者孝鳥赤者周之應氣也先得白魚後得赤烏殷之統絕色移在周矣據魚烏之見以占武王則知周之必得天下也世見武王誅紂出遇魚烏則謂天用魚烏命使武王誅紂事相似類其實非也春秋之時鸜鵒來巢占者以爲凶夫野鳥來巢魯國之都且爲丘墟昭公之身且出奔也後昭公爲季氏所攻出奔於齊死不歸魯賈誼爲長沙太傅服鳥集舍發書占之云服鳥入室主人當去其後賈誼竟去野鳥雖殊其占不異夫鳳麟之來與野鳥之巢服鳥之集無以異也是鸜鵒之巢服鳥之集偶巢適集占者因其野澤之物巢集城宮之內則見魯國且凶傳舍人不吉之瑞矣非鸜鵒服鳥知二國禍將至而故爲之巢集也王者以天下爲家家人將有吉凶之事而吉凶之兆豫見於人知者占之則知吉凶將至非吉凶之物有知故爲吉凶之人來也猶蓍龜之有兆數矣龜兆蓍數常有吉凶吉人卜筮與吉相遇凶人與凶相逢非蓍龜神靈知人吉凶出兆見數以告之也虛居卜筮前無過客猶得吉凶然則天地之間常有吉凶吉凶之物來至自當與吉凶之人相逢遇矣或言天使之所爲也夫巨大之天使細小之物音語不通情指不達何能使物物亦不爲天使其來神怪若天使之則謂天使矣夏后孔甲畋於首山天雨晦冥入於民家主人方乳或曰后來之子必大貴或曰不勝之子必有殃夫孔甲之入民室也偶遭雨而蔭庇也非知民家將生子而其子必凶爲之至也既至人占則有吉凶矣夫吉凶之物見於王朝若入民家猶孔甲遭雨入民室也孔甲不知其將生子爲之故到謂鳳皇諸瑞有知應吉而至誤矣

是應篇

儒者論太平瑞應皆言氣物卓異朱草醴泉翔鳳甘露景星嘉禾萐脯蓂莢屈軼之屬又言山出車澤出舟男女異路市無二價耕者讓畔行者讓路頒白不提挈關梁不閉道無虜掠風不鳴條雨不破塊五日一風十日一雨其盛茂者致黃龍麒麟鳳皇夫儒者之言有溢美過實瑞應之物或有或無夫言鳳皇麒麟之屬大瑞較然不得增飾其小瑞徵應恐多非是夫風氣雨露本當和適言其鳳翔甘露風不鳴條雨不破塊可也言其五日一風十日一雨褒之也風雨雖適不能五日十日正如其數言男女不相干市價不相欺可也言其異路無二價褒之也太平之時豈更爲男女各作道哉不更作道一路而行安得異乎太平之時無商人則可如有必求便利以爲業買物安肯不求賤賣貨安肯不求貴有求貴賤之心必有二價之語此皆有其事而褒增過其實也若夫萐脯蓂莢屈軼之屬殆無其物何以驗之說以實者太平無有此物儒者言萐脯生於庖廚者言廚中自生肉脯薄如萐形搖鼓生風寒涼食物使之不臭夫太平之氣雖和不能使廚生肉萐以爲寒涼若能如此則能使五穀自生不須人爲之也能使廚自生肉萐何不使飯自蒸於甑火自燃於竈乎凡生萐者欲以風

吹食物也何不使食物自不臭何必生萐以風之乎廚中能自生萐則冰室何事而復伐冰以寒物乎人夏月操萐須手搖之然後生風從手握持以當疾風萐不鼓動言萐脯自鼓可也須風乃鼓不風不動從手風來自足以寒廚中之物何須萐脯世言燕太子丹使日再中天雨粟烏白頭馬生角廚門象生肉足論之既虛則萐脯之語五應之類恐無其實儒者又言古者蓂莢夾階而生月朔日一莢生至十五日而十五莢於十六日日一莢落至月晦莢盡來月朔一莢復生王者南面視莢生落則知日數多少不須煩擾案日曆以知之也夫天既能生莢以爲日數何不使莢有日名王者視莢之字則知今日名乎徒知日數不知日名猶復案曆然後知之是則王者視日則更煩擾不省蓂莢之生安能爲福夫蓂草之實也猶豆之有莢也春夏未生其生必於秋末冬月隆寒霜雪霣零萬物皆枯儒者敢謂蓂莢達冬獨不死乎如與萬物俱生俱死莢成而以秋末是則季秋得察莢春夏冬三時不得案也且月十五日生十五莢於十六日莢落二十一日六莢落落莢棄殞不可得數猶當計未落莢以知日數是勞心苦意非善祐也使莢生於堂上人君坐戶牖間望察莢生以知日數匪謂善矣今云夾階而生生於堂下也王者之堂墨子稱堯舜高三尺儒家以爲卑下假使之然高三尺之堂蓂莢生於階下王者欲視其莢不能從戶牖之間見也須臨堂察之乃知莢數夫起視堂下之莢孰與懸曆日於扆坐傍顧輒見之也天之生瑞欲以娛王者須起察乃知日數是生煩物以累之也且莢草也王者之堂旦夕所坐古者雖質宮室之中草生輒耘安得生莢而人得經月數之乎且凡數日一二者欲以紀識事也古有史官典曆主日王者何事而自數莢堯候四時之中命曦和察四星以占時氣四星至重猶不躬視而自察莢以數日也儒者又言太平之時屈軼生於庭之末若草之狀主指佞人佞人入朝屈軼庭末以指之聖王則知佞人所在夫天能故生此物以指佞人不使聖王性自知之或佞人本不生出必復更生一物以指明之何天之不憚煩也聖王莫過堯舜堯舜之治最爲平矣即屈軼已自生於庭之末佞人來輒指知之則舜何難於知佞人而使皐陶陳知人之術經曰知人則哲惟帝難之人含五常音氣交通且猶不能相知屈軼草也安能知佞如儒者之言是則太平之時草木踰賢聖也獄訟有是非人情有曲直何不并令屈軼指其非而不直者必苦心聽一有獄字訟三人斷獄乎故夫屈軼之草或時無有而空言生或時實有而虛言能指假令能指或時草性見人而動古者質樸見草之動則言能指能指則言指佞人司南之杓投之於地其柢指南魚肉之蟲集地北行夫蟲之性然也今草能指亦天性也聖人因草能指宣言曰庭末有屈軼能指佞人百官臣子懷姦心者則各變性易操爲忠正之行矣猶今府廷畫皐陶觟䚦也儒者說云觟䚦者一角之羊也性知有罪皐陶治獄其罪疑者令羊觸之有罪則觸無罪則不觸斯蓋天生一角聖獸助獄爲驗故皐陶敬羊起坐事之此則神奇瑞應之類也曰夫觟䚦則復屈軼之語也羊本二角觟䚦一角體損於羣不及衆類何以爲奇鼈三足曰能龜三足曰賁案能與賁不能神於四足之龜鼈一角之羊何能聖於兩角之禽狌狌知往乾鵲知來鸚鵡能言天性能一不能爲二或時觟䚦之性徒能觸人未必能知罪人皐陶欲神事助政惡受罪者之不厭服因觟䚦觸人則罪之欲人畏之不犯受罪之家沒齒無怨言也夫物性各自有所知如以觟䚦能觸謂之爲神則狌狌之徒皆爲神也巫知吉凶占人禍福無不然者如以觟䚦謂之巫類則巫何奇而以爲善斯皆人欲神事立化也師尚父爲周司馬將師伐紂到孟津之上杖鉞把旄號其衆曰倉光倉光者水中之獸也善覆人船因神以化欲令急渡不急渡倉光害汝則復觟䚦之類也河中有此異物時出浮揚一身九頭人畏惡之未必覆人之舟也尚父緣河有此異物因以威衆夫觟䚦之觸罪人猶倉光之覆舟也蓋有虛名無其實效也人畏奇怪故空褒增又言太平之時有景星尚書中候曰堯時景星見於軫夫景星或時五星也大者歲星太白也彼或時歲星太白行於軫度古質不能推步五星不知歲星太白何如狀見大星則謂景星矣詩又言東有啓明西有長庚亦或時復歲星太白也或時昬見於西或時晨出於東詩人不知則名曰啓明長庚矣然則長庚與景星同皆五星也太平之時日月精明五星日月之類也太平更有景星可復更有日月乎詩人俗人也中候之時質世也俱不知星王莽之時太白經天精如半月使不知星者見之則亦復名之曰景星爾雅釋四時章曰春爲發生夏爲長贏秋爲收成冬爲安寧四氣和爲景星夫如爾雅之言景

星乃四時氣和之名也恐非著天之大星爾雅之書五經之訓故儒者所共觀察也而不信從更謂大星爲景星豈爾雅所言景星與儒者之所說異哉爾雅又言甘露時降萬物以嘉謂之醴泉醴泉乃謂甘露也今儒者說之謂泉從地中出其味甘若醴故曰醴泉二說相遠實未可知案爾雅釋水泉章一見一否曰瀸檻泉正出正出涌出也沃泉懸出懸出下出也是泉出之異輒有異名使太平之時更有醴泉從地中出當於此章中言之何故反居釋四時章中言甘露爲醴泉乎若此儒者之言醴泉從地中出又言甘露其味甚甜未可然也儒曰道至大者日月精明星辰不失其行翔風起甘露降雨濟而陰一者謂之甘雨非謂雨水之味甘也推此以論甘露必謂其降下時適潤養萬物未必露味甘也亦有露甘味如飴蜜者俱太平之應非養萬物之甘露也何以明之案甘露如飴蜜者著於樹木不著五穀彼露味不甘者其下時土地滋潤流濕萬物洽沾濡溥由此言之爾雅且近得實緣爾雅之言驗之於物案味甘之露下著樹木察所著之樹不能茂於所不著之木然今之甘露殆異於爾雅之所謂甘露欲驗爾雅之甘露以萬物豐熟災害不生此則甘露降下之驗也甘露下是則醴泉矣

自然篇

天地合氣萬物自生猶夫婦合氣子自生矣萬物之生含血之類知饑知寒見五穀可食取而食之見絲麻可衣取而衣之或說以爲天生五穀以食人生絲麻以衣人此謂天爲人作農夫桑女之徒也不合自然故其義疑未可從也試依道家論之天者普施氣萬物之中穀愈饑而絲麻救寒故人食穀衣絲麻也夫天之不故生五穀絲麻以衣食人由其有災變不欲以譴告人也物自生而人衣食之氣自變而人畏懼之以若說論之厭於人心矣如天瑞爲故自然焉在無爲何居何以天之自然也以天無口目也案有爲者口目之類也口欲食而目欲視有嗜欲於內發之於外口目求之得以爲利欲之爲也今無口目之欲於物無所求索夫何爲乎何以知天無口目也以地知之地以土爲體土本無口目天地夫婦也地體無口目亦知天無口目也使天體乎宜與地同使天氣乎氣若雲烟雲烟之屬安得口目或曰凡動行之類皆本無有爲有欲故動動則有爲今天動行與人相似安得無爲曰天之動行也施氣也體動氣乃出物乃生矣由人動氣也體動氣乃出子亦生也夫人之施氣也非欲以生子氣施而子自生矣天動不欲以生物而物自生此則自然也施氣不欲爲物而物自爲此則無爲也謂天自然無爲者何氣也恬澹無欲無爲無事者也老聃得以壽矣老聃稟之於天使天無此氣老聃安所稟受此性師無其說而弟子獨言者未之有也或復於桓公公曰以告仲父左右曰一則仲父二則仲父爲君乃易乎桓公曰吾未得仲父故難已得仲父何爲不易夫桓公得仲父任之以事委之以政不復與知皇天以至優之德與王政而譴告人則天德不若桓公而霸君之操過上帝也或曰桓公知管仲賢故委任之如非管仲亦將譴告之矣使天遭堯舜必無譴告之變曰天能譴告人君則亦能故命聖君擇才若堯舜受以王命委以王事勿復與知今則不然生庸庸之君失道廢德隨譴告之何天不憚勞也曹參爲漢相縱酒歌樂不聽政治其子諫之笞之二百當時天下無擾亂之變淮陽鑄僞錢吏不能禁汲黯爲太守不壞一鑪不刑一人高枕安臥而淮陽政清夫曹參爲相若不爲相汲黯爲太守若郡無人然而漢朝無事淮陽刑錯者參德優而黯威重也計天之威德孰與曹參汲黯而謂天與王政隨而譴告之是謂天德不若曹參厚而威不若汲黯重也蘧伯玉治衛子貢使人問之何以治衛對曰以不治治之夫不治之治無爲之道也或曰太平之應河出圖洛出書不畫不就不爲不成天地出之有爲之驗也張良遊泗水之上遇黃石公授太公書蓋天佐漢誅秦故命令神石爲鬼書授人復爲有爲之效也曰此皆自然也夫天安得以筆墨而爲圖書乎天道自然故圖書自成晉唐叔虞（一有生字）魯成季友生文在其手故叔曰虞季曰友宋仲子生有文在其手曰爲魯夫人三者在母之時文字成矣而謂天爲文字在母之時天使神持錐筆墨刻其身乎自然之化固疑難知外若有爲內實自然是以太史公紀黃石事疑而不能實也趙簡子夢上天見一男子在帝之側後出見人當道則前所夢見在帝側者也論之以爲趙國且昌之狀也黃石授書亦漢且興之象也妖氣爲鬼鬼象人形自然之道非或爲之也草木之生華葉青葱皆有曲折象類文章謂天爲文字復爲華葉乎宋人或刻木爲楮（一本作約）葉者三年乃成孔子曰使地三年乃成一葉則萬物之有葉者寡矣如孔子

之言萬物之葉自爲生也自爲生也故能並成如天爲之其遲當若宋人刻楮葉矣觀鳥獸之毛羽毛羽之采色通可爲乎鳥獸未能盡實春觀萬物之生秋觀其成天地爲之乎物自然也如謂天地爲之爲之宜用手天地安得萬萬千千手並爲萬萬千千物乎諸物在天地之間也猶子在母腹中也母懷子氣十月而生鼻口耳目髮膚毛理血脈脂腴骨節爪齒自然成腹中乎母爲之也偶人千萬不名爲人者何也鼻口耳目非性自然也武帝幸王夫人王夫人死思見其形道士以方術作夫人形形成出入宮門武帝大驚立而迎之忽不復見蓋非自然之眞方士巧妄之僞故一見恍惚消散滅亡有爲之化其不可久行猶王夫人形不可久見也道家論自然不知引物事以驗其言行故自然之說未見信也然雖自然亦須有爲輔助耒耜耕耘因春播種者人爲之也及穀入地日夜長大人不能爲也或爲之者敗之道也宋人有閔其苗之不長者就而揠之明日枯死夫欲爲自然者宋人之徒也問曰人生於天地天地無爲人稟天性者亦當無爲而有爲何也曰至德純渥之人稟天氣多故能則天自然無爲稟氣薄少不遵道德不似天地故曰不肖不肖者不似也不似天地不類聖賢故有爲也天地爲鑪造化爲工稟氣不一安能皆賢賢之純者黃老是也黃者黃帝也老者老子也黃老之操身中恬澹其治無爲正身共己而陰陽自和無心於爲而物自化無意於生而物自成易曰黃帝堯舜垂衣裳而天下治垂衣裳者垂拱無爲也孔子曰大哉堯之爲君也惟天爲大惟堯則之又曰巍巍乎舜禹之有天下也而不與焉周公曰上帝引佚上帝謂舜禹也舜禹承安繼治任賢使能恭己無爲而天下治舜禹承堯之安堯則天而行不作功邀名無爲之化自成故曰蕩蕩乎民無能名焉年五十者擊壤於塗不能知堯之德蓋自然之化也易曰大人與天地合其德黃帝堯舜大人也其德與天地合故知無爲也天道無爲故春不爲生而夏不爲長秋不爲成冬不爲藏陽氣自出物自生長陰氣自起物自成藏汲井決陂灌漑園田物亦生長霈然而雨物之莖葉根荄莫不洽濡程量澍澤孰與汲井決陂哉故無爲之爲大矣本不求功故其功立本不求名故其名成沛然之雨功名大矣而天地不爲也氣和而雨自集儒家說夫婦之道取法於天地知夫婦法天地不知推夫婦之道以論天地之性可謂惑矣夫天覆於上地偃於下下氣烝上上氣降下萬物自生其中間矣當其生也天不須復與也猶子在母懷中父不能知也物自生子自成天地父母何與知哉及其生也人道有教訓之義天道無爲聽恣其性故放魚於川縱獸於山從其性命之欲也不驅魚令上陵不逐獸令入淵者何哉拂詭其性失其所宜也夫百姓魚獸之類也上德治之若烹小鮮與天地同操也商鞅變秦法欲爲殊異之功不聽趙良之議以取車裂之患德薄多欲君臣相憎怨也道家德厚下當其上上安其下純蒙無爲何復譴告故曰政之適也君臣相忘於治魚相忘於水獸相忘於林人相忘於世故曰天也孔子謂顏淵曰吾服汝忘也汝之服於我亦忘也以孔子爲君顏淵爲臣尚不能譴告況以老子爲君文子爲臣乎老子文子似天地者也淳酒味甘飲之者醉不相知薄酒酸苦賓主嚬蹙夫相譴告道薄之驗也謂天譴告曾謂天德不若淳酒乎禮者忠信之薄亂之首也相譏以禮故相譴告三皇之時坐者于于行者居居乍自以爲馬乍自以爲牛純德行而民瞳矇曉惠之心未形生也當時亦無災異如有災異不名曰譴告何則時人愚惷不知相繩責也末世衰微上下相非災異時至則造譴告之言矣夫今之天古之天也非古之天厚而今之天薄也譴告之言生於今者人以心准況之也誥誓不及五帝要盟不及三王交質子不及五霸德彌薄者信彌衰心險而行詖則犯約而負教教約不行則相譴告譴告不改舉兵相滅由此言之譴告之言衰亂之語也而謂之上天爲之斯蓋所以疑也且凡言譴告者以人道驗之也人道君譴告臣上天譴告君也謂災異爲譴告夫人道臣亦有諫君以災異爲譴告而王者亦當時有諫上天之義其效何在茍謂天德優人不能諫優德亦宜元默不當譴告萬石君子有過不言對案不食至優之驗也夫人之優者猶能不言皇天德大而乃謂之譴告乎夫天無爲故不言災變時至氣自爲之夫天地不能爲亦不能知也腹中有寒腹中疾痛人不使也氣自爲之夫天地之間猶人背腹之中也謂天爲災變凡諸怪異之類無小大薄厚皆天所爲乎牛生馬桃生李如論者之言天神入牛腹中爲馬把李實提桃間乎牢曰子云吾不試故藝又曰吾少也賤故多能鄙事人之賤不用於大者類多伎能天尊貴高大安能撰爲災變以譴告人且吉凶蜚色見於

面人不能爲邑自發也天地猶人身氣變猶蜚邑人不能爲蜚邑天地安能爲氣變然則氣變之見殆自然也變自見邑自發占候之家因以言也夫寒溫譴告變動招致四疑皆已論矣譴告於天道尤詭故重論之論之所以難別也說合於人事不入於道意從道不隨事雖違儒家之說合黃老之義也

感類篇

陰陽不和災變發起或時先世遺咎或時氣自然賢聖感類慊懼自思災變惡徵何爲至乎引過自責恐有罪畏慎恐懼之意未必有其實事也何以明之以湯遭旱自責以五過也聖人純完行無缺失矣何自責有五過然如書曰湯自責天應以雨湯本無過以五過自責天何故雨以無過致旱亦知自責不能得雨也由此言之旱不爲湯至雨不應自責然而前旱後雨（一有之字）者自然之氣也此言書之語也難之曰春秋大雩董仲舒設土龍皆爲一時間也一時不雨恐懼雩祭求陰請福憂念百姓也湯遭旱七年以五過自責謂何時也夫遭旱一時輒自責乎旱至七年乃自責也謂一時輒自責（一有也字）七年乃雨天應之誠何其畱也有謂七年乃自責憂念百姓何其遲也不合雩祭之法不厭憂民之義書之言未可信也由此論之周成王之雷風發亦此類也金滕曰秋大熟未穫天大雷電以風禾盡偃大木斯拔邦人大恐當此之時周公死儒者說之以爲成王狐疑於周公欲以天子禮葬公公人臣也欲以人臣禮葬公公有王功狐疑於葬周公之間天大雷雨動怒示變以彰聖功占文家以武王崩周公居攝管蔡流言王意狐疑周公周公奔楚故天雷雨以悟成王夫一雷一雨之變或以爲葬疑或以爲信讒二家未可審且訂葬疑之說秋夏之際陽氣尚盛未嘗無雷雨也顧其拔木偃禾頗爲狀耳當雷雨時成王感懼開金縢之書見周公之功執書泣過自責之深自責適已天偶反風書家則謂天爲周公怒也千秋萬夏不絕雷雨苟謂雷雨爲天怒乎是則皇天歲歲怒也正月陽氣發泄雷聲始動秋夏陽至極而雷折苟謂秋夏之雷（一有陽至極字）爲天大怒正月之雷天小怒乎雷爲天怒雨爲恩施使天爲周公怒徒當雷不當雨今雨俱至天怒且喜乎子於是日也哭則不歌周禮子卯稷食菜羹哀樂不並行哀樂不並行喜怒反幷至乎秦始皇帝東封岱嶽雷雨暴至劉媼息大澤雷雨晦冥始皇無道自同前聖治亂自謂太平天怒可也劉媼息大澤夢與神遇是生高祖何怒於生聖人而爲雷雨乎堯時大風爲害堯繳大風於青丘之野舜入大麓烈風雷雨堯舜世之隆主何過於天天爲風雨也大旱春秋雩祭又董仲舒設土龍以類招氣如天應雩龍必爲雷雨何則秋夏之雨與雷俱也必從春秋仲舒之術則大雩龍求怒天乎師曠奏白雪之曲雷電下擊鼓清角之音風雨暴至苟謂雷雨爲天怒天何憎於白雪清角而怒師曠爲之乎此雷雨之難也又問之曰成王不以天子禮葬周公天爲雷風偃禾拔木成王覺悟執書泣過天乃反風偃禾復起何不爲疾反風以立大木必須國人起築之乎應曰天不能曰然則天有所不能乎應曰然難曰孟賁推人人仆接人而人復起立天能拔木不能復起是則天力不如孟賁也秦時三山亡猶謂天所徙也夫木之輕重孰與三山能徙三山不能起大木非天用力宜也如謂三山非天所亡然則雷雨獨天所爲乎問曰天之欲令成王以天子之禮葬周公以公有聖德以公有王功經曰王乃得周公死自以爲功代武王之說今天動威以彰周公之德也難之曰伊尹相湯伐夏爲民興利除害致天下太平湯死復相太甲太甲佚豫放之桐宮攝政三年乃退復位周公曰伊尹格于皇天天所宜彰也伊尹死時天何以不爲雷雨應曰以百雨篇曰伊尹死大霧三日大霧三日亂氣矣非天怒之變也東海張霸造百兩篇其言雖未可信且假以問天爲雷雨以悟成王成王未開金匱雷止乎已開金匱雷雨乃止也應曰未開金匱雷止也開匱得書見公之功覺悟泣過決以天子禮葬公出郊觀變天止雨反風禾盡起由此言之成王未覺悟雷雨止矣難曰伊尹霧三日天何不三日雷雨須成王覺悟乃止乎太戊之時桑穀生朝七日大拱太戊思政桑穀消亡宋景公時熒惑守心出三善言熒惑徙舍使太戊不思政景公無三善言桑穀不消熒惑不徙何則災變所以譴告也所譴告未覺災變不除天之至意也今天怒爲雷雨以責成王成王未覺雷雨之息何其早也又問曰禮諸侯之子稱公子諸侯之孫稱公孫皆食采地殊之衆庶何則公子公孫親而又尊得體公稱又食采地名實相副猶文質相稱也天彰周公之功令成王以天子禮葬何不令成王號周公以周王副天子之禮乎應曰王者名之尊號也人臣不得名也難曰人臣猶得名王禮乎武王伐紂下車追王太王王

季文王三人者諸侯亦人臣也以王號加之何爲獨可於三王不可於周公天意欲彰周公豈能明乎豈以王迹起於三人哉然而王功亦成於周公江起岷山流爲濤瀨相濤瀨之流孰與初起之源秬鬯之所爲到白雉之所爲來三王乎周公（一有乎字）也周公功德盛於三王不加王號豈天惡人妄稱之哉周衰六國稱王齊秦更爲帝當時天無禁怒之變周公不以天子禮葬天爲雷雨以責成王何天之好惡不純一乎又問曰魯季孫賜曾子簀曾子病而寢之童子曰華而睆者大夫之簀而曾子感慙命元易簀蓋禮大夫之簀士不得寢也今周公人臣也以天子禮葬魂而有靈將安之不也應曰成王所爲天之所予何爲不安難曰季孫所賜大夫之簀豈曾子之所自制乎何獨不安乎子疾病子路遣門人爲臣病間曰久矣哉由之行詐也無臣而爲有臣吾誰欺欺天乎孔子罪子路者也已非人君（一有也字）子路使門人爲臣非天之心而妄爲之是欺天也周公亦非天子也以孔子之心況周公周公必不安也季氏旅於泰山孔子曰曾謂泰山不如林放乎以曾子之細猶却非禮周公至聖豈安天子之葬曾謂周公不如曾子乎由此原之周公不安也大人與天地合德周公不安天亦不安何故爲雷雨以責成王乎又問曰死生有命富貴在天武王之命何可代乎應曰九齡之夢天奪文王年以益武王克殷二年之時九齡之年未盡武王不豫則請之矣人命不可請獨武王可非世常法故藏於金縢不可復爲故掩而不見難曰九齡之夢武王已得文王之年未應曰已得之矣難曰已得文王之年命當自延克殷二年雖病猶將不死周公何爲請而代之應曰人君爵人以官議定未之即與曹下案目然後可諾天雖奪文王年以益武王猶須周公請乃能得之命數精微非一臥之夢所能得也應曰九齡之夢能得也難曰九齡之夢文王夢與武王九齡武王夢帝予其九齡其天已予之矣武王已得之矣何須復請人且得官先夢得爵其後莫舉猶自得官何則兆象先見其驗必至也古者謂年爲齡已得九齡猶人夢得爵也周公因必效之夢請之於天功安能大乎又問曰功無大小德無多少人須仰恃賴之者則爲美矣使周公不代武王武王病死周公與成王而致天下太平乎應曰成事周公輔成王而天下不亂使武王不見代遂病至死周公致太平何疑乎難曰若是武王之生無益其死無損須周公功乃成也周衰諸侯背叛管仲九合諸侯一匡天下管仲之功偶於周公管仲死桓公不以諸侯禮葬以周公況之天亦宜怒微雷薄雨不至何哉豈以周公聖而管仲不賢乎夫管仲爲反坫有三歸孔子譏之以爲不賢反坫三歸諸侯之禮天子禮葬王者之制皆以人臣俱不得爲大人與天地合德孔子大人也譏管仲之僭禮皇天欲周公之侵制非合德之驗書家之說未可然也以見鳥跡而知爲書見蜚蓬而知爲車天非以鳥跡命倉頡以蜚蓬使奚仲也奚仲感蜚蓬而倉頡起鳥跡也晉文反國命徹麋墨舅犯心感辭位歸家夫文公之徹麋墨非欲去舅犯舅犯感慙自同於麋墨也宋華臣弱其宗使家賊六人以鈹殺華吳於宋命合左師之後左師懼曰老夫無罪其後左師怨咎華臣華臣備之國人逐瘈狗瘈狗入華臣之門華臣以爲左師來攻己也踰牆而走夫華臣自殺華吳而左師懼國人自逐瘈狗而華臣自走成王之畏懼猶此類也心疑於不以天子禮葬公卒遭雷雨之至則懼而畏過矣夫雷雨之至天未必責成王也雷雨至成王懼以自責也夫感則倉頡奚仲之心懼則左師華臣之意也懷嫌疑之計遭暴至之氣以類之驗見則天怒之效成矣見類驗於寂漠猶感動而畏懼況雷雨揚軒磕之聲成王庶幾能不怵惕乎迅雷風烈孔子必變禮君子聞雷雖夜衣冠而坐所以敬雷懼激氣也聖人君子於道無嫌然猶順天變動況成王有周公之疑聞雷雨之變安能不振懼乎然則雷雨之至也殆且自天氣成王畏懼殆且感物類也夫天道無爲如天以雷雨責怒人則亦能以雷雨殺無道古無道者多可以雷雨誅殺其身必命聖人興師動軍頓兵傷士難以一雷行誅輕以三軍尅敵何天之不憚煩也或曰紂父帝乙射天毆地游涇渭之間雷電擊而殺之斯天以雷電誅無道也帝乙之惡孰與桀紂鄒伯奇論桀紂惡不如亡秦亡秦不如王莽然而桀紂秦莽之地不以雷電孔子作春秋采毫毛之善貶纖介之惡采善不踰其美貶惡不溢其過責小以大夫人無之成王小疑天大雷雨如定以臣葬公其變何以過此洪範稽疑不悟災變者人之才不能盡曉天不以疑責備於人也成王心疑未決天以大雷雨責之殆非皇天之意書家之說恐失其實也

驗符篇

永平十一年廬江皖侯國民際有湖皖民小男曰陳

爵陳挺年皆十歲以上相與釣於湖涯挺先釣爵後往爵問挺曰釣寧得乎挺曰得爵卽歸取竿綸去挺四十步所見湖涯有酒罇色正黃沒水中爵以爲銅也涉水取之滑重不能舉挺望見號曰何取爵曰是有銅不能舉也挺往助之涉水未持罇頓衍更爲盟盤動行入深淵中復不見挺爵留顧見如錢等正黃數百千枝卽共掇摭各得滿手走歸示其家爵父國故免吏字君賢驚曰安所得此爵言其狀君賢曰此黃金也卽馳與爵俱往到金處水中尚多賢自涉水掇取爵挺鄰伍並聞俱競探之合得十餘斤賢自言於相相言太守遣吏收取遣門下掾程躬奉獻具言得金狀詔書曰如章則可不如章有正法躬奉詔書歸示太守太守以下思省詔書以爲疑隱言之不實苟飾美也卽復因却上得黃金實狀如前章事寢十二年賢等上書曰賢等得金湖水中郡牧獻訖今不得直詔書下廬江上不畀賢等金直狀郡上賢等所採金自官湖水非賢等私瀆故不與直十二年詔書曰視時金價畀賢等金直漢瑞非一金出奇怪故獨紀之金玉神寶故出詭異金物色先爲酒罇後爲盟盤動行入淵豈不怪哉夏之方盛遠方圖物貢金九牧禹謂之瑞鑄以爲鼎周之九鼎遠方之金也人來貢之自出於淵者其實一也皆起盛德爲聖王瑞金玉之世故有金玉之應文帝之時玉棓見金之與玉瑞之最也金聲玉色人之奇也末昌郡中亦有金焉纖靡大如黍粟在水涯沙中民採得日重五銖之金一色正黃土生金土色黃漢土德也故金化出金有三品黃比見者黃爲瑞也圯橋老父遺張良書化爲黃石黃石之精出爲符也夫石金之類也質異色鈞皆土瑞也建初三年零陵泉陵女子傅寧宅土中忽生芝草五本長者尺四五寸短者七八寸莖葉紫色蓋紫芝也太守沈酆遣門下掾衍盛奉獻皇帝悅懌賜錢衣食詔會公卿郡國上計吏民皆在以芝告示天下天下並聞吏民歡喜咸知漢德豐雍瑞應出也四年甘露下泉陵零陵洮陽始安冷道五縣松柏梅李葉皆洽溥威委流漉民噉吮之甘如飴蜜五年芝草復生泉陵男子周服宅上六本色狀如三年芝并前凡十一本湘水去泉陵城七里水上聚石曰燕室丘臨水有俠山其下巖淦水深不測二黃龍見長出十六丈身大於馬舉頭顧望狀如圖中畫龍燕室丘民皆觀見之去龍可數十步又見狀如駒馬小大凡六出水遨戲陵上蓋二龍之子也并二龍爲八出移一時乃入宣帝時鳳皇下彭城彭城以聞宣帝詔侍中宋翁一翁一曰鳳皇當下京師集於天子之郊乃遠下彭城不可收與無下等宣帝曰方今天下合爲一家下彭城與京師等耳何令可與無下等乎令左右通經者語難翁一翁一窮免冠叩頭謝宣帝之時與今無異鳳皇之集黃龍之出鈞也彭城零陵遠近同也帝宅長遠四表爲界零陵在內猶爲近矣魯人公孫臣孝文時言漢土德其符黃龍當見其後黃龍見於成紀成紀之遠猶零陵也孝武孝宣時黃龍皆出黃龍比出於茲爲四漢竟土德也賈誼創議於文帝之朝云漢色當尚黃數以五爲名賈誼智囊之臣云色黃數五土德審矣芝生於土土氣和故芝生土土爰稼穡稼穡作甘故甘露集龍見往世不雙唯夏盛時二龍在庭今龍雙出應夏之數治諸偶也龍出往世其子希出今小龍六頭並出遨戲象乾坤六子嗣後多也唐虞之時百獸率舞今亦八龍遨戲良久芝草延年仙者所食往世生出不過一二今并前後凡十一本多獲壽考之徵生育松喬之糧也甘露之降往世一所今流五縣應土之數德布濩也皇瑞比見其出不空必有象爲隨德是應孔子曰知者樂仁者壽皇帝聖人故芝草壽徵生黃爲土色位在中央故軒轅德優以黃爲號皇帝寬惠德侔黃帝故龍色黃示德不異東方曰仁龍東方之獸也皇帝聖人故仁瑞見仁者養育之味也皇帝仁惠愛黎民故甘露降龍潛藏之物也陽見於外皇帝聖明招拔巖穴也瑞出必由嘉士祐至必依吉人也天道自然厥應偶合聖主獲瑞亦出羣賢君明臣良庶事以康文武受命力亦周名也

欽定古今圖書集成曆象彙編庶徵典

第十一卷目錄

庶徵總部總論四

庶徵典第十一卷

庶徵總部總論四

王符潛夫論

正列

凡人吉凶以人爲主以命爲決行者己之質也命者天之制也在於己者固可爲也在於天者不可知也巫覡祝請亦其助也然非德不行巫史祈禱者蓋所以交鬼神而救細微爾至於大命末如之何譬民人之請謁於吏矣可以解微過不能脫正罪設有人於此晝夜慢侮君父之教干犯先王之禁不克己心思改過遷善而苟驟發請謁求解免必不幾矣若不修己小心畏慎無犯上之必令也故孔子不聽子路而云丘之禱久矣孝經云夫然故生則親安之祭則鬼享之由此觀之德義無違神乃享鬼神受享福祚乃隆故詩云降福穰穰降福簡簡威儀板板既醉既飽福祿來反此言人德義茂美神歆享醉飽乃反報之以福也虢延神而亟亡趙嬰祭天而速滅此蓋所謂神不歆其祀民不即其事也故魯史書曰國將興聽於民將亡聽於神楚昭不禳雲宋景不移咎子產距裨竈邾文公違卜史此皆審己知道修身俟命者也晏平仲有言祝有益也詛亦有損也季梁之諫隨侯宮之奇說虞公可謂明乎天人之道達乎神民之分矣夫妖不勝德邪不伐正天之經也雖時有違然智者守其正道而不近於淫鬼所謂淫鬼者閒邪精物非有守司眞神靈也鬼之有此猶人之有姦言賣平以干求者也若或誘之則遠來不止而終必有咎鬼神亦然故申繻曰人之所忌其氣炎以取之人無釁焉妖不自作是謂人不可多忌多忌妄畏實致妖祥且人有爵位鬼神有尊卑天地山川社稷五祀百辟卿士有功於民者天子諸侯所命祀也若乃巫覡之謂獨語小人之所望畏士公飛尸咎魅北君銜聚當路直符七神及民間繕治微蔑小禁本非天王所當憚也舊時京師不防動功造禁以來吉祥應瑞子孫昌熾不能過前且夫以君畏臣以上需下則必示弱而取陵殆非致福之招也嘗觀上記人君身修正賞罰明者國治而民安民安樂者天悅喜而增曆數故書曰王以小民受天永命孔子曰天之所助者順也人之所助者信也履信思乎順又以尚賢是以自天祐之吉無不利此最却凶災而致福善之本也

夢列

且凡人道見瑞而修德者福必成見瑞而縱恣者福轉爲禍見妖而驕侮者禍必成見妖而戒懼者禍轉爲福

荀悅申鑒

時事

天人之應所由來漸矣故履霜堅冰非一時也仲尼之犢非一朝也且日食行事或稠或曠一年二交非其常也洪範傳云六沴作見若是王都未見之無聞焉兩官修其方而先王之禮保章視祲安宅敘降必書雲物爲備故也太史上事無隱焉勿寢可也

維言上

雲從乎龍風從乎虎鳳儀于韶麟集于孔應也出於此應於彼善則祥祥則福否則眚眚則咎故君子應之

晉書

天文志序

昔在庖犧觀象察法以通神明之德以類天地之情可以藏往知來開物成務故易曰天垂象見吉凶聖人象之此則觀乎天文以示變者也尚書曰天聰明自我民聰明此則觀乎人文以成化者也是故政教兆於人理祥變應乎天文得失雖微罔不昭著然則三皇邁德七曜順軌日月無薄蝕之變星辰靡錯亂之妖黃帝創受河圖始明休咎故其星傳尚有存焉降在高陽乃命南正重司天北正黎司地爰洎帝嚳亦式序三辰唐虞則羲和繼軌有夏則昆吾紹德年代綿邈文籍靡傳至於殷之巫咸周之史佚格言遺記於今不朽其諸侯之史則魯有梓慎晉有卜偃鄭有裨竈宋有子韋齊有甘德楚有唐昧趙有尹皐魏有石申夫皆掌著天文各論圖驗其巫咸甘石之說後代所宗暴秦燔書六經殘滅天官星占存而不毀及漢景武之際司馬談父子繼爲史官著天官書以明天人之道其後中壘校尉劉向廣洪範災條作皇極論以參往之行事及班固敘漢史馬遷續述天文而蔡邕譙周各有撰錄司馬彪採之以繼前志今詳衆說以著於篇

五行志序

夫帝王者配德天地叶契陰陽發號施令動關幽顯休咎之徵隨感而作故書曰惠迪吉從逆凶惟影響昔伏羲氏繼天而王受河圖則而畫之八卦是也禹治洪水賜雒書法而陳之洪範是也聖人行其道寶其眞自天祐之吉無不利三五已降各有司存爰及殷之箕子在父師之位典斯大範周旣克殷以箕子歸武王虛己而問焉箕子對以禹所得雒書授之以垂訓然則河圖雒書相爲經緯八卦九章更爲表裏殷道絕文王演周易周道弊孔子述春秋奉乾坤之陰陽效洪範之休咎天人之道粲然著矣漢興承秦滅學之後文帝時宓生創紀大傳其言五行庶徵備矣後景武之際董仲舒治公羊春秋始推陰陽爲儒者之宗宣元之間劉向治穀梁春秋數其禍福以洪範與仲舒多所不同至向子歆治左氏傳其言春秋及五行又甚乖異班固據大傳采仲舒劉向劉歆著五行志而傳載眭孟夏侯勝京房谷永李尋之徒所陳行事訖於王莽博通祥變以傳春秋綜而爲言凡有三術其一曰君治以道臣輔克忠萬物咸遂其性則和氣應休徵效國以安二曰君違其道小人在位衆庶失常則乖氣應咎徵效國以亡三曰人君大臣見災異退而自省責躬修德共禦補過則消禍而福至此其大略也輒舉斯例錯綜時變婉而成章有足觀者及司馬彪纂光武之後以究漢事災眚之說不越前規今採黃初以降言祥異者著於此篇

干寶搜神記

妖怪

妖怪者蓋精氣之依物者也氣亂於中物變於外形神氣質表裏之用也本於五行通於五事雖消息升降化動萬端其於休咎之徵皆可得而論矣

天有常數

善言天者必質於人善言人者必本於天故天有四時日月相推寒暑迭代其轉運也和而爲雨怒而爲風散而爲露亂而爲霧凝而爲霜雪立而爲蝃蝀此天之常數也人有四肢五臟一覺一寢呼吸吐納精氣往來流而爲營衛彰而爲氣色發而爲聲音此亦人之常數也若四時失運寒暑乖違則五緯盈縮星辰錯行日月薄蝕彗孛流飛此天地之危沴也寒暑不時此天地之蒸否也石立土踊此天地之瘤贅也山崩地陷此天地之癰疽也衝風暴雨此天地之奔氣也雨澤不降川瀆涸竭此天地之焦枯也

宋書

符瑞志序

夫體睿窮幾含靈獨秀謂之聖人所以能君四海而役萬物使動植之類莫不各得其所百姓仰之歡若親戚芬若椒蘭故爲旗章輿服以崇之玉璽黃屋以尊之以神器之重推之於兆民之上自中智以降則萬物之爲役者也性識殊品蓋有愚暴之理存焉見聖人利天下謂天下可以爲利見萬物之歸聖人謂之利萬物力爭之徒至以逐鹿方之亂臣賊子所以多於世也夫龍飛九五配天光宅有受命之符天人

之應易曰河出圖洛出書聖人則之符瑞之義大矣

五行志序

昔八卦兆而天人之理著九疇序而帝王之應明雖可以知從德獲自天之祐違道陷神聽之辠然未詳舉徵效備考幽明雖時列鼎雉庭穀之異然而未究者衆矣至於鑒悟後王多有所闕故仲尼作春秋具書祥眚以驗行事是則九疇陳其義於前春秋列其效於後也逮至伏生創紀大傳五行之體始詳劉向廣演鴻範休咎之文益備故班固斟酌經傳詳紀條流誠以一王之典不可獨闕故也夫天道雖無聲無臭然而應若影響天人之驗理不可誣司馬彪纂集光武以來以究漢事王沈魏書志篇闕凡厥災異但編帝紀而已自黃初以降二百餘年覽其災妖以考之事常若重規沓矩不謬前說又高堂隆郭景純等據經立辭終皆顯應闕而不序史體將虧今自司馬彪以後皆撰次論序斯亦班固遠采春秋舉遠明近之例也又按言之不從有介蟲之孽劉歆以爲毛蟲視之不明有嬴蟲之孽劉歆以爲羽蟲按月令夏蟲羽秋蟲毛宜如歆說是以舊史從之五行精微非末學所究凡已經前議者並即其言以釋之未有舊說者推準事理以俟來哲

南齊書

天文志序

易曰聖人仰觀象於天俯觀法於地天文之事其來已久太祖革命受終膺集期運今所記三辰七曜之變起建元訖於隆昌以續宋史建武世太史奏事明帝不欲使天變外傳並祕而不出自此闕焉

祥瑞志序

天符瑞命遐哉邈矣靈篇祕圖固以蘊金匱而充石室炳契決陳緯候者方策未書啓覺天人之期扶獎帝王之運三五聖業神明大寶二謀協贊罔不由茲夫流火赤雀實紀周祚雕雲素靈發祥漢氏光武中興皇符爲盛魏膺當塗之讖晉有石瑞之文史筆所詳亦唯舊矣齊氏受命事殷前典黃門郎蘇偘撰聖皇瑞應記永明中庾溫撰瑞應圖其餘衆品史注所載今詳錄去取以爲志云

梁劉勰文心雕龍

正緯

夫神道闡幽天命微顯龍馬出而大易興神龜見而洪範燿故繫辭稱河出圖洛出書聖人則之斯之謂也但世夐文隱好生矯誕眞雖存矣僞亦憑焉夫六經彪炳而緯候稠疊孝論昭晳而鉤讖葳蕤按經驗緯其僞有四蓋緯之成經其猶織綜絲麻不雜布帛乃成今經正緯奇倍擿千里其僞一矣經顯聖訓也緯隱神教也聖訓宜廣神教宜約而今緯多於經神理更繁其僞二矣有命自天迺稱符讖而八十一篇皆託於孔子則是堯造錄圖昌制丹書其僞三矣商周以前圖錄頻見春秋之末羣經方備先緯後經體乖織綜其僞四矣僞既倍擿則義異自明經足訓矣緯何豫焉原夫圖錄之見迺昊天休命事以瑞聖義非配經故河不出圖夫子有歎如或可造無勞喟然昔康王河圖陳於東序故知前世符命歷代寶傳仲尼所撰序錄而已於是伎數之士附以詭術或說陰陽或序災異若烏鳴似語蟲葉成字篇條滋蔓必假孔氏通儒討覈謂起哀平東序祕寶朱紫亂矣至於光武之世篤信斯術風化所靡學者比肩沛獻集緯以通經曹褒撰讖以定禮乖道謬典亦已甚矣是以桓譚疾其虛僞尹敏戲其深瑕張衡發其僻謬荀悅明其詭誕四賢博練論之精矣若乃羲農軒皥之源山瀆鍾律之要白魚赤烏之符黃金紫玉之瑞事豐奇偉辭富膏腴無益經典而有助文章是以後來辭人採摭英華平子恐其迷學奏令禁絕仲豫惜其雜眞未許煨燔前代配經故詳論焉

劉子

禍福

禍福同根妖祥共域禍之所倚反以爲福福之所伏還以成禍妖之所見或能爲吉祥之所降亦迴成凶有知禍之爲福福之爲禍妖之爲吉祥之爲凶則可與言物類矣吳兵大勝以爲福也而有姑蘇之困越棲會稽以爲禍也而有五湖之霸戎王強盛以爲福也而有樽下之執陳駢出奔以爲禍也終有厚遇之福福禍迴旋難以類推昔宋人有白犢之祥而有失明之禍以至獲全之福北叟有胡馬之利雖有奔墜之患以至保身之福以見不祥而修善則妖反爲祥見祥而不爲善即祥還成妖矣昔武丁之時亳有桑穀共生於朝史占之曰野草生朝朝其亡乎武丁恐懼側身修德桑穀自枯八紘之內重譯而來殷道中興帝辛之時有雀生鳶於城之隅史占之曰以小生大國家必王帝辛驕暴遂亡殷國故妖孽者所以警王侯也怪夢者所以警庶人也妖孽不勝善政則凶反成吉怪夢不勝善言則禍轉爲福人有禍必懼懼

必有敬敬則有福福則有喜喜則有驕驕則有禍是以君子祥至不深喜逾敬慎以檢身妖見不爲戚逾修德以爲務故招慶於神祇災消而福降也

魏書

天象志序

夫在天成象聖人是觀日月五星象之著者變常舛度徵咎隨焉然則明晦暈蝕疾徐犯守飛流欻起彗孛不恒或皇靈降臨示譴以戒下或王化有虧感達於天路易稱天垂象見吉凶觀乎天文以察時變書曰曆象日月星辰敬授民時是故有國有家者之所祇畏也百王興廢之驗萬國禍福之來兆動雖微罔不必至著於前載不可得而備舉也班史以日暈五星之屬列天文志薄蝕彗孛之比入五行說七曜一也而分爲二志故陸機云學者所疑也

靈徵志序

帝王者配德天地協契陰陽發號施令動關幽顯是以克躬修政畏天敬神雖休勿休而不敢怠也化之所感其徵必至善惡之來報應如響斯蓋神祇眷顧告示禍福人主所以仰瞻俯察戒德慎行弭譴咎致休禎圓首之類咸納於仁壽然則治世之符亂邦之孽隨方而作厥迹不同眇自百王不可得而勝數矣

隋書

天文志序

若夫法紫微以居中擬明堂而布政依分野而命國體衆星而効官動必順時教不違物故能成變化之道合陰陽之妙爰在庖犧仰觀俯察謂以天之七曜二十八星周於穹圓之度以麗十二位也在天成象示見吉凶五緯入房啓姬王之肇跡長星孛斗鑒宋人之首亂天意人事同乎影響自夷王下堂而見諸侯赧王登臺而避責記曰天子微諸侯僭於是師兵吞滅僵仆原野秦氏以戰國之餘怙茲凶暴小星交鬭長彗横天漢高祖驅駕英雄墾除災害五精從歲七重暈畢含樞會緬道不虛行自西京創制多歷年載世祖中興當塗馭物金行水德祇奉靈命元兆著明天人不遠昔者榮河獻籙溫洛呈圖六文摛範三光宛備則星官之書自黃帝始高陽氏使南正重司天北正黎司地帝堯乃命羲和欽若昊天夏有昆吾殷有巫咸周之史佚宋之子韋魯之梓慎鄭之禆竈魏有石氏齊有甘公皆能言天文察微變者也漢之傳天數者則有唐都李尋之倫光武時則有蘇伯況郎雅光並能參伍天文發揚善道補益當時監垂來世而河洛圖緯雖有星占星官之名未能盡列後漢張衡爲太史令鑄渾天儀總序經星謂之靈憲其大略曰星也者體生於地精發於天紫宮爲帝皇之居太微爲五帝之座在野象物在朝象官居其中央謂之北斗動係於占實司王命四布於方爲二十八星日月運行歷示休咎五緯經次用彰禍福則上天之心於是見矣中外之官常明者百有二十可名者三百二十爲星二千五百微星之數萬一千五百二十庶物蠢動咸得繫命而衛所鑄之圖遇亂堙滅星官名數今亦不存三國時吳太史令陳卓始列甘氏石氏巫咸三家星官著於圖錄并注占贊總有二百五十四官一千二百八十三星并二十八宿及輔官附坐一百八十二星總二百八十三官一千五百六十五星宋元嘉中太史令錢樂之所鑄渾天銅儀以朱黑白三色用殊三家而合陳卓之數高祖平陳得善天官者周墳并得宋氏渾儀之器乃命庾季才等參校周齊梁陳及祖暅孫僧化官私舊圖刊其大小正彼踈密依準三家星位以爲蓋圖旁摛始分甄表常度并具赤黃二道內外兩規懸象著明躔離攸次星之隱顯天漢昭回宛若穹蒼將爲正範以墳爲太史令墳博考經書勤於教習自此太史觀生始能識天官煬帝又遣宮人四十人就太史局別詔袁充教以星氣業成者進內以參占驗云史臣於觀臺訪渾儀見元魏太史令晁崇所造者以鐵爲之其規有六其外四規常定一象地形二象赤道其餘象二極其內二規可以運轉用合八尺之管以窺星度周武帝平齊所得隋開皇三年新都初成以置諸觀臺之上大唐因而用焉

五行志序

易以八卦定吉凶則庖犧所以稱聖也書以九疇論休咎則大禹所以爲明也春秋以災祥驗行事則仲尼所以垂法也天道以星象示廢興則甘石所以先知也是以祥符之兆可得而言妖訛之占所以徵驗夫神則陰陽不測天則教人遷善均乎影響殊致同歸漢時有伏生董仲舒京房劉向之倫能言災異顧盼六經有足觀者劉向曰君道得則和氣應休徵生君道違則乖氣應咎徵發夫天有七曜地有五行五事愆違則天地見異況於日月星辰乎況於水火金木土乎若梁武之降號伽藍齊文宣之盤遊市里陳則蔣山之鳥呼曰奈何周則陽武之魚集空而鬬隋

則有雀巢鵲幔火災門闕豈唯天道亦曰人妖則祥眚呈形於何不至亦有脫略政教張羅鑄精崇信巫史重增愆罰昔懷王事神而秦兵逾進萇弘尚鬼而諸侯不來性者生之靜也欲者心之使也置情攸往引類同歸雀乳於空城之側鷂飛於鼎耳之上短長之制既曰由人黔隆崇山同車共軫必有神道裁成倚伏一則以爲殃釁一則以爲休徵故曰德勝不祥而義厭不惠是以聖王常由德義消伏災咎也

舊唐書

天文志序

易曰觀乎天文以察時變是故古之哲王法垂象以施化考庶徵以致理以授人事以考物紀修其德以順其度改其過以愼其災去危而就安轉禍而爲福者也夫其五緯七紀之名數中官外官之位次凌歷犯守之所主飛流彗孛之所應前史載之備矣武德年中薛頤庾儉等相次爲太史令雖各善於占候而無所發明貞觀初將仕郎直太史李淳風上言靈臺候儀是後魏遺範法制疎略難爲占步太宗因令淳風改造渾儀鑄銅爲之至七年造成淳風因撰法象志七卷以論前代渾儀得失之差

天文之爲十二次所以辨析天體紀綱辰象上以考七曜之宿度下以配萬方之分野仰觀變謫而驗之於郡國也傳曰歲在星紀而淫於元枵姜氏任氏實守其地及七國交爭善星者有甘德石申更配十二分野故有周秦齊楚韓趙燕魏宋衞魯鄭吳越等國張衡蔡邕又以漢郡配焉自此因循但守其舊文無所變革且懸象在上終天不易而郡國沿革名稱屢遷遂令後學難爲憑準貞觀中李淳風撰法象志始以唐之州縣配焉至開元初沙門一行又增損其書更爲詳密既事包今古與舊有異同頗裨後學

五行志序

昔禹得河圖洛書十五字治水有功因而寶之殷太師箕子入周武王訪其事乃陳洪範九疇之法其一曰五行漢興董仲舒劉向治春秋論災異乃引九疇之說附於二百四十二年行事一推咎徵天人之變班固敘漢史採其說五行志綿代史官因而纘之今略舉大端以明變怪之本

唐書

天文志序

昔者堯命羲和出納日月考星中以正四時至舜則曰在璿璣玉衡以齊七政而已雖二典質略存其大法亦由古者天人之際推候占測爲術猶簡至於後世其法漸密者必積衆人之智然後能極其精微哉蓋自三代以來詳矣詩人所記婚禮土功必候天星而春秋書日食星變傳載諸國所占次舍伏見逆順至於周禮測景求中分星辨國妖祥察候皆可推考而獨無所爲璿璣玉衡者豈其不用於三代耶抑其法制遂亡而不可復得耶不然二物者莫有知其爲何器也至漢以後表測景晷以正地中分列境界上當星次皆略依古而又作儀以候天地而渾天周髀宣夜之說至於星經曆法皆出於數術之學唐興太史李淳風浮圖一行尤稱精博後世未能過也至於天象變見所以譴告人君者皆有司所宜謹記也

五行志序

萬物盈於天地之間而其爲物最大且多者有五一曰水二曰火三曰木四曰金五曰土其用於人也非此五物不能以爲生而闕其一不可是以聖王重焉夫所謂五物者其見象於天也爲五星分位於地也爲五方行於四時也爲五德稟於人也爲五常播於音律爲五聲發於文章爲五色而總其精氣之用謂之五行自三代之後數術之士興而爲災異之學者務極其說至擧天地萬物動植無大小皆推其類而附之於五物曰五行之屬以謂人稟五行之全氣以生故於物爲最靈其餘動植之類各得其氣之偏者其發爲英華美實氣臭滋味羽毛鱗介文采剛柔亦皆得其一氣之盛至其爲變怪非常失其本性則推以事類吉凶影響其說尤爲委曲繁密蓋王者之有天下也順天地以治人而取材於萬物以足用若政得其道而取不過度則天地順成萬物茂盛而民以安樂謂之至治若政失其道用物傷夭民被其害而愁苦則天地之氣沴三光錯行陰陽寒暑失節以爲水旱蝗螟風雹雷火山崩水溢泉竭霜雪不時雨非其物或發爲氛霧虹蜺光怪之類此天地災異之大者皆生於亂政而考其所發驗以人事往往近其所失而以類至然時有推之不能合者豈非天地之大固有不可知者耶若其諸物種類不可勝數下至細微家人里巷之占有考於人事而合者有漠然而無所應者皆不足道語曰迅雷風烈必變蓋君子之畏天也見物有反常而爲變者失其本性則思其有以致而爲之戒懼雖微不敢忽而已至爲災異之學者不然莫不指事以爲應及其難合則旁引曲取而遷

就其說蓋自漢儒董仲舒劉向與其子歆之徒皆以春秋洪範爲學而失聖人之本意至其不通也父子之言自相戾可勝歎哉昔者箕子爲周武王陳禹所有洪範之書條其事爲九類別其說爲九章謂之九疇考其說初不相附屬而向爲五行傳乃取其五事皇極庶證附於五行以爲八事皆屬五行歟則至於八政五紀三德稽疑福極之類又不能附至俾洪範之書失其倫理有以見所謂旁引曲取而遷就其說也然自漢以來未有非之者又其祥眚禍痾之說自其數術之學故略存之庶幾深識博聞之士有以考而擇焉夫所謂災者被於物而可知者也水旱螟蝗之類是已異者不可知其所以然者也日食星孛五石六鷁之類是已孔子於春秋記災異而不著其事應蓋慎之也以謂天道遠非諄諄以諭人而君子見其變則知天之所以譴告恐懼修省而已若推其事應則有合有不合有同有不同至於不合不同則將使君子怠焉以爲偶然而不懼此其深意也蓋聖人愼而不言如此而後世猶爲曲說以妄意天此其不可以傳也

五代史

司天考序

昔孔子作春秋而天人備予述本紀書人而不書天予何敢異於聖人哉其文雖異其意一也自堯舜三代以來莫不稱天以舉事孔子刪詩書不去也蓋聖人不絕天於人亦不以天參人絕天於人則天道廢以天參人則人事惑故常存而不究也春秋雖書日食星變之類孔子未嘗道其所以然者故其弟子之徒莫得有所述於後世也然則天果與於人乎果不與於人乎曰天吾不知質諸聖人之言可也易曰天道虧盈而益謙地道變盈而流謙鬼神害盈而福謙人道惡盈而好謙此聖人極論天人之際最詳而明者也其於天地鬼神以不可知爲言其可知者人而已夫日中則昃盛衰必復天吾不知吾見其虧益於物者矣草木之成者變而衰落之物之下者進而流行之地吾不知吾見其變流於物者矣人之貪滿者多禍其守約者多福鬼神吾不知吾見人之禍福者矣天地鬼神不可知其心則因其著於物者以測之故據其迹之可見者以爲言曰虧益曰變流曰害福若人則可知者故直言其情曰好惡其知與不知異辭也參而會之與人無以異也其果與於人乎不與於人乎則所不知也以其不可知故常尊而遠之以其與人無所異也則修吾人事而已人事者天意也書曰天視自我民視天聽自我民聽未有人心悅於下而天意怒於上者未有人理逆於下而天道順於上者然則王者君天下子生民布德行政以順人心是之謂奉天至於三辰五星常動而不息不能無盈縮差忒之變而占之有中有不中不可以爲常者有司之事也本紀所述人君行事詳矣其興亡治亂可以見至於三辰五星逆順變見有司之所占者故以其官誌之以備司天之所考嗚呼聖人既沒而異端起自秦漢以來學者惑於災異矣天文五行之說不勝其繁也予之所述不得不異乎春秋也考者可以知焉

吳越世家論贊

嗚呼天人之際爲難言也非徒自古術者好奇而幸中至於英豪草竊亦多自託於妖祥豈其欺惑愚衆有以用之歟蓋其興也非有功德漸積之勤而黥髡盜販倔起於王侯而人亦樂爲之傳歟考錢氏之始終非有德澤施其一方而百年之際虐用其人甚矣其動於氣象者豈非其孽歟是時海內分裂不勝其暴又豈皆然歟是皆無所得而推歟術者之言不中者多而中者少而人特喜道其中者歟

宋史

天文志序

夫不言而信天之道也天於人君有告戒之道焉示之以象而已故自上古以來天文有世掌之官唐虞羲和夏昆吾商巫咸周史佚甘德石申之流居是官者專察天象之常變而述天心告戒之意進言於其君以致交修之儆焉易曰天垂象見吉凶聖人則之又曰觀乎天文以察時變是也然考堯典中星不過正人時以興民事夏仲康之世引征之篇乃季秋月朔辰弗集於房然後日食之變昉見於書觀其數羲和以俶擾天紀昏迷天象之罪而討之則知先王克謹天戒所以責成於司天之官者豈輕任哉箕子洪範論休咎之徵曰王省惟歲卿士惟月師尹惟日庶民惟星星有好風星有好雨禮記言體信達順之效則以天降膏露先之至於周詩屢言天變所謂昊天疾威敷于下土又所謂雨無其極傷我稼穡正月繁霜我心憂傷以及彼月而微此日而微爗爗震電不寧不令孔子刪詩而存之以示戒也他日約魯史而作春秋則日食星變屢書而不爲煩聖人以天道戒

謹後世之旨昭然可覩矣於是司馬遷史記而下歷代皆志天文第以羲和既遠官乏世掌賴世以有專門之學焉然其說三家曰周髀曰宣夜曰渾天宣夜先絕周髀多差渾天之學遭秦而滅洛下閎耿壽昌晚出始物色得之故自魏晉以至隋唐精天文之學者犖犖名世豈非難得其人歟宋之初興近臣如楚昭輔文臣如竇儀號知天文太宗之世名天下伎術有能明天文者試隸司天臺匿不以聞者罪論死既而張思訓韓顯符輩以推步進其後學士大夫如沈括之議蘇頌之作亦皆底於幻眇靖康之變測驗之器盡歸金人高宗南渡至紹興十三年始因祕書丞嚴抑之請命太史局重創渾儀自是厥後窺測占候蓋不廢焉寧宗慶元四年九月太史言月食於晝草澤上書言食於夜及驗視如草澤言乃更造統天曆命祕書正字馮履參定以是推之民間天文之學蓋有精於太史者則太宗召試之法亦豈徒哉今東都舊史所書天文禎祥日月薄蝕五緯凌犯彗孛飛流暈珥虹霓精祲雲氣等事其言時日災祥之應分野休咎之別視南渡後史有詳略焉蓋東都之日海內爲一人君遇變修德無或他諉南渡土宇分裂太史所上必謹星野之書且君臣恐懼修省之餘故於天文休咎之應有不容不縷述而申言之者是亦時勢使然未可以言星翁日官之術有精粗敬怠之不同也

五行志序

天以陰陽五行化生萬物盈天地之間無非五行之妙用人得陰陽五行之氣以爲形形生神知而五性動五性動而萬事出萬事出而休咎生和氣致祥乖氣致異莫不於五行見之中庸至誠之道可以前知國家將興必有禎祥國家將亡必有妖孽見乎蓍龜動乎四體禍福將至善必先知之不善必先知之人之一身動作威儀猶見休咎人君以天地萬物爲體禎祥妖孽之致豈無所本乎故由漢以來作史者皆志五行所以示人君之戒深矣自宋儒周惇頤太極圖說行世儒者之言五行原于理而究于誠其於洪範五行五事之學雖非所取然班固范曄志五行已推本之及歐陽修唐志亦采其說且於庶徵惟述災眚而休祥闕焉亦豈無所見歟舊史自太祖而嘉禾瑞麥甘露醴泉芝草之屬不絕於書意者諸福畢至在治世爲宜祥符宣和之代人君方務以符瑞文飾一時而丁謂蔡京之姦相與傅會而爲欺其應果安在哉高宗南渡心知其非故宋史自建炎而後郡縣絕無以符瑞聞者而水旱札瘥一切咎徵前史所罕見皆屢書而無隱於是六主百五十年兢兢自保以圖存易震之象曰震來虩虩恐致福也人君致福之道有大於恐懼修省者乎昔禹致羣臣於會稽黃龍負舟而執玉帛者萬國孔甲好鬼神二龍降自天而諸侯相繼畔夏桑穀共生於朝雉升鼎耳而雊而太戊武丁復修成湯之政穆王得白狼白鹿而文武之業衰焉徐偃得朱弓矢宋湣有雀生鸇二國以霸亦以之亡大槩徵之休咎猶卦之吉凶占者有德以勝之則凶可爲吉無德以當之則吉乃爲凶故德足勝妖則妖不足虐匪德致瑞則物之反常者皆足爲妖妖不自作人實與之哉

冊府元龜

帝王罪己

書曰萬方有罪在予一人詩曰謂天蓋高不敢不局斯戒懼之謂矣蓋夫居司牧之重爲神祇之主克相上帝以綏四方其或民之多僻自投於罪苦天或降災以至於譴見事有過舉之失歲罹薦饑之患德教之靡究風化之或愆乃復歸過於躬引咎自責周旋抑畏不遑寧處以至貶損奉養之具咨求忠讜之議發於感歎以致其誠心形於詔令以申乎誕告天地之眚勿移於股肱民庶之戾不加乎刑辟用能精忠內激善氣交應羣倫奮而思効星象滅而韜芒盛德孔昭大勳畢集傳所謂禹湯罪己其興也勃焉茲不誣也

帝王弭災

傳曰天之愛民甚矣豈使一人肆於民上若乃司牧之重政治或失必示災祥以申警戒聖帝明王覩而修德懼刑政之壅蔽則勤於聽納恐驕盈之易至則身先節儉憂億兆之未泰則矜微郵隱念賦役之尚繁則省財節用思忠賢之未進則寤寐遺逸慮邪佞之或邇則斥去羣小補禍爲福變災成祥惟德是輔其理何遠是以堯之水湯之旱太戊之桑穀高宗之雊雉皆明德格天至誠感神而咎徵自消妖不能勝矣

閏位祥瑞

善之著者天乃降祥德之應者物斯爲瑞其所繇來尚矣自建安之際寓內分裂江表傳祚南齊革命施及梁室實分正閏而建邦立社創業敷政苟非膺神

明之眷集元黃之祐亦安能端委南面拱揖羣后哉故其穹旻之錫祉昭於懸象動植之效靈彰於品物寶藏攸發坤珍總萃斯皆稽篇章而可復列圖品而焯敘形於感召謂之休徵者焉

閏位徵應

自古帝王之季世豪傑並起雖雄視一方而靈徵不絕者蓋天意諄諄贊明羣衆之所嚮也若夫肇自載育元感特異寤茲吉夢神貺彌昭或應讖自許軌迹有開或物色紛紜符節斯合豈獨覩奇表命於元龜而後知其享國保民也

列國君戒懼

夫安不忘危治不忘亂蓋先聖之格言有國之攸先也無災而懼所以爲賢有凶稱孤於焉中禮至於彗星既出則薄賦斂而緩刑罰時雨屢愆則絀女謁而放讒佞因戰勝而增惕顧高臺而慮危則知懼天災重民命而召亂者未之有也

沈括夢溪筆談

物理常變

大凡物理有常有變運氣所主者常也異夫所主者皆變也常則如本氣變則無所不至而各有所占故其候有從逆淫鬱勝復太過不及之變其發皆不同若厥陰用事多風而草木榮茂是之謂從天氣明潔燥而無風此之謂逆太陰埃昏流水不冰此之謂淫大風折木雲物濁擾此之謂鬱山澤焦枯草木零落此之謂勝大暑燔燎螟蝗爲災此之謂復山崩地震埃昏時作此之謂太過陰森無時重雲晝昏此之謂不及隨其所變疾厲應之皆視當時當處之候雖數里之間但氣候不同而所應全異豈可膠於一定

洪邁容齋隨筆

論圖讖星緯

圖讖星緯之學豈不或中然要爲誤人聖賢所不道也眭孟覩公孫病己之文勸漢昭帝求索賢人禪以帝位而不知宣帝實應之孟以此誅孔熙先知宋文帝禍起骨肉江州當出天子故謀立江州刺史彭城王而不知孝武實應之熙先以此誅當塗高之讖漢光武以詰公孫述袁術王浚皆自以姓名或父字應之以取滅亾而其兆爲曹操之魏兩角犢子之讖周子諒以劾牛仙客李德裕以譏牛僧孺而其兆爲朱溫隋煬帝謂李氏當有天下遂誅李金才之族而唐高祖乃代隋唐太宗知女武將竊國命遂濫五娘子之誅而阿武婆幾易姓武后謂代武者劉劉無強姓殆流人也遂遣六道使悉殺之而劉幽求佐臨淄王平內難韋武二族皆殄滅晉張華郭璞魏崔伯深皆精於天文卜筮言事如神而不能免於身誅家族況其下者乎

容齋三筆

論吉凶禍福

吉凶禍福之事蓋未嘗不先見其祥然固有知之信之而翻取殺身亡族之害者漢昭帝時昌邑石自立上林僵柳復起蟲食葉曰公孫病己立眭孟上書言當有從匹夫爲天子者勸帝索賢人而禪位孟坐妖言誅而其應乃在孝宣正名病己哀帝時夏賀良以爲漢歷中衰當更受命遂有陳聖劉太平皇帝之事賀良坐不道誅及王莽篡竊自謂陳後而光武實應之宋文帝時孔熙先以天文圖讖知帝必以非道晏駕由骨肉相殘江州當出天子遂謀大逆欲奉江州刺史彭城王義康熙先既誅義康亦被害而帝竟有子禍孝武帝乃以江州起兵而即尊位薄姬在魏王豹宮許負相之當生天子豹聞言心喜因背漢致夷滅而其應乃在漢文帝唐李錡據潤州反有相者言丹陽鄭氏女當生天子錡聞之納爲侍人錡敗沒入掖庭得幸憲宗而生宣宗五代李守正爲河中節度使有術者善聽人聲聞其子婦符氏聲驚曰此天下之母也守正曰吾婦猶爲天下母吾得天下復何疑哉於是決反已而覆亡而符氏乃爲周世宗后

羅泌路史

大庭氏

大庭氏之膺籙適有嘉瑞三辰增輝五鳳異色論曰量莫大於齊人而彼蒼爲窄聖人在上情款通乎人德惠加乎物則欣欣焉爲之不可致之祥下甘露出醴泉三辰增輝五星循軌歡歡然爲聖人延禧而永十及有失道則先出災患以譴示之不知自省又出變異以恐懼之尚不知變乃弗復告而譴極以隨之是何數數然耶昔者泰皇倉帝大庭無懷之時清明之感上行而際浮下行而極幽故天不愛道地藏發泄而人化神伏戲神農之世其民侗矇瞑瞑顛顛不知所以然是以末年黃帝唐虞之代其民璞以有立職職植植而弗郁弗夭是以難老末世則不然煩稱文辭而實不效智謫相誕而情不應一惛於上而羣有枝心者旋攻之於外是以父哭其子兄服其弟長短頡頏百疾俱起盲禿狂傴萬怪偕來變不虛生緣

應而起而中材好大之君樂休祥而昧致戒已未有譽而詹詹惟瑞之言又不思所以應之而因以自怠是以稱善未幾而昭士已弔于域門之外故儒老先薄言其事乃至詆符瑞爲無有者皆過激之論也夫天人之相與特一指也日月星辰之麗風雨明晦之變卽吾心之妙用而饑食渴飲利用出入卽天地之機緘也拱生之穀同穎之禾雒鼎之雉退風之鷁果何與於丘哉而孛食星隕霖雨木冰山崩地震蜚蝝麋蜮春秋悉與人事雜而識之是誠何意耶豈非四靈三瑞五害十煇靡不萌於念慮之初天道若遠而念慮之至則象類之見有不可得而遴乎君高其臺天火爲災多其下陣淫水殺人賤人貴物豺虎橫出孽嬖專政穀果不實蝗致螘臭引蝶互古猶是故治世不能必天之無災而能使災之不至於害聖人不能使天之無異而能使異之不至於災雷電以風拔木發屋而歲以大熟日食震電川竭冢崩而周以東播惟戒之不戒爾身有醜孽不勝正行國有祆祥不勝善政是故譎變異而怵者未有不與稔休祥而怠者未有不亡漢之武帝放意殺伐天下愁苦其治效苟不至於大亂則已矣然在當時旱暵彌年孛彗數見顧乃以爲偶然而景光嘉祥芝雁金馬史不曠紀則歷代之事可知矣今歲旱矣而日天以乾封星孛矣而曰天報德星是則果自欺也何惑乎速化希旨者之爲欺耶惡戲孰能翊翊小心夙夜警戒如楚莊者而從之乎若昔楚莊之涖域也見天之不見祆地之不出孽則禱於山川之神曰天地或者其忘不穀乎若楚莊者可謂上畏天戒謹于厥躬者矣是以主盟諸夏方域大治子孫長久此其效焉行之非難人何傷而自絕哉

帝甲

漢儒之言左氏以五靈妃五方行而爲之說龍爲木鳳爲火麟爲土白虎爲金神龜爲水水生木木生則木王木生火木生則火王土與金木亦復如是皆修其母以致其子是故木官修而龍至木官修而鳳至火官修而麟至土官修而白虎至金官修而神龜至於是又爲說曰視明禮修則麟出言從義服則龜游貌恭仁成則鳳來思睿信立則虎擾聽聰智得則龍見皆言修母以致子其爲祥瑞之說也蓋如此可謂屑矣雖然天地之間不離乎五拓而言之則是理也故東方多龍南方多鳳西方多虎而麟游乎中土北方一六虛危無位是故神龜藏六而神顓頊王者之行左青龍右白虎前朱雀後元武而招搖大角乃在其上斯亦以其粗爾至於其微則有能言者矣後世國不修其官官不辨其事而小大之政闕故傳曰水官棄矣而龍不生得

儲泳祛疑說

天道不遠說

嘗觀劉向災異五行傳後世或以爲牽合天固未必以屑屑爲事然殃咎各以類至理不可誣若遽以牽合少之則箕子之五事庶徵相爲影響顧亦可得而議乎試以一身言之五行者人身之五官也氣應五臟五氣調順則百骸俱理一氣不應一病生焉然人之受病必有所屬太陽爲水厥陰爲木是也而太陽之證爲項强爲腰疼爲發熱爲惡寒其患雜然而並出要其指歸則一出於太陽之證也猶貌不恭而爲常雨爲狂爲惡也兇五官之中或貌言之間兩失其正卽素問所謂陽明厥陰之合病也其爲病又豈一端之所能盡哉以一身而察之則五事庶徵之應蓋可以類推矣劉向五行傳直指某事爲某徵之應局於一端殆未察醫書兩證合病之理也後之人主五事多失其正受病蓋不止一證宜乎災異之互見迭出也局以一證論之未爲得也夫冬雷則草木華蟄蟲奮人多疾疫一氣使然景星慶雲不生聖賢則產祥瑞象見於上則應在於下如虹蜺妖氣也當大夏而見則不能損物百物未告成也秋見則百穀用耗矣或入人家而能致火飲井則泉竭入響則化水和氣致祥妖氣致異厥有明驗天道感物如響斯應人事感天其有不然者乎如風花出海而爲颶風山川出雲而爲時雨農家以霜降前一日見霜則知清明前一日霜止霜降後一日見霜則知清明後一日霜止五日十日而往前後同占欲出秧苗必待霜止每歲推驗若合符節天道果遠乎哉感於此則應於彼有此象則有此數乃不易之理也

大學衍義

遇災之敬

帝曰來禹洚水儆予

臣按孟子曰水逆行謂之洚水其災雖起堯時至舜攝位害猶未息故舜自謂此天之所以儆我也聖帝明王之畏天省己類如此其後成湯憂旱亦以六事自責夫以成湯之聖安得有此而反躬自責若是其至湯之心卽舜之心也至漢武帝時公

孫弘對策乃曰堯遭洪水使禹治之未聞禹之有水也若湯之旱則桀之餘烈也夫舜以水自儆而弘歸之於堯湯以旱自責而弘歸之於桀姦諛之情所以惑誤其君使傲忽天戒者凡皆若此不可以不察

伊陟相太戊亳有祥桑穀共生于朝伊陟贊于巫咸作咸乂四篇

臣按咸乂四篇今亡而史記敘之曰帝太戊立伊陟爲相桑穀生於朝一暮大拱太戊懼問伊陟伊陟曰臣聞妖不勝德帝之政其有闕與帝其修德太戊從之而祥桑枯死夫太戊遇災而聽忠言修闕政亟以銷復故周公稱之曰昔在殷王中宗嚴恭寅畏天命自度謂其能盡敬畏之誠而以天命律己也可謂知中宗之心矣

高宗祭成湯有飛雉升鼎耳而雊祖己曰惟先格王正厥事乃訓于王曰惟天降下民典厥義降年有永有不永非天夭民民中絕命民有不若德不聽罪天既孚命正厥德乃曰其如台嗚呼王司敬民罔非天胤典祀無豐于昵

先儒蘇軾曰高宗肜祭之日野雉鳴于鼎耳此爲神告以宗廟祭祀之失審矣故祖己謂當先格王心之非蓋武丁不專修人事數祭以媚神而祭又豐於親廟敬父薄祖此失之大者故祖己先格而正之夫天之監人有常理而降年有永有不永者非天夭人人或中道自絕於天也人有不順德不服罪者天未卽誅絕而以孽祥爲符信以正其德人乃曰是孽祥其如我何則天必誅絕之矣今王專主於敬民而已數祭無益夫先王莫非天嗣者常祀而豐于昵其可乎或者謂天災不可以象類求夫書曰越有鳴雉足矣而又記其鳴於耳非以耳爲祥乎人君於天下無所畏惟天可以儆之今曰天災不可以象類求我自視無過則已矣爲國之害莫大於此

臣按軾所謂以象類求者謂洪範五行之說也鳴不於它而於鼎耳蓋鼎者祭祀之器耳主聽聽不聰則災孽生焉漢儒之論災異大抵若此成帝時博士行大射禮有飛雉集於庭登堂而雊又集太常宗正丞相御史車騎府又集未央宮承明殿御史大夫王音進言天地之氣以類相應譴告人主甚微而著雉者聽察先聞雷聲故經載高宗雊雉之異以明轉禍爲福之驗今以博士行禮之日大衆聚會飛集于庭歷階登堂歷三公之府典宗廟骨肉之官然後入宮其宿留告曉人具備雖人道相戒何以過是後帝使諂音曰聞捕得雉毛羽頗摧折類拘執者得無人爲之音復對曰陛下安得此亡國之語不知誰主爲佞諂之計誣亂聖聽如此陛下卽位十五年繼嗣不立日日駕車而出失行流聞海內傳之甚於京師皇天數見災異欲人變更尚不能感動陛下臣子何望宜謀於賢哲克己復禮以求天意則繼嗣尚可立災異尚可銷也漢去三代未遠一雉之異而君臣相儆如此故附著焉

雲漢仍叔美宣王也遇烖而懼側身修行欲銷去之百姓見憂故作是詩也

臣按此詩蓋宣王憂旱責躬之詞其首曰雲漢爛然雨未有兆今之民何罪而數罹饑饉之厄乎神之能爲雨者無不禱矣牲牷不敢愛圭璧不敢惜而神不我聽何也二章則言旱已太甚暑威熾然自郊至廟所以祭享者無不至矣莫親於后稷而不能救莫尊於上帝而不見臨與其耗斁下土民受其害寧使我躬當之三章又言致旱之由不可推知兢畏危懼殆如雷霆之在上周自厲王板蕩之餘民之僅存者無幾今又重之以旱將無復有孑遺者矣四章則言旱甚而不可止我無所自容民之大命死亡無日莫有顧視之者羣公先正之與祀者曾不我助而父母以及先祖亦何忍使予至此乎五章言旱之已甚雖山川亦爲槁竭使我心如焚灼羣公先正不我聽聞天既見譴寧使我遯而去位以謝罪於天不可使民被其毒五章而下大略申復前意詳味其辭敬天憂民之心側身修行之實至今猶可想見此其所以爲中興之治與

正月大夫刺幽王也

臣按正月純陽用事爲正陽之月天地長養之時而多霜焉其異大矣而民言爭爲訛僞其異又大於繁霜也曰訛言者何以是爲非以非爲是以忠爲佞以佞爲忠此所謂訛言也訛言興則君子小人易位而邪正混淆所以致繁霜之災也在位之君子爲之憂爲之病而王莫知焉其致禍敗也宜哉

十月之交大夫刺幽王也

臣按四月繁霜幽王不知戒也於是十月之朔日有食之考諸先儒之論以爲日月之食雖有常度然王者修德行政用賢去姦能使陽盛足以勝陰陰衰不能侵陽則日月之行雖或當食而不食焉若國無政不用善臣子背君父妾婦乘其夫小人陵君子則陰盛陽微當食必食雖曰行有常度而實爲非常之變矣正陽之月日有食之古之深忌也十月純陰而食詩人亦刺之者蓋純陽而食陽弱之甚純陰而食陰壯之甚故均於爲異焉亦孔之醜言其甚可醜也月有虧微理之正也日有虧微豈不甚可哀乎原日月之告凶不用其行者以四國無政不用其良故也月食陽勝陰也日食陰勝陽也陽尊陰卑陰亢陽而不勝乃其常也陰勝陽而揜之可以爲常乎曰于何不臧言何由而有此不善之證也雷發聲於春收聲於秋今既十月矣而雷電交作山傾川涌陵谷改易高深易位此爲何景而幽王曾莫之懲刺王而曰今之人者不欲斥言也前云不用其良謂善人失職也善人失職由小人之用事也小人用事於外者由婦人主之於中也故至此歷敘其人焉卿士司徒而下皆王朝貴近之官而皇父之屬分據其位所以然者有褒姒爲之地也女子小人內外交締此災異所以並至也善人君子遭值此時黽勉從事未嘗敢以勞苦自言而無罪無辜橫罹讒毀以此知山摧川沸之變非天爲之實噂沓背憎之人爲之也蓋上天仁愛非有意於降災乃人自取之耳可不戒哉

齊有彗星齊侯使禳之晏子曰無益也祇取誣焉天道不諂不貳其命若之何禳之且天之有彗也以除穢也君無穢德又何禳焉若德之穢禳之何損公說乃止

臣按晏子於是知天道矣古之應天者惟有敬德而已禱禳非所恃也後世神怪之說興以爲災異可以禳而去於是人主不復有畏天之心此爲害之大者也

宋景公時熒惑守心心宋之分野也憂之司星子韋曰可移於相公曰相吾之股肱曰可移於民公曰君者待民曰可移於歲公曰歲飢民困吾誰爲君子韋曰天高聽卑君有君人之言三熒惑宜有動於是候之果徙三度

臣按易曰言行君子所以動天地也景公三言之善而法星爲徙三度天相應其捷如此可不畏哉

漢董仲舒告武帝曰天人相與之際甚可畏也國家將有失道之敗天迺先出災害以譴告之不知自省又出怪異以警懼之尚不知變而傷敗迺至以此見天心之仁愛人君而欲止其亂也自非大無道之世天盡欲扶持而全安之事在彊勉而已

仲舒又言人之所爲其美惡之極乃與天地流通而往來相應

元帝時日食地震匡衡上疏曰天人之際精祲有以相盪善惡有以相推事作於下者象動於上陰陽之理各應其感陰變則靜者動陽蔽則明者晻水旱之災隨類而至

哀帝元壽元年日有蝕之孔光對曰臣聞師曰天右與王者故災異數見以譴告之欲其改更若不畏懼有以塞除而輕忽簡誣則凶罰加焉其至可必詩曰敬之敬之天維顯思命不易哉又曰畏天之威于時保之皆謂不懼者凶懼之則吉也書曰天棐諶辭言有誠道天輔之也明承順天道在於崇德博施加精致誠孳孳而已俗之祈禳小數終無益於應天較然甚明無可疑惑

是年息夫躬建言災異數見恐必有非常之變可遣大將軍行邊兵敕武備斬一郡守以立威應變上然之以問丞相王嘉嘉對曰動民以行不以言應天以實不以文下民細微猶不可詐況於上天神明而可欺哉天之見異所以敕戒人君欲令覺悟反正推誠行善民心說而天意解矣謀動干戈設爲權變非應天之道也

臣按漢儒之言天者衆矣惟仲舒最爲精粹其曰人之所爲美惡之極與天地流通往來相應者尤古今之格言也匡衡以下其言亦足以警世主故剟其畧著於篇云

金史

天文志序

自伏羲仰觀俯察黃帝迎日推策重黎序天地堯曆象日月星辰舜齊七政周武王訪箕子陳洪範協五紀而觀天之道備矣易曰天垂象見吉凶聖人象之故孔子因魯史作春秋於日星風雨霜雹雷霆皆書變而不書常所以明天道驗人事也秦漢而下治日患少陰陽愆違天象錯迕無代無之金百有十九年而日食四十二星辰風雨霜雹雷霆之變不知其幾

金九主莫賢於世宗二十九年之間猶日食者十有一日珥虹貫者四五然終金之世慶雲環日者三皆見於世宗之世羲和之後漢有司馬唐有袁李皆世掌天官故其說詳且六合爲一推步之術不見異同金宋角立兩國置曆法有差殊而日官之選亦有精粗之異今奉詔作金史於志天文各因其舊特以春秋爲準云

五行志序

五行之精氣在天爲五緯在地爲五材在人爲五常及五事五緯志諸天文歷代皆然其形質在地性情在人休咎各以其類爲感應於兩間者歷代又有五行志焉兩漢以來儒者若夏侯勝之徒專以洪範五行爲學作史者多采其說凡言某徵之休咎則以某事之得失繫之而配之以五行謂其畫然其弊不免於附會謂其不然肅時雨若蒙恆風若之類箕子蓋嘗言之金世未能一天下天文災祥猶有星埜之說五行休咎見於國內者不得他諉乃彙其史氏所書仍前史法作五行志至於五常五事之感應則不必泥漢儒爲例云

元史

天文志序

司天之說尚矣易曰天垂象見吉凶聖人象之又曰觀乎天文以察時變自古有國家者未有不致謹於斯者也是故堯命羲和曆象日月星辰舜在璿璣玉衡以齊七政天文於是有測驗之器焉然古之爲其法者三家曰周髀曰宣夜曰渾天周髀宣夜先絕而渾天之學至秦亦無傳漢洛下閎始得其術作渾儀以測天厥後歷世遞相沿襲其有得有失則由乎其人智術之淺深未易遽數也宋自靖康之亂儀象之器盡歸於金元興定鼎於燕其初襲用金舊而規環不協難復施用於是太史郭守敬者出其所創簡儀仰儀及諸儀表皆臻於精妙卓見絕識蓋有古人所未及者其說以謂昔人以管窺天宿度餘分約爲太半少未得其的乃用二線推測於餘分纖微皆有可考而又當時四海測景之所凡二十有七東極高麗西至滇池南踰朱崖北盡鐵勒是亦古人之所未及爲者也自是八十年間司天之官遵而用之靡有差忒而凡日月薄食五緯凌犯彗孛飛流暈珥虹霓精祲雲氣等事其係於天文占候者具有簡冊存焉若昔司馬遷作天官書班固范曄作天文志其於星辰名號分野次舍推步候驗之際詳矣及晉隋二志實唐李淳風撰于夫二十八宿之躔度二曜五緯之次舍時日災祥之應分野休咎之別號極詳備後有作者無以尚之矣是以歐陽修志唐書天文先述法象之具次紀日月食五星凌犯及星變之異而凡前史所已載者皆略不復道而近代史官志宋天文者則首載儀象諸篇志金天文者則唯錄日月五星之變誠以璣衡之制載於書日星風雨霜雹雷霆之災異載於春秋愼而書之非史氏之法當然固所以求合於聖人之經者也

五行志序

人與天地參爲三極災祥之興各以類至天之五運地之五材其用不窮其初一陰陽耳陰陽一太極耳而人之生也全付畀有之具爲五性著爲五事又著爲五德修之則吉不修則凶吉則致福焉不吉則致禍焉徵之於天吉則休徵之所應也不吉則咎徵之所應也天地之氣無感不應天地之氣應亦無物不感而況天子建中和之極身爲神人之主而心範圍天地之妙其精神常與造化相流通若桴鼓然故軒轅氏治五氣高陽氏建五官夏后氏修六府自身而推之於國莫不有政焉其後箕子因之以衍九疇其言天人之際備矣漢儒不明其大要如夏侯勝劉向父子競以災異言之班固以來采爲五行志又不考求向之論著本於伏生生之大傳言六沴作見若是共禦五福乃降若不共禦六極其下禹乃共辟厥德爰用五事建用皇極後世君不建極臣不加省顧乃執其類而求之惑矣否則判而二焉如宋儒王安石之論亦過也天人感應之機豈易言哉故無變而無不修省者上也因變而克自修省者次之災變既形修之而莫知所以修省之而莫知所以省又次之其下者災變並至敗亡隨之訖莫修省者刑戮之民是已歷攷往古存亡之故不越是數者元起朔漢太祖西征角端見於東印度爲人語云汝主宜早還意者天告之以止殺也憲宗討八赤蠻於寬田吉思海會大風吹海水盡涸濟師大捷憲宗以爲天導我也以此見五方不殊性其於畏天有不待教而能者世祖兼有天下方地既廣郡邑災變蓋不絕書而妖孽禍眚非有司言狀則亦不得具見昔孔子作春秋所紀災異多矣然不著其事應聖人之知猶天也故不妄意天欲人深自謹焉乃本洪範倣春秋之意考次當時之災祥作五行志

性理會通

禎異

程子曰陰陽運動有常而無忒凡失其度皆人爲感之也故春秋災異必書漢儒傳其說而不得其理是以所言多矣

或問鳳鳥不至河不出圖不知符瑞之事果有之否曰有之國家將興必有禎祥人有喜事氣見面目聖人不貴祥瑞者蓋因災異而修德則無損因祥瑞而自恃則有害也問五代多祥瑞何也曰亦有此理譬如盛冬時發出一花相似和氣致祥乖氣致異此常理也然出不以時則是異也如麟是太平和氣所生然後世有以麟駕車者却是怪也譬如水中物生於陸陸中物生於水豈非異乎又問漢文多災異漢宣多祥瑞何也曰且譬如小人多行不義人却不說至君子才有一事便生議論此是一理也至白者易汚此是一理也詩中幽王大惡爲小惡宣王小惡爲大惡此是一理也又問日食有常數何治世少而亂世多豈人事乎曰理會此到極處煞燭理明也天人之際甚微宜更思索曰莫是天數人事看那邊勝否曰似之然未易言也又問魚躍於王舟火復於王屋流爲烏有之否曰魚與火則不可知若兆朕之先應亦有之

或問東海殺孝婦而旱豈國人寃之所致邪曰國人寃固是然一人之意自足以感動天地不可道殺孝婦不能致旱也或曰姑殺而雨是衆人寃釋否曰固是衆人寃釋然孝婦寃亦釋也其人雖亡然寃之之意自在不可道殺姑不能釋婦寃而致雨也

五峯胡氏曰變異見於天者理極而通數窮而更勢盡而反氣滋而息興者將廢成者將敗人君者天命之主所宜盡心也德動於氣吉者成凶者敗大者興小者廢夫豈有心於彼此哉謂之譴告者人君覩是宜以自省也若夫天命爲恃遇災不懼肆淫心而出暴政未有不亡者也

朱子曰商中宗時有桑穀並生于朝一莫大拱中宗能用巫咸之言恐懼修德不敢荒寧而商道復興享國長久至於七十有五年高宗祭於成湯之廟有飛雉升鼎耳而雊高宗能用祖己之言克正厥事不敢荒寧而商用嘉靖享國亦久至於五十有九年古之聖王遇災而懼修德正事故能變災爲祥其效如此

象山陸氏曰昔之言災異者多矣如劉向董仲舒李尋京房翼奉之徒皆通乎陰陽之理而陳於當時者非一事矣然君子無取焉者爲其著事應之故也孔子書災異於春秋以爲後王戒而君子有取焉者爲其不著事應故也夫旁引物情曲指事類不能無偶然而合者然一有不合人君將忽焉而不懼孔子于春秋著災異不著事應者實欲人君無所不謹以答天戒而已

西山眞氏曰祥多而恃未必不危異衆而戒未必不安顧人主應之者何如耳

魯齋許氏曰三代而下稱盛治者無若漢之文景然攷之當時天象數變如日食地震山崩水潰長星彗星孛星之類未易遽數前此後此凡若是者小則水旱之應大則亂亡之應未有徒然而已者獨文景克承天心消弭變異使四十年間海內殷富黎民樂業移告訐之風爲醇厚之俗且建立漢家四百年不拔之業猗歟偉歟未見其比也秦之苦天下久矣加以楚漢之戰生民糜滅戶不過萬文帝承諸呂變故之餘入繼正統專以養民爲務其憂也不以己之憂爲憂而以天下之憂爲憂其樂也不以己之樂爲樂而以天下之樂爲樂今年下詔勸農桑也恐民生之不遂明年下詔減租稅也慮民用之或乏懇愛如此宜其民心得而和氣應也

或問天變曰胡氏一說好如父母嗔怒或是子婦有所觸瀆而怒亦有父母別生煩惱時爲子者皆當恐懼修省此言殊有理

羣書備考

災祥

文子曰河不滿溢海不揚波景星見而黃龍下祥鳳生而醴泉出此聖人順天道也關尹子曰五雲之變可以占當年之豐歉八風之朝可以占當時之吉凶柳子曰雪霜者天之經也雷霆者天之權也又曰鳴條之風可以沃日車蓋之雲可以見怪眞西山曰慶雲甘雨天之喜也迅雷烈風天之怒也

世之忽天戒者必曰子產不用裨竈之言而鄭不復災晏嬰不從禳彗之說而齊亦無警曾不知古人遇災而懼之念肯諉之於數乎世之玩天幸者必曰大横庚庚既開文帝受命之符雖日蝕適見何損於富庶膠東鳳凰既兆宣帝更始之祥雖地震山傾何傷於中興曾不知古人天其示予之戒肯安之以爲喜乎

災變之來不在天不在民不在敵國外患而在人主

之一心宮庭之間眚祲生焉衽席之上蝗茸森焉以之用人吾見鴟鳶翔而鳳凰伏矣以之聽諫吾見黃鐘毀而瓦釜鳴矣國家之變孰大於此

今日析木之清不聞而天象之儆則屢聞泰階之正未驗而雲漢之變則幾驗昔猶儆予也今以絕余矣昔猶敬怒也今蓋敬渝矣

天之說固有定不定也方其未定則顏子不免乎夭盜跖猶得以壽及其定也則禹稷卒以得天下羿奡終以殺其身

蘇老泉曰五行含羅九疇者也五事檢御五行者也皇極裁決五事者也今夫皇極建而五事無愆也則五行得其性而五福應矣歆向之惑始于福極分應五事遂強為之說而其失有五焉今其傳以極之惡福之攸好德歸諸貌極之憂福之康寧歸諸言極之疾福之壽歸諸視極之貧福之富貴歸諸聽極之凶短折福之考終命歸諸思所謂福則止此而已而所謂極則未盡其弱焉遂曲引皇極以足之皇極非五事匹其不建之咎止一極之弱哉其失一也且逆而極順而福傳之例也至皇之不極則其極既弱矣吾不識皇之極則天將以何福應之哉若曰五福皆應則皇之不極惡憂疾貧凶短折曷不皆應哉此自駁其例其失二也其謂咎曰狂僭豫急蒙而已罰曰雨暘燠寒風而已今傳又增咎以眊增罰以陰此誣聖人之言以就固謬況眊與蒙無異而陰可兼之寒乎其失三也經之首五行而次五事者徒以五行天而五事人人不可以先天耳然五行之逆順必視五事之得失使吾為傳必以五事先五行借如傳貌之不恭是謂不肅厥咎狂而木不曲直厥罰常雨其餘亦如之蔡劉之心非不欲耳蓋五行盡于思無以周皇極苟如應驗增之則雖蠢亦怪駭矣故離五行五事而為解以蔽其舋其失四也傳之于木其說以為貌矣及火土金水則思言視聽殊不及焉自相駁亂其失五也

胡致堂曰艸木之秀異禽獸之珍奇雲物之變動無時無之繫時好與不好耳雖元狩之麟神雀之鳳尚可力致花卉可以染植增其態毛羽可以餧飼變其色石脈木理可以假幻使成文字惟上之人泊然無欲於此也苟欲之則四面而至矣

夫洪水九年而堯致治大旱七年而湯修德桑穀生朝而大戊中興雉雊鼎耳而武丁道盛漢文景之世日一月而再食地一日而二震長星大水月犯北辰如此之類不一而足可謂大異矣而文景之治益以隆平宋仁宗之時土星雷參太白晝見地裂泉湧雨雹大旱固非小沴矣而仁宗享國長久所以然者豈有他哉亦由二聖五賢能敬畏天戒故上天監之而變災為祥耳春秋兩書大水君子謂為臣脅君之象未幾而三桓應之數書日食而君子謂為夷狄侵中國之象未幾而荊楚爭伯於越入吳此不克畏天災變之來如響斯速則可懼矣夫何後之昏君佞臣於天旱則曰乾封也於地震則曰動也於太白入井則曰渴也指長庚則勸之酒也於淫雨則曰不害稼也君臣共相蒙蔽如此宜乎災異之益衆也嗚呼龍馬負圖固足以昭伏羲之瑞而黃龍三見不能保劉聰之不亡麒麟在藪固足以為黃帝之符而蒼麟駕車不能保石勒之不敗孝宣之世鳳凰數集郡國章帝之末鳳凰凡四十九見不知視儀於虞廷鳴於岐岡者何如也宋武帝得嘉禾以名殿宋乾道中獻禾生九穗圖不知於周公之異畝同穎者又何如也有天下者察此而有得焉則所以敬天者自不容已矣災異之來可懼也亦可喜也遇災而懼未必非福遇祥而忽未必非殃故孔子於春秋書災異而不著事應惟欲人君之恐懼修省而已漢興董仲舒治公羊春秋始推陰陽為儒者宗後劉向治穀梁春秋數其禍福傳以洪範至向子歆治左氏工災異之學故五行傳自二劉倡之班固志之而歷代史氏莫不因之然於妖孽禍痾眚祥沴之類必曰某事召某災證合某應及其難合則旁引曲取而遷就其說不特董劉互錯而一家父子之言自相謬戾可勝嘆哉故蘇老泉鄭夾漈皆立論闢之然鄭論一歸之妖妄以為本無事應則矯枉而過正矣不如蘇論之正大云

欽定古今圖書集成曆象彙編庶徵典

第十二卷目錄

庶徵總部藝文一

庶徵典第十二卷

庶徵總部藝文一

賢良策　漢董仲舒

制曰朕獲承至尊休德傳之亡窮而施之罔極任大而守重是以夙夜不皇康寧永惟萬事之統猶懼有闕故廣延四方之豪儁郡國諸侯公選賢良修絜博習之士欲聞大道之要至論之極今子大夫褎然爲舉首朕甚嘉之子大夫其精心致思朕垂聽而問焉蓋聞五帝三王之道改制作樂而天下洽和百王同之當虞氏之樂莫盛於韶於周莫盛於勺聖王已沒鐘鼓筦絃之聲未衰而大道微缺陵夷至乎桀紂之行王道大壞矣夫五百年之間守文之君當塗之士欲則先王之法以戴翼其世者甚衆然猶不能反日以仆滅至後王而後止豈其所持操或誖謬而失其統與固天降命不可復反必推之於大衰而後息與嗚呼凡所爲屑屑夙興夜寐務法上古者又將無補與三代受命其符安在災異之變何緣而起性命之情或夭或壽或仁或鄙習聞其號未燭厥理伊欲風流而令行刑輕而姦改百姓和樂政事宣昭何修何飭而膏露降百穀登德潤四海澤臻草木三光全寒暑平受天之祜享鬼神之靈德澤洋溢施乎方外延及羣生子大夫明先聖之業習俗化之變終始之序講聞高誼之日久矣其明以諭朕科別其條勿猥勿并取之於術慎其所出迺其不正不直不忠不極枉於執事書之不泄興于朕躬毋悼後害子大夫其盡心靡有所隱朕將親覽焉

對曰陛下發德音下明詔求天命與情性皆非愚臣之所能及也臣謹按春秋之中視前世已行之事以觀天人相與之際甚可畏也國家將有失道之敗而天迺先出災害以譴告之不知自省又出怪異以警懼之尚不知變而傷敗迺至以此見天心之仁愛人君而欲止其亂也自非大亡道之世者天盡欲扶持而安全之事在強勉而已矣強勉學問則聞見博而知益明強勉行道則德日起而大有功此皆可使還至而立有效者也詩曰夙夜匪解書云茂哉茂哉皆強勉之謂也道者所繇適於治之路也仁義禮樂皆其具也故聖王已沒而子孫長久安寧數百歲此皆禮樂教化之功也王者未作樂之時乃用先王之樂宜於世者而以深入教化於民教化之情不得雅頌之樂不成故王者功成作樂樂其德也樂者所以變民風化民俗也其變民也易其化人也著故聲發於和而本於情接於肌膚臧於骨髓故王道雖微缺而筦絃之聲未衰也夫虞氏之不爲政久矣然而樂頌遺風猶有存者是以孔子在齊而聞韶也夫人君莫

不欲安存而惡危亡然而政亂國危者甚衆所任者非其人而所繇者非其道是以政日以仆滅也夫周道衰於幽厲非道亡也幽厲不繇也至於宣王思昔先王之德興滯補弊明文武之功業周道粲然復興詩人美之而作上天祐之爲生賢佐後世稱誦至今不絕此夙夜不解行善之所致也孔子曰人能弘道非道弘人也故治亂廢興在於己非天降命不可得反其所操持誖謬失其統也臣聞天之所大奉使之王者必有非人力所能致而自至者此受命之符也天下之人同心歸之若歸父母故天瑞應誠而至書曰白魚入于王舟有火復于王屋流爲烏此蓋受命之符也周公曰復哉復哉孔子曰德不孤必有鄰皆積善累德之效也及至後世淫佚衰微不能統理羣生諸侯背畔殘賊良民以爭壤土廢德敎而任刑罰刑罰不中則生邪氣邪氣積於下怨惡畜於上上下不和則陰陽繆盭而妖孽生矣此災異所緣而起也臣聞命者天之令也性者生之質也情者人之欲也或夭或壽或仁或鄙陶冶而成之不能粹美有治亂之所生故不齊也孔子曰君子之德風小人之德草也草上之風必偃故堯舜行德則民仁壽桀紂行暴則民鄙夭夫上之化下下之從上猶泥之在鈞唯甄者之所爲猶金之在鎔唯冶者之所鑄綏之斯倈動之斯和此之謂也臣謹按春秋之文求王道之端得之於正正次王王次春春者天之所爲也正者王之所爲也其意曰上承天之所爲而下以正其所爲正王道之端云爾然則王者欲有所爲宜求其端於天天道之大者在陰陽陽爲德陰爲刑刑主殺而德主生是故陽常居大夏而以生育長養爲事陰常居大冬而積於空虛不用之處以此見天之任德不任刑也天使陽出布施於上而主歲功使陰入伏於下而時出佐陽陽不得陰之助亦不能獨成歲終陽以成歲爲名此天意也王者承天意以從事故任德敎而不任刑刑者不可任以治世猶陰之不可任以成歲也爲政而任刑不順於天故先王莫之肯爲也今廢先王德敎之官而獨任執法之吏治民毋乃任刑之意與孔子曰不敎而誅謂之虐虐政用於下而欲德敎之被四海故難成也臣謹按春秋謂一元之意一者萬物之所從始也元者辭之所謂大也謂一爲元者視大始而欲正本也春秋深探其本而反自貴者始故爲人君者正心以正朝廷正朝廷以正百官正百官以正萬民正萬民以正四方四方正遠近莫敢不一於正而亡有邪氣奸其間者是以陰陽調而風雨時羣生和而萬民殖五穀熟而草木茂天地之間被潤澤而大豐美四海之內聞盛德而皆徠臣諸福之物可致之祥莫不畢至而王道終矣孔子曰鳳鳥不至河不出圖吾已矣夫自悲可致此物而身卑賤不得致也今陛下貴爲天子富有四海居得致之位操可致之勢又有能致之資行高而恩厚知明而意美愛民而好士可謂誼主矣然而天地未應而美祥莫至者何也凡以敎化不立而萬民不正也夫萬民之從利也如水之走下不以敎化隄防之不能止也是故敎化立而姦邪皆止者其隄防完也敎化廢而姦邪竝出刑罰不能勝者其隄防壞也古之王者明於此是故南面而治天下莫不以敎化爲大務立大學以敎於國設庠序以化於邑漸民以仁摩民以誼節民以禮故其刑罰甚輕而禁不犯者敎化行而習俗美也聖王之繼亂世也掃除其迹而悉去之復修敎化而崇起之敎化已明習俗已成子孫循之行五六百歲尚未敗也至周之末世大爲亡道以失天下秦繼其後獨不能改又益甚之重禁文學不得挾書棄捐禮誼而惡聞之其心欲盡滅先聖之道而顓爲自恣苟簡之治故立爲天子十四歲而國破亡矣自古以來未嘗以亂濟亂大敗天下之民如秦者也其遺毒餘烈至今未滅使習俗薄惡人民嚚頑抵冒殊扞孰爛如此之甚者也孔子曰腐朽之木不可彫也糞土之牆不可圬也今漢繼秦之後如朽木糞牆矣雖欲善治之亡可奈何法出而姦生令下而詐起如以湯止沸抱薪救火愈甚無益也竊譬之琴瑟不調甚者必解而更張之乃可鼓也爲政而不行甚者必變而更化之乃可理也當更張而不更張雖有良工不能善調也當更化而不更化雖有大賢不能善治也故漢得天下以來常欲善治而至今不可善治者失之於當更化而不更化也古人有言曰臨淵羨魚不如退而結網今臨政而願治七十餘歲矣不如退而更化更化則可善治善治則災害日去福祿日來詩云宜民宜人受祿于天爲政而宜于民者固當受祿于天夫仁義禮智信五常之道王者所當修飭也五者修飭故受天之祐而享鬼神之靈德施于方外延及羣生也

論災異　　前人

臣聞論語曰有始有卒者其唯聖人乎今陛下幸加

惠嚚聽于承學之臣復下明冊以切其意而究盡聖德非愚臣之所能具也前所上對條貫靡竟統紀不終辭不別白指不分明此臣淺陋之罪也冊曰善言天者必有徵于人善言古者必有驗於今臣聞天者羣物之祖也故徧覆包函而無所殊建日月風雨以和之經陰陽寒暑以成之故聖人法天而立道亦溥愛而亡私布德施仁以厚之設誼立禮以導之春者天之所以生也仁者君之所以愛也夏者天之所以長也德者君之所以養也霜者天之所以殺也刑者君之所以罰也繇此言之天人之徵古今之道也孔子作春秋上揆之天道下質諸人情參之於古考之於今故春秋之所譏災害之所加也春秋之所惡怪異之所施也書邦家之過兼災異之變以此見人之所爲其美惡之極迺與天地流通而往來相應此亦言天之一端也古者修教訓之官務以德善化民民已大化之後天下常亡一人之獄矣今世廢而不修亡以化民民以故棄行誼而死財利是以犯法而罪多一歲之獄以萬千數以此見古之不可不用也故春秋變古則譏之天令之謂命命非聖人不行質樸之謂性性非教化不成人欲之謂情情非度制不節是故王者上謹於承天意以順命也下務明教化民以成性也正法度之宜別上下之序以防欲也修此三者而大本舉矣人受命于天固超然異於羣生入有父子兄弟之親出有君臣上下之誼會聚相遇則有耆老長幼之施粲然有文以相接驩然有恩以相愛此人之所以貴也生五穀以食之桑麻以衣之六畜以養之服牛乘馬圈豹檻虎是其得天之靈貴於物也故孔子曰天地之性人爲貴明於天性知自貴於物知自貴於物然後知仁誼知仁誼然後重禮節重禮節然後安處善安處善然後樂循理樂循理然後謂之君子故孔子曰不知命亡以爲君子此之謂也

洪範五行傳序　劉歆

伏羲氏繼天而王受河圖則而畫之八卦是也禹治洪水賜雒書法而陳之洪範是也聖人行其道而寶其眞降及于殷箕子在父師位而典之周既克殷以箕子歸武王親虛己而問焉故經曰惟十有三祀王訪于箕子王乃言曰嗚呼箕子惟天陰騭下民相協厥居我不知其彝倫逌敘箕子迺言曰我聞在昔鯀陻洪水汨陳其五行帝乃震怒弗畀洪範九疇彝倫逌斁鯀則殛死禹乃嗣興天乃錫禹洪範九疇彝倫逌敘此武王問雒書于箕子箕子對禹得雒書之意也初一曰五行次二曰敬用五事次三曰農用八政次四曰叶用五紀次五曰建用皇極次六曰艾用三德次七曰明用稽疑次八曰念用庶徵次九曰嚮用五福畏用六極凡此六十五字皆雒書本文所謂天迺錫禹大法九章常事所次者也以爲河圖雒書相爲經緯八卦九章相爲表裏昔殷道弛文王演周易周道敝孔子述春秋則乾坤之陰陽效洪範之咎徵天人之道粲然著矣

陳事疏　後漢張衡

伏惟陛下宣哲克明繼體承天中遭傾覆龍德泥蟠今乘雲高躋盤桓天位誠所謂將隆大位必先倥傯之也親履艱難者知下情備經險易者達物僞故能一貫萬機靡所疑惑百揆允當庶績咸熙宜獲福祉神祇受譽黎庶而陰陽未和災眚屢見神明幽遠冥鑒在茲福仁禍淫景響而應因德降休乘失致咎天道雖遠吉凶可見近世鄭蔡江樊周廣王聖皆爲效矣故恭儉畏忌必蒙祉祚奢淫諂慢鮮不夷戮前事不忘後事之師也夫情勝其性流遯忘反豈惟不肖中才皆然苟非大賢不能見得思義故積惡成釁罪不可解也向使能瞻前顧後援鏡自戒則何陷於凶患乎貴寵之臣衆所屬仰其有愆尤上下知之褒美譏惡有心皆同故怨讟溢乎四海神明降其禍辟也頃年雨常不足思求所失則洪範所謂僭恆陽若者也懼羣臣奢侈昏踰典式自下逼上用速咎徵又前年京師地震土裂裂者威分震者人擾也君以靜唱臣以動和威自上出不趣於下禮之政也竊懼聖思厭倦制不專己恩不忍割與衆共威威不可分德不可共洪範曰臣有作威作福玉食害于而家凶于而國天鑒孔明雖疏不失災異示人前後數矣而未見所革以復往悔自非聖人不能無過願陛下思惟所以稽古率舊勿令刑德八柄不由天子若恩從上下事依禮制禮制修則奢僭息事合宜則無凶咎然後神望允塞災消不至矣

災異　黃憲

桐柏山崩淮水潰決棗陽之民死者大半韓王憂命左右告於徵君曰桐柏韓之巨鎭也今崩王室必有難其若之何徵君不答左右返見韓王曰臣以君之命告於黃徵君徵君而不應是無禮於君也請逐之韓王曰國有大咎而又逐士寡人之戾益矣是寡人不

能恭而使左右以寄命能無傲乎遂命駕而見徵君徵君方鼓琴韓王詣其館而謂曰叔度其凉哉何不弔寡人而乃鼓琴以娛也徵君對曰臣聞之國之修短吉凶卜于龜士之兆卜于琴瑟今臣之鼓琴也始彈白駒其聲戾以殺繼而彈關雎其聲婉以和臣故得禮於賢主也請問何憂韓王曰寡人不德不能畢職于山川還戚王室寡人是懼敝邑三歲無稔邑將爲墟今桐柏告崩淮水潰決以溺我人民蕩我禾黍傾我廬舍寡人雖蒙不能施號於敝邑亦先君所封也寡人是以徼福敝邑之山川而天賜之以禍何以示民茲賴徵君之明德以庥寡人幸毋棄也徵君曰有是乎哉憲也未之信也請與王觀焉遂涉淮而登桐柏木溢於境者方數百里林不露巢城不見堞男女之尸矯如巨魚被髮而浮於波瀾之莽王歎曰自孔子觀呂梁以來未有此水也徵君斂容而對曰彼猶得蹈水之術今之蹈者其無術乎不然何傷之多也豈惟韓國之禍王室其必有難乎是歲匈奴寇邊黑霧三日如夜君子曰幽厲之氣彰矣

廣連珠　　蔡邕

臣聞目瞤耳鳴近夫小戒也狐鳴犬嘷家人小妖也猶忌愼動作封鎭書符以防其禍是故天地示異災變橫起則人主恆恐懼而修政

災異論　　荀悅

凡三光精氣變異此皆陰陽之精也其本在地而上發於天也政失於此則變見於彼猶影之象形響之應聲是以明王見之而悟勅身正己省其咎謝其過則禍除而福生自然之應也詩云上天之載無聲無臭其詳難得而聞矣豈不然乎災祥之報或應或否故稱洪範咎徵則有堯湯水旱之災稱消災復異則有周宣雲漢寧莫我聽稱易積善有慶則有顏冉夭疾之凶善惡之效事物之類變化萬端不可齊一是以視聽者惑焉若乃稟自然之數揆性命之理稽之經典校之古今乘其三勢以通其精撮其兩端以御其中參五以變錯綜其紀則可以髣髴其略矣夫事物之性有自然而成者有待人事而成者有失人事不成者有雖加人事終身不可成者是謂三勢凡此三勢物無不然以小知大近取諸身譬之疾病不治而以瘳者有治之則瘳者有不治則不瘳者有雖治而終身不可愈者豈非類乎昔虢太子死扁鵲治而生之鵲曰我非能治死爲生也能使可生者生耳然太子不遇鵲亦不生矣若夫膏肓之疾雖醫和亦不能治矣故孔子曰死生有節又曰不得其死然又曰幸而免死生有節其正理也不得其死未可以死而死幸而免者可以死而不死凡此皆性命三勢之理推此以及教化則亦如之何哉人有不教而自成者待教而成者無教化則不成者有加教化而終身不可成者故上智下愚不移至於中人可上下者也是以推此以及天道則亦如之災祥之應無所謬矣故堯湯水旱者天數也洪範咎徵人事也魯僖澍雨乃可救之應也周宣旱應難變之勢也顏冉之凶性命之本也猶天迴日旋大運推移雖日遇禍福亦在其中矣今人見有不移者因曰人事無所能移見有可移者因曰無天命見天人之殊遠者因曰人事不相干知神氣流通者因曰天人共事而同業此皆守其一端而不究終始易曰有天道焉有地道焉有人道焉言其異也兼三才而兩之言其同也故天人之道有同有異據其所以異而責其所以同則成矣守其所以同而求其所以異則弊矣孔子曰好智不好學其弊也蕩未俗見其紛亂事變乖錯則異心橫出而失其所守于是放蕩反道之論生而誣神非聖之義作夫上智下愚雖不移而教之所以移者多矣大數之極雖不變然人事之變者亦衆矣且夫疾病有治而未瘳瘳而未平平而未復教化之道有教而未行行而未成成而有敗故氣類有動而未應應而未終終而有變遲速深淺變化錯于其中矣是故參差難得而均矣天地人物之理莫不同之凡三勢之數深不可識故君子盡心力焉以任天命易曰窮理盡性以至於命其此之謂乎

災異免策三公詔　　魏文帝

災異之作以譴元首而歸過股肱豈禹湯罪己之義乎其令百官各虔厥職後有天地之眚勿復劾三公

嘉瑞賦　　劉卲

乾坤交泰嘉瑞降靈皓雉呈其潔質素威効其仁形白兔揚其翰耀黃龍曜其神精章光烈之煒燁顯休徵之有成昔聖王之降瑞或卓爾而弗經猶蓍美于篇籍貽來葉而垂名實明德之所壁宜允納而是丁信無思之不服又何遠之不寧方將收麒麟于元囿栖鳳皇于軒檽舞鸑鳥于中唐聆鸞鷟之和鳴弄蓮牖之華芳翫朱草之丹榮承靈祚而建基垂遐福于億齡超三五而無儔與泰初乎齊聲

洞林序　　梁元帝

蓋聞元枵之野鬼方難測朱鳥之舍神道莫知而緹幔曉披旣辨黃鐘之氣靈臺夕望便知玉井之色復以談乎天者雖絕名言之外存乎我者還居稱謂之中余幼學星文多歷歲稔海中之書略皆尋究巫咸之說徧得研求雖紫微迢遞如觀掌握青龍顯晦易乎窺覽羨門五將亟經玩習韓終六王常所寶愛至如周王白雉之籤殷人飛燕之卜著名聚雪非關地極之山卦有密雲能擁西郊之氣爻通七聖世經三古山陽王氏眞解談元河東郭生纔能射覆兼而兩之竊自許矣

爲蕭上銅鐘芝草衆瑞表　江淹

臣公言臣聞象際元通豈以明昧徂運幽崖遙鏡不以人靈異謀威書壁誥旣信其綠綠麟丹字彌驗其文是以業藹鴻經則烟露呈照精昭景緯則川岳發華故寶鼎白雲瑞集軒世芝房赤鴈祥委漢年元石鴻鐘遠炳晉室玉璧彝器近耀皇宗自大明乘規泰始纂矩朱鬣素犧之至史不絕書奇葉珍柯之獻府無虛月今懋曆啓圖靈基再固頃歲以來禎應四塞近獲豫州刺史劉懷珍解稱所統建寧郡建寧縣昌村民於萬山中採藥忽聞異響從石上得銅鐘一枚長二尺一寸遠象古鑄近乖今製又州界之內樹生連理二木隔澗藤枝相通越壑跨水合爲一榦方之舊說彌復爲貴宣城所統臨城縣山中獲草一株交柯攢莖紫蓋黃裏貞潤嚶嚶自然天華採掇歷時質色不變（字闕三）炳據有徵近獲吳興太守臣王奐云十一月二十九日解所統長城縣令臣張攜解稱其月二十五日甘露降縣東界下山之陰又東太守臣謝解所統武進令臣紀法宗云十一月十日解稱其月二十四日甘露降於彭山松樹至九日又降如初臣以祥緯雜沓星燭波連斯乃靈迹深覃睿衷覺感理應寫順祇無涵祕稽往徵古僉欣升泰瑤光日闡玉繩未休謹拜表遣兼長史參軍臣姓名奉銅鐘芝草以聞

進天文要略表　北魏高允

往年被勅令臣集天文災異使事類相從約而可觀臣聞箕子陳謨而洪範作宣尼述史而春秋著皆所以章名列辟景測皇天者也故先其善惡而驗以災異隨其失得而效以禍福天人誠遠而報速如響甚可懼也自古帝王莫不尊崇其道而稽其法數以自修飾厥後史官並載其事以爲鑒誡漢成時光祿大夫劉向見漢祚將危權歸外戚屢陳妖眚而不見納遂因洪範春秋災異報應者而爲其傳覬以感悟人主而終不聽察卒以危亡豈不哀哉伏惟陛下神武則天叡鑒自遠欽若稽古率由舊章前言往行靡不究鑒前皇所不逮也臣學不洽聞識見寡薄懼無以裨廣聖德仰酬明旨今謹依洪範傳天文志撮其事要略其文辭凡爲八篇

天命論　隋李德林

粵若遂古元黃肇闢帝王神器歷數有歸生其德音者天應其時承其運命者確乎不變非人力所能爲也龍圖鳥篆號謚遺跡疑而難信缺而未詳者靡得而明焉其在典文煥乎緗素欽明至德莫盛于唐虞貽謀長世莫過於文武大隋神功積於文武天命顯於唐叔昔邑姜方娠夢帝謂己余命而子曰虞將與之唐而蕃育其子孫及生有文在其手曰虞遂以名之成王滅唐而封太叔及唐叔之封也箕子曰其後必大易曰崇高富貴莫大于帝王老子謂域內四大王居一焉此則名虞與唐兼美二聖將令其後必大終致唐虞之美蕃育子孫用表無窮之祚逮皇帝建國初號大興箕子必大之言於茲乃驗天之眷命懸屬聖朝重耳區區豈足云也有娀元鳥商以興焉姜嫄巨跡周以興焉邑姜夢帝隋以興焉古今三代靈命如一本支種德奕葉丕基佐高帝而滅楚立宣皇以定漢東京太尉關西夫子生感遺鱣之集歿降巨鳥之奇累仁積善天中休命太祖挺生庇民匡主立殊勳於魏室建盛業於周朝啓翼軫之國肇炎精之紀爰受厥命陟配彼天皇帝載誕之初神光滿室流於戶外上屬蒼旻其後三日紫氣充庭四鄰望之如鬱樓觀人物在內色皆成紫幼在乳保之懷忽覩爲龍懼而失抱帝驚動數旬方始痊復又嘗寢於其室家人開戶正見一龍太祖神異也世塗不測竅比丘尼智先保養智先禪觀靈雅有元識云此子方爲普天慈父護持正法神佛祐助不須憂也帝體貌多奇其面有日月河海赤龍自通天角洪大雙上顴骨彎廻抱目口如四字聲若鐘鼓手內有王文及受九錫王生文加點乃爲主是天成命於是乎在顧盼閑雅望之如神氣調精靈括囊宇宙威範也可敬慈愛也可親早任公卿聲望自重周齊王憲謂晉蕩公曰觀隋公神彩恐不爲人臣晉公徐納其言將加不利賴大將軍侯壽固諫乃止憲及內史烏丸軌各奏周武帝云隋公氣調風流合散敬服竊聞世議慮不在人

下武帝云此人頭額但宜爲將不須異意待之相者來私謂帝曰觀公骨法必爲王者但願保愛聖躬道士張賓亦言公相是帝王名當圖籙龍飛紫極莫忘臣言帝憂懼謙退深自晦跡鄴城內學人陸撥大象初入長安謂所親曰周德已盡楊氏必興隋公往自定州南行至鄴當時遙望擬爲天子昨在路瞻仰定是不疑但未知如何而得後歲當來觀耳所親曰爾無輕言爲貴人患害撥曰天之所命安可害也明年帝作相於內大象二年夏五月帝初拜揚州總管平晝寢息似睡若見數龍繞身其夜又夢一龍來入被內帝又常出長安城東獵馬上思懷在濟生民夜夢一長大人素服冠幘謂帝曰時未至及欲作相夢人云時今至矣天求民主丕顯肇至當晉蕩執國及建德之時君異則天臣非佐命猜嫌讒慝何日云忘我皇外總方面入司文武具與王之表韞大聖之能或氣或雲蔭映於廊廟如天如日臨照于晃軒內明外順自險獲安豈非萬福扶持百祿攸集有周之末朝野騷然降志秉鈞鎭衞宗社明神饗其德上帝付其民誅奸逆於九重行神化於四海于斯時也尉迥據有齊累世之都乘新國易亂之俗驅馳蛇豕連合縱橫地乃九州陷三民則十分擁六王謙乘連率之威滉全蜀之險與兵舉衆震蕩江山鴆毒巴庸蠶食秦楚此二虜也窮凶極逆欲割鴻溝之地閉劍閣之門皆將長戟强弩睥睨宸極從漳河而達負海連岱嶽而距華陽迫脅荆蠻吐納江漢佐闕嫁禍紛若蝟毛曝骨履腸間不容礪爾乃奉殪戎之命運先天之略不出戶庭推轂分閫一麾以定三分數旬而淸萬國蕩滌天壤之速規摹指畫之神造化以來弗之聞也光熙前緒罔有不服煙雲改色鐘石變音三靈顧望萬物影響木運告盡褰裳克讓天歷在躬推而弗有百辟庶尹四方岳牧稽圖讖之文順億兆之請披肝瀝膽晝歌夜吟方屈箕潁之高式允幽明之願基命宥密如恆如升惟帝居歆搦業垂統殊徽號改服色建都邑敘彝倫薄賦輕傜愼刑恤獄除煩苛之政與淸靜之風去無用之官省相監之職奇才間出盛德無隱星精雲氣共趨走於堦墀山神海靈咸燮理於臺閣東漸日谷西被月川敎暨北溟之表聲加南海之外悠悠沙漠區域萬里蠢蠢百蠻莫之與競五帝所不化三王所未賓屈膝頓顙盡爲臣妾殊方異類書契不傳梯山越海貢琛奉贄欣欣如也巢居穴處化以宮室不火不粒訓以庖廚禮樂合天地之同律呂節寒暑之候制作詳垂衣之後淳粹得神農之前遨遊文雅之塲出入杳冥之極合神謨鬼通幽洞微羣物歲成含生日用飲和氣以自得沐元澤而不知也丹雀爲使元龜載書甘露自天醴泉出地神禽異獸珍木奇草望雲觀海應化歸風備休祥於圖牒罄遐邇而戾至猾且父天子民兢兢翼翼至矣大矣七十四帝曷可同年而語哉若夫天下之重不可妄據故唐之許由夏之伯益懷道立事人授而弗可也軒初四帝周餘六王藉世因基自取而不得也孟軻稱仲尼之德過於堯舜著述成帝者之事弟子備王佐之才黑不代蒼泣麟歎鳳栖栖汲汲雖聖達而莫許也蚩尤則黃帝抗衡共工則黑帝勍敵項羽誅秦摧漢宰割神州角逐爭驅盡威力而無就也其餘欻起妖妄曾何足數賊子逆臣所以爲亂皆由不識天道不悟人謀牽逐鹿之邪說謂飛鳧而爲鼎若使四凶秉八元之誠三監同九臣之志韓信彭越深明帝子之符孫述隗囂妙識眞人之出尉迥同謡歌之類王謙比獄訟之民福祿蟬聯胡可窮也而違天逆物獲罪人神嗚呼此前事之大戒矣誅夷寘醢歷代共尤僭逆凶邪時煩獄吏其可不戒愼哉蓋積惡既成心自絕於善道物類同感理必至於誅戮天奪其魄鬼惡其盈故也大帝聰明羣臣正直耳目監於率土賞罰參於國朝輔助一人覆育兆庶豈有食人之祿受人之榮包藏禍心而不殲盡者也必當執法未處其罪司命已除其籍自古明哲慮遠防微執一心持一德立功坐樹上書例褒位尊而心逾下祿厚而志彌約寵盛思之以懼道高守之以恭克念於此則奸回不至事乃畏天豈惟愛禮謙光滿覆義在知幾吉凶由人妖不自作衆星拱極在天成象夙沙則主雖愚黻民盡知歸有苗則始爲跋扈終而大服漢南諸國見一面以從殷河西將軍率五郡以歸漢故能招信順之助保泰山之安彼陳國者盜竊江外民少一郡地減半州遇受命之主逢太平之日自可獻土銜璧乞同溥天乃復養喪家之疹遵顛覆之軌趑趄果越仍爲匪民雖時屬大道偃兵舞鉞然國家當混一之運金陵是殄滅之期有命不恆斷可知矣防風之戮元龜匪遙孫晧之侯守株難得迷而未覺諒可愍焉斯故未辨元天之心不聞君子之論也

賑恤江淮遭水旱疾疫百姓德音　唐編制

門下朕以寡昧嗣守鴻圖奉列聖之丕訓撫寧四海受上天之景命司牧兆人敢忘勵志勤身虔恭寅畏雖動思罪己而陰陽屢愆每念惠人而烝黎尚困是由政教無素土澤不流精誠未達於元穹災沴遂痛於下土是用中宵輟寐未明求衣言念及此良深愧惕近者江淮數道因之以水旱加之以疾癘流亡轉徙十室九空爲人父母寧不震悼此乃天之垂誡咎實在予焚灼於懷夙夜增惕當宁興歎遂命使臣乘驛撫巡便宜救恤減上供饋運發諸道倉儲免積歲之逋租蠲逐年之常貢尚恐災疫之後閭里未安須更申明用示憂惕

賀杭州等龍見并慶雲朱草表　許敬宗

臣某言臣聞休氣降祥與聖人而合契明靈之貺候昌辰而感通自五帝寂寥九皇悠緬神龍逃夏中之世一去莫追景靈歇伊帝之朝千齡不嗣逮乎茲日翔騤來儀天道去人何其交際伏惟皇帝陛下化龍騣作乾棟施厚大爐馭三光以照臨摠萬寓而光宅雖復荒陬之遠億兆之多一物不安則宵衣載惕四夷有罪則納隍興歎日者東師作梗頻農皇之夙沙交河阻兵等軒后之獯獫元戎所輷疑大漢申湧醴之奇齊斧裁加昌海效靜波之慶既而西師獻捷東代希封日告禎穰歲登靈稼表裏禔福彰外平而內成幽顯合符叶天意於人事伏見杭州刺史潘求仁表稱於錢塘縣界見青龍一又江州刺史左難當稱尋陽縣界見青龍二又得汝州及沂州狀稱所部各有慶雲見又延州刺史席辯稱臨真縣界有朱草生臣等以管窺天之意若曰青者方色宜順動以東巡鸞者帝閑可駢驂於大輅非煙五色雜雲旗於翠華朱草三英代靈芽於芳耤豈非以茲幽旨警悟皇情促升中以奉高與臣等自慶一生頂逢千載雖復仲尼將聖恨出圖之未期夷吾大賢嗟比翼之難致羣臣庸昧竊譬古人幸遇休明勝之多矣披祥澄目觀祕驚心庇大廈以相歡荷施生而罔謝無任鳧藻之至

爲木潦災異陳情表　武后　李嶠

臣嶠言臣聞明主程才先求於稱職忠臣効用必務於量己然後庶官無廢百度以康若使假鳳登輈眞龍不馭將緣鵠之鼎方憂於折足和鸞之駕必誡於傾輈豈徒鐘鼓生眩蠻夷起笑而已臣瓶筲賤器駑蹇輕姿同鼯鼠之五伎不成異飛鴻之六翮兼備遭逢幸會累叨階級陛下降非常之澤垂不次之恩升之冢司握九流之銓管委以樞近參萬機之損益傅說作舟之命徒奉箴規仲山補袞之談曾微答效致令衡鏡失序紀綱不張官僚日增府庫歲減謬職之謗或議於畫武績溺敗官之尤有讒於喧廬吠鵲下生朝野之囂上悖陰陽之和水潦爲災慮深於昏墊黎氓失稔憂在於溝壑軫皇情於南面擘國庾於西成虧變理之則失平分之度推其咎戾實在微臣昔者堯逢阻饑而四岳咨訪漢遇災異而三公策免舉遺才而求俊乂退不肖而清庶官厥有由來著於古昔臣緝熙莫効尸曠無成以擁腫之凡材抱支離之痼疾久懷致寇之祿猶帶妨官之綬靦目而視不遑自安是用啓處慚惶寢興誡惕思解鵜鶘之服願辭鵷鷺之行庶得保愚公之廬避賢者之路以寧衆口之讟謗以答三靈之譴咎則物情朝序誰不謂宜昔干木辭第悔恩衛主營平寢瘵不忘憂國當今兵戎未靜豐務方多人庶空虛官僚苟且不可不深爲防慮妙思政術臣銜恩佩德念咎慚榮雖智效無聞自甘於罷黜而庸短所見猶乘於輸畫不勝區區之意謹昧死陳利害事一封幸當明主不諱之朝敢效愚臣無隱之節倘蒙赦其狂直收其固陋乃冀有益纖介効添山海無任悚懼懇誠之至謹詣朝堂奉表陳情以聞

皇太子請復膳表　崔融

臣某言臣聞善持國者舒慘必繫於天時德稱皇者動靜莫違於物理故百姓不足一人所以軫懷四海爲家萬方由其在慮伏惟天皇觀風設教拜洛遊河光華前乎日月法象齊乎天地頃以歲儲微耗年穀未登睿旨憂勞宸衷一作情戒惕非飲食而卑宮室居常夏禹之期減廚膳而徹鐘懸重取黃軒之事由是神靈盼蠁景氣氤氳雪千里而朝飛雨四溟而夜下兩河之甸瑞麥登疇三川之境嘉苗被隰天意人事其在茲乎可以隨道抑揚可以與時通變周王之本支百代每進饍庖殿帝之亢旱七年猶食鵠鼎昔賢具稱其美往聖不議其非唯此小心將乖大德臣又聞下之奉上猶枝附根君以人作基人以君爲命天皇恩深子育念切家安損己勵精無違旱晏停滋罷味已隔歲時聖躬有勞悴之容羣類動兢惶之責伏乞俯從人欲仰順靈心具珍物以登羞隨太陽而復膳楚庸知送涼之地芝英識駐壽之期豈使眇眇之皇獨流名於曆炎悠悠黃帝空紀稱於庖犧而已哉

臣寄忝元戎任當監守春冬胄庠學書禮而空勤朝夕寢門視寒溫而未節無任悃款之至謹遣某官奉表陳請以聞

賀昭陵徵應狀　張說

右御史中丞徐惲從京使還向臣等說妖賊劉志誠四日從咸陽北向面南見昭陵山上有黑雲忽起志誠謂其凶徒云此雲將有暴風若衝頭立恐有破敗志誠久從軍伍頗解雜占其言未畢飄風果至直衝行首莫不昏迷衆心驚惶不知所出及至便橋之際並即散走又見父老云往年權梁山之徒將逞不軌當時亦有烈風暴雨發自昭陵北至京城賊還破滅謹叅往事與今同符者伏以閭閻賤類竊敢猖狂而祖宗威靈亦已元鑒昔年感召若命蚩尤今日驅除更徵風伯所以妖氛自殄狡計莫施頃刻之間逃形無路此皆神功潛運昌曆無窮將俾孫謀用昭聖德事堪懲惡可以垂後無任慶悅之至仍望宣付史館幷示朝列謹錄奏聞謹奏

直諫表　獨孤及

臣及言伏見陛下屢發德音招延獻納使左右侍臣得直言極諫忠謇者無不聽犯訐者無不容又辛丑詔書詔裴冕崔渙等十有三人並集賢殿待制以備詢事考言之問此五帝之盛德也而臣以目睹生則幸矣然頃者陛下雖容其直而不錄其言所上封者大抵皆事寢不報書留不下但有容諫之名竟無聽諫之實遂使諫者稍稍自省鉗口就列飽食偷安相招為祿仕此忠鯁之士所以竊歎而臣亦恥之也十室之邑必有忠信如孔丘者況以朝廷之大卿大夫之衆陛下選授之精與假令不能如文王之多士堯舜之比屋其中豈不有溫故知新可使懸陳政要而億則屢中者乎陛下惟虛存其議令條奏不曠及議政之際曾不採其一說堯之疇咨禹之昌言豈若是耶昔堯設謗木於五達之衢孔子亦曰以能問於不能以多問於寡又曰丘也幸苟有過人必知之然則多聞闕疑不恥下問聖人之心也臣不勝大願願陛下誠以堯孔之心為心日降清問啓其弘說其不可者罷之可者議之於朝與執事者共之使知之必言言之必行行之必公則君臣無私論朝廷無私事天下無私政陛下以此辯可否於獻替而建太平之基可也況國體乎自師典不息十年矣百姓之生產空於杼軸擁兵者第館亙街陌奴婢厭酒肉而貧人羸餓就役剝刻及膚長安城中白晝椎剽京兆尹不敢詰加以官亂職廢將惰卒暴百揆隳刺如紛麻沸粥百姓不敢訴于有司有司不敢聞於天聽士庶茹毒飲痛窮而無告今其心顒顒獨恃於麥麥不登則易子析骨可跂而待眠於焚薪之上其危如此陛下不以此時軫薄冰朽索之念厲精更始思所以救之之術忍令宗廟有累卵之危萬姓悼心而失圖臣實懼焉去年十二月丁巳夜中星隕如雨昨者清明降霜三月苦熱寒暑氣候錯綜顚倒沴莫大焉豈下陵上替怨讟之氣焰以取之耶不然天意之丁寧告戒以此警陛下陛下宜反躬罪己旁求賢良而師友之黜棄貪佞不肖而竊位者詔去天下所疾苦廢無用之官罷不急之費禁止暴兵節用愛人罔使宦官亂國政佞言敗厥度兢兢乾乾以徼福於上下必能使天神感而地祇應反妖災以為嘉氣彼太戊桑穀宋景熒惑焉足為陛下道哉臣昨奏請減江淮山南等諸道等兵馬以贍國用陛下初不以臣言爲愚妄許當施行然及今日未有霈然之詔臣竊遲之今天下惟朔方隴西有吐蕃僕固之虞邠涇鳳翔等兵足以當之矣自此而往南泊海東至番禺西至巴蜀萬里無鼠竊之盜已積歲矣而兵不爲之解傾天下之貨竭天下之穀以給不用之兵而爲無端之費臣不知其故假令居安慮危用備不虞自可於阨害之地少置屯禦餘悉休之以其糧儲扉屨之資充疲人貢賦歲可以減國賦之半陛下若持疑於改作逡巡於舊貫使大議有所壅而兵卒之患日甚一日是益其弊而厚其疾也臣竊惑焉夫察壅者必決之使潰今兵之爲患猶壅也不以漸戢之其害滋大大而圖之必力倍而功寡豈周易不俟終日之義歟伏惟圖其始而要其終天下幸甚臣無任懇款之至

賀連理棠樹合歡瓜白兔表　武元衡

臣某言臣聞至德有感嘉瑞必呈非汪洋霶霈不能動神靈非葳蕤合遝無以彰明盛伏惟陛下登建皇極二紀於茲情無忘於一日德弼新於萬載懷徠反側優容直諒至仁所漸潛鏡於毒螫大賚所及無間於忽荒故得禎祥薦臻策簡塡委迨于今日不可勝書此實上天所以丁寧俟登封告成也今又見許州長社縣劉獻地內連理棠樹圖徐州彭城縣陽守志園中合歡瓜圖又進白兔幷圖等伏以甘棠符于國號連理表于邑中瓜瓞頌于詩人合歡守于園內兔居卯位白顯金色金者取象於武臣白者明資于義

臣尼表巍巍宗社長慶於大同赫赫天枝永崇於皇度俾su施飾必効精誠懸象告人焯乎明著竊覽前志歷考休徵積彼千載之祥無茲一歲之盛臣忝私恩覩所未聞抃舞之誠倍百恆品無任云云

爲宗正卿請復常膳表　常袞

臣某等言今月某日伏奉批詔以臣所請復常膳御正殿未賜允許者臣等恭承詔旨竊仰聖謀以爲前史所垂正言可取則應天動人之事實哲王致理之先然臣伏思陛下繼體以來推誠必至友愛之道顯教萬方惻隱之心罔遺一物於王師致討司寇用刑率皆毒被蒸人罪與衆怒救殘虐之極弊懲悖亂之元兇而後効順立功報之爵祿勞心焦思痛在瘡痍屢降德音勤行王道得非應天以實而動人以行哉況謫見之後戒懼不遑朝野所知星辰所照則大官進御路寢燕居旣舉舊章將踰期月固可以特開睿鑒俯循羣心理且叶於至公事兼存於大體臣某等謬居宗緒敢貢飾詞盡布腹心復干宸扆無任仰望兢越屛營之至

辨水旱之災明存救之術策　白居易

問狂恆雨若僭恆暘若此言政敎之道必感於天地又堯之水九年湯之旱七年此言陰陽定數不由於人也若必繫於政則盈虛之數徒言如不由於人則精誠之禱安用二義相戾其誰可從又問陰陽不測水旱無常欲均歲功於豐凶救人命於凍餒凶歉之歲何方可以足其食災危之日何計可以固其心將備不虞必有其要歷代之術可明徵焉

臣聞水旱之災有小有大大者由運小者由人由人者由君上之失道其災可得而移也由運者由陰陽之定數而其災不可得而遷也然則大小本末臣粗知之其小者或兵戈不戢軍旅有強暴者焉或誅罰不中刑獄有冤濫者焉或小人入用讒佞有得志者焉或君子失位忠良有放棄者焉或男女臣妾有怨曠者焉或鰥寡孤獨有困死者焉或賦斂之法無度焉或土木之功不時焉于是乎憂傷之氣憤怨之誠積以傷和變而爲沴古之君人者逢一災遇一異則收視反聽察其所由且思乎軍鎮之中無乃有縱暴者耶刑獄之中無乃有冤濫者耶權寵之中無乃有不肖者耶放棄之中無乃有忠賢者耶內外臣妾無乃有幽怨者耶天之窮人無乃有困死者耶賦入之法無乃有過厚者耶土木之功無乃有屢興者耶若有一於此則是政令之失而天地之譴也又洪範云狂恆雨若僭恆暘若言不信不乂水旱應之然則人君苟能改過塞違率德修政勵敬天之志處罪己之心則雖踰月之霖經時之旱至誠所感不能爲災何則古人或牧一州或宰一縣有暴身致雨者有救火返風者有飛蝗去境者郡邑之長猶能感通況王者爲萬乘之尊居兆人之上悔過可以動天地遷善可以感神明天地神明尚且不違而況于水旱風雨蟲蝗者乎此臣所謂由人可移之災也其大者則唐堯九年之水殷湯七年之旱是也夫以堯之大聖湯之至人於時德儉人和刑清兵偃上無狂僭之政下無怨嗟之聲而卒有浩浩滔天之災炎炎爛石之沴非君上之失道也蓋陰陽之定數也此臣所謂由運不可遷之災也然則聖人不能遷災能禦災也不能違時能轉時也將在乎廩積有常仁惠有素備之以儲蓄雖凶荒而人無菜色固之以恩信雖患苦而人無離心儲蓄者聚于豐年散于歉歲恩信者行于安日用于危時夫如是則雖陰陽之數不可遷而水旱之災不能害故曰人彊勝天蓋謂是也斯亦圖之在早備之在先所謂思危於安防勞於逸若患至而方備災成而後圖則雖聖人不能救矣抑臣又聞古者聖王在上而下不凍餒者何哉非家至而日見衣之而食之蓋能均節其衣食之源也夫天之道無常故歲有豐必有凶地之利有限故物有盈必有縮聖王知其必然於是作錢刀布帛之貨以時交易之以時斂散之所以持豐濟凶用盈補縮則衣食之費穀帛之生調而均之不啻足矣蓋管氏之輕重李悝之平糴耿壽昌之常平者可謂不涸之倉不竭之府也故豐稔之歲則貴糴以贍農人凶歉之年則賤糶以活飢殍若水旱作沴則資爲九年之蓄若兵甲或動則饋爲三軍之糧上以均天時之豐凶下以權地利之盈縮則雖九年之水七年之旱不能害其人危其國矣至若祈禱之術凶荒之政歷代之法臣粗聞之則有雩天地以牲牢禜山川以圭璧祈土龍於元武舞羣巫於靈壇徙市修城貶食徹樂緩刑省禮務穡勸分殺哀多昏弛力舍禁此皆從人之望隨時之宜見卹下之心表恭天之罰但可以濟小災小弊未足以救大困大荒必欲保邦邑於危安人心之困則在乎儲蓄充其腹恩信結其心而已蓋羲農唐虞禹湯文武皆由此道而王也

議祥瑞辨妖災　前人

問國家將興必有禎祥國家將亡必有妖孽斯豈國之興滅繫於天地之災祥歟將物之妖瑞生於時政之昏明歟又天地有常道災祥有常應此必然之理也何則桑穀之妖反爲福於太戊大鳥之慶竟有禍於帝辛豈吉凶或僭在人將休咎不恆其道儆戒之徵安在改悔之效何明又祥必偶聖妖必應昏何則明時不能無災亂代或聞有瑞報應之道何謬盭哉

臣聞國家將興必有禎祥國家將亡必有妖孽者非孽生而後邦喪非祥出而後國興蓋瑞不虛呈必應聖哲妖不自作必候淫昏則昏聖爲災祥之根妖瑞爲興亡之兆矣文子曰陰陽陶冶萬物皆乘一氣而生然則道之休明德動乾坤而感之者謂之瑞政之昏亂腥聞上下而應之者謂之妖瑞爲福先妖爲禍始將興將廢實先啓焉然有人君德未及於休明政不致於昏亂而天文有異地物不常則爲瑞爲妖未可知也或者天示儆戒之意以悟君心俾乎德修改悔之誠以答天鑒如此則轉亂爲理變災爲祥自古有之可得而考也臣聞高宗不聽飛雉雊於鼎宋景有罰熒惑守於心及乎懋懿德以修身出善言而罪己則升耳之異自殄退舍之慶自臻天人相感可謂明矣速矣且高宗三代之賢主也有一德之違亦譴見於物宋景列國之常主也有一言之感亦響應於天則知上之鑒下雖賢主也苟有過而必知下之感上雖常主也苟有誠而必應故王者不懼妖之不滅而懼過之不悛不懼福之不臻而懼誠之不至足明休咎在德吉凶由人矣失君道者祥反爲妖悟天鑒者災亦爲瑞必然而已矣抑臣又聞王者之大瑞在乎天地泰陰陽和風雨時寒暑節百穀熟萬人安賦斂輕服用儉兵甲偃刑罰措賢者出不肖者退聲教日被謳歌日興此之謂休徵此之謂嘉瑞也王者之大妖在乎兩儀不泰四氣不和風雨不時水旱不節五穀不稔百豚不藏徭役繁征稅重干戈動刑獄作君子隱小人見政令日缺怨讟日興此之謂咎徵此之謂妖孽也至若一星一辰之理一雲一露之祥一鳥一獸之妖一草一木之怪或偶生於氣象或偶得於陶鈞信非休咎之徵興亡之兆也何則隱見出處亦不於常明聖之朝不能無小災小沴衰亂之代亦或有小瑞小祥固未足質帝王之疑明天地之意爾王者但外思其政內省其身自謂德之不修誠之不著雖有區區之瑞不足嘉也自謂政之能立道之能行雖有瑣瑣之妖不足懼也臣竊謂妖瑞廢興之由實在於此故雖辭費不敢不備而書之

妖祥辨　沈顏

凡所謂祥者必曰麟鳳龜龍醴泉甘露景星朱草所謂妖者必曰天文錯亂草木變性川竭地震冬雷夏霜或者以爲察王道之廢興國家之治亂則稽考於是而不知君明臣忠有司稱職國之祥也信任讒邪棄逐讜正刑賞不一貨賂公行國之妖也既三代巳後廢興之兆理亂之故鮮不由此矣若嚮所祥者果祥則周道衰而麟見妖者果妖殷道盛而桑穀生庭不其明與

爲成魏州賀瑞雪慶雲日抱戴表　李商隱

臣某言臣聞元德上升三靈爲之動色聖功下濟萬類所以傾誠臣州去秋之間時雨不足自陽風應律子月經年今月十二日晚降雪越至十四日旦開霽絮飛千里花翻六出糅初梅而委苞封宿麥而垂津其日晡時西南有卿雲見爲樓爲閣圖閶闔之九重非錦非繡狀衣裳之五色其時又有日抱戴日晚澄廓天景淑清拖黃氣而重圍舒紅光而四溢臣與司馬樊元則并僚屬吏等三十餘人得所部貴鄉冠氏等縣申稱雪厚一尺以下并覩慶雲抱戴等瑞臣謹按詩云上天同雲雨雪雰雰毛萇言豐年之冬必有積雪若烟氾勝之書云雪者五穀之精又按史記云慶雲一名卿雲若烟非烟若雲非雲郁郁紛紛蕭索輪囷是謂卿雲喜氣也瑞應圖曰景雲者太平之應也一曰慶雲非烟五色氤氳謂之景雲援神契云天子孝則景雲出游又援神契云王者德至於天則日抱戴在上曰戴在傍曰抱又云黃氣抱日輔臣納忠漢書曰宣重光李奇云太平之代日抱重光伏惟陛下受天寶命冲用情深豐食之要屢興發勞雪爲五穀之精麥爲六田之首由是天降瑞雪其意若曰太平其有年乎雪者運氣立名布恩成義陛下仁霈草木惠及蟲魚揚宗祖之烈光垂天地之正色由是天降雲瑞其意如曰天子其大孝乎日者衆陽之宗人君之表由是天降日瑞其意若曰天下其光明乎魏州大明之慶甚光封之舊國嘉祥備至靈貺綢繆豈徒然哉斯有由矣臣叨陪奧守肅奉覲逢日月之貞明嘉烟雲之爛熳手舞足蹈地雖限於外臺接

牒披圖心已馳於雙闕不任感悅之至

四靈賦　闕名

於惟聖人之志氣如神百物自化四靈薦臻是以鳥獸浸其惠澤昆魚懷其深仁福應尤盛休祥日新不然何以靈龜挺出飛龍來賓羽族降而集鳳鳥毛羣格而畜麒麟莫不率彼飛走荷此陶鈞或羣或友是擾是馴夫其時然後動動而斯中叶休明之德邁川岳之貢負圖騰大河之龍銜諮引丹穴之鳳介蟲稱長將開奧以應期肉角爲仁示有武而不用原夫契時也其感不一效靈也其數惟四爲皇極之休徵作太平之盛事然後魚鮪不淰知化而鱗萃禽獸不狘懷德而麕至非夫天子睿哲黎元底寧惠化廣被品物流形則何能光有九土克擾四靈美元功而不宰仰洪德而惟馨在郊藪則棲託以自適聞簫韶則率舞而來庭且如羲之道昌龍圖有章姒之功成龜書呈祥或馴麒麟或降鳳凰彼皆一二者之或出未若四者之來王又若龍鬬鄭洧麟傷魯野鳳有味何德之衰龜有靈而夢是假與宣父之歎運未遇焉叶夏后之祥道之行也出處則以待時乎隱見而允符王者聖德可大靈物可嘉遊宮沼兮騤騤無懼鳴苑囿兮鏘鏘不譁邀東獻豕又何足數越裳貢雉失其所誇惟明王之理天下也垂衣恭己修禮達義儀刑陰陽昭蘇品彙天不愛道則乾符應命地不愛寶則坤珍表瑞然後萬物可得而賓四靈可得而致

欽定古今圖書集成曆象彙編庶徵典

第十三卷目錄

庶徵典第十三卷

庶徵總部藝文二

書異　宋丁謂

淳化元年許夏旱五月乙卯震雨雹大風拔木屋瓦悉飄人以爲神龍所經雖駭而不異士同其辭大夫曰然吁可憫也春秋書災異於其國之君膺之談有流變則方訪諸卜史顧其政事貶往而修來以應天之變以成天之戒是天不虛譴人有誠應也今則不然都諸侯之位災異屬之則曰非吾土也其天王膺之又曰在吾治內吾將聞之示吾不政也於是又止之民命繫之部邑倚之事有善則曰吾之力及之不祥則曰係邦國之曆數在人主之修復也忌人言而恥言於人曷見其訪卜史也斷曆數而推之於人主曷見其顧政事也人君得聞之而審之以貶損而應之斯可矣矧又畏而不使聞之乎語曰迅雷風烈必變畏天怒也況若此之異耶苟爲政者見而不顧則蒼生何恃哉天之警戒何示哉仲尼書之於經蓋垂訓也況目之乎豈觀書者不取古乎爲政者將違天乎嗚呼欲共理者愼求諸

請下罪己詔并求直言　宋祁

臣聞王者父事天明母事地察政合而祥至道失而咎臻自然之應也然至亂之世不能絕祥甚治之代不能無咎僻君以祥自泰故益侈而趣亡賢主以咎修德故愈畏而蒙祉則祥無必慶咎無故凶視銷伏之如何耳臣伏見頃歲以來災害數見依類託寓異占同符天本示法而尊乃有躔離流薄之變地當安固而靜乃有都國震動之占陛下奉承郊丘歲豐月潔當蒙介福翻至大異何哉得非事有名姦法有階隙天於宋室諄諄存顧先幾豫慮以啓聖心欲陛下据易圖難絲微警著奮揚剛德固執主威厭銷未萌以光丕業也臣伏讀前史五行志以驗于今累威重譴不可不察若乃羣星流散則民人蕩析之象也月行黃道地震州邑則邊戎窺間臣下擅恣后妃將盛年穀且饑之兆也去年火焚興國寺浮屠延燔藝祖神殿已而盜壞宗廟鉬器者再則神不昭格之意也自昔災異之發遠者十數年近者三四年隨方輒應類無虛已陛下何不暫慨清慮推求其端方今典刑設張上下緝穆而臣使論危事必難取信然陛下試一念假有蕩析以何策固安假有饑空以何理振救脫致窺間有任之將謂誰僭令擅恣可防之奸有幾災異不驗國之福也苟使遂驗則陛下禦之之慮得不素具於中哉然請先言其要臣聞君以操柄爲重臣以奉命爲恭柄捨之則重者反輕命竊之則恭者更僭伏惟陛下念爵賞之典刑罰之權雖覽羣言一決宸慮無委成假借以開貴近牽制之私書稱惟辟

作福惟辟作威夫威福者天子之所以固大寶制兆人之術臣有作福作威則害于而家凶于而國古之王者亦何能使刑悉當罪賞皆稱功要之事出于主則納忠者有歸政出于臣則植私者必衆傳曰倒持太阿言柄之不可失也又曰吐珠必合言失之不可收也若夫後宮戚里祈恩丐賞者日月不乏陛下且當斷而不聽以示公至內省黃門給事左右亦宜數加訓敕使恩不出位此皆助陽抑陰之術也臣聞伯禹三王之長逢辛引愆宣王成周之良思患側身故能感徹神祇收還威怒回沴氣爲太和化已衰爲中興陛下覽照今古至詳至熟今變眚日著中外暴聞而罪己之問不形於詔書思患之謀不圖於詢逮委遠天戒虛而未答踰時越月羣下默然間者但引緇黃晨齋夕唄修不經之細祀塞可懼之大變人且未信天胡可欺至誠至愚竊恐銷伏之間未爲得計也伏望陛下不以災之未至遂爲晏安不以歲之屢豐便忘荒儉普照百執各貢所懷庶幾天下條貫粲然先見粗舉六事以備萬一聯寫于左如有可采續當條陳科別惟陛下裁赦其罪姑垂省閱臣無任瞽狂待罪之至

怪說上　石介

三才位焉各有常道反厥常道則謂之怪矣夫三光代明四時代終天之常道也日月爲薄蝕五星爲彗孛可怪也夫五嶽安焉四瀆流焉地之常道也山爲之崩川爲之竭可怪也夫君南面臣北面君臣之道也父坐子立父子之道也而臣抗於君子敵於父可怪也夫中國聖人之常治也四民之所常居也衣冠之所常聚也而不士不農不工不商者半中國可怪也夫中國道德之所治也禮樂之所施也五常之所被也而汗漫不經之教行焉妖誕幻惑之說滿焉可怪也夫天子七廟諸侯五廟大夫三廟士二廟庶人祭于寢所以不忘孝也而忘而祖廢而祭去事不經之鬼可怪也夫法施于民則祀之以死勤事則祀之以勞定國則祀之能禦大菑則祀之能捍大患則祀之棄能殖百穀祀以爲稷后土能平九州祀以爲社帝嚳堯舜禹湯文武有功烈于民者及夫日月星辰民所瞻仰也山林川谷丘陵民所取財也非此族也不在祀典而老觀佛寺遍滿天下可怪也人君見一日蝕一星縮一風雨不調順一草木不生殖則能知其爲天地之怪也乃避寢減膳徹樂恐懼責己修德以禳除焉彼其滅君臣之道絕父子之親棄道德悖禮樂裂五常遷四民之常居毀中國之衣冠汗漫不經之教行妖誕幻惑之說滿則反不知爲怪既不能禳除之又崇奉焉時人見一狐媚一鵲噪一梟鳴一雉入則能知其爲人之怪也乃啓呪祈祭以厭勝焉彼其孫其子忘而祖宗去而父母離而常業裂而常服習夷鬼則反不知其怪既厭勝之又尊異焉愈可怪也甚矣夫中國之多怪也人不爲怪者幾少矣噫一日蝕一星縮則天爲之不明一山崩一川竭則地爲之不寧釋老之爲怪也千有餘年矣中國之蠹壞亦千有餘年矣不知更千餘年釋老之爲怪也如何中國之蠹壞也如何堯舜禹湯文武周公孔子不生吁

謹天誠節　包拯

臣竊見近者太白犯月於尾箕之分熒惑犯鎮星於虛危之分而又冬雷震發雨木成冰臣謹按歷代五行志曰太白犯月月犯太白熒惑犯鎮星皆外寇之兆雨木成冰者說者謂上陽施不下通下陰施不上達故雨木爲之冰冰者陰之盛木者少陽貴臣卿大夫之職亦曰木冰爲木介介者甲兵之象又曰冬雷者所發之地主兵謂雷以二月出八月入也今年冬而震雷雨雹者陽不閉藏而發泄皆失節之異夫月者太陰之長后妃大臣諸侯之象鎮星所管宋衞陳鄭之分若金火凌犯固不爲福況又箕尾屬燕虛危屬齊設或內非其應則北邊之患山東之憂亦須大爲之防且頃歲有星孛之異近復有巨嵎之震不可忽也今四方災旱流亡未復雖遣使綏撫貸粟賑給而上下困竭濟卹攸艱此乃天意篤祐聖宋丁寧陛下如是之至也書曰曆象日月星辰此言王者當仰視天文俯察地理觀日月消息候星辰躔次揆山川變動參人民謠俗以攷休咎若見災異則退而責躬恐懼修德以應之有不可救者則蓄儲備以待之故宗社享無疆之福伏望陛下省災異之來驗休祥之應謹奉上天之戒以揆當世之務外則幅員之廣寇盜可虞內則樞政之繁賞罰未信固宜進擢賢傑振張紀律廣闢衆正之路屏絕羣枉之門斥遠奸憸愼重聽納近自宮禁遠及邊陲杜漸防微中外協濟如此則庶幾後患可弭惟聖度裁處

石鷁論　歐陽修

夫據天道仍人事筆則筆而削則削此春秋之所作也援他說攻異端是所是而非所非此三傳之所殊

也若乃上揆之天意下質諸人情推至隱以探萬事之元垂將來以立一王之法者莫近於春秋矣故杜預以爲經者不刊之書范甯亦云義以必當爲理然至一經之指三傳殊說是彼非此學者疑焉魯僖之十六年隕石於宋五六鷁退飛過宋都左氏傳之曰石隕於宋星也六鷁退飛風也公羊又曰聞其磌然視之則石察之則五故先言石而後言五視之則鷁徐而視之則退飛故先言六而後言鷁穀梁之意又謂先後之數者聚散之辭也石鷁猶盡其辭而况於人乎左氏則辨其物公穀則鑒其意噫豈聖人之旨不一邪將後之學者偏見邪何紛紛而若是也且春秋載二百年之行事陰陽之所變見災異之所著聞究其所終各有條理且左氏以石爲星者莊公七年星隕如雨若以所隕者是星則當星隕而爲石何得不言星而直曰隕石乎夫大水大雪爲異必書若以小風而鷁自退非由風之力也若大風而退之則衆鳥皆退豈獨退鷁乎成王之風有拔木之力亦未聞退飛鳥也若風能退鷁則是過成王之風矣而獨經不書曰大風退鷁乎以公羊之意謂數石視鷁而文其言且孔子生定哀之間去僖公五世矣當石隕鷁飛之際是宋人文于舊史則又非仲尼之善志也且仲尼隔數世修經又焉及親數石而視鷁乎穀梁以謂石後言五鷁先言六者石鷁微物聖人尙不差先後以謹記其數則於人之褒貶可知矣若乃西狩獲麟不書幾麟鸜鵒來巢不書幾鸜鵒豈獨謹記於石鷁而忽於麟鸜鵒乎如此則仲尼之志荒矣殊不知聖人紀災異著勸戒而已矣又何區區於謹數乎必曰謹物察數人皆能之非獨仲尼而後可也噫二者之說一無是矣而周內史叔興又以謂陰陽之事非吉凶所生且天裂陽地動陰有陰陵陽則日蝕陽勝陰則歲旱陰陽之變出爲災祥國之興亡由是而作旣曰陰陽之事孰謂非吉凶所生哉其不亦又甚乎

五代史前蜀論　前人

嗚呼自秦漢以來學者多言祥瑞雖有善辯之士不能袪其惑也予讀蜀書至于龜龍麟鳳騶虞之類世所謂王者之嘉瑞莫不畢出于其國異哉然考王氏之所以興亡成敗者可以知之矣或以爲一王氏不足以當之則視時天下治亂可以知之矣龍之爲物也以不見爲神以升雲行天爲得志今僵然暴露其形是不神也不上于天而下見于水中是失職也然其一何多歟可以爲妖矣鳳凰鳥之遠人者也昔舜治天下政成而民悅命夔作樂樂聲和鳥獸聞之皆鼓舞當是之時鳳凰適至舜之史因并記以爲美後世因亦以鳳來爲有道之應其後鳳凰數至出于庸君繆政之時或出于危亡大亂之際是果爲瑞哉麟獸之遠人者也昔魯哀公出獵得之而不識蓋索而獲之非其自出也故孔子書于春秋曰西狩獲麟者譏之也西狩非其遠也獲麟惡其盡取也狩必書地而哀公馳騁所涉地多不可徧以名舉故書西以包衆地謂其舉國之西皆至也麟人罕識之獸也以見公之窮山竭澤而盡取至于不識之獸皆搜索而獲之故曰譏之也聖人已沒而異端之說興乃以麟爲王者之瑞而附以符命讖緯詭怪之言鳳嘗出于舜以爲瑞猶有說也及其後出于亂世則可以知其非瑞矣若麟者前有治世如堯舜禹湯文武周公之世未嘗一出其一出而當亂世然則孰知其爲瑞哉龜元物也汚泥川澤不可勝數其死而貴於卜官者用適有宜爾而戴氏禮以其在宮沼爲王者難致之瑞戴禮雜出於諸家其失亦以多矣騶虞吾不知其何物也詩曰吁嗟乎騶虞賈誼以爲騶者文王之囿虞虞官也當誼之時其說如此然則以之爲獸者其出於近世之說乎夫破人之惑若難與爭於篤信之時待其有所疑焉然後從而攻之可也龜龍麟鳳王者之瑞而出於五代之際又皆萃於蜀此雖好爲祥瑞之說者亦可疑也因其可疑者而攻之庶幾惑者有以思焉

論災異　劉敞

臣伏以聖王所甚畏事者莫如天所甚聽用者莫如民是故觀天意於災祥察民情於謠俗因災祥以求治之得失原謠俗以知政之善否誠少留意則皆粲然矣前古聖賢之君莫不循此以導其下忠信之臣莫不緣此以諷其上上下相飭而自天祐之切見朝廷每有吉應嘉瑞則公卿稱賀至於災異非常可怪之事則寂然莫有言者雖歸美將順臣子之常操而於儆戒吁俞理似未盡陛下復不自延問以求天意恐非所謂小心翼翼昭事上帝聿懷多福者也臣愚以謂五經災異之說最深最切設四方所上奇物怪變妖孽沴疾有非常可疑者宜使儒學之臣據經義傳時事以言若其言是可以當天意若其言非足以廣聖聰如近日雨雪驟寒人有凍死者此亦災異之一端矣惟聰明睿智憂深思遠順時防微不可不慮

也臣忝近列愚不能通古今切觀前世商高宗周成王畏天威享福祚之益誠願陛下留意於此臣不勝區區

救災議　曾鞏

河北地震水災隳城郭壞廬舍百姓暴露乏食主上憂憫下緩刑之令遣拊循之使恩甚厚也然百姓患于暴露非錢不可以立屋廬患于乏食非粟不可以飽二者不易之理也非得此二者雖主上憂勞于上使者旁午于下無以救其患塞其求也有司建言請發倉廩與之粟壯者人日二升幼者人日一升主上不旋日而許之賜之可謂大矣然有司之言特常行之法非審計終始見於衆人之所未見也今河北地震水災所毀敗者甚衆可謂非常之變也遭非常之變者亦必有非常之恩然後可以振之今百姓暴露乏食已廢其業矣使之相率日待二升之廩於上則其勢必不暇乎他爲是農不復得修其畎畝商不復得治其貨賄工不復得利其器用閒民不復得轉移執事一切棄百事而專意於待升合之食以偷爲性命之計是直以餓殍之養養之而已非深思遠慮爲百姓長計也以中戶計之戶爲十人壯者六人月當受粟三石六斗幼者四人月當受粟一石二斗率一戶月當受粟五石難可以久行也則百姓何以贍其後久行之則被水之地既無秋成之望非至來歲麥熟賑之未可以罷自今至於來歲麥熟凡十月一戶當受粟五十石今被災者十餘州州以二萬戶計之中戶以上及非災害所被不仰食縣官者去其半則仰食縣官者爲十萬戶食之不遍則爲施不均而民猶有無告者也食之徧則當用粟五百萬石而後可以辦此又非深思遠慮爲公家長計也至於給授之際有淹速有均否眞僞有會集之擾有辨察之煩厝置一差皆足致弊又羣而處之氣久蒸薄必生疾癘此皆必至之害也且此不過能使之得旦暮之食耳其於屋廬構築之費將安取哉屋廬構築之費既無所取而就食州縣必相率而去其故居雖有頽牆壞屋之尚可完者故材舊瓦之尚可因者什器衆物之尚可賴者必棄之而不暇顧甚則殺牛馬而去者有之伐桑棗而去者有之其害又可謂甚也今秋氣已半霜露方始而民露處不知所蔽蓋流亡者亦已衆矣如不可止則將空近塞之地空近塞之地失戰鬬之民此衆士大夫之所慮而不可謂無患者也空近塞之地失耕桑之民此衆士大夫所未慮而患之尤甚者也何則失戰鬬之民異時有警邊戍不可以不增爾失耕桑之民異時無事邊糴不可以不貴矣二者皆可不深念歟萬一或出於無聊之計有窺倉庫盜一囊之粟一束之帛者彼知已負有司之禁則必鳥駭鼠竄竊弄鉏梃於草茅之中以扞游徼之吏强者既囂而動則弱者必隨而聚矣不幸或連一二城之地有枹鼓之警國家烏能晏然而已乎況夫外有敵國之可慮內有郊祀之將行安得不防之於未然銷之於未萌也然則爲今之策下方紙之詔賜之以錢五十萬貫貸之以粟一百萬石而事足矣何則今被災之州爲十萬戶如一戶得粟十石得錢五千下戶常產之貲平日未有及此者也彼得錢以完其居得粟以給其食則農得修其畎畝商得治其貨賄工得利其器用閒民得轉移執事一切得復其業而不失其常生之計與專意以待二升之廩於上而勢不暇乎他爲豈不遠哉此可謂深思遠慮爲百姓長計者也由有司之說則用十月之費爲粟五百萬石由今之說則用兩月之費爲粟一百萬石況貸之於今而收之於後足以振其艱乏而終無損於儲峙之實所實費者錢五鉅萬貫而已此可謂深思遠慮爲公家長計者也又無給授之弊疾癘之憂民不必去其故居苟有頽牆壞屋之尚可完者故材舊瓦之尚可因者什器衆物之尚可賴者皆得而不失況於全牛馬保桑棗其利又可謂甚也雖寒氣方始而無暴露之患民安居足食則有樂生自重之心各復其業則勢不暇乎他爲雖驅之不去誘之不爲盜矣夫饑歲聚餓殍之民而與之升合之食無益於救災補敗之數此常行之弊法也今破去常行之弊法以錢與粟一舉而賑之足以救其患復其業河北之民聞詔令之出必皆喜上之足賴而自安於畎畝之中負錢與粟而歸與其父母妻子脫於流轉死亡之禍則戴上之施而懷欲報之心豈有已哉天下之民聞國家厝置如此恩澤之厚其孰不震動感激悅主上之義於無窮乎如是而人和不可致天意不可悅者未之有也人和洽於下天意悅於上然後玉輅徐動就陽而郊荒夷殊陬奉幣來享疆內安輯里無囂聲豈不適變於可爲之時消患於無形之內乎此所謂審計終始見於衆人之所未見也不早出此或至於一有枹鼓之警則雖欲爲之將不及矣或謂方今錢粟恐不足以辦此夫王者之富藏之於民有餘則取不足則

與此理之不易者也故曰百姓足君孰與不足百姓不足君孰與足蓋百姓富實而國獨貧與百姓餓殍而上獨能保其富者自古及今未之有也故又曰不患貧而患不安此古今之至戒也是故古者二十七年耕有九年之蓄足以備水旱之災然後謂之王政之成唐水湯旱而民無捐瘠者以是故也今國家倉庫之積固不獨爲公家之費而已凡以爲民也雖倉無餘粟庫無餘財至於救災補敗尚不可緩已況今倉庫之積尚可以用獨安可以過憂將來之不足而立視夫民之死乎古人有言曰剪爪宜及膚割髮宜及體先王之於救災髮膚尚無足愛況外物乎且今河北州軍凡三十七災害所被十餘州軍而已他州之田秋稼足望今有司於糴粟常價斗增一二十錢非獨足以利農其於增糴一百萬石易矣斗增一二十錢吾權一時之事有以爲之耳以實錢給其常價以茶荈香藥之類佐其虛估不過捐茶荈香藥之類爲錢數鉅萬貫而其費已足茶荈香藥之類與百姓之命孰爲可惜不待議而可知者也夫費錢五鉅萬貫又捐茶荈香藥之類爲錢數鉅萬貫而足以救一時之患爲天下之計利害輕重又非難明者也顧吾之有司能越拘攣之見破常行之法與否而已此時事之急也故述斯議焉

以丞相翟方進當天變　司馬光

晏嬰有言天命不慆不貳其命禍福之至安可移乎藉其可移楚昭宋景猶不肯爲況不可乎方進罪不至死而誅之以當天變是誣天也隱其謀而厚其葬是誣人也孝成欲誣天人而卒無所益可謂不知命矣

乞皇帝御正殿復常膳表　王安石

陽春生物偶霑澤之稍愆睿意恤民遽側身而自抑德已修於消變數或係於非常當復彝儀用安羣下恭惟皇帝陛下天仁博施神知曲成躬忘旰食之勞坐講日新之政四時協序萬物致和適當化養之辰宜得涵濡之澤少違常候輒軫清衷退師氏之正朝約太官之盛饌仰窺謙德志在閔民然而遐裔來朝當卽法宮之位誕辰入慶合陳燕俎之珍事有所先禮難偏廢伏願仰回淵聽俯徇輿情夙御九筵之居並羞十鬮之具上以全於國體下以副於臣誠

第二表　前人

時澤偶愆屢勤齋禱聖衷愈勵尚盡焦勞將損己以召休因退次而貶食列陳剡奏尚闕嗣音在臣列之靡遑伏帝閽而再叩恭惟皇帝陛下體居離正德稟乾剛期揉俗以致康嘗納隍而興念七載於此纔獲豐穰一春而來或罹愆亢皐慈深軫羣祀徧修恐祥犴乖則親慮其囚懼黼黻美則躬變其服仍損內饔之舉兼盧正宁之朝然而禮貴從宜事難泥古而況甫臨誕節交舉慶儀有列辟拜萬年之觴有殊俗修兩朝之好苟虛彝制難副羣情伏望少屈淵衷特從誠懇天臨廣廈日御常珍親事法宮廓宣於政治惟辟玉食昭示於等威仰以慰兩宮之慈俯以安羣下之望

賜文武百寮文彥博以下上第一表請皇帝御正殿復常膳不允批答　元祐二年四月二十二日　蘇軾

朕卽位二年水旱繼作致災之故實惟冲人既延及於無辜復貽憂於文母是以坐不安席食不甘味實欲深念厥咎豈徒見之空言而雨不崇朝農猶告病欲徇來請惕然未寧其一乃心勉正厥事毋重朕之不德以答天之深戒

賜文武百寮文彥博已下上第一表請太皇太后復常膳不許批答　元祐二年四月二十二日　前人

旱暵之罰自冬及夏天之降災如此其久則夫致災之道豈一日而然哉雖力行罪己之文尚恐非應天之實而卿等以膚寸之澤遽欲卽安覽之惕然未敢自赦其交修不逮務盡厥誠期茲歲於有秋雖復常其未晚

賜文武百寮文彥博已下上第五表請皇帝御正殿復常膳允批答　元祐二年五月二十九日　前人

朕以寡昧膺受多福常欲損上益下畏天之威矧茲旱災咎在不德而卿等以雨澤既至封章屢上勉從其意甚愧於中夫天之有風雨雷霆猶朕之有號令賞罰朕不修明其事何以責應於天未思其終無忘納誨

尚書禮部元會奏天下祥瑞表　林希

臣珪等言尚書禮部得元豐五年天下所上祥瑞宣徽南院使判北京臣拱辰承議郎提舉河北常平等事臣宜之通議大夫知秦州臣公孺龍圖閣待制知青州臣綰正義大夫知安州臣甫朝議大夫知興元府臣景華朝奉大夫知棠州臣震西上閤門使知雄

州臣舜卿禮賓使知安肅軍臣孝緯文思使知憲州臣詵朝散郎知鼎州臣伋知欽州臣堯封朝奉郎知蜀州臣少連承議郎知安德軍臣從諒知利州臣山等言所部有芝生於州宅寺觀殿閣柱有七莖者一苗長尺餘者六牛生二犢者二嘉禾合穗者三五本合爲一者一麥一莖三穗者四四穗者五穗者百餘穗者各一白烏白鵲生於巢者各一臣聞聖人出而四海清帝命昭而萬靈集必致諸福之物以表太平之符伏惟皇帝陛下體堯之仁躬舜之孝力行勤儉而本以化物誠意惻怛而出於愛民是以指麾之間功業成就覆載之內陰陽協和蒙被羣生浹肌膚而淪骨髓涵濡異類霑動植而洽飛翔仰而觀者景星慶雲俯而視者醴泉甘露扶疎煒煜發爲朱草三秀之英游泳服馴則有白麟一角之異嘉葩連理之木異畝同穎之禾巢鵲可俯而窺池龍可豢而擾謂宜作爲聲詩而奏於郊廟申詔太史而著之簡編以求無疆之休以昭特起之蹟考諸已往固可謂絕世之殊祥抑而弗宣猶以爲盛德之餘事是時所紀殆不絕書今者駕鸞輅以充明庭撞黃鐘而御太極典禮大備官儀一新殊方駿奔重譯輻湊自昔辮髮卉裳羈縻之所未至踰沙軼漠言語之所未通咸奉玉帛而介九賓襲衣冠而獻萬壽烜赫威德冠古超今巍巍煌煌傳示八極鋪張王會之衆美裒對皇家之盛容臣等恭率有司伏尋故事稽參圖牒宜先象齒之珍敷道句臚敢上龍墀之奏歡呼忭蹈倍萬常情

集瑞圖序　秦觀

熙寧九年燕國邵舜文與諸弟持其先君之喪於宜興數月有雙瓜生於後圃後二年又生紫芝三雙桃雙蓮各一凡六物於是鄕之耆老聞而歎曰邵氏其興乎何其瑞之多也舜文因集六物者而圖之號集瑞圖云余謂萬物皆天地之委和而瑞物者又至和之所委也至和之氣磅礴氤氳而不已則必發見於天地之間其精者蓋已爲盛德爲尊行爲豪傑之材其浮沈而下上者則又爲景星慶雲甘露時雨醴泉芝草連理之木同穎之禾而棲翔遊息乎其中者則又爲鳳凰麒麟神馬靈龜之屬燦乎光景色象之異也藹乎華實臭味之殊也卓乎形聲文章之無與及也於是指以爲瑞焉繇是言之世之所謂瑞者乃盛德尊行魁奇之才所鍾和氣之餘者耳邵氏之祖考旣以潛德隱行見推鄕閭至舜文彥瞻端仁又以文學取科第弟兄相繼有聞於時而諸子森然皆列於英俊之域則是至和之氣鍾於其家久矣宜其餘者發爲草木之瑞也昔楊寶得王母使者玉環四枚而寶生震震生秉秉生賜賜生彪凡四世爲三公以往推今卽邵氏六物之瑞豈徒生而已夫蓋有應之者矣

災異疏　吳奎

今冬令反燠春候反寒太陽虧明五星失度水旱作沴饑饉荐臻此天道之不順也自東徂西地震爲患大河橫流堆阜或出此地道之不順也邪曲害政陰柔蔽明羣小紛爭衆情壅塞西北貳敵求欲無厭此人事之不和也夫帝王之美莫大於進賢退不肖今天下皆謂之賢陛下知之而不能進天下皆謂之不肖陛下知之而不能退內寵驕恣近習回撓陰盛如此寧不致大異乎又十數年來下令及所行事或有名而無實或始是而終非或橫議所移或奸謀所破故羣臣百姓多不甚信以謂陛下言之雖切而不能行行之雖銳而不能久臣願謹守前詔堅如金石或敢私撓必加之罪毋爲人所測度而取輕於天下

溫江縣二瑞頌并序　楊天惠

溫江隷成都遠王畿三千幾百里有奇蓋西南偏邑也政和二年夏六月有嘉禾產於嚴氏之圃凡二本是歲十二月復有甘露降於學宮之柏凡三日鄉以白縣縣以白府府遣從事卽縣覈狀皆有實可復不誣輒具書若圖上尚書省以聞詔下其副尚書禮部藏焉於是前縣臣宗道馳書論假彭山丞臣天惠曰盍頌諸臣越北闕而奏頌曰

於皇御極百志惟敘曰農而農曰士而士爾安迺宮爾寧迺畝恩詔數下仁滂德灑農飽以歌士喜式舞協氣從之祥報如雨迺產嘉禾以慶農扈迺降甘露以幸士子其慶伊何珠穗紛紛俾爾甌窶戶有億秭其幸伊何雲液醲湑俾爾高覆濡及斐瑶維我哲后博臨下土相彼多禾均此靈露道拜稽首誕告奔走惠拜稽首盱衡語語敢獻稗官以贊矇瞽

通志災祥序　鄭樵

仲尼旣沒先儒駕以妖妄之說而欺後世後世相承罔敢失墜者有兩種學一種妄學務以欺人一種妖學務以欺天凡說春秋者皆謂孔子寓襃貶於一字之間以陰中時人使人不可曉解三傳唱之於前諸儒從之於後盡推己意而誣以聖人之意此之謂欺人之學說洪範者皆謂箕子本河圖洛書以明五行

之旨劉向創釋其傳于前諸史因之而爲志于後析天下災祥之變而推之于金木水火土之域乃以時事之吉凶而曲爲之配此之謂欺天之學夫春秋者成周之典也洪範者皇極之書也臣嘗作春秋傳專以明王道削去三家襃貶之說所以杜其妄今作災祥略專以記實迹削去五行相應之說所以絕其妖且萬物之理不離五行五行之理其變無方離固爲火矣而離中有水坎固爲水矣而坎中有火安得直以秋大水爲水行之應成周宣榭火爲火行之應乎況周得木德而有赤烏之祥漢得火德而有黃龍之瑞此理又如何耶豈其晉厲公一視之遠周單公一言之徐而能關于五行之沴乎豈其晉申生一衣之偏鄭子臧一冠之異而能關于五行之沴乎如是則五行之繩人甚于三尺矣臣竊觀漢儒之說以亂世無如春秋之深災異無如春秋之衆者是不考其實也臣每謂春秋雖三王之亂世猶治于漢唐之盛時何哉春秋二百四十年而日食三十六唐三百年而日食過百舉春秋地震五漢和平中積二十一日而地百二十四動舉春秋山傾者二漢文帝時一年之間齊楚山二十九所同日圮舉春秋大水者八後漢延平中一月之間郡國三十六大水其他小小災異則二百四十年之事不及後世一年也如李梅冬實鸜鵒來巢之類在後世不勝書使春秋之人而視見後世事豈但慟哭流涕而已哉以春秋視後世不爲亂世也何哉後世之法度不及春秋之法度後世之人才不及春秋之人才其所以感和氣而弭災異者又安可望春秋乎嗚呼天地之間災祥萬種人間禍福冥不可知奈何以一蟲之妖一氣之戾而一一質之以爲禍福之應其愚甚矣況凶吉有不由于災祥者宋之五石六鷁可以爲異矣而內史叔興以爲此陰陽之事非吉凶所生魏安平太守王基筮於管輅輅曰君家有三怪一則生男墮地走入竈死二則大蛇牀上銜筆三則烏來入室與燕鬭兒入竈者宋無忌之妖蛇銜筆者老書佐之妖烏與燕鬭者老鈴下之妖此三者足以爲異而無凶兆無所憂也王基之家卒以無患觀叔興之言則國不可以災祥論興衰觀管輅之言則家不可以變怪論休咎惟有和氣致祥乖氣致異者可以爲通論

與史太保書　　朱熹

熹昨者狂妄輒以瞽言仰瀆崇聽自循分守當得譴斥之罪不謂高明博大無所不容誨答諄諄罄竭底蘊三復自幸不惟私以免於罪戾爲喜而又得側聞前此告猷之益天下已有陰受其賜者尤竊增氣尙恨未得躬扣昌言之目以發蒙昧耳今者遇事益急變異薦臻人無智愚共以爲懼然熹淺陋竊以爲境外之傳未足憂而譴告之深爲可畏也今朝廷於其不足慮者既已過爲之防而於其深可畏者反未有處熹甚惑焉夫以災異而求直言歷世相傳具有故實明公身爲天下大老誠有憂國之心亦不當俯及細務願以此意爲上一言使幽隱之情得以上通則天下之言皆明公之言而明目達聰感召和氣皆明公之功矣感激容貸之恩懷不能已敢復言之俯伏俟罪

賜文武百僚宰臣史彌遠等上表奏請皇帝御殿復膳不允批答　　眞德秀

省表具之朕以眇身獲承宗廟常懼弗稱以累付託之明屬者風霆之警厥證甚異惟德非薄曉于政理故天動威以顯朕郵在易有之洊雷震君子以恐懼修省是用惕然貶食避殿蓋不若是無以見朕畏威罪己之誠惟卿等協同一心飭正庶事以輔予不逮迺所望也若夫抗章所陳靳復常度顧朕寡昧方念弗足以御九筵之崚享四海之珍省愆未遑其敢議此尙體斯意毋重有云所請宜不允

賜文武百僚宰臣史彌遠等上表再奏請皇帝御殿復膳不允批答　　前人

省表具之朕惟天人之應有若合符言行之微皆足致異比以烈風雷雨之警惕若上帝祖宗之臨遇災何止于側身方食殆幾于失匕亟虛正宁仍卻珍羞雖盡行抱損之文尙恐非感通之實而未逾信宿遽復故常雖衆志之願然在眇躬其安敢況屬郊禋之邇正靳神聽之歆當益懋于寅威庶薦臻于昭假朕固有待卿毋重陳所請宜不允

己巳四月上殿奏劄一　　前人

臣寒遠書生至愚極陋去夏四月嘗因面對冒貢瞽言陛下不以爲狂俯賜嘉納今者又獲進瞻天光不于此時罄竭愚忠裨萬分一臣實有辠臣聞董仲舒有言曰國家將有失道之敗天迺先出災害以譴告之不自知省又出怪異以警懼之尙不知變而傷敗迺至以此見天心之仁愛人君而欲止其亂也竊惟漢儒之言天未有深切著明如仲舒者臣濫綴館職獲觀太史所申邇日以來災告荐至兩旬之間暴風

再起三月丙申都城雨雹越八日癸卯熒惑失次行入太微干犯執法己酉之夕留守掖門譴告丁寧可謂至矣而蝗蝻餘孽浸復生陛下恭儉慈仁對越無愧而和氣未應咎徵遄臻臣愚無知未測其故意者上天仁愛昭示戒儆欲使陛下君臣之間思先格王所以正厥事者乎臣敢條上四說惟陛下財擇一曰親正人臣謹按漢初元二年正月暴風從西南來翼奉以爲左右邪臣之驗延光二年三月大風拔木史臣以爲親讒曲直不分之應今陛下登崇耆哲褒顯忠良所謂讒邪萬無此理然臣竊聽衆論或謂正人雖進用而委任未盡專小人雖退斥而僥倖未盡塞名雖好忠而實則喜佞故諫爭之塗尚狹而忠鯁之氣未伸此災異所繇而起也臣願陛下親近端良優谷切直知賢而任之則勿貳知邪而去之則勿疑然後政治可興而天心可假矣二曰抑近倖臣聞之傳曰陰氣之精凝而爲雹故劉向以爲陰脅陽之證孔季彥以爲陰乘陽之證考諸前代凡妾婦乘其夫臣子倍君父政權在臣下皆其事也求之今日固亡此患然臣切觀近者一二謟旨或從中出廷尉之官不得守法環列之職驟畀非人更化之朝詎所宜有意者左右近習之私甘言卑辭之請未能以盡絕之乎夫陰邪之類長則陽剛之道缺致異之原其或在是臣願陛下遵仁祖之規責大臣以杜衍之事深遏私情大融公道以潛消陰盛之譴則升平可致矣三曰除壅蔽臣謹按漢天文志熒惑南方爲禮爲視禮虧視失則罰見之又太微天廷熒惑守之爲亂臣在廷之象陛下恭畏自將動循典法固無一不合乎禮矣意者萬事幾微或未盡察羣情邪正或未盡知故上天因之以示戒乎夫視之不明是謂不哲洪範五事之證昭然可考臣願陛下體重臣之照炳獨斷之明察事幾于朕兆之先燭物情於隱伏之際使姦邪不能壅蔽則火得其性而災害熄矣四曰去貪殘臣觀春秋威公五年秋螽說者謂貪虐取民之所致漢光和元年蝗蔡邕謂貪虐之所致曩者權奸當國寵賂日章州郡監司掊克取媚愁苦之氣干盭陰陽餘毒遺殃殆今未歇比者固嘗遴監司之選重贓吏之罰而守令貪殘者尚多苞苴餽遺者未戢臣願陛下明詔大臣推行臧否之令申嚴賄賂之禁庶幾民瘼可瘳而天變可弭也昔者成王悔過天雨反風景公一言熒惑退舍宣帝因雨雹而躬親萬幾太宗因旱蝗而益施仁政致治之效於今可睹陛下誠能側身修省于其上大臣誠能同心燮理于其下則轉異而祥反掌間耳抑臣復有獻焉夫天人一理感通無間民氣舒慘則天心應之三數年來生靈窮困可謂極矣淮民流離死者什九僅存者饘粥弗給旣斃者亡所蓋藏陛下軫恤之仁無往不至而有司奉行未得其術江淮之間以人爲糧者猶自若也欲望災沴之消其可得乎側聞兩淮蹂躪之餘種麥亡幾誠恐風傳過實或誤宸聽謂麥熟爲可恃而不得廣爲賑捄之策又聞廣南數州粒米狠戾臣願斥內帑封樁之儲及今收糴以濟其饑是亦振救之一端也方今元元之命寄于陛下倒懸之急近在目前幸哀憐而亟救之庶幾人心可回而天意自解不然愁歎日滋變異日熾臣未知其所終也意切言狂罪當萬死

辛未十二月上殿奏劄一　前人

臣聞知父母之心者可以知天心知人君之道者可以知天道蓋父母之於子也鞠育而遂字之仁也鞭扑而教戒之亦仁也君之于臣也爵賞以褒勸之仁也刑罰以聳厲之亦仁也天祐民而作之君其愛之深望之切無異親之于子君之于臣也故君德無愧則天爲之喜而祥瑞生焉君德有闕則天示之譴而災異形焉災祥雖殊所以勉其爲善一也天之愛君如此爲人君者其可不以天之心爲心乎臣伏覩近歲以來旱蝗頻仍饑饉相踵陛下嚴恭寅畏不敢荒寧憂閔元元形于玉色上天降康遂以有年亦足以覩感格之效矣而比者乾度告愆星文示異洊疊見于清臺之奏謂陛下躬行之未至與則豐穰之應若何而致之謂陛下躬行之已至與則象緯之災又何爲而數見也天道幽遠人所難知臣切思之意者皇天祐宋之心欲陛下不以積年之憂患易忘而以目前之喜爲僅足其愛之深望之切爲何如耶夫宮庭屋漏之邃起居動作之微一念方萌天已洞見陛下誠能守兢業之志防慢易之私孳孳服行屢省毋怠則將不待善言之三而有退舍之感矣況今年雖告稔民食僅充然荐饑之餘公私赤立如人久病甫獲瘳而血氣未平筋力猶憊藥敗扶傷正須加意朝廷之上未可遽忘矜恤之念也恭聞間者內廷屢蕆醮事固足以見陛下畏天之誠然而修德行政者本也禬禳祈請者末也舉其末而遺其本恐終不足以格天矧今冬令已深將雪復止和氣尚鬱嘉應未臻此漢人所謂天有憂結未解民有怨望未塞者也臣愚

不佞伏望陛下體昊天仁愛之意思星文變動之由延訪近臣勤求闕失推行惠政以活斯民則愁嘆銷于下而休徵格于上矣詩曰敬之敬之天維顯思命不易哉惟陛下留神毋忽

八月一日輪對奏劄　前人

右臣比者恭覩御書于太廟因雷雨之後鴟吻損動明詔有司避殿減膳有以見陛下寅畏祗懼之心然臣博觀六經載籍之傳及秦漢以來史傳所志自非甚無道之世未聞震霆之警及于宗廟者魯之展氏人臣耳己卯之異春秋猶謹書之蓋雷霆者上天至怒之威宗廟者國家至嚴之地以至怒之威而加諸至嚴之地其爲可畏也明矣古先哲王遇非常之變異則必應之以非常之德政未嘗僅舉故事而已今自避正朝損常膳之外咸亡聞焉或者因已妄議陛下務爲應天之文而不究其實矣况禮文所在又有可議者乎且震霆之作孟秋之癸丑也越旬有四日而恐懼修省之詔始放避殿減膳之舉孟秋之丁卯也甫二日羣臣祈請之章已上夫以蹈故循常之文非甚難舉者然猶浹旬而後行甫信宿而遽已何其自責之約而自恕之多乎陛下節儉之誠出於天性其在平日尚不以卑宮菲食爲難况于畏威省咎之餘少舒徐之何所不可而匆匆若是借曰禮文之末非所以格天然文之不存實于何有今也誠意弗加動皆勉强苟塞己責徒揜外觀以此動人猶且不可而况于天乎廼者孟秋之朔流星示異其占爲兵憂而上下恬然若不聞之故相距才九日而震霆之變作夫示之以星象之飛流亦云切矣而陛下不知戒于是儆之以震霆又加切焉天于我國家欲扶持而全安之其心至惓惓也書曰惟先格王正厥事臣願陛下內揆之一身外察諸庶政勉進君德毋以豢安養逸爲心博通下情深求致異名和之本庶幾善祥日應咎徵日銷惟天惟祖宗所以望陛下者實在此臣不勝愛君勤拳之心謹錄奏聞伏候敕旨

直前奏劄一 癸酉十月十一日上　前人

臣聞劉向有言曰祥多者其國安異衆者其國危天地之常經古今之通誼也臣切究其指以爲不然蓋祥多而恃未必不危異衆而戒未必不安顧人主應之者何如耳伏觀今歲以來咎徵荐至二月宜燠而飛雪沍寒其令如冬六月宜暑而積陰驟凉其令如秋地宜安靜而有震搖之變水宜潤下而有漂涌之災則陰陽猶失節也迺九月丁巳星隕于晝其占主益十月戊戌流星出昴其占主夷則象緯猶告愆也有一于斯皆宜儆懼而况重之以震霆之異乎昔景祐五年雷發孟春仁宗皇帝即下求言之詔凡聖躬闕遺臣下阿枉與夫政教刑獄之失薦紳百僚咸得悉言所以通下情名和氣也今陛下自視何如仁宗冬雷之警甚于孟春而求言之詔未頒政令臧否何由悉見四方利害何由盡聞羣臣邪正何由徧察雖震懼之言不絕于口憂勞之念日切于心臣猶以爲未也夫天之愛陛下如慈父誨陛下如嚴師褻而不嚴則愛有時而弛黷而弗戒則誨有時而倦惟陛下考祖宗之已行思所以通人情察民隱進忠直斥佞諛使善政日新至和自應此祈天永命之一事也

名除戶書內引劄子一 九月十三日選德殿　前人

臣聞當天命已定之餘而不忘戒懼者三代令王之所以長世也當天命未定之時而遽忘戒懼者後世人主之所以不克終也臣嘗讀書而得基命定命之說竊以謂周之文武基命者也若成王則命已定矣而周公作詩以戒王乃曰宜監于殷駿命不易又曰命之不易無遏爾躬召公作書以戒王亦曰王其德之用祈天永命又曰欲王以小民受天永命夫周至成王再世耳而文武之功配天罔極天命烏乎而遽止亦豈待祈而後永耶及觀太康之于夏太甲之于商僅一再傳而一則以盤游失國一則以欲敗度縱敗禮而幾失之天未嘗以禹湯之烈而私其子孫也是以謂之難諶是以謂之靡常然後知二公惓惓之忠非過計也然則繼守成之主其可以天命已定而忽之哉厥今天下何時也臣以爲天命未定之時也夫自藝祖基肇造之命而太宗定之高宗基中興之命而孝宗定之聖子神孫繼繼承承于千萬年命之定也久矣而臣以爲未定者蓋觀皇矣之詩而知文王受命之由方天厭商亂而求民之定也始則觀之二國焉求之不獲而又觀之四國焉其德皆莫若文王者于是睠焉西顧命之爲中夏主夫豈苟然哉今中原俶擾天之簡求民主茲惟厥時使吾之德足以當天心天必不舍而他界也苟吾之德未足以當天心天必轉而他之矣臣故曰此天命未定之時也嘉定中臣繆直禁林是時韃日以興金日以削嘗中夜彷徨而起曰此吾國安危將判之秋君臣上下恐懼修省之日也于是進祈天永命之戒寧宗皇帝優容在暬嘉歎再三而權臣寡識憎不之省自是二十餘

年德政未嘗增修人心惟益咨怨所謂祈天永命之言直視以爲遼闊而欺天罔人之事則益甚焉是以譴告頻仍災害酷烈錢塘巨浸莽爲沙磧天台皆雲州化爲湖而都城之災則九曠古所未有他如彗孛飛流之變無歲無之盜賊兵燼之厄幾半天下吾國之勢蓋岌岌然上賴九廟之靈權臣殞命陛下親政英明果斷薄海聳觀而于外攘內修之政未及大有所爲金遼以滅告矣羣雄虎爭猛敵森銳豫備深防所當汲汲內顧根本猶有可虞而邊臣匆匆或假和以紓患或恃戰以成功臣以爲皆非至計也昔人有言凡舉大事必順天心夏秋以來積陰多雨陽澤勿競而乾文示異數見于清臺之占因人事以推天心殆有甚可懼者臣是以復進祈天永命之說也然所謂祈者豈世俗禬禳小數諂瀆鬼神之謂也稽諸召誥曰敬德曰小民而已傳有之敬者德之聚能敬必有德近世大儒皆謂敬者聖學之所以成始成終也陛下聖學高明固嘗以毋不敬之言揭諸宸坐朝夕仰視如對神明然所以害吾敬者則不可不察也儀狄之酒伐德亂性此害吾敬者也南威之色蕩心惑志此害吾敬者也陛下于此心惕然自省曰沈湎冒色婦言是用昔人之所以自絕也其可不戒乎侏儒之戲滑稽之談此害吾敬者也陛下于此心肅然自持曰優笑在前賢才在後昔人之所以取亡也其可不戒乎鄭聲之淫佞人之殆有一于此皆足害敬放而遠之不可以不嚴盤游之樂弋射之娛禽獸之珍狗馬之玩有一于此皆足害敬屏而絕之不可以不力如此則陛下之心清明純粹萬善出焉則又反而思之曰朕自卽位以來爲權臣所悞其失有幾凡聖心之所未安者卽天理所未安也改之其可以或吝則又稽于衆曰朕言動之不中道政令之不合宜者其事有幾凡人情之所未允者卽天意所未允也更之其可以或後蓋一念之愧不敢安此敬也一事之戾不敢忽亦敬也謹之于心術之微而發之于踐履之實必如湯之日躋文王之緝熙中宗之嚴恭寅畏然後謂之無不敬此祈天永命之一也然召誥旣曰敬德又必以小民參之何邪蓋天之視聽因民之視聽民心之向背卽天心之向背也權臣用事以來戕賊元元殆非一事蓋其始也易楮幣易鹽鈔顓用罔利之術而峻繩下之刑估沒編隸濫及無辜而民怨其中也黜忠良而進貪刻舉赤子以付豺很遠近嗷嗷恬不以䘏而民益怨其末也廉恥道絕貨賂公行以服食器用爲未足而責之以寶玉珠璣以寶玉珠璣爲不足而責之以田宅契券希指求進者雖殺人于貨亦所忍爲而民大怨矣江湖閩廣三衢之盜相挺而起生靈荼毒幾千萬人戶口減少殆什七八幸而無盜者又以官吏爭自爲盜田里荒寂州縣蕭條亦無異於綠林黑山之所蹂躪也可勝歎哉仰賴陛下布端平之詔一洗而新之然狃於舊習者鮮爲革心之圖困於虐政者未被息肩之惠蓋賄道雖窒而昔之賄進者尚存贓吏雖懲而贓多者或反漏網加以邊事旣興江淮之間科調百出所至騷然民不堪命遠而襄蜀抑又可知臣恐非所以培本根壽命脈也陛下至仁寧忍聞此臣願聖志惻然興念申頒詔旨凡郡邑掊克之政邊關科調之擾悉從禁止敢違命者必罰無赦至於行都近甸爲沐浴雨露之首而楮輕物貴爲生孔艱愁歎之聲在在而有書稱文王惠鮮鰥寡皆窮悴之人奄奄就盡惠澤所及鮮然咸有生意此海內所望於仁聖之君也宜命近臣條舉便民之畫如魏相所上詔書二十三事者以次行之此祈天永命之二也易曰天之所助者順人之所助者信是以自天祐之吉無不利陛下眞能敬德於上而使斯民懷生於下則人心悅而天意順恢拓之本其在斯乎陛下春秋鼎盛聖德日新惟益懋敬焉一陟一降在帝左右一游一衍若與天俱強勉力行慾久不息以迓續休命於無窮乃睠南顧當有其日中原故物終爲吾有若徒以力求之而不及其本天意難測臣實憂之昔梁武欲取河南嘗自語曰吾之事業有如金甌脫致紛紜悔之何及徒以乙卯之蔓羣臣之諛不能自克卒隳金甌之業追迹梁武平生所爲違天悖禮何可勝數無得天之實而希不世之功其失宜哉臣區區所陳本於周召聖賢典訓必不悞人且前日嘗以告先皇今敢不以告陛下臣之愚忠壯老一心惟聖明裁察

江東論奏邊事狀 節　前人

詩曰敬天之怒無敢戲豫敬天之渝無敢馳驅自昔未聞簡忽天變而無禍者政宣之世災異數見大星如月徐徐南行日黯無光洶洶欲動赤氣犯斗木冒都城當時羣臣恬不知警方且以怪孽爲嘉祥變異爲休徵此上不畏天戒其失三也

欽定古今圖書集成曆象彙編庶徵典

第十四卷目錄

庶徵典第十四卷

庶徵總部藝文三

瑞異小序　元經世大典

古人有災異則謹書之所以儆天戒而思患豫防也而祥瑞或缺不書者恐善佞者之生侈心焉今災祥並置以考休咎之徵故簡牘有存者悉書之

順天道疏　許衡

三代而下稱盛治者無若漢之文景然考之當時天象數變如日食地震山崩水潰長星彗星孛星之類未易遽數前此後此凡若是者小則有水旱之應大則有亂亡之應未有徒然而已者獨文景克承天心消弭變異使四十年間海內殷富黎庶樂業移告訐之風爲醇厚之俗且建立漢家四百年不拔之業猗歟偉哉未見其比也秦之苦天下久矣加以楚漢之戰生民糜滅戶不過萬文帝承諸呂變故之餘入繼正統專以養民爲務其憂也不以己之憂爲憂而以天下之憂爲憂其樂也不以己之樂爲樂而以天下之樂爲樂今年下詔勸農桑也恐民生之不遂明年下詔減租稅也慮民用之或乏懇愛如此宜其民心得而和氣應也臣竊見前年秋孛出西方彗出東方去年冬彗見東方復見西方議者咸謂當除舊布新以應天變臣謂與其妄意揣度曷若直法文景之恭儉愛民爲理明義正而可信也天之樹君本爲下民故孟子謂民爲重君爲輕書亦曰天視自我民視天聽自我民聽以是論之則天之道恆在于下恆在于不足也君人者不求之下而求之高不求之不足而求之有餘斯其所以召天變也變已生矣象已著矣乖戾之幾已萌而不可遏矣猶且因仍故習抑其下而損其不足謂之順天不亦難乎右六者難之目也舉其要則修德用賢愛民三者而已此謂治本治本立則紀綱可布法度可行治功可必否則愛惡相攻善惡交病生民不免于水火以是爲治萬不能也

四靈賦　林同生

乾清坤寧聖作物覩當四靈之畢來知萬物之得所欽惟皇上纘祖之武敷和氣于兩間播仁風于萬宇九淵之龍午騰高岡之鳳時翥麒麟在郊神龜在渚

緊泰和元氣之所鍾惟體信達順之所使彼昭昭之爲靈驗皇德之遐著今夫神龍之英鱗族莫前或吟於風或奮於淵昔龍師之紀號彰瑞物於萬年宣大易之取象首八卦而爲乾不有斯靈象數何先又若鳴陽之鳥集於高岡五音雝雝五采煌煌阿閣之遊嶰谷之翔雌雄和奏自成宮商使軒轅之作樂成律呂之短長不有斯祟制作未詳又若神龜見洛粲粲朱衣呼煙吸霧靈液霏霏綠文一出爲偶爲奇揭我九章示我民彝不有斯靈大範孰知又若麒麟在郊萬彙之英其象昭昭其角振振當周南之化美訖春秋之文成或播之詩或筆之經不有斯靈聖道何明雖然靈不自靈因人而靈聖人不作靈物不興千載一時見於當今無爲而化至治惟馨天不愛道甘露時零地不愛寶醴泉以生四靈駢萃宇宙文明而且賓興多士霧集雲從振關西之鳳起南陽之龍元龜五總舉眞儒之用麒麟在閣圖當代之功使盛德之士同乎四靈者又可以彰聖治於無窮

四靈賦　林仲節

維大鈞之播物差變化之不同雖偏塞之有間亦和粹之或鍾伊百獸之孰靈曰麟鳳兮龜龍其靈伊何爲瑞孔多或出魯而降聖或鳴岐而應和或浮洛而薦瑞或出河而負圖德感而應者與二南之詠樂成而儀者紀帝典之書九江納錫昭上貢之盛六御時乘應乾德之符其爲物也或毳而慈或羽而儀或鱗之長或甲之奇麟之爲靈也角不以觸趾不以踶蟲有生而不踐草必黃而後蹐麟兮麟兮著于春秋兮詠于詩鳳之爲靈也體乃象德鳴兮應時非竹實兮不食微岡梧兮曷棲鳳兮鳳兮文明之祥兮匪德之衰龜龍之靈也神以妙物澤以及時或守國以紹明或雲從而天飛龜兮龍兮神化之盛兮楷易而可知粤若先民傷時思昔紀禮運以成書表四靈之爲德匪罝網之可求豈阱擭之能執若爲畜而可馴乃至和而自臻彼昏不知孰明斯義誇元符之瑞浪傳一角之奇紀五鳳之元徒取羽毛之異元君入夢騶畸說之荒唐夏櫝藏漦沙紀聞之茫昧下有繼誕之徒曲學之士東晡而食語有奇而不稽藻棁以居禮雖盛而匪智引笙而下料王子之空談網梭而飛嗤曾人之妄議蓋故實者不求史傳之支離而必明經典之所指乃知禮經之言所以傷今思古而想像乎四者之爲瑞也辭未竟客有謂余者曰子徒知昔人傷今思古而不思推古以證今也四靈以爲畜則王者可制禮樂豈無其事而虛語哉洪惟聖神御四方而正四國張四維而立四極居四大而順四時敷四瑞而體四德乃若四者之應則麟鳳之在郊龜龍之在沼振振蹌蹌蜲蜲蛇蛇而不知其幾也今子徒騁五經之緒餘而不覩文明之盛事辨紀傳之荒誕而不鑒德盛之所致誠下國之鄙人也賦者于是逡巡而起改容而謝乃續而爲四靈之歌曰麟兮仁兮鳳兮文兮龜龍神兮今世之珍兮禮樂斯興道厥淳兮於赫盛德維皇元兮

賜劉基書　明太祖

皇帝手書付誠意伯劉基近西蜀悉平稱名者悉俘于京師我之疆宇比之中國前王所統之地不少也奈何元以寬而失朕收平中國非猛不可然歹人惡嚴法喜寬容誘罵國家扇惑是非莫能治即今天象壘見且天鳴已及八載日中黑子又見三年今秋天鳴震動日中黑子或二或三或一日日有之更不知災禍自何年月日至卿山中或有深知曆數者知休咎者與之共論封來前者令人捧表至京忙忘問卿安否今差剋期往卿住所爲天象事卿年高家處萬峰之中必有眞樂使者往而回勿費以物茶飯發還

洪武四年八月十三日午時書

諫祀玉皇疏 節　商輅

竊惟聖上嗣守祖宗大業十有三年夙夜憂勤圖惟治理天下之人無不感仰聖德視前代嗣統之君遠過萬萬是以天道協和雨暘時若休徵必應而妖孽不作也夫何近年以來災變日多去歲宮門火災秋大雨水一冬無雪今春嚴寒河冰重結郊祀之祭大風怒號二月朔望日月連蝕南京地震陝西天鳴即日又有妖物害人之異此皆陰盛陽微非常之變也夫天道不遠感召在人觀此則今日人事不修德政之有虧軍民之怨困莫伸國家之事變叵測不言可知此誠皇上側身修行之時所宜深省遠慮以安宗社爲念增修德政講求闕失疎遠押昵節省冗費以回天意可也

上封事者言兩漢賢良多因災變以詢訪闕政今國家受瑞建封不當復設遂詔罷制舉　何喬新

古之聖王設諫鼓立謗木惟恐一德之未修一政之或闕也帝舜之世以言其治則庶政惟和矣以言其民則四方風動矣以言其瑞應則鳳凰來儀矣然帝

之命禹曰予違汝弼曰汝亦昌言禹嘗以治化已隆而忘求諫之誠哉眞宗之世僅可爲小康耳一旦以受瑞建封遽罷直言極諫之科何其不思也且所謂瑞者何瑞乎以聖祖之降爲瑞耶則出於黥卒所言以天書之降爲瑞耶則出於憸人所造以紫芝白鹿嘉禾瑞木爲瑞耶則出於諛臣所上求所謂庶政惟和四方風動鳳凰來儀者無有也當是時蝗飛蔽空非災變乎歲旱民饑非災變乎帝雖詢於芻蕘未足以消沴致和也顧乃罷制舉以自塗其耳目是猶尪瘠之人黜和扁屏藥石而語人曰吾身康強耳嗚呼爲此說者何人歟殆孔子所謂一言可以喪邦也歟

帝以災變避殿減膳徹樂王安石言於帝曰災異皆天數非人事得失所致　前人

天人相與之際未易言也然洪範著休咎之徵春秋書災異之變蓋欲君天下者覩災而思咎耳古之英君誼辟一禨祥之見輒惕然曰豈吾德之或愆乎一草木之妖輒矍然曰豈吾政之或缺乎曷嘗諉諸天數而不知省哉王安石以通經學古自負其於洪範春秋之旨考之熟矣災變之來君未知警猶當胥誨胥告使畏天威以保天命可也今者君有警懼之心而安石反進邪諂之說是逢君之惡也是婦寺之忠也豈古之大臣格王正事之道哉嗚呼安石背經叛道如此眞聖門之罪人哉

九水七旱論　徐芳

災祥之生其本在人而天末焉故治世多休徵亂世多咎徵非獨氣數也以其主德之修悖氣之和沴象之喜怒而應殊焉休咎之分天之所以賞罰人主也世傳堯湯有水旱之患而其爲數一九年一七年噫何天之怒兩聖人如此也堯以欽明恭讓之姿爲諸侯所戴用代摯位置諫鼓謗木以達上下宅羲和巡方岳以若昊天熙庶績一民饑曰我饑之也一民寒曰我寒之也其於圖治可謂切矣有夏昏虐湯應徯我后之望出生民塗炭昧爽丕顯作風愆之戒儆於有位其欽崇天道可云至矣何不德以干天之怒如此也書記庶徵休咎以恆雨歸之於狂恆暘歸之於僭言水旱雨暘之恆可知矣堯其爲狂湯其爲僭乎且七年九年則咎又不止於恆也堯湯即不德一二年之災足以儆矣何天怒之深而降之罰如此其極也春秋謹嚴天戒故災異必書漢儒董仲舒劉向又雜摭事應實之如魯隱公九年三月大雨以爲公子翬篡逆之兆僖十一年夏大旱以爲作南門勞民興役之致雖頗牽合於義爲近也堯之時協和矣於變矣康衢歌而越裳貢矣湯代虐以寬撫綏訖萬方而末懷在兆姓於其時不可謂不治也宜於氣有和而無沴於象有喜而無怒矣而變若此豈天人感應之理至兩聖人獨爽與且災之類不一水旱爲大春秋二百四十年書旱雩十八大水六凡皆日月之恆耳惟文公二年自十二月不雨至秋七月則特書十年自二月不雨至七月又特書以其歷時久而災之甚也無論春秋自羲軒以來今數千年未有水旱之患自二三年至七八年之久者今以數千年昏朝暴主所無之變獨兩見於堯湯之世何其待兩聖人偏苛而所以禍兩聖人之民者偏苛且酷也是數者雖明理洞數之儒莫能得其解焉即以問之天天亦將無以自解也而竟有之何耶曰非也所云七年九年者誤耳曷爲誤傳之者誤也按古史堯六十一載甲辰命崇伯鯀治水閱九載績用勿成是歲黜之歲癸丑舉舜而後殛焉是所謂九年水者壅閼未乂之水非天災霪潦之水也商紀湯乙未滅夏即位至七祀辛丑大旱禱於桑林而雨是所謂七年之旱者自乙未至辛丑當爲七年非自一至二歲歲相續之旱也堯十九年嘗命共工治河矣當元圭未錫之先堯之天下無歲無水患不自九年始也又十一年癸亥而告成功亦不自九年終也堯在位百年自始即位以逮平成即謂堯有數十年之水可也湯自桀三十八年戊寅嗣侯至乙未代夏凡十八祀辛丑大旱之歲二十四祀矣以稱王之年累之數當爲七通侯服計之即謂湯有二十四祀之旱可也世俗不察事之本末時之久近差之貿然無所尋繹但於書得九載罔績之說則曰堯九年水矣於商史得七年桑林之禱則曰湯七年旱矣沿襲益久訛謬益甚有言災之甚者必舉此實之夫使堯之時恆雨霪潦之患果至九年而鮮粒胥絕民即勿問而堯且不免於魚矣亳都土燥壤瘠非荆揚澤國之比使湯之恆暘亢暵歷二三年而人將相食天下且胥鋌而走也何待七年而湯又得而治之哉且遇災而懼中主猶然湯七年始禱命旱止五六年而竟將無禱也其玩天變亦甚矣何以法後世而稱敬天勤民之主耶知傳者之誤則向之疑皆可釋矣山氓有祀神者一修髯岐而五曰伍子胥一婦人靚妝曰杜拾遺意以胥爲須遺爲姨云以音訛拾遺可姨伍胥之須宜岐而五也堯湯之九

水七旱是亦伍鬚十姨之類也

奏修省自劾罷黜疏　呂柟

臣伏覩皇上因天示戒變服御門令百官同加修省先日又傳聞皇上將端午諸戲令俱停罷臣仰喜聖心之畏天俯懼臣職之未修竊見自嘉靖元年以來元日折象輦之軸陰風拔獸吻之劍臘月雷電交作新正南北同震山陷地坼晝晦天霾委的變異非常不止久旱宜屢大君之恐懼乃示羣臣以修省臣竊惟天道與人事交通主德與臣職相係臣官階雖卑職在以經術道義輔主上於聖神伏自供職以來痛加修省不職者十有三事謹列上陳自求黜退臣聞學問常天心亦悅不常庶民且議先皇帝經筵又日講後被讒邪聲色蠱惑講論間斷奸逆縱橫社稷幾危而不知陛下所親見也奈何今年講書少於去年去年講書少於元年今三月初講四月罷講若計一歲不止一暴十寒陛下自視天資比湯文孰優湯且日新文王且不已矧陛下年在幼沖豈可作輟違天所眷臣自省講說不足以歆其好忠誠不足以動其樂其不職一也我明有天下者皆仁祖淳皇帝后誕育高皇帝之功可當百世不遷之祖每年四月十六日二十二日忌辰也臣於元年二十二日適講虞書三禮口奏是日講書宜著黲服罷酒飯存忌辰其言未行當年六七月間鳳陽地方大風拔木數百大水漂人萬家切近孝陵至今爲災不已乃陛下尚不覺悟又於今十六日百官朝服賀上章聖皇太后徽號夫仁祖高祖之靈與天地通其忌日不憂已矣又以爲大樂可乎書曰高后丕乃崇降弗祥其謂是哉臣痛自修省是皆論說未能懇惻所致不職二也陛下欲追祭本生皇考恭穆獻皇帝於奉先殿西側空室臣已嘗同侍讀湛若水等據經論奏昨見切責九卿所議至有再違不饒之語禮工二部懼而遵行大學士蔣冕執奏又未即從夫廟有定制自虞夏商周至今然也空室之舉既非七九之數又非世室之名必欲行之祖宗在天之靈豈能安乎漢光武立四親廟於洛陽一間中郎將張純爲人後者爲之子降其父母不得祭之言遂罷其廟使守令侍祠臣言不能如張純之動主不職三也獻皇帝生有興國社稷人民受之祖宗者也乃忽沒其邦名如售爲士庶人然雖加殊號却是後來虛名又字義興起也盛也旺也若天默定使陛下以有天下之地也今而沒吉兆恐不可且有二統之嫌夫陛下入繼大宗已考孝宗今又考獻皇帝詔書又加章聖皇太后聖母凡兩聖字昭聖皇太后先有聖母字後又沒之輕大宗重小宗分明二本臣亦嘗同湛若水奏明宗法其言反不如冷襃張純輩之能行不職四也往在正德間用人惟貨惟讒故盜起奸橫幾至亡國陛下中興似更新之矣乃治不加進亂不加退說者謂奔競之風雖抑而未息節義之士雖錄而不用舉者或挾恩劾者或帶讐柄用者或避怨則亦不敢謂不然也臣不能數陳修身取人之道不職五也孔子曰見義不爲無勇非其鬼而祭之諂也諂則不福無勇則失義傳聞有設齋醮以惑陛下者壞人心杜聖道傷國用莫此爲甚臣不能開崇正道以勝其邪說不職六也召虎曰防民之口甚于防川而况于防臣之口乎今諸臣言傷切道者或謫戍或削籍或罰俸少忤其意輒伺其私雖在師保視若尋常未幾一年大臣去者六七陽無誹木諫鼓之設陰有衞巫監謗之漸結忠臣口緘諍士舌禍患將興而不聞危亂已萌而不知譬之一身氣血不能周流則肢體麻木譬之兩儀上下不能交泰故雨暘愆期而臣職在經帷且不能以達兄彼疎遠者哉痛自修省不職七也方今江淮廬鳳之間水旱相仍饑饉連歲父殺其兒而食其肉子刃其母而啜其血若乃兄弟相割夫妻相噬親戚剽掠則以爲常矣天理民生斲喪無餘古今罕見之災也而賑濟之權假手於奸佞之輩其地方貪黷官吏叙遷如常故煑粥則粥殺人散銀則銀誤人積骸成丘殘屍如莽報無虛日書稱高后之言曰曷虐朕民臣手不能如鄭俠畫圖以獻不職八也夫民之貧困至此極矣故雖漕運額米亦折少半以濟荒乃今戚畹奄寺土木之役動以千萬口日三升不及半歲京通二倉已耗十二今歲不雨來年不收且勿論兵民人等即百官諸臣豈能空腹以事陛下乎臣頃分足食之書瀕講而能不能陳其故以救饑殍不職九也夫民之無食猶其無衣也奈何又差內使織造東南是速之死也又行賑濟是刳其腹心補其爪髮抽其皮骨與之飲食也臣自修省不能如仲山甫之衮德以補衮衣之闕其不職十也邦之刑法所以懲不軌詰奸慝也今或拔逆十惡罪通於天陰行賄賂緩誅欲釋使爲善不知勸爲惡不知畏以致寒暑失正風雷不時書稱天討有罪臣誠未能講行其不職十一也昔先皇帝傳奉太濫近衞之籍動以萬計陛下即位已釐革其

半曾未幾時仍開傳陛之門非貴倖之弟姪則勢要之親屬也故祿薄月增其數倉算日減其儲此輩勇不足以敵愾智不足以經國乃使靡費民膏如此則雖彼類之有勞績才略者亦恥與伍班臣不能講爵罔及惡德之書其不職十二也內弭盜賊外禦彊敵所恃者兵兵之不壯豈士卒之過哉抑衣糧以折差出資裝以買間躐首級以救生一遇鉦敵是夷其股使跨馬折其肱使彎弓彼且不爲賊擒者幾希臣故曰用千略不如用一廉用百計不如用一慈然方欲講足兵之書而未能上其不職十三也夫不職之事有一於此皆卽可黜罰況臣所負至十有三事者乎或曰階卑集議不及任輕言責不係可自寬也且修撰十有七年矣默待修書成而去亦可但臣念官聯史局懼虧陛下他日之名職在經筵恐玷陛下今日之德故願如史佚並周召於成王之世不敢爲聚子皇甫䀡詩人之重刺也故如臣者先行能黜庶君德有英俊以成就天戒卽頃刻可消弭而陛下亦不可不以自爲修省之實也

弭災祛疾疏　鍾羽正

臣聞天事極象變不虛生竊見近日災變蓋至甚矣陰霾冥晦亢旱驕陽星隕大光否塞昏瞀天心仁愛豈其無因而有此警陛下方以眩暈動火朝講久虛雖聖諭諄諄係心民瘼然不聞出大當扆與三公九卿面相儆戒商確斡旋調燮之方天道神明固不可以虛辭動也日者在廷諸臣竭誠進陳陛下一切留中人心眩惑不知皇上有概於中耶抑妄其言爲不足采耶夫使羣臣言而盡妄不宜妄者之盈朝也使其不妄而弭災祛疾忠猷讜論皆在陳說中陛下何忍置之乎陛下一聽臣言臣竊謂弭災祛疾原無二道勤政卽所以保身制情卽所以養心身心理而天意民生皆可轉移機相因也請言保身臣敢以水喻夫水也出山泉則清達凋泄則清激流波赴大壑則益清假令塡閼下流則塵濁聚沫不能清矣人身之血脈何以異此是以人君晨朝聽政淸晝咨詢凡以鼓舞心神節宣元氣勿使有所壅閉滌底爽其常度乃至日昃宵衣而君體益康壽源淳固未聞以勤政而致疾者也今陛下居重宮之中享溫肥之奉偃仰逸豫恬愉而不出久之則血脈澳濁噓唏煩醒飲食之滓液滯而不融痰飲注於下淸氣遏於上雖欲無疾不可得已諸臣陳說殆無虛日而皇上一切不報則猶未知聖意所存是以懷款款者皆思一效其愚皇上何不翻然一旦聽納其言數臨朝講盡發留中之疏使人欣慰恍如披雲霧覩青天傳之四方書之史冊爲萬世談頌美盛不勝企望之至

懷郡三瑞集序　崔銑

夫迅乎善之達也珍乎吏之良也積予二紀之所見懷民其殆矣哉跐於寇虔竭於官漁刼於閹戚日者人患少損而天乃災之旱蝻遺畝蝗蝕餘穗壯者樂士是往疫者連村或盡己丑歲一泉王子宗周來守甫踰年而有瑞麥又踰時而有瑞禾瑞瓜歲則熟亡則還民乃與王子立方而不漏執介而莫奪宜民者行厲民者罷體周物我順洽遠近災奄化祥枹落聲答於是乎譽騰而寵錫既而錄薦剡臬頌章揖揖乎成帙矣嗟乎造化之機闔闢相推則災祥日出炎可鑠金而姤生焉寒適裂膚而復生焉是故聖狂轉念於杪忽臧否改迹於云爲和戾易轍於祇味休咎交徵於物類王子愼守哉

修省疏代　鍾惺

具官臣某一木爲景運方新天心示警懇乞聖明亟爲修省以消隱患以光初政事臣聞天地人物之妖靈蠢動植之眚自古有之其情形不同同謂之災災之不常有者謂之異惟習之爲常則恬然不能有所動駭之爲異則瞿然足以有所惕天之警人不於其常而必示之以異自然之理也今皇上纘緒御極雖在泰昌元年之九月其以天啓改元則自今歲辛酉始辛酉之歲曾幾何時而遼東以日暈告矣京師以風霾告矣臣不敢以占候家幽隱之言論其至頤者日君之象也暈則其徵爲蒙爲塞何以不於京師而於遼東也若曰蒙塞之徵極於邊疆而其源始於京師可知也風四方之象也霾則其徵爲昏爲震何以不於四方而於京師也若曰昏震之徵始於京師而其流必及於四方可知也雖然自神祖末年靜攝已久其妖變屢見疊出蓋有不止於今日所告者修省之疏中外臣工無時無之亦無人無之而淵默之中渠乎其未有省也其故何也災異之事一見則駭目至再至三以至於無數則以習見而不之怪矣修省之言初聞則悚聽至再至三以至於無數則以爲習聞而不之驚矣今此二事者交集於皇上改元之初異乎不異乎改元之初而且不出一二月之內異乎不異乎同一災異之與神祖所習焉不以爲異者恐皇上欲復狃之以爲常而不可得也除臣下痛自

刻責各修職業各捐意見務偕大道以襄助盛治開濟時艱外皇上但思日暈之在遼東者乃天啓元年一二月內之日變而不敢以神祖時之日變視之思風霾之在京師者乃天啓元年一二月內之風變而不敢以神祖時之風變視之又思象見於遼東其源決不自遼東而起象見於京師者其流決不自京師而止雖春秋書災異不書事應欲人君無所不謹而外計全遼之指歸若何料理兵食若何懷戢文武若何修明賞罰內計綫輔之標本若何撤宮府之藩若何破水火之形若何妨釜鬵之隔又豈待臣言之畢哉皇上與諸臣工勿謂探策方始袞闕無多不足以致天變之踵至而厚集也有數十年之尤悔一念成之有餘一二事之愧怍千萬世補之不足交玩則妖雖小亦足爲隱禍之伏交警則變雖大適乃爲新政之助敬怠治忽之幾是在皇上一轉念而已臣某以負乘酉臺而代庖秩宗修省固有同責災祥尤得與聞謹效瑱規自同芹獻北面拜疏無任悚息危懼之至

庶徵總部藝文四 詩

正旦大會行禮歌　晉成公綏

嘉瑞出靈應彰麒麟見鳳凰翔醴泉湧流中唐嘉禾生穗盈箱降繁祉祚聖皇承天位統萬國受命應期授聖德四世重光宣開洪業景克昌文欽明德彌彰肇啓晉邦流祚無疆

水旱禱　唐蘇拯

禱祈勿告天酒漿勿澆地陰陽和也無妖氣陰陽俠期乃人致病生心腹不自醫古屋潛潭何神祟

和容南韋中丞題瑞亭白燕白鼠六眸龜嘉蓮　陳陶

伏波恩信動南夷交趾喧傳四瑞詩燕鼠孕靈褒上德龜蓮增耀答無私迴翔雪侶窺簷處照映紅巢出水時盡寫流傳在軒檻嘉祥從此百年知

無客迴天意　宋邵雍

無客迴天意有人資盜糧日中屢見斗六月時降霜有書不暇讀有食不暇嘗食况不盈缶書空堆滿牀

宮詞　王仲修

乘輿前殿退朝初玉案焚香午漏餘三省奏來祥瑞事編排付與內尚書

風雨歎　明李東陽

壬辰七月壬子日大風東來吹海溢崢嶸巨浪高比山水底長鯨作人立愁雲壓地壓不翻六合慘澹迷乾坤陰陽九道錯白黑烏兔不敢東西奔里人蒼黃神屢變三十年前未曾見東村西舍喧呼遍牒書走報州與縣山厎谷洶豺虎嗥萬木盡拔乘波濤洲沈島滅無所逃頃刻性命輕鴻毛我方停舟在江皐披衣踞牀夜復晝忽掩青袍涕雙透舉頭觀天恐天漏此時憂國兄思家不覺紅顏坐凋瘦潼關以西兵氣多胡笳吹塵塵滿河安得一洗空干戈不然獨破杜陵屋猶能不廢嘯與歌世間萬事不得意天寒歲暮空蹉跎嗚呼奈爾蒼生何

感事　顧夢圭

殷王禱桑林斷爪念愆咎春秋志災眚法戒垂不朽臺市布貞純何必生三秀筒有千歲龜不如人壽考煌煌寶鼎歌証協咸英奏鷃雀爲鸞鳳伊人獨顏厚

澇縣行　前人

入城半里無人語枯木寒鴉幾茅宇蕭蕭酒肆誰當壚武清西來斷行旅縣令老羸猶出迎頭上烏紗半塵土問之不答攢雙眉但訴公私苦復苦雨雹飛蝗兩傷稼春來况遭連月雨縣城之西多草場中官放馬來旁午中官占田動阡陌不出官租地無主縣中里甲死誅求請看荒墳遍村塢

雷雪行二首　前人

昨夜雷轟今日雪安德門前西路裂河南檄報人食子更聞飛蝗滿江浙千古高人魯兩生漢文謙讓流英名精衛年年負木石海中波浪何時平

犁方水旱歲不虛郡國正奈無倉儲何人建議募輸粟只恐未來民半無天子親耕后親織轉見民間多菜色明堂清廟事且遲一土一木民膏脂

老芝宮　皇甫汸

河清社鳴誕聖人握符纘曆靡瑞不臻天垂卿雲景星現地出醴泉澤變衍導禾六穗麥兩岐嘉瓜並蔕連理枝三足軒翥肉角嬉龜鹿雀兔咸素姿包匭驛貢費四馳芝草凝祥處處生獻廟忽產屋之楹瑤光瑩潔秀九莖銅池芝房惡足稱帝命作宮時享以報子孫千億昌嗣允紹

聞報　前人

已報旱雲連薊北更看洪水漲江東天高未鑒桑林禱河決難成瓠子功周制備荒儲九載漢家聞異策三公小臣亦願輸餘稅却奈歸田歲不豐

十月望十二月朔白舌舉鳴連日臘朔之夜雷電徹曉大雨兩月鄉村人來說虎食人經秋不

去　徐渭

萬曆十八年十二月之朔百舌聲聲叫如昨如朋喚友互答應乃是氣機使然諾百舌小鳥銜顯項使之敢不聽雷電本大物蟄藏已久矣何爲十一月徹夜殷殷令人驚電入我窗兩三劃我疑是燈還未滅起看燈花已落油已乾始知是電耳非關燈之殘氣候變遷亦常事山林老翁閑料理十月十一月連月苦大水十二月來還未止猛虎食人如食豕百物價高甯倍蓰我亦左聽右出耳信知十說九是詭不飲不啖拚已矣賓來賓去無將迎攜榼提壺見好情譴談不肥蒼毛塵偶語惟禁白玉京几筵屏帳無家火鞋襪衣衫多補丁噫嘻吁百鳥之語誰能解百舌鳴冬或報瑞年來世事惟反常常反惟安得公治來爲鳥譯出令人快我所解者提胡盧枝頭勸我鄰家沽提胡盧不知吾少青蚨

庶徵總部選句

漢劉歆甘泉宮賦孔雀飛而翺翔鳳皇止而集栖甘醴湧於中庭兮激清流之瀰瀰黃龍遊而蜿蟺兮神龜沈於玉泥

揚雄羽獵賦昔在二帝三王宮館臺榭沼池苑囿林麓藪澤財足以奉宗廟御賓客充庖廚而已不奪百姓膏腴穀土桑柘之地女有餘布男有餘粟國家殷富上下交足故甘露零其庭醴泉流其唐鳳皇巢其樹黃龍游其沼麒麟臻其囿神爵棲其林又上獵三靈之光下決醴泉之滋發黃龍之穴窺鳳皇之巢臨麒麟之囿幸神雀之林

劇秦美新文來儀之鳥肉角之獸狙獷而不臻甘露嘉醴景曜浸潭之瑞潛大茀經實巨狄鬼信之妖發神歇靈繹海水羣飛二世而亡何其劇與帝王之道兢兢乎不可離已夫能貞而明之者窮祥瑞迴而昧之者極妖愆上覽古在昔有憑應而尚缺焉壞徹而能全

連珠陽陰和調四時不忒年穀豐遂無有夭折災害不生兵戎不作天下之樂也

後漢馬融廣成頌軼越三家馳騁五帝悉覽休祥總括羣瑞遂栖鳳皇於高梧宿麒麟於西園納僬僥之珍羽受王母之白環

晉成公綏天地賦若乃徵瑞表祥災變呈異交會薄蝕抱暈帶珥流逆犯虛譴悟焉事蓬容著而妖害生老人形而主受喜天矢黃而國吉祥彗孛發而世所忌

張協七命昆蚑感惠無私不擾苑戲九尾之禽囿棲三足之烏鳴鳳在林夥於黃帝之園有龍游淵盈於孔甲之沼

劉琨勸進元帝表符瑞之表天人有徵中興之肇圖讖垂典又一角之獸連理之木以爲休徵者蓋有百數

宋謝莊請封禪表龍麟已至鳳皇已儀比李已實靈茅已茂雕氣降霧於宮榭珍露呈味於禁林嘉禾積穗於殿甍連理合幹於園籞

梁昭明太子七契厨蓮挺茂堦蓂吐芳瑞鹿擯素祥熊耀黃靈禽樂囿儀鳳栖堂太平之瑞實鼎樂協之應玉羊丹烏表色玉露呈瀼野絲垂木嘉苗貫桑

簡文帝七勵德星夜映慶雲晝色異草雙條靈禽比翼狐尾既九茅脊復三金船漾寶銀甕呈甘

大法頌龍翔鳳集河灕海夷露下若飴泉浮如醴桂薪不斧而丹甑自熟玉膏亘率而銀甕斯滿河光似霧樹彩成車氛氳四照暐麗五色神明磊硌微祥布濩又萬符集祉百神啓祥黑丹吐潤朱草舒芳珠懷鏡像星含喜光波池下鶴高梧集鳳赤熊旦繞素雉朝翔

南郊頌嘉祥被衆瑞登金人浮馬丹甑玉雞三角九尾四眉六足抽鋪地之九莖發端門之連理參差於郊藪布濩於宮闕府無虛月史弗能記

菩提樹頌嘉祥競發寶瑞咸委靈芝璚露月萃郊園義鳳仁虎日閭郡國如珠如璧既照燭於中畿若雲非雲亦徘徊於宮雉

江淹爲蕭重讓揚州表臣質空儒伊何以勝既誣人文將黷元緯凌歷飛流之眚權失正和晦裂蜺霧之災且濫世物

敕爲朝賢答劉休範書虹飲鼠舞之異早見物徵河北隴上之謠已露童詠所謂妖由人作孽不可逃

北齊邢邵文宣帝哀策文地不掩瑞天不愛寶既丹其雀又朱其草莫黑已素莫赤自皓百獸斯蹈五靈載擾甘露瀼瀼青龍蜿蟜

魏收加齊王九錫冊文天平地成率土咸茂禎符顯見史不停筆既連百木兼呈九尾素過秦雀蒼比周烏

北周庾信華林園馬射賦兵革無會非有待於丹烏宮觀不移故無勞於白燕銀甕金船山車澤馬豈止竹葦兩草共垂甘露青赤一氣同爲景星

王褒上祥瑞表明王孝治岳瀆所以效靈至人澤及風雲以之懸感是以若霧非霧天道協至德之符似煙非煙觸石表嘉祥之氣元黃蕭索之輝丹紫輪囷之狀豈止唐帝沈璧氣合金方姬后望河形如車蓋

梁昭明太子詩班班仁獸集匹匹翔鳳儀霏霏慶雲動靡靡祥風吹

庶徵總部紀事一

路史大庭氏之曆錄也適有嘉瑞三辰貿輝五鳳異色

羣輔錄伏羲六佐視默主災惡

宋書符瑞志炎帝神農氏母曰女登遊於華陽有神龍首感女登於常羊山生炎帝人身牛首有聖德致大火之瑞嘉禾生醴泉出

黃帝軒轅氏聖德光被羣瑞畢臻有屈軼之草生於庭佞人入朝則草指之是以佞人不敢進有景雲之瑞有赤方氣與青方氣相連赤方中有兩星青方中有一星凡三星皆黃色以天清明時見於攝提名曰景星黃帝黃服齊於中宮坐於元扈洛水之上有鳳凰集不食生蟲不履生草或止帝之東園或巢於阿閣或鳴於庭其雄自歌其雌自舞麒麟在囿神鳥來儀有大螻如羊大螾如虹黃帝以土氣勝遂以土德王

帝摯少昊氏母曰女節見星如虹下流華渚既而夢接意感生少昊登帝位有鳳凰之瑞

帝堯之母曰慶都生於斗維之野常有黃雲覆護其上及長觀於三河常有龍隨之一旦龍負圖而至其文曰亦受天祐眉八彩鬢髮長七尺二寸面銳上豐下足履翼宿既而陰風四合赤龍感之孕十四月而生堯於丹陵其狀如圖及長身長十尺有聖德封於唐夢攀天而上高辛氏衰天下歸之在帝位七十年景星出翼鳳凰在庭朱草生嘉禾秀甘露潤醴泉出日月如合璧五星如連珠廚中自生肉其薄如箑搖動則風生食物寒而不臭名曰箑脯又有草夾階而生月朔始生一莢月半而生十五莢十六日以後日落一莢及晦而盡月小則一莢焦而不落名曰蓂莢一曰曆莢歸功於舜將以天下禪之乃潔齋修壇場於河雒擇良日率舜等升首山遵河渚有五老遊焉蓋五星之精也相謂曰河圖將來告帝以期知我者重瞳黃姚五老因飛爲流星上入昴二月辛丑昧明禮備至於日昃榮光出河休氣四塞白雲起回風搖乃有龍馬銜甲赤文綠色臨壇而止吐甲圖而去甲似龜背廣九尺其圖以白玉爲檢赤玉爲文泥以黃金約以青繩檢文曰闓色授帝舜言虞夏殷周秦漢當授天命帝乃寫其言藏於東序後二年二月仲辛率羣臣沈璧於洛禮畢退俟至於下昃赤光起元龜負書而出背甲赤文成字止於壇其書言當禪舜遂讓舜

路史陶唐氏賁有天下制在一人以德化爲冠冕以稷偰爲筋力都俞吁咈於一堂之上是以德政淸平風教大洽化格上下而信孚於升濟慶雲鮮菩五緯順軌景星炳耀甘露被野神禾滋畝朱草苗牧澧泉泆岫倚㜸生廚蒲雞苗鳳巢閣榮光幕河河馬贊籙一日而十瑞至矢心與治立於靈扉雲生扁坐於華殿松生棟萬物皆備於我而亡黃屋之心舉天下以爲社稷非有利也故垂鬓幅委輕褭而天下治僥民獻其沒羽封人祝之壽富翁然各以其所重報是以比隆伏羲後世莫及

宋書符瑞志帝舜有虞氏母曰握登見大虹意感而生舜於姚墟目重瞳子故名重華龍顏大口黑色身長六尺一寸舜父母憎舜使其塗廩自下焚之舜服鳥工衣服飛去又使浚井自上塡之以石舜服龍工衣自傍而出耕於歷蔓眉長與髮等及卽帝位蓂莢生於階鳳凰巢於庭擊石拊石百獸率舞景星出房地出乘黃之馬西王母獻白環玉玦舜在位十有四年奏鐘石笙筦未罷而天大雷雨疾風發屋拔木桴鼓播地鐘磬亂行舞人頓伏樂正狂走舜乃擁璿持衡而笑曰明哉夫天下非一人之天下也亦乃見於鐘石笙筦乎乃薦禹於天使行天子事於時和氣普應慶雲興焉若煙非煙若雲非雲郁郁紛紛蕭索輪囷百工相和而歌慶雲帝乃倡之曰慶雲爛兮禮縵縵兮日月光華旦復旦兮羣臣咸進稽首曰明明上天爛然星陳日月光華弘于一人帝乃再歌曰日月有常星辰有行四時從經萬姓允誠於予論樂配天之靈遷於聖賢莫不咸聽鼚乎鼓之軒乎舞之精華以竭褰裳去之於是八風修通慶雲叢聚蟠龍奮迅於其藏蛟魚踊躍於其淵龜鼈咸出其穴遷虞而事夏舜乃設壇於河依堯故事至於下昃榮光休氣至黃龍負圖長三十二尺廣九尺出於壇畔赤文綠錯

其文言當禪禹

墨子非攻下篇昔者有三苗大亂天命殛之日妖宵出雨血三朝龍生廟犬哭乎市夏冰地坼及泉五穀變化民乃大振高陽乃命元宮禹親把天之瑞令以征有苗

夏至桀天有轄（字典無音義缺）命日月不時寒暑雜至五穀焦死鬼呼國鶴鳴十夕餘乃命湯於鑣宮受夏大命

路史桀爲長夜之宮男女雜處十旬不出政一昔而風沙邑之方冬穿陵毀以就之酒渾而戮刑殺彌厚滅皇圖亂歷紀玉瑞不行朔不告於是天不畀純祓孛出枉矢射地震大血迅雷黃霧夏霜而冬露大雨木里社坼因之以饑饉桀益重塞好富忘貧不肯感言於民

墨子非攻下篇商王紂天不序其德祀用失時兼夜中十日雨土於薄九鼎遷止婦妖宵出有鬼宵吟有女爲男天雨肉棘生乎國道王兄自縱也赤鳥銜珪降周之岐社曰天命周文王伐殷有國泰顛來賓河出綠圖地出乘黃武王踐功夢見三神子既沈漬殷紂於酒德矣往攻之予必使汝大堪之武王乃攻狂夫反商之周

荀子儒效篇武王之誅紂也行之日以兵忌東面而迎太歲至汜而圯至懷而壞至共頭而山隧霍叔懼曰出三日而三災至無乃不可乎周公曰刳比干而囚箕子飛廉惡來知政夫又惡有不可焉遂選馬而進朝食於戚暮宿於百泉厭旦於牧之野鼓之而紂卒易鄉遂乘殷人而進誅紂蓋殺者非周人因殷人也故無首虜之獲無蹈難之賞反而定三革偃五兵合天下立聲樂於是武象起而韶濩廢矣

新序武王勝殷得二俘而問焉曰而國有妖乎一俘答曰吾國有妖晝見星而天雨血此吾國之妖也一俘答曰此則妖也雖然非其大者也吾國之妖其大者子不聽父弟不聽兄君令不行此妖之大者也

亢倉子政道篇亢倉子居息壤五年靈王使祭公致篚帛與紉璐曰余末小子否德忝位水旱不時藉爲人君何以禳之亢倉子曰水陰沴也陰於國政類刑人事類私旱陽過也陽於國政類德人事類盈楚以爲凡遭水旱天子宜正刑修德百官宜去私戒盈則以類而消百福日至矣

荀子哀公篇魯哀公問舜冠於孔子孔子不對三問不對哀公曰寡人問舜冠於子何以不言也孔子對曰古之王者有務而拘領者矣其政好生而惡殺焉是以鳳在列樹麟在郊野烏鵲之巢可俯而窺也君不此問而問舜冠所以不對也

說苑趙簡子問於翟封荼曰吾聞翟雨穀三日信乎曰信又聞雨血三日信乎曰信又聞馬生牛牛生馬信乎曰信簡子曰大哉妖亦足以亡國矣對曰雨穀三日蝱風之所飄也雨血三日鷙鳥擊於上也馬生牛牛生馬雜牧也此非翟之妖也簡子曰然則翟之妖奚也對曰其國數散其君幼弱其諸卿貨其大夫比黨以求祿爵其百官肆斷而無告其政令不竟而數化其士巧貪而有怨此其妖也

楚莊王見天不見妖而地不出孽則禱於山川曰天其忘予歟此能求過於天必不逆諫矣安不忘危故能終而成霸功焉

齊景公爲露寢之臺成而不逼焉柏常騫曰爲臺甚急臺成君何爲不逼焉公曰然梟昔者鳴其聲無不爲也吾惡之甚是以不逼焉柏常騫曰臣請禳而去之公曰何具對曰築新室爲置白茅焉公使爲室成置白茅焉柏常騫夜用事明日問公曰今昔聞梟聲乎公曰一鳴而不復聞使人往視之梟當陛布翼伏地而死公曰子之道若此其明也亦能益寡人壽乎對曰能公曰能益幾何對曰天子九諸侯七大夫五公曰亦有徵兆之見乎對曰得壽地且動公喜令百官趣具騫之所求柏常騫出遭晏子於塗拜馬前辭曰騫爲君禳梟而殺之君謂騫曰子之道若此其明也亦能益寡人壽乎騫曰能今且大祭爲君請壽故將往以聞晏子曰嘻亦善矣能爲君請壽也雖然吾聞之惟以政與德順乎神爲可以益壽今徒祭可以益壽乎然則福名有見乎對曰得壽地將動晏子曰騫昔吾見維星絕樞星散地其動汝以是乎柏常騫俯有間仰而對曰然晏子曰爲之無益不爲無損也薄賦斂無費民且令君知之

景公出獵上山見虎下澤見蛇歸召晏子而問之曰今日寡人出獵上山則見虎下澤則見蛇殆所謂不祥也晏子對曰國有三不祥是不與焉夫有賢而不知一不祥知而不用二不祥用而不任三不祥也所謂不祥乃若此者今上山見虎虎之室也下澤見蛇蛇之穴也如虎之室蛇之穴而見之曷爲不祥也

吳越春秋大夫計硯曰候天察地紀歷陰陽觀變參災分別妖祥日月含色五精錯行福見知吉妖出知凶臣之事也候天察地參應其變則可戩天變地應

人道便利三者前見則可王曰明哉

賈誼新書耳痺篇夫差卽位乃與越人戰江上栖之會稽越王之窮至乎吃山草飲腑水易子而食於是履甓戴璧號啗告毋罪呼皇天使大夫種行成於吳王吳王將許子胥曰不可越國之俗勤勞而不慍好亂勝而無禮谿徼而輕絶俗好詛而倍盟放此類者鳥獸之儕徒狐狸之醜類也生之爲患殺之無咎請無與成大夫種拊心嗥啼沫泣而言信割白馬而爲犧指九天而爲證請婦人爲妾丈夫爲臣百世名寶因問官爲積孤身爲關內諸侯世爲忠臣吳王不忍結師與成還謀而伐齊子胥進爭不聽忠言不用既得成稱善累聽以求民心於是上帝降禍絶吳命乎直江君臣乖而不調置社稿而分裂容臺振而掩敗犬羣嗥而入淵彘銜菹而適奧燕雀剖而蚖虵生食蘿菹而蛙口浴清水而遇蘋伍子胥見事之不可爲也何籠而自投水目抉而掛東門身鴟夷而浮江懷賊行虐深報而殃不辜禍至乎身矣

欽定古今圖書集成曆象彙編庶徵典

第十五卷目錄

庶徵總部紀事二

庶徵典第十五卷

庶徵總部紀事二

漢書高祖本紀高祖沛豐邑中陽里人也姓劉氏母媼嘗息大澤之陂夢與神遇是時雷電晦冥父太公往視則見交龍於上已而有娠遂產高祖高祖爲人隆準而龍顏美須髯左股有七十二黑子寬仁愛人意豁如也常有大度不事家人生產作業及壯試吏爲泗上亭長廷中吏無所不狎侮好酒及色常從王媼武負貰酒時飲醉臥武負王媼見其上常有怪高祖每酤留飲酒讎數倍及見怪歲竟此兩家常折券棄負高祖以亭長爲縣送徒驪山徒多道亡自度比至皆亡之到豐西澤中亭止飲夜皆解縱所送徒曰公等皆去吾亦從此逝矣徒中壯士願從者十餘人高祖被酒夜徑澤中令一人行前行前者還報曰前有大蛇當徑願還高祖醉曰壯士行何畏乃前拔劍斬蛇蛇分爲兩道開行數里醉困臥後人來至蛇所有一老嫗夜哭人問嫗何哭嫗曰人殺吾子人曰嫗子何爲見殺嫗曰吾子白帝子也化爲蛇當道今者赤帝子斬之故哭人乃以嫗爲不誠欲苦之嫗因忽不見後人至高祖覺告高祖高祖乃心獨喜自負諸從者日益畏之秦始皇帝常曰東南有天子氣於是東游以猒當之高祖隱於芒碭山澤間呂后與人俱求常得之高祖怪問之呂后曰季所居上常有雲氣故從往常得季高祖又喜沛中子弟或聞之多欲附者矣

嚴助傳建元三年閩越舉兵圍東甌告急於漢武帝遣兩將軍將兵誅閩越淮南王安上書曰臣聞軍旅之後必有凶年言民之各以其愁苦之氣薄陰陽之和感天地之精而災氣爲之生也

京房傳房以孝廉爲郎嘗宴見免冠頓首曰春秋紀二百四十二年災異以視萬世之君今陛下即位已來日月失明星辰逆行山崩泉涌地震石隕夏霜冬雷春凋秋榮隕霜不殺水旱螟蟲民人飢疫盜賊不禁刑人滿市春秋所記災異盡備陛下視今爲治邪亂邪上曰亦極亂耳尚何道房曰今所任用者誰與上曰然幸其瘉於彼又以爲不在此人也房曰夫前世之君亦皆然矣臣恐後之視今猶今之視前也上良久迺曰今爲亂者誰哉房曰明主宜自知之上曰不知也如知之何故用之房曰上最所信任與圖事帷幄之中進退天下之士者是矣房指謂石顯上亦知之謂房曰已諭房罷出

張敞傳宣帝始親政事封霍光兄孫山雲皆爲列侯以光子禹爲大司馬頃之山雲以過歸第霍氏諸壻親屬頗出補吏敞聞之上封事曰臣聞公子季友有功於魯大夫趙衰有功於晉大夫田完有功於齊皆疇其官邑延及子孫終後田氏簒齊趙氏分晉季氏顓魯故仲尼作春秋迹盛衰譏世卿最甚迺者大將軍決大計安宗廟定天下功亦不細矣夫周公七年耳而大將軍二十歲海內之命斷於掌握方其隆時感動天地侵迫陰陽月朓日蝕晝冥宵光地大震裂火生地中天文失度祆祥變怪不可勝記皆陰類盛長臣下顓制之所生也

李尋傳尋字子長平陵人也少治尚書與張孺鄭寬中同師寬中等守師法教授尋獨好洪範災異又學天文月令陰陽事丞相翟方進方進亦善爲星歷除尋爲吏數爲翟侯言事帝舅曲陽侯王根爲大司馬票騎將軍厚遇尋是時多災異根輔政數虛己問尋尋見漢家有中衰阸會之象其意以爲且有洪水爲災迺說根曰書云天聰明蓋言紫宮極樞通位帝紀太微四門廣開大道五經六緯尊術顯士翼張舒布燭臨四海少微處士爲比爲輔故次帝廷女宮在後聖人承天賢賢易色取法於此天官上相上將皆顓面正朝憂責甚重要在得人得人之效成敗之機不可不勉也昔秦穆公說諓諓之言任仡仡之勇身受大辱社稷幾亡悔過自責思惟黃髮任用百里奚卒伯西域德列王道二者禍福如此可不慎哉夫士者國家之大寶功名之本也將軍一門九侯二十朱輪漢興以來臣子貴盛未嘗至此夫物盛必衰自然之理唯有賢友彊輔庶幾可以保身命全子孫安國家書曰歷象日月星辰此言仰視天文俯察地理觀日月消息候星辰行伍揆山川變動參人民繇俗以制法度考禍福舉錯誖逆咎敗將至徵兆爲之先見明

君恐懼修正側身博問轉禍爲福不可救者即蓄備以待之故社稷亡憂竊見往者赤黃四塞地氣大發動土竭民天下擾亂之徵也彗星爭明庶雄爲桀大寇之引也此二者已頗效矣城中訛言大水奔走上城朝廷驚駭女孽入宮此獨未效間者重以水泉涌溢旁宮闕仍出月太白入東井犯積水缺天淵日數湛於極陽之色羽氣乘宮起風積雲又錯以山崩地動河不用其道盛冬雷電潛龍爲孽繼以隕星流彗維塡上見日蝕有背鄉此亦高下易居洪水之徵也不憂不改洪水迺欲盪滌流彗迺欲歸除改之則有年亡期故屬者頗有變改小貶邪猾日月光精時雨氣應此皇天右漢亡已也何況致大改之宜急博求幽隱拔擢天士任以大職諸闒茸佞讇抱虛求進及用殘賊酷虐聞者若此之徒皆嫉善憎忠壞天文敗地理涌趯邪陰湛溺太陽爲主結怨於民宜以時廢退不當得居位誠必行之凶災銷滅子孫之福不旋日而至致治感陰陽猶鐵炭之低卬見效可信者也及諸蓄水連泉務通利之修舊隄防省池澤稅以助損陰邪之盛案行事考變易訛言之效未嘗不至請徵韓放掾周敞王望可與圖之根於是薦尋哀帝初立司隸校尉解光亦以明經通災異得幸白賀良等所挾忠可書事下奉車都尉劉歆歆以爲不合五經不可施行而李尋亦好之光曰前歆父向奏忠可下獄歆安肯通此道時郭昌爲長安令勸尋宜助賀良等尋遂白賀良等皆待詔黃門數名見陳說漢歷中衰當更受命成帝不應天命故絕嗣今陛下久疾變異屢數天所以譴告人也宜急改元易號迺得延年益壽皇子生災異息矣得道不能行咎殃且亡不有洪水將出災火且起滌盪人民哀帝久寢疾幾其有益遂從賀良等議於是制詔丞相御史蓋聞尚書五曰考終命言大運壹終更紀天元人元考文正理推歷定紀數如甲子也朕以眇身入繼太祖承皇天總百僚子元元未有應天心之效即位出入三年災變數降日月失度星辰錯謬高下貿易大異連仍盜賊並起朕甚懼焉戰戰兢兢惟恐陵夷惟漢興至今二百載歷紀開元皇天降非材之右漢國再獲受命之符朕之不德曷敢不通夫受天之元命必與天下自新其大赦天下以建平二年爲太初元年號曰陳聖劉太平皇帝漏刻以百二十爲度布告天下使明知之後月餘上疾自若賀良等復欲妄變政事大臣爭以爲不可許賀良等奏言大臣皆不知天命宜退丞相御史以解光李尋輔政上以其言無驗遂下賀良等吏而下詔曰朕獲保宗廟爲政不德變異屢仍恐懼戰栗未知所繇待詔賀良等建言改元易號增益漏刻可以永安國家朕信道不篤過聽其言幾爲百姓獲福卒無嘉應久旱爲災以問賀良等對當復改制度皆背經誼違聖制不合時宜夫過而不改是爲過矣六月甲子詔書非赦令也皆蠲除之賀良等反道惑衆姦態當窮竟皆下獄光祿勳平當光祿大夫毛莫如與御史中丞廷尉雜治當賀良等執左道亂朝政傾覆國家誣罔主上不道賀良等皆伏誅尋及解光減死一等徙敦煌郡

孔光傳光拜受丞相博山侯印綬哀帝初即位時成帝母太皇太后自居長樂宮而帝祖母定陶傅太后在國邸有詔問丞相大司空定陶共王太后宜當何居光恐傅太后與政事即議以爲宜改築宮大司空何武曰可居北宮上從武言傅太后果從複道朝夕至帝所求欲稱尊號貴寵其親屬頃之太后從弟子傳遷在左右尤傾邪上免官遣歸故郡傅太后怒上不得已復留遷光與大司空師丹奏言詔書侍中駙馬都尉遷巧佞無義漏泄不忠國之賊也免歸故郡復有詔止天下疑惑無所取信虧損聖德誠不小愆陛下以變異連見避正殿見羣臣思求其過至今未有所改臣請歸遷故郡以銷姦黨應天戒卒不得遣復爲侍中脅於傅太后皆此類也

王莽傳莽始建國元年秋遣五威將王奇等十二人班符命四十二篇於天下德祥五事符命二十五福應十二凡四十二篇其德祥言文宣之世黃龍見於成紀新都高祖考王伯墓門梓柱生枝葉之屬符命言井石金匱之屬福應言雌雞化爲雄之屬其文爾雅依託皆爲作說大歸言莽當代漢有天下云總而說之曰帝王受命必有德祥之符瑞協成五命申以福應然後能立巍巍之功傳於子孫永享無窮之祚故新室之興也德祥發於漢三七九世之後肇命於新都受瑞於黃支開王於武功定命於子同成命於巴宕申福於十二應天所以保佑新室者深矣固矣武功丹石出於漢氏平帝末年火德銷盡土德當代皇天眷然去漢與新以丹石始命於皇帝皇帝謙讓以攝居之未當天意故其秋七月天重以三能文馬皇帝復謙讓未即位故三以鐵契四以石龜五以虞符六以文圭七以元印八以茂陵石書九以元龍石

十以神井十二以大神石十二以銅符帛圖申命之瑞濅以顯著至於十二以昭告新皇帝皇帝深惟上天之威不可不畏故去攝號猶尚稱假改元爲初始欲以承塞天命克厭上帝之心然非皇天所以鄭重降符命之意故是日天復決其所以勉書又侍郎王盱見人衣白布單衣赤繢方領冠小冠立於王路殿前謂盱曰今日天同色以天下人民屬皇帝盱怪之行十餘步人忽不見至丙寅暮漢氏高廟有金匱圖策高帝承天命以國傳新皇帝明旦宗伯忠孝侯劉宏以聞乃召公卿議未決而大神石人談曰趣新皇帝之高廟受命毋留於是新皇帝立登車之漢氏高廟受命受命之日丁卯也丁火漢氏之德也卯劉姓所以爲字也明漢劉火德盡而傳於新室也皇帝謙謙既備固讓十二符應迫著命不可辭懼然祗畏葦然變動貌閔漢氏之終不可濟亹亹在左右之不得從意爲之三夜不御寢三日不御食延問公侯卿大夫僉曰宜奉如上天威命於是乃改元定號海內更始新室既定神祇懽喜申以福應吉瑞累仍詩曰宜民宜人受祿于天保右命之自天申之此之謂也五威將奉符命齎印綬王侯以下及吏官名更者外及匈奴西域徼外蠻夷皆即授新室印綬因收故漢印綬賜吏爵人二級民爵人一級女子百戶羊酒蠻夷幣帛各有差大赦天下五威將乘乾文車駕坤六馬背負鷩鳥之毛服飾甚偉每一將各置左右前後中帥凡五帥衣冠車服駕馬各如其方面色數將持節稱太乙之使帥持幢稱五帝之使莽策命曰普天之下迄於四表靡所不至其東出者至元菟樂浪高句驪夫餘南出者隃徼外歷益州貶句町王爲侯西出者至西域盡改其王爲侯北出者至匈奴庭授單于印改漢印文去璽曰章單于欲求故印陳饒椎破之語在匈奴傳單于大怒而句町西域後卒以此皆畔饒還拜爲大將軍封威德子

西京雜記樊噲問陸賈曰自古人君皆云受命於天云有瑞應豈有是乎賈應之曰有之夫目瞤得酒食燈火華得錢財乾鵲噪而行人至蜘蛛集而百事嘉小既有徵大亦宜然故目瞤則呪之火華則拜之乾鵲噪則餧之蜘蛛集則放之況天下大寶人君重位非天命何以得之哉瑞者寶也信也天以寶爲信應人之德故曰瑞應無天命無寶信不可以力取也

後漢書和熹鄧太后紀自太后臨朝水旱十載四夷外侵盜賊內起每聞人饑或達旦不寐而躬自減徹以救災阨故天下復平歲還豐穰

周舉傳舉爲諫議大夫時連有災異召舉於顯親殿問以變眚舉對曰陛下初立遵修舊典興化致政遠近肅然頃年以來稍違於前朝多寵倖祿不序德觀天察人準今方古誠可危懼書曰僭恆暘若夫僭差無度則言不從而下不正陽無以制則上擾下竭宜密嚴勑州郡彊宗大姦以時禽討其後江淮猾賊周生徐鳳等處處並起如舉所陳

黃瓊傳瓊爲尚書僕射時連有災異瓊上疏順帝曰間者以來卦位錯繆寒燠相干蒙氣數興日闇月散原之天意殆不虛然陛下宜開石室案河洛外命史官悉條上永建以前至漢初災異與永建以後訖於今日孰爲多少又使近臣儒者參考政事數見公卿察問得失諸無功德者宜皆斥黜臣前頗陳災眚并薦光祿大夫樊英太中大夫薛包及會稽賀純廣漢楊厚未蒙御省伏見處士巴郡黃錯漢陽任棠年皆耋耄有作者七人之志宜更見引致助崇大化於是有詔公車徵錯等

翟酺傳安帝始親政事追感祖母宋貴人悉封其家又元舅耿寶及皇后兄弟閻顯等並用威權酺上疏諫曰去年已來災譴數見地坼天崩高岸爲谷修身恐懼則轉禍爲福輕慢天戒則其害彌深願陛下親自勞卹研精致思勉求忠貞之臣誅遠佞諂之黨損玉堂之盛尊天爵之重割情欲之歡罷宴私之好帝王圖籍陳列左右心存亡國所以失之鑒觀興王所以得之庶災害可息豐年可招矣書奏不省

何敞傳敞辟太尉宋由府由待以殊禮敞議論高常引大體多所匡正司徒袁安亦深敬重之是時京師及四方累有奇異鳥獸草木言事者以爲祥瑞敞通經傳能天官意甚惡之乃言於二公曰夫瑞應依德而至災異緣政而生故鸜鵒來巢昭公有乾侯之厄西狩獲麟孔子有兩楹之殯海鳥避風臧文祀之君子譏焉今異鳥翔於殿屋怪草生於庭際不可不察由安懼然不敢答居無何而肅宗崩

徐防傳安帝即位以定策封龍鄉侯食邑千一百戶其年以災異寇賊策免就國凡三公以災異策免始自防也

楊厚傳厚拜議郎三遷爲侍中特蒙引見訪以時政永建四年厚上言今夏必甚寒當有疾疫蝗蟲之害是歲果六州大蝗疫氣流行後又連上西北二方有

兵氣宜備邊寇車駕臨當西巡感厚言而止

外史天皇祀老子於宮中李固諫曰陛下卽位以來國無寧歲何奴諸種馮行而入寇雨雹日食地震太白熒惑水旱之變不及奏宮廟陵闕之火不及開負比干之忠者或幽於請室張如簧之巧者或臥於廟堂臣竊思之可爲寒心哉

蜀志先主傳漢獻帝二十五年魏文帝稱尊號改年曰黃初或傳聞漢帝見害先主乃發喪制服追諡曰孝愍皇帝是後在所並言衆瑞日月相屬故議郎陽泉侯劉豹靑衣侯向舉偏將軍張裔黃權大司馬屬殷純益州別駕從事趙莋治中從事楊洪從事祭酒何宗議曹從事杜瓊勸學從事張爽尹默譙周等上言臣聞河圖洛書五經讖緯孔子所甄驗應自遠謹案洛書甄曜度曰赤三日德昌九世會備合爲帝際洛書寶號命曰天度帝道備稱皇以統握契百成不敗洛書錄運期曰九侯七傑爭命民炊骸道路籍籍履人頭誰使主者元且來孝經鉤命決錄曰帝三建九會備臣父羣未亡時言西南數有黃氣直立數丈見來積年時時有景雲祥風從璿璣下來應之此爲異瑞又二十一年中數有氣如旗從西竟東中天而行圖書曰必有天子出其方加是年太白熒惑塡星常從歲星相追近漢初興五星從歲星謀歲星主義漢位在西義之上方故漢法常以歲星候人主當有聖主起於此州以致中興時許帝尚存故羣下不敢漏言頃者熒惑復追歲星見在胃昴畢昴畢爲天綱經曰帝星處之衆邪消亡聖諱豫覩推揆期驗符合數至若此非一臣聞聖王先天而天不違後天而奉天時故應際而生與神合契願大王應天順民速卽洪業以寧海內

魏志管寧傳鉅鹿張臶少游太學學兼內外靑龍四年辛亥詔書張掖郡元川溢涌激波奮蕩寶石負圖狀像靈龜宅于川西嶷然磐峙倉質素章麟鳳龍馬煥炳成形文字告命粲然著明太史令高堂隆上言古皇聖帝所未嘗蒙實有魏之禎命東序之世寶事班天下任令于綽連齎以問臶臶密謂綽曰夫神以知來不追已往禎祥先見而後廢興從之漢已久亡魏已得之何所追興徵祥乎此石當今之變異而將來之禎瑞也

拾遺記魏明帝起凌雲臺躬自掘土羣臣皆負畚鍤天陰凍寒死者相枕洛鄴諸鼎皆夜震自移又聞宮中地下有怨歎之聲高堂隆等上表諫曰王者宜靜以養民今嗟歎之聲形於人鬼願省薄奢費以敦儉朴帝猶不止廣求瑰異珍賂是聚飾臺榭累年而畢諫者尤多帝乃去煩歸儉死者收而葬之人神致感衆祥皆應太山下有連理文石高十二丈狀如柏樹其文彪發似人雕鏤自下及上皆合而中開廣六尺望若眞樹焉父老云當秦末二石相去百餘步蕪沒無有蹊徑乃魏帝之始稍覺相近如雙闕土王陰類魏爲土德斯爲靈徵苑囿及民家草樹皆生連理有合歡草狀如著一株百莖晝則衆條扶疏夜則合爲一莖萬不遺一謂之神草沛國有黃麟見於戊己之地皆土德之嘉瑞乃修戊己之壇黃星炳夜又起昴畢之臺祭祀此星魏之分野歲時修祀焉

集異志魏明帝靑龍元年張掖柳谷口水溢涌寶石負圖狀象龜立於川西有石馬七及鳳麟牛白虎犧璜玦八卦列宿孛彗之象又有文曰大討曹此晉之符命而於魏爲妖

晉書五行志劉聰僞建元元年正月平陽地震其崇明觀陷爲池水赤如血赤氣至天有赤龍奮迅而去流星起於牽牛入紫微龍形委蛇其光照地落於平陽北十里視之則肉臭聞於平陽長三十步廣二十七步肉旁常有哭聲晝夜不止數日聰后劉氏產一蛇一獸各害人而走尋之不得頃之見於隕肉之旁是時劉聰納劉殷三女並爲其后天戒若曰聰既自稱劉姓三后又俱劉氏逆骨肉之綱亂人倫之則隕肉諸妖其告亦大哉而劉氏死哭聲自絕矣

後趙錄石虎置女官十八等教宮人星占及馬步射置女太史於靈臺仰觀災祥以考外太史之虛實禁郡國不得私學星讖

晉書阮种傳种察孝廉爲公府掾是時災眚屢見於是太保何曾舉种賢良問咎徵作見對曰陰陽否泰六沴之災則人主修政以禦之思患而防之建皇極之首詳庶徵之用詩曰敬之敬之天維顯思天聰明自我人聰明是以人主祗承天命日愼一日也故能膺受多福而永世克祚此先王之所以退災眚也

摯虞傳虞舉賢良與夏侯湛等十七人策爲下第拜中郎武帝詔曰省諸賢良答策雖所言殊塗皆明於王義有益政道欲詳覽其對究觀賢士大夫用心因詔諸賢良方正直言會東堂策問曰頃日食正陽水旱爲災將何所修以變大眚及法令有不宜於今爲公私所患苦者皆何事凡平世在於得才得才者亦

借耳目以聽察若有文武器能有益於時務而未見申敘者各舉其人及有負俗謗議宜先洗濯者亦各言之譚對曰臣聞古之聖明原始以要終體本以正末故憂法度之不當而不憂人物之失所憂人物之失所而不憂災害之流行誠以法得於此則物理於彼人和於下則災消於上其有日月之眚水旱之災則反聽內視求其所由遠觀諸物近驗諸身耳目聽察豈或有蔽其聰明者乎動心出令豈或有傾其常正者乎大官大職豈或有授非其人者乎賞罰黜陟豈或有不得其所者乎河濱山岩豈或有懷道釣築而未感於夢兆者乎方外遐裔豈或有命世傑出而未蒙膏澤者乎推此類也以求其故詢事考言以盡其實則天人之情可得而見咎徵之至可得而救也若推之於物則無忤求之於身則無尤萬物理順內外咸宜祝史正辭言不負誠而日月錯行夭癘不戒此則陰陽之事非吉凶所在也期運度數自然之分固非人事所能供御其亦振廩散滯貶食省用而已矣是故誠遇期運則雖陶唐殷湯有所不變苟非期運則宋衞之君諸侯之相猶能有感唯陛下審其所由以盡其理則天下幸甚臣生長華門不逮異物雖有賢才所未接識不敢瞽言妄舉無以疇答聖問擢爲太子舍人

袁甫傳甫轉淮南國大農郎中令石珩問甫曰卿名能辯豈知壽陽已西何以恆旱壽陽已東何以恆水甫曰壽陽已東皆是吳人夫亡國之音哀以思鼎足强邦一朝失職憤嘆甚積積憂成陰陰積成雨雨久成水故其域恆澇也壽陽已西皆是中國新平强吳美寶皆入志盈心滿用長歡娛公羊有言魯僖甚悅故致旱京師若能抑强扶弱先疎後親則天下和平災害不生矣觀者嘆其敏捷

江逌傳逌遷太常哀帝以天文失度欲依尚書洪祀之制於太極前殿親執虔書冀以免咎使太常集博士草其制逌上疏諫曰臣尋史漢舊制藝文志劉向五行傳洪祀出於其中然自前代以來莫有用者又其文惟說爲祀而不載儀注此蓋久遠不行之事非常人所參校按漢儀天子所親之祠惟宗廟而已祭天於雲陽祭地於汾陰在於別宮遙拜不詣壇所其餘羣祀之所必在幽靜是以圓丘方澤列於郊野今若於承明之庭正殿之前設羣神之坐行躬親之禮準之舊典有乖常式臣聞妖眚之發所以鑒悟時主故寅畏上通則宋災退度德禮增修則殷道以隆此往代之成驗不易之定理頃者星辰頗有變異陛下祇戒之誠達於天人在予之懼忘寢與食仰虔元象俯疑庶政嘉祥之應實在今日而尤朝乾夕惕思廣茲道誠實聖懷殷勤之至然洪祀有書無儀不行於世詢訪時學莫識其禮且其文曰洪祀大祀也陽曰神陰曰靈舉國相率而行祀順四時之序無令過差今按文而言皆沒而無適不可得詳若不詳而修其失不小帝不納逌又上疏曰臣謹更思尋案之時事今强戎據於關雍桀狄縱於河朔封豕四逸虔劉神州長旌不卷鉦鼓日戒兵疲人困歲無休已人事弊於下則七曜錯於上災沴之作固其宜然又頃者以來無乃大異彼月之蝕義見詩人星辰莫同載於五行故洪範不以爲沴陛下今以晷度之失同之六沴引其輕變方之重眚求己篤於禹湯憂勤踰乎日昃將修大祀以禮神祇傳曰外順天地時氣而祭其鬼神然則神必有號祀必有儀按洪祀之文惟神靈大略而無所祭之名稱舉國行祀而無貴賤之阻有赤黍之盛而無牲醴之奠儀法所用闕略非一若率文而行則舉義皆闕有所施補則不統其源漢侍中盧植時之達學受法不究則不敢厝心誠以五行深遠神道幽昧探賾之求難以常思錯綜之理不可一數臣非至精孰能與此帝猶敕撰定逌又陳古義帝乃止

苻生載記太史令康權言於生曰昨夜三月並出孛星入於太微遂入於東井乘自去月上旬沈陰不雨迄至于今將有下人謀上之禍深願陛下修德以消之生怒以爲妖言撲而殺之

姚興載記時客星入東井所在地震前後一百五十六興公卿抗表請罪興曰災譴之來咎在元首近代或歸罪三公甚無謂也公等其悉冠履復位

興以日月薄蝕災眚屢見降號稱王下書令羣公卿士將牧守宰各降一等於是其太尉趙旻公等五十三人上疏諫曰伏惟陛下勳格皇天功濟四海威靈振於殊域聲教暨於遐方雖成湯之隆殷基武王之崇周業未足比論方當廓靖江吳告成中岳豈宜過垂冲損違皇天之眷命乎興曰殷湯夏禹德冠百王然猶顧守謙冲未居崇極況朕寡昧安可以處之哉乃遣旻告於社稷宗廟大赦改元弘始賜孤獨鰥寡粟帛有差年七十已上加衣杖

涼武昭王傳李暠字元盛自稱秦涼二州牧遷都酒

泉是時白狼白兔白雀白雉白鳩棲其園其郡下以爲白祥金精所誕皆應時雕而至又有神光甘露連理嘉木衆瑞請史官記其事元盛從之

後主歆武昭王子歆字士業用刑頗嚴又繕築不止從事中郎張顯上疏諫曰入歲已來陰陽失序屢有賊風暴雨犯傷和氣今區域三分勢不久並并兼之本實在農戰懷遠之略事歸寬簡而更繁刑峻法宮室是務人方凋殘百姓愁悴致災之咎寔此之由主簿汜稱又上疏諫曰臣聞天之子愛人后殷勤至矣故政之不修則垂災譴以誡之改者雖危必昌宋景是也其不改者雖安必亡虢公是也元年三月癸卯敦煌謙德堂陷八月效穀地裂二年元日昏霧四塞四月日赤無光二旬乃復十一月狐上南門今茲春夏地頻五震六月隕星於建康臣雖學不稽古敏謝仲舒頗亦聞道於先師且行年五十有九請爲殿下略言耳目之所聞見不復能遠論書傳之事也乃者咸安之初西平地裂狐入謙光殿前俄而秦師奄至都城不守梁熙既爲涼州藉秦氏兵亂規有全涼之地外不撫百姓內多聚斂建元十九年姑臧南門崩隕石於閑豫堂二十年而呂光東反子敗於前身戮於後段業因羣寇創亂遂稱制此方三年之中地震五十餘所既而先王龍興瓜州蒙遜殺之張掖此皆目前之成事亦殿下之所聞知效穀先主鴻漸之始謙德即尊之室基陷地裂大凶之徵也日者太陽之精中國之象赤而無光中國將滅諺曰野獸入家主人將去今狐上南門亦災之大也昔春秋之世星隕於宋襄公卒爲楚所擒地者至陰當靜而動反亂天常天意若曰中國若不修德將有宋襄之禍臣蒙先朝布衣之眷輒自同子弟之親是以不避忤上之誅昧死而進愚款願陛下親仁善鄰養威觀釁罷宮室之務止游畋之娛後宮嬪妃諸弟子女躬受分田身勸蠶績以清儉素德爲榮息茲奢靡之費百姓租稅專擬軍國虛衿下士廣招英儁修秦氏之術以强國富俗待國有數年之積庭盈文武之士然後命韓白爲前驅納子房之妙筭一鼓而姑臧可平長驅可以飲馬涇渭方東面而爭天下豈蒙遜之足憂不然臣恐宗廟之危必不出紀士業並不納士業立年而宋受禪士業將謀東伐張體順切諫乃止士業聞蒙遜南伐禿髮傉檀命中外戒嚴將攻張掖尹氏固諫不聽宋繇又固諫士業並不從繇退而歎曰大事去矣吾見師之出不見師之還也士業遂率步騎三萬東伐次於都瀆澗蒙遜自浩亹來距戰於懷城爲蒙遜所敗左右勸士業還酒泉士業曰吾違太后明誨遠取敗辱不殺此賊復何面目以見母也勒衆復戰敗於蓼泉爲蒙遜所害士業諸弟酒泉太守翻新城太守預領羽林右監密左將軍眺右將軍亮等西奔敦煌蒙遜遂入於酒泉士業之未敗也有大蛇從南門而入至於恭德殿前有雙雉飛出宮內通街大樹上有烏鵲爭巢鵲爲烏所殺又有敦煌父老令狐熾夢白頭公衣帢而謂熾曰南風動吹長木胡桐椎不中轂言訖忽然不見士業小字桐椎至是而亡

慕容熙載記熙築龍騰苑廣袤十餘里役徒二萬人起景雲山于苑內基廣五百步高十七丈起逍遙宮甘露殿連房數百觀閣相交鑿天河渠引水入宮又爲妻苻氏鑿曲光海清涼池季夏盛暑不得休息暍死者大半熙遊於城南止大柳樹下若有人呼曰大王且止熙惡之伐其樹下有蛇長丈餘熙盡殺寶諸子改年爲建始又爲其妻起承華殿負土於北門土與穀同價典軍杜靜載棺詣闕上書極諫熙大怒斬之熙妻當季夏思凍魚鱠仲冬須生地黃皆下有司切責不得加之以大辟其虐也如此及苻氏死熙擁其屍而撫之曰體已就冷命遂斷矣於是僵仆絕息久而乃蘇悲號擗踴斬衰食粥大斂之後復啓而交接制百官哭臨沙門素服令有司案檢有淚者爲忠孝無淚者罪之於是羣臣震懼莫不含辛以爲淚焉及葬熙被髮徒跣步從轜車高大毀城門而出長老相謂曰慕容氏自毀其門將不入矣中衛將軍馮跋兄弟閉門拒熙執而殺之

劉聰載記時東宮鬼哭赤虹經天南有一歧三日並照各有兩珥五色甚鮮客星歷紫宮入於天獄而滅太史令康相言於聰曰蚍虹見彌天一歧南徹三日並照客星歷紫宮此皆大異其徵不遠也今虹達東西者許洛以南不可圖也一歧南徹者李氏當仍跨巴蜀司馬叡終據全吳之象天下其三分乎月爲胡王皇漢雖苞括二京龍騰九五然世雄燕代肇基北朔太陰之變其在漢域乎漢既據中原歷命所屬紫宮之異亦不在他此之深重胡可盡言石勒鴟視趙魏曹嶷狼顧東齊鮮卑之衆星布燕代齊代燕趙皆有將大之氣願陛下以東夏爲慮勿顧西南吳蜀之不能北侵猶大漢之不能南向也今京師寡弱勒衆精盛若盡趙魏之銳燕之突騎自上黨而來曹嶷率

三齊之衆以繼之陛下將何以抗之紫宮之變何必不在此乎願陛下早爲之所無使兆人生心陛下誠能發詔外以遠追秦皇漢武循海之事內爲高祖圖楚之計無不尅矣聰覽之不悅

李志李氏自起事至亡六世四十七年正僭號四十三年蜀中亦有怪異期時有狗豕交木冬榮勢時涪陵民樂氏婦頭上生角長三寸凡三截之有民馬氏婦妊身兒脅下生其母無恙兒亦長育有馬生駒一頭兩身相著六耳一牡一牝又有天雨血於江南數畝許李漢家舂米自臼中跳出遂斂於箕中又跳出寫於簞中又跳出有猿居鳥巢至城下地仍震又連生毛其天譴不能詳也

南史明僧紹傳泰始季年岷益有山崩淮水竭齊郡僧紹竊謂其弟曰夫天地之氣不失其序若夫陽伏而不泄陰迫而不蒸於是乎有山崩川竭之變故伊洛竭而夏亡河竭而殷亡三川竭岐山崩而周亡五山崩而漢亡夫有國必依山川而爲固山川作變不亡何待今宋德如四代之季爾誌吾言而勿泄也竟如其言

周文育傳文育除廣州刺史蕭勃舉兵踰嶺詔文育督衆軍討之時新吳洞主余孝頃舉兵應勃周迪破余孝頃孝頃子公颺弟孝勱猶據舊柵擾動南土武帝復遣文育及周迪黃法㲮等討之豫章內史熊曇朗亦率衆來會文育進據三陂王琳遣將曹慶救孝勱分遣主帥常衆愛與文育相拒自帥所領攻周迪吳明徹軍迪等敗文育退據金口熊曇朗因其失利謀害文育以應衆愛文育監軍孫白象頗知其事勸令先之文育不可初周迪之敗棄船走莫知所在及得迪書文育喜齎示曇朗曇朗害之於坐初文育之據三陂有流星墜地其聲如雷地陷方一丈中有碎炭數斗又軍市中忽聞小兒啼一市並驚聽之在土下軍人掘焉得棺長三尺文育惡之俄而迪敗文育見殺

魏書道武帝本紀天賜六年夏帝不豫災變屢見憂懣不安謂百寮左右人不可信慮如天文之占或有肘腋之虞終日竟夜獨語不止若傍有鬼物對揚者冬十月帝崩

北齊書樂陵王百年傳百年孝昭第二子也孝昭初即位在晉陽羣臣請建中宮及太子帝謙未許都下百寮又請乃稱太后令立爲皇太子帝臨崩遺詔傳位於武成并有手書其末曰百年無罪汝可以樂處置之勿學前人太寧中封樂陵王河清三年五月白虹圍日再重又橫貫而不達赤星見帝以盆水承星影而蓋之一夜盆自破欲以百年厭之

三國典略渤海王高歡攻鄴時瑞物無歲不有令史焚連理木煮白雉而食之

北周書顏之儀傳京兆郡丞樂運以直言數諫於帝曰昔桑穀生朝殷王因之獲福今元象垂誡此亦興周之祥大尊雖減膳撤懸未盡銷譴之理誠願諮諏善道修布德政解兆民之慍引萬方之罪則天變可除鼎業方固矣

隋書煬帝本紀太子勇廢立上爲皇太子是月當受冊高祖曰吾以大興公成帝業令上出舍大興縣其夜烈風大雪地震山崩民舍多壞壓死者百餘口

創業起居注大業十三年正月丙子夜晉陽宮西北有光夜明自地屬天若大燒火飛焰炎赫正當城西龍山上直指西南極望竟天俄而山上當童子寺左右有紫氣如虹橫絕火中上衝北斗自一更至三更而滅城上守更人咸見而莫能辨之皆不敢道大業初帝爲樓煩郡守時有望氣者云西北乾門有天子氣連太原甚盛故隋主以樓煩置宮以其地當東都西北因過太原取龍山風俗道行幸以厭之云後又拜代王爲郡守以厭之

欽定古今圖書集成曆象彙編庶徵典

第十六卷目錄

庶徵典第十六卷

庶徵總部紀事三

創業起居注七月庚寅宿於絳郡西北之鼓山此山帝爲討捕大使時舊停營所故逗而宿焉去絳十餘里絳城不下是日曉鼓山西北有大浮雲色或紫或赤似華蓋樓闕之形須臾有暴風吹來向營而臨帝所居帳上帝指絳城而謂傍侍曰風雲如此見從彼何不達之甚

唐書武平一傳平一博學通春秋中宗復位名爲起居舍人景龍二年兼修文館直學士時天子暗柔不君韋后烝亂外戚盛平一重斥語即自請抑母黨上言去歲熒惑入羽林太白再經天太陽虧月犯大角臣聞災不妄生上見下應信如景響詩曰惟此文王小心翼翼昭事上帝聿懷多福陛下天性孝愛戚屬外家恩洽澤濡臣一宗階三等家數侯朱輪華轂過許史梁鄧遠甚恩崇者議積位厚者釁速故月滿必虧日中則移時不再來榮難久藉昔末淳之後王室多難先聖從權故臣家以宗子竊祿疏封今聖上復辟宜退守園廬乃再假光寵爵封如初高班厚位遂超涯極故陰氣僭陽河洛汎溢昔王族驕盈梅福上書竇氏專縱丁鴻進諫且后妃之家恩過寵深一朝覆沒遂無噍類願思抑損之宜長遠之策推遠時權以全親親帝慰勉不許遷考功員外郎

陳子昂傳垂拱初詔問羣臣調元氣當以何道子昂因是勸后興明堂太學即上言臣聞之於師曰元氣天地之始萬物之祖王政之大端也天地莫大於陰陽萬物莫靈於人王政莫先於安人故人安則陰陽和陰陽和則天地平天地平則元氣正先王以人之通於天也於是養成羣生順天德使人樂其業甘其食美其服然後天瑞降地符升風雨時草木茂遂故顓頊唐虞不敢荒寧其書曰百姓昭明協和萬邦黎人於變時雍迺命羲和欽若昊天歷象日月星辰敬授人時和之得也夏商之衰桀紂昏暴陰陽乖行天地震怒山川神鬼發妖見災疾疫大興終以滅亡和之失也迨周文武創業誠信忠厚加於百姓故成康刑措四十餘年天下方和而幽厲亂常苛慝暴虐詬黷天地川冢沸崩人用愁怨其詩曰昊天不惠降此大戾不先不後爲虐爲瘵顧不哀哉近隋煬帝疲生人之力洩天地之藏中國之難起故身死人手宗廟爲墟逆元氣之理也臣觀禍亂之動天人之際先師之說昭然著明不可欺也

韋綏傳綏進位禮部尚書帝問所以振災邀福者對曰宋景公以善言退法星三舍漢文除祕祝勅有司祭而不祈此二君皆受自至之福書美前史如失德以卻災媚神以丐助祈而有知且因以譴也時帝不德故託諷焉

獨孤及傳代宗以左拾遺召既至上書陳政曰去年十一月丁巳夜星隕如雨昨清明降霜三月苦熱錯繆顛倒沴莫大焉此下陵上替怨讟之氣取之也天意丁寧譴戒以警陛下宜反躬罪己旁求賢良者而師友之黜貪佞不肖者下哀痛之詔去天下疾苦廢無用之官罷不急之費禁止暴兵節用愛人競競乾乾以徼福於上下必能使天威神應反妖災爲和氣矣

志怪錄杜昭遠將失寵幸家多妖物晝見狗作雞鳴嘗一日架上雙筆起舞相對回旋不已杜曰既爲祟能自書乎右一筆倒硯中漬其毫於案上大書一殺字其年杜陷大辟

酉陽雜俎鄭絪相公宅在招國坊南門忽有物投瓦礫五六夜不絕乃移於安仁西門宅避之瓦礫又隨而至經久復歸招國鄭公歸心釋門禪室方丈及歸將入丈室蟢子滿室懸絲去地一二尺不知其數其夕瓦礫亦絕翌日拜相

五代史吳越世家乾寧二年越州董昌反昌素愚不能決事臨民訟以骰子擲之而勝者爲直妖人應智王溫巫韓媼等以妖言惑昌獻鳥獸爲符瑞牙將倪德儒謂昌曰曩時謠言有羅平鳥主越人禍福民間多圖其形禱祠之視王書名與圖類因出圖以示昌昌大悅乃自稱皇帝國號羅平改元順天

戎幕閒談贊皇公曰昨循州杜相談異頗多書示寮佐其所言初到蜀年資州有方丈石行走盤礴數畝新都縣大道觀老君旁泥人鬢生數寸見者拔之俄

頊又出都下諸處有栗樹樹葉結實食之味如李鹿頭寺前水溢出及猫鼠相乳之妖果有蠻寇懟陵絢尋魏書述李勢在蜀欲滅頻有怪異成都北鄉有人望見女子入草往觀之見物如人有頭目而無手足能動搖不能言語又廣漢馬生角長寸半又馬生駒一頭二身六耳無目二陰一牝一牡又驢無毛飲食數日死而又江源地生草七八尺莖葉皆赤子靑如牛角昨又見約令副使司馬君將何令宜說蠻欲鬪城城門外有人見一龍與水牛鬬俄頊又說皆滅李樹上皆生木瓜而空中不實

北夢瑣言梁司天監仇殷術數精妙每見吉凶不敢明言稍關逆耳祕而不說往往罰俸蓋懼梁祖之好殺也

梁祖末年多行誅戮一夕寢殿大棟忽墜於御榻之上初聞土落於寢帳上乃驚覺久之又聞有小木墜於帳頂間遂瞿然下牀未出殿門其棟乃墜遽明召諸王近臣令觀之夜來驚危幾不相見由是君臣相泣又曰驚憂之時如有人引頭於寢閤門內云裏面莫有人否所以忽忙奔起得非宮殿神乎他日又游於大內西九曲池泛鷁舟於池上舟忽傾側上墮於池中宮嬪幷內侍從官並躍入池扶策登岸移時方安爾後發痼疾竟罹其子郢王友珪弒逆之禍舟傾棟折非佳事

河東李克用在娠十三月載誕之夕母后甚危令族人市藥於鴈門遇神人敎以率部人被介持矛擊鉦鼓躍馬大噪環所居三周而止果如所敎而生是時紅光燭室白氣充庭井水暴溢及能言喜道軍旅年十二三能連射雙梟至於樹葉鍼鋒馬鞭皆能中之會於新城北以酒酹毗沙門塑像請與僕交談天王被甲持矛隱隱出於壁間或所居帳內時如火聚或有龍形人皆異之

五代史王處直傳初有黃蛇見于牌樓處直以爲龍藏而祠之又有野鵲數百巢麥田中處直以爲己德所致而定人皆知其不祥曰蛇穴山澤而處人室鵲巢鳥降而田居小人竊位而在上者失其所居之象也已而處直果被廢死

高麗傳高麗俗知文字孝經雌圖一卷載日食星變皆不經之說

王鎔傳張文禮者狡獪人也鎔惑愛之以爲子號王德明鎔已死文禮自爲留後莊宗初納之後知其逼於梁也遣趙故將符習與閻寶擊之文禮家鬼夜哭野河水變爲血游魚皆死文禮懼病疽卒

安重榮傳重榮將反也其母以爲不可重榮曰請爲母卜之指其堂下旛竿龍口仰射之曰吾有天下則中之一發而中其母乃許饒陽令劉巖獻水鳥五色重榮曰此鳳也畜之後潭又使人爲大鐵鞭以獻誑其民曰鞭有神指人人輒死號鐵鞭郎君出則以爲前驅鎭之城門抱關鐵胡人無故頭自落鐵胡重榮小字雖甚惡之然不悟也其冬安從進反襄陽重榮聞之乃亦舉兵是歲鎭州大旱蝗重榮聚饑民數萬驅以鄉鄰聲言入覲行至宗城破家堤高祖遣杜重威逆之兵已交其將趙彥之與重榮有隙臨陣卷旗以奔晉軍其鎧甲鞍轡皆裝以銀晉軍不知其來降爭殺而分之重榮聞彥之降晉大懼退入於輜重中其兵二萬皆潰去是冬大寒潰兵饑凍及見殺無孑遺重榮獨與十餘騎奔還以牛馬革爲甲驅州人守城以待重威兵至城下重榮裨將自城東水碾門引官軍以入殺守城二萬餘人重榮以吐渾數百騎守牙城重威使人擒之斬首以獻高祖御樓受馘命漆其首送於契丹改成德軍爲順德鎭州曰恆州常山曰恆山云

冊府元龜周世宗顯德四年五月癸卯翰林學士兵部侍郎知誥誥陶穀進紫芝白兔頌曰陛下嗣位之元年歲次甲寅薄伐太原與六月之師定王業也虎賁振旅兵度孟津汜水獻紫芝三莖騁騁分化惹渡關之氣越三載歲在丙辰親征淮夷破十萬之衆宣武功也戎輅旋軫途次高唐穎州獻白兔一頭皎皎效質凝照社之光謹按瑞應圖曰王者恩霑行葦則紫芝秀五行傳曰國君德及昆蟲則白兔馴上宴息之暇有時臨翫覩禎祥而修德善馴擾之遂性三者昭萬物肇生之數白者叶太素返樸之義芝爲瑞也左盤右屈而自然成形兔之异也或白或蒼亦不常其色豈可使曠代嘉瑞來者無聞今聖君儉德罷露臺至仁祝疎羅重林衡不時之禁則草木茂矣崇宗廟祫祭之禮則禽魚樂矣若然則朱草蓂莢將擢秀於庭際丹鳳麒麟豈空游於郊藪下臣不佞再拜作頌頌曰美哉靈草邈矣明祇慶上帝之所臨昭王者之嘉瑞考其祥稽其事芝爲草也豈奪朱而効靈兔乃獸焉取守黑而爲異徵其薦瑞之日俱在廻鑾之次酌物情順天意吾君當垂衣而治

五代史郭崇韜傳梁方名諸鎭兵欲大舉唐諸將皆

憂惑以謂成敗未可知莊宗患之以問諸將諸將皆曰唐得鄆州隔河難守不若棄鄆與梁而西取衛州黎陽以河爲界與梁約罷兵毋相攻庶幾以爲後圖莊宗不悅退臥帳中召崇韜問計崇韜曰陛下興兵仗義將士疲戰爭生民苦轉餉者十餘年矣況今大號已建自河以北人皆引首以望成功而思休息今得一鄆州不能守而棄之雖欲指河爲界誰爲陛下守之且唐未失德勝時四方商賈征輸必集薪芻糧餉其積如山自失南城保楊劉道路轉徙耗亡大半而魏博五州秋稼不稔竭民而斂不支數月此豈按兵持久之時乎臣自康延孝來盡得梁之虛實此眞天亡之時也願陛下分兵守魏固楊劉而自鄆長驅搗其巢穴不出半月天下定矣莊宗大喜曰此大丈夫之事也因問司天司天言歲不利用兵崇韜曰古者命將鑿凶門而出況成算已決區區常談何足信也莊宗即日下令軍中歸其家屬於魏夜度楊劉從鄆州入襲汴州八日而滅梁

唐臣劉延朗傳帝罷高祖總管徙鎭鄆州延朗等多言不可而司天趙延義亦言天象失度宜安靜以弭災其事遂止

豆盧革傳革薦韋說爲相歲大水地連震流民殍死者數萬軍士妻子皆採稆以食莊宗責三司使孔謙謙不知所爲樞密小吏段徊曰臣嘗見前朝故事國有大故則天子以朱書御札問宰相水旱宰相職也莊宗乃命學士草詔手自書之以問革說革說不能對第曰陛下威德著於四海今西兵破蜀所得珍寶億萬可以給軍水旱天之常道不足憂也

李琪傳同光三年秋天下大水京城乏食尤甚莊宗以朱書御札詔百寮上封事琪上書數千言其說漫然無足取而莊宗獨稱重之

漢臣李業傳業高祖皇后之弟也后昆弟七人業最幼故尤憐之高祖時以爲武德使隱帝卽位業以皇太后故益用事無顧憚時天下旱蝗黃河決溢京師大風拔木壞城門宮中數見怪物投瓦石撼門扉隱帝召司天趙延乂問禳除之法延乂對曰臣職天象日時察其變動以考順逆吉凶而已禳除之事非臣所知也然臣所聞殆山魈也皇太后乃召尼誦佛書以禳之一尼如廁旣還悲泣不知人者數日及醒訊之莫知其然而帝方與業及聶文進後贊郭允明等狎昵多爲廋語相誚戲放紙鳶於宮中太后數以災異戒帝帝不聽

南漢世家劉鋹大寶四年芝菌生宮中野獸觸寢門苑中羊吐珠井旁石自立行百餘步而仆樊胡子皆以爲符瑞諷羣臣入賀

馬令南唐書先主書州縣言符瑞者十數帝曰譴告在天聰明自民魯以麟削莽以符亡常謹天戒猶懼或失之符瑞何爲哉皆抑而勿揚

嗣主書八年春正月詔曰春秋日食地震星孛木冰可謂甚矣比者災異仍多豈人君不德以名之耶抑亦天心之仁愛而譴告之也朕甚惕焉曩者兵連閩粤武夫悍將不喩朕意而務爲窮黷以至父征子餉上違天意下奪農時咎將誰執在予一人其大赦境內窮民無告大賜粟帛

幸蜀記十五年六月朔宴教坊俳優作灌口神隊二龍戰鬬之象須臾天地皆暗大雨雹明日灌口奏岷山大漲其夕大水漂城壞延秋門沉溺數千家摧司天監太廟令宰相范仁恕禱青羊觀又遣使往灌州下詔罪己十一月地震十二月天雨毛

教坊部頭孫延應王彥洪等謀逆延應初選入教坊有尼謂曰君貴不可言至是主家苦竹開花侯侍中家馬作人言銀槍營中井水湧出地又數震此叛亂之兆也搆得十二人期以宴日持仗爲俳優盡殺諸將而奪其兵爲其黨趙延規所告盡擒而誅之

野人閒話蜀後主時大軍未至前自春及夏無雨螟蝗大作一旦漢州扐邡縣石井中夜有十尺火龍騰躍而出浩浩昇天而去乃至鱗甲首足明燿粲然大風吼天草木皆拔餘燼墜地延燒數百家翌日有一人披髮衣青布袴奔走於街巷中高聲唱言有神人使作無爺無母救你流汗滿面困乏喘氣而口不暫停兩日亦不知所在復有鵜鶘鳴於庭射之不中故老見之曰此鳥主少主歸命咸康時來此時又來當有與替乎皆祕而不奏未幾大軍入界

遼史耶律曷魯傳遙輦痕德菫可汗沒羣臣奉遺命請立太祖太祖辭曰昔吾祖夷离菫雅里嘗以不當立而辭今若等復爲是言何歟曷魯進曰曩吾祖之辭遺命弗及符瑞未見第爲國人所推戴耳今先君言猶在耳天人所與若合符契天不可逆人不可拂而君命不可違也太祖曰遺命固然汝焉知天道曷魯曰聞于越之生也神光屬天異香盈幄夢受神誨龍錫金佩天道無私必應有德我國削弱齮齕於鄰部日久以故生聖人以興起之可汗知天意故有是

命且遥筆九營碁布非無可立者小大臣民屬心于越天也昔者于越伯父釋爲嘗曰吾猶蚍兒猶龍也天時人事幾不可失

宋史吳奎傳奎知諫院皇祐中多災異奎極言其徵曰今冬令反燠春候反寒太陽虧明五星失度水旱作沴饑饉薦臻此天道之不順也自西徂東地震爲患大河橫流堆阜或出此地道之不順也邪曲害政陰柔蔽明羣小紛爭衆情壅塞西北二敵求欲無厭此人事之不和也帝王莫大於進賢退不肖今天下皆謂之賢陛下知而不進皆謂之不肖陛下知而不退內寵驕恣近習回撓陰盛如此寧不致大異乎

呂誨傳嘉祐六年上疏曰竊聞太史奏彗躔心宿請備西北按天文志心爲天王正位前星爲太子直則失勢明則見祥今既直且暗而妖彗乘之臣恐咎證不獨在西北也自夏及秋雨淫地震陰陽之沴固有異符近者宗室之中訛言事露流傳四方人心駭惑窺覦之志可不防其漸哉願爲社稷宗廟計審擇親賢稍合天意宸謀已定當使天下共知萬一有姦臣附會其間陽爲忠實以緩上心此爲患最大不可不察也

劉敞傳嘉祐給享羣臣上尊號宰相請撰表敞說止不得乃上疏曰陛下不受徽號且二十年今復加數字不足盡聖德而前美並棄誠可惜也今歲來頗有災異正當寅畏天命深自抑損豈可以此時乃以虛名爲累帝覽奏顧侍臣曰我意本謂當爾遂不受

鄭俠傳俠監安上門是時免役法出民商咸以爲苦雖負水拾髮擔粥提茶之屬非納錢者不得販鬻稅務索市利錢其末或重於本商人至以死爭如是者不一俠因東美列其事未幾詔小夫禆販者免征商之重者十損其七他皆無所行是時自熙寧六年七月不雨至於七年之三月人無生意東北流民每風沙霾曀扶攜塞道羸瘠愁苦身無完衣並城民買麻糝麥麩合米爲糜或茹木實草根至身被鎖械而負瓦揭木賣以償官累累不絕俠知安石不可諫悉繪所見爲圖奏疏詣閤門不納俠乃假稱密急發馬遞上之銀臺司略云去年大蝗秋冬亢旱麥苗焦枯五種不入羣情懼死方春斬伐竭澤而漁草木魚鼈亦莫生遂災患之來莫之或禦願陛下開倉廩賑貧乏取有司掊克不道之政一切能去冀下召和氣上應天心延萬姓垂死之命今臺諫充位左右輔弼又皆貪猥近利使夫抱道懷識之士皆不欲與之言陛下以爵祿名器駕馭天下忠賢而使人如此甚非宗廟社稷之福也竊聞南征北伐者皆以其勝捷之勢山川之形爲圖來獻料無一人以天下之民質妻鬻子斬桑壞舍流離逃散遑遑不給之狀上聞者臣謹以逐日所見繪成一圖但經眼目已可涕泣而況有甚於此者乎如陛下行臣之言十日不雨即乞斬臣宣德門外以正欺君之罪疏奏仁宗反覆觀圖長吁數四袖以入是夕寢不能寐翌日命開封體放免行錢三司察市易司農發常平倉三衛具熙河所用兵諸路上民物流散之故青苗免役權息追呼方田保甲並罷凡十有八事民間讙呼相賀又下責躬詔求言越三日大雨遠近沾洽輔臣入賀帝示以俠所進圖狀且責之皆再拜謝

蔡襄傳時有旱蝗日食地震之變襄以爲災害之來皆由人事數年以來天戒累至原其所以致之由君臣上下皆闕失也不顓聽斷不攬威權使號令不信於人恩澤不及於下此陛下之失也持天下之柄司生民之命無嘉謀異畫以矯時弊不盡忠竭節以副任使此大臣之失也朝有弊政而不能正民有疾苦而不能去陛下寬仁少斷而不能規大臣循默避事而不能斥此臣等之罪也陛下既有引過之言達於天地神祇矣願思其實以應之疏出聞者皆悚然

劉敞傳吳充以典禮得罪馮京救之亦罷近職敞因對極論之帝曰充能官京亦亡他中書惡其太直不相容耳敞曰陛下寬仁好諫而中書乃排逐言者是蔽君之明止君之善也臣恐感動陰陽有日食地震風霾之異已而果然因勸帝收攬威權無使聰明蔽塞以消災咎帝深納之

富弼傳弼以左僕射門下侍郎同平章事時有爲帝言災異皆天數非關人事得失所致者弼聞而歎曰人君所畏惟天若不畏天何事不可爲者此必姦人欲進邪說以搖上心使輔拂諫爭之臣無所施其力是治亂之機不可以不速救即上書數千言力論之

劉摯傳摯爲侍御史時蔡確章惇在政地與司馬光不相能摯因久旱上言洪範庶徵肅時雨若五行傳政緩則冬旱今廟堂大臣情志乖睽議政之際依違排很語播於外可謂不肅政令二三舒緩不振比日日青無光風霾昏曀上天警告皆非小變願進忠良通壅塞以答天戒

錢易傳易子彥遠擢尚書祠部員外郎知潤州上疏

曰陛下即位以來內無聲色之娛外無畋漁之樂而前歲地震雄霸滄登旁及荊湖幅員數千里雖往昔定襄之異未甚於此今復大旱人心嗷嗷天其或者以陛下備寇之術未至牧民之吏未良天下之民未安故出譴告以示之苟能順天之戒增修德業宗廟之福也今契丹据山後諸鎮元昊盜靈武銀夏衣冠車服子女玉帛莫不有之往時元昊內寇出入五載天下騷然及納款錫命則被邊長吏不復銓擇高冠大袖恥言軍旅一日契丹負恩乘利入塞豈特元昊之比耶湖廣蠻獠切掠生民調發督斂軍須百出三年於今未聞分寸之效惟陛下念此三方之急講長久之計以上答天戒時旱蝗民乏食彥遠發常平倉賑救之部使者詰其專且権價彥遠不爲屈名爲右司諫請勿數赦擇牧守增奉入以養廉吏息土木以省功費遷起居舍人直集賢院知諫院會諸路奏大水彥遠言陰氣過盛在五行傳下有謀上之象請嚴宮省宿衛

白時中傳時中字蒙亨壽春人宣和六年除特進太宰兼門下封崇國公進慶國始時中嘗爲春官詔令編類天下所奏祥瑞其有非文字所能盡者圖繪以進時中進政和瑞應記及贊及爲太宰表賀翔鶴霞光等事圜丘禮成上言休氣充應前所未有乞宣付祕書省時燕山日告危急而時中恬不爲慮

秦檜傳紹興十六年檜加太師十三年賀瑞雪賀雪自檜始賀日食不見是後日食多晝不見彗星常見選人康倬上書言彗星不足畏檜大喜特改京秩楚州奏鹽城縣海清檜請賀帝不許知虔州薛弼言木內有文曰天下太平年詔付史館於是修飾彌文以粉飾治具如鄉飲耕籍之類節節備舉爲苟安餘杭之計自此不復巡幸江上而祥瑞之奏日聞矣湖廣江西建康府皆言甘露降諸郡奏獄空帝嘗語檜曰自今有奏獄者當令監司驗實果妄誕卽按治仍命御史臺察之苟不懲戒則奏甘露瑞芝之類崇虛飾誕無所不至帝雖眷檜而不可欺也如此

劉豫傳豫僭號凡八年廢時年六十五先是齊地數見怪異有梟鳴於後苑龍撼宣德門滅宣德二字有星隕於平原鎭識者謂禍不出百日豫怒殺之未幾果廢

宗室善俊傳善俊字俊臣太宗七世孫好論事孝宗時日中有黑子地屢震每以飭邊備爲戒

宋德之傳德之編修樞密院時兵釁有萌會赤眚見太陰犯權星未浹日內北門鴟尾災延及三省六部詔求直言德之奏離爲火爲日爲甲冑坎爲水爲月爲盜爲隱伏故火失其性赤氣見憂在甲兵水失其性太陰失度憂在隱伏因疏七事皆當今至切之患乃曰人火小變不足慮天象之變臣竊危之他日又曰今敵未動而輕變祖宗舊制命武臣帥邊以自遺患昔叛將唐藩鎭之禍甚於此矣

遵堯錄太宗選祕書丞楊延慶等十餘人分爲諸州知州因謂宰相曰刺史之任最爲親民非其人則下有受其弊者昔後漢秦彭爲潁川郡守教化盛行百姓懷惠乃有鳳凰麒麟嘉禾甘露之瑞以一郡守尚能有感若帝王崇尚德教豈太平之不可致而和氣之不可召也

壽州長史林獻可上書論國家休咎之事帝謂輔臣曰朝廷政事得失在於任人得賢則治否則亂若堯舜之世雖有災異不爲害桀紂之世雖有祥瑞不爲福今小人多託虛名以爲直規求進取不可不察也

燕翼貽謀錄太宗皇帝以海內混一四方無虞乃於江南置太平軍江北置無爲軍取太平無爲之義太平後改爲州無爲之建在淳化四年十二月戊戌至大中祥符二年建軍方十有六年災異變怪忽發八月中有青蛇長數丈出郡治十六日風雨林木城門營壘盡壞壓死千餘人夜三鼓方止九月乙亥奏至眞宗皇帝亟命中使張景宣馳驛恤視民壞屋者無出來年夏租壓死者家賜米一斛無主及貧乏者官收瘞之令長吏就宮觀精虔設醮爲民祈福是時方尚祥瑞宰相甚怒加譴郡守眞宗不從其後守臣懲艾於五年三月壬午奏甘露降桐樹七年七月庚寅奏聖祖殿叢竹內獲毛屨二以爲聖祖降九年四月奏瑞氣覆巢湖書圖來上皆奉承上意也洎至皇祐三年仁宗皇帝在位三十年矣六月丁亥守臣茹孝標奏城內小山生芝三百五十本悉以上進改名其山曰紫芝山蕞爾一培塿不應一時所產若是之多也上怒曰朕以豐年爲瑞賢臣爲寶草木蟲魚之異焉足尚哉茹孝標與免罪戒州縣自今無得以聞大哉王言足以警臣子之進諛者矣

國老談苑祥符中天書降羣臣稱賀魯宗道上疏略曰天道福善禍淫不言示化人君政得其理則作佑以垂報治乖於上則出異以警戒又何書哉臣恐奸臣肆其誕妄惑上聽眞宗雖不開納然甚奇之

隨手雜錄仁宗一日名致仕晁迥對延和殿上問洪範雨暘之數迥對曰比年災變仍發此天所以左右王者願陛下修飾五事以當天心庶幾轉禍爲福上感悟出所幸嬖尚美人等又籍其位金帛二十餘萬賜三司贍軍費

雲麓漫抄景祐元年四月上謂宰臣曰近年以來陰陽不順丼氣乖舛此必應天之道有未合於天心而違於人意者宜推明咎徵之本臣僚上言早歲陳彭年等定中外醮儀聖祖天尊在北極之上伏緣北極大帝總領萬物主宰中極聖祖司命眞君因薦尊號驟居紫微帝君之上既定位非順自茲天下郡縣多致災傷伏望重行詳定

麟臺故事寶元二年上嘗集天地辰緯雲氣雜占凡七百五十六篇離三十門爲十焉號寶元天人祥異書名輔臣於太清樓出而示之命發於祕閣

玉海寶元二年十一月癸巳以皇子生燕宗室於太清樓讀三朝寶訓賜御詩又出寶元天人祥異書示輔臣其書蓋上集天地辰緯雲氣雜占凡七百五十六離三十門爲十卷

慶曆五年閏五月龍圖閣直學士歐陽修上澤州進士劉羲叟注釋司馬遷天官書及著洪範災異論名試學士院六月癸亥命爲大理評事羲叟兼通大衍諸歷起漢元以來爲長歷羲叟以春秋時變異攷以洪範災應斥古人所彊合者著書十數篇視日月星辰以占國家休祥未嘗不應著十三代史志劉氏輯曆春秋災異

蘇洵作洪範三論斥末而歸本援經而擊傳復列二圖以指其謬一以形吾意五行含羅九疇五事檢御五行皇極裁節五事康定二年四月丙午徐復名對上洪範論

皇祐四年九月己巳王洙講洪範五事帝曰王者用五事皆本五行乎洙對曰王者治五行得其性則五事皆善故五事得則有休證失則有咎證是以聖人克謹天戒以修其身上曰奉天在於修德戒謹於未形必俟譴告然後修德豈畏天之道也

遵堯錄富弼熙寧中名拜左僕射平章事弼既至未見有於上前言災異皆天數非人事得失所致者弼聞之嘆曰人君所畏惟天若不畏天何事不可爲者去亂亡無幾矣是必奸臣欲進邪說故先導上以無所畏使輔拂諫諍之臣無所復施其力此治亂之機也即上書數千言雜引春秋及古今傳記人情物理以明其決不然者時方苦旱羣臣請上尊號及作樂帝不許羣臣固請作樂弼言故事有災變皆徹樂恐上以同天節外使當上壽故未斷其請臣以爲此盛德事正當示外國乞幷罷上壽從之即日而雨弼又上疏願益畏天戒遠奸佞近忠良帝親書詔答之曰敢不銘諸肺腑終老是戒弼既上疏謝復申戒不已願陛下待羣臣不以同異爲喜怒不以喜怒爲用舍弼始見帝問邊事弼曰陛下即位之初當布德行惠願二十年口不言兵因以九事爲戒

淸波雜志政和二年待制李譓進蟾芝上曰蟾動物也安得生芝聞大相國寺市中多有鬻此者爲玩物耳譓從臣何敢附會如此命以盆水漬之一夕而解竹釘故楮皆見於是責譓以罔上安置焉又己亥冬祀南郊方登壇樂作使人推數小車載火出於遠林左右爭獻言爲異指點閧然大司樂田爲押登壇歌壇上大呼曰田爲先見而上亦不責也時所謂祥瑞亦有類此者而蔡絛尚有山產瑪瑙水晶地布醴泉芝草夸大其父相業父子之罪通天亦何辱書

聞見後錄宮官盧功裔云宣和末鬼車瀝血於福寧殿庭又有狐登御坐又內殿塼砌上忽有積血遽視之復出去塼亦出發地亦出至廢其殿云

李常云宣和末爲洛陽縣尉有職事在西宮一龍夏伏起宮中者無慮日殆數百處初固異之未幾金人入洛宮遂焚張浮休云向謫郴江夏日在寓舍伴羣兒讀書忽天際一船載人物如行木上久之方沒

鐵圍山叢談政和初間治極之際地不愛寶所在奏芝草者動三二萬本蘄黃間至有一鋪二十五里遍野而出汝海諸郡縣山石皆變瑪瑙動千百塊而致諸輦下伊陽太和山崩奏至上與魯公皆有懼色及復上奏山崩者出水晶也以木匣貯之進匣可五十斤而多至數十百匣來上又長沙益陽縣山溪流出生金重十餘斤後又出一塊至重四十九斤他多稱是

齊東野語乾道丁亥十一月二日冬至郊祀有風雷之變宰相葉顒魏杞皆策免先是會慶節金國使在庭時受誓戒矣議者欲權免上壽就館錫宴廟堂姑息不能主其議宴集英如常天變豈偶然哉洪邁當制有曰理陰陽而遂萬物所嗟論道之非因災異而策三公實負在天之愧蓋有所風也

金史阿疎傳阿疎與同部毛睹祿勃堇等起兵穆宗

略阿荼檜水益募軍至阿疎城是日辰巳間忽暴雨晦暗雷電下阿疎所居既又有大光聲如雷墜阿疎城中識者以謂破亡之徵

賈鉉傳鉉爲左諫議大夫兼工部侍郎上書曰親民之官任情立威所用決杖分徑長短不如法式甚者以鐵刃置於杖端因而致死間者陰陽愆伏和氣不通未必不由此也願下州郡申明舊章檢量封記按察官其檢察不如法者具以名聞內庭勅斷亦依已定程式制可

徒單鎰傳鎰拜平章政事封濟國公淑妃李氏擅寵兄弟恣橫朝臣往往出入其門是時烈風昏曀連日詔問變異之由鎰上疏略曰仁義禮智信謂之五常父義母慈兄友弟敬子孝謂之五德今五常不立五德不興縉紳學古之士棄禮義忘廉恥細民違道畔義迷不知返背毀天常骨肉相殘動傷和氣此非一朝一夕之故也今宜正薄俗順人心父父子子夫夫婦婦各得其道然後和氣普洽福祿薦臻矣

完顏素蘭傳素蘭累遷應奉翰林文字權監察御史宣宗車駕至汴素蘭上書言事略曰昔東海在位信用讒諂疎斥忠直以致小人日進君子日退紀綱紊亂法度益隳風折城門之關火焚市里之舍蓋上天垂象以儆懼之也言者勸其親君子遠小人恐懼修省以答天變東海不從遂至亡滅夫善救亂者必迹其亂之所由生善革弊者必究其弊之所自起誠能大明黜陟以革東海之政則治安之效可指日而待也陛下龍興不思出此輒議南遷詔下之日士民相率上章請留啓行之日風雨不時橋梁數壞人心天意亦可見矣此事既往豈容復追但自今尤宜戒慎覆車之轍不可引轅而復蹈也

荆王守仁傳守仁宣宗第二子也守仁三子長曰訛可次曰某次曰孛德天興初守仁府第產肉芝一株高五寸許色紅鮮可愛既而枝葉津流濡地成血臭不可聞劃去復生者再夜則房榻間群狐號鳴秉燭逐捕則失所在未幾訛可出質哀宗遷歸德明年正月崔立亂四月癸巳守仁及諸宗室皆死青城

元史張珪傳珪拜江南行臺御史中丞因上疏極言天人之際災異之故其目有修德行廣言路進君子退小人信賞必罰減冗官節浮費以法祖宗成憲累數百言不報遂謝病歸久之起珪爲集賢院大學士先是鐵木迭兒既復爲丞相以私怨殺平章蕭拜住御史中丞楊朶兒只上都留守賀伯顏大小之臣不能自保會地震風烈勑廷臣集議弭災之道珪抗言於坐曰弭災當究其所以致災者漢殺孝婦三年不雨蕭楊賀冤死其致沴之端乎死者固不可復生而情義猶可昭白毋使朝廷終失之也

吳元珪傳元珪遷工部尚書河朔連年水旱五穀不登元珪言春秋之義以養民爲本凡用民力者必書蓋民力息則生養遂生養遂則教化行而風俗美宰相嘉其言土木之工稍爲之息

劉敏中傳敏中爲翰林學士承旨詔公卿集議弭災之道敏中疏列七事帝嘉納焉

名山藏典謨記太祖濠州人曰章天質鳳目龍姿聲如洪鐘奇骨貫頂元時太史言聖人生江淮帝實應之當皇妣娠夢黃冠授一丸有光吞之覺而口尚留香明日生於土地神祠中白氣貫空異香經宿祠中神驚避數里時元大曆元年戊辰九月十八日也浴汲河水水浮紅羅遂取爲衣所居尚有神光里人競呼朱家火往視無有帝所生神祠地至今丈餘莖草不生浮羅之河木判二色一紅一白

明外史安然傳戶部尚書范敏薦耆儒王本杜佑龔斅杜斅趙民望吳源等名至告之太廟以本佑龔斅爲春官杜斅民望源爲夏官秋冬闕命本等攝之兼太子賓客位公侯伯都督之次屢賜敕諭隆以坐論之禮命協贊政事均調四時會立冬朔風釀寒成冬令帝以爲本等功賜敕嘉勉又月分三旬人各司之以雨暘時日驗其稱職與否

崔亮傳亮嘗言凡祥瑞應見皆國之休禎請依唐令若麟鳳龜龍依圖書合大瑞者所司表奏餘鳥獸草木之類驗實圖進帝曰卿等止議祥瑞非也夫災異之來上天垂誡恭重四方或有變徵無論大小其令所司馳奏焉

章溢傳帝親祀社稷會大風雨還坐外朝怒儀曹議禮不合致天變溢請寬貸帝乃貰之

國史紀聞正統十四年八月也先大舉入寇王振勸上親征車駕發京師出居庸過懷安至宣府連日風雨人情洶洶井源等敢報蹕至王佐鄺埜請回鑾不許欽天監正彭德清斥振曰象緯示警不可復前儻有疎虞陷乘輿於草莽誰執其咎學士曹鼐曰臣子固不足惜主上係天下安危豈可輕進振怒曰若有此亦天命也會暮有黑雲壓營雷雨大作振惡之始令班師駕至土木敵至四面攻圍上不得出擁以去

振爲亂兵所殺
明通紀上既陷敵營也先屢欲謀害是夜忽大雷雨震死也先所乘青驄馬上令哀彬出帳房外窺覘但見赤光罩定御帳敵謀乃沮又雪夜令人行刺其人見一大蟒蛇遶護帳外畏怖而去敵人由是益加敬禮焉
天順三年冬忠國公石亨謀不軌下獄死亨貪恣日甚賄賂公行強預朝政易置文武大臣邊將以張其威子姪廝養勢焰燻灼天下寒心而亨怙不知戒上干天象彗出星變日暈數重數月不息蓋羣陰圍蔽太陽之象也未幾家人露其不軌之謀於是下亨獄卒死獄中
明外史傳珪傳御史張羽奏雲南災珪因極言四方災變可畏八年五月復奏四月災因言春秋二百四十二年災變六十九事今自去秋來地震天鳴雹降星殞龍虎出見地裂山崩凡四十有二而水旱不與焉災未有若是甚者極陳時弊十事語多斥權倖權倖益深嫉之
徐恪傳弘治四年拜右副都御史奏言秦項梁唐龐勛元方谷珍輩往往起東南今東南民力已竭加水旱洊臻去冬彗掃天津直畢越地乞召還織造內臣勅撫按諸臣加意撫循以弭異變帝不從
趙佑傳陳琳出督南畿學政抗章言南京窮冬雷震正旦日蝕正宜修德弭災委心元老博采忠言豈宜自棄股肱隔塞耳目
倪岳傳岳以四方所報災異禮部於歲終類奏率爲具文乃詳次其月日博引經史徵應勸帝勤講學開言路寬賦役慎刑罰黜奸貪進忠直汰冗員停齋醮省營造止濫賞帝頗採納焉
舒芬傳孝貞山陵畢迎主祔廟自長安門入芬上言孝貞皇后作配茂陵未聞失德祖宗之制既葬迎主必入正門昨孝貞之主顧從陛下駕由旁門入他日史臣書之曰六月己丑車駕至自山陵迎孝貞純皇后主入長安門將使孝貞有不得正終之嫌其何以解於天下後世昨祔廟之夕疾風迅雷甚雨意者聖祖列宗及孝貞皇后之靈徵告陛下也陛下宜明詔中外以示改過不報
鎮國中尉勤熨傳勤熨倜儻好大略周王嫉之言其過於朝世宗奪其歲祿勤熨既失職乃上書曰陛下躬上聖之資不法古帝王兢業萬幾擇政任人乃溺意長生屢修齋醮興作頻仍數年來朝儀久曠委任非人遂至賄賂公行刑罰倒置奔競成風公私殫竭脫有意外變臣不知所終適者天心仁愛災異疊徵不下罪己之詔諸大臣亦無避路之章慶瑞頌符接口連牘恐非所以仰承天變伏惟皇上念祖宗創業之艱敬昊天顯道之戒復視朝之禮罷土木之工開忠諫之路屏邪枉之人則天意可回人心用勸將與唐虞等齡齊名臣言出禍隨得從劉向李勉趙汝愚同遊地下無恨帝覽疏怒坐誹謗降庶人幽鳳陽
葉應聰傳應聰嘉靖初歷郎中給事中潮陽陳洸素無賴家居與知縣宋元翰不相能令其子柱訐元翰謫戍給事中趙漢等交章劾洸請罷洸聽勘得旨遣應聰等雜治具上洸罪狀宜斬帝命免罪爲民洸上書訐應聰等遂逮洸應聰等及錦衣衞廷訊應聰對曰某所持者王章耳必欲直洸惟諸公命刑部尚書胡世寧等心知洸罪重而懲前大獄不敢執會是日黃霧四塞獄弗竟次日又大風拔木有詔修省勿用刑乃當應聰按事不實律爲民
明外史彭汝實傳汝實因災異上言邇者黃風黑霧春旱冬雷地震泉竭揚沙雨土加以羣小盛長盜賊公行萬民失業木異草妖時時見告大變於上地變於下人物變於中而修省之詔無過具文廷陛之間忠邪未辨以逢迎爲合禮以守正爲沽直長鯨巨鰛決網自如腴田甲第橫賜無已此皆臣等不能明目達聰之責也今陛下春秋已逾志學豈可徒恃堯舜之資而不加聖心乎側聞經筵進講略無問難黃閣票擬依常批答棄燕閒於女寵委腹心於貂璫二廖諸張尚然緩死李隆蘇縉竟得無他如此而望天意之回人心之感不可得矣報聞
沈鯉傳鯉因事納忠論奏無所避京師久旱備陳恤民實政以崇儉戒奢爲本且請減織造已京師地震又請謹天戒恤民窮誠輔大禮請上下交修詞甚切帝以四方災勅廷臣修省鯉因請大損供億營建賑救小民帝每嘉納
楊繼盛傳繼盛改兵部武選司抵任一月遂草奏劾嵩齋三日乃上奏曰方今外賊惟俺答內賊惟嚴嵩未有內賊不去而可除外賊者去年春雷久不聲占曰大臣專政冬日下有赤色占曰下有叛臣又四方地震日月交蝕以爲災皆嵩致願陛下聽臣之言察嵩之姦重則置憲輕則勒致仕內賊既去外賊自除雖俺答亦必畏陛下聖斷不戰而喪膽矣

胡宗憲傳宗憲晉兵部尚書獻白龜二五色芝五帝大悅賚宗憲加等

高拱傳高儀掌禮部四年每歲暮類奏四方災異

張居正傳世宗朝士大夫言祥瑞者居正詆之及秉政顧獨喜翰林院產白燕池中白蓮雙蒂居正皆獻之言及災異則慍見辭色於是承風者競爲諛佞

趙志皋傳志皋改建極殿時兩宮災彗星見日蝕九分有奇三殿又災連歲間變異迭出志皋請下罪己詔因累疏陳時政缺失而其大者定國本罷礦稅諸事凡十一條優詔報聞而已

申時行傳時行嘗因災異力言催科急迫徵派加增刑獄繁多用度侈靡之害

葉向高傳吳道南攝禮部右侍郎因災異言豁瑠斂怨乞下詔罪己與天下更新皆不報

林瀚傳瀚子廷機廷機子爗爲太僕少卿因災異極陳礦稅之害請釋逮繫諸臣不報

近峰記略建文時新宮初成見男子提一人頭血色糢糊直入宮中大索之無得也夜宴張燈忽不見人狐狸滿宮徧置鷹犬逐之不能止日赤無光彗掃軍門熒惑守心犯斗山崩地震錦衣衞火武庫自焚文華承天俱燬正統間浙中山移於平田地動白毛徧生陝西山崩壓數千家山移有聲號三日黃河東流沒千餘家南京殿宇火明日殿基生荊棘二尺許

天順日錄明自王振擅權天象災異疊見振很忿愈甚且諱言之時浙江紹興山移於平地地動白毛徧生又陝西二處山崩壓沒人家數十戸一處山移有聲吽三日移數里又黃河改流東北於海淪沒人家千餘又振宅新起內府乾方未踰時一火而盡又南京殿宇亦一時被焚是夜大雨明日殿基上生荊棘二尺高始下詔赦盜不可遏蝗不可滅天意不可回矣

古穰雜錄吏部尚書郭璡出身早不遑問學然天資甚美受氣完厚臨事從容喜怒不形於色精於吏事簡切不泛爲戸曹屬文廟已知其名正統初侍臣因蝗旱言大臣不能盡職久妨賢路有旨回奏衆欲罷歸田里以謝天譴璡獨謂不可云非是貪位但主上幼沖吾輩皆先帝簡任受付托若皆能去誰與共理只宜戴罪修省改過以回天意衆從其言識者韙之

見聞搜玉王竑江夏人巡撫南直隸景泰時徐沛諸邑歲大饑疫多方賑療賴以全活嘗賦苦雨詩二章方春正二月久苦雨淋淋隴畝渾無望瘡痍痛不禁添成憂國恨滴碎爲民心願借西風力凌空掃積陰又兩月連陰雨羈懷倍慘然有身當報國無力可回天凍水傷農業寒淋打客船爲憐黎庶苦終夕不成眠

廣東通志正統十三年秋八月有星孛於南斗初都督董興進兵時天文生馬軾隨行至江西夜半聞雞亂鳴興問之此何祥也對曰雞不時鳴由賞罰不明願公嚴軍令及經清遠峽有白魚入舟軾曰武王伐紂有此徵此逆賊授首之兆也至廣州時蕭養已僭號及授僞官百餘人聚船河南千餘艘勢甚張衆欲請兵軾曰兵貴神速若請兵則緩不及事以所徵兩廣江西官軍很兵取勝猶拉朽耳興從之三月初五夜有大星墜於河南及旦以所占告興曰四旬內破賊必矣四月十一日興率官軍至大川頭與賊相遇果大破之

庶徵總部雜錄

禮記樂記古者天地順而四時當民有德而五穀昌疾疢不作而無妖祥此之謂大當陳注四時當謂不失其序妖祥祥亦妖也大當大化之均調也

詩小序雲漢仍叔美宣王也宣王承厲王之烈內有撥亂之志遇災而懼側身修行欲銷去之天下喜于王化復行百姓見憂故作是詩也

三墳形墳傳天雲祥聖人以符應天命山雲爲峰聖人以意決災異地氣騰氤聖人以辨妖孽日氣晝圍聖人以決災變

墨子天志中篇古者聖王明知天鬼之所福而辟天鬼之所憎以求興天下之利而除天下之害是以天之爲寒熱也節四時調陰陽雨露也時五穀孰六畜遂疾災戾疫凶饑則不至

明鬼下篇商書曰嗚呼古者有夏方未有禍之時百獸貞蟲允及飛鳥莫不比方矧在人面胡敢異心山川鬼神亦莫敢不寧若能共允在天下之合下土之葆察山川鬼神之所以莫敢不寧者以佐謀禹也此

吾所以知商周之鬼也

呂氏春秋名類篇商箴云天降災布祥並有其職

孔叢子宰我問書云納于大麓烈風雷雨弗迷何謂也孔子曰此言人事之應乎天也堯既得舜歷試諸難已而納之於尊顯之官使大錄萬機之政是故陰陽清和五星不悖烈風雨各以其應不有迷錯愆伏明舜之行合於天也

詩說十月之交幽王之時天變見于上地變動于下而奸臣亂政于外嬖妾敗德于內大夫憂危亡之將至故作是詩賦也

淮南子原道訓虹蜺不出賊星不行含德之所致也

俶眞訓古者至德之世賈便其肆農樂其業大夫安其職而處士修其道當此之時風雨不毁折草木不夭九鼎重味珠玉潤澤洛出丹書河出綠圖

天文訓虎嘯而谷風至龍舉而景雲屬麒麟鬬而日月蝕鯨魚死而彗星出蠶珥絲而商弦絕賁星墜而勃海決人主之情上通於天故誅暴則多飄風枉發令則多蟲螟殺不辜則國赤地令不收則多淫雨虹蜺彗星者天之忌也

覽冥訓日月精明星辰不足其行風雨時節五穀登熟虎狼不妄噬鷙鳥不妄搏鳳凰翔於庭麒麟游於郊青龍進駕飛黃伏皁

精神訓日月失其行薄蝕無光風雨非其時毁折生災五星收其行州國受殃

兵略訓兵之所加者必無道之國也故能戰勝而不報取地而不反民不疾疫將不夭死五穀豐昌風雨時節戰勝於外禍生於內是故名必成而後無餘害矣

西京雜記董仲舒曰太平之世則風不鳴條開甲散萌而已雨不破塊潤葉津根而已雷不驚人號令起發而已電不眩目宣示光耀而已霧不塞望浸淫被泊而已雪不封條凌殄毒害而已雲則五色而爲慶雨則三日而成膏露則結珠而爲液此聖人在上則陰陽和而風雨時也政多紕繆則陰陽不調風發屋雨溢河雹至牛目雪殺驢此皆陰陽相盪爲祲沴之故也

春秋繁露奉本篇萬物以廣博衆多歷年久者爲象其在天而象天者莫大日月繼天地之光明莫不照也星莫大于泰辰北極常星部星三百衞星三千大火二十六星伐十六星北斗七星常星九辭二十八宿多者宿二十八九其猶蓍百莖而共一本龜千載而人寶是以三代傳決疑焉其得地體者莫如山阜人之得天得衆者莫如受命之天子下至公侯伯子男海內之心懸于天子疆內之民統于諸侯日月蝕並吉凶不以其行有星茀于東方秦辰北斗入常星不見地震梁山沙鹿崩宋衞陳鄭災王公大夫篡弑者春秋皆書以爲大異不言衆星之茀入宵雨原隰之襲崩一國之小民死亡不決疑于衆草木也天之所加雖爲災害猶承而大之其欽無窮震夷伯之廟是也天無錯糾之災地有震動之異天子所誅絕所敗師雖不中道而春秋者不敢闕謂之也

後漢書張敏傳敏疏曰春生秋殺天道之常春一物枯卽爲災冬一物華卽爲異

申鑒政體篇二端不愆五德不離則三才允序五事交備百工惟釐庶績咸熙

俗嫌篇或問五三之位周應也龍虎之會晉祥也曰官府設陳富貴者値之布衣寓焉不符其爵也獄犴若居有罪者觸之貞良入焉不受其罰也或曰然則日月可廢歟曰否曰元辰先王所用也人承天地故動靜焉順順其陰陽順其日辰順其度數內有順實外有順文文實順理也休徵之符自然應也故盜泉朝歌孔墨不由惡其名者順其心也苟無其實徵福於忌斯成難也

荀悅漢紀序凡祥瑞黃龍見鳳凰集麒麟臻神馬出神鳥翔神雀集白虎神獸獲寶鼎昇寶磬神光見山稱萬歲甘露降芝草生嘉禾茂元稷降醴泉湧木連理凡災異大者日蝕五十六地震十六天開地裂五星聚于東井各一太白再經天星孛二十四山崩三十四隕石十一星隕如雨二星晝見三火災二十四河漢水大汎溢爲人害十河汎一冬雷五夏雪三冬無冰二天雨血雨草雨魚死人復生男子化爲女子嫁爲人婦生子枯木更生大石自立

潛夫論本政篇皇父蹶楀聚而致災異

浮侈篇愁怨者多則咎徵並臻下民無聊則上天降災

述赦篇王者至貴與天通精心有所想意有所慮未發聲色天爲變移或若休咎庶徵月之從星此乃宜有是事故見瑞異或戒人主若忽不察是乃己所感致而反以爲天意欲然也

抱朴子君道篇七政不亂象於元極寒溫不謬節而錯集四靈備覿芝華灼粲甘露淋漉以霄墜嘉穗婀

娜而盈箱丹魃逐於神潢元厲拘於廣朔百川無沸騰之異南箕謐偃禾之暴物無詭時之凋人無嗟慨之響囹圄虛陳五刑寢厝

嘉祥之臻則念得人之祐感逢天之怒則思桑林之引咎

博物志漢興多瑞應武帝之世特甚麟鳳數百王莽時郡國多稱瑞應歲歲相尋皆由順時之欲承旨求媚多無實應乃使猜疑

談苑江南民言正旦晴萬物皆不成元豐四年正旦九江郡天無片雲風日明快是年果旱又曰芒種雨百姓苦蓋芒種須晴明也春雨甲子赤地千里夏雨甲子乘船入市乘船入市者雨多也又於四月一日至四日卜一歲之豐凶云一日雨百泉枯言旱也二日雨傍山居言避水也三日雨騎木驢言踏車取水亦旱也四日雨餘有餘言大熟也禰師惠南常言上元一夕晴麻小熟兩夕晴麻中熟三夕晴麻大熟若陰雨麻不登占亦如此云絶有效驗京東一講僧云雲向南雨潭潭雲向北老鸛尋河哭雲向西雨沒犂雲向東塵埃沒老翁言雲向南與西行則有雨向北與東行則無雨云亦有效驗大理少卿杜純云京東人言朝霞不出門暮霞行千里言雨後朝晴尚有雨也須晚晴乃眞晴耳九江人畏下旬雨云雨不肯止劉師顏視月占旱云月如懸弓少雨多風月如仰瓦不求自下同州人謂雨沾足爲爛雨

嬾眞子俗說以人噎噴爲人說此蓋古語也終風之詩曰寤言不寐願言則嚏箋云言我願思也嚏當爲不敢嚏咳我其憂悼而不能寐如思我心如是我則嚏也今俗人嚏云人道我此乃古之遺語也漢藝文志雜占十八家三百一十卷內嚏耳鳴雜占十六卷注云嚏丁計反然則嚏耳鳴皆有吉凶今則此術亾矣

雲笈七籤諸眞要略夫上好逸豫愛民有曲恭阿順之巧厚之以利則民競諂柔色順媚以求之故邪僞化惑之俗興而木行篤直之氣失矣失積則咎氣有餘縮之差世犯歲星之忌災則有溫毒之疫民負司命之禁殃則有項痛煩殞奪壽促命之死咎氣流注蒸産而相生爲諂諛遺釁之爐

上好寬委愛民有徑執偏專之守厚之以利則民競肆固矜誇之見以求之故狠軼忿戾化亂之俗興而土行公利之氣失矣失積則地有舒泄穢結亂積風雷反震動之故世犯鎭星之忌災則有悖氣蒸毒之疫民負司危之禁咎氣流注蒸産而相生爲驕逸恣情遺釁之爐

上好煩品愛民有降若風邁之貌厚之以利則民競魁岸豪傑爭第妄進之奸以求之故相凌踐蔑忽禍化流亡之俗興而金行信質之氣失矣失積則時有雪霜愆節之侵世犯太白之忌災則有氣痛之疫民負司契之禁殃則有癘竭氣斷及兵凶震殺奪壽促命之死咎氣流注蒸産而相生爲侮慢相仇遺釁之爐

上好慧敏愛民有文辨彩豔之巧厚之以利則民競機飾浮詭流尚之僞以求之故佞爲掩聽化閤之俗興而火行哲明之氣失矣失積則日有病無光孛蝕之促世犯熒惑之忌災則有暑毒之疫民負司順之禁殃則有鬼魅忤痛心悶殞絶慌惱及狂逆妄圖不道之覬奪壽促命之死咎氣流注蒸産而相生爲斧華佞害闚覦遺釁之爐

上好嚴厲愛民有敢斷尅決之巧厚之以利則民競懷毒逞其害烈之能以求之故空患陰圖禍皆化逆之俗興而水行義守之氣失矣失積則月有孽虧魄傷遲速不常之度世犯辰星之忌災則有陰毒之疫民負司錄之禁殃則有殘痼滯瘠暴僵及盜賊獄戮奪壽迫促殘命之死咎氣流注蒸産而相生爲凶淫禁虐遺釁之爐化失五常之氣世運五常之災民沈五促之爐皆榮辱爭奪恥怨仇侮嫉娟之所生也

師友談記太史公講月令開題凡數千言備陳歷世遵陰陽爲政事之迹與魏相柳宗元之說反復甚明前世論時令者莫能過也且曰儒者多言不必從月令故時令論立說誠有以破漢儒附會災異之弊然洪範以五事應五行有休徵咎徵符契甚明後之人君不可不爲鑒也

避暑錄話在山居久見老農候雨暘十中七八問之無他曰所更多耳問市人則不知也余無事常早起每旦必步戶門往往童僕皆未興其中既洞然無事仰觀雲物景象與山川草木之秀而志其一日爲陰爲晴爲風爲霜爲寒爲溫亦未嘗不十中七八老農以所更吾以所見其理一也乃知惟一靜大可以察天地近可以候一身而究理之至者乎

容齋三筆昔人謂顏師古爲班氏忠臣以其注釋紀傳雖有舛誤必委曲爲之辨故也如五行志中最多其最顯者與尚書及春秋乖戾爲甚桑穀共生于朝

劉向以爲商道既衰高宗乘敝而起既獲顯榮怠于政事國將危亡故桑穀之異見武丁恐駭謀于忠賢顏注曰桑穀自太戊時生而此云高宗時其說與尚書大傳不同未詳其義或者伏生差謬按藝文志自云桑穀共生太戊以與鳴雉登鼎武丁爲宗乃是本書所言豈不可謂明證而翻以伏生爲謬何也僖公二十九年大雨雹劉向以爲信用公子遂遂專權自恣僖公不寤後二年殺子赤立宣公又載文公十六年蛇自泉宮出劉向以爲其後公子遂殺二子而立宣公此是文公末年事而劉向既書之又誤以爲僖顏無所辨隱公三年日有蝕之劉向以爲其後鄭獲魯隱注引狐壤之戰隱公獲焉此自是隱爲公子時事耳左傳記之甚明宣公十五年王札子殺名伯毛伯董仲舒以爲成公時其他如言楚莊始稱王晉滅江之類顏雖隨事敷演皆云未詳其說終不肯正詆其疵也

容齋五筆予亡弟景何少時讀書甚精勤晝夜不釋卷不幸有心疾以至夭逝嘗見梁弘夫誦漢書即云唯谷永一人無處不有弘夫驗之於史乃服其說今五十餘年矣漫摭永諸所論建以濮予在原之思建昭雨雪燕多死永請皇后就宮令衆妾人人更進建始星孛營室永言爲後宮懷姙之象彗星加之將有絕繼嗣者永始日蝕永以易占對言酒亾節之所致次年又蝕永言民愁怨之所致星隕如雨永言王者失道下將叛去故星叛天而隕以見其象樓護傳言谷子雲之筆札叙傳述其論許班事許皇后傳云上采永所言以答書其載於史者詳複如此本傳云永善言災異前後所上四十餘事蓋謂是云

朱子語類淵聖即位時日重暈相軋太祖陳橋即位時亦然淵聖即位三四日後昏霧四塞豈耿南仲邪說有以蒙蔽之乎

歐公章疏言地震山石崩入於海某謂正是羸豕孚蹢躅之義當極治時已自栽培得這般物在這裏了故直至如今

燕翼貽謀錄虞書載簫韶九成鳳凰來儀三代以後無傳焉惟漢宣帝時嘗見史不載其形狀如何眞宗景德元年五月七日午時白州有鳳凰三自南入衆禽周遶至萬歲寺前樓高木上身如龍長九尺高五尺其文五色冠如金盞至申時飛向北去遂不復見州畫圖來上是時天下承平日久可謂治世宜其覽德輝而下也若麟惟先聖識之漢武獲一角獸當時以爲麟太史公不以爲然也太平興國九年十月癸巳嵐州獻獸一角似鹿無斑角端有肉性馴善詔羣臣參驗徐鉉滕中正王佑等上奏曰麟也宰相宋琪等賀

玉海康定政鑒十二卷御製有序采五行六沴前世察候稽應者以爲政治之龜鑒以皇極爲本

漢制攷抱大時注鄭司農云太史主抱式以知天時處吉凶疏據當時占文謂之式以其見時候有法式故謂載天文者爲式

齊東野語世所謂祥瑞者麟鳳龜龍騶虞白雀醴泉甘露朱草靈芝連理之木合穎之禾皆是也然夷攷所出之時多在危亂之世今不假援引古昔姑以近代顯著者言之王建父子之據蜀也天復六年巨人見青城山鳳凰見萬歲縣黃龍見嘉陽江而甘露白雀白鹿龜龍並見于諸州武成元年騶虞見武定嘉禾生廣昌麟見壁州龍五十見于洵陽水中永平二年劍州木連理文州麟見黃龍見富義江三年麟見永泰白龍見邛江騶虞見壁山有三鹿隨之四年麟見昌州通政元年黃龍見大昌池瑞物之出殆無虛歲而太子元膺以叛死大火焚其宮室兵敗于外政亂于內終之以身死衍立而國亡其爲瑞徵乃如此耳至如至和隆盛之際地不愛寶所在奏貢芝草者動二三萬本蘄黃間至有一鋪二十五里之間遍野而出窑州山間至彌滿四野有一本數十葉衆色咸備者太守李文仲採及三十萬本作一綱進郎進職除本道運使汝海諸郡縣山石變爲瑪瑙動以千百伊陽太和山崩出水晶幾萬觔皆以匣進京師長沙益陽山溪流出生金數百觔其間大者一塊至重四十九斤其他草木鳥獸之珍不可一二數一時君臣稱頌祥瑞蓋無虛月然越數歲而遂罹難邦國喪亂父子遷播所謂瑞應又如此也善乎先儒之論曰未有喪仁而久者也未有恃祥而壽者也商之王以桑穀昌以雉雊大鄭以龍衰魯以麟弱白雉亡漢黃犀死莽惡在其爲符也世世有喜言祥瑞之人觀此亦可以少悟矣

經外雜抄洪範五行傳曰田獵不宿飲食不享出入不節奪民農時及有奸謀則木不曲直說曰木東方也於易地上之木爲觀其於王事威儀容貌亦可觀者也棄法律逐功臣殺太子以妾爲妻則火不炎上說曰火南方揚光輝爲明者也其於王者南面鄉明

而治治宮室飾臺榭內淫亂犯親戚侮父兄則稼穡不成說曰土中央生萬物者也其於王者爲內事宮室夫婦親屬亦相生者也好攻戰輕百姓飾城郭侵邊境則金不從革說曰金西方萬物既成殺氣之始也故立秋而鷹隼擊秋分而微霜降其於王事出軍行師把旄杖鉞誓士衆抗威武所以征畔逆止暴亂也簡宗廟不禱祠廢祭祀逆天時則水不潤下說曰木北方終滅萬物者也其於人道終而形滅精神放越聖人爲宗廟以收魂氣春秋祭祀以終孝道又漢書五行志云董仲舒治公羊春秋始推陰陽爲儒者宗宣元之後劉向治穀梁春秋數其禍福傳以洪範與仲舒錯至向子歆治左氏傳其春秋意亦已乖矣言五行傳又頗不同是以擥仲舒別向歆傳載眭孟夏侯勝京房谷永李尋之徒所陳行事訖于王莽舉十二世以傳春秋著于篇按此其說亦不可廢故記于此以俟攄討

野客叢談蔡邕傳曰光和元年七月詔邕與光祿大夫楊賜等詣金商門問災異邕悉心以對事悉在五行志注云其志今亡而續漢志引蝗蟲及雌雞二事而已余考邕集當時答詔問凡有八事一虹蜺二白衣入德陽門三雌雞化雄四日蝕地動風雨不時疾癘流行迅風折樹五星辰錯謬六蝗蟲冬出七平城門武庫屋壞八令邕分別皁囊封上勿漏所問邕對悉有據依皆傳所不載

物類相感志十鳥東女國以十一月爲歲首每至十月令巫者齋物入山散麥于空中大呪呼俄有鳥如雉飛入巫懷內剖其腹視之有穀知來歲豐若冰雪必多災異因名十鳥

枝山前聞洪範內惟天陰隲下民相協厥居一節蔡氏俱以天言不知陰隲下民乃天之事相協厥居乃人君之事天之陰隲下民者何風雨霜雪均調四時五穀結實立烝民之命此天之陰隲也君之相協厥居者何敷五教以教民明五刑以弼教保護和洽使强不得陵弱衆不得暴寡而各安其居也

空同子和氣致祥而治世亦菑天心仁愛之甦乖氣致菑而叔世亦瑞燈滅必光耳或曰治世菑在朝廷而瑞在天下叔世瑞在朝廷而菑在天下

簷曝偶談見怪不可驚怪但宜鎭之以靜如桓公見紫衣之神周南見怪鼠之語李叔堅不殺戴冠之犬公亮大書入窻之手是皆能以氣勝之也夫怪豈能傷人所忠者不能持守乃自傷耳

漢儒之於經臺史之測天也不能盡天而觀象者莫能廢

丹鉛總錄天有常福必祚明德天有常菑必隕明忒陳壽云蜀無史職故災祥靡聞按黃氣見于秭歸羣鳥墜于江水成都言有景星出益州言無宰相氣若史官不能置此事何由而書蓋因父受髡辱加茲謗議者也蜀志又稱王崇補東觀許慈掌禮儀又郤正爲祕書郎廣求益部書籍斯則典校無缺屬辭有人矣又按後主景耀元年史官奏景星見大赦改元自書之而自戾之何耶

宋史長編云紹興中秦檜擅朝喜飾太平羣國多上草木禽鳥之瑞歲無虛月胡致堂所謂花卉可以染植增其態毛羽可以餧飼變其色上之人苟欲之則四面而至矣蓋指此也

墨池浪語熙寧元年英州雷震一山梓樹盡枯爲龍腦至龍腦價爲之賤政和四年汝蔡之間連山大小石皆變爲瑪瑙尚方取之爲寶帶器玩夫石變爲瑪瑙可異也而樹枯爲龍腦不尤可異乎

近思雜問日月交會日爲月掩則日蝕日月相望與日亢則月蝕自是行度分道到此交加去處應當如是曆家推算專以此定疎密本不足爲變異但天文才過此際亦爲陰陽厄會於人事上必有災戾故聖人畏之側身修行庶幾可弭災戾也

伍讓衡州府舊志序箕陳洪範漢志五行咎由戾致休以和臻觀變修救民始攸寧

又星土之義積分以成度辨度以分野猶之積里以成縣積縣以成郡積郡以成天下也彼京畿者腹心也邦國肢體臂指也疵癖在一臂顚悸在一指而纍謂精血不相麗經脉不相攝也彼星孛大辰而四國何以同災熒惑守心而一言何以徙舍天人感應之際不可不察也是故以土辨星以人治土有一郡必命郡大夫治之有一邑必命邑大夫治之下至里社亦有官師凡以察其妖祥稽其治否上以詔救政下以修序事未嘗以區區之地廢觀省也

來瞿唐集或問堯時十日並出果有否曰此其必有者也蓋堯時六陽已極陽精之發極盛故也觀天地六陰已極之時即昏黑可知矣斷史者以儒者莫先于窮理無十日並出之理殊不知此造化之妙也俗儒安得知之哉且天地陰陽有此不齊之氣即有此不齊之事如日明于晝乃其常也亦有二日並出者

焉如永聖元年乾符六年是也月亦然或時兩月並出或時三月並出或時西南方兩月重出或時朔月猶見東方或時生齒其間怪變不可勝紀又極而言之天雨水常也或時雨血或時雨沙或時雨土或時雨草或時雨金或時雨肉或時雨水銀故草木殊質櫻桃有時而生茄陰陽異位男子或時而變女如履武呑卵鳥覆羊腓皆無理之事聖人載之于經豈聖人亦信怪哉賈誼曰天地爲鑪兮造化爲工陰陽爲炭兮萬物爲銅千變萬化兮未始有極斯言得之矣天下理外事極多且如孔子古今至聖墟墓中生出白兔來此事都不可曉所以說賈誼天地爲鑪數句說得好燒窯有窯變卽千變萬化之意也

程子人問漢文多災異漢宣多祥瑞何也曰譬之小人多行不義人却不說至君子未有一事便生議論此一理也至白者易汚此一理也詩中幽王大惡爲小惡宣王小惡爲大惡此一理也此言說得好極透人情蓋做好人乃十目所視者做不好人人已知其不長進不責備矣然則做學者豈可使人不責備哉故做眞儒必毎毎受人之謗

采芹錄永樂二年春命西僧尚師哈立麻於靈谷寺作法事上薦皇考妣卿雲天花甘雨甘露舍利祥光壽鳥白鶴連日畢集一夕檜柏生金色花徧於都城金仙羅漢化現雲表白象青獅莊嚴妙相天燈導引旛蓋旋繞種種不絕又聞梵唄空樂自天而降羣臣上表稱賀學士胡廣獻聖孝瑞應歌頌十七年秋頒佛經於大報恩寺又見舍利光如寶珠又現五色毫光卿雲捧日千葉觀音菩薩羅漢相畢集續頒御製佛曲至淮安又見五色圓光彩雲滿天雲中菩薩及大花寶塔龍鳳獅象又有紅鳥白鶴盤旋飛繞續又命尚書呂震都御史王彰齋捧諸佛世尊如來菩薩尊者名稱歌曲往陝西河南神明協應屢見卿雲圓光寶塔之祥文武羣臣上表稱賀此等俱聖朝舊事越歲二百未敢定斷虛實然竊有疑者自竺法入中華好尚崇信非一代而此異未有前聞若果皆昔無今有豈竺法靈響亦有盛衰歟靈谷之異人有謂西僧善幻此是其幻術夫幻不幻所未暇論卽令眞爲瑞應我聖祖明靈陟降上帝斷不由竺法升沈而明主大孝光隆繼述亦不以瑞應加萬分之一也載觀當時股肱諸賢納忠之意往往侈言符瑞如永樂十五年建北京宮殿督工大臣奏聞瑞光慶雲諸異二十一年萬壽聖節太和山金殿現圓光紫雲大臣具圖以獻此等亦皆臣工遙奏聖主未親目覩也夫游氣浮光倏忽便爲消息萬一或指諸彷彿或據所相傳焉知泰山牽犬老父及呼萬歲之聲今古不同出一機乎夫玉杯天書有亡已章前史乃並在英主之朝太平之日微意所及百巧橫投彼亦何待幻而後有聲影附會媚耳娛心遂以侈諸表章實諸竹帛不知聖朝粹德崇功自足流光百代不以此類有無略關輕重也

信古餘論災祥治亂吉凶在順與逆而已大化理氣本一順之則爲祥爲治爲吉逆之則爲災爲亂爲凶聖人循而不違宣而不隔故身兼福履化洽雍熙瑞應而物至志一之自通也

詩曰求福不回未聞回厥德而能獲福者此豈可妄希天祐惟當專意反躬自責耳

觚示錄鳳凰麒麟非世絕物古來有之未必章符瑞也寬羅釋阱則遊翔近人橫矰綦弋則祕跡遠禍夫知幾聖人之事物類有此安得不爲靈異後代希有亦雖足怪試論唐虞三代後郊遊沼集而得幸免彈射乎否也

讀書鏡宋眞宗宮火災王旦馳入對上驚惶語公曰兩朝所積朕不妄費一朝殆盡誠可惜也公對曰陛下富有天下財帛不足憂所慮者政令賞罰有不當臣備位宰相天災如此臣當罷免繼上表待罪帝乃降詔罪己許中外上封事言朝政得失後有大臣言非天災乃榮王宮失于火禁請置獄出其狀當斬決者數百人旦持以歸翌日乞獨對曰初火災陛下降詔罪己臣上表待罪今反歸咎于人何以示信且火雖有跡寧知非天譴耶果欲行法願罪臣以明無狀帝欣然聽納減死者數百輩歸融唐文宗開成初拜御史中丞時湖南觀察使盧周仁以南方屢災取羨錢億萬進京師融劾奏天下一家中外之財皆陛下府庫周仁陳小利假異端公違詔書徇私希恩恐海內效之因緣漁利生人受弊罪始周仁請重責還所進帝乃詔置其錢于河陰院以虞水旱吁後世有如此宰相臺諫則旱魃之說指俸之例尚可止也

晞望天上三光日月星人之三光兩目心日月失度星辰畱伏天地災變目有所感心有所感身體傾危日月星能照天地雙目心能顧一身不令外物之所蔽

日知錄春秋時鄭裨竈魯梓愼最明於天文昭公十

八年夏五月宋衞陳鄭災裨竈曰不用吾言鄭又將火子產不從亦不復火二十四年夏五月乙未朔日蝕梓慎曰將水叔孫昭子曰旱也秋八月大雩是雖二子之精亦有時而失之也故張衡思元賦曰慎竈顯以言天兮占水火而妄訊

襄公二十八年春無冰梓愼曰宋鄭其饑乎歲在星紀而淫於元枵以有時災陰不堪陽蛇乘龍龍宋鄭之星也宋鄭必饑元枵虛中也枵耗名也土虛而民耗不饑何爲裨竈曰今茲周王及楚子皆將死歲棄其次而旅于明年之次以害鳥帑周楚惡之十一月癸巳天王崩十二月楚康王卒宋鄭皆饑一事兩占皆驗

天文五行之學愈疎則多中愈密則愈多不中春秋時言天者不過本之分星合之五行驗之日蝕星孛之類而已五緯之中但言歲星而餘四星占不之及何其簡也而其所詳者往往在于君卿大夫言語動作威儀之間及人事之治亂敬怠故其說也易知而其驗也不爽揚子法言曰史以天占人聖人以人占天

文三年雨螽于宋解曰宋人以螽死爲得天祐喜而來告故書夫隕石鷁退非喜而來告也

威儀之不類賢人之喪亡婦寺之專橫皆國之不祥而日月之眚山川之變鳥獸草木之妖其小者也傳曰人無釁焉妖不自作故孔子對哀公以老者不教幼者不學爲俗之不祥荀子曰人有三不祥幼而不肯事長賤而不肯事貴不肖而不肯事賢是人之三不祥也而武王勝殷得二俘而問焉曰若國有妖乎一俘對曰吾國有妖晝見星而天雨血一俘對曰此則妖也非其大者也吾國之妖子不聽父弟不聽兄君令不行此妖之大者也武王避席再拜之自余所逮見五六十年國俗民情舉如此矣不教不學之徒滿于天下而一二稍有才志者皆少正卯鄧析之流是豈特三川竭而悲周岷山崩而憂漢哉書曰習與性成詩云如彼泉流無淪胥以敗識時之士所以引領于哲王繫心于耈德也

淮南王安以客言彗星長竟天天下兵當大起謀爲畔逆而自剄國除眭孟言大石自立僵柳復起當有從匹夫爲天子者而以妖言誅趙廣漢問太史知星氣者言今年當有戮死大臣卽上書言丞相罪而身坐要斬甘忠可推漢有再命之運而以罔上惑衆至下獄病死弟子夏賀良等用其說以誅齊康侯知東郡有兵私語門人爲王莽所殺卜者王況以劉氏復興李氏爲輔爲李焉作讖書十餘萬言莽皆殺之國師公劉秀女愔言宮中當有白衣會乃以自殺西門君惠語王涉以國師公姓名當爲天子遂謀以所部兵劫莽事發被誅王朗明星曆嘗以河北有天子氣而以僭位誅死襄楷言天文不利黃門常侍當族滅而卒陷王芬自殺劉焉聞董扶言益州有天子氣求爲益州牧而以天火燒城憂懼病卒子璋降於昭烈孔熙先推宋文帝必以非道晏駕禍由骨肉江州當出天子而卒與范蔚宗等謀反棄市并害彭城王郭暠言代呂者王又言涼州分野有大兵故舉事先推王詳後推王乞基而卒之代呂隆者王尚又言滅秦者晉遂南奔秦人追而殺之劉靈助占尒朱當滅又言三月末我必入定州遂舉兵以三月被擒斬於定州苗昌裔言太祖後當再有天下趙子崧習聞其說靖康末起兵檄文頗涉不遜卒以貶死成祖永樂末欽天監官王射成言天象將有易主之變孟賢等信之謀立趙王高燧並以伏誅是數子者之占不可謂不驗而適以自禍其身是故占事知來之術惟正人可以學

漢書謂夫子之言性與天道不可得聞而仲舒下吏夏侯囚執眭孟誅戮李尋流放此學者之大戒又曰星事凶悍非湛密者弗能由也蜀漢杜瓊精于術學初不視天文無所論說譙周常問其意瓊曰欲明此術甚難須當身視識其形色不可信人也晨夜苦劇然後知之復憂漏泄不如不知是以不復視也後魏高允精于天文游雅數以災異問允允曰陰陽災異知之甚難既已知之復恐漏泄不如不知也天下妙理至多何遽問此雅乃止北齊權會明風角乾象學徒有請問者終無所說每云此學可知不可言諸君並貴游子弟不由此進何煩問也惟有一子亦不授此術

易傳言先天後天考之史書所載人事動于下而天象變于上有驗於頃刻之間而不容遲者宋武帝欲受晉禪乃集朝臣宴飲日晚坐散中書令傅亮叩扉入見請還都謀禪代之事及出已夜見長星竟天拊髀歎曰我常不信天文今始驗矣隋文帝立晉王廣爲皇太子其夜烈風大雪地震山崩民舍多壞壓死者百餘口唐元宗爲臨淄王將誅韋氏與劉幽求等微服入苑中向二鼓天星散落如雪幽求曰天道如

此時不或失文宗以右軍中尉王守澄之言召鄭注對於浴堂門是夜彗出東方長三尺然則荆軻爲燕太子丹謀刺秦王而白虹貫日衞先生爲秦昭王畫長平之事而太白蝕昴固理之所有孟子言氣壹則動志其此之謂與

元史天文志旣載日月五星陵犯而本紀復詳書之不免重出志末云餘見本紀亦非體

樊深河間府志曰愚初讀律書見私習天文者有禁後讀制書見仁廟語楊士奇等曰此律自爲民間設耳卿等安得有禁遂以天元玉曆祥異賦賜羣臣由律書之言觀之乃知聖人所憂者深由制書之言觀之乃知聖人所見者大

庶徵總部外編

外史徵君遊崆峒之山見二老者祭一古塚祝曰炎炎之室其棟將頹田爲戰場奸雄啼徵君聞而怪之命從者訊其故時陰風南來黃雲夕暝二老號哭遂化爲鳩飛于巖木之顚從者匐匍而告曰此何異也徵君曰吾聞國亡聽于神今二老之謠非人臣之言也又化爲鳩其怪也甚矣夫九陽之窮也依鳥而爲鳩鳩有利口是傾國之象也由是觀之王室其將亂乎今外戚盛而主柄移羌虜獗而皇威伏賦斂急而頌聲息災異虐而德音乖雲擾之禍禳于朝夕可坐而待也諸侯之賢者及是時布德而施惠招賢而下士分祿帛于無告之衆以固懷其心寵王室之動靜而陰鎮之弱則單力而扶危則倚名而舉誅戮愛臣翦滅汙吏攘外國而固中原盟諸侯而定雄策此誠一時之策也今以韓國之勢乘而舉之若飄雲之遇風奔流之赴壑孰能禦之哉此二老所以號哭而寒心也言未卒二鳩長鳴而逝徵君顧從者曰昔子房受書于圯上之老人而知漢賴以興余聞謠于崆峒之二老而知漢因以亡小子其識之乎

雲笈七籤齋見不祥之物解法道士齋入室有不祥之物者常行北帝呪南向叩齒三十六下呪曰二象迴傾元一之精七靈護命上詣三清雙皇驅除赫奕羅兵三十萬人侍衞神營巨獸百萬威攝千精揮劍逐邪馘落魔靈神伯所呪千妖滅形畢又叩齒三十六通

欽定古今圖書集成曆象彙編庶徵典

第十七卷目錄

庶徵典第十七卷

天變部彙考一

漢書

五行志

傳曰思心之不睿是謂不聖厥咎霿厥罰恆風厥極凶短折時則有脂夜之妖

在人腹中肥而包裹心者脂也心區霿則冥晦故有脂夜之妖一曰有脂物而夜爲妖若脂水夜汙人衣淫之象也一曰夜妖者雲風並起而杳冥故與常風同象也

皇之不極是謂不建厥咎眊厥罰恆陰皇之不極是謂不建皇君也極中建立也人君貌言視聽思心五事皆失不得其中則不能立萬事失在眊悖故其咎眊也王者自下承天理物雲起于山而彌于天天氣亂故其罰常陰也一曰上失中則下強盛而蔽君明也

隋書

天文志

鴻範五行傳曰清而明者天之體也天忽變色是謂易常天裂陽不足是謂臣強下將害上國後分裂其下之主當之天開見光流血滂滂天裂見人兵起國亡天鳴有聲至尊憂且驚皆亂國之所生也

觀象玩占

雜變

天怒變色是謂異常四夷來侵不出八年有兵戰天色赤黃如火濁氣四塞天子蔽賢絕道人主絕世京房曰聞善不與茲謂不知厥異黃厥咎聾厥災不嗣

天日入時忽有赤光燭地行人有影有反者

天晝晦臣制君晝晦見星國亡

天沉陰日月無光晝不見日夜不見星有雲障而無雨此謂君臣俱有陰謀若兩敵相當則爲陰相圖謀若晝陰而夜月出爲君謀臣夜陰而晝日出爲臣謀君夏侯勝曰天久陰而不雨臣下謀上劉向曰王者失中下蔽其明則久陰一曰有風不害無風凶殃

天裂陽不足也是謂臣強下將害上國欲分裂其下

王當之洪範傳曰作亂之臣無道之君欲裂其國也
天裂見人兵起國亡
天裂下人而言者善惡如其言
天裂見牛馬豕天子庶民皆憂
天裂見光血流
天鳴有聲至尊受驚此亂之所生也或曰天鳴有聲君死民災京房曰萬姓勞厥妖天鳴世主失守不出三年　日天鳴如風水相薄亂臣作人主憂一曰天鳴其下有主王一日刑殺失當人流亡

管窺輯要

天變色占

天以輕清爲體色變昏黑者君不明慘白者喪變亦如火血兵起天下亂黃爲土功興慘黃大風災天色慘白昏蒙遊氣往來蔽覆日月失色必有蔽主明者黃氣四塞天下濁亂兵災俱起京房易傳曰易稱觀其生言大臣之義當觀賢人知其性行推而貢之否則爲聞善不與茲謂不智厥異黃厥災不嗣黃者日上黃光不散如光然也黃濁四塞天下蔽賢絕道故災至絕世也

天陰晦占

天陰連日解而復合必有亂臣
天陰雨土煙埃蒙密不見人陰風悽慘臣主離心庶民愁怨兵革乃興
天氣暴昏作雨不常大臣罔上行私天下不安

天鳴占

天鳴或如雷聲或如瀉水或如風水相激皆爲人主憂百姓勞苦故曰天所鳴之方有革位

天變部彙考二

周

懿王元年春正月天再旦

按竹書紀年元年丙寅春正月王即位天再旦於鄭

漢

惠帝二年天裂

按漢書惠帝本紀不載　按天文志孝惠二年天開東北廣十餘丈長二十餘丈地動陰有餘天裂陽不足皆下盛強將害上之變也其後有呂氏之亂

昭帝元平元年天常陰

按漢書昭帝本紀不載　按五行志昭帝元平元年四月崩亡嗣立昌邑王賀賀即位天陰晝夜不見日月賀欲出光祿大夫夏侯勝當車諫曰天久陰而不雨臣下有謀上者陛下欲何之賀怒縛勝以屬吏吏白大將軍霍光光時與車騎將軍張安世謀欲廢賀光讓安世以爲泄語安世實不泄召問勝勝上洪範五行傳曰皇之不極厥罰常陰時則有下人伐上不敢察察言故云臣下有謀光安世讀之大驚以此益重經術士後數日卒共廢賀此常陰之明效也

後漢

順帝陽嘉二年久陰

按後漢書順帝本紀不載　按郎顗傳順帝時災異屢見陽嘉二年正月公車徵顗詣闕拜章有曰竊見正月以來陰闇連日易內傳曰久陰不雨亂氣也蒙之比也蒙者君臣上下相冒亂也又曰賢德不用厥異常陰夫賢者化之本雲者雨之具也得賢而不用猶久陰而不雨也

魏

高貴鄉公正元二年晝晦

按三國志魏少帝本紀不載　按晉書五行志魏高貴鄉公正元二年正月戊戌景帝討毋丘儉大風晦暝行者皆頓伏近夜妖也劉向曰正晝而暝陰爲陽臣制君也

陳留王景元三年晝晦

按三國志魏少帝本紀不載　按晉書五行志元帝景元三年十月京都大震晝晦此夜妖也班固曰夜妖者雲風並起而杳冥故與常風同象也劉向春秋說云天戒若曰勿使大夫世官將令專事暝晦公室卑矣魏見此妖晉有天下之應也

吳

景帝永安元年沈陰不雨四十餘日（按是年即廢主亮太平三年冬在景帝未即位前）

按三國志吳孫亮傳太平三年自八月沈陰不雨四十餘日亮以綝專恣與太常全尚將軍劉丞謀誅綝九月戊午綝以兵取尚遣弟恩攻殺丞于蒼龍門外名大臣會宮門黜亮爲會稽王

按宋書五行志此常陰之罰也

晉

武帝泰始二年天久陰不雨

按晉書武帝本紀不載　按五行志吳孫皓寶鼎元年十二月太史奏久陰不雨將有陰謀孫皓驚懼時陸凱等謀因其謁廟廢之及出留平領兵前驅凱先語平平不許是以不果皓既肆虐羣下多懷異圖終至降亡

泰始三年三月丁未晝昏

按晉書武帝本紀云云

惠帝元康二年天西北大裂

按晉書惠帝本紀不載　按天文志惠帝元康二年二月天西北大裂案劉向說天裂陽不足地動陰有餘是時人主昏瞀妃后專制（按元經天裂西北作三年正月事今從正史編二年下）

太安二年八月天裂十一月天鳴

按晉書惠帝本紀八月庚午天中裂無雲而雷十一月壬寅夜赤氣竟天隱隱有聲　按天文志太安二年八月庚午天中裂爲二有聲如雷者三君道虧而臣下專僭之象也是日長沙王奉帝出距成都河間二王後成都河間東海又迭專威命是其應也

懷帝永嘉四年晝昏

按晉書懷帝本紀永嘉四年十月辛卯晝昏至於庚子　按五行志永嘉四年十一月（按志作十一月與本紀不符）辛卯晝昏至於庚子此夜妖也後年劉曜寇洛川王師頻爲賊所敗帝蒙塵于平陽

元帝太興二年天鳴

按晉書元帝本紀不載　按五行志元帝太興二年八月戊戌天鳴東南有聲如風水相薄京房易妖占曰天有聲人主憂

太興三年天鳴

按晉書元帝本紀不載　按五行志三年十月壬辰天又鳴甲午止其後王敦入石頭王師敗績元帝屈辱制于強臣既而晏駕大恥不雪

成帝咸和四年天裂西北

按晉書成帝本紀云云

穆帝升平五年八月己卯夜天裂廣數丈有聲如雷

按晉書穆帝本紀云云　按五行志升平五年八月己卯夜天中裂廣三四丈有聲如雷野雉皆鳴是後哀帝荒疾海西失德皇太后臨朝太宗總萬機桓溫專權威振內外陰氣盛陽道微

孝武帝太元十三年十二月晝晦

按晉書孝武帝本紀云云　按五行志太元十三年十二月乙未大風晦暝其後帝崩而諸侯違命干戈內侮權奪于元顯禍成于桓元

安帝隆安五年天鳴

十六年天鳴

按晉書安帝本紀俱不載　按五行志安帝隆安五年閏月癸丑天東南鳴十六年九月戊子天東南又鳴是後桓元篡位安帝播越憂莫大焉鳴每東南者蓋中興江外天隨之而鳴也

義熙元年八月天鳴

按晉書安帝本紀不載　按五行志義熙元年八月天鳴在東南京房易傳曰萬姓勞厥妖天鳴是時安帝雖反政而兵革歲動衆庶勤勞也

宋

武帝大明二年天裂

按宋書武帝本紀不載　按南齊書天文志宋武帝大明二年天裂占曰陽不足

後廢帝元徽三年四月八月天陰不雨

按宋書後廢帝本紀不載　按五行志後廢帝元徽三年四月連陰不雨八月多陰後二廢帝殞

元徽四年天裂

按宋書後廢帝本紀不載　按南齊書天文志後廢帝元徽四年天裂占曰陽不足

南齊

武帝永明元年十一月天鳴

按南齊書武帝本紀不載　按五行志永明元年十一月癸卯夜天東北有聲至戊夜

梁

武帝太清二年天裂

按梁書武帝本紀太清二年十二月戊申天西北中裂有光如火

元帝承聖二年天晝晦

按梁書元帝本紀不載　按隋書五行志梁承聖二年十月丁卯大風晝晦天地昏暗近夜妖也京房易飛候曰羽日風天下昏人大疾不然多寇盜二年爲西魏所滅

陳

宣帝太建十二年天鳴

按陳書宣帝本紀太建十二年九月癸未夜天東南有聲如風水相擊三夜乃止

太建十四年後主即位秋八月天鳴

按陳書後主本紀太建十四年正月即位八月癸未夜天有聲如風水相擊乙酉夜亦如之九月辛亥夜天東北有聲如蟲飛漸移西北

後主至德元年秋九月天鳴十二月天開而鳴

按陳書後主本紀至德元年九月丁巳天東南有聲如蟲飛冬十二月戊午夜天開自西北至東南其內

有青黃氣隆隆若雷聲

禎明三年正月朔旦晝晦

按陳書後主本紀不載　按隋書五行志陳禎明三年正月朔旦雲霧晦冥入鼻辛酸後主昏昧近夜妖也洪範五行傳曰王失中臣下强盛以蔽君明則雲陰是時北軍臨江柳莊任蠻奴並進中款後主惑佞臣孔範之言而昏闇不能用以致覆敗

魏

太祖天興五年八月天鳴

六年九月天鳴

按魏書太祖本紀並不載　按天象志云云

世宗正始元年六月乙巳晦八月甲辰晝晦

按魏書世宗本紀不載　按靈徵志云云

北齊

文宣帝天保四年天鳴

按北齊書文宣帝本紀天保四年四月戊午西南有大聲如雷

北周

武帝建德六年春正月西方有聲如雷者一

按周書武帝本紀建德六年春正月帝率諸軍圍齊大破之獲其齊昌王莫多婁敬顯帝責以有死罪者三遂斬之是日西方有聲如雷者一

隋

文帝開皇二十年四月天鳴冬十月久陰不雨

按隋書高祖本紀開皇二十年四月乙亥天有聲如瀉水自南而北　按五行志開皇二十年十月久陰不雨劉向曰王者失中臣下强盛而蔽君明則雲陰是時獨孤后遂與楊素陰譖太子勇廢爲庶人

唐

高宗咸亨元年二月天鳴

按唐書高宗本紀咸亨元年二月丁巳東南有聲若雷

中宗嗣聖二十一年即武后長安四年天陰晦

按五行志長安四年自九月霖雨陰晦至於神龍元年正月

元宗天寶十四載天鳴

按唐書元宗本紀天寶十四載五月天有聲於浙西　按五行志天寶十四載五月天鳴聲若雷占曰人君有憂

順宗永貞元年八月憲宗即位戊午天鳴

按唐書憲宗本紀永貞元年八月順宗詔立爲皇帝乙巳即位戊午天有聲於西北　按五行志貞元二十一年八月天鳴在西北按貞元二十一年即永貞元年

憲宗元和十二年正月天泣

按唐書憲宗本紀不載　按五行志元和十二年正月乙酉星見而雨占曰無雲而雨是謂天泣

元和十五年正月天常陰

按唐書憲宗本紀不載　按五行志元和十五年正月庚辰至於丙申晝常陰晦微雨雪夜則晴霽占曰晝霧夜晴臣志得申

文宗太和九年十一月戊辰天晝晦

按唐書文宗本紀云云

懿宗咸通七年八月辛卯天晝晦

按唐書懿宗本紀云云

咸通十四年七月天陰晦

按唐書懿宗本紀不載　按五行志咸通十四年七月靈州陰晦

僖宗乾符六年天晦冥

按唐書僖宗本紀不載　按五行志乾符六年秋多雲霧晦冥自旦及禺中乃解

中和三年天鳴

按唐書僖宗本紀中和三年三月天有聲於浙西　按五行志中和三年三月浙西天鳴聲如轉磨無雲而雨

光啓二年夏天積陰十一月淮南晝晦

按唐書僖宗本紀不載　按五行志光啓元年秋河東大雲霧明年夏晝陰積六十日　又按志二年十一月淮南陰晦雨雪至明年二月不解

昭宗景福二年夏天久陰

按唐書昭宗本紀不載　按五行志景福二年夏連陰四十餘日

天復二年三月庚戌晝晦

按唐書昭宗本紀云云

後周

世宗顯德二年天裂

按五代史周世宗本紀不載　按陸游南唐書元宗保大十三年天裂東北其長二十丈

宋

太宗淳化三年天晝晦

按宋史太宗本紀不載　按五行志淳化三年六月黑風晝晦

仁宗康定元年天晝晦

按宋史仁宗本紀不載　按五行志康定元年黑風晝晦

神宗熙寧元年七月天鳴

按宋史神宗本紀不載　按五行志熙寧元年七月戊子夜西南雲間有聲鳴如風水相激浸周四方主民勞兵革歲動

熙寧六年天鳴

按宋史神宗本紀不載　按五行志六年七月丙寅夜西北雲間有聲如磨物主百姓勞

熙寧七年天鳴

按宋史神宗本紀不載　按五行志七年七月庚子夜西北天鳴主驚憂之事

高宗建炎三年六月久陰

按宋史高宗本紀建炎三年六月辛酉以久陰下詔以四失罪己一曰昧經邦之大略二曰昧戡難之遠圖三曰無綏人之德四曰失馭臣之柄仍榜朝堂遍諭天下使知朕悔過之意　按五行志六月久陰

紹興三年天陰晦

按宋史高宗本紀不載　按五行志三年自正月陰晦陽光不舒者四十餘日

紹興五年天晦

按宋史高宗本紀不載　按五行志五年七月劉豫毀明堂天地晦冥者累日

紹興八年三月甲寅晝晦

按宋史高宗本紀不載　按五行志云云

紹興十一年天晝晦

按宋史高宗本紀不載　按五行志十一年三月庚申金人居長安晝晦

紹興二十一年天鳴

按宋史高宗本紀不載　按五行志二十一年八月乙亥天有聲如雷水響于東南四日乃止

孝宗隆興二年六月積陰彌月

按宋史孝宗本紀不載　按五行志云云

光宗紹熙四年天變色

按宋史光宗本紀不載　按五行志紹熙四年十月乙未天有黃赤色占曰是爲天變色先赤後黃近黃赤祥也

寧宗慶元二年二月己卯晝瞑四方昏塞

按宋史寧宗本紀不載　按五行志云云

開禧元年六月壬寅天鳴有聲

按宋史寧宗本紀云云

端宗景炎二年天晝赤

按宋史二王本紀元至元十四年八月己巳天晝赤

金

章宗承安五年天陰晦

按金史章宗本紀云云　按五行志五年十月庚子天久陰　按張煒傳煒累官戶部員外郎承安五年天色久陰晦平章政事張萬公奏此由君子小人邪正不分所致君子宜在內小人宜在外章宗問孰爲小人萬公對曰戶部員外郎張煒文繡署丞田櫟都水監丞張嘉貞雖有幹才無德而好奔走以取勢利大抵論人當先德後才詔三人皆與外除　按趙秉文傳承安五年冬十月陰晦連日宰相張萬公入對上顧謂萬公曰卿言天日晦冥亦猶人君用人邪正不分極有理若趙秉文曩以言事降授聞其人有才藻工書翰又且敢言朕非棄不用以北邊軍事方興姑試之耳　按張萬公傳一日奏事上謂萬公曰卿昨言天久陰晦亦由人君用人邪正不分君子當在內小人當在外甚有理也然孰謂小人萬公奏張煒田櫟張嘉貞等雖有才幹無德可稱上卽命三人補外

泰和三年冬十月甲辰申酉間天大赤將日亦如之

按金史章宗本紀云云

宣宗興定四年正月戊辰二更天鳴有聲壬子晝晦

按金史宣宗本紀云云

元

文宗至順三年五月乙巳天鼓鳴於西北

按元史文宗本紀不載　按五行志云云

順帝至正元年夏四月晝晦如夜

按元史順帝本紀云云　按五行志至正元年四月戊寅彰德有赤風自西北來忽變爲黑晝晦如夜

明

太祖吳元年春正月絳州天鼓鳴

按明昭代典則云云

洪武元年八月六日夜京師天鳴

按明通紀云云

洪武二十一年七月天鳴

按江南通志云云

憲宗成化七年天鼓鳴

按廣西通志成化七年十二月五日蒼藤天鼓鳴白

日中天大震一聲起自東南至於西北

成化九年三月山東晝晦

按大政記云云

按山東通志成化九年春三月兗州晝晦踰二時乃霽　又按山東通志成化九年三月四日濟南長山鄒平臨邑等縣晝晦

孝宗弘治六年冬十二月屯留天鼓鳴

按山西通志云云

弘治十年五月天鳴求直言

按大政記云云

弘治十二年河曲天鼓鳴

按山西通志云云

弘治十五年十一月雲南晝晦

按大政記云云

按明昭代典則弘治十五年十一月雲南晝晦五日勅南京刑部侍郎樊瑩考察雲貴諸吏罷遣千餘人

武宗正德元年春正月天鳴

按大政記云云

正德四年天鼓鳴

按湖廣通志正德四年春棗陽天鼓鳴

正德七年天鼓鳴

按陝西通志正德七年五月漢中府天鼓鳴

正德十年天鼓鳴

按廣西通志正德十年冬十二月十五日天鼓鳴

正德十一年天裂

按湖廣通志正德十一年七月初五鼓巴陵東南天裂長三丈餘紅光刺人

正德十四年平陽晝晦

按山西通志正德十四年己卯春三月平陽晝晦對面人不相見

世宗嘉靖二年天鼓鳴

按廣西通志嘉靖二年甲申冬十月慶遠天鼓鳴十二月二十六日巳時西南方天鼓鳴如雷震地

嘉靖四年晝晦

按雲南通志嘉靖四年四月朔蒙化晝晦自巳至未方霽

嘉靖六年天鼓鳴

按盛京通志嘉靖六年四月辛酉天鼓鳴辛未夜天鼓鳴星明如晝

按雲南通志嘉靖六年四月辛酉天鼓鳴

嘉靖八年天爆

按湖廣通志嘉靖八年江陵夜天爆有聲

嘉靖二十七年天鼓鳴

按廣東通志嘉靖二十七年夏六月惠州天鼓鳴七日七夜

嘉靖三十四年天鼓鳴

按浙江通志嘉靖三十四年嘉興天鼓鳴

嘉靖三十五年晝晦

按雲南通志嘉靖三十五年三月霑益晝晦如夜

嘉靖三十六年天鼓鳴天開

按山西通志嘉靖三十六年春二月沁州天鼓鳴天開是月二十六日夜二更天鼓鳴天開數丈逾時方合

嘉靖四十二年天鼓鳴

按山西通志嘉靖四十二年春二月澤州天鼓鳴

嘉靖四十五年天開

按湖廣通志嘉靖四十五年八月華容縣西忽天開日鬭

穆宗隆慶元年天裂

按山西通志隆慶元年絳州天裂

隆慶四年晝晦

按四川通志隆慶四年夏四月朔日綦江晝晦自午至未方明

隆慶五年天鼓鳴

按明昭代典則隆慶五年十一月庚子天鼓鳴

按江西通志隆慶五年十月夜半天鼓鳴按昭代典則及湖廣通志皆作十一月此獨作十月疑紀載之訛

按湖廣通志隆慶五年十一月岳州城西天鳴如礱磨聲自寅時起至辰刻定

隆慶六年天鼓鳴

按山西通志隆慶六年澤州天鼓鳴猗氏隕火夜有光如輪墜於七鑑村楊氏之家

神宗萬曆元年絳州天裂

按山西通志云云

萬曆三年晝晦

按雲南通志萬曆三年四月朔大理晝晦自巳至未乃霽

萬曆二十一年天鼓鳴

按雲南通志萬曆二十一年二月天鼓鳴於永昌自子至寅方止

萬曆二十七年天鳴

按雲南通志萬曆二十七年七月夜天鳴雲南東南次日晝晦至午

萬曆三十年天鼓鳴

按山西通志萬曆三十年河曲天鼓鳴

萬曆三十二年七月天鼓鳴九月天裂

按陝西通志萬曆三十二年九月十一日夜半天忽東西斷裂南北若疋練食頃復合如故

按四川通志萬曆三十二年七月二十三日辰時成都諸郡邑天鼓鳴白霧迷天有火下流至地始滅

萬曆三十五年天鼓鳴天開

按山西通志萬曆三十五年春潞安武鄉天鼓鳴九月平陽東南天開光芒灼閃占主天羅地網兵事之象

按福建通志萬曆三十五年七月天鼓鳴

萬曆三十六年春二月天鼓鳴

按山西通志云云

萬曆三十七年六月天鼓鳴

按福建通志云云

萬曆三十八年沁州天開

按山西通志云云

萬曆四十四年天鼓鳴

按山西通志萬曆四十四年春正月廣昌天鼓鳴

光宗泰昌元年春天裂九月天裂有聲十二月天變色

按陝西通志泰昌元年春渭南靈陽五鼓時見天裂數丈

按廣西通志泰昌元年九月二十二日天鼓鳴天裂閃光如晝有聲如雷

按四川通志泰昌元年十二月初八日天色紅黑如夜自辰至酉方散

熹宗天啟四年天鼓鳴

按山東通志天啟四年冬十月二十五日戌時天鼓鳴起東南迄西北有聲如雷

愍帝崇禎元年全陝天赤如血

按綏寇紀略崇禎元年三月二十五日五鼓全陝天赤如血巳時漸黃日始出

崇禎四年天震

按陝西通志崇禎四年冬至夜五鼓天震一聲如炮火光迸裂須臾落地如弓狀移時沒

按江西通志崇禎四年九月十六日天鼓鳴

崇禎七年三月初二日黃州晝晦

十年三月陝西天鼓鳴眞定晝晦

按以上俱綏寇紀略云云

崇禎十一年天鼓鳴

按山西通志崇禎十一年春二月沁州天鼓鳴二十三日淸明節天鼓晝鳴是年先旱後饑

崇禎十二年天鼓鳴

按綏寇紀略崇禎十二年二月四川保寧府天鼓鳴又是月十七日易州白石口南城天聲自北起至南次日從東北起至西南皆晴日無雲風亦甚緩其響如雷又似桴鼓聲

崇禎十三年天鼓鳴變色

按陝西通志崇禎十三年四月甲申天鼓鳴五月至七月每晨天紅如赭

按四川通志崇禎十三年夏四月天鼓響

崇禎十四年二月山西偏頭關天鼓鳴

按綏寇紀略云云

崇禎十六年天鼓鳴

按山西通志崇禎十六年冬十一月靜樂天鼓鳴

天變部藝文詩

六月來常陰不雨　　明趙南星

輕陰散暑無虛日小雨牽愁每片時祇爲雲霓常鬬戰坐令天地有乖離低飛石燕應旋落數叫班鳩亦自疑禾黍將秋猶未種百年生計在東菑

天變部紀事

河圖稽命徵帝劉卽位百七十年太陰在庚辰江充詭其變天鳴地坼

晉書張祚傳祚僭稱帝位其夜天有光如車蓋聲若雷霆震動城邑

前趙錄劉曜六年正月天裂廣一丈餘長五十丈

北燕錄馮跋夜夢天門開神光赫然燭於庭中

陳書高祖本紀高祖夜嘗夢天開數丈有四人朱衣捧日而至令高祖開口納焉

唐書張柬之傳張易之等誅後中宗猶監國告武氏廟而天久陰不霽侍御史崔渾奏陛下復國當正唐家位號稱天下心奈何尚告武氏廟請毀之復唐宗廟帝嘉納是日詔書下霧霽澄駁咸以爲天人之應

李宗閔傳李訓鄭注用事劾宗閔陰結駙馬都尉沈嶬等求宰相乃貶宗閔潮州司戶參軍事嶬逐柳州韋元素等悉流嶺南親信並斥時訓注欲以權市天下凡不附己者皆指以二人黨逐去之人人駭栗連月雺晦帝乃詔宗閔德裕姻家門生故吏自今一切不問所以慰安中外嘗歎曰去河北賊易去此朋黨難

問奇錄羊襲吉狀元之子少時庭中乘涼忽見天開其內雲霞澒洞樓閣參差光明下照山岳襲吉驚懼逡巡乃閉襲吉勤于書寫仡仡不倦今尚在年逾八十矣

遼史太宗本紀會同八年三月圍晉兵於白團衛村是夕大風晉軍諸將皆奮出戰遼軍却數百步風益甚晝晦如夜苻彥卿以萬騎橫擊遼軍不利

陸游南唐書盧文進傳文進在金陵爲客言昔陷契丹嘗獵於郊遇晝晦如夜星緯燦然大駭偶得一北人問之曰此謂之笪日何足異頃自當復見久果如其言日方午也

宋史哲宗昭慈聖獻孟皇后傳后廢侍御史董敦逸奏言中宮之廢事有所因情有可察詔下之日天爲之陰翳是天不欲廢后也

樂郊私語己亥秋九月晦余曉詣嘉禾時曉星猶在樹杪忽西南天裂數十百丈光焰如猛火照徹原野一時村犬皆吠宿鳥飛鳴余諦觀其裂處蠕蠕而動中復大明若金融於冶鑄者少時方合操舟者謂余曰此天開眼也彼不知天者至尊裂者極禍關係豈藐小乎哉

南燼紀談王文正公遺事公幼時見天門開中有公姓名弟旭乘間問之公曰要待死後墓誌寫上言不知此言雖不足據亦可見其實有是事矣龐莊敏公帥延安日因冬至奉祠家廟齋居中夜恍忽間見天象成文云龐某後十年作相當以仁佐天下凡十三字注視久之方滅公因作詩記之云冬至子時陽已生道隨陽長物欲萌星辰賜告銘心骨願以寬章輔太平手緘之題曰齋誠家紀之詩藏其曾孫益如處用小粉牋字札極草草按實錄自慶曆元年初分陝西四路公與韓忠獻范文正王聖源三公俱爲帥至皇祐三年登庸適十年夫天道遠矣而告人諄諄如此理固有之不可盡詰

賢奕編永新水總劉先生宋末將赴省試夜忽見天若有崩裂狀歎曰天下事不可爲矣遂反歸道遇神卒挾一策問所如卒曰吾奉上帝命攝諸應死者出手冊示之冊首即先生名下註三刀下死神卒曰吾視若爲善士爲若改下爲不遂去無迹先生自是避山中一日出往邑城遇元兵猝至死者狼藉道路先生乃伏匿亂屍中被賊斲三刀幸未斷脛得善藥越夕始蘇人咸謂天活焉

癸辛雜識咸淳癸酉十月李祥甫庭芝自江陵被召至京口一日午後忽見天裂見其中軍馬旗幟甚衆始紅旗繼而皆黑旗凡一茶頃乃合見者甚衆

西樵野記弘治辛酉閏七月二十一日午後陰雲密布迷漫欲雨者然俄聞空中閧然有聲約二刻乃止識者以爲天愁

明外史懿文太子標傳洪武二十四年八月勅太子巡撫陝西帝意欲都陝西先遣太子相宅既行諭曰一句久陰不雨占有陰謀宜愼舉動嚴宿衛施仁布惠以回天意

列朝詩集許天錫字啓東歷吏禮二垣給事中居諫垣七八載謇謇敢言嘗因天變建言兩京五品以下官六年一考察內官勅司禮監會同內閣考察嚴加裁革於是京官考察著爲令惟內官不行

山西通志嘉靖二十七年猗氏見天開百俊里王鑑村楊錦妻范氏半夜發付太子聯芳考試天開西北見玉帝二神將後聯芳登第

天變部雜錄

老子下篇天無以淸將恐裂

佛國記精舍處方四十步雖復天震地裂此處不動

路史土石自天星隕如雨或夜明逾晝或越裂崩阤則天有時而毀矣

欽定古今圖書集成曆象彙編庶徵典

第十八卷目錄

庶徵典第十八卷

日異部彙考一

詩經

小雅十月

十月之交朔日辛卯日有食之亦孔之醜彼月而微此日而微今此下民亦孔之哀

朱注 十月以夏正言之建亥之月也交日月交會謂晦朔之間也曆法周天三百六十五度四分度之一左旋於地一晝一夜則其行一周而又過一度日月皆右行於天一晝一夜則日行一度月行十三度十九分度之七故日一歲而一周天月二十九日有奇而一周天又逐及於日而與之會一歲凡十二會方會則月光都盡而爲晦已會則月光復蘇而爲朔朔後晦前各十五日日月相對則月光正滿而爲望晦朔而日月之合東西同度南北同道則月揜日而日爲之食望而日月之對同度同道則月亢日而月爲之食是皆有常度矣然王者修德行政用賢去奸能使陽盛足以勝陰陰衰不能侵陽則日月之行雖或當食而月常避日故其遲速高下必有參差而不正相合不正相對者所以當食而不食也若國無政不用善使臣子背君父妾婦乘其夫小人陵君子外國侵中國則陰盛陽微當食必食雖曰行有常度而實爲非常之變矣蘇氏曰日食天變之大者然正陽之月古尤忌之夏之四月爲純陽故謂之正月十月純陰疑其無陽故謂之陽月純陽而食陽弱之甚也純陰而食陰壯之甚也微虧也彼月則宜有時而虧矣此日不宜虧而今亦虧是亂亡之兆也大全三山李氏曰唐志云十月之交以曆推之在幽王之六年

日月告凶不用其行四國無政不用其良彼月而食則維其常此日而食于何不臧

朱注 凡日月之食皆有常度矣而以爲不用其行者月不避日失其道也然其所以然者則以四國無政不用善人故也如此則日月之食皆非常矣而以月食爲其常日食爲不臧者陰亢陽而不勝猶可言也陰勝陽而揜之不可言也故春秋日食必書而月食則無紀焉亦以此爾

禮記

昏義

男教不修陽事不得適見於天日爲之蝕是故日蝕則天子素服而修六官之職蕩天下之陽事

周禮

地官

鼓人救日月則詔王鼓

訂義 項氏曰日爲月勝故食於朔月不受日光故食於望是皆陽爲陰勝故鼓以救之助陽氣也王親鼓之鼓人詔之耳　王昭禹曰日月之薄蝕陰陽之進退人事何與其間哉而古人有救日月之禮蓋其以裁成輔相爲事則陰陽之運有不由其道日月之明有不用其行必反之裁成輔相之事焉王之於日春朝不廢朝王之於月秋暮不廢夕則其於救日月而鼓之固王之事有司特詔之而已

易緯

京房飛候

凡日食皆於晦朔不于晦朔食者名曰薄主人民有災患也

川靈圖

黃氣抱日輔臣納忠德至於天日抱戴

春秋緯

潛潭巴

君德應陽君臣得道叶度則日含王字含王字者日中有王字也王者德象日光所照無不及也

呂子

明理

其日有鬬食有倍璚有暈珥有不光有不及（一作反）景有衆日並出有晝盲有宵見

史記

天官書

兩軍相當日暈暈等力鈞厚長大有勝薄短小無勝重抱大破無抱爲和背不和爲分離相去直爲自立立侯王指暈若曰殺將負且戴有喜圍在中中勝在外外勝青外赤中以和相去赤外青中以惡相去氣暈先至而後去居軍勝先至先去前利後病後至後去前病後利後至先去前後皆病居暈不勝見而去其發疾雖勝無功見半日以上功太白虹屈（李奇曰屈或爲尾也）短上下兌有者下大流血日暈制勝近期三十日遠期六十日其食食所不利復生生所利而食益盡爲主位以其直及日所宿加以日時用命其國也月蝕常也日蝕爲不臧也甲乙四海之外日月不占丙丁江淮海岱也戊己中州河濟也庚辛華山以西壬癸恒山以北日蝕國君月蝕將相當之（按天官書之言止此）

（天道遠人事邇存其概以加修省可耳此後占書所言凶咎或多過甚之詞姑存之而不必泥也）

漢書

五行志

京房易傳曰亡師茲謂不御厥異日食其食也既並食不一處誅衆失理茲謂生叛厥食既光散縱畔茲謂不明厥食先大雨三日雨除而寒寒即食專祿不封茲謂不安厥食既先日出而黑光反外燭君臣不通茲謂亡厥蝕三既同姓上侵茲謂誣君厥食四方有雲中央無雲其日大寒公欲弱主位茲謂不知厥食中白青四方赤已食地震諸侯相侵茲謂不承厥食三毀三復君疾善下謀上茲謂亂厥食既先雨雹殺走獸弒君獲位茲謂逆厥食既先風雨折木日赤內臣外鄉茲謂背厥食食且雨地中鳴冢宰專政茲謂因厥食先大風食時日居雲中四方無雲伯正越職茲謂分威厥食日中分諸侯爭美于上茲謂泰厥食日傷月食半天營而鳴賦不得茲謂竭厥食星隨而下受命之臣專征云試厥食雖侵光猶明若文王臣獨誅紂矣小人順受命者征其君云殺厥食五色至大寒隕霜若紂臣順武王而誅紂矣諸侯更制茲謂叛厥食三復三食食已而風地動適讓庶茲謂生欲厥食日失位光晻晻月形見酒亡節茲謂荒厥蝕乍青乍黑乍赤明日大雨發霧而寒凡食二十占其形二十有四改之輒除不改三年三年不改六年六年不改九年

京房易傳曰美不上人茲謂上弱厥異日白七日不溫順亡所制茲謂弱日白六十日物亡霜而死天子親伐茲謂不知日白體動而寒弱而有任茲謂不亡日白不溫明不動辟愆公行茲謂不伸厥異日黑大風起天無雲日光晻不難上政茲謂見過日黑居仄大如彈丸辟不聞道茲謂亡厥異日赤祭天不順茲謂逆厥異日赤其中黑聞善不予茲謂失知厥異日黃夫大人者與天地合其德與日月合其明故聖王在上總命舉賢以亮天功則日之光明五色備具燭耀亡主有主則爲異應行而變也色不虛改形不虛毀觀日之五變足以監矣故曰縣象著明莫大乎日月此之謂也

後漢書

五行志

日蝕說曰日者太陽之精人君之象君道有虧爲陰所乘故蝕蝕者陽不克也其候雜說漢書五行志著之必矣儒說諸侯專權則其應多在日所宿之國諸侯附從則多爲王者事人君改修其德則咎害除

注春秋緯曰日將蝕則斗第二星變色微赤不明七日而蝕春秋漢含孳曰臣子謀日乃蝕孝經鉤命決曰失義不德白虎不出禁或逆枉矢射山崩日蝕管子曰日掌陽月掌陰星掌和陽爲德陰爲刑和爲事是故日蝕則失德之國惡之月蝕則失刑之國惡之彗星見則失和之國惡之是故聖王日蝕則修德月蝕則修刑彗星見則修和孝經鉤命決曰日蝕修孝山崩理惑

杜預曰曆家之說謂日光以望時遙奪月光故月蝕日月同會月掩日故日蝕蝕有上下者行有高下日光輪存而中蝕者相奄密故日光溢出皆既者正相當而相奄間疏也然聖人不言月蝕日而

以日蝕爲文闕於所不見

春秋潛潭巴云甲子蝕有兵敵强臣昭案春秋緯六旬之蝕各以甲子爲說此偏舉一隅未爲通證故於事驗不盡相符今依日例注以廣其候耳京房占曰北夷侵忠臣有謀後大水在東方

潛潭巴曰乙卯蝕雷行不雪殺草不長姦人入宮

潛潭巴曰丙寅蝕久旱多有徵京房曰有小旱災

潛潭巴曰癸亥日蝕天人崩

潛潭巴曰辛丑日蝕主疑臣

潛潭巴曰乙未蝕天下多邪氣鬱鬱蒼蒼京房曰君責衆庶暴害之

潛潭巴曰戊申蝕地動搖侵兵强一曰主兵弱諸侯强

潛潭巴曰丁巳蝕下有敗兵

潛潭巴曰癸酉蝕連陰不解有兵

潛潭巴曰壬申蝕水滅陽潰陰欲翔

潛潭巴曰壬寅蝕天下苦兵大臣驕横

潛潭巴曰甲辰蝕四騎脅大水京房占曰王后壽命絶後有大水

潛潭巴曰戊午蝕久旱穀不傷

潛潭巴曰庚辰蝕彗星東出有寇兵又別占云大旱

星占曰乙未蝕天下災期三年

潛潭巴曰壬午蝕久雨旬望京房占曰三公與諸侯相賊弱其君王後旱且水

潛潭巴曰戊戌蝕有土殃王后死天下諒陰京房占曰婚嫁家被戮

潛潭巴曰辛亥蝕子爲雄

潛潭巴曰丙申蝕諸侯相攻京房占曰君臣暴虐臣下横恣上下相賊後有地動

潛潭巴曰戊子蝕宮室內淫雌必惑雄京房占曰妻欲害夫九族夷滅後有大水

潛潭巴曰乙亥蝕東國發兵京房占曰諸侯上侵以自益近臣盜竊以爲積天子不知日爲之蝕

潛潭巴曰丙申蝕外國內攘石氏占曰王者失禮宗廟不親其歲旱

潛潭巴曰乙酉蝕仁義不明賢人消京房占曰君弱臣强司馬將兵反征其王

京房占曰庚寅蝕骨肉相賊後有水

潛潭巴曰甲戌蝕草木不滋王命不行京房占曰近臣欲戮身及戮辱後小旱

潛潭巴曰丁亥蝕匿謀滿玉室京房占曰君臣無制

潛潭巴曰日蝕己丑天下唱之

潛潭巴曰丁卯蝕有旱有兵京房占曰諸侯欲戮後有裸蟲之災

京房占曰庚辰蝕君易賢以剛卒以自傷後有水

潛潭巴曰辛卯蝕臣伐其主

潛潭巴曰壬子蝕妃后專恣女謀主

潛潭巴曰丁未蝕王者崩

潛潭巴曰辛酉蝕女謀主

潛潭巴曰庚寅蝕將相誅大水多死傷

潛潭巴曰壬辰蝕河決海溢久霧連陰

潛潭巴曰甲寅蝕雷電擊殺骨肉相攻

潛潭巴曰庚午蝕後火燒官兵

潛潭巴曰癸未蝕仁義不明

潛潭巴曰己亥蝕小人用事君子縶

春秋緯曰日蝕既君行無常公輔不修德萬事錯

京房占曰國有佞讒朝有殘臣則日不光闇冥不明孟康曰日月無光曰薄春秋感精符曰日無光主勢奪羣臣以讒術色赤如炭以急見伐又兵馬發禮手威儀日月赤君喜怒無常輕殺不辜戮於無罪不事天地忽於鬼神時則大雨土風常起日蝕無光地動雷降其時不救兵從外來爲賊戮而不葬京房占曰日無故日夕無光天下變動社稷移主春秋感精符曰日朝珥則有喪孽日已出若其入而雲皆赤黃名曰日空不出三年必有移民而去之者日黑則水淫溢

劉熙釋名

釋天

珥氣在日兩旁之名也珥耳也言似人耳之在面也

晉書

天文志

日爲太陽之精主生養恩德人君之象也人君有瑕必露其慝以告示焉故日月行有道之國則光明人君吉昌百姓安寧人君乘土而王其政太平則日五色無主日變色有軍軍破無軍喪侯王其君無德其臣亂國則日赤無光日失色所臨之國不昌日晝昏行人無影到暮不止者上刑急下不聊生不出一年有大水日晝昏烏鳥羣鳴國失政日中烏見主不明爲政亂國有白衣會將軍出旌旗舉日中有黑子黑

氣黑雲乍三乍五臣廢其主日蝕陰侵陽臣掩君之象有亡國

禮志

漢儀每月旦太史上其月歷有司侍郎尚書見讀其令奉行其正朔前後二日牽牛酒至社下故以祭日日有變割羊以祠社用救日變執事者長冠衣絳領袖緣中衣絳緣以行禮如故事自晉受命日月將交會太史乃上合朔尚書先事三日宣攝內外戒嚴摯虞決疑曰凡救日蝕者著赤幘以助陽也日將蝕天子素服避正殿內外嚴警太史登靈臺伺候日變便伐鼓於門聞鼓音侍臣皆著赤幘帶劍入侍三臺令史以上皆各持劍立其戶前衛尉卿驅馳繞宮伺察守備周而復始亦伐鼓于社用周禮也又以赤絲爲繩以繫社祝史陳辭以責之勾龍之神天子之上公故陳辭以責之日復常乃罷

南齊書

天文志

史臣曰日月代照實重天行上交下蝕同度相掩案舊說曰日有五蝕謂起上下左右中央是也交會舊術日蝕不從東始以月從其西東行及日於交中交從外入內者先會後交虧西南角先交後會虧西北角交從內出者先會後交虧西北角先交後會虧西南角日正在交中者則虧於西故不嘗蝕東也若日中有虧名爲西子不名爲蝕也漢尚書令黃香曰日蝕皆從西月蝕皆從東無上下中央者春秋魯桓三年日蝕貫中下上竟黑疑者以爲日月正等月何得小而見日中鄭元云月正掩日日光從四邊出故言從中起也王逸以爲月若掩日當蝕日西月行既疾須臾應過西崖既復次食東崖今察日蝕西崖缺而光已復過東崖而獨不掩逸之此意實爲巨疑先儒難月以望蝕去日極遠誰蝕月乎說者稱日有暗氣大有虛道常與日衡相對月行在虛道中則爲氣所弇故月爲蝕也雖時加夜半日月當子午正隔於地猶爲暗氣所蝕以天體大而地形小故也暗虛之氣如以鏡在日下其光耀魄乃見於陰中常與日衡相對故當星星亡當月月蝕今問之曰星月同體俱兆日耀當月之蝕星不必亡若更有所當星未嘗蝕同稟異虧其故何也答曰月爲陰主以當陽位體敵勢交自招盈損星雖同類而精景陋狹小毀皆亡無有受蝕之地纖光可滿亦不與弦望同形又難曰日之夜蝕驗于夜星之亡晝蝕既盡晝星何故反不見答之曰夫言光有所衡則有不衡之光矣言有所當亦有所不當矣夜食度遠與所當而同沒晝食度近由非衡而得明又問太白經天實緣遠日今度近更明于何取驗答曰向論二蝕之體閒衡不同經與不經自由星遲疾難蝕引經恐未得也

隋書

禮儀志

後齊制日蝕則太極殿西廂東向堂東廂西向各設御座羣官公服晝漏上水一刻內外皆嚴三門者閉中門單門者掩之蝕前三刻皇帝服通天冠卽御座直衛如常不省事有變聞鼓音則避正殿就東堂服白袷單衣侍臣皆赤幘帶劍升殿侍諸司各於其所赤幘持劍出戶向日立有司各率官屬並行宮內諸門掖門屯衛太社鄭令以官屬圍社守四門以朱絲繩繞繫社壇三匝太祝令陳辭責社太史令二人走馬露版上尚書門司疾上之又告清都尹鳴鼓如嚴鼓法日光復圓止奏解嚴

天文志

日循黃道東行一日一夜行一度三百六十五日有奇而周天行東陸謂之春行南陸謂之夏行西陸謂之秋行北陸謂之冬行以成陰陽寒暑之節是故傳云日爲太陽之精主生養恩德人君之象也又人君有瑕必露其慝以告示焉故日月行有道之國則光明人君吉昌百姓安寧日變色有軍軍破無軍喪侯王其君無德其臣亂國則日赤無光日失色所臨之國不昌日晝昏行人無影到暮不止者上刑急下人不聊生不出一年有大水日晝昏烏鳥羣鳴國失政日中烏見主不明爲政亂國有白衣會日中有黑子黑氣黑雲乍三乍五臣廢其主日食陰侵陽臣掩君之象有亡國有死君有大水日食見星有殺君天下分裂王者修德以禳之

唐書

禮樂志

不合朔伐鼓其日前二刻郊社令及門僕赤幘絳衣守四門令巡門監察鼓吹令平巾幘袴褶帥工人以方色執麾旒分置四門屋下設龍蛇鼓於右東門者立於北塾南面南門者立於東塾西面西門者立於南塾北面北門者立於西塾東面隊正一人平巾幘袴褶執刀帥衛士五人執五兵立於鼓外矛在東戟在南斧鉞在西矟在北郊社令立穳於社壇四隅以

朱絲縈之太史一人赤幘赤衣立於社壇北向日觀變黃麾次之龍鼓一次之在北弓一矢四次之諸兵鼓立候變日有變史官曰祥有變工人舉麾龍鼓發聲如雷史官曰止乃止其日皇帝素服避正殿百官廢務自府史以上皆素服各於其廳事之前重行每等異位向日立明復而止

杜佑通典

諸州合朔伐鼓

其日見日有變則廢務所司置鼓於刺史廳事前刺史及司官九品以上俱素服立於鼓後重行每等異位向日刺史先擊鼓執事伐之明復止

宋史

天文志

日爲太陽之精君之象日行一度一年一周天日月行有道之國則光明君道至大則日色光明動不失時則日揚光至德之萌日月如連璧君臣有道則日含王字君亮天工則日備五色有聖人起則日再中人君有德日有四彗光芒四出日有二彗一年再赦周禮眡祲掌十煇之法一曰祲陰陽五色之氣浸淫相侵二曰象雲氣成形象三曰鑴日旁氣刺日四曰監雲氣臨日上五曰闇謂蝕及日光脫六曰瞢不光明七曰彌白虹貫日八曰序謂氣若山而在日上及冠珥背璚重疊次序在於日旁九曰隮謂暈及虹也十曰想五色有形想凡黃氣環在日左右爲抱氣居日上爲戴氣爲冠氣居日下爲承氣爲履氣居日下左右爲紐氣爲纓氣抱氣則輔臣忠餘皆爲喜爲得地吉一珥在日西則西軍勝在東則東軍勝南北亦然無兵亦有拜將兩珥氣圜而小在日左右主民壽考三珥色黃白女主喜純白爲喪赤爲兵青爲疾黑爲水四珥主立侯王有子孫喜日有黃芒君福昌多黃輝王政太平日無光爲兵喪又爲臣有陰福日旁雲氣白如席兵衆戰死黑有叛臣如蛇貫之而青殺多傷白爲兵赤其下有叛黃臣下交兵黑爲水日始出黑雲氣貫之三日有暴雨青雲在上下可出兵有赤氣如死蛇爲饑爲疫雜氣刺日皆爲兵日暈七日內無風雨亦爲兵甲乙憂火丙丁臣下忠戊己后族盛庚辛將利壬癸臣專政半暈相有謀黃則吉黑爲災暈再重歲豐色青爲兵穀貴赤蝗爲災三重兵起四重臣叛五重兵饑六重兵喪七重天下亡日並出諸侯有謀無道用兵者亡日鬭爲兵寇日陰下失政日中見飛燕下有廢主日中黑子臣蔽主明日晝昏臣蔽君之明有篡弒赤如血君喪臣叛日夜出兵起下凌上大水日光四散君失明白虹貫日近臣亂諸侯叛日赤如火君亡日生牙下有賊臣日蝕爲陰蔽陽蝕既則大臣憂臣叛主兵起日蝕在正旦王者惡之日珥甲乙日有二珥四珥而蝕白雲中出主兵丙子黑雲天下疫戊己青雲兵喪庚辛赤雲天下有少主壬癸黃土功日蝕寅卯辰木招謀者司徒也巳午未火招謀者太子也申酉戌金司馬也亥子丑水司空也

禮志

政和上合朔伐鼓儀有司陳設太社玉幣籩豆如儀社之四門及壇下近北各置鼓一並植麾旃各依其方色壇下立黃麾麾杠十尺旃八尺祭告日於時前太官令帥其屬實饌具畢光祿卿點視次引監察御史奉禮郎太祝太官令先入就位次引告官就位皆再拜次引御史奉禮郎太祝升就位太官令就酌尊所告官盥洗詣太社三上香奠幣玉再拜復位少頃引告官再盥洗執爵三祭酒奠爵俛伏興少立引太祝詣神位前跪讀祝文告官再拜退伐鼓其日時前太史官一員立壇下視日鼓吹令率工十人如色服分立鼓左右以俟太史稱日有變工齊伐鼓明復太史稱止乃罷鼓其日廢務而百司各守其職如舊儀

觀象玩占

日總敘

日者衆陽之宗人君之象光明外發體魄內全匿精揚輝圓而常滿人君之體也晝夜有節循度有常春生夏長秋收冬藏人君之政也星辰稟其光列宿宣其氣生靈仰其照葵藿慕其恩人君之象也故日主道德養生福祐仁恩人君有敗必露其慝以示告焉日行于天一晝一夜行一度日出地上謂之晝沒地下謂之夜一晝一夜謂之一日積三百六十五日有奇而周天謂之一歲日實也言光明盛實也日之先後不可名狀假甲子乙丑以異之其行乎天去極近而日長爲暑去極遠而日短爲寒去二極中而晝夜均暄涼等此其大槩未能盡其微妙故聖人作曆以推步焉序之以四時分之以八卦正之以中氣變之以節候爲二十四氣其詳著之曆法茲不能載也天文志曰日行有道之國則其色光明人主吉昌百姓安寧其君無德其臣亂國則日失色不明日蝕者陰侵陽臣掩君也有亡國有死君有大水日蝕見星臣

奪其君天下分爭故日有變人君必修德以禳之

日雜變占

日變色其分有軍軍破無軍喪其侯王

日青無光其下有死王一曰人主失勢京房曰日青色君弱一曰臣變色爲憂爲饑又曰日有青光不出二旬大風糴貴十日以上民多疾病不出一年一曰

日蒼色臣不忠董仲舒曰民相食主亡

日色變赤有兵爭京房曰人君不德民背上則日赤一曰日赤諸侯恣赤無光所臨之國不昌董仲舒曰天下旱兵起赤如赭兵車滿野一曰將死于野赤如火君喪臣叛其國乃亂春秋感精符曰日赤如炭主以切急見伐初出如火影照地其所宿國亂亦爲有兵流血日出如血其下君憂臣叛兵役並起光四散赤如流血所照皆赤爲急兵賊入宮有流血

日色變黃土工興春秋感精符曰闇刑庶孽謀作奸董仲舒曰日黃無光山崩地動日黃濁布散人君有妻黨之孽有黃光照地其國土工興日色赤黃有旱亦爲火災

日色變白有亡諸侯若兩敵相當則其分軍散將死春秋感精符曰日變白色臣下有奸謀四夷動京房曰上微弱無法制則日白萬物無霜而死又曰臣無勇志天子自將兵則日白體動而寒一曰爲旱喪日白無光董仲舒曰其國主亡不死亦不昌一曰日白如練君德薄兵將起

日色變黑大子臨危命在四方一曰天下大水民半死京房曰君惡見惡于百姓而臣不爲掩也占爲主令不行日有黑光多死兵不出六十日大水傷穀其所見之國糴貴十倍董仲舒曰臣下爲政

日變紫感精符曰外國內侵兵將用

日變黃濁黑光動搖爲風雨不動搖爲疾病不則有暴兵一曰暴令

日變色乍赤乍白各滿十日臣伏兵謀君甘氏曰日或黑或青或白或黃師破國亡凡日和則五色明照四方黃白爲失信青赤奪明黑多暴害

日影如虹其國亂

日無光五穀不成盜賊並起太公兵法曰君不明臣不忠則日無光感精符曰日無光主奪勢讒臣蔽行又曰妻黨邪臣恣橫則日黃無光大臣擅權則青無光子黨犯命則遊氣蔽日鬱坱無色日光亡諸侯叛羣禍起乙巳占曰出一竿無光耀者其月王有憂若人君宰相不順四時法令刑罰不當大臣謀離賢蔽能則日無光而見瑕不改其行則其國五穀不成六畜不生人民縱橫盜賊並起又曰無光主病一曰主有負于臣百姓多怨又曰日失色所臨之國不昌又曰日光明萬物不得覩其體猶人君至尊不可窺踰今日無光人皆見其體貌將有伺察神器者矣日出東方二竿亭亭無光曰日病日未入西方二竿亭亭無光曰日死日病其地分侯王病日死其地分侯王死天文論曰日病主病日黃色無光是也日死主死朔日日紫色是也以日所宿分及日辰占國一曰日始出二竿未入二竿色赤無光其分所在有兵喪在春時則爲旱在六月日至中無光人君不明一曰天下有立王日久無光天子蔽塞臣擅權國將易日暗無光天雲盡赤三十日有兵君亡五十日兵大起人流亡九十日社稷亡一百二十日其國且墟

日青赤無光或黑綠或如灰色荆州占曰在正月臣凌君天子憂二月四夷來侵三月來年彗星出後一百二十日名山崩四月天子殺大臣一曰强臣謀主五月蠻夷爲亂後九十日地動山崩中國凶六月來年天鳴地動下逆上七月山崩水溢應在衝八月有謀殺主者後一百二十日其國爲墟地震九月天子凶來年大蝗旱水災十月人主失國蛇行人道十一月後九十日天雨赭塵來年十一月枉矢出天下兵起十二月大臣凌君四夷來侵應在九十日內

日無雲不見光三日有大喪有滅國

日晝昏臣叛君甘氏曰日無雲而晝昏鴉鳥飛鳴國失政臣執柄春秋緯曰后族亂政則晝昏京房占曰奸臣盛則日晝昧乙巳占曰日昏行人無影至暮不止者上刑急下不聊生不出一年大水田荒

陰雲沈濛日晝昏不見其光者此爲陰謀占曰日濛濛無光士卒內亂

日已入而有餘光赤黃倒映名曰反照其地有叛兵

日中有火光氣見其國君左右大臣有反者

日生彗五色君有大福天下大穰

日上芒如衆火者國君大昌

日垂芒有爭戰一曰日上黃芒得王色君有福不得王色得囚死色君有憂乙巳占曰日上出黃芒天下攻戰

日色芒角主兵不利臣謀主不出三日

日有四角不出三年兵饑牛六角大亂兵起

日垂爪兵起將興師動

日有白足甘氏曰有破國石氏曰有敗軍死將乙巳占曰足者日影麗地色純白也

日赤足君臣相伐日始出有赤足主受伐臣反輔相奪或曰日赤足有舉兵白足有殺諸侯

日有兩足庶雄起郗萌曰日生兩足者有反兵一曰賊臣相攻有覆軍

日中烏見主不明政亂其分國有白衣會有大旱一曰王者憂之一曰旌旆動將軍出若出軍遇之兵敗將死

日烏出在外天下大國受殃哭聲沸天

日黻光天下有大殃不出三年日中黑子鬬大戰拔城其年大饑

日中有黑子京房曰天下不順其主厥異日中有黑子黑氣一曰臣有蔽主明者一曰臣暴君之惡日中有黑子乙巳占曰日中有黑子黑雲若青若黃乍二乍三皆爲天子惡之日旁黑光摩盪國易主有軍爲大將死

日無光中有物或青或赤或黃黑大如爪踴躍人主絕命一曰兵起

日中有若飛燕者其中有廢主青氣入日狀如兩鳥重立而日昏無光外國入侵中國一曰中有飛燕太子黜有雙雞鬬萬里荒旱天下災

日中有如立人者君惧左右有如人行者臣叛主或曰兩主立有如人黑幘黑衣仗刀而立人主失位

日消小所當國君死

日中分其國亡一曰天下分或曰分爲二有從王叛民一曰日裂君死臣爭荆州占曰所舍國亡又曰日中分爲二國主死中分而有烏居其中分爭主死

日輪缺有萬人死其下不利先起者

日夜出是爲陰明天下大兵洪水流行一曰君不祥社稷亡郗萌曰日夜出有國者亡兵起天下饑以日命國乙巳占曰有物如日非眞日也

日再出再沒國君死兵起主降于臣天下亡

日下而却上國大亂

日失其所政令不行天子失國

日隕地天下分裂天子亡國

兩日並出諸侯有謀是謂滅亡天下用兵無道者亡京房曰無道之臣舉兵而亡又曰兩日出天下爭主視其所在之方先起者亡乙巳占曰兩日並出是謂爭明假王機衡兩王並爭武密占曰兩日並出兩主立地陷有大水三日並見天下三分衆日並出天下分裂兩軍相當有數日並出其下有拔城大戰宜分營以應之凡衆日並出非正日有物如日也月亦如之

日鬬離而復合有象日之氣來相冲擊或白或赤或黑或赫或五色如珥狀成行隊而相交陵突皆爲天子失國大兵大旱不出三年一曰日鬬者烏出復入也有軍在外其下有大戰拔城無軍爲兵起國亡

日光相盪天下易主春秋緯曰赤日相盪流血滂滂君臣縱橫無道

日無雲而至暮不出天下大亂天子國亡

日薄凡日蝕皆在朔非朔而蝕謂之薄不因日月同宿而別爲陰氣所掩其占爲死君爲亡國其災甚于晦朔之蝕甘氏曰晦朔之日日色赤黃無光爲薄蝕其月旱或曰薄蝕者日月交道遠不當蝕忽于晦朔無光青黑色震動如火照地皆黃是也其災爲國君乙巳占曰非朔而蝕謂之薄蝕人君失道賊臣窺伺叛兵將地陰氣盛而掩薄日光也陰侵陽臣陵君其分君凶不出三年兵喪並作家國壞亡

日蝕占

李淳風曰日依常度蝕者月來掩之也臣下蔽君之象人君當謹防權臣內戚在其左右者其蝕雖依常度而災害在于國君大臣人或疑之以爲日月虧蝕可算蝕分多少早晚起復莫不先知之此豈天災之意耶夫月虧于天而魚腦減于泉陰陽之氣迭相感應自然之理東風至而酒湛溢東風非故爲溢酒來也風至而酒自溢象見于天而災應于下理固然矣有道之君修德而無咎暴亂之主傲虐而成災譬之陽燧取火方諸取水以他鏡求之而不得感名之理信不誣矣

日蝕必有亡國死君之災蝕者如蠶食葉之象陰侵陽下陵上婦乘夫臣犯君之象也日蝕則失道之國亡乙巳占曰凡日蝕爲有兵有喪失地亡國皆以蝕時早晚宿分日辰占之

日蝕從上起君失道而亡一曰子爲害京房曰君知佞人而安用之以亡其國郗萌曰日蝕上者責在君色青則弱于任善色赤無禮色黃掩臣善欺其下色白弱于誅惡色黑失禮于鬼神一曰兵疫民竭國破滅

日蝕從旁起內亂兵大起更立天子一曰臣與君爭美一曰黎庶爲亂兵從其方起從其左起多火災從

右起君政暴天鏡曰日從右蝕賤女暴貴人君失治兵寇害民春秋感精符曰日從旁蝕臣謀亂

日蝕從下而上女主自恣臣下興師動衆失律將軍當之一曰君失民下人爲亂郗萌曰日蝕從下起色青民相讎有疾疫蟲災色赤衆庶上僭強陵弱有旱災色黃宮室汰侈土工煩興色白民相殘害有小兵色黑民多怨有水災或曰火災

日蝕從中起內有伏謀色赤事成色靑中止色黃受誅色白事覺色黑逆謀一曰日蝕從中起內亂兵起更立天子日色中靑赤而外黃國亡荆州占曰日蝕從中起人君妻其同姓國受兵君遇賊又曰日蝕中央國主死亡

日蝕少半諸侯大夫相逐亡國失地

日蝕過半天下之主當其災

日蝕其半有大喪亡國

日蝕不盡強國失地一曰相出走

日蝕盡君死天下亡外國入中國甘氏曰有亡國更王

日蝕見星臣弑其君天下分裂一曰有亡國易姓

日蝕東方東方之國殃蝕西方西方之國殃南北亦如之

日入地而蝕大人當之

日從地下蝕出而虧當有大兵視其虧處以占兵起之方

日始出而蝕是謂棄光齊越之國受兵地亡日中而蝕甘氏曰荆魏受兵亡地海內兵皆起日晡而蝕兵將罷日將入而蝕大人出兵燕趙當之武密占曰日出至食時蝕宋鄭當之食時至禺中楚當之禺中至日昳秦當之日昳至晡時蝕魏當之晡時至日入蝕燕當之日入至人定時蝕代當之皆不出三年之內有喪

日蝕而有氣如虹在日上者近臣犯上甘氏曰近臣謀上

日蝕而暈旁珥白氣掩映天下大亂臣弑君不則君失位按此占所言太過恐有錯誤

日蝕而旁有似白兔白鹿守之者民爲亂臣逆君不出其年其分兵起京房曰日蝕有如白兔守之君不用賢澤不下施則高爲下下爲高發于衝處

日蝕而有雲氣風冥暈珥似有鷙鳥守日名曰天雞后妃外戚謀易主位數覷動靜欲行其志

日蝕而有雲如虎守之大臣謀君不出三月遠不過三年石氏曰人君九族有伏謀

日蝕而有雲如人坐于上者君安下者臣安

日蝕而有黑雲旁繞之者臣下無君

日蝕而有大雲下垂民饑賊起

日蝕而有交暈貫日兩軍相爭後起者勝

日蝕有珥有雲冲之甲乙日白雲天下大兵丙丁日黑雲天下大水戊己日青雲人主死喪庚辛日赤雲兵大作天下有繫王壬癸日黃雲土功興天子憂

日蝕有四珥從上而下天子起兵從下而上天子大喪

日蝕而大風地鳴四方有雲宰相專權謀反

日蝕時而地震裂日色昧而寒乃蝕者方伯專謀恣行殺害君不能制

日蝕已而風起地動大臣專制諸侯不臣有亡君

日蝕而大寒且在平旦中國大饑賊起四方爲亂諸侯反逆一曰日蝕而寒外國兵動蝕已而寒天下饑盜賊起

日蝕而有星墜復上賦斂煩數下民屈竭君弑國亡

日蝕而大風亂從中起

日蝕而雷國亡

日蝕而烏出見天下有大喪不出三年

日蝕而陰冥臣蔽主

日四時以王日蝕人主凶以相日蝕國相死以囚死日蝕臣陵君以休廢日蝕民多疾疫京房曰日蝕王爲君相爲臣囚爲罪人死爲外國休爲民有兵從蝕所來三年之內有火災

日春蝕甘氏曰有女喪乙巳占曰年大凶有喪女主亡

日夏蝕甘氏曰有兵乙巳占曰兵戰主死

日秋蝕甘氏曰諸侯多死一曰無年

日冬蝕甘氏曰相死乙巳占曰多死喪一曰日蝕春丙丁夏戊己季夏庚辛秋壬癸冬甲乙日皆爲相死春庚辛夏壬癸秋丙丁冬戊己日皆爲弑逆日夏蝕陽爲中國陰爲北國是爲覊國之兆

正月日蝕京房曰大臣死不死則出黃帝占大臣走乙巳占曰人多病陳卓曰五穀貴齊大凶武密占曰內兵起人流亡

二月日蝕人主夫人死亦爲大旱石氏曰人多死陳卓曰豆貴牛死魯大凶

三月日蝕黃帝占曰有反者石氏曰大水陳卓曰絲

棉布帛貴楚大凶武密占曰人旱饑

四月日蝕人主有過臣有憂石氏曰天下大旱陳卓曰牛無食六畜死宋大凶京房曰大臣憂武密占曰旱疾

五月日蝕諸侯多死乙巳占曰大旱人饑陳卓曰牛死六畜貴梁大凶武密占曰兵起東北方

六月日蝕京房曰人主有謀其下國分土一曰外國侵其外失土石氏曰六畜貴陳卓曰五穀貴沛大凶武密占曰大臣死

七月日蝕黃帝占曰有反者從內起乙巳占曰歲惡秦國惡之陳卓曰絹帛貴陳大凶武密占曰兵起人流亡京房曰大水城壞

八月日蝕京房曰天下更始期三年石氏曰兵大起兵甲貴鄭大凶武密占曰兵饑

九月日蝕京房曰外人欲自主不成石氏曰布帛貴陳卓曰鹽貴韓大凶乙巳占曰女主貴武密占曰饑疫

十月日蝕黃帝占曰奸臣在朝二人親一人遠陵君君走石氏曰六畜貴陳卓曰魚鹽貴秦大凶武密占曰米貴旱

十一月日蝕王者亡地臣子爲逆石氏曰魚鹽貴陳卓曰燕大凶乙巳占曰糴貴牛死武密占曰人畜俱疫

十二月日蝕京房曰其下有兵黃帝占曰大臣自立不成夫人謀君石氏曰穀貴牛死陳卓曰米貴趙大凶武密占曰水災夏麥不收

武密占曰日蝕子曰兵起丑寅卯皆旱辰兵起巳火災午兵未木申酉皆爲兵戌草木多災亥小人用事

京房潛潭巴曰占有異同今合之其不同者以干支別之

甲子日北邊有謀不則大水在東方一曰外國兵起一曰宰相死不死上下相殺

乙丑日諸侯之臣欲殺其君在西北兵行不勝後有小兵五穀蟲傷一曰大旱有小兵在西北太子有憂一曰兵起北方一曰土工興

丙寅日司徒欲謀其君小旱在東南方一曰有旱蝗

丁卯日諸侯欲謀其君在北方有蝗一曰兵動

戊辰日有同姓近臣欲謀其君有地動在東南

己巳日婚嫁謀君諸侯起兵在西南一曰火災

庚午日司徒謀君有大旱在南方一曰兵火

辛未日司空謀君有蟲在東南方一曰水滂

壬申日諸侯相殺在東北後有小兵寇盜並行

癸酉日强國兵起不出其年大兵始于西方一曰霾雨數降

甲戌日近臣謀君事覺而戮有小旱在西南一曰草木不滋王命不行

乙亥日子欲爲逆而身死有陰雨天下亂一曰冬無冰東國發兵

丙子日諸侯相殺兵行在東方後有大水一曰夏霜爲災

丁丑日諸侯近臣謀君在西北方後有小兵起一曰三公有憂

戊寅日異姓近臣謀其君歲旱沸一曰多大風

己卯日東夷殺其君有蟲一曰多盜

庚辰日君易賢以剛卒以自傷後有水在東北一曰兵旱

辛巳日諸侯外親謀其君兵行在西北一曰後宮有謀

壬午日三公與諸侯相賊君失國後有旱且水一曰久雨

癸未日主上侵下臣謀其君在東北有小蟲一曰仁義不行

甲申日司馬逆謀有小水在晉一曰四月雨霜

乙酉日君弱臣强司馬將兵反攻其王一曰賢人遠遁

丙戌日同姓近臣不臣後有大旱火從天墜一曰有訟多寃者

丁亥日君臣無別司馬牧民司徒將兵有蟲在西北方一曰有匿謀

戊子日妻欲害夫九族夷滅後有大水在東方一曰宮中有憂

己丑日婚嫁有謀小兵在西方一曰下民憂

庚寅日有謀反者敗戮有小旱在東南方一曰將相災皆肉殘有火

辛卯日天子微弱諸侯謀君反受其殃有蟲在東方一曰臣伐主

壬辰日諸侯謀逆後有大水在東方一曰河水決

癸巳日諸侯相伐一曰權不一政令亂

甲午日南夷弒君復有大旱一曰蟲災

乙未日君暴虐民皆叛地動

丙申日君暴亡臣橫恣上下相殘有大水一曰諸侯

反叛外國內侵旱

丁酉日諸侯之臣謀其君事敗後有兵起西方一曰諸侯王相侵

戊戌日婚家謀逆有旱一曰后妃憂

己亥日主弱小人持政

庚子日庶子謀嫡不成後大水天子疑

辛丑日賢人微小人盛主危一曰君疑臣三公有免黜者

壬寅日諸侯謀逆以亡其國有小旱在東南一曰大臣驕恣天下苦兵

癸卯日諸侯不順天子有亡國有蟲一曰外國伐主

甲辰日王侯后脅命絕有水

乙巳日諸侯士上侵自益近臣盜竊以爲積一曰東國起兵

丙午日親戚爭嗣同姓有謀天旱在南方一曰民多流亡

丁未日司徒不道執政有謀有蟲地震一曰王者憂之

戊申日臣謀君後有小水一曰地動諸侯爭

己酉日西夷有弒君有大兵西行

庚戌日司馬之臣謀逆自敗有小旱一曰臣下相侵一曰臣有憂

辛亥日有蟲害子謀逆

壬子日同姓諸侯任政者不臣一曰女主憂後宮有謀

癸丑日寇盜行兵君王不明一曰水澇爲災

甲寅日同姓大臣有謀有旱一曰親戚相叛

乙卯日權臣專政不出三年誅有蟲一曰雷不行霜不殺奸人入宮

丙辰日帝命之極武王乃得一曰山水大出

丁巳日司空擅命一曰天下有聚兵

戊午日姻家執政賊由妻始後有大旱

己未日臣不安席羣下陰謀地大動一曰其主失土

庚申日骨肉相殘有水一曰外國內侵

辛酉日昆弟相殺更有國家後有兵三年不息一曰奸邪謀主

壬戌日諸侯謀叛在西南一曰小人用事

癸亥日天下命終聖人更起有大雨水一曰王者憂

日蝕春甲夏丙四季戊秋庚冬壬日皆爲天子惡之

日蝕春乙夏丁四季巳秋辛冬癸日皆爲王后惡之

晦日日蝕大臣執權一曰專主命

日月俱蝕有亡國月先蝕陰國當之日先蝕陽國當之蝕陽君凶蝕陰女主凶

凡日蝕兩敵相當即從蝕所擊之大勝殺將日蝕復生日光復也吾軍居其地擊敵必勝日蝕不可出軍

日方蝕而出軍其軍必敗當害氣也日蝕三虧三復相侵陵也有兵從所蝕處擊之勝假令日蝕東東擊之勝

日月星並見占

日月並照中國有兩主立一曰后妃專政有弒逆外國內侵天下兵起京房曰日月並照是謂並明兩主爭立又曰君臣爭明兵起國亡天下大饑荆州占曰天下有國者亡並明相去數寸若一尺臣滅主一曰君爲臣臣爲君民相殘又曰强國弱小國强歲大凶

日月並晝見兵起臣逆日月逆夜見天下大亂分裂

日入月中不出九十日大兵起易法令鐵貴三倍人主死朔日日色紫赤是也

月見日中有死王

日月與大星並見是謂爭明大國弱小國强天下有立王若星月有光而日無光則大國亡

妖星與日並出名曰婦女星與日爭光夫弱婦强女子爲王在邑在野爲喪爲兵

客星明奪日光石氏曰天下有立王日上下有星環之外人謀弒逆奸在後宮或曰公卿大臣爲外國所俘日當午有星在日下妃妾謀弒其君日當午四星環之侯王奪主國五星環之太子爲不利二星夾日下人謀上奸臣在內後宮閹臣謀反左右夾日者將軍與內臣合謀又曰天子不能制下則星與日並出是謂內弱外强

彗星見日旁子弒父臣弒君天下大兵

管窺輯要

日占論

日爲太陽之精積而成象光明實盛布照四方出則天下明入則天下晦萬物莫能覩其體猶至尊之不可窺踰有人君之象焉故出入順躔運行循度無變色薄蝕之異則人君乘運而王天下太平民庶豐樂人君有瑕必露其慝以告示焉凡君有盛德朝有善政則日行中道躔次不忒其色光明五彩春日和融夏日炎熾秋日熙皦冬日溫舒皆爲吉兆天文志曰日月行有道之國則其色光明人主吉昌百姓安寧其君失德其臣亂政則日爲之失色故日昏無光行

人無影烏鳥羣鳴悲國之將衰也

日體本黑積大之至陽而光明或黑暈或黑曆黑子者皆陽氣弱而不能充滿其黑體故有此象焉皆人君之德不明臣下專權之所致也若君能省咎補過則災少解

凡日色變青其分有兵爭赤而赭將死于野或變黃色則土工興變白則諸侯亡外國內侵則日變紫或乍赤乍白五色兼變主天子災臣伏謀臣多暴亂四方兵饑

日光四散赤如流血所照皆赤主有急兵起

日暗無光主五穀不成盜賊並起

日生彗五色君有大福

日生芒角兵失利臣謀主

日中烏出在外天下大亂

日忽消小所當國君死

日輪缺萬人死

日夜出天下大兵社稷不祥或出非其所政令不行天子失國

兩日並出是謂爭明諸侯有謀天下爭主

數日相掩則大鼎分

日蝕者日月交道月來掩之也宜修德以救之四月六陽日蝕爲災至切極陽而陰犯之則臣敢侵犯之象十月六陰極而黑暈之類乃陽不勝陰也故爲災輕君宜修德以補之

正旦日有蝕之主君昏政亂國有憂

日始出而蝕齊越交兵將入而蝕燕趙當之日中蝕荆魏亡地海內兵起

天元玉曆

太陽應瑞篇

凡日之應主君司陽含十字和平之異揚光耀德政之祥聖人在上則五色燭耀人君有德則四彗熒煌欲行再赦之恩內出二彗將有封禪之慶外有重光黃氣潤于日上宮中有喜青雲澤于西北國降賢良外國入貢也若黃人守日而立天下歸心也如飛鳳抱日而翔

太陽凶變篇

日久不明上下蔽塞過中光暗德政不明日未入而無光爲喪之異日已出而光暗主病之徵色赤如赭將死民怨而天下旱色赤如血有喪臣叛而盜賊生雲全無而光暗者臣叛雲盡赤而光暗者兵興日中分再出再沒皆爲亡土日消小飛鳥飛燕並主君凶日限則爲鼎立而爲失政日鬬則爲兩競而爲敵兵星月晝見則謂爭明小國強而大國弱飛流犯日則爲易政民流疫而王者崩妖日宵出令綱紀大滅衆日並出也天下紛爭又有常晝而冥晦者陰反爲陽而臣將制其主日中有黑氣者臣不掩惡而百姓惡其君黑子若黑氣乍三乍五臣謀若臣亂胷貫不平齒足俱見者兵敗而將軍死日月並出者臣叛而外國侵號令害民則日應之而赤君弱下貧則日色白而青黃則君闇善不舉黑則君惡見于民

日旁異氣篇

君不見國中之異事將有日旁之異氣焉黑如龍銜日而臣叛青如龍守日而臣謀臣將叛則黑氣如人在日中或如背臥兵欲起則赤雲如輪在日側亦如相扶將謀則日下雲如虎鬭兵起則日旁氣若冬株如人持如人牽在日下臣將叛去若青烏若青馬向日下主有憂虞如車走日下者軍敗如斧鉞在日側者君憂赤如杵以衝絕其野萬人死而君惡或如血以覆蔽其下千里旱而民流大戰之氣掩日而如席如布兵傷之象守日而如馬如牛日下雲如人垂衣天子之候日出雲如張車蓋雨澤之由日上下青氣來居出軍乃吉日出入黑雲橫貫望雨須周氣直立于日旁宮內爭鬬或相交于日側其下賊遊如人頭居日之旁兵戰流血若死蛇在日之下饑疫多愁左右如烏而色赤者君憂之咎上下似龍而色黑者風雨之籌氣映日如旗爲兵流血雲走日如帶盜起無九二白雲扶日國憂兵起三赤烏啄日必有戈矛雲如雞臨于日上兵喪並起氣如箭外向日下兵出三秋伏虎守日也將軍謀亂曲雲向日也自立王侯氣青黃赤白刺日甲兵哭泣雲如虹與日俱出國分兵發日未出赤雲在上佞臣在側氣相交貫穿其日將相不傳氣如蛇貫當占其色青疫白兵赤爲將叛黃乃交兵其黑雨浮

日旁專氣篇

日旁之氣青而且赤形曲而向日者爲抱爲子喜而爲臣忠形曲而背日者爲背爲臣反而爲叛逆圓而小者爲珥所臨有喜長而立者爲直下有自立一珥爲敗將而爲戰攻兩珥爲壽考而爲勢一三珥爲喜也驗之女后四珥爲慶也應于子息類兩直而相交者爲交交淫內亂形如背而中起者爲玦玦敗傷北直橫于上下爲格格則爲鬬交曲于左右爲紐紐則

爲喜氣小在日下而向上者爲纓爲得地之歡形直在日上而微起者爲戴有推戴之德承者承于日下喜且得地冠者包于日上封建親戚開闢土地兮上氣彎而如負內外安寧也日下氣立而如履長而斜倚日旁爲戟戈戟相傷赤而曲在日旁爲提地亡兵起

日旁雜氣篇

事有異常雜出日旁重抱兩珥兮人主喜四珥兩抱兮子孫昌三抱兩珥是謂太和而喜慶一抱一背名爲破走而乖張背而玦大臣反叛冠而珥人主吉祥戴珥並出天子有子孫之慶冠纓俱見善人出南北之邦叛逆皆除冠紐兩珥福祿並降抱珥重光二背一直大臣謀欲自立一抱兩珥至暮喜且爲常戴而冠至暮有喜珥而戴天下和平君若私幸奸臣則日冠而紐後宮將有喜事則日珥而纓冠珥而背雜于中主將亂國背玦而直交于內臣欲邪行直少背多謀自立者必矣抱多直少欲有立者無成兩敵相當日旁雜見有抱者宜從抱而擊無抱者當順虹而戰

日暈篇

安居而日暈也多成風雨對敵而日暈也九主軍營色黑則穀傷大水色青則糴貴大風色赤則暑雨霹靂色白則當有暴兵黃則人君有喜亦爲時雨農功半暈所在之方其軍戰勝日上如車之蓋有欲和親半暈再重國民蕃息兩畔相向天下大風暈井垣車輪兩敵因兵以亡國方暈聚而背于上下人亡將北交暈如連環而貫日兵起相爭暈再重人君有德或三四野有兵戎暈三重兵起穀傷其下有失地暈四重軍敗于野其下有叛臣五則后憂而六失政國弱暈七八則民亂而九荒擾大亂十重

日暈別氣篇

別有抱珥之屬九主軍兵之事抱珥在暈內圍城則內人勝抱珥在暈外攻城者外人利暈而直珥爲破軍暈而抱背爲敗亡日暈有玦裂土立王日暈而負得地之祥暈兩珥而虹貫之戰得將軍暈兩珥而雲貫之年多病疾暈四背則爲內亂而爲臣反暈二背則無兵兵起而有兵兵入暈有抱珥虹背玦皆宜順其抱而擊暈有背珥直而虹並宜順虹所指攻暈四抱天子有喜暈兩抱天下和平重暈背玦叛從中起半暈背玦臣謀不成暈一冠一紐一珥主有慶且有所立暈四虹四背四玦臣有謀夷關不行暈而負氣著暈上負爲喜亦爲得地暈而白虹貫日體近臣亂諸侯不忠有軍暈而珥外軍有悔無軍暈而珥宮中忿爭暈而抱抱所臨其軍戰勝暈而背背所在必有反城長大實有密遠厚澤而抱久皆爲必勝之兆短小虛無疎直近薄枯而背亟並爲必敗之徵

日蝕變異篇

日蝕有數而推氣象別出爲異王者惡于歲初大人憂其蝕既蝕而大風則宰相專權蝕而大寒則外國兵至臣不盡忠則氣若虹霓而或有黑雲后妃有謀則氣如暈烏而或成暈珥日蝕有氣如兔而守日不移者民叛兵興日蝕兩珥四珥而白雲中出者以日占事

明會典

欽天監救護儀注

凡推算日月交蝕本監先期備開分秒時刻并起復方位具奏禮部通行內外諸司臨時救護蝕畢本監仍按占書具奏如蝕不及一分與回回曆雖蝕一分以上俱不行救護至救護時本監官專報時候不隨班行禮如遇陰雨不見蝕本監官候復完時報各官行四拜禮而退

欽定古今圖書集成曆象彙編庶徵典

第十九卷目錄

日異部彙考二

庶徵典第十九卷

日異部彙考二

夏后氏

仲康五年秋九月朔辰弗集于房（一作元年）

按書經引征惟仲康肇位四海引侯命掌六師羲和廢厥職酒荒于厥邑引后承王命徂征告于衆曰嗟予有衆聖有謨訓明徵定保先王克謹天戒臣人克有常憲百官修輔厥后惟明明每歲孟春遒人以木鐸徇于路官師相規工執藝事以諫其或不恭邦有常刑惟時羲和顛覆厥德沈亂于酒畔官離次俶擾天紀遐棄厥司乃季秋月朔辰弗集于房瞽奏鼓嗇夫馳庶人走羲和尸厥官罔聞知昏迷于天象以干先王之誅政典曰先時者殺無赦不及時者殺無赦今予以爾有衆奉將天罰爾衆士同力王室尚弼予欽承天子威命火炎崑岡玉石俱焚天吏逸德烈于猛火殲厥渠魁脅從罔治舊染汚俗咸與維新嗚呼威克厥愛允濟愛克厥威允罔功其爾衆士懋戒哉（蔡注）日蝕者君弱臣強之象后羿專政之戒也羲和掌日月之官也黨羿而不言是可赦乎　按唐志日蝕在仲康即位之五年（大全）新安陳氏曰觀脅從之語羲和黨羿助逆明矣仲康乘日蝕之變正其昏迷之罪名正言順羿亦不得而庇之也使非黨羿助逆則廢職奪邑司寇行戮足矣何至勞大司馬興師誓衆如臨大敵哉　綱目劉炫曰房所舍之次也集會也會合也不合則日蝕可知或以房為房星知不然者且日之所在正可推而知之君子謹疑寧當以日在之宿為文近代考曆者推仲康時九月合朔已在房星北矣　按古文集與輯義同日月嘉會而陰陽輯睦則陽不疚乎位以常其明陰亦含章示冲以隱其形若變而相傷則不輯矣房者辰之所次星者所次之名其揆一也　前編曰按虞劇以季秋日蝕為仲康元年而唐傅仁均等新曆以為仲康五年癸巳之歲九月庚戌朔日蝕在房二度夫以曆術求之則魯曆殷曆周曆已自不同憑此却求豈無抵忤故以曆較之經世紀年夏殷之年盈縮者二十有八歲焉蓋曆家之說有歲差之法久近各殊新曆以五十餘年而差一度虞劇以百八十有六年而差一度盈縮之原其大致蓋由于此古者天官氏因時以治曆而後世言天者執曆以求天執曆以求天者既有差於將來豈無迷於既往哉今從新曆之說則仲康五年歲非癸巳從虞劇之說則合於經世之言且以經世之言五年之說於經不同而元年之說於經為合以經為正固無假於曆以曆而論則元年之說為有合於經今從之繫於元年之下

按竹書紀年帝仲康五年秋九月庚戌朔日有蝕之

帝廑八年十日並出

按竹書紀年八年天有妖孽十日並出其年陟

帝桀二十九年三日並出

按竹書紀年云云　按通志大費之裔曰費昌見二日東出焰西沈問馮夷曰西夏東商費昌乃歸商

商

帝辛四十八年二日並出

按竹書紀年云云

周

幽王六年十月朔日有蝕之（按文獻通考作幽王六年事）

按詩經小雅十月之交朔日辛卯日有蝕之亦孔之醜

平王五十一年春二月己巳日有蝕之

按春秋魯隱公三年云云　按公羊傳隱公三年春王二月己巳日有蝕之何以書紀異也日蝕則曷為或日或不日或言朔或不言朔曰某月某日朔日有蝕之者蝕正朔也其或日或不日或失之前或失之

後失之前者朔在前也失之後者朔在後也　按穀梁傳言日不言朔蝕晦日也其日有蝕之何也吐者外壤蝕者內壤闕然不見其壤有蝕之者也有內辭也或外辭也有蝕之者內於日也其不言蝕之者何也知其不可知知也　按漢書五行志隱公三年二月己巳日有蝕之董仲舒劉向以爲其後戎執天子之使鄭獲魯隱滅戴衛魯宋咸殺君左氏劉歆以爲正月二日燕越之分野也凡日所躔而有變則分野之國失政者受之人君能修政共御厥罰則災消而福至不能則災息而禍生故經書災而不記其故蓋吉凶亡常隨行而成禍福也周衰天子不班朔魯曆不正置閏不得其月月大小不得其度史記日蝕或言朔而實非朔或不言朔而實朔或脫不書朔與日皆官失之也推隱三年之蝕貫中央上下竟而黑臣弒從中成之形也後衛州吁弒君而立　按胡傳經書日蝕三十六去之千有餘歲而精曆算者所能考也其行有常度矣然每日必書示後世治曆明時之法也有常度則災而非異矣然每蝕必書示後世遇災而懼之意也日者衆陽之宗人君之表而有蝕之災咎象也克謹天戒則雖有其象而無其應勿克畏天災咎之來必矣凡經所書者或妾婦乘其夫或臣子背其君父或外國侵中國皆陽微陰盛之證也是故十月之交詩人以刺日有蝕之春秋必書以戒人君不可忽天象也

桓王十一年秋七月壬辰朔日有蝕之既

按春秋桓公三年云云　按公羊傳既者何盡也

按穀梁傳言日言朔蝕正朔也既者盡也有繼之辭也

大全汪氏曰日蝕三十六蝕既者三此年而後荊楚僭王鄭敗王師射王中肩宣八年而後楚莊圍宋析骸易子伐鄭鄭伯肉袒晉大敗于邲屈服荊楚襄二十四年而後齊崔杼衛甯喜弒君吳楚橫行中國皆臣子僭逆外國暴橫之應變既大則其應亦僭矣

按漢書五行志桓公三年七月壬辰朔日有蝕之既董仲舒劉向以爲前事已大後事將至者又大則既先是魯宋弒君魯又成宋亂易許田亡事天子之心楚僭稱王後鄭岠王師射桓王又二君相篡劉歆以爲六月趙與晉分先是晉曲沃伯再弒晉侯是歲晉大亂滅其宗國京房易傳以爲桓三年日蝕貫中央上下竟而黃臣弒而不卒之形也後楚莊稱王兼地千里

莊王二年冬十月朔日有蝕之

按春秋桓公十七年云云　按左傳不書日官失之也天子有日官諸侯有日御日官居卿以底日禮也日御不失日以授百官于朝　按穀梁傳言朔不言日既朔也　按漢書五行志桓公十七年十月朔日有蝕之穀梁傳曰言朔不言日蝕二日也劉向以爲是時衛侯朔有罪出奔齊天子更立衛君朔藉助五國舉兵伐之而自立王命遂壞魯夫人淫佚于齊卒殺桓公董仲舒以爲言朔不言日惡魯桓且有夫人之禍將不終日也劉歆以爲楚鄭分

惠王元年春三月日有蝕之

按春秋莊公十八年云云　按穀梁傳不言日不言朔夜蝕也何以知其夜蝕也曰王者朝日故雖爲天子必有尊也貴爲諸侯必有長也故天子朝日諸侯朝朔　按漢書五行志莊公十八年三月日有蝕之穀梁傳曰不言日不言朔夜蝕史推合朔在夜明旦日蝕而出出而解是爲夜蝕劉向以爲夜蝕者陰因日明之衰而奪其光象周天子不明齊桓將奪其威專會諸侯而行伯道其後遂九合諸侯天子使世子會之此其效也公羊傳曰蝕晦董仲舒以爲宿在東壁魯象也後公子慶父叔牙果通于夫人以弒公劉歆以爲晦魯衛分

惠王八年六月辛未朔日有蝕之鼓用牲于社

按春秋莊公二十五年云云　按左傳非常也唯正月之朔慝未作日有蝕之于是乎用幣于社伐鼓于朝　按公羊傳日蝕則曷爲鼓用牲于社求乎陰之道也以朱絲營社或曰脅之或曰爲闇恐人犯之故營之　按穀梁傳言日言朔蝕正朔也鼓禮也用牲非禮也天子救日置五麾陳五兵五鼓諸侯置三麾陳三鼓三兵大夫擊門士擊柝言充其陽也　按漢書五行志莊公二十五年六月辛未朔日有蝕之董仲舒以爲宿在畢主邊兵外國象也後狄滅邢衛劉歆以爲五月二日魯趙分

惠王九年冬十有二月癸亥朔日有蝕之

按春秋莊公二十六年云云　按漢書五行志莊公二十六年十二月癸亥朔日有蝕之董仲舒以爲宿在心心爲明堂文武之道廢中國不絕若綫之象也劉向以爲時戎侵曹魯夫人淫于慶父叔牙將以弒君故比年再蝕以見戒劉歆以爲十月二日楚鄭分

惠王十三年九月庚午朔日有蝕之鼓用牲于社

按春秋莊公三十年云云　按漢書五行志莊公三十年九月庚午朔日有蝕之董仲舒劉向以爲後魯二君弒夫人誅兩弟死狄滅邢徐取舒晉殺世子楚滅弦劉歆以爲八月秦周分

惠王二十二年九月戊申朔日有蝕之

按春秋僖公五年云云　按漢書五行志僖公五年九月戊申朔日有蝕之董仲舒劉向以爲先是齊桓行伯江黃自至南服强楚其後不內自正而外執陳大夫則陳楚不附鄭伯逃盟諸侯將不從桓政故天見戒其後晉滅虢楚圍許諸侯伐鄭晉弒二君狄滅溫楚伐黃桓不能救劉歆以爲七月秦晉分

襄王四年春王三月庚午日有蝕之

按春秋僖公十有二年云云　按漢書五行志僖公十二年三月庚午朔日有蝕之董仲舒劉向以爲是時楚滅黃狄侵衛鄭莒滅杞劉歆以爲三月齊衛分

襄王七年夏五月日有蝕之

按春秋僖公十五年云云　按左傳不書朔與日官失之也　按漢書五行志僖公十五年五月日有蝕之劉向以爲象晉文公將行伯道後遂伐衛執曹伯敗楚城濮再會諸侯召天王而朝之此其效也日蝕者臣之惡也夜蝕者掩其罪也以爲上亡明王桓文能行伯道攘外國安中國雖不正猶可蓋春秋實與而文不與之義也董仲舒以爲後秦獲晉侯齊滅項楚敗徐于婁林劉歆以爲二月朔齊越分

襄王二十六年二月癸亥日有蝕之

按春秋文公元年云云　按漢書五行志文公元年二月癸亥日有蝕之董仲舒劉向以爲先是大夫始執國政公子遂如京師後楚世子商臣殺父齊公子商人弒君皆自立宋子哀出奔晉滅江楚滅六大夫公孫敖叔彭生並專會盟劉歆以爲正月朔燕越分

匡王元年夏六月辛丑朔日有蝕之鼓用牲于社

按春秋文公十五年云云　按左傳非禮也日有蝕之天子不舉伐鼓于社諸侯用幣于社伐鼓于朝以昭事神訓民事君示有等威古之道也

廿高氏曰莊公兩以日蝕鼓用牲于社非禮妄作義已著矣今文公亦復如此必以爲先朝故事可舉而行之也後世人君有舉行先朝故事不顧義之可否皆因陋承誤不知春秋之義者也

按漢書五行志文公十五年六月辛丑朔日有蝕之董仲舒劉向以爲後宋齊莒晉鄭八年之間五君殺死楚滅舒蓼劉歆以爲四月二日魯衛分

定王六年秋七月甲子日有蝕之既

按春秋宣公八年云云

大全茅堂胡氏曰先是中華大國齊晉皆亂楚莊始强肆行侵伐觀兵周室鄭伯肉袒北敗晉師流血色水圍宋九月析骸易子此蝕既之應而五行志以爲楚鄭分也

按漢書五行志宣公八年七月甲子日有蝕之既董仲舒劉向以爲先是楚商臣弒父而立至於莊王遂彊諸夏大國唯有齊晉齊晉新有篡弒之禍內皆未安故楚乘弱橫行八年之間六侵伐而一滅國伐陸渾戎觀兵周室後又入鄭鄭伯肉袒謝罪北敗晉師于邲流血色水圍宋九月析骸而炊之劉歆以爲十月二日楚鄭分

定王八年夏四月丙辰日有蝕之

按春秋宣公十年云云

大全何氏曰與八年蝕既應同事重故累蝕

按漢書五行志宣公十年四月丙辰日有蝕之董仲舒劉向以爲後陳夏徵舒弒其君楚滅蕭晉滅二國王札子殺召伯毛伯劉歆以爲二月魯衛分

定王十五年六月癸卯日有蝕之

按春秋宣公十七年云云　按漢書五行志宣公十七年六月癸卯日有蝕之董仲舒劉向以爲後邾支解鄫子晉敗王師于貿戎敗齊于鞍劉歆以爲三月晦朓魯衛分

簡王十一年夏六月丙寅朔日有蝕之

按春秋魯成公十六年云云　按漢書五行志成公十六年六月丙寅朔日有蝕之董仲舒劉向以爲後晉敗楚鄭于鄢陵執魯侯劉歆以爲四月二日魯衛分

簡王十二年十有二月丁巳朔日有蝕之

按春秋魯成公十七年云云　按漢書五行志成公十七年十二月丁巳朔日有蝕之董仲舒劉向以爲後楚滅舒庸晉弒其君宋魚石因楚奪君邑莒滅鄫齊滅萊鄭伯弒死劉歆以爲九月周楚分

靈王十三年三月乙未朔日有蝕之

按春秋襄公十四年云云　按漢書五行志襄公十四年二月乙未朔日有蝕之董仲舒劉向以爲後衛大夫孫甯共逐獻公立孫剽劉歆以爲前年十二月二日宋燕分

靈王十四年秋八月丁巳日有蝕之

按春秋襄公十五年云云　按漢書五行志襄公十五年八月丁巳日有蝕之董仲舒劉向以爲先是晉爲雞澤之會諸侯盟又大夫盟後爲溴梁之會諸侯在而大夫獨相與盟君若綴斿不得舉手劉歆以爲五月二日魯趙分

靈王十九年冬十月丙辰朔日有蝕之

按春秋襄公二十年云云

大全張氏曰悼公卒政逮大夫之徵也

按漢書五行志襄公二十年十月朔日有蝕之董仲舒以爲陳慶虎慶寅蔽君之明邾庶其有叛心後庶其以漆閭丘來奔陳殺二慶劉歆以爲八月秦周分

靈王二十年九月庚戌朔日有蝕之冬十月庚辰朔日有蝕之

按春秋襄公二十一年云云

大全襄陵許氏曰比年蝕又比月蝕自是八年之間而日七蝕禍變重矣　石氏曰日蝕之變起於交也有雖交而不蝕者春秋二百四十二年而蝕才三十六有頻交而蝕者此年及二十四年三年之內連月而蝕者再也諸儒以爲曆無此法或傳寫之誤然漢之時亦有頻蝕者高帝三年及文帝前三年十月晦十一月晦是也天道至遠不可得而知後世執推步之術按交會之度而求之亦已難矣　高氏曰曆家推步之術皆一百七十二日始一交會去交遠則日蝕漸少無頻蝕之理此五年及二十四年頻蝕古今術者不能考知故曰蝕雖天數之常聖人必以爲譴異而書之以警人君之自怠也

按漢書五行志襄公二十一年九月庚戌朔日有蝕之董仲舒以爲晉欒盈將犯君後入于曲沃劉歆以爲七月秦晉分十月庚辰朔日有蝕之董仲舒以爲宿在軫角楚大國象也後楚屈氏譖殺公子追舒齊慶封脅君亂國劉歆以爲八月秦周分

靈王二十二年春王二月癸酉朔日有蝕之

按春秋襄公二十有三年云云　按漢書五行志襄公二十三年二月癸酉朔日有蝕之董仲舒以爲後衛侯入陳儀甯喜弒其君剽劉歆以爲前年十二月二日宋燕分

靈王二十三年秋七月甲子朔日有蝕之既八月癸巳朔日有蝕之

按春秋襄公二十有四年云云

大全襄陵許氏曰春秋三書日蝕既桓三年以周桓敗宣八年以楚莊興是後而中國諸侯皆受盟于楚矣　廬陵李氏曰頻月蝕者惟襄二十一年九月十月及此年七月八月二條劉炫云漢末以來八百餘載考其注疏莫不皆爾都無頻月日蝕之事蓋多歷世代或傳寫失其本眞先儒因循莫敢改易也

按漢書五行志襄公二十四年七月甲子朔日有蝕之既劉歆以爲五月魯趙分八月癸巳朔日有蝕之董仲舒以爲比蝕又既象陽將絕外國侵中國之象也後六君弒楚子果從諸侯伐鄭滅舒鳩魯往朝之卒主中國伐吳討慶封劉歆以爲六月晉趙分

靈王二十六年冬十有二月乙亥朔日有蝕之

按春秋襄公二十七年云云　按左傳十一月乙亥朔日有蝕之辰在申司曆過也再失閏矣

大全杜氏曰周十一月今九月斗當建戌而在申故知再失閏也文十一年三月甲子至今年七十一歲應有二十六閏今長曆推之得二十四閏通計少再閏　啖氏曰按經言十二月傳言十一月依經當云三失閏進退不同不可得而考

按漢書五行志襄公二十七年十二月乙亥朔日有蝕之董仲舒以爲禮義將大滅絕之象也時吳子好勇使刑人守門蔡侯通於世子之妻莒不早立嗣後閽戕吳子蔡世子般弒其父莒人亦弒君而庶子爭劉向以爲自二十年至此歲八年間日蝕七作禍亂將重起故天仍見戒也後齊崔杼弒君宋殺世子北燕伯出奔鄭大夫自外入而篡位指略如董仲舒劉歆以爲九月周楚分

景王十年夏四月甲辰朔日有蝕之

按春秋昭公七年云云　按左傳晉侯問于士文伯曰誰將當日蝕對曰魯衛惡之衛大魯小公曰何故對曰去衛地如魯地于是有災魯實受之其大咎其衛君乎魯將上卿公曰詩所謂彼日而蝕于何不臧者何也對曰不善政之謂也國無政不用善則自取謫于日月之災故政不可不慎也務三而已一曰擇人二曰因民三曰從時　又按左傳十一月季武子卒晉侯謂伯瑕曰吾所問日蝕從矣可常乎對曰不可六物不同民心不一事序不類官職不則同始異終胡可常也詩曰或燕燕居息或憔悴事國其異終也如是公曰何謂六物對曰歲時日月星辰是謂也

按漢書五行志昭公七年四月甲辰朔日有蝕之董仲舒劉向以爲先是楚靈王弑君而立會諸侯執徐子滅賴後陳公子招殺世子楚因而滅之又滅蔡後靈王亦弑死劉歆以爲二月魯衛分

景王十八年六月丁巳朔日有蝕之

按春秋昭公十五年云云　按左傳六月乙丑王太子壽卒秋八月戊寅王穆后崩　按漢書五行志昭公十五年六月丁巳朔日有蝕之劉歆以爲三月魯衛分

景王二十年夏六月甲戌朔日有蝕之

按春秋昭公十七年云云　按左傳祝史請所用幣昭子曰日有蝕之天子不舉伐鼓于社諸侯用幣于社伐鼓于朝禮也平子禦之曰止也唯正月朔慝未作日有蝕之于是乎有伐鼓用幣禮也其餘則否太史曰在此月也日過分而未至三辰有災于是乎百官降物君不舉避移時樂奏鼓祝用幣史用辭故夏書曰辰不集于房瞽奏鼓嗇夫馳庶人走此月朔之謂也當夏四月是謂孟夏平子弗從昭子退曰夫子將有異志不君君矣　按漢書五行志昭公十七年六月甲戌朔日有蝕之董仲舒以爲時宿在畢晉國象也晉厲公誅四大夫失衆心以弑死後莫敢復責大夫六卿遂相與比周專晉國君還事之日比再蝕其事在春秋後故不載于經劉歆以爲魯趙分左氏傳平子曰唯正月朔慝未作日有蝕之于是乎天子不舉伐鼓于社諸侯用幣于社伐鼓于朝禮也其餘則否太史曰在此月也日過分而未至三辰有災百官降物君不舉避移時樂奏鼓祝用幣史用辭嗇夫馳庶人走此月朔之謂也當夏四月是謂孟夏說曰正月謂周六月夏四月正陽純乾之月也慝謂陰爻也冬至陽爻起初故曰復至建巳之月爲純乾亡陰爻而陰侵陽爲災重故伐鼓用幣責陰之禮降物素服也不舉去樂也避移時避正堂須時移災復也嗇夫掌幣吏庶人其徒役也劉歆以爲六月二日魯趙分

景王二十四年七月壬午朔日有蝕之

按春秋昭公二十有一年云云　按左傳公問於梓愼曰是何物也禍福何爲對曰二至二分日有蝕之不爲災日月之行也分同道也至相過也

注二分日夜等故言同道二至長短極故相過

其他月則爲災陽不克也故常爲水　按漢書五行志昭公二十一年七月壬午朔日有蝕之董仲舒以爲周景王老劉子單子專權蔡侯朱驕君臣不說之象也後蔡侯朱果出奔劉子單子立王猛劉歆以爲五月二日魯趙分

景王二十五年冬十有二月癸酉朔日有蝕之

按春秋魯昭公二十有二年云云　按漢書五行志昭公二十二年十二月癸酉朔日有蝕之董仲舒以爲宿在心天子之象也後尹氏立王子朝天王居于狄泉劉歆以爲十月楚鄭分

敬王二年夏五月乙未朔日有蝕之

按春秋昭公二十四年云云　按左傳梓愼曰將水昭子曰旱也日過分而陽猶不克克必甚能無旱乎陽不克莫將積聚也　按漢書五行志昭公二十四年五月乙未朔日有蝕之董仲舒以爲宿在胃魯象也後昭公爲季氏所逐劉向以爲自十五年至此歲十年間天戒七見人君猶不寤後楚殺戎蠻子晉滅陸渾戎盜殺衛侯兄蔡莒之君出奔吳滅巢公子光殺王僚宋三臣以邑叛其君它如仲舒劉歆以爲二日魯趙分是月斗建辰左氏傳梓愼曰將大水昭子曰旱也日過分而陽猶不克克必甚能無旱乎陽不克莫將積聚也是歲秋大雩旱也二至二分日有蝕之不爲災日月之行也春秋分日夜等故同道冬夏至長短極故相過相過同道而蝕輕不爲大災水旱而已

敬王九年十有二月辛亥朔日有蝕之

按春秋昭公三十一年云云　按左傳是夜也趙簡子夢童子羸而轉以歌日占諸史墨曰吾夢如是今而日蝕何也對曰六年及此月也吳其入郢乎終亦弗克入郢必以庚辰日月在辰尾庚午之日日始有謫火勝金故弗克　按漢書五行志昭公三十一年十二月辛亥朔日有蝕之董仲舒以爲宿在心天子象也時京師微弱後諸侯果相率而城周宋仲幾亡尊天子之心而不衰城劉向以爲時吳滅徐而蔡滅沈楚圍蔡吳敗楚入郢昭王走出劉歆以爲二日宋燕分

敬王十五年春三月辛亥朔日有蝕之

按春秋定公五年云云　按漢書五行志魯定公五年三月辛亥朔日有蝕之董仲舒劉向以爲後鄭滅許魯陽虎作亂竊寶玉大弓季桓子退仲尼宋三臣以邑叛劉歆以爲正月二日燕趙分

敬王二十二年十有一月丙寅朔日有蝕之

按春秋定公十二年云云　按漢書五行志定公十二年十一月丙寅朔日有蝕之董仲舒劉向以爲後晉三大夫以邑叛薛弑其君楚滅頓胡越敗吳衛逐世子劉歆以爲十二月二日楚鄭分

敬王二十五年八月庚辰朔日有蝕之

按春秋定公十五年云云　按漢書五行志定公十五年八月庚辰朔日有蝕之董仲舒以爲宿在柳周室大壞外國主諸夏之象也明年中國諸侯果累累從楚而圍蔡蔡恐遷于州來晉人執戎蠻子歸于楚京師楚也劉向以爲盜殺蔡侯齊陳乞弑其君而立陽生孔子終不用劉歆以爲六月晉趙分

敬王三十九年五月庚申朔日有蝕之

按漢書五行志哀公十四年五月庚申朔日有蝕之在獲麟後劉歆以爲三月二日齊衛分凡春秋十二公二百四十二年日蝕三十六穀梁以爲朔二十六晦七夜二二日一公羊以爲朔二十七二日七晦二左氏以爲朔十六二日十八晦一不書日者二

定王二十六年日有蝕之晝晦星見

按史記年表秦厲公三十四年

考王六年夏六月日有蝕之

按史記年表秦躁公八年

威烈王十六年日有蝕之

按史記年表秦簡公五年

安王二十年日蝕晝晦

按史記年表秦獻公三年

烈王元年日蝕

按史記年表秦獻公十年

烈王七年日蝕

按史記年表秦獻公十六年

赧王十四年日蝕晝晦

按史記年表秦昭王元年

秦

秦莊襄王三年四月日蝕

按史記秦本紀云云

漢

高帝三年十月甲戌晦日有蝕之十一月癸卯晦日有蝕之

按漢書高祖本紀云云　按五行志高帝三年十月甲戌晦日有蝕之在斗二十度燕地也後二年燕王臧荼反誅立盧綰爲燕王後又反敗十一月癸卯晦日有蝕之在虛三度齊地也後二年齊王韓信徙爲楚王明年廢爲列侯後又反誅

九年六月乙未晦日有蝕之既

按漢書高帝本紀云云　按五行志在張十三度

惠帝七年正月辛丑朔日有蝕之五月丁卯先晦一日日有蝕之

按漢書惠帝本紀云云　按五行志正月日蝕在危十三度谷永以爲歲首正月朔日是爲三朝尊者惡之五月日蝕幾盡在七星初劉向以爲五月微陰始起而犯至陽其占重至其八月宮車晏駕有呂氏詐置嗣君之害京房易傳曰凡日蝕不以晦朔者名曰薄人君誅將不以理或賊臣將暴起日月雖不同宿陰氣盛薄日光也

高后二年六月丙戌晦日有蝕之

按漢書高后本紀云云　按五行志同

高后七年正月己丑晦日有蝕之既

按漢書高后本紀云云　按史記呂后本紀七年正月日蝕晝晦太后惡之心不樂乃謂左右曰此爲我也　按漢書五行志在營室九度爲宮室中時高后惡之曰此爲我也明年應

註師古曰謂高后崩也

文帝二年十一月癸卯晦日有蝕之下詔修省

按漢書文帝本紀二年十一月癸卯晦日有蝕之詔曰朕聞之天生民爲之置君以養治之人主不德布政不均則天示之災以戒不治乃十一月晦日有蝕之適見于天災孰大焉朕獲保宗廟以微眇之身託于士民君王之上天下治亂在予一人唯二三執政猶吾股肱也朕下不能治育羣生上以累三光之明其不德大矣令至其悉思朕之過失及知見之所不及匄以啓告朕及舉賢良方正能直言極諫者以匡朕之不逮因各勅以職任務省繇費以便民朕既不能遠德故憪然念外人之有非是以設備未息今縱不能罷邊屯戍又飭兵厚衛其罷衛將軍軍太僕見馬遺財足餘皆以給傳置　按五行志十一月癸卯晦日有蝕之在婺女一度

文帝三年十月丁酉晦日有蝕之十一月丁卯晦日有蝕之

按漢書文帝本紀云云　按五行志十月丁酉晦日有蝕之在斗二十三度十一月丁卯晦日有蝕之在虛八度

後四年四月丙辰晦日有蝕之

按漢書文帝本紀云云　按五行志四月丙辰晦日有蝕之在東井十三度

後七年正月辛未朔日有蝕之

按漢書文帝本紀不載　按五行志云云

景帝三年二月壬午晦日有蝕之

按漢書景帝本紀云云　按五行志二月壬午晦日有蝕之在胃二度

四年十月戊戌晦日有蝕之

按漢書景帝本紀云云

七年十一月庚寅晦日有蝕之

按漢書景帝本紀云云　按五行志十一月庚寅晦日有蝕之在虛九度

中元年十二月甲寅晦日有蝕之

按漢書景帝本紀不載　按五行志云云

中二年九月甲戌晦日有蝕之

按漢書景帝本紀云云　按五行志同

中三年九月戊戌晦日有蝕之

按漢書景帝本紀云云　按五行志九月戊戌晦日有蝕之蝕幾盡在尾九度

中四年十月戊午日有蝕之

按漢書景帝本紀云云

中六年七月辛亥晦日有蝕之

按漢書景帝本紀云云　按五行志七月辛亥晦日有蝕之在軫七度

後元年七月乙巳晦日有蝕之

按漢書景帝本紀云云　按五行志先晦一日日有蝕之在翼十七度

後三年日月皆蝕赤五月十二月日如紫

按史記景帝本紀云云　按漢書紀志皆不載

武帝建元二年春二月丙戌朔日有蝕之夏四月戊申有如日夜出

按漢書武帝本紀云云　按五行志在奎十四度劉向以爲奎卑賤婦人後有衞皇后自至微興卒有不終之害

註師古曰皇后自殺不終位也

建元三年九月丙子晦日有蝕之

按漢書武帝本紀云云　按五行志在尾二度

建元五年正月乙巳朔日有蝕之

按漢書武帝本紀不載　按五行志云云

元光元年二月丙辰晦日有蝕之七月癸未先晦一日日有蝕之

按漢書武帝本紀不載二月但載七月　按五行志七月在翼八度劉向以爲高園便殿災與春秋御廩災後日蝕于翼軫同占內有女變外爲諸侯後陳皇后廢江都淮南衡山王謀反誅日中時食從東北過半晡時復

元朔二年三月乙亥晦日有蝕之

按漢書武帝本紀云云　按五行志作二月乙巳晦日有食之在胃三度

元朔六年十一月癸丑晦日有蝕之

按漢書武帝本紀不載　按五行志云云

元狩元年五月乙巳晦日有蝕之

按漢書武帝本紀云云　按五行志在柳六度京房易傳推以爲是時日蝕從旁右法曰君失臣明年丞相公孫弘薨日蝕從旁左者亦君失臣從上者臣失君從下者君失民

元鼎五年四月丁丑晦日有蝕之

按漢書武帝本紀云云　按五行志在東井二十三度

元封四年六月己酉朔日有蝕之

按漢書武帝本紀不載　按五行志云云

太始元年正月乙巳晦日有蝕之

按漢書武帝本紀不載　按五行志云云

太始四年十月甲寅晦日有蝕之

按漢書武帝本紀云云　按五行志在斗十九度

征和四年八月辛酉晦日有蝕之

按漢書武帝本紀云云　按五行志不盡如鉤在亢二度晡時從西北日下晡時復

昭帝始元三年十一月壬辰朔日有蝕之

按漢書昭帝本紀云云　按五行志在斗九度燕地也後四年燕剌王謀反誅

元鳳元年七月己亥晦日有蝕之既

按漢書昭帝本紀云云　按五行志蝕幾盡在張十二度劉向以爲己亥而既其占重後六年宮車晏駕卒以亡嗣按志作己亥而紀作乙亥疑紀有訛

註孟康曰己土亥水也純陰故蝕爲最重也

宣帝地節元年十二月癸亥晦日有蝕之

按漢書宣帝本紀云云　按五行志在營室十五度

五鳳元年十二月乙酉朔日有蝕之

按漢書宣帝本紀云云　按五行志在婺女十度

五鳳四年四月辛丑晦日有蝕之

按漢書宣帝本紀夏四月辛丑晦日有蝕之詔曰皇

天見異以戒朕躬是朕之不逮吏之不稱也以前使使者問民所疾苦復遣丞相御史掾一十四人循行天下舉冤獄察擅爲苛禁深刻不改者　按五行志在畢十九度是爲正月朔慝未作左氏以爲重異

元帝永光元年夏四月日色青白無景

按漢書元帝本紀不載　按五行志四月日色青白亡景正中時有景無光是夏寒至九月日乃有光京房易傳曰美不上人茲謂上弱厥異日白七日不溫順亡所制茲謂弱日白六十日物亡霜而死天子親伐茲謂不知日白體動而寒弱而有任茲謂不亡日白不溫明不動辟譻公行茲謂不伸厥異日黑大風起天無雲日光晻不難上政茲謂見過日黑居仄大如彈丸　按劉向傳蕭望之自殺天子甚悼恨之乃擢周堪爲光祿勳堪弟子張猛光祿大夫給事中大見信任弘恭石顯憚之數譖毀焉是歲夏寒日青無光恭顯及許史皆言堪猛用事之咎上內重堪又患衆口之寖潤無所取信時長安令楊興以材能幸常稱譽堪上欲以爲助乃見問興朝臣齗齗不可光祿勳何邪興者傾巧士謂上疑堪因順指曰堪非獨不可於朝廷自州里亦不可也臣見衆人聞堪前與劉更生等謀毀骨肉以爲當誅故臣前言堪不可誅傷爲國養恩也上曰然此何罪而誅今宜奈何興曰臣愚以爲可賜爵關內侯食邑三百戶勿令典事明主不失師傅之恩此最策之得者也上於是疑會城門校尉諸葛豐亦言堪猛短上因發怒免豐語在其傳又曰豐言堪猛貞信不立朕閔而不治又惜其材能未有所效其左遷堪爲河東太守猛槐里令顯等專權日甚

永光二年三月壬戌朔日有蝕之詔求直言

按漢書元帝本紀永光二年三月壬戌朔日有蝕之詔曰朕戰戰栗栗夙夜思過失不敢荒寧惟陰陽不調未燭其咎婁敕公卿日望有效至今有司執政未得其中施與禁切未合民心暴猛之俗彌長和睦之道日衰百姓愁苦靡所錯躬是以氛邪歲增侵犯太陽正氣湛掩日久奪光迺壬戌日有蝕之天見大異以戒朕躬朕甚悼焉其令內郡國舉茂材異等賢良直言之士各一人　按五行志在婁八度

永光四年戊寅晦日有蝕之詔飭廷臣求直言

按漢書元帝本紀永光四年六月戊寅晦日有蝕之詔曰蓋聞明王在上忠賢布職則羣生和樂方外蒙澤今朕晻于王道夙夜憂勞不通其理靡瞻不眩靡聽不惑是以政令多還民心未得邪說空進事亡成功此天下所著聞也公卿大夫好惡不同或緣奸作邪侵削細民元元安所歸命哉迺六月晦日有蝕之詩不云乎今此下民亦孔之哀自今以來公卿大夫其勉思天戒愼身修永以輔朕之不逮直言盡意無有所諱　按五行志在張七度　按京房傳房長於災變分六十四卦更直日用事以風雨寒溫爲候各有占驗房用之尤精以孝廉爲郎永光建昭間西羌反日蝕又久青亡光陰霧不精房數上疏先言其將然近數月遠一歲所言屢中天子說之房奏考功課吏法上中郎任良姚平願以爲刺史試考功法臣得通籍殿中爲奏事以防壅塞石顯五鹿充宗皆疾房欲遠之建言宜試以房爲郡守元帝於是以房爲魏郡太守秩八百石居得以考功法治郡房自請願毋屬刺史得除用他郡人自第吏千石以下歲竟乘傳奏事天子許焉房自知數以論議爲大臣所非不欲遠離左右以建昭三年二月朔拜上封事曰辛酉以來蒙氣衰去太陽精明臣獨欣然以爲陛下有所定也然少陰倍力而乘消息臣疑陛下雖行此道猶不得如意臣竊悼懼守陽平侯鳳欲見未得至己卯臣拜爲太守此言上雖明下猶勝之效也臣出之後恐必爲用事所蔽身死而功不成故願歲盡乘傳奏事蒙哀見許迺辛巳蒙氣復乘卦太陽侵色此上大夫覆陽而上意疑也己卯庚辰之間必有欲隔絕臣令不得乘傳奏事者房未發上令陽平侯鳳承制詔房止無乘傳奏事房意愈恐去至新豐因郵上封事曰臣前以六月中言遯卦不效法曰道人始去寒涌水爲災至其七月涌水出臣弟子姚平謂臣曰房可謂知道未可謂信道也房言災異未嘗不中今涌水已出道人當逐死尚復何言臣曰陛下至仁於臣尤厚雖言而死臣猶言也平又曰房可謂小忠未可謂大忠也昔秦時趙高用事有正先者非刺高而死高威自此成故秦之亂正先趣之今臣得出守郡自詭效功恐未效而死惟陛下毋使臣塞涌水之異當正先之死爲姚平所笑房至陝復上封事曰乃丙戌小雨丁亥蒙氣去然少陰并力而乘消息戊子益甚到五十分蒙氣復起此陛下欲正消息雜卦之黨并力而爭消息之氣不勝彊弱安危之機不可不察己丑夜有還風盡辛卯太陽復侵色至癸巳日月相薄此邪陰同力而太陽爲之疑也臣前白九年不改必有星

亡之異臣願出任良試考功臣得居內星亡之異可去議者知如此於身不利臣不可蔽故云使弟子不若試師臣爲刺史又當奏事故復云爲刺史恐太守不與同心不若以爲太守此其所以隔絕臣也陛下不違其言而遂聽之此乃蒙氣所以不解太陽亡色者也臣去朝稍遠太陽侵色益甚唯陛下毋難還臣而易逆天意邪說雖安於人天氣必變故人可欺天不可欺也願陛下察焉房去月餘石顯告房與張博通謀非謗政治皆棄市

建昭五年夏六月壬申晦日有蝕之

按漢書元帝本紀云云　按五行志不盡如鉤因入

成帝建始三年十二月戊申朔日有蝕之詔求直言

按漢書成帝本紀建始三年冬十二月戊申朔日有蝕之夜地震未央宮殿中詔曰蓋聞天生衆民不能相治爲之立君以統理之君道得則草木昆蟲咸得其所人君不德謫見天地災異婁發以告不治朕涉道日寡舉錯不中乃戊申日蝕地震朕甚懼焉公卿其各思朕過失明白陳之女無面從退有後言丞相御史與將軍列侯中二千石及內郡國舉賢良方正能直言極諫之士詣公車朕將覽焉　按谷永傳永爲太常丞數上疏言得失建始三年冬日蝕地震同日俱發詔舉方正直言極諫之士太常陽城侯劉慶忌舉永待詔公車對曰陛下秉至聖之純德懼天地之戒異飭身修政納問公卿又下明詔帥舉直言燕見紬繹以求咎愆使臣等得造明朝承聖問臣材朽學淺不通政事竊聞明王卽位正五事建大中以承天心則庶徵序於下日月理於上如人君淫溺後宮般樂游田五事失於躬大中之道不立則咎徵降而六極至凡災異之發各象過失以類告人乃十二月朔戊申日蝕婺女之分地震蕭牆之內二者同日俱發以丁寧陛下厥咎不遠宜厚求諸身意豈陛下志在閨門未卹政事不慎舉錯婁失中歟內寵太盛女不遵道嫉妬專上妨繼嗣歟古之王者廢五事之中失夫婦之紀妻妾得意謁行於內勢行於外至覆傾國家或亂陰陽昔褒姒用國宗周以喪豔妻驕煽日以不臧此其效也經曰皇極皇建其有極傳曰皇之不極是謂不建時則有日月亂行陛下踐至尊之祚爲天下主奉帝王之職以統羣生方內之治亂在陛下所執誠留意於正身勉强於力行損燕私之閒以勞天下放去淫溺之樂罷歸倡優之笑絕郤不享之義愼節游田之虞起居有常循禮而動躬親政事致行無倦安服若性經曰繼自今嗣王其毋淫于酒毋逸于游田惟正之共未有身治正而臣下邪者也夫妻之際王事綱紀安危之機聖王所致愼也昔舜飭正二女以崇至德楚莊忍絕丹姬以成伯功幽王惑於褒姒周德降亡魯桓脅於齊女社稷以傾誠修後宮之政明尊卑之序貴者不得嫉妬專寵以絕驕嫚之端抑褒豔之亂賤者咸得秩進各得厥職以廣繼嗣之統息白華之怨後宮親屬饒之以財勿與政事以遠皇父之類損妻黨之權未有閨門治而天下亂者也治遠自近始習善在左右昔龍筦納言而帝命惟允四輔既備成王靡有過事誠敕正左右齊栗之臣戴金貂之飾執常伯之職者皆使學先王之道知君臣之義濟濟謹孚無敖戲驕恣之過則左右肅乂羣僚仰法化流四方經曰亦惟先正克左右未有左右正而百官枉者也治天下者尊賢考功則治簡賢違功則亂誠審思治人之術歡樂得賢之福論材選士必試於職明度量以程能考功實以定德無用比周之虛譽毋聽寖潤之譖愬則抱功修職之吏無蔽傷之憂比周邪僞之徒不得卽工小人日銷俊乂日隆經曰三載考績三考黜陟幽明又曰九德咸事俊乂在官未有功賞得於前衆賢布於官而不治者也堯遭洪水之災天下分絕爲十二州制遠之道微而無乖畔之難者德厚恩深無怨於下也秦居平土一夫大呼而海內崩析者刑罰深酷吏行殘賊也夫違天害德爲上取怨於下莫甚乎殘賊之吏誠放退殘賊酷暴之吏錮廢勿用益選溫良上德之士以親萬姓平刑釋冤以理民命務省繇役毋奪民時薄收賦稅毋殫民財使天下黎元咸安家樂業不苦踰時之役不患苛暴之政不疾酷烈之吏雖有唐堯之大災民無離上之心經曰懷保小人惠于鰥寡未有德厚吏良而民畔者也臣聞災異皇天所以譴告人君過失猶嚴父之明誡畏懼敬改則禍銷福降忽然簡易則咎罰不除經曰饗用五福畏用六極傳曰六沴作見若不共御六罰既侵六極其下今三年之間災異鋒起小大畢具所行不享上帝上帝不豫炳然甚著不求之身無所改正疏舉廣謀又不用其言是循不享之迹無謝過之實也天責愈深此五者王事之綱紀南面之急務唯陛下留神對奏天子異焉特召見永　按杜欽傳日蝕地震之變詔舉賢良方正能直言士合陽侯梁放舉欽欽上對曰陛下畏天命悼變

異延見公卿舉直言之士將以求天心迹得失也臣欽愚戇經術淺薄不足以奉大對臣聞日蝕地震陽微陰盛也臣者君之陰也子者父之陰也妻者夫之陰也外國者中國之陰也春秋日蝕三十六地震五或外國侵中國或政權在臣下或婦乘夫或臣子背君父事雖不同其類一也臣竊觀人事以考變異則本朝大臣無不自安之人外戚親屬無乖剌之心關東諸侯無強大之國三垂邊裔無逆理之節殆爲後宮何以言之日以戊申蝕時加未戊未土也土者中宮之部也其夜地震未央宮殿中此必適妾將有爭寵相害而爲患者唯陛下深戒之變感以類相應人事失於下變象見於上能應之以德則異咎消亡不能應之以善則禍敗至高宗遭雊雉之戒飭己正事享百年之壽殷道復興要在所以應之應之非誠不立非信不行宋景公小國之諸侯耳有不忍移禍之誠出人君之言三熒惑爲之退舍以陛下聖明內推至誠深思天變何應而不感何搖而不動孔子曰仁遠乎哉惟陛下正后妾抑女寵防奢泰去佚游躬節儉親萬事數御安車由輦道親二宮之饗膳致昏晨之定省如此即堯舜不足與比隆咎異何足消滅如不留聽於庶事不論材而授位殫天下之財以奉淫侈匱萬姓之力以從耳目近諂諛之人而遠公方信讒賊之臣以誅忠良賢俊失在巖穴大臣怨於不以雖無變異社稷之憂也天下至大萬事至衆祖業至重誠不可以佚豫爲不可以奢泰持也唯陛下忍無益之欲以全衆庶之命臣欽愚戇言不足采

河平元年正月日赤如血三月日出黃有黑氣居中

夏四月己亥晦日有蝕之

按漢書成帝本紀四月日蝕詔曰朕獲保宗廟戰戰栗栗未能奉稱傳曰男教不修陽事不得則日爲之蝕天著厥異辜在朕躬公卿大夫其勉悉心以輔不逮百僚各修其職惇任仁人退遠殘賊陳朕過失無有所諱大赦天下　按五行志正月壬寅朔日出赤二月癸未日朝赤入又赤甲申日出如血亡光漏上四刻半乃頗有光燭地赤黃食後乃復京房易傳曰辟不聞道茲謂亡厥異日赤三月乙未日出黃有黑氣大如錢居中央京房易傳曰祭天不順茲謂逆厥異日赤其中黑聞善不予茲謂失知厥異日黃四月日蝕不盡如鉤在東井六度劉向對曰四月交於五月月同孝惠日同孝昭東井京師地且既其占恐害繼嗣日蚤蝕時從西南起

河平三年八月乙卯晦日有蝕之

按漢書成帝本紀云云　按五行志在房

河平四年三月癸丑朔日有蝕之

按漢書成帝本紀云云　按五行志在昴　按王商傳商代匡衡爲丞相天子甚尊任之大將軍王鳳怨商陰求其短使人上書言商閨門內事天子以爲暗昧之過不足以傷大臣鳳固爭下其事司隸先是皇太后嘗詔問商女欲以備後宮時女病商意亦難之以病對不入及商以閨門事見考自知爲鳳所中惶怖更欲內女爲援迺因新幸李婕妤家白見其女會日有蝕之太中大夫蜀郡張匡其人佞巧上書願對近臣陳日蝕咎下朝者左將軍丹等問匡對曰竊見丞相商作威作福從外制中取必於上性殘賊不仁遣票輕吏微求人罪欲以立威天下患苦之前頻陽耿定上書言商與父傅通及女弟淫亂奴殺其私夫疑商教使章下有司商私怨懟商子俊欲上書告商俊妻左將軍丹女持其書以示丹丹惡其父子乖迕爲女求去商不盡忠納善以輔至德知聖主崇孝遠別不親後庭之事皆受命皇太后太后前聞商有女欲以備後宮商言有固疾後有耿定事更詭道因李貴人家內女執左道以亂政誣罔詐大臣節故應是而日蝕周書曰以左道事君者誅易曰日中見昧則折其右肱往者丞相周勃再建大功及孝文時纖介怨恨而日爲之蝕於是退勃使就國卒無怵愁憂今商無尺寸之功而有三世之寵身位三公宗族爲列侯吏二千石侍中諸曹給事禁門內連昏諸侯王權寵至盛審有內亂殺人怨懟之端宜窮竟考問臣聞秦丞相呂不韋見王無子意欲有秦國即求好女以爲妻陰知其有身而獻之王產始皇帝及楚相春申君亦見王無子心利楚國即獻有身妻而產懷王自漢興幾遭呂霍之患今商有不仁之性迺因怨以內女其姦謀未可測度前孝景世七國反將軍周亞夫以爲即得雒陽劇孟關東非漢之有今商宗族權勢合貲鉅萬計私奴以千數非徒劇孟匹夫之徒也且失道之至親戚畔之閨門內亂父子相訐而欲使之宣明聖化調和海內豈不繆哉商視事五年官職陵夷而大惡著於百姓甚虧盛德有鼎折足之凶臣愚以爲聖主富於春秋即位以來未有懲姦之威加以繼嗣未立大異並見猶宜誅討不忠以遏未然行之一人則海內震動百姦之路塞矣於是左將軍丹等

奏商位三公爵列侯親受詔策爲天下師不遵法度以翼國家而回辟下媚以進其私執左道以亂政爲臣不忠罔上不道甫刑之辟皆爲上戮罪名明白請詔謁者召商詣若盧詔獄上素重商知匡言多險制日勿治鳳固爭之乃免相三日嘔血薨商死後連年日蝕地震京兆尹王章上封事訟商忠直無罪言鳳顓權蔽主鳳竟以法誅章

陽朔元年二月丁未晦日有蝕之

按漢書成帝本紀云云　按五行志在胃

永始元年九月丁巳晦日有蝕之

按漢書成帝本紀不載　按五行志谷永以京房易占對曰元年九月日蝕酒亡節之所致也獨使京師知之四國不見者若曰湛湎于酒君臣不別禍在內也

永始二年二月乙酉晦日有蝕之詔勑百寮

按漢書成帝本紀二月乙酉晦日有蝕之詔曰乃者龍見於東萊日有蝕之天著變異以顯朕郵朕甚懼焉公卿申勑百寮深思天誡有可省減便安百姓者條奏所振貸貧民勿收　按五行志谷永以京房易占對曰今年二月日蝕賦斂不得度民愁怨之所致也所以使四方皆見京師陰蔽者若曰人君好治宮室大營墳墓賦斂茲重而百姓屈竭禍在外也

永始三年正月己卯晦日有蝕之詔遣大中大夫嘉等循行天下問民疾苦郡舉有行義者一人

按漢書成帝本紀永始三年正月己卯晦日有蝕之詔曰天災仍重朕甚懼焉惟民之失職臨遣大中大夫嘉等循行天下存問耆老民所疾苦其與部刺史舉惇朴遜讓有行義者各一人　按五行志同

永始四年秋七月辛未晦日有蝕之

按漢書成帝本紀云云

元延元年春正月己亥朔日有蝕之

按漢書成帝本紀元延元年春正月己亥朔日有蝕之七月詔曰乃者日蝕星隕謫見於天大異重仍在位默然罕有忠言今孛星見于東井朕甚懼焉

哀帝元壽元年正月辛丑朔日有蝕之詔舉能直言者大赦天下二月丙戌白虹貫日

按漢書哀帝本紀詔曰朕獲保宗廟不明不敏夙夜憂勞未皇寧息惟陰陽不調元元不贍未睹厥咎屢勑公卿庶幾有望至今有司執法未得其中或上暴虐假勢獲名溫良寬柔陷於亡滅是故殘賊彌長和睦日衰百姓愁怨靡所錯躬迺正月朔日有蝕之厥咎不遠在余一人公卿大夫其各悉心勉帥百寮敦任仁人黜遠殘賊期於安民陳朕之過失無有所諱其與將軍列侯中二千石舉賢良方正能直言者各一人大赦天下　按五行志日蝕不盡如鉤在營室十度二月白虹貫日　按李尋傳哀帝即位召尋待詔黃門使侍中衛尉傅喜問尋曰間者水出地動日月失度星辰亂行災異仍重極言毋有所諱尋對曰日者衆陽之長煇光所燭萬里同晷人君之表也故日將旦清風發羣陰伏君以臨朝不牽於色日初出炎以陽君登朝佞不行忠直進不蔽障日中煇光君德盛明大臣奉公日將入專以壹君就房有常節君不修道則日失其度晻昧無光各有云爲其於東方作日初出時陰雲邪氣起者法爲牽於女謁有所畏難日出後爲近臣亂政日中爲大臣欺誣日且入爲妻妾役使所營間者日尤不精光明侵奪失色邪氣珥蜺數作本起於晨相連至昏其日出後至日中差瘉小臣不知內事竊以日視陛下志操衰於始初多矣其咎恐有以守正直言而得罪者傷嗣害世不可不慎也唯陛下執乾剛之德強志守度毋聽女謁邪臣之態諸保阿乳母甘言悲辭之託斷而勿聽勉強大誼絕小不忍良有不得已可賜以財貨不可私以官位誠皇天之禁也日失其光則星辰放流陽不能制陰陰桀得作間者太白正晝經天宜隆德克躬以執不軌

按杜鄴傳鄴爲凉州刺史以病免元壽元年正月朔上以皇后父孔鄉侯傅晏爲大司馬衛將軍而帝舅陽安侯丁明爲大司馬驃騎將軍臨拜日蝕詔舉方正直言扶陽侯韋育舉鄴方正鄴對曰臣聞禽息憂國碎首不恨卞和獻寶刖足願之臣幸得奉直言之詔無二者之危敢不極陳臣聞陽尊陰卑卑者隨尊尊者兼卑天之道也是以男雖賤各爲其家陽女雖貴猶爲其國陰故禮明三從之義雖有文母之德必繫於子春秋不書紀侯之母陰義殺也昔鄭伯隨姜氏之欲終有叔段篡國之禍周襄王內迫惠后之難而遭居鄭之危漢興呂太后權私親屬又以外孫爲孝惠后是時繼嗣不明凡事多晻晝昏冬雷之變不可勝載竊見陛下行不偏之政每事約儉非禮不動誠欲正身與天下更始也然嘉瑞未應而日蝕地震民訛言行籌傳相驚恐案春秋災異以指象爲言語故在於得一類而達之也日蝕明陽爲陰所臨坤卦乘離明夷之象也坤以法地爲土爲母以安靜爲德

震不陰之效也占象甚明臣敢不直言其事昔曾子問從令之義孔子曰是何言歟善閔子騫守禮不苟從親所行無非理者故無可間也前大司馬新都侯莽退伏第家以詔策決復遣就國高昌侯宏去蕃自絕猶受封土制書侍中駙馬都尉遷不忠巧佞免歸故郡間未旬月則有詔還大臣奏正其罰卒不得遣而反兼官奉使顯寵過故及陽信侯業皆緣私君國非公義所止諸外家昆弟無賢不肖並侍帷幄布在列位或典兵衛或將軍屯寵意並于一家積貴之勢世所希見所希聞也至乃並置大司馬將軍之官皇甫雖盛三桓雖隆魯爲作三軍無以甚此當拜之日晻然日蝕不在前後臨事而發者明陛下謙遜無專承指非一所言輒聽所欲輒隨有罪惡者不坐辜罰無功能者畢受官爵流漸積猥正尤在是欲令昭昭以覺聖朝願陛下加致精誠思承始初事稽諸古以厭下心則黎庶羣生無不說喜上帝百神收還威怒禎祥福祿何嫌不報　按孔光傳光上丞相博山侯印綬罷歸會元壽元年正月朔日有蝕之後十餘日傅太后崩是月徵光詣公車問日蝕事光對曰臣聞日者衆陽之宗人君之表至尊之象君德衰微陰道盛彊侵蔽陽明則日蝕應之書曰羞用五事建用皇極如貌言視聽思失大中之道不立則咎徵薦臻六極屢降皇之不極是爲大中不立其傳曰時則有日月亂行謂朓側慝甚則薄蝕是也又曰六沴之作歲之朝曰三朝其應至重迺正月辛丑朔日有蝕之變見三朝之會上天聰明苟無其事變不虛生書曰惟先假王正厥事言異變之來起事有不正也臣聞師曰天右與王者故災異數見以譴告之欲其改更若不畏懼有以塞除而輕忽簡誣則凶罰加焉其至可必詩曰敬之敬之天惟顯思命不易哉又曰畏天之威于時保之皆謂不懼者凶懼之則吉也陛下聖德聰明兢兢業業承順天戒敬畏變異勤心虛己延見羣臣思求其故然後敕躬自約總正萬事放遠讒說之黨援納斷斷之介退去貪殘之徒進用賢良之吏平刑罰薄賦斂恩澤加於百姓誠爲政之大本應變之至務也天下幸甚書曰天旣付命正厥德言正德以順天也又曰天棐諶辭言有誠道天輔之也明承順天道在於崇德博施加精致誠孳孳而已俗之祈禳小數終無益於應天塞異銷禍興福較然甚明無可疑惑書奏上說賜光束帛拜爲光祿大夫秩中二千石給事中位次丞相詔光舉可尚書令者封上

按鮑宣傳正月朔日蝕上乃徵孔光免孫寵息夫躬罷侍中諸曹黃門郎數十人宣復上書言陛下父事天母事地子養黎民卽位已來父虧明母震動子訛言相驚恐今日蝕於三始誠可畏懼小民正月朔日尚恐毀敗器物何況於日虧乎陛下深內自責避正殿舉直言求過失罷退外親及旁仄素餐之人徵拜孔光爲光祿大夫發覺孫寵息夫躬過惡免官遣就國庶衆歙然莫不說喜天人同心人心說則天意解矣乃二月丙戌白虹虷日連陰不雨此天有憂結未解民有怨望未塞者也侍中駙馬都尉董賢本無葭莩之親但以令色諛言自進賞賜亡度竭盡府藏并合三第尚以爲小復壞暴室賢父子坐使天子使者將作治第行夜吏卒皆得賞賜上冢有會輒太官爲供海內貢獻當養一君今反盡之賢家豈天意與民意邪天不可久負厚之如此反所以害之也誠欲哀賢宜爲謝過天地解讎海內免遣就國收乘輿器物還之縣官如此可以父子終其性命不者海內之所仇未有得久安者也孫寵息夫躬不宜居國可皆免以視天下復徵何武師丹彭宣傅喜曠然使民易視以應天心建立大政以興太平之端高門去省戶數十步求見出入二年未省欲使海瀕仄陋自通遠矣願賜數刻之間極竭毣毣之思退入三泉死亡所恨上感大異納宣言徵何武彭宣旬月皆復爲三公拜宣爲司隸

元壽二年四月壬辰晦日有蝕之

按漢書哀帝本紀云云　按五行志同

平帝元始元年五月丁巳朔日有蝕之

按漢書平帝本紀大赦天下公卿將軍中二千石舉敦厚能直言者一人　按五行志在東井

元始二年九月戊申晦日有蝕之

按漢書平帝本紀云云　按五行志蝕旣

又按志凡漢著紀十二世二百一十二年日蝕五十三朔十四晦三十六先晦一日三

王莽天鳳元年三月壬申晦日有蝕之

按莽傳大赦天下策大司馬逯並曰日蝕無光干戈不戢其上大司馬印韍就侯氏朝位太傅平晏勿領尚書事省侍中諸曹兼官者　按五行志不載

天鳳三年七月戊子晦日有蝕之

按莽傳大赦天下復令公卿大夫諸侯二千石舉四行各一人大司馬陳茂以日蝕免

地皇元年二月壬申日正黑

按莽傳二月壬申日正黑莽惡之下書曰迺者日中見昧陰薄陽黑氣爲變百姓莫不驚怪兆域大將軍王匡遣吏考問上變事者欲蔽上之明是以適見於天以正於理塞大異焉

欽定古今圖書集成曆象彙編庶徵典

第二十卷目錄

庶徵典第二十卷

日異部彙考三

後漢

後漢救日之儀

按後漢書禮儀志曰有變割羊以祠社用救日日變執事者冠長冠衣皁單衣絳領袖緣中衣絳袴韎以行禮如故事

注 決疑要注曰凡救日蝕皆著赤幘以助陽也日將蝕天子素服避正殿內外嚴日有變伐鼓聞音侍臣著赤幘帶劍入侍三臺令史已下皆持劍立其戶前衛尉卿驅馳繞宮察巡守備周而復始日復常乃皆罷之

光武帝建武元年正月庚午朔日有蝕之

按後漢書光武帝本紀不載　按五行志注引古今注云云按是年即更始三年

建武二年正月甲子朔日有蝕之

按後漢書光武帝本紀云云　按五行志在危八度日蝕說曰日者太陽之精人君之象君道有虧爲陰所乘故蝕蝕者陽不克也其候雜說漢書五行志著之必矣儒說諸侯專權則其應多在日所宿之國諸侯附從則多爲王者事人君改修其德則咎除害是時世祖初興天下賊亂未除虛危齊也賊張步擁兵據齊上遣伏隆諭步許降旋復叛稱王至五年中乃破

建武三年五月乙卯晦日有蝕之

按後漢書光武帝本紀云云　按五行志在柳十四度柳河南也時世祖在雒陽赤眉降賊樊崇謀作亂其七月發覺皆伏誅按古今注作四年月日同

建武六年九月丙寅晦日有蝕之勑公卿各舉賢良方正一人

按後漢書光武帝本紀六年秋九月丙寅晦日有蝕之冬十月詔曰吾德薄不明寇賊爲害強弱相陵元元失所詩云日月告凶不用其行永念厥咎內疚于心其勑公卿舉賢良方正各一人百僚並上封事無有隱諱有司修職務遵法度　按五行志史官不見郡以聞在尾八度　按朱浮傳帝以二千石長吏多不勝任時有纖微之過者必見斥罷六年有日蝕之異浮因上疏曰臣聞日者衆陽之所宗君上之位也凡居官治民據郡典縣皆爲陽爲上爲尊爲長若陽上不明尊長不足則干動三光垂示王者五典紀國家之政鴻範別災異之文皆宣明天道以徵來事者也陛下哀愍海內新離禍毒保宥生人使得蘇息而今牧人之吏多未稱職小違理實輒見斥罷豈不粲然黑白分明哉然以堯舜之盛猶加三考大漢之興亦累功效吏皆積久養老于官至名子孫因爲氏姓當時吏職何能悉理論議之徒豈不諠譁蓋以爲天地之功不可倉卒艱難之業當累日也而間者守宰數見換易迎新相代疲勞道路尋其視事日淺未足昭見其職既加嚴切人不自保各相顧望無自安之心有司或因睚眦以騁私怨苟求長短求媚上意二千石及長吏迫於舉劾懼於刺譏故爭飾詐僞以希虛譽斯皆羣陽騷動日月失行之應夫物暴長者必夭折功卒成者必亟壞如摧長久之業而造速成之功非陛下之福也天下非一時之用也海內非一旦之功也願陛下遊意於經年之外望化於一世之後天下幸甚帝下其議羣臣多同於浮自是牧守易代頗簡

建武七年三月癸亥晦日有蝕之四月丙寅日有暈抱白虹貫暈

按後漢書光武帝本紀三月癸亥晦日有蝕之避正殿寢兵不聽事五日詔曰吾德薄致災譴見日月戰慄恐懼夫何言哉今方念愆庶消厥咎其令有司各修職任奉遵法度惠茲元元百僚各上封事無有所

諱其上書者不得言聖夏四月壬午詔曰比陰陽錯謬日月薄蝕百姓有過在予一人大赦天下公卿司隸州牧舉賢良方正各一人遣詣公車朕將覽試焉

按五行志日蝕在畢五度日暈抱虹貫在畢八度畢爲邊兵秋隗囂反侵安定冬盧芳所置朔方雲中太守各舉郡降　按鄭興傳興爲大中大夫三月晦日蝕因上疏曰春秋以天反時爲災地反物爲妖人反德爲亂亂則妖災生往年以來讁咎連見意者執事頗有闕焉按春秋昭公十七年夏六月甲戌朔日有蝕之傳曰日過分而未至三辰有災於是百官降物君不舉避移時樂用鼓祝用幣史用辭今孟夏純乾用事陰氣未作其災尤重夫國無善政則讁見日月變咎之來不可不慎其要在因人之心擇人處位也堯知鯀不可用而用之者屈己之明因人之心也齊桓反政而相管仲晉文歸國而任郤穀者是不私其私擇人處位也今公卿大人多舉漁陽太守郭伋可大司空者而不以時定道路流言咸曰朝廷欲用功臣功臣用則人位謬矣願陛下上師唐虞下覽齊晉以成屈己從衆之德以濟羣臣讓善之功夫日月交會數應在朔而頃年日蝕每多在晦先時而合皆月行疾也日君象而月臣象君亢急則臣下促迫故行疾也今年正月繁霜自爾以來率多寒日此亦急咎之罰天於賢聖之君猶慈父之於孝子也丁寧申戒欲其反政故災變仍見此乃國之福也今陛下高明而羣臣惶促宜留思柔克之政垂意洪範之法博採廣謀納羣下之策書奏多有所納　按古今注曰時日加卯西面東面有抱須臾成暈中有兩鉤在南北面有白虹貫暈在西北南面有背在景加巳皆解也

建武九年七月丁酉日有蝕之

十一年六月癸丑十二月辛亥並日有蝕之

按後漢書光武帝本紀不載　按五行志注引古今注云云

建武十六年三月辛丑晦日有蝕之

按後漢書光武帝本紀云云　按五行志在昴七度昴爲獄事時諸郡太守坐度田不實世祖怒殺十餘人然後深悔之

建武十七年二月乙亥晦日有蝕之

按後漢書光武帝本紀云云　按五行志（作乙未晦）在胃九度胃爲廩倉時諸郡新坐租之後天下憂怖以穀爲言故示象或曰胃供養之官也其十月廢郭皇后詔曰不可以奉供養

建武二十二年五月乙未晦日有蝕之

按後漢書光武帝本紀云云　按五行志在柳七度京都宿也柳爲上倉祭祀穀也近輿鬼輿鬼爲宗廟十九年中有司奏請立近帝四廟以祭之有詔廟處所未定且就高廟祫祭之至此三年遂不立廟有簡情心奉祖宗之道有闕故示象也

建武二十五年春三月戊申晦日有蝕之

按後漢書光武帝本紀云云　按五行志在畢十五度畢爲邊兵其冬十月以武谿蠻夷爲寇害伏波將軍馬援將兵擊之

建武二十六年二月戊子日有蝕之盡

按後漢書光武帝本紀及五行志俱不載　按古今注云云

建武二十九年二月丁巳朔日有蝕之

按後漢書光武帝本紀云云　按五行志在東壁五度東壁爲文章一名娵訾之口先是皇子諸王各招來文章談說之士去年中有人上奏諸王所招待者或眞僞雜受刑罰者子孫宜可分別于是上怒詔捕諸王客皆被以苛法死者甚多世祖不早爲明設刑禁一時治之過差故天示象世祖于是改悔遣使悉理侵枉也

建武三十一年五月癸酉晦日有蝕之

按後漢書光武帝本紀云云　按五行志在柳五度京都宿也自二十一年示象至此十年後二年宮車宴駕

中元元年十一月甲子晦日有蝕之

按後漢書光武帝本紀云云　按五行志在斗二十八度斗爲廟主爵祿儒說十一月甲子時王日也又爲星紀主爵祿其占重

明帝永平三年秋八月壬申晦日有蝕之詔百官言事無諱

按後漢書明帝本紀詔曰朕奉承祖業無有善政日月薄蝕彗孛見天水旱不節稼穡不成人無宿儲下生愁墊雖夙夜勤思而智能不逮昔楚莊無災以致戒懼魯哀禍大天不降譴今之動變儻尚可救有司勉思厥職以匡無德古者卿士獻詩百工箴諫其言事者靡有所諱　按五行志在氐二度氐爲宿宮時明帝作北宮

永平四年八月丙寅日有蝕之

五年二月乙未朔日有蝕之

六年六月庚辰晦日有蝕之

按以上本紀志俱不載　按古今注曰四年八月丙寅時加未日有蝕之五年二月乙未朔日有蝕之京師候者不覺河南尹郡國二十一上六年六月庚辰晦日有蝕之時雒陽候者不見

永平八年冬十月壬寅晦日有蝕之既詔求直言羣臣上封事

按後漢書明帝本紀詔曰朕以無德奉承大業而下貽人怨上動三光日蝕之變其災尤大春秋圖讖所謂至譴永思厥咎在予一人羣司勉修職事極言無諱于是在位者皆上封事各言得失帝覽章深自引咎乃以所上班示百官詔曰羣僚所言皆朕之過人冤不能理吏黠不能禁而輕用人力繕修宮宇出入無節喜怒過差昔應門失守關雎刺世飛蓬隨風微子所歎永覽前戒竦然兢懼徒恐薄德久而致怠耳

按五行志八年十月壬寅晦日有蝕之既在斗十一度斗吳也廣陵于天文屬吳後二年廣陵王荊坐謀反自殺（按古今注作十二月）

永平十三年冬十月壬辰晦日有蝕之

按後漢書明帝本紀冬十月壬辰晦日有蝕之三公免冠自劾制曰冠履勿劾災異屢見咎在朕躬憂懼遑遑未知其方將有司陳事多所隱諱使君上壅蔽下有不暢乎昔衛有忠臣靈公得守其位今何以和穆陰陽消伏災譴刺史太守詳刑理冤存恤鰥孤勉思職焉　按五行志作甲辰晦在尾十七度（按古今注作閏八月本紀又作壬辰晦互異）

永平十六年五月戊午晦日有蝕之

按後漢書明帝本紀云云　按五行志在柳十五度儒說五月戊午猶十一月甲子也又宿在京都其占重後二歲宮車晏駕

永平十八年章帝即位十一月甲辰晦日有蝕之

按後漢書章帝本紀永平十八年八月即位十一月甲辰晦日有蝕之避正殿寢兵不聽事五日詔有司各上封事　按五行志在斗二十一度是時明帝既崩馬太后制爵祿故陽不勝　按馬嚴傳嚴拜侍御史中丞其冬有日蝕之災嚴上封事曰臣聞日者衆陽之長蝕者陰侵之徵書曰無曠庶官天工人其代之言王者代天官人也故考績黜陟以明褒貶無功不黜明陰盛陵陽臣伏見方今刺史太守專州典郡不務奉事盡心為國而司察偏阿取與自己同則舉為尤異異則中以刑法不即垂頭塞耳採取財賂今益州刺史朱酺揚州刺史倪說涼州刺史尹業等每行考事輒有物故又選舉不實曾無貶坐是使臣下得作威福也故事州郡所舉上奏司直察能否以懲虛實今宜加防檢式遵前制舊丞相御史親治職事唯丙吉以年老優游不案吏罪於是宰府習為常俗更共罔養以崇虛名或未曉其職便復遷徙誠非建官賦祿之意宜勑正百司各責以事州郡所舉必得其人若不如言裁以法令傳曰上德以寬服民其次莫如猛故火烈則人望而畏之水懦則人狎而翫之為政者寬以濟猛猛以濟寬如此綏御有體災眚消矣書奏帝納其言而免酺等官

章帝建初元年正月壬申白虹貫日

按後漢書章帝本紀不載　按古今注云云

建初五年二月庚辰朔日有蝕之詔求直言

按後漢書章帝本紀五年春二月庚辰朔日有蝕之詔曰朕新離供養愆咎衆著上天降異大變隨之詩不云乎亦孔之醜又久旱傷麥憂心慘切公卿已下其舉直言極諫能指朕過失者各一人遣詣公車將親覽問焉其以巖穴為先勿取浮華　按五行志在東壁八度例在前建武二十九年是時羣臣爭經多相非毀者

建初六年六月辛未晦日有蝕之

按後漢書章帝本紀云云　按五行志在翼六度翼主遠客冬東平王蒼等來朝明年正月蒼薨

建初七年四月丙寅日加卯西面有抱暈白虹貫日

按後漢書章帝本紀不載　按古今注云云

章和元年八月乙未晦日有蝕之

按後漢書章帝本紀云云　按五行志元和元年史官不見佗官以聞日在氐四度

和帝永元二年二月壬午日有蝕之

按後漢書和帝本紀云云　按五行志史官不見涿郡以聞日在奎八度

永元四年六月戊戌朔日有蝕之

按後漢書和帝本紀云云　按五行志四年六月戊戌朔日有蝕之在七星二度主衣裳又曰行近軒轅在左角為太后族是月十九日上免太后兄弟竇憲等官遣就國選嚴能相于國蹙迫自殺　按丁鴻傳永元四年鴻為司徒竇太后臨政憲兄弟擅權鴻因日蝕上封事曰臣聞日者陽精守實不虧君之象也

月者陰精盈毀有常臣之表也故日蝕者臣乘君陰陵陽月滿不虧下驕盈也昔周室衰季皇甫之屬專權於外黨類強盛侵奪主勢則日月薄蝕故詩曰十月之交朔日辛卯日有蝕之亦孔之醜春秋日蝕三十六弒君三十二變不空生各以類應夫威柄不以放下利器不以假人覽觀往古近察漢興傾危之禍靡不由之是以三桓專魯田氏擅齊六卿分晉諸呂握權統嗣幾移哀平之末廟不血食故雖有周公之親而無其德不得行其勢也今大將軍雖欲敕身自約不敢僭差然而天下遠近皆惶怖承旨刺史二千石初除謁辭求通待報雖奉符璽受臺勅不敢便去久者至數十日背王室向私門此乃上威損下權盛也人道悖於下效驗見於天雖有隱謀神照其情垂象見戒以告人君間者月滿先節過望不虧此臣驕溢背君專功獨行也陛下未深覺悟故天重見戒誠宜畏懼以防其禍詩云敬天之怒不敢戲豫若勅政責躬杜漸防萌則凶妖銷滅害除福湊矣夫壞崖破巖之水源自涓涓干雲蔽日之木起於蔥青禁微則易救末者難人莫不忽於微細以致其大恩不忍誨義不忍割去事之後未然之明鏡也臣愚以爲左官外附之臣依託權門傾覆諂諛以求容媚者宜行一切之誅間者大將軍再出威振州郡莫不賦斂吏人遣使貢獻大將軍雖不受而物不還主部署之吏無所畏憚縱行非法不伏罪辜故海內貪猾競爲姦吏小民吁嗟怨氣滿腹臣聞天不可以不剛不剛則三光不明王不可以不彊不彊則宰牧縱橫宜因大變改政匡失以塞天意書奏十餘日帝以鴻行太尉兼衛尉屯南北宮於是收竇憲大將軍印綬憲及諸弟皆自殺

永元七年四月辛亥朔日有蝕之

按後漢書和帝本紀七年夏四月辛亥朔日有蝕之帝引見公卿問得失令將大夫御史謁者博士議郎郎官會廷中各言封事詔曰元首不明化流無良政失於民讁見於天深惟庶事五教在寬是以舊典因孝廉之舉以求其人有司詳選郎官寬博有謀才任典城者三十人既而悉以所選郎出補長相　按五行志在觜觿爲葆旅主收斂儒說葆旅宮中之象收斂貪妬之象是歲鄧貴人始入明年三月陰皇后立鄧貴人有寵陰后妬忌之後遂坐廢一日是將入參參伐爲斬刈明年七月越騎校尉馮柱捕斬匈奴溫禺犢王烏居戰

永元十二年秋七月辛亥朔日有蝕之

按後漢書和帝本紀云云　按五行志在翼八度荊州宿也明年冬南郡蠻夷反爲寇

永元十五年四月甲子晦日有蝕之

按後漢書和帝本紀云云　按五行志在東井二十二度東井主酒食之宿也婦女之職無非無儀酒食是議去年冬鄧皇后立有丈夫之性與知外事故天示象是年水雨傷稼

殤帝延平元年夏六月日暈有璚背冬十二月日暈有背璚

按後漢書殤帝本紀不載　按古今注日暈上有半暈暈外有璚背兩珥十二月丙寅日暈中有背璚

安帝永初元年三月二日癸酉日有蝕之詔舉賢良方正求直言

按後漢書安帝本紀詔公卿內外衆官郡國守相舉賢良方正有道術之士明政術達古今能直言極諫者各一人　按五行志在胃二度胃主廩倉是時鄧太后專政去年大水傷稼倉廩爲虛

永初三年三月日有蝕之

按後漢書安帝本紀不載　按古今注云云

永初五年正月庚辰朔日有蝕之

按後漢書安帝本紀云云　按五行志在虛八度正月王者統事之正日也虛空名也是時鄧太后攝政安帝不得行事俱不得其正若王者位虛故於正月陽不克示象也於是陰預乘陽故外國並爲寇害西邊諸郡皆至虛空

永初七年四月丙申晦日有蝕之

按後漢書安帝本紀云云　按五行志在東井一度

元初元年三月癸卯日有蝕之十月戊子朔日有蝕之

按後漢書安帝本紀云云　按五行志十月日蝕在尾十度尾爲後宮繼嗣之宮也是時上甚幸閻貴人將立故示不善將爲繼嗣禍也明年四月遂立爲后後遂與江京耿寶等共讒太子廢之（三月日蝕不載）

元初二年九月壬午晦日有蝕之

按後漢書安帝本紀云云　按五行志在心四度心爲王者明久失位也

元初三年三月辛亥日有蝕之

按後漢書安帝本紀云云　按五行志在婁五度史官不見遼東以聞

元初四年二月乙巳朔日有蝕之

按後漢書安帝本紀云云　按五行志在奎九度史官不見七郡以聞奎主武庫兵其十月八日壬戌武庫火燒兵器也（按紀作乙巳志作乙亥互異）

元初五年八月丙申朔日有蝕之

按後漢書安帝本紀云云　按五行志在翼十八度史官不見張掖以聞

元初六年十二月戊午朔日有蝕之

按後漢書安帝本紀云云　按五行志幾盡地如昏狀在須女十一度女主惡之後二歲三月鄧太后崩

按李氏家書司空李郃上書曰陛下祗畏天威懼天變克己責躬博訪羣下咎皆在臣力小任重招致咎徵去年三月京師地震今月戊午日蝕夫至尊莫過乎天天之變莫大乎日蝕地之戒莫重乎震動今一歲之中大異兩見日蝕之變既爲尢深地動之戒搖宮最醜日者陽精君之象也戊者土主位在中宮午者火德漢之所承地道安靜法當由陽今乃專恣搖動宮闕禍在蕭牆之內臣恐宮中必有陰謀其陽下圖其上造爲逆也災變終不虛生推原二異日辰行度甚爲較明譬猶指掌宜察宮闈之內如有所疑急摧破其謀無令得成修政恐懼以答天意十月辛卯日有蝕之周家所忌乃爲亡徵是時妃后用事七子朝令戊午之災近相似類宜貶退諸后兄弟羣從內外之寵求賢良徵逸士下德令施恩惠澤及山海時度遼將軍遵多興師重賦出塞妄攻之事上深納其言建光二年鄧后崩上收考中人趙任等辭言地震日蝕在中宮竟有廢立之謀郃乃自知其言驗也

永寧元年七月乙酉朔日有蝕之

按後漢書安帝本紀云云　按五行志在張十五度史官不見酒泉以聞

延光三年九月庚寅晦日有蝕之

按後漢書安帝本紀云云　按五行志在氐十五度氐爲宿宮宮中宮也時上聽中常侍江京樊豐及阿母王聖等讒言廢皇太子

延光四年三月戊午朔日有蝕之

按後漢書安帝本紀云云　按五行志在胃十二度隴西酒泉朔方各以狀上史官不覺　按馬融集時融爲許令上書曰伏讀詔書陛下深惟禹湯罪己之義歸咎自責寅畏天戒詳延百僚博問公卿知變所自審得厥故修復往術以答天命臣子遠近莫不延頸企踵苟有隙空一介之知事願自效貢納聖聽臣伏見日蝕之占自昔典籍十月之交春秋傳記漢注所載史官占候羣臣密對陛下所觀覽左右所諷誦可謂詳悉備矣雖復廣問陷在前志無以復加乃者茀氣於參臣前得敦朴之人後三年二月對策北宮端門以爲參者西方之位其於分野幷州是也殆謂西戎北邊其後種羌叛戻烏桓犯上郡幷凉動兵驗略效矣今復見大異申誡重譴於此二城海內莫見三月一日合辰在婁婁又西方之宿衆占顯明者羌及烏桓有悔過之辭將吏策動之名臣恐受任典牧者苟脫目前皆粗圖身一時之權不顧爲國百世之利論者美近功忽其遠則各相不大狹病伏惟天象不虛老子曰圖難於其易也爲大於其細也消災復異宜在於今詩曰日月告凶不用其行四國無政不用其良傳曰國無政不用善則自取讁於日月之災故政不可不愼也務三而已一曰擇人二曰安民三曰從時臣融伏惟方今有道之世漢典設張侯甸采衛司民之吏案繩循墨雖有殿最所差無幾其陷罪辟身自取禍百姓未被其大傷至邊郡牧御失和吉之與凶敗之與成優劣相懸不誠不可審擇其人上以應天變下以安民隷竊見列將子孫生長京師食仰租奉不知稼穡之艱又希遭阨困故能果毅輕財施與孤弱以獲死生之用此其所長也不拘法禁奢泰無度功勞足以宣威驕溢足以傷化此其所短也州郡之士出自貧苦長於檢押雖專賞罰不敢越溢此其所長也拘文守法遭遇非常狐疑無斷畏首畏尾威恩纖薄外內離心士卒不附此其所短也必得將兼有二長之才無二短之累參以吏事任以兵法有此數姿然後能折衝厭難致其功實轉災爲福孔子曰十室之邑必有忠信如丘者焉以天下之大四海之衆云無若人臣以爲誣矣宜特選詳譽審得其眞鎭守二方以應用良擇人之義以塞大異也

順帝永建二年正月戊午白虹貫日七月甲戌朔日有蝕之

按後漢書順帝本紀二年七月甲戌朔日有蝕之

按五行志日蝕在翼九度　按古今注二年正月戊午白虹貫日

永建三年正月丁酉日有白虹貫交暈中

按後漢書順帝本紀不載　按五行志注引古今注云云

永建五年白虹貫日

按後漢書順帝本紀不載　按唐檀傳永建五年白虹貫日檀上便宜三事陳其咎徵

永建六年正月丁卯日暈兩珥白虹貫珥中

按後漢書順帝本紀不載　按五行志注引古今注云云

陽嘉二年正月乙卯白虹貫日

按後漢書順帝本紀不載　按古今注云云　按郎顗傳顗條七事其六曰臣竊見今月十四日乙卯巳時白虹貫日凡日傍色氣白而純者名爲虹貫日中者侵太陽也見于春者政變常也方今中官外司各各考事其所考者或非急務又恭陵火災主名未立多所收捕備經考毒尋火爲天戒以悟人君可順而不可違可敬而不可慢陛下宜恭己內省以備後災凡諸考案並須立秋又易傳曰公能其事序賢進士後必有喜反之則白虹貫日以甲乙見者則譴在中台自司徒居位陰陽多謬久無虛己進賢之策天下興議異人同咨且立春以來金氣再見金能勝木必有兵氣宜黜司徒以應天意陛下不早攘之將負臣言遺患百姓

陽嘉四年閏月丁亥朔日有蝕之

按後漢書順帝本紀云云　按五行志在角五度史官不見零陵以聞

永和三年十二月戊戌朔日有蝕之

按後漢書順帝本紀云云　按五行志在須女十一度史官不見會稽以聞明年中常侍張逵等謀譖皇后父梁商欲作亂推考逵等伏誅也

永和五年五月己丑晦日有蝕之

按後漢書順帝本紀云云　按五行志在東井三十三度東井三輔宿又近輿鬼輿鬼爲宗廟其秋西羌爲寇至三輔陵園

永和六年九月辛亥晦日有蝕之

按後漢書順帝本紀云云　按五行志在尾十一度尾主後宮繼嗣之宮也以爲繼嗣不興之象

桓帝建和元年正月辛亥朔日有蝕之詔公卿言得失赦天下賜粟帛免租有差

按後漢書桓帝本紀春正月辛亥朔日有蝕之詔三公九卿校尉各言得失戊午大赦天下賜吏更勞一歲男子爵人二級爲父後及三老孝悌力田人三級鰥寡孤獨篤癃貧不能自存者粟人五斛貞婦帛人三匹災害所傷什四以上勿收田租其不滿者以實除之　按五行志在營室三度史官不見郡國以聞是時梁太后攝政

建和三年四月丁卯晦日有蝕之五月詔徙邊者歸本郡六月詔大臣舉賢良方正

按後漢書桓帝本紀三年四月丁卯晦日有蝕之五月乙亥詔曰蓋聞天生蒸民不能相理爲之立君使司牧之君道得於下則休祥著乎上庶事失其序則咎徵見乎象間者日蝕毀缺陽光晦暗朕祇懼潛思匪遑啓處傳不云乎日蝕修德月蝕修刑昔孝章帝愍前世禁徙故建初之元並蒙恩澤流徙者使還故郡沒入者免爲庶民先皇德政可不務乎其自永建元年迄于今歲凡諸妖惡支親從坐及吏民減死徙邊者悉歸本郡唯沒入者不從此令六月庚子詔大將軍三公特進侯其與卿校尉舉賢良方正能直言極諫之士各一人　按五行志在東井二十三度例在永元十五年東井主法梁太后又聽兄冀枉殺公卿犯天法也明年太后崩

元嘉二年七月二日庚辰日有蝕之

按後漢書桓帝本紀云云　按五行志在翼四度史官不見廣陵以聞翼主倡樂時上好樂過

永興二年九月丁卯朔日有蝕之

按後漢書桓帝本紀永興二年九月丁卯朔日有蝕之詔曰朝政失中雲漢作旱川靈涌水蝗蟲孳蔓殘我百穀太陽虧光饑饉薦臻其不被害郡縣當爲饑餒者儲天下一家趣不糜爛則爲國寶其禁郡國不得賣酒祠祀裁足　按五行志在角五度角鄭宿也十一月泰山盜賊羣起劫殺長吏泰山于天文屬鄭

永壽三年閏月庚辰晦日有蝕之

按後漢書桓帝本紀云云　按五行志在七星二度史官不見郡國以聞例在永元四年後二歲梁皇后崩冀兄弟被誅

延熹元年五月甲戌晦日有蝕之

按後漢書桓帝本紀云云　按五行志在柳七度京都宿也　按梁冀別傳曰常侍徐璜白言臣切見道術家常言漢死在戌亥今太歲在丙戌五月甲戌日蝕柳宿朱雀漢家之貴宿國分周地今京師是也史官上占去重見輕璜召太史陳援詰問乃以實對冀怨援不爲隱諱使人陰求其短發擿上聞上以亡失候儀不肅有司奏收殺獄中

延熹八年正月丙申晦日有蝕之詔公卿校尉舉賢良方正

按後漢書桓帝本紀云云　按五行志在營室十三度營室之中女主象也其二月癸亥鄧皇后坐酗上送暴室令自殺家屬被誅呂太后崩時亦然

延熹九年正月辛卯朔日有蝕之詔司農絕調度徵求免租有差

按後漢書桓帝本紀九年正月辛卯朔日有蝕之己酉詔曰比歲不登人多饑窮又有水旱疾疫之困盜賊徵發南州尤甚災異日蝕譴告累至政亂在予仍獲咎徵其令大司農絕今歲調度徵求及前年所調未畢者勿復收責其災旱盜賊之郡勿收租餘郡悉半入　按五行志在營室三度史官不見郡國以聞谷永以為三朝尊者惡之其明年宮車晏駕　按襄楷傳時宦官專朝政刑暴濫災異尤數延熹九年楷自家詣闕上疏曰臣聞皇天不言以文象設教堯舜雖聖必歷象日月星辰察五緯所在故能享百年之壽為萬世之法臣切見去歲五月熒惑入太微犯帝坐出端門不軌常道其閏月庚辰太白入房犯心小星震動中耀中耀天王也傍小星者天王子也夫太微天廷五帝之坐而金火罰星揚光其中於占天子凶又俱入房心法無繼嗣今年歲星久守太微逆行西至掖門還切執法歲為木精好生惡殺而淹留不去者咎在仁德不修誅罰太酷前七年十二月熒惑與歲星俱入軒轅逆行四十餘日而鄧皇后誅其冬大寒殺鳥獸害魚鼈城傍竹柏之葉有傷枯者臣聞於師曰柏傷竹枯不出三年天子當之今洛陽城中人夜無故叫呼云有火光人聲正諠於占亦與竹柏枯同自春夏以來連有霜雹及大雨雷而臣作威作福刑罰急刻之所感也太原太守劉瓆南陽太守成瑨志除姦邪其所誅翦皆合人望而陛下受閹豎之譖乃遠加考逮三公上書乞哀瓆等不見採察而嚴被譴讓憂國之臣將遂杜口矣臣聞殺無罪誅賢者禍及三世自陛下即位以來頻行誅伐梁寇孫鄧並見族滅其從坐者又非其數李雲上書明主所不當諱杜衆乞死諒以感悟聖朝曾無赦宥而并被殘戮天下之人咸知其冤漢興以來未有拒諫誅賢用刑太深如今者也永平舊典諸當重論皆須冬獄先請後刑所以重人命也頃數十歲以來州郡翫習又欲避請讞之煩輒託疾病多死牢獄長吏殺生自己死者多非其罪魂神冤結無所歸訴淫厲疾疫自此而起昔文王一妻誕致十子今宮女數千未聞慶育宜修德省刑以廣螽斯之祚又七年六月十三日河內野王山上有龍死長可數十丈扶風有星隕為石聲聞三郡夫龍形狀不一小大無常故周易況之大人帝王以為符瑞或聞河內龍死諱以為蛇夫龍能變化蛇亦有神皆不當死昔秦之將衰華山神操璧以授鄭客曰今年祖龍死始皇逃之死於沙丘王莽天鳳二年訛言黃山宮有死龍之異後漢誅莽光武復興虛言猶然況於實邪夫星辰麗天猶萬國之附王者也下將畔上故星亦畔天石者安類墜者失勢春秋五石隕宋其後襄公為楚所執秦之亡也石隕東郡今隕扶風與先帝園陵相近不有大喪必有畔逆案春秋以來及古帝王未有河清及學門自壞者也臣以為河者諸侯位也清者屬陽濁者屬陰河當濁而反清者陰欲為陽諸侯欲為帝也太學天子教化之宮其門無故自壞者言文德將喪教化廢也京房易傳曰河水清天下平今天垂異地吐妖人厲疫三者並時而有河清猶春秋麟不當見而見孔子書之以為異也臣前上琅邪宮崇受干吉神書不合明德臣聞布穀鳴於孟夏蟋蟀吟於始秋物有微而志信人有賤而言忠臣雖至賤誠願賜清閒極盡所言書奏不省十餘日復上書曰臣伏見太白北入數日復出東方其占當有大兵中國弱四夷彊臣又推步熒惑今當出而潛必有陰謀皆由獄多冤結忠臣被戮德星所以久守執法亦為此也陛下宜承天意理察冤獄為劉瓆成瑨虧除罪辟追錄李雲杜衆等子孫夫天子事天不孝則日蝕星鬬比年日蝕於正朔三光不明五緯錯戾前者宮崇所獻神書專以奉天地順五行為本亦有興國廣嗣之術其文易曉參同經典而順帝不行故國嗣不興孝冲孝質頻世短祚臣又聞之得主所好自非正道神為生虐故周衰諸侯以力征相尚於是夏育申休宋萬彭生任鄙之徒生於其時殷紂好色妲己是出葉公好龍真龍游廷今黃門常侍天刑之人陛下愛待兼倍常寵係嗣未兆豈不為此天官宦者星不在紫宮而在天市明當給使主市里也今乃反處常伯之位實非天意又聞宮中立黃老浮屠之祠此道清虛貴尚無為好生惡殺省慾去奢今陛下嗜慾不去殺罰過理既乖其道豈獲其祚哉或言老子入外國為浮屠浮屠不三宿桑下不欲久生恩愛精之至也天神遺以好女浮屠曰此但革囊盛血遂不盼之其守一如此乃能成道今陛下婬女豔婦極天下之麗甘肥飲美單天下之味

奈何欲如黃老乎書上即召詣尚書問狀楷曰臣聞古者本無宦官武帝末春秋高數游後宮始置之耳後稍見任至于順帝遂益繁熾今陛下爵之十倍於前至今無繼嗣者豈獨好之而使之然乎尚書上其對詔下有司處正尚書承旨奏曰宦者之官非近世所置漢初張澤為大謁者佐絳侯誅諸呂孝文使趙談參乘而子孫昌盛楷不正辭理指陳要務而析言破律違背經藝假借星宿偽託神靈造合私意誣上罔事請下司隸正楷罪法收送洛陽獄帝以楷言雖激切然皆天文恆象之數故不誅猶司寇論刑

永康元年五月壬子晦日有蝕之詔公卿校尉舉賢良方正

按後漢書桓帝本紀云云　按五行志在輿鬼一度儒說壬子淳水日而陽不克將有水害其八月六州大水勃海盜賊　按皇甫規傳規為度遼將軍永康元年徵為尚書夏日蝕詔舉賢良方正規對曰天之於王者如君之於臣父之於子也誡以災妖使從福祥陛下八年之中三斷大獄一除內嬖再誅外臣而災異猶見人情未安者殆賢愚進退威刑所加有非其理也前太尉陳蕃劉矩忠謀高世廢在里巷劉祐馮緄趙典尹勳正直多怨流放家門李膺王暢孔翌潔身守禮終無宰相之階至於鉤黨之釁事起無端虐賢傷善哀及無辜今興改善政易於覆手而羣臣杜口鑒畏前害互相瞻顧莫肯正言伏願陛下暫留聖明容受謇直則前責可弭後福必降對奏不省

靈帝建寧元年五月丁未朔日有蝕之冬十月甲辰晦日有蝕之

按後漢書靈帝本紀建寧元年夏五月丁未朔日有蝕之詔公卿以下各上封事及郡國守相舉有道之士各一人又故刺史二千石清高有遺惠為衆所歸者皆詣公車冬十月甲辰晦日有蝕之令天下繫囚罪未決入縑贖各有差　按五行志同　按竇武傳武為大將軍陳蕃私謂武誅曹節等武深然之會五月日蝕蕃復說武因日蝕斥罷宦官以塞天變武白太后誅中常侍管霸等後曹節王甫等白帝捕收武等武等皆被害

靈帝　年日赤如血無光

按後漢書靈帝本紀不載　按五行志靈帝時日數出東方正赤如血無光高二丈餘乃有景且入西方去地二丈亦如之其占曰事天不謹則日月赤

建寧二年十月庚子晦日有蝕之

按後漢書靈帝本紀云云　按五行志作戊戌晦右扶風以聞

建寧三年三月丙寅晦日有蝕之

按後漢書靈帝本紀云云　按五行志梁相以聞

建寧四年三月辛酉朔日有蝕之詔上封事

按後漢書靈帝本紀詔公卿至六百石各上封事

按五行志云云

熹平二年十二月癸酉晦日有蝕之

按後漢書靈帝本紀云云　按五行志在虛二度是時中常侍曹節王甫等專權注蔡邕上書曰四年正月朔日體微傷羣臣服赤幘赴宮門之中無救乃各能歸天有大異隱而不宣求御過是已事之甚者

熹平六年十月癸丑朔日有蝕之

按後漢書靈帝本紀云云　按五行志趙相以聞

光和元年二月辛亥朔日有蝕之十月丙子晦日有蝕之

按後漢書靈帝本紀云云　按五行志光和元年二月辛亥朔日有蝕之十月丙子晦日有蝕之在箕四度箕為後宮口舌是月上聽讒廢宋皇后　按盧植傳植為尚書光和元年日蝕上封事曰臣聞五行傳日晦而月見謂之朓王侯其舒此謂君政舒緩故日蝕晦也春秋傳曰天子避位移時言其相掩不過移時而間者日蝕自巳過午既蝕之後雲霧晻曖比年地震彗孛互見臣聞漢以火德化當寬明近色信讒忌之甚者如火畏水故也案今年之變皆陽失陰侵消禦災凶宜有其道謹略陳八事一曰用良二曰原禁三曰禦癘四曰備寇五曰修禮六曰遵堯七曰御下八曰散利用良者宜使州郡覈舉賢良隨方委用責求選舉原禁者凡諸黨錮多非其罪可加赦恕申宥回枉禦癘者宋后家屬並以無辜委骸橫屍不得收葬疫癘之來皆由於此宜敕收拾以安遊魂備寇者侯王之家賦稅減削愁窮思亂必致非常宜使給足以防未然修禮者應徵有道之人若鄭元之徒陳明洪範攘服災咎遵堯者今郡守刺史一月數遷宜依黜陟以章能否縱不九載可滿三歲御下者請謁希爵一宜禁塞遷舉之事責成主者散利者天子之體理無私積宜弘大務蠲略細微帝不省

光和二年四月甲戌朔日有蝕之

按後漢書靈帝本紀云云

光和四年二月己巳黃氣抱日九月庚寅朔日有蝕

之

按後漢書靈帝本紀四年九月庚寅朔日有蝕之　按五行志二月己巳黃氣抱日黃白珥在其表日蝕在角六度

中平三年五月壬辰晦日有蝕之

按後漢書靈帝本紀云云

中平五年正月日色赤黃中有黑氣如飛鵲數月乃銷

按後漢書靈帝本紀不載　按五行志云云

中平六年二月乙未白虹貫日日色如血無光四月丙午朔日有蝕之

按後漢書靈帝本紀六年四月丙午朔日有蝕之　按五行志六年二月乙未白虹貫日四月丙午朔日有食之其月浹辰宮車晏駕

獻帝初平元年二月壬辰白虹貫日

按後漢書獻帝本紀云云

初平三年十月日有重暈

按後漢書獻帝本紀不載　按五行志註袁山松書曰三年十月丁卯日有重兩倍吳書載韓馥與袁術書曰凶出于代郡

初平四年正月甲寅朔日有蝕之

按後漢書獻帝本紀云云　按五行志在營室四度時李傕郭汜專政　按袁宏漢紀未蝕八刻太史令王立奏曰日晷過度無有變也于是朝臣皆賀帝密令尚書候焉未晡一刻而蝕尚書賈詡奏曰立伺候不明疑惑上下太尉周忠職所典掌請皆治罪詔曰天道遠事驗難明且災異應政而至雖探道知機焉能無失而欲歸咎史官益重朕之不德也弗從于是避正殿寢兵不聽事五日

興平元年六月乙巳晦日有蝕之

按後漢書獻帝本紀帝避正殿寢兵不聽事　按五行志同

建安五年九月庚午朔日有蝕之詔舉至孝各上封事

按後漢書獻帝本紀詔三公舉至孝二人九卿校尉郡國守相各一人皆上封事靡有所諱

建安六年春三月丁卯朔日有蝕之

按後漢書獻帝本紀云云　按五行志（作十月癸未朔）

建安十三年十月癸未朔日有蝕之

按後漢書獻帝本紀云云　按五行志在尾十二度

建安十五年二月乙巳朔日有蝕之

按後漢書獻帝本紀云云　按五行志同

建安十七年六月庚寅晦日有蝕之

建安二十一年五月己亥晦日有蝕之

建安二十四年二月壬子晦日有蝕之

按後漢書獻帝本紀云云　按五行志俱同

又按志凡漢中興十二世百九十六年日蝕七十二朔三十二晦三十七月二日三

魏

文帝黃初二年夏六月戊辰晦日有蝕之

按三國志魏文帝本紀云云　按晉書天文志魏文帝黃初二年有司奏免太尉詔曰災異之作以譴元首而歸過股肱豈禹湯罪己之義乎其令百官各虔厥職後有天地之眚勿復劾三公（按天變之見雖有分野然各國皆有史官而獨略於蜀漢者陳壽以私意刪之也今因其分統仍照原史編次不復以綱目例統於後漢餘部災變倣此）

黃初三年正月丙寅朔日有蝕之十一月庚申晦又日有蝕之

按三國志魏文帝本紀云云　按晉書天文志同

黃初五年十一月戊申晦日有蝕之

按三國志魏文帝本紀云云　按晉書天文志同

明帝太和五年十一月戊戌晦日有蝕之太史許芝請禳不從勅公卿上封事

按三國志魏明帝本紀云云　按晉書天文志明帝太和五年又云太和初太史令許芝奏日應蝕與太尉于靈星祈禳帝詔曰蓋聞人主政有不德則天懼之以災異所以譴告使得自修也故日月薄蝕明治道有不當者朕即位以來既不能光明先帝聖德而施化又不合于皇神故上天有以寤之宜勅政自修有以報于神明天之于人猶父之于子未有父欲有責其子而可獻盛饌以求免也今外欲遣上公與太史令俱禳之于義未聞也羣公卿士大夫其各勉修厥職有可以補朕不逮者各封上之

太和六年正月戊辰朔日有蝕之

按三國志魏明帝本紀不載　按晉書天文志云云

青龍元年閏月庚寅朔日有蝕之

按三國志魏明帝本紀云云　按晉書天文志同

少帝正始元年七月戊申朔日有蝕之

按三國志魏少帝本紀不載　按晉書天文志云云

正始三年四月戊戌朔日有蝕之

按三國志魏少帝本紀不載　按晉書天文志云云

正始四年五月丁丑朔日有蝕之

按三國志魏少帝本紀云云　按晉書天文志同

正始五年四月丙辰朔日有蝕之

按三國志魏少帝本紀云云　按晉書天文志同

正始六年四月壬子朔日有蝕之十月戊申朔又日有蝕之

按三國志魏少帝本紀不載　按晉書天文志云云

正始八年二月庚午朔日有蝕之詔問得失

按三國志魏少帝本紀云云　按晉書天文志正始八年二月庚午朔日有蝕之是時曹爽專政丁謐鄧颺等輕改法度會有日蝕之變詔羣臣問得失蔣濟上疏曰昔大舜佐治戒在比周周公輔政慎于其朋齊侯問災晏子對以布惠魯君問異臧孫答以緩役塞變應天乃實人事濟旨譬甚切而君臣不悟終至敗亡

正始九年正月乙未朔日有蝕之

按三國志魏少帝本紀不載　按晉書天文志云云

齊王芳嘉平元年二月己未日有蝕之

按三國志魏少帝本紀不載　按晉書天文志云云

高貴鄉公甘露四年七月戊子朔日有蝕之

按三國志魏少帝本紀不載　按晉書天文志云云

甘露五年正月乙酉朔日有蝕之

按三國志魏少帝本紀云云　按晉書天文志甘露五年正月乙酉朔日有蝕之京房易占曰日蝕乙酉君弱臣強司馬將兵反征其王五月有成濟之變

元帝景元二年五月丁未朔日有蝕之

景元三年十一月己亥朔日有蝕之

按三國志魏元帝本紀不載　按晉書天文志云云

吳

大帝赤烏十一年二月白虹貫日夜發詔戒懼

按三國志吳孫權傳不載　按晉書天文志云云

欽定古今圖書集成曆象彙編庶徵典

第二十一卷目錄

庶徵典第二十一卷

日異部彙考四

晉

武帝泰始二年七月丙午晦日有蝕之十月丙午朔日有蝕之

按晉書武帝本紀云云　按天文志同

五年日暈白虹貫之

按本紀七月日暈再重白虹貫之延羣公詢讜言

七年十月丁丑朔日有蝕之

按本紀云云　按志同

八年十月辛未朔日有蝕之

按本紀云云　按志同

九年四月戊辰朔日有蝕之又七月丁酉朔日有蝕之

按本紀云云　按志同

十年正月乙未三月癸亥並日有蝕之

按本紀不載正月日蝕　按志云云

咸寧元年七月甲申晦日有蝕之

三年正月丙子朔日有蝕之

四年正月庚午朔日有蝕之

按以上本紀志同云云

太康元年正月五色氣冠日

按本紀云云　按志正月己丑朔五色氣冠日自卯至酉占曰君道失明丑爲斗牛主吳越是時孫皓淫暴四月降

四年三月辛丑朔日有蝕之

按本紀志云云

七年正月甲寅朔日有蝕之詔公卿上封事

按本紀七年正月甲寅朔日有蝕之乙卯詔曰比年災異屢發日蝕三朝地震山崩邦之不臧實在朕躬公卿大臣各上封事極言其故勿有所諱　按志同

八年正月戊申朔日有蝕之

按本紀志云云

九年正月壬申朔六月庚子朔並日有蝕之

按本紀云云　按志太熙元年四月庚申帝崩

惠帝元康元年十一月甲申日暈再重青赤有光

按本紀不載　按志云云

九年春正月日中有若飛燕者十一月甲子朔日有蝕之

按本紀不載日中飛燕日蝕與志同　按志九年正月日中有若飛燕者數日乃消王隱以爲愍懷廢死之徵　又按志十二月廢皇太子遹爲庶人尋殺之

永康元年正月己卯日有蝕之又暈三重四月辛卯日有蝕之十月日無光十二月日中有黑氣

按本紀日蝕俱載日無光及黑氣不載　按志正月癸亥朔日暈三重十月乙未日闇黃霧四塞占曰不及三年下有拔城大戰十二月庚戌日中有黑氣京房易傳曰祭天不順茲謂逆厥異日中有黑氣　又按志正月己卯四月辛卯並日有蝕之

永寧元年閏月丙戌朔日有蝕之九月甲申日中有黑子

按本紀云云不載日中黑子　按志云云又九月甲申日中有黑子京房易占黑者陰也臣不掩君惡令下見百姓惡君則有此變又曰臣有蔽主明者

太安元年十一月日中有黑氣

永興元年十一月日中有黑氣分日

按以上本紀不載　按志云云

光熙元年正月戊子朔日有蝕之五月日光四散赤如血七月乙酉朔十二月壬午朔日有蝕之

按本紀云云　按志正月戊子朔七月乙酉朔並日有蝕之十一月惠帝崩十二月壬午朔又日有蝕之

又按志五月壬辰癸巳日光四散赤如血流照地皆赤甲午又如之占曰君道失明

懷帝永嘉元年冬十一月戊申朔日有蝕之乙亥有黃黑氣蔽日所照皆黃

按本紀云云不載黃黑氣　按志十一月乙亥黃黑氣掩日所照皆黃案河圖占曰日薄也其說曰凡日蝕皆于朔晦有不于朔晦者爲日薄雖非日月同宿時陰氣盛掩日光也占類日蝕

二年正月丙子朔日有蝕之白虹再貫日

按本紀云云　按志正月丙子朔日有蝕之戊申白虹貫日二月癸卯白虹貫日青黃暈五重占曰白虹貫日近臣爲亂不則諸侯有反者暈五重有國者受其祥天下有兵破亡其地明年司馬越暴蔑人主五年劉聰破京都帝蒙塵於寇庭

五年三月日光散如血中有物若飛燕

按本紀不載　按志三月庚申日散光如血下流所照皆赤日中有若飛燕者

六年二月壬子朔日有蝕之

按本紀不言朔　按志云云

愍帝建興二年正月日隕地又三日並出

按本紀正月辛未辰時日隕于地又有三日相承出于西方而東行　按志同

四年六月丁巳朔十二月甲申朔並日有蝕之

按本紀云云　按志同

五年正月庚子三日並出五月丙子十月丙子日有蝕之

按本紀云云　按志五年正月庚子三日並照虹蜺彌天日有重暈左右兩珥占曰白虹兵氣也三四五六日俱出並爭天下兵作亦如其數又曰三日並出不過三旬諸侯爭爲帝日重暈天下有立王暈而珥天下有立侯故陳卓曰當有大慶天下其三分乎三月而江東改元爲建武劉聰李雄亦跨曹劉疆宇於是兵連累葉　又按志五年五月丙子十一月丙子並日有蝕之時帝蒙塵於平陽

元帝太興元年四月丁丑朔日有蝕之十一月乙卯日夜出高三丈中有赤青珥

按本紀云云　按志同

四年二月癸亥日鬬三月日中有黑子

按本紀不載日中有黑子　按志二月日鬬三月癸未日中有黑子辛亥帝親錄訊囚徒

永昌元年十月辛卯日中有黑子日無光

按本紀云日無光不載日中黑子　按志永昌元年十月辛卯日中有黑子時帝寵幸劉隗擅威福虧傷君道王敦因之舉兵逼京都禍及忠賢　按郭璞傳璞爲著作佐郎其後日有黑氣璞復上疏曰臣以頑昧近者冒陳所見陛下不遺狂言事蒙御省伏讀聖詔歡懼交戰臣前云升陽未布隆陰仍積坎爲法象刑獄所麗變坎加離厥象不燭疑將來必有薄蝕之變也此月四日日出山六七丈精光暫昧而色都赤中有異物大如雞子又有青黑之氣共相搏擊良久方解按時在歲首純陽之月日在癸亥全陰之位而有此異殆元首供禦之義不顯消復之理不著之所致也計去微臣所陳未及一月而便有此變益明皇天留情陛下懇懇之至也往年歲末太白蝕月今在歲始日有咎謫曾未數旬大眚再見日月告釁見懼詩人無曰天高其鑒不遠故宋景言善熒惑退次光武寧亂滹沲結冰此明天人之懸符有若形影之相應應之以德則休祥臻酬之以怠則咎徵作陛下宜恭承靈譴敬天之怒施沛然之恩諧元同之化上所以允塞天意下所以弭息羣謗臣聞人之多幸國之不幸赦不宜數實如聖旨臣愚以爲子產知鑄刑書非政事之善然不得不作者須以救弊故也今之宜赦理亦如之隨時之宜亦聖人所善者此國家大信之要誠非微臣所得干豫今聖朝明哲思弘謀猷方闢四門以亮采訪輿誦於羣小況臣蒙珥筆朝末而可不竭誠盡規哉

明帝太寧元年正月己卯日暈無光十一月丙子白虹貫日

按本紀不載　按志占曰君道失明陰陽昏臣有陰謀京房曰下專刑茲謂分威蒙微而日不明先是王敦害尚書令刁協僕射周顗驃騎將軍戴若思等是專州之應敦既陵上卒伏其辜十一月丙子白虹貫日史官不見桂陽太守華包以聞

三年十一月癸巳朔日有蝕之

按本紀云云　按志在斗斗吳分也其後蘇峻作亂
成帝咸和二年五月甲申朔日有蝕之
按本紀云云　按志在井井主酒食女主象也明年皇太后以憂崩
六年三月壬戌朔日有蝕之
按本紀云云　按志是時帝已年長每幸司徒第猶出入見王導夫人曹氏如子弟之禮以人君而敬人臣之妻有虧君德之象也
九年七月白虹貫日十月乙未朔日有蝕之
按本紀俱不載　按志是時帝既冠當親萬機而委政大臣君道有虧也
咸康元年七月白虹貫日十月乙未朔日有蝕之
按本紀不載白虹貫日　按志云云
二年七月白虹貫日
按本紀不載　按志自後庾氏專政由后族而貴蓋亦婦人擅國之義故頻年白虹貫日
七年二月甲子朔日有蝕之
按本紀作甲午朔　按志三月杜皇后崩
八年正月乙未朔日有蝕之日中又有黑子
按本紀作己未朔不載日中黑子　按志京都大雨郡國以聞是謂三朝王者惡之六月帝崩
穆帝永和二年四月己酉日有蝕之
按本紀言朔志不言朔
七年正月丁酉日有蝕之
按本紀云云　按志同
八年正月辛卯日有蝕之涼州日中三足烏見
按本紀不載三足烏見　按志張重華在涼州日暴赤如火中有三足烏形見分明五日乃止
十年十月日中有黑子
按本紀不載　按志十月庚辰日中有黑子大如雞卵
十一年三月日中有黑子
按本紀不載　按志三月戊申日中有黑子大如桃二枚時天子幼弱久不親國政
十二年十月癸巳朔日有蝕之
按本紀云云　按志在尾尾燕分北邊之象也是時邊表姚襄苻生互相吞噬朝廷憂勞征伐不止
升平三年十月日中有黑子
按本紀不載　按志升平三年十月丙午日中有黑子大如雞卵少時而帝崩
四年八月辛丑朔日有蝕之既
按本紀云云　按志日蝕既在角凡蝕淺者禍淺深者禍大角為天門人主惡之明年帝崩
哀帝隆和元年三月甲寅朔十二月戊午朔並日有蝕之
按本紀十二月詔曰戎旅路次未得輕簡賦役元象失度亢旱為患豈政事未洽將有版築渭濱之士邪其搜揚隱滯蠲除苛碎詳議法令咸從損要　按志明年帝有疾不識萬機
海西公太和三年三月丁巳朔日有蝕之
按本紀作正月　按志云云
四年四月白虹貫日十月乙未日中有黑子
按本紀不載　按志云云
五年二月日中有黑子七月癸酉朔日有蝕之
按本紀不載日中黑子　按志日中有黑子大如李兩年日蝕皆海西被廢之應也
六年三月白虹貫日
按本紀不載　按志三月辛未白虹貫日日暈五重十一月桓溫廢帝即簡文咸安元年也
簡文咸安二年十一月丁丑日中有黑子
按本紀不載　按志云云
孝武帝寧康元年十一月日中有黑子
按本紀不載　按志己酉日中有黑子大如李
三年三月日中有黑子十月癸酉朔日有蝕之十一月日中有黑子
按本紀不載日中黑子十月日蝕十二月癸未皇太后詔曰頃日蝕告變水旱不適雖克己思救未盡其方其賜百姓窮者米人五斛　按志庚寅日中有黑子二枚大如鴨卵十一月己巳日中有黑子大如雞卵時帝已長而康獻皇后以從嫂臨朝實傷君道故日有蝕也　又按志孝武帝寧康三年十月癸酉朔日有蝕之
太元元年十一月己巳朔日有蝕之
按本紀詔太官徹膳　按志不載
四年十二月己酉朔日有蝕之
按本紀云云　按志作閏月是時苻堅攻襄陽執朱序
六年六月庚子朔日有蝕之
按本紀云云　按志同
九年十月辛亥朔日有蝕之
按本紀乙丑以元象乖度大赦　按志同

十三年二月庚子日中有黑子二大如李
十四年六月辛卯日中又有黑子大如李
按本紀不載　按志云云
十七年五月丁卯朔日有蝕之
按本紀云云　按志同
二十年三月庚辰朔日有蝕之十一月日中有黑子
按本紀不載日中有黑子　按志三月日蝕明年帝崩十一月辛卯日中又有黑子是時會稽王以母弟干政
安帝隆安元年十二月日暈有背璚
按本紀不載　按志壬辰日暈有背璚是後不親萬機會稽王世子元顯專行威罰
四年六月庚辰朔日有蝕之十一月日中有黑子
按本紀云云　按志是時元顯執政十一月辛亥日中有黑子
元興元年二月日暈三月白虹貫日
按本紀不載　按志元興元年二月甲子日暈白虹貫日中三月庚子白虹貫日未幾桓元尅京都王師敗績明年元纂位
二年四月癸巳朔日有蝕之
按本紀云云　按志其冬桓元纂位
義熙元年五月庚午日有彩珥
按本紀不載　按志云云
三年七月戊戌朔日有蝕之
按本紀云云　按志同
六年五月日暈有璚
按本紀不載　按志五月丙子日暈有璚時有盧循逼京都內外戒嚴七月循走
十年有白虹十餘丈見日南九月丁巳朔日有蝕之
按本紀不載白虹　按志十年日在東井有白虹十餘丈在南干日災在秦分秦亡之象
十一年七月辛亥晦日有蝕之
按本紀云云　按志同
十三年正月甲戌朔日有蝕之
按本紀云云　按志明年帝崩
恭帝元熙元年十一月丁亥朔日有蝕之
按本紀云云　按志自義熙元年至是日蝕皆從上始皆為革命之徵
二年正月白氣貫日
按本紀不載　按志正月壬辰白氣貫日東西有直珥各一丈白氣貫之交匝

宋

少帝景平二年正月癸巳朔日有蝕之
按宋書少帝本紀云云（按志作二月）
文帝元嘉四年六月癸卯朔日有蝕之
按本紀云云
六年五月壬辰朔日有蝕之十一月己丑朔又日有蝕之
按本紀云云　按志不盡如鉤蝕時星見晡方沒河北地闇
十二年正月乙未朔日有蝕之
按本紀不載　按志云云
十七年四月戊午朔日有蝕之
按本紀云云　按志同
十九年七月甲戌晦日有蝕之
按本紀云云　按志同
二十二年六月癸未朔日有蝕之
按本紀云云　按志同
二十九年十一月日始出如血
按本紀不載　按志十一月己卯朔日始出色赤如血外生牙塊鼻不圓明年二月宮車晏駕
三十年孝武即位七月辛丑朔日有蝕之既
按孝武本紀七月辛丑朔日有蝕之既甲寅詔曰世道未夷惟憂在國夫使群善畢舉固非一才所議兄以寡德屬衰薄之期夙宵寅想永懷待旦王公卿士凡有嘉謀善政可以維風訓俗咸達乃誠無或依隱
孝武帝孝建元年七月丙申朔日有蝕之既
按本紀云云　按志列宿粲然
大明五年九月甲寅朔日有蝕之
按本紀云云　按志同
七年十一月日赤如血
按本紀不載　按志日始出四五丈色赤如血未沒四五丈亦如之至於八年春凡三謂日死閏五月帝崩
明帝泰始四年八月丙子朔日有蝕之十月癸酉朔又日有蝕之
按本紀八月不載　按志云云
五年十月丁卯朔日有蝕之
按本紀云云　按志同
後廢帝元徽元年十二月癸卯朔日有蝕之
按本紀云云　按志同

三年三月乙亥日未沒數丈日色紫赤無光

四年正月己酉白虹貫日

五年三月庚寅日暈五重又重生二直一抱一背

按以上本紀俱不載　按志云云

順帝昇明二年九月乙巳朔日有蝕之

三年三月癸卯朔日有蝕之

按本紀云云　按志同

南齊

高帝建元元年六月日有珥抱十二月日暈

按南齊書高帝本紀不載　按天文志建元元年六月甲申日南北兩珥西有抱黃白色十二月未時日暈匝黃白色至申乃消散

二年閏正月乙酉日黃赤無光至暮九月甲午朔日蝕

按本紀不載　按志云云

三年七月己未朔日蝕

按本紀不載　按志云云

四年十一月午時日色赤黃無光至暮

按本紀不載　按志在箕宿

武帝永明元年十二月乙巳朔日蝕

按本紀不載　按志云云

二年正月日暈十一月日生背

按本紀不載　按志正月丁酉日交暈再重十一月辛巳日東北有一背

三年二月日暈生珥十一月日有背

按本紀不載　按志二月丁卯日有半暈暈上生一珥十一月庚寅日西北有一背

四年正月日生珥背五月日暈白虹貫日十二月日生直背

按本紀不載　按志正月辛巳日南北各生一珥又生一背五月丙午日暈再重仍白虹貫日在東井度十二月辛未日西北生二直黃白色戊寅日北生一背青絳色

五年八月日生珥十一月日暈虹抱珥直背

按本紀不載　按志八月己卯日東南生一珥並青絳色十一月丁亥日出高三竿朱色赤黃日暈虹抱珥直背

六年二月日生珥背三月日暈外有虹貫之

按本紀不載　按志二月丁巳日東北生黃色北有一珥黃赤色久久並散庚申日西有一背赤青色東西生一直南北各生一珥並黃白色三月甲申日於雲中薄半暈須臾過匝日東南暈外有一直並黃色壬辰日暈須臾日西北生虹貫日中

七年十月日生背

按本紀不載　按志十月癸未日東北生一背青赤色須臾消

八年六月日生珥十一月日半暈生珥

按本紀不載　按志六月戊寅日於蒼白雲中南北各生一珥青黃絳雜色澤潤並長三尺許至巳午消十一月己亥日半暈南面不匝日東西帶暈各生珥長三尺白色珥各長十丈許正衝日久久消散背因成重暈並青絳色

九年正月日暈生抱珥白虹貫日

按本紀不載　按志正月甲午日半暈南面不匝北帶暈生一抱東西各生一珥抱北又有半暈抱珥並黃色北又生白虹貫日久久消散

十年十月癸未朔日有蝕之

按本紀不載　按志十月二日癸未朔加時在午之半度到未初晃日始蝕虧起西北角蝕十分之四申時光色復還

鬱林王隆昌元年正月日暈生直五月甲戌朔日有蝕之

按本紀不載　按志正月壬戌日於雲中暈南北帶暈各生一直同長一丈須臾消五月甲戌合朔巳時日蝕三分之一午時光復還

明帝建武元年十一月壬申朔日有蝕之

按本紀不載　按志云云

東昏侯永元元年正月丙申朔日有蝕之十二月乙酉日中有三黑子

按本紀不載　按志云云

梁

武帝天監十年十二月壬戌朔日有蝕之

按梁書武帝本紀不載　按隋書天文志天監十年十二月壬戌朔日蝕在牛四度

普通元年春正月丙子日有蝕之

按本紀云云　按志占曰日蝕陰侵陽陽不克陰也爲大水其年七月江淮海溢

三年五月壬辰朔日有蝕之既赦天下百僚上封事郡國各舉賢良方正

按本紀三年五月壬辰朔日有蝕之既癸巳赦天下井班下四方民所疾苦咸卽以聞公卿百僚各上封

事連率郡國舉賢良方正直言之士　按隋書天文志不載

四年十一月癸未朔日有蝕之

按本紀云云　按隋志同

大清元年二月己卯白虹貫日

按本紀云云　按隋志不載

陳

武帝永定三年五月丙辰朔日有蝕之定日變儀宜服袞冕未著爲令

按陳書武帝本紀五月丙辰朔日蝕有司奏舊儀御前殿服朱紗袍通天冠詔曰此乃前代承用意有未同合朔仰助太陽宜備袞冕之服自今以去永可爲准　按隋書天文志永定三年五月丙辰朔日有蝕之占曰日蝕君傷又曰日蝕帝德消

文帝天嘉元年正月日有冠

按本紀云云　按隋志不載

三年九月戊辰朔日有蝕之

按本紀云云

七年春二月日無光烏見四月日有交暈

按本紀不載　按隋志七年二月庚午日無光烏見占曰王者惡之其日庚午吳楚之分野四月甲子日有交暈白虹貫之是月癸酉帝崩

高宗太建四年九月庚子朔日有蝕之

按本紀云云　按隋志不載

六年二月壬辰朔日有蝕之

按本紀云云　按隋志不載

十年二月癸亥日上有背

按本紀不載　按隋志占曰其野失地有叛兵甲子吳明徹軍敗於呂梁將卒並爲周軍所虜來年淮南之地盡沒於周

後主至德三年正月戊午朔日有蝕之

按本紀云云　按隋志不載

北魏

太祖皇始二年十月壬辰日暈有佩璚

按魏書太祖本紀不載　按天象志占曰兵起天興元年九月烏丸張超收合亡命聚黨三千餘家據渤海之南皮自號征東大將軍烏丸王鈔掠諸郡詔將軍庾岳討之

天興三年六月庚辰朔日有蝕之

按本紀不載　按志占曰外國侵土地分五年五月姚興遣其弟義陽公平率衆四萬來侵平陽乾壁爲平所陷

六年四月癸巳朔日有蝕之

按本紀不載　按志占曰兵稍出十月太祖詔將軍伊謂率騎二萬北襲高車大破之

天賜五年七月戊戌朔日有蝕之

按本紀不載　按志占曰后死六年七月夫人劉氏薨後謚爲宣穆皇后

太宗神瑞二年八月庚辰晦日有蝕之

按本紀不載　按志云云

世祖始光四年六月癸卯朔日有蝕之

按本紀不載　按志占曰諸佐非其人神䴥元年二月司空奚斤監軍侍御史安頡討赫連昌擒之於安定其餘衆立昌弟定爲主走還平凉斤追之爲定所擒將軍丘堆棄甲與守將高凉王禮東走蒲坂世祖怒斬堆

神䴥元年十一月乙未朔日有蝕之

太延元年正月己未朔日有蝕之

四年十一月丁卯朔日有蝕之

太平眞君元年四月戊午朔日有蝕之

三年八月甲戌晦日有蝕之

按以上本紀俱不載　按志云云

六年六月戊子朔日有蝕之

按本紀不載　按志占曰有九族夷滅七年正月戊辰世祖車駕次東雍州庚午圍薛永宗營壘永宗出戰大敗六軍乘之永宗衆潰斬永宗男女無少長皆赴汾水而死

七年六月癸未朔日有蝕之

按本紀不載　按志占曰不臣欲殺八年三月河西王沮渠牧犍謀反伏誅

十年夏四月丙申朔日有蝕之六月庚寅朔日有蝕之

按本紀不載　按志占曰將相誅十一年六月己亥誅司徒崔浩

十一年十二月辛未日南北有珥

按本紀不載　按志云云

高宗興安元年十一月己卯日出赤如血

二年三月日暈

興光元年七月丙申朔日有蝕之

和平元年九月庚申朔日有蝕之

按以上本紀俱不載　按志云云

三年二月壬子朔日有蝕之

按本紀不載　按志占曰有白衣之會六年五月癸卯高宗崩

顯祖皇興元年十月己卯朔日有蝕之

按本紀不載　按志云云

二年四月丙子朔日有蝕之十月癸酉朔日有蝕之

按本紀不載　按志四月丙子朔日有蝕之占曰將誅四年十月誅濟南王慕容白曜十月癸酉朔日有蝕之占曰尊后有憂三年夫人李氏薨後謚思皇后

三年十月丁酉朔日有蝕之

按本紀不載　按志云云

高祖延興元年十二月癸卯日有蝕之

按本紀不載　按志占曰有兵二年正月乙卯統萬鎮裔民相率北叛遣寧南將軍交阯公韓拔等滅之

三年十二月癸卯朔日有蝕之

按本紀不載　按志云云

四年正月癸酉朔日有蝕之七月丙寅日有背珥

按本紀不載　按志占曰有崩主天下改服有大臣死五年十二月己丑征北大將軍城陽王壽薨六年六月辛未顯祖崩

五年正月丁酉白虹貫日直珥一

承明元年三月辛卯日暈五重有二珥

按以上本紀俱不載　按志云云

太和元年冬十月辛亥朔日有蝕之

按本紀不載　按志云云

二年正月辛亥日暈東西有珥二月乙酉晦日有蝕之九月乙巳朔日有蝕之

按本紀不載　按志占曰有欲反者近三月遠三年四年正月癸卯洮陽羌叛枹罕鎮將討平之　又按志占曰東邦發兵四年十月丁未蘭陵民桓富殺其縣令與昌慮桓和北連泰山羣盜張和顏等聚黨保五固推司馬朗之爲主詔淮陽王尉元等討之

三年春正月日暈有珥佩戟三月癸卯朔日有蝕之

按本紀不載　按志春正月癸丑日暈東西有珥有佩戟一重北有偃戟四重後有白氣貫日珥狀如車輪京師不見雍州以聞三月癸卯朔日有蝕之占曰大臣誅四月雍州刺史宜都王目辰有罪賜死

四年正月日暈貫兩珥

五年正月日暈貫珥七月庚申朔日有蝕之

七年十二月乙巳朔日有蝕之

八年正月白氣貫日

按以上本紀俱不載　按志四年正月辛酉日東西有珥北有佩日暈貫兩珥五年正月庚辰日暈東西有珥南北並白氣長一丈廣二尺許北有連環暈又貫珥內復有直氣長三丈許內黃中青外白暈乍成散乃滅七月庚申朔日有蝕之七年十二月乙巳朔日有蝕之八年正月戊寅有白氣貫日占曰近臣亂十年二月丁亥中散梁衆保等謀反伏誅

十一年十一月丁亥日失色

十二年三月戊戌白虹貫日

按以上本紀俱不載　按志云云

十三年二月乙亥朔日十五分蝕八

按本紀不載　按志占曰有白衣之會十一月己未安豐王猛薨

十四年二月己巳朔未時日有蝕之

按本紀不載　按志十四年二月己巳朔未時雲氣斑駁日十五分蝕一占曰有白衣之會九月癸丑文明太皇太后馮氏崩

十五年正月癸亥晦日有蝕之

按本紀不載　按志占曰王者將兵天下擾動十七年六月丙戌高祖南伐

十七年六月庚辰朔日有蝕之

十八年五月甲戌朔日有蝕之

二十年九月庚寅晦日有蝕之

按以上本紀俱不載　按志云云

二十三年六月己卯日中有黑氣十二月甲申日中有黑氣大如桃

按本紀不載　按志占曰內有逆謀八月癸亥南徐州刺史沈陵南叛

世宗景明元年正月辛丑朔日有蝕之七月己亥朔日有蝕之

按本紀不載　按志云云

二年四月日再暈七月癸巳朔日有蝕之八月日中有黑子

按本紀不載　按志四月癸酉日自午及未再暈內黃外白七月癸巳朔日有蝕之八月戊辰日赤無光中有黑子一

三年春日中有黑氣七月丁巳朔日有蝕之

按本紀不載　按志正月乙巳日中有黑氣如鵝子申酉復見又有二黑氣橫貫日二月辛卯日中有黑氣大如鵝子七月丁巳朔日有蝕之

正始元年十二月丙戌黑氣貫日壬子日有冠珥內黃外青

按本紀不載　按志占曰天下喜二年正月丁卯皇子生大赦天下

二年二月日有暈珥十月赤無光十二月日暈生珥背白虹貫日

按本紀不載　按志二月甲辰日左右有珥內赤外黃辛亥日暈外白內黃十月乙巳日赤無光十二月乙卯日暈內黃外青東西有珥北有背巳時白虹貫日

永平元年三月日有珥暈直氣白虹貫日八月壬子朔日有蝕之

按本紀不載　按志三月己酉日南北有珥外青內黃暈不匝西北有直氣長尺餘北有白虹貫日八月壬子朔日有蝕之

二年八月丙午朔日有蝕之丁卯日旁有黑氣衝日

按本紀不載　按志八月丙午朔日有蝕之丁卯旦日旁有黑氣形如月從東南來衝日如此者一辰乃滅

三年二月日中有黑氣十二月日暈珥

按本紀不載　按志二月甲子日中有黑氣二十二月乙未日交暈中赤外黃東西有珥南北白暈貫日皆匝

四年十一月癸卯日中有黑氣二大如桃十二月壬戌朔日有蝕之

按本紀不載　按志占曰天子崩延昌四年正月丁巳世宗昇遐日蝕在牛四度占曰其國叛兵發延昌二年正月庚辰蕭衍郁洲民徐元明等斬送衍鎮北將軍青冀二州刺史張稷首以州內附

延昌元年春二月日無光五月乙未晦日有蝕之

按本紀不載　按志二月甲戌至於辛巳日初出及將沒赤白無光明五月己未晦日十五分蝕九占曰大旱民流千里二年春京師民饑死者數萬口

二年閏月辛亥日中有黑氣五月甲寅朔日有蝕之

按本紀不載　按志二年閏月辛亥日中有黑氣占曰內有逆謀三年十一月丁巳幽州沙門劉僧紹聚衆反自號淨居國明法王州郡捕斬之五月甲寅朔日有蝕之京師不見恒州以聞

三年三月日暈南北有背西有暈東有抱

按本紀不載　按志三月庚申日交暈其色內赤黃外青白南北有背可長二丈許內赤黃外青白西有白暈貫日又日東有一抱長二丈許內赤黃外青

肅宗熙平元年三月戊辰朔日有蝕之丁丑日無光四月日暈有背珥十二月日暈有抱有珥白虹貫日

按本紀不載　按志三月戊辰朔日有蝕之丁丑日出無光至於酉時四月甲辰卯時日暈匝西有一背內赤外黃南北有珥內赤外黃漸滅十二月己酉日暈北有一抱內赤外白兩旁有珥北有白虹貫日占曰兵起神龜元年正月秦州羌反二月己酉東益州氐反七月河州民卻鐵怱聚衆反自稱水池王

神龜元年三月丁丑白虹貫日

按本紀不載　按志占曰天下有來臣之衆不三年十一月乙酉蠕蠕莫緣梁賀侯豆率男女七百口來降

二年正月辛巳朔日有蝕之

按本紀不載　按志云云

正光元年正月乙亥朔日有蝕之

按本紀不載　按志占曰有大臣亡七月丙子殺太傅領太尉清河王懌

二年五月丁酉日有蝕之

按本紀不載　按志夏州以聞

三年正月日有交暈五月壬辰朔日有蝕之十月日無光十一月己丑朔日有蝕之

按本紀不載　按志正月甲寅日交暈內赤外青有白虹貫暈外有直氣長二丈許內赤外青五月壬辰朔日有蝕之占曰秦邦不臣五年六月秦州城人莫折大提據城反自稱秦王十月己巳太史奏自八月以來黃埃掩日日出三丈色赤如赭無光曜十一月己丑朔日有蝕之占曰有小兵在西北四年二月己卯蠕蠕主阿那瓌率衆犯塞

四年十一月癸未朔日有蝕之

按本紀不載　按志云云

五年閏月日暈珥抱背三月日暈三重十二月日暈珥抱背

按本紀不載　按志閏月乙酉日暈內赤外青南有珥上有一抱兩背內赤外青三月丁卯日暈三重外青內赤十二月丙申日暈南北有珥上有一抱一背占曰有謀其主孝昌元年正月庚申徐州刺史元法僧據城反自稱宋王

孝昌元年十二月丙戌白虹刺日不過虹中有一背

按本紀不載　按志占曰有臣背其主一日有反城

二年九月己卯東豫州刺史元慶和據城南叛

三年十一月日暈有珥有背

按本紀不載　按志十一月戊寅辰時日暈東面不合其色內赤外黃東西有珥內赤外黃西北去暈一尺餘有一背長二丈餘廣三尺許內赤外黃

莊帝永安二年春三月日有暈抱夏五月日暈有珥有背七月日有背冬十月己酉朔日有蝕之

按本紀不載　按志二年三月甲戌未時日暈三重內黃赤外青日暈東西兩處不合其狀如抱五月辛酉日暈東西兩處不合辛未申時日南有珥去一尺餘有一背長三丈許廣五尺餘內赤外青七月丙寅直東去日三尺許有一背長二丈餘內赤外青半食頃從北頭漸滅至半須臾還如初見內赤外青其色分炳十月己酉朔日從地下蝕出十五分蝕七虧從西南角起占曰西邊欲殺後有大兵必西行二年四月丁卯雍州刺史尒朱天光討擒万俟醜奴蕭寶夤于安定送京師斬之

三年夏五月日暈有珥白虹貫之有背有抱夏六月日暈白虹貫之

按本紀不載　按志三年五月戊戌辰時日暈匝內赤外白暈內有兩珥西有白虹貫日東北有一背內赤外青南有一背內赤外青東有一抱內青外赤京師不見青州表聞六月辛丑日暈白虹貫日

前廢帝普泰元年春三月日月竝赤夏六月己亥朔日有蝕之

按本紀不載　按志前廢帝普泰元年三月丁亥日月竝赤赭色天地溷濁六月己亥朔日蝕從西南角起雲陰不見定相二州表聞占曰主弱小人持政時尒朱世隆兄弟專擅威福

後廢帝中興二年春二月日暈有背冬十一月日暈有背

按本紀不載　按志二月辛丑辰時日暈東西不合其色內赤外青南北有珥西北去暈一尺餘有一背長二丈許可廣三尺內赤外青十一月日暈再重上有背長三丈餘內青外赤

出帝太昌元年夏五月日暈有珥有背十月辛酉朔日有蝕之

按本紀不載　按志五月日暈再重上有兩背一尺許癸丑午時日南有珥去日一尺餘有一背長三丈許廣五尺內赤外青十月辛酉朔日從地下蝕出虧從西南角起占曰有兵大行永熙二年正月甲午齊獻武王自晉陽出討尒朱兆丁酉大破之于赤洪嶺兆遁走自殺

永熙二年四月己未朔日有蝕之

按本紀不載　按志在丙虧從正南起占曰君陰謀三年五月辛卯出帝爲斛斯椿等諸佞關構猜於齊獻武王託討蕭衍盛暑徵發河南諸州之兵天下怪惡之

三年夏四月癸丑日有蝕之

按本紀不載　按志占曰有亂殺天子者七月丁未出帝爲斛斯椿等迫脅遂出於長安

孝靜帝元象元年春正月辛丑朔日有蝕之六月日暈有珥有背十一月日暈有珥有背

按本紀不載　按志正月日蝕占曰大臣死八月辛卯司徒公高敖曹戰歿於河陰六月己丑日暈一重有兩珥上有背長二丈餘十一月己巳辰時日暈南面不合東西有珥背有白虹至珥不徹

二年二月己丑巳時日暈匝白虹貫日不徹

按本紀不載　按志云云

興和二年閏月丁丑朔日有蝕之

按本紀不載　按志占曰有小兵七月癸巳元寶炬廣豫二州行臺趙繼宗南青州刺史崔康寇陽翟鎮將擊走之

武定三年冬十一月日暈有珥有背十二月有暈有珥有一背

按本紀不載　按志武定三年冬十一月壬申日暈兩重東南角不合西南東北有珥西北有兩重背東北西北有白氣幷有兩珥中間有一白氣東西橫至珥十二月乙酉竟天微有白雲日暈東南角不合西南東北有珥西北有一背去日一尺

五年正月己亥朔日有蝕之二月辛丑日暈一珥一抱

按本紀不載　按志日蝕從西南角起占曰不有崩喪必有臣亡天下改服丙午齊獻武王薨二月辛丑日暈匝西北交暈貫日幷有一珥一抱

按北齊書神武本紀武定五年正月朔日蝕神武曰日蝕其爲我耶死亦何恨丙午陳啓於魏帝是日崩於晉陽

六年七月庚寅朔日有蝕之虧從西北角起

按本紀不載　按志云云

北齊

後主武平七年六月戊申朔日有蝕之

按本紀云云

北周

武帝保定元年夏四月丙子朔日有蝕之冬十月甲戌日有蝕之

三年三月乙丑朔日有蝕之

四年二月庚寅朔日有蝕之八月丁亥朔日有蝕之

五年正月辛卯白虹貫日秋七月辛巳朔日有蝕之

按以上周書武帝本紀云云

天和元年正月己卯日有蝕之二月日鬬四月日交暈白虹貫之

按本紀正月己卯日有蝕之二月庚午日鬬光遂微日裏烏見四月甲子日有交暈白虹貫之

二年春正月癸酉朔日有蝕之十月有黑氣在日中十一月戊戌朔日有蝕之

按本紀二年春正月癸酉朔日有蝕之冬十月辛卯日出入時有黑氣一大如杯在日中甲午又加一焉經六日乃滅十一月戊戌朔日有蝕之

三年十一月壬辰朔日有蝕之

五年十月辛巳朔日有蝕之

六年夏四月戊寅朔日有蝕之

按以上本紀云云

建德元年三月癸卯朔日有蝕之九月庚子朔日有蝕之

二年二月辛亥白虹貫日

三年二月壬辰朔日有蝕之

四年二月丙戌朔日有蝕之十二月辛亥朔日有蝕之

五年六月戊申朔日有蝕之

按以上本紀云云

六年十一月甲辰晡時日中有黑子大如杯

按本紀不載　按隋志占曰君有過而臣不諫人主惡之

靜帝大象元年正月日有背二月日中有黑子四月日當蝕不蝕（按是年宣帝大成元年二月傳位于靜帝始稱大象）

按宣帝本紀大象元年春正月改元大成丙午日有背癸丑日又背立魯王衍爲皇太子二月辛巳傳位於衍改大成元年爲大象元年癸未日初出及將入時其中並有烏色大如雞卵經四日滅夏四月壬戌朔有司奏言日蝕不視事過時不蝕乃臨軒

按隋書天文志宣帝大成元年正月丙午癸丑日皆有背占曰臣爲逆有反叛邊將去之又曰卿大夫欲爲主其後隋公作霸尉迥王謙司馬消難舉兵反

二年十月甲寅日有蝕之

按本紀云云

隋

文帝開皇三年日有蝕之

按隋書文帝本紀三年二月己巳朔日有蝕之秋七月丁卯日有蝕之

四年春正月甲子日有蝕之

七年五月乙亥朔日有蝕之

按以上本紀云云

九年正月己巳白虹夾日

按本紀云云　按志占曰白虹銜日臣有背主又曰人主無德者亡是月滅陳

十一年二月辛巳晦日有蝕之

十二年秋七月壬申晦日有蝕之

十三年七月戊辰晦日有蝕之

仁壽元年二月乙卯朔日有蝕之

按以上本紀云云　按志俱不載

四年秋七月乙未日青無光

按本紀日青無光八日乃復　按志占曰主勢奪又日有死王甲辰上疾甚丁未宮車晏駕漢王諒反楊素討平之皆兵喪亡國死王之應

煬帝大業十二年五月丙戌朔日有蝕之既

按本紀云云　按志占曰日蝕既人主亡陰侵陽下伐上其後宇文化及等行弒逆

十三年十一月辛酉日光四散

按本紀日光四散如流血上甚惡之　按志占曰賊入宮人主以急兵見伐又曰臣逆君明年宇文化及等弒帝諸王及幸臣並被害

欽定古今圖書集成曆象彙編庶徵典

第二十二卷目錄

日異部彙考五

庶徵典第二十二卷

日異部彙考五

唐

高祖武德元年十月壬申朔日有蝕之

按唐書高祖本紀云云　按天文志在氐五度占曰諸侯專權則其應在所宿國諸侯附從則爲王者事

四年八月丙戌朔日有蝕之

按本紀云云　按志在翼四度楚分也

六年十二月壬寅朔日有蝕之

按本紀云云　按志在南斗十九度吳分也

九年十月丙辰朔日有蝕之

按本紀云云　按志在氐七度

太宗貞觀元年閏三月癸丑朔日有蝕之九月庚戌朔日有蝕之

按本紀云云　按志閏三月在胃九度九月在亢五度胃爲天倉亢爲疏廟　又按志貞觀初突厥有五日並照

二年三月戊申朔日有蝕之

按本紀云云　按志在婁十一度占爲大臣憂

三年八月己巳朔日有蝕之

按本紀云云　按志在翼五度占曰旱

四年正月丁卯朔日有蝕之七月甲子朔日有蝕之

按本紀云云　按志閏正月在營室四度七月在張十四度占爲失禮

六年正月乙卯朔日有蝕之

按本紀云云　按志在虛九度虛耗祥也

八年五月辛未朔日有蝕之

按本紀云云　按志在參七度

九年閏四月丙寅朔日有蝕之

按本紀云云　按志在畢十三度占爲邊兵

十一年三月丙戌朔日有蝕之

按本紀云云　按志在婁二度占爲大臣憂

十二年閏二月庚辰朔日有蝕之

按本紀云云　按志在奎九度奎武庫也

十三年八月辛未朔日有蝕之

按本紀云云　按志在翼十四度翼爲遠夷

十七年六月己卯朔日有蝕之

按本紀云云　按志在東井十六度京師分也

十八年十月辛丑朔日有蝕之

按本紀云云　按志在房三度房將相位

二十年閏三月癸巳朔日有蝕之

按本紀云云　按志在胃九度占曰主有疾

二十二年八月己酉朔日有蝕之

按本紀云云　按志在翼五度占曰旱

二十三年三月日赤無光

按本紀不載　按志李淳風曰日變色有軍急又曰其君無德其臣亂國濮陽復曰日無光主病

高宗顯慶五年六月庚午朔日有蝕之

按本紀云云　按志在柳五度

龍朔元年五月甲子晦日有蝕之

按本紀云云　按志在東井二十七度皆京師分也

麟德二年閏三月癸酉朔日有蝕之

按本紀云云　按志在胃九度占曰主有疾

乾封二年八月己丑朔日有蝕之

按本紀云云　按志作八月己酉朔日有蝕之在翼六度

總章二年六月戊申朔日有蝕之

按本紀云云　按志在東井二十九度

咸亨元年二月壬子日赤無光六月壬寅朔日蝕

按本紀不載日無光日蝕同　按志二月壬子日赤無光癸丑四方濛濛日有濁氣色赤如赭　又按志日蝕在東井十八度東井京師分

二年十一月甲午朔日有蝕之

按本紀云云　按志在箕九度箕爲后妃之府

三年十一月戊子朔日有蝕之

按本紀云云　按志在尾十度京師東井分尾爲後宮

上元元年三月辛亥朔日有蝕之

按本紀云云　按志在婁十三度占爲大臣憂

二年三月日赤九月日蝕

按本紀不載　按志三月丁未日赤如赭　按舊志九月壬寅日蝕

永隆元年四月十一月並日蝕

按本紀十一月壬申朔日有蝕之　按志在尾十六度　按舊志調露二年(即永隆元年)四月乙巳朔十一月壬寅朔日蝕

開耀元年十月丙寅朔日有蝕之

按本紀云云　按志在尾四度

永淳元年四月甲子朔日有蝕之十月庚申朔日有蝕之

按本紀十月不載　按志在畢五度十月在房三度　按舊志十月作十一月

睿宗文明元年二月辛巳日赤如赭

按本紀不載　按志云云

中宗嗣聖三年(即武后垂拱二年)二月辛未朔日有蝕之

按武后本紀云云　按志在營室十五度

嗣聖五年(即武后垂拱四年)六月丁亥朔日有蝕之

按武后本紀云云　按志在東井二十七度京師分也

嗣聖八年(即武后天授二年)四月壬寅朔日有蝕之

按武后本紀云云　按志在昴七度

嗣聖九年(即武后如意元年)四月丙申朔日有蝕之

按武后本紀長壽元年四月丙申朔日蝕大赦改元如意(是年八月又改長壽)　按志在胃十一度皆正陽之月

嗣聖十年(即武后長壽二年)九月丁亥朔日有蝕之

按武后本紀云云　按志在角十度角內爲天庭

嗣聖十一年(即武后延載元年)九月壬午朔日有蝕之

按武后本紀云云　按志在軫十八度軫爲車騎

嗣聖十二年(即武后證聖元年)二月己酉朔日有蝕之

按武后本紀云云　按志在營室五度

嗣聖十七年(即武后久視元年)五月己酉朔日有蝕之

按武后本紀云云　按志在畢十五度

嗣聖十九年(即武后長安二年)九月乙丑朔日有蝕之既

按武后本紀云云　按志在角初度

嗣聖二十年(即武后長安三年)三月壬戌朔日有蝕之九月庚寅朔日有蝕之

按武后本紀云云　按志三月日蝕在奎十度占曰君不安九月在亢七度(按舊志作九月庚寅朔)

嗣聖二十一年(即武后長安四年)正月壬子日赤如赭

按武后本紀不載　按志云云

景龍元年六月丁卯朔日有蝕之十二月乙丑朔日有蝕之

按本紀云云　按志六月日蝕在東井二十八度京師分也十二月日蝕在南斗二十一度爲丞相位

三年二月庚申日色紫赤無光

按本紀不載　按志云云

睿宗太極元年二月丁卯朔日蝕八月元宗即位改元先天九月丁卯朔日有蝕之

按睿宗本紀九月丁卯朔日有蝕之　按志在角十度　按舊志睿宗太極元年二月丁卯朔元宗先天元年九月丁卯朔日蝕(按二月日蝕新書不載疑有舛訛今姑照舊志編次)

元宗開元三年七月庚辰朔日有蝕之

按本紀云云　按志在張四度

七年五月己丑朔日有蝕之

按本紀素服徹樂減膳　按志在畢十五度　按大唐新語開元七年五月己丑朔日有蝕之元宗素服候變撤樂減膳省囚徒多所原放水旱州皆定賑恤不急之務一切停罷蘇瓌與宋璟諫曰陛下頻降德音勤恤人隱令徒以下刑盡責保准放流死等色則情不可寬此古人所以慎赦也恐言事者直以月蝕修刑日蝕修德或云分野應災祥冀合上旨臣以爲君子道長小人道消女謁不行讒夫漸遠此所謂修德囹圄不擾甲兵不黷理官不以深苛軍將不以輕進此所謂修刑也若陛下常以此留念縱日月盈虧將因此而致福又何患乎且君子恥言浮於行故曰

予欲無言又曰天何言哉四時行焉百物生焉要以至誠動天不在制書頒下元宗深納之

九年九月乙巳朔日有蝕之

按本紀云云　按志在軫十八度按舊志九月作五月互異

十二年閏十二月丙辰朔日有蝕之

按本紀云云　按志在虛初度按舊志丙辰作壬辰互異

十四年十二月己未日赤如赭

按本紀不載　按志云云

十七年十月戊午朔日有蝕之

按本紀云云　按志不盡如鉤在氐九度按舊志戊午作丙午

二十年二月甲戌朔日有蝕之八月辛未朔日有蝕之

按本紀云云　按志二月在營室十度八月在翼七度按舊志二月甲戌作癸酉互異

二十一年七月乙丑朔日有蝕之

按本紀云云　按志在張十五度

二十二年十二月戊子朔日有蝕之

按本紀云云　按志在南斗二十三度

二十三年閏十一月壬午朔日有蝕之

按本紀云云　按志在南斗十一度

二十六年九月丙申朔日有蝕之

按本紀云云　按志在亢九度

二十八年三月丁亥朔日有蝕之

按本紀云云　按志在婁三度

二十九年三月丙午日晝昏

按本紀不載　按志風霾日無光近晝昏也占爲上刑急人不樂生

天寶元年七月癸卯朔日有蝕之

按本紀云云　按志在張五度

三載正月庚戌日暈五重

按本紀不載　按志占曰是謂棄光天下有兵

五載五月壬子朔日有蝕之

按本紀云云　按志在畢十六度

十三載六月乙丑朔日有蝕之

按本紀云云　按志日蝕幾既在東井十九度京師分也

肅宗至德元載十月辛巳朔日有蝕之既

按本紀云云　按志在氐十度

上元二年二月白虹貫日七月癸未朔日有蝕之

按本紀不載白虹　按志云云　又按志日蝕既大星皆見在張四度

代宗大曆二年秋日旁有青赤氣

按本紀不載　按志七月丙寅日旁有青赤氣長四丈餘壬申日上有赤氣長二丈九月乙亥至於辛丑日旁有青赤氣

三年正月丁巳日有冠珥辛丑亦如之三月乙巳朔日有蝕之

按本紀止載日蝕　按志凡氣長而立者爲直橫者爲格立於日上者爲冠直爲有自立者格爲戰鬭又日赤氣在日上君有佞臣黃爲土功青赤爲憂　又按志日蝕在婁十一度

十年十月辛酉朔日有蝕之

按本紀云云　按志在氐十一度宋分也

十三年　月日當蝕不蝕

按本紀不載　按舊志十三年甲戌有司奏合蝕不蝕按不言月者舊史闕文

十四年七月戊辰朔日有蝕之十二月丙寅晦日有蝕之

按德宗本紀云云　按志七月在張四度十二月在危十二度按舊志作二月丙寅朔互異

德宗貞元二年閏五月壬戌日有黑暈

按本紀不載　按志云云

三年八月辛巳朔日有蝕之廢伐鼓禮

按本紀云云　按禮樂志貞元三年八月日有蝕之有司將伐鼓德宗不許太常卿董晉言伐鼓所以責陰而助陽也請聽有司依經伐鼓不報由是其禮遂廢　按志在軫八度

五年正月甲辰朔日有蝕之

按本紀云云　按志在營室六度

六年正月戊戌朔日蝕甲子日赤如血

按本紀不載　按志正月甲子日赤如血　按舊志六年正月戊戌朔有司奏合蝕不蝕百寮稱賀

七年六月日當蝕不蝕

按本紀不載　按舊志七年六月庚寅朔有司奏日蝕是夜陰雲不見百官表賀

八年十一月壬子朔日有蝕之

按本紀云云　按志在尾六度宋分也　按舊志先是司天監徐承嗣奏據曆合蝕八分今退蝕三分准占君盛明則陰匿而潛退請書于史從之

十年四月癸卯朔日蝕

按本紀不載　按舊志十年四月癸卯朔有司奏太

陽合虧已正後刻蝕之既未正後五刻復滿太常奏
准禮上不視朝其日陰雲不見百官表賀
十二年八月己未朔日有蝕之
按本紀云云　按志在翼十八度占曰旱
十七年五月壬戌朔日有蝕之
按本紀云云　按志在東井十度
憲宗元和二年十月壬午日旁有黑氣
按本紀不載　按志十月壬午日旁有黑氣如人形
跪手捧盤向日盤中氣如人頭
三年七月辛巳朔日有蝕之
按本紀云云　按志在七星三度　按舊志憲宗謂
宰臣曰昨司天奏太陽虧蝕皆如其言何也又素服
救日其儀安在李吉甫對曰日月運行遲速不齊日
凡周天三百六十五度有餘日行一度月行十三度
有餘率二十九日半而與日會又月行有南北九道
之異或進或退若晦朔之交又南北同道卽日爲月
之所掩故名薄蝕雖自然常數可以推步然日爲陽
精人君之象若君行有緩有急卽日爲之遲速稍踰
常度爲月所掩卽陰侵於陽亦猶人君行或失中應
感所致故禮云男教不修陽事不得謫見於天日爲
之蝕古者日蝕則天子素服而修六官之職月蝕則
后素服而修六宮之職皆所以懼天戒而自省惕也
人君在民物之上易爲驕盈故聖人制禮務乾恭夕
惕以奉若天道苟德大備天人合應百福斯臻陛下
恭己向明日愼一日又顧憂天譴則聖德益固升平
何遠伏望長保睿志以永無疆之休上曰天人交感
妖祥應德蓋如卿言素服救日自貶之旨也朕雖不
德敢忘兢惕卿等匡吾不逮也
四年閏三月日旁有物如日
五年四月辛未白虹貫日
按以上本紀不載　按志云云
十年正月辛卯日外有物如烏八月己亥朔日有蝕
之
按本紀不載日外有物　按志日蝕在翼十八度
十一年正月己卯日紫赤無光
按本紀不載　按志云云
十三年六月癸丑朔日有蝕之
按本紀云云　按志在輿鬼一度京師分也
穆宗長慶元年六月己丑白虹貫日
按本紀不載　按志云云
二年四月辛酉朔日有蝕之
按本紀云云　按志在胃十三度
三年二月庚戌白虹貫日九月壬子朔日有蝕之
按本紀白虹不載　按志日蝕在角十二度
敬宗寶曆元年六月甲戌赤虹貫日九月甲申日赤
無光
二年三月甲午日中有黑氣如杯辛亥日中有黑子
四月甲寅白虹貫日
按本紀俱不載　按志云云
文宗太和二年二月癸亥日無光白霧晝昏十二月
癸亥有黑祲與日如鬬
五年二月辛丑白虹貫日
六年三月有黑祲與日如鬬庚戌日中有黑子四月
乙丑黑氣磨日
七年正月庚戌白虹貫日
按以上本紀不載　按志云云
八年二月壬午朔日有蝕之七月白虹貫日日暈十
月白虹貫日有背玦
按本紀止載日蝕餘不載　按志日蝕在奎十度七
月甲戌白虹貫日日有交暈十月壬寅白虹貫日東
西際天上有背玦
九年二月辛卯日月赤如血壬辰亦如之
按本紀不載　按志云云
開成元年正月辛丑朔日有蝕之白虹貫日二月己
丑白虹貫日
按本紀大赦改元免太和五年以前逋負京畿今歲
稅賜文武官階爵白虹不載　按志云云　又按志
日蝕在虛三度
二年十一月辛巳日中有黑子大如雞卵日赤如赭
晝昏至於癸未
五年正月己丑日暈白虹在東如玉環貫珥二月丙
辰日有重暈有赤氣夾日十二月癸卯朔日旁有黑
氣來觸
按以上本紀俱不載　按志云云
武宗會昌元年十一月庚戌日中有黑子
按本紀不載　按志云云
三年二月庚申朔日有蝕之
按本紀云云　按志在東壁一度并州分也
四年正月戊申日無光二月甲寅朔日有蝕之己巳
白虹貫日如玉環
按本紀止載日蝕　按志云云　又按志日蝕在營

室七度
五年七月丙午朔日有蝕之
按本紀云云　按志在張七度
六年十二月戊辰朔日有蝕之
按宣宗本紀云云　按志在南斗十四度
宣宗大中二年五月己未朔日有蝕之
按本紀云云　按志在參九度
八年正月丙戌朔日有蝕之
按本紀云云　按志在危一度危爲元枵亦耗祥也
十三年四月甲午日暗無光
按本紀不載　按志云云
懿宗咸通四年七月辛卯朔日有蝕之
按本紀云云　按志在張十七度
六年正月白虹貫日日中有黑氣如雞卵
按本紀不載　按志云云
七年十二月癸酉白氣貫日日有重暈甲戌亦如之
按本紀不載　按志白氣兵象也
十四年二月癸卯白虹貫日
按本紀不載　按志云云
僖宗乾符元年日中有黑子
二年日中有若飛燕者
按以上本紀不載　按志云云
三年九月乙亥朔日有蝕之
按本紀避正殿　按志在軫十四度
四年四月壬申朔日有蝕之
按本紀云云　按志在畢三度
六年四月庚申朔日有蝕之既十一月丙辰朔有兩日鬬
按本紀不載　按志日蝕在胃八度　又按志十一月丙辰朔有兩日並出而鬬三日乃不見鬬者離而復合也
廣明元年日暈如虹黃氣蔽日無光
按本紀不載　按志日不可以二虹百殃之本也
中和二年三月丙午日有青黃暈四月丙辰亦如之丁巳戊午又如之
按本紀不載　按志云云
光啓二年十一月己亥下晡日上有黑氣
四年二月己丑日赤如血庚寅改元文德日赤無光
按以上本紀不載　按志云云
文德元年三月戊戌朔日有蝕之
按本紀云云　按志在胃一度
昭宗景福元年五月日色散如黃金
光化三年冬日有虹蜺背璚彌旬日有赤氣自東北至於東南
天復元年十月日色散如黃金十一月又如之
三年二月丁丑日有赤氣自東北至於東南
按以上本紀俱不載　按志云云
天祐元年二月丙寅日中見北斗八月哀帝卽位十月辛卯朔日有蝕之十一月癸酉日暈
按哀帝本紀不載日暈　按志日中見北斗其占重日蝕在心三度十一月癸酉日中有黃暈旁有青赤氣二
二年正月日有暈背白虹二月又如之
按本紀不載　按志正月甲申日有黃白暈暈上有青赤背乙酉亦如之暈中生白虹漸東長百餘丈二月己巳日有黃白暈如半環有蒼黑雲夾日長各六尺餘既而雲變狀如人如馬乃消舊占背者叛背之象日暈有虹者爲大戰半暈者相有謀蒼黑祲祥也夾日者賊臣制君之象變而如人者爲叛臣如馬者爲兵
三年春日暈有背四月癸未朔日有蝕之
按本紀不載日暈　按志正月辛未日有黃白暈上有青赤背二月癸巳日有黃白暈如半環有青赤背庚戌日有黃白暈青赤背四月癸未朔日有蝕之在胃十二度
又按志凡唐著紀二百八十九年日蝕九十三朔九十一晦二日一

後梁

太祖開平四年十二月庚午日有蝕之
乾化元年春正月丙戌朔日有蝕之
按五代史本紀不載　按司天考云云
按冊府元龜乾化元年正月丙戌朔日有蝕之帝素服避殿百官守司以恭天事明復而止庚寅制曰兩漢以來日蝕地震百官各上封事指陳得失今茲謫見當有咎徵其令列辟羣寮危言正諫
末帝龍德元年六月乙卯朔日有蝕之
按本紀不載　按司天考云云

後唐

莊宗同光元年十月辛未朔日有蝕之
二年四月癸亥朔日有蝕之
按以上本紀不載　按司天考云云

明宗天成元年八月乙酉朔日有蝕之十月己丑至於庚子日月赤而無光

二年八月己卯朔日有蝕之

三年二月丁丑朔日有蝕之

四年六月癸丑日有蝕之既

長興元年六月癸巳朔日有蝕之

二年十一月甲申朔日有蝕之

按以上本紀不載　按司天考云云

愍帝應順元年四月戊寅白虹貫日

按本紀不載　按司天考云云

後晉

高祖天福二年正月乙卯朔日有蝕之十二月己卯朔日有白虹二

三年三月壬子日有白虹二

按以上本紀不載　按司天考云云

四年七月庚子朔日有蝕之

按本紀不載　按司天考云云

按冊府元龜天福四年六月己亥司天臺奏七月一日太陽有虧缺於北極於東於南未盈而沒太常禮官詳舊制日有變天子素服避殿太史以所司救日於社陳五獄五鼓麾東戟南矛西弩北楯中央置鼓服從其位百職廢務素服守司重列於庭每等異位向日而立明復而罷今所司法物或不能具且去歲正旦日有蝕之唯諱藏兵仗皇帝避正殿尚素食百官守司而已中奏欲行近禮從之

五年十一月丁丑日有蝕之

按本紀不載　按司天考云云

八年四月戊申朔日有蝕之

按本紀不載　按司天考云云

出帝開運元年二月辛亥日有白虹二三月戊子朔有蝕之九月庚午朔日有蝕之

二年八月甲子朔日有蝕之

三年二月壬戌朔日有蝕之

按以上本紀俱不載　按司天考云云

後漢

隱帝乾祐元年六月戊寅朔日有蝕之

二年六月癸酉朔日有蝕之

三年十一月甲子朔日有蝕之

按以上本紀俱不載　按司天考云云

後周

太祖廣順二年四月丙戌朔日有蝕之

按五代史周太祖本紀云云

世宗顯德二年二月庚子朔日有蝕之

三年十二月庚午白虹貫日癸酉日有蝕之

按以上本紀不載　按司天考云云

恭帝元年正月癸卯日既出其下復有一日相掩黑光摩盪者久之

按宋史天文志云云　按五代史不載

按綱目世宗拜太祖檢校太傅殿前都檢點恭帝即位改歸德軍節度檢校太尉北漢結契丹入寇命出師禦之殿前散指揮使苗訓善觀天文見日下復有一日黑光摩盪者久之指示楚昭輔曰此天命也是夕次陳橋驛石守信等率軍士擐甲執兵逼寢所曰諸將願策太尉為天子未及對黃袍已加身矣

遼

太祖五年正月丙戌朔日有蝕之

神冊六年六月乙卯朔日有蝕之

天贊二年十月辛未朔日有蝕之

按以上遼史本紀云云

穆宗應曆二年四月丙戌朔日有蝕之

五年二月庚子朔日有蝕之

十一年夏四月癸巳朔日有蝕之

十五年二月壬寅朔日有蝕之

按以上本紀云云

景宗保寧九年十一月丁亥朔司天臺奏日當蝕不虧

按本紀云云

聖宗統和九年閏二月辛未朔日有蝕之

十年二月乙丑朔日有蝕之

十二年七月辛亥朔日有蝕之十二月戊寅朔日有蝕之

十五年五月甲子朔日有蝕之

二十年七月甲午朔日有蝕之

開泰九年七月庚戌朔日有蝕之詔近臣代拜救日

按以上本紀云云

興宗重熙十八年春正月甲午朔日有蝕之

二十二年十月丙申朔日有蝕之

按以上本紀云云

道宗咸雍二年九月壬子朔日有蝕之

四年春正月甲戌朔日有蝕之

五年七月乙丑朔日有蝕之

太康元年八月庚寅朔日有蝕之
六年十一月己丑朔日有蝕之
九年九月癸卯朔日有蝕之
按以上本紀云云
大安七年五月己未朔日有蝕之
十年三月壬申朔日有蝕之
壽隆六年夏四月丁酉朔日有蝕之
天祚帝保大二年二月庚寅朔日有蝕之
按以上本紀云云

宋

太祖建隆元年五月己亥朔日有蝕之
按宋史本紀帝避正殿用牲太社如故事　按禮志建隆元年司天監言日蝕五月朔請掩藏戈兵鎧冑事下有司有司請皇帝避正殿素服百官各守本司遣官用牲太社如故事
二年四月癸巳朔日有蝕之
按本紀云云　按天文志同
乾德三年二月壬寅朔日當蝕不蝕
五年六月戊午朔日有蝕之
按以上本紀云云　按志同
開寶元年十二月己酉朔日有蝕之
按本紀不載　按志云云
三年四月辛未朔日有蝕之
按本紀云云按志作辛酉
四年十月癸亥朔日有蝕之
五年九月丁巳朔日有蝕之
按以上本紀云云　按志同
七年正月丙戌日中有黑子二三月庚辰朔日有蝕之
八年七月辛未朔日有蝕之
按以上本紀云云　按志同
太宗太平興國二年十一月丁亥朔日有蝕之既
六年九月乙未朔日有蝕之
七年三月癸巳朔日有蝕之
八年二月戊子朔日有蝕之
按以上本紀云云　按志同
雍熙二年十二月庚子朔日有蝕之
三年六月戊戌朔日有蝕之
按以上本紀云云　按志同
淳化二年閏二月辛未朔日有蝕之
三年二月乙丑朔日有蝕之
四年二月己未朔日有蝕之八月丙辰朔日有蝕之
五年十二月戊寅朔日有蝕之雲陰不見
按以上本紀云云　按志同
眞宗咸平元年五月戊午朔日有蝕之十月丙戌朔日有蝕之
二年九月庚辰朔日有蝕之
三年三月戊寅朔日有蝕之
五年七月甲午朔日有蝕之
按以上本紀云云　按志同
景德元年十一月庚午日抱珥十二月庚辰朔日有蝕之甲辰日有二影
按本紀十一月庚午車駕北巡司天言日抱珥黃氣四塞宜不戰而却甲辰日影不載　按志十一月不載十二月日蝕同甲辰日有二影如三日狀
三年五月壬寅朔日有蝕之雲陰不見九月戊申日赤如赭
按本紀五月壬寅日當蝕不虧九月日赤不載　按志云云
四年四月甲申日無光五月丙申朔日有蝕之陰雨不見避正殿不視事冬十月甲午朔日當蝕雲陰不見
按本紀日無光不載五月丙申朔日蝕不言陰雨不見冬十月甲午朔日當蝕雲陰不見　按志四月甲申日無光五月丙申朔日有蝕之陰雨不見十月日蝕不載　按禮志景德四年五月朔日蝕上避正殿不視事
大中祥符元年十月辛亥日有冠戴重輪
按本紀十月辛亥享昊天上帝於圜臺陳天書於左日有冠戴黃氣紛郁壬子還奉高日重輪五色雲見按志未詳月日
二年三月丙辰朔日當蝕不見
按本紀云云　按志陰雨不見
五年八月丙申朔日有蝕之
六年十二月戊午朔日有蝕之
七年十二月癸丑朔日當蝕不虧
八年六月己酉朔日有蝕之
天禧三年三月戊午朔日有蝕之
五年七月甲戌朔日有蝕之
按以上皆本紀云云　按志同
乾興元年仁宗即位七月甲子朔日蝕幾盡

按仁宗本紀不載　按志云云

又按志自咸平元年迄乾興末凡重輪二十四珥一五色氣一冠氣二百六十六珥四十一戴氣一百九十七抱氣五十七承氣一百八十四直氣七十七光氣一黃氣九赤黃氣四紫氣五赤黃交氣二赤黃綠碧氣二青赤氣二十一黃白氣一黑氣二白氣五纓氣三戟氣一紐氣二背氣二百九十九暈一千二百二十一半暈六百五十三重暈二十七交暈一十三

按災變之見隨時以考驗吉凶史家乃以比類記其數傾於合計之繁其謬甚矣

仁宗天聖二年五月丁亥朔日當蝕不蝕

四年十月甲戌朔日有蝕之

六年三月丙申朔日有蝕之

七年八月丁亥朔日有蝕之

明道二年六月甲午朔日有蝕之

景祐三年四月己酉朔日當蝕不蝕

按以上皆本紀云云　按志同

寶元元年正月戊戌朔日有蝕之

按本紀不載　按志云云　按遯堯錄景祐四年司天言明年正旦日蝕三朝之始人君尤忌請移閏避之程琳曰日者衆陽之長人君之象如有蝕恐陛下乾道有虧惟修德可免帝曰卿言極是

二年十二月庚申日赤如朱踰二刻復

按本紀不載　按志云云

康定元年正月丙辰朔日有蝕之

按本紀云云　按綱目先是司天楊惟德請移閏於庚辰歲則日蝕在正月之晦帝曰閏所以正天時而授民事其可曲避乎不許

慶曆二年六月癸酉朔日有蝕之

按本紀不載　按志云云

三年五月丁卯朔日有蝕之

按本紀云云　按志同

四年十一月戊午朔日當蝕不蝕

按本紀不載　按志云云

五年四月丁亥朔日有蝕之

按本紀司天言日當蝕陰晦不見　按志同

六年三月辛巳朔日有蝕之

八年正月乙未日赤無光

按以上本紀云云　按志同

皇祐元年正月甲午朔日有蝕之

四年十一月壬寅朔日有蝕之

五年十月丙申朔日有蝕之

按以上本紀云云　按志同

至和元年四月甲午朔日有蝕之改元

按本紀三月乙亥太史言日當蝕四月朔庚辰下德音改元減死罪一等流以下釋之癸未易服避正殿減常膳夏四月甲午朔日有蝕之用牲於社辛丑御正殿復常膳　按志同　按禮志至和元年四月朔日蝕既內降德音改元易服避正殿減膳百官詣東上閤門拜表請御正殿復常膳三表乃從至日遣官祀太社而陰雨以雷至申乃見蝕九分之餘百官稱賀

三年八月己亥朔日有蝕之

四年正月丙申朔日有蝕之詔正旦日蝕毋拜表稱賀

按以上本紀云云　按綱目時用牲於社帝避殿不受朝知制誥劉敞言社者上公之神羣陰之長故日蝕則伐鼓於社所以責上公退羣陰今反祠而請之是屈天子之禮從諸侯之制抑陽扶陰降尊貶重非所以承天戒尊朝廷之義也　按禮志先是皇祐初以日蝕三朝不受賀百官拜表嘉祐四年詔正旦日蝕毋拜表自十二月二十一日不御前殿減常膳宴遼使罷作樂至日仍遣官祀太社百官三表乃御正殿復膳

六年六月壬子朔日有蝕之雲陰不見詔禮官定伐鼓儀未為定制

按本紀云云　按禮志六年六月朔日蝕詔禮官驗詳典故皇帝素服不御正殿毋視事百官廢務守司合朔前二日郊社令及門僕守四門巡門監察鼓吹令率工人如方色執麾斿分置四門屋下龍蛇鼓隨設於左東門者立北塾南面南門者立東塾西面西門者立南塾北面北門者立西塾東面隊正一人執刀率衛士五人執五兵之器立鼓外矛處東戟處南斧鉞在西矟在北郊社令立攢於壇四隅縈朱絲繩三匝又於北設黃麾龍蛇鼓一次之弓一矢四次之諸兵鼓俱靜立俟司天監告日有變工舉麾乃伐鼓祭告官行事太祝讀文其詞以責陰助陽之意司天官稱止乃罷鼓如霧晦不見即不伐鼓自是日有蝕之皆如其制

又按志天聖元年訖嘉祐末日黃耀有光一煇氣一十九青黃紫暈八百五十五周暈二十六重暈一十六交暈五連環暈一珥八百四十七冠氣一百四十

戴氣二百五十六承氣一百重承氣一抱氣一十八
負氣一背氣一百七格氣二直氣五白虹貫日四白
氣如繩貫日井暈一
神宗熙寧元年正月甲戌朔日有蝕之翰林學士王
珪奉命祭社又詔飭百司守職
按本紀不載　按志云云　按禮志治平四年十二
月詔來歲正旦日蝕命翰林學士承旨王珪祭社又
詔古者日蝕百司守職蓋所以祇天戒而備非常今
獨闕之甚非王者小心寅畏之道可令中書議舉行
二年七月乙丑朔日有蝕之雲陰不見
六年四月甲戌朔日有蝕之雲陰不見赦罪有差
按以上本紀云云　按禮志熙寧六年夏四月朔日
蝕詔易服避殿減膳如故事降天下死刑釋流以下
罪
七年三月乙巳白虹貫日
按本紀云云
八年八月庚寅朔日有蝕之雲陰不見
十年二月辛卯日中有黑子如李至乙巳散
按以上本紀云云　按志同
元豐元年閏正月日中有黑子六月癸卯朔日當蝕
不蝕十二月日中有黑子
按本紀閏正月庚子日中有黑子六月癸卯朔日有
蝕之　按志閏正月庚子日中有黑子如李至二月
戊午散十二月丙午日中有黑子如李大至丁巳散
又按志六月癸卯朔日當蝕不蝕
二年二月甲寅日中有黑子如李至癸亥散
按本紀云云　按志同

三年正月白虹貫日十一月己丑朔日有蝕之
按本紀正月癸巳白虹貫日十一月己丑朔日當蝕
雲陰不見按志白虹貫日不載十一月日有蝕之不言雲陰不見
四年十一月癸未朔日當蝕不蝕
按本紀云云　按志同
五年四月壬子朔日蝕不見
按本紀云云　按志雲陰不見
六年正月甲申白虹貫日九月癸卯朔日有蝕之
按本紀云云　按志正月白虹不載日蝕同
七年三月癸亥白虹貫日五月辛酉白虹貫日
按本紀云云　按志不載
又按志治平後迄元豐末凡日暈一千三百五十六
周暈二百七十七重暈七十四交暈四十九連環暈
一珥八百八十二冠氣四十二戴氣二百七十一承
氣五十抱氣二背氣二百四十六直氣二戟氣一纓
氣五璚氣一白虹貫日九貫珥三
元豐八年三月戊戌哲宗即位己亥白虹貫日七月
丙辰白虹貫日
哲宗元祐元年閏二月丙午白虹貫日
按以上本紀云云
二年六月白虹貫日七月日蝕十二月白虹貫日
按本紀二年六月辛巳白虹貫日十二月乙未白虹
貫日　按志七月庚戌朔日有蝕之
三年二月乙未白虹貫日十二月壬寅白虹貫日
四年正月庚戌白虹貫日
按以上本紀云云
六年五月己未朔日有蝕之

按本紀云云　按志同
紹聖元年三月壬申朔日有蝕之四月癸丑白虹貫
日
按本紀云云　按志同
二年二月丁卯朔日當蝕不蝕
按本紀不載　按志云云
三年八月壬戌日上有五色暈下有五色氣
按本紀云云按志不言月日
四年六月癸未朔日有蝕之雲陰不見
按本紀云云　按志同
元符二年十月甲寅日有蝕之既
按本紀云云
三年四月丁酉朔日有蝕之
按徽宗本紀云云　按綱目詔求直言以四月日蝕
故也
徽宗建中靖國元年夏四月辛卯朔日有蝕之雲陰
不見
按本紀云云　按曾肇傳肇爲翰林學士建中靖國
元年太史奏日當蝕四月肇請對言比歲日蝕正陽
咎異章著陛下簡儉清淨之化或衰於前聲色服玩
之好或萌於心忠邪賢不肖或有未辨賞慶刑威或
有未當左右阿諛壅蔽矯舉民冤失職鬱不得伸此
宜反覆循省痛自克責以塞天變言發涕下帝悚然
順納
崇寧二年五月癸卯日淡赤無光七月壬午白虹貫
日
按本紀七月壬午白虹貫日　按志日淡赤無光

三年十月壬辰日中有黑子如棗大
按本紀不載　按志云云
四年十月壬辰日中有黑子
五年七月庚寅日當蝕不虧
按以上本紀云云　按志不載
大觀元年十一月壬子朔日有蝕之
二年五月庚戌朔日有蝕之
四年九月丙寅朔日有蝕之
按以上本紀云云　按志同
政和二年四月辛卯日中有黑子六月乙卯白虹貫日
按本紀云云　按志日中有黑子乍二乍三如栗大白虹不載
三年三月壬子朔日有蝕之
五年七月戊辰朔日有蝕之
按以上本紀云云　按志同
八年十一月辛亥日中有黑子如李大
按本紀不載　按志云云
重和元年五月壬午朔日有蝕之十一月辛亥日中有黑子
按本紀云云
宣和元年四月丙子朔日有蝕之
按本紀云云　按志同
二年正月己未日蒙蒙無光五月己酉日中有黑子十月戊辰朔日有蝕之
按本紀載黑子及日蝕無光不載　按志日無光及黑子如棗大

三年十二月辛卯日中有黑子如李大
按本紀云云　按五行志三年春日有眚忽青黑無光其中洶洶而動若鉟金而湧沸狀日旁有黑正如水波周迴旋繞將暮而稍止
四年二月癸巳日蒙蒙無光
按本紀不載　按志云云
五年八月辛巳朔日有蝕之陰雲不見
按本紀云云　按志同
七年十二月辛酉日有五色暈兩日相摩
按欽宗本紀十二月庚申徽宗詔皇太子嗣位辛酉即皇帝位御垂拱殿見羣臣是日日有五色暈挾赤黃珥重日相摩盪久之　按志不載
欽宗靖康元年十月庚子日有青赤黃戴氣庚申日有兩珥及背氣
按本紀云云　按志不載戴氣背氣
又按志自元符三年正月迄靖康五年四月凡日暈九暈戴三半暈一暈珥背一半暈重背一暈纓一珥背一珥十三暈珥七冠氣七暈背四戴氣六承氣二抱氣四背氣一十七五色氣暈一直氣四環氣帶氣二戟氣二履氣二半暈重履一半暈再重一
高宗建炎三年春二月白虹貫日黑氣夾日三月日中有黑子九月丙午朔日有蝕之
按本紀白虹不載　按志三年春白虹貫日三月己卯日中有黑子至壬寅始消九月丙午朔日蝕於亢　又按五行志建炎三年二月甲寅日初出兩黑氣如人形夾日旁至巳時乃散
四年二月辛丑白虹貫日十一月癸卯日生背氣

按本紀不載日生背氣　按志云云　又按五行志三月辛亥白虹貫日
紹興元年正月日生背氣二月日中有黑子
按本紀不載背氣二月己卯日中有黑子四日乃沒　按志正月壬戌日生背氣二月己卯日中有黑子如李大三日乃伏
二年四月壬申五月戊寅日皆生戴氣閏四月丙申日生背氣
按本紀不載　按志云云
三年二月乙卯日生戴氣六月甲申朔日生背氣
按本紀不載　按志云云
四年正月日生承氣三月日暈生抱五月日生背六月又暈
按本紀不載　按志四年正月壬子日生承氣三月壬戌日暈於軫甲子又暈於婁辛未又暈於胃是日日生抱氣五月甲戌日生背氣六月壬辰日暈於井
五年正月乙巳朔日有蝕之庚申日有戴氣
按本紀不載戴氣　按志正月乙巳朔日蝕於女庚申日有戴氣
六年春日暈四月日生戴十月日中有黑子十一月日生珥背
按本紀止載日中有黑子　按志二月丙寅日暈於婁三月戊寅日暈於張丁亥又暈於胃四月己亥日生戴氣庚子復生仍有承氣十月壬戌日中有黑子如李大至十一月丙寅始消十一月庚寅日左右生珥井背氣癸巳日又生背氣
七年二月庚子日中有黑子辛丑氛氣翳日三月癸

巳朔日有蝕之四月戊申日中有黑子
按本紀二月癸巳朔日有蝕之辛丑以日蝕求直言四月戊申日中有黑子　按志二月庚子日中有黑子如李大旬日始消辛丑氛氣翳日三月癸巳朔日蝕於室是年當金之天會十五年金史不書日蝕四月戊申日中有黑子至五月乃消
八年二月辛酉日中有黑子辛巳白虹貫日三月四月晝晦無光十月乙亥日中有黑子
按本紀不載白虹貫日　按志八年至十二年日蝕多在夜史蒙蔽不書　又按五行志三月甲寅晝晦日無光四月晝日無光
九年二月日中有黑子月餘乃沒十月甲戌日中有黑子
按本紀云云
十三年十二月癸未朔日有蝕之黔雲不見
按本紀云云　按志日蝕於牛黔雲不見
十五年六月乙亥朔日有蝕之丙午日中有黑氣往來丁未日中有黑子日無光
按本紀載日蝕不載黑氣黑子　按志日蝕於井
十七年十月辛卯朔日有蝕之
按本紀云云　按志日蝕於氐是年乃金之皇統七年金史不書日蝕
十八年四月戊子朔日有蝕之
按本紀云云　按志黔雲不見
十九年三月癸未朔日有蝕之
按本紀云云　按志黔雲不見
二十一年閏四月壬申日生赤黃暈周匝
按本紀不載　按志云云
二十四年五月癸丑朔日有蝕之
按本紀云云　按志黔雲不見
二十五年五月丁未朔日有蝕之
按本紀云云　按志黔雲不見
二十七年二月壬寅白虹貫日冬十月赤氣隨日
按本紀冬十月有赤氣隨日入　按志二月壬寅白虹貫日
二十八年二月戊申日生赤黃暈周匝三月辛酉朔日有蝕之
按本紀三月辛酉朔日有蝕之　按志二月戊申日生赤黃暈周匝三月辛酉朔日蝕黔雲不見
二十九年正月日暈生戴左右生珥
按本紀不載　按志正月癸酉日連暈上生青赤黃色戴氣日左右生珥
三十年八月丙午朔日有蝕之十二月曲虹見日西
按本紀日蝕作丙子朔　按志八月丙午朔日蝕於翼　又按志十二月辛酉曲虹見日之西
三十一年正月甲戌朔日當蝕不蝕四月日暈六月七月日暈生背
按本紀甲戌朔以日蝕不受朝不載日暈背　按志正月甲戌朔太史言日當蝕而不蝕四月戊辰日生赤黃暈周匝六月辛酉日上暈外生赤黃色有背氣七月辛卯日上暈外生背氣
三十二年正月戊辰朔日有蝕之
按本紀云云　按志日蝕於女
孝宗隆興元年六月庚申朔日有蝕之
按本紀云云　按志日蝕於井
二年二月日暈生珥三月日暈六月甲寅朔日有蝕之日有戴氣七月日重暈生背珥
按本紀止載日蝕　按志二月壬申日生赤黃色暈日左右生青赤黃珥癸未日生赤黃色暈周匝三月庚戌日生赤黃色暈周匝六月甲寅朔日有蝕之黔雲不見甲子日有戴氣七月甲申朔日生赤黃暈不匝上生重暈又生背氣及青珥丁亥日生重暈上生青赤黃色背氣癸卯日生赤黃暈不匝暈外生背氣赤黃兩頭向外曲
乾道元年六月日暈生格氣
按本紀不載　按志六月丁未日暈周匝暈外生格氣橫在日下
二年二月日生直氣半暈背氣
按本紀不載　按志二月庚辰日左生赤黃色直氣長丈餘及半暈背氣
三年三月日暈生承氣四月日暈五月暈外有承氣六月又暈
按本紀不載　按志三月丁巳日暈於婁外生赤黃承氣四月辛卯日暈赤黃色周匝五月戊戌朔日赤黃暈周匝甲辰日下暈外有青赤黃承氣六月丙子日赤黃暈周匝
四年六月丁巳日赤黃暈周匝
按本紀不載　按志云云
五年正月己巳日生黃色戴氣承氣庚申日色黃白昏霧四塞八月甲申朔日有蝕之
按本紀載日蝕不載戴氣承氣　按志日蝕在翼黔

雲不見

六年三月日暈閏五月半暈生戴氣承氣生珥六月日青無光

按本紀不載　按志三月丁丑日暈不匝下生承氣閏五月壬辰日半暈再重生戴氣承氣丁酉日左生珥　按五行志六月日青無光

八年六月日暈珥生承氣

按本紀不載　按志六月辛丑日暈不匝左右生珥壬寅日暈周匝丁未日暈不匝外生承氣日下暈

九年二月日暈五月壬辰朔日有蝕之

按本紀日暈不載　按志二月丙子日暈於奎五月壬辰朔日蝕在井黔雲不見

淳熙元年三月日暈十月白虹見日東十一月甲申朔日有蝕之

按本紀日暈白虹不載　按志三月辛丑日暈於胃十一月甲申朔日蝕在尾黔雲不見　按五行志戊寅白虹見日東

二年七月甲辰日生背氣

按本紀不載　按志云云

三年二月日暈三月丙午朔日有蝕之

按本紀不載日暈　按志二月庚子日暈不匝外日半暈再重三月丙午朔日有蝕之黔雲不見

四年二月日暈生戴九月丁酉朔日有蝕之

按本紀九月丁酉朔日有蝕之　按志二月戊子日暈不匝日上連暈生戴氣日下暈外生承氣九月日蝕黔雲不見

五年三月四月六月皆日暈十月曲虹見日東十二月日有珥戴

按本紀不載　按志三月癸卯四月乙酉六月庚辰皆日暈周匝十二月乙未日生兩珥一戴氣　按五行志十月丁巳曲虹見日東

六年二月六月日暈十二月暈外生戴

按本紀不載　按志二月癸丑日半暈再重六月己丑日暈周匝十二月辛亥日暈外生戴氣

八年正月日生戴珥閏三月日暈七月暈外生背

按本紀不載　按志正月己酉日生戴氣後日左生青赤黃珥閏三月丙申日暈周匝七月己卯日半暈外生背氣

十年十一月壬戌朔日有蝕之

按本紀云云　按志日蝕於心

十一年正月戊申日半暈再重

按本紀不載　按志云云

十二年正月日中有黑子

按本紀戊戌日中有黑子庚戌日中復有黑子　按志正月癸巳日中生黑子大如棗戊戌至庚戌日中皆有黑子

十三年五月日中生黑子日暈

按本紀癸未日中有黑子日暈不載　按志五月庚辰日中生黑子大如棗己卯日暈周匝

十四年十一月甲寅西南方有赤氣隨日入十二月壬午東北方有赤氣隨日出

按本紀云云　按志不載

十五年二月日暈六月生背氣八月甲子朔日有蝕之

按本紀日暈背不載　按志二月己卯日赤黃暈周匝六月丙申日上生青赤黃色背氣八月甲子朔日蝕於翼

十六年二月辛酉朔日有蝕之三月壬寅日半暈再重

按本紀日暈不載　按志日蝕黔雲不見

按貴耳集孝廟將授受於光廟擇正月使人離闕選日講行大典孝廟與周益公云二月一日日蝕避正殿未滿旬日有此典故恐非新君所宜朕自當之俟日蝕後別擇日外廷俱不知之太子春坊姜特立來謁益公云宮中已知金使離闕廷便講授受之典寂然不聞益公正色答云朝廷大事外廷豈可預聞恐非春坊所當言自此譖言先入益公相光廟不數月而免今平園有光廟御書跋語載之甚詳

光宗紹熙元年五月庚辰日半暈再重六月甲申日生赤黃暈周匝

按本紀不載　按志云云

二年二月日生戴三月日暈四月日生戴氣七月日暈有背氣

按本紀不載　按志二年二月壬寅日生戴氣青赤黃色三月辛未日生青赤黃暈周匝四月癸未日生戴氣七月庚申日暈外青背氣壬戌日有背氣

四年二月日暈十一月日暈生背日中有黑子

按本紀十一月辛未日中有黑子庚辰日中黑子滅　按志二月癸亥日暈周匝十一月辛巳日暈外生背氣辛未日中有黑子至庚辰始消

五年四月乙卯日暈周匝六月丙午日上暈外生背

氣

按本紀不載　按志云云

寧宗慶元元年正月白虹貫日二月日暈生背三月丙戌朔日有蝕之四月日生格氣

按本紀正月丙辰白虹貫日三月丙戌朔日有蝕之

按志正月丙辰白虹貫日二月辛巳日上暈外生青赤黃背氣三月丙戌日蝕於婁四月己未日生赤黃色格氣

二年五月己丑日生背氣其色青黃

按本紀不載　按志云云

四年正月己亥朔日有蝕之

按本紀不載　按志黔雲不見

五年正月癸巳朔日有蝕之

按本紀不載　按志黔雲不見

六年六月乙酉朔日有蝕之八月乙未日中有黑子十二月日中又有黑子乙巳滅

按本紀云云　按志日蝕黔雲不見八月乙未日中有黑子如棗大至庚子日消十二月乙酉又生至乙巳始消

嘉泰元年六月辛卯日暈周匝

按本紀不載　按志云云

二年五月甲辰朔日有蝕之十二月甲戌日中生黑子

按本紀云云　按志日蝕於畢十二月甲戌日中生黑子大如棗丙戌始消

三年四月己亥朔日有蝕之七月白虹貫日

按本紀四月己亥朔日有蝕之　按五行志七月壬午白虹貫日

四年正月癸未日中有黑子

按本紀云云　按志大如棗

開禧元年四月辛丑日中有黑子

按本紀云云　按志同

二年二月壬子朔日當蝕太史言不見虧分

按本紀不載　按志云云

嘉定三年六月丁巳朔日有蝕之

按本紀云云　按志同

四年七月己卯日有暈背十一月乙酉朔日有蝕之

按本紀十一月乙酉朔日有蝕之　按志七月己卯巳初刻日有赤黃暈不匝至酉初後日上暈外生青赤黃背氣十一月乙酉朔日當蝕太史言不見虧分

六年四月己卯日赤黃暈周匝

按本紀不載　按志云云

七年二月日暈九月壬戌朔日有蝕之

按本紀九月壬戌朔日有蝕之　按志三月壬申日生赤黃暈外有青赤黃承氣暈周匝九月日蝕於角

九年二月甲申朔日有蝕之

按本紀云云　按志日蝕於室

十年七月丙子朔日有蝕之

按本紀云云　按志日蝕於張

十一年二月日有暈戴白虹貫日七月庚午日有蝕之

按本紀不載　按志二月丙辰日有赤黃暈白虹貫日丙寅日有戴氣七月庚午朔日有蝕之

十四年五月甲申朔日有蝕之

按本紀云云　按志日蝕於畢

十五年二月日暈

按本紀不載　按志二月己亥日暈於婁周匝有承氣

十六年九月庚子朔日有蝕之

按本紀云云　按志日蝕於軫

十七年六月辛卯日生背氣

按本紀不載　按志云云

理宗寶慶三年六月戊申朔日有蝕之十二月己酉日旁有氣如珥

紹定元年六月壬寅朔日有蝕之

三年二月丙申日有背氣

四年七月己丑日生承氣

五年三月丁酉日生抱氣承氣

按以上本紀云云　按志同

六年九月壬寅朔日有蝕之

按本紀云云　按志黔雲不見

端平元年四月甲申日生赤暈六月戊子日生赤黃暈上下有格氣

按本紀不載　按志云云

二年二月日當蝕不虧六月日有承氣

按本紀二月甲子朔日當蝕不虧　按志六月戊寅日有承氣

三年二月辛亥日暈周匝

按本紀云云　按志同

嘉熙元年二月己酉日暈周匝三月癸亥七月壬申日有背氣十二月戊寅朔日有蝕之

二年十月己巳日中有黑子

四年二月丙申朔日生背氣辛丑白虹貫日

按以上本紀云云　按志同

淳祐元年二月戊寅日暈

二年九月庚辰朔日有蝕之

三年三月丁丑朔日有蝕之七月甲午日生格氣

按以上本紀云云　按志同

五年五月日暈有背六月日暈七月癸巳朔日有蝕之

按本紀七月癸巳朔日有蝕之　按志五月戊申日生赤黃暈外有背氣六月甲子日暈周匝七月癸巳朔日有蝕之

六年正月辛卯朔日有蝕之三月癸巳日暈周匝生珥氣四月丁丑日暈周匝

按本紀五年十二月壬午太史奏來歲正旦日當蝕詔以是月二十一日避殿減膳命百官講行闕政凡可以消弭災變者直言毋隱　按志同

七年二月戊申日暈周匝

按本紀云云　按志同

八年六月乙酉日生赤黃暈周匝

按本紀云云　按志作己酉日暈於井赤黃周匝

九年四月壬寅朔日有蝕之

按本紀三月丁亥詔以四月朔日蝕自二十日避殿減膳徹樂夏四月壬寅朔日有蝕之　按志同

十二年二月乙卯朔日有蝕之

按本紀云云　按志同

寶祐元年正月戊戌日生戴氣二月己酉朔日有蝕之

二年二月辛酉日暈周匝

四年三月乙卯日暈周匝

按以上本紀云云　按志同

景定元年二月戊辰朔日有蝕之

二年三月壬戌朔日有蝕之

按以上本紀云云　按志同

四年二月三月四月日暈

按本紀四年二月戊午日暈周匝三月壬辰太陽赤黃暈四月戊辰太陽赤黃暈不匝　按志四月戊辰日生赤黃暈

五年三月六月日暈九月日生格氣

按本紀云云　按志三月己丑日暈於婁周匝赤黃自午至申六月庚午日生赤黃暈九月己丑日生格氣

度宗咸淳元年正月朔日蝕六月日生承氣

按本紀正月辛未朔日有蝕之　按志六月壬午日生承氣

三年五月丁亥朔日有蝕之

四年十月戊寅朔日有蝕之

六年三月庚子朔日有蝕之

按以上本紀云云　按志同

七年三月日暈八月壬辰朔日有蝕之

按本紀云云　按志春三月辛巳日暈赤黃周匝

八年八月丙戌朔日有蝕之

按本紀云云　按志同

恭帝德祐元年六月庚子朔日有蝕之既晝晦如夜

按本紀云云　按志六月庚子朔日蝕既星見雞鶩皆歸明年宋亡

二年二月丁酉朔日中有黑子

按本紀丁酉朔日中有黑子相盪如鵝卵　按志日中有黑子如鵝卵相盪

欽定古今圖書集成曆象彙編庶徵典

第二十三卷目錄

庶徵典第二十三卷

日異部彙考六

金

太祖天輔三年夏四月丙子朔日蝕

按金史太祖本紀云云

四年冬十月戊辰朔日蝕

按本紀云云

六年春二月庚寅朔日蝕

按本紀云云

七年秋八月辛巳朔日蝕

按本紀云云

太宗天會七年三月己卯朔日中有黑子九月丙午朔日蝕

按本紀云云

十三年正月丙午朔日蝕

按本紀云云

熙宗天會十四年十一月丙寅日中有黑子斜角交行

按本紀不載 按天文志云云

天眷三年七月癸卯朔日蝕

按本紀云云

皇統三年十二月癸未朔日蝕

按本紀云云

四年六月辛巳朔日蝕

五年六月乙亥朔日蝕

八年四月戊子朔日蝕

九年三月癸未朔日蝕

按以上本紀云云

海陵天德二年正月甲辰日有暈珥白虹貫之十一月丙戌白虹貫日

按本紀不載 按志云云

三年正月丁酉白虹貫日

按本紀云云

貞元二年五月癸丑朔日蝕避正殿勅百官勿治事

按本紀云云

三年四月日無光五月丁未朔日有蝕之

按本紀四月丁丑朔昏霧四塞日無光凡十有七日乃霽五月丁未朔日蝕

正隆二年三月辛酉朔日應蝕不蝕

按本紀二年三月辛酉朔司天奏日蝕候之不見命自今遇日蝕而奏不須頒告

五年八月丙午朔日蝕庚午日中有黑子

按本紀五年八月丙午朔日有蝕之 按志日中有黑子狀如人

六年二月甲辰朔日有暈珥戴背

按本紀不載 按志云云

世宗大定二年正月戊辰朔日蝕

按本紀二年正月戊辰朔日蝕伐鼓用幣上徹樂減膳不視朝 按志日蝕伐鼓用幣命壽王京代拜行禮爲制凡遇日月虧蝕禁酒樂屠宰一日 按完顏京傳京判大宗正事封壽王二年正月戊辰朔日蝕伐鼓用幣上不視朝減膳徹樂詔京代拜行禮世宗懲創海陵疎忌宗室加禮京兄弟情若同生謂京等曰朕每見天象變異輒思政事之闕寤寐自責不遑凡事必審思而後行尤懼獨見未能盡善每令羣臣集議庶幾無過舉也

四年六月甲寅朔日蝕

按本紀云云

七年四月戊辰朔日蝕

按本紀云云 按志上避正殿減膳伐鼓應天門內百官各於本司庭立明復乃止

九年八月甲申朔日蝕

按本紀九年八月甲申朔有司奏日蝕以雨不見伐

鼓用幣如常禮　按志有司奏日當蝕以雨不見乃伐鼓於社用幣於應天門內

十三年五月壬辰朔日蝕

十四年十一月甲申朔日蝕

按以上本紀云云

十六年三月丙午朔日蝕

按本紀十六年三月丙午朔日蝕是日萬春節改用明日

十七年九月丁酉朔日蝕

二十二年十一月壬戌朔日蝕

二十八年八月甲子朔日蝕

按以上本紀云云

二十九年正月日暈珥背白虹貫之有戴氣冠氣二月日蝕有暈珥抱氣背氣有負氣承氣

按本紀二十九年正月乙卯白虹亘天二月辛酉朔日有蝕之乙丑白虹亘天　按志正月乙卯巳初日有暈左右有珥上有背氣兩重其色青赤而厚復有白虹貫之亘天其東有戟氣長四尺餘五刻而散丁巳巳初日有兩珥上有背氣兩重其色青赤而淡頃之背氣於日上爲冠已而俱散二月辛酉朔日蝕甲子辰刻日上有重暈兩珥抱而復背背而復抱凡三四次乙丑日暈兩珥有負氣承氣而白虹亘天左右有戟氣

章宗明昌四年九月日有抱氣戴氣有珥

按本紀不載　按志九月癸未日上有抱氣二戴氣一俱相連左右有珥其色鮮明

六年三月丙戌朔日蝕

按本紀云云

承安三年正月己亥朔日蝕陰雲不見

五年十一月癸丑朔日蝕

泰和二年五月甲辰朔日蝕

三年十月戊戌日將沒赤如赭

四年三月丁卯日昏無光

按以上本紀云云

六年二月壬子朔日蝕七月癸巳日上有背

按本紀不載　按志六年二月壬子朔日蝕七月癸巳申刻日上有背氣一內赤外青須臾散

八年四月癸卯日暈二重皆內黃外赤

按本紀云云　按志四月癸卯巳刻日暈二重內黃外赤移時而散

衛紹王大安二年十二月辛酉朔日蝕

按本紀云云（按志作元年）

宣宗貞祐二年九月壬戌朔日蝕

按本紀云云　按志大星皆見

三年正月壬戌日有珥冠二月日赤

按本紀三年二月丁巳日赤如血　按志正月壬戌日有左右珥上有冠氣移刻散二月丁巳日初出赤如血將沒復然

四年二月甲申朔日蝕閏七月壬午朔日蝕

興定元年七月丙子朔日蝕

二年七月庚午朔日蝕

按以上本紀云云

五年四月日暈五月甲申朔日蝕

按本紀五年五月甲申朔日蝕　按志四月丙子日正午有黃暈四匝其色鮮明五月甲申朔日蝕

元光二年五月日暈有背氣九月庚子朔日蝕

按本紀二年九月庚子朔日蝕　按志二年五月辛未日暈不匝而有背氣

哀宗正大四年日有白虹貫之

按本紀四年十一月乙未未時日上有二白虹貫之　按志四年十一月乙未日上有虹背而向外者二約長丈餘兩旁俱有白虹貫之

五年十二月庚子朔日蝕

按本紀云云

八年三月日失色有氣如日相凌

按本紀不載　按志三月庚戌酉正日忽白而失色乍明乍暗左右有氣似日而無光與日相凌而日光四出搖盪至沒

天興元年正月壬午朔日有兩珥

按本紀云云

三年正月日赤無光

按本紀不載　按志三年正月己酉日大赤無光是日蔡城陷金亡

元

世祖中統二年三月壬戌朔日有蝕之

三年十一月辛丑日有背氣重暈三珥

至元二年正月辛未朔日有蝕之

四年五月丁亥朔日有蝕之

五年十月戊寅朔日有蝕之

七年三月庚子朔日有蝕之

八年八月壬辰朔日有蝕之

九年八月丙戌朔日有蝕之

十二年六月庚子朔日有蝕之

十四年十月丙辰朔日有蝕之

十九年六月己丑朔日有蝕之七月戊午朔日有蝕之

二十四年七月癸丑日暈連環白虹貫之十月戊午朔日有蝕之

二十六年三月庚辰朔日有蝕之

二十七年八月辛未朔日有蝕之

按以上本紀云云

二十八年閏七月白虹貫日有如日二在雲影中

按本紀不載　按五行志至元二十八年閏七月乙丑冀寧文水縣有白虹貫日自東北直遶西南雲影中似日非日如鏡者二色青白踰時方沒

二十九年正月甲午朔日有蝕之有珥有抱

按本紀以日蝕免朝賀　按天文志正月甲午朔日有蝕之有物漸侵入日中不能既日體如金環然左右有珥上有抱氣

三十一年成宗即位六月庚辰朔日蝕

按成宗本紀云云

成宗大德三年八月己酉朔日蝕

四年二月丁未朔日蝕

按以上本紀云云

六年六月癸亥朔日蝕

按本紀六年六月癸亥朔日蝕太史院失於推筴詔中書議罪以聞

七年閏五月戊午朔日蝕

八年五月癸未朔日蝕

按以上本紀云云

武宗至大二年正月丁亥白虹貫日八月甲寅白虹貫日

按本紀不載　按志云云

四年正月仁宗即位日赤

按仁宗本紀四年正月壬辰日赤如赭

仁宗皇慶元年六月乙丑朔日有蝕之

按本紀云云

延祐元年三月己亥白暈亘天連環貫日

二年四月戊寅朔日有蝕之五月甲戌日赤如赭乙亥亦如之九月甲寅日赤如赭戊午亦如之

三年五月戊申日赤如赭

五年二月癸巳朔日有蝕之

六年二月丁亥朔日有蝕之

按以上本紀云云

七年正月辛巳朔日有蝕之三月乙未日有暈若連環然

按本紀七年春正月辛巳朔日有蝕之帝齋居損膳輟朝賀壬午御史臺臣言比賜不兒罕丁山場完者不花海船稅會計其鈔皆數十萬錠諸王軍民貧乏者所賜未嘗若是苟不撙節漸致帑藏虛竭民益困矣中書省臣進曰臺臣所言良是若非振理朝綱法度愈壞臣等乞賜能黜選任賢者帝曰卿等不必言其各共乃事

英宗至治元年三月交暈貫日六月癸卯朔日蝕

按本紀元年六月癸卯朔日有蝕之　按志元年三月己丑交暈如連環貫日

二年十一月甲午朔日有蝕之

按本紀御史李端言近者京師地震日月薄蝕皆臣下失職所致帝自責曰是朕思慮不及致然因勑羣臣亦當修飭以謹天戒

泰定帝泰定四年二月辛卯白虹貫日九月丙申朔日蝕

按本紀云云

文宗天曆二年七月丙辰朔日有蝕之

按本紀云云

至順元年九月癸巳白虹貫日

二年正月己酉白虹貫日八月甲辰朔日有蝕之十一月壬申朔日有蝕之

三年五月丁酉白虹並日出長竟天

按以上本紀云云

順帝元統元年三月日赤

按本紀不載　按志三月癸巳日赤如赭閏三月丙申癸丑甲寅皆如之

二年四月戊午朔日有蝕之

按本紀云云

至元元年十二月戊午日赤如赭閏十二月丁亥戊子己丑皆如之

按本紀云云

二年二月三月四月日赤八月甲戌朔日有蝕之

按本紀云云　按志二月壬辰日赤如赭乙未丙申亦如之三月庚申壬戌癸亥四月丁丑皆如之八月甲戌朔日有蝕之十二月甲戌日赤如赭

三年正月日暈珥白虹貫之二月壬申朔日有蝕之八月日暈珥十月日赤

按本紀云云　按志正月丁巳日有交暈左右珥上有白虹貫之二月壬申朔日有蝕之八月癸未日有交暈左右珥上有白虹貫之十月癸酉日赤如赭

四年八月癸亥朔日有蝕之閏八月九月日赤

按本紀云云　按志閏八月戊戌日赤如赭己亥壬寅亦如之九月庚寅皆如之

五年正月日有暈珥白虹貫之二月三月四月並日赤

按本紀不載　按志正月丙寅日有交暈左右珥上有白虹貫之二月辛亥日赤如赭三月庚申辛酉四月丁未皆如之

至正元年三月壬申日赤如赭

按本紀不載　按志云云

三年四月丙申朔日有蝕之

四年九月丁亥朔日有蝕之

六年二月庚戌朔日有蝕之

七年正月甲辰朔日有蝕之

八年七月丙申朔日有蝕之

九年十一月戊午朔日有蝕之

十年十一月壬子朔日有蝕之

十二年九月乙丑朔日有蝕之

十四年三月癸亥朔日有蝕之

按以上本紀云云

十五年二月丙子日赤如赭

按本紀不載　按志云云

十六年三月有兩日相盪

按本紀云云

十七年正月朔日蝕七月日並

按本紀十七年正月丙子朔日有蝕之　按志十七年七月己丑日有交暈連環貫之

十八年六月戊辰朔日有蝕之十二月乙丑朔日有蝕之

按本紀十八年十二月乙丑朔日有蝕之　按志十八年六月戊辰朔日有蝕之

二十年五月丁亥朔日有蝕之

按本紀云云

二十一年四月辛巳朔日有蝕之

按本紀云云

二十四年八月壬辰朔日有蝕之

按本紀云云

明

太祖吳元年六月日有蝕之十二月日有蝕之

按明昭代典則云云

洪武元年五月日蝕七月白虹貫日

按明昭代典則洪武元年七月壬戌白虹貫日己丑白虹復貫日

按續文獻通考洪武元年五月庚午朔日蝕

二年五月甲午朔日蝕

按大政紀云云

三年日中有黑子

按明昭代典則洪武三年十二月壬午上以正月至是月日中屢有黑子詔廷臣言得失起居注萬鎰言日者陽之精也至陽之中而有黑子焉是陰之奸乎陽也其在人事德爲陽刑爲陰君子爲陽小人爲陰刑勝乎德小人勝乎君子臣請凡臣民有罪法當死者皆三覆奏毋輒置之刑小人而奸君子之位者黜之庶乎天象可感也吏部尚書耶本忠言日者君之象也在陛下修德以禳之君德既修則天變自消昔宋景公一言之善熒惑猶爲之退舍況陛下以大錫之資誠能益加修省何天變之不可回哉且河南中原之士隱于山林者宜訪求之仕于朝者自能加其官或不能者加黜罰焉大之仁愛人君監視告戒無所不在則人君體天心而施之于政者亦當無所不用其情也詩曰明明在上赫赫在下天人感應之機如此願陛下毋忽上皆嘉納其言

四年九月庚戌朔日蝕

按大政紀云云

七年二月丁酉朔日蝕

按大政紀云云

八年日上有青氣

按續文獻通考洪武八年四月甲寅欽天監言日上有青氣在趙分恆山之北遼東之地遂遣使往北邊諭傅有德升定遼等處都指揮使司訓練戍兵嚴飭守備

九年秋七月癸丑朔日蝕

按大政紀云云

十年日蝕

按大政紀洪武十年十二月乙巳朔日蝕

按續文獻通考洪武十年十月乙亥朔日蝕白虹貫

日

十一年十二月乙巳朔日蝕

按大政紀云云

十二年日交暈

按續文獻通考洪武十二年夏四月庚申日交暈上勅李文忠沐英等日交暈在秦分主有戰鬬之事已木太白見東方至於甲子順行而西西征大利宜追擊番寇

十四年冬十月壬子朔日蝕

按大政紀云云

十六年春正月戊申白虹貫日秋八月壬申朔日蝕

按續文獻通考云云

十九年春三月白虹貫日冬十二月癸未朔日蝕

按續文獻通考云云

二十一年五月甲戌朔日蝕

按大政紀云云

二十二年秋九月丙寅朔日蝕冬十二月白虹貫日

按續文獻通考云云

二十三年九月庚寅朔日蝕

按大政紀云云

二十四年三月戊子朔日蝕

按大政紀云云

二十六年秋七月日蝕初定救護儀

按大政紀洪武二十六年秋七月甲辰朔日蝕

按明會典洪武二十六年禮部定日蝕救護儀前期結綵于禮部儀門及正堂設香案于露臺上向日設金鼓于儀門內兩傍設樂人于露臺下設各官拜位于露臺上下俱向日立至期欽天監官報日初蝕百官具朝服典儀唱班齊贊禮唱鞠躬樂作四拜興平身樂止跪執事捧鼓詣班首前班首擊鼓三聲衆鼓齊鳴候欽天監官報復圓贊禮唱鞠躬樂作四拜平身樂止禮畢

三十年五月壬子朔日蝕

按大政紀云云

三十一年皇太孫于閏五月十六日即皇帝位六月日赤無光

按遜國正氣紀云云

按續文獻通考建文元年太史奏日赤無光時教諭程濟上言北兵將起應在明年上以爲妄囚之

惠宗建文二年三月丙寅朔日蝕

按大政紀云云

成祖永樂元年正月日當蝕不蝕

按大政紀永樂元年正月丙戌禮部尚書李至剛奏日當蝕不蝕請率百官賀上却之曰王者能修德行政任賢去邪然後日月當蝕不蝕適以陰雨不見豈果不蝕耶勿賀

四年六月日蝕

按明通紀永樂四年六月己未朔日有蝕之是日陰雲不見禮部尚書鄭賜等言此聖德所感請率百官表賀不許

五年冬十月辛巳朔日有蝕之

按明昭代典則云云

六年夏四月己卯朔日蝕冬十月乙亥朔日蝕

按大政紀云云

十一年正旦日蝕罷朝賀宴會禮

按明通紀永樂十一年正月朔日有蝕之詔免賀及宴先是鴻臚寺奏習正旦賀儀上名禮部翰林官問曰正旦日蝕百官賀禮可行乎尚書呂震對曰日蝕與朝賀之時先後不相妨侍郎儀智曰終是同日免賀爲當楊士奇曰日蝕天變之大者前代元正日蝕多不受賀宋仁宗時元旦日蝕富弼請罷宴樂呂夷簡不從弼曰萬一契丹行之爲中國羞後有自契丹回者言虜是日罷宴仁宗深悔今免賀誠當從之

十二年春正月丙子朔日蝕免朝賀六月丙寅朔日蝕十一月甲午朔日蝕

按大政紀云云

十四年五月壬辰朔日有蝕之

按明昭代典則云云

十五年夏四月丁巳朔日蝕冬十月癸未朔日又蝕

按續文獻通考云云

十八年八月丁巳朔日蝕

按大政紀云云

十九年八月辛卯朔日有蝕之

按明昭代典則云云

二十年春正月己未朔日蝕

按大政紀云云

二十一年夏六月庚戌朔日蝕

按續文獻通考云云

仁宗洪熙元年六月皇太子即皇帝位冬十月丙寅朔日有蝕之

按明昭代典則云云

宣宗宣德五年秋八月日蝕

按續文獻通考宣宗宣德五年秋八月己巳朔日當蝕陰雲蔽之禮部尚書胡濙奏請稱賀不許因降勅曰古之人君所謹者莫大乎天戒日蝕又天戒之大者惟能修德行政用賢去姦而後當蝕不蝕今以陰雲不見得非朕昧於省過而然與況離明照四方陰雲所蔽有限京師不見四方必有見者此之不蝕天可欺與其止勿賀

七年春正月辛酉朔日蝕

按續文獻通考云云

英宗正統元年秋九月白虹貫日

按續文獻通考云云

四年八月丙子朔日蝕

五年春正月甲辰朔日蝕

六年春正月己亥朔日蝕秋七月丙申朔日蝕

七年六月庚寅朔日蝕

八年六月甲申朔日蝕十一月壬子朔日蝕

九年十月丙午朔日蝕

十年夏四月壬子朔日蝕

十一年夏四月癸亥朔日蝕

十二年八月(闕日干)朔日蝕

十三年二月(闕日干)朔日蝕

按以上俱大政紀云云

代宗景泰二年六月(闕日干)朔日蝕

三年十一月己未朔日蝕

五年夏四月(闕日干)朔日蝕

六年夏四月(闕日干)朔日蝕

按以上俱大政紀云云

英宗天順二年春二月(闕日干)朔日蝕

三年十月日暈數重

四年七月乙亥朔日蝕

五年九月(闕日干)朔日蝕

七年五月己丑朔日蝕

按以上俱續文獻通考云云

憲宗成化二年正月甲辰朔日暈及珥背

按續文獻通考是日辰時日暈及左右珥背氣赤黃色鮮明

三年二月丁酉朔日蝕既

按大政紀云云

四年春二月壬辰朔日蝕十二月丁亥朔日又蝕

按續文獻通考云云

五年六月癸丑朔日蝕

六年六月戊申朔日蝕

九年夏四月辛酉朔日蝕

十年九月癸丑朔日蝕(按明昭代典則作癸酉)

按以上俱大政紀云云

十一年六月日生珥九月日蝕

按明昭代典則成化十一年六月己酉卯刻日生左右珥重暈背氣皆赤青色九月丁未朔日有蝕之

十二年二月乙亥朔日蝕

十八年五月己巳朔日蝕

二十年九月乙酉朔日蝕

按以上俱大政紀云云

二十一年八月乙卯朔日有蝕之

二十二年二月丁酉朔日有蝕之

按以上俱明昭代典則云云

孝宗弘治元年六月癸巳朔日有蝕之

二年十二月甲申朔日有蝕之

七年三月己卯朔日有蝕之

八年三月乙酉朔日有蝕之

十三年五月甲寅朔日有蝕之

十四年九月丙子朔日有蝕之

十五年夏五月庚午朔日有蝕之九月庚子朔日有蝕之

按以上俱明昭代典則云云

武宗正德元年春三月乙亥朔日蝕

按續文獻通考云云

二年三月乙亥朔日蝕

按大政紀云云

六年夏五月南昌見日有紅白暈中浮黑氣有項始散

按江西通志云云

九年八月辛卯朔日蝕

十年十二月癸丑朔日蝕

十二年六月己巳朔日蝕

十三年五月己亥朔日蝕

十五年三月癸丑朔日蝕

按以上俱大政紀云云

世宗嘉靖四年冬十二月乙卯朔日蝕

五年夏五月癸未朔日蝕

按以上俱續文獻通考云云

六年五月日蝕

按續文獻通考嘉靖六年夏五月丁丑朔日蝕既

按雲南通志嘉靖六年武定日暈兩重傍有黑雲如蛟時土司鳳朝文叛人民死者不可勝計

七年夏五月辛未朔日蝕

按續文獻通考云云

八年冬十月日有蝕之

按明外史邵經邦傳經邦進員外郎嘉靖八年冬十月日有蝕之經邦時官刑部上疏曰茲者正陽之月有日蝕之異質諸小雅十月之篇變象懸符說詩者謂陰壯之甚由不用善人而其咎專歸皇父然則今之調和燮理者得無有皇父其人乎邇陛下納陸粲言命張璁桂萼致仕尋以璁議禮有功復名輔政人言籍籍陛下莫之恤也乃天變若此安可忽畏天議禮與臨政不同議禮貴當臨政貴公正皇考之徽稱以明父子之倫禮之當也雖排衆論任獨見而不以爲偏若夫用人行政則當別辨忠邪審量才力與天下之人共用之乃爲公耳今陛下以璁議禮有功不察其人不揆其才而加之大任似私議禮之臣也私議禮之臣是不以所議者爲公禮也夫禮惟至公乃可萬世不易設近於私則固可守也亦可變也可成也亦可毀也陛下果以尊親之典爲至當而欲子孫世世守之乎則莫若於諸臣之進退一付諸至公優其賚予全其終始以答其議禮之功而博求海內碩德重望之賢以弼成正大光明之業則人心定大道順俾萬年之後廟號世宗子孫百世不遷顧不偉與如徒加以非分之任使之履盈蹈滿犯天人之怒亦非璁等福也帝大怒立下詔獄拷訊獄上請送法司擬罪帝曰此非常犯不必下法司遂謫戍福建鎮海衛按續文獻通考作十二月

十九年三月日蝕七月日蝕既

按續文獻通考嘉靖十九年春三月癸巳朔日蝕是年禮部以測候不蝕聞世宗大悅

按山西通志嘉靖十九年七月朔日蝕既晝晦星見

二十一年秋七月己酉朔日有蝕之

按續文獻通考七月上勅曰天心下眷累及太陽臣子欺君父外陰欺內陽之象也夏言以臣欺君罪不下郭勛姑念供事久勞特宥死去用承天戒臺諫爲朝廷耳目而結合欺妄命吏部考劾以聞時劾去臺諫七十二人奪級外補有差

二十二年春正月丙午朔日蝕

按續文獻通考云云

二十四年六月日蝕十二月日輪外有黑氣

按續文獻通考嘉靖二十四年夏六月壬辰朔日蝕十二月自二十一日至二十六日日輪外有黑氣如盤與日光摩盪

按山西通志嘉靖二十四年春正月沁州雙環圍日

二十五年十二月蘇豐見紅霞圍日者三

按雲南通志云云

二十七年春三月闕日干朔日蝕

二十八年春三月辛未朔日蝕

按以上續文獻通考云云

二十九年正月戊寅朔日蝕

按明外史沈束傳世宗二十九年孝烈皇后大祥欲預祧仁宗祔后太廟下廷議尚書徐階以爲非禮禮科給事中楊思忠力贊階議帝竟祧仁宗階故得帝眷獨銜思忠每當遷輒報罷逾三年正旦日蝕陰雲不見六科合疏賀帝摘疏中語詰爲不成文曰思忠懷欺不臣久矣杖百斥爲民餘皆奪俸　按趙錦傳錦授南京御史嘉靖三十二年元旦日蝕錦以爲權奸亂政之應馳疏劾嚴嵩罪其略曰臣伏見日蝕元旦變異非常又山東徐淮仍歲大水四方頻地震災不盡生昔太祖高皇帝罷丞相散其權于諸司爲後世慮至深遠也今之內閣無宰相之名而有其實非高皇帝本意頃夏言以貪暴之資恣睢其間今大學士嵩又以佞奸之雄繼之怙寵張威竊權縱欲事無鉅細罔不自專人有違忤必中以禍百司望風惕息天下事未聞朝廷先以聞政府白事之官班候于其門請求之賂輻輳于其室銓司黜陟本兵用舍莫不承意指邊臣失事率賄削軍資納賄嵩所無功可以受賞有罪可以逭誅至宗藩勳戚之襲封文武大臣之贈謚其遲速予奪一視賂之厚薄以至希寵干進之徒妄自貶損稱號不倫廉恥掃地有臣所不忍言者陛下天縱聖神乾綱獨運自以予奪由宸斷題覆在諸司閣臣擬旨取裁而已諸司奏稿並承命于嵩陛下安得知之今言誅而嵩得播惡者言剛暴而疎淺惡易見嵩柔佞而機深惡難知也嵩窺伺逢迎之巧似乎忠勤諂諛側媚之態似乎恭順引植私人布列要地伺諸臣之動靜而先發以制之故敗露者少厚賂左右親信之人凡陛下動靜意向無不先得故稱旨者多或伺聖意所注因而行之以成其私或乘

事機所會從而鼓之以肆其毒使陛下思之則其端本發于朝廷使天下指之則其事不由于政府幸而洞察于聖心則諸司代嵩受其罰不幸而遂傳于後世則陛下代嵩受其眥陛下豈誠以嵩爲賢邪自嵩輔政以來惟恩怨是酬惟貨賄是斂羣臣憚陰中之禍而忠言不敢直陳四方習貪墨之風而閭閻日以愁困頃自庚戌之後外寇陸梁陛下嘗募天下之武勇以足兵竭天下之財力以給餉搜天下之遺逸以任將行不次之賞施莫測之威以風示內外矣而封疆之臣卒未有爲陛下寬宵旰憂者蓋緣權臣行私將吏風靡以掊克爲務以營競爲能致朝廷之上用者不賢賢者不用賞不當功罰不當罪陛下欲志太平則羣臣不足承德于左右欲遏戎寇則將士不足禦侮于邊疆財用已竭而外患未見底寧民困已極而內變又虞將作陛下躬秉至聖憂勤萬幾二十二年于茲矣而天下之勢其危如此非嵩之奸邪何以致之臣願陛下覩上天垂象察祖宗立法之微念權柄之不可使移思紀綱之不可使亂立斥罷嵩以應天變則朝廷清明法紀振飭寇戎雖橫臣知其不足平矣當是時楊繼盛以劾嵩得重譴帝方蓄怒以待言者周冕爭冒功事亦下獄而錦疏適至帝震怒手批其上謂錦欺天謗君遣使逮治復慰諭嵩備至于是錦萬里就徵檻車瀕死者數矣既至下詔獄拷訊四十斥爲民

按續文獻通考三十二年春正月戊寅朔日蝕是月御史趙錦徐栻上言修內治錦削籍

三十四年十二月晦日光暗有日影百千摩盪而散

按續文獻通考嘉靖三十四年十二月晦日日光忽暗青黑紫色日影如盤數十相摩盪久則百千飛盪滿天向西北而散

四十年春二月辛卯朔日蝕五月日光相盪

按續文獻通考是年曆官推步申酉間當日蝕陰雲不見閣臣嚴嵩曰日雖有虧而申酉時日色不加晦是不蝕也請舉大謝禮從之

按明外史吳山傳嘉靖四十年二月朔日當蝕微陰曆官言日蝕不見卽同不蝕帝以爲天眷喜甚嵩趣部急上賀侍郎袁煒亦爲言山仰首曰日方虧將誰欺耶仍救護如常儀帝大怒山引罪帝謂山守禮無罪而責禮科對狀給事中李東華等震懼劾山請與同罪帝乃責山賣直沽名停東華俸嵩言罪在部臣帝乃貰東華等命姑釋山罪吏科梁夢龍等見帝怒山甚又惡專劾山乃并吏部尚書吳鵬劾之詔鵬致仕山冠帶閒住時皆惜山而深快鵬之去

按江西通志嘉靖四十年五月撫州見日光相盪

四十二年日變色

按廣西通志嘉靖四十二年冬十月靈州日未出地浮白光既出見青輪高一丈復常明

四十五年日鬬

按湖廣通志嘉靖四十五年八月華容縣西忽天開日鬬

穆宗隆慶二年春正月日蝕

按續文獻通考隆慶三年春正月朔日蝕

按明外史高拱傳殷士儋隆慶元年擢侍讀學士明年春拜禮部尚書其明年正月朔望日月俱蝕士儋疏請布德緩刑納諫節用飭內外臣工講求民瘼報聞

四年春正月日蝕

按續文獻通考隆慶四年春正月朔日蝕禮部奏請免朝上避殿減膳修省三日

按明外史陳吾德傳隆慶三年擢工科給事中明年正月朔日有蝕之已而月復蝕吾德言歲首日月並蝕天之大災陛下宜屏斥一切玩好應天以實詔遣中官督織造吾德偕同官嚴用和切諫報聞

五年日暈珥有白虹戟氣

按續文獻通考隆慶五年三月辛巳日暈有珥白虹亙天左右戟氣俱蒼白

六年六月日蝕

按明會典隆慶六年大喪方成服遇日蝕百官先行哭臨後赴禮部青素衣黑角帶向日行四拜禮不用鼓樂

按續文獻通考隆慶六年六月乙卯朔日蝕

神宗萬曆元年四月朔日蝕旣晝晦

按江西通志云云

三年日蝕星見

按續文獻通考萬曆三年夏四月朔日蝕未刻晦諸星照曜至申刻漸明

八年二月朔日蝕

按廣東通志云云

十一年十一月朔日蝕

十八年秋七月朔日蝕

二十一年冬十月朔日蝕二分

按以上俱續文獻通考云云
二十二年春正月兩日相盪夏四月日蝕
按續文獻通考萬曆二十二年夏四月朔日蝕
按四川通志萬曆二十二年春正月綦江見日下復有一日相盪數日乃止
二十四年閏八月朔日蝕
按續文獻通考云云
二十五年夏六月日蝕復圓暈珥
按山西通志云云
二十六年六月日暈
按山西通志萬曆二十六年六月沁源日暈是月初二午刻日周圍有紅白綠色移時乃散
三十一年日蝕
按明外史郭正域傳萬曆三十一年夏廟享會日蝕正域言禮當祭日蝕牲未殺則廢朔旦宜專救日詔朝享廟從之
四十五年日中黑子摩盪
按湖廣通志云云
熹宗天啓元年日暈
按河南通志天啓元年九月裕州日生暈日邊有五環少頃有黑蛇形在日中良久不見
四年日暈珥
按山東通志天啓四年正月朔至初三日日暈環抱二珥一珥抱日一珥背日有赤白氣相射十二日申時暈四圍如銀光蕩漾又紫赤光上下旋繞
按江西通志天啓四年正月二十八日日漾初赤既白如月

懷宗崇禎二年夏五月初一日日蝕
按廣東通志云云
四年辛未日出如血至巳乃有光
按山東通志云云
七年三月朔日蝕晝晦
按陝西通志云云
十年正月日光摩盪十月日蝕
按湖廣通志崇禎十年正月日光摩盪
按江西通志崇禎十年十月日蝕晝晦二時
十三年二月日變色十月日蝕
按山東通志崇禎十三年二月丙辰益都日出如血
按山西通志崇禎十三年春二月襄垣日赤如血初四午時照耀俱成赤色
按河南通志崇禎十三年六月日躔柳六度日傍有紫氣欽天監占主有叛將獻城在周分洛陽周分也次年果有王兵獻城之禍
按廣東通志崇禎十三年冬十月辛卯朔日有蝕之新會晝晦

皇清

康熙二十四年

十一月二十九日

上諭大學士勒德洪明珠王熙吳正治宋德宜學士麻爾圖牛鈕禪布吳興祖王起元徐乾學韓菼今月朔日蝕十六日月蝕且比日積陰無雪朕思天象稍有愆違即當儆戒修省或施行政事有未當歟或下有冤抑未得伸歟爾等傳諭九卿詹事科道詳議以聞

康熙二十七年

三月二十三日

上諭內閣今時略旱矣而欽天監所上章四月朔日蝕甚應行應革之事當何如耶九卿詹事掌印不掌印科道官集議焉朕面見令奏之

康熙三十年

十一月二十四日

上諭禮部自昔帝王敬天勤政凡遇垂象示儆必實修人事以答天戒頃欽天監奏推算日蝕當在康熙三十一年正月朔日夫日蝕爲天象之變且又見於歲首朕兢惕靡寧力圖修省惟大小諸臣務精白乃心各盡職業以稱朕欽承昭格至意其元旦行禮筵宴著停止爾部即遵諭行

欽定古今圖書集成曆象彙編庶徵典

第二十四卷目錄

庶徵典第二十四卷

日異部總論

宋張子正蒙

參兩篇

日質本陰月質本陽故於朔望之際精魄反交則光爲之蝕矣

朱子曰曆家說天有五道而今且將黃赤道說天正如一員匣相似赤道是那匣子相合縫處在天之中黃道一半在赤道之內一半在赤道之外東西兩處與赤道相交度却是將天橫分爲許多度數會時是日月在黃道赤道十字路頭相交處相撞著望時是月與日正相向如一箇在子一箇在午日所以蝕於朔者月常在下日常在上既是相會被月在下面遮了日故日蝕望時月蝕謂之暗虛蓋火日外影其中實闇到望時恰當著其中闇處故月蝕至明中有闇虛其闇至微望時月與之正對無分毫相差月爲闇虛所射故蝕　黃瑞節曰春秋疏云日月同處則日被月映而影魄不見故蝕朔則交會故蝕必在朔然而每朔皆會應每月皆蝕杜預云日月動物雖行度有大量不能不少有盈縮故雖有交會而不蝕者或有頻交而蝕者集釋日質本陰離中虛也月質本陽坎中實也天有九道之圖見于書傳共有十二處交係日月相會每當其間集解日之精陰也月之魄陽也日以光對月之魄則以陽對陽相資而有光若精與魄交則是以陰遇陽爲反交矣故月掩日則日蝕日射月則月蝕

荊川稗編

唐一行論日蝕略

一行日議云日君道也無朏魄之變月臣道也遠日益明近日益虧人臣之象也望而正於黃道是謂臣干君明則陽斯蝕矣又曰十月之交日有蝕之於曆當蝕君子猶以爲變詩人悼之然則古之太平日不蝕星不孛蓋有之矣又曰月或變行以避日或五星潛在日下禦侮以救日或涉交數淺或陽盛陰微則不蝕或德之休明則天爲之隱雖交不蝕此四者皆德教之所由生也又曰劉歆賈逵近古大儒豈不知軌道所交朔望同衡哉以日蝕非常故闕而不論魏黃初以來治曆始課日蝕疏密張子信劉焯賈曾元之徒又謂日月可以密率求以戊寅麟德曆推春秋之時於曆應蝕而春秋不書者尚多則日蝕必交限其入限者必不盡蝕開元十二年七月朔於曆當蝕半强自交趾至于朔方候之而不蝕十三年十二月朔於曆當蝕大半而亦不蝕然後知德之動天不俟終日若因開元二蝕不驗遂變交限而從之則差者

益多杜預以日月動物雖行度有大量不能不少有盈縮故有交會而不蝕者是也一行因以員儀度日月之經令二經相掩以驗蝕分之限又曰日月相會大小相若而月在日下自京師斜射而望之假令中國蝕之既而南方戴日之下所虧纔半日外反觀則交而不蝕又曰使日蝕不可以常數求則無以稽曆數之疏密若可以常數求則無以知政之休咎矣

史伯璿論日月蝕

詩十月之交篇日有蝕之晦朔日月之合東西同度南北同道則月掩日而日爲之蝕望而日月之對同度同道則月亢日而月爲之蝕按月掩日而日蝕之說易曉月亢日而月蝕之說難曉先儒有謂日之質本陰陰則中有闇處望而對度對道則月與日亢爲日中闇處所射故蝕此橫渠之意卽詩傳之所本也其說尤可疑夫日光外照無處不明縱有闇在內亦但自闇于內而已又安能出外射月使之失明乎惟張衡之說似易曉衡謂對日之衝其大如日日光不照謂之闇虛闇虛逢月則月蝕值星則星亡今曆家望月行黃道則值闇虛矣值闇虛有表裏淺深故蝕有南北多少按闇虛之說無以易矣但曰其大如日則恐大不止此蓋月蝕有歷兩三箇時辰者若闇虛大只如日則蝕安得如此久今天文家圖闇虛之象可以容受三四箇月體有初蝕蝕既蝕甚之分可見闇虛之大不止如日而已但不知對日之衝何故有闇虛在彼愚竊以私意揣度恐闇虛只是大地之影非他物也蓋地在天之中日麗天而行雖天大地小地遮日之光不盡日光散出地之四外而月常得受之以爲明然凡物有形者莫不有影地雖小于天而不得爲無影既曰有影則影之所在不得不在對日之衝矣蓋地正當天之中日則附乎大體而行故日在東則地之影必在西日在下則地之影必在上月既受日之光以爲光若行值地影則無日光可受而月亦無以爲光矣安有不蝕者乎如此則闇虛只是地影可見既是地則其大不止如日又可見矣不然則日光無所不照闇虛既曰在對日之衝何故獨不爲日所照乎臆度之言無所依據姑記于此將俟有道而就正焉

婁元禮田家五行

論日

日暈則雨諺云月暈主風日暈主雨

日脚占晴雨諺云朝又天暮又地主晴反此則雨多驗

日沒後起青白光數道下狹上闊直起亘天此特夏秋間有之俗呼青白路主來日酷熱

日生耳主晴雨諺云南耳晴北耳雨日生兩耳斷風截雨若是長而下垂通地則又名曰日幢主久雨

日出早主雨出晏主晴老農云此特言久陰之餘夜雨連旦正當天明之際雲忽一掃而捲卽日光出所以言早少刻必雨立驗言晏者日出之後雲晏開也必晴亦甚準蓋日之出入自有定刻實無早晏也恐謂但當云晴得早主雨晏開主晴不當言日出早晏也占者悟此理日外自雲障中起主晴諺云日頭趕雲障曬殺老和尚日沒返照主晴俗名爲日返塢一云日沒臙脂紅無雨也有風或問二候相似而所主不同何也老農云返照在日沒之前臙脂紅在日沒之後不可不知也諺云烏雲接日明朝不如今日又云日落雲沒不雨定寒又云日落雲裏走雨在半夜後已上皆主雨此言一朶烏雲漸起而日正落其中者諺云日落烏雲半夜枵明朝曬得背皮焦此言半天元有黑雲日落雲外其雲夜必開散明必甚晴也又云今夜日沒烏雲洞明朝曬得背皮痛此言半天上雖有雲及日沒下去都無雲而見日狀如岩洞者也已上皆主晴甚驗

羣書備考

論日蝕

中興天文志謂戰國以後古曆廢壞漢末劉洪作乾象曆推月行遲速然交蝕之法猶未詳著大抵朔望值交不問內外入限便蝕至陳張賓始創立外限然應蝕不蝕亦未能明惟隋張胄元始得其當蝕不蝕之由宋沈括以爲黃道與月道如兩環相疊而小差凡日月同在一度相遇則日爲之蝕正一度相對則月爲之虧雖同一度而月道與黃道不相近自不相侵同度而又近黃道月道之交日月相值乃相凌掩正當其交處則蝕而既不當其交處則隨其相犯深淺而蝕凡日蝕當月道自外而交入于內則蝕起于西南復于東北自內而交出于外則蝕起于西北而復于東南日在交東則蝕其內日在交西則蝕其外蝕既則起于西而復于正東凡月蝕月道自外入內則蝕起于東南復于西北自內出外則蝕起于東北而復于西南月在交東則蝕其外月在交西則蝕其內蝕既則起于正東而復于西其論詳矣太史公曰

月蝕常也日蝕不臧也是以春秋書日蝕不書月蝕然朱子以爲月蝕亦爲災陰若退避則不至相敵而蝕矣然則月蝕而書亦足以爲戒而況日蝕乎然考之傳記春秋書日蝕三十六戰國至秦時其間二百九十三年按之記傳書日蝕者凡七而已前漢二百一十二年日蝕五十二後漢一百九十六年日蝕七十二魏晉一百五十年日蝕七十九唐三百餘年日蝕九十三比前愈數然則戰國之時所書之寡必遺佚者多也乃若南北分裂國各有史百餘年間南史所書日蝕僅三十六而北史所書乃七十九其間年歲之合者纔二十七又有年合而月不合者豈非史失其官而所紀異耶日蝕必護者非不知奏鼓馳走無補日月之蝕也亦先王敬天之怒無敢戲豫焉耳至若伐鼓用牲春秋雖譏其違禮然猶愈於坐視而不之救也若夫日食正朔遇災而不知懼顧乃南面受賀豈非慢天之甚者乎國朝設欽天監俾之先期推算日月交蝕分秒時刻幷起復方位具奏禮部通行內外諸司臨時救護可謂臣人克有常憲者矣成祖于正朔日蝕必免賀不惑呂震逢迎之言憲宗于月蝕失推算必止湯序欺蔽之罪其于先王克謹天戒何如哉

日異部藝文一

日蝕上表　漢張衡

今年三月朔方覺日蝕此郡懼有兵患臣愚以爲可勅北邊須塞郡縣明烽火遠斥候深藏固閉無令穀畜外露

太陽合朔不虧賦（以聖德元通陽精潤照爲韻）　唐楊發

懸象告祥垂衣表聖陰慝將作而潛滅陽光當虧而更盛羲和率職徙降物以胥興堯舜臨軒方並明而曉映上方以憂勤御極濬哲承天聲教旣昭乎下土災蝕因消於上元景麗高雲已照臨於物外位移正寢空警戒於事先曉文貧中時惟冬仲天子夕惕而慙慮太史先期而誓衆於是霧霽閶原雲歸幽洞圓規杲耀發瑞彩於踆烏愛景冲融動和鳴於彩鳳是月惟朔昇輪自東煥大社之晨氣照清朝之曉風幣奚假於詞祝鼓寧煩於奏工遂使皆仰之人旣無虞於薄蝕惜陰之士咸有望於冉中諒天聽之自邇信宸心之遂通仰稽聖謨遐考天則運行雖由於黃道應感自符於元德輝華增煥觀光必達於幽陰氛祲皆消揆影無差於晷刻道敷陽教德叶炎精麟効祉而不闕葵向影而皆傾觀臺登望之時漸欣光被史冊退書之際益訝文明至乃揚彩宮闈增華廊廟人動佳色物含清照若合璧之無瑕比重輪而有曜黃琬之巧言莫啓由此緘詞叔輒之望歎無聞徒玆載笑道契元化禎回太陽曮炎罔虧於順晷貞明以合於垂光固齊天而比德垂末末於皇唐

太陽虧爲宰臣乞退表（中宗）　蘇頲

臣某等言伏見今月朔旦太陽虧陛下啓輟朝之典有司尊伐社之義臣等伏自尋繹無任惴恐臣某（中謝）臣聞官或迷焉必犯先王之誅辰弗次舍必貽上公之責此乃邦有常刑聖有明訓頃者論道任重袞章猶缺端揆位隆鼎台是亞所以熙帝之載代天之工調六氣之和發三光之度則大化爲本非小才所宜祟替率由咎徵斯屬伏惟應天神龍皇帝陛下光被四海對越二儀人祇宅心俊賢翹首但置之左右以爲輔弼自忠言啓沃功臣保乂用作霖雨格于皇天臣何人斯而敢叨擬議臣等智能素薄經術殊陋望不過于掾史名不達于州閭徒以遭逢盛明頗皆履歷參廟堂之機密爲宗族之光寵者十數年於今矣忠肅恭懿遠謝八元之名進善退惡近慚二君之美陳平有言常則不稱賈詡延諧居然已得光陰久弛年禮俱逮自應屏黜以清彝序而徘徊聖恩萬一希效僶俛殘歲甲子空多遂超總領之司愈失具瞻之望將何以匡翼庶政儀刑師屬且視事而老才媿千秋之賢待罪安歸愛深萬石之裔久知塵穢寧虞負乘所以素餐加責聚謗于下薄蝕生災見昭于上天之所戒臣不可逃陛下矜而宥之未致于理伏乞收其印綬賜以骸骨則知胡廣罷位抑其前聞徐防免官復自玆始臣竊其幸物誰不宜懇到所祈惶怖交集無任迫切之至

賀太陽不虧狀　前人

臣等伏承太史奏昨一日太陽虧陛下爰發行宮不御常服聖慮淵默天情寅戒頓于行在不可禁社以責陰凡厥觀瞻不殊登臺而覩朔自亭午過晡申寒沍成春陽光轉大伏惟皇帝陛下纘千歲之統擁三

神之休道洽功成增高益厚金繩玉檢轍跡於前聞日觀雲封降祥於即事且疇人祭序太史宣職以曆而推式閞常度至時不蝕乃自殊祥陛下昭事於上天上天昭答於陛下若是之速其何響會非常之祉孰不忻懼臣等忝預從臣無任踴躍慶忭之至

賀太陽不虧狀　張九齡

右今月朔太史奏太陽虧據諸家曆皆蝕十分已上仍帶蝕出者今日日出百司瞻仰光景無虧臣伏以日月之行值交必蝕算數先定理無推移今朔之辰應蝕不蝕陛下聞日有變齋戒精誠外寬政刑內廣仁惠聖德日慎災祥自弭若無表應何謂大明臣等不勝感慶之至謹奉狀陳賀以聞仍望宣付史官以垂來裔

賀歲除日太陽不虧表　常袞

臣聞惟德動天其應如響日月交會數之常也交而不蝕德所感也伏見有司奏今日午正後七刻太陽初虧未正後三刻復滿者是日也高天無雲太陽不掩氛於申酉光彩愈明萬寓同瞻百神協慶伏以聖人者合天地以爲德與日月以爲明當虧而不虧明足見矣當應而遂應神不欺矣伏惟陛下德本於孝動由於禮勤儉以厚下寬仁以愛人憂庶政而疚懷求衆善如不及行之於下上升聞於上帝無遠不屆感而遂通一人有慶三光薦祉昔唐虞至化而星辰不孛日月不蝕以今方古千載同規大禮元辰在於明發俯逼維新之運爛彰不掩之祥人事天心何其允協潛輝散彩愈耀於朱城霽景臨空轉明於黃道凡在生類同知聖猷無任踴躍之至

中書門下賀日當蝕不蝕表 代宗大曆十三年　前人

臣某言伏見徐承嗣奏今月一日法當日蝕時有澍雨者臣聞日之所躔行有虛道至之所會蝕亦無灾況聖以合天德以凝福是有幽贊宜於感通伏惟寶應元聖文武皇帝陛下協用五紀順用二極曆象日月統和陰陽迺者疇人推策今朔於辰非正陽之所忌於大明而何損猶能懼而勤政實以應天齋於穆清益用恭默精誠所達元運相符圜尺之影始生於海上膚寸之雲忽變于天下霈然而起豈止終朝莫測應龍之外濟復踐烏之次伐鼓用幣悉罷于有司潤物蕃生普歡于在野及乎曆術史益清光同道相避則開昭子之對當交而變果徵劉卻之言古今殊祥中外所慶臣等謬陪近侍喜萬恒情無任忭蹈謹表

論日蝕　宋包拯

臣伏見四月旦日當薄蝕陛下特降德音親決庶獄飭身修政以應天變此誠古之聖后明辟克謹天戒之至意也臣聞漢書云夫至尊莫大乎天天之變莫大乎日蝕蓋日者陽之精人君之象也君道虧爲陰所乘故蝕日者德也月者刑也故聖王日蝕修德月蝕修刑詩云彼月而蝕則惟其常此日而蝕于何不臧說者云月蝕非常比之日蝕固常也日蝕則不臧矣然于正陽之月法尤忌之由是有伐鼓用幣之事故人君或遭茲變必避殿徹膳克己責躬明君臣正上下延納衆議以輔不逮如是之至也今正陽之月晻然日蝕而又亢陽益甚火災繼作害孰大焉得非上天有以丁寧垂誡于陛下耶伏望陛下奮乾剛之至德畏天地之大異發號施令審思乎利害賞德罰罪無間于疎昵聽斷不惑勤儉爲先抑陰尊陽防微杜漸然後日御便殿博延公卿詢訪直言講求古道勵精爲治以答天戒如此則積異消于上厲階絕乎下足以導引善氣馴致太平惟陛下留神省察

救日論　劉敞

春秋左氏傳曰二至二分日有蝕之不爲災又曰非正陽之月不鼓臣以爲過矣夫聖王所甚畏而事者莫如天天神之最著而明者莫如日日者衆陽之宗人君之表也日有蝕之天子則伐鼓于社諸侯則伐鼓于朝非恭爲迂闊而徐民耳目也明其陰侵陽柔乘剛臣蔽君妻陵夫逆德之漸不可長也如是則奚救奚不救奚畏奚不畏哉丘明之言使諛臣依以諂其君邪臣資以固其身臣請辨之幽王之詩曰十月之交朔日辛卯日有蝕之亦孔之醜周之十月則二分已安在其不爲災者與夏書曰乃季秋月朔辰弗集于房瞽奏鼓嗇夫馳庶人走夏之季秋非正陽也安在其不鼓者與由此觀之日蝕之必可畏必當救也無所疑矣夫諂諛姦邪之臣出則朋黨比周以遂其私入則誑僞欺罔以濟其欲固日夜無須臾之間唯恐君之覺己也日有蝕之是將喜焉庸肯斥言災異以儆於上哉是以或至於陵夷而猶不寤魯季孫漢張禹是也昔者季孫意如之專魯知日蝕之爲傷其君而不憂也卒逐昭公張禹之仕漢知日蝕之爲害國而不告也卒成王氏嗚呼變所從來微矣爲人上者可不察哉可不察哉

上曾文肅書　陳瓘

兩年日蝕之變皆在正陽之月此乃臣道大彊之應亦閣下之所當畏也宜守而揆豈抑畏之謂乎周官曰居寵思危今天下旱蝗方數千里天變屢作人心憂懼邊費壞敗國用耗竭而閣下方且以爲得道揆之體可謂居寵而不思危矣

太陽交蝕祭告祝文　眞德秀

淸臺占象陽曜有虧惟德不明天降厥咎惕然祗懼不敢康寧神其相之亟復常度

祭謝祝文　前人

太史有言陽曜當虧陰雲蔽之衆弗下睹尚虞四方或睹茲異不忘祗懼冀格神休

太陽交蝕祭告祝文　前人

伏以季冬之吉日有蝕之顧惟不德致此大異側食祗懼靡敢康寧神其相之迄復常度

祭謝祝文　前人

伏以以人占天日日當蝕陰雲布濩景曜靡虧尚虞四方或睹茲變側躬祗栗冀格神休

日蝕賦　明張鳳翼

攝提指巳實沈易躔吉朔之朝日有蝕焉予感陽明之迭微陰道之多愆因作賦曰玉虯渴燭龍翔曦鞭具瞿㶖暘出暘谷拂扶桑曈曈杲杲蒼蒼涼涼起銅鉦于樹杪兮馳火馭于大荒映東門而吐昱兮度南陸以騰光踏宿霞之綺護兮燥罔畢之寒芒爾迺影動旂旗威淸蝄蜽肉灼鉄礲遠射螗蟒挹乎以舒歷然其爽爲足高榯固四極之所同瞻而縣旋在步實萬靈之共仰也胡爲乎妖祲作沴竊據太淸瞞瞞黯黵載薄其晶旭方升兮斂氣𧥷乍敝兮輪盈初蒙翳兮月眉有象既晦昧兮天眼無明斯時也碧落朝黚白榆晝晒析木流形十圭失景迷大陸之松杉闇長江之舴艋遂使羿繳空懸望九煇而莫覩魯戈酣戰揮三舍以無從則有撿苜蓿盤中之照減羔裘堂上之容于是朝野震虩烏雀飛驚爟熸雜遝金鞳鞫載拊門而擊柝亦執麾以置兵噪呼號其控籲達金城與玉京帝曰何物沫𧓍迺蝕陽精爰命九野轃熒六符助發走回祿以煬喧驅祝融以抱珥俄而黃道開旌赤熛按軌腓兮似蘇𢿭兮似駛煌乎若輿輪之離涴焜乎若寶鑑之濯滓逮夫躍淸曦于烏次騫大明于中天周照靡外旁燭無邊餘曬貫三垣與五緯鴻熹盪九垓與八埏嗢麗江山拭漣漪𠸄嘈于再秀曈回天地啓頏芃磅礴于重鮮方且履剝復而愈顯亦奚玷乎大圓故傾收葵藿博忠藎也旍借蝨魚草惠澤也覞消雨雪祛陰邪也皎奪冰山伸袞能也容光必照悉幽抑也方中則昃戒盛滿也不同於萬物示獨尊也無損于寸雲昭至德也若夫元樞默運妙用於昭夢寤因而進諫拾萍借以宣謠白駒懲其坑惕赤羽壯其招搖畏愛兮而品定遠近辯而神超至于可就成堯之大莫踰宣孔之尊爾其互函三而不毀擅無二以常存誰竟升沈之數誰窺變化之門即夸父有所不能察又何怪乎盲者之昏昏於維我皇撫世重潤重光抑其陰類振其陽剛屏曀霾于牀第埽氛㾕于邊疆采獻曝于芻蕘撤薾蔀于貂璫庶將越崦嵫德被嵎夷三精克序七紀維熙將旦旦亦文揭昧谷而遙輝不蝕離離丹釆浴咸池而末耀無虧

日重光賦　馮有經

伊曜靈之騰烈燭萬類而無垠體乾文以迅運揭離火以文明炳燭龍之爍灼奮踆烏之威神偉元聖而偉天標異質以示珍時也寰宇廓淸景氛澄霽晨光發其熹微長空斂其纖翳浴咸池于大木拂若木于海裔蔚圓規以成章抱重光之綺麗燠羲車以轉妍映彤庭而逾媚爾乃聚筱成珠攢劍成輪霍爍閃爍宣朗璘珣上烘煌以布景下斐亹而競文熒光嫮乎四表絕輝達乎五雲但觀其虛明內涵光華外映一體雙形同輝並瑩既環外而若銜亦虛中而若孕合小大以錯景混表裏以揚光焜煌煌其齊照煒煜煜以俱翔抱金輪而錯出紛煥彩以搖芒若乃臨紫宸而朗耀輾碧落以遙征伽曈矓兮玉樹晰璀璨兮金莖發葩葩而不定若綺組之相成爭離披而晃爌壹陵亂而相嬰聯遝遰以明媚知中外之晶熒羲和方弭節而眴目離朱亦惝恍而喪精炳矣璧連光若珥抱既搖彩于枍楹又旁燭乎奧窔盛魄賚于齊臣聲歌登于漢廟絢五色之渥彩儼九光之赤霞淸塵氛于海宇滌煙靄乎王家明道而幽深靡隱照臨而悠久重華光昭爛兮（句上疑有脫誤）輪菌抱載雲霞燦兮焜煌煜煒不昫兮鬱儀呈瑞呈天眷兮鬱明出治曆維萬兮熠熠重離時方旦兮身依末光在霄漢兮職陽是傾葵藿願兮

日蝕　明寧獻王權

光浴咸池正晈然忽如投暮落虞淵青天俄有星千點白晝爭看月一弦蜀鳥亂啼疑入夜杞人狂走怨無天衆頭不見長安日世事分明在眼前

日珥　王醇

日珥悲時事也歲仲春五日日生交暈如連環左右生戟氣青赤色白虹彌天占曰百殃之本衆亂之基且邇年疆內災異迭見輿師罕捷財賦告匱綠林白馬之徒白晝揚旌江海之上金盛之朝一至於此余藿食一丘杞憂何益第恐不能安枕白雲遂擊壤之私耳觸事成唫不覺其辭之無序也

連環雙珥夾晴日左右生戟氣青赤豈惟兵甲生邊裔百殃之本衆亂基前月黃霾泰山側青龍吐火煙光黑去年御溝流血波天鼓滿空撼海鼉又看彗星掃空百餘丈徹夜光芒侵斗象海徼軍民半已無天復示變何爲乎

日異部紀事

金匱三苗之時三月不見日

呂覽桀爲無道湯令伊尹往視曠夏聽於妹嬉妹嬉言曰今者天子夢西方有日東方有日兩日相與鬬西方日勝東方日不勝伊尹告湯乃令師從東方出於國西以進未接刃而桀走

說苑政理篇晉侯問於士文伯曰三月朔日有蝕之寡人學惛焉詩所謂彼日而蝕于何不臧者何也對曰不善政之謂也國無政不用善則自取讁於日月之災故不可不慎也政有三而已一曰因民二曰擇人三曰從時

吳越春秋范蠡曰昔吳之稱王僭天子之號天變於上日爲陰蝕今君遂僭號不歸恐天變復見

前漢書孝成許皇后傳后聰慧善史書自爲妃至即位常寵於上後宮希得進見皇太后及帝諸舅憂上無繼嗣時又數有災異劉向谷永等皆陳其咎在於後宮上然其言於是省減椒房掖庭用度皇后上疏上於是采劉向谷永之言以報曰皇帝問皇后所言事聞之夫日者衆陽之宗天光之貴王者之象人君之位也夫以陰而侵陽虧其正體是非下陵上妻乘夫賤踰貴之變與春秋二百四十二年變異爲衆莫若日蝕大自漢興日蝕亦爲呂霍之屬見以今揆之豈有此等之效與

鄭崇傳上欲封祖母傅太后從弟商崇諫曰孝成皇帝封親舅五侯天爲赤黃晝昏日中有黑氣今祖母從昆弟二人已侯孔鄉侯皇后父高武侯以三公封尚有因緣今無故欲復封商壞亂制度逆天人心非傅氏之福也

後漢書黃琬傳琬字子琰少失父早而辯慧祖父瓊初爲魏郡太守建和元年正月日蝕京師不見而瓊以狀聞太后詔問所蝕多少瓊思其對而未知所況琬年七歲在傍曰何不言日蝕之餘如月之初瓊大驚即以其言應詔而深奇愛之

晉書禮志漢建安中將正會而太史上言正旦當日蝕朝士疑會否共諮尚書令荀彧時廣平計吏劉卲在坐曰梓愼裨竈古之良史猶占水火錯失天時諸侯旅見天子入門不得終禮者四日蝕在一然則聖人垂制不爲變異豫廢朝禮者或災消異伏或推術謬誤也彧及衆人咸善而從之遂朝會如舊日亦不蝕卲由此顯名至武帝咸寧三年四年並以正旦合朔卻元會改魏故事也

元帝太興元年太史上四月合朔中書侍郎孔愉奏曰春秋日有蝕之天子伐鼓于社攻諸陰也諸侯伐鼓于朝臣自攻也按尚書符若日之有變便擊鼓于諸門有違舊典詔曰所陳有正義輒勅外改之

康帝建元元年太史上元日合朔後復疑卻會與否庾冰輔政寫劉卲議以示八坐于時有謂卲爲不得禮意荀彧從之是勝人之一失故蔡謨遂著議非之曰卲論災消異伏又以梓愼裨竈猶有錯失太史上言亦不必審其理誠然也而云聖人垂制不爲變異豫廢朝禮此則謬矣災祥之發所以譴告人君王者之所重誡故素服廢樂退避正殿百官降物用幣伐鼓躬親而救之夫敬誡之事與其疑而廢之寧慎而行之故孔子老聃助葬于巷黨以表不見星而行故日蝕而止柩曰安知其不見星也而卲廢之是棄聖賢之成規也魯桓公壬申有災而以乙亥嘗祭春秋譏之災事既過猶追懼未已故廢宗廟之祭況聞天眚將至行慶樂之會于禮乖矣禮記所云諸侯入門不得終禮者謂日官不豫言諸侯既入見蝕乃知耳非先聞當蝕而朝會不廢也引此可謂失其義旨劉卲所執者禮記也夫子老聃巷黨之事亦禮記所言復違而反之進退無據然荀令所言漢朝所從遂使此言至今見稱莫知其誤矣後君子將擬以爲式故

正之云爾于是休從衆議遂以御會至永和中殷浩輔政又欲從劉劭議不御會王彪之據咸寧建元故事又曰禮云諸侯旅見天子不得終禮而廢者四自謂卒暴有之非爲先存其事而僥倖史官推術繆錯故不豫廢朝禮也于是又從彪之議

前秦錄壽光二年正月發臣右僕射董榮言于苻生曰日蝕之災宜以貴臣應之生曰惟有大司馬國之懿戚不可其在王司空生從之誅司空王墮

古鏡記大業八年四月一日太陽虧度時在臺直晝臥廳閣覺日漸昏諸吏告度以日蝕甚整衣時引鏡出自覺鏡亦昏昧

珍珠船蘇威有鏡日蝕鏡亦昏黑無所見日蝕半缺鏡亦半昏

隋唐嘉話太史令李淳風校新曆成奏太陽合日蝕當既於占不吉太宗不悅曰日或不蝕卿將何以自處曰有如不蝕則臣請死之及期帝候日於庭謂淳風曰吾放汝與妻子別對以尚早一刻指表影曰至此蝕矣如言而蝕不差毫髮

唐書宋璟傳日蝕帝素服俟變錄囚多所貸遣賑卹災患罷不急之務璟曰陛下降德音卹人隱未宥輕繫惟流死不免此古所以慎赦也恐議者直以月蝕修刑日蝕修德或言分野之變冀有揣合臣以謂君子道長小人道消止女謁放讒夫此所謂修德也囹圄不擾兵甲不黷官不苛治兵不輕進此所謂修刑也陛下常以爲念雖有虧蝕將轉而爲福又何患乎且君子恥言浮於行願動天以誠無事空文帝嘉納

酉陽雜俎代宗卽位日慶雲見黃氣抱日

因話錄大中七年冬詔來年正月一日御含元殿受朝賀趙璘時爲左補闕請權御宣政殿疏奏之明日上謂宰臣曰有諫官疏來年御含元殿事如何莫須罷否宰臣魏公謨奏曰元年大慶正殿稱賀亦是常儀況當無事之時陛下肆朝百辟朝廷盛禮不可廢闕上曰近華州奏失火賊劫下邽縣又關輔久無雨雪皆朕之憂焉豈謂無事須與他罷假如權御宣政亦何不可也宰相奉詔方欲宣下而日官奏太陽當虧遂罷之

宋史吳及傳及爲右正言明年日蝕三朝及言日蝕者陰侵陽之戒在人事則臣陵君妻乘夫四夷侵中國今大臣無姑息之政非所謂臣陵君失在陛下淵默臨朝使陰邪未盡屏也后妃無權橫之家非所謂妻乘夫失在左右親倖驕縱亡節也疆埸無虞非所謂四夷侵中國失在將帥非其人爲敵所輕也因言孫沔在并州苛暴不法燕飲無度龐籍前在并州輕動寡謀輒與壁堡砦屈野之衂爲國深恥沔繇此坐廢

司馬光傳光判禮部有司奏日當蝕故事蝕不滿分或京師不見皆表賀光言四方見京師不見此人君爲陰邪所蔽天下皆知而朝廷獨不知其爲災當益甚不當賀從之

宗室列傳善俊太宗七世孫孝宗時日中有黑子每以飭邊備爲戒孝宗英武獨運缺相者累年善俊極言相位不可無人九人所難言者

理宗謝皇后傳德祐元年六月朔日蝕既太后削聖福以應天變

丁晉公談錄景德中契丹寇澶淵在河北聖駕在河南陣敵次忽日蝕盡眞宗見之憂懼司天監官奏云按星經云主兩軍和解眞宗不之信復檢晉書天文志亦云和解尋時契丹兵果自退而續馳書至求通好時晉公爲紫微舍人知鄆州

湘山野錄祥符四年駕幸汾陰起偃師驛未安天文院測驗渾儀杜貽範奏卯時二刻日有赤黃輝氣變爲黃珥又變紫氣巳時後輝氣復生

劉庠傳庠除監察御史裏行日蝕雨數日苑中張具待幸庠言非所以祗天戒詔罷之

夢溪筆談熙寧六年有司言日當蝕四月朔上爲徹膳避正殿一夕微雨明日不見日蝕百官入賀是日有皇子之慶蔡子正爲樞密副使獻詩一首前四句曰昨夜薰風入舜韶君王未御正衙朝陽輝已得前星助陰沴潛隨夜雨消其敘四月一日避殿皇子慶誕雲陰不見日蝕四句盡之當時無能過之者

雲麓漫抄紹興三十一年七月二十六日侵晨日出如在水面色淡而日中有二人一南一北南者色白北者色黑相與上下甚速至日中光彩射火以水照之祇見南白一人餘不見是年十二月逆亮送死于淮南悟黑人爲亮云

癸辛雜識范元章開之木心翁謂曾見錢浩達可云戊子十月丙早出郭日初出略無精光其形如甑既而變方乃就圓殊不可曉也

貴耳集庚寅年余丞浦江三月間近午日色略覺昏意謂日蝕外看山林屋宇皆成青色及兄弟骨肉相看而皆如鬼其色青甚如此日不移影至西方動是

年有繆春武庫之變余嘗在方冊間或書此怪異終未便信豈謂身自見之

金史紇石烈良弼傳上嘗問良弼每旦暮日色皆赤何也良弼曰旦而色赤應在東高麗當之暮而色赤應在西夏國當之願陛下修德以應天則災變自弭矣既而夏國有任德敬之亂高麗有趙位寵之難其言皆驗云

元史張昇傳昇補知汝寧府旁郡移文報吳人侯君遠者言歲直壬子六月朔日蝕其占爲兵寇歲癸丑其應在吳分野同列欲名屬縣爲備禦計昇曰此訛言久自當息毋用惑民聽斥其無稽衆論韙之

樂郊私語至正丙申三月日晡時天忽昏黃若有霾霧市中喧言天有兩日予立庭中視之初以老眼不能正視眩然若有數日久之果見兩日交而復開開而復合者凡數千百遍回視窗隙壁竇皆成兩圓影若重黃卵亦復開合不常此數十年來目所未覩之異也發書占之李淳風曰日不可有二風霾日無光占爲上刑急人不樂生天日變色有軍急其君無德其臣亂國嗟嗟今豈其時乎

輟耕錄至正辛丑四月朔日日未沒三四竿許忽然無光漸漸作蕉葉樣天且昏黑如夜星斗粲然飯頃方復舊大再開星斗亦隱又少時乃沒按天官書王隱晉書曰日無光臣有陰謀京房易傳曰臣專刑茲謂分威蒙微而日不明

帝城景物略日月蝕寺觀擊鐘鼓家擊盆盎銅鏡救日月聲嘈嘈屯屯滿城中蝕之刻不飲不食曰生噎食病

明通紀胡深進兵克浦城遂與友定將賴元帥大戰于浦城之南敗之進克崇安建陽友定建寧守將阮德柔兵四萬屯錦江深率兵擊之破其柵友定大懼率銳卒併力來攻深突陣與定決戰馬蹶被執爲友定所殺先是日中有一黑子劉基奏曰東南當失一大將至是深果敗沒

明外史郭正域傳正域入館沈一貫爲教習後服闋補編修不執弟子禮一貫不能無望至是一貫爲首輔沈鯉次之正域與鯉善而心薄一貫會臺官上日蝕占曰日從上蝕占爲君知佞人用之以亡其國一貫怒而詈之正域曰宰相燮盛危明顧不若瞽史耶一貫聞之怒

日異部雜錄

禮記曾子問曾子問曰諸侯旅見天子入門不得終禮廢者幾孔子曰四請問之曰太廟火日蝕后之喪雨霑服失容則廢如諸侯皆在而日蝕則從天子救日各以其方色與其兵注色衣之色也東方諸侯衣青南方諸侯衣赤餘倣此東方用戟南方矛西方弩北方楯中央鼓日蝕是陰侵陽故正五行之方色以厭勝之又曾子問曰葬引至于堩日有蝕之則有變乎且不乎孔子曰昔者吾從老聃助葬于巷黨及堩日有蝕之老聃曰丘止柩就道右止哭以聽變既明反而后行曰禮也反葬而丘問之曰夫柩不可以反者也日有蝕之不知其已之遲數則豈如行哉老聃曰諸侯朝天子見日而行逮日而舍奠大夫使見日而行逮日而舍夫柩不蚤出不莫宿見星而行者唯罪人與奔父母之喪者乎日有蝕之安知其不見星也且君子行禮不以人之親痁患吾聞諸老聃云

周禮秋官庭氏掌射國中之夭鳥若不見其鳥獸則以救日之弓與救月之矢射之

酉陽雜俎日將蝕諸方赤

續博物志日月蝕而私者生兒則多疾

夢溪筆談先儒以日蝕正陽之月止謂四月不然也正陽乃兩事正謂四月陽謂十月日月陽止是也詩有正月繁霜十月之交朔日辛卯日有蝕之亦孔之醜二者此先王所惡也蓋四月純陽不欲爲陰所侵十月純陰不欲過而干陽也

物類相感志日月蝕時飲損牙

仇池筆記玉川子月蝕詩以蝕月者月中蝦蟆也梅聖俞作日蝕詩以蝕日者三足烏也此因俚說以寓意戰國策日月䵝暉於外其賊在內則俚說亦舊矣

齊東野語溫公著通鑑若漢景帝四年內日蝕皆誤書於秋夏之交

讀書雜鈔昭三十一年趙簡子夢童子臝而轉以歌旦占諸史墨曰吾夢如是今而日蝕何也注簡子夢適與日蝕會謂咎在己故問之史墨知夢非日蝕之應故釋日蝕之咎而不釋其夢愚按杜注與占夢覘祲之意異

容齋隨筆楚昭王之季年有雲如衆赤鳥夾日以飛三日周太史曰其當王身乎若禜之可移于令尹司馬王曰除腹心之疾而寘諸股肱何益不穀不有大過天其夭諸有罪受罰又焉移之遂弗禜孔子曰楚昭王知大道矣其不失國也宜哉按宋景公出人君之言三熒惑爲之退舍楚昭之言亦是物也而終不蒙福天道遠而不可知如此

漢制攻大祝六日說注董仲舒救日蝕祝曰炤炤大明瀸滅無光奈何以陰侵陽卑侵尊是之謂說也

春明夢餘錄堯置閏以定四時舜察璣衡以齊七政唐虞之時曆象已極詳密獨日月之蝕缺而不講豈有深意後世疇人預定視爲故然戒省之意蔑如矣薄蝕之說大約云月體無光待日爲光日半照卽爲弦日全照卽爲望望爲日光所照反得奪月光者當日之衝有大如日者謂之闇虛闇虛當月則月必滅故爲月蝕日奪光應每望常蝕而有不蝕者道度異也日月異道有時而交交則相犯故日月遞蝕交在望前朔則日蝕既前後望不蝕交正在望則月蝕既前後朔不蝕大率一百七十三日有奇而道始一交非交則不相侵犯故朔望不常有蝕也日月同會道度相交月掩日光故日蝕日奪月光故月蝕月蝕是日光所衝日蝕是月光所映故日蝕常在朔月蝕常在望也日月之行有南北則蝕有高下日月之體有疎密則蝕有偏全其度數晷刻咸可推算又連月蝕者甚少惟春秋襄二十一年九月十月二十四年七月八月頻蝕前漢書文紀三年十月十一月晦頻蝕高紀三年十月甲戌晦日有蝕之十一月癸卯晦日有蝕之二十九日而蝕爲太速穀梁莊公十有八年春王正月日有蝕之傳曰不言日不言朔夜蝕也註一日一夜合爲一日今朔日日始出其有虧傷之處未復故知此是夜蝕穀梁之說甚異徐邈云夜蝕則星無光云一云夜蝕者曆官差其時宋寧宗六年史官言夜蝕不見是也元旦日蝕史或有之然未有連歲日蝕如晉武帝時者咸寧三年春正月庚子朔日有蝕之四年正月庚午朔日有蝕之太康七年正月甲寅朔日有蝕之八年正月戊申朔日有蝕之梁普通元年正月乙亥朔大赦改元丙子日有蝕之二日蝕爲異或云曆官避元日蝕移乙亥爲朔耳大清元年正月己亥朔日有蝕之則又未必爲曆官所移也東漢月二日蝕者凡三一云史官不見遼東以聞永樂十一年元旦日蝕呂尚書震請賀如常惟儀文簡公智爭議不可上韙其言月蝕史不書然朔望皆蝕爲變天順五年十　月朔日蝕望月蝕成化十二年一月朔日蝕望月蝕

魏永安二年十月己酉日蝕地下虧從西南角起宋淳熙十二年九月望太史言日蝕在夜新曆楊忠輔言日蝕在晝慶元四年九月朔太史言月蝕在晝草澤陳大猷言日蝕且在夜是穀梁傳不獨言日有夜蝕而月並有晝蝕也

丹鉛總錄漢書武帝紀建元二年有如日夜出諸家無註予解之曰曷言乎如日光如日也曷不言日夜出曰不夜出夜出非日也有不宜有也曷爲書紀異也晉書書有日夜出高三丈遂日之矣班氏書法春秋復起亦不能易矣

偶談天無二日垂象之常十日並出者咎徵之應請看日下赤光旣可二亦應可十試問錢塘萬弩將射日不異射潮

御龍子集十日並出有之乎漢書有如日夜出晉紀日夜出宋初兩日相盪于東南側而觀之十日其有也何也陽精之亂不相攝也占書有數日相掩數日亂鬭之占而可謂之無乎羿射九日則吾不信矣

來瞿唐集日蝕者數當蝕也有當蝕而不蝕者邵子曰算法之誤此言得之矣或者當夜蝕曆家差其時如宋寧宗六年太史言夜蝕不見是也蓋日蝕常在於朔月蝕常在於望間有差者不過差一日耳不離朔望者定數也圓必有虧者定理也朱子言朔而日月之合東西同度南北同道則月掩日而日爲之蝕望而日月之對同度同道則月亢日而月爲之蝕亢當也言日月相對太親切遂遙奪其光又云正如一人執燈一人執扇相交而過看來通說錯了日月在天譬之兩毬疾馳如飛相交而過彼此安能掩乎况日一日一周天其迅速一刻千里月豈能掩乎曆家見得日蝕皆在朔月蝕皆在望因生此議論吾儒亦信之殊不知天地有此陰陽不齊就生起許多不齊事來故有吉必有凶有盈必有虧有消必有長有長必有短有好必有醜有常必有變此必然之理必然之數也今以天言之蒼然者天之常也然或時而白或時而紅而黑或時空中偶生雷霆偶生風雨非變乎方者地之體也然或高而萬丈或卑而萬丈亦有盈有虧非其生成之變乎鎭靜者地之常也或時而震或時而裂非其偶然之變乎故明者日之常也或

時亦如血或時昏暈或時有黑氣如飛鵲如飛燕或時有黑子如棗如李或時貫白虹或時夾兩珥此皆載之簡策昭昭可考者非明者之變乎故周禮眂祲掌十煇之法以觀妖祥辨吉凶故圓者日之常也或時有缺焉或缺十分之五或缺十分之盡則闕而缺者雖變也亦常也若以爲月所掩且如桓公三年秋七月壬辰日有蝕之既既者盡也又如襄公二十四年安王二十年高后二年平帝元始元年普通三年日皆蝕之盡赧王十四年日蝕晝晦夫月掩日安能至此甚乎此皆已前載之史冊不可勝紀矣至若本朝正德某年日蝕盡白日偶黑滿天星斗此先輩所親見者也月在何處安能掩日至此乎且古人不言日缺而言日食者其缺處如有物齧之狀此食字之義也故改蝕字云如蟲食草木之葉也每每救日見其缺處參差不齊月掩日安得有是象乎蓋月之闇有時而虧正猶日之白有時而雜氣如周禮之所謂十煇也何必穿鑿以黃道論哉又說亦有交而不蝕者同道而相避也謂王者修德行政則陽足以勝陰雖當蝕而月常避日亦不蝕此說尤難信也蓋日月無心情之物也若月知避日是有心情矣且如五帝三王已上不可得而知矣至若漢文帝宋仁宗豈不修德哉然亦日蝕如常何哉嘗考宋中興志云張衡云對日之衝其大如日光不照謂之闇虛月望行黃道則值闇虛有表裏淺深故蝕有南北多少本朝朱熹頗主是說由是言之日之蝕與否當觀月之行黃道表裏月之蝕與否當觀所值闇虛表裏大約於黃道驗之也此中興志之說也又沈氏筆談亦論東西南北觀中興志謂本朝朱熹頗主是說則自漢唐以來言日蝕者紛紛皆未定也朱子見得曆家道是如此說遂信之解詩經十月之交之詩爾又中興志云日之蝕又有當蝕而不蝕者出於曆法之外者也如唐開元盛際及本朝中興以來紹興十三年十八年十九年二十四年二十五年二十八年皆當虧而不虧及考唐史開元三年七月七年五月九年九月十二年閏十二月共日蝕十二次開元盛際何嘗不日蝕乎又考宋紹興五年正月七年二月十三年十二月十五年六月十七年十月等共蝕十三次止有二次入雲不見羣臣稱賀者姦邪蒙蔽也當是時也正秦檜弄柄之時王倫諂諛之日君何君也臣何臣也何嘗修德哉而以爲中興以來紹興諸年皆不蝕恐亦諛君之言也則中興志不足信矣朱子修德不蝕之說是主曆家此說也蓋日者衆陽之宗君象也天道變于上人事應于下人君于日蝕必當側身修德以回天變非修德則不蝕也嘉祐六年日蝕入雲不見時議稱賀獨司馬光上言臣愚以爲日之所照周遍華夷雖京師不見四方必有見者此天戒至深不可不察也臣聞漢成帝永始元年九月日有蝕之四方不見京師見谷永以爲禍在內也二年三月日有蝕之四方見京師不見谷永以爲禍在外也臣愚以爲永之言似未協天之意夫四方不見京師見者禍尚淺也四方見京師不見禍寖深也天意以爲人君爲陰邪所蔽天下皆知而朝廷獨不知也人主猶宜側身戒懼乃相率稱賀不上下蒙誣哉若司馬光者可謂委曲善導其君以回天變者矣禮曰日蝕則天子素服而修六宫之職以蕩天下之陽事此皆垂訓之言欲人君反身修德也蓋言反身修德以回天變則可若曰修德則日不蝕非矣何也日猶水也日猶旱也堯之時浩浩襄陵湯之時焦金流石湯與堯豈不修德哉故堯惟反身修德曰洚水儆予湯惟反身修德以六事自責自古聖人惟反身修德而已且如孔子之聖豈不及文王文王之時鳳鳴岐山孔子之時鳳鳥不至豈孔子修德不如文王哉所遭之氣運不同耳如曰人君修德即日不蝕是孔子修德即鳳鳥至也

夏仲康五年日蝕書云乃季秋月朔辰弗集於房弗集者不安也言日辰不安於房宿也即言日蝕也亦非日月掩蝕也蔡仲默以集與輯通爲日月不和誣矣

日知錄隱公三年二月己巳日有蝕之其後鄭獲魯隱按狐壤之戰事在其前乃隱公爲太子時此劉向諛說班史因之不必曲爲之解

劉向言春秋二百四十二年日蝕三十六今連三年比蝕自建始以來二十歲間而八蝕率二歲六月而一發古今罕有異有大小希稠占有舒疾緩急余所見崇禎之世十四年而七蝕二年五月乙酉朔四年十月辛丑朔七年三月丁亥朔九年七月癸卯朔十年正月辛丑朔十二月乙未朔十四年十月癸卯朔與漢成略同而稠急過之矣然則謂日蝕爲一定之數無關於人事者豈非溺于疇人之術而不覺其自蹈於邪臣之說乎

欽定古今圖書集成曆象彙編庶徵典

第二十五卷目錄

庶徵典第二十五卷

月異部彙考一

書經

洪範

庶民惟星星有好風星有好雨日月之行則有冬有夏月之從星則以風雨

注 好風者箕星好雨者畢星月行東北入于箕則多風月行西南入于畢則多雨

詩經

小雅漸漸之石

月離于畢俾滂沱矣

朱注 離月所宿也月離畢將雨之驗也 大全 朱子曰畢是漉魚底網漉魚則其汁水淋漓而下若雨然畢星名義蓋取此今畢星上有一柄下開兩叉形亦類畢故月宿之則雨新安胡氏曰畢星好雨月水之精離畢而雨星象相感如此

禮記

昏義

婦順不修陰事不得適見于天月爲之蝕月蝕則后素服而修六宮之職蕩天下之陰事

易緯

京房飛候

正月有偃月必有嘉王

春秋緯

斗變

月之將蝕則斗第二星變色微赤不明而蝕

呂子

明理篇

其月有薄蝕有暈珥有偏盲有四月並出有二月並見有小月承大月有大月承小月有月蝕星有出而無光

史記

天官書

月行中道安寧和平陰間多水陰事外北三尺陰星北三尺太陰大水兵陽間驕恣陽星多暴獄太陽大旱喪也

注 索隱曰中道房室星之中間也房有四星若人之房三間有四表然故曰房南爲陽間北爲陰間則中道房星之中間也故房是日月五星之常行道然黃道亦經房心若月行得中道故陰陽和平若行陰間多陰事陽間則人主驕恣若歷陰星陽星之南迫太陰太陽之道則有大水若兵及大旱若喪也太陽亦在陽間之南各三尺也

角天門十月爲四月十一月爲五月十二月爲六月水發近三尺遠五尺

索隱曰謂月行入角與天門若十月犯之當爲來年四月成災十一月則主五月也

犯四輔輔臣誅

索隱曰案謂月犯房星也四輔房四星也房以輔心故曰四輔也

行南北河以陰陽言旱水兵喪月蝕歲星其宿地饑若亡熒惑也亂塡星也下犯上太白也彊國以戰敗辰星也女亂蝕大角主命者惡之心則爲內賊亂也列星其宿地憂

正義曰孟康云凡星入月中見月中爲星蝕月月掩星星滅爲月蝕星

月蝕始日五月者六六月者五五月復六六月者一而五月者凡五百一十三月而復始

索隱曰始日謂蝕始起之日也依此文計唯有一百二十一月與元數甚爲懸校既無太初曆術不可得而推定今以漢志統曆法計則五月者七六月者一又五月者一六月者五五月者一凡一百三十五月而復始耳或術家各異或傳寫錯謬故此不同無以明知也

漢書

天文志

日有中道月有九行中道者黃道一曰光道光道北至東井去北極近南至牽牛去北極遠東至角西至婁去極中夏至至於東井北近極故晷短立八尺之表而晷景長尺五寸八分冬至至於牽牛遠極故晷長立八尺之表而晷景長丈三尺一寸四分春秋分日至婁角去極中而晷中立八尺之表而晷景長七尺三寸六分此日去極遠近之差晷景長短之制也去極遠近難知要以晷景晷景者所以知日之南北也日陽也陽用事則日進而北晝進而長陽勝故爲溫暑陰用事則日退而南晝退而短陰勝故爲涼寒也故日進爲暑退爲寒若日之南北失節晷過而長爲常寒退而短爲常燠此寒燠之表也故曰爲寒暑一曰晷長爲潦短爲旱奢爲扶扶者邪臣進而正臣疏君子不足奸人有餘月有九行者黑道二出黃道北赤道二出黃道南白道二出黃道西青道二出黃道東立春春分月東從青道立秋秋分西從白道立冬冬至北從黑道立夏夏至南從赤道然用之一決房中道青赤出陽道白黑出陰道若月失節度而妄行出陽道則旱風出陰道則陰雨凡君行急則日行疾君行緩則日行遲日行不可指而知也故以二至二分之星爲候日東行星西轉冬至昏奎八度中夏至氐十三度中春分柳一度中秋分牽牛三度七分中此其正行也日行疾則星西轉疾事勢然也故過中則疾君行急之感也不及中則遲君行緩之象也至月行則以晦朔決之日冬則南夏則北冬至於牽牛夏至於東井日之所行爲中道月五星皆隨之也箕星爲風東北之星也東北地事天位也故易曰東北喪朋及巽在東南爲風風陽中之陰大臣之象也其星軫也月去中道移而東北入箕若東南入軫則多風西方爲雨雨少陰之位也月失中道移而西入畢則多雨故詩云月離于畢俾滂沱矣言多雨也星傳曰月入畢則將相有以家犯罪者言陰盛也書曰星有好風星有好雨月之從星則以風雨言失中道而東西也故星傳曰月南入牽牛南戒民間疾疫月北入太微出坐北若犯坐則下人謀上一曰月爲風雨日爲寒溫冬至日南極晷長南不極則溫爲害夏至日北極晷短北不極則寒爲害故書曰日月之行則有冬有夏也政治變於下日月運於上矣月出房北爲雨爲陰爲亂爲兵出房南爲旱爲夭喪水旱至衡而應及五星之變必然之效也

晉書

天文志

月爲太陰之精以之配日女主之象以之比德刑罰之義列之朝廷諸侯大臣之類故君明則月行依度臣執權則月行失道大臣用事兵刑失理則月行乍南乍北女主外戚擅權則或進或退月變色將有殃月晝明姦邪並作君臣爭明女主失行陰國兵强中國饑天下謀僭數月重見國以亂亡

隋書

天文志

月者陰之精也其形圓其質清日光照之則見其明日光所不照則謂之魄故月望之日日月相望人居其間盡覩其明故形圓也二弦之日日照其側人觀其傍故半明半魄也晦朔之日日照其表人在其裏故不見也其行有遲疾其極遲則日行十二度强極疾則日行十四度半極遲則漸疾疾極漸遲二十七日半强而遲疾一終矣又月行之道斜帶黃道十三日有奇在黃道表又十三日有奇在黃道裏極遠去黃道六度二十七日有奇陰陽一終張衡云對日之衝其大如日日光不照謂之闇虛闇虛逢月則月蝕値星則星亡今曆家月望行黃道則値闇虛矣値闇虛有表裏深淺故蝕有南北多少（以下與晉志同不重錄）

禮志

太陰虧皇后素服

宋史

天文志

月爲太陰之精女主之象一月一周天君明則依度臣專則失道或大臣用事兵刑失理則乍南乍北或女主外戚專權則或進或退月變色爲殃青饑赤兵旱黃喜黑水晝明則姦邪作

晦而明見西方曰朓朔而明見東方曰仄朓匿則政緩仄匿則政急六日而弦臣專政七日而弦主勝客八日而弦天下安十日不弦將死戰不勝兩月並見兵起國亂水溢星入月中亡國破將白暈貫之下有廢主白虹貫之爲大兵起生齒則下有叛臣生足則后族專政

月蝕從上始則君失道從旁始爲相失道令從下始爲將失法

彗星入或犯之兵期十二年大饑貫月臣叛主流星犯之有兵入無光有亡國在月上下國將亂月犯列星其國受兵星蝕月國相死星見月中主憂

凡月之行歷二十有九日五十三分而與日相會是謂合朔當朔日之交月行黃道而日爲月所揜則日蝕是爲陰勝陽其變重自古聖人畏之若日月同度于朔月行不入黃道則雖會而不蝕月之行在望與日對衝月入于闇虛之內則月爲之蝕是謂陽勝陰其變輕昔朱熹謂月蝕終亦爲災陰若退避則不至相敵而蝕所謂闇虛蓋日火外明其對必有闇氣大小與日體同此日月交會薄蝕之大略也日蝕修德月蝕修刑自昔人主遇災而懼側身修行者此也

婁元禮田家五行

論月

月暈主風何方有闕即此方風來諺云月如挂弓少雨多風月如偃瓦不求自下月偃偃水漾漾月子側水無滴新月落北主米貴諺云月照後壁人食狗食

觀象玩占

總敘

月者太陰之精積而成象魄質含影稟日之光以照夜以之配日女主之象比之君德刑罰之義列之朝廷諸侯大臣之數故近日則光斂猶臣近君卑而屈也遠日則光滿爲其守道循法蒙君榮華而體勢伸也當日則蝕猶臣僭君道而禍至復殄滅也盈極必缺示其不可久也行有弦望晦朔遲疾陰陽政刑之等威也日一日行一度月一日行十三度十九分度之七一千三百四十分度之四百九十四此平行之大率也人君有道人臣奉法則月行依度臣執權則行失道大臣用事兵刑失理則月行乍南乍北女主外戚擅權則月行或進或退此其大略也若夫推求晦朔弦望等皆注於曆法此不勝載獨取其占焉

月雜變

月變色其國有殃青爲憂爲饑赤爲爭爲兵白爲喪爲旱黑爲水爲疫爲死喪黃潤而明則有喜黃燥爲風爲旱又曰月變將有殃

月始生而色青其分有疾五穀貴赤色其分君憂色黃其分有立王色白其分亡地色黑其分有水

月滿而色赤爲兵爲旱月色如赭大將死野

月二十八日色黃客受殃

兩軍相當月生而色黃主人受其殃河圖帝覽嬉曰月入而色黃主人受殃月出而色赤黃客受殃三日不復生主不勝

月無光臣作亂其下國有死王一曰君令不行民饑國發乙巳占曰人君宰相行令不順四時刑罰不中

黜賢蔽能則月無光不救其行五穀不成六畜不生上下不從盜賊並起或曰月無光戰不勝京房曰月無光臣下作亂政令不行民饑亡正月無光兵起人多死二月無光有災異事三月無光火災旱六月無光六畜貴七月無光蟲災歲凶八月無光兵起九月無光布帛貴十月無光六畜貴十一月無光魚鹽大貴十二月無光五穀大貴若九月至十二月皆不光明穀大貴

月生而無光其下多死亡

月暈而無光是爲大盪其下有兵喪

凡攻城月小而無光其城降月大而無光其城不降

月光如張炬其下國立王

乙巳占曰月晝明臣將與君爭能人君宜黜强臣去奸佞親忠直絕女謁則禍不至矣

月生三角其中縵縵如絲布狀其野虛兵盡出在外主人不勝

月出非其所行之路皆女主失行姦通內外或陰謀小國兵强中國民饑下欲僭權

天有三門房星其準也中央曰天街南二星曰陽環南星之下曰太陽道北二星曰陰環北星之上曰太陰道由天街則天下和平行太陽道則爲旱行太陰道則爲水

月出地上庶人出爲天下王

月生正偃天下有兵兵合無兵人主凶一曰無兵則兵出一曰初生而偃有水

月始生正仰天下有兵兵合無兵人主凶

月始生而南向羅黃其月有戰則南方勝一曰月生南向陰國亡地又曰南國有兵始生而上大者七旬羅賤下大者下旬羅賤初生小而形廣大者水災初生而已半女主强又曰陰國利初生而見東方天下兵起初生而見南方米貴在其月初生而盛明女主持政

凡月生三日而見三日不見至七日始見天下兵起十五日始見國滅

凡大月八日昏中小月七日昏中過度有兵不及度有喪月三日四日而昏中天下有急兵臣專恣五日而昏中兵起在外戰六日將死女主擅權天下亂宗廟易十二十三日而昏中下謀上事成

月生八日而上弦天下大安生八日而不弦攻人城者不勝十日而不弦戰不勝將死六日而弦大臣專政不用主命九日而弦以戰主人勝客不勝月未當弦而弦兵大起未當下弦而弦臣下多奸當弦而不弦國有大兵

月十五日而正望天下安寧十四日而望主更命期一年十六日而望國不昌河圖帝覽嬉曰月未當望而望是謂促兵宜攻他人月當望而不望攻人地者有殃所宿國亡地乙巳占云月未當望而望爲急兵大戰兵破將死大臣執政逼君女主擅權天下亂宗廟易一曰月望而不滿有兵一曰其分失地

月當盈而不盈君侵臣大旱之兆未當盈而盈臣欺君有兵月生三日至七日而盈兵大起八日以後盈天下亂十一日至十四日盈其分君亡

月上弦後盈明君無威德有臣執政民背其君尊其臣

月未當缺而缺大臣滅女主黜諸侯世家絕月當虧而不虧陰盛臣强君奪勢月下弦而不弦奸臣專國政

月當晦而不盡所宿國亡地

月當出而不出有陰謀有死王天下亂月未當生而生臣下專恣

月始生中天上謀下事不成

月前望而西缺後望東缺名曰反月臣不奉法侵奪主勢天下有湧水兵起

月入八日北向陰國亡地不盡八日北向陽國失地

月大而體小者旱

月晦而見西方謂之朓朔而猶見于東方謂之朒又謂之仄慝朓則侯王其舒言政緩則陽行遲陰行疾也仄慝則侯王其肅言政急則陽行疾陰行遲也舒者臣强而專政肅者臣懼而太甚荆州占曰行疾有急事行不及多留事月太盈君惡之太縮臣惡之

月再中帝王窮月出復沒天下亂

月毀爲三四天下分亂一曰將相代主月毀爲二將相有謀月分爲兩無道之君失天下

月墜于天國有變大臣亡一曰有道之臣亡

兩月並出相重急兵至一曰兩月並見其下兵起國亂地陷水湧有亡國一曰大臣爭權亦曰後宮寵妾亂政一曰天下有兩主立若相去二寸臣滅其主乙巳占曰兩月並出天下治兵異姓大臣爭勢爲害王者宜選賢授之又曰日月重出皆爲暴兵殘害天下將有亡天下之象也數月並出國以亂亡三四五六月並見天下爭立爲帝一曰諸侯大臣爭起如月之

數乙巳占曰三月並見其分有立諸侯女主有競月在東方有小月承大月小國毀大國伐之爲主凶在西方小月承大月大國勝大月承小月小國勝

月兩弦中間光盛而衆多或二或三四五六以至十月天子政在諸侯天下分裂

月闕其下有流血凡兩月三月皆有物如月非眞月也

月中有非常氣色皆爲妃后有陰謀事月中有如人行者兩主爭客勝

月始生有黑雲貫月名曰繳雲或一二或三四不出三日有暴雨

月望而月中蟾兔不見者所宿國大水城陷民流亦爲女主宮中不安

月生與其國昏亂

月生芒后族擅權太子有變一曰月垂芒其國亂月上有黃芒后有喜

月生角天下兵起國受殃月生四日而有兩角刺如矛狀其國有弑逆月上角大主勝下角大賊勝

月生牙齒女主后妃亂天下兵起黃帝占曰大臣恣欺其君荊州占曰王者備左右一曰妾姜黜主滅嫡一曰女主死一曰羣下相戮有刺客

月生足其下若變河圖祕徵曰帝失德政不平則月生足生赤足臣有得罪者

月生爪人君賞罰不公偏任小人以起兵亂亦爲有刺客在其分荊州占曰月爪所指其方傾擾有土功事河圖祕徵曰陪臣擅命羣下附和則月舉足垂爪或曰諸侯叛則月生足爪

月生刺賊臣在中國亦曰其宿國君防刺客若有兵在外則主將防之荊州占曰月一日生刺賊生中國二日生刺女主有隱疾三日生刺是謂內傷四日生刺是謂蔽光五日生刺有妖言六日生刺其國亡邑七日生刺其地弱八日生刺其地割九日生刺其地饑有兵十日生刺女子執政十一日生刺其地有陰死者十二日生刺其下國昏亂十三日生刺是謂始強得地十四日生刺不利女君十五日生刺是謂盛強其下多兵十六日生刺是謂內弱臣叛其主十七日生刺是謂滅法有兵十八日生刺是謂溫死十九日生刺是謂陽衰陰治女子執事二十日生刺其分有土功二十一日生刺千里外有聚兵二十二日生刺是謂始衰貴人多死二十三日生刺是謂陰盛女子爲王二十四日生刺中有大謀二十五日生刺是謂陰隱國有殃二十六日生刺多變二十七日生刺大饑二十八日生刺有攻城二十九日生刺是謂自伐其國有內亂

常以月十四夜候月中有氣如飛鳥其地無居者

月中有黑子黑氣大如桃李臣有蔽主明者

月薄女主發大臣失所志曰凡軍行而遇日月薄宜收軍不利有謀反無交而蝕曰薄或近望陰氣侵迫赤黃無光者慝氣薄月也

月無雲而滅暗謂之夜冥人君昏聽不明法令不行將有死亡之兆若雜以殺氣寒慘者必有大咎三日內有雨則不占之

月蝕占

月蝕者陽侵陰臣下有咎董仲舒曰臣行刑執法不忠怨氣所積則月爲之蝕月蝕之宿其國貴人死或曰月蝕則粟貴荊州占曰月蝕則失刑之國當其咎又曰月蝕人主宜嚴號令省刑罰蝕後三日內有大雨則災解乙巳占曰凡月蝕其鄉有拔邑大戰之事凡帥出門而月蝕當其國之野軍大敗將死

月蝕盡君有殃蝕不盡臣當之

月蝕中分不出五年兵變乙巳占曰月蝕盡無光其分君死月蝕不盡光輝散臣憂之月蝕分爲八角八道兵起賊欲發使又曰卿相出走

月蝕大半以上大水以日支占國

月蝕以旦相及太子當之以夕君當之

月蝕起南方男子惡之起東方少壯者當之起北方女子惡之起西方老者惡之皆爲疾疫死亡河圖帝覽嬉曰月蝕從上始謂之失國其君當之從旁起謂之失令相當之從下起謂之失律將軍當之又曰從上始爲喪子蝕其陰爲女喪蝕其陽爲男喪

月蝕而青色人多死五穀傷赤色君爲客不出一年黃色有立諸侯王者白色其國有喪或失地蝕盡五穀貴其分國當之一曰月已蝕而色青爲憂赤爲兵黃土功白喪黑水一曰月蝕色赤如血有反臣

月蝕東方其月中有惡風蝕西方主人利

月蝕而鬬且暈國君惡之有軍必戰無兵軍起一曰隨所蝕伐之利

月蝕而有氣從外來入月中主人不利從中出外者客不利氣從南行南軍不利行北北軍不利東西亦如之氣所止之方敗也

月初生而蝕將敗于野初生三日而蝕是謂大殃其

國有喪十日至十四日天下兵起女主凶

月不望而蝕或望後蝕其國大水溢大臣死后妃有憂以日占國月蝕望前天子弱大臣强不能立功成事又曰月未盈而蝕陰道消女主憂過盈蝕盡宮中有憂

月蝕而有暈氣蒼色蝗蟲生大臣災有大水民災以日辰占其地

月春蝕歲惡將軍死國憂一曰穀貴荊州占曰月孟春蝕賤人當之仲春蝕貴人當之季春蝕人主憂夏蝕旱一曰國有大變一曰蟲生秋禾不成秋蝕兵起一曰邊有兵三不安西方災冬蝕其國饑有女喪一曰將有憂一曰春多澇女主憂已上皆以日辰占其野

月春蝕東方夏蝕南方秋蝕西方冬蝕北方皆以其方兵起武密占曰月正月蝕有災旱一曰米賤齊國惡米貴二月蝕貴人病魯國六畜災三月蝕人人憂楚國惡絲棉貴四月蝕人饑周國惡五月蝕旱梁國惡六畜貴六月蝕旱沛國惡六畜貴七月蝕兵起陳國惡絲棉貴八月蝕兵起鄭國惡魚鹽貴九月蝕兵起韓國惡十月蝕兵起衞國惡十一月蝕燕國惡女主喪十二月蝕有大水秦國惡

月以甲乙日蝕年多魚禾麥傷丙丁日蝕年豐戊己日蝕下田凶庚辛日蝕高田凶壬癸日蝕歲和一曰戊日月蝕大臣下獄又曰大臣死一曰有自縊死者己日月蝕山崩壞城郭大水溢內臣出后不安臣災皆以日支占其國

月蝕在辰巳地來年麥傷在未申地秋稼凶一曰午未地秋稼凶在戌亥地女主當之一曰子午丑女子當之蝕在子午卯酉地大水損禾稼壞城郭有疾疫以日辰占其國

凡月蝕無兵在外殃在其國兵將起而月蝕所當之國戰不勝若有軍在外而月蝕其國有大戰拔城月蝕而出軍其軍必敗蝕而出戰軍敗亡邑蝕盡將死蝕不盡軍敗將不死荊州占曰軍在外而月蝕將還其國戰不勝月蝕盡者軍歸不盡軍自止凡用兵從蝕處擊之勝

月蝕有星入月魄中兵起

月蝕盡在陽日占在大臣陰日占在妃夫人

凡月生三日無魄其月必蝕

月行與木同宿而蝕粟貴民相食農官憂

月行與土同宿而蝕國以饑亡

月行與火同宿而蝕天下破亡有憂

月行與金同宿而蝕强國戰不勝亡城大將有二心

月行與水同宿而蝕其國以女亂亡

飛流彗孛犯月占

流星入月中而無光兵起有光不出三年有亡國星出則復立又曰星入月中女主病疾一曰君失地將軍戮死荊州占曰臣有謀落月上下國亂客星入月中有兵喪破軍殺將一曰內亂大臣死一曰人主死不出三年京房曰臣弒君奪其國一曰臣害主月下有賊星多賊星多賊多星少賊少與月同光臣作威民非其上

彗星入月中兵大起期十二年大饑海中占曰彗星入月而月無光不出其年國亡星入而卽出則亡國復立又曰大兵大饑天下亂彗星觸月臣叛主貫月臣謀主拂月兵大起臣專政有逐君將死國滅出月上兵起將死四夷來侵

月中有星天下有賊星多者賊多也孝經內紀曰一星在月中臣與君婦女共作姦星在月角臣與黃門僮女人陰姦爲賊兩星在月角君與臣同作姦一星在月下後宮女子要臣爲姦月兩角各有一星有軍在外者敗洛書甄曜度曰月右角有星姦臣在西宮左角有星姦臣在東宮月上有星姦臣在南宮月下有星姦臣在後宮月兩角俱有星爲姦者敗河圖曰星出月陰貧海國勝出月下光相接其國君死人饑大星與月同光臣强一曰大臣爭競與主爭明

天元玉曆

太陰休咎篇

月者闕也爲陰主臣行陰道則陰雨行陽道則旱風君有福昌黃芒或戴國有喜慶正月偃形月若變色饑憂則青赤色爲旱爲亂黃則爲德爲榮黑爲水而爲病白爲喪而爲兵初出光色甚明女后專權執政當望蟾蜍不見大水城陷流亡月無光則下有死亡臣不忠教令廢亂月晝明則姦臣專政中國饑陰國兵强臣下相殘月傍生齒國家昏亂月底垂芒分爲二道也禍生僭逆毀爲數段也天下分張月赤如赭分大將死月自天墜分大臣亡月角各有一星有軍在外而賊主兩月數月並見君弱陰盛而乘陽月見日中其下失土大星入月野有兵喪

月旁異氣篇

臣下將殃異雲在旁雲如禽獸在中所主之者受害

氣如人隨月下所當主者侯王其中行如人行相爭客勝其旁如杵抵月將死軍亡雲如人頭在旁赤戰白兵黑雨青氣或有水刺黑雨赤戰白喪黑如鳴雞飛鳥羣羊羣豕不雨則何奴兵起雲生月側一白三蒼二黑貫月則圍邑城降

月旁雜氣篇

珥占其色青憂赤兵黃珥爲喜白喪黑雨昏時月珥國有半喜夜半兩珥邊地大驚三珥忽見國喜將見四玦俱出臣謀不成四提天子無后四珥女主憂生兩珥無虹爲風雨白虹貫之爲賊兵珥且戴主有吉慶背而玦國有反城暈日暈月戰謀不決而戰兵不合且抱且背有欲爲逆而有欲爲忠

月暈諸氣篇

月暈受衝國不安無風雨臣下專權天下偃兵終歲無寧暈大風將至月暈重圓或三或九有失地受兵之數若四若八有死王亡國之愆暈五重則女后之憂七當易主暈六重則政教之失十乃更元虹蜺背玦度暈中兵喪之象若三若四雲抵月以戰勿當有背玦而暈不合謀叛自敗有暈氣而霓指月將軍殺傷暈而白氣自外入拔城得將暈而白氣從中出圍城自殃雲來貫暈左右吏死白虹貫月臣亂于王后有陰謀暈連環而白虹連暈下遭兵革暈交貫而赤色有光闕　暈而背所臨者敗暈而珥時歲不康暈色黃將軍益祿暈有光主有來降二暈相連而如環兩國交兵而爭地連環及斗天下兵火而大亂拔城重暈于魁大臣下獄而流移千里暈客星則憂及于所臨之國流星入暈則大使來流星出暈則貴人出

月蝕變異篇

月蝕有變爲異無變可以數窮暈歲星而蝕者天下大戰暈塡星而蝕者天下兵興暈熒惑而蝕破軍亡地暈金水而蝕大水兵喪月蝕而鬬有軍必戰月蝕而暈其國君凶蝕而氣入暈者不宜爲主蝕而氣出暈者不利攻城蝕而彗孛來入當有哭泣之聲

月異部彙考二

周

考王六年月蝕

按史記年表秦躁公八年

漢

景帝二年秋月出北辰間

按史記本紀云云

後三年十月日月皆蝕赤五日

按史記本紀云云

成帝建始元年秋八月有兩月重見

按漢書本紀云云　按五行志成帝建始元年八月戊午晨漏未盡三刻有兩月重見京房易傳曰婦貞厲月幾望君子征凶言君弱而婦強爲陰所乘則月並出晦而月見西方謂之朓朔而月見東方謂之仄慝仄慝則侯王其肅朓則侯王其舒劉向以爲朓者疾也君舒緩則臣驕慢故日行遲而月行疾也仄慝者不進之意君肅急則臣恐懼故日行疾而月行遲不敢迫近君也不舒不急以正失之者蝕朔日劉歆以爲舒者侯王展意顓事臣下促急故月行疾也肅者王侯縮朒不任事臣下弛縱故月行遲也

河平元年二月夜月赤

按本紀不載　按志云云

哀帝元壽元年月行失道李尋上封事

按漢書本紀不載　按李尋傳哀帝卽位召尋待詔使侍中衞尉傅喜問尋對曰臣聞月者衆陰之長銷息見伏百里爲品千里立表萬里連紀妃后大臣諸侯之象也朔晦正終始弦爲繩墨望成君德春夏南秋冬北間者月數以春夏與日同道過軒轅上后受氣入太微帝廷揚光輝犯上將近臣列星皆失色厭厭如滅此爲母后與政亂朝陰陽俱傷兩不相便外臣不知朝事竊信天文卽如此近臣已不足杖矣屋大柱小可爲寒心唯陛下親求賢士無彊所惡以崇社稷尊彊本朝

後漢

光武建武八年三月庚子夜月暈五重

按後漢書本紀不載　按古今注紫微青黃似虹有黑氣如雲月星不見丙夜乃解

十年閏月庚申月在斗赤如丹

按本紀不載　按古今注云云

十二年二月辛亥月入氐暈珥圍角亢房

按本紀不載　按古今注云云

中元元年十一月甲辰月中星齒往往出入

按本紀不載　按古今注云云

順帝陽嘉　年月蝕既于端門

按本紀不載　按李固傳梁商以固爲從事中郎商

以后父輔政災異數見固欲令商先正風化退辭高滿乃奏記曰近者月蝕既于端門之側月者大臣之體也夫窮高則危大滿則溢月盈則缺日中則移凡此四者自然之數也天地之心福歉亡盈是以賢達功遂身退全名養壽無有怵迫之憂誠立王綱一整道行忠立明公蹤伯成之高全不朽之譽豈與此外戚凡輩耽榮好位者同日而論哉商不能用

桓帝永壽三年十二月壬戌月蝕非其月

按本紀不載　按志云云

延熹八年正月辛巳月蝕非其月

按本紀不載　按志云云

靈帝　年月赤

按本紀不載　按志靈帝時月出入去地二三丈皆赤如血者數矣

獻帝興平二年十二月月暈珥白氣貫月

按本紀不載　按袁山松書二年十二月月在太微端門中重暈二珥兩白氣廣八九寸貫月東西南北

後主建興元年十一月月暈北斗

按蜀志後主傳不載　按晉書天文志魏文帝黃初四年十一月月暈北斗占曰有大喪赦天下七年五月帝崩明帝卽位大赦天下

晉

懷帝永嘉五年三月月蝕

按晉書本紀不載　按天文志永嘉五年三月壬申丙夜月蝕既丁夜又蝕既占曰月蝕盡大人憂又曰其國貴人死

穆帝升平元年六月秦地見三月並出

按晉書本紀不載　按苻生載紀苻生壽光三年太史令康權言於生曰昨夜三月並出孛星入於太微遂入於東井兼自去月上旬沈陰不雨迄至於今將有下人謀上之禍深願陛下修德以消之生怒以爲妖言撲而殺之是夜淸河王苻法等率壯士數百人潛入雲龍門苻堅率麾下繼進引生置於別室廢而殺之

安帝隆安五年三月甲子月生齒

按本紀不載　按志安帝隆安五年三月甲子月生齒占曰月生齒天子有賊臣羣下自相殘桓元簒逆之徵也

義熙九年十二月辛卯朔月猶見東方

按本紀不載　按志義熙九年十二月辛卯朔月猶見東方是謂之仄匿則侯王其肅是時劉裕輔政威刑自己仄匿之應云

十一年十一月月暈于輿鬼

按本紀不載　按志十一年十一月乙未月入輿鬼見而暈占曰主憂財寶出一曰月暈有赦

宋

孝武大明三年三月月在房犯鉤鈐因蝕九月月在胃而蝕既又於昴犯熒惑

按宋書本紀不載　按天文志三月月在房犯鉤鈐因蝕占曰人主惡之將軍死九月月在胃而蝕既又於昴犯熒惑占曰兵起女主當之人主惡之

南齊

高祖建元四年七月月蝕

按南齊書本紀不載　按天文志建元四年七月戊辰月在危宿蝕

武帝永明元年十一月月有珥抱

按本紀不載　按志十一月己未南北各生一珥又有一抱

二年四月月蝕

按本紀不載　按志永明二年四月丁巳月在南斗宿蝕

三年十一月月蝕

按本紀不載　按志三年十一月戊寅月入東井曠中因蝕三分之一

五年三月月蝕九月又蝕

按本紀不載　按志五年三月庚子月在氐宿蝕九月戊戌月在胃宿蝕

六年九月月蝕

按本紀不載　按志六年九月癸巳月蝕在婁宿九度加時在寅之少弱虧起東北角蝕十五分之十一十五日子時蝕從東北始至子時末都既到丑時光色還復

七年八月十月俱月蝕

按本紀不載　按志七年八月丁亥月在奎宿蝕十月庚辰月掩蝕熒惑

十年十二月月蝕

按本紀不載　按志十年十二月丁酉月蝕在柳度加時在酉之少弱到亥時月蝕起東角七分之二至子時光色還復

永泰元年夏四月月蝕

按本紀不載　按志永泰元年四月癸亥月蝕色赤

如血三日而大司馬王敬則舉兵衆以爲敬則禍烈所感

永元元年八月月蝕

按本紀不載　按志永元元年八月己未月蝕盡色皆赤是夜始安王遙光伏誅

梁

武帝天監六年三月庚申月蝕

按梁書本紀不載　按隋書天文志云云

普通六年三月庚申月蝕

按本紀不載　按隋志云云

太清二年五月兩月見

按本紀不載　按隋志占曰其國亂必見于亡國

簡文帝大寶元年正月丙寅月晝光見

按本紀不載　按隋志占曰月晝光有隱謀國雄逃又云月晝明姦邪並作擅君之朝其後侯景篡殺皆國亂亡君大喪更政之應也

北魏

太祖天興四年三月甲子月生齒

按魏書本紀不載　按天象志占曰有賊臣五年十一月容秀胡帥前平原太守劉曜聚衆爲盜遣騎誅之

太延五年六月甲午朔月見西方

太平眞君二年六月壬子朔月見西方

高宗太安四年六月癸酉朔月生西方

顯祖皇興元年十月癸巳月在參蝕

按以上本紀不載　按天象志云云

高祖延興三年十二月戊午月蝕

按本紀不載　按天象志蝕在七星京師不見統萬鎭以聞

太和二年九月庚申月蝕

按本紀不載　按天象志陰雲開合月在昴蝕

四年二月壬午月蝕

按本紀不載　按天象志云云

六年正月七月皆月蝕十一月月寅見東方

按本紀不載　按天象志正月辛未月蝕七月丁卯月蝕十一月辛亥朔月寅見東方京師不見平州以聞

八年五月丁亥月在斗蝕盡

按本紀不載　按天象志占曰饑十二月詔以州鎭十五水旱民饑遣使者循行問所疾苦開倉賑恤

九年十一月戊寅月蝕

十二年九月月蝕盡

按以上本紀不載　按天象志云云

十三年二月己丑月蝕八月丙戌月蝕

按本紀不載　按天象志十三年二月己丑月在角十五分蝕七八月丙戌天有微雲月在未蝕占曰有兵十四年四月地豆于頻犯塞詔征西大將軍陽平王頤擊走之

十五年正月己酉月在張蝕十二月辛卯月蝕盡

按本紀不載　按天象志云云

十六年十二月丁酉月在柳蝕

按本紀不載　按天象志占曰國有大事兵起十七年八月己丑車駕發京師南伐步騎三十餘萬

十七年六月甲午月在女蝕

按本紀不載　按天象志占曰旱二十年以南北州郡旱遣侍臣循察開倉賑恤

十八年四月庚申月在斗蝕

十九年十月丙午月在畢蝕

按以上本紀不載　按天象志云云

二十二年二月丁卯月在角蝕

按本紀不載　按天象志占曰天子憂二十三年四月高祖崩

二十三年二月壬戌月在軫蝕

按本紀不載　按天象志云云

世宗景明元年正月丙辰月在翼蝕

按本紀不載　按天象志十五分蝕三

四年五月丁卯月蝕

按本紀不載　按天象志月在斗從地下蝕出十五分蝕十二占曰饑正始四年八月敦煌民饑開倉賑恤

正始二年九月癸未月蝕十一月丙子月暈珥有虹有背

按本紀不載　按天象志月在昴十五分蝕十占曰饑四年九月司州民饑開倉賑恤十一月丙子月暈東西兩珥內赤外青東有白虹長二丈許西有白虹長一匹北有虹長一丈餘外赤內青黃虹北有背外赤內青黃

三年三月庚辰月在氐蝕盡

按本紀不載　按天象志云云

永平二年正月月蝕

按本紀不載　按天象志月在翼十五分蝕十二

三年正月戊子月在張蝕閏月乙酉月在危蝕十二月壬午月在張蝕
按本紀不載　按天象志云云
延昌二年四月己亥月蝕十月丙申月蝕
按本紀不載　按天象志四月己亥月在箕從地下蝕出還生三分漸漸而滿占曰饑三年四月青州民饑開倉賑恤十月丙申月在參蝕盡占曰軍起三年十一月詔司徒高肇爲大將軍率步騎十五萬伐蜀
三年四月癸巳月蝕
按本紀不載　按天象志月在尾從地下蝕出十五分蝕十四占曰旱饑熙平元年四月瀛州民饑開倉賑恤
肅宗熙平元年八月己酉月蝕
按本紀不載　按天象志月在奎十五分蝕八占曰有兵神龜元年三月南秦州氐反遣龍驤將軍崔襲持節喻之
二年八月癸卯月在婁蝕盡
按本紀不載　按天象志云云
神龜二年十二月庚申月蝕
按本紀不載　按天象志月在柳十五分蝕十
正光元年十二月甲寅月蝕
按本紀不載　按天象志占曰兵外起二年正月南秦州氐反二月詔光祿大夫邴虯討之
二年五月丁未月蝕十一月己酉月在井蝕
按本紀不載　按天象志占曰旱饑三年六月帝以炎旱減膳撤懸
孝昌元年九月丁巳月蝕

莊帝永安二年十月甲子月在參蝕
按以上本紀不載　按天象志云云
三年五月甲申望前月蝕于午
按本紀不載　按天象志洪範傳曰天子微弱大法失中不能立功成事則月蝕望前時尒朱榮等擅朝也
前廢帝普泰元年正月甲申月蝕盡
後廢帝中興元年十一月甲申月暈
二年四月戊寅月在箕蝕
出帝太昌元年六月癸未月戴珥十月丙子月在參蝕
永熙三年三月戊戌月在亢蝕
孝靜帝天平三年二月丁亥月蝕八月癸未月蝕
元象元年六月癸卯月蝕
興和元年十二月甲午月蝕
三年四月壬辰月蝕
武定元年三月丙午月蝕
七年十一月丁卯月蝕
按以上本紀不載　按天象志云云

北齊

後主武平二年九月庚申月蝕既
按北齊書本紀不載　按隋書天文志在婁蝕既至旦不復占曰女主凶其三年八月廢斛律皇后立穆后四年又廢胡后爲庶人

隋

高祖仁壽四年六月庚午有星入於月中
按隋書本紀不載　按天文志占曰有大喪有大兵有亡國有破軍殺將甲辰上疾甚丁未宮車晏駕漢王諒反楊素討平之

唐

太宗貞觀　年突厥有三月並見
按唐書本紀不載　按天文志貞觀初突厥有三月並見
高宗儀鳳二年正月甲子朔月見西方
按本紀不載　按志二年正月甲子朔月見西方是謂朓朓則侯王其舒
中宗嗣聖　年月過望不虧
按本紀不載　按志武后時月過望不虧者二（年月不詳）
元宗天寶三載正月庚戌月有紅氣如垂帶
按本紀不載　按志云云
肅宗元年建子月月掩昴而暈建辰月月有冠暈
按本紀不載　按志建子月月掩昴而暈色白有白氣貫之建辰月月有黃白冠而暈圍東井五諸侯兩河及輿鬼昴胡也東井京師分也白氣兵喪
代宗大曆十年月暈有黑白氣
按本紀不載　按志月暈熒惑畢昴參東及五車暈中有黑氣乍合乍散十二月丙子月出東方上有白氣十餘道如匹練貫五車及畢觜觿參東井輿鬼柳軒轅中夜散去占曰女主凶白氣爲兵喪五車主庫兵軒轅爲後宮其宿則晉分及京師也
憲宗元和十一年有虹貫月於營室
按本紀不載　按志云云
文宗開成四年閏正月甲申朔乙酉日月在營室正偃魄

按本紀不載　按志四年閏正月甲申朔乙酉日月在營室正偃魄質成早也爲臣下專恣之象

五年正月日月昏而中

按本紀不載　按志五年正月戊寅朔甲申日月昏而中未弦而中早也占同上

武宗會昌五年二月月出無光

按本紀不載　按志五年二月丁亥月出無光犯熒惑于太微頃之稍有光遂犯左執法

昭宗景福二年十一月有白氣如環貫月

天復二年十二月甲申月有三暈裏白中赤黃外綠

天祐三年二月丙申月暈熒惑

按以上本紀俱不載　按志云云

後梁

太祖開平四年十二月庚午月有蝕之

按五代史本紀不載　按司天考云云

乾化三年三月戊申月有蝕之九月甲辰月有蝕之

按本紀不載　按司天考云云

後唐

明宗天成元年十月己丑至庚子日月赤而無光十一月丁丑月暈匝火木

按五代史本紀不載　按司天考云云

三年十二月乙卯月有蝕之

按本紀不載　按司天考云云

四年六月癸丑月有蝕之十二月庚戌月有蝕之

按本紀不載　按司天考云云

後晉

高祖天福二年七月丙寅月有蝕之

按五代史本紀不載　按司天考云云

出帝開運元年九月丙戌月有蝕之

按本紀不載　按司天考云云

後漢

高祖天福十二年十二月乙未月有蝕之

按五代史本紀不載　按司天考云云

遼

穆宗應曆十七年司天臺奏月當蝕不虧

按遼史本紀十七年冬十一月庚子司天臺奏月當蝕不虧上以爲祥歡飲達旦

宋

太祖開寶元年十一月庚寅月蝕

二年十月戊子月蝕

三年四月乙酉月蝕

五年八月壬寅月蝕

七年八月庚寅月當蝕不蝕

按以上宋史本紀不載　按天文志云云

按志自建隆元年迄開寶末凡珥一十九煇氣一十三暈二十九重暈半暈一十四交暈二紐氣二

太宗太平興國二年六月甲辰月蝕既十一月壬寅月蝕

三年十月丙寅月蝕雲陰不見

五年八月乙卯月蝕既

雍熙元年正月丙寅月蝕

二年七月戊午月當蝕不蝕

四年五月丁丑月蝕

端拱二年三月丁酉月當蝕不蝕

淳化元年正月庚寅月蝕

二年八月壬午月蝕既

三年正月癸卯月蝕八月丙子月蝕雲陰不見

五年六月乙未月蝕十二月癸巳月蝕既

至道元年六月己丑月蝕雲陰不見十二月丁亥月蝕

二年十月辛亥月蝕

按以上本紀不載　按志云云

按志太平興國元年迄至道末凡冠氣一珥六煇氣五赤氣二抱氣一暈八半暈三背氣一

眞宗咸平元年十月庚子月蝕

二年九月乙未月蝕

三年二月壬戌月蝕八月庚申月蝕

四年八月甲寅月蝕

五年正月辛亥月蝕七月戊申月蝕

六年正月甲辰月蝕七月壬寅月蝕

按以上本紀不載　按志云云

景德元年十一月乙丑月蝕

二年正月丙寅白氣貫月黑氣環之五月壬戌月蝕十月庚寅月蝕

三年丙辰白氣貫月四月癸卯黃氣如柱貫月

四年四月庚寅白氣如布襲月五月辛卯月蝕雲陰不見九月戊寅月當蝕不蝕

按以上本紀不載　按志云云

大中祥符元年九月月蝕十月月有黃光

按本紀元年十月辛亥月有黃光　按志九月癸酉月蝕

二年九月丁卯月當蝕不蝕

三年閏二月甲子月蝕

按以上本紀不載　按志云云

四年二月辛酉月重輪

按本紀祀后土地祇是夜月重輪

五年正月甲申月蝕陰翳不見七月庚辰月蝕十二月丁丑月蝕

八年十月辛卯月蝕

九年四月己丑月蝕雲陰不見

天禧元年四月壬午月蝕十月庚辰月蝕

三年二月壬寅月蝕四月黃氣如柱貫月

四年四月乙酉西南方兩月重見八月癸巳月蝕

按以上本紀不載　按志云云

按志咸平元年迄乾興末凡重輪三珥一百二十冠氣十二暈氣十二承氣八抱氣三戴氣九赤黃氣十七五色氣十一青赤氣二紅黃氣一暈三百九十四

仁宗天聖二年五月壬寅月當蝕不蝕

四年五月戊子月蝕

慶曆二年六月丁亥月蝕

五年四月庚子月蝕九月戊戌月蝕

六年九月壬辰月蝕

皇祐二年七月庚子月蝕

四年十一月丙辰月蝕

五年十月辛亥月蝕

至和二年九月庚午月蝕

嘉祐元年八月甲子月蝕既

二年二月壬戌月蝕八月戊午月蝕

三年閏十二月辛巳月蝕

四年六月戊寅月蝕十二月乙亥月蝕既

按以上本紀不載　按志云云

按綱目秋七月放宮人帝以月蝕幾盡修陰教以應天變前後出宮女幾五百人時後宮得幸者十人謂之十閤而劉氏黃氏在十閤中尤驕恣通請謁御史中丞韓絳密以聞帝曰非卿言朕不知也當審驗之遂幷出二人

五年十二月己巳月蝕

七年十月己丑月蝕

八年十月癸未月蝕既

按以上本紀不載　按志云云

按志天聖元年訖嘉祐末凡揚光一光芒氣一紅光煇氣一煇氣五五色煇氣一暈二百五十七周暈三十三交暈四連環暈一珥七十二冠氣五戴氣一十三承氣五背氣一白虹貫月一黃虹貫月二

英宗治平元年四月庚辰月蝕

四年二月甲午月蝕十月庚申夜黃氣貫月

按以上本紀不載　按志云云

按志治平元年訖四年凡五色煇氣一五色暈氣一暈五十一珥一十五冠氣一戴氣四背氣二

神宗熙寧元年七月乙酉月蝕

二年閏十一月丁未月蝕

三年五月乙巳月當蝕雲陰不見

四年五月己亥月蝕十一月丙戌月蝕

六年三月戊午月蝕九月乙卯月蝕

七年九月己酉月蝕既

九年正月壬申月蝕雲陰不見

十年正月丙寅月蝕七月癸亥月蝕雲陰不見

元豐元年正月庚申月當蝕有雲障之六月戊午月蝕

二年六月壬子月當蝕雲陰不見

三年十月甲戌月蝕雲陰不見

四年四月辛未月蝕既十月己巳月蝕

五年十月癸亥月蝕

六年八月丁亥月當蝕不蝕

七年二月乙酉月蝕雲陰不見八月辛巳月蝕雲陰不見

八年八月丙子月蝕既

按以上本紀不載　按志云云

按志自治平四年訖元豐末凡五色煇氣十一五色暈氣六暈四百二十三周暈二百四十七交暈二珥一百三十四冠氣七戴氣五十承氣五背氣一十白虹貫月五貫珥一

哲宗元祐元年十二月戊戌月當蝕雲陰不見

三年六月庚寅月蝕既十二月丁亥月當蝕雲陰不見

四年五月甲申月蝕雲陰不見

五年五月戊寅月蝕雲陰不見

六年四月癸卯月蝕雲陰不見

七年三月戊戌月蝕既

八年九月己丑月蝕雲陰不見

紹聖三年七月癸卯月蝕雲陰不見

四年正月庚子月蝕雲陰不見

元符元年五月壬戌月當蝕不蝕
二年五月丙辰月蝕既十月甲寅月蝕既
十年十月戊申月蝕
按以上本紀不載　按志云云
按志自元豐八年三月五日至元符三年正月十二
凡五色暈氣九暈八十九周暈二百五十一重暈一
交暈三珥一百三冠氣七戴氣一十七背氣八白虹
貫月二貫珥一
徽宗崇寧二年二月甲子月蝕既八月辛酉月蝕既
三年二月己未月蝕八月丙辰月蝕
四年十二月戊寅月蝕
五年六月乙亥月蝕十二月壬申月蝕既
大觀三年十月丙戌月蝕
四年四月甲申月蝕既九月庚辰月蝕既
政和元年三月戊寅月蝕九月甲戌月蝕
三年二月丁酉月蝕十月甲午月蝕
四年正月辛卯月蝕既
六年十一月乙巳月蝕
七年十一月己亥月蝕
重和元年五月丙申月蝕
宣和二年三月丙辰月蝕
三年九月庚辰夜有蒼白氣貫月壬午夜蒼白氣長
三丈貫月
六年正月癸亥月蝕十二月戊午月蝕既
按以上本紀不載　按志云云
按志自元符三年正月迄靖康二年四月凡暈五暈
川二五色暈五珥一常冠一交暈一重暈一白虹貫
月一
高宗建炎三年二月壬午月蝕於軫
四年十月己卯暈生五色
紹興元年八月己卯月當蝕雲陰不見
二年二月丙子月未當闕而闕體如蝕色黃白五月
乙亥暈生五色七月甲戌月蝕於室既
三年七月戊辰月蝕於危
四年六月壬午暈生十二月庚寅月蝕於井
五年十一月乙酉月蝕於井既
六年五月辛巳月蝕于南斗十一月己卯月當蝕雲
陰不見
八年三月辛丑月當蝕雲陰不見九月丁酉月當蝕
雲陰不見
九年九月壬辰月蝕于胃既
十一年七月丙午月蝕雲陰不見
十二年六月庚子月蝕既十二月戊戌月當蝕雲陰
不見
十四年六月甲午月蝕于女
十五年五月己未當蝕陰雲不見
十六年四月甲寅月蝕
二十一年二月丙辰望月當蝕陰雲不見
二十五年五月壬戌望月當蝕以山色遮映不見虧
分
二十七年九月丁丑月蝕
三十年正月甲午月當蝕陰雲蔽之
按以上本紀不載　按志云云
孝宗隆興二年五月己亥月當蝕陰雲蔽之
乾道元年四月甲午月當蝕陰雲蔽之
三年五月生黃白暈珥
四年二月丁未月蝕既三月壬寅生黃白暈周匝
五年二月辛丑月當蝕陰雲不見三月庚子黃白暈
周匝
六年十一月辛酉月當蝕陰雲不見
八年六月壬子月當蝕陰雲不見
淳熙元年四月壬申月當蝕陰雲不見
二年四月丙寅月蝕于房既九月癸亥月當蝕雲掩
不見
三年三月庚申月當蝕雲陰不見
五年二月己卯月當蝕雲陰不見
六年正月甲戌月蝕既
八年十一月丁亥月蝕
九年十一月辛巳月蝕
十年五月己卯月蝕
十二年三月戊戌月蝕九月乙未月當蝕雲陰不見
十三年三月壬辰月當蝕陰雲不見八月庚寅月蝕
既
十四年八月甲申月當蝕陰雲不見
十六年十二月辛丑月當蝕陰雲不見
按以上本紀不載　按志云云
光宗紹熙元年六月丁酉月當蝕陰雲不見十一月
乙未亦如之
二年六月壬辰月當蝕陰雲不見
三年四月乙巳月當蝕陰雲不見
五年九月癸卯月當蝕陰雲不見

按以上本紀不載　按志云云

寧宗慶元二年八月壬戌月蝕

三年七月己未月蝕既

四年七月庚戌月蝕

六年五月庚午月當蝕陰雲不見

嘉泰二年五月己未月蝕

三年三月癸未月當蝕陰雲不見七月壬午白虹暈貫月中

開禧元年三月壬申月當蝕陰雲不見閏八月己巳月當蝕陰雲不見

三年正月壬辰月蝕七月戊子月蝕

嘉定元年正月丙戌月當蝕陰雨不見十二月庚辰月蝕

二年六月丁丑月蝕

三年十一月己亥月蝕

五年十月戊子月蝕

七年二月庚戌月蝕八月丁未月蝕

八年八月辛丑月蝕既

九年二月己亥月當蝕雲陰不見閏七月乙未月當蝕雲陰不見

十年十二月戊午月蝕

十一年六月乙卯月蝕十二月壬子月蝕既

十二年五月庚戌月蝕

十三年五月甲辰月當蝕雲陰不見

十四年十月丙寅月蝕

十五年三月癸亥月當蝕于氐既雲陰不見

十六年正月丁巳月當蝕雲陰不見

按以上本紀不載　按志云云

理宗寶慶元年正月丁丑月蝕七月癸酉月蝕陰雨不見

二年七月戊辰月蝕陰雨不見

紹定元年十一月己卯月蝕

二年十一月甲申月蝕

四年四月庚午月蝕

五年三月乙未月蝕

六年二月庚寅月蝕

端平二年十二月癸卯月蝕

三年十二月丁酉月蝕

嘉熙元年六月乙未月蝕

三年四月甲寅月蝕

四年四月戊申月蝕

淳祐元年九月庚子月蝕

四年七月癸丑月蝕

五年七月戊申月蝕

六年閏四月辛丑暈

七年五月丁卯月蝕十月辛丑生珥

八年二月戊子暈生黃白十月己丑月蝕

十一年三月乙亥月蝕九月壬申月蝕

十二年八月丙寅月蝕

寶祐二年閏六月丙戌月蝕

三年十二月丁丑月蝕

四年二月乙卯四月庚午暈周匝

五年十月丁酉月蝕

六年四月癸巳月蝕十月辛卯月蝕

開慶元年四月戊子月蝕十月乙酉月蝕

景定二年七月甲戌月蝕

三年十月甲子十二月辛酉暈周匝

四年二月戊午暈周匝

按以上本紀不載　按志云云

度宗咸淳二年六月丁丑月蝕十一月甲辰月蝕

四年七月癸亥月蝕

五年九月丁巳月蝕

六年三月乙卯月蝕九月辛亥月蝕

九年正月戊辰月蝕十二月壬戌月蝕

按以上本紀不載　按志云云

欽定古今圖書集成曆象彙編庶徵典

第二十六卷目錄

庶徵典第二十六卷

月異部彙考三

金

熙宗天會十三年月蝕

按金史本紀不載　按天文志天會十三年十一月乙酉月蝕命有司用幣以救著爲令

海陵天德二年二月丙辰月蝕

四年十二月丙子月蝕

按以上本紀不載　按志云云

貞元元年十二月庚午月蝕

二年三月辛巳月蝕十一月甲子月蝕

按以上本紀不載　按志云云

正隆三年二月辛巳月蝕

五年正月甲午月蝕

六年七月乙酉月蝕

按以上本紀不載　按志云云

世宗大定四年十一月丙申月蝕既

十六年三月庚申月蝕

十九年正月甲戌月蝕既

二十二年十一月辛巳夜月蝕既

二十三年五月己卯月蝕既

二十六年三月壬辰月蝕

二十九年十二月辛丑月蝕既

按以上本紀不載　按志云云

章宗明昌元年六月丁酉月蝕既十二月乙未月蝕

二年六月壬辰月蝕

三年四月丁巳月蝕

四年正月丙子月有暈白虹貫其中九月戊申月蝕

五年十月癸卯月蝕

按以上本紀不載　按志云云

承安元年八月壬戌月蝕

二年二月己未月蝕既

三年正月甲寅月蝕七月庚戌月蝕

五年五月庚午月蝕

按以上本紀不載　按志云云

泰和元年十一月辛酉月蝕

二年五月己未月蝕

三年三月癸未月蝕

四年九月乙亥月蝕

五年三月壬申月蝕八月己巳月蝕

七年正月辛卯月蝕

八年正月丙戌月蝕

按以上本紀不載　按志云云

衛紹王大安元年六月丁丑月蝕

按本紀不載　按志云云

宣宗貞祐二年二月庚戌月蝕八月丁未月蝕

三年八月辛丑月蝕既

四年二月己亥月蝕七月乙未月蝕

興定元年十二月戊午月蝕

二年六月乙卯月蝕十一月壬子月蝕既

三年五月庚戌月蝕既十一月乙巳月蝕癸丑白虹二夾月尋復貫之

四年五月甲辰月蝕

六年四月癸亥月蝕

按以上本紀不載　按志云云

哀宗正大七年十月己巳月暈至五更復有大連環貫之絡北斗內有戟氣

按本紀不載　按志云云

元

仁宗延祐二年三月丙辰太陰色赤如赭

按元史本紀不載　按天文志云云

明

太祖洪武六年奏定月蝕不見免行禮

按明會典凡日月蝕洪武六年奏定若遇雨雪雲翳則免行禮

二十六年定月蝕救護儀

按明會典洪武二十六年定日蝕救護儀前期結綵於禮部儀門及正堂設香案於露臺上向日設金鼓於儀門內兩傍設樂人於露臺下設各官拜位於露臺上下俱向日立至期欽天監官報日初蝕百官具朝服典儀唱班齊贊禮唱鞠躬樂作四拜興平身樂止跪執事捧鼓詣班首前班首擊鼓三聲衆鼓齊鳴候欽天監官報復圓贊禮唱鞠躬樂作四拜平身樂止禮畢月蝕儀同前但百官青衣角帶于中軍都督府救護　都察院監禮糾儀凡救護日月蝕糾儀御史六員　鴻臚寺日蝕月蝕救護通贊鳴贊三員對贊鳴贊一員陳設序班四員執鼓侍班序班四員齊官員人等班次等項序班共二十六員　五軍都督府凡月蝕文武官俱于本府行救護禮

成祖永樂元年正月月當蝕不蝕禮部尚書李至剛請賀弗許

按續文獻通考永樂元年正月月當蝕不蝕時禮部尚書李至剛請率百官稱賀上曰王者能修德行政任賢去邪然後日月當蝕不蝕適以陰雨不見豈果不蝕耶勿賀

英宗天順四年月蝕

按明通紀天順四年閏十一月十六日早見月蝕欽天監失于推算不行救護上召大學士李賢曰月蝕人所共見欽天監乃失所推算如此因言湯序掌監事凡有災異必隱蔽不言或見天文有變必曲爲解說甚則書中所載不祥字語多自改削而進惟遇天文喜事却詳書以進且朝廷正欲知災異以見上天垂戒庶知修省而序乃隱蔽如此豈是盡忠之道賢曰自古聖帝明王皆畏天變實同聖意序若如此罪可誅也于是下序獄降職

穆宗隆慶四年七月月蝕二分

按續文獻通考四年七月十五日夜月蝕二分一十三秒照例免行救護

隆慶六年月晝見

按湖廣通志隆慶六年五月通山月光晝見月下有二星隨之

神宗萬曆四年題准月蝕救護遇日出之刻即止不待復圓

按明會典云云

萬曆二十年五月月蝕

按續文獻通考萬曆二十年禮部奏曆科題五月十六日晚月蝕誤認夜望乞行各衙門于十五夜二更赴中府救護先是欽天監奏二月十五日月蝕復圓在于卯刻救護宜在寅刻

萬曆四十八年月變色

按雲南通志萬曆四十八年乙丑夜月變黃黑色星晦無光

熹宗天啓四年月暈珥

按山東通志天啓四年十二月十七日夜月有三暈色黑暈外四珥白色皆外向復有黑氣貫月者三

月異部藝文一

救月圖贊　宋蘇軾

癡蟆臠肉睥睨天目偉哉黑龍見此蛇服蟆死月明龍反其族乘雲升天雨我百穀

東坡過余清虛堂欲揮翰筆誤落紙如蜿蜒狀因點成眼目畫缺月其上名救月圖并題此贊偶爾遊戲遂成奇筆王鞏題

月華賦　楊萬里

楊子與客暮立于南溪之上玩崩雲于秋疇聽古樂于涯水快哉所忻意若未已偶俗士之足音予與客而亟避退而坐于露草之徑衣上已見月矣寒空瑩其若澄佳月澈其如冰一埃不騰一氛不生楊子喜而告客曰吾聞東坡先生之夫人曰春月之可人非如秋月之淒人也吾亦曰今之時則夏矣月尚春也言未既微風颯然輕陰拂然鶩五色之晃蕩怳白虹之貫天使人目亂而欲倒如觀江波之漩而身亦與之回旋楊子矍而呼客曰月華方明奚睽眩焉組疋方潔奚忽變焉客曰適有薄雲莫知所來非北非南

不東不西起于極無之中忽乎明月之依輪困光怪相薄相盪而爲此也殆紫皇爲之地而風伯爲之媒歟楊子釋然曰所爲月暈如蜺者不在斯乎不在斯乎方詳觀而無厭乃霍然而無見蓋月以有雲而隱復以無雲而顯也雲以一風而聚還以一風而散也楊子若有感焉乃告客曰天下之物孰非月之暈耶暈之生也其可洗耶暈之消也其可止耶而天下之士以晉楚之富爲無竭以趙孟之貴爲有柢其去則持之而不忍其來則居之而不恥其癡黠何如也客未對童子請曰人語既寂子盍歸息楊子與客一笑而作曰今夕何夕見此奇特

瑞雲承月賦 有序　　明夏言

欽惟我皇上既事天于南郊乃奉上帝神御位皇祖配位于泰神殿尊以未稱尊崇乃恭建皇穹宇聿嚴禋閟皇上尊天之誠意獨至矣即嘉靖己亥八月二十日子刻上躬詣南郊奏告是夕秋空澄霽瑩無纖雲月朗霜清河明斗揭臣言時陪拜階祀恭覩皇上對越孔嚴啓奏虔肅至誠沖穆儼若天人之會禮成駕還時漏下四十刻上恭拜大道堂畢餘誠猶肅肅恭默思道日暎天休時則仰見月生圓暈五采旋繞祥光絢發澹素雲承之正應四方淑氣移時乃散明日上降手札示臣言臣言拜奏稱慶曰皇上事天之誠感應如響上帝歆和皇祖昭格頃刻之際遂顯光華以示嘉報太陰映日福益宮壼西白呈祥光聯東陛寶皇上萬壽康寧皇太子千秋永慶祚曆無疆泰道文明之象也臣敢不稽首颺言以頌帝德賦曰

惟神堯放勳兮實敬天而首治惟皇上紹堯兮迺精誠之獨至而稽天若兮祖考悅豫欽崇南郊兮復古埽地祈雪而雪祈雨而雨景星夕暉慶雲朝麗乃改崇泰神兮薦名皇宇見尊無二上兮禮嚴清閟庶祖神配享兮光靈未契爰嘉靖己亥兮八月既望大駕宵征兮虔告上帝霜清閟道兮袞衣降輿星朗周廬兮元圭抑陛時維穆穆兮駿奔皇皇矩度恭嚴兮誠意靡遑百辟歡呼兮九霄回光淑氣氤氳兮須臾禮成親基定命兮欽肅回輪耳瞻大道兮畏敬猶存恭默思帝兮天心眷歆鳳闕之南兮龍樓之角皎月在天兮岡暈如束盤旋五采兮英華絢發承以嘉雲兮金方應素環以珠星兮諸垣隱輔金桂婆娑兮繡如綺夜銀蜍陸離兮文如翠圖茲惟上大兮倏忽降神報我皇上兮一念精禋沖穆會道兮瑞發高旻和敬上迎兮至祥倏臻丕顯聖躬兮萬世尊親光昭治象兮葆合帝嚳祥聯東陛兮福益神孫太平天子兮四海永貞九廟歡歆兮百神效靈千秋百世兮日月凝精顯休和命兮永荷天禎輔臣陳辭兮歌頌明徵

月異部藝文二 詩

月蝕詩　　唐盧仝

新天子即位五年歲次庚寅斗柄插子律調黃鐘森森萬木夜殭立寒氣䂨䂨頑無風爛銀盤從海底出出來照我草屋東天色紺滑凝不流冰光交貫寒曈朧初疑白蓮花浮出龍王宮八月十五夜比並不可雙此時怪事發有物吞食來輪如壯士斧斫壞桂似雪山風拉摧百鍊鏡照見膽平地埋寒灰火龍珠飛出腦却入蚌蛤胎摧環破璧眼看盡當天一搭如煤炲磨蹤滅跡須臾間便似萬古不可開不料至神物有此大狼狽星如撒沙出爭頭事光大奴婢炷暗燈揜菼如玳瑁今夜吐燄長如虹孔隙千道射戶外玉川子涕泗下中庭獨自行念此日月者太陽太陰精皇天要識物日月乃化生走天汲汲勞四體與天作眼行光明此眼不自保天公行道何由行吾見陰陽家有說望日蝕月月光滅朔月掩日日光缺兩眼不相攻此說吾不容又孔子師老子云五色令人目盲吾恐天似人好色即喪明幸且非春時萬物不嬌榮青山破瓦色綠水冰崢嶸花枯無女艷鳥死沈歌聲頑冬何所好偏使一目盲傳聞古老說蝕月蝦蟆精徑圓千里入汝腹汝此癡骸阿誰生可從海窟來便解緣青冥恐是眶睫間揜塞所化成黃帝有二目帝舜重瞳明二帝懸四目四海生光輝吾不遇二帝滉漭不可知何故瞳子上坐受蟲豸欺長嗟白兔搗靈藥恰似有意防奸非藥成滿臼不中度委任白兔夫何爲憶昔堯爲天十日燒九州金爍水銀流玉煼丹砂焦六合烘爲窯堯心增百憂帝見堯心憂勃然發怒決洪流立擬沃殺九日妖天高日走沃不及但見萬國赤子鱵鱵生魚頭此時九御導九日爭持節幡麾幢旒駕車六九五十四頭蛟螭虬掣電九火輈汝若蝕開齱齵輪御轡執索相爬鉤推蕩轟訇入汝喉紅鱗焰鳥燒口快翎鬣倒側聲醆鄒撐腸拄肚磈傀如山丘自可飽死更不偷不獨塡饑坑亦解堯心憂恨汝時當食藏頭擫腦不肯食不當食張唇哆觜食不休食天之眼養逆命安得上帝請汝劉嗚呼人養虎被虎齧天媚蟆被蟆瞎乃知恩非類一一自作孽

吾見患眼人必索良工訣想天不異人愛眼固應一安得嫦娥氏來習扁鵲術手操舂喉戈去此睛上物其初猶朦朧既久如抹漆但恐功業成便此不吐出玉川子又涕泗下心禱再拜額搨砂土中地上蟣虱臣仝告愬帝天皇臣心有鐵一寸可刳妖蟆癡腸上天不爲臣立梯磴臣血肉身無由飛上天揚天光封詞付與小心風颸排閶闔入紫宮密邇玉几前擘坼奏上臣仝頑愚何敢死橫干天代天謀其長東方蒼龍角插戟尾捭風當心開明堂統領三百六十鱗蟲坐理東方宮月蝕不救援安用東方龍南方火鳥赤潑血項長尾短飛跋躠頭戴井冠高逵枿月蝕鳥宮十三度鳥爲居停主人不覺察貪向何人家行赤口毒舌毒蟲頭上喫却月不啄殺虛眨鬼眼明突窸鳥罪不可雪西方攫虎立踦踦斧爲牙鑿爲齒偷犧牲食封豕大蟆一臠固當軟美見似不見是何道理爪牙根天不念天天若准擬錯准擬北方寒龜被蛇縛藏頭入殼如入獄蛇筋束緊束破殼寒龜夏鼈一種味且當以其肉充臛死殼沒信處唯堪支牀腳不堪鑽灼與天卜歲星主福德官爵奉董秦忍使黔婁生覆尸無衣巾天失眼不弔歲星胡其仁熒惑矍鑠翁執法大不中月明無罪過不糺蝕月蟲年年十月朝太微支盧讁罰何災凶土星與土性相背反養福德生禍害到人頭上死破敗今夜月蝕安可會太白眞將軍怒激鋒鋩生恆州陣斬酈定進項骨脆甚春蔓菁天唯兩眼失一眼將軍何處行天兵辰星任廷尉天律自主持人命在盆底固應樂見天盲時天若不肯信試喚皐陶鬼一問一如今日三台文昌宮作上天紀綱環天二十八宿磊磊尚書郎整頓排班行劍握他人將一四太陽側一四天市傍操斧代大匠兩手不怕傷弧矢引滿反射人天狼呀啄明煌煌癡牛與騃女不肯勤農桑徒勞含淫思旦夕遙相望蚩尤簸旗弄旬朔始搥天鼓鳴瑫琅枉矢能蛇行眊目森森張天狗下舐地血流何滂滂譎險萬萬黨架構何可當眛目疊成就害我光明王請留北斗一星相北極指揮萬國懸中央此外盡掃除堆積如山岡贖我父母光當時常星沒殞雨如迸漿似天會事發叱喝誅奸強何故中道廢自遺今日殃善善又惡惡郭公所以亡願天神聖心無信他人忠玉川子詞訖風色緊格格近月黑暗邊有似動劒戟須臾癡蟆精兩吻自決坼初露半箇壁漸吐滿輪魄衆星盡原赦一蟆獨誅磔腹肚忽脫落依舊挂穹碧光彩未蘇來慘澹一片白奈何萬里光受此吞吐厄再得見天眼感荷天地力或問玉川子孔子修春秋二百四十年月蝕盡不收今子咄咄詞頗合孔意不玉川子笑答或請聽逗留孔子父母魯諱魯不諱周書外書大惡故月蝕不見收子命唐天口食唐土唐禮過三唐樂過五小猶不說大不可數災沴無有小大瑜安得引衰周研覈其可否日分晝月分夜辨寒暑一主刑二主德政乃舉孰爲人面上一目偏可去願天完兩目照下萬方土萬古更不瞽萬萬古更不瞽照萬古

月蝕詩　前人

東海出明月清明照毫髮朱弦初罷彈金兔正奇絕三五與二八此時光滿時頗奈蝦蟆兒吞我芳桂枝我愛明鏡潔爾乃痕翳之爾且無六翮焉得升天涯方寸有白刃無由揚清輝如何萬里光遭爾小物欺卻吐天漢中良久素魄微日月尚如此人情良可知

月蝕詩效玉川子作　韓愈

元和庚寅斗插子月十四日三更中森森萬木夜僵立寒氣屓奰（屓或作贔奰或作屭）頑無風月形如白盤完完上天東忽然有物來噉之不知是何蟲如何至神物遭此狽狽凶星如撒沙出攢集爭強雄油燈不照席是夕吐燄如長虹玉川子涕泗下中庭獨行念此日月者爲天之眼睛此猶不自保吾道何由行嘗聞古老言疑是蝦蟆精徑圓千里納女腹何處養女百醜形杝沙腳手鈍誰使女解緣青冥黃帝有四目（帝王世紀謂黃帝用力牧常先等分掌四方各如己視故號黃帝四目舊注以黃帝爲堯非也）帝舜重其明今天祇兩目何故許蝕使偏盲堯呼大水浸十日不惜萬國赤子魚頭生女於此時若食日雖食八九無嚵名赤龍黑鳥燒口熱翎鬣倒側相搪撐婪酣大肚遭一飽飢腸徹死無由鳴後時食月罪當死天羅磕帀何處逃女形玉川子立於庭而言曰地行賤臣仝再拜敢告上天公臣有一寸刃可刳凶蟆腸無梯可上天天階無由有臣蹤寄牋東南風天門西北祈風通丁寧附耳莫漏洩薄命正值飛廉慵東方青色龍牙角何呀呀從官百餘座嚼啜煩官家月蝕汝不知安用爲龍窟天河赤烏司南方尾禿翅觰沙（觰加切角上張也）月蝕於汝頭汝口開呀呀（呀呀或作谺谺不正也口張不合貌亦作谺谺而誤改者也當从呀音呼加切）蝦蟆掠汝兩吻過忍學省事不以汝觜啄蝦蟆於菟蹲於西旗旄衞毿毸既從白帝祠又食於蜡禮有加忍令月被惡物食枉於汝口插齒牙烏龜怯姦怕寒縮頸以殼自遮終令夸

蛾抉女出卜師燒錐鑽灼滿板如星羅此外內外官瑣細不足科臣請悉掃除愼勿許語令啾譁侁光全耀歸我月盲眼鏡淨無纖瑕弊蛙拘送主府官帝箸下腹甞其皤依前使兔操杵臼玉階桂樹閒婆娑姮娥還宮室太陽有室家天雖高耳屬地感臣赤心使臣知義雖無明言潛喻厥指有氣有形皆我赤子雖忿大傷忍殺孩稚還女月明安行於次盡釋衆罪以蛙磔死

盧韓二詩必有所爲而作但未有以見其所指爲何人何事耳新史以爲譏元和逆黨然稽之歲月不合未必然也

月暈　宋梅堯臣

月暈已知風燈花先作喜明日挂帆歸春湖能幾里

次韻陳無逸中秋月蝕風雨不見　元趙孟頫

谿月當圓夜看雲起暮愁會陰連積水伏雨暗淸秋白璧難容玷明珠不可求每因觀節物轉覺此生浮

次韻和石末公七月十五夜月蝕詩　明劉基

招搖指坤月望日大月如盤海中出不知妖怪從何來惝恍初驚天眼眹兒童走報開戶看城角咿嗚聲未卒蟾逃兔遁漠無蹤璧隕珠沉一何疾丈夫愕視隘街巷婦女喧呼動圭華輝輝稍辨河漢沫耿耿漸明荒冢漆百官袍笏群吏趨伐鼓撞鉦仍設韠赤木難令罔象求滮池莫効相如叱升猋變闔到空曠壚掩氛侵殊靡畢廣寒桂樹刦火燼借問嫦娥有何術今年下土困炎沴草木焦枯對蕭瑟漭號暍死龍中燉赤熛當衢掛萍實光芒照灼元武爛誰復瑣瑣憐蚌鷸今夜愿作最差異天道幽微孰能詰太陰配日宰臣象無乃常形多縱軼近來營壘徧宇內羽林慘澹空鈇鑕荒郊廢市何所見夔罔蛟蛇兼蚤蝨此皆在地不在天未若蝦蟆役而猶黃文結璘上訴帝賜以小戎駟牡驚剖蟆洗魄還月光再起咎繇明典秩返蟾歸兔復纖阿萬古游塵避淸蹕

再用前韻　前人

虞淵谽谺納歸日金樞吐月相承出初離積水看若飛稍映微雲盻猶眹是時蓐收肇視政莎雞振羽鳴蜩卒姮娥靚粧對玉帝坎坷中途嬰禍疾旅人苦熱愛淸涼快覩光輝滿蓬蓽願開寶鑑照覆盆豈擬瘴塵昏點漆隋珠懋固重華櫝和璧嗟蒙絳紺韠哭罣樹折不自謀纖阿馬弱無人叱三足蟾驚入坎窞八竅兔走陷羅畢圍灰破暈謾傳方屑玉補凹空著術雷公駭懼罷靈鼓湘女幽憂舍鳴瑟故老謂是蝦蟆精潛伏姦妖營口實羲和尸位罔聞知可以人而不如鷸往歲威弧弛其彀蛇豕陸梁誰復詰高牙大纛擁藩垣腸斷吞聲受陵軼江淮洶湧湖浙沸骸骨成山連鬼鑕萬姓喁喁釜裹魚百官螽蠢禪中蝨黃茅白葦棄賢良赤紱元裳寵獰猶昊穹示變盍警畏惟德動天天自隲兄今旱魃又爲厲東作西成不平秩安得纖辭伏閶闔聖主如聞應駐蹕

月蝕　呂坤

蝕弦豈不易望日滅淸輝始知滿招損天且弗能違

月異部紀事

漢書韓延壽傳延壽代蕭望之爲左馮翊望之遺御史案東郡具得延壽在東郡時取官銅物候月蝕鑄作刀劍鉤鐔放效尚方事於是望之劾奏延壽上僭不道延壽竟坐棄市

晉書戴洋傳祖約表洋爲下邑長咸和初月暈左角有赤白珥約問洋洋曰角爲天門開布陽道官門當有大戰俄而蘇峻遣使招約俱反洋謂約曰蘇峻必敗然其初起兵鋒不可當可外和內嚴以待其變約不從遂與峻反

神仙傳尹思者字小龍安定人也晉元康五年正月十五夜坐屋中遣兒視月中有異物否兒曰今年當大水一人被蓑帶鋤思自視之曰將有亂卒至兒曰何以知之曰月中人乃帶甲仗矛當大亂三十年復當小清耳後果如其言

開元天寶遺事長安城中每月蝕時卽士女取鑑向月擊之滿郭如是蓋云救月蝕也

唐書后妃列傳肅宗廢后庶人張氏乾元二年羣臣上帝尊號后亦諷羣臣尊己號翊聖帝問李揆揆爭不可會月蝕帝以咎在後宮乃止

李栖筠傳栖筠素方挺無所屈於是華原尉侯莫陳怤以優補長安尉當參臺栖筠物色其勞怤色動不能對乃自言爲徐浩杜濟薛邕所引非眞優也始浩罷嶺南節度使以瓌貨數十萬餉元載而濟方爲京兆邕吏部侍郎三人者皆載所厚栖筠幷劾之帝未決會月蝕帝問其故栖筠曰月蝕修刑今罔上行私者未得天若以儆陛下邪繇是怤等皆坐貶

馬令南唐書先主書昇元三年夏四月上辛始郊祀于圜丘大赦境內是夜月當以子初沒而升壇之際皎然如晝衆咸異之

五代史康懷英傳晉王李克用卒莊宗名周德威還太原太祖聞晉有喪德威去亦歸洛陽而諸將亦少弛莊宗謂德威曰晉之所以能敵梁而彼所憚者先王也今聞吾王之喪謂我新立未能出兵其意必怠宜出其不意以擊之非徒解圍亦足以定霸也乃與德威等疾馳六日至北黃碾會天大昏霧伏兵三垂岡直趨夾城攻破之懷英大敗亡大將三百人懷英以百騎遁歸詣闕請死太祖曰去歲興兵太陰虧蝕占者以爲不利吾獨違之而致敗非爾過也釋之

王景仁傳開平四年以景仁爲北面招討使將韓勍李思安等兵伐趙行至魏州司天監言太陰虧不利行師太祖亟名景仁等還已而復遣之景仁已去太祖思術者言馳使者止景仁于魏以待景仁已過邢洺使者及之景仁不奉詔進營于柏鄉乾化元年正月庚寅日有蝕之崇政使敬翔白太祖曰兵可憂矣太祖爲之旰食是日景仁及晉人戰大敗于柏鄉景仁歸訴于太祖太祖曰吾亦知之蓋韓勍李思安輕汝爲客而不從節度爾乃罷景仁就第

鄰幾雜志己亥曆曰十一月大盡契丹曆此月小十二月十四日夜纔昏月蝕戎使言竊謂已望時修唐書問劉希叟云見用楚衍曆差一日宣明曆十一月當小盡

捫蝨新話世傳蔡相當國日有二人求堂除適有美闕二人競欲得之且皆有薦拔也蔡莫適所與卽謂曰能誦盧仝月蝕詩乎內一耆年者應聲朗念如注瓶水音吐鴻暢一坐盡傾蔡喜遂與美除

近異錄宋慶元二年十月二十夜三更後月初出時臨安嘉興兩邦人未寢者皆見其團圓如望夕太史奏是爲上瑞其地當十歲大稔其冬不雪明春無雨民極以爲憂下詔惻怛懇祈中夏雨足繼此必有望也

趙清獻賜第在京師府司巷以暑月不寐啓戶納凉見月滿中庭如晝方歎曰大好月色俄庭下漸暗月痕稍稍縮小斯須光滅仰視星斗燦然而是夕乃晦日竟不曉爲何物光也

元史耶律楚材傳西域曆人奏五月望夜月當蝕楚材曰否卒不蝕明年十月楚材言月當蝕西域人曰不蝕至期果蝕八分

月異部雜錄

周禮秋官庭氏掌射國中之夭鳥若不見其鳥獸則以救日之弓與救月之矢射之

淮南子說林訓月照天下蝕於詹諸

草木狀杜荊指病自愈節不相當者月暈時刻之與病人身齊等置牀下雖危困亦愈

荊州占凡月蝕后自提鼓階前把槌擊鼓者三中艮人諸御者宮人皆擊杵救之月已蝕后乃入齋服縞素三日不從樂以應其祥此先王之所以免天地之誅而解四境之患也

酉陽雜俎虎交而月暈

續博物志凡日月蝕而私之生子則多疾

物類相感志日月蝕時飲損牙

仇池筆記玉川子月蝕詩以蝕月者月中蝦蟆也梅聖俞作日蝕詩以蝕日者三足烏也此因俚說以寓意戰國策日月淍暉於外其賊在內則俚說亦舊矣

野航史話今當事者堅言西域曆法精愚未敢盡信也觀元時西域曆人有奏五月望月當蝕者楚材曰否卒不能蝕明年十月楚材言月當蝕西域人言不蝕卒蝕八分可以驗矣

金臺紀聞嘗聞西域人算日月蝕者謂日月與地同大若地體正掩日輪上則月爲之蝕傳注家謂月蝕爲暗虛所射者余未敢信以爲然

欽定古今圖書集成曆象彙編庶徵典

第二十七卷目錄

庶徵典第二十七卷

星變部彙考一

新法曆書

周天列宿圖

按占星變者須先知經星緯星行度及等數然後可以占驗但緯星本輪周天曆家自有專書茲惟取三垣二十八舍分圖先列於前以備占驗家考證云

紫微垣圖[illegible]天牧近紫微諸星附於此

太微垣圖

天市垣圖

角宿圖

亢宿圖

氐宿圖

房宿圖

心宿圖

尾宿圖

箕宿圖

斗宿圖

牛宿圖

女宿圖

虛宿圖

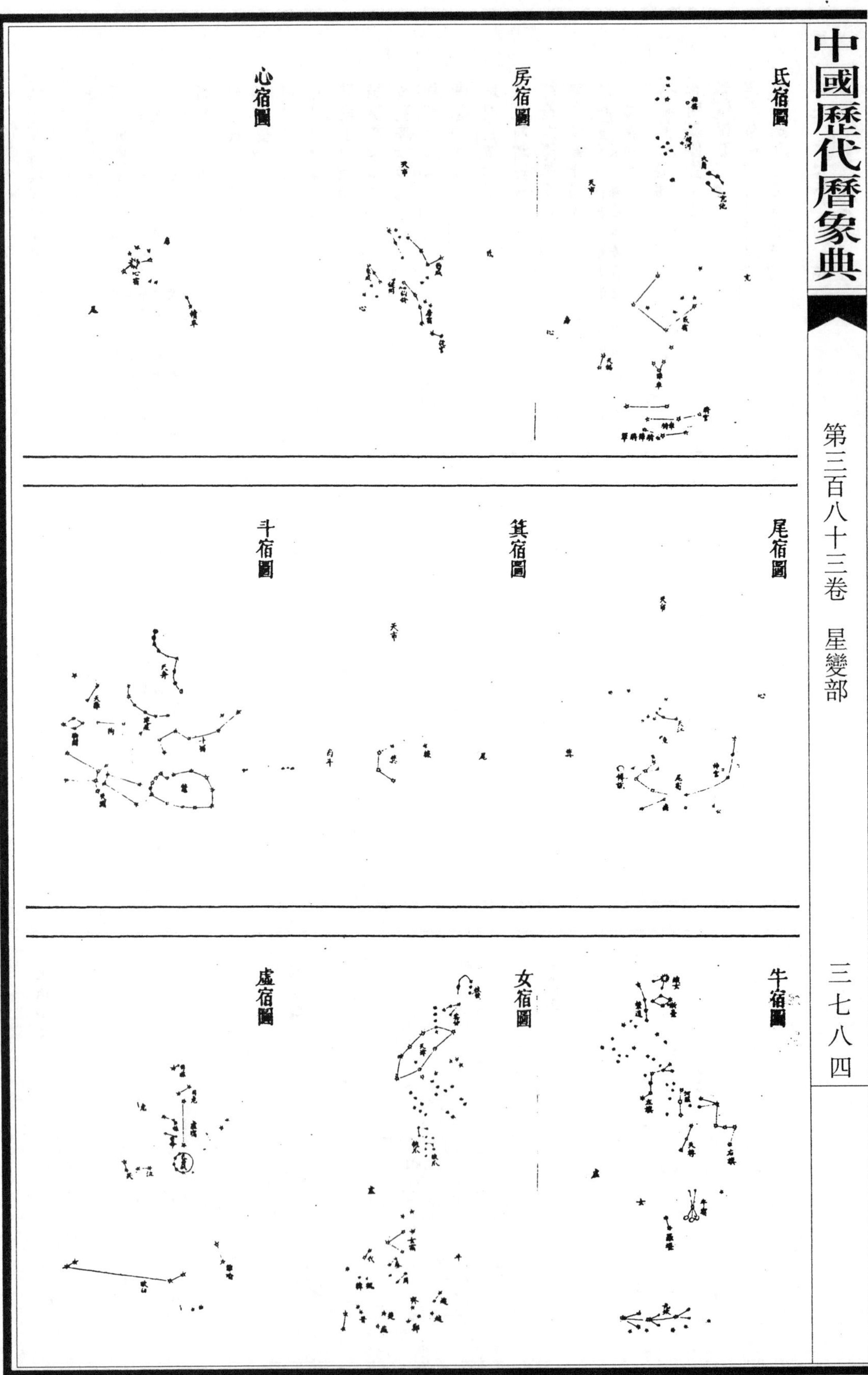

危宿圖

室宿圖

壁宿圖

奎宿圖

婁宿圖

胃宿圖

昴宿圖

畢宿圖

觜宿圖

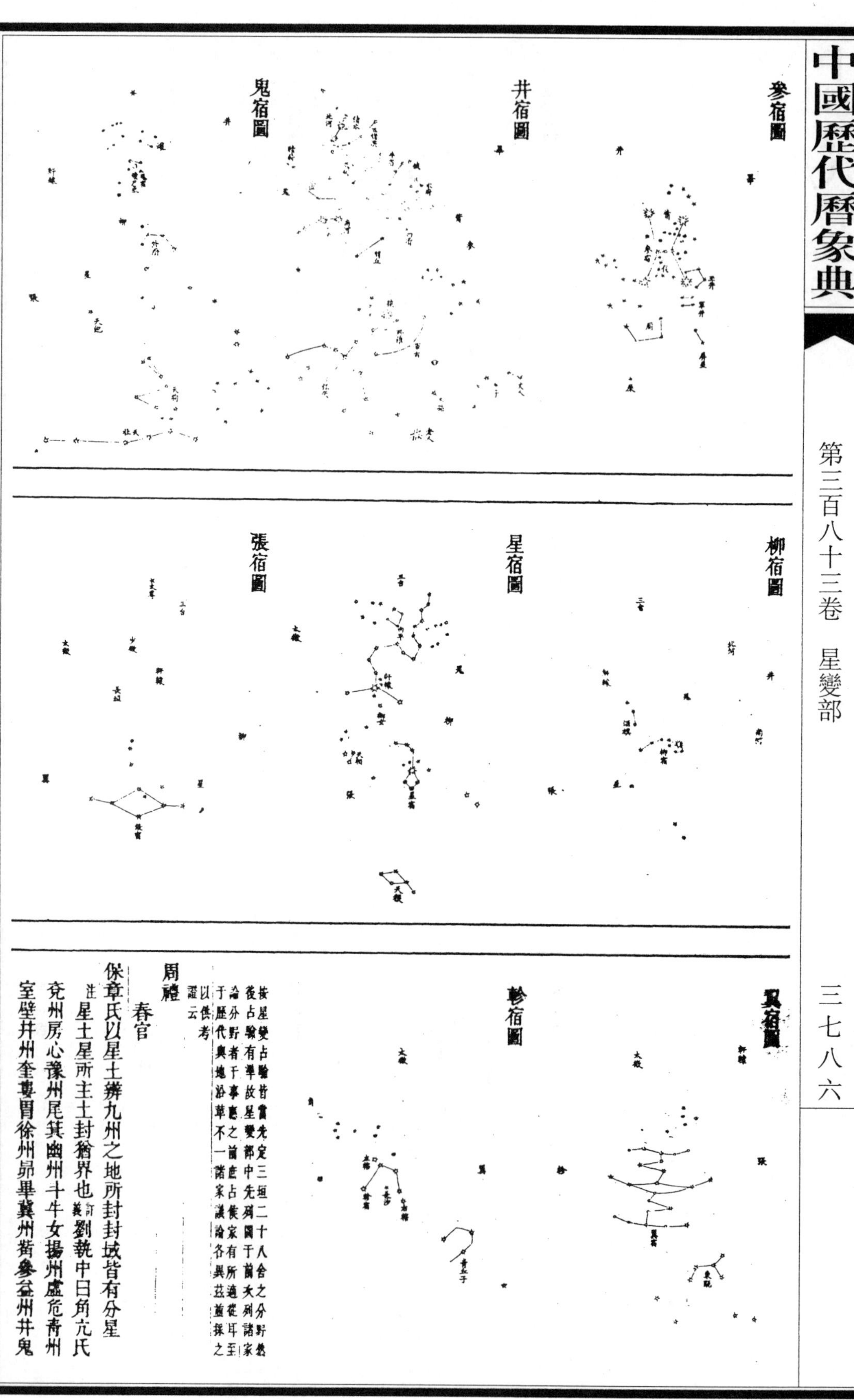

按星變占驗皆當先定三垣二十八舍之分野然後占驗有準故星變部中先列圖于前次列諸家論分野者于事應之前庶占候家有所適從耳至于歷代輿地沿革不一諸家議論各異茲並採之以俟考證云

周禮

春官

保章氏以星土辨九州之地所封封域皆有分星

注星土星所主土封猶界也訂義劉執中曰角亢氏兗州房心豫州尾箕幽州斗牛女揚州虛危青州室壁并州奎婁胃徐州昴畢冀州觜參益州井鬼

雍州柳星張三河翼軫荆州　薛氏曰星土之說不明舊矣有爲北斗之說者謂七星主九州若雍屬魁星冀屬樞星兗青屬機星徐揚屬權星荆屬衡星梁屬開星豫屬搖星之類是也有爲五行之說者以爲十二次主九州若降婁元枵主于岱歲星位焉鶉首實沈主于華太白位焉之類是也以今攷之則不然星土蓋分星之十二次分屬九州十二次雖分十二土然合而言之爲九州而已成周盛時諸侯封域棊布九州大者百里次者七十里小者五十里附庸小國又不能五十里者固不容皆有分星之次大率所封之分星皆以九州舉之自春秋之時不明九州之星土即分星之所次至韓趙魏三家分晉而堪輿之說起初分十二諸侯上配天文十二次彼戰國時強者陵弱大者幷小其分疆錯壤雖連亙數千里然侵奪去取初無定論果能盡合於天文之度乎況星紀於天文在東北乃以當東南之吳越鶉首於天文在東南乃以當西北之嬴秦周都關河天地之中而鶉火則南方之次齊都營丘實負東海而元枵則北方之次止分十二國猶不當天地之度況乎國千八百欲盡以天文分星繫之耶先儒謂九州中諸國分星其書亡矣堪輿雖有郡國所入度非古數也謂堪輿非古數是也謂亡其分星之書則未之思矣豈知諸國之分星即分其九州之星土其爲分星乎吾固謂十二次之星麗於九州則爲星土分於天下諸侯則爲分星何則青州之星土則元枵也齊之分星屬焉揚州之星土則星紀也而吳越之分星屬焉以至兗之壽星荆之鶉尾皆星土而爲鄭與楚之分星雍之鶉首冀之大梁皆星土而爲秦與趙之分星若夫梁州之實沈其地入於雍豫則星土亦分於雍豫而爲豫之分星徐州之降婁其地入於青兗則星土亦分於青兗而爲魯之分星今以傳論之左傳昭公十年有星出於婺女鄭裨竈曰今茲歲在顓帝之墟姜氏任氏實守其地釋云顓帝之墟謂元枵也則知元枵爲齊之分星而青州之星土也左傳昭公三十二年夏吳伐越晉史墨曰不及四十年越其有吳乎越得歲而吳伐之必受其凶釋云歲在星紀故知星紀爲越之分星揚州之星土也爾雅云析木謂之津箕斗之間漢津也釋云箕龍尾斗南斗天漢之津梁爲燕分而幽之星土也左傳襄公九年曰陶唐氏之火正閼伯居商丘祀大火而火紀時焉故商主大火宋爲商之後故知大火爲宋分而豫州之星土也昭公十七年星孛於大辰及漢梓慎曰漢水祥也衛顓頊之墟故爲帝丘其星爲大水此娵訾爲衛之分星而冀州之星土也襄公二十八年梓慎曰歲在星紀淫於元枵蛇乘龍龍宋鄭之星故知壽星爲鄭分而豫州之星土也鄭語周史曰楚重黎之後黎爲高辛氏火正則知鶉尾爲楚之分左傳昭元年鄭子產曰遷實沈於大夏主參唐人是因知實沈爲晉分而幷州之星土也皆分星之見於書傳可攷也然諸國之封域既列於九州之內則諸國之分星即九州之星土尚何泥於北斗五行之說乎　賈氏曰歲星或西或北不依國地所在以古之受封之月歲星所在之辰屬焉耳

以觀妖祥

訂義黃氏曰日月五星其動者二十八星不動者二十八星各有所主後鄭言古數之存者十二次之分而已唐僧一行分星度豈非堪輿遺學與其鑿亦甚日月五星占其動故言觀天下之遷二十八星占其不動故言九州之地皆有分星鄭云主用客星彗孛之氣爲象恐非彗孛五星之變則其動者常星自有變當占　王昭禹曰以觀妖祥則分星所主在地者妖祥兆乎天以所主之分星觀之則九州之妖祥灼然可見矣

春秋緯

元命苞

昴畢間爲天街散爲冀州分爲趙國立爲常山牽牛流爲揚州分爲越國立爲揚山軫星散爲荆州分爲楚國荆之爲言強也陽盛物堅其氣急悍也虛危之精流爲青州分爲齊國立爲萊山天弓星流爲徐州别爲魯國徐之言舒也言陰牧內安詳也五星流爲兗州兗之言端也言隄精端故其氣纖殺鈎鈐星别爲豫州豫之爲言序也言陰陽分布各得處也東井鬼星散爲雍州分爲秦國得東井動深之萌其氣險也觜參流爲益州益之言隘也謂物類並決其氣急切決列也箕星散爲幽州分爲燕國營室流爲幷州分爲衛國幷之爲言誠也精舍交幷其氣勇抗誠信也

洛書緯

甄燿度

嶓冢山上爲狼星武開山爲地門上爲天高星主囹圄荊山爲地雌上爲軒轅星大別爲地理以天合地以通三危山在鳥鼠之西南上爲天苑星政山在崑崙東南爲地乳上爲天糜星汶山之地爲井絡帝以會昌神以建福上爲天井星桐柏爲地穴鳥鼠同穴山之幹也上爲掩畢星熊耳山地門也精上爲畢附耳星

史記

天官書

角亢氐兗州房心豫州尾箕幽州斗江湖牽牛婺女揚州虛危青州營室至東壁并州奎婁胃徐州昴畢冀州觜觿參益州東井輿鬼雍州柳七星張三河翼軫荊州七星爲員官辰星廟蠻夷星也

甲乙四海之外日月不占丙丁江淮海岱也戊己中州河濟也庚辛華山以西壬癸恆山以北日蝕國君月蝕將相當之

二十八舍主十二州斗秉兼之所從來久矣秦之疆也候在太白占於狼弧吳楚之疆候在熒惑占於鳥衡燕齊之疆候在辰星占於虛危宋鄭之疆候在歲星占於房心晉之疆亦候在辰星占於參罰及秦并吞三晉燕代自河山以南者中國中國於四海內則在東南爲陽陽則日歲星熒惑塡星占於街南畢主之其西北則胡貉月氏諸衣旃裘引弓之民爲陰陰則月太白辰星占於街北昴主之

漢書

天文志與天官書同獨干支分國異

甲齊乙東夷丙楚丁南夷戊魏己韓庚秦辛西夷壬燕趙癸北夷子周丑翟寅趙卯鄭辰邯鄲巳衞午秦未中山申齊酉魯戌吳越亥燕代

地理志

秦地於天官東井輿鬼之分野也其界自弘農故關以西京兆扶風馮翊北地上郡西河安定天水隴西南有巴蜀廣漢犍爲武都西有金城武威張掖酒泉燉煌又西南有牂牁越巂益州皆宜屬焉自井十度至柳三度謂之鶉首之次秦之分也

魏地觜觿參之分野也其界自高陵以東盡河東河內南有陳留及汝南之召陵隱彊新汲西華長平潁川之舞陽郾許傿陵河南之開封中牟陽武酸棗卷皆魏分也

周地柳七星張之分野也今之河南雒陽穀城平陰偃師鞏緱氏自柳三度至張十二度謂之鶉火之次周之分也

韓地角亢氐之分野也韓分晉得南陽郡及潁川之父城定陵襄城潁陽潁陰長社陽翟郟東接汝南西接弘農得新安宜陽皆韓分也及詩風陳鄭之國與韓同星分焉鄭國今河南之新鄭本高辛氏火正祝融之虛也及成皋滎陽潁川之崇高陽城皆鄭分也自東井六度至亢六度謂之壽星之次鄭之分野與韓同分

趙地昴畢之分野趙分晉得趙國北有信都眞定常山中山又得涿郡之高陽鄚州鄉東有廣平鉅鹿清河河間又得勃海郡之東平舒中邑文安東州成平章武河以北也南至浮水繁陽內黃斥丘西有太原定襄雲中五原上黨上黨本韓之別郡也遠韓近趙後卒降趙皆趙分也鴈門於天文別屬燕

燕地尾箕分野也武王定殷封召公於燕其後三十六世與六國俱稱王東有漁陽右北平遼西遼東西有上谷代郡鴈門南得涿郡之易容城范陽北新城固安涿縣良鄉新昌及勃海之安次皆燕分也樂浪元菟亦宜屬焉自危四度至斗六度謂之析木之次燕之分也

齊地虛危之分野也東有甾川東萊琅琊高密膠東南有泰山城陽北有千乘清河以南勃海之高樂高城重合陽信西有濟南平原皆齊分也

魯地奎婁之分野也東至東海南有泗水至淮得臨淮之下相睢陵僮取慮皆魯分也

宋地房心之分野也今之沛梁楚山陽濟陰東平及東郡之須昌壽張皆宋分也

衞地營室東壁之分野也今之東郡及魏郡黎陽河內之野王朝歌皆衞分也

楚地翼軫之分野也今之南郡江夏零陵桂陽武陵長沙及漢中汝南郡盡楚分也

吳地斗分野也今之會稽九江丹陽豫章廬江廣陵六安臨淮郡盡吳分也

粵地牽牛婺女之分野也今之蒼梧鬱林合浦交阯九眞南海日南皆粵分也

淮南子

天文訓

星辰者天之期也虹蜺彗星者天之忌也天有九野九千九百九十九隅去地五億萬里五星八風二十八宿五官六府紫宮太微軒轅咸池四宮天阿何謂

九野中央曰鈞天其星角亢氐東方曰蒼天其星房心尾東北曰變天其星箕斗牽牛北方曰元天其星須女虛危營室西北方曰幽天其星東壁奎婁西方曰昊天其星胃昴畢西南方曰朱天其星觜嶲參東井南方曰炎天其星輿鬼柳七星東南方曰陽天其星張翼軫何謂五星東方木也其神爲歲星其獸蒼龍南方火也其神爲熒惑其獸朱鳥中央土也其神爲鎭星其獸黃龍西方金也其神爲太白其獸白虎北方水也其神爲辰星其獸元武太陰在四仲則歲星行三宿太陰在四鈎則歲星行二宿二八十六三四十二故十二歲而行二十八宿日行十二分度之一歲行三十度十六分度之七十二歲而周熒惑常以十月入太微受制而出行列宿司無道之國爲亂爲賊爲疾爲喪爲饑爲兵出入無常辨變其色時見時匿鎭星以甲寅元始建斗歲鎭行一宿當居而弗居其國亡土未當居而居之其國益地歲熟日行二十八分度之一歲行十三度百一十二分度之五一十八歲而周太白元始以正月甲寅與熒惑晨出東方二百四十日而入入百二十日而夕出西方二百四十日而入入三十五日而復出東方出以辰戌入以丑未當出而不出未當入而入天下偃兵當入而不入當出而不出天下興兵辰星正四時常以二月春分効奎婁以五月夏至効東井輿鬼以八月秋分効角亢以十一月冬至効斗牽牛出以辰戌入以丑未出二旬而入晨候之東方夕候之西方一時不出其時不和四時不出天下大饑

太微者天乙之庭也紫宮者太一之居也軒轅者帝妃之舍也咸池者水魚之囿也天阿者羣神之闕也四宮者所以爲司賞罰太微者主朱雀紫宮執斗而左旋

星分度角十二亢九氐十五房五心五尾十八箕十一四分一斗二十六牽牛八須女十二虛十危十七營室十六東壁九奎十六婁十二胃十四昴十一畢十六觜嶲二參九東井三十三輿鬼四柳十五星七張翼各十八軫十七凡二十八宿也

星部地名角亢鄭氐房心宋尾箕燕斗牽牛越須女吳虛危齊營室東壁衞奎婁魯胃昴畢魏觜嶲參趙東井輿鬼秦柳七星張周翼軫楚歲星之所居五穀豐昌其對爲衡歲乃有殃當居而不居越而之他處主死國亾也

越絕書

列國分野

韓故治今京兆郡角亢也

鄭故治角亢也

燕故治今上谷漁陽右北平遼東莫郡尾箕也

越故治今大越山陰南斗也

吳故治西江都牛須女也

齊故治臨淄今濟北平原北海郡菑川遼東城陽虛危也

衞故治濮陽今廣陽韓郡營室壁也

魯故治太山東溫周固水今魏東奎婁也

梁故治今濟陰山陽濟北東郡畢也

晉故治今代郡常山中山河間廣平郡觜也

秦故治雍今內史也巴郡漢中隴西定襄太原安邑東井也

周故治雒今河南郡柳七星張也

楚故治郢今南郡南陽汝南淮陽六安九江廬江豫章長沙翼軫也

趙故治邯鄲今遼東隴西北地上郡鴈門北郡清河參也

後漢書

天文志注

星經曰歲星主泰山徐州青州兗州熒惑主常山揚州荆州交州鎭星主嵩高山豫州太白主華陰山涼州雍州益州辰星主恒山冀州幽州幷州歲星主角亢氐房心尾箕熒惑主輿鬼柳七星張翼軫鎭星主東井太白主奎婁胃昴畢觜參辰星主斗牛女虛危室壁璇璣者謂北極也玉衡者謂斗九星也玉衡第一星主徐州常以五子日候之甲子爲東海丙子爲琅邪戊子爲彭城庚子爲下邳壬子爲廣陵凡五郡第二星主益州常以五亥日候之乙亥爲漢中丁亥爲永昌己亥爲巴郡蜀郡牂牁辛亥爲廣陵癸亥爲犍爲凡七郡第三星主冀州常以五戌日候之甲戌爲魏郡勃海丙戌爲安平戊戌爲鉅鹿河間庚戌爲清河趙國壬戌爲恒山凡八郡第四星主荆州常以五卯日候之乙卯爲南陽己卯爲零陵辛卯爲桂陽癸卯爲長沙丁卯爲武陵凡五郡第五星主兗州常以五辰日候之甲辰爲東郡陳留丙辰爲濟北戊辰爲山陽泰山庚辰爲濟陰壬辰爲東平任城凡八郡第六星主揚州常以五巳日候之乙巳爲豫章辛巳爲丹陽己巳爲廬江丁巳爲吳郡會稽癸巳爲九江

凡六郡第七星爲豫州常以五午日候之甲午爲潁州壬午爲梁國丙午爲汝南戊午爲沛國庚午爲魯國凡五郡第八星主幽州常以五寅日候之甲寅爲元菟丙寅爲遼東遼西漁陽庚寅爲上谷代郡壬寅爲廣陽戊寅爲涿郡凡八郡第九星主幷州常以五申日候之甲申爲五原鴈門丙申爲朔方雲中戊申爲西河庚申爲太原定襄壬申爲上黨凡八郡璇璣玉衡占色春靑黄夏赤黄秋白黄冬黑黄此是常明不如此者所向國有兵殃起凡有六十郡九州所領自有分而名焉

晉書

天文志

十二次班固取三統歷十二次配十二野其言最詳又有費直說周易蔡邕月令章句所言頗有先後魏太史令陳卓更言郡國所入宿度今附而次之

自軫十二度至氐四度爲壽星于辰在辰鄭之分野屬兖州費直周易分野壽星起軫七度蔡邕月令章句壽星起軫六度自氐五度至尾九度爲大火于辰在卯宋之分野屬豫州費直起氐十一度蔡邕起亢八度自尾十度至南斗十一度爲析木於辰在寅燕之分野屬幽州費直起尾九度蔡邕起尾四度自南斗十二度至須女七度爲星紀於辰在丑吳越之分野屬揚州費直起斗十度蔡邕起斗六度自須女八度至危十五度爲元枵於辰在子齊之分野屬靑州費直起女六度蔡邕起女二度自危十六度至奎四度爲娵訾於辰在亥衞之分野屬并州費直起危十四度蔡邕起危十度自奎五度至胃六度爲降婁於辰在戌魯之分野屬徐州費直起奎二度蔡邕起奎八度自胃七度至畢十一度爲大梁於辰在酉趙之分野屬冀州費直起婁十度蔡邕起胃一度自畢十二度至東井十五度爲實沈於辰在申魏之分野屬益州費直起畢九度蔡邕起畢十六度自東井十六度至柳八度爲鶉首於辰在未秦之分野屬雍州費直起井十二度蔡邕起井十度自柳九度至張十六度爲鶉火於辰在午周之分野屬三河費直起柳五度蔡邕起柳三度自張十七度至軫十一度爲鶉尾於辰在巳楚之分野屬荆州費直起張十三度蔡邕起張十二度

州郡躔次

陳卓范蠡鬼谷張良諸葛亮譙周京房張衡並云

角亢氐鄭兗州東郡入角一度東平任城山陰入角六度泰山入角十二度濟北陳留入亢五度濟陰入氐二度東平入氐七度

房心宋豫州潁川入房一度汝南入房二度沛郡入房四度梁國入房五度淮陽入心一度魯國入心三度楚國入心四度

尾箕燕幽州涼州入箕中十度上谷入尾一度漁陽入尾三度右北平入尾七度西河上郡北地遼西東入尾十度涿郡入尾十六度渤海入箕一度樂浪入箕三度元菟入箕六度廣陽入箕九度

斗牽牛須女吳越揚州九江入斗一度廬江入斗六度豫章入斗十度丹陽入斗十六度會稽入牛一度臨淮入牛四度廣陵入斗八度泗水入女一度六安入女六度

虛危齊靑州齊國入虛六度北海入虛九度濟南入危一度樂安入危四度東萊入危九度平原入危十一度菑川入危十四度

營室東壁衞幷州安定入營室一度天水入營室八度隴西入營室四度酒泉入營室十一度張掖入營室十二度武都入東壁一度金城入東壁四度武威入東壁六度燉煌入東壁八度

奎婁胃魯徐州東海入奎一度琅琊入奎六度高密入婁一度城陽入婁九度膠東入胃一度

昴畢趙冀州魏郡入昴一度鉅鹿入昴三度常山入昴五度廣平入昴七度中山入昴一度清河入昴九度信都入昴三度趙郡入畢八度安平入畢四度河間入畢十度真定入畢十三度

觜參魏益州廣漢入觜一度越巂入觜三度蜀郡入參一度犍爲入參三度牂牁入參五度巴郡入參八度漢中入參九度益州入參十度

東井輿鬼秦雍州雲中入東井一度定襄入東井八度鴈門入東井十六度代郡入東井二十八度太原入東井二十九度上黨入輿鬼一度

柳七星張周三輔弘農入柳一度河南入七星三度河東入張一度河內入張九度

翼軫楚荆州南陽入翼六度南郡入翼十度江夏入翼十二度零陵入軫十一度桂陽入軫六度武陵入軫十度長沙入軫十六度

唐書

天文志

初貞觀中淳風譔法象志因漢書十二次度數始以

唐之州縣配焉而一行以爲天下山河之象存乎兩戒北戒自三危積石負終南地絡之陰東及太華逾河並雷首底柱王屋太行北抵常山之右乃東循塞垣至濊貊朝鮮是謂北紀所以限戎狄也南戒自岷山嶓冢負地絡之陽東及太華連商山熊耳外方桐柏自上洛南逾江漢攜武當荊山至於衡陽乃東循嶺徼達東甌閩中是謂南紀所以限蠻夷也故星傳謂北戒爲胡門南戒爲越門河源自北紀之首循雍州北徼達華陰而與地絡相會並行而東至太行之曲分而東流與涇渭濟瀆相爲表裏謂之北河江源自南紀之首循梁州南徼達華陽而與地絡相會並行而東及荊山之陽分而東流與漢水淮瀆相爲表裏謂之南河故於天象則弘農分陝爲兩河之會五服諸侯在焉自陝而西爲秦涼北紀山河之曲爲晉代南紀山河之曲爲巴蜀皆負險用武之國也自陝而東三川中嶽爲成周西距外方大伾北至於濟南至於淮東達鉅野爲宋鄭陳蔡河內及濟水之陽爲邶衛漢東濱淮水之陰爲申隨皆四戰用文之國也北紀之東至北河之北爲邢趙南紀之東至南河之南爲荊楚自北河下流南距岱山爲三齊夾右碣石爲北燕自南河下流北距岱山爲鄒魯南涉江淮爲吳越皆負海之國貨殖之所阜也自河源循塞垣北東及海爲戎狄自江源循嶺徼南東及海爲蠻越觀兩河之象與雲漢之所始終而分野可知矣於易五月一陰生而雲漢潛萌於天稷之下進及井鉞間得坤維之氣陰始達於地上而雲漢上升始交於列宿七緯之氣通矣東井據百川上流故鶉首爲秦蜀墟得兩戒山河之首雲漢達坤維右而漸升始居列宿上觜觿參伐皆直天關表而在河陰故實沈下流得大梁距河稍遠涉陰亦深故其分野自漳濱郤負恆山居北紀衆山之東南外接髦頭地皆河外陰國也十月陰氣進踰乾維始上達於天雲漢至營室東壁間升氣悉究與內規相接故自南正達於西正得雲漢升氣爲山河上流自北正達於東正得雲漢降氣爲山河下流陬訾在雲漢升降中居水行正位故其分野當中州河濟間且王良閣道由紫垣絕漢抵營室上帝離宮也內接成周河內皆豕韋分十一月一陽生而雲漢漸降退及艮維始下接於地至斗建間復與列舍氣通於易天地始交泰象也踰析木津陰氣益降進及大辰升陽之氣究而雲漢沈潛於東正之中故易雷出地曰豫龍出泉爲解皆房心象也星紀得雲漢下流百川歸焉析木爲雲漢末派山河極焉故其分野自南河下流窮南紀之曲東南負海爲星紀自北河末派窮北紀之曲東北負海爲析木負海者以其雲漢之陰也唯陬訾內接紫宮在王畿河濟間降婁元枵與山河首尾相遠鄰顓頊之墟故爲中州負海之國也其地當南河之北北河之南界以岱宗至於東海自鶉首踰河戒東曰鶉火得重離正位軒轅之祇在焉其分野自河華之交東接祝融之墟北負河南及漢蓋寒燠之所均也自析木紀天漢而南曰大火得明堂升氣天市之都在焉其分野自鉅野岱宗西至陳留北負河濟南及淮皆和氣之所布也陽氣自明堂漸升達於龍角曰壽星龍角謂之天闕於易氣以陽決陰夬象也升陽進踰天關得純乾之位故鶉尾直建巳之月內列太微爲天庭其分野自南河以負海亦純陽地也壽星在天關內故其分野在商亳西南淮水之陰北連太室之東自陽城際之亦巽維地也夫雲漢自坤抵艮爲地紀北斗自乾攜巽爲天綱其分野與帝車相直皆五帝墟也究咸池之政而在乾維內者降婁也故爲少昊之墟叶北宮之政而在乾維外者陬訾也故爲顓頊之墟成攝提之政而在巽維內者壽星也故爲太昊之墟布太微之政而在巽維外者鶉尾也故爲列山氏之墟得四海中承太階之政者軒轅也故爲有熊氏之墟木金得天地之微氣其神治於季月水火得天地之章氣其神治於孟月故章道存乎至微道存乎終皆陰陽變化之際也若微者沈潛而不及章者高明而過亢皆非上帝之居也斗杓謂之外庭陽精之所布也斗魁謂之會府陽精之所復也杓以治外故鶉尾爲南方負海之國魁以治內故娵訾爲中州四戰之國其餘列舍在雲漢之陰者八爲負海之國在雲漢之陽者四爲四戰之國降婁元枵以負東海其神主於岱宗歲星位焉星紀鶉尾以負南海其神主於衡山熒惑位焉鶉首實沈以負西海其神主於華山太白位焉大梁析木以負北海其神主於恆山辰星位焉鶉火大火壽星豕韋爲中州其神主於嵩丘鎮星位焉近代諸儒言星土者或以州或以國虞夏秦漢郡國廢置不同周之興也王畿千里及其衰也僅得河南七縣今又天下一統而直以鶉火爲周分則疆埸舛矣七國之初天下地形雌韓而雄魏魏地西距高陵盡河東河內北固漳鄴東分梁宋至於汝南韓

據全鄭之地南盡潁川南陽西達虢略距函谷固宜陽北連上地皆綿亙數州相錯如繡考雲漢山河之象多者或至十餘宿其後魏徙大梁則西河合於東井秦拔宜陽而上黨入於輿鬼方戰國未滅時星家之言屢有明效今在畿甸之中矣而或者猶據漢書地理志推之是守甘石遺術而不知變通之數也又古之辰次與節氣相係各據當時曆數與歲差遷徙不同今更以七宿之中分四象中位自上元之首以度數紀之而著其分野其州縣雖改隸不同但據山河以分爾須女虛危元枵也初須女五度餘二千三百七十四秒四少中虛九度終危十二度其分野自濟北東踰濟水涉平陰至於山茌循岱岳衆山之陰東南及高密又東盡萊夷之地得漢北海千乘淄川濟南齊郡及平原勃海九河故道之南濱於碣石古齊紀祝淳于萊譚寒及斟尋有過有鬲蒲姑氏之國其地得娵訾之下流自濟東達於河外故其象著爲天津絕雲漢之陽凡司人之星與羣臣之錄皆主虛危故岱宗爲十二諸侯受命府又下流得婺女當九河末派比於星紀與吳越同占營室東壁娵訾也初危十三度餘二千九百二十六秒一太中營室十二度終奎一度自王屋太行而東得漢河內至北紀之東隅北負漳鄴東及館陶聊城又自河濟之交涉滎波濱濟水而東得東郡之地古邶鄘衛凡胙邢雍共微觀南燕昆吾豕韋之國自閼道王良至東壁在豕韋爲上流當河內及漳鄴之南得山河之會爲離宮又循河濟而東接元枵爲營室之分奎婁降婁也初奎二度餘千二百一十七秒十七少中婁一度終胃三度自蛇丘肥成南屆鉅野東達梁父循岱岳衆山之陽以負東海又濱泗水經方輿沛留彭城東至於呂梁乃東南抵淮並淮水而東盡徐夷之地得漢東平魯國琅琊東海泗水城陽古魯薛邾莒小邾徐郯鄫鄅邳郜任宿須句顓臾牟遂鑄夷介根牟及大庭氏之國奎爲大澤在娵訾下流當鉅野之東陽至於淮泗婁胃之墟東北負山蓋中國膏腴地百穀之所阜也胃得馬牧之氣與冀之北土同占胃昴畢大梁也初胃四度餘二千五百四十九秒八太中昴六度終畢九度自魏郡濁漳之北得漢趙國廣平鉅鹿常山東及淸河信都北據中山眞定全趙之分又北逾衆山盡代郡鴈門雲中定襄之地與北方羣狄之國北紀之東陽表裏山河以蕃屏中國爲畢分循北河之表西盡塞垣皆髦頭故地爲昴分冀之北土馬牧之所蕃庶故天苑之象存焉觜觿參伐實沈也初畢十度餘八百四十一秒四之一中參七度終東井十一度自漢之河東及上黨太原盡西河之地古晉魏虞唐耿揚霍冀黎郇與西河戎狄之國西河之濱所以設險限秦晉故其地上應天關其南曲之陰在晉地衆山之陽南曲之陽在秦地衆山之陰陰陽之氣井故與東井通河東永樂芮城河北縣及河曲豐勝夏州皆東井之分參伐爲戎索爲武政當河東盡大夏之墟上黨次居下流與趙魏接爲觜觿之分東井輿鬼鶉首也初東井十二度餘二千一百七十二秒十五太中東井二十七度終柳六度自漢三輔及北地上郡安定西自隴坻至河右西南盡巴蜀漢中之地及西南夷犍爲越巂益州郡極南河之表東至牂牱古秦梁豳芮豐畢駘杜有扈密須庸蜀羌髳之國東井居兩河之陰自山河上流當地絡之西北輿鬼居兩河之陽自漢中東盡華陽與鶉火相接當地絡之東南鶉首之外雲漢潛流而未達故狼星在江河上源之西弧矢犬雞皆徼外之備也西羌吐蕃吐谷渾及西南徼外夷人皆占狼星柳七星張鶉火也初柳七度餘四百六十四秒七少中七星七度終張十四度北自滎澤滎陽並京索暨山南得新鄭密縣至外方東隅斜至方城抵桐柏北自宛葉南暨漢東盡漢南陽之地又自雒邑負北河之南西及函谷逾南紀達武當漢水之陰盡弘農郡以淮源桐柏東陽爲限而申州屬壽星古成周虢鄭管鄶東虢密滑焦唐隨申鄧及祝融氏之都新鄭爲軒轅祝融之墟其東鄙則入壽星柳在輿鬼東又接漢源當商洛之陽接南河上流七星係軒轅得土行正位中岳象也河南之分張直南陽漢東與鶉尾同占翼軫鶉尾也初張十五度餘千七百九十五秒二十二太中翼十二度終軫九度自房陵白帝而東盡漢之南郡江夏東達廬江南部濱彭蠡之西得長沙武陵又逾南紀盡鬱林合浦之地自沅湘上流西達黔安之左皆全楚之分自富昭象龔繡客白廉州已西亦鶉尾之墟古荆楚鄖鄀羅權巴夔與南方蠻貊之國翼與咮張同象當南河之北軫在天關之外當南河之南其中一星主長沙逾嶺徼而南爲東甌青丘之分安南諸州在雲漢上源之東陽宜屬鶉火而柳七星張皆當中州不得連負海之地故麗於鶉尾角亢壽星也初軫十度餘八十七秒十四少中角八度終氐一度自原武

管城濱河濟之南東至封丘陳留盡陳蔡汝南之地逾淮源至於弋陽西涉南陽郡至於桐柏又東北抵嵩之東陽中國地絡在南北河之間首自西傾極於陪尾故隨申光皆豫州之分宜屬鶉火古陳蔡許息江黃道柏沈賴蓼須頓胡防弦厲之國氐涉壽星當洛邑衆山之東與亳土相接次南直潁水之間曰太昊之墟爲亢分又南涉淮氣連鶉尾在成周之東陽爲角分氐房心大火也初氐二度餘千四百一十九秒五太中房二度終尾六度自雍丘襄邑小黃而東循濟陰界於齊魯右泗水達於呂梁乃東南接太昊之墟盡漢濟陰山陽楚國豐沛之地古宋曹郕滕茅郜蕭葛向城偪陽申父之國商亳負北河陽氣之所升也爲心分豐沛負南河陽氣之所布也爲房分其下流與尾同占西接陳鄭爲氐分尾箕析木津也初尾七度餘二千七百五十秒二十一少中箕五度終南斗八度自渤海九河之北得漢河間涿郡廣陽及上谷漁陽右北平遼西遼東樂浪元菟古北燕孤竹無終九夷之國尾得雲漢之末派龜魚麗焉當九河之下流濱於渤碣皆北紀之所窮也箕與南斗相近爲遼水之陽盡朝鮮三韓之地在吳越東南斗牽牛星紀也初南斗九度餘千四十二秒十二太中南斗二十四度終女四度自廬江九江負淮水南盡臨淮廣陵至於東海又逾南河得漢丹陽會稽豫章西濱彭蠡南涉越門訖蒼梧南海逾嶺表自韶廣以西珠崖以東爲星紀之分也古吳越羣舒廬桐六蓼及東南百越之國南斗在雲漢下流當淮海間爲吳分牽牛去南河寖遠自豫章迄會稽南逾嶺徼爲越分島夷蠻貊之人聲敎所不暨皆係於狗國云

地理通釋

星土

鄭司農說星土以春秋傳曰參爲晉星商主大火國語曰歲之所在則我有周之分野之屬是也康成謂九州諸國中封域於星亦有分焉其書亡矣堪輿雖有郡國所入度非古數也今其存可言者十二次之分也星紀吳越也元枵齊也娵訾衛也降婁魯也大梁趙也實沈晉也鶉首秦也鶉火周也鶉尾楚也壽星鄭也大火宋也析木燕也此分野之妖祥主用客星彗孛之氣爲象孔氏曰星紀在於東北吳越實在東南魯衛東方諸侯遙屬戌亥之次又三家分晉方始有趙而韓魏無分趙獨有之漢書地理志分郡國以配諸次其地分或多或少鶉首極多鶉火甚狹徒以相傳爲說其源不可得聞於其分野或有妖祥而爲占者多得其效蓋古之聖哲有以度知非後人所能測也陳氏曰九州十二域或繫之北斗或繫之二十八宿或繫之五星雍主魁冀主樞青兗主機揚徐主權荆主衡梁主開陽豫主瑤光此繫之北斗者也星紀吳越元枵齊娵訾衛降婁魯大梁趙實沈晉鶉首秦鶉火周鶉尾楚壽星鄭大火宋析木燕此繫之二十八宿者也歲星主齊吳熒惑主楚越鎭星主王子太白主大臣辰星主燕趙代此繫之五星者也然吳越南而星紀在丑齊東而元枵在子魯東而降婁在戌東西南北相反而相屬何耶先儒以謂古者受封之日歲星所在之辰其國屬焉觀春秋傳凡言占相之術以歲之所在爲福歲之所衝爲災故師曠梓愼禆竈之徒以天道在西北而晉不害歲在越而吳不利歲淫元枵而宋鄭饑歲棄星紀而周楚惡歲在豕韋而蔡禍歲及大梁而楚凶則古之言星次者未嘗不視歲之所在也梓愼曰龍宋鄭之星也宋大辰之墟也陳太皞之墟也鄭祝融之墟也皆火房也衞高陽之墟也其星爲大水以陳爲火則太皞之木爲火母故也以衞爲水則高陽水行故也子產曰遷閼伯於商丘主辰商人是因故辰爲商星遷實沈於大夏主參唐人是因故參爲晉星然則十二域之所主亦若此也易氏曰在諸侯則謂之分星在九州則謂之星土九州星土之書亡矣今其可言者十二國之分考之傳記裁祥所應亦有可証而不誣者昭十年有星出於婺女鄭禆竈曰今茲歲在顓頊之墟姜氏任氏實守其地釋者以顓頊之墟爲元枵此元枵爲齊之分星而青州之星土也昭三十二年吳伐越晉史墨曰越得歲而吳伐之必受其凶釋者以爲歲在星紀此星紀爲越之分星而揚州之星土也昭元年鄭子產曰成王滅唐而封大叔焉故參爲晉星實沈爲參神此實沈爲晉之分星而幷州之星土也襄九年晉士弱曰陶唐氏之火正閼伯居商丘相土因之故商主大火此大火爲宋之分星而豫州之星土也昭十七年星孛及漢申須曰漢水祥也衞顓頊之墟故爲帝丘其星爲大水此娵訾爲衞之分星而冀州之星土也襄二十八年春無冰梓愼曰歲在星紀而淫於元枵蛇乘龍宋鄭之星此壽星爲鄭之分星而亦豫州之星土也鄭語周史曰楚重黎之後也黎爲高辛氏火正此鶉尾爲楚之分星而荆州之星土

也爾雅曰析木謂之津釋者謂天漢之津梁爲燕此析木爲燕之分星而幽州之星土也以至周之鶉火秦之鶉首趙之大梁魯之降婁無非以其州之星土而爲其國之分星所占災祥其應不差然亦有可疑者武王伐殷歲在鶉火伶州鳩曰歲之所在我有周之分野蓋指鶉火爲西周豐岐之地今乃以當洛陽之東周何也周平王以豐岐之地賜秦襄公而其分星乃謂之鶉首又何也如燕在北而配以東方之析木魯在東而配以西方降婁秦居西北而鶉首次於東南吳越居東南而星紀次於東北此皆稽之分野有不合者賈氏以爲古者受封之月歲星所在之辰恐不其然若謂受封之辰則春秋戰國之諸侯以之占妖祥可也後世占分野而妖祥亦應豈皆古者受封之辰乎此堪輿之書雖足攷古而言郡國所入之度則非古之法理道要訣云季周上配天象有十三國呂氏云十二次蓋戰國言星者以當時所有之國分配之唐氏云子產言封實沈於大夏主參封閼伯於商丘主辰則辰爲商丘分參爲大夏分其來已久非因封國始有分野若封國歲星所在卽爲分星則每封國自有分星不應相土因閼伯晉人因實沈矣漢魏諸儒辰次度各用當時曆數與歲差遷徙非天象度數之正惟一行下觀山河兩戒上考雲漢終始斗柄內外定分星之次更以七宿之中分四象中位自上元之首以度數紀之著其分野最得天象之正

宋葉時禮經會元

分星

分野之疑何如乎曰二鄭之釋周禮也案大司徒以土宜之法辨十有二土之名物康成以爲十二土分野十二邦繫十二次各有所宜保章氏曰以星土辨九州之地所封封域各有分星司農引春秋傳曰參爲晉星商主大火國語曰歲之所在則我有周之分野是也康成則曰今其存可言者十二次之分也此分野之辯所以紛紛而不一歟自時厥後或以十二州配之或以列郡配之或以山河兩界配之或以七星主九州或以七星主七國或繫之二十八宿或繫之五星紛紛異論是以學者多疑焉主分野之是者則曰自柳九度至張十六度爲鶉火之次當周之分武王克商歲在鶉火伶州鳩曰歲之所在則我有周之分野則周屬鶉火可知自畢十二度至東井十五度爲實沈之次當晉之分晉文卽位歲在實沈董因曰實沈之次晉人是居則晉屬實沈可知自張十七度至軫十七度爲鶉尾之次當楚之分魯襄公二十八年歲淫於元枵而禆竈知楚子之將死且曰歲棄其次而旅於明年之次以害鳥帑周楚惡之說者謂帑鳥尾也則楚屬鶉尾可知自氐五度至尾九度爲大火之次當宋之分昭公十七年星見大辰而梓愼知宋之將火且曰宋大辰之墟鄭祝融之墟也皆火房也說者謂辰大火也則宋屬大火可知此則分野之說爲不疑矣辯分野之非者則曰吳越南而星紀北齊東而元枵北衞東而娵訾北魯東而降婁西周宅中土而柳星乃位乎南以柳星爲周可乎秦在西北而井鬼乃在乎西南以井鬼爲秦可乎觜參在西魏在東北以觜參爲魏可乎角亢東宿鄭在滎陽而屬於角可乎昴畢西宿趙居河朔而屬於昴畢可乎又曰牛女北也史記謂之揚州虛危北也史記謂之青州昴畢西也史記謂之冀州奎婁西也史記謂之徐州魏冀州之國也晉則不屬於冀而屬於益兗兗州之國也魯則不屬於兗而屬於徐此則分野之說爲可疑矣然略分野之說而不信則周禮不應有星土之辨拘分野之說以爲驗則左氏未免有傅會之誣更以左氏考之無冰之災何關於元枵星紀而梓愼以爲宋鄭之饑日蝕之變何與於豕韋降婁而士文伯以爲魯衞之惡星紀果同爲吳分則吳亦得歲史墨何以謂之越得歲吳伐之必受其凶參墟果爲晉分則實沈爲星子產何以謂之高辛之子而能爲晉侯之祟此左氏之說又不足信也又以史冊觀之四星聚牛女而晉元王吳四星聚觜參而齊祖王魏彗星掃東井而苻堅亡秦景星見箕尾而慕容德復燕此又分野之驗而未可以盡略之也蓋星土分星本不可以州國拘也且以職方氏言地理必指其東西南北之所在山鎭川澤之所分民畜穀利之所有獨於天文之紀如司徒只言十有二土未嘗斥言其所應者何次保章氏言星土辨九州之地不明言其所辨者何星是星土分星不可以州國定名亦明矣愚以保章觀之隨其土之所屬應其星之所臨故謂之星土辨九州之地非如鄭氏言十二邦繫十二次也隨其國之所封屬其星之所在故謂之所封封域皆有分星亦非如賈氏言受封之日歲星所在國屬焉夫九州上應星土則三百餘度皆有其驗豈特十二次而已乎封域皆有分星則千八百國皆有所屬豈特十二國而已乎九州之土皆配星九州之國皆

有分故因其星可以辨其州之地因其分可以觀其國之妖祥保章氏之說如是而已說者何必牽合傅會而定指後世郡國之名以求配之也昔孔子作春秋日蝕星隕之變無所不記豈必皆周魯之分而後言之乎五星聚東井漢入秦之應也崔浩嘗言其不在十月司馬公作通鑑乃棄之而不取而歐陽志唐天文凡日蝕星孛之變一一記之而獨不言其事應亦豈拘拘於分野之說哉大抵周官所辨者欲以觀妖祥爾大子之所觀九州也諸侯所觀一國也諸侯一國分星而驗一國天子以九州星土而辨九州諸侯觀一國之妖祥而爲一國之備可也天子可以諉之一國分星之所屬而不爲之救政序事乎知乎此則可以言星土分星之說矣

鄭樵六經奧論

分野辨

案保章氏以星土辨九州之地所封封域皆有分星如此則分星之說其來尚矣然古之星經至漢散亡保章氏分星不可考今堪輿所載雖有郡國所入度非古數也鄭氏所引十二次之分本漢地理志大略見於左氏國語然漢費直班固蔡邕魏陳卓唐李淳風僧一行諸家之說大同小異其爲十二州之分星明矣然嘗疑之靑正東元枵在正北雍正西鶉首在其南揚在東南而星紀在北冀在東北而大梁在正西徐在東而降婁在西豫與三河居天下之中而大火在正東鶉火在西南此其最差者也井在北而娵訾在北荊正南而鶉尾在南此其正得躔次者也兖在西南而實沈在西幽在東北而析木在東兗在東而差北而壽星反在東北其得躔次之微差者也又何耶國語伶州鳩曰昔武王伐商歲在鶉火周分又云歲之所在卽我分野賈公彥取爲正義曰分星者以諸國始分封之年值歲星所在之辰以爲之分次此說非不知國有分星蓋古人封國之初命以主祀之意昔堯舜封閼伯於商丘主辰則辰爲商星商人是因封實沈於大夏主參在參爲夏星唐人是因唐後爲晉參爲晉星如此則是古人始封國命以主祀之意無疑辰爲商星參爲晉星其來久矣非因封國始有分星使封國之時歲星所在卽爲分星不應相土因閼伯晉人因實沈其爲封國命祀之意可考矣漢魏諸儒言星土者或以州或以國辰次度數各因當時歷數與歲星遷徙亦非天文之正不可爲據又況魏徙大梁則西河合於東井秦拔宜陽則上黨入於輿鬼方戰國未滅時星象之言要有明驗今則同在甸畿之內或者又執漢書地理以求之則非也善乎唐一行之言十二次也惟以雲漢始終言之雲漢江河之氣也認山河脈絡於兩戒識雲漢升沈於四維下參以古漢郡國其於區處分野之所在如指諸掌蓋星有氣耳雲漢也北斗也五星也無非是氣也一行之學其深矣乎

癸辛雜識

辨分野

世以二十八宿配十二州分野最爲疎誕中間僅以畢昴二星管異域諸國殊不知十二州之內東西南北不過綿亙一二萬里外國動是數萬里之外不知幾中國之大若以理言之中國僅可配斗牛二星而已後夾祭鄭漁仲亦云天之所覆者廣而華夏之所占者牛女下十二國中耳牛女在東南故釋氏以華夏爲南贍部州其二十八宿所管者多十二國之分野隨其所隸耳趙韓王普有疏云五星二十八宿在中國而不在外國斯言至矣

圖書編

星野合論

今夫天氣也而成文地形也而有理形不得不散而爲氣氣不得不聚而成形星辰者地之精氣上發於天者也天有三垣旁列四隅天中樞星崑崙之墟也天門明堂太山之精也汧岐雷首太嶽砥柱東方之宿也而蒼龍奠位於左矣太行常山碣石朱圉北方之宿也而元武奠位於後矣鳥鼠太華熊耳桐柏西方之宿也而白虎奠位於右矣荊山大別岷衡九江南方之宿也而朱雀奠位於前矣星官之書自黃帝始嗣是而欽若天象者代不乏人顧金繩玉策之書不可得而窺也所可傳者天有十二次而日月躔焉地有十二野而郊圻畫焉自今觀之雍主魁冀主樞青兗主機而揚徐荊梁豫莫不有主焉此繫之北斗者也歲星主齊吳熒惑主楚越辰星主燕趙代而鎭而金亦莫不有主焉此繫之五星者也角亢壽星鄭也氐房心大火宋也尾箕析木燕也斗牛星紀吳楚也女虛危元枵齊也室壁娵訾衞也奎婁降婁魯也胃昴畢大梁趙也觜參實沈晉也井鬼鶉首秦也柳星張鶉火周也翼軫鶉尾楚也此繫之二十八宿者也星有七州有九兗青徐揚幷屬二州此七星所以主九州而七國亦在其中矣然方隅躔次東西南北

每每相背者則賈公彥謂古者受封之月歲星所在之辰其國屬焉似也然有封國自有分星非因封國而始有虞夏秦漢郡國廢置有前後狹廣之不齊則歲之所在不可執泥以爲常晉屬實沈者高辛之子主祀參星宋屬大火者閼伯之墟主辰似也然齊屬元枵逢公託食既非所主之國而吳越同次燕陳共分又非所祀之專則主祀之說亦未敢以爲然矣善乎唐一行有言星土以精氣相屬而不係乎方隅其占以山河爲限而不係乎州國庶幾爲可近焉故地有水火木金土之形天有水火木金土之星一形一象交而精氣自屬非如地在北而分星之在天者亦居北地在南而分星之在天者亦居南也同一中星也一則取義之不同蓋星適昏中則以星言如星虛星昴是也星不當中則以次言如尾火是也次不當中而適界乎兩次之間則以象言如星鳥是也一則所舉之不同者蓋書言分至之所中月之本也故春夏舉鳥火秋冬舉虛昴是也月令言昏旦之所見月之中也故春夏舉弧亢秋冬舉牛壁是也夫天之高也星辰之遠也觀緯而審禨祥者恆推天以合人然天之理卽人之理也因禨祥而修德政者當以人而合天何者民之麗乎土猶星之麗乎天也君之統乎民猶北極之統乎星也古之聖人有見乎此道之所在固嘗以經法天矣而猶察昏見之辰知緩急之序觀鳥中則授民以種稷之時焉觀火中則授民以種黍之時焉觀虛中則授民以種麥之時焉觀昴中則授民以伐木之時焉而順五行以理陰陽乂剛克柔克迭用以出治焉始之乎情性之正著之乎事爲之施措之乎悠久之道動之乎氣機之間則天不愛道地不愛寶河出圖而洛出書矣此豈無自而然哉若宋有善言而退舍齊無穢德而可禳非無一事之徵終爲適然之數未敢以爲應天之實也

星度職方合論

周禮馮相保章氏司天察變皆有定職不可易也自是而後各國代有其官而占測之法往往見諸史冊至漢諸家濫觴愈極矣且自星度言之靈憲論曰中外常明者百有二十四可名者三百二十爲星二千五百微星之數萬有一千二百五十庶物蠢動咸有繫命而星之變昭焉三垣之外有中星者聖人南面視四時之中以布政者也詳著於尚書鳥火虛昴之四宿而月令之中星與大統之中星又不同焉觀孔穎達之疏陳詳導之書可見矣至於經星則二十八宿之分羅四方而奠其位緯星則太白辰星塡歲熒惑之別盡周天以稽其行經則隨天而緯則順度熒惑者迭見是咎之方九難豫定者也至若瑞星出於隋志景星周伯含譽格澤是也而中興志瑞十有二焉何其多乎或者謂元保以下悉係妖星是則各窮所見矣而分野之疑秦漢郡國李唐州縣或係之北斗或係之二十八宿或係之五星蓋因地制有殊而爲星應之迥別耳甚者緯象以迎占移地以合術而吉凶之僭其能一定乎日有中道月有九行或出之司天考或詳之王朴之論或定之王蕃之占蓋因度數不齊而爲運行之差異耳甚者疑井寬而鬼狹歲疾而塡遲而占測之宜其能的據乎世久術湮而象緯之學得其要者蓋亦寡矣自今觀之盍因其故而推之乎是故中星也察四仲則據堯典之詳而孟季則本月令之演經星也觀方位則審一定之則而羅布則驗所繫之星緯星也而順逆休囚旺相徵焉瑞星也而遲速經歷色象昭焉九道也據黃道以察其紘而七政不忒分野也據限度以明其地而二十八宿不亂要而論之各有一定之故繫象環於九道度數錯於周天吾知黃道大差九道皆定斯其簡明之法耳故先儒曰不難於規赤道而難於規黃道豈其然乎能循其故而星變之周旋於外者凌歷薄蝕飛孛順逆雖若不齊隨所值之方察各分之地一推筭焉而往來忒忒之應莫能逃矣又何必稽之元遠然後謂之觀天文也哉周禮司徒職方氏掌地制域皆有成規不可易矣自是而後歷代互有攻伐而經理之宜每每垂諸編謨至元狩以來土地愈廣矣且自外國言之西盡于闐龜茲東極夫餘挹婁北窮樓蘭南究瘴海疆域不下數萬餘里釐爲郡邑設以關津而地之勢極焉是故朝鮮破於漢高至武帝開之而立元菟樂浪之名隋令漢王討之唐令蘇定方征之至李勣滅其國而暫定焉雖處置曲盡其方而叛合不常終至棄中國而無尺寸之利南越之地漢分儋耳珠崖南海蒼梧合浦鬱林九眞日南等郡而以交州刺史領之武德有總管之稱至德建都護之府至曲承美奪其地而貫亂焉雖防禦各有其道而繼代不一終至事遠征而無輸服之誠左將之擊可謂盡制置之法矣卒之夏參來降而增眞番臨屯之郡豈中華之力果能致之乎亦其敵之相疑成之耳朱鎬之使可謂得撫安之策矣卒之黎桓肆虐而言番禺

甌越之侵豈朝廷之命不足制之乎抑其蠻之習詐致之乎又外國地遠而經略之久得其實者蓋亦鮮矣蓋因其勢而究之乎是故量遠邇之宜守要害以扼其衝愼邊防以通其使審內外之辨富民力以固其本蒞中土以納其降或航海也嚴太宗之禁勿使之知險夷虛實之情而南邕羈縻牙校不得以私通或論蠻也謹貞觀之符勿使之行欺詐異同之術而渤海交州夷使咸懷其至信要而言之各有不異之勢也若事外而忘內虛己以制人吾知衆不可使地不可耕斯其財力俱困耳故先儒謂不難於勤遠而難於篤近信其然乎能究其勢而土地之控制於外者廣狹奢儉理亂貧富雖若不齊隨五方之制畛絕域之圖一酌量焉而緩急輕重之理莫能越矣何必諜之遐徼然後謂之知地理也哉是故天文之觀觀以故也而莫詳於淳風之渾儀一行之游儀而已矣其他隱樓覆矩鐵極銅匭各有一時之妙而占測之法皆出二子技藝之餘地理之察察以勢也而莫備於商之四方誥令周之王會圖而已矣其他拓邊啓釁事遠勤兵各精一時之業而綏懷之道罕出二代包羅之外由是觀之牽合事應之變徼倖分外之圖皆昔人無益之舉耳而豈所以垂謨後世也哉

分野總敘

分野之說蓋以星之在天者而分在地之土也觀周禮大司徒言土宜辨十二土未言所辨何土保章氏言星土辨九州未言所辨何星嘗以天象二十二州之名考之或者春秋戰國時因星土之義而詳其說乎但以列國差參不齊之地而配乎在天一定之星諸家辨其非誠有然者易曰在天成象在地成形雖以列星象官象民象物且莫不驗也況天地本一氣也謂其無所關焉可乎惟唐僧一行則以天下山川之象存乎兩界而分野一以山川爲界不主封國郡邑之名庶乎近之今載二十八宿分應地理幷存古九州分星圖合觀之分星分土可得其概已

星宿次度分屬天下州郡國邑考

自軫十二度爲壽星於辰在辰鄭之分野屬兗州

費直起軫七度蔡邕起軫六度

自氐五度至尾九度爲大火於辰在卯宋之分野屬豫州

費直起氐十一度蔡邕起氐九度

自尾十度至斗十一度爲析木於辰在寅燕之分野屬幽州

費直起尾九度蔡邕起尾四度

自斗十二度至女七度爲星紀於辰在丑吳越之分野屬揚州

費直起斗十度蔡邕起斗十六度

自女八度至危十五度爲元枵於辰在子齊之分野屬青州

費直起女六度蔡邕起女二度

自危十六度至奎四度爲娵訾於辰在亥衛之分野屬幷州

費直起危十四度蔡邕起危十度

自奎五度至胃六度爲降婁於辰在戌魯之分野屬徐州

費直起奎六度蔡邕起奎八度

自胃七度至畢十一度爲大梁於辰在酉趙之分野屬冀州

費直起胃十度蔡邕起胃一度

自畢十二度至東井十五度爲實沈於辰在申魏之分野屬益州

費直起畢九度蔡邕起畢六度

自井十六度至柳八度爲鶉首於辰在未秦之分野屬雍州

費直起井十二度蔡邕起井十度

自柳九度至張十六度爲鶉火於辰在午周之分野屬三河

費直起柳五度蔡邕起柳三度

自張十七度至軫十一度爲鶉尾於辰在巳楚之分野屬荆州

費直起張十三度蔡邕起張十二度

總論分野

分野祇分星古不謂地也地有彼此之不齊而分野在天則一定而不易以彼此不齊之地必欲求配於在天十二次整然之分野其說之難通也固宜蓋天有三垣紫微太微天市是也紫微太微皆將相輔佐之位而天市下垣則列國星宿之所在其星東南二十二宋南海燕東海徐吳越齊中山九河趙越韓楚巴蜀秦周鄭晉河間河中曰分野者指列宿所屬之分而言也鄭氏所謂星土星所主土是也其國在此而星則在彼彼此若不相配而其爲象未嘗不相屬非地之在北者其分野在天亦居北地之在南者分野在天亦居南也列國之在天下彼此縱橫之不齊

猶犬牙然而欲以其地之不齊者求合乎在天分野之整然彼此之不相配無足怪者甚者至於天之北極爲天之首其體反背故有吳北魯東之差其惑甚矣易不云乎在天成象在地成形水火金木土其形在地者也而天有其星焉所謂象也豈惟五星哉凡物莫不皆然矣故夫齊吳燕宋韓楚周秦魏趙諸國之地地之形也而其星在天象之謂也地有是形則天有是星有是星則有是名曰齊吳燕宋韓楚周秦魏趙列國者非後世有是名而舉以爲分野之名也何以知其然也徵諸東海南海九河河間河中巴蜀中山有以知之也東海南海九河河間河中非國中山巴蜀非若諸國之顯也故曰地有是形則天有是星而分野者指列星所屬之分而言也或曰若然則十二次之說將無所徵曰十二次所以驗天運之度數日躔之次舍此蓋古法而曆家之所取驗者也因其度數次舍之所在而妖祥見焉則其所屬之地從亦可徵矣抑分野之說豈專繫於是哉又按宋葉時禮經會元其辨尤詳云

羣書備考

分野

周禮保章氏以星土辨九州之地所封之域各有分星左氏謂熒惑守心宋景禳其咎實沈爲祟晉侯受其殃妖祥驗於分星蓋古有之但星經散亡已久獨漢地志載分野爲始詳而鄭康成引十二次之分以相屬大率因之按晉天文志言班固取三統曆十二次配十二野其言最詳又有費直周易分野蔡邕月令章句所言頗有先後魏太史令陳卓更分繫二十八宿而言郡國所入宿度其言爲尤詳自今觀之壽星陳也大火宋也析木燕也星紀吳越也元枵齊也娵訾衛也降婁魯也大梁趙也實沈晉也鶉首秦也鶉火周也鶉尾楚也然其間相配者少相反者多幷在北而娵訾在北荆在南而鶉尾在南此其躔次相配可考也青在東元枵在北雍在西鶉首在南揚在東南而星紀在北冀在北而大梁在正西此其躔次相反可疑者也國語伶州鳩曰昔武王伐商歲在鶉火周分又曰歲之所在卽我分野賈公彥取之遂証以古者封國之年歲星所在以爲之屬鄭樵謂此則主祀之意非因封國始有分星唐一行謂分星有山河脉絡之兩戒雲漢升沈之四維認而識之可以見其相配鄭樵取之遂謂其區處分野如措諸掌近世蘇平仲又指其疏遠而謂分野分星古不謂地又引有分星而無分野之言以證其不必盡泥然以史冊觀之四星聚牛女而晉元王吳四星聚觜參而齊祖王魏彗星掃東井而苻堅亡秦景星見箕尾而慕容德復燕此皆分野之驗而未可盡略者也大抵一行之說勝諸家焉其最不可曉者莫如容齋謂娵訾屬衛屬幷衛本受封河內其郡邑皆在冀兗之間於幷州了不相干而幷州之下所列郡名乃安定天水等六郡自繫涼州耳又魏分晉地與益州亦不相關而雍州爲秦其下乃列雲中等郡又屬幷幽耳此則李淳風不明地理之誤也他若天市垣有列國星二十二起宋至河中牛女下又有十二國星東起越西至鄭五車五星其次舍在畢宿星書以爲主秦趙燕等七國北斗七星其次舍自張而角星書以爲主秦楚七國此非其各有所屬而不容誣者耶

春明夢餘錄

分野

分野之說以中國之九州應上天之十二次丑星紀吳越也子元枵齊也亥娵訾衛也娵訾一名豕韋戌降婁魯也酉大梁趙也申實沈晉也未鶉首秦也午鶉火周也巳鶉尾楚也辰壽星鄭也卯大火宋也寅析木燕也按晉語云實沈之虛晉人是居周語云歲在鶉火我有周之分野左襄九年商主大火昭元年參爲晉星二十八年龍宋鄭之星又曰以害鳥帑周楚惡之則分野之說其來已久然星紀在東北而吳越實在東南魯宋鄭相去甚邇而分爲四次且娵訾降婁戌亥之次也而魯衛屬之三家分晉始有趙何以大梁獨屬趙韓魏不聞漢書地理分郡國以配諸次其地分或多或少鶉火極多鶉首甚狹徒相傳未聞源委於其分野或有妖祥占者多效皆聖哲度知非後人所能測也周官九州分野角亢氐兗州房心豫州尾箕幽州斗牛女揚州虛危青州室壁幷州婁胃徐州昴畢冀州觜參益州井鬼雍州柳星張三河翼軫荆州

管窺輯要

分野

角亢氐分野今之開封河南汝寧是也

房心今南京之徐州

尾箕屬幽州卽今之順天北京保定河間永平遼東朝鮮

斗牛女今之南京江浙福建廣西梧州

虛危當青州今山東之濟南東昌青州登萊州
室壁今之河南之衛輝彰德懷元北京之大名
奎婁當古之徐州今山東之兗州
胃昴畢今北京之眞定順德廣平山西大同
觜參今之山西太原平陽遼州沁洛澤貴宣慰程番
井鬼即今之陝西四川雲貴之宣慰程番
柳星張今之河南洛陽南陽湖助陽襄之均州光化
谷城棗陽德之隨州應山
翼軫今之湖廣廣東廉州川之夔州貴之銅仁黎平
廣西

周天易覽

二十八宿分野

角
十一至一兗州之滋濟曹單魚金鄉滕城嶧泗寧
曲阜
亢 初度入卯
九至一兗州之費沂壽穀平汶鄆鉅嘉鄒
氐
十六至一徐沛
房 二度入寅
五至一鹽城清河沭桃安東
心
五至一淮安宿邳贛海
尾
十六至一順永平保定及河間之西鄙州縣
箕 四度三十分入丑
三至一河間近海州縣 十至四山海遼薊

斗
十二十四至二十一福建 二十至十五江西
十四至八浙江 七至一南直江南州縣
牛 一度二分入子
一至七廣東海北七府
女
十至九東昌府聊博冠茌 八至二濟南府 一
廣東瓊州
虛
九至五青州北縣 四至一東昌之朝邑范縣及
濮州臨清高唐之屬縣
危 一度八十分入亥
十五至十一萊州 十至四登州 一至三青州
之南州縣
室 十一度七十分入戌
十六七懷慶 十四五衛輝 十二三彰德 十
一至九歸德 八至一開封
壁
九至六大名府 五至一汝寧府
奎
十六至一鳳陽
婁
十二至九滁州 八至一廬州
胃
十四至十一順德 十至一眞定
昴 五度一十三分入申
十一至五大同府 四至一廣平府

畢
十六至八平陽府 七至一太原府
觜
二至一潞安府
參 九度入未
九至一潞安府
井 二十九度九十分入午
三十一至二十九貴州 二十八至二十一雲南
二十至十四川 九至一陝西
鬼
二至一貴州
柳
十一至十南陽府 九至一河南府
星 七度九十分入巳
六至一南陽
張
十六至十一德安 十至五襄陽 四至一鄖陽
翼 十一度三十二分入辰
十九十八貴州 十七六四川 十五承天 十
二三四黃州 十一漢陽 九十武昌 七八永
州 六衡州 五常德 四寶辰 三長沙 二
岳州 一荊州
軫
十九至三廣西 二至一廣州府
明一統志
京師 尾箕昴畢室壁
順天府 尾箕 保定府 尾箕兼昴畢

河間府　尾箕　眞定府　昴畢
順德府　昴　廣平府　昴
大名府　室壁　永平府　尾
延慶州　尾　保安州　尾
萬全都司　尾（今宣德府）
南京　斗牛房心
應天府　斗　鳳陽府　斗
蘇州府　斗　松江府　斗
常州府　斗　鎭江府　斗
廬州府　斗　安慶府　斗
揚州府　斗牛　淮安府　斗牛
太平府　斗　寧國府　斗牛
池州府　斗　徽州府　斗
廣德州　斗　和州　斗
滁州　斗　徐州　房心
山西　昴畢觜參井
太原府　參井　平陽府　觜參
大同府　昴畢　潞安府　參井
汾州　參　遼州　參井
沁州　參　澤州　觜參
山東　箕尾虛危室奎婁
濟南府　危　兗州府　奎婁
東昌府　危室　青州府　虛危
登州府　危　萊州府　危
遼東都司　箕尾
河南　角亢氐房心室壁柳張
開封府　角亢　歸德府　房心

彰德府　室壁　衛輝府　室壁
懷慶府　室壁　河南府　柳
南陽府　張　汝寧府　角亢氐
汝州　心
陝西　井鬼翼軫
西安府　井鬼　鳳翔府　井鬼
漢中府　井鬼翼軫　平涼府　井鬼
鞏昌府　井鬼　臨洮府　井鬼
慶陽府　井鬼　延安府　井鬼
寧夏衛　井鬼　寧夏中衛　井鬼
洮州衛　井鬼　岷州衛　井鬼
河州衛　靖虜衛
陝西都司　井鬼
浙江　斗牛女
杭州府　斗　嘉興府　斗
湖州府　斗牛　嚴州府　牛女
金華府　牛女　衢州府　牛女
處州府　斗　紹興府　牛女
寧波府　牛女　台州府　牛女
溫州府　斗牛女
江西　斗牛
南昌府　斗　饒州府　斗
廣信府　斗　南康府　斗
九江府　斗牛　建昌府　斗
撫州府　斗　臨江府　斗
吉安府　斗　瑞州府　斗
袁州府　斗　贛州府　斗

南安府　斗
湖廣　翼軫
武昌府　翼軫　漢陽府　翼軫
承天府　翼軫　襄陽府　翼軫
鄖陽府　翼軫　德安府　翼軫
黃州府　翼軫　荆州府　翼軫
岳州府　翼軫　長沙府　翼軫
寶慶府　軫　衡州府　翼軫
常德府　翼軫　辰州府　翼軫
永州府　翼軫　靖州　軫
郴州　翼軫　施州衛　翼
容美宣撫司　永順宣慰司翼軫
保靖州宣慰司　五寨長官司
湖廣都司
四川　觜參井鬼翼軫
成都府　井鬼　保寧府　井鬼
順慶府　參井　敘州府　井鬼
重慶府　井鬼　夔州府　翼軫
馬湖府　鬼　龍安府　井鬼
鎭雄府　井鬼　潼川州　井鬼
眉州　井鬼　嘉定州　井鬼
邛州　井鬼　瀘州　井鬼
雅州　井鬼　東川軍民府參
烏蒙軍民府井鬼　烏撒軍民府井鬼
播州宣慰司井鬼（郎遵義州）　永寧宣撫司井鬼
天全討招司井鬼　思曩石安撫司
黎州安撫司井鬼　平茶洞安長官司軫

松潘指揮使司觜參　疊溪千戶所觜參
四川都司　井鬼
福建　牛女
福州府　牛女　泉州府　牛女
建寧府　女　延平府　牛女
汀州府　牛女　興化府　牛女
邵武府　牛女　漳州府　牛女
福寧州
廣東　翼軫牛女
廣州府　牛女　韶州府　牛女
南雄府　牛女　惠州府　女
潮州府　牛　肇慶府　牛女
高州府　牛女　廉州府　翼軫
雷州府　牛女　瓊州府　牛女
廣西　翼軫牛女
桂林府　翼軫　柳州府　翼軫
慶遠府　翼軫　平樂州　翼軫
梧州府　牛女　潯州府　翼軫
南寧府　翼軫　太平府
思明府　思恩軍民府
鎮安府　田州
泗城州　利州
奉議州　向武州
都康州　龍州
江州　上隆州
果化州　思城州
歸德州　歸順州

思陵州　上林長官司
安隆長官司　程縣
五屯千戶所
雲南　井鬼
雲南府　井鬼　大理府　井鬼
臨安府　井鬼　楚雄府　井鬼
澂江府　井鬼　蒙化府
景東府　廣南府
廣西府　鎮沅府
永寧府　順寧府
曲靖軍民府井鬼　姚安
鶴慶　武定　井鬼
尋甸　麗江　井鬼
元江　永昌
北勝州　新化州
者樂甸長官司　瀾滄衞
騰衝　俱指揮　車里
木邦　孟養
緬甸　八百大甸
老撾　大古剌
麓川　底馬撒　俱宣慰司
孟定府　孟艮府
南甸　干崖
隴川　俱宣撫司　威遠州
灣甸州　鎮康州
大侯州　鈕兀
孟璉　茶山

麻里　芒部　俱長官司
貴州　參井鬼星翼軫
貴陽府　參井　貴州宣慰司
思州府　思南府
鎮遠府　石阡府
銅仁府　星　黎平府　翼軫
普安府　井鬼　永寧府
鎮寧州　安順府
金筑安撫司　普定衞
新添衞　平越衞
龍里衞　都勻府
畢節衞　威清衞
平壩衞　安南衞

欽定古今圖書集成曆象彙編庶徵典

第二十八卷目錄

星變部彙考二

按星之有名始見於星經但有於歷代史志不合者如頓頑之名顓頊天輻之名天福車肆之名東肆天桴之名天浮天綱之名天關天鼈天魚今無天字天鈎天廄古無天字以及天棓天維天海古有其名今無其星者悉照原本闕載以備參考

庶徵典第二十八卷

星變部彙考二

漢甘公石申通占大象曆星經原缺文一張

四輔

四輔四星抱北極樞星主君臣禮儀主政萬機輔弼佐理萬邦之象輔佐北辰而出入授政也

六甲

六甲六星在華蓋之下杠星之旁主分陰陽而配於節候出入故在帝座旁所布政教而授農時也

鈎陳

鈎陳六星在五帝下爲後宮大帝正妃又主天子六軍將軍又主三公若星暗人主凶惡之象矣

天皇

天皇大帝一星在鈎陳中央也不記數皆是一星在五帝前座萬神輔錄圖也其神曰耀魄寶主御羣靈也

柱下

柱下史在北辰東主左右史記過事也

尚書

五尚書在東南維主納言夙夜諮謀事也

內廚

內廚二星在西北角主六宮飲食后妃第宴飲廚府也

天牀

天牀六星在宮門外聽政之前亦主寢宴會燕息牀星傾天子不安失位也訣曰火入紫微宮中天下大亂帝王失位

北斗

北斗星謂之七政天之諸侯亦爲帝車魁四星爲璇璣杓三星爲玉衡齊七政斗爲人君號令之主出號施令布政天中臨制四方第一名天樞爲土星主陽德亦曰政星也是太子像星暗亦經七日則大災第二名璇主金刑陰女主之位主月及法若星暗經六日則月蝕第三名璣主木及禍亦名金星若太子不愛百姓則暗也第四名權主火爲伐爲天理伐也無道天子施令不依四時則暗第五名衡主水爲煞助四時旁煞有罪天子樂淫則暗第六名闓陽主木及天下倉庫五穀第七名瑤光主金亦爲應星訣曰王有德至天則斗齊明國昌總暗則國有災起也右斗中子星少則人多淫亂法令不行木星守貴人繫天下亂也火星守兵起人主災人不聊生棄宅走奔諸邑守斗西大饑人相食守斗南五果不成五星入斗中國易政又易主大亂也彗孛入斗中天下改主有大戮先舉兵者咎後舉兵者昌其國主大災甚於彗之禍右旁守之咎重細審之所守樞入張一度去北辰十八度也衡去極十五度去辰十一度

華蓋

華蓋十六星星在五帝座上正吉帝道昌星傾邪大凶杠九星爲華蓋之柄也上七星爲庶子之官若星明匡主天下不明主亂期八年國無主也

五帝座

五帝內座在華蓋下覆帝座也五帝同座也上色政吉色變爲災凶也

御女

御女四星在鉤陳北主天子八十一御女妃也后之宮明吉暗凶也

天柱

天柱五星在紫微宮內近東垣主建教等二十四氣也

女史

女史一星在天柱下史北掌記禁中傳漏動靜主時要事也

陰德

陰德二星以太陰在尚書西主天下綱紀陰德遺周給惠賑財之事

大理

大理二星在宮門內主刑獄事也自北極已下五十星並在紫微宮內外占曰彗孛入中宮有異姓王火星入守北極臣下殺君木星入守北極國有大衰若分守久有逆臣反亂土星犯乘之大人當之太子有罪五星聚在中宮改立帝王五星及客犯守鉤陳者大臣凶所守犯之座皆受其殃咎也

輔星

輔星像親近大臣輔佐與而相明若明大如斗者則相奪政兵起若暗小則死兇官若近斗一二寸為臣迫脅主若五六寸四遠客及彗孛入斗中諸侯爭權逼天子月暈斗大水入城兵起主有赦北斗第六七損角第四五六指南第一二指猶二十有九星

內階

內階六星在文昌北階為明堂頭

文昌

文昌六星如半月形在北斗魁前天府主營計天下事其六星各有名六司法大理色黃光潤則天下安萬物成青黑及細微多所殘害搖動移處三公被誅不然皇后崩文昌與三公攝提軒轅共為一體通占木土星守之天下安火星守國亂兵起金星守兵大起若彗孛流星入之大將反叛亂也

三公

三公星三在斗柄東和陰陽齊七政以教天下人一星亡天下危二星亡天下亂三星亡天下不治也

天棓

天棓五星不用明明則天下兵起斧鉞用槍棓八星皆非常星也入氐二度去北辰二十八度

天槍

天槍三星在北斗柄東主天鋒武備在紫微宮右以御也

傳舍

傳舍九星在華蓋奚仲北近天河主賓客之館客星守之兵起令四方館也

天廚

天廚六星在紫微宮東北維近傳舍北百官廚今光祿廚像之星亡君子賣衣民人賣妻子大饑客守之大饑荒

天一

天一星在紫微宮門外右曰南為天帝之神主戰鬪知吉凶星明吉暗凶若離本位而乘斗後九十日必兵大起也光明陰陽和也萬物盛天子吉星亡天下亂大凶也

太一

太一星在天一南半度天帝神主十六神知風雨水旱兵馬饑饉疾病災害若在其國也星明吉暗凶離本位而乘斗者九十日必兵大起也太一星入軫十度去北辰十五度半太一星去北辰十一度

天牢

天牢六星在北斗魁下貴人牢占為貫索同主禁思慕姦志火星守入之人民相食之應有赦也

東方七宿三十三星七十五度井中外宮輔座等

角宿

角二星為天門壽星金星春夏為火秋冬為木蒼龍角也東方首宿南左角名天津蒼色為列宿之長北右角為天門黃色中間名天關左主天田右主天祇十三度八月日在北南去北辰九十一度凡日月五星皆從天關行此為黃道入黃道為旱其角南二度為太陽道入陰道為水角宿北二度為陰道角宿直指辰即是耕種文為農官若明大王道太平若暗及亡角搖動王者失政星微小國弱失政王道不行春日月入角暈者王失政日月角中蝕者其邦不寧木星守七日有赦忠臣用火星守忠臣賢相受誅縉帛貴有鬪戰萬人兵起期以日宮中盜賊內亂火守角宮道不通大環遶鉤己者國大饑火犯之必戰火守左角太尉死國危守右角五穀不熟大水災犯左右角羣臣謀戰不成伏誅土守內主喜六十日國有忿爭金守天下兵大盛國有爭事金火合守太白居後發軍殺將水守王者刑罰急有水災疾疫客彗孛入角色白者國有兵起及大喪亦軍敗城陷客守四十

五日旱五穀焦風雨不時蝗蟲起星流出角門天子發使出外從他宿入角門外國使入中京或爲近臣殺主戰死月蝕熒惑有亂臣在宮非賊而盜月入天市及河而暈三重兵起天下道斷軍將失利

天理

天理四星在北斗杓中主貴人牢爲執法官星不欲明明則貴人被罪

執法

執法四星在太陽守西北主刑獄之人又爲刑政之官助宣王命內常侍官也

太陽守

太陽守在西北主大臣將備天下不虞事星明吉暗凶星移天下兵起中國不安之應也入張十三度北極四十五度

相

相星在北極斗南總領百司掌邦教以佐帝王安撫國家集衆事冢宰之佐星明吉暗凶亡相死不然流出太陽入張十三度去北辰四十五度相入翼一度去北辰三十一度

平道

平道二星在角間主路道之官

進賢

進賢一星在平道西垣卿相薦舉逸士學官等之職也星明賢士用進暗小人用

天門

天門二星在左角南主天門侍宴應對之所

天田

天田二星在角北主天子畿內地左對疆界城邑邊塞

周鼎

周鼎三星足狀云鼎足星在攝提大角西主神鼎

庫樓

庫樓星二十九星庫樓十五柱十五星衡四星在角南軫東南兵器府東一日文陣兵車之府中繁衆則大兵起庫中無星下臣逆謀兵盡出天下無災居者庫中柱動出兵戈四外國柱半不具天子自將半兵出木星守人饑米貴西入軫一度去北辰四十九度昏中西去北辰八十九度

左攝提　右攝提

攝提六星在角亢東北主九卿爲甲兵攜紀綱建時節祥火星守天下更主金星守兵起

大角

大角一星天棟在攝提中主帝座金星守兵大起月蝕王者惡忌之入亢三度半去北辰五十九度也

帝席

帝席三星在大角北星暗天下安星不欲明明則王公內

亢池

亢池六星在亢北主度送迎之事

折威

折威七星在亢南主詔獄斬殺邊將死事

陽門

陽門二星在庫樓東北險塞外寇盜之事

陣車

陣車三星在氐南主革車兵車

亢宿

亢四星名天府一名天庭總領四海名火星春夏水秋冬金暗國內亂弱大明天下安寧日月蝕亢中國有事五星犯亢逆行君憂失國大臣不用木星守留三十日已上有赦年豐久守其國米貴人多疾病木災木與火星同穀不成人死如草木水災火星守多雨天下兵盡返大起木星守其分米貴久守多病大木災也土星守萬物不成多病金星守天下道不通兵起盜賊水災傷人金星行入南上道五穀傷赤色旱人流走彗孛犯之其國兵起大臣作亂一年月暈闌光士卒自將百里不遂士卒死

梗河

梗河三星梗在大角帝座北主天子鋒叉主胡兵及喪訣曰梗河去也相去吉相向兵起客守世亂矣

騎官

騎官二十七星在氐南主天子騎虎賁賁諸侯之族子弟宿衛天子令三衛之像星衆天下安星少兵起五星守之兵起西北入北辰一百十五度

車騎將軍

車騎將軍星在騎官東南主車騎將軍之官

車騎

車騎三星在騎官南總領車騎行軍之事

西咸

西咸四星在氐東主治淫佚南星入氐五度去北辰九十三度

七公

七公七星在招搖東氐北爲天相主三公七政善惡星明則衆議詳審星入河中米貴人相食金星守天下兵起亂西星入氐四度去北辰四十九度

積卒

前下積卒星十二在氐東南星微小吉如大明及搖動主朝廷有兵微小吉一星亡兵半出二星亡兵大半出三星亡兵盡出五星守兵起星西入氐十三度去北辰一百二十四度

房宿

房四星名天府管四方一名天旗二名天駟三名天龍四名天馬五名天衡六爲明堂是火星春夏水秋冬火房爲四表表三道日月五星常道也上第一星名爲右服次將其名陽環上道二星名右驂上相其名中道三名左服次將其名下道四名左驂上相總四輔左驂左服云東方及南方可用兵右驂右服云西方北方不可用兵

元戈

元戈一星在招搖北一名臣戈五星守兵起星明動胡兵起入氐一度去北辰四十二度

招搖

招搖星在梗河北主胡兵芒角動兵革起行入氐二度去北辰四十一度

顓頊

顓頊二星在折威東南主治獄官拷囚憎枉察姦僞也

氐宿

氐四星爲天宿宮一名天根二名天符木星春夏木秋冬水主皇后妃嬪前二大星正妃後二左右大明爲臣奉事君寧暗失臣勢動臣出國日月氐中君犯惡之木星守之后喜守二十日有王者之所行不利疾則治遲行臣職主守必有諸侯並王火守大臣相譖逆行而赤色大臣亡久守六十日有大赦火星入之有賊臣爲亂近期一年遠二年金星守者有兵起將軍有封爵者火之位水守有大水漂沒宮館萬物不成水入貴臣憂有獄事客守布帛貴土星守有立太子久守八十日已上國有兵起彗孛行入氐中後宮有異兵動不出一百八日內還水東平月暈圍氐大將軍殃人多疾病

鉤鈐

鉤鈐二星主法去房宿七寸第一名天鍵二名天官籥開藏若近夫妻同心遠者夫妻不和大明則羣臣奉職天下道治暗則羣臣亂政王道不行日月蝕房中王者亂昏大臣專權木星守天下和平留四十日五穀豐人安吉無疾病天子有令德期在四月火星守有兵起七月有大喪及赦十日守大夫災二十日不去必臣反及君子天子憂亂王者惡之天下兵旱守止一日大臣亂土星守有妾王亦亂旱及地動久守其有兵金守陪務君大有土功事國亂布帛貴久守人饑易主火守姦臣謀王大臣相譖暴誅臣佐天下乖離若出房心中間地動客守米貴十倍日月五星犯之色青國憂兵喪色白大兵相殺積尸如丘彗孛入房國危人亂相殘流星入房西行爲枉矢王殺忠臣臣殺主輔臣亡遠期三年常以三月候房日月出表南大旱喪出表北災及萬里兵亂陰雨若出中道太平許徐潁州月暈圍房心災疫凶五度九月日此上去北辰一百四度半

罰

罰三星在東咸西下西北面列主受金罰贖市布租也

東咸

東咸四星在房東北主防淫泆木在北守而搖動天子淫佚過度星南入心二度去北辰一百三度也後則不過百八十日遠則不過三年起於宋汴等州

天乳

天乳星在氐北主甘露十五度十二中西南星去北辰九十六度北件屬前項天乳別

貫索

貫索星九在七宮前爲賊人牢牢口一星爲門門欲開開則有赦若赦主人憂若牢門閉及口星入牢中有自絞死者以五子日夜候之一星亡有喜事二星亡有爵事三星亡有赦甲庚期八十日丙辛期七十日戊壬期六十日星入河中人相食若九星總見獄事煩木星守水災火星守米貴有大星出牢大赦小星卽小曲恩降慮口舌右星入尾一度去北辰五十五度也

巫官

巫官二星在房西南主醫巫之職事也

天福

天福三星在房西主鑾駕乘輿之官也

鍵閉

鍵閉星在房東北主管籥星不欲明明則內亂門扉

不禁姦淫至行於女也

心宿

心三星中天王前爲太子後爲庶子火星也春夏木秋冬水一名大火二名大辰三名鶉火中星明大赤爲照天子德行暗小失常色爲主微弱不能自斷星不欲直直則主失計動搖天子憂木星守天下安久守而絕犯者臣謀主大兵起火星守地動守二十日臣謀主色黑主崩之像土守聖帝出謀臣天下太平有云國有赦久守不去憂賊天下大旱有金星守山崩四方兵起久守二十日已上去心三寸兵起鬭戰上殿期八十日亦有大蟲災人饑災也水星犯有水災及旱兵起布帛貴客守犯大旱赤地千里日月五星經心失積赤暈虹蜺背向蝕人饑兵起臣反國易主喪大臣使客月貫心內亂彗孛入心主憂有喪大臣廢黜心變期急不過七日之應也

天市

天市垣五十六星在房心北主權衡一名天旗大明則米貴市中星衆則歲實五星入市門則兵起芒角色赤赤氣入大災火守米貴所守坐犯皆當之門左星入尾一度去北辰九十四度也

候

候星在市東主輔臣陰陽法官明則輔臣強小暗輔微弱入箕三度去北辰七十二度

宦官

宦官四星在帝座西南侍帝之傍入尾十二度

斗

斗五星在宦星西南主稱量度明斗西後則豐若斗亡仰不熟入尾十度

宗人

宗人四星在宗正東主司享先人星動帝親致憂

宗正

宗正二星在帝座東南主宗正卿大夫暗室位室族有事

屠肆

屠肆二星在帛度北主屠煞之位也

市樓

市樓六星在市門中主闤闠之司今市曹官之職

斛

斛四星在北斗南主斛食之事已上諸星並在市中也

女牀

女牀三星在天紀北主後宮生女事侍帝及皇后明則宮人自恣入箕一度去北辰五十三度

帝座

帝座一星在市中神農所貴色明潤天子威令行微小凶亡大惡之入尾十五度去北辰七十一度

宗星

宗二星在候東主宗室爲帝血脈之臣錄呈家親族等級星明則族人有序暗則族有憂

列肆

列肆二星在斛西北主貨珍寶金玉等也

東肆

東肆二星在宮門門垣左星之西主市易價值之官

帛度

帛度二星在宗星東北主平量也

天紀

天紀九星在貫索東主九卿萬事綱紀掌理怨訟與貫相連有索即地動期二年星不欲明卽天下有怨恨星亡則國政壞西入尾五度去北辰五十一度

天棓

天棓五星在女牀東北主忿爭刑罰以禦王難備非常明大有憂微小吉不用明火星守兵起入箕八度去北辰十二度春夏火秋冬水主八風之始一名析木

天維

天維三星在尾北斗杓後若星散則天下不徵名也

天江

天江四星在尾北主太陰明動大水不禁兵起不具天下津梁不通南星入尾六度去北辰一百十一度

天龜

天龜六星在尾南漢中主卜吉凶明君臣若火星守旱澇災入尾十二度去北辰一百四十一度

天魚

天魚一星在尾河中主雲雨理陰陽明河海出天魚搖暴水災火星守南旱北水

神宮　尾宿

龍尾九星爲後宮第一星后次三夫人次九嬪次嬪妾一名后族木星也二風后三天雞四天狗五太廟皆欲明大小相承則宮多子孫傳說日一星在第二東二寸小者是長其星明則輔臣忠政暗則陪臣亂邦本星守立太子三十日必后族逆兵妾貴權臣亂

國火星守兵相向大臣憂火與木合守箕尾間名九江口必有赦若勝蹦折絕者天下亂及旱災土星守多盜賊旱宮有廢黜土入魚鹽貴兵起大將出征土火星金守惟上合星入守人亂大臣變易失政水守入天下水災江河決魚米貴客守賊暴貴客入天下大饑荒亂人相食疾疫死貧他方不耕織君子貨衣小人賣妻子日月蝕於尾貴臣中相刑反叛虹蜺背向尾將相變亂后有喪孽行犯貴臣誅內寵亂政幽州定冀遼東等之應也

箕宿

箕四星主後別府二十七世婦八十一御女爲相天子后也亦爲天漢九江口主梁在漢邊金星春夏金秋冬土箕后動有風期三日也前二星爲后也箕入河中大饑人相食箕前亦名糠星大明歲豐小微天下饑荒天下無米木守宮有口舌火星守天下饑久守環遶成鉤己大臣被誅火守大水災平溢澤若十月守之大水米倍饑土水二星守萬物不成饑久守兵起或米貴或赦金星入守兵起有赦更主久守風旱防內亂兵起攻政木星守穀不豐入大人憂客守天下大饑米貴十倍人相食流亡他邑不耕織邑赤大風雨亂客在南旱計日月五星入之中天下兵起滄洲洛陽元菟廣陵等應之也

建星

建六星在南斗北天之都開三光道也主司七耀行得失十一月甲子冬至大應治政之宿所起也木星守水災米貴多病金星守萬物不成久惡等守惡水星守人饑栖星入斗七度去北辰一百十三度

天弁

天弁九星在建近河爲市宮之長暗凶無萬物明大萬物興衆主市易也

狗

狗二星在斗魁前主卿臣移處卿臣爲亂

狗國

狗國四星在建東南主鮮卑烏丸明邊兵起也

天籥

天籥七星在斗杓第二星西主關籥開閉明吉暗凶災

鼈

天鼈十五星在斗南主太陰水蟲不在漢中有水火災白衣食星大人喪火守旱水星卽水災右入斗一度去北辰一百二十七度

漸臺

漸臺四星屬織女東足主晷漏律呂陰陽事

輦道

輦道五星屬織女西足主天子遊宮嬉樂之道也

杵

杵三星在箕南主杵臼舂米事星動人失釜甑修田橫大饑荒守之天下饑北星入箕一度去北辰一百四十二度

農丈人

農丈人一星在斗南主農官正政司農卿等之職

斗宿

北方七宿三十五星九十八度七十五分五十秒

南斗六星主天子壽命亦云宰相爵祿之位巫咸氏云木星春夏木秋冬水一名天斧二名天關三名天機大明王道和平將相同心帝命壽天下安將大臣失位天下愁木守六十日大臣增壽爵祿木逆行入魁中大臣逆久守兵起水災大饑人相食火守國有內變相輔不安兵起火逆行順守者及遶城鉤己將相崩死國災火久守國絕嗣土星守入斗中有王者不用兵昇大位守之九十日兵起水災金星守執法大臣作逆國亂兵起有赦火星金俱入斗中名曰鑠必有臣子逆久留遲火經過速出者禍難速平水星守水災火入斗兵起於吳越人大饑守客有兵絕道卒有大水賊盜多亂喪弟攻兄子殺父或主崩米貴久守國絕嗣客守第二星大水人相食客赤色入斗中兵起軍將死日月入斗大臣失位或被戮若斗中蝕者日帝惡月后惡暈圍斗之人流千里江池丹楊越盧洪地等應也

天泉

天泉十星在鼈東一曰大海主灌溉溝渠之事也

織女

織女三星在天市東端天女主苽果絲帛收藏珍寶及女變明大天下平和常以七月一月六七日見東方色赤精明女功善一星主兵起女人爲役常向扶匡卽善不向則絲帛倍貴火星守布帛貴兵起十年乃息公主憂客守絲帛等貴入二十七去北辰五十二度也

牽牛

牽牛六星主關梁工異主大路中主牛木星春夏木秋冬火中央火星爲政始日月五星行起於此告犧

星遠漢天下牛貴明亦貴暗小賊入漢中井役死直米穀價平曲米貴失常色牛多死穀不成木星守天下和平久守水災人凍死米貴賣子虎害人臣謀主木逆行守有水道不通火星守老臣逆牛貴十倍人相食兵起將軍死大水災津梁不通土星守臣謀主君有失位臣金星守地氣泄兵起至城天下人多死水守辰星常以冬朝牽牛若不朝來年五穀不熟大水損害客守二十日兵起彗孛行牛中吳越有自王者彗出牛中七十日有改更像虹蜺出牛必有壞城臨淮月暈圍牛損小兒災變也八度八月昏中氐中去北辰一百十度

扶匡

扶匡七星在天柱東主桑蠶之事

天雞

天雞二星在狗國北主異鳥火星守兵起土守人饑相食流亡

河鼓

河鼓三星中大星爲大將軍左星爲左將軍右爲右將軍星直吉爲羽軍幹能曲卽凶爲失計奪勢左右旗各九星並在牛北枕河主軍鼓達者聲音設守險以旗表亡動兵起左旗黑色主陰幽之處備警急之事河鼓有芒角爲將軍雄强百盛也

天浮

天浮四星在左旗南北列主漏刻天鼓若暗漏刻失時明則得所吉

九坎

九坎九星在牛南立溝渠水泉流通明災起暗吉五星守及犯之水泛溢西入斗四度去北辰一百二十六度

天田

天田九星在牛東南主畿內田苗之職

羅堰

羅堰二星在牛東星不明暗吉大明馬被水淹浸

女宿

須女四星主布帛爲珍寶藏一名婺女天女木星春夏水秋冬火大明女功有就天下甚熟小暗天下不足庫藏空虛日月蝕女中天下女功不爲邦憂患木星守歲多水有喜女主人多凍死火星守產婦多死布帛貴蒙土星守人相嫉惡有錢人暴貴存女喪金星守臣下謀主兵起人多死女多寡府藏出珍帛水星守有水災萬物不成布帛貴客守諸侯進妓女布絹貴有女暴貴彗孛行犯國兵起女亂常海西郡婺州台州等月暈國主女死也十二月日在此二月旦中西星去北辰一百六度

離珠

離珠五星在女北主藏府以御後宮移則亂西入女一度去北辰九十四度也

瓜瓠

瓜瓠五星在離珠北敗瓜五瓜南星明大熟主陰謀後宮天子果園星不具搖動有賊害人木水客星等守魚鹽貴瓜瓠入女一度去北辰七十一度

璃瑜

璃瑜三星在秦代東南列北主王侯衣服

虛宿

虛二星主廟堂哭泣金星春夏水秋冬金一名元枵二名顓頊三名大卿亦臨官星欹枕斜上下不比則饗祀失禮木星守昭穆失序人饑多病木星與土合守名陰陽盡爲大水災魚行人道民流亡不居其處期三年當大旱赤地千里火星守赤地千里女子多死萬物不成有土功役天子之兵久守人饑米貴十倍土守風雨不時大旱多風米貴金星守臣謀王國政急兵起殺人流血水星守旱萬物不成其客守其分有災疫若凌犯環遶鉤己國亂彗孛行犯久有兵入相殺流血如川屍如丘大星如牛月守名天賊爲帝王者奉郊廟以消災齊州日圍虛兵動人饑

越

越一星在婺女之南

鄭

鄭一星在越星南

趙

趙二星在鄭之南

齊

齊二星在越星南

周

周二星在越星東

楚

楚二星在魏星南

燕

燕一星在楚星南

秦

秦二星在周星東南

魏

魏二星在韓星北

韓

韓一星在晋星北

晋

晋一星在代星北

代

代二星在秦星南

右件星色黑變動流亡五星淩犯則其國各當咎也

司非　司危　司祿　司命

司命司祿司危司非各二星已上在虛北司祿次司命北司危次司祿北司非次司危北

右各主天下壽命爵祿安泰危敗是非之事

天津

天津九星在虛北河中主津瀆津梁知窮危通濟度之官星明動兵起參差米貴星大津不通三河水爲害星移河溢覆赤氣入之旱災黃白氣入天子有令德火星守天下大亂及旱西入牛二度去北辰四十九度也

危宿

危三星主宮室祭祀土星春夏水秋冬火動而暗天子宮室土功事典

墳墓

墳墓四星在危下主山陵悲慘事暗失本位小不見則山陵毀梓宮刳割事也日月蝕危中主宮殿崩陷大臣殺逆天下作木星守祀不敬天子別造宮室土火守人多役死不葬歲儉南方有兵久守東大兵逆國敗政人饑旱米貴十倍土星守土功起旱損急兵金星守罷兵將軍喜慶水星守臣下亂謀敗破被刑法官有憂國有水災日月五星入天下亂來年大饑客守國政主王侯事米貴彗孛行犯國返兵起流星入天下不安近半年遠三年蔡州太原郡月暈圍邑人多病

室宿

營室二星主軍糧離宮上六星主隱藏木星春夏火秋冬水一名宮二名室明國昌動搖兵出起日蝕室中王自將出征不伏月蝕歲饑百姓絕種上六星名離宮主六宮妃后位爲掖永巷若危乘守入城鈎己環遶左右逆行往來於宮者爲妃后廢黜或主崩后黨被誅或宮女外通以時占之木星守在南東有善事北卽憂西米貴火星守將軍凶久守成鈎己者主失官位大臣陰謀憂旱米貴十倍大臣作逆守經二十日已上至久九十日臣亂殺君篡位天子惡之土星守主陰造宮室起土功將軍益封金星守兵革散久守軍兵滿野木星守水災民爲主欲敗亡候之不出四十客守有軍出失兵法主民得地人米貴人散彗孛星出天下亂國易政卒爲積廣政彗孛犯之前起兵者爲弱亦不守鬬戰必敗淫衛甘秦州月暈圍室壁下人謀成起謀不成婦兒多病死者應之時取占之應也

奚仲

奚仲四星在天津北帝王東宮之官也

鈎

鈎九星在造父西河中星移主地動之應也

車府

車府七星在天津東近河主官車之府也

哭

哭二星在虛南主死哭之事

泣

泣二星在哭星東已上並主死悲泣之事

造父

造父五星在傳舍南主御女之官則馬貴

蓋屋

蓋屋二星在危宿之南主宮室之事也

虛梁

虛梁四星在危南主園陵寢廟非人居處

天壘

天壘十三星如貫索狀在哭泣之南主北夷丁零匈奴之事也

敗臼

敗臼四星在虛危南主政治如哭泣亡人賣釜甑出鄉宅客守人亂西南入女十二度去北辰一百三十一度

人星

人五星在危北主天下百姓亡官有詐僞作詔勑之人爲婦入凶亂者也

杵臼

杵臼星在人傍主舂軍糧臼四星在杵下若杵臼不相當軍事饑臼仰歲熟豐傾覆大饑也

土吏

土吏二星在室西南主備設司過農事

天錢

天錢十星在虛梁南主錢財庫聚天下財物庸調之輩司今左右庫藏是也

螣蛇

螣蛇二十三星在室北枕河主水蟲暗國安移南大旱移北大水客守水災頭入室一度去北辰五十度也

天海

天海十星在壁西南五星及客守之水涌溢浸溺人邑

雷電

雷電六星在室西南主興雷電也

雲雨

雲雨四星在雷電東主雨澤萬物成之

霹靂

霹靂五星在雲雨北主天威擊擘萬物

北落

北落師門一星在羽林軍西主候兵星明大而角軍兵安小暗天下兵五星犯兵起金水木星守九甚木土犯吉火星守人兵羽不可固國殘朝亡入危九度去北辰一百二十度

天剛

天剛二星在北落西南主天繩張漫野宿所用也

八魁

八魁九星在北落東南主獸之官五星及客守之兵起金火星守九凶甚

鈇鑕

鈇鑕三星在八魁西北一名斧鉞主斬刈亂行誅詐偽人暗吉移處兵起

壁宿

東壁二星主文章圖書也土星春夏金秋冬土一名天衢失色大小不同天子將封禪土而失天下過日蝕壁中國不用賢士失文字月蝕中大臣憂文者死木星守五經仕人被用朝廷與火星守大臣謀君歲旱不熟米貴不顯內外勝政兵起土星守久賢臣國用文章道衛興行國君延壽天下豐熟太平火星入中衛君崩五日則相薨若不死則流散土星守逆行入壁萬物不成守經九十日已上大兵起百姓有立王者金星守天下不道主者急刑罰有兵大臣憂水守水災道不通客守多風雨及水災臣下賊王者政刑事內明通明有政事內淸月暈壁其久國亂彗孛行犯兵起火守火災大廟門天下有兼并者辟明王道興有君子在位星暗王道衰人得用武闌涼衛州等分也

羽林

羽林軍星四十五星壘壁十二星並在室南主翊衛天子之軍入安飛將星欲威明天下安星暗兵盡失西入室五度去北辰一百二十三度也

王良

王良五星在奎北河中爲御馬官漢中四星天駟旁一星名王良主疾及路爲天橋主急兵也星不具津河不通移向四方隨方有兵起也

策

策一星在王良前爲天子僕策御馬云王良策馬軍騎滿野大兵起火守良兵起明則馬賤暗即馬貴西入壁半度去北辰四十二度

土公

土公二星在壁南主營造宮室起土之官等類也

廐

天廐十星在壁北主天子馬坊廐苑之官也按星經爲占象最初之書但古本相傳錯悞甚多不敢妄改姑仍其舊云

庶徵典第二十九卷

星變部彙考三

史記

天官書

中宮天極星

注 索隱曰姚氏案春秋元命包云宮之爲言宣也宮氣立精爲神垣又文耀鉤曰中宮大帝其精北極星含元出氣流精生一也爾雅云北極謂之北辰又春秋合誠圖云北辰其星五在紫微中物理論云北極天之中陽氣之北極也極南爲太陽極北爲太陰日月五星行太陰則無光行太陽則能照故爲昏明寒暑之限極也

其一明者太一常居也

索隱曰案春秋合誠圖云紫微大帝室太一之精也正義曰泰一天帝之別名也劉伯莊云泰一天神之最尊貴者也

旁三星三公或曰子屬

正義曰三公三星在北斗杓東又三公三星在北斗魁西並爲太尉司徒司空之象主變出陰陽主佐機務占以從爲不吉居常則安金火守之並爲咎也

後句四星末大星正妃餘三星後宮之屬也

索隱曰句音鉤句曲也援神契云辰極橫后妃四星端大妃光明又按星經以後句四星名爲四輔其勾陳六星爲六宮亦主六軍與此不同也

環之匡衛十二星藩臣皆曰紫宮

索隱曰元命包曰紫之言此也宮之言中也言天神運動陰陽開閉皆在此中也宋均又以爲十二宮中外位各定總謂之紫宮也

前列直斗口三星隨北端兌若見若不曰陰德

索隱曰劉氏直音如字直當也又音值隨音他果反北一作比案漢書天文志北作比端作耑兌作銳銳謂星形尖邪也文耀鉤曰陰德爲天下綱宋均以爲陰行德者道常也正義曰星經云陰德二星在紫微宮內尚書西主施德惠者故讚陰德遺惠周急賑撫占以不明爲宜明新君踐極也又云陰德星中宮女主之象星動搖衆起宮掖貴嬪內妾惡之

或曰天一

正義曰天一一星彊閶闔外天帝之神主戰鬭知人吉凶明而有光則陰陽和萬物成人主吉不然反是太一一星次天一南亦天帝之神主使十六神知風雨水旱兵革饑饉疾疫占以不明及移爲災也星經云天一太一二星主王者即位令諸立赤子而傳國位者星不欲微微則廢立不當其次宗廟不享食矣

紫宮左三星曰天槍右五星曰天棓

蘇林曰音榔榔杙之榔索隱曰槍音七庚反棓音皮葦盻音剖詩緯云天槍三星天棓五星在斗杓左右主槍人棓人石氏星讚云天槍天棓八星備非常之變也正義曰槍廳掌反天棓五星在女牀東北天子先驅所以禦兵者也占星不具國兵起也

後六星絕漢抵營室曰閣道

索隱曰絕度也抵屬也又案樂汁圖云閣道北斗之輔石氏云閣道六星神所乘也正義曰漢天河也直度曰絕抵至也營室七星天子之宮亦爲元宮亦爲清廟主上公亦天子離宮別館也王者道被草木營室曆九象而可觀閣道六星在王良北飛閣之道天子欲遊別宮之道占一星不見則輦路不通動搖則宮掖之內起兵也

北斗七星所謂旋璣玉衡以齊七政

索隱曰春秋運斗樞云斗第一天樞第二璇第三璣第四權第五衡第六開陽第七搖光第一至第四爲魁第五至第七爲杓合而爲斗文耀鉤云斗者天之喉舌玉衡屬杓魁爲旋璣鑿長曆云北斗七星星間相去九千里其二陰星不見者相去八千里也尚書璇作璿馬融云璿美玉也璣渾天儀可轉旋故曰璣衡其中橫筩以璿爲璣以玉爲衡蓋貴天象也鄭元註大傳言渾儀其中筩爲旋璣外規爲玉衡者是也尚書大傳云七政謂春秋冬夏天文地理人道所以爲政也人道正而萬事順

成又馬融註尚書云七政者北斗七星各有所主第一曰主日法天第二曰主月法地第三曰命火謂熒惑也第四曰煞土謂塡星也第五曰伐木謂辰星也第六曰危木謂歲星也第七曰罰金謂太白也日月五星各異故名曰七政也

杓攜龍角

孟康曰杓北斗杓也龍角東方宿也攜連也正義曰按角星爲天關其間天門其內天庭黃道所經七耀所行左角爲理主刑其南爲太陽道右角爲將主兵其北爲太陰道也蓋天之三門故其星明大則天下太平賢人在位不然反是

衡殷南斗

晉灼曰衡斗之中央殷中也索隱曰宋均云殷當也

魁枕參首

正義曰枕之禁反衡斗衡也魁斗第一星也言北方斗斗衡直當北之魁枕於參星之首北斗之杓連於龍角南斗六星爲天廟丞相太宰之位主薦賢良授爵祿又主兵天機南二星魁天梁中央一星天相北二星天府庭也占斗星盛明王道和平爵祿行不然反是參主斬刈又爲天獄主殺罰其中三星橫列者三將軍東主後將軍西南曰右足主偏將軍故軒轅氏占之以北曰左肩主左將軍西北曰右肩主右將軍東南曰左足應七將也中央三小星曰伐天之都尉也主戎狄之國不欲明若芒角張明與參等大臣謀亂兵起夷狄內戰七將皆明天下主兵振王道缺參失色軍散敗動搖邊候有急參左足入玉井中及金火守皆爲起兵

用昏建者杓杓自華以西南

孟康曰傳曰斗第七星法太白主杓斗之尾也尾爲陰又其用昏昏陰位在西方故主西南索隱曰說文云杓斗柄音匹遙反卽招搖也正義曰杓東北第七星也華華山也言北斗昏建用斗杓星指寅也杓華山西南之地也

夜半建者衡

徐廣曰第五星

衡殷中州河濟之間

孟康曰假令杓昏建寅衡夜半亦建寅正義曰衡北斗衡也言北斗夜半建用斗衡指寅殷當也斗衡黃河濟水之間地也

平旦建者魁魁海岱以東北也

孟康曰傳曰斗第一星法於日主齊也魁斗之首首陽也又其用在明陽與明德在東方故主東北齊分正義曰言北斗旦建用斗魁指寅也海岱代郡也言魁星主海岱之東北地也隨三時所指有前三建也

斗爲帝車運於中央臨制四鄉分陰陽建四時均五行移節度定諸紀皆繫於斗

索隱曰姚氏案宋均云是大帝乘車巡狩故無所不紀也

斗魁戴匡六星曰文昌宮

晉灼曰似戴故曰戴匡索隱曰文耀鉤云文昌宮爲天府孝經援神契云文者精所聚昌者揚天紀輔拂並居以成天象故曰文昌宮

一曰上將二曰次將三曰貴相四曰司命五曰司中六曰司祿

索隱曰春秋元命包曰上將建威武次將正左右貴相理文緒司祿賞功進士司命主災咎司中主佐理也

在斗魁中貴人之牢

孟康曰傳曰天理四星在斗魁中貴人牢名曰天理索隱曰樂汁圖曰天寶理貴人牢宋均曰以理牢獄也正義曰占明及其中有星此貴人下獄也

魁下六星兩兩相比者名曰三能

蘇林曰能音台

三能色齊君臣和不齊爲乖戾

索隱曰案漢書東方朔願陳泰階六符孟康曰泰階三台也台星凡六星六符六星之符驗也應劭引黃帝泰階六符經曰泰階者天子之三階上階上星爲男主下星爲女主中階上星爲諸侯三公下星爲卿大夫下階上星爲士下星爲庶人三階平則陰陽和風雨時不平則稼穡不成冬雷夏霜天行暴令好興甲兵修宮榭廣苑囿則上階爲之坼也

輔星明近輔臣親彊斥小疏弱

孟康曰在北斗第六星旁蘇林曰斥遠也正義曰大臣象也占欲其小而明若大而明則臣奪君政小而不明則臣不任職明大與斗合國兵暴起暗而遠斗臣不死則奪若近臣專賞用賢排佞則輔生角近臣擅國符印將謀社稷則輔生翼不然則死

杓端有兩星一內爲矛招搖
孟康曰近北斗者招搖招搖爲天矛晉灼曰更河
三星大矛天鋒招搖一星耳索隱曰案詩紀歷樞
云更河中招搖爲胡兵宋均云招搖星在更河內
樂汁圖云更河天矛星宋均以爲更河名天矛則
更河是星名也（按更河本作梗河）
一外爲盾天鋒
晉灼曰外遠北斗也在招搖南一名元戈正義曰
星經云更河星爲戟劍之星若星不見或進退不
定鋒鏑亂起將爲邊境之患也
有句圜十五星屬杓
索隱曰句音鉤圜音員其形如連環卽貫索星也
正義曰屬音燭
曰賤人之牢其牢中星實則囚多虛則開出
索隱曰詩紀歷樞云賤人牢一曰天獄又樂汁圖
云連營賤人牢宋均以爲連營貫索星也正義曰
貫索九星在七公前一曰連索一曰連營一曰天
牢主法律禁暴强故爲賤人牢也牢口一星爲門
欲其開也占星悉見則獄事繁不見則刑務簡動
搖則斧鉞用中虛則改元口開則有赦人主憂若
閉口及星入牢中有自繫死者常夜候之一星不
見有小喜二星不見則賜祿三星不見則人主德
令且赦遠十七日近十六日若有客星出見其小
大大有大赦小亦如之
天一槍棓矛盾動搖角大兵起
李奇曰角芒角
東宮蒼龍房心心爲明堂
索隱曰文耀鉤云東宮蒼帝其精爲龍爾雅云大
辰房心尾也李巡曰大辰蒼龍宿體最明也春秋
說題辭云房心爲明堂天王布政之宮尚書運期
授曰所謂房四表之道宋均云四星間有三道日
月五星所從出入也
大星天王前後星子屬不欲直直則天王失計
索隱曰鴻範五行傳曰心之大星天王也前星太
子後星庶子
房爲府曰天駟
索隱曰爾雅云天駟房也詩紀歷樞云房爲天馬
主車駕宋均云房旣近心爲明堂又別爲天府及
天駟也
其陰右驂
正義曰房星君之位亦主左驂亦主良馬故爲駟
王者恆祠之是馬祖也
旁有兩星曰衿
索隱曰音其炎反元命包曰鉤鈐兩星以閑防神
府闓舒爲主鉤距以備非常也正義曰占明而近
房天下同心鉤鈐房心之間有客星出及疎拆者
皆地動之祥也
北一星曰舝
徐廣曰音轄正義曰說文云舝車軸耑鍵也兩相
穿背也星經云鍵閉一星在房東北掌管籥也占
一反不居其所則津梁不通宮門不禁居則反是
也
東北曲十二星曰旗
正義曰兩旗者左旗九星在河鼓左也右旗九星
在河鼓右也皆天之鼓旗所以爲旌表占欲其明
大光潤將軍吉不然爲兵憂及不居其所則津梁
不通動搖則兵起
旗中四星曰天市
正義曰天市二十二星房心東北主國市聚交易
之所一曰天旗明則市吏急商人無利忽然不明
反是市中星衆則歲實稀則歲虛熒惑犯戮不忠
之臣彗星出當徙市易都客星入兵大起出之有
貴喪也
中六星曰市樓市中星衆者實其虛則耗
正義曰耗貧無也
房南衆星曰騎官左角李右角將
索隱曰李卽理法官也故元命包云左角理物以
起右角將率而動又石氏云左角爲天田右角爲
天門也
大角者天王帝廷
索隱曰援神契云大角爲坐候宋均云坐帝坐也
正義曰大角一星在兩攝提間人君之象也占其
明盛黃潤則天下大同也
其兩旁各有三星鼎足句之曰攝提攝提者直斗杓
所指以建時節故曰攝提格
晉灼曰如鼎之句曲索隱曰元命包云攝提之爲
言提攜也言能提斗攜角以接於下也正義曰攝
提六星夾大角大臣之象恆直斗杓所指紀八節
察萬事者也占色溫溫不明而大者人君恐客星
入之聖人受制也
亢爲疏廟主疾

索隱曰元命包云亢四星爲廟廷文耀鉤爲疏廟宋均以爲疏外也廟或爲朝也正義曰聽政之所也其占明大則輔臣忠天下寧不然則反是也

其南北兩大星曰南門

正義曰南門二星在庫樓南天之外門占明則氐羌貢暗則諸彝叛客星守之外兵且至也

氐爲天根主疫

正義曰星經云氐四星爲露寢聽朝所居其占明大則臣下奉度合誠圖云氐爲宿宮也索隱曰爾雅云天根氐也孫炎以爲角亢下繫於氐若木之有根宋均云疫疾也三月榆莢落故主疾疫也然此時物雖生而日宿在奎行毒氣故有疫疾也正義曰氐房心三宿爲災於辰在卯宋之分野

尾爲九子曰君臣斥絶不和

索隱曰宋均云屬後宮場故得兼子子必九者取尾有九星也元命包云尾九星箕四星爲後宮之場也正義曰尾箕尾爲析木之津於辰在寅燕之分野尾九星爲後宮亦爲九子星近心第一星爲后妃次三星並爲次三嬪末二星爲妾占均明大小相承則後宮叙而多子不然則不金火守之後宮兵起若明暗不常妃嫡乖亂妾媵失序

箕爲敖客曰口舌

索隱曰宋均云敖調弄也箕以簸揚調弄爲象箕又受物有去去來客之象也詩云維南有箕載翕其舌又詩緯云箕爲天口主出氣是箕有舌象讒言故詩曰哆兮侈兮成是南箕謂爲敖客行請謁也正義曰敖音傲箕主八風亦后妃之府也移徙入河國人相食金火入守天下亂月宿其野爲風起

火犯守角則有戰房心王者惡之也

索隱曰韋昭曰火熒惑正義曰熒惑犯守箕尾氐星自生芒角則有戰陣之事若熒惑守房心及房心自生芒角則王者惡之也

南宮朱鳥

索隱曰文耀鉤云南宮赤帝其精爲朱鳥也正義曰柳八星爲朱鳥咮天之廚宰主尚食和滋味

權衡

孟康曰軒轅爲權太微爲衡正義曰權四星在軒轅尾西主烽火備警急占以明爲安靜不明則警急動搖芒角亦如之衡太微之庭也

衡太微三光之廷

索隱曰宋均曰太微天帝南宮也三光日月五星也

匡衛十二星藩臣

索隱曰春秋合誠圖曰太微主法式陳星十二以備武患也正義曰太微宮垣十星在翼軫地天子之宮庭五帝之坐十二諸侯之府也其外藩九卿也南藩中二星間爲端門次東第一星爲左執法廷尉之象第二星爲上相第三星爲次相第四星爲次將第五星爲上將端門西第一星爲右執法御史大夫之象也第二星爲上將第三星爲次將第四星爲次相第五星爲上相其東垣北左執法上相兩星間名曰左掖門上將兩星間名曰東華門上相次相上將次將間名曰太陽門其西垣右執法上相間名曰右掖門上將間名曰西華門次將次相間名曰中華門次相上相間名曰太陰門各依其名是其職也占與紫宮垣同也

西將東相南四星執法中端門門左右掖門門內六星諸侯

正義曰內五諸侯五星列在帝庭其星並欲光明潤澤若枯燥則各於其處受其災變大至誅戮小至流亡若動搖則擅命以干主者審其分以占之則無惑也又云諸侯五星在東井北河主刺舉戒不虞又曰理陰陽察得失一曰帝師二曰帝友三曰三公四曰博士五曰太史此五者爲天子定疑議也占明大潤澤大小齊等則國之福不然則上下相猜忠臣不用

其內五星五帝坐

索隱曰詩含神霧云五精星坐其東蒼帝坐神名靈威仰精爲青龍之類也正義曰黃帝坐一星在太微宮中含樞紐之神四星夾黃帝坐蒼帝東方靈威仰之神赤帝南方赤熛怒之神白帝西方白昭矩之神黑帝北方叶光紀之神五帝並設神靈集謀者也占五座明而光則天子得天地之心不然則失位金火來守入太微若順入軌道司其出之所守則爲天子所誅也其逆入若不軌道以所犯名之中坐成形

後聚一十五星蔚然

徐廣曰一云哀烏

曰郎位

索隱曰漢書作哀烏則哀烏蔚然皆星之貌狀其

星昭然所以象郎位也正義曰郎位五星在太微中帝坐東北周之元士漢之光祿中散諫議此三署郎中是今之尚書郎占欲其大小均耀光潤有之吉也

傍一大星將位也

索隱曰宋均云爲羣郎之將帥也正義曰將子象反郎將一星在郎位東北所以爲武備今之左右中郎將占大而明角將恣不可當也

月五星順入軌道

索隱曰韋昭云謂循軌道不邪逆也順入從西入也正義曰謂月五星順入軌道入太微庭也

司其出所守天子所誅也

索隱曰宋均云司察日月五星所守列宿若請官屬不去十日者於是天子命使誅之也

其逆入若不軌道以所犯命之中坐成形皆羣下從謀也

晉灼曰中坐犯帝坐也成形禍福之形見也索隱曰宋均云逆入從東入不軌道不由康衢而入也以其所犯命者亦謂隨所犯之位天子必命誅討其人也正義曰命名也謂月五星逆入不依軌道司察其所犯太微中帝坐帝坐必成其刑戮皆是羣下相從而謀上也

金火尤甚

索隱曰案火主銷物而金爲兵故尤急則水土木爲小變也正義曰若金火逆入不軌道犯帝坐尤甚於月及水土木也

廷藩西有隋星五曰少微士大夫

隋音他果反索隱曰宋均云南北爲隋隋謂垂下也春秋合誠圖云少微處士位又天官占云一名處士星也正義曰延太微廷藩衛也少微四星在太微南北列第一星處士也第二星議士也第三星博士也第四星大夫也占以明大黃潤則賢士舉不明反是月五星犯守處士憂宰相易也

權軒轅軒轅黃龍體前大星女主象旁小星御者後宮屬

孟康曰形如騰龍索隱曰援神契曰軒轅十二星后宮所居石氏星讚以軒轅龍體主后妃也正義曰軒轅十七星在七星北黃龍之體主雷雨之神後宮之象也陰陽交感雷激爲電和爲雨怒爲風亂爲霧凝爲霜散爲露聚爲雲氣立爲虹蜺離爲背璚分爲抱珥二十四變皆軒轅主之其大星女主也次北一星夫人也次北一星妃也其次諸星皆次妃之屬女主南一小星女御也左一星少民后宗也占欲其小黃而明吉大明則爲後宮爭競移徙則國人流迸東西角大張而振收水火金守軒轅女主惡也

月五星守犯者如衡占

索隱曰宋均云責在后黨嬉讒賊與占此祥天子亦當誅之

東井爲水事

索隱曰元命包云東井八星主水衡也

其西曲星曰鉞

正義曰東井八星鉞一星輿鬼四星爲質一星爲鶉首于辰在未皆秦之分野一大星黃道所經爲天之亭候主水衡事法令所取平也王者用法平則井星明而端列鉞一星附井之前主伺奢淫而斬之占不欲明與井齊或搖動則天子用鉞於大臣月宿井有風雨之變

鉞北北河南南河

正義曰南河三星北河三星分夾東井南北置而爲戒一曰陽門亦曰越門北河北戒一曰陰門亦爲胡門兩戒間三光之常道也占以南星不見則南道不通北亦如之動搖及火守中國兵起也又云動則胡越爲變或連近臣以結之

兩河天闕間爲關梁

索隱曰宋均云兩河六星知逆邪言關梁之限知邪僞也正義曰闕丘二星在河南天子之雙闕諸侯之兩觀亦象魏縣書之府金火守之主兵戰闕下也

輿鬼鬼祠事中白者爲質

晉灼曰輿鬼五星其中白者爲質正義曰輿四星主祠事天目也主視明察姦謀東北星主積馬東南星主積兵西南星主積布帛西北星主積金玉隨其變占之中一星爲積屍一名質主喪死祠祀占鬼星明大穀成不明百姓散質欲其沒不明明則兵起大臣誅下人死之

火守南北河兵起穀不登故德成衡觀成潢

晉灼曰日月五星不軌道也衡太微廷也觀占也潢五帝車舍

傷成鉞

晉灼曰賊傷之占先成形於鉞索隱曰案德成衡

衡則能平物故有德公平者先成形於衡觀成潢爲帝車舍言王者遊觀亦先成形於潢也傷成鉞者傷敗也言王者敗德亦先成形於鉞以言有敗亂則有鉞誅之形按文耀鉤則云德成潢敗成鉞其意異也又此下文禍成井誅成質皆是東井下義總列於此也

禍成井

晉灼曰東井主水事火入一星居其旁天子且以火敗故曰禍也

誅成質

晉灼曰熒惑入輿鬼天質占曰大臣有誅

柳爲鳥注主木草

索隱曰案漢書天文志注作喙爾雅云鳥喙謂之柳孫炎云喙朱鳥之口柳其星聚也以注爲柳星故主草木也正義曰喙丁救反一作注柳八星星一星張六星爲鶉火於辰在午皆周之分野柳爲朱鳥味天之廚宰主尚食和滋味占以順明爲吉金火守之國兵大起

七星頸爲員官主急事

索隱曰案宋均云頸朱鳥頸也員官喉也物在嚨喉終不久留故主急事也正義曰七星爲頸一名天都主衣裳文繡主急事以明爲吉暗爲凶金火守之國兵大起

張素爲廚主觴客

索隱曰素嗉也爾雅云鳥張嗉郭璞云嗉受食之處也正義曰張六星六爲嗉主天廚飲食賞賚觴客占以明爲吉暗爲凶金火守之國兵大起

翼爲羽翮主遠客

正義曰翼二十二星軫四星長沙一星轄二星合軫七星皆爲鶉尾於辰在巳楚之分野翼二十二星爲天樂府又主外國亦主遠客占明大禮樂興四夷服徙則天子舉兵以罰亂者

軫爲車主風

索隱曰宋均云軫四星居中又有二星爲左右轄車之象也軫與巽同位爲風車動行疾似之也正義曰軫四星主冢宰輔臣又主車騎亦主風占明大則車騎用太白守之天下學校散文儒失業兵戈大興熒惑守之南方有不用命之國當發兵伐之辰星守之徐泗有戮之者

其旁有一小星曰長沙星

正義曰長沙一星在軫中主壽命占明主長壽子孫昌也

星不欲明明與四星等若五星入軫星中兵大起

索隱曰宋均云五星主行使使動兵車亦動也

軫南衆星曰天庫樓

正義曰天庫一星主太白秦也在五車中

庫有五車車星角若益衆及不具無處車馬

西宮咸池

索隱曰文耀鉤云西宮白帝其精白虎正義曰咸池三星在五車中天潢南魚鳥之所託也金犯守之兵起火守之有災也

曰大五潢五潢五帝車舍

索隱曰案元命包曰咸池主五穀其星五者各有所職咸池言穀生於木含秀含實主秋垂故一名五帝車舍言以車載穀而販也正義曰五車五星三柱九星在畢東北天子三兵車舍也西北大星曰天庫主太白秦也次東北星天獄主辰燕趙也次東曰天倉主歲衛魯也次東南曰司空主鎮楚也次西南曰卿主熒惑魏也占五車均明柱皆見則倉庫實不見其國絕食兵見起五車三柱有變各以其國占之三柱入出一月米貴三倍期二年出三月貴十倍一年柱出不與天倉相近軍出米貴轉粟千里柱倒出尤甚火入天下旱金入兵水入水也

火入旱金兵水水中有三柱柱不具兵起

索隱曰謂火金水入五潢則各致此災也宋均云不言木土者木土德星於此不爲害也

奎曰封豕爲溝瀆

正義曰奎苦圭反十六星婁三星爲降婁于辰在戌魯之分野奎天之府庫一曰天豕亦曰封豕主溝瀆西南大星所謂天豕目占以明爲吉星不欲團圓團圓則兵起暗則臣干命之咎亦不欲開闔無常當有白衣稱命于山谷者五星犯奎臣主其德權臣擅命不可禁者王者宗祀不潔則奎動搖若帗帗有光則近臣謀上之應亦庶人饑饉之厄太白守奎胡貊之憂可以伐之熒惑星守之則有水之憂連以三年塡星歲星守之中國之利外國不利可以興師動衆斬斷無道

婁爲聚衆

正義曰婁三星爲苑牧養犧牲以共祭祀亦曰聚衆占動搖則衆兵聚金火守之兵起也

胃爲天倉

正義曰胃三星昴七星畢八星爲大梁于辰在酉趙之分野胃主倉廩五穀之府也占明則天下和平五穀豐稔不然反是

其南衆星曰廥積

如淳曰芻藁積爲廥也正義曰芻藁六星在天苑西主積藁草者不見則牛馬暴死火守災起也

昴曰髦頭胡星也爲白衣會

正義曰昴七星爲髦頭胡星亦爲獄事明天下獄訟平暗爲刑罰濫六星明與大星等大水且至其兵大起搖動若跳躍者邊兵大起一星不見皆兵之憂也

畢曰罕車爲邊兵主弋獵

索隱曰爾雅云濁謂之畢也孫炎爲掩兔之畢或呼爲濁因以名星也正義曰畢八星曰罕車爲邊兵主弋獵其大星曰天高一曰邊將四夷之尉也星明大天下安遠夷入貢失色邊亂畢動兵起月宿則多雨毛萇云畢所謂掩兔也

其大星旁小星爲附耳附耳搖動有讒亂臣在側

正義曰附耳一星屬畢大星之下次天高東南隅主爲人主聽得失伺僁過星明則中國微邊寇警移動則讒佞行入畢國起兵

昴畢間爲天街其陰陰國陽陽國

索隱曰元命包云畢爲天階爾雅云大梁昴孫炎云畢昴之間日月五星出入要道若津梁正義曰天街二星在畢昴間主國界也街南爲華夏之國街北爲邊裔之國土金守胡兵入也孟康曰陰西南坤維河山已北國陽河山已南國

參爲白虎

正義曰觜三星參三星外四星爲實沈于辰在申魏之分野爲白虎形也

三星直者是爲衡石

孟康曰參三星者白虎宿中西直似稱衡

下有三星兌曰罰爲斬艾事

孟康曰在參間上小下大故曰銳晉灼曰三星少斜列無銳形正義曰罰亦作伐春秋運斗樞云參伐事主斬艾

其外四星左右肩股也小三星隅置曰觜觿爲虎首主葆旅事

如淳曰關中俗謂桑榆蘗生爲葆晉灼曰葆菜也野生曰旅今之饑民采旅生也索隱曰姚氏案宋均云葆守也旅猶軍旅也言佐參伐以斬除凶也正義曰觜子思反觿胡規反葆音保觜觿爲虎首主收斂葆旅事也葆旅野生之可食也占金木來守國易正災起也

其南有四星曰天廁

正義曰天廁四星在屏主溷也占色黃吉靑與白皆凶不見則人寢疾

廁下一星曰天矢矢黃則吉靑白黑凶

正義曰天矢一星在廁南占與天廁同

其西有句曲

正義曰句音鉤

九星三處羅一曰天旗

正義曰參旗九星在參西天旗也指麾遠近以從命者王者斬伐當理則天旗曲直理順不然則兵動於外可以憂之若明而稀則邊寇動不然則不

二曰天苑

正義曰天苑十六星如環狀在畢南天子養禽獸之所稀暗則多死亡

三曰九游

徐廣曰音流正義曰九游九星在玉井西南天子之兵旗所以導軍進退亦領州列邦並不欲搖動搖動則九州分散人民失業信命亦不通於中國憂以金火守之亂起也

其東有大星曰狼狼角變色多盜賊

正義曰狼一星參東南狼爲野將主侵掠占非其處則人相食色黃白而明吉赤角兵起金木火守亦如之

下有四星曰弧直狼

正義曰弧九星在狼東南天之弓也以伐叛懷遠又主備賊盜之知姦邪者弧矢向狼動移多盜明大變色亦如之矢不直狼又多盜引滿則天下盡兵也

狼比地有大星曰南極老人老人見治安不見兵起常以秋分時候之於南郊附耳入畢中兵起

晉灼曰比地近地也正義曰老人一星在弧南一曰南極爲人主壽命延長之應常以秋分之曙見於丙春分之夕見於丁見則國長命故謂之壽昌天下安寧不見人主憂也

北宮元武

索隱曰文耀鉤云北宮黑帝其精元武爾雅云元

枵虛也又云北陸虛也解者以陸爲道孫炎曰陸中也北方之宿中也正義曰南斗六星牽牛六星並北宮元武之宿

虛危

正義曰虛二星危三星爲元枵於辰在子齊之分野虛主死喪哭泣事又爲邑居廟堂祭祀禱祝之事亦天之冢宰主平理天下覆藏萬物占動則有死喪哭泣之應火守則天子將兵水守則人饑饉金守臣下兵起危爲宗廟祀事主天市架屋占動則有土功火守天下兵水守下謀上也

危爲蓋室

索隱曰宋均云危上一星高旁兩星隋下似乎蓋屋也正義曰蓋屋二星在危南主天子所居宮室之官也占金火守入國兵起孛彗尤甚危爲架屋自有星恐文誤也

虛爲哭泣之事

索隱曰姚氏案荆州占以爲其宿二星南星主哭泣虛中六星不欲明明則有大喪也

其南有衆星曰羽林天軍

正義曰羽林三十五星三三而聚散在壘壁南天軍也亦天宿衛之兵革出不見則天下亂金火水入軍起也

軍西爲壘或曰鉞

正義曰壘壁陣十二星橫列在營室南天軍之垣壘占之非故兵起將軍死也

旁有一大星爲北落北落若微亡軍星動角益希及五星犯北落入軍軍起火金水尤甚火軍憂水患木土軍吉

漢書音義曰木星土星入北落則吉也正義曰北落師門一星在羽林西南天軍之門也長安城北落門以象此也主非常以候兵占明則軍安微弱則兵起金火守有兵爲虜犯塞土木則吉

危東六星兩兩相比曰司空

正義曰比音鼻比近也危東兩兩相比者是司命等星也司空唯一星耳又不在危東恐命字誤爲空也司命二星在虛北主喪送司祿二星在司命北主官司危二星在司祿北主危亡司非二星在危北主愆過皆其司之職占大爲君憂常則吉也

營室爲清廟曰離宮閣道

索隱曰元命包云營室十星埏陶精類始立紀綱包物爲室又爾雅云營室謂之定郭璞云定正也天下作宮室皆以營室中爲正也荆州占云閣道王良旗也有六星

漢中四星曰天駟

索隱曰元命包云漢中四星曰騎一曰天駟也

旁一星曰王良王良策馬車騎滿野

索隱曰春秋合誠圖云王良主天馬也正義曰王良五星在奎北河中天子奉御官也其動策馬則兵騎滿野客星守之則津橋不通金火守入皆兵之憂也策一星在王良前主天子僕也占以動搖移易在王良前或居馬後則爲策馬策馬而兵動也按豫章周騰字叔達南昌人爲侍御史桓帝當南郊平明應出騰仰覩曰夫王者象星今宮中星及策馬星悉不動上明日必不出至四更皇太子卒遂止也

旁有八星絕漢曰天潢天潢旁江星江星動人涉水

索隱曰元命包曰潢主河渠所以度神通四方宋均云天潢天津也津湊也主計度也正義曰天江四星在尾北主太陰也不欲明明而動水暴出其星明大水不禁也

杵臼四星在危南

正義曰杵臼三星在丈人星旁主軍糧占正下直臼吉與臼不相當軍糧絕也臼星在南主舂其占覆則歲大饑仰則大熟也

匏瓜有青黑星守之魚鹽貴

索隱曰荆州占云匏瓜一名天雞在河鼓東匏瓜明則歲大熟也正義曰匏音白包反匏瓜五星在離珠北天子果園占明大光潤歲熟不則包果之實不登客守魚鹽貴也

南斗爲廟

正義曰南斗六星在南也

其北建星建星者旗也

正義曰建六星在斗北臨黃道天之都關也斗建之間七曜之道亦主旗輅占動搖則人勞不然則不月暈蛟龍見牛馬疫月五星犯守大臣相謀爲關梁不通及大水也

牽牛爲犧牲

正義曰牽牛爲犧牲亦爲關梁其北二星一曰即路一曰聚火又上一星主道路次二星主關梁占明大關梁通不明不通天下牛疫死移入漢中天下乃亂也

其北河鼓河鼓大星上將左右左右將
索隱曰爾雅云河鼓謂之牽牛孫炎云河鼓之旗十二星在牽牛北故或名河鼓爲牽牛也正義曰河鼓三星在牽牛北主軍鼓蓋天子三將軍中央大星大將軍其南左星左將軍其北右星右將軍所以備關梁而拒難也占明大光潤將軍吉動搖差戾亂兵起直將有功曲則將失計也自昔傳牽牛織女七月七日相見此星也

婺女
索隱曰爾雅云須女謂之務女或作婺女正義曰須女四星亦婺女天少府也南斗牽牛須女皆爲星紀於辰在丑越之分野而斗牛爲吳之分野也須女賤妾之稱婦職之卑者主布帛裁製嫁娶占水守之萬物不成火守布帛貴人多死土守有女喪金守兵起也

其北織女織女天女孫也
正義曰織女三星在河北天紀東天女也主果蓏絲帛珍寶占王者至孝於神明則三星俱明不然則暗而微天下女工廢明則理大星怒而角布帛涌貴不見則兵起晉書天文志云晉太史令陳卓總甘石巫咸三家所著星圖大凡二百八十三宮一千四百六十四星以爲定紀今略其昭昭者以備天官云徐廣曰孫一作名索隱曰荊州占云織女一名天女天子女也

察日月之行以揆歲星順逆
正義曰晉灼云太歲在四仲則歲行三宿太歲在四孟四季則歲行二宿二八十六三四十二而行二十八宿十二歲而周天索隱曰姚氏案天官占云歲星一曰應星一曰經星一曰紀星物理論云歲行一次謂之歲星則十二歲而星一周天也

曰東方木主春日甲乙義失者罰出歲星
正義曰天官云歲星者東方木之精蒼帝之象也其色明而內黃天下安寧夫歲星欲春不動動則農廢歲星盈縮所在之國不可伐可以罰人失次則民多病見則喜夫所居國人主有福不可以搖動人主怒無光仁道失歲星順行仁德加也歲星農官主五穀天文志云春日甲乙四時春也五常仁五事貌也人主仁虧貌失逆時令傷木氣則罰見歲星

歲星贏縮以其舍命國所在國不可伐可以罰人
索隱曰案天文志曰凡五星早出爲贏贏爲客晚出爲縮縮爲主人五星贏縮必有天應見杓也正義曰舍所止宿也命名也

其趨舍而前曰贏
索隱曰趨音聚謂促也

退舍曰縮贏其國有兵不復縮其國有憂將亡
正義曰將音子匠反

國傾敗其所在五星皆從而聚于一舍其下之國可以義致天下
索隱曰漢高帝元年五星皆聚東井天文志云其年歲星在東井故四星從而聚也

以攝提格歲
索隱曰太歲在寅歲星正月晨出東方按爾雅歲在寅爲攝提格李巡云言萬物承陽起故曰攝提格格起也

歲陰左行在寅歲星右轉居丑正月與斗牽牛晨出東方名曰監德
索隱曰歲星在寅正月晨見東方之名已下皆出石氏星經文云星在斗牽牛失次應見於杓也漢書天文志則載甘氏及太初星曆所在之宿不同也

色蒼蒼有光其失次有應見柳歲早水晚旱歲星出東行十二度百日而止反逆行逆行八度百日復東行歲行三十度十六分度之七率日行十二分度之一十二歲而周天出常東方以晨入於西方用昏單閼歲
索隱曰在卯也歲星二月晨出東方爾雅云卯爲單閼李巡云陽氣推萬物而起故曰單閼單盡也閼止也

歲陰在卯星居子以二月與婺女虛危晨出曰降入
索隱曰卯歲星三月晨見東方之名其餘准此

大有光其失次有應見張名曰降入其歲大水執徐歲
索隱曰爾雅辰爲執徐李巡云伏蟄之物皆振舒而出故曰執徐執蟄也徐舒也

歲陰在辰星居亥以三月居與營室東壁晨出曰青章青章甚章其失次有應見軫曰青章歲早旱晚水大荒駱歲
索隱曰爾雅云在巳爲大荒駱姚氏云言萬物皆熾盛而大出霍然落落故曰荒駱也

歲陰在巳星居戌以四月與奎婁胃昴晨出曰跰踵

徐廣曰一日路嶂索隱曰天文志作路嶂字詁云嶂今作踵也正義曰踑白遂反踵之勇反

熊熊赤色有光其失次有應見亢敦牂歲

索隱曰爾雅云在午爲敦牂孫炎云敦盛也牂壯也言萬物盛壯韋昭云敦音頓

歲陰在午星居酉以五月與胃昴畢晨出曰開明

徐廣曰一日天津索隱曰天文志作啓明

炎炎有光

正義曰炎鹽驗反

偃兵唯利公王不利治兵其失次有應見房歲早旱晚水叶洽歲

索隱曰爾雅云在未爲叶洽李巡云陽氣欲化萬物故曰協洽協和也洽合也

歲陰在未星居申以六月與觜觿

正義曰觜子斯反觿胡規反

參晨出曰長列昭昭有光利行兵其失次有應見箕涒灘歲

索隱曰爾雅云在申爲涒灘李巡云涒灘物吐秀傾垂之貌涒他昆反灘他丹反

歲陰在申星居未以七月與東井輿鬼晨出曰大音昭昭白其失次有應見牽牛作鄂歲

索隱曰爾雅云在酉爲作鄂李巡云作鄂皆物芒枝起之貌鄂音愕案下文云作作有芒則李巡解亦近天文志作洛音五格反與史記及爾雅並異

歲陰在酉星居午以八月與柳七星張晨出曰爲長王作作有芒國其昌熟穀其失次有應見危曰大章有旱而昌有女喪民疾閹茂歲

索隱曰爾雅云在戌曰閹茂孫炎云萬物皆蔽冒故曰閹茂閹蔽也茂冒也天文志作掩茂

歲陰在戌星居巳以九月與翼軫晨出曰天睢

索隱曰劉氏音吁唯反

曰色大明其失次有應見東壁歲水女喪大淵獻歲

索隱曰爾雅云在亥爲大淵獻孫炎云淵深也大獻萬物於深謂蓋藏之於外也

歲陰在亥星居辰以十月與角亢晨出曰大章

徐廣曰一日大星索隱曰天文志亦作大星

蒼蒼然星若躍而陰出旦是謂王平起師旅其率必武其國有德將有四海其失次有應見婁困敦歲

索隱曰爾雅在子爲困敦孫炎云困敦混沌也言萬物初萌混沌於黃泉之下

歲陰在子星居卯以十一月與氐房心晨出曰天泉亢色甚明江池其昌不利起兵其失次有應在昴赤奮若歲

索隱曰爾雅云在丑爲赤奮若李巡云言陽氣奮迅若順也

歲陰在丑星居寅以十二月與尾箕晨出曰天皓

索隱曰音昊漢志亦作昊

黫然黑色甚明

索隱曰黫音烏閑反

其失次有應見參當居不居居之又左右搖未當去去之與他星會其國凶所居久國有德厚其角動乍小乍大若色數變人主有憂其失次舍以下進而東北三月生天棓長四丈末兌

索隱曰天文志此皆甘氏星經文而志又兼載石氏此皆不取石氏名申夫甘氏名德正義曰歲星之精散而爲天槍天棓天衡天猾國皇天攙及登天荆眞若天蔑天垣蒼彗皆以應凶災也天棓者一名覺星本類星者如末銳長四丈出東北方西方其出則天下兵爭也

進而東南三月生彗星長二丈類彗星

正義曰天彗者一名掃星本類星末類彗小者數寸長長或竟天而體無光假日之光故夕見則東指晨見則西指若日南北皆隨日光而指光芒所及爲災變見則兵起除舊布新彗所指之處弱也

退而西北三月生天攙長四丈末兌

韋昭曰攙音參差之參正義曰攙楚咸反天攙者在西南長四丈末銳京房云天攙爲兵赤地千里枯骨籍籍天文志云天攙主兵亂也

退而西南三月生天槍長數丈兩頭兌

正義曰槍楚行反天槍者長數丈兩頭銳出西南方其見不過三月必有破國亂君伏死其辜天文志云孝文時天槍夕出西南占曰爲兵喪亂其六年十一月匈奴入上郡雲中漢起兵以衞京師也

謹視其所見之國不可舉事用兵其出如浮如沈其國有土功如沈如浮其野亡色赤而有角其所居國昌迎

徐廣曰迎一作御

角而戰者不勝星色赤黃而沈所居野大穰

正義曰穰人羊反豐熟也

色青白而赤灰所居野有憂歲星入月其野有逐相與太白鬬

韋昭曰星相擊爲鬬

其野有破軍歲星一曰攝提曰重華曰應星曰紀星營室爲淸廟歲星廟也

察剛氣以處熒惑

徐廣曰剛一作罰索隱曰按姚氏引廣雅熒惑謂之執法天官占云熒惑方伯象司察妖孽則徐云察罰氣爲是春秋緯文耀鉤云赤帝熛怒之神爲熒惑位在南方禮失則罰出晉灼云常以十月入太微受制而出行列宿司無道出入無常也

曰南方火主夏日丙丁禮失罰出熒惑熒惑失行是也出則有兵入則兵散以其舍命國熒惑熒惑爲勃亂殘賊疾喪饑兵

徐廣曰以下云熒惑爲理外則理兵內則理政正義曰天官占云熒惑爲執法之星其行無常以其舍命國爲殘賊爲疾爲喪爲饑爲兵環繞句曲芒角動搖乍前乍後其殃逾甚熒惑主死喪大鴻臚之象主甲兵大司馬之義伺驕奢亂孽執法官也其精爲風伯惑童兒歌謠嬉戲也

反道二舍以上居之三月有殃五月受兵七月半亡地九月太半亡地因與俱出入國絕祀居之殃還至雖大當小

索隱曰案還音旋旋疾也若熒惑反道居其舍所致殃禍速疾則雖大反小

久而至當小反大

索隱曰久謂行遲也如此禍小反大言久腊毒也

其南爲丈夫北爲女子喪

索隱曰宋均云熒惑守輿鬼南爲丈夫受其咎北則女子受其凶也

若角動環繞之及乍前乍後左右殃益大與他星鬬

正義曰凡五星鬬皆爲戰鬬兵不在外則爲內亂鬬謂光芒相及

光相逮爲害不相逮不害五星皆從而聚於一舍其下國可以禮致天下

正義曰三星若合是謂驚位絕行其國外內有兵與喪人民饑乏改立侯王四星若合是爲大王其國兵喪暴起君子憂小人流五星若合是謂易行有德者受慶奄有四方無德者受殃乃以死亡也

法出東行十六舍而止逆行二舍六旬復東行自所止數十舍十月而入西方伏

晉灼曰伏不見

行五月出東方其出西方曰反明主命者惡之東行急一日行一度半其行東西南北疾也兵各聚其下用戰順之勝逆之敗熒惑從太白軍憂離之軍却出太白陰有分軍行其陽有偏將戰當其行太白逮之破軍殺將

索隱曰宋均云太白宿主軍來衝拒也

其入守犯太微

孟康曰犯七寸已內光芒相及也韋昭曰自下觸之曰犯居其宿曰守

軒轅營室主命惡之心爲明堂熒惑廟也

謹候此曆斗之會以定塡星之位

索隱曰晉灼曰常以甲辰之元始建斗歲鎭一宿二十八歲而周天廣雅曰鎭星一名地侯文耀鉤曰鎭黃帝含樞紐之精其體旋璣中宿之分也

曰中央土主季夏日戊己黃帝主德女主象也歲塡一宿其所居國吉未當居而居若已去而復還還居之其國得土不乃得女若當居而不居既已居之又西東去其國失土不乃失女不可舉事用兵其居久其國福厚易福薄

徐廣曰易猶輕速也

其一名曰地侯主歲歲行十二度百十二分度之五日行二十八分度之一二十八歲周天其所居五星皆從而聚於一舍其下之國可重致天下

正義曰重音逐龍反言五星皆從塡星其下之國倚重而致天下以塡主木土故也

禮德義殺刑盡失而塡星乃爲之動搖贏爲王不寧其縮有軍不復塡星其色黃光芒音曰黃鍾宮其失次上二三宿曰贏有主命不成不乃大水失次下二三宿曰縮有后戚其歲不復不乃天裂若地動斗爲文太室塡星廟天子之星也木星與土合爲內亂饑主勿用戰敗水則變謀而更事火爲旱金爲白衣會

正義曰星經云凡五星木與土合爲內亂饑與水合爲變謀更事與火合爲饑爲旱與金合爲白衣會也

若水金在南曰牝牡年穀熟金在北歲偏無

索隱曰晉灼曰歲陽也太白陰也故曰牝牡正義曰星經云金在南木在北名曰牝牡年穀大熟金在北木在南其年或有或無

火與木合爲焠與金合爲鑠爲喪皆不可舉事用兵大敗土爲憂主孽卿

晉灼曰火入水故曰焠索隱曰案謂火與水俱從

填星合也正義曰焠憌內反星經云凡五星火與水合爲焠用兵舉事大敗與金合爲鑠爲喪不可舉事用兵從軍爲憂離之軍卻與土合爲憂生孽卿與木合饑戰敗也索隱曰文耀鉤云水土合則成鑪冶鑪冶成則火與火與則土之子焠金成銷鑠金鑠則土無子無子輔父則益妖孽故子憂也

大饑戰敗爲北軍

正義曰爲北軍北也凡軍敗曰北

軍困舉事大敗土與水合穰而擁閼

正義曰擁於拱反閼烏葛反

有覆軍

徐廣曰或云木火土三星若合是謂驚位絕行

其國不可舉事出亡地入得地金爲疾爲內兵亡地三星若合其宿地國外內有兵與喪改立公王四星合兵喪並起君子憂小人流五星合是謂易行有德受慶改立大人奄有四方子孫蕃昌無德受殃若亡五星皆大其事亦大皆小事亦小蚤出者爲贏贏者爲客晚出者爲縮縮者爲主人必有天應見於杓星同舍爲合相陵爲鬭

孟康曰凌相冒占過也韋昭曰突掩爲凌

七寸以內必之矣

索隱曰韋昭云必有禍也

五星色白圜爲喪旱赤圜則中不平爲兵青圜爲憂水黑圜爲疾多死黃圜則吉赤角犯我城黃角地之爭白角哭泣之聲青角有兵憂黑角則水意

徐廣曰一作志

行窮兵之所終五星同色天下偃兵百姓寧昌春風秋雨冬寒夏暑動搖常以此填星出百二十日而逆西行西行百二十日反東行見三百三十日而入入三十日復出東方太歲在甲寅鎮星在東壁故在營室

察日行以處位太白

索隱曰太白晨出東方曰啓明故察日行以處太白之位韓詩云太白晨出東方爲啓明昏見西方爲長庚又孫炎註爾雅亦以爲晨出東方高三丈命曰啓明昏見西方高三舍命曰太白正義曰晉灼云常以正月甲寅與熒惑晨出東方二百四十日而入又出西方二百四十日而入入三十五日而復出東方出以寅戌入以丑未天官占云太白者西方金之精白帝之子上公大將軍之象也一名殷星一名大正一名熒星一名官星一名梁星一名滅星一名大囂一名大衰一名大爽徑一百里天文志云其日庚辛四時秋也五常義也五事言也人主義虧言失逆時令傷金氣罰見太白春見東方以晨秋見西方以夕也

曰西方秋司兵月行及天矢

正義曰太白五芒出早爲月蝕晚爲天矢及彗其精散爲天杵天柎伏靈大敗司姦天狗賊星天殘卒起星是古曆星若竹彗牆星猿星白雚皆以示變也

日庚辛主殺殺失者罰出太白太白失行以其舍命國其出行十八舍二百四十日而入入東方伏行十一舍百三十日其入西方伏行三舍十六日而出當出不出當入不入是謂失舍不有破軍必有國君之纂其紀上元

正義曰其紀上元是星古曆初起上元之法也

以攝提格之歲與營室晨出東方至角而入與營室夕出西方至角而入與角晨出入畢與角夕出入畢與畢晨出入箕與畢夕出入箕與箕晨出入柳與箕夕出入柳與柳晨出入營室與柳夕出入營室凡出入東西各五爲八歲二百三十日

徐廣曰一云三十二日

復與營室晨出東方其大率歲一周天

索隱曰案上元是古曆之名言用上元紀曆法則攝提歲而太白與營室晨出東方至角而入與營室夕出西方至角而入凡出入東西各五爲八歲二百三十日復與營室晨出東方大率歲一周天也

其始出東方行遲率日半度一百二十日必逆行一二舍上極而反東行行日一度半一百二十日入其庳近日曰明星柔高遠日曰大囂剛

徐廣曰囂一作變

其始出西行疾率日一度半百二十日上極而行遲日半度百二十日旦入必逆行一二舍而入其庳近日曰太白柔高遠日曰大相剛出以辰戌入以丑未當出不出未當入而入天下偃兵兵在外入未當出而出當入而不入下起兵有破國其當期出也其國昌其出東爲東入東爲北方出西爲西入西爲南方所居久其鄉利疾

蘇林曰疾過也

其鄉凶出西逆行至東正西國吉出東至西正東國

吉其出不經天經天天下革政

索隱曰孟康曰謂出東入西出西入東也太白陰星出東當伏東出西當伏西過午爲經天又晉灼曰日陽也日出則星沒太白晝見午上爲經天也

小以角動兵起始出大後小兵弱出小後大兵强出高用兵深吉淺凶庳淺吉深凶日方南金居其南日方北金居其北日嬴

正義曰鄭元云方猶向也謂晝漏半而置土圭表陰陽審其南北也影短於土圭謂之日南是地於日爲近南也長於土圭謂之日北是地於日爲近北也凡日影于地千里而差一寸周禮云日南則影短多暑日北則影長多寒孟康云金謂太白也影日中之影也

侯王不寧用兵進吉退凶日方南金居其北日方北金居其南曰縮侯王有憂用兵退吉進凶用兵象太白太白行疾疾行遲遲行角敢戰動搖躁躁圜以靜靜順角所指吉反之皆凶出則出兵入則入兵赤角有戰白角有喪黑圜角憂有水事青圜小角憂有木事黃圜和角有土事有年

正義曰太白星圓天下和平若芒角有土事有年謂豐熟也

其已出三日而復有微入入三日乃復盛出是謂耎

晉灼曰耎退之不進索隱曰耎音奴亂反

其下國有軍敗將北其已入三日又復微出出三日而復盛入其下國有憂師有糧食兵革遺人用之

正義曰遺唯季反

卒雖衆將爲人虜其出西失行外國敗其出東失行中國敗其色大圜黃滜可爲好事其圜大赤兵盛不戰太白白比狼赤比心黃比參左肩蒼比參右肩黑比奎大星

正義曰比卑耳反下同比類也晉書天文志云凡五星有色大小不同各依其行而應時節色變有類凡青比參左肩赤比心大星黃比參右肩白比狼星黑比奎大星不失本色而應其四時者吉色害其行凶也參色林反下同

五星皆從太白而聚乎一舍其下之國可以兵從天下

正義曰晉書天文志云凡五星所出所直之辰其國爲得位者歲星以德熒惑爲禮鎮星有福太白兵强辰陰陽和所直之辰順其色而角者勝其色害者敗居實有得居虛無得也勝位勝色行得盡勝也

居實有得也居虛無得也

索隱曰實謂星所合居之宿虛謂贏縮也

行勝色

晉灼曰太白行得度者勝色也正義曰勝音升剩反下同

色勝位有位勝無位有色勝無色行得盡勝之

晉灼曰行應天度雖有色得位行盡勝之行重而色位輕星經得字作德

出而留桑榆間

晉灼曰行遲而下也正出氣言平正出桑榆上者餘二千里

疾其下國

正義曰疾漢書作病也

上而疾未盡其日過參天

晉灼曰三分天過其一此在戌酉之間

疾其對國

孟康曰謂出東入西出西入東

上復下下復上有反將其入月將僇金木星合光其下戰不合兵雖起而不鬬合相毁野有破軍出西方昏而出陰陰兵彊暮食出小弱夜半出中弱雞鳴出大弱是謂陰陷於陽其在東方乘明而出陽陽兵之彊雞鳴出小弱夜半出中弱昏出大弱是謂陽陷於陰太白伏也以出兵兵有殃其出卯南南勝北方出卯北北勝南方正在卯東國利出酉北北勝南方出酉南南勝北方正在酉西國勝其與列星相犯小戰五星大戰其相犯太白出其南南國敗出其北北國敗行疾武不行文色白五芒出蚤爲月蝕晚爲天矢及彗星將發其國出東爲德舉事左之迎之吉出西爲刑舉事右之背之吉反之皆凶太白光見景戰勝晝見而經天是謂爭明彊國弱小國彊女主昌亢爲疏廟太白廟也太白大臣也其號上公其他名殷星太正營星觀星宮星明星大衰大澤終星大相天浩序星月緯大司馬位

謹候此察日辰之會以治辰星之位

正義曰晉灼云常以二月春分見奎婁五月夏至見東井八月秋分見角亢十一月冬至見牽牛出以辰戌入以丑未二旬而入晨候之東方夕候之西方也索隱曰卽正四時以治辰星之位是也皇甫謐曰辰星一名毚星或曰鉤星亢命包曰北方

辰星水生物布其紀故辰星理四時宋均曰辰星正四時之法得與北辰同名也

日北方水太陰之精主冬日壬癸刑失者罰出辰星

正義曰天官占云辰星北水之精黑帝之子宰相之祥也一名細極一名鉤星一名爨星一名伺祠徑一百里亦偏將廷尉象也天文志云其日壬癸四時冬也五常智也五事聽也人主智虧聽失逆時令傷水氣則罰見辰星也案字字典不載

以其宿命國是正四時仲春春分夕出郊奎婁胃東五舍爲齊仲夏夏至夕出郊東井輿鬼柳東七舍爲楚仲秋秋分夕出郊角亢氐房東四舍爲漢仲冬冬至晨出郊東方與尾箕斗牽牛俱西爲中國其出入常以辰戌丑未其蚤爲月蝕晚爲彗星及天矢

孟康曰辰星月相凌不見者則所蝕也索隱曰宋均云星辰與月同精月爲大臣先期而出是躁也失則當誅故月蝕者所以爲災祥也辰星陰也彗亦陰陰謀未成故晚出也張晏曰彗所以除舊布新

其時宜效不效爲失

正義曰效見也言宜見不見爲失罰之也

追兵在外不戰一時不出其時不和四時不出天下大饑其當效而出也色白爲旱黃爲五穀熟赤爲兵黑爲水出東方大而白有兵於外解常在東方其赤中國勝其西而赤外國利無兵於外而赤兵起其與太白俱出東方皆赤而角外國大敗中國勝其與太白俱出西方皆赤而角外國利五星分天之中積於東方中國利積於西方外國用者利五星皆從辰星而聚於一舍其所舍之國可以法致天下辰星不出太白爲客其出太白爲主出而與太白不相從野雖有軍不戰出東方太白出西方若出西方太白出東方爲格野雖有兵不戰

索隱曰謂辰星出西方辰水也太白出東方太白金也水生金母子不相從故上有軍不戰今母子各出一方故爲格格謂不和同故野雖有兵不戰也

失其時而出爲當寒反溫當溫反寒當出不出是謂擊卒兵大起其入太白中而上出破軍殺將客軍勝下出客亡地辰星來抵太白太白不去將死正旗上出破軍殺將客勝下出客亡地視旗所指以命破軍

索隱曰案旗蓋太白芒角似旌旗正義曰旗星名有九星言辰星上則破軍殺將客勝也

其繞環太白若與鬭大戰客勝兔過太白

索隱曰案廣雅云辰星謂之兔星則辰星之別名兔或作毚也

間可械劍

蘇林曰械音函函容也其間可容一劍索隱曰案蘇所說則械字本有函音故字從咸也正義曰漢書云辰星過太白間可械劍明廣雅是也

小戰客勝兔居太白前軍罷出太白左小戰摩太白有數萬人戰主人吏死出太白右去三尺軍急約戰青角兵憂黑角水赤行窮兵之所終兔七命曰小正辰星天攙安周星細爽能星鉤星

索隱曰謂兔星凡有七名命者名也小正一也辰星二也天攙三也安周星四也細爽五也能星六也鉤星七也

其色黃而小出而易處天下之文變而不善矣兔五色青圜憂白圜喪赤圜中不平黑圜吉赤角犯我城黃角地之爭白角號泣之聲其出東方行四舍四十八日其數二十日而反入於東方其出西方行四舍四十八日其數二十日而反入於西方其一候之營室角畢箕柳出房心間地動辰星之色春青黃夏赤白秋青白而歲熟冬黃而不明卽變其色其時不昌春不見大風秋則不實夏不見有六十日之旱月蝕秋不見有兵春則不生冬不見陰雨六十日有流邑夏則不長

角亢氐兗州房心豫州尾箕幽州斗江湖牽牛婺女揚州虛危青州營室至東壁幷州奎婁胃徐州昴畢冀州觜觿參益州

正義曰括地志云漢武帝置十三州改梁州爲益州廣漢廣漢今益州咎縣是也分今河內上黨雲中然按星經益州魏地畢觜參之分今河內上黨雲中是未詳也

東井輿鬼雍州柳七星張三河翼軫荆州七星爲員官辰星廟蠻夷星也兩軍相當日暈

如淳曰暈讀曰運

暈等力鈞厚長大有勝薄短小無勝重抱大破無抱爲和背不和爲分離相去直爲自立立侯王指暈若日殺將負且戴有喜圍在中中勝在外外勝青外赤中以和相去赤外青中以惡相去氣暈先至而後去居軍勝先至先去前利後病後至後去前病後利後至先去前後皆病居暈不勝見而去其發疾雖勝無

功見半日以上功太白虹屈短

李奇曰屈或爲尾也韋昭曰短而直

上下兌有者下大流血日暈制勝近期三十日遠期六十日其食所不利復生生所利而食益盡爲主位以其直及日所宿加以日時用命其國也

月行中道安寧和平陰間多水陰事外北三尺陰星北三尺

索隱曰案中道房室星之中間也房有四星若人之房三間有四表然故曰房南爲陽間北爲陰間則中道房星之中間也故房是日月五星之常行道然黃道亦經房心若月行得中道故陰陽和平若行陰間多陰事陽間則人主驕恣若歷陰星陽星之南道太陰太陽之道則有大水若兵及大旱若喪也太陽亦在陽間之南各三尺也

太陰大水兵陽間驕恣陽星多暴獄太陽大旱喪也

索隱曰太陰太陽皆道也月行近之故有水旱兵喪也

角天門十月爲四月十一月爲五月十二月爲六月水發近三尺遠五尺

索隱曰謂月行入角與天門若十月犯之當爲來年四月成災十一月則主五月也

犯四輔輔臣誅

索隱曰案謂月犯房星也四輔房四星也房以輔心故曰四輔也

行南北河以陰陽言旱水兵喪

正義曰南河三星北河三星若月行北河以陰南河以陽則水旱兵喪也

月蝕歲星其宿地饑若亡熒惑也亂塡星也下犯上太白也彊國以戰敗辰星也女亂

正義曰孟康云凡星入月見月中爲星蝕月月掩星星滅爲月蝕星也

食大角

徐廣曰一云食於大角正義曰大角一星在兩攝提間人君之象也

主命者惡之心則爲內賊亂也列星其宿地憂

索隱曰謂月蝕列星二十八宿當其分地有憂變謂兵及喪也

國皇星

正義曰皇星者大而赤類南極老人去地三丈如炬火見則內外有兵喪之難

大而赤

孟康曰歲星之精散所爲也五星之精散爲六十四變記不盡

狀類南極

徐廣曰南極老人星

所出其下起兵兵彊其衝不利

昭明星

索隱曰案春秋合誠圖云赤帝之精象如太白七芒釋名爲筆星氣有一枝末銳似筆亦曰日華星也

大而白無角乍上乍下

孟康曰形如三足機機上有九彗上向熒惑之精

所出國起兵多變

五殘星

索隱曰孟康云星表有青氣暈有毛塡星之精也

正義曰五殘一名五鋒出正東東方之分野狀類辰星去地可六七丈則見五分毀敗之徵大臣誅亡之象

出正東東方之野其星狀類辰星去地可六丈大

徐廣曰大一作六

賊星

孟康曰形如彗九尺太白之精正義曰大賊星者一名六賊出正南南方之野星去地可六丈大而赤數動有光出則禍合天下

出正南南方之野星去地可六丈大而赤數動有光

司危星

孟康曰星大而有尾兩角熒惑之精也正義曰司危者出正西西方分野也大如太白去地可六丈見則以天子不義失國而豪傑起

出正西西方之野星去地可六丈大而白類太白

獄漢星

孟康曰青中赤表下有二彗縱橫亦塡星之精漢書天文志獄漢一名咸漢

出正北北方之野星去地可六丈大而赤數動察之中青此四野星所出出非其方其下有兵衝不利

四塡星所出四隅去地可四丈

地維咸光

正義曰四鎭星出四隅去地可四丈地維咸光星亦出四隅去地可三丈若月始出所見下有亂者亡有德者昌也

亦出四隅去地可三丈若月始出所見下有亂亂者

亡有德者昌
燭星狀如太白
孟康曰星上有三彗上出亦塡星之精
其出也不行見則滅所燭者城邑亂如星非星如雲
非雲命曰歸邪
李奇曰邪音蛇孟康曰星有兩赤彗上向上有蓋
狀如氣下連星
歸邪出必有歸國者
星者金之散氣本曰火
孟康曰星名
星衆國吉少則凶
漢者亦金之散氣
索隱曰案水生金散氣卽水氣河圖括地象曰河
精爲天漢也
其本曰水漢星多多水少則旱
孟康曰漢河漢也水生於金多少謂漢中星
其大經也
天鼓有音如雷非雷音在地而下及地其所往者兵
發其下
天狗狀如大奔星
孟康曰星有尾旁有短彗下有如狗形者亦太白
之精
有聲其下止地類狗所墮及炎火望之如火光炎炎
衝天其下圜如數頃田處上兌者則有黃色千里破
軍殺將
索隱曰炎音豔
格澤星者
索隱曰格澤一音鶴鐸又音格澤格胡客反
如炎火之狀黃白起地而上下大上兌其見也不種
而穫不有土功必有大害
蚩尤之旗
孟康曰熒惑之精也晉灼曰呂氏春秋曰其色黃
上下白
類彗而後曲象旗見則王者征伐四方
旬始出於北斗旁
徐廣曰蚩尤也旬一作營
狀如雄鷄其怒青黑象伏鼈
李奇曰怒當音帑晉灼曰帑雌也或曰怒色青
枉矢類大流星蛇行而倉黑望之如有毛羽然
長庚如一匹布著天
正義曰著音直略反
此星見兵起星墜至地則石也
正義曰春秋云星隕如雨是也今吳郡西鄉見有
落星石其石天下多有也
河濟之閒時墜星
天精而見景星景星者德星也其狀無常常出於有
道之國
孟康曰精明也有赤方氣與青方氣相連赤方中
有兩黃星青方中一黃星凡三星合爲景星索隱
曰韋昭云精謂晴朗漢書作牲亦作腥郭璞註三
蒼云腥雨止無雲也正義曰景星狀如半月生於
晦朔助月爲明見則人君有德明聖之慶也

欽定古今圖書集成曆象彙編庶徵典

第三十卷目錄

庶徵典第三十卷

星變部彙考四

宋史

天文志 按自星經天官書以下晉隋諸史皆有占法不如宋史之詳故存此備考

紫微垣

紫微垣東蕃八星西蕃七星在北斗北左右環列翊衞之象也一曰大帝之坐天子之常居也主命主度也東蕃近閶闔門第一星爲左樞第二星爲上宰第三星曰少宰第四星曰上弼

一曰上輔

五星爲少弼

一曰少輔

六星爲上衞七星爲少衞八星爲少丞

或曰上丞

其西蕃近閶闔門第一星爲右樞第二星爲少尉第三星爲上輔第四星爲少輔第五星爲上衞第六星爲少衞第七星爲上丞其占欲均明大小有常則內輔盛垣直天子自將出征門開兵起宮垣兩蕃正南開如門曰閶闔有流星自門出四野者當有中使銜命視其所往分野論之不依門出入者外蕃國使也太陰歲星犯紫微垣有喪太白辰星犯之改世熒惑守宮君失位客星守有不臣國易政國皇星兵彗星犯有異王立流星犯之爲兵喪水旱不調使星入北方兵起

石氏云東西兩蕃總十六星西蕃亦八星一右樞二上尉三少尉四上輔五少輔六上衞七少衞八少丞上宰一星上輔二星三公也少宰一星少輔二星三孤也此三公三孤在朝者也左右樞上少丞疑丞輔弼四鄰之謂也尉二星衞四星六軍大副尉四衞將軍也

北極五星在紫微宮中北辰最尊者也其紐星爲天樞天運無窮三光迭耀而極星不移故曰居其所而衆星共之樞星在天心四方去極各九十一度賈逵張衡蔡邕王蕃陸績皆以北極紐星之樞是不動處在紐星末猶一度有餘今清臺則去極四度半第一星主月太子也二星主日帝王也亦太一之坐謂最赤明者也第三星主五行庶子也

乾永新星書曰第三星主五行第四星主諸王第五星爲後宮閔云北極五星初一曰帝次二曰后次三曰妃次四曰太子次五曰庶子四曰太子者最赤明者也後四星勾曲以抱之者帝星也太公望以爲北辰以爲耀魄寶以爲帝極者是也或以勾陳口中一星爲耀魄寶者非是

北極中星不明主不用事右星不明太子憂左星不明庶子憂明大動搖主好出游色青微者凶客星入爲兵喪彗星入爲易位流星入兵起地動北斗七星在太微北杓攜龍角衡殷南斗魁枕參首是爲帝車運於中央臨制四海以建四時均五行移節度定諸紀乃七政之樞機陰陽之元本也魁第一星曰天樞正星主天又曰樞爲天主陽德天子象其分爲秦漢志主徐州天象占曰天子不恭宗廟不敬鬼神則不明變色二曰璇法星主地又曰璇爲地主陰刑女主象其分爲楚漢志主益州天象占曰若廣營宮室妄鑿山陵則不明變色三曰璣爲人主火爲令星主中禍其分爲梁漢志主冀州若王者不恤民驟征役則不明變色四曰權爲時主水爲伐星主天理伐無道其分爲吳漢志主荊州若號令不順四時則不明變色五曰玉衡爲音主土爲殺星主中央助四方殺有罪其分爲燕漢志主兗州若廢正樂務淫聲則不明變色六曰闓陽爲律主木爲危星主天倉五穀其分爲趙漢志主揚州若不勸農桑峻刑法退賢能則不明變色七曰搖光爲星主金爲部星爲應星主兵其分爲齊漢志主豫州王者聚金寶不修德則不明變色又曰一至四爲魁魁爲璇璣五至七爲杓杓爲玉衡是爲七政星明其國昌第八曰弼星在第七星右不見漢志主幽州第九曰輔星在第六星左常見漢志主并州晉志輔星傅乎闓陽所以佐斗成功丞相之象也其色在春青黃在夏赤黃秋爲白黃冬爲黑黃變常則國有兵殃明則臣強斗旁欲多星則安斗中星少則人恐太陰犯之爲兵喪大赦白暈貫三星王者惡之星孛於北斗主危彗星犯爲易主流星犯主客兵客星犯爲兵五星犯之國亂易主

按北斗與輔星爲八而漢志云九星武密及楊維德皆采用之史記索隱云北斗星間相去各九千里其二陰星不見者相去八千里而丹元子步天歌亦云九星漢書必有所本矣

勾陳六星在紫宮中五帝之後宮也太帝之正妃也大帝之帝居也樂緯曰主後宮巫咸曰主天子護軍荆州占主大司馬或曰主六軍將軍或曰主三公三師爲萬物之母六星比陳象六宮之化其端大星曰元始餘星乘之曰庶妾在北極配六輔

甘氏曰勾陳在辰極左是爲鉤陳衛六軍將軍或以爲後宮非是勾陳口中一星爲陽德天皇大帝內坐或即以爲大皇大帝非是

其占色不欲甚明明即女主惡之星盛則輔强主不用諫佞人在側則不見客星入之色蒼白將有憂白爲立將赤黑將死客星出而色赤戰有功守之後宮有女使欲謀彗星犯之後宮有謀近臣憂流星入爲迫主青氣入大將憂

天皇大帝一星在勾陳口中其神曰耀魄寶主御羣靈執萬神圖大人之象也客星犯之爲除舊布新彗孛犯大臣叛流星犯國有憂雲氣入之潤澤吉黃白氣入連大帝坐臣獻美女出天皇上者改立王

四輔四星又名四弼在極星側是曰帝之四鄰所以輔佐北極而出度授政也去極星各四度

閔云四輔一名中斗或以爲後宮非是

武密曰光浮而動凶明小吉晴則不理客星犯之大臣憂彗孛犯權臣死流星犯大臣黜黃白氣入四輔有喜白氣入相失位

五帝內坐五星在華蓋下設敘順帝所居也色正吉變色爲災客星犯紫宮中坐占爲大臣犯主彗孛犯之民饑大臣憂三年有兵起流星犯爲兵起臣叛出爲有誅戮雲氣入色黃太子即位期六十日赤黃人君有異六甲六星在華蓋杠旁主分陰陽配節候故在帝旁所以布政教授農時也明則陰陽和不明則寒暑易節星亡水旱不時客星犯之色赤爲旱黑爲水白則人多疫彗孛犯女主出政令流星犯爲水旱術士誅雲氣犯色黃術士興蒼白史官受爵

柱史一星在北極東主記過左右史之象一云在天柱前司上帝之言動星明爲史官得人不明反是客星犯之史官有黜者彗孛犯太子憂或百官黜流星犯君有咎雲氣犯色黃史有爵祿蒼白氣入左右史死

女史一星在柱史北婦人之微者主傳漏

天柱五星在東垣下一云在五帝左稍前主建政教一曰法五行主晦朔晝夜之職明正則吉人安陰陽調不然則司歷過客星犯之國中有賊彗孛犯宗廟不安君憂一曰三公當之雲氣赤黃君喜黑三公死

女御四星在大帝北一云在勾陳腹一云在帝坐東北御妻之象也星明多內寵客星犯之後宮有謀一云自戮孛彗後宮有誅流星後宮有出者一云外國進美女雲氣化黃爲後宮有子喜蒼白多病

尚書五星在紫微東蕃內大理東北晉志在東南維一云在天柱右稍前主納言夙夜咨謀龍作納言之象彗孛犯之官有叛或太子憂流星若出則尚書出使犯之諫官黜八坐憂雲氣入黃爲喜黃而赤尚書出鎮黑尚書有坐罪者

大理二星在宮門左一云在尚書前主平刑斷獄明則刑憲平不明則獄有冤酷客星犯之貴臣下獄色黃赦白受戮赤黃無罪守之則刑獄冤滯或刑官有黜彗犯獄官憂流星占同雲氣入黃白爲赦黑法官黜

陰德二星巫咸圖有之在尚書西甘氏云陰德外坐在尚書右陽德外坐在陰德右太陰太陽入垣翊衛也天官書則以前列直斗口三星隨北耑銳若見若不見曰陰德謂施德不欲人知也主周急振撫明則立太子或女主治天下客星犯之爲旱饑守之發粟振給彗孛犯後宮有逆謀流星犯君令不行雲氣入黃爲喜青黑爲憂

天牀六星在紫微垣南門外主寢舍解息燕休一曰在二樞之間備幸之所也陶隱居云傾則天王失位客星入宮中有刺客或內侍憂彗孛犯之主憂大臣失位流星犯后妃叛女主立或人君易位雲氣入色黃天子得美女後宮喜有子蒼白主不安青黑憂白凶

華蓋七星杠九星如蓋有柄下垂以覆大帝之坐也在紫微宮臨勾陳之上正吉傾則凶客星犯之王室有憂兵起彗孛犯兵起國易政流星犯兵起宮內以赦解之貫華蓋三公災雲氣入黃白主喜赤黃侯王喜

傳舍九星在華蓋上近河賓客之館主北使入中國客星犯邦有憂一曰客星守之備姦使亦曰北地兵起彗孛犯守之亦爲北兵黑雲氣入北兵侵中國

八穀八星在華蓋西五車北一曰在諸王西武密占曰主候歲豐儉一稻二黍三大麥四小麥五大豆六小豆七粟八麻甘氏曰八穀在宮北門之右司親耕司候歲司尚食星明吉一星亡一穀不登八星不見大饑客星入穀貴彗星入爲水黑雲氣犯之八穀不收

內階六星在文昌東北天皇之階也一曰上帝幸文館之內階也明吉傾動憂彗孛客流星犯之人君遜避之象

文昌六星在北斗魁前紫微垣西天之六府也主集計天道一曰上將大將軍建威武二曰次將尚書正左右三曰貴相大常理文緒四曰司祿司中司隸賞功進五曰司命司怪太史主滅咎六曰司寇大理佐理寶所謂一者起北斗魁前近內階者也明潤色黃大小齊天瑞臻四海安青黑微細則多所殘害動搖三公黜月暈其宿大赦歲星守之兵起熒惑守之將凶太白守入兵興塡星守國安客星守大臣叛彗孛犯大亂流星犯宮內亂

三公三星在北斗杓南及魁第一星西一云在斗柄東爲太尉司徒司空之象在魁西者名三師占與三公同皆主宣德化調七政和陰陽之官也移徙不吉居常則安一星亡天下危二星亡天下亂三星不見天下不治客星犯三公憂彗孛流星犯之三公死

天牢六星在北斗魁下貴人之牢也主繩愆禁暴甘氏云賤人之牢也月暈入多盜熒惑犯之民相食國有敗兵太白歲星守國多犯法客星彗星犯之三公下獄或將相憂流星犯之有赦宥之令

勢四星在太陽守西北一曰在璣星北勢腐形人也主助宣王命內常侍官也以不明爲吉明則閹人擅權

天理四星在北斗魁中貴人之牢也星不欲明其中有星則貴人下獄客星犯多獄彗孛犯之國危赤雲氣犯之兵大起將相行兵

相一星在北斗第四星南總百司集衆事掌邦典以佐帝王一曰在中斗文昌之南在朝少師行太宰者明吉暗凶亡則相黜

太陽守一星在相星西北斗第三星西南大將大臣之象主設武備戒不虞一曰在下臺北太尉官也在朝少傅行大司馬者明吉暗凶客彗孛犯之爲易政將相憂兵亂雲氣入黃爲喜蒼白將死赤大臣憂

內廚二星在紫微垣西南外主六宮之內飲食及后妃夫人與太子燕飲彗孛或流星犯之飲食有毒

天廚六星在扶筐北一曰在東北維外主盛饌今光祿廚也星亡則饑不見爲凶客星流星犯之亦饑

天一一星在紫微宮門右星南天帝之神也主戰鬬知吉凶明則陰陽和萬物盛人君吉亡則天下亂客星犯五穀貴彗孛犯之臣叛流星犯兵起民流雲氣犯黃君臣和黑宰相黜

太一一星在天一南相近一度亦天帝神也主使十六神知風雨水旱兵革饑饉疾疫災害所在之國也明吉暗凶離位有水旱客星犯兵起民流火災水旱饑饉彗孛犯兵喪流星犯宰相史官黜雲氣犯黃白百官受賜赤爲兵旱蒼白民多疫

天槍三星在北斗杓東一曰天鉞天之武備也故在紫微宮左右所以禦難也明吉暗小兵敗芒角動兵起客星彗星流星犯皆爲兵饑

天棓五星在女牀北天子先驅也主分爭與刑罰藏兵亦所以禦難備非常也一星不具其國兵起明有憂細微吉客星入兵喪彗星守兵起流星犯諸侯多爭雲氣犯蒼白黑爲凶

天戈一星又名元戈在招搖北主北方芒角動搖則北兵起客星守之北兵敗彗孛流星犯之占同雲氣犯黑爲北兵退蒼白北人病

太尊一星在中台北貴戚也不見爲憂客彗流星犯之並爲貴戚將敗之徵

按步天歌載中宮紫微垣經星常宿可名者三十五坐積數一百六十有四而晉志所載太尊天戈天槍天棓皆屬太微垣八穀八星在天市垣與步天歌不同

太微垣

太微垣十星志曰南宮朱鳥權衡晉志曰天子庭也五帝之座也十二諸侯之府也其外蕃九卿也一曰太微爲衡衡主平也又爲天庭理法平辭監升授德列宿受符諸神考節舒情稽疑也南蕃中二星間曰端門東曰左執法廷尉之象西曰右執法御史大夫之象執法所以舉刺凶邪左執法東左掖門也右執法西右掖門也東蕃四星南第一曰上相其北東太陽門也第二曰次相其北中華東門也第三曰次將其北東太陰門也第四曰上將所謂四輔也西蕃四星南第一曰上將其北西太陽門也第二曰次將其北中華西門也第三曰次相其北西太陰門也第四

日上相亦曰四輔也漢志環衞十二星蕃臣西將東相南四星執法中端門左右掖門乾象新書十星東西各五在翼軫北其西蕃北星爲上相南門右星爲右執法東西蕃有芒及動搖者諸侯謀上執法移刑罰尤急月五星入太微軌道吉其所犯中坐成刑月犯太微垣輔臣惡之又君弱臣強四方兵不制犯執法海中占云將相有免者期三年月入東西門左右掖門而南出端門有叛臣君憂入西門出東門君憂大臣假主威月中犯乘守四輔爲臣失禮輔臣有誅月暈大子以兵自衞一月三暈太微有救月蝕太微大臣憂王者惡之歲星入有救犯之執法臣有憂入東門天下有急兵守之將相執法憲臣死入端門守天庭大禍至入南門出東門旱入南門逆出西門國有喪逆行入東門出西門國破亡塡星熒惑犯之逆行入爲兵喪犯上將上將憂守端門國[illegible]亡或三公謀上有戮臣犯西上將天子戰于野上相死入太微色白無芒天下饑退行不正有大獄犯太微門左右將死入天庭在屏星南出左掖門左將死右掖門右將死直出端門無咎入太微凌犯留止爲兵入二十日廷尉當之留天庭十日有赦犯太微東南陬歲饑執法大臣憂犯上相大臣死塡星犯入太微有德令女主執政若逆行執法守之有憂守太微國破守西蕃王者憂太白犯入太微爲兵大臣相殺留守有兵喪與塡星犯太微中王者惡之入右掖門從端門出貴人奪勢晝見太微國有兵喪月掩太白於端門外國受兵辰星犯太微天子當之有內亂入天庭後宮憂大水守左右執法入兵起有赦入西門後宮災大水入西門出東門爲兵喪水災客星犯入太微色黃白天子喜出入端門國有憂左掖門旱右掖門國亂出天庭有苛令兵起入太微三十日有赦犯四輔輔臣凶彗星犯太微天下易出太微宮中憂火災犯執法執法者黜犯天庭王者有立字于翼近太微上將爲兵喪孛于西蕃主革命孛五帝亡國殺君流星出太微大臣有外事出南門甚衆貴人有死者縱橫太微宮主弱臣強由端門入翼光照地有聲有立王雲氣出入色微青君失位青白黑雲氣入左右掖爲喪出無咎赤氣入東掖門內起兵黃白雲氣入太微垣人主喜年壽長入左右掖門天子有德令黑及蒼白氣入天子憂出無咎黑氣如蛇入垣門有喪

內五帝坐五星內一星在太微中黃帝坐含樞紐之神也天子動得天度止得地意從容中道則明以光不明則人主當求賢以輔法不則奪勢四帝星夾黃帝坐四方各去二度東方蒼帝靈威仰之神也南方赤帝赤熛怒之神也西方白帝白招拒之神也北方黑帝叶光紀之神也黃帝坐明天子壽威令行小則反是勢在臣下若亡大人當之月出坐北禍大出坐南禍小近之大臣誅或饑犯黃帝坐有亂臣抵帝坐有土功事月暈帝坐有赦海中占月犯帝坐人主惡之五星守黃帝坐大人憂熒惑太白入有強臣歲星犯有非其主立熒惑犯兵亂入天庭至帝坐有赦太白入之兵在宮中塡逆行守黃帝坐亡君之戒五星人色白爲亂客星色黃白抵帝坐臣獻美女彗星入宮亂抵帝坐或如粉絮兵喪並起流星犯之大臣憂抵四帝坐輔臣憂人多死蒼白氣抵帝坐天子有喪青赤近臣欲謀其主黃白天子有子孫喜月犯四帝天下有喪諸侯有憂五星犯四帝爲憂

太子一星在帝坐北帝儲也儲有德則星明潤雲氣入黃爲喜黑爲憂太白熒惑客星流星守犯皆爲憂一云金火守之或入太子不廢則爲篡逆之事

內五諸侯五星在九卿西內侍天子不之國也乾象新書在郎位南辟雍禮得則星明亾則諸侯黜

從官一星在太子北侍臣也以見爲安一日不見則帝不安如常則吉

幸臣一星在帝坐東北常侍太子以暗爲吉新書在太子東青赤氣入之近臣謀君不成

內屏四星在端門內近右執法屏者所以擁蔽帝庭也

左右執法各一星在端門兩旁左爲廷尉之象右爲御史大夫之象主舉刺凶奸君臣有禮則光明潤澤乾象新書在中台南明則法令平月五星及客星犯守則君臣失禮輔臣黜熒惑太白入爲兵流星犯之尚書憂

郎位十五星在帝坐東北一曰依烏郎府也周之元士漢之光祿中散諫議郎郎中是其職主衞守也其星不具后妃災幸臣誅星明大或客星入之大臣爲亂元士憂彗孛犯郎官失勢彗星枉矢出其次郎佐謀叛熒惑守之兵喪赤氣入兵起黃白吉黑凶

郎將一星在郎位北主閱具以爲武備也若今之左右中郎將新書曰在太微垣東北明大臣叛客星犯守郎將誅黃白氣入則受賜流星犯將軍憂

常陳七星如畢狀在帝坐北天子宿衞虎賁之士以

設强禦也星搖動天子自出將明則武兵用微則弱客星犯王者行誅

九卿三星在三公北主治萬事今九卿之象也乾象新書在內五諸侯南占與天紀同

三公三星在謁者東北內坐朝會之所居也乾象新書在九卿南其占與紫微垣三公同

謁者一星在左執法東北主贊賓客辨疑惑乾象新書在太微垣門內左執法北明盛則四夷朝貢

三台六星兩兩而居起文昌列抵太微一曰天柱三公之位也在人曰三公在天曰三台主開德宣符西近文昌二星曰上台爲司命主壽次二星曰中台爲司中主宗室東二星曰下台爲司祿主兵所以昭德塞違也又曰三台爲天階太一躡以上下一曰泰階上階上星爲天子下星爲女主中階上星爲諸侯三公下星爲卿大夫下階上星爲士下星爲庶人所以和陰陽理萬物也又曰上台上星主兗豫下星主荊揚中台上星主梁雍下星主冀下台上星主靑下星主徐人主好兵則上階上星疏而色赤修宮廣囿肆聲色則上階合而橫君弱則上階迫而色暗公侯背叛率部動兵則中階上星赤外裔來侵邊國騷動則中階下星疏而橫色白卿大夫廢正向邪則中階下星疏而色赤民不從令犯刑爲盜則上階下星色黑去本就末奢侈相尚則下階上星闊而橫色白君臣有道賦省刑淸則上階爲之戚諸侯貢聘公卿盡忠則中階爲之比庶人奉化徭役有叙則下階爲之密若主奢欲數奪民時則上階爲之奪諸侯僭强公卿專貪則中階爲之疏士庶逐末豪傑相凌則下階爲之闊三階平則陰陽和風雨時穀豐世泰不平則反是三台不具天下失計色明齊等君臣和而政令行微細反是一曰天柱不見王者惡之司命星亡春不得耕司中不具夏不得耨司祿不具秋不得穫一曰三台色靑天下疾赤爲兵黃潤爲德白爲喪黑爲憂月入君憂臣亂公族叛月入而暈三公下獄客星入之貴臣賜爵邑出而色蒼臣奪爵守之大臣黜或貴臣多病彗星犯三公黜流星入天下兵將憂抵中台將相憂人主惡之雲氣入蒼白民多傷黃白潤澤民安君喜黃將相喜赤爲憂靑黑憂在三公蒼白三公黜

按上台二星在柳北其北星入柳六度中台二星其北入張二度下台二星在太微垣西蕃北其北星入翼二度武密書三台屬鬼又屬柳屬張乾象新書上台屬柳中台屬張下台屬翼

長垣四星在少微星南主界域及北方熒惑入之北人入中國太白入九卿謀邊將叛彗孛犯之北地不安流星入北方兵起將入中國

少微四星在太微西士大夫之位也一名處士亦天子副主或曰博士官一曰主衞掖門南第一星處士第二星議士第三星博士第四星大夫明大而黃則賢士舉月五星犯守之處士女主憂宰相易歲犯小人用忠臣危火犯賢德退土犯宰相易女主憂金犯大臣誅又曰以所居主占之客星孛星犯之王者憂姦臣衆彗星犯功臣有罪一曰法令臣誅流星出賢良進道衞用雲氣入色蒼白賢士憂大臣黜

靈臺三星在明堂西神之精明曰靈四方而高曰臺主觀雲物察符瑞候災變也武密曰與司怪占同

虎賁一星在下台星南一曰在太微西蕃北下名南靜室旄頭之騎官也明則臣順與車騎星同占

明堂三星在太微西南角外天子布政之宮明吉暗凶五星客星及彗犯之主不安其宮

右上元太微宮常星一十九坐積數七十有八而晉志所載少微長垣各四星屬天市垣與步天歌不同

天市垣

天市垣二十二星在氐房心尾箕斗內宮之內東蕃十一星南一曰宋二曰南海三曰燕四曰東海五曰徐六曰吳越七曰齊八曰中山九曰九河十曰趙十一曰魏西蕃十一星南一曰韓二曰楚三曰梁四曰巴五曰蜀六曰秦七曰周八曰鄭九曰晉十曰河間十一曰河中象天王在上諸侯朝王王出皐門大朝會西方諸侯在應門左東方諸侯在應門右其率諸侯幸都市也亦然一曰在房心東北主權衡主聚衆又曰天旗庭主斬戮事乾象新書曰市中星衆潤澤則歲實熒惑守之戮不忠之臣彗孛埽之爲徙市易都客星入爲兵起出爲貴喪天文錄曰天子之市天下所會也星明大則市吏急商人無利小則反是忽然不明糴貴中多小星則民富月入天市易政更弊近臣有抵罪兵起月守其中女主憂大臣災五星入將相憂五官災守之主市驚更弊又曰五星入兵起熒惑守大饑火災或芒角色赤如血市臣叛塡星守糴貴太白入兵起糴貴辰星守蠻夷君死客星守度量不平星色白市亂出天市有喪彗星守穀貴出天

市豪傑起徙易市都掃帝出天市除舊布新流星入邑蒼白物貴赤火災民疫一曰出天市爲外兵雲氣入邑蒼白民多疾蒼黑物貴出物賤黃白物賤黑爲嗇夫死

帝坐一星在天市中天皇大帝外坐也光而潤澤主吉威令行微小大人憂月犯之人主憂五星犯臣謀主下有叛熒惑尤甚客星入邑赤有兵守之大臣爲亂彗孛犯人民亂宮廟徙流星犯諸侯兵起臣謀主貴人吏令

候一星在帝坐東北（候一作后）主伺陰陽也明大輔臣强細微國安亡則主失位移則不安居太陰犯之輔臣發客彗守之輔臣黜孛犯臣謀叛

宦者四星在帝坐西南侍主刑餘之臣也星微吉失常宦者有憂

斗五星在宦者南主平量乾象新書在帝坐西覆則歲熟仰則荒客彗犯爲饑

斛四星在斗南主度量分銖筭數其星不明凶亡則年饑一曰在市樓北名天斛

列肆二星在斛西北主貨金玉珠璣

屠肆二星在帛度東北主屠宰烹殺乾象新書在天市垣內十五度

車肆二星在天市門中主百貨星不明則車蓋盡行明則吉客星彗星守之天下兵車盡發乾象新書在天市垣南門偏東

宗正二星在帝坐東南宗大夫也武密占曰主司宗人得失之官乾象新書在宗人西彗星守之若失色宗正有事客星守之更號令也犯之主不親宗廟星孛其分宗正黜

宗人四星在宗正東主錄親疏享祀宗族有序則星如綺文而明正動則天子親屬有變客星守之貴人死

宗星二星在候星東宗室之象帝輔血脉之臣乾象新書在宗人北客星守之宗支不和暗則宗支弱

帛度二星在宗星東北主度量買賣平貨易者乾象新書在屠肆南星明大尺量平商人不欺客星彗星守之絲綿大貴

市樓六星在天市中臨箕星之上市府也主市賈律度其陽爲金錢陰爲珠玉變見各以其所占之乾象新書主闤闠度律制令在天市中星明吉暗則市吏不理彗星客星守之市門多閉

七公七星在招搖東爲天相三公之象也主七政明則輔佐强大而動爲兵齊政則國法平戾則獄多囚連貫索則世亂入河中糴貴民饑太白守之天下亂兵起客星守歲饑主危流星出其分主將黜

貫索九星在七公星前賤人之牢也一曰連索一曰連營一曰天牢主法律禁强暴牢口一星爲門欲其開也

常星在天市垣北星皆明天下獄繁七星見小赦五星六星大赦動則斧鑕用中空改元石申曰一星亡則有賜爵三星亡大赦遠期八十日入河中爲饑中星衆則囚多辰星犯之主水米貴彗星出其分中外豪傑起客星入有枉死者色黃諸侯獻地青爲憂赤爲兵白乃爲吉流星入女主憂或赦出則貴女死雲氣入邑蒼白天子亡地青兵起黑獄多枉死白天子喜

天紀九星在貫索東九卿之象萬事綱紀主獄訟星明則天下多訟亡則政理壞國紀亂散絕則地震山崩與女牀合則君失禮女謁行客星守之主危民饑客星犯諸侯舉兵彗孛犯之地震客星彗星合守天下獄訟不理

女牀三星在天紀北後宮御女侍從官也主女事明則宮人恣舒則妾代女主不動則吉不見女子多疾客星彗星守之宮人謀上客星入女子憂後宮恣動女謁行雲氣出邑黃後宮有福白爲喪黑凶青女多疾

右天市垣常星可名者一十七坐積數八十有八而市樓天斛列肆車肆斗帛度屠肆等星晉志皆不載隋志有之屬天市垣與步天歌合又貫索七公女牀天紀晉志屬太微垣按乾象新書天紀在天市垣北女牀屬箕宿貫索屬房宿七公屬氐宿武密以七公屬房又屬尾貫索屬房又屬氐屬心女牀屬於尾箕說皆不同

欽定古今圖書集成曆象彙編庶徵典

第三十一卷目錄

庶徵典第三十一卷

星變部彙考五

宋史

天文志二十八舍

東方角宿二星爲天關其間天門也其內天庭也故黃道經其中七曜之所行也左角爲天田爲理主刑其南爲太陽道右角爲將主兵其北爲太陰道蓋天之三門猶房之四表星明大吉王道太平賢者在朝動搖移徙王者行左角赤明獄平暗而微小王道失陶隱居曰左角天津右角天門中爲天關日蝕角宿王者惡之暈于角內有陰謀陰國用兵得地又主大赦月犯角大臣憂獄事法官憂黜又占憂在宮中月暈其分兵起右角右將災左亦然或曰主水色黃有大赦月暈三重入天門及兩角兵起將失利歲星犯爲饑熒惑犯之國衰兵敗犯左角有赦右角兵起守之讒臣進政事急居陽有喜塡星犯角爲喪一曰兵起太白犯角羣臣有異謀辰星犯爲小兵守之大水客星犯兵起五穀傷守左角色赤爲旱守右角大水彗星犯之色白爲兵赤所指破軍出角天下兵亂星孛于角白爲兵赤軍敗入天市兵喪流星犯之外國使來入犯左角兵起雲氣黃白入右角得地赤入左有兵入右戰勝黑白氣入于右兵將敗

按漢末元銅儀以角爲十三度而唐開元游儀角二星十二度舊經去極九十一度今測九十三度半距星正當赤道其黃道在赤道南不經角中今測角在赤道南二度半黃道復經角中卽與天象合景祐測驗角二星十二度距南星去極九十七度在赤道外六度與乾象新書合今從新書爲正

南門二星在庫樓南天之外門也主守兵禁星明則遠方來貢暗則叛中有小星兵動客彗守之兵起

庫樓十星六大星庫也南四星樓也在角宿南一曰天庫兵車之府也旁十五星三三而聚者柱也中央四小星衡也芒角兵起星亡臣下逆動則將行實爲吉虛乃凶歲星犯之主兵熒惑犯之爲兵旱月入庫樓爲兵彗孛入兵饑客星入邊兵起流星入兵盡出赤雲氣入內外不安天庫生角有兵

平星二星在庫樓北角南主平天下法獄廷尉之象正則獄訟平月暈獄官憂熒惑犯之兵起有赦彗星犯政不行執法者黜

平道二星在角宿間主平道之官武密曰天子八達之衢主轍軾明正吉動搖法駕有虞歲星守天下治熒惑太白守爲亂客星守車駕出行流星守去賢用姦

天田二星在角北主畿內封域武密曰天子籍田也歲星守之穀稔熒惑守之爲旱太白守穀傷辰星守爲水災客星守旱蝗

天門二星在平星北武密云在左角南朝聘待客之所星明萬方歸化暗則外兵至月暈其外兵起熒惑入關梁不通守之失禮太白守有伏兵客星犯有謀上者

進賢一星在平道西主卿相舉逸材明則賢人用暗則邪臣進太陰歲星犯之大臣死熒惑犯爲衰賢人隱太白犯之賢者退歲星太白塡星辰星合守之其占爲天子求賢黃白紫氣貫之草澤賢人出

周鼎三星在角宿上主流亡星明國安不見則運不昌動搖國將移乾象新書引郟鄏定鼎事以周衰秦無道鼎淪泗水其精上爲星李太異曰商巫咸星圖已有周鼎蓋在秦前數百年矣

按步天歌庫樓十星柱十五星衡四星平星平道天田天門各二星進賢一星周鼎三星俱屬角宿而晉志以左角爲天田別不載天田二星隋志有之平道進賢周鼎晉志皆屬太微垣庫樓并衡星柱星南門天門平星皆在二十八宿之外唐武密及景祐書乃與步天歌合

亢宿四星爲天子內朝總攝天下奏事聽訟理獄錄功一曰疏廟主疾疫星明大輔忠民安動則多疾爲天子正坐爲天符秋分不見則穀傷糴貴太陽犯之謀侯謀國君憂日暈其分大臣凶多雨民饑疫月犯之君憂或大臣當之左爲水右爲兵月暈其分先起兵者勝在冬大人憂歲星犯之有赦穀有成守之有兵人多病留三十日以上有赦又曰犯則逆臣爲亂熒惑犯居陽爲喜陰爲憂有芒角大人惡之守之久

民憂多雨水又爲兵塡星犯穀傷民亡逆行女專政逆臣爲謀守之有兵太白犯之國亡民災逆行爲兵亂有芒角貴臣戮守之有水旱災或爲喪辰星犯之爲水又爲大兵守之米貴民疾歲旱盜起民相惡客星犯國不安色赤爲兵旱黃爲土功青黑使者憂守之穀傷一云有赦令黑民流彗犯國災出則有水兵疫臣叛白爲喪星孛犯國危爲水爲兵入則民流出則其國饑流星入外國使來穀熟出爲天子遣使赦令出李淳風曰流星入亢幸臣死雲氣犯之色蒼民疫白爲土功黑水赤兵一云白民虐疾黃土功

右亢宿四星漢永元銅儀十度唐開元游儀九度舊去極八十九度今九十一度半景祐測驗亢九度距南第二星去極九十五度

大角一星在攝提間天王坐也又爲天棟正經紀也光明潤澤爲吉青爲憂赤爲兵白爲喪黑爲疾色黃而靜民安動則人主好游月犯之大臣憂王者惡之月暈其分人主有服五星犯之臣謀主有兵太白守之爲兵彗星出其分主更改或爲兵天子失仁則守之孛星犯爲兵守之主憂客星犯守臣謀上出則人主受制流星入王者惡之犯之邊兵起雲氣青主憂白爲喪黃氣出有喜

折威七星在亢南主斬殺斷軍獄月犯之天子憂五星犯將軍叛彗孛犯邊將死雲氣犯蒼白兵亂赤臣叛主黃白爲和親出則有赦黑氣入人主惡之

攝提六星左右各三直斗杓南主建時節伺禨祥其星爲楯以夾擁帝坐主九卿星明大三公恣主弱色溫不明天下安近大角近戚有謀太陰入主受制月蝕其分主惡之熒惑太白守兵起天下更王彗孛入主自將兵出主受制流星入有兵出有使者出犯之公卿不安雲氣入赤爲兵九卿憂色黃喜黑大臣戮

陽門二星在庫樓東北主守隘塞禦外寇五星入五兵藏彗星守之外裔犯塞兵起赤雲氣入主用兵

頓頑二星在折威東南主考囚情狀察詐僞也星明無咎暗則刑濫彗星犯之貴人下獄

按步天歌大角一星折威七星左右攝提總六星頓頑陽門各二星俱屬角宿而晉志以大角攝提屬太微垣折威頓頑在二十八宿之外陽門則見於隋志而晉史不載武密書以攝提折威陽門皆屬角亢乾象新書以右攝提屬角左攝提屬亢餘與武密書同景祐測驗乃以大角攝提頓頑陽門皆屬於亢其說不同

氐宿四星爲天子舍室后妃之府休解之房前二星適也後二星妾也又爲天根主疫後二星大則臣奉度主安小則臣失勢動則徭役起日蝕其分卿相有讒諛一曰王者后妃惡之大臣憂日暈女主恣一曰國有憂日下輿師月蝕其宿大臣凶后妃惡之一曰羅貴月暈大將凶人疫在冬爲水主危以赦解之月犯左右郎將有誅一曰有兵盜犯右星主水掩之有陰謀將軍當之歲星犯有赦或立后守之地動年豐逆行爲兵熒惑犯之臣僭上一云將軍憂守有赦塡星犯左右郎將有誅守之有赦色黃后喜或冊太子留舍天下有兵齊明赦太白犯之郎將誅入其分疾疫或云犯之拜將乘右星水災辰星犯貴臣暴憂守之爲水爲旱爲兵入守貴人有獄乘左星天子自將客星犯牛馬貴色黃白爲喜有赦或曰邊兵起後宮亂五十日不去有刺客彗星犯有大赦羅貴滅之大疫入有小兵一云主不安孛星犯羅貴出則有赦入爲小兵或云犯之臣干主流星犯祕閣官有事在冬夏爲水旱乙巳占後宮有喜色赤黑後宮不安雲氣入黃爲土功黑主水赤爲兵蒼白爲疾疫白後宮憂

按漢永元銅儀唐開元游儀氐宿十六度去極九十四度景祐測驗與乾象新書皆九十八度

天乳一星在氐東北當赤道中明則甘露降彗客入天雨

將軍一星騎將也在騎官東南總領軍騎軍將部陣行列色動搖兵外行太白熒惑客星犯之大兵出

招搖一星在梗河北主北兵芒角搖動則兵大行明則兵起若與棟星梗河北斗相直則北方當來受命中國又占動則近臣恣離次則庫兵發色青爲憂白爲君怒赤爲兵黑爲軍破黃則天下安彗星犯北邊兵動出其分裔兵大起孛犯蠻裔亂客星出蠻裔來貢一云北地有兵喪流星出有兵雲氣犯色黃白相死赤爲內兵亂色黃兵罷白大人憂

帝席三星在大角北主宴獻酬酢星明王公災暗天下安星亡大人失位動搖主危彗犯主憂有亂兵客星犯主危

亢池六星在亢宿北亢舟也池水也主渡水往來送迎微細凶散則天下不通移徙不居其度中則宗廟有怪五星犯之川溢客星犯水蟲多死武密云主斷軍獄掌棄市殺戮與舊史異說

騎官二十七星在氐南天子虎賁也主宿衛星衆天

下安稀則騎士叛不見兵起五星犯爲兵客星守之將出有憂士卒發流星入兵起色蒼白將死

梗河三星在帝席北天矛也一曰天鋒主北邊兵又主喪故其變動應以兵喪星亡國有兵謀彗星犯之北兵敗客星入兵出陰陽不和一云北兵侵中國流星出爲兵赤雲氣犯兵敗蒼白將死

車騎三星在騎官南總車騎將主部陣行列變色動搖則兵行太白熒惑客星犯之大兵出天下亂

陣車三星在氐南一云在騎官東北革車也太白熒惑守之主車騎滿野內兵無禁

天輻二星在房西斜列主乘輿若周官巾車官也近尾天下有福五星客彗犯之則輦轂有變一作天福

按步天歌已上諸星俱屬氐宿乾象新書以帝席屬角亢池屬亢武密與步天歌合皆屬氐而以梗河屬亢占天錄又以陣車屬於亢乾象新書屬氐餘皆與步天歌合

房宿四星爲明堂天子布政之官也亦四輔也下第一星上將也次次將也次次相也上星上相也南二星君位北二星夫人位又爲四表中爲天衢爲天關黃道之所經也南間曰陽環其南曰太陽北間曰陰環其北曰太陰七曜由乎天衢則天下和平由陽道則旱喪由陰道則水兵亦曰天駟爲天馬主車駕南星曰左驂次左服次右服次左驂亦曰天廄又主開閉爲畜藏之所由星明則王者明驂大則兵起星離則民流左驂服亡則東南方不可舉兵右亡則西北不可舉兵日蝕其分爲兵大臣專權日暈亦爲兵君臣失政女主憂月蝕其宿大臣憂又爲王者昏大臣專政月暈爲兵三宿主赦及五舍不出百日赦太陰犯陽道爲旱陰道爲雨中道歲稔又占上將誅當大門天駟穀熟歲星犯之吏政令又爲兵爲饑民流守之大赦天下和平一云良馬出熒惑犯馬貴人主憂色青爲喪赤爲兵黑將相災白芒火災守之有赦令十日勾己者臣叛塡星犯之女主憂勾己相有誅守之土功興一日旱兵一日有赦令太白犯四邊合從守之爲土功出入霜雨不時辰星犯有殃守之水災一云北兵起將軍爲亂客星犯歷陽道爲旱陰道爲水國空民饑色白有攻戰入爲糴貴彗星犯國危人亂其分惡之孛星犯有兵民饑國災流星犯之在春夏爲土功秋冬相憂入有喪乙巳占出其分天子恤民下德令雲氣入赤黃吉如人形后有子色赤宮亂蒼白氣出將相憂

按漢永元銅儀唐開元游儀房宿五度舊去極百八度今百十度半景祐測驗房距南第二星去極百十五度在赤道外二十三度乾象新書在赤道外二十四度

鍵閉一星在房東北主關籥明吉暗則宮門不禁月犯之大臣憂火災歲星守之王不宜出塡星占同太白犯將相憂熒惑犯主憂彗星客星守之道路阻兵起一云兵滿野

鉤鈐二星在房北房之鈐鍵天之管籥王者至孝則明又曰明而近房天下同心房鉤鈐間有星及疏拆則地動河清月犯之大人憂車駕行日蝕其分將軍死歲星守之爲饑去其宿三寸王失政近臣起亂熒惑守之有德令太白守喉舌憂塡星守王失土彗星犯宮庭失業客星流星犯王有奔馬之敗

東咸西咸各四星東咸在心北西咸在房西北日月五星之道也爲房之戶以防淫泆也明則信吉東咸近鉤鈐有讒臣入西咸近上及動有知星者入月五星犯之有陰謀又爲女主失禮民饑熒惑犯之臣謀上與太白同犯兵起歲星塡星犯之有陰謀流星犯后妃恣王有憂客星犯主失禮后妃恣

罰三星在東西咸正南主受金罰贖曲而斜列則刑罰不中彗星客星犯之國無政令憂多枉法

日一星在房宿南太陽之精主昭明令德明大則君有德令月犯之下謀上歲星守王得忠臣陰陽和四夷賓五穀豐太白熒惑犯之主有憂客星彗星犯之主失位

從官二星在房宿西南主疾病巫醫明大則巫者擅權彗孛犯之巫臣作亂雲氣犯黑爲巫神戮黃則受爵

按步天歌以上諸星俱屬在房日一星晉隋志皆不載以他書考之雖在房宿南實入氐十二度半武密書及乾象新書惟以東咸屬心西咸屬房與步天歌不同餘皆脗合

心宿三星天王正位也中星曰明堂天子位爲大辰主天下之賞罰前星爲太子後星爲庶子星直則王失勢明大天下同心天下變動心星見祥搖動則兵離民流日蝕其分刑罰不中將相疑民饑兵喪日暈王者憂之月蝕其宿王者惡之三公憂下有喪月暈爲旱穀貴蟲生將凶與五星合大凶太陰犯之大臣憂犯中央及前後星主惡之出心大星北國旱出南

君憂兵起歲星犯之有慶賀事穀豐華夷奉化色不明有喪旱熒惑犯之大臣憂貫心爲饑與太白俱守爲喪又曰熒惑居其陽爲喜陰爲憂又曰守之主易政犯爲民流大臣惡之守星南爲水北爲旱逆行大臣亂塡星犯之大臣喜穀豐守之有土功留舍三十日有赦居久人主賢中犯明堂火災逆行女主干政太白犯糴貴將軍憂有水災不出一年有大兵舍之色不明爲喪逆行環繞大人惡之辰星犯明堂則大臣當之在陽爲燕在陰爲塞北不則地動大雨守之爲水爲盜客星犯之爲旱守之爲火災舍之則糴貴民饑彗星犯之大臣相疑守之而出爲蝗饑又曰爲兵星孛其分有兵喪民流流星犯臣叛入之外國使來色青爲兵爲憂黃有土功黑爲凶雲氣入色黃子孫喜白亂臣在側黑太子有罪

按漢永元銅儀心三星皆五度去極百八度景祐測驗心三星五度距西第一星去極百十四度

積卒十二星在房西南五營軍士之象主衛士掃除不祥星小爲吉明則有兵一星亡兵少出二星亡兵半出三星亡兵盡出五星守之兵起不則近臣誅彗星客星守之禁兵大出天子自將雲氣犯之青赤爲大臣持政欲論兵事

按步天歌積卒十二星屬心晉志在二十八宿之外唐武密書與步天歌合乾象新書乃以積卒屬房宿爲不同今兩存其說

尾宿九星爲天子後宮亦主后妃之位上第一星后也次三星夫人次星嬪妾也亦爲九子均明大小相承則後宮有孛子孫蕃昌明則后有喜穀熟不明則后有憂穀荒日蝕其分將有疾在燕風沙兵喪後宮有憂人君戒出日暈女主喪將相憂月蝕其分貴臣犯刑後宮有憂月暈有疫大赦將相憂其分有水災后妃憂太陰犯之臣不和將有憂歲星犯穀貴人之妾爲嫡臣專政守之旱火災熒惑犯之有兵留二十日水災留三月客兵聚入之人相食又云宮內亂塡星犯之色黃后妃喜入爲兵饑盜賊逆行妾爲女主守之而有芒角更姓易政太白犯入大臣起兵久留爲水災出入舍守糴貴兵起後宮憂失行軍破城亡辰星犯守爲水災民疾後宮有罪者兵起入則萬物不成民疫客星犯入宮人惡之守之賤女暴貴出則爲風爲水後宮惡之兵罷民饑多死彗星犯后惑主宮人出兵起宮門多土功出入貴臣誅有水災孛犯多土功大臣誅守之宮人出出爲大水民饑流星入犯色青舊臣歸在春夏後宮有口舌秋冬賢良用事出則後宮喜有子孫色白後宮妾死出入風雨時穀熟入后族進祿青黑則后妃喪雲氣入色青外國來降出則臣有亂赤氣入有使來言兵黑氣入有諸侯客來

按漢永元銅儀尾宿十八度唐開元游儀同舊去極百二十度一云百四十度今百二十四度景祐測驗亦十八度距西行從西第二星去極一百二十八度在赤道外二十二度乾象新書二十七度

神宮一星在尾宿第三星旁解衣之內室也

天江四星在尾宿北主太陰明動則水兵起星不具則津梁不通參差馬貴月犯爲兵爲臣强河津不通熒惑犯大旱守之有立主太白犯暴水彗星犯爲大兵客星入河津不通流星犯爲水爲饑赤雲氣犯車騎出青爲多水黃白天子用事兵起入則兵罷

傳說一星在尾後河中主章祝官也一曰後宮女巫也司天王之內祭祀以祈子孫明大則吉王者多子孫輔佐出不明則天下多禱祠亡則社稷無主入尾下多祝詛左氏傳天策焞焞卽此星也彗星客星守之天子不享宗廟赤雲氣入巫祝官有誅者

魚一星在尾後河中主陰事知雲雨之期明大則河海水出不明則陰陽和多魚亡則魚少動搖大則水暴出出則河大魚多死月暈氣犯之則旱魚死熒惑犯其陽爲旱陰爲水塡星守之爲旱赤雲氣犯出兵起將憂入兵罷黃白氣出兵起

龜五星在尾南主卜以占吉凶星明君臣和不明則上下乖熒惑犯爲旱守爲火客星入爲水憂流星出色赤黃爲兵青黑爲水各以其國言之赤雲氣出卜祝官憂

按神宮傳說魚各一星天江四星龜五星步天歌與他書皆屬尾而晉志列天江於天市垣以傳說魚龜在二十八宿之外其說不同

箕宿四星爲後宮妃后之府亦曰天津一曰天雞主八風又主口舌主蠻夷星明大穀熟不正爲兵離徙天下不安中星衆亦然糴貴凡日月宿在箕壁翼軫者皆爲風起日動三日有大風日犯或蝕其宿將疾佞臣害忠良皇后憂大風沙日暈國有妖言月蝕爲水旱爲饑后惡之月暈爲風穀貴大將易又王者納后月犯多風糴貴爲旱女主憂君將死后宮干政歲

星入宮內口舌歲熟在箕南爲旱在北爲有年守之多惡風穀貴民饑死熒惑犯之地動入爲旱出則有赦久守爲水逆行諸侯相謀人主惡之塡星犯女主憂久留有赦守之后喜有土功色黃光潤則太后喜又占守有水守九十日人流兵起蝗太白犯女主喜入則有赦出爲土功糴貴守之爲旱爲風民疾出入留箕五穀不登多蝗辰星犯有赦守則爲旱動搖色靑臣自戮又占爲水溢旱火災穀不成客星入犯有土功宮女不安民流守之爲饑色赤爲兵守其北小熟東大熟南小饑西大饑出其分民饑大臣有棄者一云守之秋冬水災彗星犯守東夷自滅出則爲旱爲兵北方亂孛犯爲外邊亂糴貴守之外邊災出爲穀貴民死流亡春夏犯之金玉貴秋冬土功興入則多風雨色黃外夷來貢雲氣出色蒼白國災除入則蠻夷來見出而色黃有使者出箕口斂爲雨開爲多風少雨

按漢永元銅儀箕宿十度唐開元游儀十一度舊去極百十八度今百二十度景祐測驗箕四星十度距西北第一星去極百二十三度

糠一星在箕舌前杵西北明則豐熟暗則民饑流亡

杵三星在箕南主給庖舂動則人失釜甑縱則豐橫則大饑亡則歲荒移徙則人失業熒惑守民流客星犯守歲饑彗孛犯天下有急兵

按晉志糠一星杵三星在二十八宿之外乾象新書與步天歌皆屬箕宿

北方南斗六星天之賞祿府主天子壽筭爲宰相爵祿之位傳曰天廟也丞相太宰之位褒賢進士禀受爵祿又主兵一曰天機南二星魁天梁也中央二星天相也北二星天府庭也又謂南星者魁星也北星杓也第一星曰北亭一曰天開一曰鐵鑕石申曰魁第一主吳二會稽三丹陽四豫章五廬江六九江星明盛則王道和平帝王長齡將相同心不明則大小失次芒角動搖國失忠臣兵起民愁日蝕在斗將相憂兵起皇后災吳分有兵日暈將相憂宗廟不安月蝕其分國饑小兵后夫人憂月暈大將死穀不生月犯將臣黜風雨不時大臣誅一歲三入大赦又占入爲女主憂趙魏有兵色惡相死歲星犯有赦久守水災穀貴守及百日兵用大臣死熒惑犯有赦破軍殺將火災入二十日糴貴四十日有德令守之爲兵盜久守災甚出斗上行天下憂不行臣變入內外有謀守七日太子疾塡星犯爲亂入則失地逆行地動出入留二十日有大喪守之大臣叛又占逆行先水後旱守之國多義士太白犯之有兵臣叛留守之破軍殺將與火俱入白爍臣子爲逆久則禍大辰星犯水穀不成有兵守之兵喪客星犯兵起國亂入則諸侯相攻多盜大旱宮廟火穀貴七日不去有赦彗星犯國主憂出則其分有謀又爲水災宮中火下謀上有亂兵入則爲火大臣叛孛犯入下謀上有亂兵出則爲兵爲疾國變流星入蠻夷來貢犯之宰相憂在春天子壽夏爲水秋則相黜冬大臣逆色赤而出斗者大臣死雲氣入蒼白多風赤旱出有兵起宮廟火入有雨赤氣兵黑主病

按漢永元銅儀斗二十四度四分度之一唐開元游儀二十六度去極百十六度今百十九度景祐測驗亦二十六度距魁第四星去極一百二十二度

鼈十四星在南斗南主水族不居漢中川有易者熒惑守之爲旱辰星守爲火客星守爲水流星出色青黑爲水黃爲旱雲氣占同一曰有星守之白衣會主有水

天淵十星一曰天池一曰天泉一曰天海在鼈星東南九坎間又名太陰主灌溉溝渠五星守之大水河決熒惑入爲旱客星入海魚出彗星守之川溢傷人

狗二星在南斗魁前主吠守以不居常處爲災熒惑犯之爲旱客星入多土功北邊饑守之守禦之臣作亂

建六星在南斗魁東北臨黃道一曰天旗天之都關爲謀事爲天鼓爲天馬南二星天庫也中二星市也鐵鑕也上二星爲旗跗斗建之間三光道也主司七曜行度得失十一月甲子天正冬至大曆所起宿也星動人勞役月犯之臣更天子法掩之有降兵月蝕其分皇后婕妊當黜月暈大將死五穀不成蛟龍見牛馬疫月與五星犯之大臣相譖有謀亦爲關梁不通大水歲星守爲旱糴貴死者衆諸侯有謀入則有兵熒惑守之臣有黜者諸侯有謀糴貴入則關梁不通馬貴守旗跗三十日有兵塡星守之王者有謀太白守外國使來辰星守爲水災米貴多病彗孛客星犯之王失道忠臣黜客星守之道路不通多盜流星入下有謀色赤昌

天弁九星（弁一作辨）在建星北市官之長主列肆闤闠市籍之事以知市珍也明盛則萬物昌不明及彗客犯

之羅貴久守之囚徒起兵
天雞二星在牛西一在狗國北主異鳥一曰主候時熒惑舍之爲旱雞多夜鳴太白熒惑犯之爲兵塡星犯之民流亡客星犯水旱失時入爲大水
狗國四星在建星東南主三韓鮮卑烏桓玁狁沃且之屬星不具天下有盜不明則安明則邊寇起月犯之烏桓鮮卑國亂熒惑守之外邊兵起太白守之鮮卑受攻客星守其王來中國
天籥八星在南斗杓第二星西主開閉門戶明則吉不備則關籥無禁客星彗星守之關梁閉塞
農丈人一星在南斗西南老農主稼穡者又主先農農正官星明歲豐暗則民失業移徙歲饑客星彗星守之民失耕歲荒
按步天歌已上諸星皆屬南斗晉志以狗國天雞天弁天籥建星皆屬天市垣餘在二十八宿之外乾象新書以天籥農丈人屬箕武密又以天籥屬尾互有不同
牛宿六星天之關梁主犧牲事其北二星一曰卽路一曰聚火又曰上一星主道路次二星主關梁次三星主南越明大則王道昌關梁通牛貴怒則馬貴動則牛災多死始出而色黃大豆賤赤則豆有蟲青則大豆貴星直羅賤曲則貴日蝕其分兵起暈爲陰國憂兵起月蝕有兵暈爲水災女子貴五穀不成牛多暴死小兒多疾川暈在冬三月百四十日外有赦暈中央大星大將被戮月犯之有水牛多死其國有憂歲星入犯則諸侯失期留守則牛多疫五穀傷在牛東不利小兒西主風雪北爲民流逆行宮中有火居三十日至九十日天下和平道德明正熒惑犯之諸侯多疾臣謀主守則穀不成兵起入或出守斗南赦塡星犯之有土功守之雨雪民人牛馬病太白犯之諸侯不通守則國有兵起入則爲兵謀人多死辰星犯敗軍移將臣謀主客星犯守之牛馬貴越地起兵出牛多死地動馬貴彗星犯之吳分兵起出爲羅貴牛死孛犯改元易號羅貴牛多死吳越兵起下當有自立者流星犯之主欲改事春夏穀熟秋冬穀貴色黑牛馬昌關梁入貢雲氣蒼白橫貫有兵喪赤亦爲兵黃白氣入牛蕃息黑則牛死
按漢永元銅儀以牽牛爲七度唐開元游儀八度舊去極百六度今百四度景祐測驗牛六星八度距中央大星去極百十度半
天田九星在斗南一曰在牛東南天子畿內之田其占與角北天田同客星犯之天下憂彗孛犯守之農夫失業
河鼓三星在牽牛西北主天鼓蓋天子及將軍鼓也一曰三鼓主天子三軍中央大星爲大將軍左星爲左將軍右星爲右將軍左星南星也所以備關梁而拒難也設守險阻知謀徵也鼓欲正直而明色黃光澤將吉不正爲兵憂星怒則馬貴動則兵起曲則將失計奪勢有芒角將軍凶猛象也動搖差度亂兵起月犯之軍敗亡五星犯之兵起彗星客星犯將軍被戮流星犯諸侯作亂黃白雲氣入之天子喜赤爲兵起出則戰勝黑爲將死青氣入之將憂出則禍除
左旗九星在河鼓左旁右旗九星在牽牛北河鼓西南天之鼓旗旌表也主聲音設險知敵謀旗星明大將吉五星犯守兵起
織女三星在天市垣東北一曰在天紀東天女也主果蓏絲帛珍寶王者至孝神祇咸喜則星俱明天下和平星怒而角布帛貴陶隱居曰常以十月朔至六七日晨見東方色赤精明者女工善星亡兵起女子爲候織女足常向扶筐則吉不向則絲綿大貴月暈其分兵起熒惑守之公主憂絲帛貴兵起彗星犯后族憂星孛則有女喪客星入色青爲饑赤爲兵黃爲旱白爲喪黑爲水流星入有水盜女主憂雲氣入蒼白女子憂赤則爲女子兵死色黃女有進者
漸臺四星在織女東南臨水之臺也主晷漏律呂事明則陰陽調而律呂和不明則常漏不定客星彗星犯之陰陽反戾
輦道五星在織女西主王者游嬉之道漢輦道通南北宮其象也太白熒惑守之御路兵起
九坎九星在牽牛南主溝渠導引泉流疏瀉盈溢又主水旱星明爲水災微小吉月暈爲水五星犯之水溢客星入天下憂雲氣入青爲旱黑爲水溢
羅堰三星在牽牛東拒馬也主陂塘壅蓄水源以灌溉也星明大則水泛溢
天桴四星在牽牛東北橫列一曰在左旗端鼓桴也主漏刻暗則刻漏失時武密曰主桴鼓之用動搖則軍鼓用前近河鼓若桴鼓相直皆爲桴鼓用太白熒惑守之兵鼓起客星犯之主刻漏失時
按步天歌已上諸星俱屬牛宿晉志以織女漸臺輦道皆屬太微垣以河鼓左旗右旗天桴屬天市垣餘在二十八宿之外武密以左旗屬箕屬斗右

旗亦屬斗漸臺屬斗又屬牛餘與步天歌同乾象
新書則又以左旗織女漸臺輦道九坎皆屬於斗

須女四星天之少府賤妾之稱婦職之卑者也主布帛裁製嫁娶星明天下豐女巧國富小而不明反是日蝕在女戒在巫祝后妃禱祠又占越分饑后妃疾日暈後宮及女子憂月蝕爲兵旱國有憂月暈有兵謀不成兩重三重女主死月犯之有女惑有兵不戰而降又曰將軍死歲星犯之后妃喜外國進女守之多水國饑喪糴貴民大災熒惑犯之大臣皇后憂布帛貴民大災守之土人不安五穀不熟民疾有女喪又爲兵入則糴貴逆行犯守大臣憂居陽喜陰爲憂填星犯守有苛政山水出壞民舍女謁行后專政多妖女畱五十日民流亡太白犯之布帛貴兵起天下多寡女畱守有女喪軍發辰星犯國饑民疾守之天下水有赦南地火北地水又兵起布帛貴客星犯兵起女人爲亂守之宮人憂諸侯有兵江淮不通糴貴彗星犯兵起女爲亂出爲兵亂有水災米鹽貴星孛其分兵起女爲亂有奇女來進出入國有憂王者惡之流星犯天子納美女又曰有貴女下獄抵須女女主死乙巳占出入而色黃潤立妃后白爲後宮妾死雲氣入黃白有嫁女事白爲女多病黑爲女多死赤則婦人多兵死者

按漢永元銅儀以須女爲十一度景祐測驗十二度距西南星去極百五度在赤道外十四度

十二國十六星在牛女南近九坎各分土居列國之象九坎之東一星曰齊齊北二星曰趙趙北一星曰鄭鄭北一星曰越越東二星曰周周東南北列二星曰秦秦南二星曰代代西一星曰晉晉北一星曰韓韓北一星曰魏魏西一星曰楚楚南一星曰燕有變動各以其國占之陶隱居曰越星在婺女南鄭一星在越北趙二星在鄭南周二星在越東楚一星在魏西南燕一星在楚南韓一星在晉北晉一星在代北代二星在秦南齊一星在燕東

離珠五星在須女北須女之藏府女子之星也又曰主天子旒珠后夫人環珮去陽旱去陰潦客星犯之後宮有憂

奚仲四星在天津北主帝車之官凡太白熒惑守之爲兵祥

天津九星在虛宿北橫河中一曰天漢一曰天江主四瀆津梁所以度神通四方也一星不備津梁不通明則兵起參差馬貴大則水災移則水溢彗孛犯之津敗道路有賊客星犯橋梁不修守之水道不通船貴流星出必有使出隨分野占之赤雲氣入爲旱黃白天子有德令黑爲大水蒼色爲水爲憂出則禍除

敗瓜五星在匏瓜星南主修瓜果之職與匏瓜同占

匏瓜五星作瓠瓜在離珠北天子果園也其西觜星主後宮不明則后失勢不具或動搖爲盜光明則歲豐暗則果實不登彗孛犯之近臣僭有戮死者客星守之魚鹽貴山谷多水犯之有游兵不戰蒼白雲氣入之果不可食青爲天子攻城邑黃則天子賜諸侯果黑爲天子食果而致疾

扶筐七星爲盛桑之器主勸蠶也一曰供奉后與夫人之親蠶明吉暗凶移徙則女工失業彗星犯將叛流星犯絲綿大貴

按步天歌已上諸星俱屬須女而十二國及奚仲匏瓜敗瓜等星晉志不載隋志有之晉志以離珠天津屬天市垣扶筐屬太微垣乾象新書以周越齊趙屬牛秦代韓魏燕晉楚鄭屬女武密以離珠瓠瓜屬牛女奚仲屬危新書以離珠匏瓜屬牛敗瓜屬斗牛以天津西一星屬斗中屬牛東屬女

虛宿二星爲虛堂冢宰之官也主死喪哭泣又主北方邑居廟堂祭祀祝禱事宋均曰危上一星高旁兩星下似蓋屋也蓋屋之下中無人但空虛似乎殯宮主哭泣也明則天下安不明爲旱歛斜上下不正亨祀不恭動將有喪日蝕其分其邦有喪日暈民饑后妃多喪月蝕主刀劍官有憂國有喪月暈有兵謀風起則不成又爲民饑月犯之宗廟兵動又國憂將死歲星犯民饑守之失色天王改服與填星同守水旱不時熒惑犯之流血滿野守之爲旱民饑軍敗入爲火災功成見逐或勾己大人戰不利填星犯之有急令行疾有客兵入則有赦穀不成人不安守之風雨不時爲旱米貴大人欲危宗廟有客兵太白犯下多孤寡兵喪出則政急守之臣叛君入則大臣下獄辰星犯春秋有水守之亦爲水災在東爲春木南爲夏水西爲秋水北冬有雷雨水客星犯糴貴守之兵起近期一年遠則二年有哭泣事出爲兵喪彗星犯之國凶有叛臣出爲野戰流血出入有兵起芒熾所指國必亡星孛其宿有哭泣事出則爲野戰流血國有叛臣流星犯光潤出入則冢宰受賞有赦令色黑大臣死入而色青有哭泣事黃白有受賜者出則貴人求醫藥雲氣黃入爲喜蒼爲哭赤火黑水白有幣客

來
按漢永元銅儀以虛爲十度唐開元游儀同舊去極百四度今百一度景祐測驗距南星去極百三度在赤道外十二度

司命二星在虛北主舉過行罰滅不祥又主死亡逢星出司命王者憂疾一曰宜防祆惑

司祿二星在司命北主增年延德又主掌功賞食料官爵

司危二星在司祿北主矯失正下又主樓閣臺榭死喪流亡

司非二星在司危北主司候內外察愆尤主過失乾象新書命祿危非八星主天子巳下壽命爵祿安危是非之事明大爲災居常爲吉

哭二星在虛南主哭泣死喪月五星彗孛犯之爲喪

泣二星在哭星東與哭同占

天壘城一十三星在泣南圜如大錢形若貫索主鬼方北邊丁零類所以候興敗存亡熒惑入守邊人犯塞客星入北方侵赤雲氣掩之北方驚滅有疾疫

離瑜三星在十二國東乾象新書在天壘城南離圭衣也瑜玉飾皆婦人見舅姑衣服也微則後宮儉約明則婦人奢縱客星彗星入之後宮無禁

敗臼四星在虛危南兩兩相對主敗亡災害石申曰一星不具民賣甑釜不見民出其鄉五星入除舊布新客星彗星犯之民饑流亡黑氣入主憂

按步天歌巳上諸星俱屬虛宿司命司祿司危司非離瑜敗臼晉志不載隋志有之乾象新書以司命司祿司危司非屬須女泣星敗臼屬危武密書與步天歌合

危宿三星在天津東南爲天子宗廟祭祀又爲天子土功又主天府天市架屋受藏之事不明客有誅土功興動或暗營宮室有兵事日蝕陵廟摧有大喪有叛臣日暈有喪月蝕大臣憂有喪宮殿圮月暈有兵喪先用兵者敗月犯之宮殿陷臣叛來歲糴貴有大喪歲星犯守爲兵役徭多土功有哭泣事又多盜熒惑犯之有赦守之人多疾兵動諸侯謀叛宮中火災守上星人民死中星諸侯死下星大臣死各期百日十日守三十日東兵起歲旱近臣叛入爲兵有變更之令塡星守之爲旱民疾土功興國大戰犯之皇后憂兵喪出入畱舍國亡地有流血入則大亂賊臣起太白犯之爲兵一曰無兵兵起有兵兵罷五穀不成多火災守之將憂又爲旱爲火舍之有急事辰星犯之大臣誅法官憂國多災守之臣下叛一云皇后疾兵喪起客星犯有哭泣一曰多雨水穀不收入之有土功或三日有赦出則多雨水五穀不登守之國敗民饑彗星犯之下有叛臣兵起出則將軍出國易政大水民饑孛犯國有叛者兵起流星犯之春夏爲水災秋冬爲口舌入則下謀上抵危北地交兵乙巳占流星出入色黃潤人民安穀熟土功興色黑爲水大臣災雲氣入蒼白爲土功青爲國憂黑爲水爲喪赤爲火白爲憂爲兵黃出入爲喜

按漢永元銅儀以危爲十六度唐開元游儀十七度舊去極九十七度距南星去極九十八度在赤道外七度

虛梁四星在危宿南主園陵寢廟禱祝非人所處故曰虛梁一曰宮宅屋幃帳寢太白熒惑犯之爲兵彗孛犯兵起宗廟改易

天錢十星在北落師門西北主錢帛所聚爲軍府藏明則庫盈暗則虛太白熒惑守之盜起彗孛犯之庫藏有賊

墳墓四星在危南主山陵悲慘死喪哭泣大曰墳小曰墓五星守犯爲人主哭泣之事

杵三星在人星東一在臼星北主舂軍糧不具則民賣甑釜

臼四星在杵星下一在危東杵臼不明則民饑星衆則歲樂疏爲饑動搖亦爲饑杵直下對臼則吉不相當則軍糧絕縱則吉橫則荒又臼星覆歲饑仰則歲熟彗星犯之民饑兵起天下急客星守之天下聚會米粟

蓋屋二星在危宿南九度主治宮室五星犯之兵起彗孛犯守兵災尤甚

造父五星在傳舍南一曰在螣蛇北御官也一曰司馬或曰伯樂主御營馬廄馬乘驂轡移處兵起馬貴星亡馬大貴彗客入之僕御謀主有斬死者一曰兵起守之兵動廄馬出

人五星在虛北車府東如人形一曰主萬民柔遠能邇又曰臥星主夜行以防淫人星亡則有詐作詔者又爲婦人之亂星不具王子有憂客彗守犯人多疾疫

車府七星在天津東近河東西列主車府之官又主賓客之館光明潤澤必有外賓車駕華潔熒惑守之兵動彗客犯之兵車出

鈎九星在造父西河中如鈎狀星直則地動佗星守占同一曰主輦輿服飾明則服飾正

按步天歌已上諸星俱屬危宿晉志不載人星車府隋志有之杵臼星晉隋志皆無造父鈎星晉志屬紫微垣蓋屋虛梁天錢在二十八宿外乾象新書以車府西四星屬虛東三星屬危武密書以造父屬危又屬室餘皆與步天歌合按乾象新書又有天綱一星在危宿南入危八度去極百三十二度在赤道外四十一度晉隋志及諸家星書皆不載止載危室二宿間與北落師門相近者近世天文乃載此一星在鬼柳間與外廚天紀相近然新書兩天綱雖同在危度其說不同今姑附于此

營室二星天子之宮一曰元宮一曰清廟又為軍糧之府主土功事一曰室一星為天子宮一星為太廟為王者三軍之廩故置羽林以衛又為離宮閣道故有離宮六星在其側一曰定室詩曰定之方中也星明國昌不明而小祠祀鬼神不享動則有土功事不具憂子孫無芒不動天下安日蝕在室國君憂王者將兵一曰軍絕糧士卒亡日暈國憂女主憂黜月蝕其分有土功歲饑月暈為木為火為風月犯之為土功有哭泣事歲星犯之有急而為兵入天子有赦爵祿及下舍室東民多死舍北民憂又曰守之宮中多火災主不安民疫熒惑犯歲不登守之有小災為旱為火糴貴逆行守之臣謀叛入則創改宮室成勾己者主失宮填星犯為兵守之天下不安人主徙宮后夫人憂關梁不通貴人多死久守大人惡之以赦解吉逆行女主出入恣留六十日土功興太白犯五寸許天子政令不行守則兵大忌之以赦令解一曰太子后妃有謀若乘守勾己逆行往來主廢后妃有大喪宮人恣去室一尺威令不行留六十日將死入則有暴兵辰星犯之為水入則后有憂諸侯發動于西北客星犯入天子有兵事軍饑將離外兵來出於室兵先起者敗彗星出占同或犯之則弱不能戰出入犯之則先起兵者勝一曰出室為大水孛犯或出入先起兵者勝出有小災後宮亂武密曰孛出其分有兵喪道藏所載室專主兵流星犯軍乏糧在春夏將軍貶秋冬水溢乙巳占曰流星出入色黃潤軍糧豐五穀成國安民樂雲氣入黃為土功蒼白大人惡之赤為兵民疫黑則大人憂

按漢永元銅儀營室十八度唐開元游儀十六度舊去極八十五度景祐測驗室十六度距南星去極八十五度在赤道外六度

雷電六星在室南明動則雷電作

離宮六星兩兩相對為一坐夾附室宿上星天子之別宮也主隱藏止息之所動搖為土功不具天子憂太白熒惑入兵起犯或勾己環繞為后妃咎彗星犯之有修除之事

壘壁陣十二星（一作壁壘）在羽林北羽林之垣壘主天軍營星明國安移動兵起不見兵盡出將死五星入犯皆主兵太白辰星尤甚客星入兵大起將吏憂流星入南色青后憂入北諸侯憂色赤黑入東后有謀入西太子憂黃白為吉

螣蛇二十二星在室宿北主水蟲居河漢明而微國安移向南則旱向北大水彗孛犯之水道不通客星犯木物不成

土功吏二星在壁宿南一曰在危東北主營造宮室起土之官動搖則版築事起

北落師門一星在羽林軍南北宿在北方落者天軍之番落也師門猶軍門長安城北門曰北落門象此也主非常以候兵星明大安微小芒角有大兵起歲星犯之吉熒惑入兵弱不可用客星犯之光芒相及為兵大將死守之邊人入塞流星出而色黃天子使出入則天子喜出而色赤或犯之皆為兵起雲氣入蒼白為疾疫赤為兵黃白喜黑雲氣入邊將死

八魁九星在北落東南主捕張禽獸之官也客彗入多盜賊兵起太白熒惑入守占同

天綱一星在北落西南一曰在危南主武帳宮舍天子游獵所會客彗入為兵起一云義兵

羽林軍四十五星三三而聚散出壘壁之南一曰在營室之南東西布列北第一行主天軍軍騎翼衛之象星衆則國安稀則兵動羽林中無星則兵盡出天下亂月犯之兵起歲星入諸侯悉發兵臣下謀叛必敗伏誅太白入兵起填星入大水五星入為兵熒惑太白經過天子以兵自守熒惑入而芒赤與兵者亡客星入色黃白為喜赤為臣叛流星入南色青后有疾入北諸侯憂入東而赤黑后有謀入西太子憂雲氣蒼白入南后有憂北諸侯憂黑太子諸侯忌之出則禍除黃白吉

斧鉞三星在北落師門東芟刈之具也主斬芻藁以飼牛馬明則牛馬肥腯動搖而暗或不見牛馬死隋志通志皆在八魁西北主行誅拒難斬伐奸謀明大

用兵將憂暗則不用移動兵起月入大臣誅歲星犯相誅熒惑犯大臣戮塡星入大臣憂太白入將誅客彗犯斧鉞用又占客犯外兵被擒士卒死傷外國降色青憂赤兵黃白吉

按步天歌已上諸星皆屬營室雷電土功吏斧鉞晉志皆不載隋志有之壘壁陣北落師門天綱羽林軍晉志在二十八宿外騰蛇屬天市垣武密書以騰蛇屬營室又屬壁宿乾象新書以西十六星屬尾屬危東六星屬室羽林軍西六星屬危東三十九星屬室以天綱屬危斧鉞屬奎通占錄又以斧鉞屬壁屬奎說皆不同

壁宿二星主文章天下圖書之祕府明大則王者興道術行國多君子星失色大小不同王者好武經術不用圖書廢星動則有土功日蝕於壁陽消陰壞男女多傷國不用賢日暈名士憂月蝕其分大臣憂文章士廢民多疫月暈爲風水其分有憂月犯之國有憂爲饑衛地有兵歲星犯之木傷五穀久守或凌犯勾己有兵起熒惑犯之衛地憂守之國旱民饑賢不用一占王有大災塡星犯守圖書與國王壽天下豐國用賢一占物不成民多病逆行成勾己者有土功六十日天下立王太白犯之一二寸許則諸侯用命守之文武並用一曰有軍不戰一曰有兵喪一曰水災多風雨一曰犯之多火災辰星犯國有蓋藏保守之事王者刑法急守之近臣憂一曰其分有喪有兵姦臣有謀逆行守之橋梁不通客星犯之文章士死一曰有喪入爲土功有木守之歲多風雨舍則牛馬多死彗星犯之爲兵爲火一曰大水民流孛犯爲兵有火水災流星犯文章廢乙巳占曰若色黃白天下文章士用赤雲氣入之爲兵黑其下國破黃則外國貢獻一曰天下有烈士立

按漢永元銅儀東壁二星九度舊去極八十六度景祐測驗壁二星九度距南星去極八十五度

天廄十星在東壁之北主馬之官若今驛亭也主傳令置驛逐漏馳騖謂其急疾與晷漏競馳也月犯之兵馬歸彗星入馬廄火客星入馬出行流星入天下有驚

霹靂五星在雲雨北一曰在雷電南一曰在土功西主陽氣大盛擊碎萬物與五星合有霹靂之應

雲雨四星在雷電東一云在霹靂南主雨澤成萬物星明則多雨水辰星守之有大水一占主陰謀殺事孳生萬物

鈇鑕五星在天倉西南刈具也主斬芻飼牛馬明則牛馬肥微暗則牛馬饑餓

按步天歌壁宿下有鈇鑕五星晉隋志皆不載隋志八魁西北三星曰鈇鑕又曰鈇鉞其占與步天歌室宿內斧鉞略同恐即是此誤重出之霹靂五星雲雨四星晉志無之隋志有之武密書以雲雨屬室宿天廄十星晉志屬天市垣其說皆不同

西方奎宿十六星天之武庫一曰天豕一曰封豕主以兵禁暴又主溝瀆西南大星曰大豕目亦曰大將明動則兵水大出日蝕魯國凶邊兵起及水旱日暈爲兵爲火月蝕聚斂之臣有憂月暈兵敗羅貴將戮人疾疫月犯之其分亂歲星犯之近臣爲逆守之蟲爲災人民饑盜起多獄訟久守北兵降色潤澤大熟守二十日以上兵起爲地逆行守之君好兵民流亡熒惑犯之環遶三十日以上將相凶大水民流守二十日以上魯地有兵動搖進退有赦舍歲大熟留臣下專權多獄訟守百日以上多盜塡星入犯吳越有兵一曰齊魯一曰兵喪守之有貴女執政出入水泉溢太白犯之大水有兵霜殺物入則外兵入國彗見將相死辰星犯之江河决有兵爲旱爲火守之王者憂兵亂客星犯有溝瀆事守則王者有憂軍敗賊臣在側入之破軍殺將舍留不去人饑出則爲謀臣惑天子彗犯爲饑爲兵喪出則有水災星孛之其下兵出民饑國無繼嗣出則西北有兵起流星入犯之有溝瀆事破軍殺將乙巳占流星出入色黃白光潤文昌武偃赤如火光作聲爲弓弩用一日入則有聚衆事赤雲氣入犯爲兵黃爲天子喜黑則大人有憂

按漢永元銅儀以奎爲十七度唐開元游儀十六度舊去極七十六度景祐測驗同

天溷七星在外屏南主天溷養猪之所一曰天之厠溷也暗則人不安移徙則憂

土司空一星在奎南一曰天倉主土事凡營城邑浚溝洫修隄防則議其利建其功四方小大功課歲盡則奏其殿最而行賞罰星大色黃天下安五星犯之男女不得耕織彗客犯之水旱民流兵大起土功興客星守之有土功哭泣事黃雲氣入土功與移京邑

策一星在王良北天子僕也主執策御流星彗孛客星犯之皆爲大兵起天子自將於野近之下有謀亂者

附路一星（附一作傅）在閣道南旁別道也一曰在王良東

主太僕主禦風雨芒角則車騎在野星亡有道路之變不具則兵起太白熒惑入兵起彗孛犯之道路不通客星入馬賤蒼白雲氣入太僕有憂赤爲太僕誅黃白太僕受賜黑爲太僕死

閣道六星在王良前飛道也從紫宮至河神所乘也一曰主輦閣之道天子游別宮之道也星不見則輦閣不通動搖則宮掖有兵彗孛客星犯之主不安國有喪白雲氣入有急事黑主有疾黃則天子有喜

王良五星在奎北居河中天子奉車御官也其四星曰天駟旁一星曰王良亦曰天馬星動則車騎滿野一曰爲天橋主禦風雨水道星不具或客星守之津梁不通與閣道近有江河之變星明馬賤暗則馬災太白熒惑入守爲兵彗客犯之爲兵喪天下橋梁不通流星犯大兵將出青雲氣入犯之王良奉車憂墜車雲氣赤王良有斧鑕憂

外屏七星在奎南主障蔽臭穢

軍南門在天大將軍南天大將軍之南門也主誰何出入星不明外國叛動搖則兵起明則遠方來貢

按步天歌已上諸星俱屬奎宿以晉志考之王良附路閣道軍南門策星俱在天市垣別無外屏天溷土司空等星隋志有之而武密以王良外屏天溷皆屬于壁或以外屏又屬奎乾象新書以王良西一星屬壁東四星屬奎外屏西一星屬壁東六星屬奎與步天歌各有不合

婁三星爲天獄主苑牧犧牲供給郊祀亦爲興兵聚衆明大則賦斂以時星直則有主執命者就聚國不安日蝕于婁宰相大人當之郊祀神不享日暈有兵大人多死月蝕其分后妃憂民饑月暈在春百八十日有赦又爲糴貴三日內雨解之月犯多畋獵其分憂將死民流一日多冤獄歲星犯之牛多死米賤有赦守之國安一曰民多疫六畜貴有兵自罷熒惑犯守爲旱爲火穀貴又曰守二十日以上大臣死星動人多死若逆行入成勾己者國廩災塡星犯之天子戒邊境不可遠行將兵凶守之穀豐民樂若逆行女謁行酉舍於婁外國兵來太白犯之有聚衆事守之期三十日有兵民饑辰星犯之刑罰急多水旱大臣憂王者以赦除之守而芒角動搖色赤黑者臣下起兵客星犯爲大兵守之五穀不成又曰臣惑主專政歲多獄訟環繞三日大赦彗星犯之民饑死出則先旱後水穀大貴六畜疾倉庫空又曰國有大兵星孛其分爲兵爲饑流星出犯之有法令清獄青赤雲氣入爲兵喪黑爲大水

按漢永元銅儀以婁爲十二度唐開元游儀十二度舊去極八十度景祐測驗婁宿十二度距中央大星去極八十度在赤道內十一度

天倉六星在婁宿南倉穀所藏也待邦之用星近而數則歲熟粟聚遠而疏則反是月犯之主發粟五星犯兵起歲饑倉粟出熒惑太白合守軍破將死熒惑入軍轉粟千里近之天下旱太白犯之外國人相食兵起西北辰星守之大水客彗犯五穀不成客星入歲饑糴貴流星入色赤爲兵犯之粟以兵出色黃白歲大稔蒼白雲氣入歲饑赤爲兵旱倉廩災黃白歲大熟

右更五星在婁西秦爵名主牧師官星不具天下道不通太白熒惑犯守三澤兵起

左更五星在婁東亦秦爵名山虞之官主山澤林藪竹木蔬菜之屬亦主仁智占同右更

天大將軍十一星在婁北主武兵中央大星天之大將也外小星吏士也動搖則兵起大將出小星動搖或不具亦爲兵旗直揚者隨所擊勝五星犯守大將憂客星守之大將不安軍吏以饑敗流星入大將憂蒼白雲氣犯之兵多疾赤爲兵出

天庾四星在天倉東南主露積占與天倉同

按晉志天倉天庾在二十八宿之外天大將軍屬屬奎武密亦以屬奎又屬婁步天歌皆屬婁宿

胃宿三星天之廚藏主倉廩五穀府也明則天下和平倉廩實民安動則輸運暗則倉空就聚則穀貴民流中星衆穀聚星小穀散芒則有兵日蝕大臣誅一曰乏食其分多疾穀不實又曰有委輸事日暈穀不熟月蝕后王有憂將亡亦爲饑郊祀有咎月暈兵先動者敗姙婦多死又曰國主死天多雨或山崩有破軍歲星在暈內天下有德令月暈在四孟之月有赦熒惑在暈中爲兵月犯之鄰國有暴兵天下饑外國憂穀不實民多疾變色將軍凶歲星犯之大人憂兵起守則國昌入則國令變更天下獄空若逆行五穀不成國無積蓄熒惑犯之兵亂倉粟出貴人憂守之旱饑民疫客軍大敗入則改法令牢獄空進退環繞勾己凌犯及百日已上天下倉庫並空兵起塡星犯大臣爲亂守之無蓄積有德令歲穀大貴若逆行守勾己者有兵色赤兵起流血青則有德令辰星犯其

分不寧守之有兵國有立侯巫咸曰爲旱穀不成有急兵又逆行守之倉空水災客星犯之王者憂倉廩用退行入則有赦守之强臣凌國穀不熟乘之爲火舍而不去人饑出其分君有憂彗星犯之兵動臣叛有水災穀不登星孛其分兵起王者惡之流星犯之倉庫空色赤爲火災蒼白雲氣出入犯之以喪糴粟事黑爲倉穀散腐青黑爲兵黃白倉實

按漢永元銅儀胃宿十五度景祐測驗十四度

天囷十三星如乙形在胃南倉廩之屬主給御廩粢盛星明則豐稔暗則饑月犯之有移粟事五星犯之倉庫空虛客彗入倉庫憂水火熒㢙青白雲氣入歲饑民流亡

大陵八星在胃北亦曰積京主大喪也中星繁諸侯喪民疫兵起月犯之爲兵爲水旱天下有喪月暈前足大赦五星入爲水旱兵喪熒惑守之天下有喪客彗入民疫流星出犯之其下有積尸蒼白雲氣犯之天下兵喪赤則人多戰死

積尸一星在大陵中明則有大喪死人如山月犯之有叛臣五星犯之天下大疾客彗犯有大喪蒼色雲氣入犯之多死黑爲疫

天船九星在大陵北河之中天之船也主通濟利涉石申曰不在漢中津河不通明則天下安不明及移徙天下兵喪月犯之百川流溢津梁不通五星犯之水溢民移居彗星犯之爲大水客星犯爲水爲兵青雲氣入天子憂不可御船赤爲兵船用黃白天子喜

天廩四星在昴宿南一曰天庴主蓄黍稷以供享祀春秋所謂御廩北之象也又主賞功掌九穀之要明則國實歲豐移則國虛黑而稀則粟腐敗月犯之穀貴五星犯之歲饑客星犯倉庫空虛流星入色青爲憂赤爲旱爲火黃白天下熟青雲氣入蝗饑民流赤爲旱黑爲水黃則歲稔

積水一星在天船中候水災也明動上行舟船用熒惑犯有水

按晉志大陵積尸天船積水俱屬天市垣天囷天廩在二十八宿之外武密以天囷大陵屬婁又屬胃天船屬胃又屬昴乾象新書天囷五星屬婁餘星屬胃大陵西三星屬婁東五星屬胃與步天歌互有不同

昴宿七星天之耳也主西方及獄事又爲旄頭北星也又主喪昴畢間爲天街天子出旄頭旱畢以前驅此其義也黃道所經明則天下牢獄平六星皆明與大星等爲大水七星皆黃兵大起一星亡爲兵喪搖動有大臣下獄及有白衣之會大而數盡動若跳躍者北兵大起一星獨跳躍而動北兵欲犯邊日蝕王者疾宗姓自立又占邊兵起日暈陰國失地北主憂趙地凶又云大饑月蝕大臣誅女主憂爲饑邊兵起將死北地叛月歲三暈弓弩貴民饑暈在正月上旬有赦犯之爲饑北主憂天子破北兵變色民流國亡下有暴兵有赦出昴北天下有福乘之法令峻大水穀不登歲星犯之獄空乘之陰國有兵北主憂守之主急刑罰獄空一日臣下獄有解者守其北有德令又曰水物不成久守大臣坐法民饑留守破軍殺將熒惑犯守爲兵爲旱饑守東齊楚越地有兵守南荊楚有兵西則兵起秦鄭北則兵起燕趙又爲貴人多死北地不寧入則有喜有赦天下無兵守而環遶勾己爲赦久守糴貴塡星犯或出入守之北地爲亂有土功五穀不成木火爲災民疫又爲女主失勢入則地動水溢宗廟壞留則大將出征太白入犯之大赦在東六畜傷在西六月有兵又曰守之北兵動將下獄晝見邊兵起出入留在舍南爲男喪北爲女喪辰星犯北主憂守之穀不成民饑久守爲水爲兵客星犯貴人有急北兵大敗讒人在內守之臣叛主兵起入則其分有喪彗星犯之大臣爲亂北則邊兵起有赦星孛其分臣下亂有邊兵大臣誅流星出入犯之喬兵起乙巳占流星入北方來朝出則天子有赦令恤民蒼赤雲氣犯之民疫黑則北主憂青爲水爲兵青白人多喪黃則有喜

按漢永元銅儀昴宿十二度唐開元游儀十一度舊去極七十四度景祐測驗昴宿十一度距西南星去極七十一度

芻藁六星在天苑西一曰在天囷南主積藁之屬一曰天積天子之藏府星明則芻藁貴星盛則百庫之藏存無星則百庫之藏散月犯之財寶出辰星熒惑犯之芻藁有焚溺之患赤雲氣犯之爲火黃爲喜

天陰五星主從天子弋獵之臣不明則爲吉明則禁言泄

天河一星（一作大河）在天廩星北晉志在天高星西主察山林妖變五星客彗犯之主妖言滿路

卷舌六星在昴北主樞機智謀一曰主口舌語以知讒佞曲而靜則賢人升直而動多讒人兵起天下有口舌之害徙出漢外則天下多妄說星繁人多死月

犯之天下多喪五星犯佞人在側彗客犯侍臣憂

天苑十六星在昴畢南如環狀天子養禽獸之苑明則禽獸牛羊盈不明則多瘠死不具有斬刈事五星犯之兵起客彗犯爲兵獸多死流星入色黑禽獸多死黃則蕃息雲氣占同

天讒一星在卷舌中主巫醫暗則爲吉明盛人君納佞言

月一星在昴宿東南蟾蜍也主日月之應女主臣下之象又主死喪之事明大則女主大專太白熒惑守之臣下起兵爲亂彗客犯之大臣黜女主憂

礪石四星在五車星西主百工磨礪鋒刃亦主候伺明則兵起常則吉熒惑入邊兵起守之諸侯發兵客星守之爲兵

按晉志天河卷舌天讒俱屬天市垣天苑在二十八宿之外芻藁天陰月礪石晉志不載隋史有之武密又以芻藁屬胃卷舌屬胃又屬昴乾象新書以芻藁屬婁卷舌西三星屬胃東三星屬昴天苑西八星屬胃南八星屬昴步天歌以上諸星皆屬昴宿互有不合

畢宿八星主邊兵弋獵其大星曰天高一曰邊將主四夷之尉也天官書曰畢爲罕車明大則遠人來朝天下安失色邊兵亂一星亡爲兵喪動搖則邊兵起移徙天下獄亂就聚則法令酷日蝕邊王死軍自殺其主遠國有謀亂日暈有邊兵下則北主憂又占有風雨月蝕有赦趙分有兵或趙君憂月暈兵亂饑喪暈三重邊有叛者七日內風雨解之又爲陰國有憂天下赦犯畢大星下犯上大將死陰國憂入畢口多雨穿畢歲饑盜起失行離於畢則雨居中女主憂又曰犯北則陰國憂南則陽國憂歲星犯之冬多風雨又曰爲水入畢口邊兵起民饑有赦守三十日客兵起出陽爲旱陰爲水熒惑犯右角大戰左角小戰入則邊兵憂守之爲饑有赦成勾己環繞大赦一曰入畢中有兵兵罷又曰守之有畋獵事北主憂天下道路不通入畢口有赦逆行至昴爲死喪已去還守貴臣憂舍畢口趙國憂填星犯之兵起西北不戰守之兵有降軍有赦一曰土功徭役煩兵起入則地震水溢守畢口大人當之出入留舍其野兵起客軍死太白犯右角戰敗將死入畢口將相爲亂大赦國易政令諸侯起兵爲水五穀不成貫畢倉廩空四國兵起辰星犯之邊地災入畢口國易政守之水溢民病物不成邊兵起守畢口人爲亂客星犯之大人憂無兵兵起有兵兵罷入則多獄事守之爲饑邊兵起出爲車馬急行彗星犯之北地爲亂人民憂星孛其分土功興多徭役色蒼爲饑破軍黃則女爲亂白爲兵喪黑爲水流星犯之邊兵大戰赤色貫之戎兵大至入而復出爲赦入而黃白有光外人入貢蒼白雲氣入歲不收赤爲兵旱爲火黃白天子有喜

按漢永元銅儀畢十六度舊去極七十八度景祐測驗畢宿十七度距畢口北星去極七十七度

天節八星在畢附耳南主使臣持節宣威四方明大則使忠不明則奉使無狀熒惑守之臣有謀逆或使臣死太白守之大將出客彗犯之法令不行客星守持節臣有憂

九州殊口九星在天節南下曉方俗之官通重譯者也常以十一月候之亡一星一國憂二星以上天下亂兵起太白熒惑守之亦爲兵客星入民憂水旱海國不安有兵

附耳一星在畢下主聽得失伺愆邪察不祥也星盛則中國微有盜賊邊候警外國反動搖則讒臣在君側歲星犯之有兵將相喪太白犯之佞臣在側

九游九星在玉井西南一曰在九州殊口東南北列主天下兵旗又曰天子之旗也太白熒惑犯之兵騎滿野客星犯諸侯兵起禽獸多疾

天街二星在昴畢間一曰在畢宿北爲陰陽之所分大象占近月星西街南爲華夏街北爲外邦又曰三光之道主伺候關梁中外之境明則王道正月犯天街中爲中平天下安寧街外爲漏泄讒夫當事民不得志不由天街主政令不行月暈其宿關梁不通熒惑守之道路絕久守國絕禮歲星居之色赤爲殃或大旱太白守之兵塞道路六夷旄頭滅一曰民饑

天高四星在坐旗西乾象新書在畢口東北臺榭之高主望八方雲霧氛氣今仰觀臺也不見爲失禮守常則吉微暗陰陽不和月五星犯之則水旱不時乘之外臣誅月暈不出六月有喪熒惑入十日爲小赦留三十日大赦客彗守之大旱蒼白雲氣犯亦然

諸王六星在五車南主察諸侯存亡明則下附上不明則下叛不見宗廟危四方兵起熒惑入之諸王妃恣爲下所謀守之下不信上太白熒惑犯諸王當之一曰宗臣憂客彗守諸侯黜

五車五星三柱九星在畢宿北五帝坐也又五帝之車舍也主天子兵起又主五穀豐耗一車主蕡麻一

車主麥一車主豆一車主黍一車主稻米西北大星曰天庫主太白秦分及雍州主豆東北一星曰天獄主辰星燕趙分及幽冀主稻東南一星曰天倉主歲星魯分徐州衞分幷州主麻次東南一星曰司空主塡星楚分荆州主黍粟次西南一星曰卿主熒惑魏分益州主麥天文錄曰太白其神令尉辰星其神風伯歲星其神雨師熒惑其神豐隆塡星其神雷公此五車有變各以所主占之三柱一曰天淵一曰天休一曰天旂欲其均明闊狹有常星繁則兵大起石申曰天庫星中河而見天下多死人河津絕又曰天子得靈臺之禮則五車三柱均明有常天旂星不見則大風折木天休動則四國叛一柱出或不見兵半出三柱盡出及不見兵亦盡出柱外出一月穀貴三倍出二月三月以次倍貴外出不盡兩間主大水月犯天庫兵起道不通犯天淵貴人死臣踰主月暈女主惡之在正月爲赦暈一車赦小罪五車俱暈赦殊罪四七十月暈之爲水暈十一月十二月穀貴五星犯爲旱喪犯庫星爲兵起歲星入之糴貴熒惑入之爲火或與歲星占同塡星入天庫爲兵爲喪舍中央爲大旱燕代之地當之舍東北畜蕃帛賤舍西北天下安太白入之兵大起守五車中國兵所向懾伏舍西北爲疾疫牛馬死應酒泉分辰星入舍爲水犯之兵以水潦起客星犯則人勞庚寅日候近之爲金車主兵甲寅日候近之爲木車主檝增價戊寅日候近之爲土車主土功丙寅日候近之爲火車主旱壬寅日候近之爲水車主水溢入之色靑爲憂赤爲兵守天淵有大水守天休左爲兵右爲喪黃爲吉彗孛犯之兵起民流流星入甲子日主粟丙午日主麥戊寅日主豆庚申日主蕡壬戌日主黍各以其日占之而粟麥等價增白雲氣入民不安赤爲兵起

天潢五星在五車中主河梁津渡星不見則津渡不通月入天潢兵起五星失度留守之皆爲兵熒惑塡星入之爲大旱爲火熒惑舍之牛馬疫爲兵辰星出天潢有赦客星入爲兵留守則有水害蒼白或黑雲氣入爲喪赤爲兵白則天子有喜

咸池三星在天潢南主陂澤池沼魚鼈鳧鴈明大則龍見虎狼爲害星不見河道不通月入爲暴兵五星入爲兵爲旱失忠臣君易政守之爲饑爲兵客星入天下大水流星入爲喪出則兵起雲氣入色蒼白魚多死赤爲旱白爲神魚見黑爲人水

參旗九星一曰天旗一曰天弓司弓弩候變禦難星如弓張則兵起明則邊寇動暗爲吉又曰天弓不具天下有兵五星犯之兵起熒惑守之下謀上諸侯起兵一日有邊兵太白守之兵亂客星守天下憂流星入北兵起雲氣犯之色青入自西北兵來期三年

天關一星在五車南亦曰天門日月之所行主邊方主關閉星芒角爲兵不與五車合大將出月歲三暈有赦犯之有亂臣更法五星守之貴人多死歲星熒惑守之臣謀主爲水爲饑太白熒惑守之大赦關梁有兵太白入則大亂塡星守王者壅蔽犯之臣謀主太白失行兵起客星犯之民多疾關市不通又曰諸侯不通民相攻客星入多盜流星犯之天下有急關梁不通民憂多盜黃雲氣犯四方入貢

天園十三星在天苑南植菜果之處曲而鉤菜果熟白雲氣犯之兵起

按步天歌已上諸星皆屬畢宿武密書以天節屬昴參旗天關五車三柱皆屬觜與步天歌不同乾象新書以天節參旗皆屬畢天園西八星屬昴東五星亦屬畢五車北西南三大星屬畢東二星及三柱屬參說皆不同今皆存之

欽定古今圖書集成曆象彙編庶徵典
第三十二卷目錄
星變部彙考六
宋史天文志

庶徵典第三十二卷

星變部彙考六

宋史

天文志二十八舍

觜觿三星爲三軍之候行軍之藏府葆旅收斂萬物明則軍糧足將得勢動則盜賊行葆旅起暗則不可用兵日蝕臣犯主戒在將臣暈及三重其下穀不登民疫五重大赦期六十日月蝕爲旱大將憂有叛主者正月月暈有赦外軍不勝大將憂偏裨有死者歲星犯之其分兵起守則農夫失業后有憂丁壯多暴死下有叛者民多疾疫入則多盜天時不和國君誅伐不當則逆行熒惑犯之其分有叛者爲旱爲火爲兵起爲糴貴與觜觿合趙分相憂入則其下有兵塡星入犯爲兵爲土功其分失地女主恣則塡星逆行而色黃太白犯之兵起守之其分易令大臣叛物不成民疫辰星犯之不可舉兵一曰趙地水有叛者守之趙分饑客星出入其宿青爲憂赤爲兵黑爲水白爲喪黃白爲吉彗星犯之兵起出入其分失地民流星孛之爲兵亂軍破其色與客星同占流星入犯之有叛者有破軍雲氣犯之赤爲兵蒼白爲兵憂黑趙地大人有憂色黃有神寶入

按漢永元銅儀唐開元游儀皆以觜觿爲三度舊去極八十四度景祐測驗觜宿三星一度距西南星去極八十四度在赤道內七度

坐旗九星在司怪西北君臣設位之表也星明則國有禮

司怪四星在井鉞星前主候天地日月星辰變異鳥獸草木之妖明王聞災修德保福星不成行列宮中及天下多怪

按步天歌坐旗司怪俱屬觜宿武密書及乾象新書皆屬於參

參宿十星一曰參伐一曰天市一曰大辰一曰鐵鉞主斬刈萬物以助陰陽又爲天獄主殺秉威行罰也又主權衡所以平理也又主邊城爲九譯故不欲其動參爲白獸之體其中三星橫列者三將也東北曰左肩主左將西北曰右肩主右將東南曰左足主後將軍西南曰右足主偏將軍參應七將中央三小星曰伐天之都尉主鮮卑外國不欲其明七將皆明大天下兵精王道缺則芒角張伐星明與參等大臣有謀兵起失色軍散敗芒角動搖有急兵起有斬伐之事星移客伐主肩細微天下兵弱左足入玉井中兵起秦有大水有喪山石爲怪星差戾王臣貳左股星亡東南不可舉兵右股則主西北又曰參足移北爲進將出有功徙南爲退將軍失勢三星疏法令急日蝕大臣憂臣下相殘陰國強日暈有來和親者一曰大饑月蝕其度爲兵臣下有謀貴臣誅其分大饑外兵大將死天下更令月暈將死人殃亂戰不利月犯貴臣憂兵起民饑犯參伐偏將死歲星犯之水旱不時大疫爲饑守之兵起民疫入則天下更政熒惑犯之爲兵爲內亂秦燕地凶守之爲旱爲兵四方不寧逆行入則大饑塡星犯之有叛臣守之其下國亡姦臣謀逆一云有喪后夫人當之逆行留守兵起太白犯之天下發兵守之大人爲亂國易政邊民大戰辰星犯之爲水爲兵貴臣黜辰星與參出西方爲旱大臣誅逆守之兵起客星入犯之國內有斬刈事守之邊州失地環繞者邊將有斬刈事彗星犯之邊兵敗君亡遠期三年貫之色白爲兵喪星孛於參君臣俱憂國兵敗流星入犯之先起兵者亡乙巳占曰流星出而光潤邊安有赦獄空青雲氣入犯之天子起邊臣蒼白爲臣亂赤爲內兵黃色潤澤大臣受賜黑爲水災大臣憂白雲氣出貫之將死天子疾

按漢永元銅儀參八度舊去極九十四度景祐測驗參宿十星十度右足入畢十三度

玉井四星在參左足下主水泉以給庖廚動搖爲憂客星入爲水爲喪國失地出則國得地一云將出流星入爲大水雲氣入而色青井水不可食

屏二星一作天屏在玉井南一云在參右足星不具人多疾不明大人寢疾星亡主多病月五星犯之爲水客星出於屏亦爲大人有疾彗星犯之水旱不時

軍井四星在玉井東南軍營之井主給師濟疲乏月犯爲憂財寶出熒惑入爲水兵多死太白入兵動民不安客星入憂水害

厠四星在屛星東一曰在參右脚南主溷色黃爲吉歲豐青黑人主腰下有疾星不具則貴人多病客星入爲穀貴彗孛入歲饑青雲氣入爲兵黑爲憂黃則天子有喜

天屎一星在天厠南色黃則年豐凡變色爲蝗爲水旱爲霜殺物常以秋分候之星亡不見天下荒星微民多流

按步天歌玉井軍井厠各四星屛二星天屎一星俱屬參宿晉志玉井在參左足武密書屬觜乾象新書屬畢軍井晉志在玉井南武密亦屬觜乾象新書亦屬畢唐開元游儀在玉井東南屛厠天屎晉志皆不載隋志屛在玉井南開元游儀在觜隋志厠在屛東屎在厠南乾象新書皆屬參與步天歌互有不合

南方東井八星天之南門黃道所經七曜常行其中爲天之亭候主水衡事法令所取平也武密占曰井中爲三光正道五緯留守若經之皆爲天下無道不欲明明則大水又占曰用法平井宿明鉞一星附井宿前主伺奢淫而斬之明大與井宿齊則用鉞於大臣月宿其分有風雨日蝕秦地旱民流有不臣者暈則多風雨有青赤氣在日爲冠天子立侯王月蝕有內亂大臣黜后不安五穀不登分有兵喪月暈爲旱爲兵爲民流國有憂一曰有赦陰陽不和則暈暈及三重在三月爲大水在十二月日壬癸爲大赦月犯之將死於兵水官黜刑不平犯井鉞大臣誅有水事歲星犯之主急法多獄訟水溢將軍惡之犯井鉞近臣爲亂兵起逆行入井川流壅塞熒惑犯之兵先起者殃又曰天子以水敗入守經旬下有兵貴人不安守三十日成勾己角動色赤黑貴人當之百川溢兵起塡星入犯之兵起東北大臣憂入井鉞王者惡之在觜而去東井其下亡地太白犯之咎在將久守其分君失政臣爲亂辰星犯之星進則兵進退則兵退刑法平又曰北兵起歲惡芒角動搖色赤黑爲水爲兵起客星犯之穀不登大臣誅有土功小兒妖言彗星犯之民譏言國失政一曰大臣誅其分兵災流星犯之在春夏則秦地謀叛在秋冬則宮中有憂乙巳占流星色黃潤國安赤黑秦分民流水災蒼黑雲氣入犯之民有疾疫黃白潤澤有客來言水澤事黑氣入爲大水常以正月朔日入時候之井宿上有雲歲多水潦

按漢永元銅儀井宿三十度唐開元游儀三十三度去極七十度景祐測驗亦三十三度距西北景去極六十九度

五諸侯五星在東井北主斷疑刺舉戒不虞理陰陽察得失亦曰主帝心一曰帝師二曰帝友三曰三公四曰博士五曰太史五者常爲帝定疑議星明大潤澤則天下治五禮備則光明不相侵陵暗則貴人謀上芒角觹在中歲星犯之兵起三年熒惑犯之大臣叛不成太白犯之諸侯與兵亡國經天晝見則諸侯受誅客星犯王室亂諸侯亡地秦國殃守之諸侯親屬失位彗孛犯之執法臣誅又曰貴臣當之期一年雲氣犯之色蒼白諸侯有喪不則臣有誅戮天下有大水

積水一星在北河西北所以供酒食之正也不見爲災歲星犯之水物不成魚鹽貴民饑熒惑犯之爲兵爲水辰星犯之爲水旱客星犯之兵起大水大臣憂期一年蒼白雲氣入犯之天下有水

積薪一星在積水東北供庖廚之正也星不明五穀不登熒惑犯之爲旱爲兵爲火災客星守之薪貴赤雲氣入犯之爲水災

南河三星與北河夾東井一曰天之關門也主關梁南河曰南戍一曰南宮一曰陽門一曰越門一曰權星主火兩河戍間日月五星之常道也河戍動搖中國兵起河星不具則路不通水泛溢月出入兩河間中道民安歲美無兵出中道之南君惡之大臣不附星明爲吉昏昧動搖則邊兵起遠人叛主憂月犯之爲中邦憂一曰爲兵爲喪爲旱爲疫行西南爲兵旱入南戍則民疫暈則爲土功乘之四方兵起經南戍南則爲刑罰失歲星犯之北主憂熒惑犯兩河爲兵守三十日以上川溢守南河穀不登女主憂守南戍西果不成在東則有攻戰塡星乘南河爲旱民憂守之爲兵道不通太白舍三十日川溢一日有奸謀守兩河爲兵起客星守之爲旱爲疫彗孛出爲兵守爲旱流星出爲兵喪邊戍有憂蒼白雲氣入之河道不通出而色赤天子兵向諸侯黃氣入之有德令出爲災

北河亦三星北河曰北戍一曰北宮一曰陰門一曰胡門一曰衡星主水五星出入留守之爲兵起犯之爲女喪乘之爲北主憂歲星入北戍大臣誅熒惑從西入北戍六十日有喪從東入九十日有兵一曰出北戍北守之邊將有不請於上而用兵外國者勝塡

星守之兵起六十日內有赦一日有土功若守戍西
五穀不實太白舍北戍三十日爲女喪有內謀守陰
門不出百日天下兵悉起辰星守之外兵起邊臣有
謀留止則兵起四方客星入犯之有喪於外姦人在
中入自東兵起期九十日入自西有喪期六十日守
之爲大水流星經兩河間天下有難入爲北兵入中
國關梁不通雲氣蒼白入犯之邊有兵疾疫又爲北
主憂

四瀆四星在東井南垣之東江河淮濟之精也明大
則百川決

水位四星在積薪東一曰在東井東北主水衡歲星
犯之爲大水一曰出南爲旱熒惑守之田不治客星
犯之水道不通伏兵在水中一曰客星若水火守犯
之百川流溢彗孛出爲大水爲兵穀不成流星入之
天下有水穀敗民饑赤雲氣入爲旱饑

天罇三星在五諸侯南一曰在東井北罇器也主盛
饘粥以給貧餒明爲豐暗則歲惡

闕丘二星在南河南天子雙闕諸侯兩觀也太白熒
惑守之兵戰闕下

軍市十三星狀如天錢天軍貿易之市有無相通也
中星聚則軍餘糧小則軍饑月入爲兵起主不安五
星守之軍糧絕客星入則刺客起將離卒亡流星出
爲大將出

野雞一星在軍市中主變怪出市外天下有兵守靜
爲吉芒角爲凶

狼一星在東井東南爲野將主侵掠色有常不欲動
也芒角動搖則兵起明盛兵器貴移位人相食色黃
白爲凶赤爲兵月犯之有兵不戰一日有水事月食
在狼外國有謀五星犯之兵大起多盜彗孛犯之盜
起客星守之色黃潤爲喜黑則有憂赤雲氣入有兵

弧矢九星在狼星東南天弓也主行陰謀以備盜常
屬矢以向狼武密曰天弓張則北兵起又曰天下盡
兵動搖明大則多盜矢不直狼爲多盜引滿則天下
盡爲盜月入弧矢臣逾主月暈其宿兵大起客星入
南夷來降若舍其分秋雨雪穀不成守之外夷饑出
入之爲兵出入流星入北兵起屠城殺將赤雲氣入
之民驚一曰北兵入中國

老人一星在弧矢南一名南極常以秋分之旦見於
丙候之南郊春分之夕沒於丁見則治平天子壽昌
不見則兵起歲荒君憂客星入爲民疫一曰兵起老
人憂流星犯之老人多疾一曰兵起白雲氣入之國
當絕

丈人二星在軍市西南主壽考悼耄矜寡以哀窮人
星亾人臣不得自通

子二星在丈人東主侍丈人側不見爲災

孫二星在子星東以天孫侍丈人側相扶而居以孝
慈不見爲災居常爲無咎

水府四星在東井西南水官也主隄塘道路梁溝以
設隄防之備熒惑入之有謀臣辰星入爲水客星入
天下大水流星入色青所主之邑大水赤爲旱

按步天歌自五諸侯至水府常星一十八坐俱屬
東井武密書以丈人二星子孫各一星屬牛宿乾
象新書以丈人與子屬參孫屬井又以水府四星
亦屬參武密以水府屬井餘皆與步天歌合

輿鬼五星主觀察姦謀天目也東北星主積馬東南
星主積兵西南星主積布帛西北星主積金玉隨變
占之中央星爲積尸主死喪祠祀一曰鈇鑕主誅斬
星明大穀不成不明民散鑕欲其忽忽不明明則兵
起大臣誅動而光賦重役煩民懷嗟怨日食國不安
有大喪貴人憂暈則其分有兵大臣有誅廢者月食
貴臣皇后憂期一年暈爲旱爲赦月犯之秦分君憂
一曰軍將死貴臣女主憂民疫歲星犯之穀傷民饑
君不聽事犯鬼鑕執法臣誅熒惑犯之忠臣誅一曰
兵起后失勢入則后及相憂一曰賊在君側有兵喪
勾己國有赦留守十日諸侯當之二十日太子當之
勾己環遶天子失廟填星犯之大臣女主憂守之憂
在後宮爲旱爲土功入鑕王者惡之犯積尸在陽爲
君在陰爲后左爲太子右爲貴臣隨所守惡之太白
入犯之爲兵亂臣在內一曰將有誅貫之而怒下有
叛臣久守之下有兵爲旱爲火萬物不成辰星犯之
五穀不登守爲有喪憂在貴人客星犯之國有自立
者敗一日多土功入之有詛盟祠鬼事彗星犯之兵
起國不安星孛其下有喪兵起宜修德禳之流星犯
鬼鑕有戮死者入則四國來貢白雲氣入有疾疫黑
后有疾憂赤爲旱黃爲土功入犯積尸貴臣有憂青
爲病

按漢永元銅儀輿鬼四度舊去極六十八度景祐
測驗輿鬼三度距西南星去極六十八度

爟四星在鬼宿西北一曰在軒轅西主烽火備邊亭
之警急以不明爲安明大則邊有警赤雲氣入天下
烽火皆動

天狗七星在狼星北主守財動搖爲兵爲饑多寇盜有亂兵填星守之人相食客彗守之則羣盜起

外廚六星爲天子之外廚主烹宰以供宗廟占與天廚同

積尸氣一星在鬼宿中孛然入鬼一度半去極六十九度在赤道內二十二度主死喪祠祀

天紀一星在外廚南主禽獸之齒太白熒惑守犯之禽獸死民不安客星守之則政壞

天社六星在弧矢南昔共工氏之句龍能平水土故祀之以配社其精上爲星明則社稷安不明動搖則下謀上太白惑熒犯之社稷不安客星入有祀事于國內出則有祀事于國外

按晉志爟四星屬天市垣天狗七星在七星北武密以天狗屬牛宿又屬輿鬼乾象新書屬井外廚六星晉志在柳宿南武密書亦屬柳乾象新書與步天歌皆屬輿鬼天紀一星武密書及乾象新書皆屬柳惟步天歌屬鬼宿天社六星武密書屬井又屬鬼乾象新書以西一星屬井中一星屬鬼末一星屬柳今從步天歌以諸星俱屬輿鬼而備存衆說

柳宿八星天之廚宰也主尚食和滋味又主雷雨爾雅曰咮謂之柳柳鶉火也又主木功一曰天庫又爲鳥喙主草木明則大臣謹重國家廚食具開張則人饑死亡則都邑振動直則爲兵日蝕宮室不安王者惡之廚官橋道隄防有憂日暈飛鳥多死五穀不成三抱而戴者君有喜月蝕宮室不安大臣憂月暈林苑有兵天下有土功廚獄官憂又爲兵爲饑爲旱疫歲星犯之國多義兵熒惑犯之色赤大而芒角其下君死一曰宮中憂火災守之有兵逆臣在側逆行守之王不寧填星犯守君臣和天下喜石申曰天子戒飲食之官出入留舍有急令太白犯之有急兵逆行勾己臣謀主晝見爲兵辰星犯之民相仇歲旱君戒在酒食客星犯之咎在周國守則布帛魚鹽貴色蒼白殺邊地諸侯彗星犯之大臣誅爲兵爲喪星孛于柳南夷叛甘德曰爲兵爲喪流星出犯之周分憂色黃爲喜入則王者內有火災乙巳占出則宗廟有喜賢人用入爲天廚官有憂木功廢赤雲氣入爲火黃爲赦黃白爲天子有喜起宮室

按漢永元銅儀以柳爲十四度唐開元游儀十五度舊去極七十七度景祐測驗柳八星一十五度距西南第三星去極八十三度

酒旗三星在軒轅右角南酒官之旗也主宴享飲食星不具則天下有大喪帝王宴飲沉昏非禮以酒亡國明則宴樂謹五星守之天下大酺有酒肉賜宗室熒惑犯之飲食失度太白犯之三公九卿有謀客彗犯主以酒過爲相所害赤雲氣入君以酒失

按晉志酒旗在天市垣步天歌以酒旗屬柳宿以通占鏡考之亦屬柳又屬七星乾象新書亦屬七星與步天歌不同今並存之

七星七星一名天都主衣裳文繡又主急兵故星明王道昌暗則賢良去天下空動則兵起離則易政蓋天曰七星爲朱雀頸頸者文明之粹羽儀所承日蝕其宿主不安刑在門戶之神又曰文章士受誅其分兵起臣爲亂日暈周邦君憂青色抱而順在兵爲東軍吉月蝕后及大臣有憂又爲歲饑民流其國更政暈其地旱獄官凶歲星犯之主憂兵五穀多傷熒惑犯之橋梁不通逆行則地動爲火災出入留舍其國失地水決填星犯守世治平王道興后夫人喜太白犯之兵暴起大臣爲亂經天防詐僞辰星犯之賊臣在側守則其分有憂萬物不成兵從中起貴臣有罪民疫流亡客星犯之爲兵荊州占云河水決民流彗犯有亂兵起貴臣戮武密曰彗星出七星狀如杵爲兵星孛于星有亂兵起宮殿貴臣戮大臣相譖流星犯之爲兵憂又曰入則有急使來乙巳占流星入庫宮有喜錦繡進女工用蒼白雲氣入貴人憂出則天子用急使赤入爲兵黑爲賢士死黃則遠人來貢白爲天子遣使賜諸侯帛

按景祐測驗七星七度距大星去極九十七度

軒轅十七星在七星北后妃之主士職也一曰東陵一曰權星主雷雨之神南大星女主也次北一星夫人也屏也上將也次北一星妃也次將也其次諸星皆次妃之屬也女主南小星女御也左一星少民后宗也右一星太民太后宗也欲其色黃小而明武密曰后妃後宮之象陰陽交合感爲雷激爲電和爲雨怒爲風亂爲霧凝爲霜散爲露聚爲雲氣立爲虹蜺離爲背璚分爲抱珥此二十四變皆權主之微細則皇后不安黑則憂在大人移徙則民流東西角大張而振后族敗月入之女主失勢或火災犯左右角大臣以罪免中犯乘守太民爲饑太后宗有罪守少民小有饑女主失勢守御女有憂月暈女主有喪月五星凌犯環繞乘守皆爲女主有禍月蝕女主憂歲星

犯之女主失勢一曰大臣當之乘守太民爲大饑太后宗黜中犯乘守少民爲小饑後宮有黜者熒惑犯守勾己后妃離德犯御女天子僕妾憂犯太民少民憂在后宗守之宮中有戮者塡星行其中女主失勢有喪太白犯之后失勢客星犯之近臣謀滅宗族彗孛犯女主爲寇一曰兵起流星入之後宮多讒亂乙巳占流星出之后有中使出一曰天子有子孫喜

天稷五星在七星南農正也取五穀之長以爲號明則歲豐晴或不具爲饑移徙天下荒歉客星入之有祠事於內出有祠事於國外

天相三星在七星北一曰在酒旗南丞相大臣之象武密曰占與相星同五星犯守之后妃將相憂彗客犯之大臣誅雲氣入黃爲大臣喜黑爲將憂

內平四星在三臺南一曰在中臺南執法平罪之官明則刑罰平

按軒轅十七星晉志在七星北而列於天市垣武密以軒轅屬七星又屬柳乾象新書以西八星屬柳中屬七星末屬張天稷五星晉志在七星南武密亦以天稷屬七星又屬柳乾象新書以西二星屬柳餘屬七星天相三星晉志在天市垣武密書屬七星乾象新書屬軫宿內平四星晉志在天市垣武密書屬柳乾象新書屬張步天歌屬七星諸說皆不同今並存之

張宿六星主珍寶宗廟所用及衣服又主天廚飲食賞賚之事明則王行五禮得天下之中動則賞賚不明王者子孫多疾移徙則天下有逆就聚則有兵日食爲王者失禮掌御饌者憂甘德曰后失勢貴臣憂期七十日暈及有黃氣抱日主功臣効忠又曰財寶大臣黜將相憂月蝕其分饑臣失勢皇后有憂暈爲水災陳卓曰五穀魚鹽貴巫咸曰后妃惡之宮中疫月犯之將相死其國憂歲星入犯之天子有慶賀事守之國大豐君臣同心二十日不出天下安寧其國升平熒惑犯之功臣當封入則爲兵起又曰色如四時休王其分貴人安社稷無虞又曰熒惑春守諸侯叛逆行守之爲地動爲火災又曰將軍驚土功作又曰會則不可用兵塡星犯之爲女主飲宴過度或宮女失禮入爲兵出則其分失地守之有土功太白犯之國憂守之其國兵謀不成石申曰國易政舍留其國兵起辰星犯守五穀不成兵起大水貴臣負國民疫多訟芒角臣傷其君入爲火災出則有叛臣客星犯之天子以酒爲憂守之周楚之國有隱士出入於張兵起國饑舍留不去前將軍有謀又曰利先起兵彗星犯之國用兵民亡守爲兵出爲旱又曰犯守軍欲移徙宮殿星孛於張爲民流爲兵大起乙巳占流星出入宗社昌有赦令下臣入賀蒼白雲氣入之庭中觴客有憂黃白天子因喜賜客黑爲其分水災邑赤天子將用兵

按漢永元銅儀張宿十七度唐開元游儀十八度舊去極九十七度景祐測驗張十八度距西第二星去極一百三度

天廟十四星在張宿南天子祖廟也明則吉微細其所有兵軍食不通客星中犯之有白衣會兵起又曰祠官有憂武密曰與虛梁同占

按天廟十四星晉志雖列於二十八宿之外而亦曰在張宿南與隋志所載同兼與步天歌合

翼宿二十二星天之樂府主俳倡戲樂又主外夷遠客負海之賓星明大禮樂興四國賓動搖則蠻夷使來離徙天子將舉兵日蝕王者失禮忠臣見譖爲旱災暈爲樂官黜上有抱氣三敵心欲和月蝕亦爲忠臣見譖飛蟲多死北方有兵女主惡之石申曰大臣有謀月犯之國憂其分有兵大將亡女主惡之歲星犯五穀爲風所傷守之王道具將相忠文術用逆行入之君好畋獵熒惑犯之其分民饑臣下不從命邊兵起出入留舍爲兵守之佞臣爲亂塡星犯之大臣憂守之主聖臣賢歲豐后有喜出入留舍兵起逆行則女主失政太白入或犯之皆爲兵起出入留舍大風水災其分君不安舍左爲旱守犯勾己淩突則大臣專君令辰星合抵下臣爲亂伏誅守之旱饑民流龍蛇見守其中兵大起同見西方大臣憂客星入犯之國有兵大臣憂一曰負海國有使來守之爲兵起彗星犯之大臣憂國有兵喪星孛於翼亦爲大臣憂其分失禮樂出則其地有謀下有兵喪芒所指有降人流星犯之亦爲憂在大臣出則其下有兵入爲貴臣囚繫乙巳占曰流星入天下賢士入見南夷來貢國有賢臣赤雲氣出入有暴兵黃而潤澤諸侯來貢黑爲國憂

按漢永元銅儀翼宿十九度唐開元游儀十八度舊去極九十七度景祐測驗翼宿一十八度距中行西南第二星去極一百四度

東甌五星在翼南蠻夷星也天文錄曰東甌東越也今永嘉郡永寧縣是也芒角動搖則蠻夷叛太白熒

惑守之其地有兵

按東甌五星晉志在二十八宿之外乾象新書屬張宿武密書屬翼宿與步天歌合

軫宿四星主冢宰輔臣主車騎主載任有軍出入皆占於軫又主風占死喪明大則車駕備移徙天子有憂就聚則兵起轄二星傅軫兩旁主王侯左轄爲王者同姓右轄爲異姓星明兵大起遠軫凶轄舉南蠻侵車無轄國有憂日食憂在將相戒車駕之官一日后不安暈而生背氣其下兵起城拔視背所向擊之勝又曰王者惡之月食后及大臣憂月暈有兵歲旱多大風歲星犯之爲火災爲民疫大臣憂主庫者有罪入則其國將死守之國有喪七日不移有赦又曰君有憂熒惑犯之有亂兵入軫將軍爲亂木傷稼民多妖言逆行爲火爲兵塡星犯之爲兵爲土功入則兵敗逆行女主憂出入舍留六十日兵起大旱太白犯之爲兵起得地入爲兵守之亡地將憂起左角逆行至軫失地經天則兵滿野辰星犯之民疫大臣憂中國有貴喪守之大水入則天下以火爲憂一曰國有喪客星犯之爲兵爲喪入則有土功糴貴諸侯使來出則君使諸侯守之邊兵起民饑守轄軍吏憂彗星犯之爲兵爲喪色赤爲君失道又曰天子起兵王公廢黜星孛於軫亦爲兵喪又曰下謀上主憂流星犯之有兵起亦有喪不出一年庫藏空春夏犯之爲皮革用秋冬爲水旱不調

按漢永元銅儀以軫宿爲十八度舊去極九十八度景祐測驗亦十八度去極一百度

長沙一星在軫宿中入軫二度去極百五度主壽命明則君壽長子孫昌

青丘七星在軫東南蠻夷之國號星明則夷兵盛動搖夷兵爲亂守常則吉

軍門二星在青丘西一日在土司空北天子六宮之門主營候設豹尾旗與南門同占星非其故及客星犯之皆爲道不通

器府三十二星在軫宿南樂器之府也明則八音和君臣平不明則反是客彗犯之樂官誅赤雲氣掩之天下音樂廢

土司空四星在青丘西主界域亦曰司徒均明則天下豐微暗則稼穡不登太白熒惑犯之男女廢耕桑客彗犯之爲兵起民流

按步天歌以左轄右轄二星長沙一星軍門二星土司空四星青丘七星器府三十二星俱屬軫宿晉志惟轄星長沙附於軫餘在二十八宿之外乾象新書以軍門器府土司空屬翼青丘屬軫武密書以軍門屬翼餘皆屬軫今從步天歌而附見諸家之說

歲星爲東方爲春爲木於人五常仁也五事貌也超舍而前爲贏退舍爲縮色光明潤君壽民富主福主大司農主五穀石申曰歲星所在國不可伐如歲在卯不可東征甘德曰所去國凶所之國吉退行爲凶災主泰山徐青兗及角亢氐房心尾箕君令不順則歲星退行入陰爲內事入陽爲外事行陰道爲水行陽道爲旱星大則喜小則牛馬多死疾疫初見小而日益大所居國利初出大而日小國耗荊州占歲星色黑爲喪黃則歲豐白爲兵青多獄君暴則色赤熒惑相犯爲大戰相去方寸爲犯戰客勝食火國亡邊侵曰食守之爲賊居之不去爲守觸火則國亂兩體俱動而直曰觸合鬬爲饑旱離復合合復離曰鬬塡星相犯退犯塡太子叛當東反西曰退與塡星合爲內亂民饑芒角相及同光曰合守塡星其下城敗太白相犯大臣黜女主喪觸太白則四邊來侵守太白爲四序不調合鬬則大將死辰星相犯太子憂觸辰主憂守憂賊合則君臣和書見則臣强他星犯之主不安客星犯守主憂流星犯之色蒼黑大農死赤爲饑疫黃則歲豐抵之臣叛主

熒惑爲南方爲夏爲火于人五常禮也五事視也晉灼曰常以十月入太微受制而出行列宿司天道出入無常二歲一周天出則有兵入則兵散逆行一舍二舍爲不祥所舍國爲亂賊疾喪饑兵或環遶勾己芒角動搖變色乍前乍後爲殃愈甚退行一舍天下有火災五舍大臣叛星經曰主霍山揚荊交州又輿鬼柳七星又主大鴻臚又曰主司空爲司馬主楚吳越以南司天下羣臣之過失東行則兵聚東方西行則兵聚西方天下安則行疾與歲星相犯主冊太子有赦觸歲星有子守之太子危塡星相犯兵大起入塡星將爲亂觸之有刀兵守之有內賊太子危與太白相犯主亡兵起守北太子憂南庶子憂環遶偏將死與辰星相犯兵敗與辰星相會爲旱秋爲兵冬爲喪守之太子憂有赦他星相犯兵起祆星犯之爲兵爲火

塡星爲中央爲季夏爲土于人五常信也五事思也常以甲辰元始之歲塡行一宿二十八歲而一周天

四星皆失塡爲之動所居國吉女子有福不可伐去之失地天子失信則塡大動盈則超舍以德盈則加福刑盈則不復縮則退舍不及常德縮則迫威刑縮則不育星經曰主嵩山豫州又主東井行中道則陰陽和調退行一舍爲水二舍海溢河決經天退行天下更政地動巫咸曰光明歲熟大明主昌小暗主憂春青夏赤女主喜春色蒼歲大熟色赤饑有芒兵與歲星相犯相鬬爲內亂合則野有兵熒惑相犯爲兵喪合則爲兵爲內亂大人忌之太白相犯爲內兵有大戰一曰王者失地合於太微國有大兵一曰國亾辰星犯爲兵爲旱祅星犯下臣謀上流星犯則民多事與月相犯有兵

太白爲西方爲秋爲金于人五常義也五事言也以正月甲寅與火晨出東方二百四十日而入入四十日又出西方二百四十日而入入三十五日而後出東方出以寅戌入以丑未也一年一周天日方南太白居其南日方北太白居其北爲贏侯王不寧用兵進吉退凶日方南太白居其北日方北太白居其南爲縮侯王有憂用兵退吉進凶星經曰主華陰山梁雍益州又主奎婁胃昴畢觜參出西方失行外國敗出東方失行中國敗若經天天下革民更主是謂亂紀人衆流亡晝見與日爭明強國弱女主昌又曰主大臣巫咸曰光明見影戰勝歲熟狀炎然而上兵起光如張蓋下有立王凡與歲星相犯兵敗失地犯熒惑客敗主勝犯塡星太子不安失地犯辰星主兵入月主死其下兵犯月角兵起在左則中國勝在右則外國勝當見不見失地破軍也他星犯其事急祅星犯邊城有戰客星犯主兵將死凡太白至午位避日而伏若行至未即爲經天其災異重也

辰星爲北方爲冬爲水于人五常智也五事聽也常以二月春分見奎婁五月夏至見東井八月秋分見角亢十一月冬至見牽牛出以辰戌入以丑未二旬而入晨候之東方夕候之西方也一年一周天出早爲月蝕晚爲彗星及天祅一時不出其時不和四時不出天下大饑星經曰主常山冀幷幽州又主斗牛女虛危室壁又曰主燕趙代主廷尉以比宰相之象石申曰色黃五穀熟黑爲水蒼白爲喪凡與歲星相犯皇后有謀熒惑犯妨太子塡星犯兵敗太白亦然芒角及同光日合他星光耀相逮爲害客星太陰流星相犯主內患

凡五星歲星色青比參左肩熒惑色赤比心大星鎭星色黃比參右肩太白色白比狼星辰星色黑比奎大星得其常色而應四時則吉變常爲凶木與土合爲內亂饑與水合爲變謀而更事與火合爲饑爲旱與金合爲白衣之會合鬬國有內亂野有破軍爲水太白在南歲星在北名曰牝牡年穀大熟太白在北歲星在南其年或有或無火與金合爲爍爲喪不可舉事用兵從軍爲軍憂離之軍却出太白陰分地出其陽偏將戰與土合爲憂主孽卿與水合爲北軍用兵舉事大敗一曰火與水合爲焠不可舉事用兵土與水合爲壅沮不可舉事用兵有覆軍一曰爲變謀更事必爲旱與金合爲疾爲白衣會爲內兵國亡地與木合國饑水與金合爲變謀爲兵憂木火土金與水鬬皆爲戰兵不在外皆爲內亂三星合是謂驚立絕行其國外內有兵與喪百姓饑乏改立侯王四星合是謂大湯其國兵喪並起君子憂小人流五星若合是謂易行有德受慶改立王者奄有四方子孫蕃昌亡德受殃離其國家滅其宗廟百姓離去被滿四方五星皆大其事亦大皆小事亦小五星俱見其年必惡凡五星與列宿相去方寸爲犯居之不去爲守兩體俱動而直曰觸離復合合復離曰鬬當東反西曰退芒角相及同舍曰合凡五星東行爲順西行曰逆順則疾逆則遲通而率之終于東行不東不西曰留與日相近而不見曰伏伏與日同度曰合凡金水二星行速而不經天自始與日合後行速而先日夕見西方去日前稍遠夕時欲近南方則漸遲遲極則留留而近日則逆行而合日在於日後晨見東方逆極則留留而後遲遲極去日稍遠旦時欲近南方則速行以近日晨伏於東方復與日合度此五星合見遲疾順逆流行之大端也

凡五星之行古法周天之數如歲星謂十二年一周天乃約數耳晉灼謂太歲在四仲則行三宿在四孟四季則行二宿故十二年而行周二十八宿其說亦非夫二十八宿度有廣狹而歲星之行自有盈縮豈得以十二年一周無差忒乎唐一行始言歲星自商周迄春秋季年率百二十餘年而超一次因以爲常以春秋亂世則其行速時平則其行遲其說尤迂既乃爲後率前率之術以求之則其說自悖矣今紹興曆法歲星每年行一百四十五分是每年行一次之外有餘一分積一百四十四年剩一次矣然則先儒之說安可信乎餘四星之行固無逆順中間亦豈無

差忒一行不復詳言蓋亦知之矣

景星

景星德星也一曰瑞星如半月生於晦朔大而中空其名各異曰周伯其色黃煌煌然所見之國大昌曰含譽光耀似彗喜則含譽射曰格澤狀如炎火下大上銳色黃白起地上見則不種而穫曰歸邪兩赤彗向上有蓋曰天保星有音如距火下地野雞鳴皆五行沖和之氣所生也其王蓬芮元保昭明昏昌旬始司危蒐昌地維藏光之類亦皆為瑞星然前志以王蓬芮已下星為妖星又奇星古無所考見於仁宗英宗之時故附于景星之末云

彗星

彗星小者數寸長者或竟天見則兵起大水除舊布新之兆也其體無光傅日而為光故夕見則東指晨見則西指光芒所及則為災有五色各依五行本精所生孛星彗屬偏指曰彗芒氣四出曰孛孛者孛孛然非常惡氣之所生也主大亂主大兵災甚於彗旄頭星玉冊云亦彗屬也

客星

客星有五周伯老子王蓬絮國皇溫星是也周伯大而黃煌煌然所見之國兵喪饑饉民庶流亡老子明大純白出則為饑為凶為善為惡為喜為怒王蓬絮狀如粉絮拂拂然見則其國兵起有白衣之會國皇大而黃白有芒角主兵起水災人主惡之溫星色白狀如風動搖常出四隅皆主兵此五星錯出乎五緯之間其見無期其行無度各以其所在分野而占之又四隅各有三星東南曰盜星主大盜西南曰種陵出則穀貴西北曰天狗見則天下大饑東北曰女帛主大喪

流星

流星天使也自上而降曰流東西横行亦曰流流星有八曰天使曰天暉曰天鴈曰天保曰地鴈曰梁星曰營頭曰天狗流星之為天使者有祥有妖為天暉天鴈夜隕而為天保則祥若夜隕而為地鴈梁星晝隕而為營頭則妖流星之大者為奔星夜隕而為天狗厭妖大自下而升曰飛飛星有五亦有妖祥之分飛星化而為天刑則祥為降石為頓頑為解銜為大瀆則為妖

妖星

妖星五行乖戾之氣也五星之精散而為妖星形狀不同為殃則一各以其所見日期分野形色占為兵饑水旱亂亡星長三尺至五尺期百日等而上之至一丈期一年三丈期三年五丈期五年十丈期七年十丈以上不出九年蓋妖星長大則期遠而殃深短小則期近而殃淺天棓星乃歲之精主奮爭天槍星彗出西方長二三尺名天槍主破國天猾主招亂天欃出西方長數丈主國亂蚩尤旗類彗而後曲主兵天衝狀如人蒼衣赤首不動主下謀上滅國國皇大而赤去地三丈如炬火主內寇及登主夷分主恣虐旦見則主弱昭明如太白光芒不行主兵喪司危天官書如太白有目去地可六七丈大而白其下有兵主擊強五殘如辰星去地六七丈其下有兵主奔亡六賊去地六丈大而赤有光出非其方下有兵喪獄漢青中赤表下有三彗去地可六丈大而赤數動天貴主滅邪暴兵燭星主滅邪紲流主伏逆茀星昴孛星主災旬始出北斗旁如雄雞見則更主擊咎主大兵有反者大亂天杵主牂羊天柎主擊殃伏靈見則世亂大敗主鬭衡司奸主見怪天狗有毛旁有短彗下如狗形見則兵饑天殘主貪殘卒起有謀反主驚亡枉矢色黑蛇行望之如有毛日長數匹者見則兵起破女君臣變上下亂拂樞主制時滅寶主伐亂繞綖主亂孽驚理主相屠大奮祀主昭邪天鋒彗象形似矛鋒見則兵起有亂臣昭星有三彗兵出有大盜不成又主滅邪蓬星大如二斗器色白出東南方東北主旱或大水長庚星如一匹布著天見則兵起四塡大而赤可二丈為兵地維藏光星如月始出大而赤去地二丈東南旱西北兵出東北大水老子星色白為善為惡為饑為凶為喜為怒營頭星有雲如壞山墜所墜下有覆軍流血積陵出西南長三丈主兵小饑昏昌出西北氣青赤色中赤外青主國易政華星出西北狀如環大則諸侯失地白星如削瓜主南喪蒐昌有赤青環之主木天下改易濛星赤如牙旗長短四面西南最多亂之象長星出西方歲星之精化為天棓天槍天猾天衝國皇及登蒼彗火星之精化為昭旦蚩尤之旗昭明司危天欃赤彗土星之精化為五殘六賊獄漢大賁昭星紲流茀星旬始蚩尤虹蜺擊咎黃彗太白之精化為天杵天柎伏靈天敗司奸天狗天殘卒起白彗辰星之精化為枉矢破女拂樞滅寶繞綖驚理大奮祀黑彗而月旁妖星亦各有所生天槍天荆眞若天猿天樓天垣歲星所生也見以甲寅日有兩靑方在其旁天陰晉若官張天惑

天雀赤若蚩尤熒惑所生也出在丙寅日有兩赤方在其旁天上天伐縱星天樞天翟天沸荆彗壙星所生也出在戊寅日有兩黃方在其旁若星篲星若彗竹彗牆星權星白藿太白所生也出在庚寅日有兩白方在其旁天美天毚天社天林天麻天蒿端下辰星所生也出以壬寅日有兩黑方在其旁見則爲水旱兵喪饑

欽定古今圖書集成曆象彙編庶徵典

第三十三卷目錄

庶徵典第三十三卷

星變部彙考七

曆學會通古法占驗

洪範八庶徵

八庶徵曰雨曰暘曰燠曰寒曰風曰時五者來備各以其敘庶草蕃廡

一極備凶一極無凶

曰休徵曰肅時雨若曰乂時暘若曰晢時燠若曰謀時寒若曰聖時風若曰咎徵曰狂恆雨若曰僭恆暘若曰豫恆燠若曰急恆寒若曰蒙恆風若

歲月日時無易百穀用成乂用明俊民用章家用平康

日月歲時既易百穀用不成乂用昏不明俊民用微家用不寧庶民惟星星有好風星有好雨民有異情

日月之行則有冬有夏君臣有常職

月之從星則以風雨在上者當體恤下情

書傳言庶徵有繫一歲之利害有繫一月之利害有繫一日一時之利害故分省之王省惟歲卿士惟月師尹惟日

占書云庶徵發於何方見於何日各從歲月日時刑德來則休咎一繫之又云年刑不出年月刑不出月刑德詳見風角

乙巳占

經星皆亙古不異其不同者或有氣映掩及遠近視差耳至有飛彗等異變玩其星名而占法自備至黃道內外近八度者凌犯多變詳見下卷

紫微宮

紫微北辰也衆星拱之天運無窮三元迭運而極星不移第一星主月太子第二星最明者天皇大帝北辰之正位第三星主五行庶子第四星主日第五星不動者天之柱爲天心也北極星亡期八年中無國主佞臣在位大流星出入爲天子大使出入客星出入帝不昌大臣逆以日占國大臣死君修德除咎客星犯北辰即占君黑爲憂赤爲兵大臣逆致死白爲國有喪青爲國有賢臣匡佐黃色帝道昌彗孛出紫微宜用賢修德除舊布新以歲日占期

勾陳主後宮天帝正妃萬物之母六星則六宮也明大者曰正妃又曰太后女主餘者妃妾不欲甚明星大明女主惡之黃氣及流星黃色入之後宮有子孫之喜黃星出勾陳傍外國有進美女黃氣亦然亦後宮有喜又曰立后妃彗干犯闍臣死妃有誅黜者以日爲期

天皇大帝一星黑色勾陳口中稍微者是其神曰耀魄寶主御天下羣靈河洛之命皆稟焉其光芒動人君治政淫泆失常宜正禮用賢任能即無災咎星青而有光君信佞宜黜之吉流星從大帝星出爲發大使小者小使流星從他宿入大帝星出爲發大使君心神恍惚煩燥不安察奸任賢赦令即吉客星干犯除舊布新之象修德咎除以日占國彗孛干犯大臣以家坐罪大臣死犯帝座宮中有謀宜察之

五帝內坐各順方位之色爲五帝之神客彗干犯斬幸臣大臣死以日占國

四輔佐北極不欲明明動大臣將死以月建占國客彗犯幸相死又闍臣死亦以日占國

華蓋七星下九星名杠即蓋之柄偃蓋大帝共十六星狀如傘蓋座正吉不正爲人君信邪彗客守犯客亂天子不治朝宜正之即安

六甲分陰陽紀節候布政教授農時流星客彗犯守太史官廢亦水旱失節

大理平刑斷獄之官

女御天子八十一御妻之象

八穀稻黍大小麥大小豆麻

扶筐盛桑之器

天廚造饌百宰之所

內階天階之屬

內廚六宮之內飲食廚爲太子妃后飲宴

陰德明太子代主又云女主治天下

女史主傳漏

尚書主納言

柱下史記過之史

天柱建政古帝以朔望日懸禁令於天柱示百司

太乙天帝之神主使十六神知水旱風雨兵革饑饉

天乙天帝之神主戰鬬知人吉凶治十二將光明潤澤天子康寧

文昌在北斗魁前天之六司主集計天道第一曰大將軍主建武威第二曰次將主尚書左右丞第三曰貴相主太常卿均禮樂第四曰司祿主賞罰功能第五曰司命司怪主占風雲氣候第六曰司法主刑法星搖動以其所動之名不順天子知而治之如第六星動卽司法不平之象客彗干犯所犯者君誅除舊布新以日占國

三公在北斗柄東爲太尉司徒司空之象主贊揚帝道宣德化理陰陽移徙大臣公卿死安靜吉彗客守三公死以日占國

太尊在中台北守常吉彗客守犯貴戚死

天牢六星在北斗魁下與中台相對爲貴人牢彗客流抵犯大臣貴戚亡黃赤氣出大赦天牢出流星有赦令

北斗者陰陽之元本亦曰帝車之號令建平中央以齊七政建四時均八節運五行定綱紀覊九重施行正化魁四星爲璇璣柄三星爲玉衡第一曰天樞正星主陽德天子之象主天主秦國第二曰天璇法星主陰刑女主之象主地主楚國第三曰璣令星主禍主火主梁國第四曰權伐星主伐無道之國主水主吳國第五曰玉衡主中央土助四方伐有罪主趙國第六曰開陽危星天倉主五穀主木主燕國第七曰瑤光部星應星主金主齊國又曰華岐以北龍門積石南至三危雍州屬魁太行以東主碣石至王屋底柱冀州屬璇璣星三河雷澤東至海岱兖青州屬璣星象山以東至羽山南江會震澤徐揚州屬權星又東至雲澤九江衡山荊州屬衡星荊山西南至岷山距鳥鼠涼州屬開陽星外方熊耳以東至泗州陪尾豫州中原屬杓星天子不事名山不敬鬼神則第一星不明數土功壞決山陵逆地理則第二星不明天子不憂百姓殘暴酷虐則第三星不明發號施令不從四時則第四星不明用聲淫泆則第五星不明用法不正則第六星不明不修江河淮濟之祠則第七星不明君若明正行法不私用賢去佞卽北斗均明

輔一星附北斗柄第六星近密大臣之位明大賢不任職明與北斗齊或合國兵暴起暗而遠大臣死若近粘北斗臣專黨非賢用佞彗客犯將相闕

天理在北斗魁中執法之官明及小星多者貴人下獄靜卽吉

天相在北斗南總領百司明則宰相明暗則宰相無致治之道

勢四星在太陽守西北閹臣之象明則閹臣蔽主客彗犯流星抵閹臣死

太陽守在相星西北大將軍大臣之象主備不虞

天棓五星在女牀東北爲天子之先驅主刑罰藏兵禦難明大及不具國兵憂

天槍三星在北斗柄主武備亦曰天鉞

元戈一星在北斗柄星端主北方明則兵起

三師星卽三公之位在北斗魁西主七政宣德化和陰陽占與三公同

傳舍卽今驛亭

三台亦三公之位近文昌二星爲上台爲司命主壽上星曰人主下星曰女主與軒轅相對二星爲中台主宗室爲司中上星曰諸侯下星卿大夫抵太微二星爲下台爲司祿上星元士下星庶人知陰陽色齊明有行列君臣魚水不明乖戾

太微宮

太微在翼軫北天子正宮也將相三公之府九卿十二諸侯之司也南蕃東星曰左執法廷尉之象西星曰右執法御史大夫之象執法所以刺奸也兩星之間南端門也左執法東左掖門右執法之西右掖門

東蕃四星南第一星曰上相上相之北東太陽門第二星曰次相次相之北東中華門第三星曰次將次將之北東太陰門第四星曰上將所謂四輔也西蕃四星南第一星曰上將上將之北西太陽門第二星曰次將次將之北西中華門第三星曰次相次相之北西太陰門第四星曰上相亦爲四輔也

黃帝在太微宮中天子之正位其星常明合天地之化星微求賢士自輔四帝擁黃帝各順其方東青帝南赤帝西白帝北黑帝五星明有光天子得天地臣民之心

屏四星在五帝座南近於執法別善惡明潤吉

太子在帝座北君有德卽星光而潤不見星亡卽太子有憂

從官幸臣各一侍從太子之官

常陳七星在帝座北天子之宿衛動主天子出自明盛卽武用也

郎將左右爲外御亦主武備郎將之官

郎位一十五位在垣內帝座東北守衛之司周官之

元士漢之光祿中散臺省不具幸臣死大臣不康中散臺官亡

五諸侯在卿西內侍天子百辟之象不明諸侯有黜內大臣死

三公在執法東三公九卿內侍內省之職不明內省大臣死

謁者在宮內執法東贊賓客辨疑惑明如常四夷來貢不明亡失四方不來

虎賁侍衛之官

天市垣

天市垣天之都市小星多市有貨易

帝座在市中明潤卽天子令行

宦者爲侍臣

候星司候陰陽明卽輔臣强

列肆市肆之所

斛斗量平也

宗正卽宗大夫

宗人宗星皆帝之血脉宗族

屠肆主烹殺

帛度買賣貨易

市樓主賈市明則賦斂重

車市市中車馬人物

中外官占

大角亦爲帝

梗河天矛

周鼎神鼎

天田天子畿內躬耕之田

平道天子八達之道

招搖主敵人又曰矛楯

天門在角北天子宴樂之處

平星在角南正紀綱平獄訟

南門在庫樓南天子外門主守兵禁

頓頑獄中之吏獄官也

陣車革車也

亢池渡水迎送舟船津道

折威主斷軍獄斬戮

陽門守隘口禦寇

騎官天子宿衛禁兵

騎陣將軍統押禁兵之首領

車騎陣之將

天乳明潤卽甘露降

從官主天下疾病巫醫人

日星太陽之精主昭明令德

積卒掃除糞穢不祥

七公天之相亦三公之相

天紀九星主天心九卿萬事之綱紀

罰三星主刑罰平正令平曲而斜賞罰不平

女牀爲後宮御女之侍從

魚在河中知雲雨風氣狀如雲大而明風雨順律呂正

天江不欲明明卽有大水

傅說主後宮女巫之象

龜主贊神明定吉凶

糠在箕舌口主簸揚給犬豕糠糟明卽時豐暗卽不熟不見天下無米

天籥主開閉門

杵主舂杵

狗守御門

農丈人在斗西南主農正官明農稔暗民失業

織女天女主瓜菓絲帛珍寶

天弁入河中辨別珍寶市中之老吏

東西咸房之門戶防淫泆

漸臺主晷漏律呂之事星明卽陰陽和而律呂正

河鼓天軍之鼓中央大星曰大將軍左右小將軍亦名牽牛星左右旗爲河鼓旗表

輦道天子戲遊之道

天桴四時擊鼓知更漏

奚仲主御車之吏

天津橫於河中一星不備津道不通

瓠瓜敗瓜天子園內之屬明卽瓜熟不明不登

羅偃堤塘距馬官

離珠女子之星後宮之庫藏

九坎主溝渠泉道

十二國星應十二州一星亡其國荒饑

敗臼庶人之星不見卽人棄其鄉

離瑜主婦人之服

天壘城北方丁零匈奴之類

哭泣大臣之象主哭泣事

人星如人形狀主奸人巧舌星不見或亡則奸人詐行詔書

司命掌死喪

司祿掌祿料
墳墓主兆域以明喪葬之禮流星出入有葬事
司掌危市中樓閣宗廟
司非伺候內外察愆
鉤九星入河中失道移徙主地動
車府主車輦之官
造父主御天子御官也
杵臼舂軍糧供廚
土公吏土公皆主司過失
虛梁主國家丘陵寢祠
蓋屋治屋之官
天錢主賞罰
八魁主張羅網捕禽之官亦爲五方之人
北落師門主北方蕃部之主星常明闕
敗臼左右擁蕃人部落參佐
天綱北落下將帥統押星不欲明明則部落將帥死
又爲中原天子遊獵之舍
鐵鑕主拒難刀斧之用
雲雨霹靂電並爲陰陽氣擊作風雨之應
螣蛇如盤舌之狀居河中天池也主水蟲風雨之占
移徙近南斗大水
天廄天馬之廄今之驛亭
離宮六星兩兩而居天子之別宮御宮人之所
大陵主墓
天船主船居
策星天子之僕今之黃門星亡天子斬黃門
王良天子輦御之官

閣道主飛閣天子別宮之道
附路閣道之別道又曰太僕御風雨
天大將軍用武兵中之統領
卷舌主讒佞明大天下主口舌
南門主出入定亂星動搖軍必行
左右更秦爵名牧養牛馬之官
天溷主糞穢天子之溷厠
外屏以避天溷
土司空即土功之長吏
鐵鑕主斬芻飼牛馬犧牲
天倉倉官也逼迫小星多天子倉廩盈
天廩主畜積養犧牲亦主倉廩
天陰主天子密謀羽獵
天囷主倉囷
天高主登高察候
積水主候水災不明明則雨水溢
月一星主蟾蜍女主大臣之象金火犯女主大臣殃
天街爲陰陽之所
諸王王室姪孫之象
咸池魚雀之官
天潢主河津濟渡
參旗天弓弩天子使用之弓矢
九州殊口能曉會九土方俗之語
天節主使臣遠方宣揚帝化
天苑天子養禽獸之所
天園天子菜菓之園
九斿天子兵之旗

軍井主軍營中之井
玉井軍出行之水泉
矢主羽箭
厠主溷又主履之下疾
五車爲大臣邊將五兵五穀
司怪定陰陽占風雲氣候察天地草木之怪
座旗辨君臣尊卑
五諸侯主刺舉誡不虞大小齊明大臣忠
天罇主罇罍天子酒器
傳舍賓客之館舍
水位主水移徙近北河爲大水
南北兩河地之關門南北兩界逆斜彗客犯南河爲
旱北河爲水
積水水官供給酒食之司也
積薪外廚烹宰庖廚之官
水府天子宮內水官
四瀆江河淮濟之精氣明大爲大水
闕丘天子雙闕諸侯之兩觀主憲法象魏
軍市軍中之市貨易買賣
野雞在軍市中掌野外之禽鳴則天下野雞盡雊亦
曰知夜辰鳴則凡雞始鳴也
丈人是民之父子孫侍之
弧主天子弓以備賊盜
天社祀祠之官
天狗占吠知天下皆旱
天記知禽獸歲齒應天子御馬醫獸之吏
天相大臣之象占與相星同

天稷農人之具

外廚卽烹雞魚宰猪羊之所

酒旗造酒之官

少微處士卿士太史之官

爟主烽火備急行邊庭掌四時火變

內平執法平罪之官

長垣主邊界城邑

靈臺主觀風雲氣候

明堂天子布政之宮

靑丘主南蠻君長

土司空主南海君亦日九域地界主領

軍門天子六軍之門

東甌東越南蠻二夷之君

器府掌絲竹之官

天廟天子之祖廟

以上諸座凡飛流彗孛客星干犯各依其位之所主占之青爲憂黃爲喜赤爲兵旱白爲兵氣黑爲疾疫依歲月日時刑德干支遠近占之不可一途取執

天漢天下江河淮濟海岳之氣起東方尾箕之間爲之漢津分爲兩道其河南經傳說魚尾天江天市絡輦道漸道河北經魚龍貫箕南斗柄天籥天弁河鼓右旗天津下合南河西行歷瓠瓜人星造父騰蛇王良附路又西南行經天狗天記大陵天船卷舌五車南入東井四瀆天稷七星南而沒凡歷十九宿

曆學會通中法占驗

賢相逼占

進賢星主進賢明則賢人在朝晴則不肖處位木犯賢進火犯賢退土犯拔賢者殃日蝕賢人應隱月蝕掩則拔賢者慮之

一平道西星明正則吉動搖則法駕有虞木留治道平火留盜溢水陸土留天旱不雨金留干戈日益水留水潦梁頹日月蝕主過當易

一角宿南星爲天關三光之馳道左蒼右黃爲得常白凶明大帝道昌動搖則帝王行木凌民安犯則田豐火凌民災犯則亢旱土凌犯旱災留則河梁不通金留戈戟交爭日蝕賢人退位月蝕小人得志土退津梁少利

二平道東星五星占同西星日蝕掩穀不登月蝕掩花果難成

二角宿北星木守賢人用火守賢人隱土守帝王新業金守儲君有榮水守后妃將換日蝕樹木憂空月蝕六畜有災火犯守賢士戮土犯守逆退再犯后妃成喜

一亢宿南第二星爲天子內庭爲宗廟主占疾疫明輔臣忠天下安否則反是木留宗廟將祠火留災害萌土留輔臣不安金留大臣出鎮水留當有霜水

二亢南第一星日蝕王者小疹月蝕后妃憂懼金犯天子有征伐木犯豐稔邦平土退犯宮中有喜

一氐宿西南星王者宿宮明則六宮奉職前二星爲夫人後爲妾日蝕夫人災木留守大有年火留守股肱奔走土留守儲副安寧金留守將軍受制水留守訟獄沉滯月蝕生華暈色后宮有喜

四氐宿西北星日蝕大官落職月蝕妾奪嫡權木星天下安火星大臣罪土星宮中昌金星邊臣退

二氐宿東南星日蝕妾災月蝕同上五星占同前日月蝕君王之過也日月蝕復圓有光暈生華者宮中喜

三氐宿東北星日蝕夫人災月蝕夫人妾災五星占同前日蝕易新月蝕中間杳色

一西咸南第一星木星行過歲稔留年豐火行順無愆逆天旱留地枯土星留年荒金留干戈水留川溢日月蝕王者災白色主喪赤災暈而兼紅絲光明主宮中大喜青黑不祥

一房宿南第一星爲明堂布政之宮爲四輔爲天駟明則羣臣奉職暗則王道不行日蝕大臣咎

三房宿北第二星流星出天子當有房星之事木留臣下奉職火留房屋火災土留土動兵與金水不與日蝕天子命將伐國月蝕后妃不安

三房宿北第一星木犯大臣吉火犯房星災犯日看甲子知日金犯國有兵水災奸臣佞日蝕天子搖月蝕貴人災

鉤鈐星木守民安年豐火守草木焦土守口舌生金守鋼鐵貴水守鹽不通日蝕年不年月蝕歲不歲日月頻會交帝不安征伐頻年

鍵閉星主關閉之事明則王道昌否則宮門不禁木星守帝王吉土星犯守王者憂火星犯守關梁有失金星犯守將軍吉水星犯守田野安日蝕銅鐵貴月蝕鉛錫貴

罰星下星主罰金玉直則法令平曲則不平

罰星上星木犯守科道行火犯守科道塞土星犯守科道塞日蝕掩科道退月蝕科道進

一心宿西星二爲天王正位中天子前太子後庶子木留天子明大臣用命火留天子明大臣誅土留天子暗大臣佞金留干戈出水留水溢日蝕天子命侯伐國月蝕太子庶子有議

三東咸第二星流星出國有使客星辨高下占高不在天如星高以咸斷下以方斷日月蝕查干支論

四東咸第一星木星凌將相憂火凌父子分張土凌大兵興

二心大星木星徑天子道昌留守年稔火留守諫臣誅賢良死奸佞幸天子孤黎元苦土留守凌犯聖主將出古天子有巡守者金星犯守大獸變走食人日蝕王者或華事月蝕后妃太子憂

三心東星木星犯守則庶子黎民安樂火犯凌不利庶子民不安黎元苦土犯歲饑日蝕在此支不用六數有六不利於天子太子月蝕在此支不用九數有九不利于后宮支子

一天江中下星四星主太陰明動大水暗則津不通木犯守魚鹽賤火犯守魚鹽貴土犯守水運不通日蝕江水淺月蝕水溢

二天江下星

三天江中上星二占同前

四天江上星木犯守舟穩載火犯守舟傾覆土犯守水淺難行金犯水溢殺人水犯守漂溢人苦日蝕文臣不利月蝕武臣不利彗孛出此高則河津低則分野

一箕宿西北星星動搖外有使來又舌動則大風日蝕后妃災月蝕夫人災火犯守后妃憂金犯守后妃喜

三斗杓第一星木凌犯宗社安太子壽大臣吉火犯宗社憂土犯臣憂君病桑穀不成金犯主廟謀行水犯賢良利日蝕不利主月蝕不利臣

一箕宿東北星火犯後宮災蠻貊災北人敗金犯蠻貊起干戈木土水三星不犯日蝕有廢立後宮事月蝕后妃不利看淺深論之

二斗杓第二星木星犯宗室吉天子利大臣用命火犯宗臣不利廟恐災土犯君暗臣佞金犯君明臣賢木星主薦賢萬事和民安年稔日蝕君過月蝕后災木留掩爵祿盈溢

一斗杓第四星卯杓三星木犯君臣咸殃又火災金犯臣執權天下官守法日蝕君有過月蝕大臣咎木土水三星不與

四斗魁第三星火犯守宮室災退留掩犯宮殿災金犯守將命大臣出鎮退守將有廟謀彗孛出視高低高在郡低在方以日辰查遠近日蝕辰六數干五數帝王過木火土三星不與

一建星西第一星六星天子之都梁關津主三光日月五星行歷得失靜則民安動則多勞以日辰查木犯守閫內治火犯守關梁不通土犯守年不登金水犯有年日蝕有憂月蝕民多勞

六斗魁第一星火犯守宮中走水退留必走水宮中賊年不稔民流金犯守宮中有喜退留必有大喜宮中靜年豐民安日蝕辰四干八帝王過月蝕辰四干八帝王過后妃淫時加酉尤甚彗孛出視高下高在郡下在方

五斗魁第二星火犯守宮中災金犯守宮中喜木土水三星不犯日月蝕不與彗孛災異低在方

二建星西第二星火犯北戎使中國民饑歲荒金星犯守民安歲稔日蝕民疫月蝕歲窮

三建星西第三星火犯國門不通金犯守都門閭四星犯守黎頭喜白首歡木土不與日月蝕視干支斷之

六建東第一星火犯守都關災金犯守都關開木土不與日月蝕不入

二狗上星兩星天子守禦之星失常則戒守禦之臣搖動則庶臣爲亂土犯守守禦之臣陰謀火犯守守禦之臣異志金水犯守守禦之臣忠義

一狗下星占同日蝕月蝕干七辰八則帝王有過守禦不忠彗孛出入則狗國災如尾長則狗國異志

三牛宿西北星爲天關梁五犧牲明則王道昌關通暗則牛疫死火犯守牛災金犯守牛貴日蝕牛疫月蝕牛貴

一牛宿大星火犯守關梁難越金犯守關梁通水犯守天下牛賤日蝕忌干七辰八牛疫民荒月蝕忌干七辰六帝王有過

二牛宿上東星火犯守牛貴有疫金水犯守牛多賤牛安日月蝕不與

四牛宿南星木犯守歲豐大稔很虎爲害火犯守六畜多死土犯守賊臣犯主金犯守歲登民富水犯河壅決日蝕盜賊生月蝕陰盛陽敗

八牛宿下西星占同前彗孛出牛南都有事

六牛宿下東星占同前

二羅堰下星主堤堰水潦不欲明明則水溢木犯守

風雨時若火犯守池枯川竭土犯川流不通金犯田苗昌水犯氷雪深日蝕川少水澤月蝕川水害民

一羅堰上星土星犯守川澤難通

十二國秦星木犯守列國昌火犯守國衰土犯守秦川竭金犯守秦鑛開水犯守秦川溢日蝕秦地咎月蝕秦女咎月掩秦人謀

十二國代星火犯守代郡宗人爲政大不利土犯守代郡病金犯守代郡蒙恩同火土退犯則干戈起水犯守代多水月掩代人不利日月蝕木星不與

十二國星有變各以國占之五星先尋去極次查黃道南北而定休咎

一壘壁西第一星大軍之營明則國安暗則兵出火犯守民貧軍饑金犯守民衣食足水犯守布綿貴木土星日月蝕不入月掩不利命將出兵

二壘壁西第二星占同前

三壘壁西第三星木犯守軍國昌絲綿賤金犯守國恩行五穀登火犯守城垣不固大兵興水犯守武弁雄軍役充實日蝕土工作賢人退月蝕君子閒居小人用事月掩兵家須忌廬宿南星爲冢宰主北方邑居廟祠之事靜常天下安寧火留守南國兵動赤地千里宮掖災府庫傾金犯守年凶

四壘壁西第四星木犯守歲和年豐火犯守風雨失常土犯守土工動有喪金犯守木花不成水犯守風雪大作日蝕民饑月蝕牆頹

五壘壁西第五星木犯守皇宮安火犯守南國兵動土犯守旱金犯守將軍罷戰木犯守丁壯盡役日蝕男征女苦月蝕天下大水泣下星主喪亡弔祭之事暗吉明凶木留民安國泰火留國亂民殃土留疾疫橫尸金留喪弔連年水留小兒多死日蝕國有大喪月蝕墳墓常新

六壘壁陣第六星水犯守宮院多喜火犯守兵動米貴土犯守掖庭災金犯守齊國人咎水犯守賊盜盈野日蝕國多事月蝕邊壘傾

七壘壁陣東第六星木犯守六軍將出火犯守五穀不登土犯守花果大損金犯守一梗兩穗水犯守春行冬令日蝕山東人饑月蝕夏月飛冰羽林軍星天子禁兵安靜吉動搖芒角凶火犯守天子禁屬人土犯守宮中口舌金犯守疾疫水犯守禁兵出日蝕國將命將月蝕秋防冬令

八壘壁陣第五星木犯守人多釋老火犯守妖狐橫土犯守旱金犯守河南兵起木犯守兵犯邊左日蝕金革初起月蝕邊壁成空羽林軍星火犯守都軍有災金退留金革不寧水犯守禁軍不出日月蝕木星不入例雲雨西南星主雨澤明則多雨動則陰晦木犯風雨順百穀昌火退留非時雷電不依祈禱土犯守井乾池涸金犯守夏月飛霜水犯守雨澤以時日蝕秋雨傷禾月蝕風拔木

十二壘壁陣東第四星火犯守城郭不守金犯守田野不清水犯守人多病日月蝕木土星不入例

九壘壁陣東第三星木犯守后妃吉火犯守米貴土犯守土工興金犯干戈不止水犯守城垣圮崩日蝕五穀不熟月蝕花木零落

十一壘壁陣第二星火犯守賢人退金犯守小人持勢水犯守天下修宅木土星日月蝕不與

十壘壁東一星木犯守夫人安利火犯守年凶米貴土犯守廣修殿閣金退留主將解甲水犯守勛戚憂疾日蝕后妃憂慮月蝕秋菽不熟

一外屏西第一星天子外廚木犯守牛羊蕃息火犯守牛羊時疫土犯守宗廟興工金犯守屠宰日易水犯守宗廟建新日蝕殿閣斥譬月蝕國亂刑彗孛文武共敗尾長另視支干

三外屏西三星木犯守有道方進用火犯守父子不親土犯守穀貴水澇金犯守川澤溢水犯守臣下被獄日蝕文臣咎月蝕武臣咎

四外屏西四星火犯君不親臣父不親子土星犯守年不登金犯守水出關梁水星犯守臣不受誅木星日月蝕不與

二婁宿西星爲天獄主苑牧犧牲郊祀或與兵衆之事金犯守干戈相爭其他不入例

天囷西南星食廩之屬明則熟暗饑火犯守米貴金犯守米賤水犯守歲不稔土木星日月蝕不入例

天囷西星火犯守人死兵交金犯守年荒他星不入例

天囷南星火犯守倉廩虛忌走水金犯守米貴他星不入例

一天陰下星從天子弋獵官也明則近言洩漏木守犯歲荒人厄火守犯獵人有罪土守犯將軍陣亡金守犯年饑水守犯兵與水死日蝕天子獵苑月蝕人食草木

一天廩北第一星火犯守倉廩虛金犯守大兵將出他星日月蝕不入例

二昴宿星爲天子耳目亦主匈奴及獄明則天下和平動搖兵起鹵人木犯守王者嚴刑火犯戎賊潛藏土犯守將出西征金犯守戎馬爭騰水犯守執政遭刑日月蝕同下占

三昴宿星木犯無凌鹵順火犯守狄王死狄國亂土凌犯守狄謀中國金犯守戍死鋒鏑水犯守狄國大水狄馬疫狄人衰日蝕戍主死月蝕戍婦災月掩昴狄必敗

月女主大臣之象明則女主專政暗吉木犯守美人幸火犯守美人失愛土犯守后妃退夫人廢金犯守美人寵水犯守夫人進位日蝕美人失寵月蝕美人失愛

三畢右股北第二星主邊兵弋獵明則天下太平火犯守邊兵動金犯守邊兵晏然水犯守天下太平日蝕邊兵不足恃月蝕邊兵饑

一畢北右股第一星火犯守邊兵大起土犯守王侯誅金犯守兵出有赦水犯守邊城驚急日蝕北狄自死月蝕狄婦東歸彗出狄窺中國

一天街下星街南中國北狄邦五星犯守日月蝕上街下街占同

三天街上星木犯守下街之上利中國上街之上利狄國火守掩上街戎主必死萬不失一金犯守狄自殘水犯守狄地飛蝗殺草日蝕上街狄王必死狄國弱萬不失一月蝕戎婦死狄無統

五畢宿一等大星火犯守邊兵大起米貴金犯守命將出兵年荒穀貴水犯守邊城擾急政刑不時木星日月蝕不入占第視支干

四畢左股第一星火犯守道路不通邊軍大惡金犯守穀貴月掩邊軍疫日蝕忌干五支六主帝王過月蝕四支八干亦然

畢宿附耳星主聽得失守常吉動搖讒臣在側月掩佞幸蔽主火犯守盜臣蔽上金犯守亂臣枉天子

天高東星主風雲明吉暗則陰陽不調火犯守池枯金犯守歲和其他不入占

一諸王西第二星明則下附上否則反是木犯守宗室利火犯守不利宗室土犯守宗室得罪金犯守宗室和水犯守天子發恩

二諸王東第二星占同前　日蝕宗室必有罪人月蝕郡主必失志月掩文臣有奏宗室不法者

五車口東南星五車兵舍亦主五駕動變各有所占以知其豐耗傷敗靜吉中星繁盛則兵車行火犯守車駕驚恐金犯守兵車失次日蝕軍餉不接月蝕兵華不進

一諸王東第一星占同前　天關星主邊防道路明盛芒角兵起木犯守邊關無恙火犯守邊關少力土犯守邊軍躁金犯邊關軍人信行水犯軍人難行

一司怪上星主防奸宄災變不成列宮中有大怪或天下多怪木犯守奸邪藏火犯守奸謟土犯守奸邪得志金犯守奸邪匿

二司怪中星占同前　日蝕奸邪死月蝕奸邪罪

三司怪下星火犯守退留藺牆兵起土犯國破人驚家不安金犯守爲政憂愁水犯守兵起人離日蝕地主將過月蝕後宮亦行二字疑有訛　日月蝕支干數六一闕句萬無一失

井鉞星主斬淫奢明與井齊則人臣咎木犯守刑正火淫奢土斬戮金刑政淫奢相當水淫佚多刑不正日蝕天子刑淫月蝕大臣咎

一井西扇北股第一星主水衡用法平則井明木犯守漕運穩載火河渠壅阻水天雨頻傾日蝕國有淫刑月蝕宮妃將戮

二井西扇北股二星火犯守井泉竭土犯守泉涸金犯守禾稼盛水犯守陸行舟日蝕日辰皆八地主將過更新

三井西扇北股三星火犯守同類妒讒佞生金犯守禍生外國閫內交接他星日月蝕不入例

五井東扇北股一星木犯守訟接踵大兵興火犯守先旱後澇先火災後水災土犯守旱澇迭生金犯鬪下戰鬪水犯守泛溢傷人日蝕國內大水傷稼月蝕堂殿崩壞

六井東扇北股二星火犯守魚蟲枯死土犯守鱗蟲盡殃金犯守川澤通氣水犯守秋地氾溢日蝕天將久雨月蝕王法不平

七井東扇北股三星火犯守淫泆暗幸帷薄不修金犯守王者法平大臣守節月掩津候少通三星及日月蝕不干

五諸侯北股二星木犯守王者法行火星守津梁不通刑罰過差土犯守獄不平民怨國愁金犯守有年無民水犯守霖澇無秋禾生耳月掩天子不得專征

八井東扇南股一星占同前　日蝕王者曲法月蝕宰臣有過失

四井東扇南股三星木犯守花果實火犯守禾稼難

熟土犯民困流離金犯守歲有殃木犯江河溢日有
蝕秋水無魚月蝕大殃民疫
二天鐏四星主爵祿官秩明吉暗凶木犯守爵賞勸
民安樂火犯守刑不中官失職民不安土犯守五味
不和四時不序金犯守尊者亂下民頑水犯守民困
薄恩月掩上下和爵賞不行日蝕不利尊上月蝕宮
闈蠱魅
三五諸侯南二星主斷獄理陰陽明潤大小相濟諸
侯忠良王道大興不則下上相譖火犯守小人吉大
人否亨不亂羣也金犯守無交害匪咎艱則无咎水
犯守獄平訟不可成也月掩君子以作事謀始
四五諸侯第一星木犯守柔則吉鳴謙終吉火犯守
不永所事小有言終吉土犯守或從王事無成金犯
守觀我生觀民也水犯守休復之吉以下仁也月掩
中行獨復日蝕諸國事休復吉月蝕諸國來朝敦復
無悔
三北河東星火星入有災金犯守河中靜月掩河梁
起有人焉
積薪星主烹飪明則君增庖廚暗則五穀不登木犯
守井洌寒泉食火犯守庖廚災土犯守穀不登金犯
守鼎耳革失其義也水犯守玉鉉在上剛柔節也月
掩新貴日蝕鼎無食月蝕烹無鼎
一鬼宿西南星主視明察奸謀隨有變占之明則穀
熟不明民散東南主積兵西南主布綿木犯守大有
年火犯守歲荒民流土布帛貴金五穀熟水民多亡
二鬼宿西北星主積金玉東北主積馬月掩主壅蔽
日蝕五穀不稔六畜疫月蝕日辰皆八數國有喪如

六辰五日地主過而更新
積尸氣星主死喪誅斬明則兵起大臣誅木犯天下
和平火犯守國有大喪主民不安土犯守兵喪歲饑
金犯守誅殺不當水犯守民流兵喪月掩兵起臣誅
日蝕大臣不安月蝕婦女多患
三鬼東北星木犯守馬懷二駒火犯守馬恆病疫土
犯六畜皆災金犯守黃裳元吉水犯守括囊無咎無
譽月掩馬疫日蝕馬疫民怨月蝕歲饑民流
四鬼東南星木犯守大有年火犯守履霜堅冰至觀
君之德土犯守龍戰于野其血元黃金犯守乘馬班
如泣血漣如年歲如是水犯守滔滔飄飄民也月掩
人畜患日蝕人馬皆疫月蝕六畜患年不豐
十五軒轅右角星女主之庭欲黃而大明則後宮爭讋
細微不見后妃不安色黑大凶火往來留犯后妃不
安金凌犯宮女孕子水凌犯酒疾多月掩君臣酒色
有失日蝕君以酒賜臣月蝕君以美女賜臣
十八軒轅南五星火犯絲綿貴土犯守機織艱水犯守
布帛貴日蝕布帛貴月蝕后妃不貴
十四軒轅大星木犯守年豐火犯守年荒土犯守穀不
登金犯守六畜傷水犯守禾稼漂沒月掩絲綿布帛
俱貴日蝕穀不登月蝕中宮不利
十六御女星木犯守中宮有喜火留守宮女有憂土留
守嬪御不利金留守嬪御當愁水犯守女御無慮月
掩妃嬪御女皆憂日蝕君王無恩於宮人月蝕后妃
亦憂嬪御
十七少民軒轅左角星木犯守後宮沾恩火犯守後庭
爭讋土犯后妃不爭金犯守宮人懷胎水犯守後宮

怪有妖月掩不久天雨日蝕君臣皆憂月蝕后嬪皆
惡
二靈臺中星主觀雲物災祥土犯守國有祥瑞火犯
守君將僉祀木犯守臣下有獻符瑞者金犯守天子
將幸勛戚家水犯守皇后有名命婦者
一靈臺上星月掩奸佞有蔽聰明者日蝕君王有行
移月蝕大臣惡之
上將星主武臣明則將勇暗則弱動搖則兵起木犯
守將有功火犯守將軍退舍土犯守用命無功金犯
守將果勇水犯守將退縮月掩將無力日蝕宜保守
月蝕必見敵
次將星主從副武職木犯守爲進賞火犯守進無功
退罰土犯守邊城有遣金犯守將有威聲月掩君將
命將日蝕邊關有警月蝕則軍人憂
明堂上星主顯崇孝慈明吉暗凶火犯守天子廢祀
金犯守天子有事于明堂水犯守后妃有事于太廟
日月蝕土木星不與
二內屏西南星主賤執法之官明則刑罰平火退留
犯守賊臣在近又且爲佞金犯守佞幸近君水犯守
佞幸淫女在側
一內屏西北星火犯守讒臣亂君金犯守女寵近侍
月掩賊謀覺他星不干
右執法星主舉刺奸凶執法若移刑罰尤急木犯守
法官用命羣邪避火犯守則法官受制而權土犯則
法官不利金犯守法官升平水犯守法官不法日蝕
法官退位月蝕法官有爭月掩法官當去
四內屏東南星火犯守賊在君側金犯守賊在傍月

掩朏誅必成

三內屏東北星金犯守刑明國正月掩刑撓他星不干

右執法木犯守法官奉命奸盜咸憂火犯守法官失勢盜賊縱橫土犯守賊臣近君正法不行金犯守民安豐稔水犯守民饑國喪兵火民饑月掩法官不如意日蝕宰相當咎月蝕夫人不利

上相星主正品宰相木犯守宰相加品火犯守相憂土犯守君憂臣慮金犯守大小官有喜有憂月掩宰臣不利日蝕君臣咸憂月蝕執法司過木掩土土不掩四星火掩土木金掩土木火水掩四星金水入月入日爲黑子月掩五星

欽定古今圖書集成曆象彙編庶徵典

第三十四卷目錄

庶徵典第三十四卷

星變部彙考八

天學會通天學實用有兩分一分講天上性情一分講十二象第一分天上分四件一為日月五星二為在天經星三為東西南北經緯四為日月蝕彗流

日月五星之性第一門日月五星之性　日月五星之晝夜　日月五星之位次　日月五星會各星之性及東西日月五星相會

論日月五星之性一爲本星之性一爲本星同各星之性其日月五星本星之性又或論其本性或論其位次之性

論日月五星之性天下萬物之性有冷有熱有乾有濕天上之性亦有冷有熱有乾有濕

天上之性有二星善有二星不善有二星中等

不善者第一土星性冷性乾其冷更甚于乾

離太陽遠不能受太陽之熱離人遠熱不能到人行遲不能作熱光小又散亦不熱故冷凡物熱則乾土不熱何以乾因太冷故中乾

稱爲大禍主草木性冷無蟲故主草木主人命六十八歲外主爲人性冷性慢不爽快心貪多謀難信主細民主人肝主土中鉛

不善者第二火星性熱性乾其乾更甚于熱

離太陽近體又密故熱其光散如火受地之濕氣皆散故乾

稱爲小禍主人四十一歲外十五年主人膽大顛狂善言語喜反覆爭鬭主兵主黃痰在土中主鐵草木禽獸有毒者皆主之

第一善者木星性熱性濕其熱勝濕

在土星火星之中離太陽相去不遠不近故熱光大多收地氣其熱不足以散之故濕

稱爲小福主人血主人命五十六歲外十二年主人聰明穩重性寬宏不慳吝主官府主師長主客商主人肺土中主錫

第二善者金星性熱性濕其濕勝熱

去太陽近去人近光大故熱光大多收地氣故濕主人命十四歲外八年稱爲大福主好色喜歡樂喜歌唱不耐勞苦主人腎土中主銅

中等第一水星性不熱不濕同太陽火星則極乾同土星則冷稱爲禍星同木星金星爲熱爲濕稱爲福星主人四歲至十四歲主人不穩重多浮多謀詐主賊主肺脘地中主水銀

中等第二太陰性冷性濕

月無光借日光故冷離人近多收地氣其熱不足以散之故濕上弦下弦其濕更甚

滿時稱爲福星空時稱爲禍星主小兒到四歲時爲人不穩性浮好遊爲塘擺爲水手主人目睛主腦主髓主白痰主婦人月事地中主銀

太陽性熱性乾光大體光故熱故乾主人命二十二歲外一十九年主君王主人長命有福主賢良聰明得君寵性寬宏主人心主人脈地中主金與寶石

論日月五星之陰陽萬物之性濕多於熱者爲陰熱多於濕者爲陽土星木星火星太陽熱勝皆屬陽太陰金星濕勝皆屬陰木星同陽爲陽同陰爲陰

凡星日出時在地平上爲陽在地平下爲陰因得太陽之熱有多有少故分陰陽

十二象中一象十二象爲陽十象九象八象爲陰七象六象五象爲陽四象三象二象爲陰

論日月五星晝夜凡物熱勝於濕者爲晝濕勝於熱者爲夜太陽木星土星屬晝

日光大木星熱故爲晝土甚冷以劑日木之熱使不傷物故皆屬之於晝

太陰金星火星屬夜

月金濕大故屬夜火甚熱以劑月金之濕使不傷物故亦爲夜火星夜不傷物因有月金之性

木星早見屬晝晚見屬夜

論日月五星位次日月五星位次有三其一是各星經緯先論在天經星之性於後詳之

其二論四方從東地平至午圈其性俱濕俱熱而濕爲甚主人命至二十一歲從午圈至西地平其性俱熱俱乾而熱爲甚主人命至二十一歲從西地平至子時圈其性俱冷俱乾而乾爲甚主人命至五十歲從子時圈至東地平其性俱冷俱濕而冷更甚主人命五十歲外

其三論各星本圈土星火星在不同心最高爲濕爲冷在不同心最卑爲乾爲熱以三星本輪在太陽上金星水星在不同心最高爲熱爲乾在不同心最卑爲冷爲濕以三星本輪在太陽下

月在最高力强在最卑力弱

五星之行有速有遲遲者熱冷乾濕俱重速則輕減

五星有不動時有退時退而往返旋遶其力如重不動時亦重

論日月五星會各星之性及東西其一同太陽其二同在天經星其三五星自相合

五星同太陽在太陽光下不能主事凡事皆太陽代之星善則善星惡則惡

如土星在日光下土星不能傷人因太陽有土星之性太陽反能傷人

星在太陽光下離八度三十秒在太陽心離十七秒在太陽心不吉

月自朔至望屬太陽東自望至晦屬太陽西

太陰自朔至上弦爲濕爲熱上弦至望爲熱爲乾望至下弦爲熱爲冷下弦至晦爲冷爲濕所主之物皆隨其性

如主人腦在上弦以前其腦爲濕爲熱之類

土星木星火星同太陽相會至相冲屬太陽東相冲至相會在小輪後半屬太陽西相冲至相會在小輪前半屬太陽東（此有四等）

自會太陽後至第一位留性極濕自第一位留後至冲太陽性熱自冲太陽後至第二位留性乾自第二位留至再會太陽性冷

金星水星相會至冲屬太陽東相冲至會屬太陽西

金水會太陽至第一位留性潤自第一位逆行後至與太陽相會性多熱相會後至第二位留性多燥自第二位順行後復與太陽相會性冷

論日月五星相會有五其一相會其二離六十度其三離九十度其四離一百二十度爲合其五離一百八十度爲冲離九十（冲之半數）與冲皆凶而冲尤甚離六十度（合之半數）與合皆吉而合尤吉第一有權者相會同吉則吉同凶則凶

五星在前者名右（自白羊金牛順去）在後者名左（自白羊雙魚逆行）

論日月五星在右者比左强論十二象在左者比右强

會冲等有二其一正相遇一秒不異其一不正相遇

論本星光之半數

土星光十度木星光十二度火星光七度三十秒太陽光十七度金星光八度水星光七度太陰光十二度三十秒在天諸經星一等大者七度三十秒二等五度三十秒三等三度三十秒四等一度三十秒

不正相遇有二其一爲來者其一爲去者若二星來者性速去者性遲速者過遲者前行亦有二一爲逐其行一爲離其行

又一等二星俱順行一等二星俱退行一等順行者追退行者一等順行者離退行者

日月五星之權第二門（黃道之性舍升分界位五權用法快樂官分遲疾退留高卑）

黃道之性分四方白羊金牛陰陽（春分至夏至）屬熱屬濕主生血巨蟹獅子雙女（夏至至秋分）屬熱屬乾主生黃痰天秤天蝎人馬（秋分至冬至）屬冷屬乾主生黑痰磨羯寶瓶雙魚（冬至至春分）屬冷屬濕主生白痰

黃道一屬火白羊獅子人馬一屬土金牛雙女磨羯一屬氣陰陽天秤寶瓶一屬水巨蟹天蝎雙魚

內白羊陰陽獅子天秤人馬寶瓶爲陽金牛巨蟹雙女天蝎磨羯雙魚爲陰

南北白羊初度至雙女三十度屬北天秤初度至雙魚三十度屬南

動靜白羊天秤磨羯巨蟹主動金牛獅子天蝎寶瓶主靜

黃道有人性者陰陽雙女寶瓶人馬前半有禽獸性者金牛獅子天蝎雙魚人馬後半

生人性狠者獅子人馬十五度後有毒者天蝎

黃道白羊至雙女主使人天秤至雙魚主爲人所使

黃道離冬夏二至度數相同者或前或後俱三十度六十度其力相等

黃道相仇者金牛獅子天蝎寶瓶

四者非六十度亦非一百二十度不能使人亦不能爲人使

日月五星之權有五一曰舍日舍獅子月舍巨蟹土舍磨羯寶瓶木舍人馬雙魚火舍白羊天蝎金舍金牛天枰水舍陰陽雙女乃第一有權

日寶瓶(寒熱)去月磨羯(冲本舍)土巨蟹獅子(熱寒)去木陰陽雙女(乾濕)去火天枰金牛(濕乾)去金天蝎白羊(乾濕)去水人馬雙魚(冷去熱水星之熱大于日)乃第一無權

二曰升日升白羊月升金牛土升天枰木升巨蟹火升磨羯金升雙魚水升雙女日降天枰月降天蝎土降白羊木降磨羯火降巨蟹金降雙女水降雙魚

三曰分(三角形每相去一百二十度)火分屬熱屬乾白羊獅子人馬皆爲陽其官太陽木星亦爲陽(晝太陽木星夜木星太陽)主天下地方從西至北

土分屬冷屬乾金牛雙女磨羯皆爲陰其官太陰金星亦爲陰(夜太陰金星晝金星太陰)主天下地方從東至南

氣分屬熱屬濕陰陽天枰寶瓶皆爲陽其官土星木星亦爲陽(晝土星木星夜木星土星)主天下地方從東至北(中國在內)

水分屬濕屬冷巨蟹天蝎雙魚皆爲陰其官火星金太陰(火星爲主夜月幫火星晝金幫火星)主天下地方從西至南各星至其官處皆有權

四曰界

白羊(春分清明) 六度木六 十二度金六

二十度木六 二十五度火六 三十度土五

金牛(穀雨立夏) 八度金六 十四度水六

二十二度木八 二十七度土五 三十度火三

陰陽(小滿芒種) 六度水六 十二度木六

十七度金五 二十四度火七 三十度土六

巨蟹(夏至小暑) 七度火七 十三度金六

十九度水六 二十六度木七 三十度土四

獅子(大暑立秋) 六度木六 十一度金五

十八度土七 二十四度水六 三十度火六

雙女(處暑白露) 七度水七 十七度金十

二十一度水四 二十八度火七 三十度土二

天枰(秋分寒露) 六度土六 十四度水八

二十一度木七 二十八度金七 三十度火二

天蝎(霜降立冬) 七度火七 十一度金四

十九度木八 二十四度木五 三十度土六

人馬(小雪大雪) 十二度木二十 十七度金五

二十一度水四 二十六度土五 三十度火四

磨羯(冬至小寒) 七度水七 十四度木七

二十二度金八 二十六度土四 三十度火四

寶瓶(大寒立春) 七度水七 十三度金六

二十度木七 二十五度火五 三十度土五

雙魚(雨水驚蟄) 十二度金二十 十六度木四

十九度水三 二十八度火九 三十度土二

各星在界內吉星過又吉星起爲大福不吉星過又不吉星起爲大禍

太福

白羊七度　天蝎十五度

陰陽十五度　人馬九度

獅子二十度　寶瓶二十一度

雙女十四度　雙魚九度

天枰十二度

大禍

白羊二十六度　雙女三十度

金牛二十六度　人馬二十五度

陰陽二十五度　磨羯二十五度

雙女二十四度　雙魚三十度

五曰位如日在獅子木星人馬離一百二十度今二星相去亦一百二十度爲有位木星陰陽離日三十度今二星亦離三十度爲有位

土星離日三百度木星一百二十度火星九十度金六十度水三十度

日要在前星在後若日在星後非此論月同論但要月在星後

以上五者或遇二遇三則主大權一不爲權

大權表

太陽大暑立秋(獅子)　太陰夏至小暑(巨蟹)

土星大寒立春(寶瓶)　木星小雪大雪(人馬)

火星霜降立冬(天蝎)　金星穀雨立夏(金牛)

水星處暑白露(雙女)

論天氣土星在舍冬至天寒夏至天溫木星在舍天晴氣爽小風火星在舍或熱或乾太陽在舍大熱有小雨金星在舍有小雨天不冷不熱水星在舍天氣善變(無三日不變)月在舍有雨有雲常變

界主禍福之來時

位主吉星加吉凶星減凶

五星快樂宮水星一宮(東方卯上)月三宮金五宮火六宮日九宮木十一宮土十二宮(逆宮數)

各星行有遲疾其實行大於平行者爲疾平行大於

實行者爲遲平行與實行同者不遲不疾星疾行者力大

各星自最卑至最高皆爲上升自最高至最卑皆爲下降

土星木星火星與太陽相會時定在其小輪最高離日遲遲至相冲時定在其小輪最卑最卑至相會爲升相會至最卑爲降

金星木星與太陽相冲早從地平見定在其小輪最高與太陽相會晩在地平見定在其小輪最卑

月相會相冲在最高上弦下弦在最卑

日月五星自白羊而金牛爲順自白羊而雙魚爲退不行者爲畱退行之初有畱退行之後亦有畱第一大畱力大

日月五星之次權第三門（五星之行五星之光外八權又九）

日月自相近或自相離皆有能力

五星之行其一有一星與一星相近皆順行少疾者在後少遲者在前

如土星六度木星十二度卽木星前土星後

其二有一星與一星相近俱順行少疾者在前少遲者在後

其三有二星相近一星在前順行一星相近畱

其四有二星相離一星在前順行一星在後畱

其五兩星相近一星行疾者在前畱不行待後遲行者行過前爲和

其六兩星相離疾行者在後乃退離而去爲戀

其七兩星相近疾行者在前畱遲行者順行而來不能及在後

其八兩星相離疾行者在前遲行者順行在後畱

日月五星之光其一有三星相近中有一星行疾能使後星之光移於前星

其二後兩星之光俱移前星

其三有三星一星疾行前行離二星之光

其四有三星一星前行疾行近三星之光

其五有三星中一星行遲前後二星行疾隔前後星之光不能相及

其六有三星同在一節或一氣內遲行者在前疾行者在後其中一星能加光力於遲行者

其七有二星相近將合有在前一星退行來二星之中令不得合

其八有二星相近將合有在後一星進行來二星之中令不得合

外八權一星在本舍二星在地星之舍三星在喜樂宮四在他星喜樂宮五木星性軟別星性強六兩星性皆強七一星軟第二星強八二星皆強

又九權其一二星圍一星無他星來救禍福最緊

如二惡星環統一善星則善皆變惡

其二星得他星之權（如在他星之舍或在他星之升）離他星或一百二十一百八十或九十六十能分他星之權

其三星所在之方與別星不相會

不在一百八十一百二十九十六十之內爲賤者軟者野者

其四星疾行者與遲行者將會未會而先與他星相會爲虛費其行

其五星與他星將相冲或將相會遇畱不能冲會亦爲虛費其行

其六星離此星前去並無他星稱爲空虛（此項第一大用在月）

其七有星居其處其處全無本星大小能力爲至弱之星

其八星屬陽又屬晝又在地平上其宮分又是陽或星屬陰在地平下宮分又是陰亦爲一權

其九二星相合之方二星皆有大能有彼此相借之權

其十或上等星得下等星之權或下等星得上等星之權爲彼此相接上下等有四一小輪在最高者爲上卑者爲下二緯在北者爲上在南者爲下或同在北則以離黃道遠者爲上同在南則以離黃道近者爲上三以在西行遲者爲上四以近天頂者爲上

在天經星之性第四門（星等星光星權又星權星性之用）

論各星大小一等十五星二等四十五星三等二百八十星四等四百七十四星五等二百一十六星六等五十星（共一千二十九星）

論各星之光光極大靜白者木星之性光大黃白者金星之性黃白有光不大者太陰之性色紅有光或不甚光者火星之性光精明稍紅者太陽之性不光明者土星之性如雲氣者皆火星之性

天星共四十八象十二象在黃道十五象在黃道以南二十一象在黃道以北在南者有十二象中國不見

各星之權第一星大者權大

第二色精光者權大作事物明白不暗昧

第三色不甚光者作事物昏闇不明白光密密不散者作事物穩當長久光動搖者（如狼星）喜作亂作人不平

第四正在黃道內太陽經過極有大權

第五離黃道三度在黃道南其權在南在黃道北其權在北

第六離黃道三度至五度太陰火星常到

第七黃道七度至八度金星能到其權小

經星之權論十二所在一在黃道內二在黃道三度至八度四與五星相會三離黃道在北在北邊有能四離赤道在北五在本國頭上與頂近者其力更大六各星之經同五星之經七離冬至夏至同五星一體八出地平或入地平同五星能加五星之力九有五星同各星午時圈其力大十各星自出地平十一自入地平十二五星照其光其力爲軟

各星有土星之性皆屬冷屬乾下雪雹壞人命有木星之性生風有福能救人命有火星之性大熱雷電風暴瘟疫有太陽之性亦熱亦生風有金星之性屬濕屬冷有雨生者有水星之性無定性同土即冷木生風火亂天氣有月性海中亂洄湧

黃道十二象第五門

黃道十二象每象作三分白羊第一分作風作雨二分不熱不冷亦有熱乾三分熱北方有火星之性屬熱南方有土星之性屬冷

金牛第一分有昴星不吉有風雨亂天氣其二分溫濕多其三分熱大雷電北方溫南方多不同性之星其性不定

陰陽第一分濕其二分溫其三分乾性不定北方生風南方生燥

巨蟹第一分大乾大燥二分三分大熱大乾北方乾熱南方壞人物

獅子第一分熱乾二分三分溫北方熱乾南方濕

雙女第一分熱壞物二分溫有雨三分濕北方生風南方氣冲和

天秤第一分乾二分溫三分濕有雨北方生風南方壞人命

天蝎第一分雪二分溫三分天氣亂有風雨北方熱南方濕（如象性溫五星之性亦溫相遇又有權即雨餘同）

人馬第一分冷濕二分冷三分熱乾北方生風南方不定亦濕

磨羯第一分少熱壞物二分溫三分有雨北方濕壞物南方濕壞人

寶瓶第一分濕二分溫三分生風北方熱南方濕生雪

雙魚第一分冷二分濕三分熱北方生風南方生水

天步眞原

論天氣日月五星之能

土星木星相會及冲方各減冷濕宮加水春分在濕宮冷熱多變夏至雷有雹秋分大風大水全看上下如土星在上天氣風雨大雷饑疫木星在上相反

土星火星相會及冲方前後數日大雨雹天氣壞春分大雨雹夏至大雨雹秋分大水冬至減冷

土星太陽會冲方爲大門開大雨雪雹春分冷雨夏至雹雷減熱秋分冷雨冬至冰雪雲

土星會冲方濕宮雨水春秋分冷雨夏至倏忽雨冬至雪冷

土星水星火星會冲方乾宮旱濕宮大水熱宮風冷宮冷乾春分風雨夏至同秋分風雲冬風雪

土太陰會冲方濕宮冷雲小雨月滿天蝎人馬加冷月空乾黑雲小雨春分天氣變夏至濕減熱秋分雲冬至雪冷

木星火星會冲方熱宮乾宮大熱濕宮大雨雷電春分風天氣不安夏至熱大雷秋分風天氣不安冬至天氣冲和木星權大入人命吉火星權大八發病有傷寒火災

木星太陽會冲方天氣和天晴小風細雨凡物皆冲和春分秋分風夏至小雷冬至小冷

木金會冲方天晴和生物皆養人濕宮雨別宮天晴小風

木星水星會冲方有風熱宮內大旱熱風亦爲門開

木星太陰會冲方有風天晴冲和濕熱冷乾隨所在宮之性俱不大不小

火星太陽會冲方熱宮大乾大熱濕宮有雹大雷電冷宮風極大春分秋分風乾夏至大熱雷電冬至減冷

火星金星會冲方亦爲大門開春分秋分水極大夏至雨冬至減冷定有兵起

火星水星會冲方春分冬至雪夏至雷電秋分大風熱宮乾宮大熱大乾

太陰火星會冲方濕宮有雨熱宮乾宮有大熱紅雲夏至雷大抵天氣有變

太陽金星會濕氣有雨四季皆有雨夏至雷
太陽水星會濕宮濕氣有雨乾宮熱乾有熱風傷人
大抵有風
太陽太陰會冲方濕宮雨熱宮乾晴
金星木星會濕宮風雲
金星太陰會冲方小雨春分濕氣雲夏至小熱秋分雲冬至雪天氣亂
木星太陰會冲方乾濕冷熱隨十二宮之性

論天氣開門之理

開門之理如太陰舍在巨蟹土星舍在磨羯不論何時但太陽與土星相會冲方卽爲開門門開卽有入門者其冷熱晴雨皆倏忽有變開門有三
一土星太陽是開水門冷乾宮濕熱宮定有大冷大雲大昏沉濕宮冷宮定大雪大雨夏至冷雨若土星權大於太陽其冷更甚
二木星木星是開風門壞樹木房室
三火星金星是開水門有雹雷霆壞樹木
開門一爲相會相冲相方中無他星一爲會冲方之中有月在內離一星近一星一爲會冲方之中有金星水星在內
若中間有退行之星定開大雨之門
論開何等之門中間相近一星論其性如近太陽定善定熱近土星定惡定冷
中無他星論前行星之性在後者不論如太陽追土星相會冲方則論土之性土退追日會冲方則論太陽之性

太陰五星雜用

月主百姓春分前或朔或望與木星金星會冲方則一年百姓平安無饑饉疾疫若火星土星則相反
太陰在不定宮宜爲速用事在定宮易爲久遠事
夏至月朔天氣熱因太陰去人近月望天氣減熱因太陰去人遠冬至月望天氣熱日遠月對日去人近月朔天氣加冷
火星木星金星冬至與日相對稍熱夏至與日對稍冷土星水星性屬冷與上相反
金星水星在太陽下管日用尋常等事土星木星火星在太陽上管軍國朝代等事

天首天尾

凡人命太陽在天首爲福在天尾爲禍以各宮各星論其事
太陰同土星在天首土星卽次凶同土在天尾卽大不吉第一不吉星土在天尾
太陰同木在天尾木星愈弱太陰愈强在天首木與太陰愈强

論世界大權

天下之變有一國有一城變有大小其小者皆在二分二至大變不同爲洪水地震瘟疫大兵此占千大會日月食掃流等事

在天大小會

其一赤道春分與黃道春分相合三十六千年一次
其二土星木星相會白羊初度七百九十五年
其三土星木星相會
如會白羊再會獅子或人馬不爲大權惟過一百九十九年會金牛別一三合宮內方爲大權
一百九十九年會陰陽又一百九十九年會巨蟹又一百九十九年再會白羊其權更大四項共七百九十五年會雙女以次而至人馬會人馬以次而至雙魚皆爲大權
其四土星到白羊初度三十年行過十二宮又到白羊初度不拘何時卽爲大權
其五木星土星相會不拘何宮二十年一次
其六木星到白羊初度十二年一次
其七火星木星相會不論宮二十七月一次
其八太陽火星相會不論宮二十六月一次
其九土星火星相會不論宮二十五月一次
其十火星到白羊初度二十三月一次
其十一太陽木星相會不論宮十四月一次
其十二太陽土星相會不論宮十三月一次
其十三太陽到白羊初度十二月一次
其十四金星太陽相會二百九十二日一次
其十五水星太陽相會五十八日一次
其十六太陽太陰相會二十九日十小時
其十七太陰滿自行圈二十七日八小時
其十八或經或緯星行至地平并午時圈
凡星至白羊初度有大權若在地平及午圈其權同
各星相會若在地平上其權甚大
其十九火星水星相會五月三日一次
其二十五星最高自一宮移一宮有大權
如火星自巨蟹入獅子卽有大權卽有大亂待木星到天枰秋分之權甚大必有大人升
各星到有權之時吉凶皆如其性如水到天枰則天下多出才人當論各宮之性及各星之性

掃星

掃星是木星火星之性火言其烈水言其速其一四方有芒其一芒指下如鬚其一芒旁出如蝟多自天河邊出

掃星之出天下定有事或亂或饑或乾或水要知其所主之事與其來之時

一看其所出黃道之方向何方行

如出自白羊漸與獅子近是往東行必主東方有變

論掃出宮分出白羊東方有亂金牛北方西方有亂陰陽人多好色好殺好鬭巨蟹大瘟普天下東西南北朝代當換獅子壞草木五穀大饑雙女大臣亡讀書者殃天秤盜多天蝎謀反者衆人多懷私相殺人馬學術壞如焚書坑儒等事磨羯南方生惡人多淫者寶瓶多亂天下瘟人暴死雙魚天下兄弟朋友爭鬭禍起家庭

論普天下地方從本處東地平西地平或正午正子

第一位四位七位十位

君王憂在上來宮大臣死下去宮災病傷人

芒指東大瘟病人多死甚凶指西減凶指南南方大水指北北方大乾芒在四方不論所指論其色與所在之宮

掃星性皆屬火水亦有五星之性觀其色知其所主稍黑者有土星之性爭鬬瘟疫地震下雪光大者木星之性學術亂有道之人憂紅者火星之性强盜相殺火災乾燥大熱光明似日者太陽之性大人憂芒長色白金星之性瘟病國法變凡色不定者水星之性雷電暴風邪教出掃星見者天下嘗少如出定有變

此等星出有十二三年大變其息有三或其力十分盡散或別有掃星來彼當退或有大日食在五星冲位彼當退

流火

流火或東西過或南北過或自上而下或不是火是星或星有尾長大亦與掃星略同但其災差小不甚遠

流火主天氣長乾無雨魚多死大饑多風風從流星方來

日月食時有流星其災更的大旱大饑日月食外少緩晝見又多同日月食

日月食

太陽太陰光能利物其失光自有所害要見其害之所主要見其害之所在又當究其爲害之時害之作不但在日月更當論五星此時看與太陽太陰或相會相冲相方

日食所主白羊獅子人馬主太乾太燥火災凶年土星火星又在凶惡之方更甚燒山林

在巨蟹天蝎雙魚洪河江河溢如火星在金牛或他凶地更甚以三宮水地火星性又害人

在陰陽金牛雙女大亂大兵

日食在天秤磨羯寶瓶大瘟疫以三宮能壞人命

天上四宮獅子大乾天蝎大狠雙魚大濕金牛溫

月食同日食其害減小

害所在地方天下分四分從西至北屬西地方大西洋回回爲主者火星木星宮分白羊獅子人馬

從西至南屬南地方黑人國爲主者火星金星宮分巨蟹天蝎雙魚

從東至北屬東地方韃靼日本中華爲主者土星木星宮分天秤寶瓶陰陽

從東至南屬東地方小西洋佛國爲主者土星金星宮分金牛雙女磨羯日月蝕在其宮害在其國

變亂占大會掃孛不常有日月蝕常有極當留心

日月蝕要看所食宮在本國所分之宮否又看日月蝕所安命宮在本國所分之宮否又看日月食在本地主人之十宮否若無此三者其實與本國無害

日月蝕三小時其吉凶主三年如食一時半卽半時主六月三半時合之則一年六月他同此

吉凶事從中會算起不用實會若朔望有五星在日光內及星留者事大

日蝕中會作十二宮

日蝕所在宮地平圈午時圈赤道宮界非黃道宮界

日蝕送宮

如日蝕在東送宮爲命宮日蝕在西送宮爲十宮

二項宮中取宮主星有權者爲主星

食時五星之權行速者最高近者五星緯在北者或星在日月宮如日在地平上在日宮月在地平上在月宮者

大抵日與土星主寒熱木星水星主風火星主雷電雨金星主雨月全主

在天經星在日月蝕有大能力蝕在西從午至西經星在西者力大蝕在東從午至東經星在東者力大皆與主星

相𡘋如土性多有饑饉疾疫（不甚主兵）火星多有兵革又
經星所居之宮亦論其性
經星離赤道南水災赤道北地震（如主星是土在北同經星主地震）
五星相合有六十九十一百二十一百八十經星與
五星相合有三
其一同在一小圈內去極遠近等或俱在南或俱在
北如陰陽巨蟹同一小圈金牛獅子同一小圈稱爲
相見者或一在南一在北如白羊天秤陰陽人馬相
對在北爲有權者在南爲聽使役者
其二經星在午時圈或一在天頂一在地下相對或
二俱在天頂俱在地下相對
其三或同出地平或同入地平或一出地平或一入
地平此四者看五星中何星同經星之性
假令日月蝕白羊命宮在陰陽一主火星一主水星
如木星在金牛火星在雙女卽第一日蝕宮主火星
第二雙女
第二命主水星第四金牛火星主爭鬬反亂事並雙
女方有經星同火星之性相關何如以知其事次看
水星同凶星則凶金牛之方有經星同水星之性相
關何如以知其事又看白羊是何地方金牛是何地
方知其所在之方
黃道三宮陰陽人馬雙女有事關君王人馬屬君二
者爲近君之臣
日月蝕若日月蝕照星在東地平至午時當壞有氣
之物如少年人草木花之類在午時圈壞壯盛穩當
之物如君王是第一穩當者憂之在午時至西地平
壞氣衰之物如老年人草木晚成之類

日蝕宮主星或送日蝕角內主星其性善又是本地
方星其他惡星無大權壞日蝕主善星者卽日蝕不
爲本方之害仍有吉事若善星無權及善星不主本
地方或是惡星有權亦有害但輕減
日蝕主星或送日蝕角內若主星是惡星又爲本地
方主星乃有善星有大權者對惡星則地方之害亦
輕
若各星俱不善又主本地方又無善星爲之對卽爲
大害
害起之時日蝕從東地平至午其害在第一月至第
四月第一月尤甚在午其害在第五月至八月第五
月爲甚日蝕在未申酉害在第九月至十二月第九
月爲甚地平下日月蝕不占
日蝕各凶事嘗在朔日蝕各凶事嘗在望
日月蝕色不同天首離日一度色密黑二度黑色稍
疎三度黑紫四度紫黃五度紫光亮六度紫紅七度
紫黃八度黃九度黃少綠十度紅黃少綠十一度金
黃色十二度黃白
本地方有不吉其地之色多見卽地方之害大色靑
黑如死人色者土星色白者木星紅者火星各色變
者水星其災害如五星之性
月蝕緯十分緯離最高一百八十度其色密黑二百
十度一百五十度其色黑如常月緯二十分離最高
二百四十度黑色少綠緯三十分離最高三百七十
度或九十度黑色少紅緯四十分離最高三百度或
六十度綠色有白緯六十分離最高三百三十度或
三十度綠白有光緯九十分色黃

占年主星

取本年春分眞時刻筭十二宮先認東地平初分何
星爲宮主如白羊在地平卽火星之類
次認春分初分日月次論日月所在宮主星
晝取日夜取月日月所在宮主星如日在獅子看
火星獅子內或是升是舍如月在天秤看土星天
秤內是升火星是位等權
取第一有權者爲一年主星
取一年主星若遇退行遇合伏及在下去之宮卽不
取爲一年之主
下去宮三宮六宮九宮十二宮是也
若日月五星不見一年主星卽看五星在角宮第一
十宮第二七宮四宮內何星有權取爲一年之主如
一宮有二三星但取一有大權者爲主
若四角宮全無五星者卽取命宮大權之星爲一年
主星如戌宮爲火星之舍之位之升卽取爲主星
占年如不作大筭但用日進天蝎二十度作十二宮
同上筭亦可知一年

五星在地平吉凶

土星爲本年主星天氣寒雲冬至尤甚有非時之雪
多晦風水湧水中盜起不利舟行人多冷病老年之
人苦畜物損傷多生毒蟲五穀寒傷
木星爲本年主星年中平吉謀事易成人心平善諸
事與土星相反
火星爲本年主星天氣炎熱火災多熱風雷電舟楫
傷損河乾井涸人多熱痛傷寒血證百姓變亂異國
不和人多强死訟獄繫盜賊起用物五穀五果損傷

金星作主星大槩同木星之性所生人物皆善以金星濕性冲和風氣善水路易行五穀皆吉

水星作主星看同何星相合相冲相方同善則善同惡則惡木作主星世上法度風俗多變天氣倏忽多變多地震雷電在地平上水多河溢在地平下水涸河乾其行速爲人多急性寇盜與海中不安人多病乾

春分朔望

占年又看春分前或朔或望作十二宮同上對看何星有大權者爲主星善者更善惡者更甚

月離太陽

太陰主百姓等看春分前或朔或望月初離日若同火或合或冲或方等照年中百姓多災五穀不登諸事不吉同火土之星性若同金木則百姓安諸事與火土相反冲合亦有美惡下同占

日蝕掃孛

年中有日蝕月蝕亦作十二宮其時五星有大權者爲主星占同春分

有掃星亦作十二宮比上占更凶惡

掃星論初起之時亦論初到天頂不若初起時爲準

以上占年第一掃星第二日食月食第三春分第四春分前朔望相參用之

占日

用朔日作十二宮一用地平上主星又日月同度時所在宮主星其五星有權者爲主吉凶隨各星之性第一主星之性第二主星所在宮之性第三命宮之性第四三角宮五星之性第五朔後月初會五星之性或會或冲或方第六主星同經星相近之性若濕多雨多乾多旱多性各不同反覆不定

朔望有金星在四角內其日有雨朔望主星到濕宮之時有雨

月內占晴雨天氣變有四法

一法朔後月與日月相會宮主星或相會相冲相方其日天氣必變要看主星及主星之宮之性乾則晴濕則雨

二法月到朔日命宮如安命在白羊一度月到白羊一度天氣必變如上占

三法月命宮到主星天氣必變取命宮幾時到主星要命宮赤道度減主星所在赤道度如主星赤道度少加一圈減餘數十三度一十一分作一日如餘三十九度即月之初三日有變以上三法倣算

第四法五星入其最高冲之宮亦有變如土星至白羊之類

春秋分至論天氣

論天氣看春分及春分相近朔望秋分冬夏至皆然見春分即知春分三月見春分朔望即定春分三月四季皆同

第一要看命宮其次即日月宮其次送朔望之宮

日月中取强者論如日月在午巳爲送宮日權大看日送宮月强看月送宮

其宮內要取五星有權者爲主星論其燥濕及順行逆行

春分時四正宮內五星在日光下必雲多有雨夏至熱雷秋分冷雨冬至雲多南風

五星有權者西邊者退行者遲行者最高冲者在日光內皆有雨惟火星在日光內雨少

大抵明年雨多雨少占秋分以秋分本性濕故

二至二分火星在本宮內三月之中雨甚多以熱能生水火星在土星本宮三月之中雨少在他星本宮亦雨少

二至二分前朔望日月相交處土星若在一百八十九十一百二十六十必有雷電

二至二分水星金星同月在濕宮大雨

冬夏兩至金星離月六十度九十度一百二十一百六十金星在濕宮雨甚多

冬夏至水星在天蝎離金星六十九十一百二十一百八十大雨

日在白羊或金牛其時金星退行其年春分三月雨多

冬夏至日在火星界上夏至熱多冬至春分乾多

春分前朔望月離土星六十九十一百二十一百八十土星日皆在濕宮黑雲常有小雨或木星金星離木星六十九十一百二十一百八十雨大又久

秋分時五星或一或二或三星在日光下退行主一年大旱

夏至五星順行天氣中和五星有一二退行者或權大者夏至熱五星退行熱順行寒五星在最高及最高冲寒熱見上

金木在日光下春分時作冷作濕冬至雲有南風春分風多夏至熱有雷土星火星木星亦略同

日在天蝎十八度與金星相合有洪水

金星退行又在東日在磨羯寶瓶雙魚春分雨少夏

至雨多
金星冬至順行在東冬至雨少冬至將盡雨大
雜會論天氣
月與金水相合有雨二星皆相會必雨
火星在天蝎月與火星對日在寶瓶或雙魚雨
月與火星會濕宮內其時金星水星離火星六十九十一百二十一百八十大雷電冰雹不能有雨若火星離日與土星木星六十九十一百二十一百八十即日雨
日入寶瓶雙魚天多變離水星六十九十一百二十一百八十雨
金星離火星六十九十一百二十一百八十在天蝎雨
日月金水相合必雨
月離日一百八十九十月在寶瓶雨
月離日或金星一百八十度在白羊天枰天蝎雙魚內有雷電雨
月在陰宮見上離退行星六十一百二十九十一百八十必雨
大抵看朔望主星及主星所在宮寒熱燥濕命宮主星及命宮主星所在寒熱燥濕五星所在黃道宮之性（如白羊即火星之性）十二宮四角內及上來者下去者之性朔望後上下弦後月離五星六十九十一百二十一百八十主星同經星相近之星助何等力
假令主星是濕各星性亦濕即雨多乾即旱多各性不同天氣多變
凡月內筭朔望亦要筭上下弦

各地方旱澇不同看各處天頂經星同五星之性其地方不遠旱澇相反者以此凡在本地方日月觀晴雨日日觀東方出地及天頂上星不過十年陰晴可以盡知
冬至時如冬至子時看天氣子至卯主七日半卯至午七日半午至酉七日半酉至子七日半共一月又以冬至後第一日主十二月二日正月十二日知一年大槩不爽

七政宮升三角界表

宮	戌	酉	申	未	午	巳	辰	卯	寅	丑	子	亥
	火	金	水	月	日	水	金	火	木	土	土	木
	陽	陰	陽	陰	陽	陰	陽	陰	陽	陰	陽	陰
升	日	月		木		水	土			火		金
三角	日	金	土	火	日	金	土	火	日	金	土	火
	木	月	水	金月	木	月	水	金月	木	月	水	金月

戌宮火是本宮日升於戌日與木爲戌宮三角　未卯亥火三角晝金夜月助之

戌	酉	申	未	午	巳	辰	卯	寅	丑	子	亥
								一			一
六	八	六	七	六	七	六	七	二	七	七	二
木	金	水	火	木	水	土	火	木	水	木	金
一	一	一	一	一	一	一	一	一	一	一	一
二	四	四	三	一	七	四	一	七	四	三	六
金	水	木	金	金	金	水	金	金	木	金	木
二	二	一	一	一	二	二	一	二	二	二	一
○	二	七	九	八	一	一	九	一	二	○	九
水	木	金	水	土	木	木	水	水	金	木	水
二	二	二	二	二	一	一	二	二	二	二	二
五	七	四	六	四	八	八	四	六	六	五	八
火	土	火	木	水	火	金	木	土	土	火	火
三	三	三	三	三	三	三	三	三	三	三	三
○	○	○	○	○	○	○	○	○	○	○	○
土	火	土	土	火	土	火	土	火	火	土	土

界

回回曆
人事應驗
人間禍福取本年安命宮旺星爲主當年吉星從旺星斷命在定宮主一年二體宮主上下半年轉宮以四季斷
安命在晝太陽爲主幷十宮及十宮主星在夜太陰爲主幷十宮及十宮主
人間一歲之事以本年命宮取有力之星爲主並太陰爲主
臣宰吏人使臣水星賢人君子木星名望故家老人農人土星軍官及軍旅器務火星陰人樂人金星使行人及使臣太陰各以星辰衰旺斷其人之吉凶
若命宮數至小限有吉凶星其吉凶亦以此類推
論人身體安寧本星得本體之力宮貴與旺本星得相照之力福祿並財本星並得本體相照之力
經商財利二宮並二宮及福德箭所在宮與命宮及命宮主星相照有順受之力

太陽初入戌未辰丑初度此時各星除相冲外但照廟旺度數其季卽主高貴興旺

福德箭及聰明遠識之箭其宮主星及三合主星在吉位吉照吉反是不吉

天災疾病

當年命宮及年前朔望命宮及命主星又看太陰所在宮及宮主星共六處有吉星照無凶星照主其年人安無病吉多凶少亦安樂若六處不得地有凶星照其年天災人病四季命宮皆同

年命宮主星與第六宮主星相遇相照太陰又不得地其年必有災病與八宮主星相遇相照太陰又不得地其年人多死亡朔望命宮並四季命宮亦同

人病因各星與太陰惡照而然

土星主久病痞滿肌瘦及婦人小腹氣痛蠱證一切冷燥之證

木星主肺氣喉病昏暈一切風證心疼頭疼

火星主發熱肝胃喉病吐血並婦人墮胎一切熱病

金星主腎病心痛虛腫浮游不定痔瘡服藥不效一切濕證

水星主心風失智恍惚驚恐喉痛吐血從高墜下一切乾燥證

太陽與太陰惡照與火星同

太陰自不得地別無凶照與金星同

土星與福德箭或聰明遠識之箭惡照與太陰與土星同

天時寒熱風雨

太陰與一星相照及相離後別與一星相照後相照二星是太陰所在宮及宮主星所在宮又與太陰所在宮分相對主潤澤並風

如太陰離火星與金星照或離太陽與土星照或離土星與太陽照

太陽木星水星屬風其宮分則陰陽申天秤辰寶瓶子皆屬風太陽木土三星或兩星在風宮則多風若近年命或近四季及朔望命宮之前七曜內一星在申子辰宮則多風看星何性其風隨其性緯度屬何方風從其方來

火在其宮則有惡風紅雲土則風不至而寒木有和風比土星之風微至金和風帶潤水多清風

太陽在陰陽太陰在人馬此時有和風則一年之風善有惡風則一年之風惡

土星在申子辰或亥卯未宮分天寒雨雪霧暗火在內天熱主熱風又主天旱井泉少水在內有和風金在內和風不重水在內清風頻轉方位

年命四季朔望命宮之前土在寅午戌宮內則滅熱在亥卯未宮內則極寒若火星在寅午戌宮內則極熱在亥卯未宮內則減寒

太陽入巨蟹初度火星先太陽東出天氣極熱若入磨羯初度金星先太陽東出天氣極寒

太陰與土星同度後離土星在巳酉丑三宮內冬季極寒有雪太陰與火星相冲後離火星在寅午戌宮內夏季極熱

太陰在年命並四季朔望命宮太陰與太陽相會冲弦照火星後離火星又遇金星或先遇金星後遇火星主雨多水

太陰在四處遇土星後離土星又遇太陽主夏至極熱冬至極寒

太陰與木水二星相照多風

陰雨濕潤

亥卯未係水局子午二宮皆主雨水金星亦主雨並霧露水星主風雲微雨

年命宮四季朔望宮主星是太陰金水在亥卯未子午宮內三星內一星爲命主星二星與之相照主依時雨多若太陰爲命主水多且廣金星風暗雨水水星風雲多雨少若土星不係作雨時則陰暗風起微雨

水星去一宮移一宮則天氣更改晴則陰陰則晴

水星行遲時不拘在何宮主天色更改陰霧

水星行遲有太陰或金星在亥卯未宮主雨水連陰

太陰金水初交亥卯未宮及時雨不當雨時則天暗風起

日月朔望命宮主星與第七宮主星相照或沾光或聚光亦雨時有雨不當雨則風熱時極熱冷時極冷

太陰與金星火星相照主雨與木星水星照主風與土星照極寒風雪

金星後太陽西入在亥卯未宮主雨多又有太陰水星照尤多但一星不全則減

太陰主雨水行疾度漸增則雨多上升時雨多或近朔望亦主雨水

上弦至望下弦至朔爲升高之時

年命宮四季命宮太陰在四柱上大水各以其年季

朔望日時主之

太陰在年命宮盤內十宮九宮八宮二宮三宮四宮六陰宮主多水共對六陽宮則雨水少

年命宮主星屬火遇太陰金星水星在亥卯未宮與火星相照火星又在第十宮命宮二宮又是亥卯未宮主無限大水若金水又逆行又遇惡星相照水災尤甚若安命是土星如此土星當降下之時亦主大水

天地顯象

天上所顯之象有地下所應之事如地震山移等事火星在年命並四季朔望命宮第十宮主天上有紅雲如火並彗星若十宮是風局則事愈重又看水星與火星相會或冲則尤重若火與太陰惡照亦重若火星在上升時則彗星顯大

土星在年命並四季朔望命宮第四宮主天色黑暗地震若四宮是土局則事愈重若土與水星相會或冲則愈重若太陰與土星惡照亦重若土星在上升時則天暗地震甚重

若諸命宮第四宮是土局有凶星照無吉星照則地震火災地中發鑛有太陰在此天暗地震

若諸命宮第十宮是風局有火土在又太陰在此與惡星惡照則彗如火流星多

第四宮是土局有惡星惡照有太陰在此天暗地震

欽定古今圖書集成曆象彙編庶徵典

第三十五卷目錄

庶徵典第三十五卷

星變部彙考九

上古

黃帝二十年景星見

按史記五帝本紀不載　按竹書紀年二十年景雲見以雲紀官有景雲之瑞赤方氣與青方氣相連赤方中有兩星青方中有一星凡三星皆黃色以天清明時見於攝提名曰景星

陶唐氏

帝堯四十二年景星見於翼

按史記五帝本紀不載　按竹書紀年云云

七十年景星出翼

按史記五帝本紀不載　按竹書紀年春正月帝使四岳錫虞舜命帝在位七十年景星出翼

有虞氏

帝舜元年景星見於房

按史記五帝本紀不載　按竹書紀年云云

十七年黃星靡鋒

按史記五帝本紀不載　按路史十有七載天見妖孽黃星靡鋒帝乃死注宋張鎰觀象賦云嘉黃星之靡鋒見虞舜之不競也

夏后氏

帝癸十年五星錯行夜中星隕如雨

按史記夏本紀不載　按竹書紀年云云

商

帝辛三十二年五星聚於房

按史記殷本紀不載　按竹書紀年云云

周

昭王十四年夏四月恆星不見

按史記周本紀不載　按竹書紀年云云

十九年春有星孛於紫微

按史記周本紀不載　按竹書紀年春有星孛於紫微祭公辛伯從王伐楚天大曀雉兔皆震喪六師於漢王陟

莊王十年夏四月辛卯夜恆星不見夜中星隕如雨

按春秋魯莊公七年云云　按左傳恆星不見夜明也星隕如雨與雨偕也　按公羊傳恆星者何列星也列星不見則何以知夜之中星反也如雨者何如雨者非雨也非雨則曷為謂之如雨不修春秋曰雨星不及地尺而復君子脩之曰星霣如雨何以書記異也　按穀梁傳恆星者經星也日入至於星出謂之昔不見者可以見也夜中星隕如雨其隕也如雨是夜中與春秋著以傳著疑以傳疑中之幾也而曰夜中者著焉爾何用見其中也失變而錄其時則夜中矣其不曰恆星之隕何也我知恆星之不見而不知其隕也我見其隕而接於地者則是雨說也著於上見於下謂之雨著於下不見於上謂之隕豈雨說哉　按漢書五行志嚴公七年四月辛卯夜恆星不見夜中星隕如雨董仲舒劉向以為常星二十八宿者人君之象也眾星萬民之類也列宿不見象諸侯微也眾星隕墜民失其所也夜中者為中國也不及地而復象齊桓起而救存之也鄉亡桓公星遂至地中國其良絕矣劉向以為夜中者言不得終性命中道敗也或曰象其叛也言當中道叛其上也天垂象以視下將欲人君防惡遠非慎卑省微以自全安也如人君有賢明之材畏天威命若高宗謀祖己成王泣金縢改過修正立信布德存亡繼絕修廢舉逸下學而上達裁什一之稅復三日之役節用儉服以惠百姓則諸侯懷德士民歸仁災消而福興矣遂莫肯改寤法則古人而各行其私意終於君臣乖離上下交怨自是之後齊宋之君弒譚遂邢衛之國滅宿遷於宋蔡獲於楚晉相弒殺五世乃定此其效也左氏傳曰恆星不見夜明也星隕如雨與雨偕也劉歆以

爲晝象中國夜象外國夜明故常見之星皆不見象中國微也星隕如雨如而也星隕而且雨故曰與雨偕也明雨與星隕兩變相成也洪範曰庶民惟星易曰雷雨作解是歲歲在元枵齊分埜也夜中而星隕象庶民中離上也雨以解過施復從上下象齊桓行伯復興周室也周四月夏二月也日在降婁魯分埜也先是衛侯朔奔齊衛公子黔牟立齊帥諸侯伐之天子使使救衛魯公子溺顓政會齊以犯王命嚴弗能止卒從而伐衛逐天王所立不義至甚而自以爲功民去其上政由下作尤著故星隕於魯天事常象也

襄王十五年歲星次於實沈

按國語秦伯納公子重耳董因迎公於河公問焉曰吾其濟乎對曰歲在大梁將集天行元年始受實沈之星也實沈之虛晉人是居所以興也今君當之無不濟矣君之行也歲在大火大火閼伯之星也是謂大辰辰以成善后稷是相唐叔以封瞽史記曰嗣續其祖如穀之滋必有晉國注歲星在大梁之次集成也行道也言公將成天道也公以辰出晉祖唐叔所以封也而以參入晉星也元年謂文公即位之年魯僖二十四年歲星去大梁在實沈之次受於大梁也自胃七度至畢十一度爲大梁自畢十二度至東井十五度曰實沈重耳出奔歲在大火大火大辰也

頃王六年秋七月有星孛入於北斗

按春秋文公十四年云云　按左傳周內史叔服曰不出七年宋齊晉之君皆將死亂　按公羊傳孛者何彗星也其言入於北斗何北斗有中也何以書記異也　按穀梁傳孛之爲言猶茀也其曰入北斗斗有環域也　按漢書五行志文公十四年七月有星孛入於北斗董仲舒以爲孛者惡氣之所生也謂之孛者言其孛孛有所妨蔽闇亂不明之貌也北斗大國象後齊宋魯莒晉皆弒君劉向以爲君臣亂於朝政令虧於外則上濁三光之精五星贏縮變色逆行甚則爲孛北斗人君象孛星亂臣類篡殺之表也星傳曰魁者貴人之牢又曰孛星見北斗中大臣諸侯有受誅者一曰魁爲齊晉夫彗星較然在北斗中天之視人顯矣史之有占明矣時君終不改寤是後宋魯莒晉鄭陳六國咸弒其君齊再弒焉中國既亂夷狄並侵兵革從橫楚乘威席勝深入諸夏六侵伐一滅國觀兵周室晉外滅二國內敗王師又連三國之兵大敗齊師於鞌追亡逐北東臨海水威陵京師武折大齊皆孛星炎之所及流至二十八年星傳又曰彗星入北斗有大戰其流入北斗中得名人不入失名人宋華元賢名大夫大棘之戰華元獲於鄭傳舉其效云左氏傳曰有星孛北斗周史服曰不出七年宋齊晉之君皆將死亂劉歆以爲北斗有環域四星入其中也斗天之三辰綱紀星也宋齊晉天子方伯中國綱紀彗所以除舊布新也斗七星故曰不出七年至十六年宋人弒昭公十八年齊人弒懿公宣公二年晉趙穿弒靈公

靈王二十七年歲星淫於元枵

按左傳襄公二十八年春無冰梓慎曰今茲宋鄭其饑乎歲在星紀而淫於元枵以有時菑陰不堪陽蛇乘龍龍宋鄭之星也宋鄭必饑元枵虛中也枵耗名也土虛而民耗不饑何爲

景王十三年春有星出婺女

按竹書紀年云云

景王二十年冬有星孛於大辰

按春秋昭公十七年云云　按左傳有星孛於大辰西及漢申須曰彗所以除舊布新也天事恆象今除於火火出必布焉諸侯其有火災乎梓慎曰往年吾見之是其徵也火出而見今茲火出而章必火入而伏其居火也久矣其與不然乎火出於夏爲三月於商爲四月於周爲五月夏數得天若火作其四國當之在宋衛陳鄭乎宋大辰之虛也陳太皞之虛也鄭祝融之虛也皆火房也星孛及漢漢水祥也衛顓頊之虛也故爲帝丘其星爲大水水火之牡也其以丙子若壬午作乎水火所以合也若火入而伏必以壬午不過其見之月鄭裨竈言於子產曰宋衛陳鄭將同日火若我用瓘斝玉瓚鄭必不火子產弗與　按公羊傳孛者何彗星也其言於大辰何在大辰也大辰者何大火也大火爲大辰伐爲大辰北辰亦爲大辰何以書記異也　按穀梁傳一有一亡曰有於大辰者濫於大辰也傳例大辰心也心爲明堂天子之象其前星太子後星庶子孛星加心象天子適庶將分爭也後五年景王崩王室亂劉子單子立王猛尹氏召伯立子朝歷數載而後定至哀十三年有星孛於東方不言宿名者不加宿也當是時吳人僭亂憑陵上國日敝於兵暴骨如莽其戾氣所感固將壅吳而降之罰也故氛祲所指在於東方假手越人吳國遂滅天之示人顯矣史之有占明矣大全朱氏曰大辰大

火周木德火將出木將焚掃舊布新之象天人之際此其見乎　襄陵許氏曰星孛大辰火災應之天地之符也大辰明堂當宋之分故王室亂宋亦亂衞陳鄭災氣所溢也衞亂君奔陳敗卿獲唯鄭有令政而無後災是知禍福之可轉也　按漢書五行志昭公十七年冬有星孛於大辰董仲舒以爲大辰心也心爲明堂天子之象後王室大亂三王分爭此其效也劉向以爲星傳曰心大星天王也其前星太子後星庶子也尾爲君臣乖離孛星加心象天子適庶將分爭也其在諸侯角亢氐陳鄭也房心宋也後五年周景王崩王室亂大夫劉子單子立王猛尹氏召伯毛伯立子鼂子鼂楚出也時楚彊宋衞陳鄭皆南附楚王猛旣卒敬王卽位子鼂入王城天王居狄泉莫之敢納五年楚平王居卒子鼂奔楚王室乃定後楚帥六國伐吳吳敗之於雞父殺獲其君臣蔡怨楚而滅沈楚怒圍蔡吳人救之遂爲柏舉之戰敗楚師屠郢都妻昭王母鞭平王墓此皆孛彗流炎所及之效也劉歆以爲大辰房心尾也八月心星在西方孛從其西過心東及漢也宋大辰虛謂宋先祖掌祀大辰星也陳太昊虛虙羲木德火所生也鄭祝融虛高辛氏火正也故皆爲火所舍衞顓頊虛星爲大水營室也天星旣然又四國失政相似及爲王室亂皆同

敬王三十八年冬十有一月有星孛於東方

按春秋魯哀公十三年云云　按公羊傳孛者何彗星也其言於東方何見於旦也何以書記異也　杜氏曰平旦衆星皆沒而孛乃見故不言所在之次何氏曰周十一月夏九月日在房心房心天子明堂布政之庭於此旦見與日爭明者諸侯代主治典法滅絕之象　按漢書五行志哀公十三年冬十一月有星孛於東方董仲舒劉向以爲不言宿名者不加宿也以辰乘日而出亂氣蔽君明也明年春秋事終一曰周之十一月夏九月日在氐出東方者軫角亢也軫楚角亢陳鄭也或曰角亢大國象爲齊晉也其後楚滅陳田氏簒齊六卿分晉此其效也劉歆以爲孛東方大辰也不言大辰旦而見與日爭光星入而彗猶見是歲再失閏十一月實八月也日在鶉火周分野也

三十九年冬有星孛

按史記周本紀不載　按漢書五行志哀公十四年冬有星孛在獲麟後劉歆以爲不言所在官失之也

元王七年彗星見

按史記六國表秦躁公七年彗星見（即周元王七年）

貞定王二年彗星見

按史記六國表秦躁公十年彗星見（即周貞定王二年）

顯王八年彗星見

按史記六國表秦孝公元年彗星見西方（即周顯王八年）

赧王十年彗星見

按史記六國表秦昭王二年彗星見（即周赧王十年）

十九年彗星見

按史記六國表秦昭王十一年彗星見（即周赧王十九年）

秦

始皇七年彗星見

按史記秦本紀七年彗星先出東方見北方五月見西方將軍驁死以攻龍孤慶都還兵攻汲彗星復見西方十六日夏太后死

九年彗星見

按史記秦本紀九年彗星見或竟天見西方又見北方從斗以南八十日　按六國表九年彗星見竟天嫪毐爲亂遷其舍人于蜀彗星復見

十三年正月彗星見東方

按史記秦本紀云云

漢

高帝元年十月五星聚於東井

按漢書高祖本紀云云　按天文志漢元年十月五星聚於東井以曆推之從歲星也此高皇帝受命之符也故客謂張耳曰東井秦地漢王入秦五星從歲星聚當以義取天下秦王子嬰降於枳道漢王以屬吏寶器婦女亡所取閉宮封門還軍次於霸上以候諸侯與秦民約法三章民亡不歸心者可謂能行義矣天之所予也五年遂定天下卽帝位此明歲星之崇義東井爲秦之地明效也

三年秋太白過期辰星出四孟有星孛於大角

按漢書高祖本紀不載　按天文志三年秋太白出西方有光幾中乍北乍南過期乃入辰星出四孟是時項王爲楚王而漢已定三秦與相距滎陽太白出西方有光幾中是秦地戰將勝而漢國將興也辰星出四孟易王之表也後二年漢滅楚　按五行志七月有星孛於大角旬餘乃入劉向以爲是時項羽爲楚王伯諸侯而漢已定三秦與羽相距滎陽天下歸心於漢楚將滅故彗除王位也一曰項羽阬秦卒燒宮室弑義帝亂王位故彗加之也

七年月暈圍參畢七重

按漢書高祖本紀不載　按天文志七年月暈圍參畢七重占曰畢昴間天街也街北胡也街南中國也昴爲匈奴參爲趙畢爲邊兵是歲高皇帝自將兵擊匈奴至平城爲冒頓單于所圍七日迺解

十二年春熒惑守心

按漢書高祖本紀不載　按天文志十二年春熒惑守心四月宮車晏駕

文帝後二年正月天欃夕出西南

按漢書文帝本紀不載　按天文志後二年正月壬寅天欃夕出西南占曰爲兵喪亂其六年十一月匈奴入上郡雲中漢起三軍以衛京師

後六年四月水木火三合於東井八月天狗下梁壄

按漢書文帝本紀不載　按天文志後六年四月乙巳水木火三合於東井占曰外內有兵與喪改立王公東井秦也八月天狗下梁壄是歲誅反者周殷長安市其七年六月文帝崩

後七年十一月土水合於危七月火勾己於畢昴九月有星孛於西方

按漢書文帝本紀不載　按天文志後七年十一月戊戌土水合於危占曰爲雍沮所當之國不可舉事用兵必受其殃一曰將覆軍危齊也其七月火東行行畢陽環畢東北出而西逆行至昴即南迺東行占曰爲喪死寇亂畢昴趙也　按五行志文帝後七年九月有星孛於西方其本直尾箕末指虛危長丈餘及天漢十六日不見劉向以爲尾宋地今楚彭城也箕爲燕又爲吳越齊宿在漢中負海之國水澤地也

是時景帝新立信用鼂錯將誅正諸侯王其象先見後三年吳楚四齊與趙七國舉兵反皆誅滅云

景帝元年正月金水合於婺女七月金木水三合於張

按漢書景帝本紀不載　按天文志元年正月癸酉金水合於婺女占曰爲變謀爲兵憂婺女粵也又爲齊其七月乙丑金木水三合於張占曰外內有兵與喪改立王公張周地今之河南也又爲楚

二年十月火木晨出東方十二月合於斗有星孛於西南八月彗出東北火木逆行

按史記景帝本紀二年八月彗星出東北熒惑逆行守北辰月出北辰間歲星逆行天庭中

按漢書景帝本紀二年冬十有二月有星孛於西南

按天文志二年七月（按漢初仍秦舊以十月爲歲首今玩本文既云七月而下文又云其十二月水火合于斗又云其三月立六皇子爲王夫以十月爲歲首則當先十二月次三月次及七月不當先七月而後及十二月三月也七字或十字之訛今姑仍舊而綱則書十月）丙子火與水晨出東方因守斗占曰其國絕祀至其十二月水火合於斗占曰爲淬不可舉事用兵必受其殃一曰爲北軍用兵舉事大敗斗吳也又爲粵是歲彗星出西南其三月立六皇子爲王王淮陽汝南河間臨江長沙廣川其三年吳楚膠西膠東淄川濟南趙七國反吳楚兵先至攻梁膠西膠東淄川三國攻圍齊漢遣大將軍周亞夫等戍止河南以候吳楚之敝遂敗之吳王亡走粵粵攻而殺之平陽侯敗三國之師於齊咸伏其辜齊王自殺漢兵以水攻趙城城壞王自殺六月立皇子二人楚元王子一人爲王王膠西中山楚徙濟北爲淄川王淮陽爲魯王汝南爲江都王七月兵罷

三年天狗下填星守奎婁

按漢書景帝本紀不載　按天文志三年天狗下占爲破軍殺將狗又守禦類也天狗所降以戒守禦吳楚攻梁梁堅城守遂伏尸流血其下填星在婁幾入還居奎奎魯也占曰其國得地爲得填是歲魯爲國

四年火入井兒

按漢書景帝本紀不載　按天文志四年七月癸未火入東井行陰又以九月己未入輿鬼戊寅出占曰爲誅罰又爲火災後二年有栗氏事其後未央東闕災

中元年填星入東井

三年正月金木合於觜觿三月彗星見西北五月金木合於東井六月蓬星見

按漢書景帝本紀皆不載　按天文志中元年填星常在觜觿參去居東井占曰亡地不迺有女憂其三年正月丁亥金木合於觜觿爲白衣之會三月丁酉彗星夜見西北色白長丈在觜觿且去益小十五日不見占曰必有破國亂君伏死其辜觜觿梁也其五月甲午金木俱在東井戊戌金去木留守之二十日占曰傷成於戊木爲諸侯誅將行於諸侯也其六月壬戌蓬星見西南在房南去房可二丈大如二斗器色白癸亥在心東北可長丈所甲子在尾北可六丈丁卯在箕北近漢稍小且去時大如桃壬申去凡十日占曰蓬星出必有亂臣房心間天子宮也是時梁王欲爲漢嗣使人殺漢爭臣袁盎漢按誅梁大臣斧戉用梁王恐懼布車入關伏斧戉謝罪然後得免

三年有星孛於西北

按漢書景帝本紀三年秋九月有星孛於西北

三年冬十一月金火合於虛（按凡編年例當按年編次惟漢書天文志占法事應各從其類不可分析如三年金木合於觜觽其文義與中元年填星入東井相連屬二年金火合于虛又與下四年金木合于東井五年水火合于參事應相類而星孛西北一事則又與前後大文志占驗不相蒙者故各照原史編次不復拘編年常例云餘做此）

四年夏四月金木合於東井

五年夏四月水火合於參

按漢書景帝本紀俱不載　按天文志中三年十一月庚午夕金火合於虛相去一寸占曰爲鑠爲喪虛齊也四年四月丙申金木合於東井占曰爲白衣之會井秦也其五年四月乙巳水火合於參占曰國不吉參梁也其六年四月梁孝王死五月城陽王濟陰王死六月成陽公主死出入三月天子四衣白臨邸第

後元年火金合於鬼北

按漢書景帝本紀不載　按天文志後元年五月壬午火金合於輿鬼之東北不至柳出輿鬼北可五寸占曰爲鑠有喪輿鬼秦也丙戌地大動鈴鈴然民大疫死棺貴至秋止

三年五星逆行守太微月貫天庭中

按史記景帝本紀云云

武帝建元二年春三月有星孛於注張歷太微紫宮

按漢書武帝本紀不載　按天文志二年三月有星孛於注張歷太微紫宮至於天漢春秋星孛於北斗齊魯晉之君皆將死亂今星孛歷五宿其後濟東膠西江都王皆坐法削黜自殺淮陽衡山謀反而誅

建元三年四月有星孛於天紀至織女秋七月有星孛於西北

按漢書武帝本紀三年秋七月有星孛於西北　按天文志三年四月有星孛於天紀至織女占曰織女有女變天紀爲地震至四年十月而地動其後陳皇后廢

建元四年秋七月有星孛於東北

按漢書武帝本紀云云

建元六年熒惑守輿鬼有星孛於東方北方

按漢書武帝本紀建元六年秋八月有星孛於東方長竟天　按天文志六年熒惑守輿鬼占曰爲火變有喪是歲高園有火災竇太后崩　按五行志武帝建元六年六月有星孛於北方劉向以爲明年淮南王安入朝與太尉武安侯田蚡有邪謀而陳皇后驕恣其後陳后廢而淮南王反誅八月長星出於東方長終天三十日去占曰是爲蚩尤旗見則王者征伐四方其後兵誅四夷連數十年

元光元年客星見於房

按漢書武帝本紀不載　按天文志元光元年夏六月客星見于房占曰爲兵起其二年十一月單于將十萬騎入武州漢遣兵三十餘萬以待之

元光　年天星盡搖

按漢書武帝本紀不載　按天文志元光中天星盡搖上以問候星者對曰星搖者民勞也後伐四夷百姓勞於兵革

元狩三年春有星孛於東方

按漢書武帝本紀云云

元狩四年春有星孛於東北夏有長星出於西北

按漢書武帝本紀云云　按五行志是時北伐丸甚

元鼎五年太白入天苑

按漢書武帝本紀不載　按天文志元鼎五年太白入於天苑占曰將以馬起兵也一曰馬將以軍而死耗其後以天馬故誅大宛馬大死於軍

元鼎　年熒惑守南斗

按漢書武帝本紀不載　按天文志元鼎中熒惑守南斗占曰熒惑所守爲亂賊喪兵守之久其國絕祀南斗越分也其後越相呂嘉殺其王及太后漢兵誅之滅其國

元封元年有星孛於東井又孛於三台

按漢書武帝本紀云云　按史記封禪書元封元年其秋有星茀於東井後十餘日有星茀於三能望氣王朔言候獨見旗星出如瓜食頃復入焉有司皆曰陛下建漢家封禪天其報德星云其來年冬郊雍五帝還拜祝祠大一贊享曰德星昭衍厥惟休祥壽星仍出淵耀光明信星昭見皇帝敬拜太祝之享　按漢書五行志其後江充作亂京師紛然此明東井三台爲秦地效也

元封　年有星孛於河戍

按漢書武帝本紀不載　按天文志元封中星孛於河戍占曰南戍爲越門北戍爲胡門其後漢兵擊拔朝鮮以爲樂浪玄菟郡朝鮮在海中越之象也居北方胡之域也

太初　年有星孛於招搖

按漢書武帝本紀不載　按天文志太初中星孛於

招搖星傳曰客星守招搖蠻夷有亂民死君其後漢兵擊大宛斬其王招搖遠夷之分也

後元二年昭帝卽位有星孛於東方

按漢書昭帝本紀後元二年秋七月有星孛於東方

昭帝始元　年蓬星出西方入營室太白出東方入咸池東井太微熒惑逆行至奎太白又入昴

按漢書昭帝本紀不載　按天文志始元中漢宦者梁成恢及燕王候星者吳莫如見蓬星出西方天市東門行過河鼓入營室中恢曰蓬星出六十日不出三年下有亂臣戮死於市後太白出西方下行一舍復上行二舍而下去太白主兵上復下將有戮死者後太白出東方入咸池東下入東井人臣不忠有謀上者後太白入太微西藩第一星北出東藩第一星北東下去太微者天庭也太白行其中宮門當閉大將被甲兵邪臣伏誅熒惑在婁逆行至奎法曰當有兵後太白入昴莫如曰蓬星出西方當有大臣戮死者太白星入東井太微廷出東門漢有死將後熒惑出東方守太白兵當起主人不勝後流星下燕萬載宮極東去法曰國恐有誅其後左將軍桀驃騎將軍安與長公主燕刺王謀作亂咸伏其辜兵誅烏桓

元鳳四年客星見紫宮

按漢書昭帝本紀不載　按天文志元鳳四年九月客星在紫宮中斗樞極閒占曰爲兵其五年六月發三輔郡國少年詣北軍

元鳳五年燭星見奎婁

按漢書昭帝本紀不載　按天文志元鳳五年燭星見奎婁占曰有土功胡人死邊城和其六年正月築遼東元菟城二月度遼將軍范明友擊烏桓還

元平元年有流星大如月衆星皆隨西行

按漢書昭帝本紀云云　按天文志元平元年二月甲申晨有大星如月有衆星隨而西行大星如月大臣之象衆星隨之衆皆隨從也天文以東行爲順西行爲逆此大臣欲行權以安社稷占曰太白散爲天狗爲卒起卒起見禍無時臣運柄

宣帝本始元年辰星與參出西方

按漢書宣帝本紀不載　按天文志本始元年四月壬戌甲夜辰星與參出西方

本始二年辰星與翼出熒惑守鉤鈐

按漢書宣帝本紀不載　按天文志本始二年七月辛亥夕辰星與翼出皆爲蚤占曰大臣誅其後熒惑守房之鉤鈐鉤鈐天子之御也占曰不太僕則奉車不黜卽死也房心天子宮也房爲將相心爲子屬也其地宋今楚彭城也

本始四年月犯辰星於翼熒惑入輿鬼

按漢書宣帝本紀不載　按天文志本始四年七月甲辰辰星在翼月犯之占曰兵起上卿死將相也是日熒惑入輿鬼天質占曰大臣有誅者名曰天賊在大人之側

地節元年春正月有星孛於西方月食熒惑熒惑入氐六月客星居左右角閒及貫索七月入天市

按漢書宣帝本紀地節元年春正月有星孛於西方　按天文志地節元年正月戊午乙夜月食熒惑熒惑在角亢占曰憂在宮內非賊而盜也有內亂讒臣在旁其辛酉熒惑入氐中氐天子之宮熒惑入之有賊臣其六月戊戌甲夜客星又居左右角閒東南指長可二尺色白占曰有奸人在宮庭閒其丙寅又有客星見貫索東北南行至七月癸酉夜入天市芒炎東南指其色白占曰有戮卿一曰有戮王期皆一年遠二年是時楚王延壽謀逆自殺四年故大將軍霍光夫人顯將軍霍禹范明友奉車霍山及諸昆弟賓婚爲侍中諸曹九卿郡守皆謀反咸伏其辜　按五行志地節元年正月有星孛於西方去太白二丈所劉向以爲太白爲大將彗孛加之掃滅象也明年大將軍霍光薨後二年家夷滅

神爵元年六月有星孛於東方

按漢書宣帝本紀云云

黃龍元年客星入紫宮

按漢書宣帝本紀黃龍元年三月有星孛於王良閣道入紫宮　按天文志黃龍元年三月客星居王良東北可九尺長丈餘西指出閣道閒至紫宮其十二月宮車晏駕

元帝初元元年客星在南斗

按漢書元帝本紀不載　按天文志初元元年四月客星大如瓜色青白在南斗第二星東可四尺占曰爲水饑其五月勃海水大溢六月關東大饑民多餓死琅邪郡人相食

初元二年客星在昴卷舌

按漢書元帝本紀不載　按天文志初元二年五月客星見昴分居卷舌東可五尺青白色炎長三寸占曰天下有妄言者其十二月鉅鹿都尉謝君男詐爲神人論死父免官

初元五年有星孛於參

按漢書元帝本紀云云　按天文志五年四月彗星出西北赤黃色長八尺所後數日長丈餘東北指在參分後二歲餘西羌反

成帝建始元年春正月有星孛於營室秋九月大流星貫紫宮

按漢書成帝本紀建始元年二月詔曰迺者火災降於祖廟有星孛於東方始正而虧咎孰大焉書云惟先假王正厥事羣公孜孜帥先百寮輔朕不逮崇寬大長和睦凡事恕己毋行苛刻其大赦天下使得自新九月戊子流星光燭地長四五丈委曲蛇形貫紫宮　按五行志正月有星孛於營室青白色長六七丈廣尺餘劉向谷永以爲營室爲後宮懷姙之象彗星加之將有害懷姙絕繼嗣者一曰後宮將受害也其後許皇后祝詛後宮懷姙者廢趙皇后立妹爲昭儀害兩皇子上遂無嗣趙后姊妹卒皆伏辜　按天文志九月戊子有流星出文昌色白光燭地長可四丈大一圍動搖如龍蛇形有項長可五六丈大四圍所詘折委曲貫紫宮西在斗西北子亥間後詘如環北方不合留一刻所占曰文昌爲上將貴相是時帝舅王鳳爲大將軍其後宣帝舅子王商爲丞相皆貴重任政鳳妬商譖而罷之商自殺親屬皆廢黜

建始四年七月熒惑與歲星鬭十一月月蝕塡星

按漢書成帝本紀不載　按天文志四年七月熒惑隃歲星居其東北半寸所如連李時歲星在關星西四尺所熒惑初從畢口大星東東北往數日至往疾去遲占曰熒惑與歲星鬭有病君饑歲至河平元年三月旱傷麥民食楡皮二年十二月壬申太皇太后避時昆明東觀十一月乙卯月蝕塡星星不見時在輿鬼西北八九尺所占曰月蝕塡星流民千里

河平二年土木火合於軒轅貫輿鬼逆行

按漢書成帝本紀不載　按天文志河平二年十月下旬塡星在東井軒轅南耑大星尺餘歲星在其西北尺所熒惑在其西北二尺所皆從西方來塡星貫輿鬼先到歲星次熒惑亦貫輿鬼十一月上旬歲星熒惑西去塡星皆西北逆行占曰三星若合是謂驚位是謂絕行外內有兵與喪改立王公其十一月丁巳夜郎王歆大逆不道牂柯太守立捕殺歆三年九月甲戌東郡莊平男子侯毋辟兄弟五人羣黨爲盜攻燔官寺縛縣長吏盜取印綬自稱將軍三月辛卯左將軍千秋卒右將軍史丹爲左將軍四年四月戊申梁王賀薨

陽朔元年月犯心

按漢書成帝本紀不載　按天文志陽朔元年七月壬子月犯心星占曰其國有憂若有大喪房心爲宋今楚地十一月辛未楚王友薨

陽朔四年飛星入斗下

按漢書成帝本紀不載　按天文志陽朔四年閏月庚午飛星大如缶出西南入斗下占曰漢使匈奴明年鴻嘉元年正月匈奴單于雕陶莫皐死五月甲午遣中郎將楊興使弔

永始二年二月癸未夜星隕如雨

按漢書成帝本紀云云　按五行志永始二年二月癸未夜過中星隕如雨長一二丈繹繹未至地滅至鷄鳴止谷永對曰日月星辰燭臨下土其有食隕之異則遐邇幽隱靡不咸睹星辰附離於天猶庶民附離王者也王者失道綱紀廢頓下將叛去故星叛天而隕以見其象春秋記異星隕最大自魯嚴以來至今再見臣聞三代所以喪亡者皆由婦人羣小湛湎於酒書云乃用其婦人之言四方之逋逃多罪是信是使詩曰赫赫宗周褒姒滅之顛覆厥德荒沈于酒及秦所以二世而亡者養生大奢奉終大厚方今國家兼而有之社稷宗廟之大憂也京房易傳曰君不任賢厥妖天雨星

元延元年夏四月星隕如雨七月有星孛於東井

按漢書成帝本紀元延元年秋七月有星孛於東井詔曰迺者日蝕星隕謫見於天大異重仍在位默然罕有忠言今孛星見於東井朕甚懼焉公卿大夫博士議郎其各悉心惟思變意明以經對無有所諱與內郡國舉方正能直言極諫者各一人北邊二十二郡舉勇猛知兵法者各一人　按天文志元延元年四月丁酉日餔時天暒晏殷殷如雷聲有流星頭大如缶長十餘丈皎然赤白色從日下東南去四面或大如盂或如雞子燿燿如雨下至昏止郡國皆言星隕春秋星隕如雨爲王者失勢諸侯起霸之異也其後王莽遂顓國柄王氏之興萌於成帝時是以有星隕之變後莽遂篡國　按五行志元延元年七月辛未有星孛於東井踐五諸侯出河戍北率行軒轅太微後日六度有餘晨出東方十三日夕見西方犯次妃長秋斗塡蜂炎再貫紫宮中大火當後達天河除於妃后之域南逝度犯大角攝提至天市而按節徐

行炎入市中旬而後西去五十六日與蒼龍俱伏谷永對曰上古以來大亂之極所希有也察其馳騁驟步芒炎或長或短所歷奸犯內爲後宮女妾之害外爲諸夏叛逆之禍劉向亦曰三代之亡攝提易方秦項之滅星孛大角是歲趙昭儀害兩皇子後五年成帝崩昭儀自殺哀帝即位趙氏皆免官爵徙遼西哀帝亡嗣平帝即位王莽用事追廢成帝趙皇后哀帝傅皇后皆自殺外家丁傅皆免官爵徙合浦歸故郡

平帝亡嗣莽遂篡國

綏和元年流星入北斗

按漢書成帝本紀不載　按天文志綏和元年正月辛未有流星從東南入北斗長數十丈二刻所息占曰大臣有繫者其年十一月庚子定陵侯淳于長坐執左道下獄死

綏和二年春熒惑守心

按漢書成帝本紀不載　按天文志二年春熒惑守心二月乙丑丞相翟方進以欲塞災異自殺三月丙戌宮車晏駕　按翟方進傳方進好左氏傳天文星歷其左氏則國師劉歆星歷則長安令田終術師也厚李尋以爲議曹爲相九歲綏和二年春熒惑守心尋奏記言應變之權君侯所自明往者數白三光垂象變動見端山川水泉反理視患民人訛謠斥事感名三者既效可爲寒心今提揚眉矢貫中狼奮角弓且張金歷庫土逆度輔湛沒火守舍萬歲之期近慎朝暮上無惻怛濟世之功下無推讓避賢之效欲當大位爲具臣以全身難矣大責日加安得但保斥逐之戮闔府三百餘人唯君侯擇其中與盡節轉凶方進憂之不知所出會郎賁麗善爲星言大臣宜當之上迺名見方進還歸未及引決上遂賜冊曰皇帝問丞相君有孔子之慮孟賁之勇朕嘉與君同心一意庶幾有成惟君登位於今十年災害並臻民被饑餓加以疾疫溺死關門牡開失國守備盜賊黨輩吏民殘賊毆殺良民斷獄歲歲多前上書言事交錯道路懷奸朋黨相爲隱蔽皆亡忠慮羣下兇兇更相嫉妬其咎安在觀君之治無欲輔朕富民便安元元之念間者郡國穀雖頗孰百姓不足者尚衆前去城郭未能盡還夙夜未嘗忘焉朕惟往時之用與今一也百僚用度各有數君不量多少一聽羣下言用度不足奏請一切增賦稅城郭堧及園田過更筭馬牛羊增益鹽鐵變更無常朕既不明隨奏許可後議者以爲不便制詔下君君云賣酒醪後請止未盡月復奏議令賣酒醪朕誠怪君何持容容之計無忠固意將何以輔朕帥道羣下而欲久蒙顯尊之位豈不難哉傳曰高而不危所以長守貴也欲退君位尚未忍君其孰念詳計塞絕奸原憂國如家務便百姓以輔朕朕既以改君其自思強食慎職使尚書令賜君上尊酒十石養牛一君審處焉方進即日自殺上祕之遣九卿冊贈以丞相高陵侯印綬賜乘輿祕器少府供張柱檻皆衣素天子親臨弔者數至禮賜累於它相故事謚曰恭侯

哀帝建平二年二月彗星出牽牛詔改元復蠲除之

按漢書哀帝本紀不載　按天文志建平二年二月彗星出牽牛七十餘日傳曰彗所以除舊布新也牽牛日月五星所從起歷數之元三正之始彗而出之改更之象也其出久者爲其事大也其六月甲子夏賀良等建言當改元易號增漏刻詔書改建平二年爲太初元年號曰陳聖劉太平皇帝刻漏以百二十爲度八月丁巳悉復蠲除之賀良及黨與皆伏誅流放其後卒有王莽篡國之禍

建平三年三月有星孛於河鼓

按漢書哀帝本紀云云

元壽元年歲星入太微犯右執法

按漢書哀帝本紀不載　按天文志元壽元年十一月歲星入太微逆行干右執法占曰大臣有憂執法者誅若有罪二年十月戊寅高安侯董賢免大司馬位歸第自殺

王莽始建國五年彗星出

按漢書王莽傳始建國五年十一月彗星出二十餘日不見明年改元曰天鳳

地皇元年七月月犯心前星

按漢書王莽傳莽曰七月月犯心前星厥有占予甚憂之

地皇三年有星孛於張

按漢書王莽傳地皇三年十一月有星孛於張東南行五日不見莽數召問太史令宗宣諸術數家皆繆對言天文安善羣賊且滅莽差以自安

按後漢書天文志王莽地皇三年十一月有星孛於張東南行五日不見孛星者惡氣所生爲亂兵其所以孛德孛德者亂之象不明之表又參然孛焉兵之類也故名之曰孛孛之爲言猶有所傷害有所妨蔽或謂之彗星所以除穢而布新也張爲周地星孛於

張東南行卽翼軫之分翼軫爲楚是周楚地將有兵亂後一年正月光武起兵舂陵會下江新市賊張卬王常及更始之兵亦至俱攻破南陽斬莽前隊大夫甄阜屬正梁丘賜等殺其士衆數萬人更始爲天子都雒陽西入長安敗死光武興於河北復都雒陽居周地除穢布新之象

地皇四年六月營頭星見秋太白入太微

按漢書王莽傳衛將軍王涉素養道士西門君惠君惠好天文讖記爲涉言星孛埽宮室劉氏當復興國師公姓名是也涉以語大司馬董忠數俱至國師殿中廬道語星宿國師不應後涉特往對歆涕泣言誠欲與公共安宗族柰何不信涉也歆因爲言天文人事東方必成涉曰董公主中軍精兵涉領宮衛伊休侯主殿中如同心合謀共劫持帝東降南陽天子可以全宗族歆曰當待太白星出乃可忠復與孫伋謀伋妻弟陳邯欲告之七月伋與邯俱告莽遣使者分召忠等責問皆服歆涉皆自殺

按後漢書天文志四年六月晝有雲氣如壞山墮軍上覆軍流血三千里是時光武將兵數千人赴救昆陽奔擊二公兵并力猋發號呼聲動天地虎豹驚怖敗振會天大風飛屋瓦雨如注水二公兵亂敗自相賊就死者數萬人競赴溳水死者委積溳水爲之不流殺司徒王尋軍皆散走歸本郡王邑還長安莽敗俱誅死營頭之變覆軍流血之應也　又按志四年秋太白在太微中燭地如月光太白爲兵太微爲天庭太白嬴而北入太微是大兵將入天子廷也是時莽遣二公之兵至昆陽已爲光武所破莽又拜九人爲將軍皆以虎爲號號九虎將軍至華陰皆爲漢將鄧曄李松所破進攻京師倉將軍韓臣至長門十月戊申漢兵自宣平城門入二日己酉城中少年朱弟張魚等數千人起兵攻莽燒作室斧敬法闥商人杜吳殺莽漸臺之上校尉公賓就斬莽首大兵蹈藉宮廷之中仍以更始入長安赤眉賊立劉盆子爲天子皆以大兵入宮廷是其應也

欽定古今圖書集成曆象彙編庶徵典

第三十六卷目錄

庶徵典第三十六卷

星變部彙考十

後漢

光武建武六年九月丙戌日犯太微西藩十一月辛亥月犯軒轅

按後漢書光武帝本紀不載　按古今注云云

建武七年土入鬼中太白經太微

按後漢書光武帝本紀不載　按古今注七年九月庚子土入鬼中漢史鎮星逆行與鬼女主貴親有憂巫咸曰有土功是歲太白經太微

建武八年四月辛未月犯房第二星光芒不見

按後漢書光武帝本紀不載　按古今注云云

建武九年四月金犯婁甲子月犯軒轅壬寅犯心七月金犯軒轅戊辰月犯昴

按後漢書光武帝本紀不載　按天文志九年七月乙丑金犯軒轅大星十一月乙丑金又犯軒轅軒轅者後宮之官大星爲皇后金犯之爲失勢是時郭后已失勢見疏後廢爲中山太后陰貴人立爲皇后

按古今注四月乙卯金犯婁南星甲子月犯軒轅第二星壬寅犯心大星七月戊辰月犯昴

建武十年正月月犯心閏月火入鬼三月流星出太微入北斗魁十二月大流星出柳入軫

按後漢書光武本紀不載　按天文志十年三月癸卯流星如月從太微出入北斗魁第六星色白旁有小星射者十餘枚滅則有聲如雷食頃止流星爲貴使星大者使大星小者使小太微天子廷北斗魁主殺星從太微出抵北斗魁是天子大使將出有所伐殺十二月己亥大流星如缶出柳西南行入軫且滅時分爲十餘如遺火狀須臾有聲隱隱如雷柳爲周軫爲秦蜀大流星出柳入軫者是大使從周入蜀是時光武帝使大司馬吳漢發南陽卒三萬人乘船泝江而上擊蜀白帝公孫述又命將軍馬武劉尚郭霸岑彭馮駿平武都巴郡十二年十月漢進兵擊述從弟衛尉永遂至廣都殺述女婿史興威虜將軍馮駿拔江州斬述將田戎吳漢又擊述大司馬謝豐斬首五千餘級臧宮破涪殺述弟大司空恢十一月丁丑漢護軍將軍高午刺述洞胸其夜死明日漢入屠蜀城誅述大將公孫晃延岑等所殺數萬人夷滅述妻宗族萬餘人以上是大將出伐殺之應也其小星射者及如餘火分爲十餘皆小將隨從之象有聲如雷隱隱者兵將怒之徵也　按古今注正月壬戌月犯心後星閏月庚辰火入輿鬼過軫北

建武十二年正月月乘軒轅小星北流二月月入氐暈珥圍角亢房六月小星四面流七月月犯昴八月木見東方翼分九月火犯鬼十月大星流

按後漢書光武帝本紀不載　按天文志十二年正月己未小星流百枚以上或西北或正北或東北二夜止六月戊戌晨小流星百枚以上四面行小星者庶民之類流行者移徙之象也或西北或東北或四面行皆小民移徙之徵是時西北討公孫述北征盧芳匈奴助芳侵邊漢遣將軍馬武騎都尉劉納閻興軍下曲陽臨平滹沱以備胡匈奴入河東中國未安米穀荒貴民或流散後三年吳漢馬武又徙鴈門代郡上谷關西縣吏民六萬餘口置常關居庸關以東以避寇是小民流移之應　按古今注正月丁丑月乘軒轅大星二月辛亥月入氐暈珥圍角亢房秋七月丁丑月犯昴頭兩星八月辛酉木見東方翼分九月甲午火犯輿鬼十月丁卯大星流有光發東井西行聲隆隆

建武十三年二月乙卯火犯輿鬼西北

按後漢書光武帝本紀不載　按古今注云云

建武十五年正月彗星見昴入營室犯離宮

按後漢書光武帝本紀十五年春正月丁未有星孛

於昴　按天文志正月丁未彗星見昴稍西北行入營室犯離宮二月乙未至東壁滅見四十九日彗星爲兵入除穢昴爲邊兵彗星出之爲有兵至十一月定襄都尉陰承反太守隨誅之盧芳從匈奴入居高柳至十六年十月降上璽綬一曰昴星爲獄事是時大司徒歐陽歙以事繫獄踰歲死營室天子之常宮離宮妃后之所居彗星入營室犯離宮是除宮室也是時郭皇后已疏至十七年十月遂廢爲中山太后立陰貴人爲皇后除宮之象也

建武十六年四月土星逆行

建武十七年三月乙未火逆行從東門入太微到執法星東己酉南出端門

建武十八年十二月壬戌月犯木星

建武十九年閏月戊申火逆行自氐到亢

建武二十一年七月辛酉月入畢

建武二十三年三月月食火星

按後漢書光武帝本紀俱不載　按古今注云云

建武三十年閏月水在東井東北行至紫宮西藩

按後漢書光武帝本紀三十年閏月有星孛於紫宮　按天文志閏月甲午水在東井二十度生白氣東南指炎長五尺爲彗東北行至紫宮西藩止五月甲子不見凡見三十一日水常以夏至放于東井閏月在四月尚未當見而見是贏而進也東井爲水衡水出之爲大水是歲五月及明年郡國大水壞城郭傷禾稼殺人民白氣爲喪有炎作彗彗所以除穢紫宮天子之宮彗加其藩除宮之象後三年光武帝崩

建武三十一年七月火入鬼十月犯軒轅有客星見于鬼

按後漢書光武帝本紀不載　按天文志三十一年七月戊午火在輿鬼一度入鬼中出尸星南半度十月己亥犯軒轅大星又七日間有客星炎二尺所西南行至明年二月二十二日在輿鬼東北六尺所滅凡見百一十三日熒惑爲凶衰輿鬼尸星主死亡熒惑入之爲大喪軒轅爲後宮七星周地客星居之爲死喪其後二年光武崩

中元元年三月月犯心後星

按後漢書光武帝本紀不載　按古今注云云

中元二年八月火犯太微十月有大星東北流

按後漢書光武帝本紀不載　按天文志二年八月丁巳火犯太微西南角星相去二寸十月戊子大流星從西南東北行聲如雷火犯太微西南角星爲將相後太尉趙熹司徒李訢坐事免官大流星爲使中郎將竇固楊虛侯馬武楊鄉侯王賞將兵征西也

明帝永平元年夏四月流星出天市閏九月火在太微左執法十一月土逆行乘東井軒轅

按後漢書明帝本紀不載　按天文志永平元年四月丁酉流星大如斗起天市樓西南行光照地流星爲外兵西南行爲西南夷是時益州發兵擊姑復蠻夷大牟替滅陵斬首傳詣雒陽　按古今注閏九月辛未火在太微左執法星所光芒相及十一月辛未土逆行乘東井北軒轅第二星

永平二年十二月戊辰月蝕火星

按後漢書明帝本紀不載　按古今注云云

永平三年夏六月彗星出天船北詔言事

按後漢書明帝本紀三年六月丁卯有星孛於天船北詔曰朕奉承祖業無有善政日月薄蝕彗孛見天水旱不節稼穡不成人無宿儲下生愁墊雖夙夜勤思而智能不逮昔楚莊無災以致戒懼魯哀禍大天不降譴今之動變儻尚可救有司勉思厥職以匡無德古者卿士獻詩百工箴諫其言事者靡有所諱　按天文志六月彗星出天船北長二尺稍北行至亢南百三十五日去天船爲水彗出之爲大水是歲伊雒水溢到津城門外壞伊橋郡七縣三十二皆大水

永平四年客星出梗河

按後漢書明帝本紀不載　按天文志四年八月辛酉客星出梗河西北指貫索七十日去梗河爲邊兵至五年十一月北匈奴七千騎入五原塞十二月入雲中至原陽貫索貴人之牢其十二月陵鄉侯梁松坐怨望懸飛書誹謗朝廷下獄死妻子家屬徙九眞

永平七年正月流星出織女三月客星見左執法

按後漢書明帝本紀不載　按天文志七年正月戊子流星大如杯從織女西行光照地織女天之眞女流星出之女主憂其月癸卯光烈皇后崩　按古今注三月庚戌客星光氣二尺所在太微左執法南端門外凡見七十五日

永平八年夏六月長星出柳張十二月客星出東方

按後漢書明帝本紀不載　按天文志八年六月壬午長星出柳張三十七度犯軒轅刺天船陵太微氣至上階凡見五十六日去柳周地是歲多雨水郡十四傷稼　按古今注十二月戊子客星出東方

永平九年客星出牽牛歷建至房南

按後漢書明帝本紀不載　按天文志九年正月戊申客星出牽牛長八尺歷建星至房南滅見五十日牛主吳越房心爲宋後廣陵王荆與沈凉楚王英與顏忠各謀逆事覺皆自殺廣陵屬吳彭城古宋地

永平十年七月甲寅月犯歲星

永平十一年六月壬辰火犯土星

按後漢書明帝本紀不載　按古今注云云

永平十三年閏月火犯輿鬼十一月客星出軒轅十二月月犯木星

按後漢書明帝本紀不載　按天文志十三年閏月丁亥火犯輿鬼爲大喪質星爲大臣誅戮其十二月楚王英與顏忠等造作妖謀反事覺英自殺忠等皆伏誅　按古今注十一月客星出軒轅四十八日十二月戊午月犯木星

永平十四年客星出昴

按後漢書明帝本紀不載　按天文志十四年正月戊子客星出昴六十日在軒轅右角稍滅昴主邊兵後一年漢遣奉車都尉顯親侯竇固駙馬都尉耿秉騎都尉耿忠開陽城門候秦彭太僕祭彤將兵擊匈奴一日軒轅右角爲貴相昴爲獄事客星守之爲大獄是時考楚事未訖司徒虞延與楚王英黨與黃初公孫弘等交通皆自殺或下獄伏誅

永平十五年太白入月

按後漢書明帝本紀不載　按天文志十五年十一月乙丑太白入月中爲大將戮人主亡不出三年後三年孝明帝崩

永平十六年正月歲星犯房四月太白犯畢

按後漢書明帝本紀不載　按天文志十六年正月丁丑歲星犯房右驂北第一星不見辛巳乃見房右驂爲貴臣歲星犯之爲見誅是後司徒邢穆坐與阜陵王延交通知逆謀自殺四月癸未太白犯畢畢爲邊兵後北匈奴寇入雲中至咸陽使者高弘發三郡兵追討無所得太僕祭彤坐不進下獄

永平十八年彗星出張南

按後漢書明帝本紀十八年六月己未有星孛於太微　按天文志六月己未彗星出張長三尺轉在郎將南入太微皆屬張張周地爲東都太微天子廷彗星犯之爲兵喪其八月壬子孝明帝崩

章帝建初元年正月太白在昴八月彗星出天市

按後漢書章帝本紀建初元年八月庚寅有星孛於天市　按天文志正月丁巳太白在昴西一尺八月庚寅彗星出天市長二尺所稍行入牽牛積四十日稍滅太白在昴爲邊兵彗星出天市爲外軍牽牛爲吳越時蠻夷陳縱等及哀牢王類反攻蕉唐城永昌太守王尋走奔楪榆安夷長宋延爲羌所殺以武威太守傅育領護羌校尉馬防行車騎將軍征西羌又阜陵王延與子男魴謀反大逆無道得不誅廢爲侯

建初二年九月流星過紫宮十二月彗出婁

按後漢書章帝本紀不載　按天文志二年九月甲寅流星過紫宮中長數丈散爲三滅十二月戊寅彗星出婁三度長八九尺入紫宮中百六日滅流星過入紫宮皆大人忌後四年六月癸丑明德皇后崩

建初五年二月戊辰木火俱在參三月戊寅木火在東井

建初六年七月丁酉夜有流星起軒轅大如拳歷文昌餘氣正白句曲西如文昌久久乃滅

按後漢書章帝本紀不載　按古今注云云

元和元年客星在胃歷閣道入紫宮

按後漢書章帝本紀不載　按天文志元和元年四月丁巳客星晨出東方在胃八度長三尺歷閣道入紫宮留四十日滅閣道紫宮天子之宮也客星犯入留久爲大喪後四年孝章皇帝崩

元和二年四月乙巳客星入紫宮

按後漢書章帝本紀云云

和帝永元元年春正月流星起參二月流星起天棓太微天津天大將軍十一月鎭星在東井

按後漢書和帝本紀不載　按天文志永元元年正月辛卯有流星起參長四丈有光色黃白二月流星起天棓東北行三丈所滅色青白壬申夜有流星起太微東蕃長三丈三月丙辰流星起天津壬戌有流星起天將軍東北行參爲邊兵天棓爲兵太微天庭天津爲水天將軍爲兵流星起之皆爲兵其六月漢遣車騎將軍竇憲執金吾耿秉與度遼將軍鄧鴻出朔方並進兵臨私渠北鞮海斬虜首萬餘級獲生口牛馬羊百萬頭日逐王等八十一部降凡三十餘萬人追單于至西海是歲七月又雨水漂人民是其應　按古今注正月流星大如拳起參東南癸亥鎭在參又流星大如桃色赤起太微三月戊子土在參流星大如桃起天津東至斗黃白類有光流星起天將軍色黃無光十一月壬申鎭星在東井與志小異

永元二年正月金木水在奎婁二月流星起紫宮四

月起文昌金在軒轅八月流星起太微天津紫宮

按後漢書和帝本紀不載　按天文志二年正月乙卯金木俱在奎丙寅水又在奎奎主武庫兵三星合又爲兵喪辛未水金木在婁亦爲兵又爲匿謀二月丁酉有流星大如桃起紫宮東藩西北行五丈稍滅四月丙辰有流星大如瓜起文昌東北西南行至少微西滅有項音如雷聲已而金在軒轅大星東北二尺所八月丁未有流星如鷄子起太微西東南行四丈所消十月癸未有流星大如桃起天津西行六丈所消十一月辛酉有流星大如拳起紫宮西行到胃消　按古今注正月丙寅水在奎土在東井金在婁木火在昴三月甲子火在亢南端門第一星南乙亥金在東井四月丁丑火在氐東南星東南又與志不同

永元三年流星起紫宮

按後漢書和帝本紀不載　按天文志三年九月丁卯有流星大如鷄子起紫宮西南至北斗柄間消紫宮天子宮文昌少微爲貴臣天津爲水北斗主殺流星起歷紫宮文昌少微天津文昌爲天子使出有兵誅也竇憲爲大將軍憲弟篤景等皆卿校尉憲女弟壻郭舉爲侍中射聲校尉與衛尉鄧疊母元俱出入宮中謀爲不軌至四年六月丙寅發覺和帝幸北宮詔執金吾五校勒兵屯南北宮閉城門捕舉舉父長樂少府璜及疊疊弟步兵校尉磊母元皆下獄誅憲弟篤景等皆自殺金犯軒轅女主失勢竇氏被誅太后失勢

永元五年正月月乘歲星四月金火水在井木在鬼七月歲星犯軒轅九月金在斗火犯房

按後漢書和帝本紀不載　按天文志五年四月癸巳太白熒惑辰星俱在東井七月壬午歲星犯軒轅大星九月金在南斗魁中火犯房北第一星東井秦地爲法三星合內外有兵又爲法令及水金入斗口中爲大將將死火犯房北第一星爲將相其六年正月司徒丁鴻薨七月水大漂殺人民傷五穀許侯馬光有罪自殺九月行車騎將軍事鄧鴻越騎校尉馮柱發左右羽林北軍五校士及八郡跡射烏桓鮮卑合四萬騎與度遼將軍朱徽護烏桓校尉任尚中郎將杜崇征叛胡十二月車騎將軍鴻坐追虜失利下獄死度遼將軍徵中郎將崇皆抵罪　按古今注正月甲戌月乘歲星四月木在輿鬼

永元六年六月金在東井閏月流星起參北

按後漢書和帝本紀不載　按古今注六年六月丁亥金在東井閏月己丑流星大如桃起參北西至參肩南稍有光

永元七年正月流星起天津二月金火在參井八月木土金在軫十一月金火在心十二月流星起文昌火金水在斗

按後漢書和帝本紀不載　按天文志七年正月丁未有流星起天津入紫宮中滅色青黃有光二月癸酉金火俱在參戊寅金火俱在東井八月甲寅水土金俱在軫十一月甲戌金火俱在心十二月己卯有流星起文昌入紫宮消丙辰火金水俱在斗流星入紫宮金火在心皆爲大喪三星合軫爲白衣之會金火俱在參東井皆爲外兵有死將二星俱在斗有戮將若有死相八年四月樂成王黨七月樂成王宗皆薨將兵長史吳棽坐事徵下獄誅十月北海王威自殺十二月陳王羨薨其九年閏月皇太后竇氏崩遼東鮮卑太守祭參不追虜徵下獄誅九月司徒劉方坐事免官自殺隴西羌反遣執金吾劉尚行征西將軍事越騎校尉節鄉侯趙世發北軍五校黎陽雍營及邊胡兵三萬騎征西羌

永元八年九月辛丑夜有流星大如拳起婁

按後漢書和帝本紀不載　按古今注云云

永元十一年五月流星起氐六月月入畢

按後漢書和帝本紀不載　按天文志十一年五月丙午流星大如瓜起氐西南行稍有光白色占曰流星白爲有使客大爲大使小亦小使疾期疾遲亦遲大如瓜爲近小行稍有光爲遲也又正王日邊方有受王命者也明年二月蜀郡旄牛徼外夷白狼樓薄種王唐繒等率種人口十七萬歸義內屬賜金印紫綬錢帛　按古今注六月庚辰月入畢中

永元十二年夜有蒼白氣起天園

按後漢書和帝本紀不載　按天文志十二年十一月癸酉夜有蒼白氣長三丈起天園東北指軍市見積十日占曰兵起十日期歲明年十一月遼東鮮卑二千餘騎寇右北平

永元十三年正月水乘輿鬼冬十一月客星見軒轅十二月水犯軒轅

按後漢書和帝本紀不載　按天文志十三年十一月乙丑軒轅第四星間有小客星色青黃軒轅爲後宮星出之爲失勢其十四年六月陰皇后廢　按古

今注正月辛未水乘輿鬼十二月癸巳犯軒轅大星

永元十四年正月月犯軒轅水入太微十一月流星起北斗

按後漢書和帝本紀不載　按古今注十四年正月乙卯月犯軒轅在太微中二月十日丁酉水入太微西門十一月丁丑有流星大如拳起北斗魁中北至閣道稍有光色赤黃須臾西北有雷聲

永元十六年四月紫宮生白氣客星出紫宮七月水入鬼十月流星起鉤陳

按後漢書和帝本紀不載　按天文志十六年四月丁未紫宮中生白氣如粉絮戊午客星從紫宮西行至昴五月壬申滅七月庚午水在輿鬼中十月辛亥流星起鉤陳北行三丈有光色黃白氣生紫宮中爲喪客星從紫宮西行至昴爲趙輿鬼爲死喪鉤陳爲皇后流星出之爲中使後一年元興元年十月和帝崩殤帝卽位一年又崩無嗣鄧太后遣使者迎清河孝王子卽位是爲孝安皇帝是其應也清河趙地也

元興元年二月流星起角亢夏四月起斗七月起天市閏月水金俱在氐

按後漢書和帝本紀不載　按天文志元興元年二月庚辰流星起角亢五丈所四月辛亥流星起斗東北行到須女七月己巳有流星起天市五丈所光色赤閏月辛亥水金俱在氐流星起斗東北行至須女須女燕地天市爲外軍水金會爲兵誅其年遼東貊人反鈔六縣發上谷漁陽右北平遼西烏桓討之

殤帝延平元年正月金火合婁七月月在南斗九月陳留有隕石

按後漢書殤帝本紀不載　按天文志延平元年正月丁酉金火在婁金火合爲爍爲大人憂是歲八月辛亥孝殤帝崩　按古今注七月甲申月在南斗中　又按志九月乙亥隕石陳留四春秋僖公十六年隕石於宋五傳曰隕星也董仲舒以爲從高及下之象或以爲庶人惟星隕民困之象也

安帝永初元年五月熒惑守心八月客星在東井

按後漢書安帝本紀不載　按天文志永初元年五月戊寅熒惑逆行守心前星八月戊申客星在東井弧星西南心爲天子明堂熒惑逆行守之爲反臣客星在東井爲大水是時安帝未臨朝鄧太后攝政鄧騭爲車騎將軍弟弘悝閶皆以校尉封侯秉國勢司空周章意不平與王尊叔元茂等謀欲閉宮門捕將軍兄弟誅常侍鄭衆蔡倫劫刺尚書廢皇太后封皇帝爲遠國王事覺章自殺東井弧皆秦地是時羌反斷隴道漢遣騭將左右羽林北軍五校及諸郡兵征之是歲郡國四十一縣三百一十五雨水四瀆溢傷秋稼壞城郭殺人民是其應也

永初二年正月太白晝見四月月入南斗八月熒惑出太微端門

按後漢書安帝本紀不載　按天文志二年正月戊子太白晝見爲强臣是時鄧氏方盛　按古今注四月乙亥月入南斗魁中八月己亥熒惑出太微端門

永初三年正月月犯心太白入斗三月熒惑入輿鬼五月太白入畢十二月彗星起天苑

按後漢書安帝本紀三年十二月有星孛於天苑

按天文志正月庚戌月犯心後星己亥太白入斗中十二月彗星起天苑南東北指長六七尺色蒼白月犯心後星不利子心爲宋五月丁酉沛王牙薨太白入斗中爲貴相凶天苑爲外軍彗星出其南爲外兵是後使羌氏討賊李貴又使烏桓擊鮮卑又使中郎將任尚護羌校尉馬賢擊羌皆降　按楊厚傳厚父統爲光祿大夫厚少學統業精力思述初安帝永初二年太白入北斗時統爲侍中厚隨在京師朝廷以問統統對年老耳目不明子厚曉讀圖書粗識其意鄧太后使中常侍承制問之厚對以爲諸王子多在京師容有非常宜亟發遣各還本國太后從之星尋滅不見　按古今注三月壬寅熒惑入輿鬼中五月丙寅太白入畢中

永初四年二月月犯軒轅六月客星見太白入鬼

按後漢書安帝本紀不載　按天文志四年六月丙子客星大如李蒼白芒氣長二尺西南指上階星癸酉太白入輿鬼指上階爲三公後太尉張敏免官太白入輿鬼爲將凶後中郎將任尚坐贓千萬檻車徵棄市　按古今注二月丙寅月犯軒轅大星

永初五年夏六月太白晝見經天

元初元年三月熒惑入鬼

元初二年九月熒惑入鬼

元初三年三月熒惑入鬼五月太白入畢七月歲星入鬼太白犯太微十一月客星見虛危

元初四年正月歲星留鬼中太白晝見入鬼辰星入鬼又犯歲星六月熒惑入鬼九月太白入南斗

元初五年三月鎭星犯鉞五月辰星犯質太白犯鉞

元初六年四月太白熒惑鎭星入鬼太白犯執法

按後漢書安帝本紀俱不載　按天文志永初五年六月辛丑太白晝見經天元初元年三月癸酉熒惑入輿鬼二年九月辛酉熒惑入輿鬼三年三月熒惑入輿鬼中五月丙寅太白入畢口七月甲寅歲星入輿鬼閏月己未太白犯太微左執法十一月甲午客星見西方己亥在虛危南至胃昴四年正月丙戌歲星留輿鬼中乙未太白晝見丙上四月壬戌太白入輿鬼中己巳辰星入輿鬼中五月己卯辰星犯歲星六月丙申熒惑入輿鬼中戊戌犯輿鬼大星九月辛巳太白入南斗口中五年三月丙申鎮星犯東井鉞星五月庚午辰星犯輿鬼質星丙戌太白犯鉞星六年四月癸丑太白入輿鬼六月丙戌熒惑在輿鬼中丁卯鎮星在輿鬼中辛巳太白犯左執法自永初五年到永寧十年之中太白一晝見經天再入輿鬼一守畢再犯左執法入南斗犯鉞星熒惑五入輿鬼鎮星一犯東井鉞星一入輿鬼歲星辰星再入輿鬼凡五星入輿鬼中皆為死喪熒惑太白甚犯鉞質星為誅戮斗為貴將執法為近臣客星在虛危為喪為哭泣昴畢為邊兵又為獄事至建光元年三月癸巳鄧太后崩五月庚辰太后兄車騎將軍騭等七侯皆免官自殺是其應也

延光元年四月丙午太白晝見

按後漢書安帝本紀不載　按古今注云云

延光二年八月熒惑出太微端門

延光三年二月太白犯昴五月入畢九月鎮星犯左執法

延光四年太白入鬼六月出太微九月入十一月客星見天市

按後漢書安帝本紀俱不載　按天文志延光二年八月己亥熒惑出太微端門三年二月辛未太白犯昴五月癸丑太白入畢九月壬寅鎮星犯左執法四年太白入輿鬼中六月壬辰太白出太微九月甲子太白入斗口中十一月客星見天市熒惑出太微為亂臣太白犯昴畢為近兵一日大人當之鎮星犯左執法有誅臣太白入輿鬼中為大喪太白出太微為中宮有兵入斗口為貴將相有誅者客星見天市中為貴喪是時大將軍耿寶中常侍江京樊豐小黃門劉安與阿母王聖聖子女永等幷構譖太子保幷惡太子乳母男廚監邴吉三年九月丁酉廢太子為濟陰王以北鄉侯懿代殺男吉徙其父母妻子日南四年三月丁卯安帝巡狩從南陽還道寢疾至葉崩閻后與兄衛尉顯中常侍江京等共隱匿不令羣臣知上崩遣司徒劉熹等分詣郊廟告天請命載入北宮庚午夕發喪尊閻氏為太后北鄉侯懿病薨京等又不欲立保白太后更徵諸王子擇所立中黃門孫程王國王康等十九人共合謀誅顯京等立保為天子是為孝順皇帝皆姦人強臣狂亂王室其于死亡誅戮兵起宮中是其應

順帝永建元年二月客星入太微五月入斗

按後漢書順帝本紀不載　按古今注永建元年二月甲午客星入太微五月甲子月入斗李氏家書曰時天有變氣李郃上書諫曰臣聞天不言縣象以示吉凶挺災變異以為譴誡昔齊桓公遭虹貫斗牛之變納管仲之謀令齊去婦無近妃宮桓公聽用齊以大安趙有尹史見月生齒齕畢大星占有兵變趙君曰天下共一畢知為何國也下史於獄其後公子牙謀弒君血書端門如史所言乃月十三日有客星氣象彗孛歷天市梗河招搖槍棓十六日入紫宮迫北辰十七日復過文昌泰陵至天船積水間稍微不見客星一占日爵星歷天市者為穀貴梗河三星備非常泰陵八星為凶喪紫宮北辰為至尊如占恐宮廬之內有兵喪之變千里之外有非常暴逆之憂爵星不得過歷尊宿行度從疾應非一端恐復有如王阿母母子賤妾之欲居帝旁耗亂政事者誠令有之宜當抑遠饒足以財王者權柄及爵祿人天所重愼誠非阿妾所宜干豫天故挺變明以示人如不承愼禍至變成悔之靡及也

永建二年二月太白晝見閏月又晝見八月熒惑入輿鬼九月白氣從北落師門至斗

按後漢書順帝本紀不載　按天文志二年二月癸未太白晝見三十九日閏月乙酉太白晝見東南維四十一日八月乙巳熒惑入輿鬼太白晝見為強臣熒惑為凶輿鬼為死喪質星為誅戮是時中常侍高梵張防將作大匠翟酺尚書令高堂芝僕射張敦尚書尹就郎姜述楊鳳等及兗州刺史鮑就使匈奴中郎張國金城太守張篤敦煌太守張朗相與交通漏泄就述棄市梵防酺芝敦鳳就國皆抵罪又定遠侯班始尚陰城公主堅得鬭爭殺堅得坐要斬馬市同產皆棄市　按古今注其年九月戊寅有白氣廣二尺長十餘丈從北落師門南至斗

永建三年二月癸未月犯心六月甲子太白晝見

按後漢書順帝本紀不載　按古今注云云

永建四年三月癸丑月犯心後星

按後漢書順帝本紀不載　按古今注云云

永建五年閏月太白晝見夏熒惑守氐

按後漢書順帝本紀不載　按古今注五年閏月庚子太白晝見　又按古今注五年夏熒惑守氐諸侯有斬者是冬班始腰斬馬市

永建六年四月熒惑入太微十月太白晝見十二月**客星見牽牛**

按後漢書順帝本紀不載　按天文志六年四月熒惑入太微中犯左右執法西北方六寸所十月乙卯太白晝見十二月壬申客星芒氣長二尺餘西南指色蒼白在牽牛六度客星芒氣白爲兵牽牛爲吳越後一年會稽海賊曾於等千餘人燒句章殺長吏又殺鄞鄮長取官兵拘殺吏民攻東部都尉揚州六郡逆賊章何等稱將軍犯四十九縣大刧略吏民　按古今注六年彗星出于斗牽牛滅於虛危虛危爲齊牽牛吳越故海賊浮於會稽山賊捷於濟南

陽嘉元年閏月客星見天苑詔以選舉不得其人歸任三司太白歲星合于房

按後漢書順帝本紀陽嘉元年閏月戊子客星出天苑辛卯詔曰間者以來吏政不勤故災咎屢臻盜賊多有退省所由皆以選舉不實官非其人是以天心未得人情多怨書歌股肱詩刺三事今刺史二千石之選歸任三司其簡序先後精覈高下歲月之次文武之宜務存厥衷　按天文志閏月戊子客星氣白廣二尺長五丈起天苑西南主馬牛爲外軍色白爲兵是時敦煌太守徐白使疏勒王盤等兵二萬人入于寘界虜掠斬首三百餘級烏桓校尉耿曄使烏桓親漢都尉戎末瘣等出塞鈔鮮卑斬首獲生口財物鮮卑怨恨鈔遼東代郡殺傷吏民是後西戎北狄爲寇害以馬牛起兵馬牛亦死傷於兵中至十餘年乃息　按郎顗傳陽嘉元年太白與歲星合於房心

陽嘉二年熒惑失度四月五月十一月太白晝見十二月月犯太白

按後漢書順帝本紀不載　按古今注二年四月壬寅太白晝見五月癸巳又晝見十一月辛未又晝見十二月壬寅月犯太白　按郎顗傳二年熒惑失度盈縮往來涉歷輿鬼環繞軒轅

陽嘉三年二月辛未太白晝見四月乙卯太白熒惑入輿鬼

按後漢書順帝本紀不載　按古今注云云

永和元年五月丁卯太白犯牽牛大星

按後漢書順帝本紀不載　按古今注云云

永和二年五月太白晝見八月熒惑犯南斗

按後漢書順帝本紀二年八月庚子熒惑犯南斗　按天文志五月戊申太白晝見八月庚子熒惑犯南斗斗爲吳明年五月吳郡太守行丞事羊珍與越兵弟葉吏民吳銅等二百餘人起兵反殺吏民燒官亭民舍攻太守府太守王衡距守吏兵格殺珍等又江賊蔡伯流等數百人攻廣陵九江燒城郭殺都長

永和三年二月太白晝見有流星東行三月六月八月太白皆晝見閏月辰星入鬼熒惑入太微太白晝見十二月月犯軒轅

按後漢書順帝本紀三年二月戊子太白犯熒惑　按天文志二月辛巳太白晝見戊子在熒惑西南光芒相犯辛丑有流星大如斗從西北東行長八九尺色赤黃有聲隆隆如雷三月壬子太白晝見六月丙午太白晝見八月乙卯太白晝見閏月甲寅辰星入輿鬼己酉熒惑入太微乙卯太白晝見太白者將軍之官又爲西州晝見陰盛與君爭明熒惑與太白相犯爲兵喪流星爲使聲隆隆怒之象也辰星入輿鬼爲大臣有死者熒惑入太微亂臣在廷中是時大將軍梁商父子秉勢故太白常晝見也其四年正月祀南郊夕牲中常侍張逵蘧政陽定內署令石光尚方令傅福等與中常侍曹騰孟賁爭權白帝言騰賁與商謀反矯詔命收騰賁賁自解說順帝寤解騰賁縛逵等自知事不從各奔走或自刺解貂蟬投草中逃亡皆得免其六年征西將軍馬賢擊西羌於北地謝姑山下父子爲羌所沒殺是其應也　按古今注十二月丁卯月犯軒轅大星

永和四年熒惑入南斗

永和五年四月太白晝見八月熒惑入太微

按後漢書順帝本紀俱不載　按天文志四年七月壬午熒惑入南斗犯第三星五年四月戊午太白晝見八月己酉熒惑入太微斗爲貴相爲揚州熒惑犯入之爲兵喪其六年大將軍商薨九江丹陽賊周生馬勉等起兵攻沒郡縣梁氏又專權於天庭中

永和六年二月彗星見營室五月十一月太白晝見

按後漢書順帝本紀六年二月丁巳有星孛於營室

按天文志二月丁巳彗星見東方長六七尺色青

白西南指營室及墳墓星丁丑彗星在奎一度長六尺癸未昏見西北歷昴畢甲申在東井遂歷輿鬼柳七星張光炎及三台至軒轅中滅營室者天子常宮墳墓主死彗星起而在營室墳墓不出五年天下有大喪後四年孝順帝崩昴爲邊兵又爲趙羌周馬父子後遂爲寇又劉文劫清河相謝嚚欲立王蒜爲天子嚚不聽殺嚚王閉門距文官兵捕誅文蒜以惡人所封廢爲尉氏侯又徙爲犍陽都鄉侯薨國絕歷東井輿鬼爲秦皆羌所攻鈔炎及三台爲三公是時太尉杜喬及故太尉李固爲梁冀所陷入坐文書死及至注張爲周滅於軒轅中爲後宮其後懿獻后以憂死梁氏被誅是其應也　按古今注五月庚寅太白晝見十一月甲午太白晝見

漢安元年二月歲星在太微八月月犯斗

按後漢書順帝本紀不載　按古今注漢安元年二月壬午歲星在太微中八月癸丑月入南斗魁中

漢安二年正月太白晝見五月辰犯輿鬼日入斗六月熒惑犯鎭星七月太白晝見

按後漢書順帝本紀二年六月乙丑熒惑犯鎭星　按天文志正月己亥太白晝見五月丁亥辰星犯輿鬼六月乙丑熒惑光芒犯鎭星七月甲申太白晝見辰星犯輿鬼爲大喪熒惑犯鎭星爲大人忌明年八月孝順帝崩孝冲明年正月又崩　按古今注五月丙辰月入斗中

冲帝建康元年九月己亥太白晝見

按後漢書冲帝本紀不載　按古今注云云

質帝本初元年三月月入南斗熒惑入鬼四月太白入鬼五月又犯熒惑

按後漢書質帝本紀不載　按天文志本初元年三月癸丑熒惑入輿鬼四月辛巳太白入輿鬼皆爲大喪五月庚戌太白犯熒惑爲逆謀閏月一日孝質帝爲梁冀所鴆崩　按古今注三月丁丑月入南斗

桓帝建和元年熒惑犯鬼質

建和二年熒惑入輿鬼

建和三年五月太白入太微熒惑入東井八月鎭星犯輿鬼彗星見天市

按後漢書桓帝本紀三年八月乙丑有星孛於天市

按天文志建和元年八月壬寅熒惑犯輿鬼質星二年二月辛卯熒惑行在輿鬼中三年五月己丑太白行入太微右掖門留十五日出端門內申熒惑入東井八月己亥鎭星犯輿鬼中南星乙丑彗星芒長五尺見天市中東南指色黃白九月戊辰不見熒惑犯輿鬼爲死喪質星爲戮臣入太微爲亂臣鎭星犯輿鬼爲喪彗星見天市中爲質貴人至和平元年十二月甲寅梁太后崩梁冀益驕亂矣　按爰延傳延拜大鴻臚帝以延儒生常特宴見時太史令上言客星經帝坐帝密以問延延因上封事曰臣聞天子尊無爲上故天以爲子位臨臣庶威重四海動靜以理則星辰順序意有邪僻則晷度錯違陛下以河南尹鄧萬有龍潛之舊封爲通侯恩重公卿惠豐宗室加頃引見與之對博上下媟黷有虧尊嚴臣聞之帝左右者所以咨政德也故周公戒成王曰其朋其朋言愼所與也昔宋閔公與彊臣共博列婦人於側積此無禮以致大災武帝與幸臣李延年韓嫣同臥起尊爵重賜情欲無厭遂生驕淫之心行不義之事卒延年被戮嫣伏其辜夫愛之則不覺其過惡之則不知其善所以事多放濫物情生怨故王者賞人必酬其功爵人必甄其德善人同處則日聞嘉訓惡人從游則日生邪情孔子曰益者三友損者三友邪臣惑君亂妾危主以非所言則悅於耳以非所行則翫於目故令人君不能遠之仲尼曰唯女子與小人爲難養近之則不遜遠之則怨蓋聖人之明戒也昔光武皇帝與嚴光俱寢上天之異其夕卽見夫以光武之聖德嚴光之高賢君臣合道尚降此變豈況陛下今所親幸以賤爲貴以卑爲尊哉唯陛下遠讒諛之人納謇謇之士除左右之權寵宦官之敝使積善日熙佞惡消殄則乾災可除帝省其奏

元嘉元年春二月太白晝見

按後漢書桓帝本紀不載　按天文志云云

永興二年太白晝見

按後漢書桓帝本紀永興二年二月詔曰比者星辰繆越坤靈震動災異之降必不空發勑己修政庶望有補其輿服制度有踰侈長飾者皆宜損省郡縣務存儉約申明舊令如永平故事　按天文志閏月太白晝見時上幸後宮采女鄧猛明年封猛兄演爲南頓侯後四歲梁皇后崩猛立爲皇后恩寵甚盛

永壽元年三月鎭星逆行入太微七月辰星入太微八月熒惑入太微九月流星晝見熒惑犯歲

按後漢書桓帝本紀不載　按天文志永壽元年三月丙申鎭星逆行入太微中七十四日去左掖門七月己未辰星入太微中八十日去左掖門八月己巳

熒惑入太微二十一日出端門太微天子廷也鎮星爲貴臣妃后逆行爲匿謀辰星入太微爲大水一曰後宮有憂是歲雒水溢至津門南陽大水熒惑留入太微中又爲亂臣是時梁氏專政九月己酉晝有流星長二尺所色黃白癸巳熒惑犯歲星爲姦臣謀大將戮

永壽二年六月辰星入太微伏八月太白犯軒轅

永壽三年四月熒惑入東井七月太白犯心

按後漢書桓帝本紀皆不載　按天文志二年六月甲寅辰星入太微遂伏不見辰星爲水爲兵爲妃后八月戊午太白犯軒轅大星爲皇后其三年四月戊寅熒惑入東井口中爲大臣有誅者其七月丁丑太白犯心前星爲大臣後二年四月懿獻皇后以憂死大將軍梁冀使太倉令秦宮刺殺議郎邴尊又欲殺鄧后母宣事覺桓帝收冀及妻壽襄城君印綬皆自殺誅諸梁及孫氏宗族或徙邊是其應也

延熹四年三月熒惑犯鬼質五月客星見營室至心轉爲彗

按後漢書桓帝本紀不載　按天文志延熹四年春三月甲寅熒惑犯輿鬼質星五月辛酉客星在營室稍順行生芒長五尺所至心一度轉爲彗熒惑犯輿鬼質星大臣有戮死者五年十月南郡太守李肅坐蠻夷賊攻盜郡縣取財物一億以上入府取銅虎符肅背敵走不救城郭又監黎陽謁者燕喬坐贓重泉令彭良殺無辜皆棄市京兆虎牙都尉宋謙坐贓下獄死客星在營室至心作彗爲大喪後四年鄧太后以憂死

按漢中士女志李燮字德公太尉固子也父死時二兄亦死燮爲姊所遣隨父門生王成亡命徐州傭酒家酒家知非常人以女妻之延熹二年梁冀誅後月經陽道暈五車史官上書皆有大星升漢而西捲舌揚芒迫月熒惑犯帝座則有大臣枉誅星在西方太尉固應之令暈如之宜有赦命錄其遺嗣以除此異於是下赦燮得返舊四府並辟

延熹六年十一月太白晝見

按後漢書桓帝本紀不載　按天文志六年十一月太白晝見時鄧后家貴盛

延熹七年三月扶風鄠沓隕石七月辰星犯歲星八月熒惑犯鬼質歲星犯軒轅十月太白犯房辰犯太白十二月熒惑犯軒轅

按後漢書桓帝本紀七年三月癸亥隕石於鄠　按天文志隕石右扶風一鄠又隕石二皆有聲如雷七月戊辰辰星犯歲星八月庚戌熒惑犯輿鬼質星庚申歲星犯軒轅大星十月丙辰太白犯房北星丁卯辰星犯太白十二月乙丑熒惑犯軒轅第二星辰星犯歲星爲兵熒惑犯質星有戮臣歲星犯軒轅爲女主憂太白犯房北星爲後宮其八年二月太僕南鄉侯左勝以罪賜死勝弟中常侍上蔡侯悺北鄉侯黨皆自殺癸亥皇后鄧氏坐執左道廢遷於桐宮死宗親侍中沘陽侯鄧康河南尹鄧萬越騎校尉鄧弼虎賁中郎將安鄉侯鄧會侍中監羽林左騎鄧德右騎鄧壽昆陽侯鄧統淯陽侯鄧秉議郎鄧循皆繫暴室萬會死康等免官又荆州刺史芝交阯刺史葛祗皆爲賊所拘略桂陽太守任引背敵走皆棄市熒惑犯輿鬼質星之應也

延熹八年五月太白犯鬼質熒惑入太微閏月太白犯心十月歲星犯左執法十一月歲星入太微

延熹九年正月歲星入太微六月太白入鬼七月熒惑入鬼九月熒惑入太微

永康元年正月熒惑逆入太微出端門七月太白經天又犯心前星

按後漢書桓帝本紀皆不載　按天文志延熹八年五月癸酉太白犯輿鬼質星壬午熒惑入太微右執法閏月己未太白犯心前星十月癸酉歲星犯左執法十一月戊午歲星入太微犯左執法九年正月壬辰歲星入太微中五十八日出端門六月壬戌太白行入輿鬼七月乙未熒惑行輿鬼中犯質星九月辛亥熒惑入太微西門積五十八日永康元年正月庚寅熒惑逆行入太微東門留太微中百一日出端門七月丙戌太白晝見經天太白犯心前星太白犯輿鬼質星有戮臣熒惑入太微爲賊臣太白犯心前星爲兵喪歲星入太微犯左執法將相有誅者歲星入守太微五十日占爲人主太白熒惑入輿鬼皆爲死喪又犯質星爲戮臣熒惑留太微中百一日占爲人主太白晝見經天爲兵憂在大人其九年十一月太原太守劉瓆南陽太守成瑨皆坐殺無辜荆州刺史李隗爲賊所拘尚書郎孟瑨坐受金漏言皆棄市永康元年十二月丁丑桓帝崩太傅陳蕃大將軍竇武尚書令尹勳黃門令山冰等皆枉死太白犯心熒惑留守太微之應也

靈帝建寧元年太白入太微

按後漢書靈帝本紀不載　按天文志建寧元年六月太白在西方入太微犯西蕃南頭星太微天庭也太白行其中宮門當閉大將被甲兵大臣伏誅其八月太傅陳蕃大將軍竇武謀欲盡誅諸宦者其九月辛亥中常侍曹節長樂五官史朱瑀覺之矯制殺蕃武等家屬徙日南北景

熹平元年熒惑入南斗中

按後漢書靈帝本紀不載　按天文志熹平元年十月熒惑入南斗中占曰熒惑所守爲兵亂斗爲吳其十一月會稽賊許昭聚衆自稱大將軍昭父生爲越王攻破郡縣

熹平二年四月流星出文昌八月太白犯心

按後漢書靈帝本紀不載　按天文志二年四月有星出文昌入紫宮蛇行有首尾無身赤色有光照垣牆八月丙寅太白犯心前星辛未白氣如一匹練衝北斗第四星占曰文昌爲上將貴相太白犯心前星爲大臣後六年司徒劉郃爲中常侍曹節所譖下獄死白氣衝北斗爲大戰明年冬揚州刺史臧旻丹陽太守陳寅攻盜賊苴康斬首數千級

光和元年四月流星犯軒轅八月彗星出亢

按後漢書靈帝本紀光和元年八月有星孛於天市　按天文志四月癸丑流星犯軒轅第二星東北行入北斗魁中八月彗星出亢北入天市中長數尺稍長至五六丈赤色經歷十餘宿八十餘日乃消於天苑中流星爲貴使軒轅爲內宮北斗魁主殺流星從軒轅出抵北斗魁是天子大使將出有伐殺也至中平元年黃巾賊起上遣中郎將皇甫嵩朱儁等征之斬首十餘萬級彗除天市天帝將徙帝將易都至初平元年獻帝遷都長安

光和三年冬彗星出狼弧

按後漢書靈帝本紀三年閏月有星孛於狼弧　按天文志冬彗星出狼弧東行至於張乃去張爲周地彗星犯之爲兵亂後四年京都大發兵擊黃巾賊

光和五年四月熒惑在太微七月彗出三台十月歲星熒惑太白三合於虛

按後漢書靈帝本紀五年秋七月有星孛於太微　按天文志四月熒惑在太微中守屏七月彗星出三台下東行入太微至太子幸臣二十餘日而消十月歲星熒惑太白三合於虛相去各五六寸如連珠占曰熒惑在太微爲亂臣是時中常侍趙忠張讓郭勝孫璋等並爲姦亂彗星入太微天下易主至中平六年宮車宴駕歲星熒惑太白三合於虛爲喪虛齊地明年琅邪王據薨

光和　年國皇星見

按後漢書靈帝本紀不載　按天文志光和中國皇星東南角去地一二丈如炬火狀十餘日不見占曰國皇星爲內亂外內有兵喪其後黃巾賊張角燒州郡朝廷遣將討平斬首十餘萬級中平六年宮車晏駕大將軍何進令司隸校尉袁紹私募兵千餘人陰時雒陽城外竊呼幷州牧董卓使將兵至京都共誅中官對戰南北宮闕下死者數千人燔燒宮室遷都西京及司徒王允與將軍呂布誅卓卓部曲將郭汜李傕旋兵攻長安公卿百官吏民戰死者且萬人天下之亂皆自內發

中平二年客星出南門

按後漢書靈帝本紀不載　按天文志中平二年十月癸亥客星出南門中大如半筵五色喜怒稍小至後年六月消占曰爲兵至六年司隸校尉袁紹誅滅中官大將軍部曲將吳匡攻殺車騎將軍何苗死者數千人

中平三年四月熒惑守心十月月食心

按後漢書靈帝本紀不載　按天文志三年四月熒惑逆行守心後星十月戊午月食心後星占曰爲大喪後三年而靈帝崩

中平五年二月彗星出奎六月客星出貫索

按後漢書靈帝本紀五年二月有星孛於紫宮　按天文志二月彗星出奎逆行入紫宮後三出六十餘日乃消六月丁卯客星如三升椀出貫索西南行入天市至尾而消占曰彗除紫宮天下易主客星入天市爲貴人喪明年四月宮車晏駕

中平　年夏流星起河鼓入天市抵宦者

按後漢書靈帝本紀不載　按天文志中平中夏流星赤如火長三丈起河鼓入天市抵觸宦者星色白長二三丈後尾再屈食頃乃滅狀似枉矢占曰枉矢流發其宮射所謂矢當直而枉者操矢者邪枉人也中平六年大將軍何進謀盡誅中官於省中殺進俱兩破滅天下由此遂大壞亂

中平六年太白犯心

按後漢書靈帝本紀不載　按天文志六年八月丙寅太白犯心前星戊辰犯心中大星其日未冥四刻大將軍何進於省中爲諸黃門所殺己巳車騎將軍

何苗爲進部曲將吳匡所殺

獻帝初平元年冬十一月庚戌鎭星熒惑太白合於尾

按後漢書獻帝本紀云云

初平二年九月蚩尤旗見角亢南

按後漢書獻帝本紀云云　按天文志九月蚩尤旗見長十餘丈色白出角亢之南占曰蚩尤旗見則王征伐四方其後丞相曹公征討天下且三十年

初平四年六月天狗西北行十月孛星出兩角間

按後漢書獻帝本紀四年六月辛丑天狗西北行冬十月辛丑有星孛於天市　按天文志十月孛星出兩角間東北行入天市中而滅占曰彗除天市天帝將徙帝將易都是時上在長安後二年東遷明年七月至雒陽其八月曹公迎上都許

興平二年冬十月壬寅有赤氣貫紫宮

按後漢書獻帝本紀云云

建安五年冬十月有星孛於大梁

按後漢書獻帝本紀云云　按天文志十月辛亥有星孛於大梁冀州分也時袁紹在冀州其年十一月紹軍爲曹公所破七年夏紹死後曹公遂取冀州

建安九年十一月有星孛於東井

按後漢書獻帝本紀云云　按天文志十一月有星孛於東井輿鬼入軒轅太微

建安十一年春正月有星孛於北斗

按後漢書獻帝本紀云云　按天文志正月有星孛於北斗首在斗中尾貫紫宮及北辰占曰彗星埽太微宮人主易位其後魏文帝受禪

建安十二年冬十月有星孛於鶉尾

按後漢書獻帝本紀云云　按天文志十月辛卯有星孛於鶉尾荆州分也時荆州牧劉表據荆州時益州從事周羣以荆州牧將死而失土明年秋表卒以小子琮自代曹公將伐荆州琮懼舉軍詣公降

建安十七年十二月有星孛於五諸侯

按後漢書獻帝本紀云云　按天文志十二月有星孛於五諸侯周羣以爲西方專據土地者皆將失土是時益州牧劉璋據益州漢中太守張魯別據漢中韓遂據涼州宋建別據枹罕明年冬曹公遣偏將擊涼州十九年獲宋建韓遂逃於羌中病死其年秋璋失益州二十年秋曹公攻漢中魯降

建安十八年秋歲鎭熒惑俱入太微

按後漢書獻帝本紀云云　按天文志十八年秋歲星鎭星熒惑俱入太微逆行留守帝坐百餘日占曰歲星入太微人主改

建安二十二年冬有星孛於東北

按後漢書獻帝本紀云云

建安二十三年三月孛星見東方

按後漢書獻帝本紀云云　按天文志二十三年三月孛星晨見東方二十餘日夕出西方犯歷五車東井五諸侯文昌軒轅后妃太微鋒炎指帝坐占曰除舊布新之象也

後主景曜元年景星見

按三國蜀志後主傳景曜元年姜維還成都史官言景星見於是大赦改年

魏

文帝黃初三年客星見太微

按三國魏志文帝本紀不載　按晉書天文志黃初三年九月甲辰客星見太微左掖門內占曰客星出太微國有兵喪十月帝南征孫權是後累有征役

黃初四年三月月犯心六月太白晝見十一月月暈北斗十二月月犯心

按魏志文帝本紀四年三月癸卯月犯心中央大星　按晉書天文志三月癸卯月犯心大星占曰心爲天王位王者惡之六月甲申太白晝見案劉向五紀論曰太白少陰弱不得專行故以己未爲界不得經天而行經天則晝見其占爲兵喪爲不臣爲更王强國弱小國强是時孫權受魏爵號而稱兵距守其十二月景子月犯心大星占同上　按宋書天文志十一月月暈北斗占曰有大喪赦天下七年五月文帝崩明　卽位大赦天下

黃初五年十月太白晝見歲星入太微十一月太白又晝見

按魏志文帝本紀五年十月乙卯太白晝見　按晉書天文志十月乙卯太白晝見占同上又歲星入太微逆行積百四十九日乃出占曰五星入太微從右入三十日以上人主有大憂一日有赦至七年五月帝崩明帝卽位大赦天下　按宋書天文志十一月辛卯太白又晝見

黃初六年五月熒惑入太微與歲星俱犯右執法十月有星孛少微

按魏志文帝本紀六年五月壬戌熒惑入太微　按晉書天文志五月壬戌熒惑入太微至壬申與歲星

相及俱犯右執法至癸酉乃出占曰從右入三十日以上人主有大憂又日月五星犯左右執法大臣有憂一曰執法者誅金火尤甚十一月皇子東武陽王鑒薨七年正月驃騎將軍曹洪免爲庶人四月征南大將軍夏侯尚薨五月帝崩蜀記稱明帝問黃權曰天下鼎立何地爲正對曰當驗天文往者熒惑守心而文帝崩吳蜀無事此其驗也案三國史並無熒惑守心之文疑是入太微八月吳遂圍江夏寇襄陽大將軍宣帝救襄陽斬吳將張霸等兵喪更王之應也　又按志十月乙未有星孛於少微歷軒轅占爲兵喪除舊布新之象時帝軍廣陵辛丑親御甲冑觀兵明年五月帝崩

明帝太和四年太白犯歲星

按魏志明帝本紀太和四年十一月太白犯歲星　按晉書天文志十一月壬戌太白犯歲星占曰太白犯五星有大兵五年三月諸葛亮以大衆寇天水時宣帝爲大將軍距退之

太和五年五月熒惑犯房十一月月犯軒轅十二月月犯塡星

按魏志明帝本紀五年十一月乙酉月犯軒轅大星十二月甲辰月犯塡星　按晉書天文志五月熒惑犯房占曰房四星股肱臣將相位也月五星犯守之將相有憂其七月車騎將軍張郃追諸葛亮爲亮所害十二月太尉華歆薨其十一月乙酉月犯軒轅大星占曰女主憂

太和六年三月月犯軒轅十一月太白晝見有星孛於太微

按魏志明帝本紀六年三月乙亥月犯軒轅大星十一月丙寅太白晝見有星孛於翼近太微上將星　按晉書天文志三月乙亥月又犯軒轅大星十一月丙寅太白晝見南斗遂歷八十餘日恆見占曰吳有兵明年孫權遣張彌等將兵萬人錫授公孫文懿爲燕王文懿斬彌等虜其衆青龍三年正月太后郭氏崩　又按志十一月景寅有星孛於翼近太微上將星占曰爲兵喪甘氏曰孛彗所當之國是受其殃翼又楚分野孫權封略也明年權有遼東之敗又明年諸葛亮入秦川孫權發兵緣江淮屯要衝權自圍新城以應亮天子東征權

青龍二年二月太白犯熒惑十月月犯鎭星又犯太白

按魏志明帝本紀青龍二年二月乙未太白犯熒惑五月太白晝見十月乙丑月犯塡星及軒轅戊寅月犯太白　按晉書天文志二月己未太白犯熒惑占曰大兵起有大戰是年四月諸葛亮據渭南吳亦起兵應之魏東西奔命　又按志十月己丑月又犯塡星占同上戊寅月犯太白占曰人君死又爲兵景初元年七月公孫懿叛二年正月遣宣帝討之三年正月天子崩

青龍三年三月月犯輿鬼五月太白晝見六月塡星犯井鉞太白又犯之七月月犯鍵閉塡星犯井十月太白晝見是歲有長星西南流

按魏志明帝本紀三年十月壬申太白晝見　按晉書天文志三月辛卯月犯輿鬼（按宋志俱作二年）輿鬼主斬殺占曰人多病國有憂又曰大臣憂是年夏及冬大疫四年五月司徒董昭薨其五月丁亥太白晝見積三十餘日以晷度推之非秦魏則楚也是時諸葛亮據渭南宣帝與相持孫權寇合肥又遣陸議孫韶等入淮沔天子親東征蜀本秦地則爲秦魏及楚兵悉起矣其七月己巳月犯鍵閉占曰有火災三年七月崇華殿災三年六月丁未塡星犯井鉞戊戌太白又犯之占曰凡月五星犯井鉞悉爲兵災一曰斧鉞用大臣誅七月己丑塡星犯東井距星占曰塡星入井大人憂行近距爲行陰其占曰大水五穀不成景初元年夏大水傷五穀其年十月壬申太白晝見在尾歷二百餘日恆晝見占曰尾爲燕有兵十二月戊辰月犯鉤鈐占曰王者憂　又按志蜀後主建興十三年（按宋志作十二年）諸葛亮帥大衆伐魏屯於渭南有長星赤而芒角自東北西南流投亮營三投再還往大還小占曰兩軍相當有大流星來走軍上及墜軍中者皆破敗之徵也九月亮卒於軍焚營而退羣帥交怨多相誅殘

青龍四年閏正月塡星犯井鉞三月犯東井太白晝見五月太白犯畢七月犯軒轅十月有星孛於大辰犯宦者天紀

按魏志明帝本紀四年春二月太白復晝見月犯太白又犯軒轅一星入太微而出七月甲寅太白犯軒轅大星十月甲申有星孛於大辰乙酉又孛於東方十一月己亥彗星見犯宦者天紀星　按高堂隆傳是歲有星孛於大辰隆上疏曰凡帝王徙都立邑皆先定天地社稷之位敬恭以奉之將營宮室則宗廟爲先廄庫爲次居室爲後今圜丘方澤南北郊明堂

社稷神位未定宗廟之制又未如禮而崇飾居室士民失業外人咸云宮人之用與興戎軍國之費所盡略齊民不堪命皆有怨怒書曰天聰明自我民聰明天明威自我民明威輿人作頌則嚮以五福民怒吁嗟則威以六極言天之賞罰隨民言順民心也是以臨政務在安民爲先然後稽古之化格於上下自古及今未嘗不然也夫采椽卑宮唐虞大禹之所以垂皇風也玉臺瓊室夏癸商辛之所以犯昊天也今之宮室實違禮度乃更建立九龍華飾過前天彗章灼始起於房心犯帝座而干紫微此乃皇天子愛陛下是以發教戒之象始卒皆於尊位殷勤鄭重欲必覺寤陛下斯乃慈父懇切之訓宜崇孝子祇聳之禮以率先天下以昭示後昆不宜有忽以重天怒　按晉書天文志閏正月己巳塡星犯井鉞三月癸卯塡星犯東井己巳太白與月加景晝見五月壬寅太白犯畢左股第一星占曰畢爲邊兵又主刑罰九月涼州塞外胡阿畢師使侵犯諸國西域校尉張就討之斬首捕虜萬計其年七月甲寅太白犯軒轅大星占曰女主憂景初元年皇后毛氏崩　又按志十月甲申有星孛於大辰長三尺乙酉又孛於東方十一月己亥彗星見犯宦者天紀星占曰大辰爲天王天下有喪劉向五紀論曰春秋星孛於東方不言宿者不加宿也宦者在天市爲中外有兵天紀爲地震孛彗主兵喪景初元年六月地震九月吳將朱然圍江夏皇后毛氏崩二年正月討公孫文懿三年正月明帝崩景初元年二月月犯房七月太白晝見十月月犯熒惑

按魏志明帝本紀景初元年七月辛卯太白晝見十月丁未月犯熒惑　按晉書天文志二月乙酉月犯房第二星占曰將軍有憂其七月司徒陳矯薨二年四月司徒韓暨薨其七月辛卯太白晝見積二百八十餘日時公孫文懿自立爲燕王署置百官發兵拒守宣帝討滅之　又按志十月丁未月犯熒惑占曰貴人死二年四月司徒韓暨薨

景初二年二月月犯心五月又犯心八月彗星見張有星北流十月月犯箕客星見危十一月又犯心

按魏志明帝本紀二年二月癸丑月犯心距星又犯心中央大星五月乙亥月犯心距星又犯中央大星八月癸丑有彗星見張宿十一月月犯心中央大星　按晉書天文志二月己丑月犯心距星又犯中央大星五月乙亥月又犯心距星及中央大星案占曰王者惡之犯前星太子有憂三年正月帝崩太子立卒見廢其年十月甲午月犯箕占曰將軍死正始元年四月車騎將軍黃權薨其閏十一月癸丑月犯心中央大星　又按志八月彗星見張長三尺逆西行四十一日滅占同上張周分野十月癸巳客星見危逆行在離宮北騰蛇南甲辰犯宗星己酉滅占曰客星所出有兵喪虛危爲宗廟又爲墳墓客星近離宮則宮中將有大喪就先君於宗廟之象也三年正月帝崩　又按志宣帝圍公孫文懿於襄平八月景寅夜有大流星長數十丈白色有芒鬣從首山東北流墜襄平城東南占曰圍城而有流星來走城上及墜城中者破又曰星墜當其下有戰場又曰凡星所墜國易姓九月文懿突圍走至星墜所被斬屠城坑其衆

齊王正始元年四月月犯昴十月又犯之彗星見西方犯太白羽林

按魏志三少帝本紀不載　按晉書天文志正始元年四月戊午月犯昴東頭第一星十月庚寅月又犯昴北第四星占曰月犯昴胡不安二年六月鮮卑阿妙兒等寇西方燉煌太守王延破之斬二萬餘級三年又斬鮮卑大帥及千餘級　又按志十月乙酉彗星見西方在尾長二丈拂牽牛犯太白十一月甲子進犯羽林占曰尾爲燕又爲吳牛亦吳越之分太白爲上將羽林中軍兵爲吳越有喪中軍兵動二年五月吳遣三將寇邊吳太子登卒六月宣帝討諸葛恪于皖太尉滿寵薨

正始二年月犯輿鬼

正始三年月犯輿鬼

按魏志三少帝本紀俱不載　按晉書天文志二年九月癸酉月犯輿鬼西北星三年二月丁未又犯西南星占曰有錢令一曰大臣憂三年二月太尉滿寵薨四年正月帝加元服賜羣臣錢各有差

正始四年十月十一月月再犯井鉞

按魏志三少帝本紀不載　按晉書天文志四年十月十一月月再犯井鉞是月宣帝討諸葛恪恪棄城走五年二月曹爽征蜀

正始五年塡星犯亢

按魏志三少帝本紀不載　按晉書天文志五年十一月癸巳塡星犯亢距星占曰諸侯有失國者

正始六年彗星見七星

按魏志三少帝本紀不載　按晉書天文志六年八月戊午彗星見七星長二尺色白進至張積二十三日滅

正始七年七月月犯角熒惑犯畢十一月彗見於軫

按魏志三少帝本紀不載　按晉書天文志七年七月丁丑月犯左角占曰天下有兵左將軍死七月乙亥熒惑犯畢距星占曰有邊兵一曰刑罰用　又按志十一月癸亥彗又見軫長一尺積百五十六日滅

正始九年正月月犯亢三月彗見於昴七月又見翼軫填犯鍵閉

按魏志三少帝本紀不載　按晉書天文志九年正月辛亥月犯亢南星占曰兵起一曰將軍死七月癸丑填犯鍵閉占曰王者不宜出宮下殿嘉平元年天子謁陵宣帝奏誅曹爽等天子野宿於是失勢　又按志三月彗又見昴長六尺色青白芒西南指七月又見翼長二尺進至軫積四十二日滅案占曰七星張爲周分野翼軫爲楚昴爲趙魏彗所以除舊布新主兵喪也嘉平元年宣帝誅曹爽兄弟及其黨與皆夷三族京師嚴兵三年誅楚王彪又襲王淩於淮南淮南楚也魏諸王幽於鄴

嘉平元年正月太白襲月六月犯東井四月犯輿鬼

按魏志三少帝本紀不載　按晉書天文志嘉平元年正月甲午太白襲月宣帝奏永寧太后廢曹爽等

又按志六月壬戌太白犯東井距星占曰國失政大臣爲亂四月辛巳太白犯輿鬼占曰大臣誅一曰兵起

嘉平二年三月太白犯井五月熒惑入南斗十二月月犯輿鬼

按魏志三少帝本紀不載　按王淩傳二年熒惑守南斗淩謂斗中有星當有暴貴者三年春吳賊塞涂水淩欲因此發大嚴諸軍表求討賊詔報不聽淩陰謀滋甚遣將軍楊弘以廢立事告兗州刺史黃華華弘連名以白太傅司馬宣王宣王乘水道討淩淩自知勢窮乃乘船單出迎宣王遣掾王彧謝罪送印綬節鉞軍到丘頭淩面縛水次宣王承詔遣主簿解縛反服見淩慰勞之還印綬節鉞遣步騎六百人送還京都淩至項飲藥死

注魏略曰淩聞東平民浩詳知星呼問詳詳疑淩有所挾欲悅其意不言吳當有死喪而言淮南楚分也今吳楚同占當有王者興故淩計遂定

按晉書天文志三月己未太白又犯井距星三年七月王淩與楚王彪有謀皆伏誅人主遂卑　又按志吳孫權赤烏十三年夏五月日北至熒惑逆行入南斗秋七月犯魁第三星而東漢晉春秋云逆行案占熒惑入南斗三月吳王死一曰熒惑逆行其地有死君太和二年權薨是其應也故國志書於吳是時王淩謀立楚王彪謂斗中有星當有暴貴者以問知星人浩詳詳疑有故欲悅其意不言吳有死喪而言淮南楚分吳楚同占當有王者興故淩計遂定　又按志十二月宋志作十月景申月犯輿鬼

嘉平三年四月月犯井五月犯亢七月犯鬼九月又犯之十月熒惑犯亢十一月有星孛於營室

按魏志三少帝本紀不載　按晉書天文志三年四月戊寅月犯東井五月甲寅月犯亢距星占曰軍將死一曰爲兵是月王淩楚王彪等誅七月皇后甄氏崩四年三月吳將爲寇鎮東將軍諸葛誕破走之其年七月己巳犯輿鬼九月乙巳又犯之十月癸未熒惑犯亢南星占曰臣有亂是年十一月癸亥有星孛於營室西行積九十日滅占曰有兵喪室爲後宮後宮且有亂

嘉平四年二月彗星見十一月月犯鬼

按魏志三少帝本紀不載　按晉書天文志四年十一月丁未月又犯鬼積尸　又按志二月丁酉彗星見西方在胃長五六丈色白芒南指貫參積二十日滅

嘉平五年六月太白犯角月犯箕七月月犯井鉞又犯鬼十一月月犯東井彗又見於軫

按魏志三少帝本紀不載　按晉書天文志五年六月戊午太白犯角占曰羣臣有謀不成庚辰月犯箕星占曰將軍死七月月犯井鉞丙午月又犯鬼西北星占曰國有憂十一月癸酉月犯東井距星占曰將軍死　又按志十一月彗星又見軫長五丈在太微左執法西東南指積百九十日滅案占胃兗州之分野參主兵太微天子庭執法爲執政孛彗爲兵喪除舊布新之象

嘉平六年白氣經天

按魏志三少帝本紀不載　按王朗傳朗子肅爲河南尹嘉平六年白氣經天大將軍司馬景王問肅其故肅答曰此蚩尤之旗也東南其有亂乎君若修己以安百姓則天下樂安者歸德倡亂者先亡矣

高貴鄉公正元元年白氣出南斗星茀於斗牛

按魏志三少帝本紀不載　按晉書天文志正元元年正月鎭東將軍毌丘儉揚州刺史文欽反兵俱敗誅死二月李豐及弟翼后父張緝等謀亂事泄悉誅皇后張氏廢九月帝廢爲齊王蜀將姜維攻隴西車騎將軍郭淮討破之十一月白氣出南斗側廣數丈長竟天王肅曰蚩尤之旗也東南其有亂乎

正元二年正月彗星見二月熒惑犯東井

按魏志三少帝本紀不載　按晉書天文志二年正月有彗星見於吳越分西北竟天鎭東大將軍毌丘儉等據淮南叛景帝討平之案占蚩尤旗見王者征伐四方自後又征淮南西平巴蜀是歲吳主孫亮五鳳元年也斗牛吳越分案占吳有兵喪除舊布新之象也太平三年孫綝盛兵圍宮廢亮爲會稽王故國志又書於吳也淮南東江同揚州之地故於時變見吳楚之分則魏之淮南多與吳同災是以毌丘儉以孛爲己應遂起兵而敗後三年卽魏甘露二年諸葛誕又反淮南吳遣將救之及城陷誕衆與吳兵死沒各數萬人猶前長星之應也　又按志二月戊午熒惑犯東井北轅西頭第一星

甘露元年七月熒惑犯井鉞八月月犯箕

按魏志三少帝本紀不載　按晉書天文志甘露元年七月乙卯熒惑犯東井鉞星壬戌月又犯鉞星八月辛亥月犯箕吳孫亮廢

甘露二年三月庚子太白犯東井歲星又犯之六月月犯心八月歲星犯井鉞九月歲星乘井鉞十月太白犯亢十一月彗星見兩角間

按魏志三少帝本紀不載　按晉書天文志二年宋書作三年三月庚子太白犯東井占曰國失政大臣爲亂是夜歲星又犯東井占曰兵起至景元元年高貴鄉公敗　又按志六月己酉月犯心中央大星八月壬子歲星犯井鉞九月庚寅歲星逆行乘井鉞十月丙寅太白犯亢距星占曰逆臣爲亂人君憂景元元年五月有成濟之變及諸葛誕誅皆其應也　又按志十一月彗星見角色白占曰彗星見兩角間色白者軍起不戰邦有大喪景元元年高貴鄉公爲成濟所害

甘露三年四月歲星犯輿鬼十月客星見太微

按魏志三少帝本紀不載　按晉書天文志三年八月壬辰歲星犯輿鬼鑕星占曰斧鑕用大臣誅四年四月甲申歲星又犯輿鬼東南星占曰鬼東南星主兵木入鬼大臣誅景元元年殺尚書王經　又按志甘露四年十月丁丑客星見太微中轉東南行歷軫宿積七日滅占曰客星出太微有兵喪景元元年高貴鄉公被害

陳留王景元元年月犯建星

按魏志三少帝本紀不載　按晉書天文志景元元年二月月犯建星案占月五星犯建星大臣相譖是後鍾會鄧艾破蜀會譖艾

景元二年熒惑犯右執法

按魏志三少帝本紀不載　按晉書天文志二年四月熒惑入太微犯右執法占曰人主有大憂一云大臣憂

景元三年彗星見亢

按魏志三少帝本紀不載　按晉書天文志三年十一月壬寅彗星見亢色白長五寸轉北行積四十五日滅占曰爲兵喪一曰彗星見亢天子失德四年鍾會鄧艾伐蜀剋之二將反亂皆誅

景元四年六月大流星二分流南北十月歲星守房

按魏志三少帝本紀不載　按晉書天文志四年六月有大流星二並如斗見西方分流南北光照地隆隆有聲案占流星爲貴使星大者使大是年鍾鄧剋蜀二星蓋二帥之象二帥相背又分流南北之應鍾會旣叛三軍憤怒隆隆有聲兵將怒之徵也　又按志十月歲星守房占曰將相憂一云有大赦明年鄧艾鍾會皆夷滅赦蜀土五年帝遜位

咸熙二年彗星見王良

按魏志三少帝本紀不載　按晉書天文志咸熙二年五月彗星見王良長丈餘色白東南指積十二日滅占曰王良天子御駟彗星埽之禪代之表除舊布新之象也色白爲喪王良在東壁宿又并州之分野八月文帝崩十二月武帝受魏禪

吳

大帝嘉禾五年冬十月彗星見於東方

按三國吳志孫權傳云云

廢帝五鳳元年冬十一月星茀於斗牛

按吳志孫亮傳不載　按晉書天文志云云

太平元年太白犯斗月犯東井

按吳志孫亮傳太平元年九月壬辰太白犯南斗

按晉書天文志九月壬辰太白犯南斗占曰太白犯斗國有兵大臣有反者其明年諸葛誕反又明年孫綝廢亮吳魏並有兵事也　又按志九月丁巳月犯

東井

欽定古今圖書集成曆象彙編庶徵典

第三十七卷目錄

星變部彙考十一

庶徵典第三十七卷

星變部彙考十一

晉

武帝泰始四年正月彗星見軫七月星隕如雨

按晉書武帝本紀泰始四年正月有星孛于軫　按天文志正月景戌彗星見軫青白色西北行又轉東行占曰爲兵喪軫又楚分野三月皇太后王氏崩十月吳寇江夏襄陽　又按志七月星隕如雨皆西流占曰星隕爲百姓叛西流吳人歸晉之象也二年吳夏口督孫秀率部曲二千餘人來降

泰始五年秋九月有星孛於紫宮

按晉書武帝本紀云云　按天文志九月星孛於紫宮占如上紫宮天子內宮十年武元楊皇后崩

泰始十年十二月有星孛於軫

按晉書武帝本紀云云　按天文志占曰天下兵起軫又楚分野

咸寧二年六月有星孛於氐七月孛於大角八月孛於太微

按晉書武帝本紀云云　按天文志二年六月甲戌星孛於氐占曰天子失德易政氐又兗州分七月星孛大角大角爲帝坐八月星孛太微至翼北斗三台占曰太微天子庭大人惡之一曰有改王翼又楚分野北斗主殺罰三台爲三公

咸寧三年孛星見

按晉書武帝本紀三年正月有星孛於西方三月有星孛於胃　按天文志正月星孛於西方三月星孛於胃胃徐州分四月星孛女御女御爲後宮五月又孛於東方七月星孛紫宮占曰天下易王

咸寧四年四月蚩尤旗見東井九月太白當見不見

按晉書武帝本紀四年夏四月蚩尤旗見東井　按天文志後年傾三方伐吳是其應也　又按志九月太白當見不見占曰是謂失舍不有破軍必有亡國是時羊祜表求伐吳上許之五年十一月兵出太白始夕見西方太康元年三月大破吳軍孫皓面縛請罪吳國遂亡

咸寧五年三月星孛於柳四月孛於女御七月孛於紫宮

按晉書武帝本紀云云　按天文志占曰外臣陵主柳又三河分野大角太微紫宮女御並爲王者明年吳亡是其應也孛主兵喪征吳之役三河徐兗之兵悉出交戰於吳楚之地吳丞相都督以下梟戮十數偏裨行陣之徒馘斬萬計皆其徵也

太康二年八月有星孛於張十一月有星孛於軒轅

按晉書武帝本紀云云　按天文志八月有星孛於張占曰爲兵喪十一月星孛於軒轅占曰後宮當之

太康四年星孛於西南

按晉書武帝本紀不載　按天文志四年三月戊申星孛於西南是年齊王攸任城王陵琅邪王伷新都王詠薨

太康八年三月熒惑守心九月星孛於南斗

按晉書武帝本紀不載　按天文志八年三月熒惑守心占曰王者惡之太熙元年四月乙酉帝崩　又按志九月星孛於南斗長數十丈十餘日滅占曰斗主爵祿國有大變一曰孛於斗王者疾病天下易政大亂兵起

太康九年八月星隕如雨

按晉書武帝本紀云云　按天文志劉向傳云下去其上之象後三年帝崩而惠帝立天下自此亂矣

太熙元年客星在紫宮

按晉書武帝本紀不載　按天文志太熙元年四月客星在紫宮占曰爲兵喪太康末武帝耽宴遊多疾病是月己酉帝崩永平元年賈后誅楊駿及其黨與皆夷三族楊太后亦見弒又誅汝南王亮太保衛瓘楚王瑋王室兵喪之應也

惠帝元康三年春太白守畢四月熒惑守太微是年塡星歲星太白聚於畢昴

按晉書惠帝本紀不載　按天文志元康三年四月熒惑守太微六十日占曰諸侯三公謀其上必有斬臣一曰天子亡國是春太白守畢至是百餘日占曰有急令之憂一曰相死又爲邊境不安後賈后陷殺太子　又按志塡星歲星太白三星聚於畢昴占曰爲兵喪畢昴趙地也後賈后陷殺太子趙王廢后又

殺之斬張華裴頠遂篡位廢帝爲太上皇天下從此遘亂連禍

元康四年九月甲午枉矢東北竟天

按晉書惠帝本紀云云　按元經枉矢竟天注枉矢曷謂曰星如流矢也星經云枉矢所觸天下所伐也甲午枉矢竟天自西南流東北坤不利東北其賈后之謂乎

元康五年四月彗星見於西方孛於奎至軒轅

按晉書惠帝本紀云云　按天文志四月有星孛於奎至軒轅太微經三台大陵占曰奎爲魯又爲庫兵軒轅爲後宮太微天子廷三台爲三司大陵有積尸死喪之事其後武庫火西羌反後五年司空張華遇禍賈后廢死魯公賈謐誅又明年趙王倫篡位於是三王興兵討倫兵士戰死十餘萬人

元康六年六月枉矢東南行十月太白晝見

按晉書惠帝本紀不載　按天文志六年六月景午夜有枉矢自斗魁東南行案占曰以亂伐亂北斗主執殺出斗魁居中執殺者不直之象也是後趙王殺張裴廢賈后以理太子之寃因自篡盜以至屠滅以亂伐亂之應也一曰氐帥齊萬年反之應也　又按志十月乙未太白晝見

元康九年六月熒惑守心八月入羽林

按晉書惠帝本紀不載　按天文志九年六月熒惑守心占曰王者惡之八月熒惑入羽林占曰禁兵大起其後帝見廢爲太上皇俄而三王起兵討趙王倫悉遣中軍兵相距累月（按宋志作二月熒惑守心）

永康元年三月妖星見南方中台星拆太白晝見五月熒惑入南斗八月入箕十二月彗星見

按晉書惠帝本紀永康元年三月妖星見於南方十二月彗星見於東方　按天文志三月妖星見南方占曰妖星出天下大兵將起是月賈后殺太子趙王倫尋廢殺后斬司空張華又廢帝自立於是三王並起迭總大權其十二月彗星出牽牛之西指天市占曰牛者七政始彗出之改元易號之象也天市一名天府一名天子旗帝坐在其中明年趙王倫篡位改元尋爲大兵所滅　又按志三月中台星拆太白晝見占曰台星失常三公憂太白晝見爲不臣是月賈后殺太子趙王倫尋廢殺后斬司空張華其五月熒惑入南斗占曰宰相死兵大起斗又吳分野是時趙王倫爲相明年篡位三公興師誅之大安二年石冰破揚州其八月熒惑入箕占曰人主失位兵起明年趙王倫篡位改元

永康二年二月太白入東井夏四月彗星見齊分

按晉書惠帝本紀不載　按天文志二年二月太白出西方逆行入東井占曰國失政大臣爲亂四月彗星見齊分占曰齊有兵喪是時齊王冏起兵討趙王倫倫滅冏擁兵不朝專權淫奢明年誅死

永寧元年五星互經天辰星歲星太白皆晝見七月歲星守虛危辰星入太微太白守右掖門八月塡星犯左執法熒惑守昴辰星守鬼九月月犯左角

按晉書惠帝本紀永寧元年五星經天縱橫無常夏四月歲星晝見　按天文志自正月至於閏月五星互經天縱橫無常星傳曰日陽君道也星陰臣道也日出則星亡臣不得專也晝而星見於上者爲經天其占爲不臣爲更王今五星悉經天天變所未有也石氏說曰辰星晝見其國不亡則大亂是後台鼎方伯互執大權二帝流亡遂至六夷更王迭據華夏亦載籍所未有也其四月歲星晝見五月太白晝見占同前七月歲星守虛危占曰木守虛危有兵憂虛危齊分一曰守虛飢守危徭役煩多下屈竭辰星入太微占曰爲內亂一曰羣臣相殺太白守右掖門占曰爲兵爲亂爲賊八月戊午塡星犯左執法又犯上相占曰上相憂熒惑守昴占曰趙魏有災辰星守輿鬼占曰秦有災九月丁未月犯左角占曰人主憂一曰左衞將軍死天下有兵

永寧二年四月歲星晝見十一月熒惑太白鬬於虛危十二月熒惑襲太白於營室

按晉書惠帝本紀不載　按天文志二年四月癸酉歲星晝見占曰爲臣强初齊王冏定京都因留輔政遂專傲無君是月成都河間檄長沙王乂討之冏乂交戰攻焚宮闕冏兵敗夷滅乂殺其兄上軍將軍實以下二十餘人大安二年成都攻長沙於是公私飢困百姓力屈　又按志十一月熒惑太白鬬於虛危占曰大兵起破軍殺將虛危又齊分也十二月熒惑襲太白於營室占曰天下兵起亡君之戒一曰易相（與歲星晝見事應同）

太安元年四月彗星晝見

按晉書惠帝本紀云云

太安二年二月太白入昴三月彗星見七月熒惑入井太白守太微十一月歲星入月有星晝隕

按晉書惠帝本紀二年十一月辛巳星晝隕聲如雷

按天文志二月太白入昴占曰天下擾兵大起七月熒惑入東井占曰兵起國亂是秋太白守太微上將占曰上將以兵亡是年冬成都河間攻洛陽八年長沙王奉帝出距二王二年正月東海王越執長沙王乂張方又殺之　又按志三月彗星見東方指三台占曰兵喪之象三台為三公三年正月東海王越執太尉長沙王乂張方又殺之　又按志十一月庚辰歲星入月中占曰國有逐相十二月壬寅太白犯月占曰天下有兵　又按志十一月辛巳有星晝隕中天北下光變白有聲如雷案占名曰營首營首所在下有大兵流血明年劉元海石勒攻略并州多所殘滅王浚起燕代引鮮卑攻掠鄴中百姓塗地有聲如雷怒之象也

太安三年正月熒惑犯歲星月犯太白熒惑入南斗

按晉書惠帝本紀不載　按天文志三年正月熒惑犯歲星占曰有戰七月左衛將軍陳眕奉帝伐成都六軍敗績　又按志正月己卯月犯太白占同青龍元年七月左衛將軍陳眕等率衆奉帝伐成都王六軍敗績兵逼乘輿後二年帝崩　又按志正月熒惑入南斗占同永康（與月犯太白事應同）是時天下盜賊羣起張昌尤盛

永興元年五月客星守畢七月星隕太白犯角亢九月太白入南斗

按晉書惠帝本紀不載　按天文志永興元年五月客星守畢占曰天子絕嗣一曰大臣有誅時諸王擁兵其後惠帝失統終無繼嗣　又按志七月庚申太白犯角亢經房心歷尾箕九月入南斗占曰犯角天下大戰犯亢有大兵人君憂入房心為兵喪犯尾箕女主憂一曰天下大亂入南斗有兵喪一曰將軍為亂其所犯守又兗豫幽冀揚州之分野是年七月有蕩陰之役九月王浚殺幽州刺史和演攻鄴鄴潰於是兗豫為天下兵衝陳敏又亂揚土劉元海石勒李雄等並起微賤跨有州郡皇后羊氏數被幽廢皆其應也　又按志七月乙丑星隕有聲

永興二年四月太白犯狼星八月星孛於昴畢九月歲星守井十月星隕星孛於北斗

按晉書惠帝本紀二年十月有星孛於北斗　按天文志四月丙子太白犯狼星占曰大兵起九月歲星守東井占曰有兵井又秦分野是年苟晞破公師藩張方破范陽王虓關西諸將攻河間王顒奔走東海王迎殺之　又按志八月有星孛於昴畢占曰為兵喪昴畢又趙魏分野十月丁丑有星孛於北斗占曰璇璣更授天子出走又曰強國發兵諸侯爭權是後諸王交兵皆有應明年惠帝崩　又按志十月星又隕有聲占同上是後遂亡中夏

光熙元年四月太白失行五月枉矢西南流九月熒惑守心填星守房心犯歲星十二月太白犯填星

按晉書惠帝本紀光熙元年五月枉矢西南流　按天文志四月太白失行自翼入尾箕占曰太白失行而北是謂反生不有破軍必有屠城五月汲桑攻鄴魏郡太守馮嵩出戰大敗桑遂害東燕王騰殺萬餘人焚燒魏時宮室皆盡其九月丁未熒惑守心占曰王者惡之己亥填星守房心占曰填守房多禍喪守心國內亂天下赦是時司馬越專權終以無禮破滅內亂之應也十一月帝崩懷帝即位大赦天下　又按志五月枉矢西南流是時司馬越西破河間兵奉迎大駕尋收繆引何綏等肆無君之心天下惡之及死而石勒焚其屍柩是其應也　又按志九月填星犯歲星占曰填與歲合為內亂是時司馬越專權終以無禮破滅內亂之應也十二月癸未太白犯填星占曰為內兵有大戰是後河間王為東海王越所殺明年正月東海王越殺諸葛玫等五月汲桑破馮嵩殺東燕王八月苟晞大破汲桑

懷帝永嘉元年九月大星東北流十二月星流

按晉書懷帝本紀永嘉元年九月辛亥有大星如日小者如斗自西方流於東北天盡赤俄有聲如雷

按天文志九月辛卯有星大如日自西南流於東北小者如斗相隨天盡赤聲如雷占曰流星為貴使星大者使大是年五月汲桑殺東燕王騰遂據河北十一月始遣和郁為征北將軍鎮鄴西田甄等大破汲桑斬於樂陵於是以甄為汲郡太守弟蘭鉅鹿太守小星相隨者小將別帥之象也司馬越忿魏郡以東平原以南皆黨於桑以賞甄等於是使掠桑地有聲如雷忿怒之象也　又按志十二月丁亥星流震散

按劉向說天官列宿在位之象其衆小星無名者衆庶之類此百官衆庶將流散之象也是後天下大亂百官萬姓流移轉死矣

永嘉二年正月太白伏不見二月始晨見東方

按晉書懷帝本紀不載　按天文志二年正月庚午太白伏不見二月庚子始晨見東方是謂當見不見占同上條其後破軍殺將不可勝數帝崩中夏淪覆

永嘉三年熒惑犯紫微填星守南斗

按晉書懷帝本紀不載　按天文志三年正月庚子熒惑犯紫微占曰當有野死之王又爲火燒宮是時太史令高堂冲奏乘輿宜遷幸不然必無洛陽五年六月劉曜王彌入京都焚燒宮廟執帝歸平陽　又按志塡星久守南斗占曰塡星所居久者其國有福是時安東將軍琅邪王始有揚土其年十一月地動陳卓以爲是地動應也

永嘉四年大星墜

按晉書懷帝本紀四年十月大星隊西南　按天文志十月庚子大星西北墜有聲尋而帝蒙塵於平陽（按紀作西南志作西北互異）

永嘉五年十月熒惑守心

按晉書懷帝本紀不載　按天文志云云

永嘉六年六月太白犯太微七月木火金聚於牛斗

按晉書懷帝本紀六年秋七月歲星熒惑太白聚於牛斗　按天文志六月丁卯太白犯太微占曰兵入天子庭王者惡之七月帝崩於寇庭天下行服大臨　又按志七月熒惑歲星太白聚牛女之間徘徊進退案占曰牛女揚州分是後兩都傾覆而元帝中興揚土（按宋志作熒惑歲星鎭星太白聚牛女之間）

元帝建武元年太白熒惑合於東井

按晉書元帝本紀不載　按天文志建武元年五月癸未太白熒惑合於東井占曰金火合曰爍爲喪是時愍帝蒙塵於平陽七月崩于寇庭

太興元年太白犯南斗

按晉書元帝本紀不載　按天文志太興元年七月太白犯南斗占曰吳越有兵大人憂

太興二年二月熒惑犯井七月木火會於井八月太白犯軒轅又犯歲星十一月月犯熒惑

按晉書元帝本紀不載　按天文志二年二月甲申熒惑犯東井占曰兵起貴臣相戮八月己卯太白犯軒轅大星占曰後宮憂　又按志七月甲午歲星熒惑會於東井八月乙未太白犯歲星合在翼占曰爲兵飢十一月辛巳月犯熒惑占曰有亂臣

太興三年四月枉矢出虛危五月太白入太微六月金木合於房九月太白犯南斗十月熒惑守五諸侯十二月太白入月

按晉書元帝本紀不載　按天文志三年四月壬辰枉矢出虛危沒翼軫占曰枉矢所觸天下之所伐翼軫荆州之分野太寧二年王敦殺譙王承及甘卓而敦又梟夷枉矢觸翼之應也　又按志五月戊子太白入太微又犯上將星占曰天子自將上將誅九月太白犯南斗十月己亥熒惑在東井居五諸侯南踟蹰留積三十日占曰熒惑守井二十日以上大人憂守五諸侯諸侯有誅者永昌元年三月王敦率江荆之衆來攻京都六軍距戰敗績人主謝過而已于是殺護軍將軍周顗尚書令刁協車騎將軍戴若思又鎭北將軍劉隗出奔四月又殺湘州刺史譙王司馬承鎭南將軍甘卓閏十二月帝崩　又按志六月景辰太白與歲星合於房占曰兵饑永昌元年王敦攻京師六軍敗績王敦尋死　又按志十二月己未太白入月在斗郭璞曰月屬坎陰府法象也太白金行而來犯之天意若曰刑理失中自毀其法

太興四年月犯歲星

按晉書元帝本紀不載　按天文志四年十二月丁亥月犯歲星在房占曰其國兵飢人流亡永昌元年三月王敦作亂率江荆之衆來攻敗京師殺將相又鎭北將軍劉隗出奔百姓並去南畝困於兵革四月又殺湘州刺史譙王司馬承鎭南將軍甘卓

永昌元年流星從西方來

按晉書元帝本紀不載　按天文志永昌元年七月甲午有流星大如瓮長百餘丈靑赤色從西方來尾分爲百餘岐或散時王敦之亂百姓流亡之應也

明帝太寧三年熒惑入太微

按晉書明帝本紀不載　按天文志太寧三年正月熒惑逆行入太微占曰爲兵喪王者惡之閏八月帝崩後二年蘇峻反攻焚宮室太后以憂偪崩天子幽劫於石頭城遠近兵亂至四年乃息

成帝咸和四年有星孛於西北

按晉書成帝本紀云云　按天文志咸和四年七月有星孛於西北犯斗二十三日滅占曰爲兵亂十二月郭默殺江州刺史劉引荆州刺史陶侃討默斬之時石勒又始僭號

咸和六年正月月入南斗十一月熒惑守胃昴

按晉書成帝本紀不載　按天文志六年正月景辰月入南斗占曰有兵是月石勒殺略婁武進二縣人明年石勒衆又抄掠南涉海虞其十一月熒惑守胃昴占曰趙魏有兵八年七月石勒死石季龍自立是時雖二石僭號而強弱常占於昴不關太微紫宮也

咸和八年三月月入南斗五月星隕七月熒惑入昴

八月月又犯昴

按晉書成帝本紀八年五月有星隕於肥鄉　按天文志三月己巳月入南斗與六年占同其年七月石勒死彭彪以譙石生以長安郭權以秦州並歸順於是遣督護喬球率衆救彪彪敗球退又石季龍石斌攻滅生權其七月熒惑入昴占曰胡王死一曰趙地有兵是月石勒死石季龍多所攻沒八月月又犯昴占曰胡不安

咸和九年正月隕石三月火入鬼六月八月月犯昴

按晉書成帝本紀九年春正月隕石於涼州　按天文志三月己亥熒惑入輿鬼犯積尸占曰兵在西北有沒軍死將六月八月月又犯昴時石弘雖襲勒位而石季龍擅威橫暴十一月廢弘自立遂幽殺之

咸康元年二月太白犯昴月又入昴四月月犯太白八月熒惑入東井十一月月犯昴

按晉書成帝本紀不載　按天文志咸康元年二月己亥太白犯昴占曰兵起歲中旱四月石季龍略騎至歷陽加司徒王導大司馬治兵列戍衝要是時石季龍又圍襄陽六月旱其年二月景戌月入昴占曰胡王死八月戊戌熒惑入東井占曰無兵兵起有兵兵止十一月月犯昴　又按志二月乙未太白入月四月甲午月犯太白

咸康二年正月彗星見月犯房八月犯昴九月太白犯斗

按晉書成帝本紀二年正月辛巳彗星見於奎　按天文志正月辛巳彗星夕見西方在奎占曰爲兵喪奎又爲邊兵三年正月石季龍僭天王位四年石季龍伐慕容皝不尅既退皝追擊之又破麻秋時皝稱藩邊兵之應也　又按志正月辛亥月犯房南第二星八月月又犯昴九月庚寅太白犯南斗因晝見占曰斗爲宰相又揚州分金犯之死喪之象晝見爲不臣又爲兵喪其後石季龍僭稱天王發衆七萬四年二月自隴西攻段遼於薊又襲慕容皝於棘城不尅皝擊破其將麻秋幷虜段遼殺之

咸康三年六月流星出奎七月月犯房八月熒惑入鬼月犯井九月月又犯建十一月太白犯歲星

按晉書成帝本紀不載　按天文志三年七月己酉月犯房上星八月熒惑入輿鬼犯積尸甲戌月犯東井距星九月戊子月犯建星　又按志六月辛未流星大如二斗魁色青赤光耀地出奎中沒婁北案占爲飢五穀不藏是月大旱飢　又按志十一月乙丑太白犯歲星於營室占曰爲兵飢四年二月石季龍破幽州遷萬餘家以南五年季龍衆五萬寇沔南略七千餘家而去又騎二萬圍陷邾城殺略五千餘人

咸康四年四月太白晝見四月七月月掩太白五月熒惑犯右執法九月太白犯右執法十一月犯房十二月犯填星

按晉書成帝本紀不載　按天文志四年四月己巳太白晝見在柳占曰爲兵爲不臣明年石季龍大寇沔南於是內外戒嚴其五月戊戌熒惑犯右執法占曰大臣死執政者憂九月太白又犯右執法案占五星災同金水尤甚十一月戊子太白犯房上星占曰上相憂　又按志四月己巳七月乙巳月俱掩太白占曰人君死又爲兵人主惡之明年石季龍之衆大寇沔南於是內外戒嚴　又按志十二月癸丑太白犯填星在箕占曰王者亡地七年慕容皝自稱燕王

咸康五年四月月犯歲星又犯畢七月犯房

按晉書成帝本紀不載　按天文志五年四月辛未月犯歲星在胃占曰國饑人流乙未月犯歲星在昴及冬有沔南邾城之敗百姓流亡萬餘家　又按志四月乙未月犯畢距星占曰兵起七月己酉月犯房上星占曰將相憂是月庚申丞相王導薨庾冰代輔政八月太尉郗鑒薨又有沔南邾城之敗百姓流亡萬餘家六年正月征西大將軍庾亮薨

咸康六年二月流星出天市星孛於太微太白入月三月熒惑犯太微四月太白犯畢月犯太白熒惑犯右執法六月月犯牽牛太白犯軒轅

按晉書成帝本紀六年二月庚辰有星孛於太微　按天文志六年二月庚午朔有流星大如斗光耀地出天市西行入太微占曰大人當之八年六月成帝崩庚辰有星孛於太微七年三月杜皇后崩　又按志乙未太白入月占曰人主死四月甲午月犯太白占曰人主惡之　又按志三月甲辰熒惑犯太微上將星占曰上將憂四月丁丑熒惑犯右執法占曰執政者憂六月乙亥月犯牽牛中央星占曰大將憂是時尚書令何充爲執法有譴欲避其咎明年求爲中書令其四月景午太白犯畢距星占曰兵革起一曰女主憂六月乙卯太白犯軒轅大星占曰女主憂七年三月皇后杜氏崩

咸康七年三月月犯房金火合於太微四月太白入鬼五月太白晝見八月月犯鬼

按晉書成帝本紀不載　按天文志七年三月壬午月犯房四月己丑太白入輿鬼五月太白晝見八月辛丑月犯輿鬼　又按志三月太白熒惑合於太微中犯左執法明年顯宗崩

咸康八年六月熒惑犯房八月月犯畢十月掩之十二月太白犯熒惑

按晉書成帝本紀不載　按天文志八年六月熒惑犯房上第二星占曰大相憂八月壬寅月犯畢占曰下犯上兵革起十月月又掩畢大星占同上其建元元年車騎將軍庾冰薨庾翼大發兵謀伐石季龍專制上流朝廷憚之　又按志十二月己酉太白犯熒惑於胃占曰大兵起其後庾翼大發兵謀伐石季龍專制上流

康帝建元元年八月太白犯歲星十一月彗星見

按晉書康帝本紀不載　按天文志建元元年八月丁未太白犯歲星在軫占曰有大兵是年石季龍將劉寧寇沒狄道　又按志十一月六日彗星見亢長七尺白色占曰亢爲朝廷主兵喪二年康帝崩　按宋書天文志元年歲星犯天關安西將軍庾翼與兄冰書曰歲星犯天關占云關梁當分比來江東無他故江道亦不艱難而石虎頻年再閉關不通信使此復是天公憒憒無皂白之徵也按犯天關晉志作三年宋志作元年查康帝無三年故從宋志纂入

建元二年正月太白入昴四月晝見閏月月犯斗

按晉書康帝本紀不載　按天文志二年正月太白入昴占曰趙地有兵又曰天下兵起四月乙酉太白晝見是年石季龍殺其子邃又遣將寇沒狄道及屯薊東謀慕容皝按此條宋志作元年今仍照晉志作二年按宋書天文志二年閏月乙酉太白犯斗占曰爲兵喪天下受爵祿九月康帝崩太子立大赦賜爵也

穆帝永和元年正月月入畢犯天關五月太白晝見六月月犯屏七月八月月犯畢鬼九月又犯畢

按晉書穆帝本紀不載　按天文志永和元年正月丁丑月入畢占曰兵大起戊寅月犯天關占曰有亂臣更天子之法五月辛巳太白晝見在東井占曰爲臣強秦有兵六月辛丑月入太微犯屏西南星占曰輔臣有免罷者七月八月月皆犯畢占同上己未月犯輿鬼占曰大臣有誅九月庚戌月犯畢是年初庾翼在襄陽七月翼疾將終輒以子爰之爲荊州刺史代己任爰之尋被廢明年桓溫又輒率衆伐蜀執李勢送至京都蜀本秦地也

永和二年二月四月月並犯房八月太白犯左執法十二月枉矢竟天

按晉書穆帝本紀二年十二月枉矢自東南流於西北其長竟天　按天文志二月壬子月犯房上星四月景戌月又犯房上星八月壬申太白犯左執法

永和三年正月月犯南斗五月又犯斗六月月犯東井又犯五諸侯九月太白犯斗

按晉書穆帝本紀不載　按天文志三年正月壬午月犯南斗第五星占曰將軍死近臣去五月壬申月犯南斗第四星因入魁占曰有兵一曰有大赦六月月犯東井距星占曰將軍死國有憂戊戌月犯五諸侯占曰諸侯有誅九月庚寅太白犯南斗第五星占曰爲喪爲兵六月大赦是月陳逵征壽春敗而還七月氐蜀餘寇反亂益土九月石季龍伐涼州五年征北大將軍褚裒卒

永和四年四月金入昴五月火犯土七月金犯軒轅十月犯亢十一月犯上將

按晉書穆帝本紀不載　按天文志四年四月太白入昴是時戎晉相侵趙地連兵尤甚七月太白犯軒轅占曰在趙及爲兵喪甲寅月犯房十月甲戌月犯亢占曰兵起將軍死八月石季龍太子宣殺弟韜宣亦死其十一月戊戌月犯上將星五年正月石季龍僭號稱皇帝尋死　又按志五月熒惑入婁犯塡星占曰兵大起有喪災在趙其年石季龍死來年冉閔殺石遵及諸胡十萬餘人其後褚裒北伐喪衆而薨

又按志七月丙申太白犯左執法丁巳月入南斗犯第二星乙丑太白犯左執法占悉同上

永和五年四月太白犯井九月犯左角十月月犯昴十一月彗星見

按晉書穆帝本紀不載　按天文志五年四月丁未太白犯東井占曰秦有兵九月戊戌太白犯左角占曰爲兵十月月犯昴占曰胡有憂將軍死是年八月褚裒北征兵敗十月關中二十餘壁舉兵內附石遵攻沒南陽十一月冉閔殺石遵又盡殺胡十餘萬人於是趙魏大亂十二月褚裒薨八年劉顯苻健慕容儁並僭號殷浩北伐敗績見廢　又按志十一月乙卯彗星見於亢芒西向色白長一丈六年正月丁丑彗星又見於亢占曰爲兵喪疾疫其五年八月褚裒北征兵敗十一月冉閔殺石遵又盡殺胡十餘萬人於是中土大亂十二月褚裒薨是年大疫

永和六年閏正月彗星見二月月犯心及房三月熒惑犯歲星六月月犯昴及五諸侯七月月犯角箕熒惑犯鉞八月月犯角太白晝見月犯執法

按晉書穆帝本紀六年閏月丁丑彗星見於亢　按天文志二月辛酉月犯心大星占曰大人憂又豫州分野也丁丑月犯房占曰將相憂六月己丑月犯昴占同上乙未月犯五諸侯占同上七月壬寅月始出西方犯左角占曰大將軍死一曰天下有兵丁未月犯箕占曰將軍死景寅熒惑犯鉞星占曰大臣有誅八月辛卯月犯左角太白晝見在南斗月犯右執法占並同上是歲司徒蔡謨免爲庶人　又按志三月戊戌熒惑犯歲星占曰爲戰

永和七年二月太白犯昴三月熒惑入鬼木火合於奎五月熒惑犯軒轅太白入畢六月月犯箕斗熒惑入太微八月太白犯軒轅及右執法

按晉書穆帝本紀不載　按天文志七年二月太白犯昴占同上三月乙卯熒惑入輿鬼犯積尸占曰貴人有憂五月乙未熒惑犯軒轅大星占曰女主憂太白入畢口犯左股占曰將相當之六月乙亥月犯箕占曰國有兵景子月犯斗丁丑熒惑入太微犯右執法八月庚午太白犯軒轅戊子太白犯右執法占悉同上七年劉顯殺石祗及諸將帥山東大亂疾疫死亡　又按志三月戊子歲星熒惑合於奎事應同上

永和八年三月月犯軒轅入斗五月犯心六月大流星東南行月犯房七月歲星犯東井八月熒惑入鬼太白犯斗十二月月犯歲星

按晉書穆帝本紀不載　按天文志八年三月戊戌月犯軒轅大星癸丑月入南斗犯第二星五月月犯心星六月癸酉月犯房七月壬子歲星犯東井距星占曰內亂兵起八月戊戌熒惑入輿鬼占曰忠臣戮死景辰太白入南斗犯第四星占曰將爲亂一曰丞相免　又按志六月辛巳日未入有流星大如二十魁從辰巳上東南行暑度推之在箕斗之間蓋燕分也案占爲營首營首之下流血滂沲是時慕容儁僭稱大燕攻伐無已　又按志十二月月在東井犯歲星占曰秦饑人流亡是時兵革連起

永和九年二月月入斗三月犯房八月犯鬼

按晉書穆帝本紀不載　按天文志九年二月乙巳月入南斗犯第三星三月戊辰月犯房八月歲星犯輿鬼東南星占曰兵起是時帝幼冲母后稱制將相有隙兵革連起慕容儁僭號稱燕十攻伐不休

永和十年正月月蝕昴填星掩鉞三月月犯心四月流星出織女七月太白晝見十一月月掩填星

按晉書穆帝本紀不載　按天文志十年正月己卯月蝕昴星占曰趙魏有兵癸酉填星掩鉞星占曰斧鉞用三月甲申月犯心大星占曰王者惡之七月庚午太白晝見晷度推之災在秦鄭九月辛酉太白犯左執法是時桓溫擅命朝臣多見迫脅四月溫伐苻健破其嶢柳軍十二月慕容恪攻齊　又按志四月癸未流星大如斗色赤黃出織女沒造父有聲如雷占曰燕齊有兵百姓流亡其年十二月慕容儁遂據臨漳盡有幽并青冀之地緣河諸將奔散河津隔絕慕容恪攻齊　又按志十一月月奄填星在輿鬼占曰秦有兵時桓溫伐苻健健堅壁長安溫退十二年八月桓溫破姚襄

永和十一年三月月奄軒轅四月犯牛八月太白犯天江

按晉書穆帝本紀不載　按天文志十一年二月辛亥月奄軒轅占同上四月庚寅月犯牛宿南星占曰國有憂八月己未太白犯天江占曰河津不通

永和十二年六月太白晝見月犯鉞七月太白犯填星八月月奄建九月熒惑入太微十一月犯上將

按晉書穆帝本紀不載　按天文志十二年六月庚子太白晝見在東井占如上己未月犯鉞星八月癸酉月奄建星九月戊寅熒惑入太微犯西蕃上將十一月丁丑熒惑犯太微東蕃上將十二年十一月齊城陷執段龕殺三千餘人永和三年鮮卑侵略河冀升平元年慕容儁遂據臨漳盡有幽并青冀之地緣河諸將奔散河津隔絕時權在方伯九服交兵　又按志七月丁卯太白犯填星在柳占曰周地有大兵其年八月桓溫伐苻健退因破姚襄於伊水定周地升平元年四月太白入鬼月奄井六月太白晝見月犯畢七月熒惑犯天江十一月歲星犯房月奄歲星

按晉書穆帝本紀升平元年正月丁丑隕石於槐里一　按天文志四月壬子太白入輿鬼丁亥月奄井南轅西頭第二星占曰秦地有兵一曰將死六月戊戌太白晝見在軫占同上軫是楚分野壬子月犯畢占曰爲邊兵七月辛巳熒惑犯天江占曰河津不通十一月歲星犯房占曰豫州有災其年五月苻堅殺苻生而立十二月慕容儁入屯鄴二年八月豫州刺史謝奕薨　又按志十一月壬午月奄歲星在房占

曰人饑一曰豫州有災

升平二年二月塡星犯軒轅月犯井閏三月月犯歲星五月彗星出天船六月月犯房八月熒惑犯塡星十月太白犯哭星十二月枉矢西北流

按晉書穆帝本紀二年五月有星孛於天船　按天文志二月辛卯塡星犯軒轅大星占曰人主惡之甲午月犯東井六月辛酉月犯房十月己未太白犯哭星占曰有大哭泣　又按志閏三月乙亥月犯歲星在房占同上三年豫州刺史謝萬敗　又按志五月丁亥彗星出天船在胃占曰爲兵喪除舊布新出天船外夷侵一曰爲大水四年五月天下大水五年穆帝崩　又按志八月戊午熒惑犯塡星在張占曰兵大起十二月枉矢自東南流於西北其長半天

升平三年正月熒惑犯鍵閉三月犯鉤鈐月犯太白六月太白犯井七月熒惑犯天江太白犯鬼月犯牛八月太白犯軒轅月犯畢太白犯塡星

按晉書穆帝本紀不載　按天文志三年正月壬辰熒惑犯鍵閉星案占曰人主憂三月乙酉熒惑逆行犯鉤鈐案占王者惡之六月太白犯東井七月乙酉熒惑犯天江景戌太白犯輿鬼占悉同上戊子月犯牽牛中央大星占曰牽牛天將也犯中央大星將軍死八月丁未太白犯軒轅大星甲子月犯畢大星占曰爲邊兵一曰下犯上三年十月諸葛攸舟軍入河敗績豫州刺史謝萬入朝衆潰而歸萬除名十一月司徒會稽王以郗曇謝萬二鎮敗求自貶三等四年正月慕容儁死子暐代立慕容恪殺其尚書令陽騖等　又按志三月乙酉月犯太白在昴占曰人君死一曰趙地有兵四年正月慕容儁卒八月庚午太白犯塡星在太微中占曰王者惡之

升平四年正月月犯牛六月辰星犯軒轅太白入太微八月太白犯氐熒惑犯太微九月太白入斗十月天狗見十二月熒惑犯房太白晝見月犯鍵閉

按晉書穆帝本紀不載　按天文志四年正月乙亥月犯牽牛中央大星六月辛亥辰星犯軒轅占曰女主憂己未太白入太微右掖門從端門出占曰貴奪勢一曰有兵又曰出端門臣不臣八月戊申太白犯氐占曰國有憂景辰熒惑犯太微西蕃上將星九月壬午太白入南斗口犯第四星占曰爲喪有赦天下受爵祿十二月甲寅熒惑犯房景寅太白晝見庚寅月犯鍵閉占曰人君惡之　又按志十月庚戌天狗見西南占曰有大兵流血

升平五年正月塡星犯太微月掩太白三月月犯塡星五月犯太微及建星牽牛六月月掩氐九月掩畢十月犯畢熒惑犯歲星

按晉書穆帝本紀不載　按天文志五年正月乙巳塡星逆行犯太微五月壬寅月犯太微庚戌月犯建星占曰大臣相謀是時殷浩敗績卒致遷徙其月辛亥月犯牽牛宿占曰國有憂六月癸亥月犯氐東北星占曰大將當之五年正月北中郎將郗曇薨五月帝崩哀帝立大赦賜爵褚后失勢七月慕容恪攻冀州刺史呂護於野王護奔滎陽是時桓溫以大衆次宛聞護敗乃退　又按志正月乙丑辰時月在危宿奄太白占曰天下靡散三月丁未月犯塡星在軫占曰爲大喪五月穆帝崩七月慕容恪攻冀州刺史呂護於野王拔之護奔走時桓溫以大衆次宛聞護敗乃退　又按志六月癸酉月奄氐東北星占曰大將軍當之九月乙酉月奄畢占曰有邊兵十月丁未月犯畢大星占曰下犯上又曰有邊兵八月范汪廢隆和元年慕容暐遣將寇河陰　又按志十月丁卯熒惑犯歲星在營室占曰大臣有匿謀一曰衞地有兵時桓溫擅權謀移晉室

哀帝興寧元年八月星孛於角亢十月月奄太白

按晉書哀帝本紀云云　按天文志興寧元年八月有星孛於角亢入天市案占曰爲兵喪三年正月皇后王氏崩二月帝崩三月慕容恪攻没洛陽沈勁等戰死　又按志十月丙戌月奄太白在須女占曰天下靡散一曰災在揚州三年洛陽没其後桓溫傾揚州資實北討敗績死亡大半及征袁眞淮南殘破後慕容暐及苻堅互來侵境

興寧二年月奄歲星

按晉書哀帝本紀不載　按天文志二年正月乙卯月奄歲星在參占曰參益州分也六月鎮西將軍益州刺史周撫卒十月梁州刺史司馬勳入益州以叛朱序率衆助刺史周楚討平之

興寧三年七月月犯斗歲星犯輿鬼十月太白晝見

按晉書哀帝本紀不載　按天文志三年七月庚戌月犯南斗占曰女主憂歲星犯輿鬼占曰人君憂十月太白晝見在亢占曰亢爲朝廷有兵喪爲臣强明年五月皇后庾氏崩

海西公太和元年二月月奄熒惑八月太白犯歲

按晉書海西公本紀不載　按天文志太和元年二

月丙子月奄熒惑在參占曰爲內亂帝不終之徵一曰參魏地五年慕容暐爲苻堅所滅　又按志八月戊午太白犯歲星在太微中

太和二年太白入昴

按晉書海西公本紀不載　按天文志二年正月太白入昴五年慕容暐爲苻堅所滅據司冀幽幷四州

太和三年太白奄熒惑於太微

按晉書海西公本紀不載　按天文志三年六月甲寅太白奄熒惑在太微端門中其六年海西公廢

太和四年二月客星見紫宮十月大星西流

按晉書海西公本紀四年冬十月大星西流有聲如雷　按天文志二月客星見紫宮西垣至七月乃滅占曰客星守紫宮臣弒主六年桓溫廢帝爲海西公　又按志十月壬申有大流星西下有聲如雷明年遣使免袁眞爲庶人桓溫征壽春眞病死息瑾代立求救於苻堅溫破苻堅軍六月壽陽城陷

太和六年閏月熒惑守端門月犯心按是年卽簡文咸安元年

按晉書海西公本紀不載　按天文志六年閏月熒惑守太微端門占曰天子亡國又曰諸侯三公謀其上一曰有斬臣辛卯月犯心大星占曰王者惡之十一月桓溫廢帝幷奏誅武陵王簡文不許溫乃徙之新安皆臣强之應也

簡文帝咸安元年熒惑入太微

按晉書簡文帝本紀先是熒惑入太微尋而海西廢及帝登阼熒惑又入太微帝甚惡焉　按天文志咸安元年十二月辛卯熒惑逆行入太微二年三月猶不退占曰國不安有憂是時帝有桓溫之逼

咸安二年正月歲星犯塡星五月太白犯天關歲星形色如太白六月太白晝見犯鬼

按晉書簡文帝本紀不載　按天文志二年正月己酉歲星犯塡星在須女占曰爲內亂七月帝崩桓溫擅權謀殺侍中王坦之等內亂之應　又按志五月丁未太白犯天關占曰兵起歲星形色如太白占曰進退如度姦邪息變色亂行主無福歲星於仲夏當細小而不明此其失常也又爲臣强六月太白晝見在七星乙酉太白犯輿鬼占曰國有憂七月帝崩桓溫以兵威擅權將誅王坦之等內外迫脅又庾希入京城盧悚入宮並誅滅之

孝武帝寧康元年正月月奄心三月奄南斗九月熒惑入太微

按晉書孝武帝本紀不載　按天文志寧康元年正月戊申月奄心大星案占曰災不在王者則在豫州一曰主命惡之三月丙午月奄南斗第五星占曰大臣有憂死亡一曰將軍死七月桓溫薨九月癸巳熒惑入太微是時女主臨朝政事多缺

寧康二年二月星孛於女虛三月彗見於氐九月星孛於天市閏月月奄牽牛十一月太白奄熒惑十二月太白晝見

按晉書孝武帝本紀二年二月星孛女虛三月丙戌彗星見於氐夏四月壬戌皇太后詔曰頃元象忒愆上天表異仰覩斯變震懼於懷夫因變致休自古之道朕敢不尅意復心以思厥中　按天文志正月按紀作二月互異丁巳有星孛於女虛經氐亢角軫翼張至三月景戌彗星見於氐九月丁丑有星孛於天市占曰爲兵喪太元元年七月苻堅破涼州虜張天錫　又按志閏月己未月奄牽牛南星占曰左將軍死十二月甲申太白晝見在氐氐兗州分野三年五月景午北中郎將王坦之薨　又按志十一月癸酉太白奄熒惑在營室占曰金火合爲爍爲兵喪太元元年七月苻堅伐涼州破之虜張天錫

寧康三年六月太白犯井九月熒惑奄左執法

按晉書孝武帝本紀不載　按天文志三年六月辛卯太白犯東井占曰秦地有兵九月戊申熒惑奄左執法占曰執法者死太元元年苻堅破涼州二年十月尚書令王彪之卒

太元元年四月熒惑犯斗八月太白晝見九月熒惑犯哭泣入羽林十一月月奄氐角

按晉書孝武帝本紀不載　按天文志太元元年四月景戌熒惑犯南斗第三星景申又奄第四星占曰兵大起中國饑一曰有赦八月癸酉太白晝見在氐氐兗州分野九月熒惑犯哭泣星遂入羽林占曰天子有哭泣事中軍兵起十一月己未月奄氐角占曰天下有兵一曰國有憂

太元二年二月火守羽林七月老人星見九月太白晝見

按晉書孝武帝本紀二年秋七月乙卯老人星見　按天文志二月熒惑守羽林占曰禁兵大起九月壬午太白晝見在角角兗州分野升平元年五月大赦三年八月秦人寇樊鄧襄陽彭城四年二月襄陽陷朱序沒四月魏興陷賊聚廣陵三河衆五六萬於是諸軍外次衞要丹陽尹屯衞京都六月兗州刺史謝

元討賊大破之是時中外連兵比年荒儉　按元經傳曰老人星見於衰世不足爲祥也

太元三年秋七月乙酉老人星見南方

按晉書孝武帝本紀云云

太元四年太白犯哭星

按晉書孝武帝本紀不載　按天文志四年十一月丁巳太白犯哭星占曰天子有哭泣事

太元五年辰星犯軒轅

按晉書孝武帝本紀不載　按天文志五年七月景子辰星犯軒轅占曰女主當之九月皇后王氏崩

太元六年九月太白晝見十月奔星東南流

按晉書孝武帝本紀不載　按天文志六年九月丙子太白晝見十月乙卯有奔星東南經翼軫聲如雷占曰楚地有兵軍破百姓流亾十二月苻堅荆州刺史梁成襄陽太守閻震率衆伐竟陵桓石虔擊大破之生擒震斬首七千獲生口萬人聲如雷將帥怒之象也

太元七年太白晝見

按晉書孝武帝本紀不載　按天文志七年十一月太白又晝見在斗占曰吳有兵喪

太元八年太白晝見

按晉書孝武帝本紀不載　按天文志八年四月甲子太白又晝見在參占曰魏有兵喪是月桓沖征沔漢楊亮伐蜀並拔城略地八月苻堅自將號百萬九月攻沒壽陽十月劉牢之破苻堅將梁成斬之殺獲萬餘人謝元等又破苻堅於淝水斬其弟融堅大衆奔潰九年六月皇太后褚氏崩八月謝元出屯彭城經略中州矣

太元九年七月丙戌太白晝見十一月丁巳又晝見

按晉書孝武帝本紀不載　按天文志云云

太元十年太白晝見

按晉書孝武帝本紀不載　按天文志十年四月乙亥太白晝見於畢昴占曰魏國有兵喪是時苻堅大衆奔潰趙魏兵連相攻堅爲姚萇所殺

太元十一年三月太白晝見客星在斗六月太白歲星皆晝見十二月太白犯歲星

按晉書孝武帝本紀不載　按天文志十一年三月戊申太白晝見在東井占曰秦有兵臣强六月甲申又晝見於輿鬼占曰秦有兵時魏姚萇苻登連兵相征不息甲午歲星晝見在胃占曰魯有兵臣强十二年慕容垂寇東阿翟遼寇河上姚萇假號安定苻登自立隴上呂光竊據涼土　又按志三月客星在南斗至六月乃沒占曰有兵有赦是後司雍兗冀常有兵役十二年正月大赦八月又大赦　又按志十二月己丑太白犯歲星占曰爲兵饑是時河朔未平兵連在外冬大饑

太元十二年二月熒惑入月六月十月太白晝見

按晉書孝武帝本紀不載　按天文志十二年二月戊寅熒惑入月占曰有亂臣死若有相戮者一曰女親爲政天下亂是時琅邪王輔政王妃從兄王國寶以姻妮受寵又陳郡人袁悅昧私苟進交遘主相扇揚朋黨十三年帝殺悅於市於是主相有隙亂階興矣　又按志六月癸卯太白晝見在柳十月庚午太白晝見在斗

太元十三年正月太白晝見閏月天狗下十一月辰星入月十二月熒惑變色

按晉書孝武帝本紀不載　按天文志十三年正月景戌太白晝見十二月熒惑在角亢形色猛盛占曰熒惑失其常吏且棄其法諸侯亂其政自是慕容垂翟遼姚萇苻登慕容永並阻兵爭强十四年正月彭城妖賊又稱號於皇丘劉牢之破滅之三月張道破合鄉圍泰山向欽之擊走之是年翟遼又攻沒滎陽侵略陳項於時政事多弊君道陵遲矣　又按志閏月戊辰天狗東北下有聲占曰有大戰流血事悉與上熒惑變色同　又按志十一月戊子辰星入月在危占曰賊臣欲殺主不出三年必有內惡是後慕容垂翟遼姚萇苻登慕容永並阻兵爭强

太元十四年四月太白晝見十二月熒惑入羽林月犯歲星

按晉書孝武帝本紀不載　按天文志十四年四月己巳太白晝見於柳六月辛卯又晝見於翼九月景寅又晝見於軫十二月熒惑入羽林占並同上十五年翟遼掠司兗衆軍累討不刻慕容垂又跨略井冀等州七月旱八月諸郡大水兗州又蝗　又按志十二月乙未月犯歲星占並同上事悉與上太白晝見熒惑入羽林同

太元十五年七月有星孛於北河八月入紫宮九月熒惑入太微十月太白入羽林

按晉書孝武帝本紀十五年秋七月有星孛於北河八月己丑有星孛於北斗犯紫微　按天文志七月壬申有星孛於北河或經太微三台文昌入北斗色白長十餘丈八月戊戌入紫宮乃滅占曰北河或一

名胡門胡門有兵喪埽太微入紫微王者當之三台爲三公文昌爲將相將相三公有災入北斗諸侯戮一曰埽北斗强國發兵諸侯爭權大人憂二十一年帝崩隆安元年王恭殷仲堪桓元等並發兵表以誅王國寶爲名朝廷順而殺之并斬其從弟緒司馬道子由是失勢禍亂成矣　又按志九月癸未熒惑入太微十月太白入羽林

太元十六年四月太白晝見十一月月奄心

按晉書孝武帝本紀不載　按天文志十六年四月癸卯朔太白晝見十一月癸巳月奄心前星占曰太子憂是時太子常有篤疾

太元十七年七月太白晝見九月木火土合於亢

按晉書孝武帝本紀十七年十月丁酉太白晝見

按天文志七月丁丑太白晝見十月丁酉又晝見

又按志九月丁丑歲星熒惑塡星同在亢氐十二月癸酉塡星去熒惑歲星猶合占曰三星合是謂驚立絕行內外有兵喪與饑改立王公

太元十八年正月熒惑入月二月客星在尾六月太白晝見

按晉書孝武帝本紀不載　按天文志十八年正月乙酉熒惑入月占曰憂在宮中非賊乃盜也一曰有亂臣若有戮者二十一年九月帝暴崩內殿兆庶宣言夫人張氏潛行大逆又王國寶邪佞卒伏其辜

又按志二月客星在尾中至九月乃滅占曰燕有兵喪二十年慕容垂息寶伐魏爲所破死者數萬人二十一年垂死國遂衰亡　又按志六月太白又晝見

太元十九年四月月奄歲星五月六月九月太白皆晝見十月金土火水合於氐十二月太白犯歲星

按晉書孝武帝本紀不載　按天文志十九年四月己巳月奄歲星在尾占曰爲饑燕國亡二十年慕容垂遣息寶伐魏反爲所破死者數萬人二十一年垂死國遂衰亡　又按志五月太白又晝見於柳六月辛酉又晝見於輿鬼九月又見於軫　又按志十月太白塡星熒惑辰星合於氐十二月癸丑太白犯歲星在斗占曰爲亂饑爲內兵斗吳越分至隆安元年王恭等舉兵顯王國寶之罪朝廷殺之是後連歲水旱饑

太元二十年六月熒惑入天囷七月太白晝見九月蓬星見十二月月犯鍵閉東西咸

按晉書孝武帝本紀不載　按天文志二十年六月熒惑入天囷占曰大饑七月丁亥太白晝見在太微占曰太白入太微國有憂晝見爲兵喪十二月己巳月犯鍵閉及東西咸占曰鍵閉司心腹喉舌東西咸主陰謀　又按志九月有蓬星如粉絮東南行歷女虛至哭星占曰蓬星見不出三年必有亂臣戮死於市是時王國寶交構朝廷二十一年九月帝崩隆安元年王恭等興兵而朝廷殺王國寶王緒

太元二十一年二月三月太白連晝見四月太白入天囷六月歲星犯哭泣

按晉書孝武帝本紀帝始爲長夜之飲末年長星見帝心甚惡之於華林園舉酒祝之曰長星勸汝一杯酒自古何有萬歲天子耶太白連年晝見醒日既少而傍無正人竟不能改焉贊曰倡臨帝席酒勸天妖金風不競人事先彫　按天文志二十一年二月壬申太白晝見三月癸卯太白連晝見在羽林占曰有强臣有兵喪中軍兵起三月太白晝見於胃占曰中軍兵起四月壬午太白入天囷占曰爲饑六月歲星犯哭泣星占曰有哭泣事是年九月帝崩隆安元年王恭等舉兵脅朝廷於是內外戒嚴殺王國寶以謝之及連歲水旱三方動衆人饑

安帝隆安元年正月熒惑犯哭泣二月歲星熒惑皆入羽林四月太白晝見六月奄歲星

按晉書安帝本紀不載　按天文志隆安元年正月癸亥熒惑犯哭泣星占曰有哭泣事四月丁丑太白晝見在東井占曰秦有兵喪六月姚興攻洛陽郗恢遣兵救之冬姚萇死子畧代立魏王圭卽位於中山其八月熒惑守井鉞占曰大臣有誅二月歲星熒惑皆入羽林占曰中軍兵起四月王恭等舉兵內外戒嚴六月庚午月奄太白在太微端門外占曰國受兵乙酉月奄歲星在東壁占曰爲饑衞地有兵二年六月郗恢遣鄧啓方等以萬人伐慕容寶於滑臺啓方敗三年九月桓元等並舉兵於是內外戒嚴

隆安二年六月攝提移度失常歲星晝見閏月太白晝見十一月犯東上相

按晉書安帝本紀不載　按天文志二年六月戊辰攝提移度失常歲星晝見在胃兗州分野是年六月郗恢遣鄧啓方等以萬人伐慕容寶於滑臺敗而還閏月太白晝見在羽林十一月犯東上相

隆安三年五月月奄東上相辰星犯軒轅

按晉書安帝本紀不載　按天文志三年五月辛酉月又奄東上相辛未辰星犯軒轅大星占悉同上二

年九月庾楷等舉兵表誅王愉等於是內外戒嚴三年六月洛陽沒於寇桓元破荆雍州殺殷仲堪等孫恩聚衆攻沒會稽殺內史

隆安四年正月月犯塡星二月星孛於奎六月月犯塡星及哭泣十月奄歲星十二月星孛於貫索

按晉書安帝本紀四年二月己丑有星孛於奎婁進至紫微三月彗星見於太微　按天文志正月乙亥月犯塡星在牽牛占曰吳越有兵喪女主憂六月乙未月又犯塡星在牽牛十月乙未月奄歲星在北河占曰爲饑胡有兵其四年五月孫恩破會稽殺內史謝琰後又破高雅之於餘姚死者十七八七月太和太后李氏崩元興元年孫恩寇臨海人衆餓死散亡殆盡　又按志二月己丑有星孛奎長三丈上至閣道紫宮西蕃入北斗魁至三台三月遂經於太微帝坐端門占曰彗星埽天子庭閣道易主之象經三台入北斗占同上條十二月戊寅有星孛於貫索天市天津占曰貴臣獄死內外有兵喪天津爲賊斷王道天下不通案占災在吳越五年二月有孫恩兵亂攻侵郡國於是內外戒嚴營陣屯守柵斷淮口九月桓元表至逆旨陵上其後元遂簒位亂京都大饑人相食百姓流亡皆其應也　又按志六月辛酉月犯哭泣星

隆安五年正月太白晝見三月流星衆多西行七月大角星散搖月犯天關九月熒惑犯少微十月月犯東次相

按晉書安帝本紀五年三月甲寅衆星西流歷太微　按天文志正月太白晝見自去年十二月在斗晝見至於是月乙卯案占災在吳越七月癸亥大角星散搖五色占曰王者流散丁卯月犯天關占曰王者憂九月庚子熒惑犯少微又守之占曰處士誅十月甲子月犯東次相其年七月太皇太后李氏崩十月妖賊大破高雅之於餘姚死者十七八五年孫恩攻侵郡縣殺內史至京口進軍蒲洲於是內外戒嚴恩遣別將攻廣陵殺三千餘人退據郁洲是時劉裕又追破之九月桓元表至逆旨陵上十月司馬元顯大治水軍將以伐元元興元年正月盧循自稱征虜將軍領孫恩餘衆略有永嘉晉安之地二月帝戎服遣西軍三月桓元剋京都殺司馬元顯放太傅會稽王道子　又按志三月甲寅流星赤色衆多西行經牽牛虛危天津閣道貫太微紫宮占曰星庶人類衆多西行衆將西流之象經天子庭主弱臣強諸侯兵不制其年五月孫恩侵吳郡殺內史六月至京口於是內外戒嚴營陣屯守劉裕追破之元興元年七月大饑人相食浙江以東流亡十六七吳郡吳興戶口減半又流奔而西者萬計十月桓元遣將擊劉軌破走之軌奔青州

元興元年三月太白犯五諸侯四月月奄辰星七月熒惑在井犯鬼八月太白犯歲星又奄右執法九月太白犯進賢十月客星見太微

按晉書安帝本紀不載　按天文志元興元年三月戊子太白犯五諸侯因晝見占曰諸侯有誅七月戊寅熒惑在東井熒惑犯輿鬼積尸占並同上八月景寅太白奄右執法九月癸未太白犯進賢占曰進賢者誅　又按志四月辛丑月奄辰星七月大饑人相食　又按志十月有客星色白如粉絮在太微西至十二月入太微占曰兵入天子庭二年十二月桓元簒位放遷帝后於尋陽以永安何皇后爲零陵君三年二月劉裕盡誅桓氏　又按志八月庚子太白犯歲星在上將東南占曰楚兵饑一曰災在上將二年桓元簒位三年劉裕盡誅桓氏

元興二年二月歲星犯西上將六月月奄斗八月太白犯房九月歲星犯進賢熒惑犯西上將十月太白犯泣星犯塡星十一月月犯熒惑熒惑犯上相十二月月奄軒轅

按晉書安帝本紀不載　按天文志二年二月歲星犯西上將六月甲辰月奄斗第四星占曰大臣誅不出三年八月癸丑太白犯房北第二星九月己丑歲星犯進賢熒惑犯西上將十月甲戌太白犯泣星十一月丁酉熒惑犯東上相十二月乙巳月奄軒轅第二星占悉同上升平元年冬魏破姚興軍二年十二月桓元簒位放遷帝后於尋陽以永安何皇后爲零陵君三年二月劉裕盡誅桓氏　又按志十月丁丑太白犯塡星在婁占曰兵饑　又按志十一月辛巳月犯熒惑占悉同上事應與月犯軒轅同

元興三年正月熒惑犯上相二月犯執法月奄歲星太白熒惑合於羽林四月月奄軒轅五月奄斗塡星入羽林

按晉書安帝本紀不載　按天文志三年正月戊戌熒惑逆行犯太微西上相占曰天子戰於野上相死二月景辰熒惑逆行在左執法西北占曰執法者誅四月甲午月奄軒轅第二星五月壬申月奄斗第二

星塡星入羽林占並同上是年二月景辰劉裕殺桓修等三月己未破走桓元遣軍西討辛巳誅左僕射王愉桓元劫天子如江陵五月元下至崢嶸洲義軍破滅之桓振又攻沒江陵幽劫天子七月永安何皇后崩　又按志二月甲辰月奄歲星於左角占曰天下兵起是年三月景辰劉裕起義兵殺桓修等明年正月衆軍攻桓振卒滅諸桓　又按志二月壬辰太白熒惑合於羽林二年十二月桓元簒位放遷帝后三年二月劉裕起義兵桓元逼帝東下

義熙元年三月月奄左執法及心太白犯井四月月犯填星七月奄之太白晝見八月太白犯斗九月熒惑犯少微犯左右執法十月月奄填星十一月太白犯鉤鈐十二月歲星犯天關

按晉書安帝本紀不載　按天文志義熙元年三月壬辰月奄左執法占同上丁酉月奄心前星占曰豫州有災太白犯東井占曰秦有兵七月庚辰太白晝見在翼軫占曰爲臣强荆州有兵喪八月丁巳犯斗第一星占曰天下有兵一曰大臣憂九月甲子熒惑犯少微占曰處士誅庚寅熒惑犯右執法癸卯熒惑犯左執法占並同上十一月景戌太白犯鉤鈐占曰喉舌憂十二月己卯歲星犯天關占曰有兵亂河津不通十一月荆州刺史魏詠之薨二年二月司馬國璠等攻沒弋陽四月姚興伐仇池公楊盛擊走之九月益州刺史司馬榮期爲其參軍楊承祖所害三年十二月司徒揚州刺史王謐薨四年正月太保武陵王遵薨三月左僕射孔安國卒自後政在劉裕人主端拱而已　又按志四月己卯月犯填星在東壁占曰其地亡國一曰貴人死七月己未月奄塡星東壁占曰其國以伐亡一曰人流十月丁巳月奄塡星在營室占同上事應與上太白犯鉤鈐歲星犯天關同

義熙二年二月太白犯斗月犯心犯太微犯房歲星犯天江五月月犯左角熒惑犯氐六月熒惑犯房八月犯南斗犯建九月犯哭泣十二月月奄太白熒惑太白入羽林合於壁

按晉書安帝本紀不載　按天文志二年二月太白犯南斗占曰兵起己丑月犯心後星占曰豫州有災四月癸丑月犯太微西上將己未月犯房南第二星乙丑歲星犯天江占曰有兵亂河津不通五月癸未月犯左角占曰左將軍死天下有兵壬寅熒惑犯氐占曰氐爲宿宮人主憂六月庚午熒惑犯房北第二星八月癸亥熒惑犯南斗第五星丁巳犯建星占曰爲兵九月壬午熒惑犯哭星又犯泣星是年二月甲戌司馬國璠等攻沒弋陽又慕容超侵略徐兗三年正月又寇北徐州至下邳十二月司徒王謐薨四年正月武陵王遵薨五年慕容超復寇淮北四月劉裕大軍討之拔臨朐又圍廣固拔之　又按志十二月景午月奄太白在危占曰齊亡國一曰强國君死五年四月劉裕大軍北討慕容超卒滅之　又按志十二月丁未熒惑太白皆入羽林又合於壁三年正月慕容超寇淮北徐州至下邳八月遣劉敬宣伐蜀

義熙三年正月太白晝見二月月奄心火土金水聚於奎婁五月月犯角太白晝見六月熒惑犯辰星八月太白犯左執法奄熒惑熒惑犯左執法犯進賢

按晉書安帝本紀不載　按天文志三年正月景子太白晝見在奎二月庚申月奄心後星占同上五月癸未月犯左角己丑太白晝見在參占曰益州有兵喪臣强八月己卯太白犯左執法辛卯熒惑犯左執法九月壬子熒惑犯進賢星是年八月劉敬宣伐蜀不剋而旋四年三月左僕射孔安國卒七月司馬叔璠等攻沒鄒山魯郡太守徐邕破走之姚略遣衆征赫連勃勃大爲所破五年劉裕討慕容超滅之　又按志二月癸亥熒惑塡星太白辰星聚於奎婁從塡星北徐州分是時慕容超僭號於齊兵連徐兗連歲寇抄至於淮泗姚興譙縱僭號秦蜀盧循及魏南北交侵其五年劉裕北殄慕容超其六月辛卯熒惑犯辰星在翼占曰天下兵起八月己卯太白奄熒惑占曰有大兵其四年姚略遣衆征赫連勃勃大爲所破

義熙四年正月熒惑犯天關五月月奄斗塡星犯天廩六月太白犯西上將犯左執法十月熒惑入羽林

按晉書安帝本紀不載　按天文志四年正月庚子熒惑犯天關五月丁未月奄斗第二星壬子塡星犯天廩占曰天下饑倉粟少六月己丑太白犯太微西上將乙卯又犯左執法十月戊子熒惑入羽林占悉同上五年劉裕討慕容超後南北軍旅運轉不息

義熙五年二月月犯昴四月熒惑犯辰星五月歲星入羽林九月月犯昴十月熒惑犯氐閏月月犯昴熒惑犯鉤鈐月奄心十二月太白犯歲星

按晉書安帝本紀不載　按天文志五年二月甲子月犯昴占曰胡不安天子破匈奴五月戊戌歲星入羽林九月壬寅月犯昴十月熒惑犯氐閏月丁酉月犯昴辛亥熒惑犯鉤鈐己巳月奄心大星占曰王者

惡之是年四月劉裕討慕容超十月魏王珪遇弑殂
六年五月盧循逼郊甸宮衛被甲　又按志四月甲
戌熒惑犯辰星在東井占曰皆爲兵十二月辛丑太
白犯歲星在奎占曰大兵起魯有兵是年四月劉裕
討慕容超六年二月滅慕容超於魯地

義熙六年三月月奄房及斗太白犯五諸侯五月月
奄斗及昴六月月犯房太白晝見七月月犯鬼八月
太白犯軒轅月犯心斗牛太白犯少微晝見九月太
白犯左執法塡星犯畢

按晉書安帝本紀不載　按天文志六年三月丁卯
月奄房南第二星災在大相己巳又奄斗第五星占
曰斗主吳吳地兵起太白犯五諸侯占曰諸侯有誅
五月甲子月奄斗第五星己亥月奄昴第三星占曰
國有憂一曰有白衣之會六月己丑月犯房南第二
星甲午太白晝見七月己亥月犯輿鬼占曰國有憂
一曰秦有兵八月壬午太白犯軒轅大星甲申月犯
心前星災在豫州景戌月犯斗第五星占同上丁亥
月奄牛宿南星占曰天下有大誅乙未太白犯少微
景午太白在少微而晝見九月甲寅太白犯左執法
丁丑塡星犯畢占曰有邊兵是年三月始興太守徐
道覆反四月盧循寇湘中沒巴陵率衆逼京畿是月
左僕射孟昶懼王威不振仰藥自殺七年十二月劉
蕃梟徐道覆首杜慧度斬盧循並傳首京都八年六
月劉道規卒時爲豫州刺史八月皇后王氏崩九月
兗州刺史劉蕃尚書左僕射謝混伏誅劉裕西討劉
毅斬首徇之十二月遣益州刺史朱齡石伐蜀

義熙七年二月歲星犯塡星四月熒惑入鬼六月太
白晝見塡星犯天關月犯歲星八月太白犯房月又
犯歲星十一月太白犯哭星

按晉書安帝本紀不載　按天文志七年二月丁卯
歲星犯塡星在參占曰歲塡合爲内亂一曰益州戰
不勝亡地是時朱齡石伐蜀後竟滅之明年誅謝混
劉毅　又按志四月辛丑熒惑入輿鬼占曰秦有兵
一曰雍州有災六月太白晝見在翼己亥塡星犯天
關占曰臣謀主八月太白犯房南第二星十一月景
子太白犯哭星其七年朱齡石尅蜀蜀又反討滅之
　又按志六月庚子月犯歲星在畢占曰有邊兵且
饑八月乙未月犯歲星在參占曰益州兵饑七月朱
齡石尅蜀蜀人尋反又討之

義熙八年正月月犯歲星七月月奄房犯井鉞八月
犯泣十月奄天關太白犯塡星十一月塡星犯井十
二月犯井鉞

按晉書安帝本紀不載　按天文志八年正月庚戌
月犯歲星在畢占同上九年七月朱齡石滅蜀　又
按志七月癸亥月奄房北第二星己未月犯井鉞八
月戊申月犯泣星十月辛亥月奄天關占曰有兵十
一月丁丑塡星犯東井占曰大人憂十二月癸卯塡
星犯井鉞是年八月皇后王氏崩九年誅劉蕃謝混
討滅劉毅十二月朱齡石滅蜀　又按志十月甲申
太白犯塡星在東井占曰秦有大兵

義熙九年二月熒惑入鬼太白犯南河熒惑塡星犯
井三月木火土金聚於井五月太白犯右執法七月
月奄鉤鈐九月歲星犯軒轅月犯左角

按晉書安帝本紀不載　按天文志九年二月熒惑
入輿鬼占曰有兵喪太白犯南河占曰兵起五月壬
辰太白犯右執法晝見七月庚午月奄鉤鈐占曰喉
舌臣憂九月庚午歲星犯軒轅大星己丑月犯左角
時劉裕擅命兵革不休十年裕討司馬休之王師不
利休之等奔長安　又按志二月景午熒惑塡星皆
犯東井占曰秦有兵三月壬辰歲星熒惑塡星太白
聚於東井從歲星也東井秦分十三年劉裕定關中
其後遂移晉祚

義熙十年正月月犯畢二月犯房五月犯牛歲星犯
軒轅六月月奄氐七月犯天關熒惑犯井鉞塡星犯
鬼八月月奄牛九月塡犯鬼太白入羽林十二月月
犯西咸

按晉書安帝本紀不載　按天文志十年正月丁卯
月犯畢占曰將相有以家坐罪者二月己酉月犯房
北星五月壬寅月犯牽牛南星乙丑歲星犯軒轅大
星占悉同上六月景甲月奄氐占曰將死之國有誅
者七月庚辰月犯天關占曰兵起熒惑犯井鉞塡星
犯輿鬼遂守之占曰大人憂宗廟改八月丁酉月奄
牽牛南星占同上九月塡星犯輿鬼占曰人主憂丁
巳太白入羽林十二月己酉月犯西咸占曰有陰謀
十一年林邑寇交州距敗之

義熙十一年三月月入畢熒惑入鬼閏月塡星入鬼
五月熒惑犯右執法彗星二出天市六月太白犯井
鬼七月月犯畢八月月犯氐太白奄左執法十一月
月入畢鬼而暈

按晉書安帝本紀十一年五月甲申彗星二見　按
天文志三月丁巳月入畢占曰天下兵起一曰有邊

兵己卯熒惑入輿鬼閏月景午塡星又入輿鬼占曰爲旱大疫爲亂臣五月癸卯熒惑入太微甲辰犯右執法六月己未太白犯東井占曰秦有兵戊寅犯輿鬼占曰國有憂七月辛丑月犯畢占同上八月壬子月犯氐占同上庚申太白順行從右掖門入太微丁卯奄左執法十一月癸亥月入畢占同上乙未月入輿鬼而暈　又按志五月甲申彗星二出天市埽帝坐在房心北房心宋之分野案占得彗柄者興除舊布新宋興之象

義熙十二年五月歲星留房心間月犯歲星六月太白順行入太微月犯畢七月犯牛十月入畢

按晉書安帝本紀不載　按天文志十二年五月甲申歲星留房心之間宋之分野始封劉裕爲宋公六月壬子太白順行入太微右掖門己巳月犯畢占同上七月月犯牛宿十月丙戌月入畢　又按志五月甲申月犯歲星在左角占曰爲饑

義熙十三年五月月犯軒轅犯牛熒惑犯右執法八月月犯牽牛又犯太微九月熒惑犯軒轅十月月犯箕畢塡星犯太微月又犯太微

按晉書安帝本紀不載　按天文志十三年五月丙子月犯軒轅丁亥犯牽牛癸巳熒惑犯右執法八月己酉月犯牽牛丁卯月犯太微占曰人君憂九月壬辰熒惑犯軒轅十月戊申月犯畢占悉同上月犯箕占曰國有憂甲寅月犯畢占同上乙卯塡星犯太微留積七十餘日占曰亡君之戒壬戌月犯太微

義熙十四年三月太白犯五諸侯四月月犯塡五月犯太微有星孛於斗七月熒惑犯鬼月犯井彗星出太微八月太白犯軒轅塡星犯右執法九月太白入太微十月月及熒惑又入之

按晉書安帝本紀不載　按天文志十四年三月癸巳太白犯五諸侯五月庚子月犯太微七月甲辰熒惑犯輿鬼占曰秦有兵又爲旱爲兵喪亦曰大人憂宗廟改亦爲亂臣時劉裕擅命軍旅數興饑旱相屬其後卒移晉室丁巳月犯東井占曰將軍死八月甲子太白犯軒轅癸酉塡星入太微犯右執法因留太微中積二百餘日乃去占曰塡星守太微亡君之戒有徙王九月乙未太白入太微犯左執法丁巳入太微占曰大人憂十月甲申月入太微癸巳熒惑入太微犯西蕃上將仍順行至左掖門內留二十日乃逆行義熙十二年七月劉裕伐姚泓十三年八月擒姚泓司兗秦雍悉平十四年劉裕還彭城受宋公十一月左僕射前將軍劉穆之卒明年西虜寇長安雍州刺史朱齡石諸軍陷沒官軍捨而東十二月帝崩　又按志四月壬申月犯塡星於張占曰天下有大喪其明年帝崩五月庚子有星孛於斗魁中七月癸亥彗星出太微西柄起上相星下芒漸長至十餘丈進埽北斗紫微中台占曰彗出太微社稷亡天下易王入北斗紫微帝宮空十四年劉裕還彭城受宋公十二月帝崩　又按志十月癸巳熒惑入太微西蕃上將仍順行至左掖門內留二十日乃逆行至恭帝元熙元年三月五日出西蕃上將西三尺許又順還入太微時塡星在太微熒惑繞塡星成鉤己其年四月丙戌從端門出占曰熒惑與塡星鉤己天庭天下更紀十二月安帝母弟琅邪王踐祚是日恭帝來年禪於宋

恭帝元熙元年正月有星孛於太微正月月犯太微辰星犯軒轅六月太白犯太微七月月犯歲星太白晝見犯哭星十二月月與太白俱入羽林

按晉書恭帝本紀元熙元年春正月戊戌有星孛於太微西蕃　按天文志占曰革命之徵其年宋有天下　又按志正月景午三月壬寅五月景申月皆犯太微占悉同上己卯辰星犯軒轅六月庚辰太白犯太微七月己卯月犯太微太白晝見自義熙元年至是太白經天者九月蝕者四皆從上始革代更王臣失君之象也是夜太白犯哭星十二月丁巳月與太白俱入羽林　又按志七月月犯歲星占悉同上十二月丁巳月犯太白於羽林二年六月帝遜位禪宋

元熙二年塡星犯太微

按晉書恭帝本紀不載　按天文志二年三月庚午塡星犯太微占悉同上元年七月劉裕受宋王是年六月帝遜位於宋

欽定古今圖書集成曆象彙編庶徵典

第三十八卷目錄

庶徵典第三十八卷

星變部彙考十二

宋

武帝永初元年十月熒惑犯進賢十一月犯填星十二月月犯熒惑及斗

按宋書武帝本紀不載　按天文志永初元年十月辛丑熒惑犯進賢占曰進賢官誅十一月乙卯熒惑犯填星於角占曰爲喪大人惡之一曰兵起十二月庚子月犯熒惑於亢占曰爲內亂一曰貴人憂角爲天門亢爲朝廷三年五月宮車晏駕七月太傅長沙景王道憐薨索頭攻略青司兗三州於是禁兵大出是後司徒徐羨之尚書令傅亮領軍謝晦等廢少帝內亂之應　永初元年十二月甲辰月犯南斗占曰大臣憂三年七月長沙王薨索虜寇青司二州大軍出救

永初二年六月太白晝見熒惑犯氐房十月太白犯填星

按宋書武帝本紀不載　按天文志二年六月甲申太白晝見占爲兵喪爲臣强三年五月宮車晏駕尊遣兵出救青司其後徐羨之等秉權臣强之應也　又按志六月乙酉熒惑犯氐乙巳犯房占曰氐爲宿宮房爲明堂人主有憂房又爲將相將相有憂氐房又兗豫分三年五月宮車晏駕七月長沙王薨王領兗州也景平元年廬陵王義眞廢王領豫州也　又按志十月太白犯填星於亢亢兗州分又爲鄭占曰大星有大兵金土合爲內兵三年索頭攻略青冀兗三州禁兵大出兗州失守虎牢沒

永初三年正月月犯斗二月星孛於虛危填星犯亢三月月犯斗五月少帝即位月犯軒轅六月犯房犯歲星七月熒惑犯執法十月太白犯斗十一月星孛於室壁月犯亢氐熒惑犯房

按宋書少帝本紀三年五月帝即位冬十一月戊午有星孛於營室　按天文志三年正月丁卯月犯南斗占同元年一曰女主當之二月辛卯有星孛於虛危向河津埽河鼓占曰爲兵喪五月宮車晏駕明年遣軍救青司二月太后蕭氏崩　又按志二月壬辰填星犯亢占曰諸侯有失國者民多流亡一曰廷臣爲亂亢兗州分又爲鄭其年索頭攻圍司兗兗州刺史徐琰委守奔敗司州刺史毛德祖距守陷沒緣河吏民多被侵略　又按志三月壬戌月犯南斗占同正月五月丙午犯軒轅占曰女主當之六月辛巳月犯房占曰將相有憂豫州有兵癸巳犯歲星於昴占曰趙魏兵飢其年虜攻略青兗司三州廬陵王義眞廢王領豫州也二月太后蕭氏崩元嘉三年司徒徐羨之等伏誅　又按志九月癸卯熒惑經太微犯左執法己未犯右執法占悉同上十月癸酉太白犯南斗占曰國有兵事大臣有反者辛巳熒惑犯進賢占曰進賢官誅明年師出救青司景平二年徐羨之等廢帝徙王元嘉三年羨之及傅亮謝晦悉誅　又按志十一月戊午有星孛於室壁占曰爲兵喪明年兵救青司二月太后蕭氏崩營室內宮象也　又按志十一月癸亥月犯亢氐占曰國有憂十一月戊戌熒惑犯房房爲明堂王者惡之一曰將相憂景平二年羨之等廢帝因害之元嘉三年羨之等伏誅

少帝景平元年正月星孛於壁十月孛於氐

按宋書少帝本紀景平元年正月乙卯有星孛於東壁冬十月己未有星孛於氐指尾貫攝提向大角仲月在危季月埽天倉而後滅　按天文志正月乙卯有星孛於東壁南白色長二丈餘拂天苑二十日滅二月太后蕭氏崩十月戊午有星孛於氐北尾長四丈西北指貫攝提向大角東行日長六七尺十餘日滅明年五月羨之等廢帝　按元經傳曰星孛於氐者占云氐四星上者宿宮后妃之府有星孛焉宮闈有變之兆也

文帝元嘉元年冬十月熒惑犯心

元嘉六年夏五月太白經天十一月星晝見

元嘉七年三月太白犯歲星六月熒惑犯井鬼入軒轅月犯歲星十二月大流星抵奎壁

按宋書文帝本紀俱不載　按天文志元嘉元年十月熒惑犯心元嘉六年五月太白晝見經天七年三月太白犯歲星於奎六月熒惑犯東井輿鬼入軒轅月犯歲星十二月丙戌有流星頭如甕尾長二十餘

丈大如數十斛船赤色有光照人面從西行經奎北大星南過至東壁止其年索虜寇青司殺刺史掠居民遣征南大將軍檀道濟討伐經歲乃歸　按元經

元嘉六年十一月己丑星晝見傳曰星犯日晝見象臣侵君權也

元嘉八年四月太白晝見五月犯天關東井六月熒惑入東井七月太白犯上將八月入太微犯左執法熒惑犯積尸九月流星發太微十月金土犯女月掩天關東井十二月犯鉤鈐

按宋書文帝本紀不載　按天文志八年四月辛未太白晝見在胃五月犯天關東井六月庚子熒惑入東井七月丁丑太白犯上將八月癸未太白入太微右掖門內犯左執法乙未熒惑犯積尸九月丙寅流星大如斗赤色發太微西蕃北行未至北斗沒餘光長三丈許十月丙辰金土相犯在於須女月掩天關東井十二月月犯房鉤鈐十年仇池氏寇漢中梁州失戍　按臨川王義慶傳元嘉六年加尚書左僕射八年太白星犯右執法義慶懼有災禍乞求外鎮太祖詔譬之曰元象茫昧既難可了且史家諸占各有異同兵星王時有所干犯乃主當誅以此言之益無懼也鄭僕射亡後左執法嘗有變王光祿至今平安日蝕三朝天下之至忌晉孝武初有此異彼庸主耳猶竟無他天道輔仁福善爲不足橫生憂懼兄與後軍各受內外之任本以維城表裏經之盛衰此懷實有由來之事設若天必降災寧可千里逃避邪既非遠者之事又不知吉凶定所若在都則有不測去此必保利貞者豈敢苟違天邪義慶固求解僕射許之

元嘉九年正月熒惑入鬼三月月犯軒轅四月犯左角歲星入羽林月犯房鉤鈐太白入積尸五月犯軒轅月奄斗熒惑犯左執法七月月蝕左角八月太白犯心

元嘉十年十月有大流星

元嘉十一年二月月犯畢暈昴畢五車參三月太白晝見閏月犯五諸侯月入井犯太白

按宋書文帝本紀俱不載　按天文志元嘉九年正月庚午熒惑入輿鬼三月月犯軒轅四月犯左角歲星入羽林月犯房鉤鈐己丑太白入積尸五月犯軒轅月掩南斗第六星辛酉熒惑入太微右掖門犯右執法七月丙午月蝕左角八月癸未太白犯心前星乙酉犯心明堂星元嘉十年十月有流星大如甕尾長二十餘丈元嘉十一年二月庚子月犯畢入畢口而出因暈昴畢西及五車東及參三月丙辰太白晝見在參閏月戊寅太白犯五諸侯己丑月入東井犯太白於時司徒彭城王義康專權

元嘉十二年五月月犯右執法七月熒惑犯積尸掩上將十月月犯右執法十二月太白犯羽林

按宋書文帝本紀不載　按天文志十二年五月壬戌月犯右執法七月壬戌熒惑犯積尸掩上將十月丙午月犯右執法十二月甲申太白犯羽林十七年上將執法皆被誅

元嘉十三年正月月犯熒惑二月犯太微十一月歲星犯積尸十二月熒惑入羽林

按宋書文帝本紀不載　按天文志十三年正月庚午月犯熒惑二月月犯太微東蕃第一星十一月辛亥歲星犯積尸十二月戊子熒惑入羽林後年廢大將軍彭城王義康及其黨與凡所收掩皆羽林兵出

元嘉十四年正月星晝見月犯東井四月太白犯鬼五月晝見七月歲星入軒轅八月熒惑犯上將九月犯左執法

按宋書文帝本紀不載　按天文志十四年正月有星晡前晝見東北維在井左右黃赤色大如橘月犯東井四月丁未太白犯輿鬼五月丙午太白晝見在太微七月辛卯歲星入軒轅八月庚申熒惑犯上將九月丙戌熒惑犯左執法其後皇后袁氏崩丹陽尹劉湛誅尚書僕射殷景仁薨

元嘉十五年四月月犯氐十月流星出文昌十一月熒惑入羽林月犯東井鉞

按宋書文帝本紀不載　按天文志十五年四月己卯月犯氐十月壬戌流星大如鴨子出文昌入紫宮聲如雷十一月癸未熒惑入羽林丁未月犯東井鉞星其後誅丹陽尹劉湛等

元嘉十六年二月歲星犯左執法五月太白晝見月入羽林太白犯畢歲星犯執法七月月會填星八月太白犯軒轅熒惑犯上將太白晝見九月犯左執法熒惑犯右執法十月木火相犯十一月熒惑犯房

按宋書文帝本紀不載　按天文志十六年二月歲星逆行犯左執法五月丁卯太白晝見胃昴間月入羽林太白犯畢歲星左執法七月月會填星八月太白犯軒轅明年皇后袁氏崩熒惑犯太微西上將太白晝見在翼九月熒惑同入太微相犯太白犯左執法熒惑犯右執法十月歲星熒惑相犯在亢十一月

熒惑犯房北第一星明年大將軍義康出徙豫章誅其黨與尚書僕射揚州刺史殷景仁薨

元嘉十九年客星在北斗

按宋書文帝本紀不載　按天文志十九年九月客星見北斗漸爲彗星至天苑末滅　按元經傳曰占曰凡客星所出有兵喪北斗帝居也臣下有陰竊神器之象

元嘉二十年流星北行

按宋書文帝本紀不載　按天文志二十年二月二十四日乙未有流星大如桃出天津入紫宮須臾有細流星或五或三相續又有一大流星從紫宮出入北斗魁須臾又一大流星出貫索中經天市垣諸流星並向北行至曉不可稱數流星占並云天子之使又曰庶民惟星星流民散之象至二十七年索虜殘破青冀徐兗南兗豫六州民死大半

元嘉二十二年二月金火木合于井四月月犯心太白入軒轅七月晝見

按宋書文帝本紀不載　按天文志二十二年二月金木火合東井四月月犯心太白入軒轅七月太白晝見其冬太子詹事范曄謀反伏誅

元嘉二十三年金火相爍

按宋書文帝本紀不載　按天文志二十三年正月金火相爍其月索虜寇青州驅略民戶

元嘉二十四年正月月犯心星西流四月太白晝見

按宋書文帝本紀不載　按天文志二十四年正月月犯心大星天星並西流多細大不過如鷄子尾有長短當有數百至旦日光定乃止有入北斗紫宮者占流星羣趨所之者兵衆其下有大急又占衆星並流將軍並舉兵隨星所之以應天氣又占流星入紫宮有喪水旱不調又占流星入北斗大臣有繫者又占流星爲民大星大臣流小星小民流四月太白晝見八月征北大將軍衡陽王義季薨豫章民胡誕世率其宗族破郡縣殺太守及縣令

元嘉二十五年火水入羽林月犯歲星太白經天

元嘉二十六年十月彗星入太微

元嘉二十七年夏太白經天九月太白犯歲星十月熒惑入太微

元嘉二十八年彗星見太白犯哭星

按宋書文帝本紀俱不載　按天文志二十五年正月水火入羽林月犯歲星太白晝見經天二十六年十月彗星入太微二十七年夏太白晝見經天九月太白犯歲星十月熒惑入太微元嘉二十八年五月彗星見卷舌入太微逼帝座犯上相拂屏出端門滅翼軫翼軫荆州分太白晝見犯哭星三十年太子巫蠱呪詛事覺遂殺害朝臣孝建元年荆江二州反皆夷滅卷舌呪詛之象彗之所起是其應也

元嘉二十九年太白晝見經天

按宋書文帝本紀不載　按天文志二十九年正月太白晝見經天明年東宮弒逆

孝武帝孝建元年二月大流星西行九月熒惑犯左執法十月犯進賢

按宋書孝武帝本紀不載　按天文志孝建元年二月有流星大如月西行其年豫州刺史魯爽反誅九月壬寅熒惑犯左執法尚書左僕射建平王宏表解職不許十月乙丑熒惑犯進賢星吏部尚書謝莊表解職

孝建二年五月熒惑入南斗十月亦如之

按宋書孝武帝本紀不載　按天文志二年五月乙未熒惑入南斗十月甲辰又入南斗大明元年夏京師疾疫　按沈懷文傳懷文遷別駕從事史江夏王義恭遷西陽王子尚爲揚州居職如故時熒惑守南斗上乃廢西州舊館使子尚移居東城以厭之懷文曰天道示變宜應之以德今雖空西州恐無益也不從而州竟廢矣

孝建三年四月太白犯鬼八月入心

按宋書孝武帝本紀不載　按天文志三年四月戊戌太白犯輿鬼占曰民多疾明年夏京邑疫疾八月甲午太白入心占曰後九年大飢至大明八年東土大飢民死十二三

大明元年三月太白犯歲星六月月掩熒惑

按宋書孝武帝本紀不載　按天文志大明元年三月癸亥太白在奎南犯歲星占曰有滅諸侯三年司空竟陵王誕反誅六月丙申月在東壁掩熒惑占曰將軍有憂期不出三年至三年司空竟陵王誕反

大明二年三月熒惑入井四月犯軒轅七月月掩軒轅十月十一月連犯軒轅熒惑犯房及鉤鈐

按宋書孝武帝本紀不載　按天文志二年三月辛未熒惑入東井四月己亥熒惑在東井犯北軒轅第二星井雍州分其年四月海陵王休茂爲雍州刺史五年休茂反誅七月己巳月掩軒轅第二星十月辛卯月掩軒轅十一月丙戌月又掩軒轅軒轅女主時

民間喧言人主帷薄不修十一月庚戌熒惑犯房及鉤鈐壬子熒惑又犯鉤鈐占曰有兵其年索虜寇歷下遣羽林軍討破之

大明三年正月刀星見月犯次將三月犯鉤鈐土守牽牛四月月犯五諸侯五月歲星犯井鉞六月月入斗八月犯太白太白犯房熒惑守畢九月太白犯斗月犯熒惑十月太白犯哭星

按宋書孝武帝本紀不載　按天文志三年春正月夜通天薄雲四方生赤氣長三四尺乍沒乍見尋皆消滅占名隧星一曰刀星天下有兵戰鬬流血月入太微犯次將占曰有反臣死將誅三月月在房犯鉤鈐因蝕占曰人主惡之將軍死三月土守牽牛占曰大人憂疾兵起大赦姦臣賊子謀欲殺主四月月犯五諸侯占曰諸侯誅金水合西方占曰兵起五月歲星犯東井鉞占曰斧鉞用大臣誅六月月入南斗占曰大臣大將軍誅南兗州刺史竟陵王誕尋據廣陵反遣車騎大將軍沈慶之領羽林勁兵及豫州刺史宗慤徐州刺史劉道隆衆軍攻戰及屠城城內男女道俗梟斬靡遺將軍宗越偏用虐刑先刳腸決眼或笞面鞭腹苦酒灌創然後方加以刀鋸大兵之應也八月月犯太白太白犯房占曰人君有憂天子惡之熒惑守畢占曰萬民飢有大兵九月太白犯南斗占曰大臣有反者九月月在胃昴犯熒惑占曰兵起女主當之人主惡之一曰女主憂國王死民飢十月太白犯哭星占曰人主有哭泣之聲自後六宮多喪公主薨亡天子舉哀相係歲大旱民飢　按廣陵王誕傳是年五月十九日夜有流星大如斗杆尾長十餘丈從西北來墜城內是謂天狗占曰天狗所墜下有伏尸流血

大明四年正月月掩氐犯房五月入太微六月太白犯井鉞月犯心入斗七月歲星犯積尸十二月月犯心刀星見月犯箕太白犯東井

按宋書孝武帝本紀不載　按天文志四年正月月奄氐占曰大將死又犯房北第二星占曰有亂臣謀其主五月月入太微占曰有反臣大臣死六月太白犯井鉞占曰兵起斧鉞用大臣誅月犯心前星占曰有亂臣太子惡之月入南斗魁中占曰大人憂女主惡之七月歲星犯積尸占曰大臣誅十二月月犯心中央大星占曰大人憂十二月通天有雲西及東北並生合八所並長四尺乍沒乍見尋消盡占曰天下有兵十二月月犯箕東北星女主惡之明年雍州刺史海陵王休茂反太白犯東井雍州兵亂之應也

大明五年正月歲星犯鬼月入斗火土合於女三月月掩軒轅流星無數西行四月太白犯井鬼六月大流星出王良八月熒惑入井十月歲星犯上將太白犯亢十月入氐熒惑入井月奄上將犯歲星流星入紫宮十一月月掩心十二月太白犯建月犯左角

按宋書孝武帝本紀不載　按天文志五年正月歲星犯輿鬼積尸占曰大臣誅主有憂財寶散月入南斗魁中占曰大人憂天下有兵火土同在須女占曰女主惡之三月月掩軒轅占曰女主惡之有流星數千萬或長或短或大或小並西行至曉而止占曰人君惡之民流亡四月太白犯東井北轅占曰大臣爲亂斧鉞用太白犯輿鬼占曰大臣誅斧鉞用人主憂六月有流星白色大如甌出王良西南行沒天市中尾長數十丈沒後餘光良久占曰天下亂八月熒惑入東井占曰大臣當之十月歲星犯太微上將星太白入亢犯南第二星占曰上將有憂輔臣有誅者人君惡之十月太白入氐中熒惑入井中占曰王者亡地大赦兵起爲飢月入太微掩西蕃上將犯歲星占曰有反臣死大星大如斗出柳北行尾十餘丈入紫宮沒尾後餘光良久乃滅占曰天下凶有兵喪天子惡之十一月月掩心前星又犯大星占曰大人憂兵起大旱十二月太白犯西建中央星占曰大臣相譖月犯左角占曰天子惡之後三年孝武帝文穆皇后相繼崩嗣主卽位一年誅滅宰輔將相虐戮朝臣嗣及宗室因自受害

大明六年正月月犯歲星及心二月月掩左角三月熒惑入鬼五月月在張入太微犯熒惑火犯木翼大流星出壁月掩昴七星歲星犯上將六月月入太微犯右執法月犯心七月犯箕八月入斗

按宋書孝武帝本紀不載　按天文志六年正月月在張犯歲星占曰民飢流亡月犯心後星占曰庶子惡之二月月掩左角占曰天子惡之三月熒惑入輿鬼占曰有兵大臣誅天下多疾疫五月月在張又入太微犯熒惑占曰國主不安女主憂火犯木翼占曰爲飢爲旱近臣大臣謀主有星前赤後白大如甌尾長十餘丈出東壁北西行沒天市啾啾有聲占曰其下有兵天下亂月掩昴七星占曰貴臣誅天子破匈奴胡主死歲星犯上將占曰輔臣誅上將憂六月月入太微犯右執法占曰人主不安天下大驚主不吉

執法誅月犯心後星占曰庶子惡之七月月犯箕占曰女主惡之八月月入南斗魁中占曰大臣誅斧鉞用吳越有憂明年揚南徐州大旱田穀不收民流死亡自後二年帝后仍崩宰輔及尚書令僕誅戮索虜主死新安王兄弟受害前徙豫章王子尚竟羽林兵入三吳討叛逆

大明七年正月刀星見三月月犯心四月火犯金六月月犯箕太白入井七月熒惑入井月入斗太白犯鬼八月月入哭星太白犯軒轅入太微熒惑犯鬼太白犯右執法十月金水相犯熒惑守軒轅十一月歲星入氐十二月月犯五車

按宋書孝武帝本紀不載　按天文志七年正月夜通天薄雲四方合有八氣蒼白色長二三丈乍見乍沒名刀星占曰天下有兵三月月犯心後星占曰庶子惡之四月火犯金在婁占曰有喪有兵大戰六月月犯箕占曰女主惡之太白入東井占曰大臣當之太白犯東井占曰大臣爲亂斧鉞用七月熒惑入東井占曰兵起大將當之月入南斗魁犯第二星占曰大人憂吳郡當之太白犯輿鬼占曰兵起大將誅人主憂財帛出八月月入哭星中間太白犯軒轅少民星占曰人主憂哭泣之聲民飢流亡太白入太微占曰近臣起兵國不安熒惑犯鬼太白犯右執法占曰大臣誅十月金水相犯占曰天下飢熒惑守軒轅第二星占曰宮中憂有哀十一月歲星入氐占曰諸侯人君有入宮者十二月月犯五車占曰大庫兵動後二年帝后崩大臣將相誅滅皇子被害皇太后崩四方兵起分遣諸軍推鋒外討

大明八年正月月掩鬼入斗二月犯斗四月又犯之太白入井入太微犯執法六月歲星犯氐大流星出參七月歲星入氐十月太白守房月掩房

按宋書孝武帝本紀不載　按天文志八年正月月掩輿鬼占曰大臣誅月入南斗魁中掩第二星占曰大人憂女主惡之二月月犯南斗第四星入魁中占曰大人有憂女主當之豫章受災四月月入南斗魁中犯第三星占曰大人有憂女主惡之丹陽當之太白入東井入太微犯執法占曰執法誅近臣起兵國不安六月歲星犯氐占曰歲大飢有流星大如五斗甌赤色有光照見人面尾長一丈餘從參北東行道下經東井過南河沒占曰民飢吳越有兵七月歲星入氐十月太白守房占曰有兵大喪月掩蝕房占曰有喪大饑此後國仍有大喪丹陽尹顏師伯豫章王子尚死明年昭太后崩四方賊起王師水陸征伐義興晉陵縣大戰殺傷千計

前廢帝永光元年正月太白掩牛月犯太白二月入斗三月入鬼犯積尸六月熒惑入井大流星入紫宮

按宋書前廢帝本紀不載　按天文志永光元年正月丁酉太白掩牽牛牽牛越分其月庚申月在虛宿犯太白虛齊地二月甲申月入南斗南斗揚州分野又爲貴臣三月庚子月入輿鬼犯積尸輿鬼主斬戮六月庚午熒惑入東井東井雝州分其月壬午有大流星前赤後白入紫宮

景和元年九月熒惑入軒轅十月犯上將十一月太白犯哭星月犯心

按宋書前廢帝本紀不載　按天文志景和元年九月丁酉熒惑入軒轅在女主大星北十月熒惑入太微犯西上將十一月丁未太白犯哭星其月乙卯月犯心心爲天王其年太宰江夏王義恭尚書令柳元景尚書僕射顏師伯等並誅太尉沈慶之薨廬陵王敬先南平王敬猷南安侯敬淵並賜死廢帝殞明年會稽太守尋陽王子房廣州刺史袁曇遠雝州刺史袁顗青州刺史沈文秀並反昭太后崩

明帝泰始元年十二月太白入羽林

按宋書明帝本紀不載　按天文志泰始元年十二月己巳太白入羽林占曰羽林兵動

泰始二年正月熒惑逆行月犯鬼流星出五車流星大小西行四月熒惑入太微犯右執法歲星晝見流星出河鼓月犯太白七月犯心斗熒惑犯氐十月太白入氐十一月太白犯房

按宋書明帝本紀不載　按天文志二年正月甲午熒惑逆行在屏西南占曰有兵在中其月庚子月犯輿鬼占曰將軍死其月甲寅流星從五車出至紫宮西蕃沒占曰有兵三月乙未有流星大小西行不可稱數至曉乃息占曰民流之象四月壬午熒惑入太微犯右執法月在丙子歲星晝見南斗度中占曰其國有軍容大敗其月己卯竟夜有流星百餘西南行一大如甌尾長丈餘黑色從河鼓出又曰有兵其月壬午太白在月南並出東方爲犯占曰有破軍死將王者亡地七月甲午月犯心心爲宋地其月丙午月犯南斗占曰大臣誅其月乙卯熒惑犯氐氐兗州分野十月辛巳太白入氐占曰春穀貴十一月癸巳太白犯房占曰牛多死其年四方反叛內兵大出六師

親戎昭太后崩大將殷孝祖爲南賊所殺尚書右僕射蔡興宗以熒惑犯右執法自解不許九月諸方反者皆平多有歸降者後失淮北四州地彭城兗州並爲虜州沒民流之驗也彭城宋分也是春穀貴民饑明年牛多疾死詔太官停宰牛

泰始三年月犯東井熒惑犯鬼

按宋書明帝本紀不載　按天文志三年六月甲辰月犯東井占曰軍將死熒惑犯輿鬼占曰金錢散又曰不出六十日必大赦八月癸卯天下以皇后六宮衣服金釵雜物賜北征將士明年二月護軍王元謨薨

泰始四年太白犯輿鬼

按宋書明帝本紀不載　按天文志四年六月壬寅太白犯輿鬼占曰民大疾死不收其年普天大疫

泰始五年二月月犯左角三月犯建星十月犯畢太白犯亢

按宋書明帝本紀不載　按天文志五年二月丙戌月犯左角占曰三年天子惡之三月庚申月犯建星占曰易相十月壬午月犯畢占曰天子用法誅罰急貴人有死者其月丙申太白犯亢占曰收斂國兵以備北方其年冬建安王休仁解揚州桂陽王休範爲揚州揚州牧前後常宰相居之易相之驗也七年晉平王休祐建安王休仁並見殺時失淮北立戍以備防北虜後三年宮車晏駕

泰始六年正月月犯左角八月熒惑犯斗十一月月犯東北轅

按宋書明帝本紀不載　按天文志六年正月辛巳月犯左角同前占八月壬辰熒惑犯南斗南斗吳分十一月乙亥月犯東北轅占曰大人當之又曰大臣有誅者二年殺揚州刺史王景文宮車晏駕

後廢帝元徽三年七月太白入角犯歲星又入氐八月犯房九月犯斗十月歲星入氐十一月月入太微

按宋書後廢帝本紀不載　按天文志元徽三年七月丙申太白入角犯歲星占曰角爲天門國有兵事占於角太白與木星會殺軍在外破軍殺將其月丁巳太白入氐氐爲天子宿宮太白兵凶之星八月己巳太白犯房北頭第二星占曰王失德九月癸卯太白犯南斗第三星占曰大人當之國易政十月丙戌歲星入氐占曰諸侯人君有來入宮者十一月庚戌月入太微奄屏西南星占曰貴者失勢四年七月建平王景素據京口反時廢主凶悖無度五年七月殞安成王入纂皇阼三年齊受禪

元徽四年三月月犯房鍵閉九月塡星犯太微

按宋書後廢帝本紀不載　按天文志四年三月乙巳朔月犯房北頭第一星進犯鍵閉星占曰有謀伏甲兵在宗廟中天子不可出宮下堂多暴事九月甲辰塡星犯太微西蕃占曰立王一曰徙王又曰大人憂時廢帝出入無度卒以此殞安成王立

元徽五年正月月犯斗四月熒惑犯鬼太白犯鬼五月太白晝見六月月犯鉤鈐犯斗

按宋書後廢帝本紀不載　按天文志五年正月戊申月犯南斗第五星與前同占四月丁巳熒惑犯輿鬼西北星占曰大人憂近期六十日遠期六月日又曰人君惡之其月丙子太白犯輿鬼西北星占曰大赦五月戊申太白晝見午上光明異常占曰更姓六月壬戌月犯鉤鈐星占曰有大令其月乙丑月犯南斗第四星與前同占七月廢帝殞大赦天下後二年齊受禪

順帝昇明元年八月月入斗九月太白晝見經天閏十二月月奄斗

按宋書順帝本紀不載　按天文志昇明元年八月庚申月入南斗犯第三星與前同占九月丁亥太白在翼晝見經天占曰更姓閏十二月癸卯夜月奄南斗第四星與前同占

欽定古今圖書集成曆象彙編庶徵典

第三十九卷目錄

庶徵典第三十九卷

星變部彙考十三

南齊

高帝建元元年五月熒惑犯太微七月月犯心入軒轅八月太白犯軒轅九月犯填星十月大星流出南河月犯心十一月犯氐十二月犯太微

按南齊書高帝本紀不載　按天文志建元元年五月己未熒惑犯太微西蕃上將又犯東蕃上將八月辛亥太白犯軒轅大星九月癸丑太白從行於軫犯填星十月癸酉有流星大如三升塸色白尾長五丈從南河東北二尺出北行歷輿鬼西過未至軒轅後星而沒沒後餘中央曲如車輪俄傾化爲白雲久乃滅　又按志七月丁未月犯心大星北一寸丁卯月入軒轅中犯第二星十月丙申月在心大星西北七寸十一月壬戌月在氐東南星五寸十二月乙酉月犯太微西蕃南頭第一星庚寅月行房道中無所犯癸巳月入南斗魁中無所犯按以下志中日干前後多有舛錯姑照原本錄入

建元二年三月月犯心五月月入斗六月太白晝見七月月入斗十月熒惑守太微

按南齊書高帝本紀不載　按天文志二年三月癸卯月犯心大星又犯後星五月庚戌月入南斗六月丙子太白晝見七月己巳月入南斗十月辛酉熒惑守太微

建元三年二月月犯太微十月填星守氐流星入紫宮

按南齊書高帝本紀不載　按天文志三年二月癸巳月犯太微上將十月癸丑填星逆行守氐丙午有流星大如月赤白色尾長七丈西北行入紫宮中光照牆垣

建元四年正月大流星出北極歲星太白合於婁歲星晝見二月太白晝見月犯鬼犯斗犯心四月犯軒轅犯箕五月犯心犯昴六月火金合於井月犯箕歲星晝見七月熒惑入鬼填星入氐月入南斗犯軒轅八月月犯昴犯五車犯軒轅九月流星入軒轅月犯箕入羽林入鬼十月熒惑犯太微上將十一月又犯太微右執法月犯五車十二月犯軒轅

按南齊書高帝本紀不載　按天文志四年正月辛未有流星大如三升塸赤色從北極第二星北一尺出北行一丈而沒己卯歲星太白俱從行同在婁度爲合宿二月丙戌太白晝見在午上乙亥月犯輿鬼西北星丙子月犯南斗魁第二星辛未月犯心大星又犯後星四月壬辰月犯軒轅左民星庚子月犯箕東北星五月丙寅月犯心後星戊寅月掩昴西北星六月戊子熒惑從行入東井無所犯乙未月犯箕東北星丁酉歲星晝見戊戌熒惑在東井度形色小而黃黑不明丁丑熒惑太白同在東井度七月癸亥月行南斗魁中無所犯甲戌熒惑從行入輿鬼犯積尸庚辰月犯軒轅女主八月庚子月犯昴西南星壬寅月犯五車東南星壬申月犯軒轅少民星九月壬子流星如鵝卵從柳北出入軒轅又一枚如瓜大西行沒空中丁巳月犯箕東北星壬辰月在營室度入羽林中二十日入輿鬼犯積尸十月癸未熒惑從行犯太微西蕃上將星丙戌熒惑從行入太微十一月甲戌月犯五車南星丙辰熒惑從行在太微犯右執法十二月丁酉月犯軒轅女主星又掩女御

武帝永明元年正月填守房心熒惑逆犯上相月犯心熒惑守角又逆入太微二月填犯西咸火守金月犯軒轅五月歲入井六月火犯亢又犯氐辰入太微流星出紫宮金犯太微上將執法月犯鬼七月歲星晝見火土同在氐火犯房八月月犯南斗犯鬼火犯天江犯南斗八月金犯南斗九月月犯太微金犯南斗又與火合在斗月犯井十月金犯哭星十一月月犯列星熒惑入羽林十二月月犯心南斗

按南齊書武帝本紀不載　按天文志永明元年正月庚寅填星守房心己亥熒惑逆犯上相月犯心後星辛亥熒惑守角庚子熒惑逆入太微三月甲子填星逆行犯西咸星丁卯熒惑守太白乙未月犯軒轅女主星五月甲午歲星入東井六月戊申熒惑從犯亢己巳熒惑從行犯氐東南星辰星從行入太微在太白西北一尺己酉有流星如二升椀從紫宮出南行沒氐太白行犯太微上將星辛酉太白行犯太微

左執法癸酉月犯輿鬼西南星七月壬午歲星晝見戊寅熒惑填星同在氐度丁亥熒惑行犯房北頭第二星八月乙丑月犯南斗第四星又犯輿鬼星熒惑從行犯天江甲戌熒惑犯南斗第五星甲申太白犯南斗第四星九月庚辰月犯太白在箕度乙酉太白犯南斗第三星壬辰太白熒惑合同在南斗度癸巳月犯東井北轅西頭第一星十月丁卯太白犯哭星十一月己未月犯列星丙申熒惑入羽林十二月丁卯月犯心前星又犯大星己巳月犯南斗第五星

永明二年正月太白晝見二月月犯南斗填犯東咸三月太白入羽林月犯井流星出天市四月太白犯井鉞月犯軒轅六月月犯井金火合于鬼太白犯歲八月熒惑犯西蕃上將犯右執法月掩心犯斗犯井辰星犯太白十月熒惑犯進賢十一月月犯昴犯軒轅熒惑犯亢南星十二月入氐月犯心

按南齊書武帝本紀不載　按天文志二年正月戊戌太白晝見當午上二月甲子月犯南斗第四星又犯第三星戊辰填星犯東咸星三月甲戌太白從行入羽林丁丑月犯東井北轅北頭第一星庚辰有流星如二升椀從天市中出南行在心後四月丙申太白從行犯東井鉞星戊申月犯軒轅右角六月丙寅月犯東井轅頭第一星戊辰太白熒惑合同在輿鬼度己巳太白從行輿鬼度犯歲星八月庚午熒惑犯太微西蕃上將癸未熒惑犯太微右執法丁酉熒惑犯太微右執法丙午月掩心大星戊申月犯南斗第三星戊子月犯東井北轅西頭第一星甲寅辰星於翼犯太白十月庚申熒惑犯進賢十一月庚辰月犯昴星丙戌月犯軒轅左角壬辰熒惑犯亢南第二星丙申熒惑犯亢南星十二月乙卯熒惑入氐壬戌月犯心前星又犯大星

永明三年二月熒惑守房月犯南斗三月月在井四月熒惑犯闕太白晝見五月木金合太白犯少民六月木水合月掩心火犯房又犯天江八月月犯井太白晝見熒惑犯南斗老人星見九月月犯井十月歲星入太微十一月熒惑入羽林歲犯右執法太白入氐十二月金土合箕

按南齊書武帝本紀不載　按天文志三年二月乙卯熒惑在房北頭第一星徘徊守房己未月犯南斗第五星三月壬申月在東井四月戊戌熒惑犯闕丁未太白晝見癸亥太白晝見當午上五月丙子歲星與太白合戊子太白犯少民星六月辛丑歲星與辰星合丙午月掩心前星乙亥熒惑犯房癸亥熒惑犯天江南頭第二星八月丙辰月犯東井北轅第二星丁巳太白晝見當午上熒惑犯南斗第五星丁酉老人星見南方丙上九月癸未月犯東井南轅西頭第一星十月己巳歲星從入太微十一月丙戌熒惑行入羽林甲子歲星從入太微犯右執法壬申太白從行入氐十二月己酉太白填星合在箕度

永明四年正月月入井犯鬼二月流星出月犯井鉞閏月月犯房歲犯太微上將三月又如之月入井四月歲犯右執法流星出南斗入氐六月流星出匏瓜入虛七月月犯井八月熒惑入太微又犯右執法流星出觜月犯井歲犯進賢與火合於軫九月火犯木月太白合於尾太白晝見犯南斗月入井十月火犯亢十一月流星出亢入天市熒惑犯氐太白入羽林犯天關月入井犯房十二月流星從天市帝座出熒惑犯房犯鉤鈐月犯井填犯建月犯南斗

按南齊書武帝本紀不載　按天文志四年正月癸酉月入東井無所犯乙亥月犯輿鬼二月乙丑有流星大如一升器丁卯月犯東井鉞戊辰有流星大如五升器閏月辛亥月犯房丙辰歲星犯太微上將三月乙未月入東井無所犯庚申歲星犯太微上將四月己未歲星犯右執法丁卯有流星大如一升器從南斗東北出西行經斗入氐六月丙戌有流星大如鴨卵從匏瓜南出至虛而入七月辛亥月犯東井八月戊辰熒惑入太微癸酉熒惑犯太微右執法辛未有流星大如三升堰從觜星南出西南行入天濛沒戊寅月犯東井戊子熒惑在太微乙巳歲星犯進賢又與熒惑于軫度合宿九月戊申熒惑犯歲星己酉熒惑犯歲星芒角相接辛卯月與太白于尾合宿壬辰太白晝見當午丙午太白犯南斗月入東井十月丁丑熒惑犯亢南頭第一星十一月戊寅有流星大如二升堰白色從亢東北出行入天市庚寅熒惑犯氐西南星庚子太白入羽林又犯天關辛丑月入東井曠中辛亥月犯房北頭第二星十二月丁巳有流星大如三升椀白色從天市帝座出東北行一丈而沒己未熒惑犯房北頭第一星庚申熒惑入房北犯鉤鈐星己巳月犯東井北轅東頭第二星辛巳填星犯建星月犯南斗第六星

永明五年正月月犯房鉤鈐二月犯井火土合於南斗歲犯進賢三月月犯南斗五月太白晝見三犯畢

六月歲晝見月犯南斗犯建流星出太白犯井北轅七月月入井八月犯畢九月月在填北熒惑在哭星左流星有光太白入軒轅又在西蕃上將又在太微左執法十月月入氐歲星從在氐辰星太白俱從在氐十一月月入氐十二月月在壁在熒惑北又犯壁月犯歲歲星晝見流星出

按南齊書武帝本紀不載　按天文志五年正月丙午月犯房鉤鈐二月癸亥月犯東井南轅西頭第二星乙亥熒惑填星同在南斗度爲合宿癸卯歲星犯進賢三月癸卯月犯南斗第二星五月丁酉太白晝見當午上庚子太白三犯畢左股第一星西南一尺六月甲子歲星晝見在軫度乙丑月犯南斗第六星在南斗七寸丙寅月犯西建星北一尺史臣曰月令昏明中星皆二十八宿箕斗之間微爲疎闊故仲春之與孟秋建星再用與宿度並列亟經陵犯災之所主未有舊占石氏星經云斗主爵祿褒賢進士故置建星以爲輔若犯建之異不與斗同則據文求義亦宰相之占也辛未有流星大如三升器沒後有痕甲戌太白犯東井北轅第三星在西一尺七月丁未月行入東井曠中無所犯八月壬申月在畢犯左股第二星西北三寸九月戊子月在填星北二尺八寸爲合宿乙未熒惑從行在哭星東相去半寸丙申有流星大如四升器白色有光照地甲寅太白從行入軒轅在女主星東北一尺二寸不爲犯戊辰太白從在西蕃上將星西南五寸辛巳太白從在太微左執法星西北四寸十月戊寅月入氐犯東南星西北一尺餘己未歲星從在氐西南星北七寸又辰星從入氐在歲星西四尺五寸又太白從在辰星東相去一尺同在氐度三星爲合宿十一月戊寅月入氐十二月戊午月在東壁度在熒惑北相去二尺七寸爲合宿甲子月在東壁度東南九寸爲犯癸酉月在歲星南七寸爲犯甲戌歲星晝見甲子西北有流星大如鴨卵黃白色尾長六尺西南行一丈餘沒

永明六年正月月在角二月在氐三月流星出歲逆入氐月入氐與歲合四月熒惑伏在參與金水合月犯井流星北行太白犯熒惑月犯氐與歲合又犯房熒惑辰星俱入井閏四月熒惑犯氐犯房右驂鉤鈐五月太白晝見六月月在角入氐與歲合歲晝見在氐太白犯西蕃右執法七月月入房犯牛太白犯氐角流星出匏瓜出北河南月犯畢八月月在歲東合於氐老人星見太白犯房閏八月晝見九月月犯房掩鍵閉月入井犯左角又與熒惑合宿十月月入氐南有流星閏月月入井十一月金木同在尾又與熒惑合於心火木合於尾月入羽林犯井角與太白合於箕十二月流星出梗河太白從在斗度月犯畢犯氐犯房

按南齊書武帝本紀不載　按天文志六年正月戊戌月在角星南相去三寸二月丁卯月在氐西南六寸三月癸酉有流星大如鴨卵赤色無尾甲申歲星逆行入氐宿乙未月入氐中在歲星南一尺一寸爲合宿四月癸丑熒惑伏在參度去太白二尺五寸辰星去太白五尺三寸爲合宿月犯東井南轅西頭第二星丙辰北面有流星大如三升器白色北行六尺而沒辛酉太白從在熒惑北三寸爲犯並在東井度壬戌月在氐西南星東南五寸爲犯漸入氐中與歲星同在氐度爲合宿癸亥月行在房北頭第一星西南一尺爲犯甲戌熒惑在辰星東南二尺五寸俱從行入東井曠中無所犯閏四月丁丑熒惑從行在氐西南星北七寸爲犯己卯熒惑從行入氐無所犯乙巳熒惑從行在房北頭第一上將右驂星南六寸爲犯又在鉤鈐星西北五寸五月癸卯太白晝見當午上六月乙卯月在角星東一寸爲犯丁巳月行入氐無所犯在歲星東三寸爲合宿丙寅歲星晝見在氐度己巳太白從太微西蕃右執法星東南四寸爲犯七月乙酉月入房北頭第二次相星西北八寸爲犯庚寅月在牽牛中星南二寸爲犯癸巳太白在氐角星東北一尺爲犯有流星大如鵝卵白色從匏瓜南出西南行一丈沒空中須臾又有流星大如五升器白色從北河南出東北行一丈三尺沒空中庚子月行在畢左股第一星七寸爲犯又進入畢八月壬子月行在歲星東二尺五寸同在氐中爲合宿壬戌老人星見南方丙上乙亥太白從行在房南第二左股次將星西南一尺爲犯閏八月甲午太白晝見當午九月庚辰月在房北頭第一上相星東北一尺爲犯又掩犯關鍵閉星丁酉月行入東井甲辰月在左角星西北九寸爲犯又在熒惑西南一尺六寸爲合宿十月癸酉月入氐中在西南星東北三寸爲犯戊寅南面有流星大如鷄卵赤色在東南行沒沒後如連珠閏月壬辰月行入東井十一月戊午太白從在歲星西北四尺同在尾度又在熒惑東北六尺五寸在心度合宿丙寅熒惑從行在歲星西相去四尺同在

尾度爲合宿丙戌月行入羽林中無所犯乙未月行在東井南轅西頭第二星南一尺爲犯丙寅月在左角北八寸爲犯辛未月行在太白東北一尺五寸同在箕度爲合宿十二月壬寅有流星大如鵝卵黃白色尾長三丈有光沒後有痕從梗河出西行一丈許沒空中太白從行在填星西南二尺五寸斗度甲申月行在畢左股第二星北七寸爲犯乙未月行入氐西南星東北一尺爲犯丙申月在房北頭上相星北一尺爲犯按一年無兩閏之理而志中載有閏四月閏八月閏十月同在永明六年中必有一年月錯悞姑存之以待推算者訂正

永明七年正月月入井犯牛流星出坐旗二月火土合於牛月掩井太白入羽林三月熒惑在泣星西北入羽林月與歲星合於箕四月月入氐犯房鍵閉六月犯牛及畢七月入氐犯鍵閉老人星見流星出亢南入翼八月熒惑入羽林月入氐犯畢九月又犯畢犯井熒惑入羽林十月流星出紫宮金木合於箕月掩蝕熒惑掩畢犯鍵閉天狗出五車十一月太白入羽林十二月填星在女辰星從之合宿月犯井

按南齊書武帝本紀不載　按天文志七年正月甲寅月入東井曠中無所犯戊辰月掩犯牽牛中星甲寅有流星如五升器白色尾長四尺從坐旗星出西行入五車而過沒空中二月丙子熒惑從行在填星西相去二尺同在牽牛度爲合宿辛巳月掩犯東井北轅東頭第一星太白從行入羽林三月戊午熒惑從在泣星西北七寸戊辰熒惑從行入羽林庚申月在歲星西北三尺同在箕度爲合宿四月乙酉月入氐中無所犯丙戌月犯房星北頭第一上相星北一尺在鍵閉西北四寸爲犯六月乙酉月犯牽牛中星乙未月入畢在左股第二星東八寸爲犯七月丁未月入氐中無所犯戊申在鍵閉星東北一尺爲犯壬戌老人星見南方丙上丁丑流星大如二升器黃赤色有光尾長六尺許從亢南出西行入翼中而沒沒後如連珠八月戊戌熒惑逆入羽林甲戌月入氐在西南星東北一尺爲犯庚寅月在畢右股第一星東北一尺爲犯九月丁巳月掩犯畢右股第一星庚申月在東井北轅東頭第一星西北八寸爲犯乙丑熒惑入羽林戊旬己十月乙丑有流星如三升器赤黃色尾長六尺出紫宮內北極星東南行三丈許沒空中癸酉太白在歲星南相去一尺六寸從在箕度爲合庚辰月掩蝕熒惑甲申月行掩畢左股第三星丁酉月行在鍵閉星西北八寸爲犯壬辰流星如三升器白色有光從五車北出行入紫宮抵北極第一第二星而過落空中尾如連珠仍有音響似雷太史奏名曰天狗十一月丁卯太白從行入羽林十二月戊辰填星在須女度又辰星從在填星西南一尺一寸爲合宿壬午月在東井北轅東頭第一星北八寸爲犯

永明八年正月太白晝見月犯亢二月犯畢三月填守哭星歲守牛四月流星出心又出角火入鬼犯之六月月犯亢流星出紫宮金入井晝見月掩畢七月大流星東南行八月太白犯軒轅月犯牛又犯軒轅女御九月太白犯太微西蕃上將進賢月犯左執法十月太白犯亢火入氐流星出紫宮月入井犯右執法太白入氐十一月熒惑入北落門犯鉤鈐流星出氐又出參伐又出軫月與填星合宿太白犯房鍵閉與熒惑合宿月犯右執法十二月犯軒轅右角又犯右執法

按南齊書武帝本紀不載　按天文志八年正月丁未太白晝見當午上丁巳月在亢南頭第二星南七寸爲犯二月己巳月在畢右股第一星東北六寸爲犯三月庚申填星守哭星歲星守牽牛四月癸巳有流星如二升器黃白色有光從心星南一尺許出南行二丈沒沒後如連珠丁巳流星如鵝卵白色長五丈許從角星東北二尺出西北行沒太微西蕃上將星間丙申熒惑從行入輿鬼在西北星東南二寸爲犯六月甲戌月在亢南頭第二星西南七寸爲犯癸未有流星如鴨卵赤色從紫宮中出西南行未至大角五尺許沒戊子太白從行入東井己丑太白晝見當午庚寅月掩蝕畢左股第一星七月戊申有流星如五升器赤白色長七尺東南行二丈沒空中八月庚辰太白從在軒轅女主星南七尺爲犯乙亥月在牽牛中星南九寸爲犯辛卯月在軒轅女御南八寸爲犯九月丙申太白從行在太微西蕃上將星西南一尺爲犯丁未太白從行入太微辛酉太白從行在進賢西五寸爲犯月在太微左執法星南四寸爲犯十月乙亥太白從行在亢南第二星西南一尺爲犯熒惑入氐有流星如鵝卵白色從紫宮中出西北行三丈許沒空中壬午月入東井曠中無所犯戊子月在太微右執法星東南六寸爲犯甲申太白從行入氐十一月乙未熒惑從入北落門在第一星東南去鉤鈐三寸爲犯流星如鵝卵赤白色有光無尾從氐

北一丈出南行入氐中沒辛丑流星如鷄卵白色從參伐出南行一丈沒空中又有流星大如三升器白色從軫中出東南行入婁中沒戊戌月行在塡星北二尺二寸爲合宿太白從行在房北頭第二星東北一寸又在鍵閉星西南七寸並爲犯又在熒惑西北二尺爲合宿癸卯太白從行在熒惑東北一尺爲犯乙卯月行在太微右執法星南二寸爲犯十二月庚辰月行在軒轅右角星南二寸爲犯癸未月掩犯太微右執法

永明九年正月月犯畢與歲合於女二月入井犯之木土合於虛三月火從土與歲合於虛月掩畢四月火入羽林月犯軒轅女御犯上相犯歲星於危太白先歷而見五月月掩太微犯東西建流星出紫宮又出奎北出箕東六月太白晝見木金合於七星七月太白犯西蕃上將月犯太白又犯東蕃上相犯建犯牛犯歲星塡犯泣星流星出天江閏月月犯軒轅女御火犯畢歲犯泣星守塡星流星入紫宮又流星西南行老人星見八月月犯軒轅左民星熒惑先歷在畢變色九月月掩牛犯執法太白犯南斗月掩太微歲星合於泣星流星出少微十月月犯塡塡犯泣星月掩女御犯左執法十一月月犯歲星犯畢犯井犯軒轅左民犯西蕃上將十二月犯歲星犯東蕃上相

按南齊書武帝本紀不載　按天文志九年正月辛丑月在畢躔西星北六寸爲犯庚申月在歲星西北二尺五寸同在須女度爲合宿二月辛未月入東井曠中無所犯壬申月行東井北轅東頭第一星北九寸爲犯壬午歲星從在塡星西七寸同在虛度爲合宿三月甲午熒惑從在塡星東七寸在歲星南六寸同在虛度爲犯爲合宿丙申月入畢在左股第二星東北六寸又掩大星四月癸亥熒惑從行入羽林庚午月在軒轅女御星南八寸爲犯癸酉月在太微東南頭上相星南八寸爲犯癸未月在歲星北爲犯在危度癸未太白從歷夕見西方從疾參宿一度比來多陰至己丑開除已見在日北當西北維上薄昏不見宿星則爲先歷而見五月庚子月行掩犯太微在執法丁未月掩犯東建西星庚子有流星如雞子白色無尾從紫宮裏黃帝座星西二尺出南行一丈沒空中丁未流星如李子白色無尾從奎東北大星東二尺出東北行至天將軍而沒戊申流星如鵝卵黃白色尾長二丈從箕星東一尺出南行四丈沒六月丙子太白晝見當午上辰星隨太白於西方在七星度相去一尺四寸爲合宿七月辛卯太白從行入太微在西蕃上將星北四寸爲犯癸巳月在太白東五寸爲犯乙未月在太微東蕃南頭上相星西南五寸爲犯壬寅月掩犯東建星癸卯月在牽牛南星北五寸爲犯乙巳月在歲星北六寸爲犯庚戌塡星逆在泣西星東北七寸爲犯乙卯西南有流星大如二升器白色無尾西南行一丈餘沒戊午有流星如二升器黃白色有光從天江星西出東北經天入參中而沒沒後如連珠閏七月辛酉月在軒轅女御星西南三寸爲犯熒惑從行在畢左股星西北一寸爲犯歲星在泣星北五寸爲犯又守塡星戊辰流星如鵝卵赤色尾長二尺從文昌西行入紫宮沒己巳西南有流星如二升器白色西南行一丈沒戊寅老人星見南方丙上八月月在軒轅左民星東八寸爲犯在虛度十四日熒惑應伏在昴三度前先歷在畢度二十一日始逆行北轉垂及元冬熒惑囚死之時而形色漸大於常九月乙丑月掩牽牛南星癸未月入太微在右執法東北四寸爲犯乙亥太白從行在南斗第四星北二寸爲犯丁卯太白在南斗第三星西一寸爲犯甲申月掩太微東蕃南頭上相星辛卯歲星在泣星西一尺五寸爲合宿戊子有流星大如鷄卵白色從少微星北頭出東行入太微抵帝座星而過未至東蕃衣相一尺沒如散珠十月甲午月行在塡星西北八寸爲犯在虛度又塡星從行在泣星西北五寸爲犯戊申月在軒轅女主星南四寸掩女御並爲犯辛亥月入太微左執法東北七寸爲犯十一月壬戌月行掩犯歲星己巳月在畢右股大星東一寸爲犯辛未月在東井南轅西頭第二星南八寸爲犯又入東井曠中丙子月入在軒轅左民星東北七寸爲犯丁丑月行在太微西蕃上將星南五寸爲犯十二月庚寅月行在歲星東南八寸爲犯丙午月掩犯太微東蕃南頭上相星

永明十年正月月犯軒轅流星出氐二月月在右掖門入氐掩之太白入羽林月又入之火犯井三月月入羽林犯塡星於危流星出牛火犯鬼四月月入太微入羽林五月掩南斗入羽林太白入井犯軒轅六月月犯熒惑入太微掩西建熒惑入太微月犯畢七月太白犯軒轅月犯畢犯井八月老人星見月犯建犯畢入井犯軒轅入太微犯左執法九月掩塡星十月入羽林入井十一月犯畢入太微入氐十二月入

井犯北轅入太微

按南齊書武帝本紀不載　按天文志十年正月庚午月在軒轅右角大民星南八寸爲犯甲戌有流星如五升器白色從氐中出東南行經房道過從心星南二尺沒二月己亥月行太微在右掖門甲辰月行入氐中掩犯東北星太白從行入羽林壬子月行入羽林庚子熒惑入東井北轅西頭第一星西二寸爲犯三月己卯月行入羽林在塡星東北七寸爲犯在危四度癸未有流星如雞卵青白色尾長四尺從牽牛南八寸出南行一丈沒空中熒惑從行在輿鬼西北七寸爲犯乙酉熒惑從行入輿鬼四月甲午月行入太微在右掖門內丙午月行在危度入羽林五月己巳月掩南斗第二星甲戌月行在危度入羽林辛巳太白從行入東井在軒轅西第一星東六寸爲犯六月戊子月在張度在熒惑星東三寸爲犯己丑月行入太微在右掖門丁酉月掩西建星西壬寅熒惑從行入太微丁未月行入畢犯右股大赤星七月乙丑太白從行在軒轅大星東八寸爲犯甲戌月行在畢躔星西北六寸爲犯丁丑月在東井北轅東頭第二星西南九寸爲犯八月乙酉老人星見辛卯月行西建星東一尺又在東星西四寸爲犯壬寅月行在畢右股大赤星東北四寸爲犯甲辰月行入東井曠中無所犯戊申月行在軒轅女主星西九寸爲犯辛亥月入太微在左執法星北二尺七寸爲犯九月癸亥月行掩犯塡星一寸在危度十月辛卯月在危度入羽林無所犯癸亥月入東井曠中無所犯十一月甲子月入畢進右股大赤星西北五寸爲犯壬申月入太微在右執法星東北一尺三寸無所犯丁丑月入氐無所犯十二月甲午月入東井曠中又進北轅東頭第二星四寸爲犯庚子月入太微右執法星東北三尺無所犯

永明十一年正月月入井犯軒轅太白犯歲星於奎月犯氐二月太白犯井月入太微掩南斗流星北行月掩建熒惑犯塡星於室四月太白犯五諸侯犯鬼月入羽林入太微流星出箕入斗五月月入太微熒惑犯歲星於婁太白經天入軒轅月犯南斗掩建星流星出太微六月月犯畢七月月入太微犯氐犯斗犯建流星出氐又出紫宮八月火入井九月流星出婁月犯哭星月在室入羽林犯畢入井犯屏星太白晝見辰星不應曆見老人星見十月月犯建太白犯進賢十一月太白入氐月犯哭星熒惑犯五諸侯月犯井鉞太白犯鍵閉月入太微入氐十二月入羽林犯井西南有流星太白犯南斗月入太微入氐太白犯建星

按南齊書武帝本紀不載　按天文志十一年正月辛酉月入東井曠中無所犯乙丑月在軒轅女主星北八寸爲犯戊辰太白從行在歲星西北六寸爲犯在奎度壬申月行在氐星東北九寸爲犯二月丁丑太白從行東井北轅西頭第一星東北一尺爲犯甲午月行入太微在上將星東北一尺五寸無所犯壬寅月行掩犯南斗第六星壬寅東北有流星如一升器白色無尾北行三丈而沒癸卯月掩犯西建中星又掩東星庚戌熒惑從在塡星西北六寸爲犯同在營室四月戊子太白在五諸侯東第二星西北六寸爲犯辛丑太白從行入輿鬼在東北星西南四寸爲犯壬寅月行在危度入羽林無所犯乙丑月入太微在右執法西北一尺四寸無所犯丙申有流星如三升器白色有光尾長一丈許從箕星東北一尺出行二丈許入斗度沒空中臨沒如連珠五月丁巳月行入太微左執法星北三尺無所犯戊午熒惑從行在歲星西南六寸爲犯同在婁度戊午太白晝見當午名爲經天癸亥太白從行入軒轅大星北一尺二寸無所犯甲子月行在南斗第二星西七寸爲犯乙丑月掩犯西建中星又犯東星六寸壬申有流星大如雞子黃白色從太微端門出無所犯西南行一丈許沒沒後有痕六月辛丑月行掩犯畢左股第三星壬寅月入畢七月壬子月入太微在左執法東三尺無所犯丙辰月行入氐在東北星西南六寸爲犯己未月行南斗第六星南四寸爲犯庚申月行在西建星東南一寸爲犯辛酉有流星如雞子赤色無尾從氐中出西行一丈五尺沒空中戊寅有流星如雞卵黃白色從紫宮東蕃內出東北行一丈五尺至北極第五星西北四尺沒八月辛巳熒惑從行入東井在南轅西第一星東北一尺四寸九月乙酉有流星如鴨卵黃白色從婁南一尺出東行二丈庚寅月行在哭星西南六寸爲犯壬辰月行在營室度入羽林無所犯丁酉月入畢左右股大赤星西北六寸爲犯己亥月入東井曠中無所犯乙巳月行太微當右掖門內在屏星西南六寸爲犯己酉太白晝見當午上丙辰辰星依曆應夕見西方亢宿一度至九月八日不見丙寅老人星見南方丙上十月壬午月行在東建中

星九寸爲犯丙戌太白行在進賢星西南四寸爲犯十一月戊戌太白從行入氐壬子月在哭星南五寸爲犯丁巳熒惑逆行在五諸侯東星北四寸爲犯辛酉月行在東井鉞星南八寸又在東井南轅西頭第一星南五寸並爲犯進入井中丁卯太白從行在鍵閉星西北六寸爲犯又月入太微壬申月行入氐無所犯十二月辛巳月入羽林又入東井曠中又入東井北轅西頭第二星南六寸爲犯己丑西南有流星如三升器黃赤色無尾西南行三丈許沒散如遺火壬辰太白從行在南斗第六星東南一尺爲犯乙未月入太微在右執法星東北二尺無所犯乙亥月入氐無所犯辛丑太白從行在西建東星西南一尺爲犯

廢帝隆昌元年正月辰犯太白月入畢犯左股三月犯井犯屏火犯鬼積屍閏三月熒惑入軒轅五月入太微犯執法六月月犯畢犯歲星犯井

按南齊書廢帝本紀不載　按天文志隆昌元年正月丙戌辰星見危度在太白北一尺爲犯辛亥月入畢在左股第一星東南一尺爲犯三月辛亥月在東井北轅頭第二星東七寸爲犯甲申月入太微在屏星南九寸爲犯乙丑熒惑從行入輿鬼西北星東一寸爲犯癸酉熒惑從行在輿鬼積屍星東北七寸爲犯閏三月甲寅熒惑從入軒轅五月丁酉熒惑從入太微在右執法北二寸爲犯六月乙丑月入畢在右股第一星東北五寸爲犯又在歲星東南一尺爲犯丁卯月入東井南轅西頭第一星東北七寸爲犯

明帝永泰元年七月月掩心中星

按南齊書明帝本紀不載　按天文志云云

後廢帝永元二年天狗見

按南齊書後廢帝本紀不載　按天文志永元二年夜天開黃色明照須臾有物絳色如小甕漸漸大如倉廩聲隆隆如雷墜太湖中野雉皆雊世人呼爲木殃史臣按春秋緯天狗如大奔星有聲望之如火見則四方相射漢史云西北有三大星如日狀名曰天狗天狗出則人相食天官云天狗狀如大鏡星又云如大流星色黃有聲其止地類狗所墜望之如火光炎炎衝天其上銳其下圓如數頃田見則流血千里破軍殺將漢史又云昭明下爲天狗所下兵起血流昭明星也洛書云昭明見而霸者出運斗樞云昭明有芒角兵徵也河圖云太白散爲天狗漢史又云有星出其狀赤白有光卽爲天狗其下小無足所下國易政衆說不同未詳孰是推亂亡之運此其必天狗乎

梁

武帝天監元年熒惑守南斗

按梁書武帝本紀不載　按隋書天文志天監元年八月壬寅熒惑守南斗占曰糴貴五穀不成大旱多火災吳越有憂宰相死是歲大旱米斗五千人多餓死其二年五月尚書范雲卒

天監二年五月月犯心七月太白犯軒轅大星

按梁書武帝本紀不載　按隋書天文志二年五月丙辰月犯心占曰有亂臣不出三年有亡國其四年交州刺史李凱舉兵反七月丙子太白犯軒轅大星

天監四年六月歲星晝見八月老人星見

按梁書武帝本紀云云　按隋書天文志四年六月壬戌歲星晝見占曰歲色黃潤立竿影見大熟是歲大穰米斛三十又曰星與日爭光武且弱文且強自此後帝崇尚文儒躬自講說終於太清不修武備八月庚子老人星見占曰老人星見人主壽昌自後每年恆以秋分後見於參南至春分而伏武帝壽考之象云

天監五年五月辛卯太白晝見八月戊戌老人星見

天監六年二月甲辰老人星見七月太白晝見

按以上俱梁書武帝本紀云云

天監七年八月甲戌老人星見九月己亥月犯東井

按梁書武帝本紀云云　按隋書天文志七年九月己亥月犯東井占曰有水災其年京師大水

天監八年二月壬戌老人星見八月戊午老人星見

天監九年秋七月己巳老人星見

按以上俱梁書武帝本紀云云

天監十年秋九月天狗見

按梁書武帝本紀云云　按隋書天文志十年九月丙申天西北隆隆有聲赤氣下至地占曰天狗也所往之鄉有流血其君失地其年十二月馬仙琕大敗魏軍斬馘十餘萬剋復朐山城

天監十三年老人星見太白在天關塡星守天江

按梁書武帝本紀十三年二月丁亥老人星見　按隋書天文志二月丙午太白失行在天關占曰津梁不通又兵起其年塡星守天江占曰有江河塞有決溢有土功其年大發軍衆造浮山堰以遏淮水至十四年塡星移去天江而堰壞奔流決溢

天監十四年二月老人星見八月又見十月太白犯南斗

按梁書武帝本紀十四年二月戊戌老人星見秋八月乙未老人星見　按隋書天文志十月辛未太白犯南斗

天監十五年秋八月老人星見

天監十六年二月庚戌老人星見八月辛丑老人星見

按以上俱梁書武帝本紀云云

天監十七年三月老人星見八月又見閏八月月行掩昴

按梁書武帝本紀十七年三月甲申老人星見秋八月壬寅老人星見　按隋書天文志閏八月戊辰月行掩昴

天監十八年二月戊午老人星見秋七月甲申老人星見

按梁書武帝本紀云云

普通元年二月壬子老人星見八月庚戌老人星見九月乙亥有星晨見東方光爛如火

按梁書武帝本紀云云　按隋書天文志普通元年九月乙亥有星晨見東方光爛如火占曰國皇見有內難有急兵反叛其三年義州刺史文僧朗以州叛

普通二年秋七月甲寅老人星見

普通三年八月甲子老人星見

普通四年二月庚午八月丁卯老人星見十一月太白晝見

普通五年二月丁丑老人星見

按以上俱梁書武帝本紀云云

普通六年二月老人星見三月歲星見南斗五月太白晝見六月經天八月老人星見九月太白犯右執法

按梁書武帝本紀六年二月丁丑老人星見三月丙午歲星見南斗五月太白晝見六月經天八月壬午老人星見　按隋書天文志三月丙午歲星入南斗五月己酉太白晝見六月癸未太白經天九月壬子太白犯右執法

普通七年正月金木犯於牛二月老人星見

按梁書武帝本紀七年二月丁亥老人星見　按隋書天文志正月癸卯太白歲星在牛相犯占曰其國君凶易政明年三月改元大赦

大通元年八月老人星見月掩塡星十月又掩之

按梁書武帝本紀大通元年秋八月壬辰老人星見　按隋書天文志八月甲申月掩塡星十月癸酉又掩之占曰有大喪天下無主國易政其後中大通元年九月癸巳上又幸同泰寺捨身王公以一億萬錢奉贖十月己酉還宮大赦改元中大通三年太子薨皆天下無主易政及大喪之應

大通二年二月甲午老人星見

按梁書武帝本紀云云

中大通元年熒惑犯積尸

按梁書武帝本紀不載　按隋書天文志中大通元年閏月壬戌熒惑犯鬼積尸占曰有大喪有大兵破軍殺將其二年蕭玩帥衆援巴州爲魏梁州軍所敗玩被殺

中大通二年正月癸未老人星見

中大通三年二月甲寅老人星見秋七月癸巳老人星見

按以上俱梁書武帝本紀云云

中大通四年二月壬寅老人星見七月星隕如雨

按梁書武帝本紀云云　按隋書天文志四年七月甲辰星隕如雨占曰星隕陽失其位災害之象萌也又曰星隕如雨人民叛下有專討又曰大人憂其後侯景役亂帝以憂崩人衆奔散皆其應也

中大通五年正月己酉長星見二月己丑老人星見八月庚申老人星見

按梁書武帝本紀云云

中大通六年四月熒惑在南斗

按梁書武帝本紀云云　按隋書天文志六年四月丁卯熒惑在南斗占曰熒惑出入留舍南斗中有賊臣謀反天下易政更元其年十二月北梁州刺史蘭欽舉兵反後年改爲大同元年

大同元年二月己卯老人星見秋七月乙卯老人星見

大同二年二月丙戌老人星見

按以上俱梁書武帝本紀云云

大同三年二月老人星見三月歲星掩建星八月老人星見

按梁書武帝本紀三年二月乙酉老人星見八月甲申老人星見　按隋書天文志三月乙丑歲星掩建星占曰有反臣其年會稽山賊起其七年交州刺史李賁舉兵反

大同五年彗出南斗

按梁書武帝本紀不載　按隋書天文志五年十月辛丑彗出南斗長一尺餘東南指漸長一丈餘十一月乙卯至婁滅占曰天下有謀王者共八年正月安成民劉敬躬挾左道以反黨與數萬其九年李賁僭稱皇帝於交州

太清二年正月熒惑守心太白晝見三月熒惑又守心九月月在斗掩歲星

按梁書武帝本紀太清二年正月熒惑守心太白晝見三月熒惑又守心　按隋書天文志正月壬午熒惑守心占曰王者惡之乙酉太白晝見占曰不出三年有大喪天下革政更王強國弱小國強三月丙子熒惑又守心占曰大人易政主去其宮又曰人飢亡海內哭天下大潰是年帝爲侯景所幽崩七月九江大飢人相食十四年九月戊午月在斗掩歲星占曰天下亡君其後侯景篡殺

簡文帝大寶元年正月己未太白經天辛酉乃止

按梁書簡文帝本紀云云

元帝承聖二年月犯心中星

按梁書元帝本紀不載　按隋書天文志承聖三年九月甲午月犯心中星占曰有反臣王者惡之有亡國其後三年帝爲周軍所俘執陳氏取國梁氏以亡

敬帝紹泰元年十一月丙戌太白不見乙卯出於東方

按梁書敬帝本紀不載　按陳書武帝本紀云云

陳

武帝永定三年六月熒惑在天尊九月月入南斗

按陳書武帝本紀永定三年六月癸卯熒惑在天尊　按隋書天文志九月辛卯朔月入南斗占曰月入南斗大人憂一曰太子殃後二年帝崩太子昌在周爲質文帝立後昌還國爲侯安都遣盜迎殺之

文帝天嘉元年二月老人星見五月熒惑犯右執法八月老人星見九月彗星見太白晝見

按陳書文帝本紀天嘉元年二月辛卯老人星見八月庚辰老人星見九月癸丑彗星見丙子太白晝見　按隋書天文志五月辛亥熒惑犯右執法占曰大臣有憂執法者誅後四年司空侯安都賜死九月癸丑彗星長四尺見芒指西南占曰彗星見則敵國兵起得本者勝其年周將獨孤盛領衆趣巴湘侯瑱襲破之

天嘉二年四月老人星見五月歲星守南斗六月熒惑犯東井七月熒惑入鬼犯斧質十月入大微

按陳書文帝本紀二年四月辛卯老人星見　按隋書天文志五月己酉歲星守南斗六月丙戌熒惑犯東井七月乙丑熒惑入鬼中戊辰熒惑犯斧質十月熒惑行在太微右掖門內

天嘉三年閏二月熒惑犯上相太白犯五車塡星七月太白犯鬼八月月犯斗犯牽牛太白入太微十一月月犯畢熒惑犯歲星月犯角入氐

按陳書文帝本紀不載　按隋書天文志三年閏二月己丑熒惑逆行犯上相甲子太白犯五車塡星七月太白犯輿鬼八月癸卯月犯南斗丙午月犯牽牛庚申太白入太微十一月丁丑月犯畢左股辛巳熒惑犯歲星戊子月犯角庚寅月入氐

天嘉四年六月太白犯右執法七月熒惑犯塡八月熒惑犯軒轅太白犯房九月熒惑犯左右執法太白入南斗十一月月犯畢

按陳書文帝本紀四年六月癸巳太白晝見　按隋書天文志六月癸丑太白犯右執法七月戊子熒惑犯塡星八月甲午熒惑犯軒轅大星丁未太白犯房九月戊寅熒惑入太微犯右執法癸未太白入南斗占曰太白入斗天下大亂將相謀反國易政君死不死則廢又曰天下受爵祿其後安成王爲太傅廢少帝而自立改官受爵之應也辛卯熒惑犯左執法十一月辛酉熒惑犯右執法甲戌月犯畢左股

天嘉五年正月月犯畢奎又犯星四月金木合於奎月入氐又犯熒惑金木又合於婁月犯房熒惑犯氐六月月犯亢七月犯畢閏十月犯牛又犯左執法十一月食畢大星

按陳書文帝本紀不載　按隋書天文志五年正月甲子月犯畢大星奎丁卯月犯星四月庚子太白歲星合在奎金在南木在北相去二尺許壬寅月入氐又犯熒惑太白歲星又合在婁相去一尺許癸卯月犯房上星五月庚午熒惑逆行二十一日犯氐東南星占曰月有賊臣又曰人主無出廊廟間有伏兵又曰君死有赦後二年少帝廢之應也六月丙申月犯亢七月戊寅月犯畢大星閏十月庚申月犯牽牛丙子又犯左執法十一月乙未月食畢大星

天嘉六年正月太白犯熒惑三月流星出太微四月月犯軒轅彗星見五月太白犯軒轅六月月犯氐彗星見七月太白晝見八月月掩畢犯太白九月熒惑

犯左執法太白犯右執法又犯左執法月犯上相太白犯熒惑月又犯太白

按陳書文帝本紀六年四月辛酉有彗星見七月丁酉太白晝見

按隋書天文志正月己亥太白犯熒惑相去二寸占曰其野有兵喪改立侯王三月丁卯日入後衆星未見有流星白色大如斗從太微間南行尾長尺餘占曰有兵與喪四月丁巳月犯軒轅占曰女主有憂五月丁亥太白犯軒轅占曰女主失勢又曰四方禍起其後年少帝廢廢後慈訓太后崩六月己未月犯氐辛酉有彗長可丈餘占曰陰謀姦宄起一曰宮中火起後安成王錄尚書都督中外諸軍事廢少帝而自立陰謀之應八月戊辰月掩畢大星丙子月與太白並光芒相著在太微西蕃南三尺所九月辛巳熒惑犯左執法癸未太白犯右執法辛卯犯左執法乙巳月犯上相太白犯熒惑其夜月又犯太白占曰其國內外有兵喪改立侯王明年帝崩又少帝廢之應也

天康元年廢帝即位月犯軒轅又犯左執法

按陳書廢帝本紀不載　按隋書天文志天康元年五月庚辰月犯軒轅女御大星占曰女主憂後年慈訓太后崩癸未月犯左執法

廢帝光大元年正月月犯軒轅四月太白晝見八月月蝕哭星填辰合於軫九月辰星太白相犯月犯歲星十二月月犯歲星又犯建星

按陳書廢帝本紀光大元年四月乙卯太白晝見

按隋書天文志正月甲寅月犯軒轅大星占曰女主當之八月戊寅月蝕哭星占曰有喪泣事明年太后崩臨海王薨哭泣之應也壬午填星辰星合於軫九月戊午辰星太白相犯占曰改立侯王己未月犯歲星占曰國亡君十二月辛巳月又犯歲星辛卯月犯建星占曰大人惡之

光大二年正月月掩歲星四月太白晝見五月月犯太白六月太白犯右執法客星見氐東八月月犯太微九月太白與填合於角太白晝見十一月歲星守右執法月犯太微太白入氐

按陳書廢帝本紀二年四月辛巳太白晝見六月丁卯彗星見九月戊午太白晝見　按隋書天文志正月戊申月掩歲星占曰國亡君五月乙未月犯太白六月丙寅太白犯右執法壬子客星見氐東八月庚寅月犯太微九月庚戌太白逆行與填星合在角占曰爲白衣之會又曰所合之國爲亡地爲疾兵戊午太白晝見占曰太白晝見國更政易王十一月丙午歲星守右執法甲申月犯太微東南星戊子太白入氐十二月甲寅慈訓太后廢帝爲臨海王太建二年四月薨皆其應也

宣帝太建二年閏四月己酉太白晝見八月戊子太白晝見

太建三年五月戊申太白晝見九月癸酉太白晝見

太建五年二月乙卯夜有白氣如虹自北方貫北斗紫宮

太建六年夏四月庚子彗星見

按以上俱陳書宣帝本紀云云

太建七年夏四月丙戌有星孛於大角

按陳書宣帝本紀云云　按隋書天文志七年四月丙戌有星孛於大角占曰人主亡五月庚辰熒惑犯右執法壬子又犯右執法

太建十年五月太白晝見十月月蝕熒惑

按陳書宣帝本紀十年五月甲申太白晝見　按隋書天文志十月癸卯月蝕熒惑占曰國敗君亡大兵起破軍殺將來年三月吳明徹敗於呂梁十三年帝崩敗國亡君之應也

太建十一年四月己丑歲星太白辰星合於東井

按陳書宣帝本紀不載　按隋書天文志云云

太建十二年十月月犯牽牛歲星犯執法十二月辰星太白相掩彗星見

按陳書宣帝本紀不載　按隋書天文志十二年十月戊午月犯牽牛吳越之野占曰其國亡君有憂後年帝崩辛酉歲星犯執法十二月癸酉辰星在太白上甲戌辰星太白交相掩占曰大兵在野大戰辛巳彗星見西南占曰有兵喪明年帝崩始興王叔陵作亂

太建十三年十二月辛巳彗星見

按陳書宣帝本紀云云

太建十四年後主即位太白晝見

按陳書後主本紀十四年正月丁巳即皇帝位九月乙卯太白晝見

後主至德元年蓬星見

按陳書後主本紀不載　按隋書天文志至德元年正月壬戌蓬星見占曰必有亡國亂臣後帝於太皇寺捨身作奴以祈冥助不恤國政爲施文慶等所惑以至國亡

至德二年九月癸未太白晝見
至德三年秋八月戊子夜老人星見十二月丙戌太白晝見
禎明元年秋八月癸卯老人星見
按以上俱陳書後主本紀云云

欽定古今圖書集成曆象彙編庶徵典

第四十卷目錄

星變部彙考十四

庶徵典第四十卷

星變部彙考十四

北魏一

太祖皇始元年有星孛於旄頭

按魏書太祖本紀不載　按天象後志皇始元年夏六月有星彗於旄頭彗所以去穢布新也皇天以黜無道建有德故或凴之以昌或由之以亡自五胡蹂躪生人力正諸夏百有餘年莫能建經始之謀而底定其命是秋太祖啓冀方之地實始芟夷滌除之有德教之音人倫之象焉終以錫類長代修復中朝之舊物故將建元立號而天街彗之蓋其祥也先是有大黃星出於昴畢之分五十餘日慕容氏太史丞王先曰當有眞人起於燕代之間大兵鏘鏘其鋒不可當冬十一月黃星又見天下莫敵

注是歲六月木犯哭星木人君也君有哭泣之事是月太后賀氏崩至秋晉帝殂

皇始二年正月火犯哭星六月月掩金於端門外八月火守井鉞

按魏書太祖本紀不載　按天象前志二年六月庚戌月掩太白在端門外占曰國受兵九月慕容賀驎率三萬餘人出寇新市十月太祖破之於義臺塢斬首九千餘級　又按後志六月庚戌月掩金於端門之外戰祥也變及南宮是謂朝廷有兵時燕王慕容寶已走和龍秋九月其弟賀驎復糾合三萬衆寇新市上自擊之大敗燕師於義臺悉定河北而晉桓元等連衡內侮其朝廷日夕戒嚴

注是歲正月火犯哭星占有死喪哭泣事秋八月又守井鉞占曰大臣誅十月襄城王題薨明年正月右軍將軍尹國於冀州謀反被誅

天興元年八月木晝見胃十一月月犯東上相

按魏書太祖本紀不載　按天象前志天興元年十一月丁丑月犯東上相　又按後志八月戊辰木晝見胃胃趙代墟也闕天之事歲爲有國之君晝見者並明而干陽也天象若曰且有負海君實能自濟其德而行帝王事是月始正封畿定權量肆禮樂頒官秩十二月羣臣上尊號正元日遂禋上帝於南郊由是魏爲北帝而晉氏爲南帝

天興二年夏五月月奄東上相辰犯軒轅八月月犯牽牛

按魏書太祖本紀不載　按天象前志二年五月辛酉月奄東上相八月壬辰月犯牽牛占曰國有憂三年二月丁亥皇子聰薨　又按後志元年十月至二年五月月再奄東蕃上相相所以蕃輔王室而定君臣位天象若曰今下陵上替而莫之或振將焉用之哉且日中坐成刑貴人奪勢是歲桓元專殺殷仲堪等制上流之衆晉室由是遂卑

注是歲五月辰星犯軒轅大星占曰女主當之

天興三年二月月犯填星於牽牛有星孛於奎七月又犯填星於牽牛又犯哭星

按魏書太祖本紀時太史屢奏天文錯亂帝親覽經占多云改王易政故數革官號一欲防塞凶狡二欲消災應變　按天象前志三年三月乙丑月犯填星在牽牛七月己未月犯填星在牽牛辛酉月犯哭星　又按後志三月有星孛於奎歷閣道至紫微西蕃入北斗魁犯太陽守循下台輔南宮履帝坐遂由端門以出奎是封豨剝氣所由生也又殿徐州之次桓元國焉劉裕興焉天象若曰君德之不建人之無援且有權其列蕃盜其名器之守而薦食之者矣又將由其天步席其帝庭而出號施令焉

注三月至七月月再犯填星於牽牛又犯哭星爲兵喪女憂或曰月爲彊大之臣填所以正綱紀也是爲彊臣有干犯者在吳越旣而晉太后李氏殂桓元擅命江南仍有艱故云

天興四年二月流星衆多西行七月月犯天關十月月犯東次相

按魏書太祖本紀不載　按天象前志四年七月丁卯月犯天關十月甲子月犯東次相　又按後志二月甲寅有大流星衆多西行歷牛虛危絕漢津貫太微紫微虛危主靜人牽牛主農政皆負國之陽國也天象若曰黎元喪其所食失其所係命卒至流亡矣上不能恤又將播遷以從之其後晉人有孫恩之難而桓元踵之三吳連兵荐饑西奔死亡者萬計竟篡

晉主而流之尋陽既又劫之以奔江陵

注 七月丁卯月犯天關關所以制畿封國也月犯之是爲兵起於郊甸十月甲子月又犯東蕃次相占同二年既而桓元戡金陵殺司馬元顯太傅道子是歲秀容胡師亦聚衆反伏誅

天興五年三月太白犯五諸侯四月月奄辰星在東井五月月犯太微七月月犯歲星在左角九月太白犯進賢十月月暈左角又犯太微客星出南宮十二月月與太白同入羽林客星入太微

按魏書太祖本紀不載　按天象前志五年四月辛丑月奄辰星在東井五月丙申月犯太微七月己亥月犯歲星在左角十月戊申月暈左角時帝討姚興弟平於乾壁克之太史令晁崇奏角蟲將死上慮牛疫乃命諸軍併重焚車丙戌車駕北引牛大疫死者十八九官車所馭巨犗數百同日斃於路側首尾相屬麋鹿亦多死乙卯月犯太微占曰貴人憂六年七月鎮西大將軍司隸校尉毗陵王順有罪以王還第十二月庚申月與太白同入羽林　又按後志四月辛丑月奄辰星在東井月爲陰國之兵辰象戰鬬占曰所直野軍大起戰不勝亡地家臣死冬十月帝伐秦師於蒙坑大敗之遂舉乾壁關中大震其上將姚平赴水死　又按後志三月戊子太白犯五諸侯晝見經天九月己未又犯進賢太白爲强侯之誡犯五諸侯所以興霸形也是時桓元擅征伐之柄專殺諸侯以弱其本朝卒以干君之明而代奪之故皇天著誡焉若曰夫進賢興功大司馬之官守也而今自殘之君於何有焉是冬十月客星白若粉絮出自南宮之西十二月入太微亂氣所由也以距之之氣而乘梓陽之天庭適足以驅除爲爾明年竟篡晉室得諸侯而不終

注 是歲五月丙申月犯太微十月乙卯又如之月者太陰臣象太微正陽之庭不當橫行其中是謂朝廷閒隙强臣不制亦桓元之誡也又占曰貴人有坐之者明年七月鎮西大將軍毗陵王順以罪還第亦是也

天興六年正月月奄氐六月月奄北斗魁十月犯軒轅十一月犯熒惑

按魏書太祖本紀不載　按天象前志六年正月月掩氐西南星六月甲辰月掩北斗魁第四星十月乙巳月犯軒轅第四星十一月辛巳月犯熒惑

天賜元年二月月掩歲星在角四月月掩軒轅五月月掩斗魁

按魏書太祖本紀不載　按天象前志天賜元年二月甲辰月掩歲星在角占曰天下兵起三年四月蠕蠕寇邊夜召兵將旦賊走乃罷四月甲午月掩軒轅第四星占曰女主惡之六年七月夫人劉氏薨後謚宣穆皇后五月壬申月掩斗魁第二星　又按後志天興五年七月己亥月犯歲星在鶉火鳥帑南國之墟也至天賜元年二月甲辰又掩之在角角爲外朝而歲星君也天象若曰有强大之臣干君之庭以挾其主而播遷於外是歲桓元之師敗績於劉裕元劫晉帝以奔江陵至五月元死桓氏之黨復攻江陵陷之凡再劫天子云

注 先是六年六月甲辰月掩斗魁第四星至天賜元年五月壬申又掩斗魁第二星二年八月丁巳又犯斗第一星斗爲吳分大人憂將相戮宮中有自賊者及桓元伏誅貴臣多戮死者江南兵革十餘歲乃定故譴見於斗

天賜二年三月月掩左執法又掩心四月犯填七月又掩之八月犯斗火犯斗建又犯少微左右執法九月火犯哭星十月月掩填星十一月太白掩鉤鈐

按魏書太祖本紀不載　按天象前志二年三月壬辰月掩左執法丁酉月掩心前星四月己卯月犯填星在東壁占曰貴人死四年五月常山王遵有罪賜死七月己未月掩填星八月丁巳月犯斗第一星占曰大臣憂三年七月太尉穆崇薨十月丁巳月掩填星在營室　又按後志四月己卯月犯填星在東壁七月己未又如之十月丁巳又掩之在室夫室星所以造宮廟而鎮司空也占曰土功之事興明年六月發八部人自五百里內繕修都城魏於是始有邑居之制度或曰北宮後庭人主所以庇衛其身也填主后妃之位存亡之基而是時堅冰之漸著矣故犯又掩再三焉占曰臣賊君邦大喪

注 八月火犯斗丁亥又犯建斗爲大人之事建爲經綸之始此天所以建創業君時劉裕且傾晉祚而清河之釁方作矣帝猶不悟至是歲九月火犯哭星其象若曰將以內亂至於哭泣之事焉由是言之皇天所以訓劫殺之主熟矣而罕能敦復以自悟悲夫

又按後志八月甲子熒惑犯少微庚寅犯右執法癸未犯左執法十一月丙戌太白掩鉤鈐皆南邦之譴

也火象方伯金爲强侯少微以官賢材而輔南宮之化執法者威令所由行也天象若曰夫祿去公室所由來漸矣始則奮其賢材以爲其本朝終以干其鈐鍵而席其威令焉

天賜三年二月月犯心四月犯太微上將又犯房五月熒惑犯氐月犯左角六月火犯房十二月月掩太白在危金火皆入羽林

按魏書太祖本紀不載　按天象前志三年二月己丑月犯心後星四月癸丑月犯太微西上將己未月犯房南第二星占曰將相有憂四年五月誅定陵公和跋五月癸未月犯左角占曰左將軍死六年三月左將軍曲陽侯元素延死十二月丙午月掩太白在危　又按後志二年三月丁酉月犯心前星三年二月月犯心後星四年二月又如之心主嫡庶之禮占曰亂臣犯主儲君失位庶子惡之先是天興六年冬十月至元年四月月再掩軒轅占曰有亂易政后妃執其咎三年五月壬寅熒惑犯氐氐宿宮也天戒若曰是時蠱惑人主而興內亂之萌矣亦自我天視而修省焉及六年七月宣穆后以强死太子微行人間既而有清河萬人之難　又按後志十二月丙午月掩太白於危危齊分也占曰其國以戰亡丁未金火皆入羽林

注 二年三月月掩左執法三年四月又犯西蕃上將己未犯房次相六月火犯房次將七月太尉穆崇薨四年誅定陵公和跋殺司空庾岳

天賜四年正月太白晝見在奎二月月掩心後星金火土水聚于奎婁五月金晝見在參六月火犯木八月金掩火犯左執法熒惑犯執法九月犯進賢

按魏書太祖本紀不載　按天象前志四年二月庚申月掩心後星　又按後志正月太白晝見奎是謂或稱王師而干君明者占曰天下兵起魯邦受之二月癸亥金火土水聚於奎婁徐魯之分也四神聚謀所以革衰替之政定霸王之命五月己丑金晝見於參天意若曰是將自植攻伐以震其主而代奪之云爾八月辛丑熒惑犯執法九月遂犯進賢與桓氏同占是時南燕慕容氏兼有齊魯之墟不務修德而黷侵晉淮泗六年四月劉裕以晉師伐之大敗燕師於臨朐進克廣固執慕容超以歸戕諸建康於是專其兵威薦食藩輔篡奪之形由此而著云

注 六月火犯水左翼八月金掩火犯左執法占曰大兵在楚執法當之

天賜五年五月月掩斗火犯天江六月金犯上將又犯左執法

按魏書太祖本紀不載　按天象前志五年五月丁未月掩斗第二星占曰大人憂六年十月戊辰太祖崩　又按後志注五年火犯天江占曰水賊作亂六月金犯上將又犯左執法其後盧循作亂於上流晉將何無忌戰死左僕射孟昶仰藥卒劉裕自伐齊奔命僅乃克之

天賜六年二月月犯昴四月火犯木於井六月金火再入太微九月月犯昴十二月金犯木於奎

按魏書太祖本紀六年夏帝不豫初帝服寒食散自太醫令陰羌死後藥數動發至此逾甚而災變屢見憂懣不安或數日不食或不寢達日歸咎羣下喜怒乖常謂百寮左右人不可信慮如天文之占或有肘腋之虞追思既往成敗得失終日竟夜獨語不止若傍有鬼物對揚者朝臣至前皆見殺害朝野人情各懷危懼百工偷劫盜賊公行巷里之間人爲希少帝亦聞之曰朕縱使之然待過災年當更清治之爾冬十月戊辰帝崩　按天象後志六年六月金火再入太微犯帝座蓬孛客星及他不可勝紀太史上言且有骨肉之禍更政立君語在帝紀冬十月太祖崩夫前事之感大卽後事之災深故帝之季年妖怪特甚

注 是歲二月至九月月三犯昴昴爲白衣會宮車晏駕之徵也十二月辛丑金犯木於奎占曰其君有兵死者既而慕容超戮於晉是歲四月火犯水於東井其冬赫連氏攻安定秦主興自將救之自是侵伐不息或曰水火之合內亂之形也時朱提王悅謀反賜死

太宗永興元年二月九月閏月月皆犯昴按永興元年卽天賜六年今總志分編

按魏書太宗本紀不載　按天象前志永興元年二月甲子月犯昴占曰胡不安天子破匈奴二年五月太宗討蠕蠕社崘社崘遁走九月壬寅月犯昴閏月丁酉月犯昴

永興二年三月月掩房又掩斗五月月掩斗又掩昴六月月犯房太白晝見七月月犯輿鬼八月月犯心前星掩南斗太白犯少微晝見又犯軒轅九月土犯畢太白犯左執法按上犯畢占見四年

按魏書太宗本紀不載　按天象前志二年三月丁卯月掩房南第二星又掩斗第五星五月甲子月掩

斗第五星己亥月掩昴六月己丑月犯房南第二星七月乙亥月犯輿鬼八月甲申月犯心前星　又按後志五月己亥月掩昴昴爲旄頭之兵虜君憂之是月蠕蠕社崘圍長孫嵩于牛川上自將擊之社崘遁走道死是歲三月至秋八月月三掩南斗第五星斗吳分也且曰彊大之臣有干天祿者大人憂之是月乙未太白犯少微晝見九月甲寅進犯左執法占曰且有杖其霸刑以戮社稷之衛而專威令者徵在南朔先是三月丁卯月掩房次將六月己丑又如之八月甲申犯心前星占曰服輙者當之君失馭徵在豫州時劉裕謀弱晉室四年九月專殺僕射謝混因襲荆州刺史劉毅於江陵夷之明年三月又誅晉豫州刺史諸葛長人其君託食而已

注　六月甲午太白晝見占曰爲不臣七月月犯鬼占曰亂臣在內明年五月昌黎王慕容伯兒謀反誅之八月壬子太白犯軒轅大星占曰有亂易政女君憂三年十一月丙午金犯哭星午秦地四年八月戊申月犯哭星申晉地是月晉后王氏死其後姚主薨

永興三年四月熒惑干鬼六月月犯歲星在畢七月木犯土於參八月月犯歲星在參十一月金犯哭星按熒惑干鬼占見五年木犯土于參占見四年金犯哭星占見二年

按魏書太宗本紀不載　按天象前志三年六月庚子月犯歲星在畢占曰有邊兵五年四月上黨民勞聰士臻羣聚爲盜殺太守令長相率外奔八月乙未月犯歲星在參　又按後志六月庚子月犯歲星在畢八月乙未又犯之在參四年正月又蝕在畢直徵垣之陽參在山河之右歲星所以阜農事安萬人也占曰月仍犯之邊萌阻兵而荐饑

永興四年春正月月蝕歲星又蝕在畢又掩房閏月犯熒惑在昴六月金不合於井七月金犯土於井月蝕熒惑在昴八月月犯哭星十月月掩天關十一月土犯井十二月土犯鉞按正月月蝕歲星在畢占見二年

按魏書太宗本紀不載　按天象前志四年春正月壬戌月行畢蝕歲星癸亥月掩房北第二星閏月庚申月行昴犯熒惑七月月蝕熒惑八月戊申月犯泣星十月辛亥月掩天關占曰有兵五年六月濩澤民劉逸自號征東將軍三巴王署置官屬攻逼建興郡元城侯元屈等討平之　又按後志六月癸巳金木合於東井七月甲申金犯土於井占曰其國內兵有白衣之會十一月土犯井十二月癸卯土犯鉞土主彊理之政存亡之機也是爲土地分裂有戮死之君徵在秦邦

注　二年九月土犯畢爲彊埸之兵三年七月木犯土於參占曰戰敗亡地國君死四年十月月掩天關其災同上參外主巴蜀其後晉師伐蜀戮其主譙縱先是四年閏月月犯熒惑在昴七月又蝕之五年將軍奚斤討越勤大破之明年禿髮氏降於西秦其君傉檀戮死

永興五年二月火土皆犯井歲塡熒惑太白聚於井三月月行參犯太白熒惑干鬼四月月暈翼軫角七月掩鉤鈐八月犯太白九月犯左角歲犯軒轅十月月犯畢十一月蝕房辰星明盛非常十二月三暈東井按歲犯軒轅占見神瑞元年辰出明盛占見泰常二年

按魏書太宗本紀不載　按天象前志五年三月戊辰月行參犯太白四月癸卯月暈翼軫角七月庚午月掩鉤鈐占曰喉舌臣憂五年三月散騎常侍王洛兒卒八月庚申月犯太白占曰憂兵神瑞元年二月赫連屈丐入寇河東殺掠吏民三城護軍張昌等要擊走之九月己丑月犯左角占曰天下有兵神瑞元年十二月蠕蠕犯塞十月乙巳月犯畢占曰貴人有死者泰常元年三月長樂王處文薨十一月丙戌月蝕房第一星十二月甲辰三暈東井　又按後志二月丙午火土皆犯井占曰國有兵喪之禍主出走是月壬辰歲塡熒惑太白聚於井將以建霸國之命也其地君子憂小人流又自三年四月至五年二月熒惑三干鬼主命者將夭而國徙焉是時雍州假王霸之號者六國而赫連氏據朔方之地尤爲强暴爲食關中秦人奔命者殆路間歲姚興薨而難作於內明年劉裕以晉師伐之秦師連戰敗績執姚泓以歸建諸建康既而遺守內擕長安淪覆焉或曰自上黨並河山之北皆鬼星參畢之郊也五年四月上黨羣盜外叛六月濩澤人劉逸自稱三巴王七月河西胡曹龍入蒲子號大單于十月將軍劉潔魏勤擊吐京叛胡失利勤力戰死潔爲所擄明年赫連屈子寇蒲子三城諸將擊走之其餘災波及晉魏仍其兵革之禍

神瑞元年正月月犯畢二月月蝕房塡入東井犯天尊三月月蝕左角四月流星晝見五月歲犯軒轅月犯牽牛六月掩氐七月犯天關八月蝕牽牛又犯西咸塡犯鬼

按魏書太宗本紀不載　按天象前志神瑞元年正

月丁卯月犯畢占曰貴人有死者泰常元年四月庚申河間王修薨二月戊申月蝕房第一星三月壬申月蝕左角五月壬寅月犯牽牛南星六月丙申月掩氐七月庚辰月犯天關八月丁酉月蝕牽牛中大星己酉月犯西咸占曰有陰謀神瑞二年三月河西饑胡屯聚上黨推白亞栗斯爲盟主號大單于稱建平元年四月詔將軍公孫表等五將討之　又按後志二月塡入東井犯天尊旱祥也天象若曰土失其性水源將壅焉施於天尊所以福矜寡之萌也先是去年九月至於五月歲再犯軒轅大星八月庚寅至二年三月塡再犯鬼積尸歲星主農事軒轅主雷霜風雨之神返覆由之所以告黃祇也土爰稼穡鬼爲物之精氣是謂稼穡潛耗人將以饉而死焉一曰大旱是後京師比歲霜旱五穀不登詔人就食山東以粟帛賑乏語在崔浩傳是歲四月癸丑流星晝見中天西行占曰營頭所首野有覆軍流血西行適在秦邦而魏人覬之亦王師之戒也天若戒魏師曰是擁衆而西固欲干君之明而代奪之爾姑息人以觀變無庸舉焉先是五年三月月犯太白於參八月庚申又犯之參魏分野占曰强侯作難國戰不勝九月己丑月犯左角是歲三月壬申又蝕之是謂以剛晉之兵合戰而偏將戮徵在兗州

注　自元年正月至泰常元年十月月三犯畢再入之再犯畢陽星占曰邊兵起貴人有死者元年十二月蠕蠕犯塞上自將大破之二年上黨胡反詔五將討平之泰常元年長樂河間南陽王皆薨二年豫章王又薨常山霍季聚衆反伏誅

神瑞二年三月月入畢塡星犯鬼四月太白入畢月又入畢有星孛於天市木入南宮五月掃帝座火入南宮六月孛於昴南七月月犯畢八月犯氐金木合於翼金掩執法十月月暈畢塡守太微十一月月暈軒轅又犯畢是年熒惑失於匏瓜中出東井 按三月塡星犯鬼占見元年

按魏書太宗本紀不載　按天象前志二年三月丁巳月入畢占曰天下兵起泰常元年三月常山民霍季自言名載圖讖持一黑石以爲天賜玉印誑惑聚黨入山爲盜州郡捕斬之四月己卯月犯畢陽星七月辛丑月犯畢占曰貴人有死者泰常元年十二月南陽王良薨八月壬子月犯氐十月甲子月暈畢十一月月暈軒轅戊午月犯畢陽星　又按後志二年四月太白入畢月犯畢而再入之占曰大戰不勝邊將憂魏邦受之六月己巳有星孛於昴南天象若曰且有驅除之雄勿用距之於朔方矣明年七月劉裕以舟師泝河九月裕陷我滑臺兗州刺史尉建以畏懦斬時崔浩欲勿戰上難違衆議詔司徒嵩率師逆之及晉人戰於畔城魏師敗績語在崔浩傳裕既定關中遽歸受禪既而赫連氏幷之遂竊尊號云

注　先是月犯歲於畢占曰饑在晉代亦其徵又鬼主秦旱在秦邦至二年太史奏熒惑在匏瓜中一夜忽亡失之後出東井語在崔浩傳既而關中大旱昆明枯涸

又按後志四月辛巳有星孛於天市五月甲申彗星出天市掃帝座在房心北市所以建國均人心宋分也國且殊號人將更主其革而爲宋乎先是往歲七月月犯鉤鈐十一月月蝕房上相至元年二月又如之天象若曰尚尸鈐鍵之位君憑而奪之者又將及矣是歲八月金木合於翼占曰且有內兵楚邦受之至泰常二年正月晉荆州刺史司馬休之雍州刺史魯宗之爲劉裕所襲皆出奔走是歲十月塡星守太微七十餘日占曰易代立王

注　四月木入南宮加右執法五月火又如之八月金入自掖門掩左執法 占見泰常三年

按北史崔浩傳初姚興死之前歲太史奏熒惑在匏瓜星中一夜忽然亡失不知所在或謂下入危亡之國將爲童謠妖言而後行其災禍帝乃召諸碩儒與史官求其所詣浩對曰按春秋左氏傳說神降於莘其至之日以其物祭請以日辰推之庚午之夕辛未之朝天有陰雲熒惑之亡當在此二日之內庚與午皆主於秦辛爲西夷今姚興據咸陽是熒惑入秦矣諸人皆作色曰天上失星人安能知其所詣而妄說無徵之言浩笑而不應後八十餘日熒惑果出東井留守盤旋秦中大旱赤地昆明池水竭童謠訛言國中喧擾明年姚興死二子交兵三年國滅於是諸人乃服南鎭諸將表賊至而自陳兵少求簡幽州以南戍兵佐守就漳水造船嚴以爲備公卿議者僉然欲遣騎五千并假署司馬楚之魯軌韓延之等令誘引邊人浩曰非上策也今茲害氣在揚州不宜先舉兵一也午歲自刑先發者傷二也日蝕滅光晝昏星見飛鳥墮落宿當斗牛憂在危亡三也熒惑伏匿於翼軫戒亂及喪四也太白未出進兵者敗五也夫興國之君先修人事次盡地利後觀天時故萬舉而萬全

國安而身盛今宋新國是人事未周也災變屢見是天時不協也舟行水淺是地利不盡也三事無一成自守猶或不安何得先發而攻人哉彼必聽我虛聲而嚴我亦承彼嚴而勢兩推其咎皆自以爲應敵兵法當分災迎受害氣未可舉動也

神瑞二年三月太白犯五諸侯七月流星孛少微入太微辰星見東方九月彗星孛於北斗入南宮十二月彗又還北斗

按魏書太宗本紀不載　按天象後志三年二月癸丑太白犯五諸侯如晉氏之占七月有流星孛於少微以入太微自劉氏之霸三變少微以加南宮矣始以方伯專之中則霸形干之又今孛政除之驅而三積堅冰至焉是月辰星生見東方在翼甚明大翼楚邦也是爲冢臣干明賊八其昌九月長彗星孛於北斗轢紫微辛酉入南宮凡八十餘日十二月彗星出自天津入太微遷北斗王一紫宮犯天棓八十餘日及天漢乃滅語在崔浩傳是歲晉安帝殂後年而宋篡之夫晉室雖微泰始之遺俗也蓋皇天有以原始篤終以哀王道之淪喪故殊著二徵之戒焉

泰常元年五月火犯執法月犯歲星六月犯畢金入太微七月月犯牛十月月犯畢冬土守天尊而月掩之

按魏書太宗本紀不載　按天象前志泰常元年五月甲申月犯歲星在箕六月己巳月犯畢占曰貴人死二年十月豫章王[illegible]薨七月月犯牛十月丙戌月入畢占曰有邊兵二年十二月司馬德宗譙王司馬文思自江東遣使詣闕上書請軍討劉裕太宗詔司徒長孫嵩率諸將邀擊之

注六月金由掖門入太微五月火犯執法是冬土守天尊而月掩之

泰常二年五月月犯軒轅八月月犯牽牛九月火犯軒轅十月月又犯太微十一月月犯東井十二月辰星過時見按火犯軒轅占見三年

按魏書太宗本紀不載　按天象前志二年五月丙子月犯軒轅八月己酉月犯牽牛占曰其地有憂三年司馬德宗死丁卯月犯太微十一月癸未月犯東井南轅西頭第一星占曰諸侯貴人死一日有木三年八月鴈門河內大雨水復其租稅五年三月南陽王意文薨　又按後志注先是五年十一月壬子辰星出而明盛非常至泰常二年十二月庚戌辰星過時而見光色明盛是爲強臣有不還令者至是又如之亦三至焉或曰辰星以負北海亦魏將大興之兆

泰常三年正月月犯輿鬼又犯軒轅權星四月月犯填星在張五月犯太白於東井七月又犯東井八月土入太微金犯軒轅九月月犯熒惑在張翼金犯右執法十月火犯上將流星出昴十一月月犯太白在斗十二月犯熒惑在太微是年彗星出天津入太微犯北斗紫宮及天棓

按魏書太宗本紀不載　按天象前志三年正月戊申月犯輿鬼積尸己酉月犯軒轅權星占曰女主有憂五年六月丁卯貴嬪杜氏薨後謚密皇后四月壬申月犯填星在張五月癸亥月犯太白於東井七月丁巳月犯東井九月丙寅月犯熒惑在張翼十一月庚申月犯太白在斗十二月庚辰月犯熒惑於太微

又按後志注三年八月土入太微犯執法因留二百餘日九月金又犯右執法十月火犯上將因留左掖門內二十日乃逆行四年二月出西蕃又還入之繞填星成句己四月丙午行端門出皆晉氏之謫也自晉滅之後太微有變多應魏國也　又按後志十月辛巳有大流星出昴歷天津乃分爲三須臾有聲占曰車騎滿野非喪即會明年四月帝有事於東廟蕃服之君以其職來祭者蓋數百國也是歲正月己酉月犯軒轅四月壬申又犯填星在張四年五月辰星又犯軒轅占曰國有喪女君受之明年五月貴人姚氏薨是爲昭哀皇后六月貴嬪杜氏薨是爲密后

注先是二年九月火犯軒轅三年八月金又犯之占同也

按崔浩傳三年彗星出天津入太微經北斗絡紫微犯天棓八十餘日至漢而滅太宗復名諸儒術士問之曰今天下未一四方岳峙災咎之應將在何國朕甚畏之盡情以言勿有所隱咸共推浩令對浩曰古人有言夫災異之生由人而起人無釁焉妖不自作故人失於下則變見於上天事恆象百代不易漢書載王莽篡位之前彗星出入正與今同國家主尊臣卑上下有序民無異望唯僭晉卑削主弱臣強累世陵遲故桓元逼奪劉裕秉權彗孛者惡氣之所生是爲僭晉將滅劉裕篡之之應也諸人莫能易浩言太宗深然之五年裕果廢其主司馬德文而自立南鎮上裕改元赦書時太宗幸東南潟滷池射鳥聞之驛名浩謂之曰往年卿言彗星之占驗矣朕於今日始信天道

泰常四年正月至七月月四犯太微三月火繞填星

五月出端門辰犯軒轅月犯太白在井七月月犯歲星十月月犯太白在井再犯井十二月月犯太白入羽林按大陵填星出端門辰犯軒轅占見二年

按魏書太宗本紀不載 按天象前志四年正月丙午月犯太微三月壬寅月犯太微五月丙申月犯太微占曰人君憂八年十一月太宗崩十二月丁巳月犯太白入羽林 又按後志自正月至秋七月月行四犯太微天象若曰太微粹陽之天庭月者臣也今橫行轥之不已甚乎先是元年五月月歲星在角是歲七月月又犯歲星明年宋始建國後年而晉主殂裕鴆之也昔桓氏之難月再干歲星再劫其主至是亦再犯之而再勦其君極其幽逼之患而濟以篡殺之禍斯謂之甚矣

注 先是三年九月月犯火於鶉尾十二月又犯火於太微是歲五月月犯太白在井十月又犯之在斗且再犯井星皆有兵水大喪諸侯有死者七月鴈門河內大水五年三月南陽王意文死十一月西涼李歆爲沮渠所滅晉君亦殂秦吳亡之應

秦常五年十一月熒惑犯塡星在角十二月月蝕熒惑在亢客星見於翼

按魏書太宗本紀不載 按天象前志五年十一月辛亥月蝕熒惑在亢占曰韓鄭地大敗八年九月劉義符潁川太守李元德竊入許昌太宗詔交阯侯周幾擊之元德遁走 又按後志十一月乙卯熒惑犯塡星在角角外朝也十二爲紀綱火主內亂會於天門王綱將紊焉占曰有死君逐主后妃憂之十二月月蝕熒惑在亢亢內庭也占曰君薨而亂作於內貴臣以兵死是月客星見於翼翼楚邦也占曰國更服邊有急將軍或謀反者按月蝕熒惑在亢前志作十一月互異

秦常六年二月月蝕南斗杓五月月暈角亢六月大流星出紫宮十月金土鬬於亢

按魏書太宗本紀不載 按天象前志六年二月己亥月蝕南斗杓星五月丙辰月暈在角亢 又按後志二月月蝕南斗杓星十月乙酉金土鬬於亢占曰內兵且喪更立王公又兗州陳鄭之墟也有攻城野戰之象焉至七年正月犯南斗三月壬戌又犯之斗爲人君受命又吳分是歲五月宋武殂秋九月魏師侵宋北鄙十一月攻滑臺克之明年拔虎牢陷金墉屠許昌遂啓河南之地八年宋太后蕭氏死既大臣專權遷殺其主卒皆伏誅 又按後志六月壬午有大流星出紫宮占曰上且行幸若有大君之使明年駕幸橋山祠黃帝東過幽州命使者觀省風俗十月上南征八年春步自鄴宮遂絕靈昌至東郡觀兵成皐反自河內登太行山幸高都飲至晉陽焉

秦常七年正月月犯南斗二月有星孛於虛危三月月犯南斗五月犯軒轅六月犯房十一月彗星出營室掃北斗

按魏書太宗本紀不載 按天象前志七年正月丁卯月犯南斗占曰大臣憂二月河南王曜薨三月壬戌月犯南斗五月丙午月犯軒轅六月辛巳月犯房占曰將相有憂八年六月己亥太尉宜都公穆觀薨 又按後志七年二月辛巳有星孛於虛危向河津占曰元枵所以飾喪紀也宗廟並起司人統更謀有易政之象十一月甲寅彗星出室掃北斗及於閶門占曰內宮幾室主命將易塞垣有土功之事其地又齊衞也

注 自五年八月至七年十二月熒惑一守軒轅再犯進賢再犯房星一犯軒轅及房皆女君大臣之戒是時陽平河南王太尉穆觀相次薨而宋氏廷臣乘釁以侮其主竟以誅死云或曰火犯土亢爲饑疾時官軍陷武牢會軍大疫死者十二三是冬詔廩饑人

秦常八年正月彗出奎掃河二月火守斗十一月彗星孛土司空

按魏書太宗本紀不載 按大象後志八年正月彗星出奎南長三丈東南掃河奎爲芻食之兵徐方之地占曰西北之兵伐之君絕嗣天下饑七年十二月帝命壽光侯叔孫建徇定齊地八年春築長城距五原二千餘里置守卒以備蠕蠕冬十月大饑十一月己巳上崩於西宮明年宋廢其主由是南邦日蹙齊衞之地盡爲兵衝及世祖卽政遂荒淮沂以負東海云

注 二月丙寅火守斗亦南邦之謫也十一月彗星孛于土司空司空主疆理邦域且曰有土功哭泣事後年赫連屈丐薨太武征之取新秦之地由是征伐四克提封萬里云

世祖始光元年正月月犯心十月火犯心大流星出天大將軍

按魏書世祖本紀不載 按天象後志始光元年正月壬午月犯心大星心爲宋分中星者君也月爲大臣主刑事是歲五月宋權臣徐羨之謝晦傅亮放殺

其主而立其弟宜都王是爲宋文帝至十月火犯心天戒若曰是復作亂以干其君矣十月壬寅大流星出天將軍西南行殷殷有聲占曰有禁暴之兵上將督戰以所首名之三年正月歲星食月在張張南國之分歲之於月少君之象今反食之且誅強大之臣是月羨之等獘死謝晦舉江陵之甲以伐其君宋將檀道濟帥師禦之晦又奔潰伏誅

注　或曰是歲上伐赫連氏入其郛夏都直代西南亦奔星應也

始光二年三月月犯熒惑在虛五月太白晝見經天六月火入羽林十二月月犯軒轅

按魏書世祖本紀不載　按天象前志二年三月丙子月犯熒惑在虛十二月丁酉月犯軒轅　又按後志五月太白晝見經天占曰時謂亂紀革人更王六月己丑火入羽林守六十餘日占曰禁兵大起且有反臣之戒

始光三年正月歲星食月在張十月有流星東北行聲如雷按歲食月在張占見元年

按魏書世祖本紀不載　按天象後志三年十月有流星出西南而東北行光明燭地有聲如雷鳥獸盡駭占曰所發之野有破國遷君西南直夏而首於代都焉著而有聲盛怒也

始光四年金水合於西方

按魏書世祖本紀不載　按天象後志四年五月辛酉金水合於西方占曰兵起大戰先是三年正月宋人有謝氏之難王卒盡出冬十一月上伐赫連昌入其郛徙萬餘家以歸是歲復攻之六月大敗昌於城下昌奔上邽遂拔統萬盡收夏器用虜其母弟妻子山是威加四鄰北夷讋焉

神䴥元年太白犯天街

按魏書世祖本紀不載　按天象後志神䴥元年五月癸未太白犯天街占曰六夷髦頭滅

神䴥二年五月太白晝見

按魏書世祖本紀不載　按天象後志二年五月太白晝見占曰大兵且興強國有弱者是月上北征蠕蠕大破之虜獲以鉅萬計遂降高車以實漠南闢地數千里云

神䴥三年三月太白犯歲星四月月犯軒轅六月火犯井鬼入軒轅大流星出危入羽林月犯歲星十月太白犯歲星月又犯之十二月流星大如船自天船抵奎及壁

按魏書世祖本紀不載　按天象前志三年夏四月壬戌月犯軒轅六月月犯歲星　又按後志六月火犯井鬼入軒轅占曰秦憂兵亂有死君又旱饑之應丙子有大流星出危南入羽林占曰兵起負海國與王師合戰是歲自三月至十月太白再犯歲星月又犯之占曰有國之君或罹兵刑之難者且歲饉十二月丙戌流星首如甕長二十餘丈大如數十斛船色正赤光燭人面自天船及河抵奎大星及於壁占曰天船以濟兵車奎爲徐方東壁衛也是爲宋師之祥昭盛者事大也是歲六月宋將到彥之等侵魏自南鄙清水入河泝流而西列屯二千餘里九月帝用崔浩策行幸統萬遂擊赫連定於平涼十二月克之悉定三秦地明年大師涉河攻滑臺居之宋人宵遁是時赫連定轉攻西秦弒其君乞伏慕末吐谷渾慕容璝又襲擊定擒之以強死者再君焉是歲二月定州大饉詔開倉賑乏或曰奎星羽獵理兵象也流星抵之而著大是爲大人之事冬十月上大閱於漠南甲騎五十萬旌旗二千餘里又明盛之徵

神䴥四年春三月大流星東南行四月太白晝見於胃五月太白犯天關八月金入太微九月流星發太微十月太白掩天關月又掩之十二月月犯鉤鈐是年金火入東井火犯天戶

按魏書世祖本紀不載　按天象前志四年十月丙辰月掩天關占曰有兵延和元年七月世祖討馮文通於和龍十二月月犯房鉤鈐　又按後志三月有大流星東南行光燭地長六七丈食頃乃滅後有聲占曰大兵從之是時諸將方逐宋師至歷城不及有聲駭奔之象也四月辛未太白晝見於胃胃爲趙分五月太白犯天關十月丙辰又掩之天關外主勃碣山河之險窮焉占曰兵革起九月丙寅有流星大如斗赤色發太微至北斗而滅太微禮樂之庭且有昭德之舉而述宣王命是以帝車受之是月壬申有詔徵范陽盧元等三十六人郡國察秀孝數百人且命以禮宣喻申其出處之節明年六月上伐北燕舉燕十餘郡進圍和龍徙豪傑三萬餘家以歸

注　四年金火入東井火又犯天戶明年五月又犯鬼占曰秦有兵喪而至秦夏出夷滅沮渠蒙遜又死氐主楊難當陷宋之漢中地云八月金入太微亦君自將兵象明年正月庚午火入鬼占曰秦有死君四月己丑太白晝見爲不臣其後秦王赫連

昌叛走伏誅之應也

延和元年春正月火入鬼三月月犯軒轅四月太白晝見月犯左角五月火犯鬼月犯軒轅又掩南斗七月月蝕左角大流星出參入河八月太白犯心十二月大流星出 按正月火入鬼五月大犯鬼占見神䴥四年

按魏書世祖本紀不載　按天象前志延和元年三月月犯軒轅四月月犯左角占曰天下有兵二年二月征西將軍金崖與安定鎭將延普及涇州刺史狄子玉爲權舉兵攻普不克退保胡空谷驅掠平民據險自固世祖詔平西將軍安定鎭將陸俟討獲之五月月犯軒轅掩南斗第六星七月丙午月蝕左角　又按後志七月有大流星出參左肩東北入河乃滅參主兵政晉魏墟也山河所首推之大兵將發於魏以加燕國八月癸未太白犯心前星乙酉又犯心明堂占曰有亡國近期二年十二月有流星大如甕尾長二十餘丈奔君之象比歲連兵東討至太延二年三月燕後主馮文通去國奔高麗

注　四月月犯左角五月月掩斗七月月蝕左角皆占曰兵大起其後征西將軍金崖安定鎭將延普涇州刺史狄子玉爭權崖及子玉舉兵攻普不克據胡空谷反平西將軍陸俟討獲之

延和三年二月月犯畢暈五車及參三月金晝見在參閏月金犯五諸侯月入井犯太白

按魏書世祖本紀不載　按天象前志三年二月庚午月犯畢口而出月暈昴五車及參占曰貴人死五月甲子陰平王求薨閏月己丑月入東井犯太白占曰變兵七月辛巳世祖行幸隰城命諸軍討山胡白龍於西河克之　又按後志三月丙辰金晝見在參魏邦戒也閏月戊寅金犯五諸侯占曰四滑起官兵起亂 疑 己丑月入井犯太白占曰兵起合戰秦邦受之七月上幸隰城詔諸軍討山胡白龍入西河九月克之伏誅者數千人而宋大將軍彭城王義康方擅威福後竟幽廢

太延元年夏五月彗出軒轅月犯右執法九月火犯太微上將又犯左執法十月月犯右執法十二月金犯羽林 按十二月金犯羽林占見五年

按魏書世祖本紀不載　按天象前志太延元年五月壬子月犯右執法占曰執法有憂十月尚書左僕射安原謀反伏誅十月丙午月犯右執法　又按後志九月火犯太微上將又犯左執法 占見五年

注　五月彗出軒轅或曰彗出軒轅女主有爲寇者其後沮渠氏失國實公主濳起魏師

太延二年正月月犯井熒惑二月月犯太微東藩上相三月月及太白俱犯右執法及上相五月有星孛於房八月木入鬼守積尸十一月又犯鬼十二月火入羽林 按十二月火入羽林占見五年

按魏書世祖本紀不載　按天象前志二年正月庚午月犯熒惑占曰貴人死三年正月癸未征東大將軍中山王纂薨二月月犯太微東藩第一星三月癸亥月犯太微右執法又犯上相占曰將相有免者眞君二年三月庚戌新興王俊畧陽王羯兒有罪並黜爲公　又按後志二年五月壬申有星孛於房占曰名山崩有亡國八月丁亥木入鬼守積尸十一月辛亥又犯鬼鬼秦分天戒若曰涼君淫奢無度財力窮矣將喪國身爲戮焉四年四月己酉華山崩華山西鎭也天又若曰星孛於房旣有徵矣鎭傾而國從之

注　或曰星孛於房爲大臣之事又僅祥也火入鬼犯軒轅又稼穡不成自元年已來將相薨允衆至眞君元年州鎭十五盡饑又二年正月四年十一月月皆犯井亦爲秦有兵刑

太延三年正月月犯東井有星晝見於井七月木犯軒轅八月火犯左執法及上將九月月暈太微十一月掩太白 按七月木犯軒轅占見五年

按魏書世祖本紀不載　按天象前志三年正月月犯東井占曰將相死戊子太尉北平王長孫嵩薨乙巳鎭南大將軍丹陽王叔孫建薨九月丙申月暈太微十一月戊戌月掩太白　又按後志正月壬午有星晡前晝見東北在井左右色黃大如橘魏師之應也黃星出於燕墟而慕容氏滅今復見東井涼室亡乎　又按後志八月火犯左執法及上將 占見五年

太延四年四月月犯氐十月大流星出文昌又出紫微十一月月犯東井火入羽林 按火入羽林占見五年

按魏書世祖本紀不載　按天象前志四年四月己卯月犯氐十一月丁未月犯東井占曰將軍死眞君二年九月戊戌撫軍大將軍永昌王健薨　又按後志十月壬戌大流星出文昌入紫宮聲如雷天象若曰將相或以全師禦衞帝宮者其事密近有震驚之象焉明年六月帝西征詔大將軍黎敬等帥衆二萬屯漠南以備綦寇九月蠕蠕乘虛犯塞遂至七介山京師大駭司空長孫道生等并力拒之虜乃退走是月壬午有大流星出紫微入貫索長六丈餘占曰有

大君之命貫索賤人牢也明年帝命侍臣行郡國觀風俗問其所疾苦云

太延五年二月木犯執法五月太白晝見胃昴入羽林犯畢七月月掩填星

按魏書世祖本紀不載　按天象前志五年七月月掩填星　又按後志先是元年十二月金犯羽林二年十二月至四年十一月火再入之五年五月太白晝見胃昴入羽林遂犯畢畢又邊兵也六月上自將西征秋八月進圍姑臧九月丙戌沮渠牧犍帥文武將吏五千餘人面縛來降明年悉定涼地　又按後志元年五月月犯右執法九月火犯太微上將又犯左執法十月丙午月犯右執法二年二月月犯東蕃上相三月月及太白俱犯右執法及上相三年八月火犯左執法及上將五年二月木逆行犯執法皆大臣譴也元年十月左僕射安原謀反誅三年正月征東大將軍中山王纂太尉北平王長孫嵩鎮南大將軍丹陽王叔孫建皆薨其後宋大將軍義康坐徙豫章誅其黨與僕射殷景仁亦尋卒焉

注　二年正月月犯火月后妃也三年七月木犯軒轅五年七月月掩填星並女主譴也眞君元年太后竇氏殂宋氏皇后亦終

欽定古今圖書集成曆象彙編庶徵典

第四十一卷目錄

星變部彙考十五

庶徵典第四十一卷

星變部彙考十五

北魏二

世祖太平眞君元年十二月月犯太微

按魏書世祖本紀不載　按天象前志云云

太平眞君二年塡星犯鉞歲星犯房上相

按魏書世祖本紀不載　按天象後志二年七月壬寅塡星犯鉞塡者國家所安危而爲之綱紀者也其畢鈇鉞之戮而君及焉自元年十一月至此月歲星三犯房上相歲星爲人君今反覆由之循省鉤鈐之備也天若戒輔臣曰凉邦卒滅敵國殲矣而禍挾震主之威負百勝之計盍思盈亢之戒乎是時司徒崔浩方持國鈞且有寵于上明年安西李順備五刑之誅而由浩鍛成之後八年竟族滅無後夫天哀賢良而示以明訓夙矣罕能省躬以先覺豈不悲哉浩誅之明年卒有景穆之禍後年而亂作

太平眞君三年三月月犯太白九月星孛于天牢

按魏書世祖本紀不載　按天象前志三年三月癸未月犯太白占曰憂兵四年正月征西將軍皮豹子等大破劉義隆將於樂鄉擒其將王奐之王長卿等　又按後志三月癸未月犯太白占曰大兵起合戰九月乙丑有星孛于天牢入文昌五車經昴畢之間至天苑百餘日與宿俱入西方天象若曰且有王者之兵彗除髦頭之域矣貴臣預有戮焉明年正月征西將軍皮豹子大敗宋師於樂鄉九月上北伐樂平王丕統十五將爲左軍中山王辰統十五將爲右軍上自將中軍蠕蠕可汗不敢戰亡追至頓根河虜二萬餘騎而還中山王辰等八將軍坐後期皆斬

注　或曰彗由昴畢貴人多死十一月太保盧魯元薨五年二月樂平王丕薨

太平眞君五年五月甲辰月犯心後星

按魏書世祖本紀不載　按天象前志云云

太平眞君六年二月太白熒惑歲星聚於東井四月月犯心太白入軒轅

按魏書世祖本紀不載　按天象前志六年四月月犯心占曰有亡國是月征西大將軍高凉王那討吐谷渾慕利延於陰平軍到曼頭城慕利延驅其部落西渡流沙那急追之故西秦王慕璝世子被囊逆軍距戰那擊破之慕利延西入於闐　又按後志二月太白熒惑歲星聚於東井占曰三星合是爲驚立絕行其國內外有兵與喪改立王公九月盧水胡蓋吳擁杏城反僭署百官諸虜皆響從關內大震十一月將軍叔孫拔敗吳師於渭北至七年正月太白犯熒惑占曰兵起有大戰時上討吳黨於河東屠之遂幸長安三月吳軍敗績於杏城棄馬遁去復收合餘燼八月乃夷之

注　五年五月月犯心六年四月又如之占曰兵犯宋邦是月太白入軒轅占曰有反臣是冬宋太子詹事范曄謀反誅詔高凉王那徇淮泗徙其人河北焉

太平眞君七年八月癸卯月犯熒惑又犯軒轅十一月月犯軒轅

按魏書世祖本紀不載　按天象前志云云

太平眞君八年月犯心

按魏書世祖本紀不載　按天象前志八年正月庚午月犯心大星 占在正平元年

太平眞君九年正月月犯歲星火水皆入羽林四月太白晝見七月太白犯哭星

按魏書世祖本紀不載　按天象後志九年正月火水皆入羽林占曰禁兵大起四月太白晝見經天十年五月彗星出於昴北此天所以滌除天街而禍髦頭之國也時閒歲討蠕蠕是秋九月上復自將征之所捕虜凡百餘萬矣

注　是歲七月太白犯哭星占曰天子有哭泣事明年春皇子眞薨

太平眞君十年十月彗星見於太微

按魏書世祖本紀不載　按天象後志云云 占在正平元年

太平眞君十一年正月月入羽林太白晝見經天四月又如之九月太白犯歲星十月熒惑入太微十二月又犯之

按魏書世祖本紀不載　按天象志云云 占在正平元年

正平元年正月月入羽林五月彗星見卷舌入太微

六月逼帝座七月犯上相

按魏書世祖本紀不載　按天象前志元年正月月入羽林　又按後志十年十月辛巳彗星見于太微占曰兵喪並興國亂易政臣賊主至十一年正月甲子太白晝見經天四月又如之占曰中歲而再干明兵事尤大且革人更王之應也是歲十月甲辰熒惑入太微十二月辛未又犯之癸卯又如之占曰臣將戮主君將惡之仍犯事薦也先是八年正月庚午月犯心大星九年正月犯歲星是歲九月太白又犯歲星至正平元年五月彗星見卷舌入太微卷舌讒言之戒六月辛酉彗星進逼帝座七月乙酉犯上相拂屏出端門滅于翼軫辛酉直陰國疑翼軫爲楚邦于屏者蕭牆之亂也天象若曰夫膺受之諸實爲亂階卒至芟夷主相而專其大號雖南國之君由遷及焉先是去年十月上南征絕河十二月六師涉淮登瓜步山觀兵騎士六十萬列屯三千餘里宋人兇懼饋百牢焉是年正月盡舉淮南地俘之以歸所夷滅甚衆六月帝納宗愛之言皇太子以强死明年二月愛殺帝於永安宮左僕射蘭延等以建議不同見殺愛立吳王余爲主尋又賊之薦災之驗也聞歲宋太子劭坐蠱事泄亦殺其君而僭立劭弟武陵王駿以上流之師討平之滅於翼軫之徵也

注 先是七年八月月犯熒惑八月至十一月又犯軒轅是歲正月太白經天九月火犯太微十月宗愛等伏誅高宗踐阼至十一月錄尚書元壽尚書令長孫渴侯以爭權賜死太尉黎司徒弼又忤旨左遷孛於屏相之應又明年五月太后崩

高宗興安二年有星孛於西方

按魏書高宗本紀不載　按天象後志興安二年二月有星孛於西方占曰凡孛者非常惡氣所生也內不有大亂外且有大兵

興光元年大流星西行

按魏書高宗本紀不載　按天象後志興光元年二月有流星大如月西行占曰奔星所墜其野有兵光盛者事大先是京兆王杜元寶建康王崇濟南王麗濮陽王閭文若永昌王仁相次謀反伏誅是歲宋南郡王義宣及魯爽臧質以荆豫之師構逆大將王元謨等西討盡夷之或曰彗加太微翼軫之餘禍也春秋星之大變或災連三國之君其流炎之所及二十餘年而後弭至是彗干天庭二太子首亂三君爲戮侯王辜死者幾數十人由此言之皇天疾威之誡不可不惕也

太安元年五月火入斗六月有星起河鼓

按魏書高宗本紀不載　按天象後志太安元年六月辛酉有星起河鼓東流有尾跡光明燭地河鼓爲履險之兵負海之象也昭盛爲人君之事星之所往君且從之間二歲帝幸遼西登碣石以臨滄海復所過郡國一年又尾迹之徵

注 是歲五月火入斗斗主形命之養其後三吳薦饑仍歲疾疫

太安二年熒惑犯太白

按魏書高宗本紀不載　按天象後志二年夏四月熒惑犯太白占曰是謂相鑠不可舉事用兵成師以出而禍其雄之象也明年宋將殷孝祖修魏南鄙詔征南將軍皮豹子擊之宋軍大敗

太安三年熒惑犯鉤鈐是歲金火合

注 或曰金火合主喪事明年十月金又犯哭星十二月征東將軍中山王托眞薨

按魏書高宗本紀不載　按天象後志三年十一月熒惑犯房鉤鈐星是謂彊臣不御王者憂之

太安四年正月月入太微三月犯五諸侯太白犯房月入南斗流星數萬西行八月熒惑守畢月又入南斗九月月犯軒轅十月金犯哭星十一月長星出奎十二月月犯氐

按魏書高宗本紀不載　按天象前志四年正月己未月入太微犯西蕃三月月犯五諸侯八月月入南斗九月月犯軒轅十二月月犯氐　又按後志正月月入太微犯西蕃三月又犯五諸侯占曰諸侯大臣有謀反伏誅者是月太白犯房月入南斗皆宋分占曰國有變臣爲亂十一月長星出於奎色白蛇行有尾跡既滅變爲白雲奎爲徐方又魯分也占曰下有流血積骨明年宋兗州刺史竟陵王誕據廣陵作亂宋主親戎自夏涉秋無日不戰及城陷悉屠之　又按後志八月熒惑守畢直微垣之南占曰歲饉

注 是歲三月流星數萬西行占曰小流星百數四面行者庶人遷之象旣而吐谷渾舉國西遁大軍又隨躡之

太安五年正月月掩軒轅又掩氐二月熒惑入東井六月太白犯鉞月犯心十二月月犯左執法

按魏書高宗本紀不載　按天象前志五年正月月掩軒轅又掩氐東南星六月月犯心前星十二月月

犯左執法占曰大臣有憂和平二年四月侍中征東大將軍河東王閭毗薨　又按後志五年二月熒惑入東井占曰旱兵饑疫大臣當之六月太白犯鉞占曰兵起更正朔是歲二月司空伊馛薨十二月六鎭雲中高平雍秦饑旱明年改年爲和平六月諸將討吐谷渾什寅遂絕河窮躡之會軍大疫乃還　又按後志正月月掩軒轅又掩氐東南星皆后妃之府也和平元年正月月入南斗歲犯鬼三月月掩軒轅六月月犯心十月太白入氐長星出於天倉十一月月犯右執法

按魏書高宗本紀不載　按天象前志和平元年正月丁未月入南斗三月月掩軒轅占曰女主惡之四月保皇太后常氏崩六月戊子月犯心前星十一月壬辰月犯右執法　又按後志正月丁未歲犯鬼鬼爲死喪歲星人君也是爲君有喪事三月月掩軒轅四月戊戌皇太后崩於壽安宮　又按後志十月有長星出於天倉長丈餘饑祥也

注 十月太白入氐占曰兵起後宮有白衣會

和平二年正月月犯心三月熒惑入鬼長星出天津九月月犯心太白犯南斗十一月太白犯塡

按魏書高宗本紀不載　按天象前志二年正月月犯心後星九月月犯心大星　又按後志二年三月熒惑入鬼是謂稼穡不成且曰萬人相食其後定相阻饑有其田租時三吳亦仍歲凶旱死者十二三先是元年四月太白犯東井井鬼皆秦分雍州有兵亂自元年六月月犯心大星三犯前後於房心宋分時宋君虐其諸弟後宮多喪子女繼夭哭泣之聲相再是歲詔諸將討雍州叛氐大破之宋雍州刺史海陵王休茂亦稱兵作亂間歲而宋主殂嗣子淫昏政刑紊焉　又按後志二年三月辛巳有長星出天津色赤長匹餘滅而復出大小百數天津帝之都船所以渡神通四方光大且衆爲人君之事天象若曰是將有千乘萬騎之舉而絕踰大川矣是月發卒五千餘通河西獵道後年八月帝校獵於河西宋主亦大閱舟師巡狩江右云　又按後志二年九月太白犯南斗斗吳分占曰君死更政大臣有誅者十一月太白犯塡塡女君也且曰有內兵白衣會

和平三年三月月犯心五月歲星犯上將八月月犯哭星九月火犯積尸十月太白犯歲星熒惑守軒轅十一月歲入氐

按魏書高宗本紀不載　按天象前志三年三月壬寅月犯心後星八月月犯哭星　又按後志九月火犯積尸占曰貴人憂之斧鉞用十月太白犯歲星歲爲人君而以兵喪干之且有死君篡殺之禍是月熒惑守軒轅占曰女主憂之宮中兵亂十一月歲入氐氐爲正寢歲爲有國之君占曰諸侯王有來入宮者

注 三年五月歲星犯上將占曰上將憂之八月月犯哭星皆宋祥也是歲樂良王萬壽及征東大將軍常山王素並薨

和平四年四月月掩軒轅御女星五月金火皆犯上相

和平五年二月月入南斗三月月入輿鬼流星無數西行六月火入井又有流星無數西行七月歲星守心有流星入紫微九月火入軒轅十一月長星出織女熒惑入太微

和平六年正月流星抵紫宮四月太白犯五諸侯六月歲星晝見於南斗七月月犯心九月犯軒轅右角

按魏書高宗本紀俱不載　按天象前志四年四月月掩軒轅御女星五年二月甲申月入南斗魁中犯第三星三月庚子月入輿鬼積尸六年七月月犯心前星九月月犯軒轅右角　又按後志五年二月月入南斗魁中犯第四星占曰大人憂太子傷宮中有自賊者又大赦既而宋孝武及宋后相繼崩殂少主薦誅輔臣釁連戚屬羣下相與殺之而立宋明帝江南大饑且仍有肆眚之令焉

注 先是三年六月太白犯東井七月火入井四年五月金火皆犯上相五年六月火又入井占曰大臣憂斧鉞用六年七月月犯心前星是月宋殺少主其後有乙渾之難

又按後志五年七月丁未歲星守心心爲明堂歲爲諸侯爲長子入而守之立君之象占曰凡五星守心皆爲宮中亂賊羣下有謀立天子者七月己酉有流星長丈餘入紫微經北辰第三星而滅占曰有大喪九月丁酉火入軒轅十一月長星出織女色正白彗之象也女主專制將由此始是以天視由之長星彗之著易政之漸焉冬熒惑入太微犯上將十二月遂守之占曰公侯謀上且有斬臣六年正月乙未有流星長丈餘自五車抵紫宮西蕃乃滅天象若曰羣臣或修霸刑而干蕃輔之任矣且占曰政亂有奇令四月太白犯五諸侯占曰有專殺諸侯者五月癸卯上崩於太華殿車騎大將軍乙渾矯詔殺尚書楊寶年

等於禁中戊申又害司徒平原王陸麗明年皇太后定策誅之太后臨朝自馮氏始也或曰心爲宋分是歲六月歲星晝見於南斗斗爲天祿吳分也天象若曰或以諸侯干君而代奪之是冬宋明帝以皇弟踐阼孝武諸子舉兵攻之四方響應尋皆伏誅有太白之刑與歲星之祐焉

注 是歲三月有流星西行不可勝數至明乃止六月己卯又有流星多西南行星衆而小庶人象也星之所首人將從之及宋討孝武諸子大兵首自尋陽進平荆雍其後張永之師敗績於呂梁魏師盡舉淮右俘其人又西南行之效也

顯祖天安元年正月太白犯歲星六月月犯東井熒惑犯鬼太白犯左執法八月太白犯房九月熒惑犯上將太白犯南斗十月月掩東井火犯左執法十一月太白犯歲星

按魏書顯祖本紀不載　按天象前志天安元年六月甲辰月犯東井十月癸巳月掩東井　又按後志正月戊子太白犯歲星歲農事也肅殺干之是爲稼穡不登六月熒惑犯鬼占曰旱饑疾疫金華用八月丁亥太白犯房占曰霜雨失節馬牛多死九月甲寅熒惑犯上將太白犯南斗第二星占曰貴人將相有誅者十一月己酉太白又犯歲星或曰歲爲諸侯太白主兵刑之政再干之事洊也是歲九月州鎮十一旱饑十月宋氏六王皆戮死明年宋師敗于呂梁江南阻饑牛且大疫其後東平王道符擅殺副將及雍州刺史據長安反詔司空和其奴討滅之九月詔賜六鎮孤貧布帛宋主以後宮服御賜征北將士後歲夏旱河決州鎮二十七皆饑尋又天下大疫

注 六月太白犯左執法十月火又犯之占曰大臣有變霸者之刑用

皇興元年正月月犯井四月太白犯歲星六月太白犯鬼熒惑犯氐八月月蝕東井十月月在參蝕

皇興二年正月太白犯熒惑四月月犯牽牛九月火犯太微十一月太白犯氐

按魏書顯祖本紀俱不載　按天象前志皇興元年正月丙辰月犯東井北轅東頭第二星八月辛酉月蝕東井南轅第二星占曰有將死三年正月司空平昌公和其奴薨十月癸巳月在參蝕二年四月丙辰月犯牽牛中星　又按後志元年四月太白犯歲星占曰有攻城略地之事六月壬寅太白犯鬼秦分也二年正月太白犯熒惑占曰大兵起是時鎮南大將軍尉元征南大將軍慕容白曜略定淮泗明年徐州羣盜作亂元又討平之後歲正月上黨王觀西征吐谷渾又大破之九月癸卯火犯太微上將占曰上將誅先是元年六月熒惑犯氐是歲十一月太白又犯之是爲內宮有憂逼之象占曰天子失其宮四年十月誅濟南王慕容白曜明年上迫于太后傳位太子是爲孝文帝

注 元年正月月犯井北轅第二星八月又蝕之占曰貴人當之有將死水旱祥也道符作亂之明年司空和其奴太宰李峻皆薨

皇興三年十二月乙酉月犯氐

按魏書顯祖本紀不載　按天象前志云云

皇興五年七月辛巳月犯東井

按魏書顯祖本紀不載　按天象前志云云

高祖延興元年十月月入畢十二月火犯鉤鈐填星犯井

延興二年正月月犯畢閏月又犯東井

延興三年八月月犯太微十二月月蝕在七星

按魏書高祖本紀俱不載　按天象前志延興元年十月庚子月入畢口占曰有赦二年正月乙卯曲赦京師及河西南至秦涇西至枹罕北至涼州及諸鎮二年正月壬戌月犯畢占曰天子用法九月辛巳統萬鎮將河間王閭虎皮坐貪殘賜死閏月丙子月犯東井占曰有水是年以州鎮十一水旱免民田租開倉賑恤庚子月犯東井北轅三年八月己未月犯太微占曰將相有死者期不出三年承明元年二月司空東郡王陸定國坐事免官爵十二月戊午月蝕在七星京師不見統萬鎮以聞　又按後志高祖延興元年十月庚子月入畢口畢魏分占曰小人罔上大人易位國有拘主反臣十二月辛卯火犯鉤鈐鉤鈐以統天駟火爲內亂天象若曰人君失馭或以亂政乘之矣乙巳填星犯井天井者天下之平也而女君以干之是爲后竊刑柄占曰天下無主大人憂之有過賞之事焉二年正月月犯畢丙子月犯東井庚子又如之占曰天下有變令貴人多死者三年八月月犯太微又羣陰不制之象也是時馮太后宣淫於朝昵近小人而附益之所費以鉅萬億計天子徒尸位而已二年九月河間王閭虎皮以貪殘賜死其後司空東平郡王陸麗坐事廢爲兵既而宮車晏駕

注 或曰月入畢口爲赦令二年正月曲赦京師及

秦梁諸鎮星及月犯井皆爲水災且旱祥也是歲九月州鎮十一水旱詔免其田租開倉賑乏

延興四年正月月犯畢二月月犯軒轅又犯歲星四月大星西流七月太白犯歲星又入氐九月月犯畢又犯右執法十一月大星西流

延興五年三月月掩填星金火皆入羽林八月月掩畢十一月月入軒轅

承明元年四月月蝕尾五月金火皆入軒轅

按魏書高祖本紀俱不載　按天象前志四年正月己卯月犯畢占曰貴人死五年十二月城陽王長壽薨二月癸丑月犯軒轅甲寅月犯歲星占曰飢太和元年正月雲中飢詔開倉賑恤九月乙卯月犯右執法占曰大臣有憂承明元年六月大司馬大將軍安成王萬安國坐矯詔殺部長奚買奴於苑中賜死五年三月甲戌月掩填星八月乙亥月掩畢占曰有邊兵太和元年正月秦州略陽民王元壽聚衆五千餘家自號爲衝天王二月詔秦益二州刺史武都公尉洛侯討破元壽獲其妻子送京師十一月癸卯月入軒轅中蝕第三星承明元年四月甲戌月蝕尾　又按後志四年九月己卯月犯畢七月丙申太白犯歲星在角丁卯太白又入氐太白有母后之釁主兵喪之政以干君於外朝而及其宿宮是將有劫殺之虞矣二月癸丑月犯軒轅甲寅又犯歲星月爲强大之臣爲女主之象始由后妃之府而干少陽之君示人主以戒敬之備也五年二月甲戌月掩填星天象若曰是又僻行不制而棄其紀綱矣且占曰貴人强死天下亂三月癸未金火皆入羽林占曰臣欲賊主諸侯之兵盡發八月乙亥月掩畢十一月月入軒轅蝕第二星至承明元年四月月蝕尾五月己亥金火皆入軒轅庚子相逼同光皆后妃之謫也天若言曰母后之釁幾貫盈矣人君忘祖考之業慕匹夫之孝其如宗祀何是時獻文不悟至六月暴崩實有酖毒之禍焉由是言之皇天有以覩履霜之萌而爲之成象久矣其後文明皇太后崩孝文皇帝方修諒陰之儀篤孺子之慕竟未能述宣春秋之義而懲供人之黨是以胡氏循之卒傾魏室豈不哀哉或曰太白犯歲于天門以臣伐君之象金火同光又兵亂之徵時宋主昏狂公侯近戚寃死相繼既而桂陽建平王並稱兵內侮矣及宮闈僭乃戕之壽爲左右楊玉夫等所殺

注　或曰月犯歲填金火入軒轅皆饉祥也月掩畢主邊兵四年州鎮十三饑又比歲蝗旱太和元年雲中又饑開倉賑之先是四年四月丙午有大星西流殷殷有聲十一月辛未又如之是歲五月宋桂陽王反于江州閏歲沈攸之反于江陵皆爲大兵西伐時以江南內攜又詔五將伐蜀

太和元年二月月在井暈三月月犯太微又蝕於尾五月月犯軒轅又入太微太白犯熒惑木土合於翼八月月入南斗又入太微九月太白晝見十月月蝕昴十二月月犯南斗

按魏書高祖本紀不載　按天象前志太和元年二月壬戌月在井暈參南北河五車二星三柱熒惑三月甲午月犯太微戊辰月蝕尾下入濁氣不見五月丁亥月犯軒轅大星丙午月入太微八月庚申月入南斗犯第三星戊寅月入太微犯屏南星十月乙丑月蝕昴京師不見雍州以聞占曰貴臣誅是月誅徐州刺史李訢十二月癸卯月犯南斗　又按後志五月庚子太白犯熒惑在張南國之次也占曰其國兵喪並興有軍大戰人主死壬申木土合於翼皆入太微主命不行之象也占曰女主持政大夫執綱國且內亂羣臣相殺九月丁亥太白晝見經天光色尤盛更姓之祥也

太和二年六月月再犯太微又犯房八月月入南斗九月月在昴蝕火犯鬼十月月入南斗十一月月犯填星十二月月入南斗

按魏書高祖本紀不載　按天象前志二年六月庚辰月犯太微東蕃南頭第一星京師不見定州以聞甲申月犯房又犯太微八月壬午月入南斗占曰大臣誅十二月誅南郡王李惠九月庚申陰雲開合月在昴蝕十月戊戌月入南斗口中占曰大臣誅三年四月雍州刺史宜都王目辰有罪賜死十一月甲子月犯填星十二月戊戌月入南斗口中　又按後志九月火犯鬼占曰主以淫泆失政相死之

太和三年正月月暈觜參五車畢東井二月月犯心三月月再入南斗填星逆入太微七月月犯心十月又犯心十二月月犯太微左執法

按魏書高祖本紀不載　按天象前志三年正月壬子月暈觜參兩肩五車五星畢東井占曰有赦十月大赦天下二月庚寅月犯心三月庚戌月入南斗口中占曰大臣誅九月定州刺史安樂王長樂有罪徵詣京師賜死乙卯月入南斗口中七月癸未月犯心

十月月犯心十二月丙戌月犯太微左執法占曰大臣有憂四年正月襄城王韓頹有罪削爵徙邊　又按後志三月月犯心心爲天王又宋分三月塡星逆行入太微留左掖門內占曰土守南宮必有破國易代逆行者事逆也自元年三月至二年六月月行五犯太微與劉氏篡晉同占又自元年八月至三年五月月行六犯南斗入魁中斗爲大人壽命且吳分是時馮太后專政而宋將蕭道成亦擅威福之權方圖劉氏宋司徒袁粲起兵石頭沈攸之起兵江陵將誅之不剋皆爲所殺三年四月竟篡其君而自立是爲齊帝是年五月又害宋君于丹陽宮

注　元年十月月犯昴爲刑獄事二年六月月犯房占曰貴人有誅者或曰月犯斗亦大臣之謫也其後李惠伏誅宜都長樂王並賜死又元年二月壬戌月在井暈參畢兩河五車占曰大赦至八月大赦天下三年正月壬子又暈觜參昴畢五車東井至十月大赦天下

太和四年春月掩火正月月暈參五車東井月犯心二月月犯軒轅又犯太微左執法掩熒惑

按魏書高祖本紀不載　按天象前志四年正月丁未月在畢暈參兩肩五車東井丁巳月犯心占曰人伐其主五年二月沙門法秀謀反伏誅二月己卯月犯軒轅北第二星辛巳月犯太微左執法占曰大臣有憂閏月頓丘王李鍾葵有罪賜死乙酉月掩熒惑

按後志注春月又掩火亦大臣死黜之祥也又比年月再犯昴亦爲獄事與白衣之會也

太和五年二月月犯太微月在翼暈又犯心七月月犯昴九月塡犯辰星于軫

太和六年正月月在畢暈犯軒轅金又犯軒轅二月月犯心又犯斗五月月入南斗又犯昴七月大流星起東壁月犯心八月金犯軒轅十月熒惑犯上將大流星入翼月犯心

按魏書高祖本紀俱不載　按天象前志五年春二月癸卯月犯太微西蕃南頭第一星二月甲辰月在翼暈東南不帀須臾西北有偏白暈侵五車二星東井北河輿鬼柳北斗紫微宮攝提翼星戊戌月犯心京師不見濟州以聞七月戊寅月犯昴占曰有白衣之會六年正月任城王雲薨六年正月癸亥月在畢暈參兩肩五車三星胃昴畢京師不見營州以聞己巳月在張犯軒轅大星五月戊申月入南斗口中戊寅月犯昴　又按後志三年自五月至十二月月三入斗魁中四年五月庚戌七月己巳又如之六年二月又犯斗魁第二星占曰其國大人憂不出三年七月丁未十月丙申月再犯心大星自四年正月至六年二月又五干之斗爲爵祿之柄心爲布政之宮月行干而犄之亦以薦矣其占曰月犯心亂臣在側有亡君之戒人主以善事除殃是時馮太后將危少主者數矣帝春秋方富而承事孝敬動無違理故竟得无咎至六年三月而齊王殂焉或曰月犯斗其國兵憂心又豫州也時比歲連兵南討五年二月大破齊師於淮陽又擊齊下蔡軍大敗之　又按後志三年九月庚子太白犯左執法十一月丙戌月犯之四年二月辛巳月又犯之九月壬戌太白又犯之五年二月癸卯月犯太微西蕃上將至六年十月乙酉熒惑又犯之夫南宮執法所以糾淫忒成肅雍而上將朝廷之輔也天象若曰王化將弛淫風幾興固不足以令天下矣而廷臣莫之糾粥安用之文明太后雖獨厚幸臣而公卿坐受榮賜者費亦巨億蓋近乎素餐焉其三年九月安樂王長樂下獄死隴西王源賀薨四年正月廣川王略薨襄城王韓頹徙邊七月頓丘王李鍾葵賜死其後任城王雲中山王叡又薨比年死黜相繼蓋天譴存焉　又按後志五年九月辛巳塡犯辰星於軫占曰爲饑爲內亂且有雍川溢水之變是歲京師大霖雨州鎮十二饑至六年七月丙申又大流星起東壁光明燭地尾長二丈餘東壁土功之政也是月發卒五萬通靈丘道十月己酉有流星入翼尾長五丈餘七星中州之羽儀翼南國也天象若曰將擇文明之士使於楚邦焉明年員外散騎常侍李彪使齊始通二國之好焉

注　四年正月丁未月在畢暈參井五車赦祥也四月幸廷尉獄錄囚徒明年二月大赦是月月在翼有偏日暈侵五車東井軒轅北河鬼至北斗紫垣攝提六年正月癸亥月在畢暈參兩肩五車胃昴畢至甲戌天下大赦江南嗣君即位亦大赦改元先是三年八月金犯軒轅四年二月又犯軒轅第二星六年正月又犯軒轅大星八月又犯軒轅左角左角后宗也是時太后淫亂而幽后之姪娣又將薄德天若言曰是無周南之風不足訓也故月太白繫干之

太和七年五月月犯南斗六月流星大如太白破爲三十月星隕如虹有客星在參東

按魏書高祖本紀不載　按天象前志七年五月辛卯月犯南斗　又按後志六月庚午辰時東北有流星一大如太白北流破爲三段十月己亥星隕如虹是時太后專朝且多外變雖天子猶倚附之故有干明之謫焉破而爲三席勢者衆也昔春秋星隕如雨而鞏陰起霸其後漢成帝時肝日晦冥衆星行隕燿燿如雨而王氏之禍萌至是天妖復見又與元后同符矣　又按後志十月有客星大如斗在參東似孛占曰大臣有執主之命者且歲旱糴貴

太和八年正月月在畢暈三月月犯心四月蝕斗又犯昴五月月在斗蝕盡

按魏書高祖本紀不載　按天象前志八年正月辛巳月在畢暈東井歲星觜參兩肩五車三月己丑月犯心四月丁亥月蝕斗癸亥月犯昴相州以聞占曰有白衣之會十一年五月南平王渾薨五月丁亥月在斗蝕盡占曰饑十二月詔以州鎮十五水旱民饑遣使者循行問所疾苦開倉賑恤　按後志注正月辛巳月在畢暈井歲星觜參五車占曰有赦糴貴其年六月大赦冬州鎮十五水旱人饑

太和九年正月月在參暈又犯東井四月月犯心

按魏書高祖本紀不載　按天象前志九年正月丁丑月在參暈觜參兩肩東井北河五車三星占曰水是年冀定數州水民有賣男女者戊申月犯東井占曰貴人死一曰有水十月侍中司徒魏郡王陳建薨是年京師及州鎮十二水旱傷稼四月丁未月犯心

按後志注正月月在參暈觜參兩肩五車爲大赦爲水戊申月犯井爲水祥也是歲冀定數州大水人有鬻男女者京師及州鎮十三水旱傷稼明年大赦

太和十年八月辰時有星如流火又有流星出日西南九月熒惑犯歲星十一月月犯房

按魏書高祖本紀不載　按天象前志十年十一月辛亥月犯房　又按後志八月辰時有星落如流火三道戊寅又有流星出日西南一丈所西北流大如太白至午西破爲二段尾長五尺復分爲二入雲間仍見者事薦也後代其踵而行之以至於分崩離析乎九月熒惑犯歲星歲主農事火星以亂氣干之五稼旱傷之象也占曰元陽以僤人不安自八年至十一年黎人阻饑且仍歲災旱

太和十一年正月月犯鉤鈐二月月犯東井三月月三暈太微火土合於南斗十月蝕氐五月太白經天晝見犯畢六月月犯斗又犯建星歲星七月月入東井太白犯軒轅大星八月又犯之月蝕胃九月又在胃蝕十月歲辰太白合於氐十一月月入氐十二月月及熒惑合於東壁又入東井犯天關

按魏書高祖本紀不載　按天象前志十一年正月丙午月犯房鉤鈐二月癸亥月犯東井三月丙申月三暈太微庚子月蝕氐占曰糴貴是年年穀不登聽民出關就食開倉賑恤六月乙丑月犯斗丙寅月犯建星七月丁未月入東井八月己巳月蝕胃占曰有兵是月蠕蠕犯塞遣平原王陸叡討之九月戊戌陰雲離合月在胃蝕十一月乙巳月入氐十二月戊午月及熒惑合於東壁甲子月入東井犯天關　又按後志三月丁亥火土合於南斗塡爲履霜之漸斗爲經始之謀而天視由之所以爲大人之戒也占曰其國內亂不可舉事用兵是時齊主持諸侯王酷甚雖酒食之饋猶裁之有司故天若言曰非所以保根固本以貽長代之謀也內亂由是興焉五月丁酉太白經天晝見庚子遂犯畢畢又邊兵也是時蠕蠕寇邊明年齊將陳達伐我南鄙陷澧陽開歲而齊君子子響爲有司所御遂憤怨而反伏誅及齊王嶷而西昌侯篡之高武子孫所在恭布皆拱手就戮亦齊君自爲之焉　又按後志七月癸丑太白犯軒轅大星八月甲寅又犯之皆女君之謫也天象若曰軒轅以母萬物由后妃之母兆人也是固多穢復將安用之其物類之感又稼穡之不滋候也是歲年穀不登聽人出關就食明年州鎮十五皆大饑詔開倉賑之間歲太后崩　又按後志十月歲辰太白合於氐是謂驚亡絕行改立王公

注是歲月三入井金又犯之占曰陰陽不和不爲水患且大旱其後連年亢陽而吳中比歲霖雨傷稼也六月乙丑月犯斗丙寅遂犯建星亦圖始之謀也

太和十二年正月月犯左角二月月暈太微又犯氐三月歲星逆行入氐四月月犯東井犯氐與歲合宿月又犯房六月月入氐犯歲星七月月犯房又犯牽牛犯畢金犯左角十一月月犯東井又犯左角太白犯歲犯火火犯木十二月月犯畢又犯氐犯房太白犯塡

按魏書高祖本紀不載　按天象前志十二年正月戊戌月犯左角二月壬戌月暈太微丁卯月犯氐四月癸丑月犯東井占曰將死九月司徒淮南王他薨

壬戌月犯氐與歲星同在氐癸亥月犯房六月丁巳月入氐犯歲星七月乙酉月犯房庚寅月犯牽牛庚子月犯畢十一月己未月犯東井丙寅月犯左角占曰天下有兵十二年正月蕭頤遣衆寇邊淮陽太守王僧儁擊走之十二月甲申月犯畢乙未月犯氐丙申月犯房　又按後志三月甲申歲星逆行入氐甲申皆齊分也占曰諸侯王而升爲天子者逆行者其事逆也四月月犯氐與歲同舍六月丁巳月又入氐犯歲星月爲强大之臣歲爲少君也與歲同心內宮而干犯之强宗擅命逼奪其君之象也再干之其事薦至　又按後志十一月戊午太白犯歲又犯火喪疾之祥占曰國無兵憂則君有白衣之會景寅火又犯木占曰內無亂政則主有喪戚之故十二月壬寅太白犯填占曰金爲喪祥后妃受之

注 正月戊戌月犯左角十一月丙寅又如之七月金又犯左角角爲外朝且兵政也占曰不出三年天下有兵王子死大君惡之至十四年有子響誅間歲而齊室亂

太和十三年正月月入東井又掩牽牛二月熒惑犯填月在角蝕三月月犯歲星四月月犯房月火金會於井金犯火火水俱入井六月月掩牽牛月犯畢歲星晝見七月月入氐又犯鍵閉九月月掩畢又入東井大流星入紫宮十月月掩熒惑又掩畢又犯鍵閉辰入氐閏月火又犯氐十二月月入東井填辰合於女

按魏書高祖本紀不載　按天象前志十三年正月甲寅月入東井壬戌月掩牽牛二月己丑月在角十五分蝕七三月庚申月犯歲星四月丙戌月犯房六月乙酉月掩牽牛乙未月犯畢占曰貴人死十二月司空河東王苟頹薨七月丁未月入氐戊申月犯鍵閉九月丁巳月掩畢庚申月入東井十月己卯月掩熒惑又掩畢丁酉月犯鍵閉十二月壬午月入東井　又按後志三月庚申月犯歲十五年六月又犯之歲星不在宿宮是爲强侯之譴江南太子賢王相次薨歿旣而齊武帝殂太孫幼沖西昌輔政竟殺二君而篡之月再犯於氐及逆行之效也

注 或曰木饑祥也時比歲稼穡不登

又按後志四月癸丑月火金會于井辛酉金犯火甲戌火水又俱入井皆雨暘失節萬物不成候也且曰王業將易諸侯貴人多死是歲月行四入氐十月辰星入之閏月丁丑火犯氐乙卯又入之占曰大旱歲荒人且相食國易政君失宮遠期五年氐又女君之府也是歲雨雍及豫州旱饑明年州鎭十五大饑至十四年太后崩時江南北連歲災雨至十七年有劫殺之禍誅死相踵焉

注 是歲月三犯房四月又犯之七月至十月再犯鍵閉占曰有亂臣不出三年伐其主自十二年六月至十四年再犯牛又再掩之凡六犯牛且掩之牛爲吳越饑祥也畢魏分且曰貴人多死免者十二年九月司徒淮南王佗薨十三年光州人王秦反章武汝陰南安三王皆坐贓廢安豐王猛司空苟頹並薨十四年池豆于及庫莫奚頻犯塞京兆王廢爲庶人

又按後志二月熒惑犯填占曰火主凶亂女君應之皆文明太后之譴也先是十一年六月甲子歲星晝見十二月甲戌又晝見是歲六月又如之歲而麗于大明少君象也是時孝文有仁聖之表而太后分權以干目之及帝春秋方壯始將經緯禮俗財成國風故比年女君之譴屢見而歲星濟盛至于不可掩奪矣且占曰木晝見主有白衣之會是歲九月丙午有大流星自五車北入紫宮抵天極有聲如雷占曰天下大凶國有喪宮且空夫五車君之車府也天象若曰是將以喪事有千乘萬騎而畢者大有聲其事昭盛　又按後志十二月戊戌填星辰星合于須女女齊吳分占曰是爲雍沮主命不行且有陰親者

太和十四年二月月犯畢三月填星守哭泣歲星守牛四月火犯鬼六月月犯亢大流星出紫宮八月月犯牽牛月太白皆犯軒轅十月月入井犯太微太白入氐十一月大流星入氐月犯填星又犯右執法十二月月犯軒轅又犯左執法是年太白三犯熒惑

按魏書高祖本紀不載　按天象前志十四年二月甲戌月犯畢六月甲戌月犯亢八月乙亥月犯牽牛辛卯月犯軒轅占曰女主當之九月文明皇太后馮氏崩十月壬午月入東井戊子月犯太微十一月戊戌月犯填星乙卯月犯太微右執法十二月庚辰月犯軒轅癸未月掩太微左執法　又按後志三月填星守哭泣占曰將以女君有哭泣之事四月丙申火犯鬼喪祥也六月有大流星從紫宮出西行天象又曰人主將以喪事而出其宮八月月太白皆犯軒轅九月癸丑而太皇太后崩帝哭三日不絕聲勺飲不入口者七日納菅屨徒行至陵其反亦如之哀毀骨

立杖而後起雖殊俗之萌矯然知感焉自九月至于歲終凡四謁陵又薦出紫宮之驗也　又按後志三月庚申歲星守牛占曰其君不愛親戚貴人多喪又饉祥也是歲太白三犯熒惑十月太白入氐十一月有大流星從南行入氐甲申齊邦之物也金火相鑠爲兵喪爲大人之謫天象若曰宿宮有兵喪之故盛大者循而殘之處其寢廟之中矣

太和十五年正月月在張蝕三月掩畢歲犯塡在虛木火土合于虛火土相犯四月熒惑入羽林月犯軒轅又犯太微上將又犯歲星五月月掩太微執法又掩建星七月月犯太微東蕃又掩建星犯牽牛九月月犯牽牛入太微犯右執法太白犯斗大流星起少微入南宮帝座十月月犯塡星又犯軒轅十一月犯畢入井

按魏書高祖本紀不載　按天象前志十五年正月己酉月在張蝕三月丙申月掩畢占曰有邊兵十六年八月詔陽平王頤右僕射陸叡督十二將七萬騎北討蠕蠕四月庚午月犯軒轅癸酉月犯太微東蕃上將占曰貴人憂六月濟陰王鬱以貪殘賜死癸未月犯歲星五月庚子月掩太微左執法占曰大臣憂十七年二月南平王霄薨丁未月掩建星七月乙未月犯太微東蕃辛丑月掩建星癸卯月犯牽牛九月乙丑月犯牽牛占曰大臣有憂十七年蕭賾死（大臣疑當作吳越）癸未月入太微犯右執法占曰大臣憂十七年八月三老山陽郡開國公尉元薨十月甲午月犯塡星戊申月犯軒轅十一月乙巳月犯畢辛未月入東井　又按後志三月壬子歲犯塡在虛三月癸巳木火土三星合宿于虛甲午火土相犯虛齊也占曰其國亂專政內外兵喪改立侯王九月乙丑太白犯斗第四星戊子有大流星起少微入南宮至帝坐主有盛大之臣乘賢以侮其君者且占曰大人易政　又按後志四月癸亥熒惑入羽林

太和十六年二月月入氐太白入羽林三月月入羽林四月月入太微又入羽林五月月掩南斗又入羽林六月月犯熒惑又入太微掩建星入畢七月又入畢犯軒轅八月月犯建星犯畢入東井犯軒轅又入太微犯右執法九月月掩塡星十月月入羽林又入東井十一月月犯畢又入太微入氐十二月月在柳蝕

按魏書高祖本紀不載　按天象前志十六年二月甲辰月入氐三月己卯月入羽林四月壬辰月入太微丙午月入羽林五月壬子月掩南斗第六星甲戌月入羽林六月戊子月犯熒惑占曰貴人死十九年五月廣川王諧薨己丑月入太微丁酉月掩建星丁未月入畢占曰有邊兵十九年正月平南將軍王肅頻破蕭鸞軍于義陽降者萬餘七月甲戌月入畢丁丑月犯軒轅八月壬辰月犯建星壬寅月犯畢甲辰月入東井戊申月犯軒轅占曰女主當之二十年十月廢皇后馮氏辛亥月入太微犯右執法九月癸亥月掩塡星十月辛卯月入羽林癸亥月入東井十一月甲子月犯畢壬申月入太微丁丑月入氐十二月丁酉月在柳蝕占曰國有大事兵起十七年八月己丑車駕發京師南伐步騎三十餘萬　又按後志二月壬子太白入羽林占曰天下兵起三月己卯四月丙午五月甲戌十月辛卯月行皆入羽林

太和十七年正月月犯軒轅犯氐金木合于危二月火土合于室太白犯井又犯鬼三月月入太微掩斗四月月入太微入羽林太白犯五諸侯五月太白晝見月犯南斗火木合于婁月掩建星六月月在女蝕七月月入太微入氐犯南斗又犯建八月月犯哭星入羽林熒惑入井月入畢又犯輿鬼入太微犯屏十月月犯建又入井十一月月犯哭星又犯東井入太微又入氐十二月月入羽林又入太微又入氐是年火入太微宮

按魏書高祖本紀不載　按天象前志十七年正月己丑月犯軒轅壬申月犯氐三月甲午月入太微壬寅月掩南斗第六星四月癸丑月入太微占曰大臣死十九年二月辛酉司徒馮誕薨壬寅月入羽林五月甲子月犯南斗第六星乙丑月掩建星六月甲午月在女蝕占曰旱二十年以南北州郡旱遣侍臣循察開倉賑恤七月壬子月入太微占曰有反臣二十年二月恆州刺史穆泰謀反伏誅多所連及丙辰月入氐癸未月犯南斗第六星庚申月犯建星八月庚寅月犯哭星辛卯月入羽林丁酉月入畢占曰兵起十九年二月車駕南伐鍾離辛丑月犯輿鬼乙巳月入太微犯屏星十月壬午月犯建星甲午月入東井十一月壬子月犯哭星辛酉月犯東井前星丁卯月入太微占曰大臣死有反臣二十七年四月大將軍宋王劉昶薨廣州刺史薛法護南叛壬申月入氐十二月辛巳月入羽林乙未月入太微己亥月入氐　又按後志正月戊辰金木合于危危亦齊也是爲人

君且罹兵喪之變四月戊子太白犯五諸侯占曰有擅刑以殘賊諸侯者至七月齊武帝殂西昌侯以從子干政竟殺二君而自立是爲齊明帝于是高武諸子王侯數十人相次誅夷殆無遺育矣雖繼體相循實有革命之禍故天譴仍見云　又按後志四月壬寅八月辛卯十二月辛巳月行入羽林先是陽平王頤統十二將軍騎士七萬北討蠕蠕是歲八月上勒兵三十餘萬自將擊齊由是比歲皆有事于南方　又按後志二月庚戌火土合于室室星先王所以制宮廟也熒惑天視塡爲司空聚而謀之其相宅之兆也且緯曰人君不失善政則火土相扶卜洛之業庶幾興矣是歲九月上罷擊齊始大議遷都冬十月詔司空穆亮將作董爾繕洛陽宮室明年而徙都之于是更服色殊徽號文物大備得南宮之應焉　又按後志二月丁丑太白犯井辛丑又犯鬼五月戊午晝見九月又如之是謂兵祥雍州也是月火木合于婁婁爲徐州占曰其地有亂萬人不安八月辛巳熒惑入井占曰兵革起明年二月詔征南將軍薛眞度督四將出襄陽大將軍劉昶出義陽徐州刺史元衍出鍾離平南將軍劉藻出南鄭皆兩雍徐方之分後年正月平南王肅大敗齊師於義陽降者萬餘己亥上絕淮登八公山並淮而東及鍾離乃還

注自十五年至十七年月行七犯建星建星爲忠臣之輔經代之謀又吳之分也十五年再犯牽牛十六年至十七年又四犯南斗是謂臣干天祿且曰大人多死者又十五年七月金入太微十七年火入太微宮反臣之戒是歲月行四入太微十七年六入太微比歲凡十干之而齊君夷其宗室亦積忍酷甚也十五年三月掩畢十一月又犯之十六年五月及七月月再入畢八月十一月又再犯之十七年八月又入畢畢爲邊兵占曰貴人多死十五年六月濟陰王鬱賜死十七年南平王霄三老尉元皆死十八年安定王休死十九年司徒馮誕太師馮熙廣川王諧皆死十四年十一月月犯塡星十二月月犯軒轅十五年十月月犯塡又犯軒轅十六年八月又犯之九月月掩塡星十七年正月月又犯軒轅皆女君之象也是時林貴人以故事薨及馮貴人爲后而其姉譖之至二十年竟坐廢黜以憂死幽后繼立又以淫亂不終凡五星分野熒惑統朱鳥之宿而塡以軒轅寓之皆周鶉火之分室又并州之分是爲步自并州而經始洛邑之祥也

太和十八年二月月入氐四月月在斗蝕熒惑入軒轅六月月入東井

按魏書高祖本紀不載　按天象前志十八年二月甲午月入氐四月庚申月在斗蝕六月丁卯月入東井　又按後志四月甲寅熒惑入軒轅后妃之戒也是時左昭儀得幸方譖訴馮后上蠱而惑之故天若言曰夫膚受之微不可不察亦自我天視而降鑒焉

太和十九年二月月犯軒轅六月熒惑出端門金木合于井七月火犯井

按魏書高祖本紀不載　按天象前志十九年三月己卯月犯軒轅占曰女主當之二十一年十月追廢貞皇后林氏爲庶人　又按後志六月壬寅熒惑出于端門占曰邦有大獄君子惡之又更紀立王之戒也明年皇太子恂坐不軌黜爲庶人

注六月庚申金木合於井七月火犯井二十一年十一月大敗齊師於沔北明年春復大破之下二十餘城於是悉定沔漢諸郡時江南僞立雍州於襄陽以總牧西土遺黎故與東井同候

太和二十年七月月掩塡星十月月在畢蝕

按魏書高祖本紀不載　按天象前志二十年七月辛巳月掩塡星十月丙午月在畢蝕　又按後志七月辛巳月掩塡星是月馮后竟廢尋以憂死而立左昭儀是爲幽后明年追廢林貞后爲庶人

太和二十一年三月月犯屏星四月月掩房六月月掩斗魁十月熒惑歲星合於端門十二月月掩心

按魏書高祖本紀不載　按天象前志二十一年三月丁酉月犯屏星四月庚午月掩房星六月丁卯月掩斗魁十二月乙亥月掩心　又按後志十月壬午熒惑歲星合於端門之內歲爲人君火主死喪之禮而陳於門庭大喪之象也

太和二十二年正月大流星起貫索入天棓月掩軒轅二月月與歲星熒惑合於右掖門內月在角蝕三月木火再合於掖門外七月月掩心九月月蝕昴十一月大流星入天津彗起軒轅

按魏書高祖本紀不載　按天象前志二十二年正月丙申月掩軒轅占曰女主當之二十三年詔賜皇后馮氏死二月乙丑月與歲星熒惑合於右掖門內丁卯月在角蝕占曰天子憂二十三年四月高祖崩七月乙酉月掩心九月庚申月蝕昴　又按後志正

月月又掩軒轅十一月又彗星起軒轅歷鬼南及天漢天又若曰是固多穢德宜其彗除矣行歷鬼又彌死之徵明年幽后賜死也　又按後志二月乙丑木火合於掖門內是夕月行逮之三月丙午木火俱出掖門外再合一相犯月行逮之后妃預有咎焉明年四月宮車晏駕夫太微禮樂之庭也時帝方修禮儀正喪服以經人倫之化竟未就而崩少君嗣立其事復寢縉紳先生咸哀慟焉故天視奉而修之是以徘徊南宮蓋皇天有以著慎終歸厚之情或曰合於天庭南方有反臣之戒是時齊明帝殂比及三年而亂兵四交宮掖既而蕭衍戡之竟覆齊室云

注十一月有流星照地至天津而滅占曰將有樓船之攻人君以大衆行二十二年而上南伐是歲之正月有流星大如三斗瓶起貫索東北流光燭地經天棓乃滅有聲如雷天棓天子先驅也占曰國中貴人有死者且大赦至三月上南征不豫詔武衛元嵩諸洛陽賜皇后死

太和二十三年二月月在軫蝕六月月掩房又掩箕八月月在壁蝕十一月月在畢暈昴觜參五車十二月月掩昴又掩五車

按魏書高祖本紀不載　按天象前志二十三年二月壬戌月在軫蝕六月癸未月掩房南頭第二星甲申月掩箕北頭第一星八月月在壁蝕子巳上十一月癸丑月在畢暈昴觜參五車十二月己卯月掩昴辛巳月掩五車

欽定古今圖書集成曆象彙編庶徵典

第四十二卷目錄

星變部彙考十六

庶徵典第四十二卷

星變部彙考十六

北魏三

世宗景明元年夏四月大流星起軒轅至翼十二月月暈太微又暈角亢房

按魏書世宗本紀不載　按天象前志景明元年十二月癸未月暈太微既而有白氣長一匹廣二尺許南至七星俄而月復暈北斗大角丁亥月暈角亢房

又按後志四月壬辰有大流星起軒轅左角東南流色黃赤破爲三段狀如連珠相隨至翼左角后宗也占曰流星起軒轅女主後宮多讒死者翼爲天庭之羽儀王室之蕃衛彭城國焉又占曰流星於翼貴人有憂擊是時彭城王忠賢且以懿親輔政借使世宗諒陰恭己而修成王之業則高祖之道庶幾興焉而阿倚母族納高肇之譖明年彭城王竟廢後數年高氏又鴆於后而以貴嬪代之由是小人道長讒亂之風作矣夫天之風刑肇於履端之始而沒身不悟以傷魏道豈不哀哉或曰軒轅主后土之養氣而庇祐下人也故左角謂之少人焉天象若曰人將喪其所以致養幾至流亡離析矣是歲北鎮及十七州大饑人多就食云

是歲十二月癸未月暈太微既而有白氣長一丈許南抵七星俄而月復暈北斗大角爲君以兵自衛又赦祥也且爲立君之戒時蕭衍立少主於江陵改元大赦尋伐金陵以長圍逼之

景明二年正月月暈井觜參昴五車金火合於奎二月月掩軒轅又掩房入南斗三月流星起五諸侯入五車塡星犯井鉞五月月掩心又掩斗七月月暈婁轢昴畢八月金火合於翼十一月金水俱出西方

按魏書世宗本紀不載　按天象前志二年正月甲辰月暈井觜參兩肩昴五車占曰貴人死大赦二月甲戌大赦天下五月壬子廣陵王羽薨二月丙子月掩軒轅大星占曰女主憂正始四年十月皇后于氏崩癸未月掩房南頭第二星丙戌月入南斗距星南三尺占曰吳越有憂十二月蕭寶卷直後張齊玉殺寶卷五月丙午月掩心第三星戊申月掩斗魁第三星七月辛亥月暈婁內青外黃轢昴畢天船大陵卷舌奎婁　又按後志正月己未金火俱在奎光芒相掩爲兵喪爲逆謀大人憂之野有破軍殺將奎徐方也三月丁巳有流星起五諸侯入五車至天潢散絕爲三光明燭地五車所以輔衰替之君也流星自五諸侯十之諸侯且霸而修兵車之會分而爲二距乏之君幾將並立焉戊午塡星在井犯鉞相去二寸占曰人君有戮死者時蕭衍起兵襄陽將討東昏之亂是月推南康王寶融爲帝踐阼於江陵於是齊有二君矣至八月戊午金火又合於翼楚分也十一月甲寅金水俱出西方占曰東方國大敗時蕭衍已舉夏口平尋陽遂沿流而東東主之師連戰敗績於是長圍守之十二月齊將張稷斬東昏以降又戮主之徵

魏收以爲流星出五車諸侯有反者至五月咸陽王禧謀反賜死

景明三年正月月入斗火犯房塡星逆行守井二月流星起東井入紫宮北極三月金木合於女四月月犯房暈角亢氐房心六月月掩南斗八月月暈轢昴畢婁胃五車犯軒轅流星起天中十一月月蝕井盡又掩昴暈參井塡星又掩塡星又暈十二月月犯昴

按魏書世宗本紀不載　按天象前志三年正月甲寅月入斗去魁第二星四寸許占曰吳越有憂四月蕭衍又廢其主寶融四月癸酉月乘房南頭第二星己亥月暈在角亢氐房心六月戊戌月掩南斗第二星八月壬寅月暈外青內黃轢昴畢婁胃五車占曰貴人死乙卯三老元丕薨己酉月犯軒轅十一月己巳月蝕井盡壬辰月掩昴占曰有白衣之會止始二年四月城陽王薨乙未月暈參井塡星占曰兵起四年氐反行梁州事楊椿左將軍羊祉大破之丙申月掩塡星又暈　又按後志正月火犯房北星光芒相接癸巳塡星逆行守井北轅西星皆大臣賊主更政立君之戒也二月丁酉有流星起東井流入紫宮至北極而滅東井雍州之分衍憑之以興且西君之分使星出之以抵辰極是爲禪受之命且爲大喪是月齊諸侯相次伏誅既而西君錫命衍受禪於建康是

為梁武帝戊辰而少主殂三月金水合於須女女齊分金水合為兵誅

注自二年至三年月六掩犯斗魁七月火犯斗皆吳分也時江南比歲大饉又連兵北鄙負敗相迹又二年七月暈婁內青外黃轢昴畢天船大陵卷舌奎船為徐魯又赦祥也凡日多死喪三月青齊徐兗饑死萬餘人七月大赦三年八月月暈外青內黃轢昴畢婁胃五車占曰貴人多死十二月月犯昴環月太傅平陽王丕薨後年正月大赦

又按後志八月丙戌有大流星起天中北流大如二斗器占曰有天子之使出自中京以臨北方

景明四年正月月暈胃昴參五車二月月掩太白三月又掩之月暈軒轅太微西垣帝座四月月掩心五月月在斗蝕六月月犯昴又掩太白七月月犯房月暈昴畢觜參井五車再暈軒轅太微太白犯軒轅九月大流星起五車十二月月暈昴畢婁胃又暈太微帝座軒轅又暈房心亢氐

按魏書世宗本紀不載　按天象前志四年正月庚申月暈胃昴參五車二月辛亥月掩太白三月辛酉月暈軒轅太微西垣帝座四月丙申月掩心大星五月丁卯月在斗從地下蝕出十五分蝕十二占曰饑正始四年八月敦煌民饑開倉賑恤六月癸卯月犯昴占曰有白衣之會永平元年三月皇子昌薨丁未月掩太白七月戊午月犯房大星壬申月暈昴畢觜參東井五車五星占曰旱有大赦正始元年正月丙寅大赦改年六月詔以旱徹樂減膳十二月丁亥月暈昴畢婁胃己未月暈太微帝座軒轅庚子月暈房心亢氐占曰有軍大戰正始元年荊州刺史楊大眼大破羣蠻樊秀安等　又按後志九月壬戌有大流星起五車東北流占曰有兵將首於東北是歲二月辛亥三月丁未月再掩太白皆大戰之象也庚辰揚州諸將大破梁師於陰陵十一月左僕射源懷以便宜安撫北邊明年二月又大破梁師於邵陵九月蠕蠕犯邊復詔源懷擊之

注是歲七月月暈昴畢觜參井五車占曰旱大赦又再暈軒轅太微明年正月月暈五車東井兩河鬼墳星是月大赦改元六月以亢陽詔徹樂減膳 按七月太白犯軒轅占見正始二年

正始元年正月月暈胃昴畢五車又暈婁胃昴畢又暈五車井南北河鬼墳流星如斗入紫宮二月月暈昴畢參五車

按魏書世宗本紀不載　按天象前志正始元年正月乙卯月暈胃昴畢五車二星丁巳月暈婁胃昴畢戊戌月暈五車三星東井南河北河輿鬼墳星二月甲申月暈昴畢參左肩五車　又按後志正月戊辰流星如斗起相星入紫宮抵北極而滅夫紫宮后妃之內政而由輔相干之其道悖矣且占曰其象著大有非常之變 按正月月暈胃昴畢五車又暈五車東井兩河鬼墳星二月又暈昴畢觜參占見正始三年

正始二年六月流星起織女抵營室木犯昴九月月在昴蝕

按魏書世宗本紀不載　按天象前志二年九月癸未月在昴十五分蝕十占曰饑四年九月司州民饑開倉賑恤　按後志六月癸丑有流星如五斗器起織女抵室而滅占曰王后憂之有女子白衣之會往反營室璺歸後庭焉

注先是景明四年七月太白犯軒轅大星至二年六月木犯昴占曰人君有白衣之會同上

正始三年正月月暈太微帝座大流星起天市入北極三月月在氐蝕盡六月太白晝見十月月犯太白

按魏書世宗本紀不載　按天象前志三年正月辛巳月暈太微帝座軒轅左角貫疑星三月庚辰月在氐蝕盡十月甲寅月犯太白　又按後志正月己亥有大流星起天市垣西貫紫藩入北極市垣之西又公卿外朝之理也占曰以臣犯主天下大凶明年高肇欲其家擅寵乃鴆殺于后及皇子昌而立高嬪為后六月丙辰太白晝見占曰陰國之兵強八月梁師寇邊攻陷城邑秋九月安東將軍邢巒大破之宿豫斬將三十餘人捕虜數萬十月甲寅月犯太白又大戰之象明年中山王英敗績於淮南士卒死者十八九

注又元年正月月暈胃昴畢五車戊午又暈五車東井兩河鬼墳星二月甲申又暈昴畢觜參三年正月月暈太微軒轅皆為兵赦是月皇太子生大赦天下

正始四年秋七月有星孛於東北

按魏書世宗本紀不載　按天象後志四年七月己卯有星孛於東北占曰是謂天讒大臣貴人有戮死者凡孛出東方必以晨乘日而見亂氣蔽君明之象也昔魯哀公十三年十一月有星孛於東方明年春秋之事終是謂諸夏微弱蠻夷遞霸田氏專齊三族

擅晉宰以干其君明而代奪之陵夷遂爲戰國天下横流矣今孛星又見與春秋之象同天戒若曰是居太陽之側而干其明者固多穢德可葬除矣而君不悟衰替之萌將由此始乎是歲高肇鴆后及皇子明年又譖殺諸王天下寃之肇故東夷之俘而驟更先帝之法累搆不測之禍干明孰甚焉魏氏之悖亂自此始也

永平元年三月熒惑在東壁塡星逆行太微是月月犯畢五月月犯畢六月月掩畢太白歲星合於柳十一月月犯左執法流星出羽林

按魏書世宗本紀不載　按天象前志永平元年五月丁未月犯畢占曰貴人有死者九月殺太師彭城王勰六月己巳月掩畢十一月癸酉月犯左執法占曰大臣有憂四年三月壬戌廣陽王嘉薨　又按後志三月戊申熒惑在東壁月行抵之相距七寸光芒相及室壁四輔君之內宮人主所以庇衞其身也天象若曰且有重大之臣屏藩王室者將以讒賊之亂死於內宮又曰諸侯相謀三月癸未塡星逆行太微在左執法西是爲后黨持政大夫執綱而逆行侮法以啓蕭牆之內是月月犯畢六月又掩之占曰貴人有死者庚辰太白歲星合於柳柳爲周分且占曰有內兵以賊諸侯八月京兆王愉出爲冀州刺史恐不見容遂舉兵反以誅尚書令高肇爲名與安樂王詮相攻於定州九月太師彭城王勰於禁中愉亦死之

注或曰柳豫州分所合之野謀兵有戰野拔邑事至十一月丙子流星起羽林南大如椀色赤有黑雲東南引如一匹布橫北轢星占曰禁兵起所首名之是歲豫州人白早生殺刺史司馬悅以城降梁遣尚書邢巒擊之十二月巒拔懸瓠斬早生

永平二年三月大流星起天紀孛天市垣火入鬼四月金入鬼熒惑犯軒轅大星五月太白犯歲七月大流星起螣蛇入紫宮九月歲星入太微十月月犯軒轅十一月月掩畢十二月歲掩左執法

按魏書世宗本紀不載　按天象前志二年十一月丙戌月掩畢大星　又按後志二年三月丁未有流星徑數寸起自大紀孛於市垣光芒燭地有尾跡長丈餘凝著天天象若曰政失其紀而亂加乎人浸以萌矣是將以地震爲徵地震者下土不安之應也是月火入鬼距積尸五寸積尸人之精爽而炎氣加之疫祥也四月乙丑金入鬼去積尸一寸又以兵氣干之强死之祥也踰逼者事甚鬼主騶亢之戒故金火薦災其人以警而懼之五月太白犯歲光芒相觸占曰兵大亂歲饑不出三年七月庚辰有流星起螣蛇入紫宮抵北極而滅天戒若曰彼光後王道者疑以馭陰陽之變矣將有水旱之沴地震之祥而後災加皇極焉明年夏四月平陽郡大疫死者幾三千人平陽鬼星之分也秋州郡二十大水冀定旱饑四年朐山之役喪師殆盡其後繁時桑乾靈丘秀容鴈門地震陷裂山崩泉涌殺八千餘人延昌三年詔曰比歲山鳴地震於今不已朕甚懼焉至正月宮車晏駕　又按後志九月甲申歲星入太微距右執法五寸光明相及十二月乙酉逆行入太微掩左執法占見三年　又按後志四月庚午熒惑犯軒轅大星十月壬申月失行犯軒轅大星

永平三年正月月在張蝕閏月月在危蝕歲星犯左執法八月火犯積尸十一月月犯太白十二月月在張蝕

按魏書世宗本紀不載　按天象前志三年正月戊子月在張蝕閏月乙酉月在危蝕十一月壬寅月犯太白十二月壬午月在張蝕　又按後志二年歲星入太微距右執法逆行入太微掩左執法三年閏月壬申又順行犯之相去一寸保乾圖曰臣擅命歲星犯執法是時高肇方爲尚書令故歲星反復由之所以示人主也天若言曰政刑之命亂矣彼居重華之位者盡將反復而觀省焉今雖厚而席之適所以爲禍資耳且占曰中坐成刑遠期五年間五歲而肇誅

注七年十一月丙戌月掩畢火星至三年八月火犯積尸占曰貴人死又饑疫祥也比年水旱災疫是月中山王略薨明年春司徒廣陽王嘉薨

永平四年正月大流星起張入參四月月暈太微軒轅月犯太白於胃熒惑犯軒轅五月入太微七月流星起北斗入紫宮八月月掩鬼月犯太白於胃又入太微十月月犯軒轅大流星入羽林月入太微十一月月犯畢十二月歲星犯房

按魏書世宗本紀不載　按天象前志四年四月癸酉月暈太微軒轅占曰小赦延昌二年八月諸犯罪者恕死從流已下減降辛卯月犯太白於胃八月癸丑月掩輿鬼丁巳月入太微占曰大臣死延昌元年三月己未尚書左僕射安樂王詮薨辛酉月犯太白十月壬午月失行黃道北犯軒轅大星甲申月入太微十一月乙巳月犯畢占曰爲邊兵十一月戊申詔

李崇奚康生治兵壽春以討朐山之寇　又按後志正月戊戌有流星起張西南行殷殷有聲入參而滅張河南之分參爲兵事占曰流星自東方來至伐而止有來兵大敗吾軍有聲者怒也先是去年十一月月犯太白是歲又犯之在胃八月辛酉又犯之胃爲徐方大戰之象也十月戊寅有大流星孛於羽林南流色赤珠落下入濁氣勃然而流王師潰亂之兆先是梁朐山鎭殺其將來降詔徐州刺史盧昶援之十二月昶軍大敗於淮南淪覆十有餘萬十二月己巳歲星犯房上相相距一寸光芒相及

注　四月庚午熒惑犯軒轅大星至五月入太微距右執法三寸光芒相接熒惑天視也始由軒轅而省執法之位其象若曰是居后黨而擅南宮之命君其降監焉其應與歲星同也七月乙巳有流星起北斗魁前西北流入紫宮至北極而滅占曰不出朞年兵起且亡君戒是歲有朐山之役間歲而帝崩

延昌元年春二月月暈東井鬼軒轅三月在翼暈又犯太微又暈角亢房心填歲歲星犯鍵閉掩房填星守氐流星起太陽守入紫宮木土相犯八月大流星起五車入畢九月月熒惑合於七星十月月暈東井五車畢參十二月月犯熒惑於太微按三月木土相犯占見三年

按魏書世宗本紀不載　按天象前志延昌元年二月庚午月暈東井輿鬼軒轅大星三月辛丑月在翼暈須臾之間再成再散壬寅月犯太微乙巳月暈角亢房心填歲九月丁卯月及熒惑俱在七星十月癸酉月暈東井五車畢參占曰大旱一曰爲水二年四月庚子出絹十五萬疋賑恤河南饑民五月壽春水十二月戊戌月犯熒惑於太微占曰君死不出三年四年正月世宗崩　又按後志元年三月丙申歲星在鉤鈐東五寸距鍵閉三寸丙午又掩房上相天象若曰夫鈐鍵之禦君上所宜獨操非嬖服所當共也先是高肇爲尚書令而歲星三省執法是歲至升爲司徒肇怏怏不悅而歲星又再循之所以示人主審矣間二歲而上崩肇亦誅滅

注　或曰木與房合主喪水又元年二月月暈井鬼軒轅十月又暈井五車參畢皆水旱饑赦之祥自元年二月不雨至六月雨大水二年四月庚子出絹十五萬疋賑河南饑人是夏州郡十二大水八月滅天下殊死

又按後志三月填星在氐守之九十餘日占曰有德令拜太子女主不居宮至十月立皇太子賜爲父後者爵旌孝友之家　又按後志三月乙未有流星起太陽守歷北斗入紫宮抵北極至華蓋而滅太陽守所以弼承帝車大臣之象今使星由之以語天極之位臣執國命將由此始乎且占曰天下大凶主室其空先是去年八月至十月月再入太微是歲三月又如之十二月甲戌月犯火於太微占曰君死不出三年貴人奪權失勢　又按後志八月己未有流星起五車西南流入畢畢邊兵也占曰有兵車之事以所直名之

延昌二年正月月暈轢亢房填織女天棓紫宮北斗二月月暈熒惑軒轅太微帝座三月熒惑犯太微填星守房四月月掩填星月在箕蝕六月月犯畢七月月掩填星九月熒惑入太微犯屏十一月大流星出五車十二月有星西南流分爲二

按魏書世宗本紀不載　按天象前志二年正月庚子月暈暈東有連環轢亢房填織女天棓紫宮北斗二月己巳月暈熒惑軒轅太微帝座占曰旱六月乙酉青州民饑詔開倉賑恤四月丙申月掩填星己亥月在箕從地下蝕出還生三分漸漸而滿占曰饑三年四月青州民饑開倉賑恤六月乙巳月犯畢左股占曰爲邊兵二年六月南荊州刺史桓叔興破蕭衍軍於九江七月戊午月掩填星　又按後志三月乙丑填星守房占曰女主有黜者以地震爲徵地震者陰盈而失其性也四月丙申月掩填星七月戊午又如之是爲后妃有相遷奪者且曰女主死之時比歲地震　又按後志十一月戊午有流星起五車西南流殷殷有聲憑怒者事盛也十二月己卯有流星西南流分而爲二又偏師之象也　又按後志三月辛酉熒惑犯太微占曰天下不安有立君之戒九月丁卯入太微犯屏星明年正月而世宗崩於是王室遂卑政在公輔

延昌三年二月月暈畢昴太白東井五車是月太白失行流星起天津六月太白晝見八月太白犯軒轅九月月犯太微屏星太白掩右執法十月月犯房十二月月掩熒惑按四月流星起天津占見四年

按魏書世宗本紀不載　按天象前志三年二月乙酉月暈畢昴太白東井五車九月丁卯月犯太微屏星十月壬寅月犯房第二星十二月丙午月掩熒惑

又按後志八月太白犯軒轅十二月月掩熒惑皆

小君之譴也時高后席寵凶悍雖人主猶畏之莫敢動搖故世宗息嗣茂絕明年上崩后廢爲尼降居瑤光寺尋爲胡氏所害以厭天變也　又按後志六月辛巳太白晝見占曰西兵大起有王者之喪十一月大將軍高肇伐蜀益州刺史傅豎眼出北巴平南羊祉出涪安西奚康生出綿竹撫軍甄琛出劍閣會帝崩旋師

注　先是元年三月己酉木土相犯占曰人君有失地者將死之又曰先作事者敗兵起必受其殃三年九月太白掩右執法是爲大將軍有罹刑辟者先是二年二月梁郁州人徐元明斬大將張稷來降及肇出征退亦就戮三年二月月暈畢昴五車太白東井占主赦是月太白失行在天關北占有關梁之兵道不通明年正月肅宗立大赦天下二月梁將任太洪帥衆寇關城

延昌四年五月月犯太微九月月又犯之十月月又入之太白犯南斗閏月月犯軒轅大流星起七星歷南河東井十一月木火會於室

按魏書高宗本紀不載　按天象前志四年五月庚戌月犯太微占曰貴人憂九月安定王燮薨九月乙丑月犯太微十月癸巳月入太微占曰大臣死熙平二年二月太保領司徒廣平王懷薨閏月戊午月犯軒轅占曰女主憂之神龜元年九月皇太后高尼崩於瑤光寺　又按後志五月庚戌九月乙丑十月癸巳月皆犯太微中歲而驟干之强臣不御執法多門之象也閏月戊午月犯軒轅又女主之譴十一月庚寅木火會於室相距一尺至甲午火徙居東北亦相距一尺室爲後宮火與木合曰內亂環而營之或淫事干逼諸侯之象占曰奸臣謀大將戮若有夷族之害以赦令除之先是三年九月太白犯執法是歲八月領軍于忠擅戮僕射郭祚九月太后臨朝淫放日甚至逼幸清河王懌其後羽林千餘人焚征西將軍張彝宅辜死者百數朝廷不能討於是大赦原羽林亦營室之故也

注　魏收以爲月犯太微大臣有死者其後安定王薨月犯軒轅女主憂之其後皇太后高尼崩於瑤光寺營室又主土功也胡太后害高氏以厭天變乃以后禮葬之

又按後志十月太白犯南斗斗爲吳分占曰大兵起先是三年四月有流星起天津東南流轢虛危天津主水事且曰有大衆之行其後梁造浮山堰以害淮泗諸將攻之是歲閏月有大犇星起七星南流色正赤光明燭地尾長丈餘歷南河至東井七星河南之分也流星出之有兵起施及東井將以水禍終之又占曰所與城等疑是時鎮南崔亮攻梁師於硤石明年二月鎮東蕭寶夤大破梁淮北軍九月淮堰決梁人十餘萬口皆漂入海

肅宗熙平元年正月熒惑犯房三月太白犯歲星四月熒惑犯房月又犯房十一月大流星起織女十二月月犯歲星月暈井觜參五車

按魏書肅宗本紀不載　按天象前志熙平元年十二月戊戌月犯歲星甲辰月暈東井觜參五車占曰大旱一曰水二年十月庚寅幽冀滄瀛四州大饑開倉賑恤　又按後志三月丙子太白犯歲星十二月甲辰月犯歲星是謂强盛之陰而陵少陽之君歲又諸侯也天象若曰始由內亂干之終以威刑及之是歲正月熒惑犯房四月庚子又逆行犯之癸卯月又犯房占曰天下有喪諸侯起霸將相戮十一月大流星起織女東南流長且三丈光明照地占曰王后憂之有女子白衣之會間歲高太后殂司徒國珍薨中宮再有喪事其後僕射于忠司徒任城王澄薨既而太后幽逼清河中山王戮死

注　或曰月太白犯歲星饉祥也火犯房陳兵滿野有饑國且大赦又元年十二月月暈井觜參五車占曰水旱有赦至二年正月大赦十月幽冀滄瀛大饑是月月再暈畢參五車占曰饑赦明年幽州大饑死者數千人自正月不雨至六月是歲四夷反叛兵大出又赦改元

熙平二年四月月犯房六月大流星出河鼓九月月犯畢十月月暈昴畢觜參五車十一月大流星出河鼓月暈觜參東井月又犯心

按魏書肅宗本紀不載　按天象前志二年四月癸卯月犯房九月癸酉月犯畢占曰貴人有死者神龜元年四月丁酉司徒胡國珍薨十月癸卯月暈昴畢觜參五車四星甲辰月暈畢右股觜參五車三星東井占曰天下饑大赦神龜元年正月幽州大饑死者甚衆開倉賑恤又大赦天下十一月戊戌月暈觜參東井壬子月犯心小星　又按後志六月癸丑有大流星出河鼓東南流至牛十一月流星起河鼓色黃赤西南流長且三丈有光照地占見神龜元年

神龜元年夏四月流星起河鼓至北斗散滅

按魏書肅宗本紀不載　按天象後志熙平二年六月流星出河鼓十一月流星起河鼓至神龜元年四月壬子有流星起河鼓西北流至北斗散滅河鼓旗之應也故流星出之兵出入之兵入昔宋泰始初大流星出自河鼓西南行竟夜有小星百數從之旣而諸侯同時作亂至是三出河鼓秦州屬國羌及南秦東益氏皆反七月河州人却鐵忽與羣盜又起自稱木池王詔行臺源子恭及諸將四出征之朝廷多事故天應屢見云　按宣武皇后高氏傳神龜元年太后出覲母武邑君時天文有變靈太后欲以后當禍是夜暴崩

神龜二年春二月月暈參井歲星五車四月大流星起天市八月月犯軒轅太白又犯之十二月月在柳蝕

按魏書肅宗本紀不載　按天象前志二年二月丙辰月在參暈井觜參右肩歲星五車四星占曰有相死十二月司徒尚書令任城王澄薨八月辛未月犯軒轅十二月庚申月在柳十五分蝕十　又按後志四月甲戌大流星起天市垣西東南流蝶尾光明燭地天象若曰將作大衆而從后妃之事矣以所首名之是歲九月太后幸嵩高或曰市垣所以均國風尾幽州也明年詔尚書長孫稚撫巡北蕃觀省風俗

注　二月丙辰月在參暈井觜參歲星五車占曰有死相且赦明年諸王多伏辜又大赦

又按後志八月己亥太白犯軒轅是月月又犯之見占

正光元年

正光元年正月月犯軒轅大星四月金火合於井五月太白犯月七月太白犯角九月有彗星見東方

按魏書肅宗本紀不載　按天象前志正光元年正月戊子月犯軒轅大星占曰女主有憂七月丙子元叉幽靈太后於北宮　又按後志神龜二年太白犯軒轅月又犯之至正光元年正月月又犯軒轅大星四月庚戌金火合於井相去一尺占曰王業易君失政大臣首亂將相戮死以用師大敗五月丙午太白犯月相距三寸占曰將相相攻秦國有戰七月太白犯角角天門也是爲兵及朝廷占曰有謀不成破軍斬將是月侍中元叉矯詔幽太后於北宮殺太傅清河王懌八月中山王熙起兵誅元叉不克遇害明春衛將軍奚康生謀討叉於禁中事泄又死是冬諸將伐氏官軍敗績九月辛巳有彗星光爛如火出於東方陰動爭明之異也感精符曰天下以兵相威以勢相乘至威疑亂起布衣從衡禍未庸息帝宮其空昔正始中天讒孛於東北是歲而攝提復周故天象若曰夫讒之亂萌有自來矣彗除之象今則著矣戰國之禍將由此作乎間三年而北鎭肇亂關中迹之自是奸雄鼎沸覆軍相踵其災之所及且二十餘年而猶未弭焉

注　梁志曰九月乙亥有星晨見東方光如火占曰國皇見有內難急兵明年義州反乙亥去辛巳凡六日而北方觀之其氣蓋同矣始于其明以妖南國旣又彗而布之以除魏邦

正光二年四月火土相犯於危七月月犯昴九月月再暈昴畢五車歲犯左執法十月月掩心十一月月犯昴金土犯於危按九月歲犯左執法占見三年

按魏書肅宗本紀不載　按天象前志二年七月乙卯月在昴北三寸九月庚戌月暈胃昴畢五車二星辛亥月暈昴畢觜參兩肩五車五星占曰有赦三年十一月丙午大赦天下十月辛卯月掩心大星十一月乙卯月犯昴　又按後志四月甲辰火土相犯於危十一月辛亥金土又相犯於危危存亡之機太白司兵熒惑司亂而元枵司人上下之所係命也三精溶聚羣臣叶謀以濟屯復之運焉占曰天下方亂甲兵大起王后專制有虛國徙王

正光三年正月月掩心歲犯左執法二月月掩太白又在張暈軒轅太微右執法歲星三月大流星入紫宮四月月掩心大奔星歷紫微入北斗五月歲掩左執法七月大流星出王良月犯昴九月月暈昴畢觜參五車十一月月犯昴

按魏書肅宗本紀不載　按天象前志三年正月甲寅月掩心距星二月丁卯月掩太白京師不見涼州以聞甲戌月在張暈軒轅太微右執法歲星四月丁丑月掩心距星九月丙午月在畢暈昴畢觜參兩肩五車四星　又按後志七月庚申有大流星如五斗器起王良東北流長一丈許王良主車騎且曰有軍涉河昭盛者事大是日月在昴北三寸十一月乙卯又如之是謂兵加匈奴且胡王之謫也先是蠕蠕阿那瓌失國詔北鎭師納之是歲八月蠕蠕後主來奔懷朔鎭間歲阿那瓌背約犯塞詔尚書令李崇率騎十萬討之出塞三千餘里不及而還

注　二年九月庚戌月暈胃昴畢五車辛亥又暈之占曰闕二字有赦至三年九月月在畢暈昴畢觜參

五車是歲夏大旱十二月大赦

又按後志二月丁卯月掩太白京師不見涼州以聞占曰天下大兵起涼州獨見災在秦也三月癸卯有大流星起西北角流入紫宮破爲三段光明照地角星主外朝兵政流星由之將大出師之象若曰將以兵革之故王室分崩入抵紫宮天下大凶有虛國之象四月癸酉有大奔星歷紫微入北斗東北首光明燭地殷然如雷盛怒之象也皆以所直名之

注二年十月月掩心大星至三年正月月掩心距星四月丁丑又如之占曰亂臣在側（闕四字）五年間五歲而肅宗崩

又按後志先是二年九月歲星犯左執法至三年正月癸丑又逆行犯之相去四寸光芒相及五月丙辰歲星又掩左執法是時宦者劉騰與元叉叶謀遂總百揆之任故歲星反復由之至四年二月騰死叉由是失援

正光四年正月月暈東井南河觜參五車四月火土犯於室七月月暈婁胃昴畢觜八月在畢掩熒惑十月太白入斗十一月歲星犯房（按十一月歲星犯房占見五年）

按魏書肅宗本紀不載　按天象前志四年正月戊戌月在井暈東井南河轢觜參右肩一星五車一星七月乙巳月在胃暈婁胃昴畢觜占曰貴人死四年十一月丁酉太保崔光薨八月乙亥月在畢掩熒惑

又按後志四月己未火土又相犯於室是謂後宮內亂且占曰欲殺主天子不以壽終或曰魏氏軒轅之裔塡星之物也赤靈爲母白靈爲子絕綸建國之命所以傳撥亂之君也其受之者將在并州與有齊之國乎其後太后淫昏天下大壞上春秋方壯誅諸佞臣由是鄭儼等悚懼遂說太后鴆帝旣而尒朱氏興於并州終啓齊室之運卜洛之業遂丘墟矣　又按後志八月乙亥月在畢掩熒惑又邊城兵亂之戒也十月乙卯太白入斗口距第四星三寸光芒相掩占曰大兵起將戮辱又吳分也五年正月沃野鎭人破落汗拔陵反臨淮王彧征之敗績於五原六月莫折大提反於秦雍州刺史元志討之又大敗於隴東明年南方諸將頻破梁師至八月杜洛周起上谷其後鮮于修禮反定州王師比歲北征冀方大震旣而葛榮承之竟陷河北

正光五年二月月暈畢觜參東井熒惑五車閏月月暈軒轅太微又暈太微張翼四月歲星逆行犯房八月月又暈胃昴五車十月暈昴畢觜參十二月暈奎婁胃昴

按魏書肅宗本紀不載　按天象前志五年二月庚寅月在參暈畢觜參兩肩東井熒惑五車一星占曰兵起六月秦州城人莫折大提據城反自稱秦王詔雍州刺史元志討之閏月壬辰月在張暈軒轅太微西蕃占曰天子發軍自衛孝昌二年正月己丑詔內外戒嚴將親出討癸巳月在翼暈太微張翼占曰士卒多逃走一曰士卒大聚十月營州城人劉安定就德興反執刺史李仲遵其部下王惡兒斬安定以降德興東走自號燕王八月丙申月在昴暈胃昴五車二星畢觜參一肩十二月癸未月在婁暈奎婁胃昴

又按後志先是二年九月歲星犯左執法至三年正月癸丑又逆行犯之相去四寸光芒相及五月丙辰歲星又掩左執法是時宦者劉騰與元叉叶謀遂總百揆之任故歲星反復由之與高肇同占至四年二月騰死叉由是失援其年十一月庚戌歲星犯房上相相距二寸光芒相掩五年四月己丑歲星又逆行犯之明年皇太后反政叉遂廢黜昔高肇爲尚書令而歲星三省之及升於上相歲星亦再循之至是三犯執法而騰死再干上相而叉敗驪官之譴異代同符矣

注五年二月月在參暈觜參五車東井熒惑八月又暈之閏月月在張翼再暈軒轅太微占曰兵起士卒多逃走一曰士卒大聚又皆赦祥也是時徵調驟起兵相蹈籍又有詔內外戒嚴將親征自二月至六月再大赦天下十月月在畢暈昴畢觜參後年春又大赦

孝昌元年五月太白犯軒轅八月太白在張角盛大十月月暈畢觜參五車十二月火入鬼

按魏書肅宗本紀不載　按天象前志孝昌元年十月丙戌月在畢暈昴畢觜參兩肩五車二星　又按後志五月太白犯軒轅八月在張角盛大占曰有暴酷之兵張河南也十二月火入鬼又犯之占曰大賊在大人之側后以淫泆失政又秦分也

孝昌二年正月金木相犯於牛三月奔星出紫微四月熒惑犯軒轅六月奔星起大角入紫宮八月月在胃掩塡星閏月又掩塡星十月有星入月中滅十一月金木相犯於女

按魏書肅宗本紀不載　按天象前志二年八月甲申月在胃掩塡星閏月癸酉月掩塡星　又按後志

正月癸卯金木相犯於牛十一月戊申又相犯於女歲所以建國均人女爲蠶妾牛爲農夫天象若曰是將羅以寇戎而喪其耕織之務矣且曰有亂兵大戰而波及齊吳是歲八月甲申月在胃掩塡星閏月癸酉又掩之（按八月月在胃掩塡星閏月又掩占見三年）　又按後志三月奔星大如斗出紫微東北流光照地占曰王師大出邦去其君六月有奔星如斗起大角入紫宮而滅棟星以肆覬群后而敷威令於四方也今大號由之以詔天極不以逆乎且有空國徙王之戒焉十月有星入月中而滅占曰入而無光其國卒滅星反出者亡國復立是歲四月至三年九月熒惑再犯軒轅大星（按四月熒惑犯軒轅占見武泰元年）

孝昌三年正月月犯塡星於婁月在井暈觜參南北河五車九月熒惑犯軒轅（按九月熒惑犯軒轅占見武泰元年）

按魏書肅宗本紀不載　按天象前志三年正月戊辰月犯塡星於婁相去七寸許光芒相及占曰國破期不出三年一曰天下有大喪武泰元年二月癸丑肅宗崩四月庚子尒朱榮害靈太后及幼王又害王公已下癸酉月在井暈觜參兩肩南北河五車兩星占曰有赦七月己丑大赦天下　又按後志二年八月月掩塡星閏月又掩之三年正月戊辰又掩之是爲女君有羅兵刑之禍者済千之事甚而衆也又占曰天下大喪無主貴人兵死國以滅亡

注　正月癸酉月在井暈觜參兩河五車七月大赦明年少主立又大赦

武泰元年正月熒惑逆行犯軒轅月暈觜參兩河五車三月月掩畢又暈太微及角

按魏書肅宗本紀不載　按天象前志武泰元年三月庚申月掩畢大星庚午月在軫暈太微角　又按後志孝昌二年四月至三年九月熒惑再犯軒轅大星武泰元年正月又逆行復犯之占曰主命將失女君之象亂逆之災三月庚申月掩畢大星占曰邊兵起貴人多死者是時淫風滋甚王政盡弛自大河而北極關而西覆軍屠邑不可勝計旣而蕭寶夤叛於雍州梁師驟伐淮泗連兵貴士萬姓嗷嗷喪其樂生之志矣是歲二月帝竟以暴崩四月尒朱榮以大兵濟河執太后及幼主沈諸中流害王公以下二千遂專權晉陽以令天下焉

敬宗建義元年七月丙子月在畢掩大星

按魏書敬宗本紀不載　按天象前志云云

永安元年七月太白犯左角掩畢十一月月犯畢十二月月暈歲星奎婁胃昴又掩畢大星

按魏書敬宗本紀不載　按天象前志永安元年十一月丙寅月在畢大星東北五寸許光芒相掩十二月辛卯月在婁暈奎歲星胃昴癸巳月掩畢大星　又按後志七月癸亥太白犯左角相距四寸光芒相掩兵及朝廷之象占曰大戰不勝貴人有來者其謀不成（按七月十一月十二月月掩畢占見三年）

永安二年三月月入畢四月月入太微又在軫暈太微月在危閏月熒惑入鬼犯積尸八月月入畢十月月暈塡星昴畢觜參五車又在參蝕十一月熒惑犯上將上相十二月月掩畢又與熒惑合於軫暈塡星昴畢觜參伐五車又暈軒轅太微月在軫掩熒惑

按魏書敬宗本紀不載　按天象前志二年三月乙卯月入畢口占曰大兵起壬戌詔大將軍上黨王天穆與齊獻武王討邢杲四月己丑月在翼入太微在屛星西南相去一尺五寸須臾下沒辛卯月在軫暈太微軫角乙丑月在危八月乙丑月在畢左股第二星北相去二寸許光芒相掩須臾入畢占曰兵起三年正月辛丑東徐州城民呂文欣等反殺刺史行臺樊子鵠討之十月辛亥月在畢暈畢昴塡星觜參井五車四星占曰兵起大赦三年三月万俟醜奴遣其大行臺尉遲菩薩寇岐州大都督賀拔岳可朱渾道元大破之四月大赦天下甲子月在參蝕十二月丙辰月掩畢右股大星乙丑月熒惑同在軫丁巳月在畢暈昴畢及塡星觜參伐五車四星占曰大赦三年九月大赦天下癸亥月在翼暈軒轅翼太微占曰有赦三年十月戊申皇子生大赦天下乙丑月在軫掩熒惑　又按後志閏月熒惑入鬼犯積尸占曰兵起西北有鈇鉞之誅是歲北海王顥以梁師陷考城執濟陽王暉業乘虛遂勝遂入洛陽至七月王師大敗之顥竟戮死有謀不成之驗明年尒朱天光擊反虜万俟醜奴及蕭寶夤於安定克之咸伏誅　又按後志二年十一月熒惑自鬼入太微西掖門犯上將出東掖門犯上相東行累日句己去來復逆行而西十二月乙丑月又掩之（占見三年）

永安三年正月熒惑逆行入太微月入太微襲熒惑月暈太微熒惑月在軫又掩之二月大流星西北流三月熒惑近右執法月又掩之四月月又暈太微熒惑出端門五月太白在參晝見六月月犯畢七月彗見三台入氐大奔星出紫宮八月月犯畢又入軒轅

太白犯軒轅九月月暈昴觜參井歲塡五車十月月暈東壁十一月月犯太白

按魏書敬宗本紀不載　按天象前志三年正月己丑月入太微襲熒惑辛卯月行太微中暈太微熒惑壬辰月在軫掩熒惑四月戊午月暈太微六月乙巳月在畢大星北三寸許光芒相掩八月庚申月入畢口犯左股大星辛丑月入軒轅后星北夫人南直東過太白犯次妃占曰人君死又爲兵起十二月尒朱兆入洛執帝殺皇子亂兵汙辱後宮殺司徒公臨淮王彧九月庚寅月在參暈昴觜參井歲塡二星五車三星十月辛亥月暈東壁十一月辛丑月在太白北中不容指　又按後志二年十一月熒惑自鬼入太微西掖門犯上將出東掖門犯上相東行累日句己去來復逆行而西十二月月又掩之至三年正月癸未逆行入東掖門己丑月入太微襲熒惑辛卯月行太微中又暈之三月己卯在右執法北一尺五寸酉十四日至壬辰月又掩之復順行而東四月戊午月又干太微而暈己未熒惑出端門在左執法南尺餘而東自魏興以來未有循環反復若此之薦也是時孝莊將誅權臣有興復魏室之志是以誠發於中而熒惑吝謀於上焉其占曰有權臣之戮有大兵之亂貴人以强死而天下滅亡至五月己亥太白在參晝見參爲晉陽之墟天意若曰干明之釁於是乎在矣七月甲午有彗星晨見東北方在中台東一丈長六尺色正白東北行西南指丁酉距下台上星西北一尺而晨伏庚子夕見西北方長尺東南指漸移入氐至八月己未漸見癸亥滅占曰彗出太階有陰謀奸宄興凡天事爲之徵形以戒告人主始潘公輔之穢而彗除之權臣將滅之象再干太陽之明而後陵奪之逆亂復興之象也三月而見者變近亟也究於內宮者反仇其上也近期在衝遠期一年先是二月壬申有大流星相隨西北尾迹不絕以千計西北直晉陽之墟而微星庶人所以載皇極也人從而君從之是月戊戌有大奔星自極東貫紫宮而出影迹隨之遷君之應至九月上誅太原王榮上黨王天穆於明光殿是夕尒朱氏黨攻西陽門不克退屯河陰十二月洛陽失守帝崩於晉陽自是南宮板蕩刦殺之禍相踵先是永安元年七月丙子十一月丙寅十二月癸巳月皆掩畢大星至二年三月乙卯月入畢口八月乙丑又距畢左股二寸光芒相掩須臾入畢口十二月丙辰掩畢右股大星三年六月乙巳又犯畢大星八月庚申入畢口犯左股大星是月辛丑太白犯軒轅明年五月月又犯畢右股遂入之畢星所以建魏國之命也占曰天下有變其君大憂邊兵起上將戮月游干之事甚而衆及尒朱兆作亂奉長廣王爲主號年建明明年二月又廢之而立節閔六月高歡又推安定王爲帝於信都復黜之後更立武帝於是三少王相次崩殂又洛陽再陷六宮汙辱有兵及軒轅之效焉

前廢帝普泰元年正月月暈軫角亢及斗柄五月月犯太白又犯畢十月月暈昴觜參五車金火歲土聚於觜參十一月奔星出太微

按魏書前廢帝本紀不載　按天象前志普泰元年正月己丑月在角暈軫角亢亦連環暈接北斗柄三星大角織女五月己未月犯畢右股第一星相去三寸許光芒相及又入畢口十月癸丑月暈昴觜參東井五車三星占曰有赦是月齊獻武王推立後廢帝大赦天下　又按後志五月辛未太白出西方與月並間容一指戰辯也先是去年十一月辛丑月在太白北不容一指占曰有破軍殺將主人不勝旣而尒朱氏南侵王師敗績至是又與月合幾將復之乎十月甲寅金火歲土聚於觜參甚明大晉魏之墟也日曰兵喪並起霸君興焉是時渤海王歡起兵信都改元中興至十一月己卯奔星如斗起太微東北流光明燭地有聲如雷占曰大臣有外事以所首事命之或曰中國失君有立王遷主著而有聲者盛怒也是時尒朱氏成師北伐

注　正月己丑月在角暈軫角五車亢連環暈北斗大角織女十月又暈昴畢觜參井五車是時肆赦之令歲月相踵

按北齊書神武本紀初普泰元年十月歲星熒惑塡星太白聚於觜參色甚明太史占曰當有王者興是時神武起於信都

孝武帝永熙元年三月火逆行犯氐歲星入鬼四月月在箕蝕九月月入太微太白經天十一月大流星出昴貫參畢熒惑入斗

按本紀不載　按天象前志後廢帝中興二年四月戊寅月在箕蝕出帝泰昌元年九月甲寅月入太微犯屏星按中興二年四月孝武帝改元泰昌十二月改元永熙　按後志中興二年三月癸巳火逆行犯氐占曰天子失其宮閏月庚申歲星入鬼犯天尸占曰有戮死之君旣而尒朱

兆等大敗於韓陵覆師十餘萬四月武帝卽位比及歲終凡殺三廢帝孝武永熙元年九月太白經天十一月辛丑有大流星出昴北東南流轢畢貫參光明照地有聲如雷天象若曰將有髦頭之兵憑陵塞垣與大司馬合戰明年正月丁酉渤海王歡追擊兆等於赤洪嶺大破之尒朱氏殲焉

永熙二年四月太白晝見九月火木合於翼金火又合於軫十一月月暈昴畢觜參五車

按魏書出帝本紀不載　按天象前志二年十一月乙丑月在畢暈昴觜參兩肩五車五星　又按後志四月太白晝見九月丁酉火木合於翼相去一寸光芒相掩占曰是謂內亂奸臣謀人主憂甲寅金火合於軫相去七寸光芒相及占曰是謂相鑠不可舉事用兵翼軫南宮之蕃又荊州也

永熙三年三月有大奔星起匏瓜入天市月在亢蝕木逆行犯左執法五月又犯左執法熒惑逆行掩南斗魁遂入斗八月月暈昴畢觜參五車十二月又如之

按魏書出帝本紀不載　按天象前志三年三月戊戌月在亢蝕八月庚午月在畢暈昴畢觜參五車四星占曰大赦是月戊辰大赦天下　又按後志三月癸巳有奔星如三斛甕起匏瓜西流入市垣有光燭地逆流如珠尾跡數丈廣且三尺凝著天狀如蒼白雲須臾屈曲蛇行匏瓜爲陰謀星大如甕爲發謀舉事光盛且大人貴而衆也以所首名之且爲天飾王者更均封疆是時斛斯椿等方說上伐高歡荊州刺史賀拔岳預謀焉高歡知之亦以晉陽之甲來赴七月上自將十餘萬次河橋望歡軍憚之不敢戰遂西幸長安至十月渤海王更奉孝靜爲主改元天平由是分爲二國更均封疆之應也是月歡命侯景攻荊州拔之勝南奔

注是年三月庚子木逆行在左執法北一寸光芒相掩五月甲申又在執法西半寸乍見乍不見占曰強臣擅命改政建元十二月上崩由是高歡宇文泰擅權兩國又二年十一月乙丑三年八月庚午十二月庚申月皆在畢暈畢昴參五車自三年二月至明年正月東西魏凡四大赦

又按後志五月己亥熒惑逆行掩南斗魁第二星遂入斗口先是元年十一月熒惑入斗十餘日出而逆行復入之六十日乃去斗大人之事也占曰中國大亂道路不通天下皆更元易政吳越之君絕嗣是歲東西帝割據山河遂爲戰國比十月至正月梁魏三帝皆大赦改元或曰斗爲壽命之養而火以亂氣干之耄荒之戒也是時梁武帝年已七十矣怠於聽政專以講學爲業故皇天殷勤著戒又若言曰經遠之謀替矣將以逆亂終之而勤其天祿焉夫天懸而示之且猶不悟其後攝提復周卒有侯景之亂云

注十二月梁人立元慶和爲魏王屯平瀨明年正月東南行臺元晏大破之六月豫州刺史堯雄又大破梁師於南頓十月梁攻單父徐州刺史任祥又大破之斬虜萬餘級十二月柳仲禮寇荊州諸將又大敗之時梁軍政益弛故累有負敗之應

孝靜帝天平元年十二月太白食月月在畢暈閏月月掩心按太白食月占見二年

按魏書孝靜帝本紀不載　按天象前志天平元年十二月庚申月在畢暈昴畢觜參兩肩五車五星閏月庚子月掩心中央星

天平二年三月月暈北斗又犯太白有星孛於太微歷下台室壁七月金土合於七星八月月犯心十一月月又掩心十二月流星出天市

按魏書孝靜帝本紀不載　按天象前志二年三月月暈北斗第二星占曰羅貴兵聚是月齊獻武王討山胡劉蠡升斬之三年并肆汾建諸州霜儉壬申月在婁太白在月南一寸許至明漸漸相離八月己卯月在心去心中央大星西廂七寸許十一月戊辰月在心掩前小星　又按後志二年有星孛於太微歷下台及室壁而滅南宮成周之墟孝文之餘烈也孛星由之易政徙王之戒天象若曰王城爲墟夏聲幾變而台階持政有代奪之漸乎且抵於營室吏都之象也是後兩霸專權皆以北俗從事河南新邑遂爲戰爭之郊間三歲至興和元年九月發司州卒十萬營鄴都十月新宮成

注天平元年閏月月掩心大星二年八月又犯之相去七寸十一月又掩心小星相臣逼主之象且占曰人臣伐主應以善事除殃時兩雄王業已定特以人臣取容而已至興和二年八月月又犯心大星後數年而禪代

又按後志元象二年七月壬戌金土合於七星癸亥遂犯七星七星河南之分金而犯土將有封畿之戰且占曰其分亡地先是去年十二月癸丑太白蝕月是歲三月壬申太白又與月合相距一寸大戰之祥

也月象強大之國而金合之秦師將勝焉十二月有流星從天市垣西流長且一丈有尾迹三年正月渤海王歡攻夏州克之十月丁丑月犯火占曰大將有闘死者十二月大都督竇泰入潼關明年宇文泰距擊斬之十月遂及渤海王歡戰於沙苑歡軍敗績捕虜萬餘是月獨孤信拔洛陽按元象無二年三年恐此即天平二年之變存以備考

天平三年春正月月掩軒轅十月月犯熒惑十一月熒惑犯歲星

按魏書孝靜帝本紀不載　按天象前志三年春正月丁卯月掩軒轅大星十月丁丑月在熒惑北相去五寸許　又按後志十一月熒惑犯歲星占曰有內亂臣誅主

天平四年正月客星出紫宮二月八月月再掩五車十一月太白晝見

按魏書孝靜帝本紀不載　按天象前志四年二月壬申月掩五車東南星庚辰月連環暈北斗八月癸未月掩五車東南星　又按後志正月客星出於紫宮占曰國有大變二月壬申八月癸未月再掩五車東南星占曰兵起道不通十一月太白晝見占曰軍興爲不臣

元象元年二月塡星犯上相三月月掩軒轅塡星又犯上相六月太白入東井七月太白在柳晝見八月大流星出房心十月月暈胃昴畢又暈太微軒轅角軫十一月暈五車東井南北河

按魏書孝靜帝本紀不載　按天象前志元象元年三月丁卯月掩軒轅大星十月己亥陰雲斑駁月在昴暈胃昴畢占曰大赦興和元年五月大赦天下丁未月在翼暈太微軒轅左角軫二星十一月庚午月在井暈五車一星及東井南北河占曰有赦興和元年十一月大赦改年　按後志天平五年即元象元年二月庚戌三月甲子塡星逆順行再犯上相上相司徒也六月太白入東井占曰秦有兵大臣當之至元象元年七月太白在柳晝見柳河南也八月辛卯有大流星出房心北東南行長且三尺尾迹分爲三段軍破爲三之象也先是行臺侯景司徒高昂圍金墉西帝及宇文泰自將救之是月陳於河陰泰以中軍合戰大克司徒高昂死之既而左右軍不利西師由是敗績斬將二十餘人降卒十八萬是月西帝大傅梁景叡據長安反關中大震尋皆伏誅

注　天平三年正月元象元年三月月再掩軒轅大星是年西帝廢皇后乙氏立蠕蠕女爲后明年五月火犯軒轅大星既而乙氏遇害其後蠕蠕后又死乙氏爲祟焉元象元年十月月犯昴暈畢胃丁未在翼暈大星軒轅左角十一月在井暈五車兩河東西主凡三大赦

興和元年二月火犯井四月火入鬼五月火犯軒轅八月月暈畢觜參五車九月月犯斗又掩昴十月彗出南斗按九月火犯軒轅占見元象元年

按魏書孝靜帝本紀不載　按天象前志興和元年八月辛丑月在畢暈畢觜參兩肩五車九月丁巳月在斗犯魁第二星相去三寸許光芒相及丁卯月掩昴　又按後志二月壬子火犯井占曰秦有兵亂貴人當之四月又入鬼亦兵喪之祥也又土地之分也

又按後志十月辛丑有彗星出於南斗長丈餘至十一月丙戌距太白三尺長丈餘東南指二月乙卯至婁始滅占曰彗出南斗之上皆誅其上疑　又吳分始自微末終成著大而與兵星合爲天戒若曰夫刦殺之萌其事由來漸矣而人君辨之不早終以兵亂橫流不可撲滅焉婁又徐方之次亂之所自招也

興和二年四月金木相犯於奎火木又相犯於奎八月月犯心十一月太白與塡星相犯於氐

按魏書孝靜帝本紀不載　按天象前志二年八月己酉月犯心中央大星　又按後志四月己丑金木相犯於奎丙午火木又相犯於奎奎爲徐方所以虞賊防之寇也歲主建國之令而省人君之差敗火主亂金主兵三精游而聚謀所以哀矜下土而示驅除之戒也是時梁主衰老太子賢明而不能授之以政焉由是領軍朱异等浸侵明福之權至武定五年侯景竊河南六州而叛又與連衡而附益之是歲十二月梁師敗績於彭城捕虜五萬餘級江淮之間始蕭然愁歎矣明年師大敗陷溺以十萬數景遂舉而濟江三吳大荒道殣流離者大半淮表二十六州咸內屬焉昔三精聚謀於危九年而高氏霸至是聚謀於奎而蕭氏亡亦天之大數云爾　又按後志十一月甲戌太白在氐與塡星相犯氐鄭地也

興和三年春正月月在畢暈東井參昴五車八月月暈畢昴婁胃五車

按魏書孝靜帝本紀不載　按天象前志三年春正月辛巳月在畢暈東井參兩肩畢西轢昴五車五星占曰大赦武定元年正月大赦改元八月丁巳月在

胃暈畢歲星昴婁胃五車一星須臾暈缺復成

興和四年七月火木合於井十一月月在七星暈熒惑軒轅太微帝座十二月月又暈昴畢五車

按魏書孝靜帝本紀不載　按天象前志四年十一月壬午月在七星暈熒惑軒轅太微帝座十二月壬寅月在昴暈昴畢五車兩星占曰有赦武定二年三月齊獻武王歷冀定二州因入朝以今春亢旱請蠲懸租賑窮乏死罪已下一皆原宥　按後志七月壬午火木合於井相去一尺占同天平明年北豫州刺史高仲密據武牢西叛宇文泰帥衆援之戊申及渤海王戰於邙山西軍大敗虜王侯將校四百餘人獲六萬餘級

注　元年八月月在畢暈昴畢觜五車二年正月大赦三年正月至八月又再暈之歲星在焉四年十一月月暈軒轅太微壬申又暈胃昴畢五車皆兵饑赦祥也明年東西主皆大赦後年三月高歡入朝以春冬亢旱請賑窮乏死罪已下皆宥之

武定二年四月熒惑犯上將又犯右執法

按魏書孝靜帝本紀不載　按天象後志武定二年四月丁巳熒惑犯南宮上將戊寅又犯右執法占曰中坐成刑金火尤甚

武定四年正月月蝕軫四月太白晝見六月月入畢九月月在翼暈軒轅太微帝座熒惑太白犯左執法是年有星墜於神武營

按魏書孝靜帝本紀不載　按天象前志四年正月己未月蝕軫六月癸巳月入畢中九月癸亥月在翼暈軒轅太微帝座熒惑占曰兵起是月北徐州山賊鄭土定自號郎中偷陷州城儀同斛律平討平之　又按後志四月庚午金晝見六月癸巳月入畢九月壬寅太白在左執法東南三寸許是爲執法事

按北齊書神武本紀武定四年九月神武圍玉壁頓軍五旬城不拔死者七萬人聚爲一冢有星墜於神武營衆驢並鳴士皆讋懼神武有疾十一月庚子輿疾班師

武定五年正月月犯畢暈昴井觜參五車又暈軒轅太微

按魏書孝靜帝本紀不載　按天象前志五年正月乙巳月犯畢大星暈昴東井觜參五車二星占曰大赦五月丁酉朔大赦天下庚辰月在張暈軒轅大星太微天庭　又按後志正月月犯畢大星貴人之譴也先是九月大丞相歡圍玉壁不克是月歡薨於晉陽辛亥侯景反僕射慕容紹宗擊之八月淮南三王謀反誅明年紹宗攻王思政於穎川竟溺

注　四年九月月在翼暈軒轅太微帝座五年二月暈昴畢參井五車五月在張又暈軒轅太微時兵革屢動東西帝皆比歲大赦

武定七年九月月掩歲星在斗

按魏書孝靜帝本紀不載　按天象前志七年九月戊午月在斗掩歲星占曰吳越有憂是歲侯景破建業吳人饑死及流亡者不可勝數　又按後志九月戊午月掩歲星在斗斗爲天廟帝王壽命之期月由之以干歲星是爲大人有篡殺死亡之禍是歲梁武帝以憂逼殂明年而齊帝後年西主文帝及梁簡文又終天下皆有大故而江表尤甚

武定八年三月歲填太白在虛

按魏書孝靜帝本紀不載　按天象後志八年三月甲午歲填太白在虛虛齊分是爲驚立絕行改立王公熒惑又從而入之四星聚焉五月丙寅帝禪位於齊是歲西主大統十六年也是時兩主立而東帝得全魏之墟於天官爲正昔宋武北伐四星聚奎及西伐秦四星聚井四星聚參而渤海始霸四星聚危而文宣受終由是言之帝王之業其有徵矣其後六年西帝禪於周室天文史失其傳也

欽定古今圖書集成曆象彙編庶徵典

第四十三卷目錄

庶徵典第四十三卷

星變部彙考十七

北齊

文宣帝天保元年熒惑犯房

按北齊書文宣帝本紀不載　按隋書天文志天保元年十二月甲申熒惑犯房北頭第一星及鉤鈐占曰大臣有反者其二年二月壬申太尉彭樂謀反誅

天保八年二月歲星守少微五月犯上將七月月掩心

按北齊書文宣帝本紀不載　按隋書天文志八年二月己亥歲星守少微經六十三日占曰五官亂五月癸卯歲星犯太微上將占曰大將憂大臣死其十年五月誅諸元宗室四十餘家乾明元年誅楊遵彥等皆五官亂大將憂大臣死之應也七月甲辰月掩心星占曰人主惡之十年十月帝崩

天保九年二月熒惑犯輿鬼三月熒惑犯軒轅

按北齊書文宣帝本紀不載　按隋書天文志九年二月熒惑犯鬼質占曰斧質用有大喪三月甲午熒惑犯軒轅占曰女主惡之其十年五月誅魏氏宗室十月帝崩斧質用有大喪之應也

天保十年塡星犯井鉞

按北齊書文宣帝本紀不載　按隋書天文志十年六月庚子塡星犯井鉞與太白并占曰子爲元枵齊之分野君有戮死者大臣誅斧鉞用其明年二月乙巳太師常山王誅尚書令楊遵彥右僕射燕子獻領軍可朱渾天和侍中宋欽道等八月壬午廢少帝爲濟南王

廢帝乾明元年熒惑入軒轅

按北齊書廢帝本紀不載　按隋書天文志乾明元年三月甲午熒惑入軒轅占曰女主凶後太寧二年四月太后崩

孝昭帝皇建二年天狗墜七月熒惑入鬼

按北齊書孝昭帝本紀皇建二年時有天狗下乃於其所講武以厭之　按隋書天文志七月乙丑熒惑入鬼中戊辰犯鬼質占曰有大喪十一月帝以暴疾崩

武成帝河清元年七月太白犯輿鬼八月月掩畢

按北齊書武成帝本紀不載　按隋書天文志河清元年七月乙亥太白犯輿鬼占曰有兵謀誅大臣斧質用其年十月壬申冀州刺史平秦王高歸彥反段孝先討禽斬之於都市又其二年殺太原王紹德皆斧質用之應也八月甲寅月掩畢占曰其國君死大臣有誅者有邊兵大戰破軍殺將其十月平秦王歸彥以反誅其三年周師與突厥入并州大戰城西伏屍流血百餘里皆其應也

河清四年正月金犯火金火木合在婁三月彗星見

按北齊書武成帝本紀四年三月彗星見太史奏天文有變其占當有易王丙子傳位於皇太子　按隋書天文志正月己亥太白犯熒惑相去二寸在奎甲辰太白熒惑歲星合在婁占曰甲爲齊三星若合是謂驚立絕行其分有兵喪改立侯王國易政三月戊子彗星見占曰除舊布新有易王至四月傳位於太子改元

後主天統元年六月彗星見

按北齊書後主本紀天統元年六月壬戌彗星出文昌東北其大如手後稍長乃至丈餘百日乃滅　按隋書天文志六月壬戌彗星見於文昌長數寸入文昌犯上將然後經紫微宮西垣入危漸長一丈餘指室壁後百餘日在虛危滅占曰有大喪有亡國易政其四年十二月太上皇崩

天統四年六月彗星見東井七月孛星見房心八月入天市犯離宮九月入奎婁

按北齊書後主本紀四年六月彗星見於東井　按隋書天文志六月彗星見東井占曰大亂國易政七月孛星見房心白如粉絮大如斗東行八月入天市漸長四丈犯匏瓜歷虛危入室犯離宮九月入奎至婁而滅孛者孛亂之氣也占曰兵喪並起國大亂易政大臣誅其後太上皇崩至武平二年七月領軍庫狄伏連治書侍御史王子宜受琅琊王儼旨矯詔誅錄尚書淮南王和士開於南臺伏連等即日伏誅右僕射馮子琮賜死此國亂之應也

天統五年二月歲星掩太微五月熒惑犯鬼積尸

按北齊書後主本紀不載　按隋書天文志五年二月戊辰歲星逆行掩太微上將占曰天下大驚四輔有誅者五月甲午熒惑犯鬼積尸甲齊也占曰大臣誅兵大起斧質用有大喪至武平二年九月誅琅琊王儼三年五月誅右丞相咸陽王斛律明月四年七月誅蘭陵王長恭皆懿親名將也四年十月又誅崔季舒等此斧質用之應也

武平三年八月土木金合於氐九月月蝕婁十一月天狗見十二月月蝕歲星

按北齊書後主本紀不載　按隋書天文志武平三年八月癸未塡星歲星太白合於氐宋之分野占曰其國內外有兵喪改立侯王其四年十月陳將吳明徹寇彭城右僕射崔季舒國子祭酒張雕黃門裴澤郭遵尚書左丞封孝琰等諫車駕不宜北幸并州帝怒並誅之內外兵喪之應也九月庚申月在婁蝕既至旦不復占曰女主凶其三年八月廢斛律皇后立穆后四年又廢胡后爲庶人十一月乙亥天狗下西北占曰其下有大戰流血後周武帝攻晉州進兵平并州大戰流血　又按志十二月辛丑月蝕歲星占曰有亡國至七年而齊亡

武平四年熒惑犯右執法

按北齊書後主本紀不載　按隋書天文志四年五月癸巳熒惑犯右執法占曰大將死執法者誅若有罪其年誅右丞相斛律明月明年誅蘭陵王長恭後年誅右僕射崔季舒皆大將死執法誅之應也

北周

孝閔帝元年二月歲星守少微五月歲星犯太微上將太白犯軒轅月掩心熒惑犯東井

按周書閔帝本紀元年二月歲星守少微經六十日五月癸卯歲星犯太微上將太白犯軒轅七月甲辰月掩心後星熒惑犯東井北端第二星　按隋書天文志五月癸卯太白犯軒轅占曰太白行軒轅中大臣出令又曰皇后失勢辛亥熒惑犯東井北端第二星占曰其國亂又曰大旱其年九月冢宰護逼帝遜位幽於舊邸月餘弒崩司會李植軍司馬孫恆及宮伯乙弗鳳等被誅害其冬大旱皆大臣出令大臣死旱之應也

明帝二年三月熒惑入軒轅六月塡星犯井鉞

按周書明帝本紀二年夏四月庚午熒惑入軒轅　按隋書天文志作三月甲午熒惑入軒轅占曰王者惡之女主凶其月皇后獨孤氏崩六月庚子塡星犯井鉞與太白并占曰傷成於鉞君有戮死者其年太師宇文護進食帝遇毒崩

武帝保定元年七月熒惑入鬼九月客星見於翼十月熒惑犯太微上將

按周書武帝本紀保定元年七月己巳熒惑入輿鬼犯積尸九月乙巳客星見於翼冬十月戊寅熒惑犯太微上將合爲

保定二年閏正月太白入昴二月熒惑犯太微三月犯左執法七月太白犯鬼十一月熒惑犯歲星

按周書武帝本紀二年閏正月癸巳太白入昴二月壬寅熒惑犯太微上相三月壬午熒惑犯左執法七月乙亥太白犯輿鬼十一月壬午熒惑犯歲星

保定三年九月熒惑犯上將十月犯左執法

按周書武帝本紀三年九月甲子熒惑犯太微上將冬十月壬辰熒惑犯左執法　按隋書天文志九月甲子熒惑犯太微上將占曰上將誅死十月壬辰熒惑犯左執法

保定四年二月熒惑犯房三月又犯之

按周書武帝本紀四年二月甲午熒惑犯房右驂三月己未熒惑又犯房右驂　按隋書天文志二月甲午熒惑犯房右驂三月己未熒惑又犯房右驂占曰上相誅車馳人走天下兵起其年十月冢宰晉公護率軍伐齊十二月柱國庸公王雄力戰死之遂班師兵起將死之應也

保定五年正月太白熒惑歲星合於婁六月彗星出三台入虛危

按周書武帝本紀五年正月甲辰太白熒惑歲星合於婁六月庚申彗星出三台入文昌犯上將後經紫宮西垣入危漸長一丈餘指室壁後百餘日稍短長二尺五寸在虛危滅

天和元年十月乙卯太白晝見經天

按周書武帝本紀云云

天和二年五月木火合於井六月月入畢閏六月木金合於柳七月太白犯軒轅十一月熒惑犯鉤鈐

按周書武帝本紀二年五月歲星與熒惑合於井六月甲子月入畢閏六月歲星太白合於柳七月太白犯軒轅　按隋書天文志五月己丑歲星與熒惑合在井宿相去五尺井爲秦分占曰其國有兵爲饑旱大臣匿謀下有反者若亡地閏六月丁酉歲星太白合在柳相去一尺七寸柳爲周分占曰爲內兵又曰

主人凶憂失城是歲陳湘州刺史華皎率衆來附遣衛公直將兵援之因而南伐九月衛公直與陳將淳于量戰於沌口王師失利元定韋世沖以步騎數千先度遂沒陳七月庚戌太白犯軒轅大星相去七寸占曰女主失勢大臣當之又曰西方禍起其十一月癸丑太保許公宇文貴薨大臣當之驗也庚子熒惑犯鉤鈐去之六寸占曰王者有憂又曰車騎驚三公謀

天和三年春三月太白犯井北轅四月太白入鬼六月有星孛於東井北行一月至輿鬼乃滅客星見房心入天市犯營室至奎四十餘日乃滅九月太白與鎮星合於角

按北周書武帝本紀云云　按隋書天文志三年三月己未太白犯井北轅第一星占曰將軍惡之其七月壬寅隋公楊忠薨四月辛巳太白入輿鬼犯積尸占曰大臣誅又曰亂臣在內有屠城六月甲戌彗見東井長一丈上白下赤而銳漸東行至七月癸卯在鬼北八寸所乃滅占曰爲兵國政崩壞又曰將軍死大臣誅七月己未客星見房心白如粉絮大如斗漸大東行八月入天市長如匹所復東行犯河鼓右將癸未犯匏瓜又入室犯離宮九月壬寅入奎稍小壬戌至婁北一尺所滅凡六十九日占曰兵起若有喪白衣會爲饑旱國易政又曰兵犯外城大臣誅

天和四年二月歲星掩上將流星出左攝提五月熒惑犯鬼

按周書武帝本紀四年春二月歲星逆行掩太微上將庚午大流星出左攝提流至天津滅後有聲如雷　按隋書天文志四年二月戊辰歲星逆行掩太微上將占曰天下大驚國不安四輔有誅必有兵六年天下大赦庚午有流星大如斗出左攝提流至天津滅有聲如雷五月癸巳熒惑犯輿鬼甲午犯積尸占曰午秦也大臣有誅兵大起後三年太師大冢宰晉國公宇文護以不臣誅皆其應也

天和五年正月月在氐暈白虹貫之有彗規北斗第四星九月金木合於亢十月金土合於氐

按周書武帝本紀五年九月己卯太白歲星合於亢冬十月丙戌太白鎮星合於氐　按隋書天文志正月乙巳月在氐暈有白虹長丈所貫之而有兩珥相連接規北斗第四星占曰兵大起大戰將軍死於野是冬齊將斛律明月寇邊於汾北築城自華谷至於龍門其明年正月詔齊公憲率師禦之三月己酉憲自龍門度汾水拔其新築五城兵起大戰之應也

天和六年四月熒惑犯輿鬼六月熒惑太白合於張八月鎮歲太白合於氐

按周書武帝本紀六年四月己卯熒惑犯輿鬼八月癸未鎮星歲星太白合於氐　按隋書天文志四月己卯熒惑逆行犯輿鬼占曰有兵喪大臣誅兵大起其月又率師取齊宜陽等九城六月齊將攻陷汾州六月庚辰熒惑太白合在張宿相去一尺占曰主人兵不勝所合國有殃

建德元年三月熒惑太白合於壁七月辰星太白合於井月犯心中星

按周書武帝本紀建德元年秋七月丙午辰星太白合於東井己酉月犯心中星　按隋書天文志三月丙辰熒惑太白合壁占曰其分有兵喪不可衆事用兵必受其殃又曰改立侯王有德者興無德者亡其月誅晉公護及子譚公會莒公至崇業公靜等大赦癸亥詔以齊公憲爲大冢宰是其驗也七月丙午辰與太白合於井相去七寸占曰其下之國必有重德致天下後四年上帥師平齊致天下之應也九月己酉月犯心中星相去一寸占曰亂臣在傍不出五年下有亡國後周武伐齊平之有亡國之應也

建德二年二月熒惑犯輿鬼入積尸四月太白掩鬼西北星又掩東北星五月熒惑犯右執法六月月犯心中星九月太白犯右執法十一月太白掩塡在尾

按周書武帝本紀二年二月癸亥熒惑犯輿鬼入積尸五月丁卯熒惑犯右執法六月甲辰月犯心中星九月癸酉太白犯右執法　按隋書天文志二月癸亥熒惑掩鬼西北星占曰大賊在大臣側又曰大臣有誅四月己亥太白掩西北星壬寅又掩東北星占曰國有憂大臣誅六月丙辰月犯心中後二星占曰亂臣在傍不出三年有亡國又曰人主惡之九月癸酉太白犯左執法左疑作右　占曰大臣有憂執法者誅若有罪十一月壬子太白掩塡星在尾占曰塡星爲女主尾爲後宮明年皇太后崩

建德三年二月客星出五車入文昌北斗魁四月星孛於紫宮十一月歲星太白合於危十二月月犯歲星於危又食太白於營室

按周書武帝本紀三年夏四月丁巳有星孛於東北紫宮垣長七尺十二月辛卯月掩太白　按隋書天文志二月戊午客星大如桃青白色出五車東南三

尺所漸東行稍長二尺所至四月壬辰入文昌丁未入北斗魁中後出魁漸小凡見九十三日占曰天下兵起車騎滿野人主有憂又曰天下有亂兵大起臣謀主其七月乙酉衞王直在京師舉兵反討擒之廢爲庶人至十月始州民王鞅擁衆反討平之四月乙卯星孛於紫宮垣外大如拳赤白指五帝座漸東南行稍長一丈五尺五月甲子至上台北滅占曰天下易政無德者亡後二年武帝率六軍滅齊十一月丙子歲星與太白相犯光芒相及在危占曰其野兵入主凶失其城邑危齊之分野後二年宇文神舉攻拔陸渾等五城十二月庚寅月犯歲星在危相去二寸占曰其邦流亡不出三年辛卯月行在營室食太白占曰其國以兵亡將軍戰死營室衞也地在齊境後齊亡入周

建德四年月犯軒轅大星

按周書武帝本紀不載　按隋書天文志四年三月甲子月犯軒轅大星占曰女主有憂又五官有亂

建德五年三月庚子月犯東井第一星六月丁巳月掩心後星庚午熒惑入輿鬼十月熒惑犯太微上將戊午歲星犯大陵

按周書武帝本紀云云　按隋書天文志五年十月庚戌熒惑犯太微西蕃上將星占曰天下不安上將誅若有罪其止六年二月皇太子巡撫西土仍討吐谷渾八月至伏俟城而旋吐谷渾寇邊天下不安之應也

建德六年夏六月熒惑入鬼十月歲星犯大陵

按周書武帝本紀不載　按隋書天文志六年六月庚午熒惑入鬼占曰有喪旱其七月京師旱十月戊午歲星犯大陵又己未庚申月連暈規昴畢五車及參占曰兵起爭地又曰王自將兵又曰天下大赦

建德七年四月熒惑犯上相上將十月月食熒惑十二月大星西流又入紫宮

按周書武帝本紀不載　按隋書天文志七年四月先此熒惑入太微宮二百日犯東蕃上相西蕃上將句已往還至此月甲子出端門占曰爲大臣代主又曰臣不臣有反者又曰必有大喪後宣武繼崩高祖以大運代起十月癸卯月食熒惑在斗占曰國敗其君亡兵大起破軍殺將斗爲吳越之星陳之分野十一月陳將吳明徹侵呂梁徐州總管梁士彥出軍與戰不利明年三月鄭公王軌討擒陳將吳明徹俘斬三萬餘人十二月癸丑流星大如月西流有聲蛇行屈曲光照地占曰兵大起下有戰場戊辰平旦有流星大如三斗器色赤出紫宮凝著天乃北下占曰人主去其宮殿是月營州刺史高寶寧據州反其明年五月帝總戎北伐後年武帝崩（按是年三月改元宣政今照志分編）

宣政元年正月月食昴六月木火金合於井七月月犯心前星熒惑太白合於七星太白犯軒轅大星八月太白入太微九月熒惑入太微犯左執法十二月熒惑入氐

按周書宣帝本紀云云　按隋書天文志正月丙子月食昴占曰有白衣之會又曰匈奴侵邊其月突厥寇幽州殺略吏人五月帝總戎北伐六月帝疾甚還京次雲陽而崩六月壬午癸丑木火金三星合在井占曰其國霸又曰其國外內有兵喪改立侯王是月幽州人盧昌期據范陽反改立王侯兵喪之驗也七月辛丑月犯心前星占曰太子惡之若失位後靜帝立爲天子不終之徵也丙辰熒惑太白合在七星相去二尺八寸所占曰君憂又曰其國有兵改立王侯有德與無德亡後年改置四輔官傳位太子改立王侯之應也己未太白犯軒轅大星占曰女主凶後二年宣帝崩楊后令其父隋公爲大丞相總軍國事隋氏受命廢后爲樂平公主餘四后悉廢爲比丘尼八月庚辰太白入太微占曰爲天下驚又曰近臣起兵大臣相殺國有憂其後趙陳等五王爲執政所誅大臣相殺之應也九月丁酉熒惑入太微西掖門庚申犯左執法相去三寸占曰天下不安大臣有憂又曰執法者誅若有罪是月汾州稽胡反討平之十一月突厥寇邊圍酒泉殺略吏人明年二月殺柱國郯公王軌皆其應也十二月癸未熒惑入氐守犯之三十日占曰天子失其宮又曰賊臣在內下有反者又曰國君有繫饑死若毒死者靜帝禪位隋高祖幽殺之

靜帝大象元年四月太白歲星辰星合於井癸丑有流星大如斗出太微落落如遺火六月大流星出氐入月中大流星出營室抵壁月犯房七月熒惑掩房八月熒惑犯南斗九月太白入南斗十月歲星犯軒轅熒惑填星合於虛十一月己酉有星大如斗出張東南流光明燭地

按周書宣帝本紀云云　按隋書天文志大象元年四月戊子太白歲星辰星合在井占曰是謂驚立是謂絕行其國內外有兵喪改立王公又曰其國可霸修德者強無德受殃其五月趙陳越代滕五王並入

國後二年隋王受命宇文氏宗族相繼誅滅六月丁卯有流星大如鷄子出氐中西北流有尾迹長一丈所入月中卽滅占曰不出三年人主有憂又曰有亡國靜帝幽閉之應也己丑有流星一大如斗色青有光明照地出營室抵壁入濁七月壬辰熒惑掩房北頭第一星占曰亡君之誡又曰將軍爲亂王者惡之大臣有反者天子憂其十二月帝親御驛馬日行三百里四皇后及文武侍衞數百人並乘驛以從房爲天駟熒惑主亂此宣帝亂道德馳騁車騎將亡之誡八月辛巳熒惑犯南斗第五星占曰且有反臣道路不通破軍殺將尉迥王謙等起兵敗亡之徵也九月己酉太白入南斗魁中占曰天下有大亂將相謀反國易政又曰君死不死則疾又曰天下爵祿皆高祖受命羣臣分爵之徵也十月壬戌歲星犯軒轅大星占曰女主憂若失勢周自宣政元年熒惑太白從歲星聚東井大象元年四月太白歲星辰星又聚井十月歲星守軒轅其年又守翼東井秦分翼楚分漢東爲楚地軒轅后族隋以后族興於秦地之象而周之后妃失勢之徵也乙酉熒惑在虛與填星合占曰兵大起將軍爲亂大臣惡之是月相州段德舉謀反伏誅其明年三月杞公宇文亮舉兵反擒殺之

大象二年四月有大星出天廚入紫宮五月大流星出太微入翼七月辛卯月掩氐東南星甲午月掩南斗第六星歲星太白合於張大流星出五車九月熒惑與歲星合於翼甲午熒惑入太微十月乙卯大流星大如五斗出張南流光明燭地十一月乙巳歲星守太微癸丑熒惑入氐

按周書宣帝靜帝本紀云云　按隋書天文志二年四月乙丑有星大如斗出天廚流入紫宮抵鉤陳乃滅占曰有大喪兵大起將軍戮又曰臣犯上主有憂其五月帝崩隋公執國政大喪臣犯主之應趙王越王以謀執政被誅又荆豫襄三州諸蠻反尉迥王謙司馬消難各舉兵畔不從執政終以敗亡皆大兵起將軍戮之應也五月甲辰有流星一大如三斗器出太微端門流入翼色青白光明照地聲若風吹幡旗占曰有立王若徙王又曰國失君其月己酉帝崩劉昉矯制以隋公受遺詔輔政終受天命立王徙王失君之應也七月壬子歲星太白合於張有流星大如斗出五車東北流光明燭地九月甲申熒惑歲星合於翼

大定元年正月乙酉歲星逆行守右執法熒惑掩房

按周書靜帝本紀云云　按隋書天文志大定元年正月乙酉歲星逆行守右執法熒惑掩房北第一星占曰房爲明堂布政之宮無德者失之二月甲子隋王稱尊號

隋

文帝開皇元年三月太白晝見四月太白歲星晝見十一月有流星聲如隤牆光燭於地

按隋書文帝本紀云云　按天文志開皇元年三月甲申太白晝見占曰太白經天晝見爲臣强爲革政四月壬午歲星晝見占曰大臣强有逆謀王者不安其後劉昉等謀反伏誅十一月己巳有流星聲如隤牆光燭地占曰流星有光有聲名曰天保所墜國安有喜其九年平陳天下一統

開皇四年九月癸未太白晝見

按隋書文帝本紀云云

開皇五年八月流星數百四散而下

按隋書文帝本紀云云　按天文志八月戊申有流星數百四散而下占曰小星四面流行者庶人流移之象也其九年平陳江南士人悉播遷入京師

開皇八年二月填星入井十月太白出西方星孛於牽牛

按隋書文帝本紀云云　按天文志二月庚子填星入東井占曰填星所居有德利以稱兵其年大舉伐陳克之十月甲子有星孛於牽牛占曰臣殺君天下合謀又曰內不有大亂則外有大兵牛吳越之星陳之分野後年陳氏滅

開皇十四年十一月癸未有星孛於角亢

按隋書文帝本紀云云　按天文志十一月癸未有彗星孛於虛危及奎婁齊魯之分野其後魯公虞慶則伏法齊公高熲除名（按紀作角亢志作虛危奎婁有異）

開皇十九年十二月丁丑星隕於渤海

按隋書文帝本紀云云　按天文志十二月乙未星隕於渤海占曰陽失其位災害之萌也又曰大人憂

開皇二十年秋八月老人星見十月己未太白晝見

按隋書文帝本紀云云　按天文志十月太白晝見占曰大臣強爲革政爲易王右僕射楊素熒惑高祖及獻后勸廢嫡立庶其月乙丑廢皇太子勇爲庶人明年改元皆陽失位及革政易王之驗也

仁壽四年六月庚午有星入月中數日而退

按隋書文帝本紀云云　按天文志六月庚午有星

入於月中占曰有大喪有大兵有亾國有破軍殺將七月甲辰上疾甚丁未宮車晏駕漢王諒反楊素討平之皆兵喪亡國死王之應

煬帝大業元年夏六月甲子熒惑入太微

按隋書煬帝本紀云云　按天文志六月甲子熒惑入太微占曰熒惑爲賊爲亂入宮宮中不安

大業三年三月長星見西方竟天五月星孛於文昌上將九月長星又見南方竟天

按隋書煬帝本紀三年正月丙子長星竟天出於東壁二旬而止二月己丑彗星見於奎埽文昌歷大陵五車北河入太微埽帝座前後百餘日而止五月癸酉有星孛於文昌上將星皆動搖　按天文志三月辛亥長星見西方竟天千歷奎婁角亢而沒至九月辛未轉見南方亦竟天又千角亢頻埽太微帝座干犯列宿唯不及參井經歲乃滅占曰去穢布新天所以去無道建有德見久者災深星大者事大行遲者期遠兵大起國大亂而亾餘殃爲水旱饑饉土功疾疫其後築長城討吐谷渾及高麗兵戎歲駕略無寧息水旱饑饉疾疫土功相仍而有羣盜並起邑落空虛九年五月禮部尚書楊元感於黎陽舉兵反

大業四年彗見五車

按隋書煬帝本紀四年九月戊寅彗星出於五車埽文昌至房而滅

大業九年五月熒惑入南斗

按隋書煬帝本紀云云　按天文志五月丁未熒惑逆行入南斗色赤如血如三斗器光芒震耀長七八尺於斗中句已而行占曰有反臣道路不通國大亂兵大起斗吳越分野元感父封於越後徙封楚地又夾之天意若曰使熒惑句己之除其分野至七月宇文述討平之其兄弟悉梟首車裂斬其黨與數萬人其年朱燮管崇亦於吳郡擁衆反此後羣盜屯聚剽略郡縣屍橫草野道路不通齎詔敕使人皆步涉夜行不敢遵路　按庾質傳質爲太史令九年征高麗質曰陛下若親動萬乘糜費實多帝怒曰我自行尚不能尅直遣人去豈有成功也帝遂行既而禮部尚書楊元感據黎陽反兵部侍郎斛斯政奔高麗帝大懼遽而西還謂質曰卿前不許我行當爲此耳今者元感其成事乎質曰元感地勢雖隆德望非素因百姓之勞苦冀僥倖而成功今天下一家未易可動帝曰熒惑入斗對曰斗楚之分元感之所封也今火色衰謝終必無成

大業十一年夏六月有星孛於文昌七月熒惑守羽林十二月大流星墜

按隋書煬帝本紀十一年十二月戊寅有大流星如斛墜明月營破其衝車　按天文志六月有星孛於文昌東南長五六寸色黑而銳夜動搖西北行數日至文昌去宮四五寸不入却行而滅占曰爲急兵其八月突厥圍帝於鴈門從兵悉馮城禦寇矢及帝前七月熒惑守羽林占曰衞兵反十二月戊寅大流星如斛墜賊盧明月營破其衝棚壓殺十餘人占曰奔星所墜破軍殺將其年王充擊盧明月城破之

大業十二年五月大流星隕七月熒惑守羽林八月大流星出王良閣道及羽林九月任矢二出北斗

按隋書煬帝本紀十二年五月癸巳大流星隕於吳郡爲石七月己巳熒惑守羽林月餘乃退八月壬子有大流星如斗出王良閣道聲如隤牆癸丑大流星如甕出羽林九月戊午有二枉矢出北斗魁委曲蛇行注於南斗　按天文志五月癸巳大流星隕於吳郡爲石占曰有亡國有死王有大戰破軍殺將其後大軍破逆賊劉元進於吳郡斬之八月壬子有大流星如斗出王良閣道聲如隤牆癸丑大流星如甕出羽林九月戊午有枉矢二出北斗魁委曲蛇形注於南斗占曰主以兵去天之所伐亦曰以亂代亂執矢者不正後二年化及弒帝僭號王充亦於東都弒恭帝篡號鄭皆弒逆無道以亂代亂之應也

大業十三年夏五月大流星墜江都六月鎮星羸而旅於參有星孛於太微帝座七月熒惑守積屍九月彗見營室十一月熒惑犯太微

按隋書煬帝本紀十三年五月辛卯有流星如甕墜於江都秋七月壬子熒惑守積屍九月彗星見於營室十一月熒惑犯太微　按天文志五月辛亥大流星如甕墜於江都占曰其下有大兵戰流血破軍殺將六月有星孛於太微五帝座色黃赤長三四尺所數日而滅占曰有亡國有殺君明年三月宇文化及等弒帝也十一月辛酉熒惑犯太微占曰賊入宮主以急兵見伐又曰臣逆君明年三月化及等殺帝諸王及幸臣並被戮　按唐書天文志大業十三年六月鎮星羸而旅於參參唐星也李淳風曰鎮星主福未當居而居所宿國吉

恭帝義寧二年三月熒惑入東井

按隋書恭帝本紀不載　按唐書天文志義寧二年

三月丙午熒惑入東井占曰大人憂

欽定古今圖書集成曆象彙編庶徵典

第四十四卷目錄

星變部彙考十八

庶徵典第四十四卷

星變部彙考十八

唐

高祖武德元年五月六月太白晝見熒惑犯右執法七月土金水聚於井

按唐書高祖本紀武德元年五月太白晝見六月丙子太白晝見七月土金水聚於東井　按天文志五月庚午太白晝見占曰兵起臣彊六月丙子熒惑犯右執法占曰執法大臣象　又按志七月丙午鎮星太白辰星聚于東井關中分也（按舊志作六月三日熒惑犯右執法）

武德二年三月土金水聚東井七月月犯斗九月太白晝見冬熒惑守五諸侯

按唐書高祖本紀不載　按天文志二年三月丙申鎮星太白辰星復聚于東井　又按志七月戊寅月犯牽牛凡月與列宿相犯其宿地憂牽牛吳越分九月庚寅太白晝見冬熒惑守五諸侯

武德三年十月星隕于東都

按唐書高祖本紀云云

按舊唐書天文志武德三年十月二十日有流星墜于東都城內殷殷有聲高祖謂侍臣曰此何祥也起居舍人令狐德棻曰昔馬懿伐遼有流星墜于遼東梁水上尋而公孫淵敗走晉軍追之至其星墜處斬之此王世充滅亡之兆也

武德六年熒惑犯鬼

按唐書高祖本紀不載　按天文志六年七月癸卯熒惑犯輿鬼西南星占曰大臣有誅

武德七年六月熒惑犯右執法七月歲星犯畢

按唐書高祖本紀不載　按天文志七年六月熒惑犯右執法七月戊寅歲星犯畢占曰邊有兵

武德八年九月熒惑入太微冬太白入南斗

按唐書高祖本紀不載　按天文志八年九月癸丑熒惑入太微太微天廷也冬太白入南斗主爵祿

武德九年二月星孛于胃昴又孛于卷舌五月太白晝見六月經天木水合于井月犯氐太白晝見七月八月俱晝見

按唐書高祖本紀九年二月壬午有星孛於胃昴丁亥孛於卷舌六月丁巳太白經天己卯七月辛亥甲寅八月丁巳太白晝見　按天文志二月壬午有星孛於胃昴間丁亥孛於卷舌孛與彗皆非常惡氣所生而災甚於彗五月太白晝見六月丁巳經天己未又經天在秦分丙寅月犯氐氐爲天子宿宮己卯太白晝見七月辛亥晝見甲寅晝見八月丁巳晝見太白上公經天者陰乘陽也　又按志六月己卯歲星辰星合於東井占曰爲變謀

按舊唐書天文志九年五月傅奕奏太白晝見于秦秦國當有天下高祖以狀授太宗及太宗即位召奕謂曰汝前奏事幾累我然而今後但須悉心盡言無以前事爲慮

太宗貞觀二年天狗隕

按唐書太宗本紀不載　按天文志貞觀二年天狗隕於夏州城中

貞觀三年歲星入氐

按唐書太宗本紀不載　按天文志三年三月丁丑歲星逆行入氐占曰人君治宮室過度一曰饑

貞觀五年填犯鍵閉

按唐書太宗本紀不載　按天文志五年五月填犯鍵閉占爲腹心喉舌臣

貞觀七年熒惑犯右執法

按唐書太宗本紀不載　按蕭瑀傳瑀進尚書右僕射七年以熒惑犯右執法避位不許久之遷左僕射貞觀初房玄齡杜如晦新得君事任稍分瑀不能無少望乘間切詆辭旨疏躁太宗怒廢于家

貞觀八年八月有星孛于虛危

按唐書太宗本紀云云　按天文志八月甲子有星孛于虛危歷元枵乙亥不見

按冊府元龜貞觀八年十月彗星見帝謂羣臣曰天見彗星是何妖也秘書監虞世南對曰昔齊景公時有彗星見公問晏子晏子對曰公穿池沼畏不深起臺榭畏不高行刑罰畏不重是以天見彗星爲公誡景公懼而修德後十六日而星沒臣聞天時不如地利地利不如人和若政德不修麟鳳數見終是無補但使百姓安樂朝無闕政雖有災變何損於時然願陛下勿以功高古人而自矜大勿以太平漸久而自驕怠愼終如始彗星未足爲憂帝曰吾之治國良無景公之過但吾纔弱冠舉義兵年二十四平天下未三十而居大位自謂三代以降撥亂之主莫臻於此重以薛舉之驍雄宋金剛之鷙猛竇建德跨河北王世充據雒陽當此之時足爲勍敵而皆爲我所擒及逢家難吾復決意安社稷遂登九五降服北夷吾頗有自矜之志以輕天下之士此吾之罪也上天見變良爲是乎秦始皇平六國隋煬帝富四海旣驕且逸一朝而敗吾亦何得自驕言念於此不覺惕焉懼矣溫彥博進曰昔宋公一言彗星三徙陛下見變而懼災其消乎

貞觀九年四月丙午熒惑犯軒轅

按唐書太宗本紀不載　按天文志云云

貞觀十年熒惑犯軒轅

按唐書太宗本紀不載　按天文志十年四月癸酉熒惑犯軒轅占曰熒惑主禮禮失而後罰出焉軒轅爲後宮

貞觀十一年熒惑入輿鬼

按唐書太宗本紀不載　按天文志十一年二月癸未熒惑入輿鬼占曰賊在大人側

貞觀十二年熒惑入東井

按唐書太宗本紀不載　按天文志十二年六月辛卯熒惑入東井占曰旱

貞觀十三年三月有星孛於畢昴九月熒惑犯右執法六月太白犯東井北轅

按唐書太宗本紀十三年三月乙丑有星孛於畢昴

按天文志五月乙巳熒惑犯右執法六月太白犯東井北轅占曰井京師分也

貞觀十四年八月星隕十一月月入太微

按唐書太宗本紀不載　按天文志十四年八月有星隕于高昌城中十一月壬午月入太微占曰君不安

貞觀十五年二月熒惑犯太微六月星孛于太微

按唐書太宗本紀十五年六月己酉有星孛於太微

按天文志二月熒惑逆行犯太微東上相　又按志六月己酉有星孛於太微犯郎位七月甲戌不見

按褚遂良傳十五年帝將有事於泰山至洛陽星孛太微犯郎位遂良諫曰陛下撥亂反正功超古初方告成岱宗而彗輒見此天意有所未合昔漢武帝行岱禮優柔者數年臣愚願加詳慮帝詔罷封禪

按冊府元龜貞觀十五年六月有星孛于太微宮帝旣罷封禪于是避正寢減常饌申以祗誡星退乃復

貞觀十六年五月太白犯畢六月流星西南行太白晝見大星西流九月火犯太微十月犯左執法

按唐書太宗本紀十六年六月戊戌太白晝見　按天文志五月太白犯畢左股爲邊將六月戊戌太白晝見九月乙未熒惑犯太微西上將十月丙戌入太微犯左執法　又按志六月甲辰西方有流星如月西南行三丈乃滅占曰星甚大者爲人主

貞觀十七年二月熒惑犯鍵閉三月守心犯鉤鈐

按唐書太宗本紀不載　按天文志十七年二月熒惑犯鍵閉三月丁巳守心前星癸酉逆行犯鉤鈐熒惑常以十月入太微受制而出伺其所守犯天子所誅也鍵閉爲腹心喉舌臣鉤鈐以開闔天心皆貴臣象

貞觀十八年五月金水合于井流星出璧十一月月掩鉤鈐

按唐書太宗本紀不載　按天文志十八年五月太白辰星合于東井占曰爲兵謀　又按志五月流星出東壁有聲如雷占曰聲如雷者怒象　又按志十一月乙未月掩鉤鈐

貞觀十九年四月流星入北斗六月金水合于井七月太白入太微月掩南斗太白犯左執法

按唐書太宗本紀不載　按天文志十九年四月己酉有流星向北斗杓而滅　又按志六月丙辰太宗征高麗次安市城太白辰星合于東井史記曰太白爲主辰星爲客爲蠻夷出相從而兵在野爲戰　又按志七月壬午太白入太微是夜月掩南斗太白遂犯左執法光芒相及箕斗間漢津高麗地也太白爲兵亦罰星也

貞觀二十年歲星守東壁

按唐書太宗本紀不載　按天文志二十年七月丁未歲星守東壁占曰五穀以水傷

貞觀二十一年四月月犯熒惑十二月食昴

按唐書太宗本紀不載　按天文志二十一年四月戊寅月犯熒惑占曰貴臣死十二月丁丑月食昴占曰天子破匈奴

貞觀二十二年五月月犯右執法七月太白晝見填守井十二月太白犯建

按唐書太宗本紀二十二年七月甲申太白晝見

按天文志五月丁亥月犯右執法七月太白晝見乙巳鎮星守東井占曰旱十二月辛巳太白犯建星占曰大臣相譖

高宗永徽元年二月熒惑犯井四月月犯五諸侯熒惑犯鬼五月太白晝見七月木金合于柳

按唐書高宗本紀永徽元年五月己未太白晝見

按天文志二月己丑熒惑犯東井占曰旱四月己巳月犯五諸侯熒惑犯輿鬼占曰諸侯凶五月己未太白晝見　又按志七月辛酉歲星太白合于柳在秦分占曰兵起

永徽二年六月太白犯右執法九月犯心十二月太白晝見

按唐書高宗本紀二年十二月乙未太白晝見　按天文志六月己丑太白入太微犯右執法九月甲午犯心前星十二月乙未太白晝見

永徽三年正月太白犯牽牛歲掩上將二月熒惑犯五諸侯五月掩右執法十月流星貫北極

按唐書高宗本紀不載　按天文志三年正月壬戌太白犯牽牛為將軍吳越分也丁亥歲星掩太微上將二月己丑熒惑犯五諸侯五月戊子掩右執法　又按志十月有流星貫北極四年十月睦州女子陳碩眞反婺州刺史崔義元討之有星隕于賊營

永徽四年太白晝見八月隕石

按唐書高宗本紀四年六月己丑太白晝見八月隕石於馮翊十有八　按五行志八月己亥隕石于同州馮翊十八光耀有聲如雷近星隕而化也庶民惟星在上而隕氏去其上之象一曰人君為詐妄所蔽則然

永徽六年七月歲星守尾火入鬼八月入軒轅

按唐書高宗本紀不載　按天文志六年七月乙亥歲星守尾占曰人主以嬪為后己丑熒惑入輿鬼八月丁卯入軒轅

顯慶元年太白犯井

按唐書高宗本紀不載　按天文志顯慶元年四月丁酉太白犯東井北轅占曰秦有兵

顯慶五年二月熒惑入南斗六月犯之

按唐書高宗本紀不載　按天文志五年二月甲午熒惑入南斗六月戊申復犯之南斗天廟去復來者其事大且久也

龍朔元年六月太白晝見九月犯左執法

按唐書高宗本紀龍朔元年六月辛巳太白經天

按天文志九月癸卯太白犯左執法

龍朔二年熒惑守羽林

按唐書高宗本紀不載　按天文志二年七月己丑熒惑守羽林羽林禁兵也

龍朔三年正月熒惑犯天街六月太白入井八月有彗星出於左攝提

按唐書高宗本紀三年八月癸卯有彗星出於左攝提　按天文志正月己卯熒惑犯天街占曰政塞姦出六月乙酉太白入東井占曰君失政大臣有誅　又按志八月癸卯有彗星出於左攝提長二尺餘乙巳不見攝提建時節大臣象

麟德二年三月火犯井四月入鬼犯質

按唐書高宗本紀不載　按天文志麟德二年三月戊午熒惑犯東井四月壬寅入輿鬼犯質星

乾封元年正月星孛太微八月火入東井

按唐書高宗本紀不載　按天文志乾封元年正月癸酉有星出太微東流有聲如雷八月乙巳熒惑入東井

乾封二年四月彗見東北五月熒惑入軒轅

按唐書高宗本紀不載　按天文志二年四月丙辰有彗于東北在五車畢昴間乙亥不見五月庚申熒惑入軒轅

乾封三年正月乙巳月犯軒轅大星

按唐書高宗本紀不載　按天文志云云

總章元年四月丙辰有彗星出于五車避正殿減膳撤樂詔內外官言事

按唐書高宗本紀云云

按舊唐書天文志總章元年四月彗見五車上避正殿減膳令內外五品已上上封事極言得失許敬宗曰星雖孛而光芒小此非國眚不足上勞聖慮請御正殿復常膳不從敬宗又進曰星孛于東北王師問

罪高麗將滅之徵帝曰我爲萬國主豈移過于小蕃哉二十二日星滅

咸亨元年四月月犯井七月火又入之月犯熒惑十一月西方流星有聲十二月熒惑入太微

按唐書高宗本紀不載　按天文志咸亨元年四月癸卯月犯東井占曰人主憂七月壬申熒惑入東井占曰旱丙申月犯熒惑占曰貴人死十二月丙子熒惑入太微　又按志十一月西方有流星聲如雷

咸亨二年熒惑犯太微

按唐書高宗本紀不載　按天文志二年四月戊辰熒惑復犯太微垣將相位也

咸亨五年六月壬寅太白入東井

按唐書高宗本紀不載　按天文志云云（按是年八月改元上元今照志分編）

上元元年五月月掩昴八月太白犯進賢十二月歲星掩房

按唐書高宗本紀不載　按天文志上元元年五月癸丑月掩昴占曰胡王死八月己酉太白犯進賢十二月癸未歲星掩房占曰將相憂

上元二年正月熒惑犯房十二月彗見角亢南

按唐書高宗本紀二年十月壬午有彗星出于角亢　按天文志正月甲寅熒惑犯房占曰君有憂一曰有喪

上元三年正月太白犯牽牛建子月月掩昴七月彗見東井八月月又掩昴

按唐書高宗本紀三年七月丁亥有彗星出于東井　按天文志正月丁卯太白犯牽牛占曰將軍凶七月丁亥有彗星于東井指北河長三尺餘東北行光芒益盛長三丈掃中台指文昌九月乙酉不見東井京師分中台文昌將相位兩河天闕也　又按志建子月癸巳月掩昴出昴北八月丁卯又掩昴

按冊府元龜上元三年七月彗星見于東井光芒長至三丈掃中台指文昌宮帝避正殿詔中殿徹膳太常停樂減食粟之馬遣使慮岐州及京城囚徒內外文武官各進封事勿有所隱

儀鳳二年太白犯軒轅

按唐書高宗本紀不載　按天文志儀鳳二年八月辛亥太白犯軒轅左角貴相也

儀鳳三年十月戊寅熒惑犯鉤鈐

按唐書高宗本紀不載　按天文志云云

儀鳳四年熒惑入羽林

按唐書高宗本紀不載　按天文志四年四月戊午熒惑入羽林占曰軍憂

調露元年七月熒惑入天囷十一月流星入北斗

按唐書高宗本紀不載　按天文志調露元年七月辛巳熒惑入天囷　又按志十一月戊寅流星入北斗魁中乙巳流星燭地有光使星也

永隆元年熒惑犯鬼太白晝見

按唐書高宗本紀永隆元年五月丁酉太白經天

按天文志五月癸未熒惑犯輿鬼丁酉太白晝見經天是謂陰乘陽陽君道也

開耀元年九月有彗星出于天市

按唐書高宗本紀云云　按天文志九月丙申有彗星于天市中長五丈漸小東行至河鼓癸丑不見市者貨食之所聚以衣食生民者一曰帝將遷都河鼓將軍象

永淳元年五月辰犯軒轅九月熒惑犯鬼質十一月復犯鬼

按唐書高宗本紀不載　按天文志永淳元年五月丁巳辰星犯軒轅九月庚戌熒惑入輿鬼犯質星十一月乙未復犯輿鬼去而復來是謂句己

永淳二年三月有彗星出于五車

按唐書高宗本紀云云　按天文志三月丙午有彗星於五車北四月辛未不見

睿宗文明元年（即武后光宅元年）七月彗出西方九月有星孛于西方

按唐書武后本紀光宅元年七月有彗星出于西方　按天文志七月辛未夕有彗星于西方長丈餘八月甲辰不見是謂天攙九月丁丑有星如半月見于西方月衆陰之長星如月者陰盛之極

中宗嗣聖二年（即武后垂拱元年）四月辰犯東井十二月月掩軒轅

按唐書武后本紀不載　按天文志垂拱元年四月癸未辰星犯東井北轅辰星爲廷尉東井爲法令失道則相犯也十二月戊子月掩軒轅大星

嗣聖三年（即武后垂拱二年）月犯軒轅

按唐書武后本紀不載　按天文志垂拱二年三月丙辰月復犯軒轅大星

嗣聖十三年（即武后萬歲通天元年）歲星犯司怪

按唐書武后本紀不載　按天文志萬歲通天元年十一月乙丑歲星犯司怪占曰水旱不時

嗣聖十五年（即武后聖曆元年）太白犯天關

按唐書武后本紀不載　按天文志聖曆元年五月庚午太白犯天關天關主邊事

嗣聖十六年（即武后聖曆二年）熒惑入輿鬼

按唐書武后本紀不載　按天文志云云　按嚴善思傳聖曆二年熒惑入輿鬼后問其占對曰大臣當之是年王及善卒

嗣聖十七年（即武后久視元年）三月歲星犯左執法十二月火犯軒轅

按唐書武后本紀不載　按天文志久視元年三月辛亥歲星犯左執法十二月甲戌晦熒惑犯軒轅自乾封二年後月及熒惑太白辰星凌犯軒轅者六

嗣聖十九年（即武后長安二年）熒惑犯五諸侯

按唐書武后本紀不載　按尚獻甫傳長安二年熒惑犯五諸侯獻甫自陳五諸侯太史也臣命納音金也火金之仇臣且死后曰朕爲卿厭之遷水衡都尉謂曰水生金卿無憂至秋卒后嗟異

嗣聖二十一年（即武后長安四年）熒惑入月鎮星犯天關

按唐書中宗本紀不載　按天文志云云　按嚴善思傳長安中熒惑入月鎮犯天關善思曰法當亂臣伏罪而有下謀上之象歲餘張柬之等起兵誅二張

神龍元年三月熒惑犯天田夏歲入太微七月掩氐

按唐書中宗本紀不載　按天文志神龍元年三月癸巳熒惑犯天田占曰旱七月辛巳掩氐西南星占曰賊臣在內　按紀處訥傳處訥爲太府卿神龍元年夏大旱穀價騰踊中宗召問所以救人者武三思知之陰諷太史迦葉志忠奏是夜攝提入太微近帝坐此天子與大臣接有納忠之符帝信之下詔褒美賜處訥衣一副綵六十段與楚客並同三品進侍中

神龍二年閏正月月掩軒轅十一月犯昴熒惑入氐十二月犯天江

按唐書中宗本紀不載　按天文志二年閏正月丁卯月掩軒轅后星九月壬子熒惑犯左執法己巳月掩軒轅后星十一月辛巳犯昴占曰胡王死戊午熒惑入氐十二月丁酉犯天江占曰旱

神龍三年三月流星有聲五月太白入鬼

按唐書中宗本紀不載　按天文志三年三月丙辰有流星聲如頽牆光燭天地　又按志五月戊戌太白入輿鬼中占曰大臣有誅

景龍元年有彗星出于西方金火合于虛危

按唐書中宗本紀景龍元年十月壬午有彗星出于西方　按天文志十月壬午有彗星于西方十一月甲寅不見十月丙寅太白熒惑合于虛危占曰有喪

景龍二年二月有星孛于胃昴星隕八月星孛紫宮

按唐書中宗本紀二年七月星孛胃昴　按天文志二月丁酉有星孛于胃昴閒胡分也癸未有大星隕于西南聲如雷野雉皆雊（按星孛胃昴紀作七月志作二月互異）

景龍三年六月太白晝見八月星孛紫宮

按唐書中宗本紀云云　按天文志六月太白晝見在東井京師分也八月壬辰有星孛于紫宮

景龍四年二月癸未熒惑犯天街五月甲子月犯五諸侯

按唐書中宗本紀不載　按天文志云云

睿宗景雲元年六月太白晝見八月流星出五車九月又出中台

按唐書睿宗本紀景雲元年六月癸卯太白晝見　按天文志八月己未有流星出五車至上台滅九月甲申有流星出中台至相滅

景雲二年三月太白入羽林七月上金合于張八月歲星犯執法熒惑入井

按唐書睿宗本紀不載　按天文志二年三月壬申太白入羽林八月己未歲星犯執法三月壬申熒惑入東井（熒惑變在三月壬申原本在八月後恐有訛）　又按志七月鎮星太白合于張占曰內兵

太極元年正月流星出太微四月火金合于井

按唐書睿宗本紀不載　按天文志太極元年正月辛卯有流星出太微至相滅四月熒惑太白合于東井

延和元年六月彗出軒轅星隕

按唐書睿宗本紀延和元年作七月辛未有彗星出于太微　按元宗本紀星官言帝座前星有變睿宗曰傳德避災吾意決矣七月壬辰制皇太子宜即皇帝位太子惶懼入請睿宗曰此吾所以答天戒也八月庚子乃即皇帝位　按天文志六月有彗星自軒轅入太微至大角滅六月幽州都督孫佺討奚契丹出師之日有大星隕于營中

元宗先天元年太白襲月

按唐書元宗本紀不載　按天文志先天元年八月太白襲月占曰太白兵象月大臣體

先天二年十一月丙子熒惑犯司怪

按唐書元宗本紀不載　按天文志云云

開元二年五月星西北流天星盡搖七月太白犯鬼南星

按唐書元宗本紀不載　按天文志開元二年五月乙卯晦有星西北流或如甕或如斗貫北極小者不可勝數天星盡搖至曙乃止占曰星民象流者失其所也漢書曰星搖者民勞七月己丑太白犯輿鬼東南星

開元七年太白犯井鉞

按唐書元宗本紀不載　按天文志七年六月甲戌太白犯東井鉞星占曰斧鉞用

開元八年三月庚午太白犯東井北轅五月甲子犯軒轅

按唐書元宗本紀不載　按天文志云云

開元十一年十一月丁卯歲星犯進賢

按唐書元宗本紀不載　按天文志云云

開元十二年流星光燭地

按唐書元宗本紀不載　按天文志十二年十月壬辰流星大如桃色赤黃有光燭地占曰色赤為將軍使

開元十四年十月甲寅太白晝見

按唐書元宗本紀云云

開元十八年六月甲子有彗星于五車癸酉有星孛于畢昴

按唐書元宗本紀云云

開元二十五年六月壬戌熒惑犯房

按唐書元宗本紀不載　按天文志云云

開元二十六年三月有星孛於紫微

按唐書元宗本紀云云　按天文志三月丙子有星孛於紫宮垣歷北斗魁旬餘因雲陰不見

開元二十七年七月火犯南斗

按唐書元宗本紀不載　按天文志二十七年七月辛丑熒惑犯南斗占曰貴相凶

天寶三載正月辛亥有星隕於東南

按唐書元宗本紀云云　按天文志天寶三載作閏二月辛亥有星如月墜于東南墜後有聲

按舊唐書天文志天寶三載閏二月十七日星墜于東南有聲京師訛言官遣棖棖捕人肝以祭天狗人相恐畿內尤甚

天寶九載五星聚於尾箕

按唐書元宗本紀不載　按天文志九載八月五星聚於尾箕熒惑先至而又先去尾箕燕分也占曰有德則慶無德則殃

天寶十三載火守心

按唐書元宗本紀不載　按天文志十三載五月熒惑守心五旬餘占曰主去其宮

天寶十四載二月火金鬬于畢昴井鬼間十二月月食歲星在井

按唐書元宗本紀不載　按天文志十四載二月熒惑太白鬬于畢昴井鬼間至四月乃伏十二月月食歲星在東井占曰其國亡東井京師分也

天寶十五載火土合于虛危

按唐書元宗本紀不載　按天文志十五載五月熒惑鎮星同在虛危中天芒角大動搖占者以為北方之宿子午相衝災在南方

肅宗至德元年建子月月掩昴而暈白氣貫之建辰月月暈井鬼五諸侯兩河

按唐書肅宗本紀不載　按天文志至德元年建子月癸巳乙夜月掩昴而暈色白有白氣自北貫之昴胡也白氣兵喪建辰月丙戌月有黃白冠連暈圍東井五諸侯兩河及輿鬼東井京師分也

按舊唐書天文志至德元年三月乙酉太白熒惑合于東井十一月壬戌夜五更有流星大如斗流于東北長數丈蛇行屈曲有碎光迸空

至德二載四月木火金水聚于鶉首大星墜七月太白晝見八月太白掩歲星又晝見十一月枉矢東北行十二月歲犯軒轅

按唐書肅宗本紀二載七月己酉太白經天　按天文志賊將武令珣圍南陽四月甲辰夜中有大星赤黃色長數十丈光燭地墜賊營中十一月壬戌有流星大如斗東北流長數丈蛇行屈曲有碎光迸出占曰是謂枉矢　又按志四月壬寅歲星熒惑太白辰星聚于鶉首從歲星也罰星先去而歲星留占曰歲星熒惑為陽太白辰星為陰陰主外邦陽主中邦陽與陰合中外相連以兵八月太白芒怒掩歲星于鶉火又晝見經天鶉火周分也　又按志七月己酉太白晝見經天至于十一月戊午不見歷秦周楚鄭宋燕之分十二月歲星犯軒轅大星占曰女主謀君

乾元元年四月火土金聚于室五月月掩心六月入斗

按唐書肅宗本紀不載　按天文志乾元元年四月熒惑鎮星太白聚于營室太史南宮沛奏其地戰不勝衛分也五月癸未月掩心前星占曰太子憂六月

癸丑入南斗魁中占曰大人憂

按舊唐書天文志四月熒惑鎭太白合于營室太史南宮沛奏所合之處戰不勝大人惡之恐有喪禍明年冬郭子儀等九節度之師自潰于相州

乾元二年正月歲星蝕月二月月犯心

按唐書肅宗本紀不載　按天文志二年正月癸未歲星蝕月在翼楚分也一曰饑二月丙辰月犯心中星占曰主命惡之

乾元三年四月彗星出于婁胃閒月彗星出于西方

按唐書肅宗本紀云云　按天文志四月丁巳有彗星于東方在婁胃閒色白長四尺東方疾行歷昴畢觜觿參東井輿鬼柳軒轅至右執法西凡五旬餘不見閏月辛酉朔有彗星于西方長數丈至五月乃滅婁爲魯昴畢爲趙觜觿參爲唐東井輿鬼爲京師分柳其半爲周分二彗仍見者薦禍也又婁胃閒天倉

按舊唐書天文志是時自四月初大霧大雨至閏四月末方止是月逆賊史思明再陷東都米價踊貴斗至八百文人相食殍尸蔽地

上元元年十二月癸未夜歲掩房星

按唐書肅宗本紀不載　按舊唐書天文志云云

上元二年月掩昴

按唐書肅宗本紀不載　按舊唐書天文志上元元年建子月癸巳亥時一鼓二籌後月掩昴出其北兼白暈畢星有白氣從北來貫昴司天監韓頴奏曰按石申占月掩昴胡王死又月行昴北天下福臣伏以三光垂象月爲刑殺之徵二石殲夷史官常占畢昴爲天綱白氣兵喪掩其星則大破胡王行其北則天下有福巳爲周分癸主幽燕當羯胡竊據之郊是殘寇滅亡之地明年史思明爲其子朝義所殺十月雍王收復東都

寶應二年月掩歲星

按唐書肅宗本紀不載　按天文志寶應二年四月己丑月掩歲星占曰饑

代宗廣德二年六月丁卯有星隕于汾州十二月丙寅衆星隕

按唐書代宗本紀云云　按天文志六月丁卯有妖星隕于汾州十二月丙寅自乙夜至曙星流如雨

永泰元年九月辛卯太白經天

按唐書代宗本紀云云　按舊志是月吐蕃逼京畿

大曆元年十二月己亥有彗星出於瓠瓜

按唐書代宗本紀云云

大曆二年二月流星出瓠瓜七月熒惑入氐塡犯水位歲犯司怪八月月入氐九月歲星守井甚有大流星出熒惑犯斗十二月犯壁壘

按唐書代宗本紀二年九月乙丑晝有星流於南方　按天文志二月辛亥有流星如桃尾長十丈出瓠瓜入太微七月癸亥熒惑入氐其色赤黃乙丑鎭星犯水位占曰有水災乙亥歲星犯司怪八月壬午月入氐丙申犯畢九月戊申歲星守東井占皆爲有兵乙丑熒惑犯南斗在燕分十二月丁丑犯壘壁占曰兵起　又按志九月乙丑昔有星如一斗器色黃有尾長六丈餘出南方沒于東北東北于中國則幽州分也

大曆三年正月月掩畢七月五星並出東方八月月掩畢入井九月歲星入鬼大星北流熒惑入太微太白犯左執法

按唐書代宗本紀不載　按天文志三年正月壬子月掩畢八月己未復掩畢辛酉入東井九月壬申歲星入輿鬼占曰歲星爲貴臣輿鬼主死喪丁丑熒惑入太微二旬而出己卯太白犯左執法　又按志七月壬申五星並出東方占曰中國利九月乙亥有星大如斗北流有光燭地占爲貴使

大曆四年二月熒惑守房三月入氐塡星犯鬼七月熒惑犯大相犯建星

按唐書代宗本紀不載　按天文志四年二月壬寅熒惑守房上相丙午有芒角三月壬午逆行入氐中是月鎭星犯輿鬼七月戊辰熒惑犯大相九月丁卯犯建星占曰大臣相譖

大曆五年二月歲星入軒轅四月彗見五車又見北方六月近三公月犯進賢犯氐金入井

按唐書代宗本紀五年四月己未有彗星出于五車五月己卯有彗星出于北方六月己未以彗星滅降死罪流以下原之　按天文志二月乙巳歲星入軒轅六月丁酉月犯進賢庚子犯氐庚戌太白入東井　又按志四月己未有彗星于五車光芒蓬勃長三丈己卯彗星見于北方色白癸未東行近八穀中星六月癸卯近三公己未不見占曰色白者太白所生也

大曆六年七月月掩畢犯大微八月熒惑犯鄭月入太微九月流星出女熒惑犯哭泣月掩畢入太微十月掩畢熒惑犯壘壁月入軒轅十一月入太微掩氐

十二月入太微

按唐書代宗本紀不載　按天文志六年七月乙巳月掩畢入畢中壬子月犯太微八月甲戌熒惑犯鄭星庚辰月入太微九月壬辰熒惑犯哭星庚子犯泣星是夜月掩畢丁未入太微十月丁卯掩畢己巳熒惑犯壘壁甲戌月入軒轅占曰憂在後宮十一月壬寅入太微丙午掩氐十二月己巳入太微　又按志九月甲辰有星西流大如一斗器光燭地有尾迸光如珠長五丈出婺女入天市南垣滅

大曆七年正月月犯軒轅二月掩天關熒惑犯天街四月入井歲犯左角月入羽林五月入太微十二月長星出參下

按唐書代宗本紀七年十二月丙寅有長星出於參

按天文志正月乙未月犯軒轅二月戊午掩天關占曰亂臣更天子法令己巳熒惑犯天街四月丁巳入東井辛未歲星犯左角占曰天下之道不通壬申月入羽林五月丙戌入太微十二月丙寅有長星于參下其長亘天長星彗屬參唐星也

大曆八年四月歲星掩房熒惑入壘壁五月入羽林六月流星入太微又出紫微七月太白入東井月入畢入羽林太白入房月掩天關入井入羽林閏十一月金水合于危

按唐書代宗本紀不載　按天文志八年四月癸丑歲星掩房占曰將相憂又宋分也甲寅熒惑入壘壁五月庚辰入羽林七月己卯太白入東井酉七日非常度也占曰秦有兵乙未月入畢癸未入羽林己丑太白入太微占曰兵入天庭八月晝見十月丁巳月掩畢壬戌入輿鬼掩質星庚午月及太白入氐中占曰君有哭泣事十一月己卯月入羽林癸未太白入房占曰白衣會不日犯而曰入蓋鉤鈐間癸丑月掩天關甲寅入東井癸酉入羽林　又按志六月戊辰有流星大如一升器有尾長三丈餘入太微十二月壬申有流星大如一升器有尾長二丈餘出紫微入濁　又按志閏十一月壬寅太白辰星合于危齊分也

大曆九年二月熒惑入井四月月入太微五月太白入軒轅六月月掩南斗入太微七月掩房入羽林入鬼九月太白入南斗熒惑入于氐十月歲入南斗十二月月入羽林

按唐書代宗本紀不載　按天文志九年三月丁未熒惑入東井四月丁丑月入太微五月己未太白入軒轅占曰憂在後宮六月己卯月掩南斗庚辰入太微七月甲辰掩房辛亥入羽林壬戌入輿鬼九月辛丑太白入南斗占曰有反臣又曰有赦甲子熒惑入氐宋分也十月戊子歲星入南斗占曰大臣有誅十二月戊辰月入羽林　按舊志九月朱泚入朝是夜太白入南斗

大曆十年正月歲星熒惑合于南斗三月熒惑入壘壁流星出西方四月熒惑入羽林七月金水合于柳八月月入太微九月月暈熒惑畢昴參五車十二月月上白氣貫觜參井鬼柳軒轅彗出匏瓜犯宦者星

按唐書代宗本紀不載　按天文志十年正月甲寅歲星熒惑合于南斗占曰饑旱吳越分也一曰不可用兵七月庚辰太白辰星合于柳京師分也　又按志三月庚戌熒惑入壘壁四月甲子入羽林八月戊辰月入太微　又按志三月戊辰有流星出于西方如二升器有尾長二丈入濁九月戊申月暈熒惑畢昴參東及五車暈中有黑氣乍合乍散十二月丙子月出東方上有白氣十餘道如匹練貫五車及畢觜觿參東井輿鬼柳軒轅中夜散去占曰女主凶白氣爲兵喪五車主庫兵軒轅爲後宮其宿則晉分及京師也乙亥有彗星于匏瓜長尺餘經二旬不見犯宦者星

按舊唐書天文志十年正月昭義軍亂逐薛萼田承嗣據河北叛二月河陽軍亂逐常休明三月陝州軍亂逐李國清

大曆十一年閏八月丁酉太白晝見經天

按唐書代宗本紀云云

按舊唐書天文志其年七月李靈耀以汴州叛十月方誅之

大曆十二年正月月掩軒轅掩心入南斗二月塡入氐三月月入太微四月掩心五月入太微入羽林七月入南斗熒惑入東井十月月掩昴入太微十一月入羽林十二月復入羽林

按唐書代宗本紀不載　按天文志十二年正月乙丑月掩軒轅癸酉掩心前星宋分也丙子入南斗魁中二月乙未鎭星入氐中占曰其分兵喪李正己地也三月壬戌月入太微四月乙未掩心前星五月丙辰入太微戊戌入羽林七月庚戌入南斗乙亥熒惑入東井十月壬辰月掩昴庚子入太微十一月乙卯入羽林十二月壬午復入羽林自六年至此月入太

微者十有二入羽林者八熒惑三入東井再入羽林三入壘壁月太白歲星皆入南斗魁中

按舊唐書天文志二月辛巳元載誅王縉黜七月己巳宰相楊綰卒是歲春夏旱八月大雨河南大水平地深五尺吐蕃入寇至坊州

大曆十四年春歲星入東井

按唐書代宗本紀不載　按天文志云云

按舊唐書天文志十四年五月十一日代宗崩德宗即位明年改元建中至四年十月朱泚亂車駕幸奉天

德宗建中元年月食歲星歲星食天尸

按唐書德宗本紀不載　按天文志建中元年十一月月食歲星在秦分占曰其國亡是月歲星食天尸天尸輿鬼中星占曰有妖言小人在位君王失樞死者大半

建中二年六月熒惑太白鬬于東井

按唐書德宗本紀云云

建中三年七月月掩心中星

按唐書德宗本紀不載　按天文志云云

建中四年六月熒惑太白鬬于東井八月星隕

按唐書德宗本紀四年八月庚申有星隕于京師

按天文志六月熒惑太白復鬬于東井京師分也金火罰星鬬者戰象也八月庚申有星隕于京師

興元元年春熒惑守歲星在角亢六月星隕

按唐書德宗本紀不載　按天文志興元元年春熒惑守歲星在角亢占曰有反臣角亢鄭也六月戊午星或什或伍而隕

貞元三年太白晝見枉矢墜于虛危

按唐書德宗本紀貞元三年閏五月戊寅太白晝見

　按天文志閏五月戊寅枉矢墜于虛危

貞元四年五月月犯歲星在室木火土聚于室六月熒惑入羽林

按唐書德宗本紀不載　按天文志四年五月丁卯月犯歲星在營室六月癸卯熒惑逆行入羽林占曰軍有憂　又按志五月乙亥歲星熒惑鎮星聚于營室占曰其國亡地在衛分

貞元六年閏三月金水合于井熒惑犯塡五月月掩太白

按唐書德宗本紀不載　按天文志六年閏三月庚申太白辰星合于東井占爲兵憂戊寅熒惑犯塡星在奎魯分也五月戊辰月掩太白占曰大將死

貞元十年四月太白晝見

按唐書德宗本紀云云

貞元十一年火金犯太微

按唐書德宗本紀不載　按天文志十一年七月熒惑太白相繼犯太微上將

貞元十二年二月戊辰太白入昴三月庚寅月犯太白

按唐書德宗本紀不載　按天文志云云

貞元十四年閏五月有星隕于西北

按唐書德宗本紀云云　按天文志閏五月辛亥有星墜于東北光燭如晝聲如雷

貞元十九年熒惑入南斗

按唐書德宗本紀不載　按天文志十九年三月熒惑入南斗色如血斗吳越分色如血者旱祥也

貞元二十一年太白犯昴

按唐書德宗本紀不載　按天文志二十一年正月己酉太白犯昴趙分也

順宗永貞元年月犯畢歲犯太微

按唐書順宗本紀不載　按天文志永貞元年十二月丙午月犯畢己酉歲星犯太微西垣將軍位也

憲宗元和元年十月太白入南斗十二月復犯之

按唐書憲宗本紀不載　按天文志元和元年十月太白入南斗十二月復犯之斗吳分也

元和二年正月月犯太白二月掩歲星四月太白犯井月犯房十二月流星亘天

按唐書憲宗本紀不載　按天文志二年正月癸丑月犯太白于女虛二月壬申月掩歲星占曰大臣死四月丙子太白犯東井北轅己卯月犯房上相十二月己巳西北有流星亘天尾散如珠占曰有貴使

元和三年塡蝕月在氐

按唐書憲宗本紀不載　按天文志三年三月乙未塡星蝕月在氐占曰其地主死

元和四年八月流星聲如雷九月太白犯南斗

按唐書憲宗本紀不載　按天文志四年八月丁丑西北有大星東南流聲如雷鼓九月癸亥太白犯南斗

元和六年三月戊戌有星隕于鄆州

按唐書憲宗本紀云云　按天文志三月戊戌日晡天陰寒有流星大如一斛器墜于兗鄆間聲震數百里野雉皆雊所墜之上有赤氣如立蛇長丈餘至夕

乃滅時占者以爲日在戌魯分也不及十年其野主殺而地分

元和七年正月辛未月掩熒惑五月癸亥熒惑犯右執法六月己亥月犯南斗魁

按唐書憲宗本紀不載　按天文志云云

元和八年七月癸酉月犯五諸侯十月己丑熒惑犯太微西上將十二月掩左執法

按唐書憲宗本紀不載　按天文志云云

元和九年正月有大星自下升光燭地二月月犯心四月大流星滅攝提西七月月掩心掩軒轅太白入斗十月晝見熒惑犯南斗犯填與太白合于女

按唐書憲宗本紀九年十月太白晝見　按天文志正月有大星如半席自下而升有光燭地羣小星隨之四月辛巳有大星尾迹長五丈餘光燭地至右攝提西滅　又按志二月丁酉月犯心中星七月辛亥掩心中星占曰其宿地凶心豫州分壬辰月掩軒轅是月太白入南斗至十月出乃晝見熒惑入南斗中因留犯之南斗天廟又丞相位也十月辛未熒惑犯填星又與太白合于女在齊分

元和十年三月長星出太微六月木火金水合于井八月月入斗

按唐書憲宗本紀不載　按天文志十年三月有長星于太微尾至軒轅八月丙午月入南斗魁中　又按志六月辛未歲星熒惑太白辰星合于東井占曰中外相連以兵

元和十一年二月月掩心熒惑入氐三月月犯填于女四月太白犯鬼五月木水合于井六月復合于井月掩心熒惑入氐十一月月犯歲星土火合于虛危十二月土金水聚于危月犯填星在危

按唐書憲宗本紀不載　按天文志十一年二月丙辰月掩心是月熒惑入氐因逆行三月己丑月犯填星在女齊分也四月丙辰太白犯輿鬼占曰有僇臣六月甲辰月掩心後星是月熒惑復入氐是謂句己十一月戊寅月犯歲星十二月甲午犯填星在危亦齊分也　又按志五月丁卯歲星辰星合于東井六月己未復合于東井占曰爲變謀而更事十一月戊子填星熒惑合于虛危十二月填星太白辰星聚于危皆齊分也

元和十二年正月彗見于畢三月月犯心九月大流星西墜

按唐書憲宗本紀十二年正月戊子有彗星出于畢　按天文志正月戊子有彗星于畢三月丁丑月犯心九月己亥甲夜有流星起中天首如甕尾如二百斛船長十餘丈聲如羣鴨飛明若火炬過月下西流須臾有聲礱礱墜地有大聲如壞屋者三在陳蔡間

元和十三年正月歲星犯太微三月熒惑入南斗七月在南斗中色赤八月太白犯左執法熒惑犯哭星十月月犯昴

按唐書憲宗本紀不載　按天文志十三年正月乙未歲星逆行犯太微西上將三月熒惑入南斗因逆留至于七月在南斗中大如五升器色赤而怒乃東行非常也八月甲戌太白犯左執法乙巳熒惑犯哭星十月甲子月犯昴趙分也

元和十四年正月月犯南斗魁五月流星出北斗月犯心七月又掩心八月木金水聚於軫

按唐書憲宗本紀不載　按天文志十四年正月癸卯月犯南斗魁占曰相凶五月丙戌月犯心中星七月乙酉掩心中星　又按志五月己亥有大流星出北斗魁長二丈餘南抵軒轅而滅占曰有赦赦視星之大小　又按志八月丁丑歲星太白辰星聚于軫占曰兵喪在楚分與南方夷貊之國

元和十五年正月月犯心三月土金合于奎四月太白犯昴七月熒惑入羽林流星出鉤陳八月月掩牛十一月月犯井十二月火土合于奎

按唐書憲宗本紀不載　按天文志十五年正月丙申月復犯心中星四月太白犯昴七月庚申熒惑逆行入羽林八月己卯月掩牽牛吳越分也十一月壬子月犯東井北轅　又按志三月鎮星太白合于奎占曰內兵徐州分也十二月熒惑鎮星合于奎占曰主憂　又按志七月癸亥有大星出鉤陳南流至婁滅

穆宗長慶元年正月月掩井鉞犯井有星孛于翼二月孛于太微太白犯昴月犯歲在尾三月太白犯五車晝見四月星墜六月彗見于昴流星出狼星北七月流星出參月掩房八月流星出東北方九月太白犯左執法

按唐書穆宗本紀長慶元年正月己未有星孛于翼三月庚戌太白晝見六月有彗星出于昴　按天文志正月丙午月掩東井鉞遂犯南轅第一星二月乙亥太白犯昴趙分也丁亥月犯歲星在尾占曰大臣死燕分也三月庚戌太白犯五車因晝見至于七月

以歷度推之在唐及趙魏之分占曰兵起七月壬寅月掩房大相九月乙巳太白犯左執法　又按志正月己未有星孛于翼二月丁卯孛于太微西上將六月有彗星于昴長一丈凡十日不見丙辰有大星出狼星北色赤有尾迹長三丈餘光燭地東北流至七星南滅四月有大星墜于吳聲如飛羽七月乙巳有大流星出參西北色黃有尾迹長六七丈光燭地至羽林滅八月辛巳東北方有大星自雲中出色白光燭地前銳後大長二丈餘西北流入雲中滅

按舊唐書天文志三月幽州軍亂囚其帥張弘靖立朱克融其月二十八日鎮州軍亂殺其帥田弘正立王廷湊元和末河北三鎮皆以疆土歸朝廷至是幽鎮俱失俄而史憲誠以魏州叛三鎮復爲盜據連兵不息

長慶二年二月木火合于斗四月流星出天市六月星再隕八月熒惑犯塡星守昴畢九月太白晝見熒惑守天囷十月犯鎮星于昴流星抵中台月掩牛十一月掩左角十二月復掩之月犯太白于南斗

按唐書穆宗本紀不載　按天文志二年二月甲戌歲星熒惑合於南斗占曰饑旱八月丙寅熒惑犯鎮星在昴畢因酉相守占曰主憂　又按志四月辛亥有流星出天市光燭地隱隱有聲至郎位滅市者小人所聚郎在天庭中主宿衛六月丁酉有小星隕於房心間戊戌亦如之己亥亦如之閏十月丙申有流星大如斗抵中台上星　又按志九月太白晝見熒惑守天囷六旬餘乃去占曰天囷上帝之藏耗祥也十月熒惑犯鎮星於昴甲子月掩牽牛中星占曰吳越凶十一月丁丑掩左角十二月復掩之占曰將死甲寅月犯太白於南斗

按舊唐書天文志二年正月戊申魏帥田布伏劍死史憲誠據郡叛

長慶三年八月流星起西北有聲

按唐書穆宗本紀不載　按天文志三年八月丁酉夜有大流星如數斗器起西北經奎婁東南流去月甚近迸光散落墜地有聲

長慶四年三月太白犯井晝見犯鬼四月星隕五月月掩畢六月鎮星失行犯井鉞熒惑犯井太白犯軒轅晝見八月熒惑入鎮星于井十月月入畢流星出天船犯斗樞又大流星出天將軍十一月熒惑向塡星守天關十二月月掩東井

按唐書穆宗本紀不載　按天文志四年三月庚午太白犯東井北轅遂入井中晝見經天七日而出因犯輿鬼京師分也五月乙亥月掩畢大星六月丙戌鎮星依曆在觜觿贏行至參六度當居不居失行而前遂犯井鉞占曰所居宿久國福厚易福薄又曰贏爲王不寧鉞主斬刈而又犯之其占重癸未熒惑犯東井丁亥入井中己丑太白犯軒轅右角因晝見至于九月占曰相凶十月辛巳月入畢口十一月熒惑逆行向參鎮星守天關十二月戊子月掩東井　又按志四月紫微中星隕者衆十月乙卯有大流星出天船犯十魁樞星而滅占曰有舟檝事丙子有大流星出天將軍東北入濁　又按志八月庚辰熒惑入鎮星于東井鎮星既失行犯鉞而熒惑復往犯之占曰內亂

按舊唐書天文志四年正月二十二日穆宗崩敬宗卽位四月十七日染院作人張韶于紫草車中載兵器犯銀臺門共三十七人入大內對食于清思殿其日禁兵誅之

敬宗寶曆元年正月流星出斗樞四月熒惑入鬼七月犯執法塡星犯井月掩畢太白犯斗月犯畢十月犯天囷十一月鎮星犯井月又犯之

按唐書敬宗本紀不載　按天文志寶曆元年正月乙卯有流星出北斗樞星光燭地入濁占曰有赦四月壬寅熒惑入輿鬼掩積尸七月癸卯犯執法甲辰鎮星犯東井甲子月掩畢大星癸未太白犯南斗丙戌月犯畢十月辛亥犯天囷十一月庚辰鎮星復犯東井癸未月犯東井

寶曆二年正月月犯左執法入氐三月犯畢五月流星入天市熒惑犯昴六月太白犯昴七月月犯畢日初入有流星見箕斗間八月流星出王良火土合于井鬼火犯鬼

按唐書敬宗本紀不載　按天文志二年正月甲申月犯左執法戊子入于氐三月丙午犯畢五月甲午熒惑犯昴六月太白犯昴七月壬申月犯畢八月庚戌熒惑犯輿鬼　又按志五月癸巳西北有流星長三丈餘光燭地入天市中滅占爲有誅七月丙戌日初入東南有流星向南滅以晷度推之在箕斗間八月丙申有大星出王良長四丈餘至北斗杓滅王良奉御車官也　又按志八月丁未熒惑鎮星復合于東井輿鬼間

按舊唐書天文志十二月八日夜敬宗爲內官劉克

明所殺立絳王樞密使王守澄等殺絳王立文宗

文宗太和元年正月月掩畢三月入畢掩之五月月掩熒惑熒惑犯右執法

按唐書文宗本紀不載　按天文志太和元年正月庚午月掩畢三月癸丑入畢口掩大星月變于畢者自寶曆元年九月及茲而五五月掩熒惑在太微西垣丙戌熒惑犯右執法

太和二年正月月掩填星七月火掩鬼質彗見攝提南九月木火土聚于七星十月月掩井

按唐書文宗本紀二年七月甲辰有彗星出于右攝提　按天文志正月庚午月掩鎮星七月甲辰熒惑掩輿鬼質星十月丁卯月掩東井北轅　又按志七月甲辰有彗星于右攝提南長二尺九月歲星熒惑鎮星聚于七星

太和三年二月太白犯昴熒惑犯右執法四月歲犯填星七月熒惑入氐十月入南斗客星見水位

按唐書文宗本紀不載　按天文志三年二月乙卯太白犯昴壬申熒惑犯右執法七月入于氐十月入于南斗　又按志四月壬申歲星犯鎮星占曰饑

又按志十月客星見于水位

太和四年四月月掩斗五月木金合于井六月流星無數十一月火犯右執法

按唐書文宗本紀不載　按天文志四年四月庚申月掩南斗杓大星十一月辛未熒惑犯右執法　又按志五月丙午歲星太白合于東井六月辛未自昏至戊夜流星或大或小觀者不能數占曰民失其所王者失道綱紀廢則然又曰星在野象物在朝象宮

太和五年二月甲申月犯熒惑三月熒惑犯南斗杓次星

按唐書文宗本紀不載　按天文志云云

按舊唐書天文志五年二月宰相宋申錫漳王被誣得罪

太和六年正月金火合于羽林四月月掩填星太白晝見七月月掩心掩斗

按唐書文宗本紀不載　按天文志六年正月太白熒惑合于羽林十月太白熒惑填星聚于軫　又按志四月辛未月掩填星于端門己丑太白晝見七月戊戌月掩心大星辛丑掩南斗杓次星

太和七年五月熒惑守心六月月掩心犯熒惑流星衆多七月月掩心掩斗九月入箕斗太白入斗是冬填星守角

按唐書文宗本紀不載　按天文志七年五月甲辰熒惑守心中星六月丙子月掩心中星遂犯熒惑七月甲午月掩心中星丙申掩南斗口第二星九月丁巳入于箕戊辰入于南斗癸酉太白入南斗冬填星守角　又按志六月戊子自昏及曙四方流星大小縱橫百餘

太和八年六月流星出河鼓七月月犯昴金火相犯九月彗見太微十月熒惑填星合于亢十二月月掩昴是歲月入南斗

按唐書文宗本紀八年九月辛亥有彗星出于太微　按天文志六月辛巳夜中有流星出河鼓赤色有尾迹光燭地迸如散珠北行近天棓滅有聲如雷河鼓為將軍天棓者帝之武備九月辛亥有彗星于太微長丈餘西北行滅郎位庚申不見　又按志二月填星始去角七月戊子月犯昴十月庚子熒惑填星合于亢十二月丙戌月掩昴是歲月入南斗者五占曰大人憂　又按志七月庚寅太白熒惑合相犯推曆度在翼近太微占曰兵起

按舊唐書天文志八年九月庚申右軍中尉王守澄宣召鄭注對于浴殿門是夜彗星出東方長三尺芒耀甚猛

太和九年夏太白晝見六月月掩歲且暈于危流星出沒天漢十月月又掩歲

按唐書文宗本紀不載　按天文志九年夏太白晝見自軒轅至于翼軫六月庚寅月掩歲星在危而暈十月庚辰月復掩歲星在危　又按志六月丁酉自昏至丁夜流星二十餘縱橫出沒多近天漢

按舊唐書天文志其年十一月李訓謀殺內官事敗中尉仇士良殺王涯鄭注李訓等十七家朝臣多有貶逐

開成元年正月太白掩建星六月月掩心八月入南斗

按唐書文宗本紀不載　按天文志開成元年正月甲辰太白掩建星占曰大臣相譖六月丁未月掩心前星八月乙巳入南斗

開成二年正月月掩昴二月掩太白于昴彗見于危歷指虛女斗氐房亢張軒轅客星出井又出端門五月客星在南斗天籥六月月掩昴而暈太白有暈星晝見太白入井七月月入斗掩太白于柳八月太白入太微彗見虛危九月月掩昴有星類枉矢西北流

十一月星隕

按唐書文宗本紀二年二月丙午有彗星出於東方三月丙寅以彗見滅膳壬申素服避正殿徹樂降死罪流以下十一月丁丑有星隕於興元　按天文志正月壬申月掩昴二月己亥月掩太白於昴中六月甲寅月掩昴而暈太白亦有暈六月己酉大星晝見原本舊書六月疑有一訛庚申太白入於東井七月壬申月入南斗丁亥掩太白於柳八月壬子太白入太微遂犯左右執法九月丙子月掩昴　又按志二月丙午有彗星於危長七尺餘西指南斗戊申在危西南芒耀愈盛癸丑在虛辛酉長丈餘西行稍南指壬戌在婺女長二丈餘廣三尺癸亥愈長且闊三月甲子在南斗乙丑長五丈其末兩岐一指氐一掩房丙寅長六丈無岐北指在亢七度丁卯西北行東指己巳長八丈餘在張癸未長三尺在軒轅右不見凡彗星晨出則西指夕出則東指乃常也未有遍指四方凌犯如此之甚者甲申客星出於東井戊子客星別出於端門內近屏星四月丙午東井下客星沒五月癸酉端門內客星沒壬午客星如孛在南斗天籥旁八月丁酉有彗星于虛危虛危爲元枵枵耗名也九月丁酉有星大如斗長五丈自室壁西北流入大角下沒行類枉矢中天有聲小星數百隨之十一月丁丑有大星隕于興元府署寢室之上光燭庭宇

按舊唐書天文志三月庚子朔彗長六丈文宗召司天監朱子容問星變之由子容曰彗主兵旱或破四夷古之占書也然天道懸遠惟陛下修政以抗之乃勑尚食今後每食御食料分爲十日其夜彗長五丈闊五尺却西北行東指戊辰夜彗長八丈有餘西北行東指在張十四度詔天下放繫囚徹樂減膳避正殿先是羣臣拜章上徽號宜並停癸未夜彗長三尺出軒轅右六月河陽軍亂逐李泳

按冊府元龜開成二年三月壬申以妖星見降詔誡有司及天下州府見禁囚徒死者從流流已下並釋放膏澤不愆播種伊始土木興役恐妨農功禁中及百司所有修造並宜權停韶陽御辰生氣方盛思全物類以順天時內外五坊凡有籠養鷹鶻及雞鴨烏雀狐兔等悉宜放之朕今素服避殿命太常徹樂太官減膳一日膳分爲一旬皆參官及諸州府長吏如有規諫者各上封事極言得失陳救災之術明致理之方咸竭乃心以輔厥辟於戲朕明誠未感化理未孚譴告在天丁寧斯甚所宜盡意共與同憂勉進嘉言共凝庶績謝違納誨副茲虛懷宣示內外各令知悉甲戌以彗星見命京師諸佛寺開仁王經道場

開成三年二月月掩心熒惑入井三月入鬼五月太白犯鬼大星出柳張月犯心太白犯右執法六月太白犯熒惑于張七月月掩心十月太白犯南斗彗見于軫十一月彗見尾箕

按唐書文宗本紀三年十月乙巳有彗星出于軫

按天文志二月己酉月掩心前星二月戊午熒惑入東井原本兩書二月疑有一訛三月乙酉入輿鬼五月辛酉太白犯輿鬼庚午月犯心中星甲寅太白犯右執法七月乙丑月掩心前星十月辛卯太白犯南斗　又按志五月乙丑有大星出于柳張尾長五丈餘再出再沒六月丁亥太白犯熒惑于張占曰有喪十月乙巳有彗星于軫魁長二丈餘漸長西指十一月乙卯有彗星于東方在尾箕東西亙天十二月壬辰不見

開成四年正月彗見羽林火金水聚于南斗閏月彗見卷舌二月流星四起西流月掩歲星于畢三月掩井七月犯熒惑八月流星出羽林熒惑犯鉞入井十月辰入南斗十二月蚩尤旗見是冬木火逆行失色合于井

按唐書文宗本紀四年正月癸酉有彗星出于羽林閏月丙午出于卷舌　按天文志正月癸酉有彗星于羽林衞分也閏月丙午有彗星于卷舌西北二月己卯不見己亥丁夜至戊夜四方中天流星小大凡二百餘並西流有尾迹長二丈至五丈八月辛未流星出羽林有尾迹長八丈餘有聲如雷羽林天軍也十二月壬申蚩尤旗見　又按志正月丁巳熒惑太白辰星聚于南斗推曆度在燕分占曰內外兵喪改立王公冬歲星熒惑俱逆行失色合于東井京師分也　又按志二月丁卯月掩歲星于畢三月乙酉掩東井七月乙未月犯熒惑占曰貴臣死八月壬申熒惑犯鉞遂入東井十月戊午辰星入南斗魁中占曰大赦

按舊唐書天文志是歲夏大旱禱祈無應文宗憂形于色宰臣進曰星官言天下時當爾乞不過勞聖慮帝改容言曰朕爲人主無德庇人比年災旱星文謫見若三日內不雨朕當退歸南內卿等自選賢明之君以安天下宰相楊嗣復等嗚咽流涕不已

開成五年春歲星闇小二月彗見室壁火入鬼四月金木入鬼五月辰星見于七星色赤七月月掩填星

十一月彗見東方

按唐書文宗本紀五年二月庚申有彗星出于室壁十一月戊寅有彗星出于東方　按天文志春木當王而歲星小闇無光占曰有大喪二月壬申熒惑入輿鬼四月太白歲星入輿鬼五月辰星見于七星色赤如火七月乙酉月掩塡星　又按志二月庚申有彗星于營室東壁間二十日滅十一月戊寅有彗星于東方燕分也

武宗會昌元年六月小星流七月流星經王良彗見羽林室壁間閏八月熒惑入鬼十一月星東北流彗見北落師門在室入紫宮十二月月犯太白于羽林

按唐書武宗本紀會昌元年七月有彗星出于羽林十一月壬寅有彗星出于營室辛亥避正殿減膳理四罷興作　按天文志七月有彗星于羽林營室東壁間也十一月壬寅有彗星于北落師門在營室入紫宮十二月辛卯不見并州分也　又按志六月自昏至戊夜小星數十縱橫流散占曰小星民象七月庚午北方有星光燭地東北流經王良有聲如雷十一月壬寅有大星東北流光燭地有聲如雷　又按志閏八月丁酉熒惑入輿鬼中占曰有兵喪十二月庚午月犯太白于羽林

會昌二年正月月掩太白于羽林六月火犯木于翼太白犯井十月月掩歲于角

按唐書武宗本紀不載　按天文志二年正月壬戌月掩太白于羽林六月丙寅太白犯東井十月丙戌月掩歲星于角　又按志六月乙丑熒惑犯歲星于翼占曰旱

會昌三年三月月掩歲星于角七月熒惑入井八月犯鬼十月月晝食太白于亢

按唐書武宗本紀三年十月壬午日中月食太白

按天文志三月丙申月又掩歲星于角七月癸巳熒惑入東井色蒼赤動搖井中八月丁丑犯輿鬼十月壬午晝月食太白于亢

會昌四年二月歲守房熒惑守軒轅月掩畢八月大星隕十月金火合遂入南斗

按唐書武宗本紀不載　按天文志四年二月歲星守房掩上相熒惑逆行守軒轅四旬乃去庚申月掩畢大星十月癸未太白與熒惑合遂入南斗　又按志八月丙午有大星如炬火光燭天地自奎婁掃西北七宿而隕十月癸未太白熒惑合于南斗

會昌五年二月太白掩昴五月入畢八月犯軒轅九月熒惑犯太微

按唐書武宗本紀不載　按天文志五年二月壬午太白掩昴五月辛酉入畢口八月壬午犯軒轅大星九月癸巳熒惑犯太微上將

會昌六年二月火犯畢月犯熒惑于太微犯左執法掩牽牛犯歲星流星貫紫微

按唐書武宗本紀不載　按天文志六年二月丁丑熒惑犯畢大星丁亥月出無光犯熒惑于太微頃之乃稍有光遂犯左執法丙申掩牽牛南星遂犯歲星牽牛揚州分辛丑夜中有流星赤色如桃光燭地有尾迹貫紫微入濁

宣宗大中六年三月有彗星出于觜參

按唐書宣宗本紀云云　按天文志三月有彗星于觜參參唐星也

大中十一年八月熒惑犯井九月彗見房

按唐書宣宗本紀十一年九月乙未有彗星出于房　按天文志八月熒惑犯東井

欽定古今圖書集成曆象彙編庶徵典

第四十五卷目錄

星變部彙考十九

庶徵典第四十五卷

星變部彙考十九

唐二

懿宗咸通五年彗見婁

按唐書懿宗本紀咸通五年五月己亥有彗星出於婁　按天文志五月己亥夜漏未盡一刻有彗星出於東北色黃白長三尺在婁徐州分也

咸通六年大小星北流

按唐書懿宗本紀不載　按天文志咸通六年七月乙酉甲夜有大流星長數丈光爍如電衆小星隨之自南徂北其象南方有以衆叛而之北也

咸通九年彗見婁胃十一月長庚見

按唐書懿宗本紀九年正月彗星出於婁胃　按天文志正月有彗星於婁胃十一月丁酉有星出如匹練亙空化爲雲而沒在楚分是謂長庚見則兵起

咸通十年彗見大陵熒惑守心

按唐書懿宗本紀十年八月有彗星出於大陵　按天文志八月有彗星於大陵東北指占爲外夷兵及水災　又按志十年熒惑逆行守心

咸通十三年春有二星隕九月蚩尤旗見

按唐書懿宗本紀不載　按天文志十三年春有二星從天際而上相從至中天狀如旌旗乃隕九月蚩尤旗見

僖宗乾符二年四月太白晝見冬有大星東南流

按唐書僖宗本紀乾符二年四月庚辰太白晝見　按天文志四月庚辰太白晝見在昴冬有二星一赤一白大如斗相隨東南流燭地如月漸大光芒猛怒

乾符三年常星晝見大星晝隕

按唐書僖宗本紀不載　按天文志三年七月常星晝見　又按志三年晝有星如炬火大如五升器出東北徐行隕於西北

乾符四年五月彗星見七月月犯房流星出虛危

按唐書僖宗本紀四年五月有彗星避正殿減膳　按天文志五月有彗星七月月犯房有大流星如盂自虛危歷天市入羽林滅占爲外兵

乾符六年冬歲入南斗

按唐書僖宗本紀不載　按天文志六年冬歲星入南斗魁中占曰有反臣

中和元年惡星出鬼八月星隕

按唐書僖宗本紀中和元年八月己丑衆星隕於成都　按天文志元年有異星出於輿鬼占者以爲惡星八月己丑夜星隕如雨或如杯椀交流如織庚寅夜亦如之丁酉止

中和三年星隕

按唐書僖宗本紀不載　按天文志三年十一月夜星隕於西北如雨

光啓元年有彗星於積水積薪之間

按唐書僖宗本紀不載　按天文志云云

光啓二年四月熒惑犯月角五月星孛尾箕九月星隕十月長庚見

按唐書僖宗本紀二年夏五月丙戌有星孛於尾箕九月有星隕於揚州　按天文志四月熒惑犯月角五月丙戌有星孛於尾箕歷北斗攝提占曰貴臣誅　又按志九月有大星隕於揚州府署延和閣前聲如雷光炎燭地十月壬戌有星出於西方色白長一丈五尺屈曲而隕占曰長庚也下則流血

光啓三年大星晝隕

按唐書僖宗本紀不載　按天文志三年五月秦宗權擁兵於汴州北郊晝有大星隕於其營聲如雷是謂營頭下破軍殺將

文德元年七月月入南斗八月火守鬼木土金聚於張

按唐書僖宗本紀不載　按天文志文德元年七月

丙午月入南斗八月熒惑守輿鬼占曰多戰死歲星填星太白聚於張周分也占曰內外有兵爲河內河東也

昭宗龍紀元年七月甲辰月犯心

按唐書昭宗本紀不載　按天文志云云

大順二年四月彗見三台

按唐書昭宗本紀大順二年四月庚辰有彗星入於太微甲申大赦避正殿減膳徹樂賜兩軍金帛贖所略男女還其家民年八十以上及疾不能自存者長吏存恤　按天文志四月庚辰有彗星於三台東行入太微掃大角天市長十丈餘五月甲戌不見宦者陳匡知星奏曰當有亂臣入宮三台太一三階也太微大角帝廷也天市都市也

景福元年五月蚩尤旗見六月營頭星見十一月星孛於斗牛十二月天攙出

按唐書昭宗本紀景福元年十一月有星孛於斗牛　按天文志五月蚩尤旗見初出有白彗形如髮長二尺許經數日乃從中天下如匹布至地如蛇六月孫儒攻楊行密於宣州有黑雲如山漸下墜於儒營上狀如破屋占曰營頭星也十一月有星孛於斗牛占曰越有自立者十二月丙子天欃出於西南己卯化爲雲而沒

景福二年三月彗見上台十一月白氣貫月北斗太微

按唐書昭宗本紀二年四月乙酉有彗星入於太微　按天文志二月天久陰至四月乙酉夜雲稍開有彗星於上台長十餘丈東行入太微掃大角入天市經三旬有七日益長至二十餘丈因雲陰不見十一月有白氣如環貫月穿北斗連太微

乾寧元年正月星孛鶉首星隕夏越州星隕七月妖星見

按唐書昭宗本紀乾寧元年正月有星孛於鶉首

按天文志正月星孛於鶉首秦分也又星隕於西南有聲如雷七月妖星見非彗非孛不知其名時人謂之妖星或曰惡星　又按志夏有星隕於越州後有光長丈餘狀如蛇或曰枉矢也

乾寧二年七月癸亥熒惑犯心

按唐書昭宗本紀不載　按天文志云云

乾寧三年六月大星墜十月客星鬬于虛危

按唐書昭宗本紀不載　按天文志三年六月天暴雨雷電有星大如椀起西南墜於東北色如鶴練聲如羣鳴飛占爲姦謀十月有客星三一大二小在虛危間乍合乍離相隨東行狀如鬬經三日而二小星沒其大星後沒虛危齊分也

光化元年九月丙子有星隕於北方

按唐書昭宗本紀云云

光化二年填星入南斗

按唐書昭宗本紀不載　按天文志云云

光化三年正月客星犯宦者二月大流星西南行八月太白伏於氐十月金土合於南斗十一月枉矢見太白犯月晝見

按唐書昭宗本紀三年十一月丁未太白晝見　按天文志正月客星出於中垣宦者旁大如桃光焰射宦者宦者不見三月丙午有星如二十斛船色黃前銳後大西南行十一月中天有大星自東緩流如帶屈曲光凝著天食頃乃滅是謂枉矢　又按志八月壬申太白應見在氐不見至九月丁亥乃見是謂當出不出十一月丁未太白犯月因晝見　又按志十月太白填星合於南斗占曰吳越有兵

天復元年五月濛星見太白晝見十月大角散搖

按唐書昭宗本紀不載　按天文志天復元年五月有三赤星各有鋒芒在南方既而西方北方東方亦如之頃之又各增一星凡十六星少時先從北滅占曰濛星也見則諸侯兵相攻　又按志五月自丁酉至於己亥太白晝見經天在井度十月大角五色散搖煌煌如火占曰王者惡之

天復二年正月客星出紫宮流星起文昌抵客星客星守杠五月機星見太白襲熒惑犯端門又犯長垣中星十月太白見於斗而墜辰星見氐而闇是歲填星守虛

按唐書昭宗本紀不載　按天文志二年正月客星如桃在紫宮華蓋下漸行至御女丁卯有流星起文昌抵客星客星不動己巳客星在杠守之至明年猶不去占曰將相出兵五月夕有星當箕下如炬火炎炎上衝人初以爲燒火也高丈餘乃隕占曰機星也下有亂　又按志五月甲子太白襲熒惑在軒轅后星上太白遂犯端門又犯長垣中星占曰賊臣謀亂京畿大戰十月甲戌太白夕見在斗去地一丈而墜占曰兵聚其下又曰山摧石裂大水竭庚子辰星見氐中小而不明占曰負海之國大水是歲填星守虛

天復三年二月大星西流有聲十一月太白在南斗

色黃小冬熒惑守井

按唐書昭宗本紀不載　按天文志三年二月帝歸自鳳翔其明日有大星如月自東濁際西流有聲如雷尾迹橫貫中天三夕乃滅　又按志二月塡始去虛十一月丙戌太白在南斗去地五尺許色小而黃至明年正月乃高十丈光芒甚大是冬熒惑徘徊於東井間久而不去京師分也

昭宣帝天祐元年二月太白色赤生角動搖四月天衝見五月長星見六月太白犯水位

按唐書昭宣帝本紀天祐元年二月丙寅日中見北斗　按天文志二月辛卯太白夕見昴西色赤炎欲如火壬辰有三角如花而動搖占曰有反城有火災胡兵起六月甲午太白在張芒角甚大癸丑句己犯水位自夏及秋大角五色散搖煌煌然占同天復初　又按志四月有星狀如人首赤身黑在北斗下紫微中占曰天衝也天衝抱極泣帝前血濁霧下天下寃後三日而黑氣晦暝五月戊寅乙夜雨晦暝有星長二十丈出東方西南向有黑尾赤中白杜矢也一日長星

天祐二年三月枉矢見四月昭明星見彗見北河

北　按天文志三月乙丑夜中有大流星出中天如五斗器流至西北去地十丈許而止上有星芒炎如火赤而黃長丈五許而蛇行小星皆動而東南其隕如雨少頃沒後有蒼白氣如竹叢上衝天中色瞢瞢占曰赤杜矢也　又按志四月庚子夕西北隅有星類太白有光但長二四丈色如緒辛丑夕色如縞或曰五車之歲星也一曰昭明星也甲辰有彗星於北河貫文昌長三丈餘凌中台下台五月乙丑夜自軒轅左角及天市西垣光芒猛怒其長亙天丙寅雲陰至辛未少霽不見兩河爲大淵在東井間而北河中國所經也文昌天之六司天市都市也

按冊府元龜天祐二年四月壬申詔曰朕以沖幼克嗣丕基業業兢兢敬恭夕惕今以彗星謫見深亢罪躬雖已降恩赦更起今月二十四日避正殿減常膳明自思過咎也已未司天臺奏彗星又見請於太清宮建黃籙道場從之

天祐三年二月月暈熒惑孛彗八月歲在哭星十二月有星上行分爲二

按唐書昭宣帝本紀不載　按天文志三年二月丙申月暈熒惑孛彗八月丙午歲星在哭星上生黃白氣如孛狀五星聚合十二月昏東方有星如太白自地徐上行極緩至中天如上弦月乃曲行頃之分爲二占曰有大孽

後梁

太祖開平二年夏四月辛丑熒惑犯上將

按五代史梁太祖本紀不載　按司天考云云

乾化元年五月客星犯帝座

乾化二年正月丙申熒惑犯房第二星戊申月犯心大星四月甲寅月掩心大星壬申彗出于張甲戌彗出靈臺

按以上五代史梁太祖本紀俱不載　按司天考云云

按冊府元龜乾化二年四月甲寅夕月掩心大星內辰勅近者星辰違度式在修禳宜令兩京及宋魏州取此月至五月禁斷居宰仍各於佛寺開建道場以迎福應五月丁亥以彗星謫見詔兩京見禁囚徒大辟罪以下遞減一等限三日內疏理訖聞奏

乾化三年五月天狗墮

按五代史梁太祖本紀不載　按十國春秋蜀高祖本紀永平三年五月天狗墮于成都鷄鳴時有聲如雷電光流數丈或明或滅占曰其下殺萬人

末帝貞明元年彗見

按五代史梁末帝本紀不載　按十國春秋唐後主本紀乙亥歲彗出五車色白長五尺夏六月轉見西方犯太微六十日滅

龍德三年彗星見

按五代史梁末帝本紀不載　按十國春秋蜀後主本紀乾德五年十月彗星見輿鬼長丈餘

後唐

莊宗同光二年六月甲申衆星交流丙戌衆星交流八月戊子熒惑犯星

按五代史唐莊宗本紀同光六年九月壬子置水於城門以禳熒惑　按司天考云云

按冊府元龜同光二年九月有司上言以八月二日夜五鼓四籌熒惑犯星二度星周之分請以法禳之於京城四門懸東流水一罌兼令闕坊都市嚴備盜火止絕夜行從之

同光三年三月丙申熒惑犯上相七月甲子熒惑犯右執法六月甲子太白晝見丙寅歲犯右執法己巳太白晝見庚寅衆星流自二更盡三更而止辛卯衆

小星流於西南九月丁未天狗墮有聲如雷野雉皆雊丙辰太白歲相犯

按五代史唐莊宗本紀不載　按司天考云云

按十國春秋前蜀張雲傳雲唐安人立朝蹇諤不爲苟容歷官右補闕咸康元年彗星見井鬼之次司天言宜修德以弭大災後主詔於王化局置道場禳之雲上疏言百姓怨氣上徹於天故結爲彗星彗者除舊布新之義斯乃亡國之兆豈祈禱所可免後主怒流之秦州

明宗天成元年春三月惡星入天庫流星犯天棓四月庚戌金犯積尸六月乙未衆小星交流七月己未月犯太白庚申太白晝見乙丑月入南斗魁八月癸卯太白犯心大星乙巳月犯五諸侯辛亥熒惑犯上將九月丁巳月犯心大星己巳月犯昴庚午熒惑犯右執法己卯犯左執法十月戊子熒惑犯上相丙午月掩左執法十一月丁丑月暈匝火木戊寅月犯金木十二月戊戌熒惑犯氐乙巳月掩庶子

按五代史唐明宗本紀不載　按司天考云云　按莊宗神閔敬皇后劉氏傳三月客星犯天庫有星流於天棓占星者言御前當有急兵宜散積聚以禳之宰相請出庫物以給軍莊宗許之后不肯曰吾夫婦得天下雖因武功蓋亦有天命命既在天人如我何宰相論於延英后於屏間耳屬之因取粧奩及皇幼子滿喜置帝前曰諸侯所貢給賜已盡宮中所有惟此耳請鬻以給軍宰相惶恐而退及趙在禮作亂出兵討魏始出物以賚軍軍士負而詬曰吾妻子已餓死得此何爲

天成二年正月甲戌熒惑歲相犯二月辛卯熒惑犯鍵閉三月戊午月掩鬼庚申衆小星流於西北己巳熒惑犯上相乙亥月入羽林四月丁亥月犯右執法癸卯月入羽林六月辛丑熒惑犯房八月庚子月犯五諸侯九月壬子歲犯房庚申月入羽林壬申月犯上將十月壬午月犯五諸侯十一月乙卯月入羽林

天成三年春正月壬申金火合於奎四月丁酉月犯五諸侯五月丁巳月掩房距星六月乙酉月掩心庶子癸巳月入羽林自正月至於是月宗人宗正搖不止七月乙卯月入南斗魁閏八月癸卯朔熒惑犯上將戊申月犯南斗乙卯熒惑犯右執法庚戌太白犯右執法九月庚辰土木合於箕辛巳金火合於軫十月庚午彗出西南十一月戊子月掩軒轅大星乙未太白犯塡月掩房十二月壬寅朔熒惑犯房金木相犯於斗

天成四年正月癸巳月入南斗魁二月辛酉月及火土合於斗三月壬辰歲犯牛七月丁丑月入南斗九月丙子熒惑入哭星

按以上五代史唐明宗本紀不載　按司天考云云

長興元年六月乙卯太白犯天罇八月己亥月犯南斗乙卯月犯積尸九月辛酉朔衆小星交流而隕十一月壬戌熒惑犯氐十二月丙辰熒惑犯天江

長興二年正月乙亥太白犯羽林庚辰月犯心距星二月丁未月犯房四月甲寅熒惑犯羽林五月癸亥太白晝見閏五月乙巳歲晝見八月丁巳辰犯端門九月丙戌衆星交流丁亥衆星交流而隕戊子太白晝見十一月丙戌太白犯鍵

長興三年四月庚辰熒惑犯積尸九月庚寅太白犯哭星十月壬申太白晝見十一月己亥太白犯壁壘

長興四年五月癸卯太白晝見六月庚午衆星交流七月乙亥朔衆星交流九月辛巳太白犯右執法

按以上五代史唐明宗本紀俱不載　按司天考云云

愍帝應順元年二月丁酉衆星流於西北四月改元清泰元年五月己未太白晝見六月甲戌太白犯右執法九月辛丑衆星交流冬十一月丁未彗出虛危掃天壘及哭星

按以上五代史唐愍帝本紀俱不載　按司天考云云

後晉

高祖天福元年三月壬子熒惑犯積尸

按五代史晉高祖本紀不載　按司天考云云

按十國春秋後蜀胡韞傳韞精天官之學明德初除司天少監三年會熒惑犯積尸後主以積尸蜀分也懼欲禳之召韞問焉韞對曰按十二次起井五度至柳八度爲鶉首一次鶉首秦分也蜀雖屬秦乃極南之表爾前世火入鬼其應多在秦晉咸和九年三月火犯積尸四月雍州刺史郭權見殺義熙十四年火犯鬼明年雍州刺史朱齡石見殺而蜀皆無事後主乃止

天福二年星孛於北方

按五代史晉高祖本紀不載　按陸游南唐書烈祖昇元元年十二月丙午有星孛北方

天福三年五月月犯上將大星流東方

按五代史晉高祖本紀不載　按司天考三年五月壬子月犯上將

按陸游南唐書先主昇元二年春三月壬申大星流於東方六月庚辰日入太微西華門犯右執法辛巳犯東垣上相

天福四年四月辛巳太白犯東井北轅甲午太白犯五諸侯五月丁未太白犯輿鬼中星九月癸未月掩畢

按五代史晉高祖本紀不載　按司天考云云

按陸游南唐書昇元三年二月甲午月犯南斗第六星夏四月熒惑犯月秋七月甲寅歲星晝見

按十國春秋後蜀後主本紀廣政二年太白晝見

天福五年八月月掩歲星十月月與火土木聚於斗

按五代史晉高祖本紀不載　按陸游南唐書昇元四年秋八月丁卯月掩歲星冬十月癸巳朔月熒惑塡歲星聚於南斗

天福六年八月有星孛於天市甚久九月有星孛於天市

按陸游南唐書昇元五年八月有星孛於天市長數尺七十日沒秋九月壬子有星孛於天市

天福七年月犯塡熒惑犯房

按五代史晉高祖本紀不載　按陸游南唐書昇元六年春正月甲子月犯塡星退行在畢六月庚辰熒惑犯房次將

出帝天福八年八月丙子熒惑犯右掖十月庚戌彗出東方丙辰熒惑犯進賢十一月庚子月犯房

按五代史晉出帝本紀不載　按司天考云云

按陸游南唐書嗣主保大元年冬十月庚戌有星孛於東方

開運元年二月壬戌太白犯昴己巳熒惑犯天籥四月丁巳太白犯五諸侯七月庚辰月犯熒惑壬午月入南斗甲申太白犯東井八月甲辰熒惑入南斗九月丙子月入南斗乙酉月食昴庚寅月犯五諸侯十月癸卯月入南斗十一月辛巳月犯昴十二月癸丑太白犯辰

開運二年七月乙未朔月犯角壬寅月犯心前大星庚戌歲犯井鉞八月甲戌歲犯東井九月己酉月犯昴甲寅太白犯南斗魁十一月甲午朔太白犯哭星癸丑月掩角距星戊午月犯心後星

按以上五代史晉出帝本紀俱不載　按司天考云云

開運四年四月太白晝見七月彗見

按五代史晉出帝本紀不載　按十國春秋唐元宗本紀保大五年四月丙子太白晝見七月丁丑夜有彗出東方近濁其尾掃太微及長垣至亥月壬辰乃沒

後漢

高祖天福十二年四月丙子太白晝見十月己丑太白犯亢距星十一月壬戌月犯昴乙亥月掩心大星己卯月犯南斗

按五代史漢高祖本紀不載　按司天考云云

隱帝乾祐元年四月甲午月犯南斗六月乙未月入南斗七月甲寅月掩心庶子星八月乙酉塡犯太微西垣戊戌歲犯右執法九月丁卯月掩鬼十月丁丑歲犯左執法

按五代史漢隱帝本紀不載　按司天考云云

按陸游南唐書保大五年秋閏七月丁丑夜有彗出東方近濁其尾迹近側掃少微及長垣至八月壬辰乃沒

乾祐二年四月壬午太白晝見六月壬午月犯心丙戌月犯天關八月乙亥月掩房次將九月壬寅太白犯右執法庚戌太白犯塡辛酉塡犯右執法丁卯太白犯歲塡自元年八月己丑入太微垣犯上將執法內屏謁者勾己往來至是歲十一月辛亥而出四百四十三日甲寅月犯昴

按五代史漢隱帝本紀不載　按司天考云云

乾祐三年二月甲戌月犯昴六月乙卯塡犯左掖七月甲申熒惑犯司怪八月癸卯太白犯房庚戌太白犯心大星十月辛酉月犯心大星太白犯木

按五代史漢隱帝本紀不載　按司天考云云

按陸游南唐書保大七年夏四月壬申太白晝見

後周

太祖廣順元年二月丁巳歲犯咸池己未熒惑犯五諸侯三月甲子歲守心己卯熒惑犯鬼壬午熒惑犯天戶四月甲午歲犯鉤鈐

按五代史周太祖本紀不載　按司天考云云

按陸游南唐書保大九年夏五月辛未有星大如五升器自西南流墜西北光燭地聲如雷

廣順二年二月庚寅太白經天七月乙丑熒惑犯井鉞八月乙未熒惑犯天罇九月辛酉熒惑犯鬼庚辰太白掩右執法十月壬辰太白犯進賢

廣順三年四月乙丑熒惑犯靈臺五月辛巳熒惑犯上將丙申熒惑犯右執法七月乙酉月犯房

按以上五代史周太祖本紀不載　按司天考云云

世宗顯德元年正月星隕

按五代史周世宗本紀不載　按司天考顯德元年正月庚寅有大星墜有聲如雷牛馬皆逸京城以爲曉鼓皆伐鼓以應之

顯德三年正月壬戌有星孛于參

按五代史周世宗本紀不載　按司天考云云

顯德四年月食牛女間

按五代史周世宗本紀不載　按十國春秋南漢中宗本紀乾和十五年帝聞唐兵屢爲周人所敗憂形于色遣使入貢中朝復爲湖南隔之乃治戰艦修武備既而曰吾身得免幸矣何暇慮後世哉又常自言知星會月食牛女間出書占之曰吾當之矣因縱酒爲長夜之飲

遼

太祖天顯元年秋七月星隕

按遼史太祖本紀天顯元年秋七月甲戌上不豫是夕大星隕于幄前辛巳上崩

天顯九年夏五月星晝隕九月星隕

按遼史太宗本紀九年五月癸丑大星晝隕九月庚子西南星隕如雨

太宗會同四年九月壬申有星孛于晉分

按遼史太宗本紀云云

大同元年星隕

按遼史太宗本紀大同元年四月丙辰朔發自汴州次赤岡夜有聲如雷起於御幄大星復隕於旗鼓前

穆宗應曆十一年二月老人星見十一月歲星犯月

按遼史穆宗本紀應曆十一年春二月丙辰蕭思溫奏老人星見乞行赦宥冬十一月歲星犯月

應曆十三年二月老人星見

按遼史穆宗本紀云云

應曆十五年正月老人星見

按遼史穆宗本紀云云

聖宗統和元年冬十月癸未司天奏老人星見

按遼史聖宗本紀云云

統和三年七月丙寅老人星見

按遼史聖宗本紀云云

統和八年春三月金火鬬六月月掩天駟十一月太白晝見

按遼史聖宗本紀八年春三月庚辰太白熒惑鬬凡十有五次六月甲寅月掩天駟第一星十一月丁酉太白晝見

統和十二年六月太白歲星相犯

按遼史聖宗本紀云云

開泰三年春正月丁酉彗星見西方

按遼史聖宗本紀云云

道宗咸雍元年八月客星犯天廟十一月星逆行十二月熒惑與月並行

按遼史道宗本紀咸雍元年八月丙申客星犯天廟詔諸路備盜賊嚴火禁十一月壬戌有星如斗逆行隱隱有聲十二月壬子熒惑與月並行自旦至午

咸雍二年三月壬午彗星見於西方

按遼史道宗本紀云云

咸雍三年秋七月熒惑晝見

按遼史道宗本紀三年七月辛丑熒惑晝見凡三十五日

大安二年二月太白犯歲星

按遼史道宗本紀云云

壽隆三年秋七月乙巳彗星見西方

按遼史道宗本紀云云

欽定古今圖書集成曆象彙編庶徵典

第四十六卷目錄

星變部彙考二十

庶徵典第四十六卷

星變部彙考二十〈按天文志自宋歐陽修唐書主言災異不言事應之說後之作史者多因之然唐書五代史猶附入象占至遼金以後削除事應獨宋史天文志多按年書變故於彙中但書某年星變而已〉

宋一

太祖建隆元年星變

按宋史太祖本紀建隆元年六月癸酉有星赤色出心甲申有星赤色出太微垣歷上相　按天文志十月癸酉熒惑犯進賢十一月乙卯熒惑犯氐　又按志正月甲子太白犯熒惑於婁十月壬申又相犯於軫　又按志正月戊午有星出東北方青赤色北行初小後大尾跡斷續光燭地四月有星出天市垣六月癸酉有大星赤色出心大星甲申有星赤色出太微垣歷上相乙未有大星色赤流處東北九月癸亥有星出昴甲子有星如缶出卯光明燭地十二月戊辰有星青赤色出參旗西南慢行而沒蒼光燭地

建隆二年星變

按宋史太祖本紀二年五月乙丑天狗墮西南　按天文志十一月癸未月犯歲星　又按志四月乙巳歲星犯左執法五月己丑犯東井十月乙巳犯亢　又按志八月戊申熒惑犯哭星九月乙酉犯壁壘陣　又按志九月丁丑太白犯南斗　又按志十二月己酉客星出天市垣宗人星東微有芒彗　又按志五月己丑天狗墮西南〈按本紀作乙丑互異〉

建隆三年星變

按宋史太祖本紀不載　按天文志三年二月乙巳月犯歲星　又按志四月壬辰月犯輿鬼庚子犯氐五月甲子犯左執法六月丙申犯房第一星十二月庚戌入南斗魁　又按志十月甲辰熒惑犯氐十二月庚戌入天籥　又按志十一月壬申歲星與熒惑合於房　又按志十一月甲戌熒惑犯歲星於房　又按志正月辛未客星西南行入氐宿二月癸丑至七月沒　又按志六月丁酉有星出天市入南斗魁

乾德元年星變

按宋史太祖本紀不載　按天文志乾德元年二月丙午有星如桃色赤出弧矢東南沒有光明

乾德二年星變

按宋史太祖本紀不載　按天文志二年二月乙丑有星黃白色出太微五帝南速行至外廚沒其體散落光燭地

乾德三年星變

按宋史太祖本紀三年八月辛酉壽星見　按天文志九月乙亥熒惑犯司怪　又按志八月庚申太白犯太微上相　又按志八月辛酉老人星見　又按志六月丁巳有星如桃色黃赤出北斗魁經太微垣北過角宿西漸大行五尺餘沒尾跡凝天有光明十二月丁巳有星出大河青白色南行至天倉沒初小後大光燭地

乾德四年星變

按宋史太祖本紀四年五月辛卯熒惑犯軒轅六月甲午月犯心前星　按天文志二月癸卯月犯五車　又按志四月壬子熒惑入輿鬼犯積尸五月辛卯犯軒轅　又按志六月辛丑太白犯右執法　又按志六月甲辰太白犯熒惑於張　又按志六月己亥太白與熒惑合於張　又按志八月乙卯老人星見　又按志正月乙未有星出天社青白色速行尾跡三丈餘初小後大沒有光明四月甲寅有星出天乳青赤色東南行貫房沒光燭地閏八月己丑有星出天船青白色西南速行沒於文昌

乾德五年星變

按宋史太祖本紀五年三月五星聚奎　按天文志正月壬子月犯南斗魁七月丁未犯昴十月己巳掩昴　又按志九月戊申熒惑犯輿鬼十二月戊辰犯五諸侯　又按志八月辛酉太白犯右執法　又按志三月五星如連珠聚於奎婁之次

按鐵圍山叢談太祖皇帝應天順人肇有四海受禪行八年矣當乾德之五祀而五星聚奎明大異常奎下當曲阜之墟也時太宗適爲兗海節度使則是太宗再受命之祥此所以國家傳祚聖系皆自太宗應符既同乎漢祖而十年宜過於周曆矣

乾德六年星變

按宋史太祖本紀不載　按天文志六年正月戊申

老人星見

開寶元年星變

按宋史太祖本紀開寶元年六月丁丑太白晝見戊寅復見　按天文志正月辛卯月犯昴　又按志五月壬子熒惑犯太微上將六月壬戌掩心大星　又按志十一月庚寅太白犯房　又按志六月丁丑太白晝見戊寅復見　又按志正月壬寅歲星與塡星太白合於婁　又按志七月戊子有星出大角青白色北行沒明燭地九月戊子有星出文昌赤黃色東北速行而沒

開寶二年星變

按宋史太祖本紀秋七月乙亥壽星見　按天文志二年正月丙戌月犯昴　又按志七月乙亥熒惑犯輿鬼八月戊寅掩積尸　又按志七月丁亥老人星見　又按志六月己卯有星出河鼓慢行明燭地

開寶三年星變

按宋史太祖本紀不載　按天文志三年九月乙卯月犯塡星　又按志六月乙未月犯東井十月癸未犯天關　又按志八月壬辰熒惑犯房　又按志五月庚戌太白與塡星合於畢六月乙未與歲星合於東井　又按志九月庚午廣州民見衆星皆北流

按陸游南唐書開寶三年夏太白晝見

開寶四年星變

按宋史太祖本紀四年八月辛卯景星見　按天文志四月己巳太白犯東井　又按志十月甲辰太白犯熒惑於牽牛　又按志八月辛卯有星出織女西北行尾跡三丈餘沒久有聲

開寶五年星變

按宋史太祖本紀不載　按天文志五年七月庚辰月犯東井　又按志二月己卯熒惑退入太微犯上相七月甲子入氐　又按志七月乙丑塡星犯東井　又按志十一月己未太白犯哭星　又按志十月甲辰太白與熒惑合於牽牛　又按志八月乙巳有星出王良西北行四丈餘有聲而散

開寶六年星變

按宋史太祖本紀六年冬十月戊子流星出文昌北斗　按天文志三月丁巳月犯畢大星

開寶七年星變

按宋史太祖本紀不載　按天文志七年九月甲午有星出室西北行星體散落有聲明燭地

開寶八年星變

按宋史太祖本紀八年六月甲子彗出柳長四丈辰見東方　按天文志六月甲子彗星出柳長四丈辰見東方西南指歷輿鬼至東壁凡十一舍八十三日而滅

按陸游南唐書乙亥歲二月彗出五車色白長五尺夏六月轉見西方犯太微六十日滅

開寶九年星變

按宋史太祖本紀九年六月乙卯熒惑入南斗

太宗太平興國三年星變

按宋史太宗本紀不載　按天文志太平興國三年七月己亥月掩熒惑八月甲戌與太白合　又按志十月甲寅有星出天船赤黃色至天棓星體散落明燭地

太平興國四年八月乙亥老人星見

太平興國五年七月乙丑月掩五諸侯八月己卯老人星見

太平興國六年八月戊子太白入太微犯右執法己卯老人星見

太平興國七年二月丙子月犯輿鬼三月丙申犯昴

按以上宋史太宗本紀俱不載　按天文志云云

太平興國八年星變

按宋史太宗本紀不載　按天文志八年七月辛巳月凌歲星　又按志三月癸未月入南斗魁八月戊寅犯昴壬午犯輿鬼庚寅犯角十月癸未犯東井乙巳犯心後星　又按志七月丙寅歲星入張　又按志七月癸亥熒惑入輿鬼　又按志三月乙巳熒惑犯歲星　又按志八月辛卯老人星見　又按志二月甲辰客星出太微垣端門東近屏星北行　又按志三月丙寅有星晝出西南當未地青白色尾跡二丈餘沒於東北有光明七月辛巳有星如稱權沒於婁八月壬寅有星出紫微鉤陳東赤黃色向北速行近北極沒　按溫仲舒傳仲舒拜工部郎中樞密直學士知三班院秋彗星見名對便殿仲舒以爲國家平太原以來燕代之交城守年深殺傷剽掠彼此迭見大河以北農桑廢業戸口減耗凋弊之餘極力奉邊丁壯備徭老弱供賦遺廬壞堵不亡卽死邪入婿上猶云樂輸加以兵卒踐更行者辛苦居者怨曠願推恩宥以綏民庶太宗嘉納之遂赦河北

太平興國九年星變

按宋史太宗本紀不載　按天文志九年正月庚申

月掩五車東南星甲戌入南斗魁二月壬辰犯七星丁巳犯五諸侯丙午犯輿鬼五月甲寅掩星第三星六月壬寅犯昴七月甲子又犯癸酉犯五諸侯第三星九月丁未犯南斗魁甲子犯昴己巳入輿鬼掩積尸十二月丙戌掩昴

雍熙元年星變

按宋史太宗本紀不載　按天文志雍熙元年正月辛巳歲星犯靈臺第一星　又按志七月乙卯熒惑入東井十二月辛巳逆犯軒轅第二星　又按志二月壬辰太白犯昴八月壬寅犯軒轅第一星十一月戊戌入氐戊午又犯心前星己未又犯大星　又按志十月丁酉有星出昴赤色東南蛇行二丈餘沒

雍熙二年星變

按宋史太宗本紀二年閏九月癸未太白入南斗

按天文志正月庚午月入南斗魁二月丙戌犯輿鬼西北星三月戊申犯昴四月乙丑掩心後星五月丙辰犯房第二星閏九月丁亥掩昴十月辛酉犯軒轅掩御女　又按志閏九月癸未太白入南斗魁　又按志七月丙戌熒惑與歲星合於軫　又按志正月壬戌有星出東井其大倍於金星入輿鬼沒

雍熙三年星變

按宋史太宗本紀不載　按天文志三年七月癸巳熒惑入輿鬼九月乙亥犯軒轅御女星　又按志八月己酉老人星見

雍熙四年星變

按宋史太宗本紀不載　按天文志四年十月癸卯太白犯進賢　又按志十二月丁巳太白與塡星歲星合於南斗魁　又按志八月辛亥老人星見　又按志六月庚戌酉初有星出西北色青白入濁當戌地有聲如雷八月乙亥有星出天關東色赤黃尾貫月

端拱元年星變

按宋史太宗本紀端拱元年八月乙卯壽星見丙地

按天文志二月戊申月犯塡星辛亥犯歲星六月丁卯掩塡星　又按志八月壬戌月掩建第一星甲戌掩建星十二月乙亥犯房　又按志六月己丑熒惑入輿鬼犯積尸八月戊午又犯軒轅大星九月甲申犯靈臺壬辰犯太微上將乙巳犯右執法十月癸亥又犯左執法十一月甲申犯進賢　又按志閏五月庚寅塡星退行犯建星相去五寸許　又按志十月辛巳太白犯哭星癸未犯天壘　又按志八月乙卯老人星見　又按志四月辛亥有星出天津赤黃色蛇行有聲明燭地犯天津東北閏五月辛亥丑時有星出奎如半月北行而沒乙卯有星出紫微鉤陳西色青尾跡短赤光照地北行而沒九月癸丑有星出西南如太白有尾跡至中天旁出一小星行丈餘又出一小星相隨至五車沒

端拱二年星變

按宋史太宗本紀二年七月戊子有彗出東井上避正殿減常膳八月丙辰大赦是夕彗不見冬十月以歲旱彗星謫見詔曰朕以身爲犧牲焚於烈火亦未足以荅謝天譴當與卿等審刑政之闕失稼穡之艱難恤物安人以祈元佑　按天文志四月辛酉月犯角左星　又按志二月辛未熒惑退行犯亢六月壬申犯氐東南星八月丙寅犯天江十一月庚辰犯哭星十二月己巳犯房又犯鉤鈐　又按志五月己亥太白犯畢右股第一星六月乙卯犯天關七月壬申犯輿鬼東南星八月壬子犯軒轅大星九月庚辰犯左執法　又按志正月丁亥辰星犯歲星於須女十一月壬辰熒惑犯歲星　又按志九月乙巳塡星與熒惑合於危　又按志八月己亥老人星見　又按志七月戊子彗星又出東井積水西青白色光芒漸長辰見東北旬日夕見西北歷右攝提凡三十日至亢沒　又按志七月丁亥客星出北河星西北稍暗微有芒彗指西南　又按志四月辛亥戌時有星出東南色白墜於氐房間壬申有星出漸臺血色赤東南急行掩左旗過河鼓沒

按玉海端拱二年趙普爲相因星變言司天詔訣請詰其情

淳化元年星變

按宋史太宗本紀淳化元年六月庚午太白晝見秋七月丁丑太白復見九月辛巳熒惑入太微垣十月乙巳熒惑陵左執法十一月戊戌太白晝見　按天文志四月丙辰月犯角大星七月甲午犯畢丙辰掩畢左股第二星九月辛巳犯牽牛十一月乙未犯角大星　又按志八月戊申熒惑犯軒轅大星壬申犯靈臺九月庚辰犯太微上將壬辰犯右執法癸巳又犯左執法　又按志六月庚申太白犯太微垣入端門　又按志六月庚午七月丁丑十一月戊戌太白皆晝見　又按志十一月丙申月與熒惑合　又按志八月丁卯老人星見　又按志正月辛巳客星出

軫宿逆至張七十日經四十度乃不見　又按志九月辛巳有星出羽林色青南行光奪月十二月壬午流星出天關南行歷東井郎位攝提至大角東北墜於地光芒四照聲如隤牆

淳化二年星變

按宋史太宗本紀不載　按天文志二年六月己丑月犯歲星　又按志四月庚辰月犯氐東南星六月乙亥入氐十二月乙亥犯畢丙戌入氐　又按志正月丙戌熒惑犯房第一星四月丁亥犯天江　又按志三月癸丑太白犯歲星於婁　又按志正月癸丑填星與太白合於須女　又按志三月癸丑太白與歲星合於婁太白在南　又按志八月辛未老人星見　又按志正月丙申有星出水府西色赤黃經參旗分爲三星相從至天苑東沒光燭地七月癸酉有星出雲雨側色青白緩行三尺餘沒

淳化三年星變

按宋史太宗本紀不載　按天文志三年三月癸亥月與太白合九月戊午掩熒惑十二月甲申與熒惑合　又按志十一月癸卯月入畢掩大星乙卯入氐　又按志十月乙巳熒惑犯左執法十一月己亥熒惑入氐　又按志九月辛丑太白犯右執法癸卯犯太微端門十月壬午入氐　又按志正月丙辰太白與熒惑合于婁歲星在胃　又按志八月戊寅老人星見　又按志三月己酉未時西北方有星西北速行色青白有尾跡四月己卯有星出文昌西南速行至柳分爲二星而沒六月己丑有星出天市垣屠肆東色青白西北慢行丈餘分爲三星從而沒

淳化四年星變

按宋史太宗本紀不載　按天文志四年十月癸未月與辰星合　又按志九月癸巳月掩牽牛閏十月丁未月入太微端門　又按志四月戊辰熒惑入羽林丙子犯氐　又按志十月乙丑太白犯南斗魁第二星　又按志九月己卯老人星見　又按志五月乙未平明有星東南出南斗色青白西北行而沒

淳化五年星變

按宋史太宗本紀不載　按天文志五年二月己亥月犯歲星　又按志正月丙寅月犯軒轅大星五月丁未入畢十月庚子凌軒轅大星丙午入氐犯東北星　又按志三月甲戌熒惑犯東井西垣第一星十月己未入氐十一月癸丑犯房第一星　又按志六月丙午太白歲星相犯於柳十一月丙子太白犯辰星於虛　又按志六月丙午歲星與太白合於柳　又按志八月乙丑老人星見　又按志八月己酉常星未見有星出東方色青白東北慢行至濁沒大約出奎婁間九月庚午有星出昴北緩行過卷舌至礪石沒

至道元年星變

按宋史太宗本紀不載　按天文志至道元年三月乙卯月犯歲星　又按志六月辛巳月入太微十一月乙卯犯畢大星甲子入太微　又按志十一月庚戌歲星犯右執法　又按志三月癸巳太白凌東井第一星五月壬戌太白犯軒轅大星相去一尺許十一月庚戌入氐　又按志五月戊午熒惑犯填星於奎　又按志五月庚戌歲星與太白太陰同度不相犯　又按志五月乙卯填星與熒惑合於東壁　又按志五月丙辰太白與歲星合於七星不相犯　又按志八月己亥老人星見　又按志四月乙巳常星未見有星出心北色青赤急行而墜七月癸丑有星出危色青白入羽林沒

至道二年星變

按宋史太宗本紀不載　按天文志二年正月丁卯熒惑守昴三月守東井閏七月丁亥犯畢北小星十月己未入太微甲子入氐十一月丁亥又入太微　又按志閏七月己亥老人星見　又按志五月辛丑有星出紫微北尾跡丈餘如彗而有聲墜於壁室間五月己未日未及地五尺間有星出中天色赤黃有尾跡東行速行二丈餘沒六月己卯有星出牽牛西歷狗國光芒丈餘墜東南及地無聲又有星出翼貫天廟墜於稷星東光燭地九月丁酉平明有星出北方東行二丈餘分爲三星從而沒

至道三年星變

按宋史眞宗本紀三年即位八月戊申太白犯太微戊午熒惑入東井九月丁丑二星隕西南　按天文志八月戊申月犯填星十二月癸丑犯歲星　又按志九月癸未月入軒轅　又按志十月丁巳歲星入氐　又按志五月庚午熒惑入太微端門八月庚子掩南斗魁己未入東井　又按志八月戊申太白犯太微上將　又按志八月辛丑老人星見　又按志九月丁丑有星二隕於西南一出南斗一出牽牛有光三丈許

眞宗咸平元年星變

按宋史眞宗本紀咸平元年春正月甲申彗出營室北二月癸巳呂端等言彗出之應當在齊魯分帝曰朕以天下爲憂豈直一方耶甲午詔求直言避殿減膳乙未慮囚老幼疾病流以下聽贖杖以下釋之丁酉彗滅　按天文志三月乙丑月犯熒惑五月己巳掩歲星七月甲子又犯十二月甲午犯塡星　又按志六月壬辰月入太微　又按志三月乙酉歲星退行入氐七月庚戌入亢　又按志四月癸巳熒惑入輿鬼　又按志七月癸酉太白犯角左星八月犯軒轅九月癸亥犯南斗魁庚辰犯太微次將十一月癸酉又入軒轅乙亥入太微　又按志二月甲寅太白犯塡星　又按志八月癸丑老人星見　又按志正月甲申彗星又出營室北光芒尺餘至丁酉凡十四日滅

咸平二年星變

按宋史眞宗本紀不載　按天文志二年二月戊子月犯太白十一月乙未犯熒惑　又按志八月戊午月入南斗魁九月癸巳犯右執法辛巳犯軒轅十月癸亥犯昴庚午入太微屏星　又按志十一月戊申熒惑退行犯輿鬼　又按志七月辛巳塡星犯畢　又按志正月己卯太白入南斗魁四月己未入太微犯次將守屏星甲子又入六月丁丑入東井　又按志八月癸亥老人星見

咸平三年星變

按宋史眞宗本紀三年六月己未太白晝見　按天文志二月壬子月犯太白九月辛丑又犯　又按志二月乙丑月犯心中星五月壬午犯右執法戊子犯心中星丙申犯太微上相六月丁未與熒惑犯右執法辛未入畢九月庚子入太微十月己巳犯角右星十二月丙寅掩心　又按志二月癸酉熒惑犯輿鬼四月辛酉犯軒轅大星六月丁未犯右執法　又按志二月甲寅太白犯昴八月己未犯軒轅大星九月壬午犯右執法　又按志六月己未太白晝見經天　又按志四月癸亥辰星掩太白　又按志八月丁卯老人星見

咸平四年星變

按宋史眞宗本紀四年十二月丙寅太白晝見南斗　按天文志十月辛酉月掩熒惑十一月己丑又犯　又按志正月戊子月犯太微上將丁酉犯南斗魁四月丁未又犯六月癸丑掩房次相八月乙巳犯心後星丙寅犯軒轅大星九月乙亥犯南斗魁丁酉犯角大星十月乙丑犯五車十一月乙未犯心後星十二月庚戌犯五車己未犯角壬戌犯心前星　又按志八月甲子熒惑犯輿鬼十月庚子犯軒轅十一月庚寅犯太微上將　又按志六月丙申塡星犯東井十月辛丑犯井鉞己未犯東井　又按志九月乙亥太白犯房心十月丙午入南斗閏十二月丙戌犯角大星己酉犯房辛卯犯箕壬辰犯南斗魁　又按志十二月丙寅太白晝見在南斗　又按志八月甲子老人星見

咸平五年星變

按宋史眞宗本紀不載　按天文志五年二月癸巳月犯歲星　又按志四月庚辰月犯心後星五月戊申犯南斗魁七月壬寅掩箕甲寅犯昴八月庚午犯南斗魁辛丑掩昴丙戌犯五諸侯九月丙辰犯軒轅大星十月壬午犯軒轅小星甲申犯右執法十二月甲申掩心前星　又按志四月庚辰熒惑犯太微上將甲申犯太微西垣壬辰犯右執法七月丁巳犯氐八月丙子犯房　又按志三月戊戌塡星犯鉞　又按志正月丁巳太白犯心後星二月庚申掩昴壬申掩五車

咸平六年星變

按宋史眞宗本紀六年五月甲午太白晝見八月庚午太白晝見十一月甲寅有星孛於井鬼　按天文志十一月癸卯月犯塡星十二月庚子又犯　又按志正月戊戌月犯昴辛亥犯房上將次將心小星三月丁未犯心後星五月丙午犯軒轅大星七月甲寅犯五諸侯東南星八月甲申犯軒轅大星九月癸卯犯昴己巳犯五車十月庚申犯南斗魁丙子犯輿鬼十一月戊戌犯畢　又按志七月壬寅熒惑犯輿鬼八月庚申犯軒轅大星九月戊申犯靈臺十月己未入太微犯上將十一月庚寅犯左執法壬辰犯進賢甲辰犯太微上相十二月甲子又犯進賢　又按志九月戊戌塡星守輿鬼　又按志四月庚辰太白犯輿鬼五月乙巳犯軒轅九月戊申犯左執法十一月癸巳入氐　又按志五月甲午八月庚午太白皆晝見　又按志正月庚戌太白犯塡星　又按志八月丙子老人星見　又按志十一月辛亥旄頭犯輿鬼甲寅有彗孛於井鬼大如杯色青白光芒四尺餘歷五諸侯及五車入參凡三十餘日沒　又按志五月乙未有星出王良西又出北極稍東北至垣外沒有

聲如雷六月庚午有星晝出東北方色黃白有尾跡七月壬辰有星出昴尾跡丈餘色白隱隱有聲至狼星沒十一月癸丑有星出畢至屏星北沒尾跡蛇行屈曲三丈餘久方沒十二月乙酉威勝軍有星歷城西北尾跡長數里光照地落著帳有聲如雷者三

景德元年星變

按宋史眞宗本紀景德元年十一月辛亥太白晝見

按天文志八月壬申月犯塡星　又按志三月庚戌月犯輿鬼四月辛未入南斗魁五月乙丑入太微端門犯屏星六月甲子掩心後星丙子掩昴戊寅犯五車東南星九月戊子犯南斗魁十二月辛丑犯房

又按志三月丙申熒惑犯太微上將戊戌犯次相己酉犯執法七月乙丑犯氐閏九月庚戌犯南斗

又按志閏九月丙寅太白犯南斗十月丙寅犯哭

又按志十一月辛亥太白晝見　又按志八月癸酉老人星見　又按志六月戊午有星晝出西南方赤黃有尾跡速流丈餘沒十月戊申天雄軍有星出北方隕於西北光丈餘十二月庚辰有星出文昌慢行西北分爲數星至紫微垣東北沒戊子有星出昴至參旗迸爲數星沒

景德二年星變

按宋史眞宗本紀二年八月辛丑有星孛於紫微

按天文志五月辛卯月犯塡星十二月癸未月犯歲星　又按志正月乙卯月犯昴七月甲寅掩心中星庚午犯東井北轅十一月庚申犯輿鬼辛未犯心前星　又按志八月壬子歲星入太微十二月壬辰犯天罇　又按志八月丁丑熒惑犯軒轅大星甲戌犯左執法十二月乙酉犯氐　又按志十月丙子塡星守軒轅　又按志五月己未太白掩心前星六月己丑犯南斗七月甲寅犯輿鬼積尸八月己丑犯太微上相　又按志四月甲辰太白晝見　又按志六月己亥太白犯歲星　又按志八月庚辰老人星見

又按志八月甲辰客星出紫微天棓側孛孛然如粉絮稍入垣內歷御女華蓋凡十一日沒　又按志正月丙子日未沒有星速流西南二月己亥有星出太微上將光燭地四月癸卯有星北流入天倉尾跡丈餘十月戊寅有星出太微垣內屏北至翼分爲三星隨而沒尾跡青白色十一月壬子有星晝出南聲如雷光燭地

景德三年星變

按宋史眞宗本紀三年三月乙巳客星出東南五月壬寅周伯星見七月乙巳太白晝見十一月壬寅周伯星再見十二月癸酉太白晝見　按天文志二月己卯月犯昴十一月己酉又犯　又按志十月戊寅歲星犯軒轅大星　又按志正月己巳熒惑犯房上相庚午犯次相二月甲戌犯鉤鈐丙寅犯房次相三月丁未守心乙丑犯鉤鈐丙寅又退行犯房次相七月丁酉犯天江　又按志十一月甲子太白犯西咸

又按志五月癸亥塡星犯軒轅九月戊辰犯靈臺

又按志七月乙巳太白晝見庚申又見十二月癸酉又見　又按志七月戊辰辰星犯歲星己酉太白犯歲星　又按志七月己酉辰星與歲星太白合於柳　又按志八月庚寅老人星見　又按志四月戊寅周伯星見出氐南騎官西一度狀如半月有芒角煌煌然可以鑒物歷庫樓東八月隨天輪入濁十一月復見在氐自是常以十一月辰見東方八月西南入濁　又按志三月乙巳客星出東南方　又按志五月乙卯有星出天津東北紫微垣北分爲四星隨而沒赤黃有尾跡六月乙亥有星出雲雨星北至羽林天軍南迸爲三星沒丁酉有星出胃北入天囷迸爲數星光燭地七月庚申有星出靈臺有炬彗聲如雷至南濁沒赤光燭地十一月辛丑有星出中台東北速流有聲光燭地　按周克明傳克明開寶中遷春官正景德初名試中書賜同進士出身三年有大星出氐西衆莫能辨或言國皇妖星爲兵內之兆克明時使嶺表及還亟請對言臣按天文錄荊州占其星名曰周伯其色黃其光煌煌然所見之國大昌是德星也臣在塗聞中外之人頗惑其事願許文武稱慶以安天下心上嘉之卽從其請拜太子洗馬殿中丞皆兼翰林天文又權判監事　按張知白傳周伯星見司天以瑞奏羣臣伏閤稱賀知白以爲人君當修德應天而星之見伏無所繫因陳治道之要帝謂宰臣曰知白可謂乃心朝廷矣

按玉壺清話景德三年有巨星見於天氐之西光芒如金圓無有識者春官正周克明言按天籙荊州占其星周伯語曰其色黃金其光煌煌所見之國太平而昌又按元命苞此星一曰德星不時而出時方朝野多歡六合平定鑾輿澶淵凱旋萬域賦斂無橫宜此星之見也克明本進士獻文於朝名試中書賜上及第

景德四年星變

按宋史眞宗本紀四年六月丁未司天監言五星聚而伏於鶉火　按天文志六月壬午月掩南斗戊午犯天關七月庚午掩氐辛未犯房次相八月甲寅犯東井九月己巳犯建星十二月丙戌犯氐　又按志閏五月己巳歲星犯軒轅大星九月乙亥入太微　又按志八月丙申熒惑與歲星犯太微上將己酉犯右執法十一月丙寅犯氐丙戌犯西咸　又按志八月辛亥塡星入太微右掖乙卯又入太微　又按志九月戊子辰星見東方在亢　又按志七月癸巳熒惑犯歲星八月乙未熒惑又犯歲星　又按志九月戊子歲星與塡星合於翼　又按志七月五星當聚鶉火而近太陽同時伏　又按志二月己卯八月甲午老人星俱見　又按志三月庚申有星晝出南方六月丙辰有星出北方慢流至八穀迸爲數星沒光燭地己未有星出天市分爲三星至尾沒七月辛卯有星出敗瓜南慢流歷河鼓入天市至宗人東北迸爲二星沒色赤黃有尾跡十二月癸巳有星出弧矢赤黃色尾跡丈餘光燭地速流入濁

大中祥符元年星變

按宋史眞宗本紀大中祥符元年秋七月庚申太白晝見冬十月五星順行同色　按天文志六月壬寅月犯建星八月丁未犯畢戊申犯天門己酉掩東井九月癸亥掩南斗杓十一月甲午犯牽牛十二月丁酉犯畢丙午掩角左星己酉犯房上相　又按志正月甲子歲星犯右執法四月丁未入太微七月己未又在太微　又按志九月戊辰熒惑犯壁壘陣　又按志七月丁卯太白犯水位庚辰犯輿鬼丁亥犯權八月辛丑犯軒轅大星丁未犯軒轅少民　又按志七月庚申太白晝見　又按志九月壬申太白犯塡星　又按志九月乙酉太白與歲星合於角亢　又按志正月丁亥八月丙申老人星俱見　又按志二月戊申有星十餘急流入濁色赤黃有尾跡五月辛未有星如太白出天市垣宗人東南尾跡丈餘闊三寸向北慢流至女牀西分爲數星沒六月戊申有星出北斗魁內赤黃有尾跡稍北速行迸爲數星沒八月己丑有星晝出中天如太白有尾跡急流東南近日沒九月乙丑有星出天倉急流東南星體散落

大中祥符二年星變

按宋史眞宗本紀不載　按天文志二年十一月丙子月犯歲星　又按志八月丁亥月在氐戊子犯房乙巳在東井九月壬申又入東井乙亥犯軒轅十月丙戌犯建星丁酉犯畢十一月丁卯入東井丙子入氐　又按志十月庚戌歲星入氐　又按志十一月乙卯熒惑犯氐十二月庚寅犯東井　又按志正月辛巳塡星入太微十月癸巳犯進賢十一月乙卯犯平道　又按志八月壬寅太白入氐九月戊午在心戊辰犯天江　又按志十一月癸亥熒惑犯歲星　又按志二月壬辰八月乙巳老人星俱見　又按志三月己未有星出天津南至離珠沒尾跡五丈餘照地明四月丙申有星出八穀有尾跡速流而西至五車東迸爲數星沒五月乙亥有星晝出東方如太白尾跡赤黃流至日北沒八月丙申有星出北斗杓西南急行至郎將西分爲數點九月乙丑有星出南河如桃色赤至中台沒

大中祥符三年星變

按宋史眞宗本紀不載　按天文志三年十月丙辰月犯熒惑　又按志正月壬戌月入東井丁卯在執法南庚午犯氐距星丙子犯牽牛二月丁亥犯畢閏二月辛未犯牽牛三月庚辰入太微端門甲申犯東井四月甲寅在軒轅西南五月丁亥在氐西北七月戊戌犯畢大星八月己丑犯畢戊辰犯東井十月庚申犯畢乙丑在軒轅西南戊辰犯左執法庚午入亢距星十一月丙申犯進賢十二月丁巳犯東井　又按志四月庚申歲星退行入氐丙子守氐　又按志四月辛卯熒惑犯右執法　又按志三月辛卯塡星犯進賢五月癸卯又犯十一月戊寅犯亢　又按志正月戊辰太白犯牽牛　又按志二月辛巳八月己酉老人星俱見　又按志三月丁未有星出天市宗人東北尾跡二丈至左旗迸爲數星沒光燭地五月丁亥有星出北斗魁如桃色青白尾跡二丈餘六月丁巳有星出文昌至上台沒乙卯有星出傳舍如桃色赤黃至紫微沒壬申有星出建星入南斗沒赤黃有尾跡七月庚辰有星出宗人西北流入濁光照地八月丁未有星出貫索至帝席沒尾跡光明壬戌有星出文昌至北極沒尾跡丈餘九月庚辰有星出軒轅左入太微垣沒十月庚戌有星出東方赤黃無尾跡分爲數星稍南沒

大中祥符四年星變

按宋史眞宗本紀四年六月丙午太白晝見八月乙巳太白晝見　按天文志正月丁丑月犯太白二月壬辰月犯塡星八月丙寅月犯太白　又按志正月

壬午月犯畢三月乙酉入太微五月癸未在氐戊子犯牽牛六月庚戌入氐戊辰在東井七月戊寅犯西咸癸未犯牽牛癸巳掩畢大星八月乙巳在氐己酉犯建庚戌犯牽牛十月乙卯犯畢辛酉犯軒轅御女十一月乙酉犯東井十二月戊午入太微掩左執法己未在進賢西南辛卯入氐　又按志六月己巳歲星犯天江　又按志三月庚寅熒惑犯東井五月乙亥入輿鬼　又按志十二月壬寅塡星入氐　又按志四月甲子太白犯輿鬼五月戊子犯軒轅大星丙申犯軒轅少民九月己丑犯右執法乙未犯左執法十月戊申在進賢西南十一月丁亥犯房上相十二月壬戌犯建星　又按志六月己巳辰星犯軒轅大星　又按志六月丙午八月乙巳太白皆晝見　又按志十一月庚午太白犯塡星辛未辰星犯塡星　又按志正月戊寅八月丙寅老人星俱見　又按志正月丁丑客星見南斗魁前　又按志二月辛亥有星出東方尾跡赤黃二丈餘四月乙丑有星出柳色赤黃至翼沒五月戊子有星出東方赤黃色六月壬戌有星出東觜北流入濁七月壬申有星出紫微宮速流至天皇沒戊寅有星自內階流經文昌至上台迸爲數星隨而沒十月戊午有星出東北入濁又星出七星南至天稷沒尾跡丈餘

大中祥符五年星變

按宋史眞宗本紀不載　按天文志五年三月癸未月犯塡星六月乙巳又犯　又按志二月戊申月入東井壬子入太微癸丑犯執法三月庚辰入太微犯屏星五月甲戌犯太微上將壬午犯建癸未犯右執法六月壬寅又犯丙午入氐七月丁丑犯建星戊寅犯牽牛八月己酉犯建星乙卯犯畢九月乙酉入東井十月庚子犯牽牛庚戌犯畢戊午入太微閏十月丁丑犯畢丙戌入太微端門十一月丁未入東井丁巳入氐十二月庚辰入太微　又按志三月丁丑歲星犯牽牛　又按志七月辛卯熒惑犯畢閏十月丁卯在諸王北　又按志正月甲戌塡星守氐九月戊辰入氐十月己巳又入　又按志十月戊申太白犯箕十一月甲申犯壁壘陣　又按志正月壬午熒惑犯歲星　又按志二月戊申有星出貫索經庫樓迸爲數星沒八月戊午有星大小二十餘皆有尾跡北流又一星光燭地出紫微垣外尾丈餘闊三寸許東北流至傳舍沒庚申星出天耗北尾跡十丈餘明燭地至文昌沒

大中祥符六年星變

按宋史眞宗本紀六年夏四月壬午太白晝見　按天文志正月丙子月犯塡星二月丙戌犯歲星四月辛巳又犯七月癸卯又犯十月甲申犯太白　又按志正月壬寅月入東井二月己巳又入癸酉犯軒轅大星乙亥入太微三月壬寅又入四月甲子在東井戊辰犯軒轅大星庚午入太微犯右執法甲戌入氐五月丁未入太微甲辰昏度犯南斗七月己亥犯牽牛庚戌犯畢癸丑掩東井八月丙戌入太微端門九月丁未犯東井甲寅入太微十月辛未入畢庚申入太微乙酉入氐十一月己亥犯畢壬寅入東井甲辰犯輿鬼辛亥入氐十二月己巳犯東井　又按志四月乙丑歲星犯壁壘陣　又按志正月己亥熒惑犯畢丁巳犯司怪二月甲戌掩犯東井三月己未犯輿鬼五月辛丑犯軒轅大星　又按志六年四月癸未塡星入氐十二月丙戌犯東井　又按志正月丁酉太白犯右更五月戊午犯天關六月乙丑犯罰星辛未犯東井己卯犯天罇七月乙未犯輿鬼甲寅犯軒轅大星八月犯建丁丑掩畢又犯右執法　又按志十月壬戌辰星入氐　又按志六年四月壬午太白晝見　又按志乙巳有星晝出南方赤光迸遙照地明十一月丁巳有星出太微郎位東色赤黃有尾跡至軫北迸爲數星沒十二月癸亥有星出西南色青白入東北沒

大中祥符七年星變

按宋史眞宗本紀七年春正月太史言含譽星見七月癸卯太白晝見九月丙戌含譽星再見　按天文志十二月丁丑月犯塡星　又按志二月甲子月入東井三月庚寅犯天關丁酉入太微四月己巳入氐六月庚申入太微甲子入氐丁卯犯南斗杓庚辰入東井七月丁未九月壬寅又入十一月癸卯入太微癸亥掩天關　又按志七月己酉熒惑犯井鉞又犯東井八月己卯犯天罇　又按志三月丁未塡星犯罰五月乙酉塡星犯鍵閉丙戌犯輿鬼六月辛酉犯房上將　又按志四月甲子太白犯東井六月甲子犯太微上將辛未犯執法七月丁酉犯角南星十一月戊子入氐　又按志七月癸卯太白晝見　又按志三月乙巳熒惑犯歲星　又按志正月癸丑八月己巳老人星俱見　又按志正月己酉含譽星見其年九月丙戌又見似彗有尾而不長　又按志三月

丙戌有星出南河大如杯至玉井沒四月辛酉星出鉤陳尾跡赤黃七月丁未有星晝出東南方色黃急流而北九月辛亥有星出軍市至柳迸爲三星沒十一月癸未有星晝出日西南尾跡二丈餘闊三寸許青白色西流而沒己丑有星出南河至弧矢沒光燭地

大中祥符八年星變

按宋史眞宗本紀八年五月庚寅熒惑犯軒轅　按天文志三月己亥月犯塡星四月丙辰掩熒惑八月癸未犯鎭星　又按志正月己丑月犯畢二月己未掩東井乙丑入太微三月乙酉掩天關又入太微閏六月壬寅掩東井七月乙卯犯罰星壬申犯輿鬼八月辛巳入氐壬午犯鉞癸卯入太微十月壬辰入東井辛丑入氐十二月丁酉又入戊戌犯房上相　又按志二月乙亥熒惑犯五諸侯三月辛丑犯輿鬼四月癸丑掩井鉞五月丁亥入太微庚寅犯軒轅大星辛丑犯太微上將丙子犯右執法　又按志七月癸酉老人星見　又按志二月丁卯有星出郎將北迸爲三星四月癸丑有星出亢西至右攝提迸爲數星隨而沒五月乙酉有星青白色出人星至騰蛇沒光燭地丙申有星西南流迸爲數星沒明照地八月己亥有星出參南流入濁

大中祥符九年星變

按宋史眞宗本紀九年夏四月庚辰周伯星見五月庚午太白晝見　按天文志五月己巳月犯歲星十月戊戌犯太白十二月丙戌犯熒惑　又按志正月甲寅月在東井庚申犯太微右執法二月戊子在太微三月甲寅又入四月丙子在東井戊寅犯輿鬼癸未入太微己丑掩天江第二星五月甲寅在氐七月乙丑掩東井八月丙申犯軒轅第五星戊戌犯太微屏星九月丁未犯南斗十月戊子犯五諸侯壬辰犯太微十一月甲子在氐丁卯犯天江十二月丁亥入太微　又按志五月辛未歲星失度　又按志七月丁巳熒惑犯天罇八月丙戌犯輿鬼己丑犯積尸十月丁丑犯軒轅大星十二月丁酉又犯軒轅　又按志二月己卯太白犯昴甲辰犯五車八月癸未犯軒轅大星己丑犯軒轅東南丙申在靈臺南相去一尺九月丙午犯右執法壬子犯左執法　又按志五月庚午太白晝見　又按志六月甲戌熒惑犯歲星　又按志正月甲寅八月壬午老人星俱見　又按志四月庚子有星晝出赤黃色急流西北沒

天禧元年星變

按宋史眞宗本紀不載　按天文志天禧元年正月戊申月犯歲星　又按志三月丙午月犯輿鬼戊午犯南斗杓四月丁丑入太微辛巳入氐五月甲辰犯太微六月丙子入氐七月庚子入太微犯上相九月庚申入太微十月甲申犯輿鬼戊子入太微端門十一月丙辰入太微上相十二月壬午犯右執法　又按志五月戊戌熒惑犯靈臺己酉熒惑掩太微上相丁酉犯右執法六月丙子犯左執法　又按志二月癸酉塡星犯建星　又按志七月戊戌太白犯右執法八月甲午犯房次相十月己巳入南斗　又按志四月壬辰太白犯歲星　又按志八月癸巳老人星見　又按志四月己巳有星出軫至器府北沒光照地六月有星出河鼓速流至天田迸爲數星沒十二月癸巳有星出東北尾跡赤黃急流西南沒

天禧二年星變

按宋史眞宗本紀二年六月辛亥彗出北斗魁秋七月壬申以星變赦天下流以下罪減等左降官羈管十年以上者放還京師京朝官丁憂七年未改秩者以聞丁亥彗沒　按天文志正月甲寅月入氐戊午犯南斗距星二月丁丑犯太微屏星三月乙巳入太微六月壬辰入太微西垣己亥犯房八月乙卯入太微九月癸未入太微犯屏星十月庚戌入太微　又按志五月庚寅熒惑入東井七月癸酉犯輿鬼九月辛巳犯靈臺十月壬辰犯太微上將十一月丙寅犯左執法甲申又犯太微上將十二月壬辰又犯乙巳入太微己酉犯氐　又按志正月丁巳八月辛卯太白俱晝見　又按志六月戊午太白犯歲星七月癸酉辰星犯太白　又按志八月癸丑歲星與熒惑合於張　又按志正月丁巳八月辛卯老人星俱見　又按志八月乙卯有星二有尾跡赤黃一出五車一出狼北入濁戊午有星出酒旗至明堂沒光燭地九月戊子有星出西南至天園沒十一月辛酉有星出南河色赤黃至柳沒

天禧三年星變

按宋史眞宗本紀三年八月辛卯太白晝見　按天文志四月乙未月犯熒惑五月癸亥又犯九月己卯犯歲星　又按志五月壬戌月入太微八月壬辰入南斗魁癸卯犯昴九月己卯入太微十月癸卯犯軒轅次星乙巳犯右執法丙午犯角大星十一月癸酉

入太微戊寅犯房　又按志九月壬戌歲星入太微丙寅犯右執法十一月己丑犯右執法　又按志三月戊辰熒惑入太微四月己丑又入太微犯右執法　又按志五月丁卯塡星犯牽牛　又按志九月己巳太白犯左執法十月庚寅犯進賢甲辰犯亢十一月乙卯入氐　又按志六月辛卯太白晝見　又按志八月己亥老人星見　又按志六月辛亥彗出北斗魁第二星東北長三尺許與北斗第一星齊北行經天牢拂文昌長三尺餘歷紫微三台軒轅速行而西至七星凡三十七日沒　又按志六月乙巳有星出昴急流至天倉沒十二月壬寅有星出軒轅尾跡黃慢流至太微垣久之有聲如雷

天禧四年星變

按宋史眞宗本紀四年秋七月丁巳太白晝見　按天文志二月乙未月犯歲星三月癸亥又犯七月辛亥犯太白八月庚子犯熒惑　又按志正月庚辰月掩昴二月壬寅犯箕癸卯犯南斗三月癸亥犯右執法乙丑掩角右星戊辰掩心後星庚午入南斗魁四月乙未掩房次將丙申犯天江丁酉犯箕戊戌掩南斗魁五月癸亥掩心後星乙丑入南斗魁六月丁亥犯角南星十一月庚申掩昴丁卯犯軒轅大星辛未掩角距星閏十二月庚申犯輿鬼戊辰犯房辛未犯南斗魁　又按志二月己酉歲星犯右執法三月庚申犯輿鬼積薪又犯哭星五月乙丑七月乙卯犯右執法　又按志九月丁卯熒惑犯靈臺庚午犯五諸侯十月辛巳入太微丁亥犯右執法辛丑犯左執法十一月丙寅掩進賢閏十二月辛未入氐　又按志七月丁巳太白掩房己未犯箕庚申入南斗魁辛未犯昴八月乙酉犯心後星丁亥入南斗魁戊戌犯昴庚子掩五車　又按志七月丁巳太白晝見　又按志八月己亥老人星見　又按志正月丁丑有星出王良明照地至騰蛇沒

天禧五年星變

按宋史眞宗本紀五年六月丙午太白晝見八月壬戌熒惑犯南斗　按天文志五月辛卯月犯塡星九月己卯又犯　又按志正月壬午月掩昴甲申掩五車東南星壬辰犯房上相丙申掩心後星戊戌入南斗魁二月己未入太微端門三月丙午犯太微屏星癸巳犯南斗五月庚子犯五車東南星六月庚午犯五諸侯七月辛巳掩昴八月壬戌犯五車西南星九月戊子犯昴壬辰犯五諸侯乙未掩軒轅大星十月乙卯掩昴丁巳犯五車戊午掩東井　又按志十二月丁未歲星犯房　又按志三月辛卯熒惑退行犯亢六月甲寅入氐壬申犯房七月庚子犯天江八月庚戌掩南斗魁第二星壬戌犯南斗　又按志六月甲寅太白入東井七月戊寅犯輿鬼壬午犯五諸侯箕丙申犯軒轅大星八月壬子犯太微上相戊午犯右執法　又按志六月丙午太白晝見　又按志九月庚子太白犯歲星十月己巳熒惑犯塡星　又按志二月丙午八月乙巳老人星皆出內　又按志四月丙辰客星出軒轅前星西北大如桃速行經軒轅大星入太微垣掩右執法犯次將歷屏星西北凡七十五日入濁沒　又按志四月丙辰有星出軒轅前星大如桃狀若粉絮犯次將入太微垣歷屏星凡七十五日入濁沒己未有星出南方如二升器色青赤北流入濁尾跡二丈許七月辛巳有星出文昌光明燭地十月乙巳有星出天津西

乾興元年星變

按宋史眞宗本紀不載　按天文志乾興元年正月丁丑月犯昴己卯又犯五車東南星辛卯犯房四月丙辰犯南斗魁第二星五月癸未犯南斗七月戊寅又犯辛卯犯東井癸巳犯輿鬼十一月己卯犯五車　又按志正月丁丑歲星犯鍵閉二月庚午犯房　又按志七月甲午熒惑犯軒轅大星九月辛未入太微己丑出太微端門犯左執法十一月庚辰犯亢　又按志五月庚午太白犯鬼及積尸七月己卯犯角　又按志十一月壬辰太白晝見　又按志三月庚寅夜漏未上星出七星曳尾緩行至翼沒五月己巳星出天棓速行入紫微極星西沒癸酉星出張西北入濁壬午星出危赤黃有尾跡速行而東炸烈如迸火隨至羽林軍南沒明燭地己丑星出北河至軒轅沒九月己巳星出羽林流至芻藁沒己丑星出天市垣旁緩行經天過天市垣至營室沒壬辰星出營室行至天倉沒十月丁酉星出右旗如太白西南速行至天弁沒明燭地十一月壬辰常星未見有星出五車南行至奎沒

欽定古今圖書集成曆象彙編庶徵典

第四十七卷目錄

星變部彙考二十一

庶徵典第四十七卷

星變部彙考二十一

宋二

仁宗天聖元年星變

按宋史仁宗本紀不載 按天文志天聖元年正月壬申月犯昴丁亥掩心大星五月丙子掩房六月丙午犯南斗魁閏九月乙巳犯昴 又按志八月歲星犯牛犯天籥 又按志正月丙寅熒惑犯房丁卯犯鉤鈐鍵閉癸酉犯罰二月庚申犯天籥四月戊午犯南斗魁八月癸巳又犯南斗距星閏九月乙巳熒惑犯壁壘陣 又按志正月庚午大白犯建 又按志三月丁丑熒惑犯歲星 又按志二月己亥奇星見 又按志正月丙戌星出北斗魁西至八穀沒三月戊辰星出貫索至五車沒六月戊戌星出天弁至建星沒己丑星出北斗星東北入濁沒庚寅星出五車至五諸侯沒閏九月癸巳星出五車至參沒丙申星出東壁至天倉沒甲辰常星未見星出營室至外屏沒己酉星出翼南行入濁

天聖二年星變

按宋史仁宗本紀二年八月甲申太白入太微垣 按天文志二月丁卯月犯鬼因掩積尸四月辛未掩房南星六月丁卯犯天江戊寅犯昴下三星八月己卯掩軒轅大民星十月庚午犯井鉞辛巳犯氐 又按志十一月戊申熒惑犯房 又按志二月丙戌太白犯五車八月庚午太白犯軒轅東星甲申自右掖門行入太微辛巳犯太微上將九月戊子犯右執法甲午犯左執法 又按志九月戊申太白犯熒惑十一月壬子辰星犯太白 又按志八月丙子奇星見 又按志辛丑星出五車至畢沒六月丁卯晝漏上星出中天赤黃色有尾跡西南緩行入濁辛巳星出牽牛南入濁九月辛卯星出太微沒于右執法

天聖三年星變

按宋史仁宗本紀三年六月壬戌太白晝見冬十月乙卯太白犯南斗十二月戊寅太白晝見 按天文志六月甲子月犯建丙子犯東井七月戊子犯房八月丙子又犯九月丁亥犯建十二月辛酉犯東井 又按志正月丁未月犯熒惑 又按志五月辛卯歲星犯壁壘陣七月乙未又犯 又按志正月辛卯熒惑犯天籥三月庚戌又犯壁壘陣五月辛卯犯羽林六月壬戌又犯壁壘陣七月戊子又犯十一月乙巳犯外屏 又按志六月己卯太白犯太微上將十月乙卯犯南斗 又按志六月壬戌十二月戊寅太白皆晝見 又按志五月癸未太白辰星相犯於井

天聖四年星變

按宋史仁宗本紀不載 按天文志四年正月戊子月犯東井十月己丑犯東井十二月丁亥犯畢距星 又按志正月己亥熒惑犯天陰二月癸酉犯天高八月甲午犯東井九月壬申犯氐十二月戊寅犯天街 又按志十月庚寅填星犯右更 又按志七月壬申奇星又見 又按志正月壬午星出亢東南流入濁丁巳星出靈臺至翼沒丙午星出北斗魁近文昌沒其夜又有星出箕南行入濁四月丙寅星出太微從官側南行入濁五月辛巳星出天市垣市樓側東北流入濁閏五月丙辰星出天船沒於紫微鉤陳側六月乙亥星出土司空東南入濁八月乙未星出天棓近天倉沒九月丁未星出王艮西北入濁十一月丙辰星出東井沒于南河側十二月丁丑星出鉤陳沒于天棓側戊戌星出太微至文昌沒

天聖五年星變

按宋史仁宗本紀五年五月壬寅太白晝見 按天文志七月己未月犯歲星八月丁亥犯熒惑十一月戊申掩歲星 又按志九月癸卯月犯建丁巳犯東井十月壬申犯牽牛中星甲申犯東井辛卯掩角南星壬辰入氐十一月庚申犯氐 又按志九月辛丑太白犯靈臺乙巳犯明堂庚申犯左執法 又按志五月壬寅太白晝見 又按志六月辛卯熒惑犯填星壬辰掩填星 又按志正月壬寅星出天社西南入濁九月癸卯星出天廚北流入濁丁未星出北辰沒于天牀側甲子有星出北河沒于東井

天聖六年星變

按宋史仁宗本紀六年四月甲申旦有星大如斗自北流至西南光燭地有聲如雷庚寅下德音以星變

齋居不視事五日降畿內囚死罪流以下釋之罷諸土木工振河北流民過京師者　按天文志九月己酉月犯填星　又按志正月癸丑月犯角南星二月甲戌犯東井戊子犯牽牛六月壬申又犯氐七月丙辰犯畢己卯犯東井　又按志八月庚午歲星犯鉞十月丙寅又犯　又按志三月甲辰熒惑犯東井　又按志四月甲申夜漏欲盡有星大如斗器自北方至于西南光照地有聲如雷曳尾跡長數丈久之散爲蒼白雲　按鞠詠傳詠爲三司鹽鐵判官天聖六年夏大星晝隕有聲如雷詠條五事上之

天聖七年星變

按宋史仁宗本紀不載　按天文志七年四月庚子月犯氐六月庚戌掩畢九月壬申犯畢距星　又按志八月己亥歲星犯輿鬼九月己未犯積尸　又按志七月壬午熒惑犯井鉞丙戌又犯井距　又按志五月己巳太白犯畢距星　又按志五月辛未太白犯填星在畢宿一度半　又按志二月乙丑星出天乳貫天市入濁

天聖八年星變

按宋史仁宗本紀不載　按天文志八年六月乙巳月犯畢十月甲午掩畢柄第二星　又按志九月丁未歲星犯軒轅　又按志正月己卯熒惑犯東井　又按志四月辛亥太白犯輿鬼　又按志四月壬寅辰星犯鬼尸　又按志六月乙酉太白犯熒惑　又按志二月丁酉星出軒轅大星側如杯速行至器府沒

天聖九年星變

按宋史仁宗本紀不載　按天文志九年八月辛丑月犯軒轅大星九月壬戌犯畢十月戊戌犯右執法十一月甲申掩畢大星丁酉犯氐　又按志九月熒惑犯輿鬼丁巳壬戌犯積尸　又按志十月戊戌歲星犯左執法

明道元年星變

按宋史仁宗本紀明道元年秋七月丁酉太白晝見彌月乃滅　按天文志九月戊子月犯填星　又按志二月丙午月犯畢大星六月壬戌又犯七月壬辰犯東井九月癸巳入太微十月乙卯犯鬼西南星十一月戊子犯謁者　又按志正月辛巳歲星掩左執法五月戊戌犯太微左執法　又按志正月庚子熒惑犯輿鬼東北星二月甲辰掩鬼　又按志二月庚午太白犯五車六月乙丑犯東井八月壬子掩軒轅左角九月丙子犯左執法　又按志七月太白晝見三十日　又按志六月乙巳客星出東北方近濁有芒彗至丁巳凡十三日沒　又按志三月癸巳星出中台貫北河入東井沒炸烈有聲明燭地食頃又有星出天市垣宗人側東流入濁四月乙巳星出貫索大如杯沒於鉤陳側光照地八月癸亥星出天船近鉤陳沒明燭地乙丑星出胃大如杯有尾跡西北緩行逆爲六七小星相隨沒於大陵明燭地丙寅星出營室西南速行至危沒良久又有星出天園至天社沒光燭地九月丙子星出婁沒於雲雨側尾跡久方散食頃又有星出天大將軍近奎沒尾跡久方散明燭地續又星出北辰西北速行至內階沒又有星出天苑沒於天園明燭地

明道二年星變

按宋史仁宗本紀二年二月戊戌含譽星見冬十月癸巳朔太白犯南斗十一月癸亥太白犯南斗　按天文志二月辛丑月入畢口八月己亥入氐九月戊子入太微十二月丁未犯積尸　又按志八月癸卯熒惑犯積尸　又按志七月癸巳填星犯鬼十二月壬子又犯　又按志八月戊午太白犯房十月癸巳犯南斗十一月癸亥又犯　又按志二月戊戌含譽星見東北方其色黃白光芒長二尺許

景祐元年星變

按宋史仁宗本紀景祐元年八月壬戌有星孛於張翼甲子月犯南斗辛未以星變大赦避正殿減常膳　按天文志閏六月丁卯月掩東咸庚辰犯畢八月甲子犯南斗十一月庚戌犯房十二月壬申入太微　又按志正月己巳歲星犯東咸四月丙申犯鉤鈐戊申犯房甲寅掩房上相七月戊子犯房　又按志四月辛亥熒惑犯太微上將五月壬申犯右執法丁亥犯左執法八月戊午犯房丁卯犯東咸甲申犯天江九月丙午犯南斗　又按志正月丁卯填星犯南斗又犯鬼二月戊子又犯　又按志閏六月庚辰太白犯填星十一月甲寅又犯熒惑　又按志八月壬戌夜有星孛於張翼長七尺闊五寸十二日而沒十二月己未夜有星出外屏有芒氣　又按志八月己卯星出東井行至廁星沒尾跡久方散明燭地乙酉星出北斗魁西北速行入紫微東南垣沒又有星出文昌西北速行至紫微鉤陳沒尾跡久方散明燭地九月丁亥星出天津如太白

青色有尾跡沒於危艮久星出五車沒天廩己丑星出東井如太白赤黃色有尾跡向東速行至柳沒光照地其夜星出婁至奎沒明燭地十一月乙卯星出軒轅大星側如太白赤黃向東速行入濁光照地

景祐二年星變

按宋史仁宗本紀二年冬十月庚午熒惑犯左執法　按天文志四月丁巳月掩太白　又按志二月丙寅月入太微四月己未犯鬼六月丙辰入太微九月乙巳又入　又按志五月丁未歲星犯天籥　又按志七月甲午熒惑入鬼九月丁亥犯牽牛甲午犯靈臺己亥入太微十月庚午犯左執法十二月辛亥犯平道戊辰犯太微上相　又按志九月辛巳塡星犯太微上相　又按志三月壬寅太白犯東井四月乙卯犯五諸侯己巳入鬼九月甲午犯右執法十一月甲申入氐　又按志五月丁亥太白犯塡星九月辛巳熒惑犯塡星在張六度　又按志正月己丑奇星又見　又按志八月庚申星出大陵如太白赤黃色東南緩行沒于昴尾跡久方散明燭地九月丙午常星未見星出婺女緩行近南斗沒十一月辛丑星出五車至觜觿沒明燭地

景祐三年星變

按宋史仁宗本紀三年八月乙卯月犯南斗　按天文志六月己卯月犯氐八月乙卯犯南斗　又按志正月壬辰熒惑犯亢三月己亥犯進賢七月甲辰犯房次將九月癸巳犯南斗　又按志十月己卯塡星犯左執法

景祐四年星變

按宋史仁宗本紀四年七月戊申有星數百西南流至壁東大者其光燭地黑氣長丈餘出畢宿下　按天文志六月壬午月犯南斗魁　又按志六月癸酉太白犯東井七月辛丑犯鬼己未犯軒轅大星　又按志七月己未太白犯熒惑九月辛亥熒惑犯塡星在翼十五度　又按志閏四月癸未夜漏未上星出天津大如杯東北行入濁己亥星出上台至軒轅沒五月辛亥星出華蓋至北辰沒六月壬申星出天津入天市垣至宗人沒是夜星出王良如太白青白色有尾跡東南速行至婁沒明燭地己卯星出梗河沒于亢七月戊申有星數百皆西南流其最大者一星至東壁沒光燭地久之不散九月庚子星出南河東南速行近狼星沒青白色有尾跡如太白明燭地己酉星出牽牛如太白青白色西南入濁丁卯星出紫宮沒天棓有尾跡明燭地

寶元元年星變

按宋史仁宗本紀寶元元年八月庚辰熒惑犯南斗

按天文志三月己酉月犯塡星四月庚寅犯歲星

又按志三月戊申月入太微四月丁丑犯角庚辰犯心前星六月乙亥犯心八月辛未犯箕　又按志正月辛丑熒惑犯房三月丙午犯軒轅六月庚午犯心前星七月癸卯犯天江八月辛未犯南斗九月丙申犯天鷄　又按志四月己巳太白犯東井癸巳犯輿鬼七月甲辰犯角南星　又按志正月戊戌星出左攝提如太白赤黃色至天市西垣沒明燭地二月甲午星出河鼓至七公沒三月辛丑星出東井沒參側庚戌星出大角至氐沒辛亥星出北斗魁如太白青白色有尾跡東北速行入濁光照地四月壬申有星出中台如太白青白色有尾跡向北速行入濁明燭地又星出天江如太白有尾跡西南速行至房沒八月壬申星出東井如太白東北速行沒輿鬼明燭地十月壬午星出天津至營室沒己丑星出東井如太白赤黃有尾跡至狼側沒明燭地十一月癸丑星出中台至軒轅沒

寶元二年星變

按宋史仁宗本紀不載　按天文志二年五月癸卯月犯心大星十月壬戌月犯南斗　又按志正月庚申星出翼如太白行至角沒三月癸丑星出右旗赤黃有尾跡向南速行沒於建星明燭地五月庚戌星出房至積卒沒閏十二月甲寅星出文昌如太白有尾跡西北速行至五車沒明燭地

康定元年星變

按宋史仁宗本紀康定元年二月辛卯月太白俱犯昴十一月壬戌有大星流西南聲如雷者三　按天文志四月辛卯月犯軒轅大星七月癸亥犯南斗十一月己巳犯軒轅御女十二月己丑犯昴　又按志六月丁未歲星犯井鉞七月戊午歲星犯東井十月庚子又犯　又按志正月乙酉熒惑犯建星　又按志三月戊寅塡星犯平道　又按志正月乙酉太白犯昴六月丁未犯東井　又按志九月壬申辰星犯塡星　又按志三月戊寅有星出文昌如太白青白色北行入濁四月丁未有星出紫宮東垣上衞側至北辰沒癸丑星出北斗北行入濁六月庚戌星出天弁西北入濁明燭地九月戊寅星出天船東行入五

車沒十月壬辰星出天津速行至紫宮西垣沒壬戌中天有星大如杯赤黃有尾跡西南速行沒於濁光照地良久有聲如雷十一月乙亥星出文昌北行入濁明燭地

慶曆元年星變

按宋史仁宗本紀慶曆元年秋七月丙辰月掩心後星戊午月掩南斗八月庚子月掩歲星　按天文志八月庚子月掩歲星十月丙申月犯填星　又按志正月辛未月犯房次將六月庚子犯昴癸卯犯東井七月丙辰掩心後星戊午掩南斗天相八月庚子犯積尸九月己巳犯軒轅御女　又按志八月庚辰歲星犯鬼丙戌犯積尸十一月癸酉犯輿鬼　又按志八月癸未星出天船如太白東北速行入濁青白色明燭地己亥星出奚仲大如杯色青白西南緩行沒於天津側明燭地辛丑有星經天廩東南緩行入濁乙巳夜漏未上星出營室如太白東行入濁青白色九月己酉星出奎如太白有尾跡西行沒於東壁明燭地丙辰星出畢如太白有尾跡西北速行至王良沒丁卯星出北辰如太白北行入濁明燭地戊辰星出壁壘陣如太白赤黃有尾跡西南入濁明燭地

慶曆二年星變

按宋史仁宗本紀不載　按天文志二年二月甲申月犯輿鬼四月戊子犯房次將　又按志四月乙酉歲星犯輿鬼庚寅犯積尸　又按志二月庚子星出房如太白赤黃有尾跡西南速行入濁沒明燭地三月戊寅星出鉤陳側如太白赤黃有尾跡西行緩行至天棓沒明燭地四月丁丑星出貫索大如醆青白色有尾跡東北慢行至閣道沒明燭地丙申星出貫索如太白赤黃色西北速行沒於中台側明燭地七月壬寅星出河鼓大如杯青白色西速行至牽牛沒明燭地己酉星出婺女如太白青白色有尾跡東南慢行入濁明燭地乙丑星出天津如太白赤黃向西速行至貫索沒尾跡久方散明燭地八月壬寅星出北斗杓如太白青白色西北行沒於濁乙亥夜漏未上星出箕南行入濁又有星出天倉如太白東南入濁沒壬午星出危東南行至濁沒九月辛亥星出天船如太白東行入濁青白色有尾跡庚申星出婁至東壁沒乙丑星出婁至天倉沒丁卯星出五車東北流沒於文昌側閏九月辛未星出羽林軍如太白赤黃色西南行入濁乙亥星出婁西行入濁十二月庚申有星出弧矢南行入濁赤黃有尾跡燭地

慶曆三年星變

按宋史仁宗本紀三年八月甲寅太白晝見十一月五星皆在東方　按天文志七月戊子月犯東井九月癸未月入東井丙戌月犯軒轅右角　又按志九月庚寅歲星犯左執法　又按志五月己卯太白犯軒轅大星九月甲申犯左執法　又按志八月甲寅太白晝見　又按志九月甲申太白犯歲星　又按志十一月壬辰五星皆見東方　又按志二月壬寅星出上台至軒轅沒有尾跡明燭地四月戊申夜漏未上中天星出大角如太白西行至軒轅沒辛亥星出女牀至天市西垣沒丙辰星出牽牛如太白西南緩行至天淵沒七月己卯星出北斗魁西北行入濁甲申星出貫索如太白速行至北斗柄沒甲寅星出閣道如太白東北速行入濁有尾跡明燭地十月戊申星出柳如太白西南速行至弧矢沒尾跡久方散

慶曆四年星變

按宋史仁宗本紀四年秋七月壬午月犯熒惑　按天文志七月壬午月犯熒惑　又按志七月甲申月犯東井八月癸丑十月丙午又犯　又按志二月戊午歲星犯左執法

慶曆五年星變

按宋史仁宗本紀不載　按天文志五年十二月癸酉月犯房上相　又按志二月甲寅熒惑犯東井四月丙午犯鬼尸五月乙酉犯軒轅大星　又按志六月辛酉太白犯東井　又按志五月辛巳星出紫宮鉤陳側北行入濁六月辛酉星出奎如太白西行至天倉沒有尾跡明燭地壬戌星出營室如太白赤黃色東南速行過危至虛沒有尾跡明燭地七月甲午星出建星如太白向南速行至濁沒乙巳星出牽牛如太白南行至濁沒八月甲寅星出八穀東北入濁少頃有星出天將軍如太白西北速行至王良沒有尾跡其色赤黃己卯星出文昌大如醆直北速行入濁有尾跡明燭地壬午星出北河至柳沒十月甲寅星出畢東南速行至天苑沒赤黃有尾跡丙辰星出張東南速行至濁沒丙寅星出天津大如杯東南速行至危沒赤黃有尾跡明燭地

慶曆六年星變

按宋史仁宗本紀六年三月甲午月犯歲星六月丁巳有流星出營室南其光燭地隱然有聲　按天文志三月丙申月犯歲星七月乙酉又犯　又按志七

月壬午月犯左角丁亥犯斗天府九月甲申犯牛十一月己丑犯畢距星辛卯犯東井庚子犯氐距星　又按志七月乙巳熒惑犯東井九月甲午犯輿鬼　又按志七月丙戌太白犯左執法　又按志三月乙未星出大角如太白西南速行至濁沒庚午星出文昌如太白向北速行入濁青白色有尾跡明燭地六月丁巳星出營室大如杯光燭地有聲北行至王良沒七月癸巳星出昴至參沒九月辛巳星出王良如太白東北速行入濁乙巳星出南河如太白東北速行沒於輿鬼側

按遵堯錄慶曆六年帝謂輔臣曰比臣僚有言星變者且國家雖無天異亦當自修警況因謫見者乎夫天之譴告人君使懼而修德亦由人主知臣下之過失示以戒勅使得自新則不陷於咎惡此天心之仁也敢不祗畏奉承之

慶曆七年星變

按宋史仁宗本紀不載　按天文志七年七月己卯月犯氐八月壬戌犯畢大星乙丑犯東井　又按志正月壬寅熒惑犯諸侯三月丁亥犯鬼積尸六月庚申熒惑犯左執法　又按志六月庚申塡星犯建　又按志四月己酉星出營室東北速行入濁戊辰星出郎位如太白至梗河沒有尾跡明燭地六月己巳星出天田赤黃色有尾跡西南緩行至折威沒戊辰星出尾西南速行入濁九月乙亥星出河鼓入天市垣至宗人沒戊寅星出天苑如太白南行至天園沒有尾跡明燭地庚辰星出東井沒於狼丙戌星出北落師門西南緩行至濁沒十二月癸亥星出五車赤黃色西北速行至天船沒

慶曆八年星變

按宋史仁宗本紀不載　按天文志八年二月癸酉月犯畢六月己丑又犯十一月丙午掩畢　又按志八月辛未熒惑犯鬼積尸　又按志閏正月丙寅太白犯昴二月丁酉犯五車東南星六月庚辰犯東井八月庚午犯軒轅大星　又按志正月乙酉星出天厠側西南速行入濁有尾跡明燭地丁酉星出柳直南速行入濁二月乙酉星出文昌青白色東北速行至濁沒四月己巳星出奎如太白東北速行至婁沒五月壬寅星出氐如太白向西南速行入濁沒戊午星出房色赤黃東南入濁六月戊寅星出北落師門西南速行沒於濁己卯星出北斗至郎位沒有尾跡明燭地癸巳星出天津至紫宮西垣沒七月庚申星出七公如太白西北速行入濁沒八月乙亥星出天市西南速行入濁有尾跡色赤黃是夜星出東壁赤黃色東北速行至濁沒九月壬寅星出大倉如太白東北速行至胃沒甲子星出天苑西南速行入濁沒十月乙酉星出匏瓜如太白向東速行至天津沒十二月乙丑星出南河如太白東南行至弧矢沒己丑星出天市垣東南行至濁沒

皇祐元年星變

按宋史仁宗本紀皇祐元年九月戊午太白犯南斗　按天文志七月丙午月犯歲星　又按志二月戊辰月掩畢五月庚子犯太微上相癸卯入氐七月戊戌犯氐九月丙午犯畢十一月辛丑掩畢十二月戊辰犯畢　又按志五月甲辰熒惑犯右執法　又按志九月戊戌太白犯斗天相　又按志二月丁卯彗出虛晨見東方西南指歷紫微至婁凡一百一十四日而沒　又按志三月庚子星出軫西南速行沒於翼四月辛巳星出織女向南速行入天市垣至宗人沒明燭地甲申星出心如太白東南速行入濁六月丙寅星出紫宮鉤陳側如太白北行入濁己巳星出匏瓜赤黃有尾跡向南速行至建星沒丁丑星出造父如太白向西南速行至天棓沒有尾跡明燭地九月壬子星出閣道東南速行至婁沒有尾跡明燭地十一月癸巳星出文昌向東速行至五車沒有尾跡明燭地十二月乙丑星出亢赤黃色向東北緩行至天市垣西沒丁酉星出文昌向北速行沒於北辰側

皇祐二年星變

按宋史仁宗本紀二年三月丁酉月犯軒轅大星六月壬申月犯塡星癸未熒惑入輿鬼犯積尸十月庚午熒惑犯太微上將　按天文志六月壬申月犯塡星　又按志三月丁酉月犯軒轅大星八月庚申入氐壬申入東井十一月丙申犯畢己酉入氐十二月辛卯犯畢大星　又按志八月庚申熒惑入鬼犯積尸十月庚午犯太微上將閏十一月丙辰犯太微東上相　又按志四月癸未星出氐赤黃色南東速行至心沒有尾跡明燭地五月乙巳星出貫索向東速行至女牀沒七月己丑星出奎赤黃色西南緩行沒於營室側九月辛卯星出織女如太白向西速行入濁沒十二月丁未星出庫樓如太白赤黃色至翼沒

皇祐三年星變

按宋史仁宗本紀三年四月丙申太白晝見　按天

文志三月癸丑月犯畢四月己丑入太微癸巳入氐六月壬寅犯畢九月甲子犯畢距星　又按志四月丙戌熒惑犯左執法七月戊午犯氐八月辛丑犯天江　又按志四月丙午太白晝見　又按志三年十一月丁丑熒惑犯塡星　又按志七月丙辰星出南斗赤黃色尾跡凝天向南緩行至濁沒八月庚辰星出奎如太白西北速行沒於濁九月癸丑星出上台東北入濁十月乙巳星出天倉如太白西北速行入濁

皇祐四年星變

按宋史仁宗本紀四年冬十月丙子太白犯南斗

按天文志十月己丑月犯歲星　又按志正月丙辰月犯東井八月丙申犯輿鬼　又按志十月乙酉熒惑犯太微左執法　又按志十月丙子太白犯南斗　又按志三月庚申星出郎將東行至貫索沒壬申星出文昌沒于五車側四月辛巳星出天市垣市樓側至南斗沒癸卯星出東壁沒于天船側六月庚子星出危如太白東南速行入濁壬寅星出天船如太白東北入濁八月丁酉星出天倉如太白西南速行至濁沒戊戌星出參旗如太白西南速行至天苑沒九月丙午星出婁西南速行入濁戊申星出紫宮北辰側赤黃色西南速行至貫索沒尾跡凝天明燭地己酉星出營室如太白東南速行入濁是夜星出參如太白東南速行入濁是夜星出參如太白東南速行入濁尾跡赤黃甲子有星出南河如太白東北入濁十月丁丑星出天棓西北速行入濁有尾跡明燭地丙申星出天倉如太白西南速行入濁十一月丙申星出北河沒於北斗璇星側

皇祐五年星變

按宋史仁宗本紀不載　按天文志五年八月丁巳月犯東井　又按志六月丙戌熒惑犯氐閏七月壬午犯天江八月乙巳犯南斗　又按志六月癸酉太白犯畢乙未犯井鉞　又按志正月壬寅夜漏未上星出東井如太白東北速行至濁沒有尾跡明燭地五月庚戌星出北斗魁側西北速行入濁尾跡赤黃庚申星出大角如太白西北行至中台沒靑白色有尾跡六月癸酉星出紫宮北辰側赤黃色北行至濁沒七月癸卯星出王良至天津沒甲辰星出奎如太白速行沒於危是夜星出紫宮北辰側色赤黃西南速行至天市垣東沒有尾跡明燭地乙巳星出王良速行至營室沒戊午星出貫索西南速行入天市垣至宦者沒八月丙戌星出紫宮北辰側至王良沒是夜又星出危沒婺女側癸亥星出大陵至營室沒有尾跡明燭地九月乙亥星出參如太白西北速行至昴沒有尾跡明燭地

至和元年星變

按宋史仁宗本紀至和元年五月壬辰太白晝見九月己丑太白晝見冬十月辛卯朔太白晝見　按天文志十一月熒惑犯亢丁丑犯氐距星　又按志元年五月壬辰九月己丑十月辛卯太白皆晝見　又按志五月己丑客星出天關東南可數寸歲餘稍沒　又按志七月壬戌星出王良色赤黃向北速行至天船沒有尾跡明燭地八月壬寅星出上台東北行入濁

至和二年星變

按宋史仁宗本紀二年十二月庚戌太白晝見　按天文志五月庚辰月犯塡星十一月己酉犯歲星十二月辛丑犯塡星甲辰掩歲星　又按志二月辛丑月犯氐壬寅犯心前星閏三月癸巳犯太微左執法丙申犯氐五月壬辰掩心前星七月己丑犯南斗壬辰犯壁壘陣八月甲戌犯軒轅大星上第二星　又按志九月甲申熒惑犯壁壘陣　又按志三月壬午太白犯五車四月辛巳犯畢七月癸巳犯輿鬼八月庚申犯軒轅大星九月庚辰犯太微左執法　又按志七月甲申星出牽牛如太白赤黃色南行入濁有尾跡明燭地九月己卯星出弧矢如太白西南速行至丈人沒尾跡靑白又有星出軒轅向北速行至中台沒庚辰星出天廩東南緩行至天苑沒十一月戊辰星出南河向南行至弧矢沒辛酉星出弧矢色赤黃南行入濁十二月甲申星出太微東垣如太白赤黃色東南速行至軫沒辛卯星出柳如太白赤黃色直北速行入濁

至和三年星變

按宋史仁宗本紀不載　按天文志三年四月己丑太白晝見　又按志二月辛卯八月己未景星俱見

嘉祐元年星變

按宋史仁宗本紀嘉祐元年三月辛未司天監言自至和元年五月客星晨出東方守天關至是沒秋七月月入南斗彗出紫微垣長丈餘八月癸亥狄靑罷以韓琦爲樞密使是夕彗滅　按天文志三月丙寅月掩鎭星閏三月癸巳掩歲星五月戊子犯鎭星

又按志十一月己丑月犯昴庚子犯角左星癸卯犯心十二月犯房　又按志十月甲子熒惑犯氐　又按志十月丁巳太白入氐戊辰犯房　又按志九月乙巳太白犯歲星　又按志七月彗出紫微歷七星其色白長丈餘至八月癸亥滅　又按志三月辛酉星出庫樓沒於尾乙亥星出紫微北辰東如太白色赤黃西南速行至右攝提沒壬午星出張至東甌沒九月壬午星出東井如太白赤黃色向北速行至文昌沒

嘉祐二年星變

按宋史仁宗本紀不載　按天文志二年四月庚申月犯熒惑六月戊申犯太白己卯犯熒惑　又按志四月庚申月犯心己卯又犯七月己卯犯角大星九月丁丑犯心後星己丑犯昴戊戌犯太微西垣上將　又按志八月乙巳歲星犯氐　又按志三月戊子熒惑犯壁壘陣五月戊子又犯壁壘陣東星　又按志九月庚子太白犯南斗　又按志六月己未太白晝見　又按志八月庚午景星見　又按志正月丁酉星出文昌如太白速行入紫宮北辰沒辛丑星出華蓋緩行至北辰沒甲辰星出觜觿緩行至畢沒二月甲子星出紫宮東垣大如杯東北行入濁七月乙亥星出北斗魁西如太白西北速行入濁丁丑星出王良如太白赤黃色西南緩行至亢沒有尾跡明燭地九月丙子星出王良如太白赤黃色向西速行至騰蛇沒有尾跡明燭地丁亥星出南河子星側戊戌晝漏上中天有星出狼大如杯東南速行至濁沒尾跡青白

嘉祐三年星變

按宋史仁宗本紀不載　按天文志三年正月庚寅月犯左角二月癸卯入斗魁三月乙亥犯五車東南星四月乙巳犯五諸侯東星乙卯掩房距星五月乙酉掩南斗距星戊子掩壁壘陣七月庚辰入南斗魁辛卯犯五車東南星八月辛亥犯壁壘陣辛酉犯五諸侯壬戌犯輿鬼甲子犯軒轅大星九月甲戌掩箕己卯犯壁壘陣甲申犯昴丁亥犯東井十一月甲戌犯壁壘陣己卯犯昴癸未犯五諸侯丙戌掩軒轅大星十二月甲寅犯軒轅左角少民閏十二月己卯犯輿鬼　又按志五月乙酉歲星退犯東咸第二星七月辛卯順行又犯　又按志三月庚子熒惑入東井十一月癸未犯鉤鈐十一月丁未犯天江　又按志六月丙寅填星犯畢九月庚辰犯畢　又按志閏十二月甲戌熒惑犯歲星躔斗四度　又按志八月丙辰景星見　又按志正月乙未星出參赤黃色向西速行至大廳沒五月甲午星出河鼓如太白赤黃色東北緩行至虛沒七月辛未星出天船東北行至濁沒乙酉星出北河如太白赤黃色東南緩行散爲數道至狼沒尾跡凝天丁酉有星出危西南速行入濁其夜又有星出天苑緩行入濁八月丙午星出天綱東南速行入濁尾跡赤黃戊申星出危西南速行入濁有尾跡明燭地己未星出牽牛西速行至牽牛北沒癸亥星出王良向南速行至天津沒夜漏盡有星出柳如太白赤黃色西北行至北斗沒乙丑星出文昌向西速行至北極沒九月庚午星出婁向南速行至土司空沒甲申出天將軍如太白青白色向西速行至濁沒庚午星出五車如太白赤黃色東北速行至河北沒有尾跡明燭地辛卯星出王良北行至鉤鈐沒

嘉祐四年星變

按宋史仁宗本紀不載　按天文志四年五月丁酉月犯太白十月甲戌犯熒惑十二月甲戌又犯庚午掩之　又按志正月戊申月掩軒轅大星丙辰犯心後星二月庚午犯五車四月庚寅掩昴五月乙巳犯房距星戊申掩南斗魁辛亥犯壁壘陣六月癸酉掩心後星八月癸酉犯壁壘陣九月丁未犯昴十月丁丑犯東井己卯犯輿鬼辛巳犯軒轅御女十一月己酉犯軒轅左角少民十二月己巳掩昴甲戌掩輿鬼　又按志正月丙申歲星犯建　又按志二月丁酉熒惑犯羽林七月己酉犯畢距星九月戊午退犯天街十月癸酉犯鉞星　又按志八月甲子太白犯軒轅右角九月丁未犯太微左執法十月癸酉犯亢癸未入氐十一月庚子犯罰南星癸卯犯東咸十二月辛未犯建　又按志正月庚寅太白晝見七月辛丑晝見　又按志正月庚戌八月癸未景星皆見　又按志二月己亥星出翼入濁夜漏盡又有星出營室沒於鉤陳癸卯星出天槍至郎將沒乙卯星出角西行至翼沒五月辛丑星出左攝提西行入濁己酉星出大角至軫沒癸丑星出營室大如杯赤黃色西南速行至羽林軍沒炸烈有聲六月癸亥星出天倉至天苑沒有尾跡明燭地甲子星出天津至北辰沒辛未星出胃沒於鉤陳又星出天船至王良沒乙亥星出墳墓至北落師門沒又有星出天船東南速行至

昴沒癸未星出氐宿西南行入濁己丑星出畢速行至五車沒八月乙亥夜漏盡星出輿鬼速行至五車沒又星出輿鬼速行至太微北落癸未星出軍市速行至弧矢沒己丑星出天囷至天倉沒九月己亥星出紫宮鉤陳側如大盌東北速行曳尾長五尺初直後曲流至北辰東沒後尾跡凝結如盤食頃散又有星出太微西東北速行入濁辛丑星出天津速行至織女沒癸丑星四皆如太白赤黃色有尾跡明燭地一出天棓西南速行至天市垣候星沒一出危西南速行至女沒一出畢南行沒於天苑側一出五車北速行至鉤陳沒十月乙丑晝漏上星出天大將軍西南行至濁沒色青白尾跡凝天良久散其夜星出參至弧矢沒丁卯星出婺女東南至濁沒戊辰星出東井東行至柳沒戊寅星出狼南行至濁沒丁亥星出天倉乙未星出上台南速行至北河沒十二月甲子星出貫索至女牀沒

嘉祐五年星變

按宋史仁宗本紀五年春正月辛卯太白犯歲星三月乙未歲星晝見九月己丑太白晝見　按天文志正月癸卯月犯軒轅御女辛亥犯心三月辛卯犯昴己巳犯心後星戊申犯南斗距星四月癸亥掩輿鬼西北星癸酉犯心五月庚子犯房距星六月戊辰犯心七月庚戌掩東井八月壬戌犯房距星乙丑犯南斗九月庚寅夜漏未上掩心中央大星壬寅掩昴十一月丁酉犯昴十二月丁卯犯東井己巳犯輿鬼戊寅犯房距星　又按志七月己亥歲星退犯十二諸國代星　又按志二月丙戌熒惑犯東井四月庚午犯輿鬼癸酉掩積尸六月壬戌犯軒轅左角光相接　又按志六月己巳塡星犯井鉞甲申犯東井十月甲申退犯東井距星　又按志九月庚寅太白犯房乙巳犯天江十一月戊戌犯壁壘陣丁未退犯井鉞　又按志九月庚寅太白晝見　又按志正月壬辰太白犯歲星　又按志八月庚午景星見　又按志正月辛卯星出畢大如盌赤黃色速行至天倉沒明燭地尾跡炸烈而散有聲如雷四月辛未星出氐緩行東南入濁沒癸酉星出婺女至羽林軍沒庚辰夜漏盡星出大角西南行至濁沒尾跡青白癸未星出女牀東行至河鼓沒乙酉星出騎官西南行至濁沒甲午星出天市東如太白向東速行至河鼓沒尾跡赤黃丙申星出貫索東北行至北斗柄沒辛亥星出天棓西南行入天市至宦者沒六月己未星出婁東北行至濁沒壬戌星出天倉東南行至濁沒辛巳星出天津西南行至天市垣宦者沒又有星出王良至土司空沒癸酉星出南斗大如杯行入濁八月庚申星出東壁東行入濁丙寅夜漏未上星出虛大如杯東南入濁甲午星出五車至文昌沒乙卯星出天苑南行入濁十月乙亥星出軒轅星北斗魁旁沒尾跡赤黃十一月壬辰星出五車至畢沒十二月壬申有星出北河至輿鬼沒戊寅星出弧矢至南河沒己卯夜漏未上星出軫至氐側沒

嘉祐六年星變

按宋史仁宗本紀六年六月乙丑太白晝見壬申歲星晝見　按天文志閏八月辛丑月犯鎭星十一月癸亥又犯　又按志正月丙午月掩心大星二月己未犯昴三月己丑犯東井七月庚寅掩心大星辛卯犯天江癸卯犯昴八月庚午掩昴癸酉掩東井九月乙丑犯昴十月乙未犯東井十一月庚申犯昴　又按志八月丁巳熒惑犯司怪己巳入東井閏八月癸巳犯天罇十月乙亥退犯五諸侯東壁　又按志七月己亥塡星犯天罇　又按志六月乙卯太白犯畢距星七月甲申犯東井庚寅犯天罇甲辰犯輿鬼距星八月甲子犯軒轅大星戊午犯霹靂北星　又按志六月乙丑太白晝見　又按志三月癸巳熒惑犯歲星在營室七月己丑太白犯塡星躔井十二度閏八月己亥太白犯辰星在軫四度　又按志正月癸丑八月壬辰景星俱見　又按志六月丁巳星出天市垣宦者側沒於氐己巳星出天市垣車肆側西南行至尾沒七月乙酉星出螣蛇至危沒其夜又有星出婁大如杯赤黃色速行入羽林沒丙戌星出天津至危沒尾跡赤黃庚寅星出文昌北行至濁沒八月丁巳星出婁東北速行至昴沒戊辰星出鉤陳北行入濁己卯星出天市垣北東行入濁沒丁卯星出狼大如杯至天社沒明燭地尾跡凝天良久散九月甲寅星出營室西南行入濁癸亥星出柳東行至翼沒十一月癸丑星出東北維去地五丈許大如盌向東北緩行入濁尾跡青白壬申星出參旗至濁沒丙子星出狼大如杯而赤黃緩行至弧矢沒有尾跡明燭地十二月辛丑星出貫索如太白東北速行入天市至候星沒尾跡青白

嘉祐七年星變

按宋史仁宗本紀七年五月戊午太白晝見六月丙

子朔歲星晝見秋七月戊申太白經天冬十月乙未太白晝見　按天文志三月乙卯月犯軒轅右角六月己亥犯天街八月己卯犯房距星九月丙辰犯軒轅右角十二月乙酉犯井鉞　又按志三月乙卯熒惑犯輿鬼西北星辛酉犯鬼積尸五月丙寅犯靈臺六月壬午入太微不犯　又按志八月己丑塡星入鬼十一月乙巳退犯輿鬼距星　又按志三月癸酉太白入東井十一月乙巳入氐己未犯西咸南星癸亥犯罰　又按志六月丙子歲星晝見　又按志五月戊午太白晝見七月己酉經天復見十月乙未晝見　又按志正月庚申太白犯歲星在營室六月丁丑太白犯熒惑在翼一度半　又按志正月辛亥景星見　又按志正月乙亥星出下台至上台沒二月己卯星出北河大如杯色赤黃速行沒於閣道側有尾跡明燭地壬辰星出東井如太白至畢沒四月庚子星出太微郎位如太白西南緩行至張沒尾跡赤黃六月丁丑星出北落師門南行入濁七月丁未星出牽牛至南斗沒又有星出羽林軍至北落師門沒己酉星出壁壘陣如太白向西速行至敗臼沒尾跡赤黃辛酉星出天紀西北速行入濁八月己卯星出文昌至下台沒乙未星出天苑南行入濁尾跡赤黃己亥星出天津西南入濁九月丙辰星出土司空東南入濁丁卯星出東壁大如杯西行至虛沒有尾跡赤黃明燭地十月丙子星出昴如太白西北速行至天大將軍沒尾跡赤黃丁丑星出大陵如太白南行至天倉沒庚寅星出南河至天社沒明燭地丁酉星出天廟南入濁己亥星出參如太白西南行至天園沒尾跡青白

嘉祐八年英宗即位星變

按宋史英宗本紀八年四月嗣皇帝位熒惑自七年八月庚辰不見命宰臣祈禳至是月己丑見於東方秋七月癸亥歲星晝見乙丑星大小數百西流　按天文志七月壬戌月掩歲星　又按志二月庚辰月犯東井庚寅犯房三月丁未犯井鉞六月癸未犯建七月庚戌又犯八月甲戌犯房己卯犯牽牛辛卯犯東井九月乙未又犯十一月癸丑又犯　又按志六月癸酉熒惑犯諸王八月戊戌犯輿鬼辛丑犯積尸十二月甲申犯軒轅　又按志七月癸亥歲星晝見見東方五月庚辰熒惑犯歲星在昴四度

又按志四月己丑太白犯歲星在胃是日熒惑晨正月辛酉景星見　又按志正月辛酉星出軫赤黃危沒赤黃色有尾跡明燭地癸亥星出文昌北行入濁有尾跡明燭地又有星出傳舍速行至北辰沒五月癸卯星出天市垣宗人側東南速行至鼈星沒己亥星出招搖赤黃色行南向入氐沒七月乙丑星數百縱橫西流八月庚寅星出閣道東南速行入濁沒甲子星出上台大如杯赤黃色向東速行至下台沒

欽定古今圖書集成曆象彙編庶徵典

第四十八卷目錄

庶徵典第四十八卷

星變部彙考二十二

宋三

英宗治平元年星變

按宋史英宗本紀治平元年春正月戊戌太白晝見五月己未熒惑犯太微上將六月辛酉太白晝見壬戌歲星晝見八月甲寅太白入太微垣　按天文志正月丁未月掩天關戊申犯東井三月庚戌犯角丁巳犯牽牛中星四月己巳犯天關庚午犯東井閏五月戊戌犯氐七月甲申掩畢八月甲寅入東井九月庚辰犯天關十月甲申犯牽牛中星丙午犯畢戊申犯東井　又按志閏五月癸未歲星入東井八月丁未犯天罇　又按志五月己未熒惑犯太微西垣上將閏五月癸酉犯右執法七月癸巳入氐　又按志七月壬辰塡星犯軒轅大星　又按志二月辛卯太白犯昴閏五月丙寅入畢不犯六月甲子犯東井七月壬申犯輿鬼癸巳犯軒轅大星八月己酉犯靈臺甲寅入太微丙寅犯右執法十月丙申入氐壬子犯心前星　又按志六月壬戌歲星晝見　又按志正月戊戌太白晝見六月辛酉晝見　又按志十一月庚午辰星犯太白在尾十六度　又按志二月己丑七月癸巳景星見　又按志二月丁卯星出紫宮鉤陳側西北入濁沒明燭地尾跡炸烈有聲六月辛酉夜漏未上星出河鼓東南速行至危沒七月癸未星出危西南速行入天市垣沒八月辛亥星出北辰大如杯速行至鉤陳沒尾跡青黃丁巳星出奎大如盌速行至五車沒壬戌夜漏盡星出奎西南行至濁沒九月癸亥星出北斗魁大如醆東北速行至濁沒尾跡赤黃十二月癸丑星出軍市東南速行至濁沒

治平二年星變

按宋史英宗本紀二年秋七月丁丑太白晝見九月壬午太白犯南斗十二月辛亥太白晝見　按天文志三月戊寅月犯左角二月丁未入氐辛亥犯建壬子犯牽牛三月丙寅犯東井四月癸巳入東井五月己巳掩氐距星甲申犯畢六月丁酉入氐甲寅入東井七月戊辰犯建壬午入東井八月丙午犯畢己酉入東井十月庚寅犯牽牛中星庚子犯畢壬寅犯東井十一月戊辰犯畢辛未入東井　又按志四月癸巳歲星犯天罇七月丙辰犯輿鬼　又按志七月辛丑熒惑入東井乙酉犯鬼鑕十月壬辰犯靈臺　又按志九月戊辰塡星犯靈臺　又按志八月乙未太白犯氐己酉入太微庚戌犯右執法九月壬午犯斗距星十月庚寅入氐丙午犯心距星　又按志七月丁丑太白晝見十二月辛亥又見　又按志四月丁巳太白犯歲星五月癸亥辰星犯太白戊子太白犯塡星在張五度八月己亥熒惑犯歲星躔柳七度半十月丙申又犯塡星在翼二度　又按志二月癸巳八月己亥景星皆見　又按志二月丁酉星出太廟色青白西南入濁乙卯星出中台色赤黃西北慢行至內階沒五月壬戌星出北斗魁如杯色青白北行至濁沒六月己丑晝有星出中天大如盌西速行至濁沒尾跡赤黃八月己未星出河鼓大如醆色赤黃速行至天市垣內宗星沒丁巳星出危至濁沒九月癸酉星出北斗魁東北速行至濁沒

治平三年星變

按宋史英宗本紀三年三月庚申彗星晨見於室庚午避正殿減膳辛巳彗晨見於昴如太白長丈有五尺壬午孛於畢如月五月乙丑彗至張而沒　按天文志十一月癸亥月掩畢右股丁丑犯罰十二月甲辰掩西咸　又按志九月庚午歲星犯靈臺十月甲午犯太微上將　又按志三月辛巳熒惑犯太微西上將四月己酉犯右執法七月壬午入氐　又按志十二月癸卯太白犯熒惑躔危四度　又按志正月庚辰八月庚戌奇星皆見　又按志三月己未彗出營室晨見東方長七尺許西南指危洎墳墓漸東速行近日而伏至辛巳夕見西南北有星無芒彗益東方別有白氣一闊三尺許貫紫微極星幷房宿首尾入濁益東行歷文昌北斗貫尾至壬午星復有芒彗長丈餘闊三尺餘東北指歷五車白氣爲岐橫天貫北河五諸侯軒轅太微五帝座內五諸侯及角亢氐房宿癸未彗長丈五尺星有彗氣如一升器歷營室至張凡一十四舍積六十七日星氣孛皆滅　又按

志四月癸巳星出房至濁沒明燭地尾跡炸而散七月庚申晝漏未上星出紫宮西行曳尾長二丈沒尾跡青白九月丁丑有星出參至天倉沒十一月己卯星出王良西北速行至濁沒尾跡青黃　按呂公弼傳公弼拜樞密副使彗出營室帝憂之同列請飭邊備公弼曰彗非小變陛下宜側身修德以應天戒臣恐患不在邊也

治平四年神宗卽位星變

按宋史神宗本紀四年正月丁未卽皇帝位閏三月癸未太白晝見八月丁未朔太白晝見　按天文志正月丁亥月犯辰星八月辛未犯太白癸酉犯歲星九月壬寅犯太白十月戊辰掩塡星又犯熒惑　又按志正月庚申月入東井甲子犯軒轅大民二月己酉犯畢西第二星戊子入東井癸巳犯靈臺丁酉犯亢癸卯犯牽牛三月乙卯入東井閏三月庚辰犯畢大星癸未入東井四月庚戌又入己未犯亢距星庚申入氐壬戌犯天江甲子犯建乙丑犯牽牛五月甲申犯左執法戊子入氐辛卯犯建辛丑犯畢北第四星甲辰入東井六月己卯入氐己未掩建東第二星辛未入東井八月庚戌犯氐乙卯犯牽牛癸亥犯畢庚午犯軒轅御女辛未犯靈臺壬申犯右執法九月庚辰犯南斗西第一星辛巳犯建南第三星壬午又犯牽牛辛卯犯畢大星癸巳入東井十月戊午犯畢西第三星辛酉入東井甲子犯軒轅大民丙寅犯靈臺丁卯犯右執法戊辰犯上相庚午犯亢距星辛未入氐十一月己卯犯壁壘陣戊子入東井壬辰犯軒轅御女十二月乙卯犯東井西南第二星庚申犯軒轅少民辛酉入太微戊辰掩西咸第一星庚午犯建星　又按志正月壬子歲星犯西上將二月戊子犯靈臺四月甲子又犯五月丙申犯西上將六月乙丑入太微十月丁卯犯進賢　又按志六月辛酉熒惑犯積薪七月丁丑犯輿鬼又犯積尸八月辛亥犯軒轅大星癸亥又犯少民九月甲申犯西上將戊戌犯右執法十月壬子犯左執法壬戌犯上相十一月丙子犯進賢十二月乙卯犯亢　又按志九月癸卯塡星犯東上相　又按志閏三月庚寅太白犯東井東第一星癸卯犯五諸侯東第一星四月丁巳犯輿鬼東北星八月丁未犯軒轅太民甲寅犯軒轅御女庚午犯靈臺九月辛巳犯右執法壬午掩之戊子入太微十月乙卯犯亢丙寅入氐十一月丁丑犯房己卯犯鍵閉丁酉犯天江　又按志二月丁酉太白晝見閏三月癸未晝見五月辛巳晝見七月癸卯八月丁未晝見　又按志九月癸巳太白犯塡星丙申犯歲星十月甲子熒惑犯塡星十一月己卯又犯歲星十二月丁卯太白犯熒惑　又按志二月癸巳八月戊申老人星俱見

神宗熙寧元年星變

按宋史神宗本紀熙寧元年十一月癸酉太白晝見

按天文志二月丁巳月犯塡星四月壬子犯歲星

又按志正月庚辰月犯畢右股第二星二月丁巳入太微庚申入氐三月癸未入太微四月壬子犯東上相甲寅犯亢第三星乙卯入氐五月丙子犯軒轅御女癸未掩氐北第二星甲申犯罰南第一星六月乙巳犯西上相庚戌入氐丙寅入東井七月癸酉入太微垣軌道無所犯丙子犯亢距星甲午入東井八月乙巳掩氐東北星丙午犯罰北第二星辛酉入東井九月戊子入東井壬辰犯軒轅御女甲午入太微十月乙巳犯牽牛丙辰入東井庚申犯軒轅少民辛酉入太微十一月辛巳犯畢大星癸未犯東井西第二星己丑入太微十二月戊申犯畢甲寅犯軒轅御女丙辰入太微辛酉犯氐　又按志七月壬申歲星犯進賢十一月丙戌入氐　又按志六月丙寅熒惑犯氐東南星丁卯又入氐七月丙戌犯房北第二星乙未犯東咸南第一星八月甲寅犯天江南第二星　又按志正月庚辰塡星退犯上相二月乙巳入太微十月乙亥犯東上相　又按志八月己未太白入氐十一月辛巳犯壁壘陣西第二星　又按志十一月癸酉太白晝見　又按志十一月己丑太白犯熒惑　又按志正月乙未八月己卯老人星俱見　又按志正月辛卯星出張西南如太白速行入濁沒赤黃乙未星出左攝提西如太白東南急行至庫樓北沒赤黃有尾跡二月戊午星出常陳南如太白西慢行至軒轅東沒赤黃有尾跡辛酉星出北斗魁東如太白南急行至軒轅大星南沒赤黃有尾跡壬戌星出角東如太白西急行至翼沒赤黃有尾跡戊辰星出大角南如太白東南急行至氐沒赤黃有尾跡己巳星出天市垣內宦者如太白西南急流至氐沒青白有尾跡四月壬寅星出軒轅南如太白東南慢行至軫沒赤黃有尾跡己酉星出天市垣內宦者西如太白西南慢流至織女沒青白有尾跡壬戌星出天棓東如太白東北慢行至天津沒赤黃有尾跡五月

乙亥星出天棓如太白東北急行至天津沒青白有尾跡照地明六月癸卯星出天槍南如太白西南速行至角沒赤黃有尾跡又星出平星南如太白西南急行入濁沒青白有尾跡乙巳星出軫東如太白緩行入濁沒青白有尾跡照地明丁未星出牽牛西如太白東南速行入濁沒赤黃戊申星出騎官北如太白南緩行入濁沒青白又星出壘壁陣如太白東南速行至濁沒戊午星出閣道北如歲星東北緩行入濁沒青白庚申星透雲出天棓西如太白北急行至天市垣西牆沒赤黃有尾跡壬戌星出王良南如歲星東北急行至天大將軍沒赤黃有尾跡有星出紫微垣內至鉤陳沒赤黃有尾跡又星出紫微垣內北極南如太白西北速行至西咸北沒赤黃有尾跡甲子星出尾北如杯口西緩行至平星沒赤黃有尾跡丙寅星出氐北如歲星西南急流入濁沒赤黃有尾跡七月乙亥星出虛南如歲星西急行至天市垣西牆沒赤黃色有尾跡丙子星出東壁東如太白東南急行入濁沒赤黃有尾跡丙戌星出天大將軍北如歲星東北慢行入濁沒青白乙未星出九坎北如太白西北緩行至牽牛分迸而沒赤黃又星出右旗如太白西緩行入濁沒青白有尾跡照地明己亥星出天廩北如太白南急行至天苑沒赤黃有尾跡照地明八月癸卯星出天棓東如太白北速行入濁沒赤黃有尾跡照地明甲辰星透雲出虛北如歲星北緩行至奎沒赤黃乙巳星出女牀東如杯口西北急流至天市垣牆河中北沒赤黃有尾跡照地明又星出參北如太白東速行入濁沒赤黃有尾跡照地明又星出王良南如太白西南急行至天津沒赤黃有尾跡照地明丙午星出左攝提南如太白西北慢行至濁沒赤黃有尾跡丁未星出牽牛如杯口東南緩行入濁沒青白有尾跡癸亥星出壘壁陣如太白西南緩行至狗國沒赤黃有尾跡照地明乙丑星出壘壁陣北如太白西南速行至十二國沒赤黃有尾跡九月甲戌星出上台南如太白東北急行至內平星沒赤黃有尾跡照地明庚辰星出北斗魁中如歲星西北緩行入濁沒青白又星出弧矢西如太白西南急行至天社沒青白有尾跡照地明辛巳星出紫微垣內北極星北如太白北急行入濁沒赤黃有尾跡照地明癸未星出紫微垣南如太白北急行至北斗沒赤黃有尾跡戊子星出畢南如太白東南慢行入濁沒青白有尾跡照地明癸巳星出織女西如太白西南慢流入天市垣內沒赤黃有尾跡照地明甲午星出中台北如太白東南急流至下台沒青白照地明丙申星出天津北如歲星西北急流至女牀沒赤黃丁酉星出軒轅如太白西北慢流至紫微垣內北極沒赤黃有尾跡照地明十月庚子星出羽林軍東如太白東急行入濁沒赤黃有尾跡照地明又星出壘壁陣西如杯口西南速行入濁沒青白照地明壬寅星出鉤陳西如太白北急行至北斗沒赤黃有尾跡又星出東井北如歲星東北急行至柳沒赤黃有尾跡又星出扶筐如太白西北急行至濁沒赤黃有尾跡照地明甲辰星出壘壁陣東如太白南急行入濁沒赤黃有尾跡照地明又星出天津西如太白西北緩行入濁沒青白照地明又星出昴南如太白西南緩行至天囷沒赤黃有尾跡明燭地又星出郎位東如太白東北速行至右攝提沒赤黃明燭地庚戌星出婁南如歲星西南速行至昴沒青白有尾跡乙卯星出天市垣南牆西如太白西急行入濁沒青白壬戌星出軒轅西如太白東南急行至張沒赤黃有尾跡癸亥星出婁北如太白西急流至濁沒赤黃有尾跡十一月庚午星出鉤陳東如太白東北急流至北斗魁沒青白有尾跡照地明癸未星出營室東如太白西南急行至羽林軍沒赤黃有尾跡十二月己亥星出王良北如太白東慢行至五車沒赤黃有尾跡照地明庚子星出天倉東如太白東南急行至濁沒青白有尾跡辛酉星出太微垣東牆如太白速行至柳沒黃白有尾跡

熙寧二年星變

按宋史神宗本紀二年六月壬戌太白晝見　按天文志正月戊寅月入東井癸未犯西上將戊子入氐二月己酉犯軒轅大星甲寅犯亢距星乙卯入氐三月丙子犯軒轅大星戊寅入太微癸未犯氐東北星四月庚子入東井庚戌入氐五月甲戌犯東上相壬辰掩畢大星六月乙巳入氐己未犯畢七月壬申入氐辛巳入羽林軍己丑入東井犯東南第二星八月甲寅犯畢大星丙辰入東井九月辛巳犯畢丁亥犯軒轅大星己丑入太微十月壬寅犯壁壘陣辛亥犯東井東北第三星丙辰入太微十一月己巳犯壁壘陣丙子犯畢戊寅入東井癸未犯靈臺北第一星甲申入太微閏十一月丙午入東井十二月辛未犯畢大星癸酉犯東井西北第二星戊寅入太微　又按

志七月辛巳歲星犯氐丁亥入氐　又按志九月甲戌熒惑犯西上將丙戌入太微閏十一月乙巳犯氐距星己酉入氐十二月戊寅犯房戊子犯壁　又按志十一月丙子塡星犯亢距星　又按志六月辛亥太白犯天關庚申犯東井距星辛酉入東井七月辛未犯天罇犯輿鬼東南星八月丙午犯軒轅大星　又按志六月壬戌太白晝見　又按志二月乙卯八月壬戌老人星俱見　又按志六月丙辰客星出箕度中至七月丁卯犯箕乃散　又按志正月庚寅星透雲出紫微垣內鉤陳西如太白西慢行入濁沒青白二月甲辰星出平星南如太白南急行入濁沒赤黃有尾跡三月壬辰星出天市垣西牆東如太白北急行至天紀沒赤黃有尾跡癸巳星出貫索南如太白東南慢行至濁沒四月庚戌星出軒轅東如杯口北慢行至北斗沒赤黃有尾跡辛酉星出閣道西如太白東南速行至東壁沒青白有尾跡五月己丑星出太微垣內五帝坐如杯口東行至角宿沒青白有尾跡照地明六月己亥星出心西如歲星西南急行至庫樓沒赤黃有尾跡乙巳星出氐南如太白南緩行入濁沒赤黃有尾跡壬子星出天津如太白西北速行至天倉沒青白有尾跡辛酉晝有流星夕有星透雲出織女西南急行入濁沒赤黃有尾跡癸亥星出太微垣東牆如太白西急行入濁沒青白有尾跡甲子星出尾北如太白南急行入濁沒青白七月丁卯星出危南如太白西南急行至壘壁陣沒赤黃有尾跡辛未星出梗河東如太白西北速行至天倉沒赤黃有尾跡丁亥星出天船西如太白東北速行入濁沒赤黃有尾跡甲午星出天津西如太白西南緩行至心沒赤黃有尾跡八月丁酉星透雲出鉤陳西如太白西南急流至天棓沒赤黃有尾跡癸亥星出北斗魁北如太白北急流入濁沒青白有尾跡九月甲子星出婁北如歲星西北急行至王良沒青白有尾跡甲戌星出右旗如太白西南急行至天市垣西牆沒赤白有尾跡丁丑星出五車東如歲星東北速行至北河沒青白有尾跡十月乙未星出天苑南如太白速行入濁沒赤黃有尾跡甲辰星出畢東如太白南急行至濁沒赤黃有尾跡癸丑星出胃東如太白西南急流至天苑沒青白有尾跡甲寅星出卷舌西如歲星西南急行至婁沒青白有尾跡十一月丙寅星出織女北如太白西南急行至河鼓沒青白有尾跡照地明壬申星出羽林軍內如歲星西南急行至濁沒青白己卯星透雲出大陵北如太白西南急行至東壁沒青白有尾跡閏十一月辛酉星出天倉如歲星西南緩行至濁沒青白

熙寧三年星變

按宋史神宗本紀三年五月癸巳太白晝見九月壬子太白晝見　按天文志正月丙午月入太微庚戌入氐二月戊辰入東井甲戌入太微戊寅入氐壬午犯建三月癸巳犯畢庚子入太微四月戊辰又入壬申入氐五月乙未入太微甲辰犯建西第一星六月癸亥入太微丁卯入氐七月己亥犯建辛亥犯東井鉞星八月乙丑犯天籥己卯犯東井東第二星九月乙巳掩天關丙午犯東井距星戊申犯輿鬼東北星辛亥入太微十月丙寅犯羽林軍癸未入氐十一月癸巳入羽林軍辛丑入東井丙午入太微戊申入氐十二月癸酉犯西上將　又按志正月癸巳熒惑犯東咸第二星二月辛卯入天籥五月癸巳犯罰八月戊午犯南斗十月戊午犯壁壘陣西北星　又按志正月丁巳塡星犯亢十一月壬寅入氐　又按志五月壬子太白犯靈臺六月乙丑犯右執法十月癸酉犯亢距星十一月庚寅入氐丁未犯罰　又按志五月癸巳九月壬子太白皆晝見　又按志正月己未熒惑犯歲星十月乙酉太白犯塡星　又按志正月甲寅八月癸酉老人星俱見　又按志十一月丁未客星出天囷　又按志正月丙申星出右攝提如太白東北速行入濁沒赤黃有尾跡己未星出畢如杯西南緩行至濁沒青白有尾跡二月丁卯星出七星南如太白西南急行至濁沒青白己丑星出太微西扇上將南如盂西急行入濁沒赤黃有尾跡明燭地又星出文昌中如杯西北急行入濁沒赤黃有尾跡明燭地又星出北斗魁南如盂西北急行入濁沒赤黃有尾跡明燭地三月戊戌星出七公如杯速行入紫微垣中鉤陳沒青白有尾跡明燭地壬寅星出天市垣西牆東如杯東南急流至騎官沒青白有尾跡己未星出軫北如太白西北慢行至明堂沒赤黃有尾跡四月壬戌星出紫微垣內帝星南如太白北急行至鉤陳沒赤黃有尾跡癸未星出文昌南如杯西北慢行至濁沒青白有尾跡照地明甲申星出軒轅東如太白東南慢行至太微垣左執法赤黃六月己巳星出牽牛東如太白東急流至濁沒赤黃有尾跡壬申星出紫微垣西牆北如太白東北慢流至濁沒

赤黃庚辰星出羽林軍東如杯東南急流入濁沒青白有尾跡七月庚子星透雲出紫微垣西牆如太白南慢行至天市垣西牆沒青白有尾跡八月丙戌星出紫微垣西牆如杯北急行至濁沒赤黃有尾跡九月己亥星出紫微垣西牆如太白西北慢流至濁沒青白有尾跡丁未星透雲出天船如太白西慢流至內階沒赤黃有尾跡庚戌星出紫微垣東牆如太白東北急流至鉤陳沒青白有尾跡十月己未星出奎西如太白南慢行至天倉南沒青白有尾跡戊辰星出天囷西如太白西南速行至上司空沒赤黃有尾跡十一月戊戌星出五車如太白西南緩行入濁沒赤黃有尾跡十二月甲子星出外屏如太白西南速行入濁沒赤黃有尾跡

熙寧四年星變

按宋史神宗本紀不載　按天文志四年正月辛卯月犯畢乙未犯天關辛丑入太微癸卯掩犯平道東星甲辰犯亢乙巳入氐二月辛酉犯畢距星北第二星癸亥掩犯東井距星戊辰入太微甲戌犯東咸三月甲午犯軒轅大星北一星庚子入氐四月丁卯又入庚午犯天江丙子入羽林軍五月庚寅入太微甲辰入羽林軍六月戊午入太微癸亥犯鍵閉七月丙戌入太微己丑入氐八月甲子犯壁壘陣第一星九月乙巳犯軒轅丁未入太微十月辛酉入羽林軍丁卯犯畢北第三星己巳犯東井甲戌入太微丁丑犯亢距星戊寅入氐十一月戊子入羽林軍壬寅入太微十二月壬戌犯畢距星甲子犯東井東北第一星丁卯犯軒轅大星北一星　又按志三月乙未熒惑犯諸王西第二星十月戊寅犯亢南第一星十一月辛卯犯氐距星乙未入氐十二月戊辰犯罰　又按志十一月辛丑太白犯十二國代星庚戌犯壁壘陣西第五星　又按志十一月丁亥辰星犯罰南第一星　又按志二月己未八月丁丑老人星俱見　又按志正月丙午星出五車西如杯南速行入濁沒赤黃照地明二月甲子星出昴西如杯西緩行入濁沒青白二月癸巳星出天市垣內斗星西如太白西北速行至貫索西沒赤黃有尾跡五月己亥星出左攝提如太白東北急行至濁沒赤黃有尾跡六月丁丑星出營室西如太白西南急流至壁壘陣沒赤黃有尾跡辛巳星出造父西如太白東南慢流至天棓沒青白有尾跡七月戊申星出天津東如太白西慢流至天棓沒赤黃有尾跡八月己未星出五諸侯西如太白東南慢流入濁沒青白有尾跡照地明辛酉星出天市垣西牆西如太白西急行入濁沒赤黃有尾跡癸亥星出北河西如太白西北急行至上台沒赤黃乙丑星出南斗北如太白西南緩行入濁沒赤黃九月甲午星出紫微垣西牆東如太白東北速行入濁沒赤黃有尾跡乙巳星出天廩如太白南緩行至天苑沒青白有尾跡照地明丙午星出北落師門南如太白南緩行至天苑沒青白有尾跡照地明又星出北落師門南如太白南緩行入濁沒青白有尾跡十月壬子星出紫微垣內北極北如太白東北緩行至紫微垣西牆沒青白有尾跡癸丑星出外屏北如太白東緩行至天囷沒赤黃有尾跡甲寅星出文昌西如杯北速行至紫微垣右樞沒青白有尾跡照地明乙卯星出牽牛如太白南速行入濁沒赤黃有尾跡庚申星出天苑南如太白東南慢行至濁沒赤黃有尾跡戊辰星出天囷東如杯東緩行至濁沒青白有尾跡癸酉星出五車東如太白東北急行至濁沒赤黃有尾跡照地明十一月壬辰星出天棓西如杯西北緩行至濁沒赤黃有尾跡庚子星出太微垣左執法南如太白東南慢行至角沒赤黃有尾跡

熙寧五年星變

按宋史神宗本紀五年二月癸亥太白晝見五月丙午太白晝見　按天文志四月癸亥月犯填星閏七月庚申犯熒惑　又按志正月丁酉月入太微庚子入氐二月壬戌犯軒轅大星北一星甲子入太微三月丙戌犯東井東北第一星甲午犯亢距星乙未入氐五月甲申掩軒轅大星丙戌入太微六月乙卯犯平道東星丙辰掩犯亢距星丁未入氐戊午犯房北第一星辛酉犯南斗距星七月癸巳犯羽林軍西一星閏七月甲寅犯天江東第三星辛酉入羽林軍八月癸卯入太微九月乙卯入羽林軍壬戌犯天街南星十月癸未入羽林軍甲申犯壁壘陣東第一星乙未掩軒轅大星北一星十一月庚戌入羽林軍己未犯東井東北一星甲子入太微丁卯犯亢距星戊辰入氐己巳犯鉤鈐東星　又按志正月己丑熒惑犯天江東第一星癸卯入天籥五月丙午入羽林軍十二月戊午犯外屏西第二星　又按志五月丙午填星入氐十一月己酉犯罰南星　又按志二月甲戌太白犯昴東北第二星六月己酉犯畢距星七月丁亥入東井十月戊寅入氐十一月己酉犯罰　又按

志九月癸酉辰星入氐　又按志二月癸亥五月丙午太白晝見　又按志二月己未閏七月己亥老人星俱見　又按志七月己丑星出七公南如太白西南急行至天市垣西牆沒赤黃庚寅星出太微垣東如杯西急行入濁沒青白有尾跡如鉤南行十月戊寅星出紫微垣內後宮東如杯北慢行入濁沒赤黃照地明又星出文昌西如杯急行至卷舌沒赤黃有尾跡照地明甲申星出天雞南如杯西慢行至濁沒赤黃丁亥星出紫微垣東如杯北慢行至濁沒青白戊子星出羽林軍如太白西南急行至濁沒赤黃有尾跡乙巳星出婁南如杯西北急行至七公沒赤黃有尾跡照地明十一月甲寅星出七星南如杯西慢行至參旗沒青白有尾跡十二月辛卯星透雲出五車東如太白東北急行至文昌沒赤黃有尾跡壬辰星出招搖東如太白西北急行至濁沒青白丙申星出角南如太白南慢行至庫樓沒赤黃有尾跡

熙寧六年星變

按宋史神宗本紀六年九月丙寅太白犯斗　按天文志九月甲辰月掩太白　又按志正月壬子月犯諸王西第一星庚申入太微癸亥入氐甲子犯東咸西南第二星乙丑犯天江西南第二星二月己卯犯天街西南星乙酉犯軒轅大星北一星庚寅入氐三月甲寅入太微戊午入氐四月辛巳入太微癸未犯進賢癸巳犯羽林軍五月己酉入太微六月辛巳犯東咸西一星七月甲辰入太微丁未入氐戊申犯房北第一星辛亥掩南斗西第五星八月癸未入羽林軍甲申犯壁壘陣東第二星戊戌入太微九月甲辰犯天江南第二星乙丑入太微十月辛巳犯外屏西第五星甲申犯月星癸巳入太微丙申入氐十一月丙午犯壁壘陣西北星壬子犯天街南星十二月己卯掩月星辛巳犯司怪北第二星丁亥入太微　又按志正月庚戌熒惑犯天陰西南第一星庚午犯月星二月丁丑犯天街西南星甲申犯諸王西第二星三月戊辰入東井四月庚子犯積薪十月辛巳犯氐距星癸未入氐十一月戊申犯鉤鈐西第一星　又按志四月戊寅填星犯罰南第一星五月庚申又退犯鍵閉八月甲申犯罰　又按志六月癸未太白犯東上相丁酉犯左執法八月丁丑掩氐東南星九月甲辰犯天江南第二星丙寅犯南斗距星丁卯入南斗　又按志正月庚午八月丁酉老人星俱見　又按志正月庚申星出天市垣東如杯東南急行至濁沒青白二月庚午星出氐東如盂西慢行入濁沒赤黃照地明四月丙子星出貫索西如杯北慢行至紫微垣牆上宰沒青白照地明戊寅星出貫索西如太白西南急行至亢沒赤黃有尾跡己卯星出柳北如太白西南急行至南河沒赤黃有尾跡五月癸卯星出騰蛇西如杯西北慢行至濁沒青白照地明六月辛卯星出營室北如杯東南急行至壁壘陣沒赤黃有尾跡照地明庚子星出天市垣吳越東如杯東南急行至牽牛沒青白有尾跡照地明七月丙寅星出壁壘陣西如杯南緩行至濁沒青白有尾跡戊辰星出天關如杯東南緩行至東井內沒青白有尾跡照地明己巳星出天倉東如太白南速行至天囷沒赤黃有尾跡照地明八月庚辰星出天市垣內宗正南如太白西南速行入濁沒赤黃有尾跡壬辰星出羽林軍西如杯南緩行入濁沒青白有尾跡分迸照地明乙未星出河鼓如杯南速行至建沒青白有尾跡照地明九月甲辰星出鉤陳東如杯北速行入濁沒赤黃有尾跡照地明丙午星出天苑南如杯南速行入濁沒青白有尾跡照地明辛亥星出天船西如杯西速行穿北斗沒赤黃有尾跡照地明辛酉星出鉤陳東如杯西南速行至天紀沒赤黃有尾跡照地明丁卯星出文昌西如杯西北速行至王良沒赤黃有尾跡照地明十一月甲辰出弧矢東如盂西南緩行至天社沒青白有尾跡照地明辛酉出軒轅南如杯南緩行入濁沒赤黃有尾跡照地明

熙寧七年星變

按宋史神宗本紀不載　按天文志七年正月乙卯月入太微二月壬午又入三月己酉又入辛亥犯進賢癸丑入氐乙卯犯天江南一星四月乙亥掩軒轅大星北一星五月甲辰入太微六月辛未又入己卯犯南斗西第五星己丑掩犯天陰北第一星庚寅犯天街北星七月甲辰犯心大星己酉犯壁壘陣南第一星丙辰犯天陰西南星八月己卯犯壁壘陣東第四星辛卯犯軒轅大星北一星九月戊申犯外屏西三星辛亥犯天陰中央星十月戊寅犯天陰西南星己卯犯月星戊子入太微十一月丙辰犯左執法又入太微十二月癸酉掩犯天陰第三星　又按志四月壬申熒惑犯壁壘陣西第八星十二月辛巳犯天陰西南第一星　又按志二月乙未太白犯壁壘陣西第七星　又按志正月丁未填星犯天江東北第

一星　又按志二月甲申八月庚寅老人星俱見　又按志正月丁未星出角南如太白東南速行至濁沒青白丁巳出張南如杯西南緩行至濁沒赤黃有尾跡二月壬申出天棓北如杯東北緩行至造父沒青白有尾跡照地明辛卯出軫北如杯東慢行至角沒青白有尾跡照地明三月甲子出西咸北如杯急南行至氐沒赤黃有尾跡照地明四月壬申出軒轅西如太白西北慢行至五車沒青白有尾跡又出漸臺南如杯東北急行至天津沒青白有尾跡照地明丙戌星出天市垣蜀星西如杯東北慢行至候星沒青白有尾跡照地明六月辛未星出輦道東如太白北急行至鉤陳沒赤黃有尾跡又星出狗國南如太白東北慢行至天田南曲尺東行至天壘城沒赤黃己卯星出天市垣內列肆西如太白西南慢行入濁沒赤黃色有尾跡庚辰星出華蓋北如杯東北慢行至天船沒赤黃有尾跡乙酉星出壁壘陣北如太白東南急行入濁沒赤黃有尾跡庚寅星出梗河西如太白西南急行至氐沒赤黃有尾跡又星出五車北如太白東北急行至北河沒青黃有尾跡照地明辛卯星出危西如太白西南急行至南斗沒赤黃有尾跡壬辰星出紫微垣牆內鉤陳北如太白西北急行至北斗魁內沒赤黃有尾跡照地明七月甲寅星出王良北如盂北慢行至文昌沒赤黃有尾跡丁巳星出天津北如太白北急行至紫微垣牆內沒赤黃有尾跡照地明戊午星出大陵北如太白東北慢行至濁沒赤黃有尾跡壬戌星出羽林軍東如太白東南急行入濁沒赤黃有尾跡癸亥星出天倉如杯南急行入濁沒青白有尾跡八月戊寅星出北斗天樞南如太白東北慢行至文昌沒青白有尾跡癸未星出羽林軍內如杯北慢行至大陵沒赤黃有尾跡乙酉星出天紀西如太白東慢流至奚仲沒赤黃有尾跡九月丁酉星出羽林軍南如太白南慢流至濁沒赤黃有尾跡辛丑星出王良西如太白西北急流至濁沒有尾跡丙午星出天囷東如太白東急流至九斿沒青白有尾跡照地明戊申星出天倉北如杯東北慢流至濁沒青黃甲子星透雲出營室東如太白西南急流至左旂沒赤黃十月丙子星出天倉西如杯西南慢流至敗臼沒赤黃尾跡分裂照地明又星出軫東如杯東南急流至濁沒赤黃有尾跡照地明丙戌星出五車如杯東北慢流至濁沒赤黃有尾跡照地明戊子星出天苑南如太白西南急流至濁沒赤黃有尾跡又星出右樞星東如太白東北慢流至濁沒青白

熙寧八年星變

按宋史神宗本紀八年二月戊午太白晝見七月戊寅太白晝見冬十月乙未彗出軫己亥詔以災異數見不御前殿減常膳求直言壬寅赦天下罷手實法丁未彗不見丙辰御殿復膳　按天文志正月癸卯月犯司怪北一星乙巳犯五諸侯西第四星庚戌入太微二月戊辰犯昴距星丁丑入太微戊寅犯左執法甲申犯箕東北星四月壬申入太微丁丑犯心距星壬午犯壁壘陣閏四月己亥入太微辛亥入羽林軍壬子犯壁壘陣東北第一星丙辰犯天陰西南星五月丁卯犯右執法辛巳犯外屏西第二星六月甲午入太微己亥犯日星壬寅入南斗魁丙午入羽林軍七月庚午犯狗國西南星癸酉入羽林軍己卯犯昴西南第二星癸未犯九諸侯八月甲午犯心距星辛丑入羽林軍十月戊戌犯外屏西第三星庚子犯天陰西北星己酉犯長垣南一星庚戌犯西上將十一月丁丑犯靈臺北第一星庚辰犯角距星十二月庚戌犯日星　又按志六月己未歲星犯諸王八月庚戌又犯　又按志正月辛亥熒惑犯月星二月甲子犯諸王西第一星三月丁酉犯司怪北第二星丙辰入犯東井東北第一星四月己丑犯積薪閏四月辛丑入輿鬼　又按志八月丁巳填星犯天籥西北星　又按志二月庚寅太白犯天陰中星三月戊戌犯月星癸卯犯天街北星辛酉犯司怪北第二星閏四月戊戌犯輿鬼西北星八月丁酉太白犯軒轅御女九月癸亥犯右執法辛未犯左執法十月丁酉犯亢距星丙午入氐　又按志三月戊午七月戊寅太白皆晝見　又按志三月庚寅太白犯填星　又按志二月己丑八月庚戌老人星皆見　又按志十月乙未星出軫度中如塡青白丙申西北生光芒長三尺斜指軫若彗丁酉光芒長五尺戊戌長七尺斜指左轄至丁未入濁不見　又按志正月壬子星出貫索西如杯東北急流至濁沒赤黃有尾跡照地明二月乙亥星出七星如太白西緩行至弧矢沒赤黃有尾跡三月丁酉星出積水東如太白西北速行至五車東沒赤黃有尾跡戊戌星出貫索東如太白東北速行至織女沒赤黃有尾跡四月癸亥星出北斗天樞北如杯北速行至鉤陳沒赤黃閏四月癸巳未昏

星出土司空南如太白西南速行至天廟沒赤黃有尾跡照地明又星出心東如杯南速行至濁沒赤黃照地明五月壬戌星出尾東如太白西南速行至濁沒赤黃有尾跡戊寅星出文昌西如太白西北緩行至濁沒赤黃六月癸巳星出天市垣西牆西如太白西南緩行入氐沒赤黃戊戌星出天市垣齊星東如太白西南緩行至濁沒赤黃有尾跡又星出齊星北如太白西南速行至天市垣內列肆沒赤黃有尾跡又星出文昌東如太白北行至濁沒赤黃有尾跡照地明乙巳星出北落師門南如太白南速行至濁沒赤黃壬子星出北斗魁東如杯北緩行至濁沒青白有尾跡照地明七月辛酉星出天津北如太白東北緩行至天船沒赤黃有尾跡照地明庚午星出北斗搖光西如杯北速行至濁沒赤黃癸未星出奎北如太白東北速行至大將軍沒赤黃有尾跡甲申星出天市垣東如太白西南速行至濁沒赤黃八月癸巳星出壘壁陣南如太白南緩行至濁沒赤黃九月壬戌星出織女南如太白西南緩行至濁沒赤黃乙丑星出織女南如太白西北速行至濁沒赤黃有尾跡丙寅星透雲出河鼓北如太白東南緩行至危沒赤黃又星出天倉南如太白西南速行至濁沒赤黃有尾跡又星出中台東如太白東北速行至濁沒青白有尾跡十月壬辰星出軍市西如太白西南速行至濁沒赤黃有尾跡照地明乙未星出弧矢西北如杯東南緩行至濁沒青白有尾跡照地明丙申星出大陵西如杯西北緩行至閣道沒青白又星出五車西如太白速行至天船沒青白有尾跡　按王安石傳八年十月彗出東方詔求直言及詢政事之未協於民者安石率同列疏言晉武帝五年彗出軫十年又有孛而其在位二十八年與乙巳占所期不合蓋天道遠先王雖有官占而所信者人事而已天文之變無窮上下傅會豈無偶合周公召公豈欺成王哉其言中宗享國日久則曰嚴恭寅畏天命自度治民不敢荒寧其言夏商多歷年所亦曰德而已裨竈言火而驗故禳之國僑不聽則曰不用吾言鄭又將火僑終不聽鄭亦不火有如裨竈未免妄誕況今星工哉所傳占書又世所禁謄寫譌誤尤不可知陛下盛德至善非特賢於中宗周召所言則既閱而盡之矣豈須愚瞽復有所陳竊聞兩宮以此爲憂望以臣等所言力行開慰帝曰聞民間殊苦新法安石曰祁寒暑雨民猶怨咨此無庸恤帝曰豈若幷祁寒暑雨之怨亦無邪安石不悅退而屬疾臥帝慰勉起之　按呂公著傳公著知潁州八年彗星見詔求直言公著上疏曰陛下臨朝願治爲日已久而左右前後莫敢正言使陛下有欲治之心而無致治之實此任事之臣負陛下也夫士之邪正賢不肖卽素定矣今則不然前日所舉以爲天下之至賢而後日逐之以爲天下至不肖其於人材旣反覆不常則於政事亦乖戾不審矣古之爲政初不信於民者有之若子產治鄭一年而人怨之三年而人歌之陛下垂拱仰成七年於此然輿人之誦亦未有異於前日陛下獨不察乎

熙寧九年星變

按宋史神宗本紀九年冬十月乙酉太白晝見　按天文志正月辛未月犯長垣南一星四月庚子犯心大星五月丁卯犯房距星壬申犯壁壘陣甲戌又犯六月乙未掩心東星庚子犯壁壘陣西第五星丙午犯天陰西北星七月甲戌犯昴東北星戊寅犯五諸侯東一星八月癸巳掩狗國西北星乙未犯壁壘陣西第五星癸卯犯五車西南星九月丁巳犯心東星壬戌犯壁壘陣西南星丙寅犯外屏西第二星辛未犯司怪北第一星丁丑犯靈臺南第二星十月辛卯犯壁壘陣西第八星庚子犯五諸侯西第四星十一月庚申犯外屏西第一星十二月乙未犯五諸侯東一星丙申犯輿鬼東北星戊戌犯軒轅大星己亥掩靈臺南第二星丙午犯心東星　又按志六月辛卯歲星入東井七月丁丑犯天罇西星十月戊戌犯天罇東北星　又按志七月壬戌熒惑犯諸王東第三星八月戊戌犯井鉞壬寅犯東井距星丁未入東井十月戊戌犯東井東北第一星十一月丁卯犯司怪　又按志正月壬午塡星犯建西第二星　又按志九月丁巳太白犯東咸西第一星辛巳犯南斗西第二星十月庚寅犯狗國西北星十一月辛酉犯壁壘陣西北星　又按志十月乙酉太白晝見　又按志二月丁酉八月庚子老人星俱見　又按志正月丙子星出七公北如太白東北急行至濁沒赤黃有尾跡己卯星出天船東如杯西北急行至天大將軍沒赤黃有尾跡照地明三月甲子星透雲出天市垣內宗正西如太白西北慢行至太微垣內五帝坐沒赤黃有尾跡又星透雲出紫微垣西如杯西北急行至濁沒赤黃有尾跡照地明丙子星出卷舌東如太白南慢行至濁沒赤黃有尾跡四月庚寅星出天市垣

如杯北急行至紫微垣沒青白有尾跡照地明辛亥星出心南如太白南急行入濁沒赤黃有尾跡五月庚申星出天津如杯東南慢行入濁沒赤黃有尾跡照地明丁丑星出尾北如太白東南急行入濁沒赤黃有尾跡戊寅星出心南如太白南急行入濁沒赤黃壬午星出天津北如太白西南急行至天江沒赤黃有尾跡六月丙戌星出華蓋西如太白西北急行至濁沒赤黃有尾跡戊子星出車府東如太白東南急行至濁沒赤黃有尾跡壬辰星出牽牛東如太白南慢行至濁沒赤黃有尾跡照地明甲辰星出閣道北如杯西南急行至鉤陳沒赤黃有尾跡照地明乙巳星透雲出處南如太白南急行入濁沒赤黃有尾跡丙午星出東壁北如杯南急流至羽林軍沒赤黃有尾跡己酉星出閣道南如太白西急行至車府沒赤黃有尾跡辛亥星出天市垣內斛星南如太白東南急流至建沒赤黃有尾跡又星出北斗內大理北如太白東北急行至濁沒赤黃有尾跡又星出天倉南如太白西南急行至濁沒赤黃有尾跡照地明癸丑星出天棓南如太白東南慢行至天津沒赤黃有尾跡七月乙卯星出羽林軍西如太白西南急行至濁沒赤黃有尾跡戊寅星出外屏西如太白東北急行至天囷沒赤黃有尾跡壬午星出王良西如杯東北慢行至濁沒青白有尾跡八月戊子星出大角東如太白南緩行至氐沒赤黃有尾跡又星出王良北如太白西北急流至天津沒青白有尾跡壬寅星出危北如杯西南急流至濁沒赤黃有尾跡照地明甲辰星出梗河南如太白西急流至濁沒青白有尾跡照地明戊申星出外屏北如太白南急流至土司空沒赤黃有尾跡辛亥星出營室西如太白南急流至墳墓沒赤黃壬子星出參西如太白東南急流至狼星沒赤黃有尾跡照地明又星出紫微垣內後宮東如杯北急流至濁沒赤黃有尾跡照地明癸丑星出天大將軍如太白急流至造父沒赤黃有尾跡照地明九月丁巳星出昴北如杯東北急流至五車沒赤黃有尾跡又星出紫微垣少輔東如杯西北急流至濁沒赤黃有尾跡照地明戊午星出南河東如歲星東慢流至七星沒赤黃有尾跡辛酉星出牽牛西如太白東慢流至危沒赤黃有尾跡戊辰星出王良西如太白西北慢流至北斗沒青白有尾跡丁丑星出危西如太白南慢流至牽牛沒青白有尾跡庚辰星出紫微垣牆右樞北如太白北急流至濁沒赤黃有尾跡照地明十月己酉星出天囷西如太白東南緩行至天苑沒赤黃有尾跡己丑星出昴南如太白西北緩行至內階沒赤黃有尾跡照地明庚子星出五車西如杯緩行至鉤陳沒赤黃辛丑星出屏星如盂向東速行入濁沒赤黃有尾跡照地明癸卯星出天倉北如太白東北緩行至天囷沒赤黃有尾跡辛未星出柳東如太白東速行入濁沒青白有尾跡十一月甲寅星出參旗西如太白南緩行至天苑內沒赤黃有尾跡庚午星出弧矢西如太白東南緩行入濁沒赤黃有尾跡十二月癸未星出天苑東如太白西南緩行至濁沒赤黃有尾跡庚子星出婁東如杯西南緩行至濁沒青白有尾跡照地明甲辰星出東井西如太白南緩行至天囷沒赤黃有尾跡

熙寧十年星變

按宋史神宗本紀十年五月甲戌太白晝見　按天文志九月庚午月犯歲星十二月壬辰犯歲星　又按志正月戊午月犯昴西北一星乙亥犯箕東北星二月庚子犯房距星癸卯入南斗甲辰犯狗國東北星四月甲辰犯外屏西第一星六月庚寅犯心東星丙申犯壁壘陣西一星七月癸酉犯五諸侯東一星八月庚寅犯壁壘陣西第二星戊戌犯五車東南星九月丁酉犯外屏西第一星丙寅犯司怪北第一星十月乙酉犯壁壘陣西第四星己亥犯靈臺北第二星癸亥犯積薪十二月癸未犯外屏西一星丙戌犯昴西北星辛卯掩輿鬼西北星辛丑犯心東星　又按志三月戊寅歲星犯天罇西星　又按志正月丙寅熒惑犯司怪第二星四月丙戌又犯輿鬼東北星戊子入輿鬼　又按志六月壬寅太白犯東不言何宿疑脫一字或東字下有井字距星癸卯入東井九月己酉入太微　又按志五月甲戌太白晝見　又按志七月癸酉太白犯歲星　又按志正月己卯九月戊申老人星俱見　又按志正月丁丑星出紫微垣內相南如太白南緩行至太微垣右執法沒赤黃有尾跡辛巳星出參西如太白西南速行至天苑沒赤黃有尾跡二月丙戌星出五車大星西如太白赤黃色北急流至大陵沒有尾跡癸巳星透雲出北斗北如太白速行入濁沒青白有尾跡戊申星出天弁東南如杯東速行入濁沒赤黃有尾跡明燭地三月丁巳星出右樞東如太白東北速行至濁沒赤黃有尾跡四月甲申星出河鼓北如太白東速行至濁沒青白有尾跡甲辰

星出郎位北如太白西急流至下台南沒赤黃明燭地己酉星出積卒北如杯南急流至濁沒青白有尾跡明燭地又星出太微垣內屏南如太白西南慢流至翼南沒赤黃有尾跡照地明五月甲戌星出庫樓北如太白西南慢流至濁沒赤黃乙亥星出五車西南如太白西北急流至文昌沒赤黃有尾跡丁丑星出天市垣內侯北如太白東北急流至左旗沒赤黃有尾跡六月辛丑星出天市垣西如杯西北急流至右攝提沒赤黃有尾跡照地明乙巳星出王良東如太白西北急行至紫微垣內鉤陳沒赤黃有尾跡丙午星出天雞南如太白南慢流至濁沒青白有尾跡戊申星出南斗南如太白東南急流至濁沒赤黃有尾跡七月庚戌星透雲出北斗南如太白西南急流至氐宿沒赤黃有尾跡又星出天市垣內宗人東如太白南急流至尾沒赤黃有尾跡甲寅星透雲出氐如太白西北急流至濁沒赤黃有尾跡乙亥星出人星西南如太白西北急流至織女沒赤黃有尾跡八月己卯星出左攝提東如杯東慢流至天大將軍沒赤黃有尾跡照地明壬午星出鉤陳東如太白東北慢流至濁沒青白有尾跡照地明壬辰星出天船西如太白西慢流至紫微垣沒赤黃有尾跡甲辰星出軍市西如太白東南慢流至濁沒青白有尾跡照地明九月庚戌星出內階北如杯北慢流至文昌沒青白有尾跡照地明戊辰星透雲出織女如太白西北急流至紫微垣內北極沒赤黃有尾跡照地明又星出紫微垣內北極東如太白北急流至濁沒青白有尾跡己巳星出司怪西如太白東北急流至濁沒赤黃有尾跡照地明庚午星出天船北如太白西北急流至紫微垣內階沒青白有尾跡壬申星出紫微垣少尉東如杯北急流至濁沒青白有尾跡照地明丙子星出河鼓北如太白西急行至濁沒青白有尾跡十月己卯星出七星北如太白東急行至濁沒赤黃乙酉星出天紀北如杯西慢行至濁沒赤黃有尾跡照地明丁亥星出昴南如杯西急行至營室北沒赤黃有尾跡照地明又星出東井北如杯東急行至軒轅沒赤黃有尾跡照地明辛卯星出天棓北如太白北急流至濁沒赤黃有尾跡己亥星出霹靂北如太白西北急行至濁沒赤黃有尾跡照地明庚子星出紫微垣內如太白北急流至濁沒青白照地明辛丑星出軒轅西第三星北如杯東南慢流至天狗沒赤黃有尾跡照地明乙巳星出紫微垣內鉤陳東如太白東北慢行至濁沒青白十一月癸丑星出天廟西如太白西南急行至濁沒赤黃有尾跡照地明甲寅星出天廚北如杯西行至天棓沒赤黃又星出天船北如太白西北急行至騰蛇沒赤黃有尾跡照地明乙卯星出紫微垣內五帝坐南如太白東北急行至角沒青白有尾跡十二月甲申星出天廟東南如杯南急行至濁沒赤黃有尾跡

庶徵典第四十九卷
星變部彙考二十三

宋四

神宗元豐元年星變

按宋史神宗本紀元豐元年夏四月癸亥太白晝見

按天文志正月壬戌月犯明堂東北星辛未掩南斗西第五星閏正月戊子犯軒轅少民乙未犯房距星次相二月壬子犯五諸侯東一星癸亥犯心大星三月癸巳入南斗掩東第二星四月丁巳犯房南第二星庚申入南斗庚午犯昴西北星五月乙酉犯心東星六月乙卯犯南斗東南第一星七月甲午犯司怪北第二星九月癸巳犯軒轅御女十月庚戌犯雲雨東北星丙辰犯司怪北一星丁巳犯東井東北第一星戊午犯積薪十一月丙戌犯輿鬼又犯積尸十二月己酉犯昴西北星癸亥犯心星丙寅犯西星　又按志八月丁巳歲星犯靈臺北第一星九月乙亥犯西上將十月戊申入太微　又按志六月己巳熒惑犯司怪南二星七月庚辰入井戊戌犯天罇西北星八月戊午犯積薪九月壬申犯輿鬼西北星丁丑入輿鬼犯積尸　又按志十月丙辰太白犯亢距星庚午入氐十一月己丑犯罰南第二星十二月壬戌犯建西第二星　又按志四月癸亥太白晝見　又按志二月乙酉八月丙午老人星皆見於丙　又按志正月丁卯星出天紀向南速行至天社北沒赤黃庚午星出天紀南如太白西南慢行至天社沒赤黃有尾跡閏正月壬寅星出紫微垣內鉤陳北如杯北慢行至濁沒青白有尾跡甲辰星出柳北如杯西急行至天廩沒赤黃有尾跡照地明二月己酉星出太微垣內如杯西南急行至翼沒有尾跡照地明癸亥星出角南如杯西南急行至土司空沒青白三月丁酉星出箕東如杯西南急行至濁沒赤黃有尾跡照地明四月丙寅星出閣道東如杯北急行入濁沒赤黃有尾跡照地明六月甲辰東南方光燭地有星如盂出匏瓜至內階沒分裂有聲如雷己巳星出左攝提西如太白西南急行至太微垣內五諸侯沒赤黃有尾跡照地明辛未星出外屏北如太白東北慢行至濁沒青白有尾跡七月甲申夕星出大角南如太白北慢行至北斗沒赤黃有尾跡庚子星出天市垣內列肆東如杯西慢行至亢沒青白有尾跡八月己酉星出紫微垣內陰德南如杯北急行至濁沒赤黃有尾跡照地明乙卯星出營室北如盂西北慢行至濁沒赤黃有尾跡照地明丙辰星出貫索西北如太白西慢行至濁沒青白有尾跡甲子星隔雲照地明東北急行至濁沒九月庚辰星出鉤陳北如杯西北急行至濁沒赤黃有尾跡甲申星出七公北如太白西北慢行至濁沒青白有尾跡己亥星出天囷南如杯東南慢行至濁沒青白有尾跡照地明又星出東井西如杯東北急行至濁沒赤黃有尾跡照地明十月乙巳星出天津北如太白西北急行至天棓沒赤黃有尾跡照地明十二月丙寅星出北河北如杯東南急行至弧矢沒赤黃有尾跡照地明

元豐二年星變

按宋史神宗本紀不載　按天文志二年正月己卯月犯東井東北第一星辛巳犯輿鬼距星又入犯東南星幷積尸甲申犯靈臺二月庚戌犯軒轅御女辛亥犯靈臺南一星三月辛未犯昴西北星壬午犯天門東星乙酉犯心大星四月乙卯犯南斗五月己卯犯日星犯房距星六月甲辰犯天門東星甲寅犯泣西星七月己卯犯羅堰癸未犯雲雨東北星壬辰犯輿鬼西南星八月辛酉犯軒轅御女九月庚午犯天江甲戌犯羅堰丙子犯泣西星壬午犯昴距星十月乙巳犯雲雨西南星庚戌犯天街東北星十一月丁丑犯昴距星己卯犯司怪庚辰入東井辛巳犯水位十二月戊申犯天罇東北星庚戌犯軒轅太民又犯酒旗　又按志正月己丑歲星又犯太微三月辛未犯靈臺北星　又按志二月壬戌熒惑入犯輿鬼東北星　又按志二月丙午塡星犯十二國代東星　又按志十一月壬辰太白犯壁壘陣西第五星十二月戊戌犯壁壘陣　又按志五月庚寅熒惑犯歲星　又按志二月壬戌八月乙卯老人星皆見於丙　又按志三月戊子星出氐內如太白東北緩行至天市垣內候星沒赤黃有尾跡照地明五月戊辰星出

軫中如太白西速行至濁沒赤黃有尾跡照地明庚午星出天廚東如太白東北速行至天津沒赤黃有尾跡照地明甲午星出氐南如太白南速行至濁沒青白丙申星出織女北如杯北速行至紫微垣內太子沒赤黃有尾跡照地明丁酉星出紫微垣上宰北如杯北速行至右樞沒青白照地明六月戊戌星出尾東如杯南速行至濁沒青白照地明庚子星出危東如杯東緩行至濁沒青白有尾跡照地明七月乙巳星出雷電北如太白東速行至霹靂赤黃有尾跡庚子星出氐北如杯西速行至濁沒青白照地明庚寅星出天津西如杯南急行至河鼓沒赤黃有尾跡照地明八月癸卯星出天囷西如太白東南速行至濁沒赤黃有尾跡九月戊辰星出天弁如太白西南速行至天市垣沒青白有尾跡照地明十月丁未星出天船北如太白西南速行至營室沒青白有尾跡乙卯星出北斗西如太白東北速行至濁沒赤黃有尾跡十二月壬子星出輿鬼東如太白東北速行至軒轅沒赤黃有尾跡照地明

元豐三年星變

按宋史神宗本紀三年秋七月癸未彗出太微垣丙戌避殿減膳詔求直言戊子太白晝見八月戊午彗不見九月丙寅御殿復膳　按天文志正月壬申月掩昴宿東北星甲戌犯司怪乙酉犯心距星二月壬寅入東井乙巳犯軒轅大民三月庚午犯天罇南星丁丑犯天門庚辰犯心大星壬午犯南斗四月丁未犯心距星壬子犯牽牛南星及羅堰五月己巳犯明堂西第二星甲戌犯日星又犯房己卯犯牽牛壬午犯虛梁西第一星六月己亥犯泣西星戊午犯東井距星七月己巳犯心距星戊寅入雲雨癸未犯昴八月丙申犯日星甲辰犯虛梁九月辛未犯泣西星戊寅犯天街東北星庚辰犯東井距星辛巳犯天罇南星閏九月丙申犯牽牛南星庚子犯雲雨西北星乙巳犯昴丁未犯司怪南第二星戊申入犯東井東北第三星辛未犯酒旗十月辛酉犯氐壬戌犯天陰西北星十一月乙未犯雲雨庚子犯昴庚戌犯天門十二月壬戌犯雲雨西北星庚午入東井癸酉犯軒轅右角乙亥犯明堂辛巳犯天江癸未犯建西第二星　又按志十月辛酉歲星犯氐距星庚午入氐　又按志七月丁卯熒惑入東井甲申犯天罇西北星八月辛丑犯積薪乙卯犯輿鬼積尸閏九月丁巳犯長垣十月戊辰犯靈臺北星癸未入太微　又按志七月丙寅填星犯壁壘陣西第五星十月丁亥又犯之　又按志正月甲戌太白犯外屏西第二星二月甲寅犯昴距星六月癸巳犯畢距第二星乙未入畢口七月戊辰犯東井西北第二星己巳入東井戊子犯水位西第三星八月丙申犯輿鬼九月戊寅入太微乙酉犯左執法閏九月丙申犯進賢丁巳犯氐距星十月己未入氐　又按志七月戊子太白晝見　又按志二月甲寅八月己未老人星皆見於丙　又按志七月癸未彗出西北太微垣郎位南白氣長一丈斜指東南在軫度中丙戌向西北行在翼度中戊子長三尺斜穿郎位癸卯犯軒轅至丁酉入濁不見庚子晨復出於張度中至戊子凡三十有六日沒不見　又按志正月癸未星出右攝提西如太白青白色東北速行至濁沒有尾跡二月辛丑星出弧矢南如太白東南速行至濁沒青白有尾跡五月庚午星出尾南如太白南速行至濁沒青白有尾跡辛未星出中台北如太白東南緩行至天江沒赤黃丁丑星出織女西如杯東北速行至濁沒青白有尾跡六月己亥星出南斗南如杯南速行至鼈星沒青白有尾跡照地明壬子星出天津東如杯東速行至濁沒青白有尾跡照地明七月甲子星出天棓如杯北急行至濁沒赤黃有尾跡丙寅星出天棓北如杯西南急流至濁沒赤黃有尾跡照地明己丑星出北斗西如太白東北急流至濁沒赤黃有尾跡照地明八月乙卯星出天囷北如太白東南慢流至弧矢沒赤黃有尾跡照地明戊午星出紫微垣內大理西如太白北慢流至濁沒青白有尾跡閏九月辛卯星出輿鬼南如杯急流至軒轅沒赤黃有尾跡照地明庚戌星出紫微垣內鉤陳北如太白北急流至天棓沒青白照地明十月庚申星出狼東如太白東南急流至濁沒青白有尾跡照地明十一月丙辰星出廁星東如太白東南慢流至濁沒青白

元豐四年星變

按宋史神宗本紀四年秋七月己丑太白晝見九月戊申太白犯斗　按天文志三月壬辰月入東井五月辛亥犯月星六月己巳犯羅堰西第二星己卯犯諸王西第二星辛巳入東井七月戊申犯東井鉞星八月庚申犯天江西第三星壬戌犯建西南第三星癸酉犯月星己卯犯軒轅太民九月己丑犯建西第一星庚寅犯天雞東南星辛卯犯羅堰北第二星十

月辛酉掩犯虛梁西第三星壬戌犯雲雨西北星戊辰犯天街西南星庚午犯東井西北第三星十一月甲午犯天陰西南星乙未犯月星戊戌入東井癸卯犯明堂西第二星戊申犯東咸西南第二星己酉犯天江東北第二星十二月癸亥犯天街西南星乙丑犯東井西北第二星　又按志二月壬午歲星退入氐　又按志四月甲申熒惑犯右執法七月庚戌入氐　又按志八月甲戌太白犯心距星九月戊申犯南斗距星庚戌入南斗　又按志七月己丑太白晝見　又按志十月乙亥熒惑犯太白　又按志八月丁卯老人星見於丙　又按志正月戊戌星出五車北如杯西南急流至天囷沒赤黃有尾跡分裂六月戊寅星出紫微垣內廚南如太白南慢流至天角沒赤黃有尾跡八月丁巳星出壁壘陣南如杯西南慢流至濁沒青白有尾跡照地明癸亥星出文昌北如太白東北慢流至濁沒青白有尾跡癸酉星出貫索南如太白東南至天市垣秦星沒赤黃有尾跡照地明戊寅星出婁大如太白東急流至濁沒青白己卯星出文昌西如太白北慢流至紫微垣內鉤陳沒赤黃有尾跡九月己酉星出天街如杯北急行穿五車北沒赤黃有尾跡照地明庚戌星出天倉南如太白南急行至濁沒赤黃有尾跡照地明十一月乙丑星出紫微垣內六甲如太白東北慢行入濁沒赤黃有尾跡照地明乙未星出鉤陳北如太白東北慢行至濁沒赤黃有尾跡照地明

元豐五年星變

按宋史神宗本紀不載　按天文志五年正月辛卯月犯諸王東二星癸巳犯東井東南第二星二月庚申入東井辛酉犯水位星西第一星三月戊子入東井庚子犯建西第一星五月乙酉犯酒旗南第二星甲午犯天籥西北星己亥犯虛梁西第二星六月丙子入東井七月丁亥犯東咸西第二星辛卯犯牽牛距星甲午犯虛梁西第二星甲辰入東井八月甲寅犯鉤鈐西星甲子犯外屏西第一星辛未入東井九月戊戌又入十月壬子犯建西第五星癸丑犯牽牛距星丁巳犯雲雨西南星甲子犯諸王西第五星十一月癸未犯虛梁西第三星丙戌犯外屏西第一星癸巳入東井甲午犯水位星西第一星十二月己未犯天關庚申入犯東井　又按志九月癸未歲星犯天江北第一星　又按志七月辛丑熒惑犯輿鬼西北星乙巳入輿鬼十月癸丑犯西上將丁巳入太微十一月壬午犯左執法甲午犯西上將　又按志三月丙戌太白犯塡星十二月丙寅辰星犯歲星　又按志二月甲戌八月己巳老人星皆見於丙　又按志四月庚申星出角東如太白東南急行至濁沒赤黃辛未星出紫微垣內鉤陳北如太白急行至濁沒青白五月己丑星出天津西如太白西北急行至紫微垣內鉤陳沒赤黃有尾跡六月丁卯星出天槍東如太白西急行至天罇沒赤黃有尾跡照地明己卯星出郎位如太白東南急行至濁沒赤黃有尾跡照地明七月辛巳星出天市垣內列肆西北如杯西急行至濁沒赤黃有尾跡照地明十月庚戌星出參南如太白東南急行至濁沒青白辛亥星出參旗南如杯東急行至軍井沒青白有尾跡甲寅星出騰蛇西如太白南速行入虛沒赤黃有尾跡照地明甲子星出中台南如太白東北速行至濁沒赤黃有尾跡十一月辛巳星出五車西南如太白西北速行入雲沒赤黃有尾跡照地明甲申星出天津北如太白東北速行至紫微垣內鉤陳沒赤黃有尾跡十二月庚申星出東壁西如太白西南速行至濁沒赤黃有尾跡戊辰星出畢南如太白西南速行至濁沒赤黃壬申星出中台北如太白東北速行至濁沒赤黃

元豐六年星變

按宋史神宗本紀六年八月己卯太白晝見　按天文志正月己卯月犯雲雨西星乙酉犯畢距星丁亥犯司怪南第一星戊子入東井二月乙卯又入壬申犯虛梁西第三星三月癸未入東井四月庚戌又入己未犯氐距星五月乙未入雲雨七月丙辰犯虛梁西第一星八月丁丑犯鍵閉辛巳犯牽牛距星乙酉入犯雲雨東北星癸巳犯東井西北第二星九月辛亥犯虛梁西第三星戊午掩犯距星辛酉入東井甲子犯酒旗南第二星十月戊子入東井十一月乙卯又入乙丑入氐丙寅犯房北第一星十二月庚辰掩犯畢距第二星　又按志三月戊寅熒惑犯進賢己亥犯東上相閏六月戊戌入犯氐東南星七月丙辰犯房北第二星甲子犯東咸西第一星八月癸未犯天江南第二星　又按志二月壬申太白犯天陰東北星三月癸未犯司怪北第二星四月丁卯犯五諸侯八月己卯犯軒轅御女九月乙巳犯右執法丁巳犯東上相甲子犯進賢十月戊寅犯亢距星戊子入氐　又按志八月己卯太白晝見　又按志二月己

未八月丁丑老人星皆見於丙　又按志四月辛酉星出軒轅西南如杯西緩行至天鑰沒青白有尾跡照地明閏六月丙子星出貫索東北如杯西南急行至濁沒青白有尾跡照地明戊寅星出貫索西如盂西緩行至濁沒赤黃有尾跡照地明己卯星出天槍東如太白西南急行至濁沒赤黃有尾跡癸卯星出壁壘陣西南如太白西南慢行至濁沒青白有尾跡照地明八月癸巳星透雲出王良南如太白西南急行至室沒青白有尾跡甲午星出騰蛇北如太白西北急行至濁沒青白有尾跡丙申星出天船北如太白西北急流至文昌沒赤黃有尾跡照地明九月癸卯星出五車東如杯北急行至濁沒赤黃照地明乙巳星出輿鬼東北如太白西北速行至紫微垣內文昌沒赤黃有尾跡照地明庚申星出危北如太白西南急行至牽牛沒赤黃有尾跡乙丑星出織女西南如太白西北急行至濁沒青白有尾跡十月辛丑星出大角西如太白南慢行至角距星沒青白有尾跡照地明

元豐七年星變

按宋史神宗本紀七年十一月乙卯太白晝見　按天文志十月甲午月犯辰星　又按志正月辛亥月犯水位星西第一星丙辰犯明堂二月戊寅入東井丁亥入氐辛卯犯建三月壬寅犯畢距星乙巳入東井戊申犯酒旗四月戊寅犯明堂東北第一星壬午入氐丁亥犯羅堰壬辰犯外屏西第二星六月壬午犯羅堰南第二星七月辛酉入東井八月戊子入犯東井九月丙辰入犯東井東南第一星十月壬午犯司怪南第一星癸未入東井己丑犯明堂甲午犯心大星十一月庚戌入東井十二月辛未犯外屏西第二星乙亥入犯畢辛巳犯酒旗戊子入氐己丑犯罰　又按志四月壬午歲星犯壁壘陣西第六星七月癸卯又犯西第五星十一月丙辰又犯十一月庚午犯天鑰　又按志八月己未熒惑犯靈臺九月己亥犯西上相丁未入太微乙丑犯左執法十月己丑犯進賢十一月戊午犯亢距星十二月辛巳入氐　又按志六月乙未填星犯外屏　又按志十一月己酉太白犯壁壘陣西第五星十二月辛巳犯雲雨　又按志十月乙卯太白晝見　又按志十一月甲寅太白犯歲星　又按志二月辛巳八月己卯老人星皆見於丙　又按志四月辛未星出牛星東如杯西南慢行至濁沒赤黃有尾跡丙子星出亢如太白西南急行至角沒赤黃有尾跡照地明六月庚辰星出天棓南如太白西南急行入天市垣內候星沒青白有尾跡癸巳星出紫微垣東如杯東北流行至濁沒赤黃有尾跡戊子星出王良西如杯西北速行至女牀沒赤黃有尾跡照地明丁酉星出騰蛇南如太白東南急行至濁沒赤黃有尾跡照地明七月丙午星出閣道北如杯北慢行至濁沒青白己未星出胃東如太白東急行至濁沒青白有尾跡八月辛未星出文昌東如太白西北速行至濁沒青白有尾跡照地明癸巳星出天津東如太白西南急流至河鼓沒青白有尾跡十一月乙卯星出虛南如杯西南急行至濁沒赤黃有尾跡照地明丁巳星出七星東如太白東南急行入濁沒赤黃有尾跡照地明

元豐八年星變

按宋史神宗本紀不載　按天文志八年八月戊寅月犯填星十一月戊戌犯歲星庚子犯填星　又按志正月壬寅月犯畢西第二星乙巳入東井乙卯入歸二月壬申入東井甲申犯東咸東第一星三月庚戌入氐辛亥犯罰甲寅犯建星西第五星乙卯犯牛距星庚午犯畢四月丁卯入井五月己酉犯天雞西北星六月壬申入氐丙子犯建星西第四星七月甲辰犯天雞癸丑犯畢又行入畢丙辰入井八月丁卯入氐辛未犯建星西第四星壬申犯牛距星甲戌犯泣東星九月辛亥入井犯東南第一星十月丁卯犯羅堰北一星乙亥犯畢西第二星戊子入氐十一月甲午犯牛距星癸卯入畢又犯畢大星乙巳入井己酉犯軒轅御女癸丑犯進賢十二月丁卯犯外屏庚午掩畢距星　又按志正月戊午熒惑犯房北第一星二月乙丑犯鍵閉癸酉犯罰北第一星乙酉犯東咸三月壬戌犯壁壘陣七月己未犯天江十月戊寅犯泰星十一月丙午犯壁壘陣西第六星十二月壬戌順行犯壁壘陣　又按志六月甲戌太白順行犯天關癸未順行犯井距星甲申順行入井七月乙未犯天鑰八月甲戌犯軒轅少民辛巳犯靈臺　又按志十月癸未辰星入氐　又按志二月庚辰八月辛巳老人星皆見於丙　又按志正月丙午星透雲出角南如杯東南速行至濁沒赤黃有尾跡照地明二月丙寅星出婁南如太白西速行至濁沒赤黃有尾跡庚辰星出太微垣左執法北如太白東南速行至濁沒赤黃有尾跡癸巳星出紫微垣內鉤陳東如盂

西北速行至濁沒青白有尾跡照地明六月己丑星出右旗西如杯向南急流至濁沒青白有尾跡明燭地七月庚申星出胃宿如杯急流至大困沒青白有尾跡明燭地十月壬申透雲星出王良西如太白急流至織女北沒赤黃有尾跡明燭地丁丑透雲星出天困南如太白東南慢流至濁沒青白有尾跡戊子透雲星出奎東如太白西北急流至濁沒赤黃有尾跡明燭地庚寅星出昴南如太白急流至濁沒青白有尾跡明燭地十二月乙巳星出紫微垣鉤陳東如太白向北速行至太子沒黃赤有尾跡明燭地

哲宗元祐元年星變

按宋史哲宗本紀元祐元年六月庚戌太白晝見冬十月庚寅太白晝見　按天文志正月丁酉月犯畢庚子入井乙巳犯靈臺丙午犯右執法己酉犯亢丁卯入東井戊辰犯水位甲戌犯左執法乙亥犯進賢戊寅犯氐閏二月壬辰掩畢乙未入東井乙巳入氐三月壬申又入戊辰犯右執法戊寅犯羅堰四月癸巳犯軒轅御女辛丑犯罰甲辰犯建五月癸亥入太微丁卯入氐辛巳犯畢六月庚寅入太微辛亥入井七月戊午入太微壬戌入氐八月癸卯入畢犯畢大星九月辛酉犯建星丁丑犯軒轅少民戊寅犯上將又入太微己卯入太微十月丁酉犯天廩戊戌犯畢入畢內庚子犯井乙巳犯靈臺丙午入太微垣犯右執法丁未犯太微垣東扇上相星十一月戊辰入井癸酉行入太微甲戌犯左執法戊寅入氐十二月癸巳犯天高又犯附耳乙巳犯井丙申犯水位己亥犯軒轅左角辛丑入太微壬寅犯太微東扇上相乙巳入氐　又按志閏二月丙辰熒惑犯天街八月甲寅入太微十月丙午犯亢十一月己未犯氐距星入氐十二月丁亥犯房己丑犯鉤鈐辛卯犯鍵閉　又按志閏二月丙辰太白犯諸王十月戊戌犯亢壬子入氐　又按志六月庚戌太白晝見十月庚寅晝見　又按志閏二月戊申太白犯熒惑　又按志二月戊寅八月庚子老人星皆見於丙　又按志正月癸巳星出狼星南向東南急流至濁沒赤黃有尾跡明燭地癸丑透雲星出近軫南如太白東南急流至濁沒青白有尾跡明燭地二月丙戌透雲星出近紫微垣文昌西向西北急流至王良北沒赤黃有尾跡明燭地又星出上台北向西北急流至王良南沒赤黃有尾跡明燭地閏二月庚戌星出五車南向西北慢流至濁沒青白五月壬申星出女北向東急流至虛東沒青白有尾跡明燭地六月甲辰星出天津西如太白西南急流至尾北沒赤黃有尾跡明燭地七月丁巳星出墳墓東如太白慢流至壁南沒青白有尾跡明燭地九月庚申星出天苑南如太白向南急流入濁沒赤黃有尾跡明燭地壬戌星出大津北如太白西北急流至濁沒赤黃有尾跡十月庚寅星出羽林軍南如太白西南急流至濁沒赤黃有尾跡辛丑透雲星出近五車西如太白西南急流至天困北沒青白有尾跡丙午星出室南如太白西南急流至濁沒赤黃有尾跡明燭地戊申星出紫微垣北如太白西北急流至濁沒青白有尾跡十二月庚寅星出天苑南如太白東北急流至濁沒赤黃有尾跡

元祐二年星變

按宋史哲宗本紀二年六月壬寅有星如瓜出文昌

按天文志正月壬戌月犯井戊辰入太微癸酉入氐犯東北星甲戌犯罰二月庚寅入井乙未犯太微上將庚子入氐三月丁巳入井戊午犯水位辛酉犯軒轅左角乙丑犯平道丁卯入氐壬申犯建四月戊子犯軒轅大星掩御女己丑犯靈臺庚寅入太微甲午入氐丙申犯罰星五月戊辰犯羅堰辛未犯壁壘陣六月乙酉入太微乙丑入氐己亥犯壁壘陣甲辰犯附耳丙午入井七月丁巳犯氐庚午犯天廩辛未入犯畢癸酉犯井丁丑犯軒轅大星八月甲申入氐庚寅犯牛甲午犯壁壘陣乙丑犯天廩丙寅掩犯畢大星戊辰入井壬申犯軒轅左角少民癸酉犯上將甲戌入太微十月乙酉犯羅堰戊子犯壁壘陣辛丑入太微乙巳入氐十一月甲寅犯壁壘陣甲戌犯罰星十二月戊子犯畢乙未犯靈臺又犯上將入太微　又按志十二月己丑太白犯壁壘陣　又按志二月庚寅九月辛亥老人星皆見於丙　又按志正月癸酉星出柳南如杯東南急流至濁沒赤黃有尾跡照地明辛巳星出軫南如杯向南急流至濁沒赤黃有尾跡照地明壬子星出柱史西如盂西北急流至鉤陳東沒赤黃有尾跡四月丙午星出天棓南如太白東北急流至天津沒赤黃有尾跡照地明六月壬寅星出文昌東如杯向北急流至濁沒赤黃有尾跡照地明九月甲寅星出天市垣中山北如太白向西急流至天紀西沒赤黃有尾跡照地明丁丑星出雷電南如太白向西急流入天市垣內至宗正東沒赤黃有尾跡照地明

元祐三年星變

按宋史哲宗本紀三年二月辛丑太白晝見七月辛未太白晝見　按天文志七月庚午月犯太白十月壬辰犯歲星　又按志正月戊午月入東井己未犯水位甲子入太微二月乙未入犯氐西北星三月壬子犯東井西扇北第二星丁巳犯靈臺南第三星庚申犯平道四月乙酉入太微犯內屏辛卯犯東咸甲午犯建丁酉犯壁壘陣五月壬子入太微垣辛酉犯建辛未犯天㯳六月甲申入氐壬辰犯壁壘陣七月癸丑犯東咸己未犯壁壘陣庚寅犯天高己巳入東井庚午犯水位八月己卯入氐己丑犯壁壘陣庚寅犯天淵癸巳犯天㯳甲午入畢乙未犯天關丙申犯東井北第二星戊戌犯鬼距星九月辛酉犯畢癸亥犯司怪甲子犯天罇十月甲申犯壁壘陣己丑犯天高辛卯入東井犯東扇北第三星壬辰犯水位丙申入太微十一月戊午入東井犯西扇北第二星己未犯天罇西北星庚申入鬼犯積尸氣癸亥入太微十二月辛卯又入之閏十二月辛未入畢癸丑犯東井西扇北第二星甲寅犯天罇戊午入太微犯內屏己未犯太微三公庚申犯平道　又按志二月乙巳熒惑犯天街三月壬子犯諸王四月丙申入犯東井十月丁未犯亢南第一星十一月戊申犯氐距星己酉入氐十二月甲辰犯天江甲寅犯天籥　又按志七月己未塡星犯諸王　又按志二月己亥太白犯昴六月癸未犯天高七月辛亥入東井壬戌犯天罇庚午犯水位八月丁丑犯鬼戊戌犯軒轅大星九月甲寅犯太微垣上將庚申入太微犯右執法丁卯犯左執法十月丁未犯亢南第一星十一月甲辰入氐丁巳又犯罰　又按志二月辛丑太白晝見七月辛未又見　又按志二月癸巳八月己亥老人星見於丙　又按志二月己酉星出亢南如杯向南漫行至濁沒赤黃有尾跡照地明六月壬午晝酉時八刻後星出西南甲位如盂向東急流至卯位沒青白有尾跡庚子星出壁南如杯東南急流入羽林軍內沒赤黃有尾跡照地明甲辰星出天市垣魏星西如太白西北急流至梗河西沒赤黃有尾跡又有星出霹靂南如杯東南急流至羽林軍東沒赤黃有尾跡照地明八月癸巳夕有星自中天向東急流至濁沒青白有尾跡照地明十一月戊申星出北斗天璇如杯流至南河沒赤黃有尾跡照地明閏十二月甲子星出天廚北如太白向北急流至濁沒赤黃有尾跡

元祐四年星變

按宋史哲宗本紀四年三月辛卯晝有流星出東方十一月乙酉有星色赤黃尾跡燭地　按天文志三月丙子月犯歲星七月辛卯犯塡星十月癸丑掩塡　又按志正月丙戌月入太微庚寅犯氐辛卯犯罰二月戊申入井壬子犯長垣癸丑入太微犯內屏甲寅犯三公乙卯犯平道東星丁巳入氐三月丙子犯天罇丁丑入鬼犯積尸氣庚辰入太微乙丑入氐丁亥犯天江四月戊申入太微壬子入犯氐乙卯犯天籥壬戌犯壁壘陣五月乙亥入太微丁丑犯平道己卯入氐六月癸卯入太微丙午入氐己未犯外屏壬戌犯畢甲子犯井乙丑犯天罇七月甲戌入氐乙亥犯罰癸未入羽林軍甲申犯壁壘陣八月辛丑入氐乙未入井九月甲申犯畢丙戌入犯井戊子犯鬼辛卯入太微十月癸丑犯井鉞乙卯犯水位己未入太微十一月己卯犯畢辛巳入井丙戌入太微犯內屏十二月丙辰犯亢丁巳入氐　又按志二月壬子歲星犯天罇　又按志二月丁未熒惑犯壁壘陣三月丁丑又犯壁壘陣六月甲寅犯外屏八月己未退行又犯外屏十二月己未犯天陰西南星　又按志六月丙午太白犯太微垣西上將戊申入太微九月壬辰入斗　又按志二月壬子八月丁未老人星皆見於丙　又按志二月己酉星出五諸侯西如太白急流至五車北沒赤黃有尾跡明燭地三月戊戌星透雲出織女東如太白速行至天津西沒赤黃明燭地己亥星透雲出氐西如太白速行至濁沒赤黃有尾跡明燭地四月壬寅星出車肆南如太白速行至濁沒青白有尾跡明燭地五月癸巳星出天弁南如太白速行至尾北沒赤黃有尾跡明燭地八月甲辰星出天津東如太白慢流至霹靂東沒青白有尾跡九月己巳星出天津東南如太白速行至女牀西北沒赤黃有尾跡明燭地壬午星透雲出天棓北如太白速行至濁沒赤黃有尾跡十月丁巳星出天津東南如太白速行至濁沒赤黃有尾跡明燭地十一月乙酉星出司怪西南如杯慢流至參旗沒赤黃有尾跡

元祐五年星變

按宋史哲宗本紀不載　按天文志五年正月丙子月犯東井戊寅犯輿鬼辛巳入太微犯內屏乙酉入氐丙戌犯東咸丁亥犯天江二月癸卯犯鉞又犯東井戊申入太微辛亥犯亢癸丑犯鍵閉乙卯犯天籥

三月己丑犯諸王庚午犯司怪丙子入太微犯內屏四月甲辰入太微犯三公乙巳犯平道庚戌犯天籥丙辰入羽林軍五月庚午入太微庚寅掩畢六月癸卯犯東咸乙巳犯南斗庚戌入犯羽林軍七月乙丑入太微丁巳犯平道己巳入氐犯壁壘陣丁亥入東井己丑犯輿鬼東北星八月丙申入氐癸卯犯壁壘陣壬子犯畢壬申犯羽林軍辛巳犯司怪丁亥入太微十月乙未犯南斗庚子入犯羽林軍辛丑犯壁壘陣乙酉入東井庚戌犯五諸侯　又按志五月壬辰歲星犯軒轅大星十月癸巳入太微庚戌犯右執法

又按志二月戊戌熒惑犯諸王三月癸未入東井甲申犯之　又按志六月乙巳塡星入東井七月甲子十一月丁亥皆犯東井　又按志正月丁亥太白犯羅堰十一月戊戌犯壁壘陣　又按志七月丁亥辰星犯軒轅大星　又按志正月甲午八月辛亥老人星皆見於丙　又按志正月己酉星出右攝提如杯西北緩行至濁沒青白有尾跡明燭地四月癸丑星出天廚如太白急流北至濁沒赤黃有尾跡明燭地又星出天棓如杯急流北至濁沒青白有尾跡明燭地又星出天市垣斗星西北如杯急流至北斗西沒青白有尾跡明燭地五月癸酉星出文昌如太白急流北至濁沒赤黃有尾跡明燭地六月庚申星出室北如太白東北緩行至濁沒青白有尾跡辛酉星出氐如太白西北急流至濁沒青白有尾跡又星出紫微垣少尉如太白西北急流至濁沒赤黃有尾跡明燭地七月辛未星出危如太白東南急流至濁沒青白有尾跡明燭地癸未星出天市垣屠肆西如太白急流西至貫索南沒赤黃有尾跡明燭地丁亥星出自天市垣市西如太白西南急流至心沒赤黃有尾跡明燭地八月甲午星出房西如太白東南急流至心沒赤黃有尾跡明燭地庚子星出內廚如太白急流至文昌北沒赤黃有尾跡明燭地癸卯星出八穀西如太白東北急流至濁沒青白有尾跡九月辛巳星出軍市西如太白東南急流至濁沒赤黃有尾跡乙酉星出漸臺西如太白急流至濁沒青白有尾跡辛卯星出羽林軍內如太白西南急流至濁沒赤黃有尾跡明燭地十月甲午星出柳如杯緩北行至濁沒有尾跡明燭地己未星出車府西如太白急流北至天津西南沒青白有尾跡明燭地又星出紫微垣柱史南如杯西南緩行至天津東沒赤黃有尾跡明燭地十一月壬戌星出紫微垣內極星北如太白急流北至濁沒青白有尾跡十二月己亥星出柳如太白西北流至北河沒赤黃有尾跡明燭地丙辰星出卷舌西如太白急流西至濁沒青白有尾跡

元祐六年星變

按宋史哲宗本紀六年夏四月壬寅太白晝見閏八月甲子太白晝見冬十月丁卯有流星晝出東北

按天文志九月癸卯月犯熒惑十二月甲戌掩歲星

又按志正月丙子月入太微戊寅犯平道二月甲辰入太微犯內屏辛亥犯斗四月壬寅入氐五月丙寅入太微戊辰犯平道庚午入氐戊寅入羽林軍戊戌犯鍵閉乙巳入羽林軍七月戊辰犯斗癸酉入羽林軍甲戌犯壁壘陣八月庚子入羽林軍閏八月戊辰又入辛未犯外屏丙子犯司怪丁丑犯東井戊寅犯五諸侯壬午入太微九月甲午入羽林軍丙申犯壁壘陣戊戌犯外屏壬寅犯諸王庚戌入太微十月壬戌入羽林軍己巳犯天街乙亥犯軒轅大星丁丑入太微犯內屏庚辰犯亢辛巳入氐十一月己丑入犯羽林軍戊戌犯司怪庚子犯五諸侯甲辰犯太微次將丙午犯進賢戊申入氐十二月甲子犯諸王壬申入太微　又按志六年八月乙巳熒惑犯諸王

又按志三月庚辰塡星犯東井四月己亥入太微垣行軌道十一月癸巳犯木位　又按志正月乙酉太白犯外屏二月甲寅犯天陰三月癸酉犯平道丁丑犯天江四月己酉犯五諸侯閏八月辛酉犯軒轅御女丁卯犯軒轅左角九月丁亥犯右執法己丑入太微十月庚午入氐十一月丙戌犯罰　又按志十月庚午辰星犯鍵閉　又按志四月壬寅太白晝見閏八月乙丑又見　又按志二月己亥閏八月壬戌老人星皆見於丙　又按志十一月辛亥客星出參度中犯掩側星壬子犯九游星十二月癸酉入奎至七年三月辛亥乃散　又按志二月辛丑星出翼東如杯東南急流至濁沒赤黃有尾跡明燭地丙辰星透雲出郎將西如太白東北速行至紫微垣內少尉沒赤黃有尾跡明燭地五月乙酉星出天市垣內宗人南如杯西北急流至宋星南沒赤黃有尾跡明燭地丁亥星出貫索東如太白東南急流至候東沒赤黃有尾跡六月丙辰星透雲出太微垣內郎位北如太白西南急流至濁沒赤黃有尾跡七月癸亥透雲星二皆如太白一出天槍東西南急流至亢東沒一出奎東西南急流至壁壘陣東沒赤黃有尾跡九月甲

寅星出天津北如太白東北慢流至內階沒赤黃有尾跡明燭地十月壬戌星出婁南如太白東南慢流至天苑沒赤黃有尾跡明燭地丁卯星出東北方如杯急流至濁沒赤黃有尾跡又星出王良南如太白東南急流至濁沒赤黃有尾跡明燭地

元祐七年星變

按宋史哲宗本紀七年十一月辛巳太白晝見　按天文志正月己亥月入太微壬寅犯亢二月戊午犯月星壬戌犯五諸侯丁卯入太微戊辰犯進賢戊寅入羽林軍三月壬辰犯軒轅大星甲午入太微犯內屏乙未犯太微上相丁酉犯亢戊戌入氐四月壬戌入太微癸亥犯進賢乙丑犯氐距星癸酉入羽林軍內甲戌犯壁壘陣丙子犯外屏五月己丑入太微六月丙辰入太微犯內屏庚申入氐犯東南星壬戌犯天江戊辰入羽林軍甲戌犯月星七月辛卯入南斗壬寅犯諸王八月壬戌入羽林軍九月甲申犯天江戊子犯哭泣辛卯犯壁壘陣乙未犯天陰丙申犯月星戊戌犯司怪庚子犯五諸侯癸卯犯軒轅大北星乙巳入太微犯內屏十月丁巳入羽林軍甲子犯天街又犯諸王癸酉入太微丙子犯氐距星十一月甲申入羽林軍庚寅犯天陰癸巳犯司怪庚子入太微十二月癸丑犯壁壘陣戊午犯月星壬戌犯五諸侯乙丑犯軒轅大北星丁卯入太微犯內屏庚午犯亢壬申犯房　又按志十月庚申歲星入氐　又按志二月戊辰熒惑犯東井四月乙卯犯輿鬼丙辰又入輿鬼五月辛亥犯長垣　又按志七月己丑填星入輿鬼十二月丁丑犯輿鬼　又按志八月丙寅太白入氐己巳犯月星辛未犯司怪丁丑犯房又犯鉤鈐十月庚戌犯南斗十一月庚辰犯罰甲申犯壁壘陣十一月壬戌犯雲雨　又按志十一月辛巳太白晝見　又按志正月壬子八月壬戌老人星皆見於丙　又按志二月戊午星出敗瓜東南如太白急流至虛東沒赤黃有尾跡明燭地甲戌星出平星西如太白急流至濁沒赤黃有尾跡己卯星出紫微垣帝星西北如杯急流至濁沒青白有尾跡明燭地癸未星出心東如太白急流至尾南沒青白有尾跡明燭地三月辛亥星出北極天樞北如太白急流至濁沒青白有尾跡明燭地四月癸亥星出輦道東如太白急流至濁沒青白有尾跡明燭地甲子透雲星出天市垣燕星南如太白急流至濁沒赤黃有尾跡辛巳星出牛西北如杯急流至壁壘陣西沒青白有尾跡明燭地六月庚午星出騰蛇南如太白急流至匏瓜東北沒赤黃有尾跡明燭地乙亥星出閣道東如太白急流至天船北沒赤黃有尾跡明燭地八月辛未星出奎距星南如太白急流至濁沒青白有尾跡明燭地九月甲辰星出參旗西如太白急流至參東南沒青白有尾跡明燭地

元祐八年星變

按宋史哲宗本紀不載　按天文志八年十二月丁巳月犯熒惑　又按志正月甲午月入太微丙申犯進賢己亥犯日星二月癸亥犯太微上相丁卯犯心大星三月甲申犯五諸侯丁亥犯軒轅大星北第一星己丑入太微犯內屏庚寅犯左執法乙未犯天江丙申犯箕辛丑入羽林軍壬寅犯壁壘陣東北星四月丙辰入太微五月丁亥犯亢甲午犯壁壘陣西南星六月乙酉犯軒轅甲子犯壁壘陣己卯入太微甲申犯心距星庚寅犯五諸侯西第三星九月壬午犯狗國庚寅犯天陰壬辰犯司怪乙未犯五諸侯庚子入太微十月辛亥犯壁壘陣乙卯犯外屏戊午犯天陰壬子入羽林軍壬戌犯五諸侯丁卯入太微犯上將十一月庚辰入羽林軍乙酉犯天陰己亥犯氐十二月壬子犯天陰乙卯犯司怪丁巳犯五諸侯壬戌入太微癸亥犯左執法　又按志四月癸亥歲星退入氐十二月丁卯犯天江　又按志四月乙卯熒惑犯外屏八月庚戌入東井庚午犯天罇九月乙未犯積薪十月辛酉犯輿鬼　又按志正月甲申填星犯輿鬼壬辰退入輿鬼丁酉入鬼犯積尸　又按志六月乙酉太白犯諸王東第二星丙辰犯天關丙寅入東井庚午犯東井八月庚戌犯軒轅大星甲戌入太微　又按志四月己未太白晝見　又按志四月乙卯太白犯熒惑　又按志二月丙寅八月己巳老人星皆見於丙　又按志正月甲申星出天市垣內候南如杯東南急流至箕南沒赤黃有尾跡明燭地三月庚寅透雲星出左攝提東南如太白東北慢流至濁沒青白有尾跡又星出天市垣內如太白東北急流至漸臺南沒赤黃有尾跡明燭地五月辛丑透雲星出紫微垣天廚西如太白向北急流至濁沒青白有尾跡明燭地六月庚申星出氐北如太白慢流至角西沒赤黃有尾跡明燭地八月壬戌星出中天如太白東南急流至濁沒青白有尾跡庚午星出五車北如太白東北急流至濁沒赤黃有尾跡明燭地九

月辛卯星出紫微垣如杯向南急流青白有尾跡明燭地至五車內沒乙未透雲星出羽林軍南如太白東南急流至濁沒赤黃有尾跡明燭地丁酉星出敗瓜西如太白西南急流至天弁北沒赤黃有尾跡明燭地又星出王良北如太白向北急流至上輔西北沒青白有尾跡己亥透雲星出天苑南如太白東南急流至濁沒赤黃有尾跡明燭地癸卯星出天苑西南如太白西南急流至濁沒赤黃有尾跡明燭地十月乙巳星出營室北如太白西南急流至左旗北沒赤黃有尾跡明燭地戊申星出天棓東南如杯北流至濁沒赤黃有尾跡明燭地又星出壁西如太白向南慢流至羽林軍沒青白有尾跡明燭地

元祐九年二月乙丑老人星見於丙

按宋史哲宗本紀不載　按天文志云云

欽定古今圖書集成曆象彙編庶徵典

第五十卷目錄

星變部彙考二十四

宋五 哲宗紹聖五則 元符三則 徽宗建中靖國一則 崇寧五則 大觀四則 政和七則 重和一則 宣和七則 欽宗靖康二則

庶徵典第五十卷

星變部彙考二十四

宋五

哲宗紹聖元年星變

按宋史哲宗本紀紹聖元年夏五月己酉太白晝見九月庚申太白晝見戊辰流星出紫微垣 按天文志元年六月甲戌月犯太白九月辛酉月犯填星十二月癸未又犯 又按志正月丁亥月犯長垣己丑犯太微上將二月庚戌犯坐旗庚申犯角距星甲子犯箕距星乙丑犯斗十三月己卯犯五諸侯東第二星四月丙午犯五諸侯西第三星閏四月己丑入太微犯右執法甲申犯房距星丁亥入斗犯東第二星五月壬子犯心距星六月己卯犯房距星辛巳犯箕八月丙子犯箕東北星九月戊申入羽林軍丁巳犯五諸侯東第二星癸亥犯太微左執法十月甲戌入羽林軍壬辰犯角距星乙未犯房距星十一月壬寅入羽林軍乙巳犯外屏西第二星戊申犯昴西北星壬子犯五諸侯西第四星癸丑犯鬼東北星癸亥犯心大星十二月庚午入羽林軍己卯犯五諸侯西第三星甲申犯太微上將 又按志三月乙巳歲星犯天籥 又按志二月丙寅熒惑犯五諸侯東第一星三月丁酉犯鬼西北星五月戊申犯靈臺北第一星 又按志五月戊午太白犯靈臺北第一星十月甲午入氐十一月丙午犯西咸南第一星癸丑犯罰南第二星 又按志五月己酉太白晝見九月庚申又見 又按志閏四月庚午熒惑犯填星 又按志八月丙子老人星見於丙 又按志正月壬午晝星出中天如太白西南急流入濁沒色赤黃丙戌星出鉤陳北如杯東北急流至北斗沒赤黃有尾跡明燭地丁酉透雲星出北斗搖光西如太白西北速行至鉤陳沒赤黃有尾跡明燭地二月丙午透雲星出壁東如杯西南慢流入濁沒青白有尾跡庚午星出紫微垣內天棓西南如杯急流入濁沒赤黃有尾跡明燭地四月辛酉星出北斗搖光南如太白向南急流至大角沒赤黃有尾跡明燭地六月癸酉星出人星南如太白急流至牛沒赤黃有尾跡明燭地丁丑晝有飛星出東南如太白西北急流至中天沒青白有尾跡明燭地乙未星出牛東南如太白西南速行入濁沒赤黃有尾跡明燭地丙申透雲星出室北如太白西南速行入天市垣至宗正西沒赤黃有尾跡八月戊戌星出奎南如太白東南速行至天囷沒赤黃有尾跡明燭地九月庚子星出天囷南如太白急流至九州殊口沒赤黃有尾跡明燭地丁巳透雲星出羽林軍南如太白西南急流入濁沒赤黃有尾跡明燭地辛酉星出天弁西如太白慢行至濁沒赤黃有尾跡明燭地丙寅星出室東如太白急流至濁沒青白戊辰星出紫微垣內鉤陳南如杯急流至濁沒赤黃有尾跡明燭地十月己巳星出紫微垣內如太白慢行至濁沒青白有尾跡癸酉星出軒轅如太白急流至濁沒赤黃有尾跡明燭地甲申星出天倉內如太白慢行至上台沒赤黃有尾跡明燭地辛卯星出鬼東如太白急流至濁沒赤黃有尾跡明燭地十一月庚子星出北斗天樞西北如杯急流至濁沒赤黃有尾跡明燭地壬戌星出星宿如太白急流至天稷西沒赤黃有尾跡明燭地又星出天廟南如杯慢行至濁沒青白照地明十二月辛未透雲星出柳西如太白東南速行至張沒赤黃有尾跡明燭地壬申星出天廚如太白急流至濁沒青白有尾跡

紹聖二年星變

按宋史哲宗本紀二年十一月丙申太白晝見 按天文志正月庚戌月犯填星三月壬申又犯 又按志正月乙巳月犯坐旗南第一星辛亥犯靈臺甲寅犯角距星丁巳犯日星二月庚午犯昴己卯入太微犯右執法乙酉犯心東星三月乙卯入斗己未入羽林軍四月癸酉犯太微西扇上將乙亥犯角南星己卯犯房南第二星五月甲辰犯天門東星己酉犯箕東北星六月甲戌犯房距星辛巳入羽林軍戊子犯五車東南星七月壬寅犯心東星戊申入羽林軍犯壁壘陣西第六星丙辰犯坐旗南星八月辛未犯箕北第一星戊寅犯外屏西第一星丙戌犯鬼東北星九月癸卯入羽林軍甲辰犯壁壘陣西第八星十月庚午犯屏西第一星丙子犯昴西北星乙巳犯五車

東南星丁未犯五諸侯西第五星戊申犯輿鬼東北星辛亥犯靈臺南第二星戊午掩心宿後星　又按志七月乙未熒惑入井八月丙戌入鬼　又按志八月己丑塡星入太微垣上將九月庚申入太微垣軌道　又按志正月乙巳太白犯羅堰南第一星十一月辛亥犯壁壘陣西星庚申犯壁壘陣西第六星　又按志十一月丙申太白晝見　又按志二月壬午八月丁丑老人星皆見於丙　又按志三月丁未星出危西如杯西急流至敗瓜南沒赤黃有尾跡明燭地丙辰星出天津東北如杯向東慢流至室北沒青白有尾跡明燭地四月甲申透雲星出上台南如太白西北慢流至濁沒赤黃有尾跡明燭地五月癸卯星出漸臺東如太白東北急流至人星南沒赤黃有尾跡明燭地甲寅星出閣道東北如太白東北急流至濁沒青白有尾跡明燭地辛酉透雲星出建西北如太白西南急流至箕宿南沒赤黃有尾跡明燭地六月壬午透雲星出壁壘陣北如太白東南急流至濁沒青白有尾跡明燭地七月辛丑星出九州殊口東如太白東南慢流至濁沒赤黃有尾跡明燭地乙巳星出天棓北如杯東北急流至內階東沒赤黃有尾跡明燭地庚申星出天槍西南如太白西南急流至濁沒青白有尾跡明燭地九月乙未星出北斗天樞西南如太白東北急流至濁沒青白有尾跡明燭地丁酉星出左史東如杯東北急流至上台西沒赤黃有尾跡明燭地庚戌星出外廚西南如太白西北急流至濁沒赤黃有尾跡明燭地十月癸亥星出厠星東如太白東南急流至濁沒青白有尾跡明燭地甲子星出輦道東如太白西南慢流至漸臺南沒赤黃有尾跡又星出騰蛇西北如太白西北急流至濁沒青白有尾跡明燭地丙寅星出天倉南如太白向南急流至濁沒赤黃有尾跡明燭地戊辰星出昴東南如太白向西急流至天陰西沒青白有尾跡明燭地甲戌星出壁南如太白向東南急流至天倉南沒赤黃有尾跡明燭地丙戌透雲星出參旗北如太白向東慢流至觜北沒赤黃有尾跡丁亥透雲星出婁東如杯向東急流至胃北沒青白有尾跡明燭地庚寅透雲星出張南如太白東南急流至濁沒赤黃有尾跡明燭地十一月癸巳星出外屏西如太白西南急流至羽林軍西沒赤黃有尾跡明燭地庚申星出外屏西南如太白西北慢流至濁沒赤黃有尾跡十二月甲子透雲星出中天如杯西南急流至濁沒赤黃有尾跡明燭地戊辰透雲星出五車北如太白西北急流至濁沒青白有尾跡明燭地

紹聖三年星變

按宋史哲宗本紀三年五月壬子太白晝見　按天文志九月戊戌月犯歲星　又按志正月乙未月犯外屏戊戌犯昴乙巳犯軒轅左角二月庚午犯鬼西北星壬申掩軒轅大星癸酉犯靈臺四月丁卯犯軒轅左角甲戌犯日星又犯房距星庚辰犯代星辛巳犯壁壘陣五月乙未犯靈臺壬寅犯心宿東星乙巳犯南斗六月壬午犯昴七月丙午犯外屏癸丑犯五諸侯八月丁卯入犯南斗戊寅犯五車辛巳犯輿鬼甲申犯靈臺九月甲午犯南斗辛丑犯外屏甲辰犯昴丙午犯司怪戊申犯水位壬子犯明堂十月壬戌犯狗星十一月己亥犯昴癸卯犯輿鬼壬子犯日星十二月壬戌入犯雲雨庚子犯五諸侯辛未入輿鬼掩積尸氣　又按志三月丁未歲星犯壁壘陣四月戊子入羽林軍七月辛丑又犯壁壘陣十一月甲辰又犯　又按志正月戊戌熒惑退犯軒轅五月癸巳犯靈臺辛丑犯太微上將丙辰犯太微右執法八月丁丑入氐　又按志二月己卯塡星入太微犯上將是月庚戌四月庚辰五月丙申俱犯甲辰入太微垣行軌道九月乙巳又入太微十月甲戌犯太微左執法　又按志二月庚戌太白犯昴庚辰入昴五月戊午犯畢六月庚申又入戊辰入犯天高庚辰犯天關丙戌犯司怪七月壬辰犯東井癸巳入東井八月庚申犯輿鬼庚辰犯軒轅大星九月乙酉犯軒轅左角乙未犯軒轅上將己亥入太微垣行軌道己酉犯太微左執法甲寅犯太微上相癸未入氐十一月辛丑犯東咸　又按志五月壬子太白晝見　又按志九月丙午太白犯塡星　又按志二月庚午八月癸未老人星皆見於丙　又按志二月丙子透雲星出太微垣如太白慢流至濁沒赤黃有尾跡四月庚申星出貫索西南如太白急流至女牀東沒赤黃有尾跡明燭地五月乙未星出平星西如杯急流至濁沒青白有尾跡明燭地辛丑星出天棓南如太白急流至漸臺東南沒赤黃有尾跡六月壬戌星出女牀南如太白急流至織女西沒赤黃有尾跡明燭地七月癸丑星出室北如太白急流至天倉東北沒赤黃有尾跡明燭地乙卯透雲星出危南如太白急流至濁沒赤黃有尾跡明燭地丁巳星出左史東如太白慢流

至胃北沒青白有尾跡明燭地八月癸亥星出天津南如太白急流至天棓北沒赤黃有尾跡乙酉星出天倉南如太白慢流至濁沒青白有尾跡明燭地九月乙未星出七公北如太白慢流至角北沒青白有尾跡明燭地丁未星出五車西北如太白急流至文昌南沒青白有尾跡明燭地辛亥星出右史西如太白急流至壁東沒赤黃有尾跡明燭地壬子星出天倉南如太白急流至濁沒赤黃有尾跡明燭地又星出昴南如杯慢流至諸王沒青白癸丑星出北斗天璣東如太白慢流至輦道西南沒赤黃有尾跡明燭地又星出閣道西北如太白急流至大將軍西沒赤黃有尾跡明燭地甲寅星出柳西南如太白急流至屏星沒赤黃有尾跡明燭地又星出文昌西北如杯急流至鉤陳西沒赤黃有尾跡明燭地十月己未星出天市垣吳越星西如太白急流至濁沒赤黃有尾跡明燭地丁丑透雲星出織女西南如太白急流至濁沒青白有尾跡明燭地壬午星出亢池東南如太白急流至濁沒青白有尾跡明燭地十一月癸巳星出五車東南如太白東北慢流至濁沒青白有尾跡明燭地甲午星出太微垣郎位西北如太白急流至周鼎北沒赤黃有尾跡明燭地戊戌星出柳北如太白急流至軒轅西沒赤黃有尾跡明燭地壬子星出紫微垣太一西如太白慢流至鐵鎖南沒赤黃有尾跡明燭地十二月丁巳星出南河北如太白急流至濁沒赤黃有尾跡明燭地

紹聖四年星變

按宋史哲宗本紀四年六月丁亥太白犯太微垣己酉太白晝見秋七月壬子朔太白晝見八月己酉彗出西方九月壬子以星變避殿減膳罷秋宴詔公卿悉心修政以輔不逮求中外直言戊辰彗滅　按天文志七月丁丑月犯熒惑　又按志正月戊戌月犯心東星閏二月辛卯犯井東扇北第一星壬辰犯五諸侯西第五星癸巳入鬼又犯輿鬼乙未犯軒轅左角己亥犯天門東星乙巳入斗犯斗西第四星三月癸亥犯靈臺南第一星己巳犯日星又犯房距星壬申犯斗距星戊辰掩雲雨西南星四月己丑犯軒轅御女星丁酉犯心東星庚子犯狗西星庚戌犯昴西北星五月丁卯掩斗西第四星癸酉入犯雲雨六月甲午入斗乙未犯狗東星庚子犯雲雨西南星七月壬戌犯狗西星壬申掩犯昴西北星乙亥犯司怪北第二星丙子犯積薪八月己丑犯斗西第四星癸巳犯哭泣東星乙未掩犯雲雨東北星甲辰入犯鬼及犯積尸氣九月丙辰犯北距星己未犯泰西星十月甲午犯昴西北星丁酉入井犯東扇北第一星戊戌犯積薪又犯水位東第一星庚子犯軒轅御女星壬寅犯明堂南第三星十一月丁巳入犯雲雨星十二月辛卯犯司怪北第二星壬辰犯井東扇北第一星乙未犯軒轅太民丙申犯靈臺南第一星丁酉犯明堂壬寅犯心距星癸卯犯天江南第一星　又按志六月丙戌熒惑入犯井己亥犯天罇西北星七月丁巳掩犯積薪丁卯犯鬼西北星庚午入鬼犯積尸氣八月丁未犯軒轅大星十月癸未犯太微西垣上將甲申入太微十一月甲戌犯太微東扇上相丁丑掩之　又按志正月丁未塡星犯太微左執法十月癸巳犯進賢　又按志四月壬寅太白犯五諸侯西第五星五月己卯犯長垣南第一星六月乙酉犯靈臺北第一星丁亥犯太微垣西上將星戊子入太微壬寅犯太微左執法八月壬午犯氐東南星壬辰犯房南第三星庚子犯心大星己酉犯天江南第一星十二月戊申入建　又按志六月己酉太白晝見　又按志二月甲申八月甲申老人星皆見於丙　又按志八月己酉彗出氐度中如塡有光芒白氣長三丈斜指天市左星九月壬子光芒長五尺入天市垣己未犯天市垣宦者庚申犯天市垣帝坐戊辰沒不見

又按志正月甲辰星出北斗開陽南如太白東北急流至鉤陳沒青白有尾跡明燭地二月戊午星出井南如太白東南急流至弧矢西北沒赤黃有尾跡明燭地丙子星出星宿北如太白向北急流至紫微垣右樞西沒赤黃有尾跡明燭地三月己未晝星出東南丙位如太白西南急流至西南未位沒赤黃有尾跡四月壬辰星出大淵東南如太白南慢流至濁沒青白有尾跡明燭地五月甲戌星出人星東如太白向東急流至濁沒青白有尾跡明燭地庚辰星出紫微垣鉤陳西南如太白向北慢流至濁沒赤黃有尾跡明燭地六月甲申星出亢西南向西急流至濁沒色赤黃又星出室西南急流至女西沒色青黃皆如太白有尾跡明燭地乙未星出紫微垣少輔東如太白西北急流至北斗天權西沒赤黃有尾跡明燭地丙午透雲星出王良西北如太白東北急流至濁沒青白有尾跡明燭地戊申星透雲出室西北如太

白西北急流至紫微垣內鉤陳南沒赤黃有尾跡明燭地七月丙辰星出天津北如太白東北急流至天棓西沒色赤黃戊午透雲星出匏瓜南如太白向東急流至人星西南沒赤黃有尾跡明燭地丙子星出匏瓜南如太白西南速行至牛西沒赤黃有尾跡明燭地八月己酉星出天市垣南海向西南慢流至濁沒色青白又星出天大將軍西西北急流至室東沒色赤黃皆如太白有尾跡明燭地九月壬子星出女牀西北如太白西南急流至天市垣內斗星北沒赤黃有尾跡明燭地乙卯星出河鼓西西南急流入天市垣東海西沒色赤黃又星出天闕東東南急流入濁沒色青白皆如太白有尾跡明燭地戊午透雲星出牛西大如杯西南急流至建北沒赤黃有尾跡明燭地丁卯星出天棓西如太白西北急流入濁沒青白有尾跡明燭地十月丁酉星出天關東北如太白東南慢流至濁沒青白有尾跡辛丑透雲星出文昌北如太白向北急流入紫微垣內鉤陳北沒赤黃有尾跡明燭地十二月甲申星出太微垣內五諸侯西如太白西南急流至明堂南沒赤黃有尾跡明燭地癸巳透雲星出天廟東如太白東南慢流至濁沒青白有尾跡明燭地乙巳星出中台南如太白西南慢流至八穀北沒赤黃有尾跡明燭地丁未星出天倉北西南急流至壁壘陣北沒赤黃又星出天倉西北西南急流至濁沒青白皆如太白有尾跡明燭地

紹聖五年二月庚辰老人星見於丙

按宋史哲宗本紀不載　按天文志云云

元符元年星變

按宋史哲宗本紀不載　按天文志元符元年正月庚申月犯天罇辛酉入犯鬼己巳犯日星又犯房距星二月丁亥犯天罇辛卯犯靈臺甲辰犯哭泣三月癸丑犯司怪己巳犯羅堰又犯牛癸酉犯雲雨四月癸未犯鬼距星甲申犯酒旗甲午犯斗五月己未犯心距星庚申犯天江戊辰犯雲雨六月乙未又犯庚子犯昴西北星八月壬午犯天江九月丙辰犯虛梁壬戌犯昴甲子犯司怪乙丑入井十月戊寅犯斗癸未犯虛梁西第二星己丑犯天陰癸巳犯天罇甲午犯鬼距星庚子犯天門十一月戊申犯羅堰壬子犯雲雨丁巳犯昴距星庚申入井庚午犯心大星十二月戊寅犯虛梁丁亥入井戊子犯水位庚寅犯酒旗又犯軒轅右角壬辰犯明堂戊戌犯天江　又按志正月己未歲星犯外屏　又按志正月壬戌熒惑犯太微東垣上相乙丑入太微垣行軌道四月丙午犯太微左執法六月丙午犯亢七月乙丑入氐己巳又犯之八月乙酉犯房南第三星辛卯犯東咸十一月壬戌犯代星十二月戊寅犯壁壘陣乙未又犯壁壘陣・又按志正月丙辰填星犯進賢七月癸亥又犯　又按志正月庚戌太白犯建丙辰犯天雞己巳犯羅堰二月乙未犯壁壘陣十二月乙亥犯代星己亥犯壁壘陣　又按志五月戊午辰星入輿鬼犯積尸氣十月辛丑犯西咸　又按志十二月乙未太白犯熒惑　又按志八月辛卯老人星見於丙　又按志二月丁亥星出井北如太白急流至參沒赤黃有尾跡明燭地戊申星出宗正東如太白急流至天江南沒赤黃有尾跡明燭地三月甲戌星出明堂南急流至土司空西沒又星出天乳北急流至角沒皆如太白赤黃有尾跡明燭地四月乙酉透雲星出卷舌如杯慢流至濁沒青白有尾跡戊子星出氐西如太白慢流至濁沒赤黃有尾跡明燭地丙午星出文昌南慢行至濁沒又星出平星東南急流至濁沒皆如杯青白有尾跡五月庚戌星出斗宿南如太白急流至濁沒赤黃有尾跡明燭地戊辰星出左旗東南如太白急流至下台東沒赤黃有尾跡明燭地癸酉星出文昌東如太白急流至濁沒青白有尾跡明燭地六月癸巳星出天津東南如杯至室東沒青白有尾跡又星出室如杯至壁東沒青白有尾跡辛丑星出箕如太白急流至尾沒赤黃有尾跡明燭地壬寅星出文昌西如太白慢行至濁沒赤黃有尾跡明燭地七月丁未星出天津西北如太白急流至建東沒赤黃有尾跡明燭地甲寅星出騰蛇東北如太白急流至閣道東沒赤黃有尾跡明燭地乙卯星出太角東北如太白急流至濁沒青白有尾跡丁巳戌時初刻星出東方如杯急流至濁沒赤黃有尾跡癸亥星出鉤陳南如太白慢行至文昌北沒赤黃有尾跡明燭地八月壬辰西南方有星自濁出如太白慢行經天至紫微垣北斗天樞西北沒赤黃有尾跡明燭地九月癸亥星出天囷東南如太白急流至濁沒青白有尾跡丙寅星出井西如太白急流至室西北沒赤黃有尾跡明燭地十月丁酉星出壁南如太白急流至女西沒赤黃有尾跡明燭地十一月辛未星出胃南如太白慢行至婁西南沒赤黃有尾跡明燭地

元符二年星變

按宋史哲宗本紀二年五月甲辰太白晝見八月癸巳太白晝見閏九月甲午熒惑犯太微垣左執法

按天文志八月壬辰月犯歲星十一月辛巳十二月戊申皆犯　又按志正月甲寅月犯司怪北第三星丙辰犯水位西第三星壬戌犯天門東星甲子犯日星又犯房距星己巳掩牛南第一星二月己卯犯昴距星壬午入井乙酉犯酒旗南第三星又犯軒轅右角丁亥犯明堂西南第二星壬辰犯心距星癸巳犯天江西南第二星己亥犯虛梁西第一星三月己酉犯井距星庚戌犯天罇南星丁巳犯天門東星庚申犯天江西南第一星甲子犯羅堰南星戊辰犯雲雨東北星四月丙子犯司怪北第三星丁丑入井又犯井東扇北第三星丁亥犯心距星辛卯犯牛南星甲午犯虛梁西第三星乙未犯雲雨西北星庚子犯天陰北星五月乙巳犯水位西第二星丙辰犯天籥下東星丁巳犯建星西第二星辛酉犯虛梁西南第一星六月辛巳犯日星丙戌犯牛南星又犯羅堰南第二星庚寅犯雲雨東北星丙寅犯天街東北星戊戌入井七月庚戌犯天江西南第四星壬子犯建星西第三星丙辰犯虛梁西第三星丁巳犯雲雨西北星壬戌犯天陰西北星乙丑犯司怪北第三星丙寅入井犯東扇北第三星八月癸未犯虛梁西第一星庚寅犯昴東南星辛巳犯諸王西第二星癸巳入井丙申犯酒旗南第三星九月丁巳犯天陰北星閏九月甲申犯天陰西北星辛卯犯軒轅右角十月辛丑犯建西第一星壬寅犯天雞東南星乙巳犯虛梁西第一星壬子犯月星癸丑犯諸王西第二星乙卯入犯井東扇北第二星丙辰犯水位西第二星戊午犯酒旗南第二星庚申犯明堂西第二星十一月壬午犯井鉞星又犯井距星又入井十二月庚子犯虛梁西第二星丙午犯天陰西北星丁未又犯月星庚戌入井犯東扇北第二星辛亥犯水位西第二星癸丑犯酒旗南第二星又犯軒轅右角太民乙卯犯明堂西第二星　又按志六月甲申歲星犯諸王東第一星十一月丁亥又犯　又按志七月庚申熒惑入鬼犯積尸氣八月丙申犯軒轅大星九月丁卯犯太微西垣上相閏九月壬申入太微甲午犯太微左執法十月甲辰犯太微東垣上相己未犯進賢十一月庚寅犯亢距星十二月壬戌入氐　又按志正月己酉太白犯壁壘陣東北星二月乙未犯天陰東南星三月甲辰犯月星庚戌犯諸王西第一星丁卯犯司怪北第二星四月辛卯犯五諸侯西第五星五月乙巳入犯鬼西北星九月癸卯犯軒轅御女丁巳犯靈臺南第二星戊辰入太微己巳犯太微右執法閏九月丙子犯左執法十月壬子入氐壬戌犯西咸南第一星戊辰犯罰星南第一星十二月乙亥犯建西第二星

又按志閏九月壬辰辰星入氐　又按志八月癸未歲星晝見　又按志五月甲辰太白晝見八月癸巳又見　又按志閏九月癸未辰星犯填星十月乙巳太白犯填星十二月辛亥熒惑犯填星　又按志二月乙未九月壬辰老人星皆見於丙　又按志正月辛酉星出太陽守東南如太白慢流至濁沒青白有尾跡明燭地二月丙申星出鉤陳東如太白西北慢流至濁沒青白壬寅星出大市垣趙星西南如太白急流至吳越星沒赤黃有尾跡明燭地癸卯星出靈臺北如太白向西慢行至軒轅沒赤黃有尾跡明燭地五月戊辰星出氐西南如太白西南速行至濁沒青白有尾跡明燭地六月丁酉星出亢池東如太白西北急流至太微垣東扇上將沒赤黃有尾跡明燭地戊戌透雲星出壁壘陣南如太白東南速行至羽林軍沒赤黃有尾跡八月乙未透雲星出閣道東如太白東北急流至濁沒赤黃有尾跡明燭地九月己巳星出昴東南如太白向南慢流至天苑沒青白有尾跡明燭地閏九月乙亥星出河鼓西如太白西南急流入天市垣內沒青白有尾跡明燭地又星出天苑東南如太白向南急流至濁沒青黃有尾跡明燭地十月辛丑星出女西北如太白西南急流至牛西北沒青白有尾跡明燭地癸卯星出上台東如太白西北急流至文昌沒青白有尾跡明燭地壬戌星出壁南如太白向南急流入羽林軍沒赤白有尾跡明燭地十一月丙子星出陰德東如太白東北慢行至北斗魁內大理西沒赤黃有尾跡庚寅星出中台東如太白向北急流至濁沒赤黃有尾跡明燭地

元符三年徽宗卽位星變

按宋史徽宗本紀三年正月卽皇帝位　按天文志六月癸卯月犯熒惑　又按志正月乙亥月犯諸王西第一星丁丑入東井四月庚戌犯東咸西第三星五月辛卯犯昴七月乙酉犯太陰西南星九月癸未入東井十二月甲辰犯司怪北第二星丙辰入氐

又按志正月辛未熒惑犯氐東南星四月壬寅退行犯亢南第一星八月丁巳犯南斗西第二星　又按

志七月己巳太白犯角南星八月丙申犯亢南第一星九月丁亥犯南斗西第二星　又按志四月丙辰熒惑犯填星　又按志五月癸巳星出織女如杯西北慢流至北斗搖光沒青白有尾跡明燭地

徽宗建中靖國元年星變

按宋史徽宗本紀建中靖國元年春正月癸亥有星自西南入尾其光燭地　按天文志五月辛未月犯填星　又按志正月己巳月犯昴星二月己亥犯井鉞癸卯犯軒轅右角太民四月乙巳犯罰星五月丙子犯牛大星六月己酉犯外屏西第二星七月己巳犯南斗八月丁酉犯建西第二星九月丁丑犯司怪北第四星十一月癸酉入東井十二月丁酉犯天街西南星　又按志十二月乙酉歲星犯軒轅大星　又按志九月己未熒惑入太微十月甲辰犯平道西第一星　又按志五月辛酉填星犯氐東南星　又按志四月丁酉太白犯外屏西第二星六月辛亥入東井　又按志正月癸亥星出西南如盂東北急流入尾距星沒青黑無尾跡明燭地

崇寧元年星變

按宋史徽宗本紀崇寧元年五月丁巳熒惑入斗六月己酉太白晝見　按天文志七月丁亥月犯太白　又按志正月丁卯月入東井己巳犯水位西第一星二月癸卯入氐三月庚午犯角距星六月丁亥犯軒轅大星九月癸巳犯壁壘陣十月乙丑入畢口　又按志六月甲辰歲星犯軒轅左角少民　又按志五月丁巳熒惑退行入南斗魁戊辰又犯南斗西第二星　又按志四月庚戌填星犯房北第一星　又按志二月壬申太白犯昴星四月戊戌犯井鉞六月庚辰犯進賢十月甲戌犯亢距星　又按志六月己酉太白晝見　又按志十一月壬寅太白犯填星　又按志二月壬寅八月癸未老人星皆見於丙　又按志三月庚辰星出張如金星西南急流至濁沒赤黃有尾跡明燭地五月丁卯星出尾如杯西南慢流入濁沒青白有尾跡明燭地閏六月癸酉星出斗向西南慢流至建沒青白有尾跡數小星從之八月己未星出羽林軍如杯急流至濁沒青白有尾跡明燭地十月壬子星出天船如盂急流至五車沒青黑有尾跡聲隆隆然十二月己卯星出婁如金星西南慢流至外屏沒赤黃有尾跡明燭地

崇寧二年星變

按宋史徽宗本紀不載　按天文志二年二月乙卯月犯天高四月壬戌入氐五月己亥犯雲雨東北星七月戊子犯建星西二星九月丙戌犯哭泣十一月庚寅入井　又按志正月戊戌歲星退行入端門　又按志二月壬戌熒惑犯鼎西南星丙子犯天街北星十月甲子犯亢南第一星　又按志正月乙巳太白犯壁壘陣西第五星八月丙子入氐九月戊子犯房鉤鈐　又按志二月甲寅八月庚戌老人星皆見於丙　又按志正月戊申星出木位如金星急流至北河沒青白有尾跡明燭地六月戊午星出亢如金星西南急流入濁沒赤黃有尾跡明燭地九月辛巳星出牛如杯西南慢流至狗國沒青白有尾跡明燭地十一月甲辰星出參如金星西南急流至濁沒青白有尾跡明燭地十二月丁未星出大陵如金星至騰蛇沒赤黃有尾跡明燭地

崇寧三年星變

按宋史徽宗本紀三年正月癸卯太白晝見　按天文志正月乙未月入氐丙申犯鍵閉二月辛酉犯亢距星四月戊午犯房北第一星七月癸未犯建星西第二星甲申犯牛大星九月辛卯犯井西扇北第二星十一月己丑入太微　又按志八月乙卯歲星犯亢距星　又按志四月壬子熒惑犯壁壘陣西五星　又按志二月癸亥太白犯昴距星七月戊戌犯積薪八月壬寅犯鬼積尸氣　又按志正月癸卯太白晝見　又按志十一月庚寅太白犯辰星　又按志二月戊午八月辛酉老人星皆見於丙　又按志四月戊申星出軫如杯西北慢流入太微垣內屏星沒赤黃有尾跡明燭地又入太微又入屏星六月丙午星出氐如金星東北慢流入天市垣赤黃有尾跡明燭地八月己酉星出建如杯西南急流至鼈沒青白有尾跡明燭地十二月甲子星出天大將軍如盂西北急流入王良沒赤黃無尾跡明燭地

崇寧四年星變

按宋史徽宗本紀不載　按天文志四年正月戊寅月犯諸王西第二星閏二月甲戌犯井距星癸卯犯水位五月乙巳犯亢距星丙午入氐七月丙辰入畢口八月癸酉犯建星西第三星十月庚辰入井十二月丁丑犯鬼東南星　又按志正月辛巳歲星犯房北第一星閏二月庚辰犯房鉤鈐　又按志三月壬寅熒惑犯井鉞甲寅犯井距星乙巳又入井　又按志十二月己卯填星犯建西第二星　又按志五月

甲寅太白犯軒轅大星八月庚辰犯罰十二月庚辰犯建西三星　又按志二月庚申八月丙寅老人星皆見於丙　又按志正月甲申星出角如盂西南慢流入濁沒青白無尾跡閏二月壬申星出井如金星西北急流入五車沒青白有尾跡明燭地三月庚子星出紫微垣華蓋如杯至鉤陳大星沒赤黃有尾跡明燭地五月庚申星出河鼓如盂西北急流入濁沒青白無尾跡十二月甲午星出參如杯東南慢流入軍市沒赤黃有尾跡明燭地

崇寧五年星變

按宋史徽宗本紀五年春正月戊戌彗出西方其長竟天乙巳以星變避殿損膳詔求直言闕失毀元祐黨人碑復謫者仕籍自今言者勿復彈糾丁未太白晝見辛亥御殿復膳三月丙申詔星變已消罷求直言　按天文志二月戊子月犯熒惑　又按志正月戊申月入太微三月辛亥犯建距星五月辛丑入氐七月壬寅犯牛大星甲辰犯壁壘陣西五星九月戊申犯井距星十一月丁未犯長垣南一星戊申入太微　又按志十月辛未歲星犯南斗西第二星　又按志八月乙卯熒惑犯天街南星十月乙丑犯昴東南星甲申犯天陰東北星　又按志六月戊辰塡星犯建西第二星　又按志正月丁未太白犯壘壁犯牛東南星　又按志二月戊辰八月甲戌老人星皆見於丙　又按志正月戊戌彗出西方如杯口大光芒散出如碎星長六丈闊三尺斜指東北自奎宿貫婁胃昴畢後入濁不見　又按志六月庚午星出西咸如金星東北急流入天市垣內沒青白有尾跡明燭地六月乙酉星出庫樓如杯向西急流入濁沒赤黃有尾跡明燭地九月癸卯星出天船如杯慢流至諸王沒青白有尾跡明燭地十二月壬戌星出奎向南急流入天倉沒青白有尾跡及三丈明燭地聲散如裂帛

大觀元年星變

按宋史徽宗本紀不載　按天文志大觀元年正月甲辰月入太微五月甲午犯進賢六月甲子入氐八月乙亥入畢九月乙丑犯天籥癸巳犯壁壘陣十二月丁未犯建　又按志二月庚午歲星犯斗　又按志正月辛丑熒惑犯畢三月癸巳入井四月癸未犯鬼及犯積尸氣五月己酉犯酒旗六月壬戌犯軒轅大星七月乙酉犯靈臺　又按志閏八月丙午塡星犯泣星　又按志正月丁未太白犯外屏二月丙戌犯月星三月庚寅犯天街壬辰犯畢四月戊午入井十月辛酉犯左執法丙子犯角大星閏十月丙戌犯亢丁未犯房十一月壬子犯心　又按志十二月乙酉太白犯熒惑　又按志二月乙亥八月丁丑老人星俱見　又按志二月丁卯星出參如杯西南急流入濁沒赤黃無尾跡明燭地四月辛未星出軫如盂向南漫流入濁沒青白有尾跡明燭地六月乙亥星出尾西南如杯西南漫流入濁沒青白有尾跡明燭地七月庚戌星出貫如杯西南急流入濁沒赤黃無尾跡照地明

大觀二年星變

按宋史徽宗本紀二年十一月丁未朔太白晝見

按天文志十二月戊子月犯熒惑　又按志正月庚申月犯井鉞甲子犯軒轅二月癸巳入太微犯內屏四月庚子入羽林軍五月己未入氐六月癸巳犯壁壘陣九月壬申入太微十一月辛酉犯井　又按志十月庚辰歲星犯壁壘陣　又按志六月辛卯熒惑犯天街七月癸酉犯司怪八月己丑入井　又按志七月丁丑太白犯亢八月丙戌入氐庚子犯房鉤鈐　又按志十一月丁未太白晝見　又按志正月甲寅太白犯歲星二月壬午熒惑犯歲星十月丁酉太白犯塡星十一月壬申太白犯歲星　又按志二月甲午八月壬午老人星皆見於丙　又按志十二月癸卯星出奎如盂西北急流入造父沒青白有尾跡照地明有聲

大觀三年星變

按宋史徽宗本紀不載　按天文志三年正月辛酉月犯太微西扇次將二月己丑入太微犯內屏三月癸亥犯南斗四月己卯犯五諸侯六月庚辰犯平道七月庚戌犯房八月甲午犯井九月壬子入羽林軍十月甲午犯太微西扇次將乙未犯謁者十二月壬辰掩亢　又按志十二月丙申歲星犯外屏　又按志正月庚午熒惑犯井三月丙寅犯鬼六月癸未入太微七月己酉犯太微左執法己巳犯進賢　又按志二月癸卯太白犯壁壘陣五月辛卯犯天陰六月壬辰入井　又按志三月辛未太白犯歲星　又按志二月戊子八月癸巳老人星皆見於丙

大觀四年星變

按宋史徽宗本紀四年五月丁未彗出奎婁丙辰詔以彗見避殿減膳令侍從官直言指陳闕失六月庚

午御殿復膳冬十月戊戌太白晝見　按天文志七月戊午月犯歲星　又按志正月戊申月犯天街二月辛卯犯南斗三月甲寅犯亢六月乙亥犯進賢七月戊申犯南斗八月甲戌犯天江十一月己卯犯五諸侯　又按志六月癸未歲星犯天陰　又按志六月庚午熒惑犯月星七月辛酉入井閏八月丙辰犯鬼又犯積尸氣　又按志四月己卯太白犯井鉞庚辰犯井辛巳入井十月戊午入氐十一月庚寅犯天江　又按志十月戊戌太白晝見　又按志二月辛未太白犯歲星五月甲辰熒惑犯歲星　又按志二月乙未閏八月丁酉老人星皆見於丙　又按志五月丁未彗出奎婁光芒長六尺北行入紫微垣至西北入濁不見

政和元年星變

按宋史徽宗本紀政和元年五月己卯東南有星晝隕　按天文志正月己巳月犯歲星　又按志二月乙卯月犯南斗三月庚辰犯東咸六月己酉入羽林軍七月壬申犯狗八月丙申犯心距星　又按志八月甲寅歲星犯鉞　又按志五月乙酉熒惑犯右執法　又按志十一月甲戌太白犯天江　又按志二月辛丑太白犯填星十二月乙未又犯　又按志二月癸卯八月己亥老人星皆見於丙　又按志四月丙辰星出亢如盂西北急流至右攝提沒赤黃有尾跡照地明五月辛巳日未中星隕東南

政和二年星變

按宋史徽宗本紀不載　按天文志二年三月甲辰月犯五諸侯　又按志三月乙亥歲星犯司怪八月丁酉犯積薪九月丁卯犯鬼　又按志六月辛亥熒惑入井　又按志二月乙巳八月己酉老人星皆見於丙　又按志九月乙卯星出斗如杯西南急流入濁沒赤黃有尾跡照地明

政和三年星變

按宋史徽宗本紀三年十二月辛酉太白晝見　按天文志三月壬戌月犯長垣甲子入太微四月丙戌犯五諸侯西四星五月甲午入南斗丁酉犯壁壘七月庚寅犯狗國九月癸巳犯昴十月壬戌犯五車乙丑犯鬼己巳犯右執法　又按志三月戊寅歲星犯積薪閏四月壬戌犯鬼入犯積尸氣八月甲辰犯軒轅　又按志正月乙亥熒惑犯太微垣內屏四月丙午犯太微上將閏四月乙丑犯太微右執法七月癸巳入氐九月庚辰犯天江　又按志六月戊午太白入太微垣犯右執法　又按志十二月辛酉太白晝見　又按志七月乙丑熒惑犯太白　又按志三年二月甲午八月己未老人星皆見於丙　又按志四月丙申星出心如盂西南急流至積卒沒青白有尾跡照地明

政和四年星變

按宋史徽宗本紀不載　按天文志四年二月庚戌月犯昴五月己丑入南斗六月甲寅犯心東星八月癸亥犯司怪　又按志正月丁亥歲星犯軒轅大星八月己巳入太微垣十月辛酉犯左執法　又按志九月乙未熒惑犯上將十月甲子又犯左執法十一月庚寅犯進賢　又按志十二月乙卯太白入羽林軍　又按志十月甲子熒惑犯歲星　又按志二月己酉八月辛未老人星皆見於丙　又按志九月庚子星出墳墓如盂東南急流入羽林軍沒青白有尾跡照地明

政和五年星變

按宋史徽宗本紀五年三月辛未朔太白晝見　按天文志正月壬辰月犯心大星三月丙戌犯房五月庚寅犯雲雨六月壬子犯狗九月甲申犯昴星十月丙辰入鬼星十二月甲寅犯明堂　又按志正月丁丑歲星犯左執法二月辛酉入太微　又按志正月乙亥熒惑犯亢七月庚辰犯氐八月乙丑犯天江　又按志三月辛未太白犯天街四月乙卯犯五諸侯十一月壬辰犯罰　又按志二月庚申八月甲子老人星皆見於丙

政和六年星變

按宋史徽宗本紀六年冬十月乙丑太白晝見　按天文志閏正月癸卯月犯司怪二月辛巳犯房四月己卯犯南斗六月辛未犯心大星八月乙丑犯日星九月庚戌犯天籥十月乙丑犯羅堰　又按志閏正月己酉歲星犯亢七月辛亥又犯十一月丙辰犯房

又按志八月丁丑熒惑犯靈臺九月癸巳入太微庚戌又犯太微左執法十二月癸亥入氐　又按志九月庚戌太白犯南斗十一月庚寅犯壁壘陣　又按志十月乙丑太白晝見　又按志閏正月壬戌八月丁卯老人星皆見於丙

政和七年星變

按宋史徽宗本紀七年十二月戊申朔有星如月

按天文志正月己酉月犯心甲戌犯天門四月辛未

犯日星七月庚子犯哭泣八月乙丑犯牛十月壬申入井十一月丁酉犯天街　又按志三月丙辰歲星犯房　又按志正月丁酉熒惑犯鍵閉七月乙未犯天江　又按志十月丙辰塡星犯畢　又按志八月癸酉太白入太微　又按志三月辛未太白晝見　又按志正月癸卯熒惑犯歲星　又按志正月戊午八月丙子老人星皆見於丙　又按志十二月甲子星出胃東南如盂西北急流至天大將軍沒赤黃有尾跡照地明

重和元年星變

按宋史徽宗本紀重和元年冬十月己卯朔太白晝見　按天文志二月乙丑月犯酒旗六月己巳犯雲雨八月丙辰犯房　又按志五月甲午歲星犯斗　又按志正月丁亥熒惑犯外屏閏九月癸亥犯進賢十月戊申又入氐　又按志二月甲戌塡星犯天街　又按志十月己卯太白晝見　又按志二月壬申八月乙亥老人星皆見於丙　又按志九月庚辰星出斗魁南如盂東南急流至天淵沒赤黃有尾跡照地明

宣和元年星變

按宋史徽宗本紀不載　按天文志宣和元年正月乙卯月犯塡星　又按志十一月己未月犯鬼　又按志五月乙亥歲星犯牛　又按志九月癸亥熒惑犯壁壘陣　又按志二月癸未八月癸未老人星皆見於丙　又按志三月丁卯星出柳如盂東北急流入太微垣赤黃有尾跡照地明十月戊子星出雲雨如盂西南慢流入羽林軍內沒青白照地明

宣和二年星變

按宋史徽宗本紀二年六月丁丑太白晝見　按天文志正月己酉月犯畢七月辛亥犯牛九月丁巳入井十二月辛卯犯東咸　又按志二月甲戌歲星犯壁壘陣　又按志十月庚辰熒惑犯亢　又按志五月丁丑太白犯天陰　又按志六月丁丑太白晝見　又按志十月己卯太白犯熒惑　又按志二月辛巳八月己丑老人星皆見於丙　又按志六月庚寅星出氐南如太白東北急流入天市垣無尾跡十二月辛巳星出奎西南如杯西南慢流至北沒赤黃有尾跡照地明

宣和三年星變

按宋史徽宗本紀不載　按天文志三年八月戊申月犯熒惑　又按志二月壬申月掩角五月丙午入氐十一月丙戌犯罰　又按志正月戊申熒惑犯南斗丙辰又入南斗　又按志八月己亥太白犯鉤鈐十月丁未入井　又按志閏五月壬午熒惑犯歲星　又按志二月丙戌八月癸巳老人星皆見於丙　又按志七月癸未星出斗如太白東南急流入濁沒青白有尾跡照地明

宣和四年星變

按宋史徽宗本紀不載　按天文志四年八月庚戌月犯塡星　又按志七月戊辰月犯建十月壬寅入井十一月癸酉犯軒轅御女　又按志三月甲戌歲星犯昴　又按志正月辛未熒惑犯天街　又按志二月辛丑太白犯壁壘陣　又按志二月己亥八月辛丑老人星皆見於丙　又按志十一月丙寅星出壬艮北如杯急流至紫微垣內上輔北沒赤黃有尾跡照地明

宣和五年星變

按宋史徽宗本紀五年八月壬寅太白晝見　按天文志正月壬戌月犯畢三月己巳入氐七月甲子犯牛　又按志八月壬午歲星犯井　又按志六月乙未熒惑犯天陰九月己未犯司怪　又按志五月甲寅太白犯鬼十一月庚午犯房　又按志二月庚子八月丙午老人星皆見於丙　又按志二月丙午星出北河東北如杯東南慢流至軫沒赤黃有尾跡照地明

宣和六年星變

按宋史徽宗本紀六年十一月丙子太白晝見　按天文志正月己巳月入氐六月辛酉犯壁壘陣十月丁巳犯畢　又按志閏三月庚辰熒惑犯五諸侯　又按志七月庚子太白犯亢　又按志十一月丙子太白晝見　又按志二月己卯熒惑犯歲星　又按志二月戊申八月辛亥老人星皆見於丙　又按志七月丁酉星出太陽守如盂東北急流入濁沒赤黃有尾跡照地明

宣和七年星變

按宋史徽宗本紀不載　按天文志七年十一月乙酉月犯熒惑　又按志正月甲申月犯鬼六月丁巳入羽林軍十二月丙辰入太微　又按志九月壬辰熒惑犯鬼　又按志十月庚子塡星入太微　又按志五月壬辰太白犯畢　又按志七月乙未太白犯歲星　又按志二月癸丑八月庚申老人星皆見於

丙　又按志十一月戊子星出王良北如杯急流入紫微垣上輔北赤黃有尾跡照地明

欽宗靖康元年星變

按宋史欽宗本紀靖康元年二月丙辰有二流星一出張宿入濁沒一出北河入軫三月壬辰有流星出紫微垣六月辛丑太白犯歲星壬子天狗墜地有聲如雷丙辰太白熒惑歲塡四星合於張壬戌彗出紫微垣八月庚子詔以彗星避殿減膳冬十月癸巳朔御殿復膳丁酉有流星如杯十一月辛未有流星如杯閏月乙卯彗星見　按天文志二月庚戌月入太微甲寅入氐三月戊寅入太微庚辰入氐四月丁未犯平道己巳入氐辛亥犯天江五月己巳犯鬼壬申入太微六月己未犯畢七月戊辰入太微壬申入氐癸酉犯罰己卯入羽林軍己丑入井八月戊戌入氐丙午入羽林軍乙卯犯天關丙辰入東井九月癸未犯井鉞十月辛丑入羽林軍丙辰入太微十一月丁丑犯天關戊寅入井庚辰犯鬼積尸氣十二月癸酉入井乙亥犯鬼積尸氣　又按志十月癸卯歲星犯左執法　又按志正月乙酉熒惑犯五諸侯丁亥又守五諸侯三月戊寅又入鬼己卯又犯鬼積尸氣　又按志四月丁未太白犯井東扇北第一星五月壬申入鬼犯積尸氣十一月庚午犯亢壬午入氐閏十一月戊戌犯鍵閉　又按志六月辛丑太白犯歲星　又按志六月丙辰塡星熒惑太白歲星聚　又按志六月壬戌彗出紫微垣　又按志二月丙辰星出張如太白東南急流至濁沒青白有尾跡照地明又星出北河如太白東南慢流至軫東沒赤黃有尾跡照地三月壬辰星出紫微垣內鉤陳東南如金星東北慢流至濁沒赤黃有尾跡照地五月乙未星出權東北如桃西北急流至濁沒青白有尾跡照地六月癸丑星流大如五斗器衆光隨之明照地起東南墜西北有聲如雷庚申星出紫微垣內華蓋東南如金星向北急流至左樞沒

靖康二年星變

按宋史徽宗本紀二年春正月乙未有大星出建星西南流入於濁沒　按天文志三月乙未月入井辛丑入太微四月壬戌犯天關　又按志二月壬戌歲星犯左執法丁卯入太微六月甲申犯諸王東第一星　又按志正月丁巳塡星犯上相　又按志正月乙未大星出建向西南急流至濁沒赤黃有尾跡照地

欽定古今圖書集成曆象彙編庶徵典

第五十一卷目錄

星變部彙考二十五

庶徵典第五十一卷

星變部彙考二十五

宋六

高宗建炎元年星變

按宋史高宗本紀建炎元年冬十月甲戌太白晝見

建炎二年星變

按宋史高宗本紀不載　按天文志二年三月乙未月入氐　又按志五月丙午歲星逆行犯房七月癸未犯鉤鈐　又按志八月癸丑熒惑入鬼犯積尸甲子犯太微垣西上將星丙寅又入太微十月乙巳出太微垣東左掖門己酉犯垣東上相徘徊不去　又按志三月乙未塡星犯亢　又按志七月辛巳太白入太微閏八月丙戌犯心前星

建炎四年星變

按宋史高宗本紀不載　按天文志四年六月戊寅月犯熒惑　又按志六月辛巳月犯心七月辛亥入南斗魁中八月辛卯犯五諸侯十二月壬辰掩心大星　又按志三月乙亥熒惑犯左執法七月戊辰犯房八月丁丑犯東咸乙未犯天江十一月乙卯入壁壘陣　又按志正月癸亥太白犯建星　又按志六月戊子熒惑與塡星合於亢九月壬戌與歲星合於斗　又按志十一月辛丑太白與歲星合於南斗十二月壬午與熒惑合於危　又按志七月戊辰老人星見於丙　又按志六月乙酉星出紫微垣鉤陳十月辛未星出壁

紹興元年星變

按宋史高宗本紀紹興元年四月壬申太白晝見六月乙亥月犯心九月長星見　按天文志九月己未月犯太白　又按志三月癸卯月犯五諸侯西第五星四月癸酉犯軒轅大星辛巳犯心戊子入羽林軍六月丙子犯心癸未犯昴八月辛未犯心宿東星癸未犯昴九月辛丑入南斗乙巳入羽林軍辛巳犯五諸侯十一月己酉犯五諸侯東第一星十二月癸未犯角　又按志正月己亥朔熒惑入羽林九月丙辰入太微十月丁丑犯左執法庚辰順行出太微垣內左掖門十一月辛丑犯進賢　又按志九月丁酉太白犯軒轅左角乙卯入太微丙辰犯右執法癸亥復犯十月戊辰入太微己丑犯亢南第二星十一月己亥入氐　又按志四月壬申太白晝見　又按志九月丁酉太白與熒惑合於張十一月乙卯與塡星合於心　又按志九月彗星見十二月戊寅見於胃　又按志四月甲戌星出東方晝隕七月乙未朔星出河鼓八月辛未星出羽林軍十一月庚戌星出婁宿西南丁巳星出天槍北十二月甲子朔星出大陵西北

紹興二年星變

按宋史高宗本紀二年八月甲寅彗出胃乙卯減膳戒輔臣修闕政九月辛酉以彗出大赦許中外臣民直言時政甲戌彗沒乙酉太白晝見　按天文志二月辛未月犯五諸侯西第四星乙亥入太微三月己酉犯心大星五月戊寅入羽林軍六月乙巳七月癸酉又入辛丑入南斗魁中七月乙丑犯房距星八月戊申犯司怪　又按志八月庚寅歲星逆行犯壁壘陣　又按志正月丙申熒惑入氐五月乙亥犯氐東南星七月乙丑犯天江八月戊戌犯斗西第二星　又按志三月己未塡星犯東咸第三星八月戊申復犯第三星　又按志九月庚申太白犯天江　又按志六月丙午熒惑與塡星合於房十一月乙亥與歲星合於室　又按志十一月甲子太白與熒惑合於危癸未與歲星熒惑合於室　又按志八月甲寅彗星見於胃丙辰行犯土司空至九月甲戌始滅　又按志三月甲午星出紫微垣華蓋西南乙卯星出角丁巳星出紫微垣右樞星戊午星出軒轅大星西南閏四月乙巳星出太微垣西右執法北五月癸未星出河鼓

紹興三年星變

按宋史高宗本紀不載　按天文志三年四月辛丑月入南斗魁中五月丙寅掩心第三星七月癸亥入南斗魁中九月戊午入南斗西第五星十月壬寅犯軒轅大星十一月丁巳犯壁壘陣西第六星乙丑犯五車丁卯犯五諸侯西第四星己卯犯斗十二月辛卯犯昴丙申犯鬼丁酉犯軒轅御女甲辰掩心前星

又按志九月壬子熒惑順行入太微甲寅犯右執法乙丑出端門丙寅犯左執法十月癸巳犯進賢十一月丁巳犯亢南第一星辛未犯氐甲戌入氐十二月辛丑犯房北第一星壬寅犯鉤鈐癸卯犯鍵閉　又按志六月甲午太白入井八月乙酉犯軒轅左角少民星　又按志八月戊子熒惑與太白合於張　又按志四月戊子太白與歲星合於奎

紹興四年星變

按宋史高宗本紀四年六月乙未太白晝見經天是月熒惑犯南斗十一月戊申太白晝見　按天文志正月壬戌月犯五諸侯東第一星癸亥犯鬼西北星三月乙卯犯司怪四月癸巳犯房八月癸巳犯心後星十二月丙戌犯昴西北星　又按志正月辛亥朔熒惑犯東咸十月丙子犯壁壘陣戊戌又犯西第六星己亥入羽林軍　又按志四月庚辰太白犯司怪五月辛亥犯輿鬼十一月甲子入氐　又按志六月庚子十一月戊申太白晝見經天　又按志二月戊子熒惑與填星合於箕　又按志二月丁酉太白與歲星合於婁　又按志三月乙亥辰星與太白合於畢

紹興五年星變

按宋史高宗本紀不載　按天文志五年四月癸未月犯房十月庚辰犯南斗壬戌入井十一月甲申又入甲午入氐　又按志四月壬子歲星犯井鉞七月丁丑十月丙午十一月庚午朔至戊子逆行入井　又按志四月甲辰熒惑入井十月乙丑入氐十一月丙戌犯房丁亥犯鉤鈐乙未犯東咸十二月乙卯犯天江　又按志閏二月庚戌三月癸卯五月丁丑填星皆犯建星　又按志正月乙卯太白犯建十一月己丑犯壁壘陣庚寅入羽林　又按志閏二月丙午熒惑與歲星合於昴　又按志正月乙卯十月戊申太白與填星合於斗　又按志十月壬戌星出室東南赤黃而大

紹興六年星變

按宋史高宗本紀不載　按天文志六年五月壬午月犯填星　又按志正月己卯月入井三月甲申犯心大星四月辛丑入井六月己未犯昴九月戊子犯軒轅右角太民十月辛亥犯司怪北第二星十二月丙午入井　又按志三月庚午歲星入井壬辰復入畱二十日七月壬辰犯鬼癸巳犯積尸氣十二月壬戌又如之庚申逆行犯鬼東南星辛酉入鬼宿內　又按志五月戊寅熒惑犯壁壘陣　又按志五月辛卯太白犯畢六月辛酉入井七月己巳復犯井東北第二星己卯犯水位八月戊申犯軒轅大星九月戊辰順行入太微垣乙酉始出丁亥犯進賢十月辛丑入亢己酉入氐辛亥又如之　又按志正月壬辰太白晝見經天　又按志正月丁亥熒惑與填星合於斗　又按志七月癸酉太白與歲星合於井　又按志十月壬子星出壁西北

紹興七年星變

按宋史高宗本紀不載　按天文志七年正月辛未月犯天街二月辛丑入井三月戊辰犯井鉞六月丁巳犯井七月甲申又犯九月己卯又犯十月丁未閏十月甲戌十二月己巳皆犯井三月辛巳犯斗宿西第一星四月乙未犯司怪閏十月癸酉又犯之五月丁丑犯建八月己亥又犯丙午犯房北第二星　又按志正月癸亥三月壬午歲星逆行入鬼犯積尸氣　又按志二月己酉熒惑犯諸王西第二星四月甲午入井五月庚辰入鬼犯積尸　又按志六月己未填星犯牛宿南星　又按志五月辛巳太白犯鬼宿西北六月丙辰犯太微垣西上將　又按志五月甲申熒惑與歲星太白合於柳閏十一月丁卯與辰星合於氐　又按志四月丁巳太白與熒惑合於東井五月乙亥與熒惑辰星合於井十一月癸巳與熒惑合於尾　又按志五月戊子辰星與熒惑太白合於柳　又按志八月壬寅星隕於汴

紹興八年星變

按宋史高宗本紀不載　按天文志八年三月癸亥月犯井四月戊午七月丁未八月甲戌九月辛丑十月己巳十二月甲子皆犯井乙亥犯房北第一星　又按志九月己丑歲星犯太微垣東左執法　又按志十二月戊午太白入羽林軍乙亥經行壁壘陣入羽林軍　又按志二月己未熒惑與填星合於女　又按志正月乙巳太白與填星合於女十一月丙午合於虛　又按志五月客星守婁魯分也　又按志十一月乙巳星出天囷東北

紹興九年星變

按宋史高宗本紀不載　按天文志九年正月辛卯月入犯東井四月癸丑六月乙亥八月己巳九月丙申十月甲子十二月己未皆入犯東井二月己巳入氐四月癸亥六月戊午八月癸丑皆入氐六月乙未

犯建西第四星九月丙辰掩角距星壬戌犯天高十二月丁巳又犯　又按志四月己巳熒惑入鬼犯積尸　又按志二月壬申太白犯月星四月癸亥犯五諸侯西第五星五月甲申入鬼犯積尸氣九月乙巳入太微垣犯左執法丁未始出　又按志三月癸卯太白與熒惑合於井十一月壬申與歲星合於角　又按志九月乙巳辰星與歲星合於角　又按志二月壬申客星守亢陳分也　又按志五月癸未星出房宿東南

紹興十年星變

按宋史高宗本紀不載　按天文志十年正月丙戌月犯入井三月辛巳四月戊申閏六月丁酉八月辛巳十月丁亥皆犯入井三月辛卯入氐六月癸丑七月戊申八月乙亥十二月辛卯皆入氐閏六月乙未犯畢九月丁巳犯畢距星十二月壬子又犯畢　又按志正月戊子七月辛未歲星入氐　又按志十月庚子熒惑犯五諸侯　又按志四月丙子太白入氐　又按志十二月戊子塡星與太白合於室　又按志十一月丁未太白與塡星合於危

紹興十一年星變

按宋史高宗本紀不載　按天文志十一年正月戊午月犯氐二月甲戌犯畢八月乙酉皆犯畢三月甲辰入井六月乙亥入氐十一月乙卯入太微垣犯左執法丙辰犯進賢己未犯氐東北星十二月乙亥入畢掩大星　又按志七月戊午歲星犯東咸西第二星　又按志三月乙卯熒惑入鬼　又按志八月甲午塡星入羽林軍　又按志六月乙亥太白犯井鉞星　又按志三月庚子塡星與太白合於室

紹興十二年星變

按宋史高宗本紀不載　按天文志十二年正月壬寅月犯畢距星四月辛未入太微十一月行犯權大星幷掩御女　又按志七月乙未熒惑犯司怪丁未入井八月入鬼犯積尸十二月丙戌逆行犯權大星北第一星　又按志五月甲午太白犯鬼西北星乙未犯積尸氣

紹興十三年星變

按宋史高宗本紀不載　按天文志十三年正月癸卯月犯權星幷御女八月己酉復掩權大星　又按志九月辛未熒惑與太白合於尾　又按志十二月乙巳太白與塡星合於奎

紹興十四年星變

按宋史高宗本紀不載　按天文志十四年正月庚申月入畢掩大星六月丁亥犯亢距星　又按志八月庚辰熒惑犯積尸　又按志六月癸卯太白與熒惑合於井

紹興十五年星變

按宋史高宗本紀十五年夏四月戊寅彗星出東方癸未避殿減膳命監司郡守條上便民事宜丁亥以彗出大赦癸巳彗沒五月丙辰客星見六月丁亥客星沒　按天文志九月辛酉熒惑犯天江南第一星　又按志八月庚寅熒惑與太白合於氐　又按志四月戊寅彗星見東方丙申復見於參度五月丁巳化爲客星其色青白壬戌留守張至六月丁亥乃消

按杜莘老傳莘老字起莘眉州青神人唐工部甫十三世孫也幼歲時方禁蘇氏文獨喜誦習紹興間進士以親老不赴廷對賜同進士出身授梁山軍教授從遊者衆秦檜死魏良臣參大政莘老疏天下利害以聞良臣薦之主管禮兵部架閣文字彗星見東方高宗下詔求言莘老上書論彗盩氣所生多爲兵兆國家爲民息兵而將驕卒惰軍政不肅今因天戒以脩人事思患預防莫大於此因陳時弊十事時應詔者衆上命擇其議論切當推恩以勸之復省以莘老爲首進一階還勑令刪定官太常寺主簿陞博士輪對論金將敗盟宜飭邊備勿恃其不來恃吾有以待之上稱善再三

紹興十六年星變

按宋史高宗本紀十六年十二月戊戌彗見西南方乙巳滅　按天文志六月庚申月掩塡星　又按志八月壬寅月犯鉤鈐　又按志十月丙午熒惑犯左執法甲寅出太微左掖門　又按志三月乙丑歲星與塡星太白合於昴十月戊戌與塡星合於畢　又按志十一月庚寅彗星見西南危宿

紹興十七年星變

按宋史高宗本紀十七年七月辛巳太白晝見　按天文志三月己未月入羽林軍是歲凡六三月己卯入氐五月甲戌六月壬寅十一月乙酉皆入氐七月癸酉入南斗十月乙未又入十一月甲戌犯司怪　又按志七月壬戌歲星順行入東井不犯星十一月丙戌退行入井　又按志七月己卯熒惑順行犯房宿己丑順行犯東咸八月戊申順行犯天江十月乙酉順行犯壁壘陣庚寅晦順行入羽林軍　又按志

四月丙午太白順行犯五諸侯九月己卯順行入太微垣庚辰順行犯右執法十一月乙丑順行入氐　又按志七月辛巳太白晝見　又按志七月壬戌歲星與太白合　又按志二月庚戌太白與塡星合庚申與歲星合十二月庚戌與辰星合於南斗　又按志三月乙卯辰星與塡星合　又按志八月己未星出危宿慢流至貫索沒青白色有尾跡照地明大如太白　又按志正月乙亥妖星出東北方女宿內小如歲星光芒長五丈二月丙寅始消

紹興十八年星變

按宋史高宗本紀不載　按天文志十八年三月乙丑月犯五諸侯壬午入羽林軍是歲凡八四月壬寅入氐五月丙寅入太微犯東上相六月丁酉入氐七月乙丑犯房戊辰入南斗閏八月癸亥又入　又按志閏八月戊辰熒惑順行犯太微西上將九月癸巳犯太微左執法十一月甲辰順行入氐十二月壬申順行犯房　又按志八月辛丑塡星順行犯東井鉞星

紹興十九年星變

按宋史高宗本紀不載　按天文志十九年正月辛丑月犯亢二月甲戌入南斗丁丑入羽林軍是歲凡八六月庚申犯房癸亥入南斗八月戊午又入　又按志七月戊申熒惑犯南斗十月辛未順行犯壁壘陣入羽林　又按志六月乙卯太白犯井鉞丙辰犯東井丁巳入東井　又按志六月壬戌太白犯塡星　又按志六月戊午太白與塡星合於井七月丁未與歲星辰星合於張

紹興二十年星變

按宋史高宗本紀不載　按天文志二十年二月己未月犯歲星　又按志四月丁巳月犯角六月戊午入南斗是歲凡三壬戌入羽林軍是歲凡五七月己卯犯角距星壬午犯房八月癸亥犯昴距星十一月乙未犯角距星　又按志十一月丙戌熒惑順行犯氐　又按志正月辛卯塡星退留守東井　又按志九月戊子熒惑犯歲星　又按志二月甲午熒惑與太白合於畢九月戊子又合於軫十一月戊子與太白行入氐　又按志三月戊寅太白與熒惑合於昴四月庚戌與塡星合於東井六月甲寅與歲星合於翼十月丙午與歲星熒惑合於軫己巳與熒惑合於角

紹興二十一年星變

按宋史高宗本紀不載　按天文志二十一年正月丙申月入南斗二月辛酉犯心東星三月丙申入羽林軍是歲凡七閏四月己丑犯壁壘陣八月乙亥入南斗七月癸未犯壁壘陣十一月戊申犯昴　又按志十一月辛丑歲星順行犯氐戊申又入氐　又按志四月戊辰熒惑入羽林庚午行犯壁壘陣　又按志十一月己酉太白順行入羽林軍　又按志十月庚午辰星入氐　又按志閏四月甲午辰星犯塡星　又按志閏四月壬辰辰星與塡星合於東井

紹興二十二年星變

按宋史高宗本紀不載　按天文志二十二年正月丙辰月犯心東星二月庚午犯昴是歲凡三乙亥犯鬼三月癸丑入南斗是歲凡四　又按志七月辛亥歲星入氐　又按志二月壬申熒惑順行犯天街三月丙午順行犯司怪十一月癸卯順行犯房宿鉤鈐十二月癸酉順行犯天江　又按志六月甲子太白犯東井乙酉入東井七月辛亥順行入鬼犯積尸氣九月壬辰順行入太微垣庚子犯左執法十月甲戌入氐　又按志十二月乙丑歲星與熒惑合於尾　又按志十月己卯熒惑與太白合於氐十一月壬子與歲星合於心　又按志九月庚申太白與熒惑辰星合於角十月庚午與熒惑合於亢

紹興二十三年星變

按宋史高宗本紀不載　按天文志二十三年正月癸卯二月庚午月犯輿鬼壬申犯權御女星三月戊申犯南斗七月乙未犯房距星十月癸酉犯司怪十一月辛丑入東井　又按志三月戊午熒惑順行入羽林　又按志八月辛酉太白順行犯亢　又按志六月甲子太白與塡星合於張九月癸卯與歲星合於尾閏十二月癸卯合於南斗　又按志四月丙寅辰星與太白合於畢

紹興二十四年星變

按宋史高宗本紀不載　按天文志二十四年正月庚申月犯昴六月丙午十二月庚寅皆犯司怪戊戌犯昴距星九月己巳十二月辛卯皆入東井八月戊子月犯歲星　又按志八月庚戌塡星順行入太微

紹興二十五年星變

按宋史高宗本紀不載　按天文志二十五年四月庚辰七月己巳月入東井是歲凡六六月辛丑犯鉞十月庚寅犯天關十二月乙酉犯司怪八月壬寅熒

惑順行入東井十月壬寅退行犯東井十一月癸酉退行犯司怪　又按志三月戊午塡星退行犯太微垣西上將　又按志四月戊子太白順行犯五諸侯八月癸卯順行犯權左角少民十月癸卯順行入氐　又按志九月壬申太白與塡星合於軫十一月壬申與辰星合於尾

紹興二十六年星變

按宋史高宗本紀二十六年六月丁亥流星晝隕秋七月丁未彗出井避殿減膳　按天文志正月壬子十月乙酉十一月庚辰月犯司怪癸丑入東井是歲凡八八月丙子犯房十月乙亥犯牛　又按志二月丁亥熒惑順行犯東井鉞六月甲午順行犯太微垣西上將七月庚申順行犯太微左執法　又按志十一月庚辰塡星犯平道　又按志七月壬戌太白順行犯太微左執法八月丁亥順行犯亢距星戊戌順行入氐九月乙丑順行犯天江十月甲申順行犯南斗閏十月辛酉順行犯壁壘陣　又按志七月癸亥太白犯熒惑　又按志七月庚申熒惑與塡星合於軫　又按志七月丙辰太白與熒惑合壬戌與熒惑塡星合於軫　又按志七月丙午彗星見東井約長一丈光芒二尺癸丑又犯五諸侯　又按志六月乙亥星出東北方光明照地

紹興二十七年星變

按宋史高宗本紀不載　按天文志二十七年六月甲辰月犯太白　又按志正月甲戌月犯天關庚寅月犯建二月癸卯三月庚午皆入東井是歲凡七四月己酉犯房鉤鈐又犯鍵閉六月甲辰犯罰又犯東井七月庚午入氐丙子犯羅堰乙酉犯天關十一月乙丑犯牛十二月辛亥犯角宿距星　又按志六月癸亥熒惑順行犯司怪七月癸酉又入東井癸巳順行犯天罇九月乙丑順行犯輿鬼又犯積尸　又按志正月癸巳塡星退行犯進賢　又按志六月丙申太白順行犯井鉞己亥甲辰皆入東井七月戊子順行犯權左角少民星　又按志四月壬寅太白犯歲星　又按志三月辛卯太白與熒惑歲星合於奎

紹興二十八年星變

按宋史高宗本紀二十八年六月壬辰太白晝見癸巳流星晝隕　按天文志正月辛未月入東井是歲凡五二月甲寅犯牛三月庚辰犯建四月己酉犯羅堰五月丙子犯牛六月丁酉犯氐壬寅掩建八月丁酉又掩辛卯犯亢壬辰入氐丁未入畢口內犯大星九月甲戌掩犯畢十月癸巳掩牛宿距星癸丑犯氐距星十一月辛巳十二月戊申入氐丁未犯亢　又按志七月丁丑歲星順行犯諸王　又按志二月癸丑熒惑順行犯輿鬼乙卯又如之六月乙未順行犯太微垣西右執法　又按志三月甲申太白犯司怪十一月庚午順行入氐　又按志十月癸卯辰星入氐　又按志六月壬辰太白晝見　又按志十月乙未辰星犯塡星　又按志二月丁未太白與歲星合於胃六月乙未與熒惑合十一月己未與塡星合於亢　又按志十月丙申辰星與塡星合於亢　又按志六月戊戌星晝隕有尾長三丈至西北沒

紹興二十九年星變

按宋史高宗本紀不載　按天文志二十九年正月丙寅月犯入東井是歲凡六乙亥犯氐距星二月癸卯入氐方口內是歲凡四甲辰犯西咸三月己未犯天高壬申犯東咸乙亥犯建星四月辛卯犯權右角太民甲辰犯羅堰五月甲子犯亢六月戊申犯附耳庚申入氐丙寅犯羅堰七月癸巳掩牛宿距星九月丁酉入畢口犯大星十一月壬辰犯畢十二月己巳犯亢距星壬申犯東咸　又按志六月己酉閏六月辛酉歲星順行入犯東井七月戊戌順行犯天罇十二月己巳入犯東井　又按志六月壬子熒惑順行犯司怪閏六月壬戌順行入東井是月戊辰又如之庚辰順行犯天罇七月戊申順行犯輿鬼辛亥入鬼犯積尸氣十月辛未順行犯太微垣西上將十二月辛酉留太微垣內屏西南星十日　又按志閏六月己未熒惑與歲星合於井　又按志八月戊寅星出紫微垣西南約長三尺赤黃色西南急流至鉤陳大星東北沒　又按志十一月癸未太白順行犯壁壘陣西勝星戊戌順行入羽林軍

紹興三十年星變

按宋史高宗本紀不載　按天文志三十年六月壬子月犯熒惑　又按志正月戊戌月入氐二月乙丑又入是歲凡五三月甲申入東井是歲凡三七月戊子犯牛八月乙卯又犯九月庚辰犯南斗十月庚申掩入畢十一月庚寅入犯東井　又按志十一月辛巳塡星順行犯房壬寅順行犯鍵閉　又按志六月丙辰太白順行犯天關壬申入東井八月癸亥順行犯權大星丁巳犯權左角少民星十月庚申順行入氐　又按志七月己亥太白犯歲星　又按志七月

庚子熒惑與填星合於氐　又按志七月丙申太白與歲星合於柳

紹興三十一年星變

按宋史高宗本紀三十一年六月庚申彗出角九月壬午流星晝隕　按天文志正月甲申月犯東井是歲凡五二月乙卯犯權星御女庚申入氐三月戊子又入是歲凡五四月辛亥犯太微垣西上將星辛巳犯平道星戊子犯牛距星戊戌犯畢距星七月丁丑犯西咸癸未犯牛癸巳入畢大星九月丙申犯太微東左執法星十一月壬午掩畢辛卯掩太微東上相星十二月壬子甲寅犯輿鬼掩積尸　又按志四月庚申熒惑犯太微垣西上將八月戊申順行入氐九月庚寅犯天江十一月乙酉犯牛　又按志三月己亥填星退行犯鍵閉八月庚戌順行犯房　又按志六月戊辰太白掩犯太微右執法七月壬辰順行犯角宿距星　又按志六月甲寅歲星與太白合於張　又按志十一月丁未熒惑與歲星合於翼　又按志六月壬寅太白與歲星合於星九月庚午與填星合於房十二月太白合於尾　又按志六月乙巳彗星見北斗天權星東北太史妄稱爲含譽　又按志六月乙卯星出右攝提赤白色急流向東南沒有尾跡大如歲星丁巳星出青白色自東北急流向東南沒有尾跡大如盞口甲子星出氐赤黃色慢流至角宿天田沒初小後大如太白後有小星隨之九月壬午星晝隕約長三丈　又按志六月戊午大角星東北生角

紹興三十二年星變

按宋史高宗本紀不載　按天文志三十二年正月丁丑月掩畢宿大星犯附耳庚辰犯東井是歲凡七戊子入氐是歲凡二己丑犯西咸二月庚戌犯酒旗壬子入太微西掩右執法星乙卯犯亢己亥犯太微西上將戊辰入太微辛巳犯進賢四月癸未犯牛五月庚午犯太微東上相星庚辰入羽林軍九月壬寅十一月十二月皆入戊子入畢掩犯大星及附耳七月甲辰掩建十月丙寅又掩九月庚戌入畢十二月壬申又入十月己卯犯司怪　又按志正月戊寅歲星退行入太微二月戊戌退行犯太微垣西上將星乙巳退行逆出太微西門五月庚子順行犯太微垣西上將星乙巳復順行犯太微乙酉順行犯右執法十月庚午順行犯進賢　又按志閏二月壬午熒惑退行犯進賢五月癸巳順行入犯氐　又按志正月丁亥太白順行犯建二月己亥順行犯牛　又按志八月辛未熒惑與填星合於尾十一月壬戌與太白合於羽林軍　又按志三十三年正月癸巳月犯太白二月己亥月犯歲星（按紹興三十二年孝宗即位無三十三年也志疑誤）

孝宗隆興元年星變

按宋史孝宗本紀隆興元年七月丙申太白晝見經天　按天文志三月丙申四月丙子七月戊戌月皆犯填星　又按志二月己巳月入東井是歲凡六癸酉犯權大星七月丙申十月壬子皆入氐壬寅犯壁壘陣勝星十月甲子又犯癸卯入羽林軍是歲凡三十月丙午犯權十二月丁卯掩天高戊辰犯天關　又按志十月戊子歲星順行犯氐十一月庚寅又入氐　又按志八月壬午熒惑犯長垣九月乙未犯太微垣西上將十月庚申入太微垣東犯左執法癸未犯進賢十二月甲戌入氐　又按志六月丙子太白入東井八月乙酉犯權左角少民星九月辛丑入太微庚戌犯左執法入守垣內壬子始出十月辛酉順行犯進賢十一月戊戌犯房庚子犯鍵閉十二月庚申順行犯天籥辛未犯建　又按志七月丙申太白經天晝見　又按志九月丁酉太白犯熒惑十二月甲子太白犯填星　又按志十一月庚寅歲星與太白合　又按志七月壬寅熒惑與辰星合於柳十二月壬申與歲星合於氐　又按志八月庚辰太白與熒惑合於張十月丁丑與歲星合於亢十二月辛酉與填星合於箕　又按志六月丁丑星出尾宿青白色向東南慢流沒七月壬寅星出天市垣內赤色向西北慢流至右攝提西南沒炸散小星二十餘顆有聲尾跡大如太白丙午又出天市垣慢流至氐宿沒青白色微有尾跡小如填星癸丑星出織女急流向貫索西北沒青白色明大如土星照地丙辰星出華道急流入天棓西南沒赤黃色有尾跡小如土星八月庚申星出羽林軍赤黃色向東南急流至濁沒戊辰星出虛宿赤黃色急流至牛宿西南沒壬申星出天市垣赤青色慢流至西咸西北沒癸酉星出壁宿赤黃色急流犯王良星沒如太白丙子星出羽林軍門青白色慢流委曲行至東南濁沒辛巳星出南斗赤黃色慢流入羽林軍沒有尾跡大如金星又有星一赤黃色有尾跡亦如金星出雲雨星慢流向西南至女宿之下沒戊子星出羽林軍門東南慢流至濁沒青白色有尾跡大如土星又星一青白色出天倉

向東南急流有尾跡小如木星至濁沒九月庚戌星出紫微垣外坐赤黃色向西北急流抵紫微垣內坐尚書星沒十一月庚寅星出軫宿急流向東南騎官星沒赤黃色有尾跡大如木星丁未飛星出天船急流向紫微垣外坐內廚西北沒炸出二小星青白色有尾跡照地明大如木星

隆興二年星變

按宋史孝宗本紀二年六月戊辰太白晝見秋七月庚子太白經天　按天文志正月戊子月入羽林軍是歲凡六甲午入畢二月甲子入東井是歲凡五己巳犯長垣辛未入太微掩犯左執法井上相星三月辛卯犯東咸四月丙申入氐七月丁亥入太微犯內屏星八月乙丑犯壁壘陣十月丁卯犯畢庚辰入氐十一月丁亥入羽林軍丙辰掩司怪己亥犯與鬼掩積尸丁未入氐戊申犯西咸閏十一月壬戌犯天高己巳犯長垣　又按志二月己卯歲星退行入氐六月壬申癸未犯氐　又按志正月辛亥熒惑犯房甲寅犯鍵閉二月辛未順行犯東咸三月辛亥退行犯東咸四月戊寅退行犯房七月壬子犯天江己卯順行犯南斗十月乙丑順行犯周星己巳犯秦星乙亥犯代星十一月庚子犯壁壘陣癸卯順行入羽林軍　又按志八月庚辰太白順行入氐辛巳犯氐十月己卯犯天籥丙寅順行犯南斗己巳順行犯狗十一月甲申順行入天田甲辰順行犯壁壘陣　又按志十月壬申辰星入氐至戊寅出凡七日　又按志六月戊辰太白晝見七月庚子經天晝見　又按志正月丁亥至己丑熒惑犯守歲星十一月甲午辰星犯歲星　又按志四月癸未熒惑與歲星合於氐八月癸酉與塡星合於箕　又按志十月辛巳塡星與太白合於斗　又按志八月己卯太白與歲星合於氐十月丙辰與塡星合於箕　又按志十一月庚寅辰星與歲星合十二月丁亥與太白合　又按志二月辛酉飛星出權星慢流至太微垣內五帝坐大星西南沒青白色微有尾跡大如歲星六月丁丑星出王良青白色急流犯天津西南沒乙卯飛星出造父急流入紫微垣內鉤陳大星東南沒青白色大如塡星辛亥星出天關急流貫入畢口西北沒有尾跡照地明大如太白赤黃色十月丙辰星出趙國向西南慢流犯趙東星沒有尾跡大如塡星赤黃色十一月壬午朔星出卯位慢流至西南沒有尾跡照地明大如太白青白色癸未星出犯弧矢急流至天廟東南沒有尾跡大如太白青白色丁亥星出天苑向西南慢流至濁沒微有尾跡大如太白色赤黃癸卯星出羽林軍慢流向西南濁沒大如太白色赤黃辛亥星出南河向東南慢流至翼宿沒微有尾跡大如太白色赤黃十二月壬午星出弧矢向東南至濁沒有尾跡照地明大如太白色青白　又按志九月戊戌大角光體搖動十月丙子弧矢九星內矢一星偏西不向狼星

乾道元年星變

按宋史孝宗本紀乾道元年三月甲寅太白晝見乙亥太白經天　按天文志乾道元年十一月庚午月犯熒惑　又按志二月甲申五月癸酉十月庚寅月皆掩犯諸王星戊戌犯東咸庚申入太微犯內屏六月壬午又如之甲子入氐六月丙戌又入辛未入羽林軍是歲凡八五月辛酉掩天江七月丁巳犯南斗八月壬午掩犯鉤鈐十二月戊戌又掩甲申犯天籥乙酉掩南斗九月壬子又掩庚午入太微十月丁酉十二月壬辰皆入太微十月庚辰犯狗十一月丁巳犯天街掩諸王　又按志三月甲寅熒惑犯諸王星八月乙酉順行犯太微垣西上將星辛丑入太微九月庚戌犯太微垣左執法壬申犯進賢十一月丙辰熒惑順行入氐十二月癸未順行犯房又犯鉤鈐　又按志七月丙寅塡星留守建星　又按志五月戊午太白順行犯諸王六月辛巳入東井丁未順行犯鬼八月癸未入太微十二月庚子順行入羽林軍　又按志三月甲寅太白晝見乙亥晝見經天　又按志十二月庚子歲星與塡星合於南斗　又按志八月辛巳熒惑與太白合於翼　又按志七月乙卯太白與熒惑合於張　又按志三月甲戌辰星與熒惑合於畢　又按志三月丙辰星出周國急流至天雞沒微有尾跡大如歲星色黃白甲子星出張宿慢流向西南至濁沒有尾跡照地明大如太白色赤黃五月丁丑星出河鼓白色向東北慢流至濁沒有尾跡照地明大如太白六月甲辰星出東北慢流向西南沒有尾跡音聲大如太白色赤黃七月壬戌星出西南慢流至東南沒大如歲星色赤黃庚午星出代國慢流至趙國沒大如歲星色青白九月戊申星出王良慢流至尾宿沒十月癸未星出權星東南急流至太微垣沒有尾跡照地明如太白色青白　又按志八月乙巳大角光體搖動

乾道二年星變

按宋史孝宗本紀二年四月甲申太白晝見五月癸丑太白晝見經天九月己巳太白晝見　按天文志正月壬子月犯諸王二月己卯又犯乙卯掩犯五諸侯二月乙酉犯權己亥入羽林軍五月辛酉又入甲寅犯鍵閉六月辛巳入氐八月丙子又入壬子犯房乙酉犯南斗入魁八月庚辰又入乙未犯月八月辛巳掩犯狗國九月庚戌犯哭十一月戊午犯權十二月壬辰入氐　又按志正月乙卯熒惑順行犯天江九月庚戌順行犯壁壘陣西勝星辛亥入壁壘陣丙申入羽林軍甲子犯壁壘陣十月乙未犯壁壘陣西第八星　又按志二月甲午填星犯牛三月庚申留守牛宿五月己未掩狗國星　又按志三月己酉太白順行犯天街己亥順行入鬼九月己酉犯明堂十一月辛亥順行入氐十二月壬辰順行犯南斗　又按志四月甲申太白晝見五月甲寅經天晝見庚午晝見　又按志十二月丁巳歲星與填星合於牛　又按志二月乙酉熒惑與歲星合於斗三月癸酉與填星合於牛　又按志五月己未填星與歲星合於南斗　又按志三月癸酉客星出太微垣內五帝坐太星西微小色青白　又按志二月庚子星出西北方急流至濁沒明大如歲星色青白六月丙子星出角宿急流至軫宿沒有尾跡大如太白色赤黃七月己巳星出織女急流至天市垣內宗星沒有尾跡大如歲星青白色十一月己未星出急流東南蒼黑雲間沒大如歲星色青白十二月星出天關急流至外屏星沒有二小星隨之赤黃色微有尾跡大如歲星

乾道三年星變

按宋史孝宗本紀三年九月戊子太白晝見　按天文志二月戊子月掩犯東咸辛卯入南斗三月甲寅入氐四月辛巳又入壬申犯五諸侯九月癸未十一月戊寅皆犯五月乙巳入太微癸丑掩犯南斗丁丑犯房庚辰入南斗魁七月乙巳犯心大星閏七月丁丑犯周星戊寅犯哭又入羽林軍八月乙巳犯代九月庚辰犯月星十月戊午犯亢十二月壬寅犯昴甲寅入氐掩東南星　又按志十月乙巳歲星犯壁壘陣　又按志二月壬辰熒惑犯月星四月乙亥犯司怪九月庚寅犯亢十月乙巳入氐十一月庚午犯鉤鈐十二月己亥犯天江　又按志七月乙丑填星犯周星　又按志十一月丁丑太白犯羽林軍　又按志九月戊子太白晝見與日爭明　又按志十一月乙亥太白犯歲星　又按志正月癸亥太白與填星歲星合十一月壬申與歲星合　又按志九月甲午星出卷舌急流至婁宿沒有尾跡大如歲星黃白色又有星青白色出北斗急流至少宰西北沒大如歲星

乾道四年星變

按宋史孝宗本紀四年二月癸丑五星皆見五月乙丑太白晝見六月辛卯朔太白晝見經天辛丑五星皆見八月己亥五星皆見　按天文志十月庚子十一月戊申月皆掩犯熒惑　又按志正月辛未月犯五車二月丁巳入羽林軍是歲凡九三月庚午犯權四月庚子犯左執法乙巳犯心前星五月乙亥入南斗十月壬辰又入六月丙申犯角七月壬午犯五車丙辰入太微八月丁未掩天陰十月乙未犯壁壘陣戊戌又犯丙午犯五諸侯庚午犯昴壬申犯司怪癸未犯心十二月乙巳入太微犯左執法丁未掩犯角　又按志九月丙戌歲星留守壁壘陣　又按志三月甲子熒惑犯壁壘陣辛巳犯壁壘陣及入羽林軍七月丙戌留守天囷十二月乙卯犯天陰　又按志八月乙卯填星守壁壘陣　又按志五月己卯太白犯畢辛巳入畢口丙六月丁酉犯天關癸卯犯司怪辛亥入東井七月庚申犯天罇甲戌犯鬼八月己亥犯權丙辰入太微九月丙寅出十月丁酉入氐　又按志五月乙丑太白晝見與日爭明六月辛卯經天　又按志三月丁卯熒惑犯填星　又按志二月庚中熒惑與填星合五月壬戌與歲星合　又按志二月壬子辰星與太白合於胃　又按志二月壬子六月辛丑八月己亥五星俱見

乾道五年星變

按宋史孝宗本紀五年六月庚寅太白晝見十一月己巳太白晝見　按天文志正月癸酉月入太微犯左執法戊寅掩心東星二月壬辰八月癸卯十一月乙丑皆犯昴乙亥犯長垣三月癸亥六月壬子九月甲戌十一月乙巳皆掩犯五諸侯戊辰犯左執法己卯入羽林軍是歲凡七四月庚子犯心五月甲子犯角距星庚午入南斗六月辛亥犯五車九月壬申又犯七月甲子犯箕十月丁亥入南斗魁又掩第五星　又按志正月乙亥熒惑犯月星甲申犯天街三月丁丑犯東井十一月戊子犯天江　又按志四月戊子填星入羽林軍五月丙辰留守羽林軍七月丙戌

犯壁壘陣九月甲戌守壁壘陣　又按志九月庚申太白犯心宿大星　又按志六月庚寅太白晝見十一月甲子晝見庚午晝見　又按志十一月甲子熒惑與太白合於房戊辰與辰星合於心辛巳又合於尾　又按志四月乙巳太白與熒惑合於井十一月甲子合於房十二月癸巳合於尾　又按志六月庚寅辰星與歲星合　又按志七月甲子星出宗正赤色慢流至女宿沒有尾跡照地明大如歲星九月丙辰星出赤黃色如蚍入天棓沒

乾道六年星變

按宋史孝宗本紀不載　按光宗本紀六年七月太史奏木火合宿主冊太子當有赦是時虞允文相因請早建儲貳孝宗曰朕久有此意事亦素定但恐儲位既正人性易驕卽自縱逸不勤於學浸有失德朕所以未建者更欲其練歷庶務通知古今庶無後悔爾　按天文志正月庚申月犯昴戊辰犯右執法癸酉犯心東星二月辛卯犯五諸侯癸酉入犯南斗丁未入羽林軍是歲凡三三月壬戌犯靈臺庚午入南斗魁五月己丑七月丁亥皆如之五月壬戌掩日星又犯房閏五月庚寅犯心東星七月戊戌犯昴庚子犯五車九月壬午犯狗十月壬戌犯五車東南星　又按志六月癸丑十一月丁丑歲星犯諸王　又按志二月甲申熒惑犯牛七月己亥犯諸王　又按志六月戊午塡星退入羽林軍九月庚寅又入守之　又按志七月乙巳熒惑犯歲星於畢　又按志五月戊寅歲星與太白合於畢　又按志三月甲申熒惑與太白合辛卯合於女三月戊午合於危丁丑與塡星合於室七月辛巳與歲星合於士九月癸卯合於畢　又按志正月甲子太白與熒惑合於斗三月壬戌與塡星合五月乙丑與歲星合於昴　又按志五月乙亥十月庚申五星俱見　又按志九月辛巳星出痕星入弧矢至濁沒微有尾跡大如塡星赤黃色十月庚戌星出天囷急流至濁沒有尾跡大如歲星赤黃色

乾道七年星變

按宋史孝宗本紀不載　按天文志七年二月辛巳月犯熒惑　又按志正月甲申月犯五車三月甲申犯權星御女四月戊午犯心大星六月癸丑掩心東星乙卯掩犯南斗九月丁丑十二月丙寅皆如之十月乙卯犯昴十一月乙未犯房宿日星　又按志六月癸酉歲星犯天罇十一月癸巳又如之　又按志二月壬戌熒惑犯東井四月癸丑入鬼犯積尸五月己丑犯權大星　又按志八月丁卯塡星退行犯壁壘陣東勝星十月乙卯十一月庚寅又犯守之　又按志八月丁卯太白犯權左角少民星九月甲申犯右執法入太微垣甲午出十月丁卯入氐十一月己卯犯房丙戌犯東咸　又按志六月庚戌歲星與太白合於井　又按志二月丙寅太白與歲星合於畢三月甲午與熒惑合於井　又按志四月丙寅辰星與太白合於井　又按志七月戊戌星大如拳急流向西北方至濁沒有尾跡照地如電九月甲午透雲星出急流向西南方至濁沒高丈餘有尾跡照地明大如太白色青白

乾道八年星變

按宋史孝宗本紀不載　按天文志八年正月辛卯月犯心距星三月丁丑犯鬼丙戌犯心大星四月癸丑犯房九月戊子犯鬼宿距星　又按志三月丁丑歲星犯天罇十一月癸未留守權大星　又按志八月丙午熒惑入東井癸亥犯天罇十月癸卯犯鬼辛亥又犯戊午犯積尸氣十一月己巳又犯鬼　又按志八月壬戌太白入氐甲子犯氐東南星九月癸酉犯房甲戌犯鉤鈐戊子犯天江十一月丁亥犯壁壘陣　又按志五月癸巳太白犯歲星　又按志四月辛丑熒惑與塡星合於奎　又按志五月癸未太白與歲星合於井　又按志十月癸卯五星俱見

乾道九年星變

按宋史孝宗本紀不載　按天文志九年四月丙子月犯心六月辛未月掩犯心大星　又按志五月乙卯歲星犯權大星十月庚午十一月庚寅犯太微右執法　又按志四月丁丑熒惑犯權五月庚戌犯太微垣西上將星六月癸亥犯太微垣西右執法　又按志二月庚申熒惑犯歲星七月丁巳太白犯歲星　又按志三月辛丑熒惑與歲星合於柳四月乙丑又合於星　又按志三月辛酉太白與塡星合於奎七月甲寅與歲星合於張

淳熙元年星變

按宋史孝宗本紀不載　按天文志淳熙元年七月戊申月入東井十一月戊戌十二月乙丑皆入八月乙亥犯井鉞十二月癸亥犯天街　又按志二月壬午歲星犯太微垣西上將星　又按志七月辛卯熒惑入東井丙午入天罇八月乙亥犯鬼　又按志十

一月甲午太白入氐辛亥犯罰十二月壬午犯建
又按志正月丁未太白與填星合於奎十月乙丑與
歲星合於軫　又按志七月辛亥奎宿生芒

淳熙二年星變

按宋史孝宗本紀二年七月辛丑有星孛於西方
按天文志正月壬辰月犯井鉞二月庚申入東井四
月乙卯九月戊戌十月癸巳皆入六月癸亥犯南斗
七月戊子犯房閏九月乙卯犯牛十月癸卯入氐
又按志四月庚申歲星犯進賢十月丁亥入氐　又
按志正月庚子熒惑犯權大星五月甲午犯太微西
上將八月乙亥入氐　又按志十一月丁卯太白入
羽林軍　又按志閏九月丁巳太白犯熒惑　又按
志六月丙寅熒惑與歲星合於軫　又按志閏九月
甲寅太白與熒惑合於尾　又按志七月辛丑有星
孛於西北方當紫微垣外七公之上小如熒惑森然
蓬孛至丙午始消

淳熙三年星變

按宋史孝宗本紀三年五月壬申太白晝見　按天
文志五月庚午月犯太白　又按志正月乙丑七月
己酉月入氐三月庚戌九月辛酉皆入東井四月乙
酉犯角宿距星七月丁未犯角十二月甲寅犯畢
又按志三年五月己未歲星留守氐　又按志十月
乙亥熒惑犯太微西上將十一月丙寅犯太微東上
將　又按志十月己丑填星犯畢　又按志五月癸
亥太白犯畢六月己卯犯天關丁亥犯井鉞辛卯入
東井八月戊戌入太微犯右執法　又按志五月癸
酉太白經天晝見　又按志二月庚辰太白與填星
合於胃五月乙丑合於畢六月癸巳與熒惑合於井
又按志正月辛未星出狼星急流至濁沒尾跡照
地明大如太白四月戊戌星出角宿青白色

淳熙四年星變

按宋史孝宗本紀四年十一月壬戌太白晝見　按
天文志四年正月庚申月入氐二月戊寅入東井七
月壬戌十月甲申十二月己卯皆入七月庚戌犯牛
宿距星八月丁亥入畢宿方口內九月甲寅犯畢
又按志正月己巳熒惑入太微七月庚申入氐辛酉
犯氐八月己卯犯房　又按志六月丁丑十日甲申
填星犯天關　又按志七月乙卯太白犯角宿距星
九月辛丑犯心前星　又按志十一月壬戌太白晝
見　又按志九月己亥熒惑與歲星合於尾　又按
志九月壬子太白與熒惑歲星合於尾　又按志五
月乙巳辰星與太白合於井

淳熙五年星變

按宋史孝宗本紀不載　按天文志五年正月乙卯
月入氐閏六月己亥十二月皆如之三月辛丑入東
井是歲凡四閏六月庚戌乙卯入畢宿方口內十一
月壬申掩畢宿附耳星　又按志四月壬午歲星留
守牛　又按志九月乙亥熒惑犯太微右執法十月
壬辰出左掖門十二月壬子入氐　又按志正月壬
戌填星留守諸王五月辛卯入井八月丙辰留守東
井十一月辛巳又犯　又按志閏六月己酉填星與
熒惑合於井　又按志正月庚戌太白與歲星合於
斗十一月壬戌合於牛　又按志八月乙巳星出狼
星急流向東南沒微有尾跡大如太白青白色

淳熙六年星變

按宋史孝宗本紀六年秋七月癸未太白晝見經天
　按天文志十一月己未月犯歲星　又按志正月
甲戌月犯太微右執法星二月甲午犯畢四月辛卯
入東井是歲凡三五月丁卯入氐十月戊申犯左執
法又行入太微垣乙亥又入十二月丁未犯壁壘陣
西七星　又按志五月癸亥歲星留入羽林軍六月
乙巳十一月壬戌犯壁壘陣西第六星八月丁未留
守壁壘陣西第五星　又按志二月己酉熒惑入氐
三月辛未犯氐宿距星四月丙午守亢六月丙申犯
氐七月己未犯房八月己丑犯天江十一月乙亥入
羽林軍丁丑犯壁壘陣西第七星　又按志正月壬
申填星留守井鉞星是月戊子二月戊申皆犯入東
井九月庚午留守水位十二月戊戌犯天罇　又按
志六月乙未太白入東井八月癸卯犯權御女星十
月戊申入氐　又按志七月乙丑太白晝見癸未經
天　又按志十一月甲子熒惑與歲星合於危　又
按志三月丁丑六月丁酉太白與填星皆合於井
又按志八月壬辰星出紫微垣鉤陳大星慢流至濁
沒有尾跡大如盞口青白色

淳熙七年星變

按宋史孝宗本紀不載　按天文志七年正月庚午
月入太微犯左執法癸酉入氐三月戊辰四月乙未
六月庚寅十一月甲戌十二月辛丑皆如之四月壬
辰入太微六月丁亥十二月丁酉皆如之六月乙巳
掩畢大星七月乙亥入東井是歲凡三八月丙午犯
權大星十一月戊辰又犯十月甲午犯畢十二月乙

丑又犯十一月甲戌入氐　又按志九月乙丑熒惑入太微庚午出十二月壬午犯氐甲申又入　又按志八月壬辰填星入鬼犯積尸氣戊申犯鬼十一月丙辰又如之　又按志八月乙巳太白入氐　又按志五月乙亥星出天市垣內東海星慢流炸作三小星有尾跡照地大如盞口青白色八月丁未星出貫索大星西北急流至濁沒有尾跡照地明大如太白色青白

淳熙八年星變

按宋史孝宗本紀八年秋七月丙申太白晝見經天乙巳以星變詔侍從臺諫兩省官條上時政闕失

按天文志正月己未月入東井是歲凡六二月丙申入氐四月戊午六月癸丑皆入三月己未入太微閏三月丁亥八月庚午十月癸巳又入六月丁卯入畢八月壬戌九月己丑皆入　又按志五月己卯熒惑入南斗六月庚戌守箕癸酉犯南斗七月戊寅入南斗庚寅犯狗九月戊寅犯泰星壬辰犯壁壘陣十月辛酉入羽林軍　又按志四月戊午填星入鬼　又按志五月甲辰太白入東井　又按志七月丁丑太白犯填星　又按志六月壬申太白與填星合於柳　又按志六月己巳客星出奎宿犯傳舍星至明年正月癸酉凡一百八十五日始滅

淳熙九年星變

按宋史孝宗本紀九年六月庚申太白晝見甲子太白晝見經天九月癸巳太白晝見　按天文志十一月癸巳月犯太白　又按志六月壬戌月入畢八月己未入東井十二月己未入氐　又按志十一月庚申歲星守諸王星　又按志十一月庚午熒惑犯氐距星辛未入氐十二月戊戌犯鉤鈐　又按志十一月己丑填星留守權左角　又按志十一月乙亥太白入氐　又按志六月庚申太白晝見甲子經天九月癸巳晝見　又按志二月壬寅熒惑與歲星合於胃　又按志二月丙寅太白與熒惑合於昴五月乙亥與填星合於柳十一月乙亥又與熒惑合於氐

淳熙十年星變

按宋史孝宗本紀不載　按天文志十年正月丙子月入東井是歲凡二三月乙酉入太微三月丁丑六月庚子七月丙寅十一月壬午閏十一月庚戌皆入三月辛巳入氐六月癸卯七月辛未皆入九月癸酉入羽林軍十二月乙亥犯權大星　又按志七月己巳歲星犯天罇　又按志五月甲子熒惑入羽林軍六月庚子入壁壘陣八月癸丑又犯九月戊辰退入羽林軍　又按志三月辛巳填星留守權大星十月癸卯犯太微上將癸丑入太微十二月壬戌犯上將　又按志閏十一月己亥太白犯壁壘陣

淳熙十一年星變

按宋史孝宗本紀十一年五月乙卯太白晝見　按天文志正月己酉月入氐七月癸巳八月庚申皆如之二月甲子犯諸王七月丁酉犯南斗十一月辛卯入羽林軍　又按志九月癸卯十月辛巳歲星皆犯守權大星　又按志二月壬戌熒惑犯諸王星　又按志九月甲辰填星入太微十一月己亥留守太微垣　又按志七月壬申太白入東井八月丁巳犯權大星　又按志五月乙卯太白晝見　又按志七月庚戌太白犯歲星　又按志三月甲寅熒惑與歲星合於井　又按志七月壬寅太白與歲星合於柳八月己卯與填星合於翼九月乙卯與辰星熒惑合於亢　又按志四月乙丑星出自中天慢流向東北方沒微有尾跡炸作小星相從有聲明大如太白色青白

淳熙十二年星變

按宋史孝宗本紀十二年六月戊寅太白晝見秋七月丁酉太白晝見經天　按天文志正月戊申月入南斗八月癸酉犯五諸侯　又按志十月辛亥歲星犯太微右執法　又按志三月丁未熒惑入羽林軍　又按志四月庚午填星守太微垣右執法　又按志六月癸酉太白犯太微右執法　又按志六月戊寅太白晝見七月丁酉經天晝見至八月壬申始滅　又按志六月癸酉太白與填星合於翼

淳熙十三年星變

按宋史孝宗本紀十三年閏七月己未五星皆伏八月乙亥朔日月五星聚於軫　按天文志四月己巳月入羽林軍五月甲申入太微七月甲申犯心大星八月己卯亦如之丁亥犯南斗　又按志四月丙子熒惑犯輿鬼　又按志二月壬午填星犯太微東上相星四月乙丑入太微乙巳留守太微垣　又按志閏七月戊午五星皆伏八月乙亥七曜俱聚於軫又按志九月辛亥星出大如太白色先赤後黃白尾跡約二尺委曲如蛇行類枉矢　按王信傳信太常少卿兼權中書舍人太史奏仲秋日月五星會於軫信言休咎之徵史策不同然五星聚者有之未聞七

政共集也分野在楚願思所以順天而應之因條上七事

淳熙十四年星變

按宋史孝宗本紀十四年六月辛卯太白晝見　按天文志三月月犯心距星四月甲申戊申行犯房北第二星辛卯入羽林軍是歲凡二五月壬子行犯心大星六月庚寅行入斗七月丙午掩犯房九月乙丑掩犯角宿距星　又按志七月壬寅熒惑犯諸王星甲子犯司怪癸未入井十月庚辰畱守五諸侯　又按志六月甲戌太白入井九月丁未入太微戊申順行犯太微右執法丙寅犯進賢　又按志六月辛卯太白晝見七月辛丑經天　又按志十月庚辰塡星犯太白　又按志四月癸未歲星與塡星合於軫十月己丑與太白合於氐　又按志五月有星出濁際大如日與日相摩盪而入

淳熙十五年星變

按宋史孝宗本紀十五年六月庚寅熒惑犯太微

按天文志正月庚申月入南斗魁六月丁丑九月己亥十二月戊子皆如之二月乙酉掩心後星六月己丑犯昴丁巳犯五車東南星十月己卯又犯五車　又按志正月壬子歲星犯房北第一星二月己巳畱守房五月癸亥畱守氐　又按志六月庚寅熒惑犯右執法　又按志三月丁巳五月癸亥塡星犯亢十月辛卯入氐　又按志九月丙申太白犯房十月辛未犯南斗魁　又按志六月丙子太白與塡星合於亢甲申與歲星合於氐　又按志六月庚寅辰星與太白合於張十二月壬戌與歲星合於尾　又按志二月辛未星出天綸大如盞口急流至濁沒色青白

淳熙十六年星變（按光宗以是年六月即位月內六月以後事皆屬光宗時事）

按宋史孝宗光宗本紀俱不載　按天文志十六年三月庚戌月入南斗魁　又按志六月乙未歲星畱守天江　又按志閏五月丙戌熒惑犯諸王六月丙辰入東井八月乙巳犯輿鬼乙卯順行入鬼犯積尸氣　又按志正月辛丑塡星畱守氐　又按志閏五月丙戌太白入井　又按志五月乙未太白犯熒惑

欽定古今圖書集成曆象彙編庶徵典

第五十二卷目錄

星變部彙考二十六

庶徵典第五十二卷

星變部彙考二十六

宋七

光宗紹熙元年星變

按宋史光宗本紀紹熙元年五月丙子太白晝見　又按志

按天文志六月乙未月犯宿斗距星西北　又按志五月丙辰熒惑犯靈臺　又按志十一月戊午太白入氐　又按志五月丙子太白晝見與日爭明　又按志十一月丁丑太白與塡星合

紹熙二年星變

按宋史光宗本紀不載　按天文志二年七月丁未熒惑入東井庚寅入鬼犯積尸氣十一月庚戌入太微　又按志十二月戊子太白犯歲星

紹熙三年星變

按宋史光宗本紀不載　按天文志三年五月己酉熒惑入太微垣內留守三月乙未入太微垣西犯上將星四月丁巳犯太微右執法七月乙酉入氐八月丁未犯房北第二星　又按志二月辛丑塡星留守天江　又按志七月己卯太白犯天江八月甲辰犯權左角少民星　又按志九月乙亥熒惑與塡星合於尾

紹熙四年星變

按宋史光宗本紀四年六月甲寅太白晝見秋七月乙丑朔太白晝見十一月癸酉太白晝見　按天文志七月丁亥月犯天關十月庚戌入東井十二月乙巳又入　又按志十月丁酉熒惑入太微垣內徘徊內屏者凡四閱月十一月己巳犯上相　又按志九月甲戌太白犯心東星　又按志七月乙丑十一月甲戌按紀作十一月癸酉互異太白晝見　又按志三月辛巳辰星與太白會於昴

紹熙五年星變

按宋史光宗本紀不載　按天文志五年三月丁卯閏十月癸酉月皆入東井十二月丁丑入氐　又按志八月壬辰歲星犯司怪十一月庚戌犯諸王　又按志七月癸酉熒惑犯氐八月壬辰犯房十一月庚寅犯壁壘陣　又按志十一月庚戌太白與熒惑合於危

寧宗慶元元年星變

按宋史寧宗本紀慶元元年二月庚寅太白經天七月己亥太白晝見　按天文志六月辛酉十二月壬申月皆入氐己卯入東井　又按志九月丙戌熒惑入太微垣內戊申始出　又按志六月丁卯太白入東井九月戊子入太微戊戌始出　又按志二月庚寅太白經天晝見七月己亥太白晝見　又按志九月戊子太白犯熒惑　又按志四月辛酉歲星與太白合於井　又按志三月庚寅太白與歲星合於參六月庚午合於井八月癸酉與熒惑合於張

慶元二年星變

按宋史寧宗本紀二年九月甲午流星晝隕　按天文志八月乙亥歲星犯權大星　又按志三月癸卯熒惑退犯天江五月丙辰守犯心大星十月戊戌犯氐宿距星　又按志十一月丙子太白與塡星合於牛

慶元三年星變

按宋史寧宗本紀不載　按天文志三年二月辛亥月入畢　又按志八月甲戌太白與熒惑歲星合於翼

慶元四年星變

按宋史寧宗本紀四年九月壬寅太白晝見癸卯太白經天　按天文志七月己亥月宿於歲星　又按志六月庚寅月犯畢西第二星壬申入井壬寅入氐宿方日內九月乙巳犯壁壘陣西第八星甲寅入東井戊午行入太微垣內十月癸酉犯壁壘陣十一月己卯十二月壬午亦如之　又按志三月乙巳歲星入太微犯右執法　又按志五月庚子熒惑入羽林軍　又按志七月乙丑塡星犯壁壘陣西第五星　又按志十月壬午太白犯歲星　又按志五月庚子熒惑與塡星合於尾八月甲戌合於虛　又按志十月戊寅太白與歲星合於角　又按志六月甲午星晝隕七月壬寅星出羽林軍下青白色大如梳九月丁巳星出奎宿向壁壘陣沒赤白色大如太白

慶元五年星變

按宋史寧宗本紀不載　按天文志五年三月戊戌月入東井七月甲寅十二月辛未亦如之四月壬子行入太微　又按志十二月己卯歲星犯房　又按志十一月癸巳熒惑入氐　又按志十一月辛丑熒惑犯歲星十二月辛未太白犯塡星　又按志十二月辛未太白與塡星合於箕　又按志六月丁丑星出東北慢流至西南方沒大如歲星青白色九月壬子星出西南慢流向東北沒大如太白青白色

慶元六年星變

按宋史寧宗本紀不載　按天文志六年二月壬申月入太微　又按志三月丙寅歲星犯房　又按志四月癸巳熒惑犯塡星　又按志四月癸巳熒惑與塡星合於室

嘉泰元年星變

按宋史寧宗本紀嘉泰元年六月丙午太白經天十一月丙寅太白晝見十二月己卯太白經天　按天文志七月乙卯月入氐　又按志五月丁丑熒惑細行不由黃道　又按志六月丙午太白經天晝見十一月己巳（按紀作十一月丙寅互異）晝見十二月己卯經天晝見　又按志五月戊午太白與熒惑合於柳

嘉泰二年星變

按宋史寧宗本紀不載　按天文志二年四月甲申月入太微戊子入氐九月己酉犯斗　又按志八月丙戌歲星留守牛　又按志五月庚戌熒惑犯塡星　又按志正月丁巳太白與熒惑歲星合於南斗十二月癸酉與歲星合於女　又按志四月辛巳星出西北急流東北至濁沒色赤十月乙酉星出五車大如歲星

嘉泰三年星變

按宋史寧宗本紀三年六月癸亥太白經天　按天文志四月月犯太白　又按志四月辛丑月犯斗丙午入太微十月癸卯入羽林軍辛酉入氐　又按志七月戊午歲星行入羽林軍　又按志二月壬寅熒惑犯井宿　又按志六月甲寅太白入井十月甲寅入氐　又按志六月癸亥太白經天晝見　又按志六月乙卯客星出東南尾宿間色青白大如塡星甲子守尾

嘉泰四年星變

按宋史寧宗本紀不載　按天文志四年十月辛丑月掩犯歲星十二月丙申又掩犯　又按志三月壬申月犯權六月戊申入羽林軍七月丙子又入羽林軍十月壬子入太微癸丑犯天江　又按志七月己卯塡星留守天廩　又按志六月乙未太白犯斗　又按志五月乙亥熒惑與塡星合於胃　又按志十一月庚午星出天津急流入天市垣沒

開禧元年星變

按宋史寧宗本紀開禧元年二月庚申太白晝見六月己巳熒惑犯太微右執法　按天文志正月庚午月犯五諸侯二月乙丑又犯三月己巳入太微四月戊申入羽林軍　又按志正月庚辰熒惑留守五諸侯西第四星四月丁巳犯權大星六月丙午犯太微西右執法（按紀作六月己巳互異）甲戌入東井十一月甲辰入太微十二月戊午留守太微垣　又按志八月甲辰塡星留守畢　又按志六月壬子太白入井　又按志三月庚申太白晝見與日爭明　又按志七月癸未歲星與塡星合　又按志正月庚子星出中天赤色大如太白向濁沒七月癸亥星出天津入斗宿東南沒色赤大如太白

開禧二年星變

按宋史寧宗本紀二年五月壬寅太白晝見十二月戊午熒惑守太微　按天文志六月丙寅月入羽林軍七月己丑入斗十月辛亥又入　又按志七月乙未歲星犯井鉞八月庚戌犯東井　又按志八月壬子塡星留守諸王　又按志五月辛卯太白犯權大星十一月壬戌入氐　又按志五月壬寅太白晝見與日爭明　又按志六月甲寅熒惑犯歲星　又按志二月甲子歲星與塡星合於昴　又按志二月壬申太白與塡星歲星合於昴　又按志六月癸丑星出招搖入庫樓色赤大如太白

開禧三年星變

按宋史寧宗本紀三年十二月乙巳太白晝見　按天文志二月癸丑月犯五車東南星乙丑犯心東星六月丁巳入南斗魁丁卯犯昴十二月癸丑犯五車　又按志九月甲戌歲星順行入鬼在積尸氣鑕星西南　又按志二月己未熒惑退留守權星　又按志七月丁卯塡星犯井鉞九月甲戌留守井　又按志十一月癸巳太白順行入壁壘陣　又按志十二月乙巳太白晝見與日爭明　又按志十月丁未太白犯熒惑　又按志十月丙辰熒惑與太白合於隻

嘉定元年星變

按宋史寧宗本紀嘉定元年五月甲子太白經天

按天文志二月丙午月犯昴三月乙亥犯五車六月丁丑犯房　又按志閏四月壬申歲星順行入鬼犯積尸氣鑕星七月辛酉順行犯權大星　又按志九月辛酉熒惑入太微順行　又按志四月辛亥填星犯井　又按志六月甲戌太白犯井鉞　又按志五月甲子太白晝見　又按志五月戊辰熒惑與填星合於井八月庚寅與歲星合於張　又按志六月戊寅太白與填星熒惑合於井　又按志六月辛未星出天津東北慢流向天市垣沒

嘉定二年星變

按宋史寧宗本紀不載　按天文志二年六月卯申月掩食填星不見乙丑掩食熒惑　又按志十月乙丑月犯斗　又按志二月丙戌歲星犯守權大星　又按志二月乙酉熒惑退行犯太微上相三月癸卯退行犯左執法己酉留守太微垣六月壬戌順行入房己丑順行犯天江九月己酉順行犯南斗　又按志正月癸亥填星犯守井　又按志四月丁丑太白與填星合於井　又按志六月壬午星出織女東南慢流入天市垣沒色赤有尾跡照地明大如太白庚寅星出中天急流向東北至濁沒

嘉定三年星變

按宋史寧宗本紀不載　按天文志三年九月庚寅月犯心中星　又按志二月己巳歲星退行入太微犯左執法四月乙亥留守太微　又按志十月己未熒惑入太微垣犯右執法　又按志九月己酉星夕隕

嘉定四年星變

按宋史寧宗本紀四年秋七月壬戌太白晝見　按天文志閏二月己丑月入東井　又按志十一月甲子歲星犯房　又按志正月辛卯熒惑入氐宿方門內二月丁丑犯房四月丙戌退行入氐五月丙寅犯氐六月乙巳犯東咸八月壬辰犯南斗十一月壬子犯壁壘陣　又按志六月庚子太白入井八月庚寅犯權大星　又按志八月乙酉太白與填星合於室

嘉定五年星變

按宋史寧宗本紀五年九月丙午太白晝見　按天文志九月丁未月犯歲星　又按志正月丁巳月入東井己酉犯南斗　又按志四月乙巳歲星退行犯房宿七月丙辰順行犯房辛酉順行犯鉤鈐　又按志八月癸卯熒惑入太微九月戊申又犯右執法十一月丙寅入氐　又按志九月丁未太白與歲星合於心　又按志七月乙巳星出中天慢流向西南方至濁沒

嘉定六年星變

按宋史寧宗本紀六年二月丁丑太白晝見　按天文志二月庚辰月入東井十月辛酉犯畢庚申犯角宿距星　又按志三月丙寅歲星留守建星　又按志閏九月庚午熒惑犯壁壘陣十月戊戌入羽林　又按志三月壬戌填星留守權犯角少民星閏九月己丑順行入太微十一月丙子留太微垣守右執法　又按志三月癸卯熒惑與歲星合於斗　又按志五月癸亥星晝隕九月癸卯星夕隕丁巳星晝隕十月戊戌星出昴宿西南慢流向天廪東南沒壬戌星出西南慢流至濁沒青白色十二月壬寅星晝隕

嘉定七年星變

按宋史寧宗本紀七年五月丁丑太白經天八月乙巳太白經天九月壬戌太白晝見　按天文志六月辛丑月入氐　又按志十月甲寅熒惑順行犯氐　又按志十二月戊戌填星留守太微垣東上相星　又按志十一月丙寅太白順行入氐　又按志三月辛巳熒惑與太白合於參　又按志六月庚子太白與填星合於翼十一月丁卯與熒惑合於氐　又按志三月壬午星出軫宿距星東南慢流至濁沒五月辛卯出天津西南慢流向心宿西北沒

嘉定八年星變

按宋史寧宗本紀不載　按天文志八年正月戊辰月犯虛七月辛卯又犯辛未入東井十一月辛未又如之　又按志八月甲午歲星犯壁壘陣入羽林軍　又按志四月戊午熒惑入羽林軍　又按志四月戊午熒惑與歲星合於室、又按志七月癸未星出室宿距星東北急流向天倉星西北沒乙酉星出織女東南慢流向牛宿西北沒有尾跡照地明大如太白青白色八月甲辰星出天津西南慢流向河鼓東北沒十二月丙申星出五諸侯東北慢流向天關西南沒有聲及尾跡明照地赤黃色

嘉定九年星變

按宋史寧宗本紀九年五月癸酉太白晝見　按天文志正月丙寅月入東井乙亥入氐十一月戊子犯畢　又按志十月庚午熒惑與辰星合於房　又按志九月庚寅太白與填星合於角　又按志六月乙巳星出牛宿距星東北慢流至濁沒

嘉定十年星變

按宋史寧宗本紀十年六月庚戌太白晝見癸酉太白經天十一月庚辰太白晝見戊戌太白經天　按天文志三月庚辰月入畢五月丁亥入氐十二月丙寅又入十一月壬辰犯權大星　又按志七月壬寅歲星留守畢　又按志九月丁亥熒惑留守天關十一月壬午退行犯月星辛卯留守昴宿月星　又按志七月乙酉太白犯角　又按志五月乙丑太白晝見癸酉經天（按紀作六月庚戌癸酉與志月日互異）十一月庚辰晝見戊戌經天　又按志七月戊子熒惑觸歲星　又按志七月戊寅熒惑與歲星合於昴　又按志五月壬申星出尾宿距星西北慢流向牛宿距星東南沒

嘉定十一年星變

按宋史寧宗本紀不載　按天文志十一年二月庚戌月入東井九月戊子十二月庚戌皆如之四月辛亥入太微六月庚戌入氐九月丙戌入畢　又按志七月甲戌歲星順行犯井鉞八月丙午順行入東井九月己丑留守東井　又按志四月壬戌熒惑順行入鬼犯積尸氣　又按志正月辛巳塡星守氐距星六月辛亥留守亢十一月丙子入氐　又按志六月乙卯星出河鼓距星西南急流向正西至濁沒　又按志五月癸未蚩尤旗竟天

嘉定十二年星變

按宋史寧宗本紀十二年二月戊戌太白晝見三月丁亥太白晝見六月丙子太白晝見辛巳太白晝見辛卯太白經天　按天文志八月甲申月犯熒惑　又按志四月癸酉月入太微九月丙辰又如之八月癸未入東井十月庚午入羽林軍　又按志七月辛酉歲星順行犯鬼　又按志七月壬戌熒惑順行入井　又按志四月壬申塡星退行入氐五月乙卯留守氐　又按志六月庚辰太白順行入井八月壬申順行犯權星御女丁丑犯權左角少民星　又按志二月庚子（按紀作戊戌互異）太白晝見三月丁亥經天晝見六月辛未（按紀作辛巳互異）晝見辛亥（按紀作辛卯互異）經天晝見　又按志閏三月甲寅七月壬寅太白與歲星合於井　又按志十一月己亥星出昴宿東南急流至濁沒

嘉定十三年星變

按宋史寧宗本紀十三年九月甲午太白晝見　按天文志十月辛酉月犯太白　又按志正月戊戌月犯畢九月甲辰又犯二月癸酉入太微九月癸巳犯南斗丙午入東井　又按志二月庚寅歲星順行犯鬼　又按志七月乙巳塡星犯房　又按志十月丁巳太白順行犯南斗　又按志八月丙戌太白與塡星合於房　又按志十二月丁巳星出軫旗東北慢流至濁沒赤黃色

嘉定十四年星變

按宋史寧宗本紀十四年三月庚寅長星見甲午太白晝見　按天文志正月乙巳月入氐七月己丑又入三月丙申入太微四月辛未犯南斗八月丙寅入羽林軍　又按志二月乙丑歲星退行犯權左角少民星　又按志七月己丑熒惑順行犯司怪　又按志二月壬午星出南河距星東南慢流向西南至濁沒赤黃色八月戊午星出房宿距星急流至濁沒有尾跡照地明大如太白赤黃色十一月甲申星出天倉距星西北慢流向東南方至濁沒赤黃色

嘉定十五年星變

按宋史寧宗本紀十五年五月庚戌太白晝見八月甲午有彗星出於氐九月壬戌彗星沒辛未太白晝見　按天文志三月壬子月掩食太白　又按志五月丁巳月入氐八月癸未入南斗　又按志三月甲子歲星退行犯太微左執法　又按志十一月丙午太白順行入氐宿方口內　又按志五月丁丑熒惑與歲星合於軫　又按志八月甲午彗星見右攝提光芒三尺餘體類歲星凡兩月歷氐房心乃沒

嘉定十六年星變

按宋史寧宗本紀不載　按天文志十六年六月辛巳月犯心前星又犯中星十一月庚申入太微　又按志正月戊申歲星留守氐距星　又按志十月丁酉熒惑入太微　又按志十一月壬戌星出五諸侯東北急流向西北至濁沒色赤黃隆隆有聲及尾跡照地大如盞

嘉定十七年星變

按宋史寧宗本紀十七年六月丁卯朔太白經天晝見　按天文志正月戊申熒惑留守太微垣東上相星　又按志六月己丑客星守犯尾宿

理宗寶慶元年星變

按宋史理宗本紀寶慶元年六月辛卯太白晝見冬十月癸巳有流星大如太白

寶慶二年星變

按宋史理宗本紀二年正月戊寅熒惑入氐壬午太

白歲星塡星合於女四月辛亥有流星大如太白冬十月辛亥熒惑歲星塡星合於女熒惑犯塡星十一月辛酉熒惑犯歲星

寶慶三年星變

按宋史理宗本紀三年秋七月乙酉太陰犯心八月甲戌太白熒惑合於翼　按天文志七月乙酉月犯心後星　又按志八月甲申（按紀作甲戌互異）太白與熒惑合於星翼

紹定元年星變

按宋史理宗本紀紹定元年六月己酉流星晝隕秋七月戊戌熒惑犯南斗冬十月戊申熒惑犯壁壘陣星丁巳熒惑塡星合於危甲子熒惑犯塡星十一月癸酉熒惑入羽林

紹定二年星變

按宋史理宗本紀二年正月丁亥熒惑歲星合於婁九月壬辰有流星大如太白十一月己丑熒惑入氐

按天文志正月庚辰九月壬辰星出大如太白

紹定三年星變

按宋史理宗本紀三年閏二月乙酉太白歲星合於畢六月乙酉歲星入井冬十月己巳熒惑塡星合於室十一月丁酉有星孛於天市垣丁未流星晝隕

按天文志六月乙酉歲星順行入井十一月丁未退行入井　又按志七月丁巳熒惑退行入羽林軍

又按志十一月丁酉有星孛於天市垣屠肆星之下明年二月壬午乃消

紹定四年星變

按宋史理宗本紀四年七月庚戌有流星大如太白九月甲辰流星晝隕

紹定五年星變

按宋史理宗本紀五年五月癸巳太白經天晝見六月乙丑熒惑塡星合於婁熒惑順行犯塡星秋七月甲申太白入井八月壬申太白歲星合於張閏九月己酉有流星大如太白庚戌彗星出於角冬十月戊子以星變大赦　按天文志四月丁丑太白晝見五月癸巳經天　又按志閏九月彗星見東方十月己未始消　又按志八月甲寅星夕隕閏九月己酉星出大如太白

紹定六年星變

按宋史理宗本紀六年二月癸卯熒惑犯東井五月庚戌太白熒惑合於柳

端平元年星變

按宋史理宗本紀端平元年正月丙午太白熒惑合在斗四月戊寅歲星守太微垣上相星五月己酉太陰入氐六月庚午熒惑塡星合於胃辛巳熒惑犯塡星丙戌有流星大如太白九月辛丑熒惑入井十一月壬戌太白經天　按尺文志四月戊寅歲星退守太微東上相　又按志九月辛丑熒惑入井十二月犯司怪　又按志正月丁未（按紀作丙午互異）太白與熒惑合於斗　又按志六月丙戌星西南行大如太白有尾跡照地明

端平二年星變

按宋史理宗本紀二年正月丁酉太陰行犯太白二月癸酉歲星守氐壬午太白塡星合於胃四月丁亥太白晝見戊子有流星大如太白六月壬申太陰入氐庚辰流星晝隕己丑熒惑入太微垣秋七月丁酉有流星大如太白戊戌太白經天辛丑流星晝隕丙午太白入東井八月癸巳歲星入氐丁巳太白犯太微垣右執法冬十月辛卯有流星大如太白己未塡星犯畢歲星太白合於心十二月己亥塡星守天街星庚子太陰入井　又按志十月己未塡星退行犯畢宿距星十二月己亥留守天街　又按志春天狗墜懷安金堂縣聲如雷三州之人皆聞之化爲碎石其色紅

端平三年星變

按宋史理宗本紀三年春正月己未朔以星行失度罷天基節宴丁卯塡星犯畢夏四月丙申太陰入太微垣五月己卯有流星出心大如太白辛巳太陰入畢六月丁亥流星夕隕癸卯熒惑塡星合於畢丙午熒惑犯塡星七月辛酉太陰入氐庚午熒惑入井戊寅太陰入東井九月庚申太白歲星合於尾十一月甲戌太陰入太微垣　按天文志四月丙申月入太微十一月甲戌又入五月辛巳入畢七月壬戌入氐宿（按紀作七月辛酉互異）戊寅入東井　又按志正月丁卯塡星順行犯畢距星　又按志六月丁未（按紀作丙午互異）熒惑犯塡星　又按志五月庚辰（按紀作己卯互異）星出心宿大如太白六月癸巳（按紀作丁亥互異）星夕隕

嘉熙元年星變

按宋史理宗本紀嘉熙元年春正月癸酉熒惑守鬼宿壬午流星大如太白二月己酉太白晝見四月庚子熒惑犯權星五月丙辰太陰犯熒惑丙子熒惑犯將星六月乙未太白塡星合於井秋七月辛酉太陰

犯歲星塡星入井庚午歲星守建星癸酉太陰入井八月乙酉塡星犯井九月壬子塡星留於井癸丑有流星出七公西星至濁沒冬十月戊戌有流星大如桃十一月辛未日與金木水火四星俱躔於斗詔損膳避朝庶圖消弭其令有司檢會故實以聞　按天文志四月丁亥月犯熒惑五月丙辰又犯七月辛酉犯歲星塡星　又按志七月癸酉按志作辛酉互異月入井　又按志五月按紀作七月互異庚午朔歲星留守建星　又按志八月乙酉塡星順行犯井東第二星　又按志二月己酉太白晝見經天　又按志正月壬午星出大如太白二月己丑星夕隕九月癸丑星出七公西至濁沒十月戊戌星出大如桃

嘉熙二年星變

按宋史理宗本紀二年四月己酉太陰入太微垣閏月丁未太陰入井甲子有流星大如太白五月辛巳太白晝見壬寅歲星犯壁壘陣六月甲辰朔流星晝隕七月辛卯有流星大如太白壬寅熒惑犯鬼積尸氣八月辛酉太白晝見經天癸亥流星晝隕九月壬午熒惑犯權星乙未有流星大如太白十月丁卯熒惑入太微垣戊辰太白入於氐

嘉熙三年星變

按宋史理宗本紀三年五月辛未熒惑犯太微垣執法星八月己亥熒惑入氐辛丑太陰入氐有流星大如太白丁亥熒惑犯房宿十月癸亥熒惑太白合於斗十二月辛酉太白晝見　按天文志五月辛未熒惑犯太微垣執法星八月己亥按紀作丁亥互異入氐丁巳犯房　又按志八月按紀作十月互異癸亥熒惑與太白合於斗　又按志三月甲戌星晝隕八月辛丑星出大如太白

嘉熙四年星變

按宋史理宗本紀四年春正月辛未彗星出營室庚辰以星變下詔罪己辛巳有流星大如太白甲午彗星犯王良第二星二月辛丑流星晝隕丁未太白晝見三月辛未彗星消伏乙酉流星晝隕五月庚午太陰入太微垣歲星太白合於婁甲戌太陰入氐六月己亥太白犯畢癸丑太白犯天關星戊午有流星大如太白秋七月乙丑太白入井甲戌太白熒惑合於井己丑熒惑太白合於鬼八月己酉熒惑塡星合於柳太白犯權星大星癸丑熒惑犯塡星十一月甲子熒惑犯太微垣己巳熒惑犯太微垣左執法辛巳熒惑犯太微上相垣　按天文志正月辛巳月入太微五月庚午又入甲戌入氐宿方口內　又按志八月乙巳熒惑犯太微垣左執法十一月辛巳犯太微垣東上相甲子順行入太微垣　又按志七月庚寅客星出尾宿　又按志正月辛巳六月戊午星出大如太白二月辛丑三月癸未按紀作乙酉互異星晝隕

淳祐元年星變

按宋史理宗本紀淳祐元年春正月丁未太陰入氐六月庚申太白晝見癸酉有流星大如太白己卯流星晝隕丙戌熒惑入氐冬十月庚辰太白入氐十一月戊戌太白晝見己巳太白經天晝見　按天文志二月癸酉月掩食熒惑　又按志六月乙酉熒惑犯氐宿東南星丙戌入氐宿方口內　又按志六月庚寅按紀作庚申互異太白晝見十月按紀作十一月互異戊戌晝見乙巳按紀作己巳互異太白經天　又按志六月癸酉星出大如太白己卯星晝隕

淳祐二年星變

按宋史理宗本紀二年十二月壬戌太白晝見　按天文志六月丁丑歲星順行犯井宿

淳祐三年星變

按宋史理宗本紀三年春正月庚辰熒惑入氐六月甲戌有流星大如太白出於氐七月丁亥太白入井己亥太白經天晝見八月乙卯流星晝隕閏月丁丑太白犯權星壬寅太白塡星合於翼冬十月丙戌太白入於氐

淳祐四年星變

按宋史理宗本紀四年夏四月丁丑有流星大如太白出於尾癸未塡星守太微垣六月乙未有流星大如太白出於畢八月壬辰太白晝見九月癸丑熒惑塡星合於軫癸亥太白犯斗宿距星　按天文志四月癸未塡星留守太微垣守右執法　又按志八月壬辰太白晝見經天　又按志四月丙子按紀作丁丑互異星出尾宿距星下大如太白六月乙未星出畢宿大如太白

淳祐五年星變

按宋史理宗本紀五年二月壬辰太白晝見經天夏四月甲申塡星犯上相星　按天文志一月辛卯太白晝見經天按紀作二月壬辰互異

淳祐六年星變

按宋史理宗本紀六年夏四月辛酉太白晝見壬戌太陰犯太白五月壬戌太白犯權星秋七月丁卯太

陰犯斗癸酉有流星出自室大如太白八月辛卯太陰犯房壬子太白晝見九月甲子有流星出於斗大如太白戊辰太白晝見冬十月乙未塡星歲星熒惑合於亢己酉太白入氐十一月癸亥歲星入氐　按天文志七月丁卯月犯斗西第五星八月辛卯犯房宿距星　又按志四月辛酉八月壬子太白晝見九月戊辰晝見經天　又按志三月戊午太白與熒惑合於畢　又按志七月癸酉星出室宿大如太白九月甲子星出斗宿尾跡青白照地大如太白

淳祐七年星變

按宋史理宗本紀七年夏四月丁亥塡星犯亢秋七月己未太陰犯心九月丙辰有流星出於室冬十月辛巳太白晝見　按天文志七月己未月犯心宿中央星

淳祐八年星變

按宋史理宗本紀八年六月甲辰有流星出河鼓大如太白秋七月戊申太白入井　按天文志六月甲辰星出河鼓大如太白十月丙戌星出角宿距星

淳祐九年星變

按宋史理宗本紀九年六月壬戌晝南方有星急流至濁沒大如太白秋七月癸酉太白犯進賢星冬十月辛丑太白入氐十一月辛未太白入氐壬申有流星出自織女星十二月戊申太白晝見　按天文志六月壬戌其日星自南方急流至濁沒赤黃色大如太白十月（按紀作十一月互異）壬申星出織女

淳祐十年星變

按宋史理宗本紀十年三月丙申有流星夕隕十二月戊戌太白歲星合於危　按天文志四月丁酉朔星夕隕

淳祐十一年星變

按宋史理宗本紀十一年二月甲寅太白犯昴乙卯太白晝見秋七月癸亥太白晝見丙寅太陰入氐壬申太白入井丁丑有流星出於畢大如太白八月己丑朔流星夕隕癸巳太陰入氐丁酉熒惑入井閏十月癸丑太白入氐　按天文志七月乙丑月入氐宿方口內八月癸巳又入　又按志二月甲寅太白順行犯昴七月壬申順行入井閏十月癸亥（按紀作癸丑互異）順行入氐　又按志七月丁丑星出畢宿距星赤黃色大如太白八月己丑朔星夕隕

淳祐十二年星變

按宋史理宗本紀十二年夏四月庚申有流星出自角亢大如太白壬申熒惑犯權星五月戊申太陰犯畢秋七月庚寅太白熒惑合於軫九月戊戌太白塡星合於箕丙午太白犯斗十二月壬申太陰入氐　按天文志五月戊申月犯畢宿大星十二月壬申入氐宿方口內　又按志九月丙午太白順行犯斗宿距星　又按志四月庚申星出角宿亢星大如太白八月癸丑星出角色赤照地

寶祐元年星變

按宋史理宗本紀寶祐元年夏四月丁巳有流星大如太白五月丁酉熒惑歲星合在昴九月壬辰太陰入畢

寶祐二年星變

按宋史理宗本紀二年二月甲辰熒惑犯權星七月庚戌有流星大如太白九月丁卯太白晝見

寶祐三年星變

按宋史理宗本紀三年五月辛酉太陰入畢六月甲戌太陰入氐七月辛丑太陰入氐辛酉有流星大如太白八月丁卯歲星熒惑在柳己巳太陰在氐冬十月甲戌太白晝見丁丑有流星出自畢十一月丁丑熒惑犯太微垣上相星　按天文志十一月丁巳熒惑犯太微垣上相星（按紀作十一月丁丑互異）

寶祐四年星變

按宋史理宗本紀四年春正月乙巳太陰犯歲星己酉太陰犯熒惑五月丁未太白晝見六月丁亥太白入井冬十月壬戌太陰犯斗十二月戊午朔熒惑犯塡星

寶祐五年星變

按宋史理宗本紀五年六月丙戌太白歲星合於翼辛卯太陰入氐秋七月己未太白晝見丁卯有流星大如桃丙子太陰入井十二月丁未熒惑入氐　按天文志六月辛卯月入氐宿方口內七月丙子入井

寶祐六年星變

按宋史理宗本紀六年秋七月癸丑熒惑犯房宿八月癸未太陰行犯熒惑九月戊辰有流星透霞十一月甲子太陰犯權星甲戌塡星熒惑在危十二月辛丑塡星太白熒惑合於室　按天文志三月庚午熒惑退行入氐

開慶元年星變

按宋史理宗本紀開慶元年六月壬寅太白晝見秋七月辛亥太白入井八月庚子太白犯權星熒惑九

月戊辰太白犯熒惑閏十一月己卯熒惑入氐十二月丁未熒惑犯房宿鉤鈐星 按天文志六月己亥星出斗宿河鼓急流向東南至濁沒赤黃色有音聲尾跡照地明大如太白

景定元年星變

按宋史理宗本紀景定元年春正月庚辰歲星熒惑合在尾五月壬午熒惑犯斗秋七月壬申東南有星如太白八月己酉太陰犯填星壬子太白犯房冬十月乙卯有星自東北急流向太陰十一月戊子熒惑與填星順行太陰犯房 按天文志正月庚辰填星入尾 又按志七月丙子（按紀作壬申互異）星出東南大如太白十月乙卯星出東北急流向太陰有音聲尾跡照地明大如桃

景定二年星變

按宋史理宗本紀二年秋七月辛未太陰犯斗

景定三年星變

按宋史理宗本紀三年二月乙巳太陰入氐夏四月庚寅太白晝見庚子熒惑與歲星合在危甲辰有流星大如杯五月壬戌熒惑犯壁壘陣六月己酉有流星大如熒惑八月癸卯太陰犯昴九月丙子有流星大如太白閏九月甲申朔太白晝見丙戌流星透霞大如太白庚子有流星大如太白冬十月己未太陰犯歲星丁卯太陰犯五車星庚午太白入氐十一月丁未熒惑填星合在婁 按天文志二月乙巳月入氐宿方口內六月乙未入氐八月癸卯犯昴宿距星十月丁卯犯五車 又按志五月壬戌熒惑犯壁壘陣西方勝星

景定四年星變

按宋史理宗本紀四年夏四月乙卯太陰犯權星五月庚寅太陰入氐戊戌流星出自角宿距星六月丁卯流星出自河鼓八月乙卯流星出自天倉星十二月辛未太白歲星順行 按天文志四月乙卯月犯權五月庚寅入氐宿方口內

景定五年星變

按宋史理宗本紀五年二月壬戌流星出自畢甲子太陰犯房丁卯太陰犯斗四月癸丑太陰入太微垣戊午太白晝見庚午太白歲星合於婁五月甲午流星出自河鼓大如太白己亥太白經天晝見六月甲寅太陰犯心戊午太白犯天關星戊辰熒惑歲星並行己巳太白太陰並行入井秋七月甲戌彗星出柳丁丑詔避殿減膳應中外臣僚許直言朝政闕失己卯流星出自右攝提星彗星退於鬼辛巳彗星退於井甲午填星守畢丙申臺臣言太子賓客楊棟指彗為蚩尤旗欺天罔君詔棟罷職戊戌彗星退於參八月壬寅朔熒惑與填星合戊午彗星消伏甲子彗星復見於參辛未彗星化為霞氣冬十月丙午太陰犯斗 按天文志七月甲戌彗星見於柳芒角燭天長十餘丈日高方斂凡月餘己卯退行見於輿鬼辛巳在井丙申見於參戊戌在參宿度內八月末光芒稍減凡四月乃滅 又按志二月壬戌星出畢宿五月甲午星出河鼓大星東南急流向西北至濁沒赤黃有尾跡照地明大如太白七月己卯星出右攝提

按元史葉李傳葉李字太白一字舜玉杭州人少有奇質從學於太學博士義烏施南學補京學生宋景定五年彗出於柳理宗下詔罪己求直言是時世祖南伐駐師江上宋命賈似道領兵禦之會憲宗崩世祖班師鄂州圍解似道自詭以為己功因復入相蓋驕肆自顓刱置公田關子其法病民甚中外毋敢指議李乃與同舍生康棣而下八十三人伏闕上書攻似道其略曰三光舛錯宰執之愆似道繆司台鼎變亂紀綱毒害生靈人神共怒以干天譴似道大怒知書稾出於李嵘其黨臨安尹劉良貴誣李僭用金飾齋扁鍛鍊成獄竄漳州似道既敗乃得自便

度宗咸淳元年星變

按宋史度宗本紀咸淳元年秋七月丁酉太白晝見

咸淳二年星變

按宋史度宗本紀不載 按天文志二年八月庚午填星入井 又按志六月甲戌星出左攝提

咸淳三年星變

按宋史度宗本紀不載 按天文志三年十月甲寅歲星順行犯權大星 又按志七月己亥太白與填星合於井 又按志七月庚寅星出昴宿東南急流至濁沒赤黃有尾跡照地明大如太白

咸淳四年星變

按宋史度宗本紀四年秋七月戊午有星出氐宿西北急流入騎官星沒九月癸未太白晝見 按天文志七月庚午太白順行入斗 又按志九月癸酉太白晝見（按紀作癸未互異） 又按志七月戊午星出氐宿距星西北急流入騎官星沒赤黃有尾跡照地明大如桃

咸淳五年星變

按宋史度宗本紀五年五月庚申有星自斗宿距星東北急流向牛宿至濁沒秋七月壬戌東南有星自河鼓距星西北急流至濁沒　按天文志五月庚申星出斗宿距星東北急流向牛至濁沒六月庚寅星出斗宿七月壬戌星出東南河鼓距星西北急流至濁沒

咸淳十年星變

按瀛國公本紀十年七月癸未卽皇帝位十月丙寅熒惑犯塡星　按天文志二月壬子月犯畢　又按志十月丙寅熒惑與塡星行在軫　又按志九月壬寅有星見西方曲如蚓

瀛國公德祐元年星變

按宋史瀛國公本紀德祐元年三月丁亥有星二鬬於中天頃之一星隕四月癸亥有大星自心東北流入濁沒乙丑熒惑犯天江七月丁丑太白入東井壬午太白晝見八月戊午熒惑犯南斗十月丁巳太白會塡星壬戌熒惑犯壁壘陣十一月辛巳太白犯房

按天文志七月丙子（按紀作丁丑互異）太白入東井十一月辛巳犯房　又按志七月丙子（按紀作壬午互異）太白晝見

德祐二年星變

按宋史瀛國公本紀二年正月癸酉熒惑犯木星己卯月暈東井

欽定古今圖書集成曆象彙編庶徵典

第五十三卷目錄

庶徵典第五十三卷

星變部彙考二十七

金

太宗天會七年星變

按金史太宗本紀不載　按天文志天會七年十一月甲寅天旗明河鼓直

天會十年星變

按金史太宗本紀不載　按天文志十年閏四月丙申熒惑入氐八月辛亥彗星出於文昌

天會十一年星變

按金史太宗本紀不載　按天文志十一年七月己巳昏有大星隕於東南如散火十二月丙戌月食昴

熙宗天會十四年星變

按金史熙宗本紀不載　按天文志十四年正月辛巳太白晝見凡四十餘日伏壬辰熒惑入月三月丁酉夜中星搖九月癸未有星大如缶起西南流於正西十一月己巳狼星搖

天會十五年正月戊辰歲星犯積尸氣

按金史熙宗本紀不載　按天文志云云

天眷二年星變

按金史熙宗本紀天眷二年五月戊子太白晝見八月丁丑太白晝見　按天文志三月辛巳朔歲星留逆在太微五月戊子太白晝見八月丁丑太白晝見九月辛巳犯軒轅左星乙巳犯左執法十一月戊寅入氐

天眷三年星變

按金史熙宗本紀不載　按天文志三年七月壬戌月犯畢十二月壬午月掩東井東轅南第一星

皇統元年二月甲戌月掩畢大星

按金史熙宗本紀不載　按天文志云云

皇統二年星變

按金史熙宗本紀不載　按天文志二年十一月己酉月犯軒轅大星甲寅月犯氐東北星

皇統三年星變

按金史熙宗本紀三年八月丙申老人星見　按天文志正月己丑熒惑逆犯軒轅夫北一星二月乙丑月犯畢大星閏四月癸巳月掩軒轅左角星八月丙申老人星見九月丁丑月犯軒轅大星

皇統四年八月癸未熒惑入輿鬼

按金史熙宗本紀不載　按天文志云云

皇統五年星變

按金史熙宗本紀不載　按天文志五年四月丙申彗星見於西北長丈餘至五月壬戌始滅甲辰熒惑犯左執法

皇統六年星變

按金史熙宗本紀不載　按天文志六年九月戊寅熒惑犯西垣上將己丑月犯軒轅第二星

皇統七年星變

按金史熙宗本紀七年正月丁亥太白經天七月己巳太白經天　按天文志正月辛未彗星出東方長丈餘凡十五日滅丁亥太白經天七月己巳太白經天庚辰熒惑犯房第二星十一月壬戌歲星逆犯井東扇第二星

皇統八年星變

按金史熙宗本紀八年十一月壬辰太白經天　按天文志閏八月丙子熒惑入太微垣十月甲申太白晝見十一月壬辰太白經天十二月丙寅太白晝見

皇統九年星變

按金史熙宗本紀不載　按天文志九年二月癸亥月掩軒轅第二星七月甲辰太白辰星歲星合於張丁未熒惑犯南斗第四星八月壬子又歷南斗第三星

海陵天德元年十二月甲子土犯東井東星

按金史海陵本紀不載　按天文志云云

天德二年星變

按金史海陵本紀不載　按天文志二年正月乙酉月犯昴壬辰犯木乙未犯角二月丙寅犯心大星九月乙亥太白晝見至明年正月辛卯後不見丁酉月犯軒轅左角十月乙丑犯太微上將十二月癸丑犯昴

天德四年星變

按金史海陵本紀四年正月癸卯太白經天五月丁

巳太白經天　按天文志正月癸卯太白經天二月乙亥月掩鬼犯塡星五月己亥太白經天丁巳又經天六月癸巳太白犯井東第二星八月辛未太白犯軒轅大星十一月甲辰熒惑犯鉤鈐丙午月犯井北第一星十二月乙卯朔太白經天閏月己亥太白經天

貞元元年星變

按金史海陵本紀貞元元年十二月太白經天閏月乙酉太白經天　按天文志正月辛丑月犯井東第一星四月戊寅有星如盃自氐入於天市其光燭地十二月乙卯太白經天閏月乙酉太白經天

貞元二年星變

按金史海陵本紀二年正月庚申太白經天　按天文志正月庚申太白經天是夜月掩昴二月辛丑犯心前星七月癸丑太白晝見凡三十有三日伏八月戊戌熒惑入井凡十一日而出

貞元三年星變

按金史海陵本紀三年七月癸丑太白晝見　按天文志八月乙酉月犯牛九月辛亥犯建星十一月戊午掩井鉞星

正隆二年星變

按金史海陵本紀正隆二年正月庚辰太白晝見　按天文志正月庚辰太白晝見凡六十七日伏

正隆三年星變

按金史海陵本紀三年九月己未太白經天　按天文志正月丁亥有流星如杯長二丈餘其光燭地出太微沒於梗河之北二月己卯熒惑入鬼甲午月掩歲星六月丁酉犯氐九月己未太白經天至明年正月二十一日不見十二月戊申月入氐

正隆四年星變

按金史海陵本紀四年十二月甲子太白晝見　按天文志九月壬寅月掩軒轅右角十一月壬辰入畢犯大星十二月太白晝見凡七日五年正月海陵問司天提點馬貴中曰朕欲自將伐宋天道如何貴中對曰去年十月甲戌熒惑順入太微至屏星留退西出占書熒惑常以十月入太微庭受制出伺無道之國又去年十二月太白晝見經天占爲兵喪爲不臣爲更主又主有兵兵能無兵兵起

正隆五年星變

按金史海陵本紀五年二月丁卯太白晝見四月甲戌太白晝見　按天文志二月丁卯太白晝見四月甲戌復見凡百六十有九日乃伏

正隆六年星變

按金史海陵本紀六年九月丙申太白晝見　按天文志九月丙申太白晝見先是海陵問司天馬貴中曰近日天道何如貴中曰前年八月二十九日太白入太微右掖門九月二日至端門九日至左掖門出並歷左右執法太微爲天子南宮太白兵將之象其占兵入天子之庭海陵曰今將征伐而兵將出入太微正其事也貴中又言當端門而出其占爲受制歷左右執法爲受事此當有出使者或爲兵或爲賊海陵曰兵興之際小賊固不能無也是歲海陵南伐遇弒

世宗大定元年星變

按金史世宗本紀不載　按天文志大定元年十月丙午熒惑入太微垣在上將東丁巳月犯井西扇北第二星

大定二年星變

按金史世宗本紀二年正月癸巳太白晝見　按天文志正月癸巳太白晝見閏二月戊寅月掩軒轅大星三月戊申掩太微東藩南第一星八月乙酉犯井西扇北第二星九月庚戌犯畢距星十月戊辰有大星如太白起室壁間沒於羽林軍尾跡長丈餘

大定三年星變

按金史世宗本紀三年正月庚子太白晝見七月庚戌太白晝見八月丙寅太白經天十一月庚寅太白晝見經天　按天文志正月庚子太白晝見凡百有十日乃伏五月辛丑月入氐七月庚戌太白晝見百二十有七日乃伏八月丁未月犯井距星丙寅太白晝見經天十月庚辰月犯太微垣西上將星十一月庚寅太白晝見經天歲星入氐凡二十四日伏壬子月入氐

大定四年星變

按金史世宗本紀四年十二月辛卯太白晝見經天　按天文志正月戊子熒惑歲星同居氐己丑熒惑出氐二月壬午歲星退入氐凡二十九日九月丙午月犯軒轅大星北次星十二月辛卯太白晝見經天癸卯月掩房北第一星

大定五年星變

按金史世宗本紀不載　按天文志五年正月癸亥月掩軒轅大星北次星八月丁酉犯井東扇第一星

十一月癸丑熒惑入氐凡二十一日

大定六年星變

按金史世宗本紀六年四月辛丑太白晝見六月辛巳太白晝見經天九月壬子太白晝見丙辰太白晝見經天十月壬辰太白晝見經天十一月庚申太白晝見經天十二月戊子太白晝見經天　按天文志二月丙申月犯南斗東南第二星三月己未入氐四月辛丑太白晝見八十有八日伏六月太白晝見辛巳經天九月壬子太白晝見百有三日乃伏丙辰經天十月壬辰復晝見經天十一月辛亥金入氐凡七日庚申太白晝見經天十二月戊子復見經天癸巳月犯房北第二星

大定七年星變

按金史世宗本紀七年十一月壬申太白晝見丁丑歲星晝見　按天文志十月乙巳火入氐凡四日十一月壬申太白晝見九十有一日伏丁丑歲星晝見二日

大定八年星變

按金史世宗本紀八年三月己丑太白晝見五月丁卯歲星晝見　按天文志正月癸未月掩心大星三月庚午掩軒轅大星北一星己丑太白晝見百五十有八日乃伏五月丁卯歲星晝見八月甲午太白犯軒轅大星十月庚子月掩熒惑十一月庚午犯昴

大定九年星變

按金史世宗本紀九年十二月丁酉太白晝見　按天文志正月戊寅月掩心後星四月庚子掩心前星八月癸卯掩昴十二月丙戌犯上丁酉太白晝見十有六日伏

大定十年星變

按金史世宗本紀不載　按天文志十年正月丙寅月掩軒轅大星七月庚子犯五車東南星八月戊申朔木星掩熒惑在參畢間

大定十一年星變

按金史世宗本紀十一年八月癸卯朔太白晝見　按天文志二月壬戌熒惑犯井東扇北第一星八月癸卯太白晝見

大定十二年星變

按金史世宗本紀十二年九月丁亥太白晝見在日前　按天文志五月辛巳月犯心後星八月癸卯犯心大星辛亥熒惑掩井東扇北第二星丁亥太白晝見（按紀太白晝見在九月丁亥而志作八月丁亥互異）在日前九十有八日伏十月己酉熒惑掩鬼西北星歲星晝見在日後四十有七日伏

大定十三年星變

按金史世宗本紀十三年閏正月辛酉太白晝見十月乙丑歲星晝見　按天文志閏正月辛酉太白晝見四十有九日伏二月己丑熒惑犯鬼西北星三月癸巳朔入鬼次日犯積尸氣六月辛未月犯心前星十月乙丑歲星晝見於日後五十有三日伏

大定十四年星變

按金史世宗本紀十四年三月辛丑太白歲星晝見丙辰太白歲星晝見經天六月己未太白晝見八月己卯太白晝見　按天文志三月辛丑太白歲星晝見十有八日伏丙辰二星經天凡二日六月己未太白晝見三十有九日八月己卯晝見又百三十二日乃伏庚辰熒惑犯積尸氣十月丙寅歲星晝見六日十一月甲子太白晝見八十有六日伏十二月乙丑月掩井西扇北第一星

大定十五年十一月甲子太白晝見

按金史世宗本紀云云

大定十六年星變

按金史世宗本紀不載　按天文志十六年五月甲寅太白晝見五十有四日伏庚午月掩太白七月丁未犯角宿距星甲子掩畢宿距星八月丙子太白犯軒轅大星十月丁丑熒惑入太微十一月甲寅月掩畢距星戊辰熒惑犯太微上將十二月己丑月掩太微左執法

大定十七年星變

按金史世宗本紀十七年九月庚戌歲星熒惑太白聚於尾十二月己巳太白晝見　按天文志春正月丙寅熒惑犯太微西藩上相九月庚戌歲星熒惑太白聚於尾十二月己巳太白晝見四十有四日伏

大定十八年星變

按金史世宗本紀不載　按天文志十八年七月庚辰土星犯井東扇北第二星九月己丑熒惑犯左執法十二月甲午鎮星掩井西扇北第一星凡十日

大定十九年星變

按金史世宗本紀十九年四月丁巳歲星晝見七月丙子太白晝見　按天文志三月甲戌熒惑犯氐距星四月丁巳歲星晝見凡七日七月丙子太白晝見四十有五日伏八月癸卯犯軒轅御女辛亥熒惑掩

南斗杓第二星九月壬申月掩畢大星十一月辛未熒惑掩歲星十二月丁亥月犯歲星

大定二十年星變

按金史世宗本紀不載　按天文志二十年二月己丑月掩畢大星三月丙辰掩畢西第二星

大定二十一年星變

按金史世宗本紀二十一年二月戊戌太白晝見三月甲子太白晝見　按天文志二月戊子月犯填星戊戌太白晝見三月甲子太白晝見四月壬申熒惑掩斗魁第二星十有四日六月甲戌客星見於華蓋凡百五十有六日滅七月乙亥朔熒惑順入斗魁中五日

大定二十二年星變

按金史世宗本紀二十二年五月甲申太白晝見八月戊辰太白經天　按天文志五月甲申太白晝見六十有四日伏七月戊子歲星晝見二日八月戊辰太白晝見百二十有八日其經天者六十四日十一月辛未熒惑行氐中乙亥太白入氐癸未熒惑太白皆出氐中十二月戊戌熒惑犯鉤鈐

大定二十三年星變

按金史世宗本紀二十三年十月辛酉太白晝見十一月丁卯歲星晝見閏月戊午歲星晝見　按天文志九月甲申歲星晝見五十有五日伏十月辛酉太白晝見百四十有九日乃伏十一月丁卯歲星晝見三十有三日伏閏十一月庚申（按紀作戊午互異）歲星晝見九十日伏

大定二十四年星變

按金史世宗本紀二十四年四月己未朔太白晝見九月甲辰歲星晝見　按天文志四月己未朔太白晝見百四十有五日乃伏甲申月掩太白九月庚子歲星犯軒轅大星甲辰晝見凡五十二日伏十月壬申太白辰星同度

大定二十五年星變

按金史世宗本紀二十五年十一月庚申歲星晝見壬午太白晝見十二月甲子太白晝見經天　按天文志三月乙酉太白與月相犯九月丁亥月在斗魁中犯西第五星十一月庚辰朔歲星晝見在日後凡七十四日壬午太白晝見在日後百十有一日乃伏十二月己未月犯熒惑甲子太白晝見經天

大定二十六年星變

按金史世宗本紀不載　按天文志二十六年三月丙戌熒惑入井鉞星犯太微東藩上相四月丁丑熒惑犯鬼西南星七月丙申月掩心前星八月乙亥朔日月五星會於軫十二月乙未月掩心前大星又犯於後星

大定二十七年星變

按金史世宗本紀二十七年六月庚辰太白晝見七月丙午太白晝見經天　按天文志五月壬子月犯心大星六月庚辰太白晝見百七十有三日乃伏癸巳月掩昴七月丙午犯房南第一星是日太白晝見經天十月己丑太白入氐十二月丁丑月掩昴

大定二十八年星變

按金史世宗本紀二十八年十一月庚子太白晝見　按天文志正月己未歲星留於房甲子守房北第一星十一月丙申填星入氐庚子太白晝見在日前四十有九日伏十二月壬申月掩昴

大定二十九年章宗即位星變

按金史章宗本紀二十九年正月癸巳即皇帝位五月庚寅朔太白晝見　按天文志正月丁酉土星留氐中三十有七日逆行後七十九日出氐五月庚寅朔太白晝見在日後六月丙辰月犯太白月北星南同在柳宿十一月己未熒惑守軒轅至戊辰退行其色稍怒

章宗明昌元年二月丁亥太白晝見

按金史章宗本紀云云

明昌二年星變

按金史章宗本紀不載　按天文志二年十一月乙丑金木二星見在日前十三日方伏而順行危宿在羽林軍上壁壘陣下光芒明大十二月戊子木金相犯有光芒

明昌三年星變

按金史章宗本紀不載　按天文志三年三月戊戌熒惑順行犯太微西藩上將四月己未熒惑掩右執法色怒而稍赤

明昌四年星變

按金史章宗本紀四年八月己亥歲星太白晝見　按天文志八月己亥卯初三刻歲星見未正二刻太白見俱在午位其夜歲星留胃十三度守天囷　按五行志四年三月御史中丞董師中奏迺者太白晝見京師地震北方有赤氣遲明始散天之示象冀有以警悟聖主也上問所言天象何從得之師中曰前

監察御史陳元升得之於一司天長行上曰司天臺官不奏固有罪其以語人尤非所欲令自今司天有事而不奏者長行得言之何如師中曰善

明昌五年星變

按金史章宗本紀五年十一月癸丑太白晝見　按天文志十一月癸丑太白晝見在日前三十有三日伏

明昌六年星變

按金史章宗本紀六年正月庚寅太白晝見六月庚辰太白經天　按天文志正月庚寅太白晝見在日前百有二日乃伏六月庚辰復晝見在日後百六十七日雖是日經天

承安元年星變

按金史章宗本紀承安元年九月壬午太白晝見

按天文志四月司天奏河津星象事上諭宰相曰天道不測當預防之九月壬午太白晝見在日前百有七日乃伏

承安二年星變

按金史章宗本紀二年二月丁巳太白晝見經天

按天文志二月丁巳太白晝見在日後百九十有五日乃伏己未經天（按紀經天亦作丁巳與志互異）

泰和三年星變

按金史章宗本紀泰和三年六月己亥太白晝見

按天文志六月戊戌（按紀作己亥互異）太白晝見在日後百有十日乃伏

泰和六年星變

按金史章宗本紀六年五月甲申太白晝見庚戌太白經天六月辛未木星晝見至七月戊申經天八月辛亥木星晨見己未太白晝見壬申太白晝見經天九月乙酉將五鼓北方有赤白氣數道起於王良之下行至北斗開陽搖光之東十一月庚子日斜有流星二光芒如炬殘及一丈起東北沒東南　按天文志五月甲申太白晝見在日前七十有六日庚戌經天六月辛未歲星晝見在日後七月戊申經天八月癸卯月暈圍太白熒惑二星辛亥歲星辰見至夜五更與東井距星相去七寸內癸丑夜半有流星如太白其色赤起於婁宿己未卯正初刻太白晝見在日前其夜五更熒惑與輿鬼積尸氣相犯在七寸內庚申卯正初刻太白晝見在日後其夜五更初熒惑在輿鬼積尸氣中壬申太白晝見經天在日後十月丙午歲星犯東井距星十一月壬午太白入氐

泰和七年星變

按金史章宗本紀不載　按天文志七年正月丙戌初更月有暈圍歲填二星在參畢間三月癸丑月掩軒轅大星九月己卯初更月在南斗魁中旦歲星在輿鬼中

泰和八年星變

按金史章宗本紀八年七月戊戌朔太白晝見　按天文志七月戊戌朔太白晝見在日後八月壬戌太白歲星光芒相及同在張一度十一月庚子未刻有流星如太白者二光芒如炬殘一丈起東北沒東南

衛紹王大安元年星變

按金史衛紹王本紀大安元年正月辛丑飛星如火起天市垣有尾跡若赤龍二月乙丑朔太白晝見經天十月歲星犯左執法　按天文志十月乙丑月食熒惑

大安二年星變

按金史衛紹王本紀二年正月庚戌朔日中有流星出大如盆其色碧向西行漸如車輪尾長數丈沒於蜀中至地復起光散如火二月客星入紫微垣光散為赤龍地大震有聲如雷

大安三年星變

按金史衛紹王本紀三年正月乙酉朔熒惑入氐中二月熒惑犯房宿閏月熒惑犯鍵閉星十月熒惑犯壁壘陣

至寧元年星變

按金史衛紹王本紀至寧元年三月太陰太白與日並見相去尺餘　按天文志崇慶元年春三月日正午日月太白皆相去咫尺（按紀作至寧元年志作崇慶元年今照本紀編次故附見於此）

宣宗貞祐元年十一月丙子熒惑入壁壘陣

按金史宣宗本紀不載　按天文志云云

貞祐二年星變

按金史宣宗本紀二年九月丁亥太白晝見於軫十一月辛巳熒惑犯房宿鉤鈐星　按天文志十一月庚辰填星犯太微東垣上相

貞祐三年星變

按金史宣宗本紀三年七月庚申有星如太白色青白有尾出紫微垣北極傍入貫索中戊寅月入畢宿中戊夜犯畢大星十二月庚寅太白晝見　按天文志七月己卯（按紀作戊寅互異）月入畢至戊夜犯畢大星十

二月庚寅太白晝見於危八十有五日伏

貞祐四年星變

按金史宣宗本紀四年四月丁酉太白晝見於奎六月丙申水星晝見於奎百有一日乃伏十一月丙戌月暈木星木在奎月在壁　按天文志正月乙卯夜中天有流星大如日色赤長丈餘墜於西南其聲如雷四月丁酉太白晝見於奎百九十有六日乃伏六月丙申歲星晝見於奎百有一日乃伏閏七月辛丑月犯畢十一月己丑犯畢大星十二月戊午復犯畢大星

興定元年星變

按金史宣宗本紀興定元年四月戊辰太白晝見於井八月戊申木星晝見於昴六十有七日乃伏九月癸巳月犯東井西扇北第二星　按天文志正月乙酉月犯畢右股第二星四月戊辰太白晝見於井百六十有二日乃伏十月癸丑夜有流星大如杯尾長丈餘自軒轅起貫太微沒於角宿之上十一月癸未月暈歲星熒惑二星木在胃火在昴丙戌太白晝見

興定二年星變

按金史宣宗本紀二年十月癸亥月犯軒轅左角之少民星　按天文志八月壬戌有流星大如杯尾長丈餘其光燭地起建星沒尾中一云自東北至西南而墜其光如塔狀先有聲如風後若雷者三隱紙皆震十月庚申（按紀作癸亥互異）月犯軒轅左角之少民星

興定三年星變

按金史宣宗本紀三年五月壬子太白晝見於參八月丁卯木星犯輿鬼東南星戊辰木星晝見於柳百有九日乃滅　按天文志五月壬子太白晝見於參三十有六日經天又百八十有四日乃伏七月壬寅初昏有星自西南來其光燭地狀如月而稍不圓色青白有小星千百環之若迸火然墜於東北少頃有聲如鼓八月丁卯歲星犯輿鬼東南星己巳（按紀作戊辰互異）歲星晝見於柳百有九日乃伏

興定四年星變

按金史宣宗本紀四年三月甲寅木星犯鬼宿積尸氣六月戊辰月犯土星己巳太白晝見於張百八十有四日乃伏十一月壬辰木星晝見於翼積六十有七日伏夜又犯靈臺第一星　按天文志正月庚子月犯東井

興定五年星變

按金史宣宗本紀五年正月辛丑太白晝見於牛二百三十有二日伏九月庚戌歲星犯左執法閏十二月戊子熒惑犯軒轅甲午月犯熒惑戊戌填星晝見於軫己亥太白晝見於室　按天文志正月辛丑太白晝見於牛二百二十有二日乃伏司天夾谷德玉等奏以爲臣強之象請致祭以禳之宣宗曰斗牛吳分蓋宋境也他國有災吾禳之可乎

元光元年星變

按金史宣宗本紀元光元年三月丙寅歲星犯太微左執法七月乙亥太白晝見經天與日爭光八月己卯彗星見西方甲申以彗星見改元大赦論旨宰臣曰赦書已頒時刻之間人命所係其令將命者速往計期而至　按天文志興定六年正月辛酉月犯熒惑壬戌犯軒轅三月壬子月食太白丙寅歲星犯太微左執法七月乙亥太白經天與日爭光八月己卯彗星出於亢宿右攝提周鼎之間指大角太史奏除舊布新之象宜改元修政以消天變於是改是年爲元光元年九月丁未滅壬申月食歲星

元光二年星變

按金史宣宗本紀二年八月乙亥火星入鬼宿中掩積尸氣十月壬午火星犯靈臺　按天文志八月乙亥熒惑入輿鬼掩積尸氣十月壬午犯靈臺十一月又犯心大星

哀宗正大元年星變

按金史哀宗本紀正大元年二月熒惑犯左執法四月癸酉熒惑犯右執法　按天文志正月丙午月犯昴二月癸丑犯熒惑四月乙未太白辰星相犯

正大三年星變

按金史哀宗本紀不載　按天文志三年十一月丙辰月掩熒惑丁巳熒惑犯歲星庚申犯壁壘陣癸酉五星並見於西南十二月熒惑入月

正大四年星變

按金史哀宗本紀四年六月丙辰太白入井　按天文志正月壬戌熒惑犯太白七月丁亥熒惑犯斗從西第二星

正大五年五月乙酉月掩心大星

按金史哀宗本紀不載　按天文志云云

正大七年星變

按金史哀宗本紀不載　按天文志七年十二月庚寅有星出天津下大如填星而色不明初犯輦道二十日見於東北在織女南乙未入天市垣戊申方出癸

丑歷房北復東南行入積薪凡二十五日而滅

天興元年星變

按金史哀宗本紀天興元年七月乙巳金木火太陰會於軫翼八月甲戌金木星交　按天文志七月乙巳太白歲星熒惑太陰俱會於軫翼司天武亢極言天變上惟歎息竟亦不之罪也八月甲戌太白歲星交閏九月己酉彗星見東方色白長丈餘彎曲如象牙出角軫南行至十二日長二丈十六日月燭不見二十七日五更復出東南約長四五丈至十月一日始滅凡四十有八日司天奏其咎在北哀宗曰我亦北人今日之事我當滅也何乃不先不後適丁此乎

欽定古今圖書集成曆象彙編庶徵典

第五十四卷目錄

星變部彙考二十八

庶徵典第五十四卷

星變部彙考二十八

元

憲宗六年星變

按元史憲宗本紀六年六月太白晝見

世祖中統元年星變

按元史世祖本紀中統元年五月乙未熒惑入南斗留五十餘日

中統二年星變

按元史世祖本紀二年二月丁酉太陰掩昴六月戊戌太陰犯角八月丙午太白犯歲星十一月庚午太陰犯昴十二月辛卯熒惑犯房壬辰熒惑犯鉤鈐

中統三年星變

按元史世祖本紀三年十一月乙酉太白犯鉤鈐

至元元年星變

按元史世祖本紀至元元年二月丁卯太陰犯南斗四月辛亥太陰犯軒轅御女星五月丙戌太陰犯房己亥太陰犯昴秋七月甲戌彗星出輿鬼昏見西北貫上台掃紫微文昌及北斗旦見東北凡四十餘日八月丁巳改元詔曰比者星芒示儆雨澤愆期皆闕政之所繇顧斯民之何罪宜布維新之令溥施在宥之仁可大赦天下改中統五年爲至元元年十二月甲子太陰犯房　按許衡傳至元二年召至京師命議事中書省衡上疏曰三代而下稱盛治者無如漢之文景然考之當時天象數變山崩地震未易遽數是將小則有水旱之災大則有亂亡之應非徒然而已也而文景克承天心一以養民爲務今年勸農桑明年減田租懇愛如此宜其民心得而和氣應也臣竊見前年秋孛出西方彗出東方去年冬彗見東方復見西方議者謂當除舊布新以應天變臣以爲曷若直法文景之恭儉愛民爲理明義正而可信也天之樹君本爲下民故孟子謂民爲重君爲輕書亦曰天視自我民視天聽自我民聽以是論之則天之道恆在於下恆在於不足也爲君人者不求之下而求之高不求之不足而求之有餘斯其所以名天變也其變已生其象已著乖戾之機已萌猶且因仍故習抑其下而損不足謂之順天不亦難乎

至元二年星變

按元史世祖本紀二年六月丙子太陰犯心宿大星

至元四年星變

按元史世祖本紀四年八月庚申塡星犯天罇距星壬午太白犯軒轅大星十月甲子歲星犯軒轅大星十一月乙巳塡星犯天罇距星

至元五年星變

按元史世祖本紀五年正月甲午太陰犯井二月戊子太陰犯天關己丑太陰犯井

至元六年星變

按元史世祖本紀六年十月庚子太陰犯辰星

至元七年星變

按元史世祖本紀七年正月己酉太陰犯畢九月丁巳太陰犯井十月庚午太白犯右執法十一月壬寅熒惑犯太微西垣上將

至元八年星變

按元史世祖本紀八年正月丙寅太陰犯畢三月丁亥熒惑犯太微西垣上將九月丙子太陰犯畢

至元九年星變

按元史世祖本紀九年五月乙酉太白犯畢距星九月戊寅太陰犯御女十月戊戌熒惑犯塡星十一月丁卯太陰犯畢

至元十年星變

按元史世祖本紀十年三月癸酉客星青白如粉絮起畢度五車北復自文昌貫斗杓歷梗河至左攝提凡二十一日

至元十一年星變

按元史世祖本紀十一年二月甲寅太陰犯井宿十月壬戌歲星犯壘壁陣

至元十二年星變

按元史世祖本紀十二年七月癸酉太白犯井辛卯太陰犯畢九月己巳太白犯少民己卯太白犯太微西垣上將十月癸丑太陰犯畢十一月丙戌太陰犯軒轅大星十二月戊戌塡星犯亢戊申太陰犯畢

至元十三年星變

按元史世祖本紀十三年九月辛亥太白犯南斗甲寅太白入南斗十一月丁卯太陰犯塡星十二月辛卯朔熒惑掩鉤鈐按天文志十一月丁卯作十二月乙卯又十二月辛卯朔作辛酉

至元十四年星變

按元史世祖本紀十四年二月癸亥彗出東北長四尺餘

至元十五年星變

按元史世祖本紀十五年二月丁丑熒惑犯天街三月丁亥太陰犯太白戊子太陰犯熒惑十一月辛亥太白熒惑塡星聚於房

至元十六年星變

按元史世祖本紀十六年四月癸卯塡星犯鍵閉七月丙寅塡星犯鍵閉八月庚辰太陰犯房宿距星庚子歲星犯軒轅大星十月丙申太陰犯太微西垣上將閏十一月癸丑太陰犯熒惑

至元十七年星變

按元史世祖本紀十七年四月庚子歲星犯軒轅大星七月戊申太陰掩房宿距星己酉太陰犯南斗八月丙子太陰犯心宿東星九月甲子太陰犯右執法井犯歲星

至元十八年星變

按元史世祖本紀十八年夏五月壬子歲星犯右執法七月癸卯太陰犯房宿距星八月丙寅熒惑犯諸侯西第三星閏八月癸巳熒惑犯司怪南第二星庚戌太陰犯昴九月甲申太陰犯軒轅大星十一月甲戌太陰犯五車東南星丁丑太陰犯鬼丁亥太陰掩心東星十二月丙午太陰犯軒轅大星

至元二十年星變

按元史世祖本紀二十年正月己巳太陰犯軒轅御女庚辰太陰入南斗犯距星二月庚寅太陰掩昴庚子太白犯昴壬寅太白犯昴乙巳太陰犯心三月己未歲星犯鍵閉庚申太陰犯井壬戌太陰犯鬼乙巳歲星犯房癸酉歲星掩房四月己亥太陰犯房壬寅太陰犯南斗五月丙寅太陰掩心東星七月丙辰太白犯井癸亥太陰犯南斗乙丑太白犯井庚午熒惑犯司怪八月丙午太白犯軒轅丁未歲星犯鉤鈐九月壬子太白犯軒轅少女戊午太陰犯斗己巳太白犯右執法壬申太陰掩井癸酉熒惑犯鬼甲戌太陰犯鬼熒惑犯積尸氣太白犯左執法十月丙申太陰犯昴十一月戊寅太白歲星相犯十二月甲辰太陰掩熒惑

至元二十一年星變

按元史世祖本紀二十一年九月太白犯南斗十一月庚子太陰犯心　按天文志二十一年閏五月戊寅塡星犯斗七月甲申太白犯熒惑九月乙未太陰犯井十月己酉犯軫十一月丙戌犯昴己丑掩鬼

至元二十二年星變

按元史世祖本紀二十二年二月壬戌太陰犯心

按天文志二十二年二月辛亥太陰犯東井癸丑太陰犯鬼壬戌太陰犯心八月癸丑太陰入東井十二月己亥歲星犯塡星

至元二十三年星變

按元史世祖本紀二十三年正月壬午太陰犯軒轅太氐乙酉太陰犯氐二月丙午太陰犯井三月己巳太陰犯婁癸巳歲星犯壘壁陣五月己巳熒惑犯太微右執法西垣上將庚戌歲星犯壘壁陣乙酉熒惑犯太微右執法六月丙申朔太白犯御女八月乙卯太白犯軒轅右角星九月甲申太陰犯天關十月甲午朔太白犯右執法十一月己卯太陰犯東井辛巳歲星犯壘壁陣十二月戊戌太白犯東咸丁未太陰犯東井丁巳太陰犯氐

至元二十四年星變

按元史世祖本紀二十四年正月甲戌太陰犯東井乙酉太陰犯房二月庚子太陰犯天關辛丑太陰犯東井閏二月癸亥太陰犯辰星甲申太陰犯牽牛三月丙申太陰犯東井四月癸酉太陰犯氐甲戌太陰犯房七月戊戌太陰犯南斗辛丑太陰犯牽牛壬寅熒惑犯輿鬼積尸氣壬子太陰犯司怪八月癸亥太白犯亢丙子塡星南犯壘壁陣己卯太陰犯天關辛巳太陰犯東井甲申太白犯房九月丁酉熒惑犯長垣庚子太白犯天江乙巳太陰犯畢辛亥熒惑犯太微西垣上將壬子太白犯南斗十月壬戌太陰犯牽牛大星乙酉熒惑犯左執法十一月壬辰太白犯壘壁陣月掩金土二星丙申熒惑犯太微東垣上相庚子太白晝見丙辰熒惑犯進賢十二月丙寅太陰犯畢太白晝見　按天文志二十四年七月甲辰熒惑犯輿鬼

至元二十五年星變

按元史世祖本紀二十五年正月乙巳太陰犯角戊申太陰犯房三月丁亥熒惑犯太微東垣上相戊子太陰犯畢己亥太陰掩角四月戊午太陰犯井五月

戊申太白犯畢六月甲戌太白犯井丁丑太陰犯歲星七月己亥熒惑犯氐庚子太白犯鬼乙巳太陰掩畢八月丙辰熒惑犯房己未太白犯軒轅大星九月癸未朔熒惑犯天江庚子太陰犯畢癸卯熒惑犯南斗十二月辛酉太陰犯畢甲子太陰犯井甲戌太陰犯亢熒惑犯壘壁陣

至元二十六年星變

按元史世祖本紀二十六年正月辛丑太陰犯氐三月甲午太陰犯亢五月壬辰太白犯鬼七月戊子太白經天四十五日辛卯太陰犯牛乙未太陰犯歲星八月辛未歲星晝見九月戊寅歲星犯井乙未太陰犯畢丙申熒惑犯太微西垣上將十月癸丑太陰犯牛宿距星甲寅熒惑犯右執法閏十月丁亥辰星犯房己丑太陰犯畢熒惑犯進賢十一月戊辰太陰犯亢十二月辛巳太白犯南斗　按天文志二十六年閏十月己丑太陰犯井十一月丁巳熒惑犯亢

至元二十七年星變

按元史世祖本紀二十七年正月庚戌太白犯牛癸丑太陰犯井丁卯熒惑犯房二月戊寅太陰犯畢庚寅太陰犯亢三月壬子熒惑犯鉤鈐四月丙子太陰犯井壬辰熒惑守氐十餘日五月乙丑太陰犯塡星六月己丑熒惑犯房七月辛酉熒惑犯天江九月癸卯歲星犯鬼十月辛巳太白犯斗十一月戊戌太陰掩塡星辛酉太陰掩左執法十二月辛卯太陰犯亢　按天文志二十七年正月壬申熒惑犯鍵閉

至元二十八年星變

按元史世祖本紀二十八年正月壬寅太白熒惑塡星聚奎二月癸未太陰犯左執法甲申太白犯昴三月丁未太陰犯御女己酉太陰犯右執法庚戌太陰犯太微東垣上相乙卯太白犯五車四月乙未歲星犯輿鬼積尸氣五月壬寅太陰犯少民甲寅太陰犯牛六月辛卯太陰犯畢七月己亥太白犯井八月丙寅太白犯輿鬼丙子太陰犯牽牛癸未歲星犯軒轅大星戊子太白犯軒轅大星并犯歲星癸巳太陰掩熒惑九月庚戌太白犯右執法丙辰熒惑犯左執法戊午太白犯熒惑辛酉歲星犯少民十月丙戌太陰犯軒轅大星并御女己丑太陰犯太微東垣上相十一月甲辰太白（志作太陰）犯房丙午熒惑犯亢丁未太陰犯畢甲寅太陰犯歲星庚申熒惑犯氐十二月庚辰太陰犯御女癸未太陰犯東垣上相己丑熒惑犯房庚寅熒惑犯鉤鈐　按天文志二十八年九月庚戌太白犯右執法十一月甲寅太陰犯歲星

至元二十九年星變

按元史世祖本紀二十九年正月戊申太陰犯歲星及軒轅左角二月己巳太陰犯畢己丑歲星犯軒轅大星四月丙子太陰犯氐六月己丑太白犯歲星閏六月戊申熒惑犯狗國七月辛未太陰犯牛八月丁酉辰星犯右執法己亥太白犯房乙巳歲星犯右執法九月辛巳大白犯南斗十月乙巳太陰犯井丁未太陰犯鬼乙卯太陰犯氐十一月壬戌太陰犯壘壁陣己卯太陰犯太微東垣上將十二月庚子太陰犯井甲辰太陰犯太微西垣上將　按天文志二十九年九月壬戌熒惑犯壘壁陣

至元三十年星變

按元史世祖本紀三十年正月丙寅太陰犯畢丁丑太陰犯氐庚辰歲星犯左執法二月壬辰太陰犯畢乙巳熒惑犯天街庚戌太陰犯牛癸丑太白犯壘壁陣三月辛未太陰犯氐四月癸丑太白犯塡星六月己丑歲星犯左執法丙申太陰犯斗七月甲子太陰犯建星辛巳太陰犯鬼八月甲午辰星犯太微西垣上將甲辰太陰犯畢戊申太陰犯鬼九月丁卯太陰犯畢十月庚寅彗星入紫微垣抵斗魁光芒尺許凡一月乃滅丙申熒惑犯亢己亥太陰犯天關辛丑太陰犯井十一月乙丑太陰犯畢丁卯太陰犯井庚午太陰犯鬼丙子熒惑犯鉤鈐戊寅歲星犯亢十二月乙未太陰犯井　按不忽木傳三十年有星孛于帝座帝憂之夜名入禁中問所以銷天變之道奏曰風雨自天而至人則棟宇以待之江河爲地之限人則舟楫以通之天地有所不能者人則爲之此人所以與天地參也且父母怒人子不敢疾怨惟起敬起孝故易震之象曰君子以恐懼修省詩曰敬天之怒又曰遇災而懼三代聖王克謹天戒鮮不有終漢文之世同日山崩者二十有九日食地震頻歲有之善用此道天亦悔禍海內又安此前代之龜鑑也臣願陛下法之因誦文帝日食求言詔帝悚然曰此言深可朕意可復誦之遂詳論款陳夜至四鼓明日進膳帝以盤珍賜之

至元三十一年成宗即位星變

按元史成宗本紀三十一年四月戊申太白晝見又犯鬼五月庚戌朔太白犯輿鬼六月丙午太陰犯井八月庚辰太白晝見戊戌太陰犯畢太白犯軒轅九

月丁巳太白經天丙寅太陰掩塡星辛未太陰犯軒轅乙亥太白犯右執法太陰犯平道十月壬午太白犯左執法癸巳太陰掩塡星乙未太陰犯井十一月己酉太陰犯亢庚申太陰犯畢癸酉太白犯房十二月癸未歲星犯房丁亥歲星犯鉤鈐壬辰太陰犯鬼庚子太陰犯房又犯歲星

成宗元貞元年星變

按元史成宗本紀元貞元年正月乙卯太陰犯塡星又犯畢癸酉歲星犯東咸二月癸未熒惑犯太陰壬辰太陰犯平道癸卯太陰犯歲星三月庚戌太陰犯塡星壬戌太陰犯房四月庚寅太陰犯東咸閏四月癸丑歲星犯房甲寅太陰犯平道乙卯太陰犯亢丁巳太陰掩房五月丁亥太陰犯南斗七月丁丑太陰犯亢甲申歲星犯房八月乙酉太陰犯牛壬子太陰犯壘壁陣九月甲午太陰犯軒轅戊戌太陰犯平道十月辛酉辰星犯房壬戌辰星犯鍵閉戊辰太白晝見太陰犯房十一月甲戌太白經天及犯壘壁陣乙酉太陰犯井丁亥太陰犯鬼十二月丙辰太陰犯軒轅甲子太陰犯天江

元貞二年星變

按元史成宗本紀二年正月壬午太陰犯輿鬼丙戌太白晝見丁亥太陰犯平道庚寅太陰犯鉤鈐二月丁未太陰犯井三月乙酉太陰犯鉤鈐五月丁丑太陰犯平道六月乙巳太白犯天關丁巳太白犯塡星癸亥太陰犯井七月壬午塡星犯井太白犯輿鬼八月庚子太陰犯亢太白犯軒轅癸卯太陰犯天江乙卯太陰犯天街太白犯上將九月戊辰太白犯左執法壬申太陰掩南斗丁丑太陰犯壘壁陣己丑太陰犯軒轅十一月丁丑太陰犯月星又犯天街庚辰太陰犯井丁亥太陰犯上相戊子太陰犯平道壬辰太陰犯天江十二月丁未太陰犯井乙卯太陰犯進賢

大德元年星變

按元史成宗本紀大德元年三月戊辰熒惑犯井癸酉太陰掩軒轅大星五月癸酉太白犯鬼積尸氣乙亥太陰犯房六月乙未太白晝見七月庚午太陰犯房八月丁巳祆星出奎九月辛酉朔祆星復犯奎十月戊午太白經天十一月戊子太白經天十二月甲辰太白經天又犯東咸丙午太陰犯軒轅甲寅太陰犯心閏十二月壬戌太陰犯壘壁陣癸酉至丙子太白犯建星　按閻復傳元貞三年即大德元年因星變上疏言定律令頒封贈增俸給通調內外官且曰古者刑不上大夫今郡守以徵租受杖非所以厲廉隅江南公田租重宜減以貸貧民後多采用

大德二年星變

按元史成宗本紀二年二月辛酉歲星熒惑太白聚危熒惑犯歲星辛未太陰犯左執法丙子太陰犯心五月戊戌太陰犯心六月撫州之崇仁星隕爲石壬戌太陰犯角七月癸巳太陰犯心八月壬戌太陰犯箕九月辛丑太陰犯五車南星癸卯太陰犯五諸侯己酉太陰犯左執法十月壬戌太白犯牽牛戊寅太陰犯角宿距星十一月己亥太陰犯輿鬼辛丑辰星犯牽牛壬寅太陰犯右執法十二月戊午太白經天己未塡星犯輿鬼乙丑太白犯歲星太陰犯熒惑庚午塡星入輿鬼太陰犯上將甲戌彗出子孫星下己卯太陰犯南斗　按五行志二年六月撫州崇仁縣辛陂村有星隕於地爲綠色員石邑人張椿以狀聞

大德三年星變

按元史成宗本紀三年正月丙戌太陰犯太白己丑中書省臣言天變屢見大臣宜依故事引咎避位帝曰此漢人所說耳豈可一一聽從耶卿但擇可者任之丁酉太陰犯西垣上將戊戌太陰犯右執法乙巳太白經天二月乙巳熒惑犯五諸侯三月戊戌熒惑犯輿鬼四月己未太陰犯上將丙寅塡星犯輿鬼太陰犯心五月丙申太陰犯南斗己亥太白犯畢六月庚申太陰掩房丁卯熒惑犯右執法壬申歲星晝見七月己卯朔太白犯井丁未太陰犯輿鬼八月丁巳太陰犯箕戊辰太白犯軒轅大星己巳太陰犯五車星九月壬辰流星色赤尾長丈餘其光燭地起自河鼓沒於牽牛之西有聲如雷乙未太陰犯昴宿距星丁酉太白犯左執法十月丙子太陰犯房十一月乙酉太白犯房

大德四年星變

按元史成宗本紀四年二月戊午太陰犯軒轅五月甲午太陰犯壘壁陣辛丑太白犯輿鬼太陰犯昴六月丁巳太白犯塡星七月辛卯熒惑犯井八月癸丑太陰犯井甲子辰星犯靈臺上星閏八月庚辰熒惑犯輿鬼九月戊午太白犯斗壬戌太陰犯輿鬼甲子太白犯斗十二月庚寅熒惑犯軒轅癸巳太陰犯房宿距星

大德五年星變

按元史成宗本紀五年正月己酉太陰犯五車壬子

太陰犯輿鬼積尸氣辛酉太陰犯心二月己卯太陰犯輿鬼三月戊申太陰犯御女丁卯熒惑犯塡星己巳熒惑塡星相合四月壬申太陰犯東井五月癸丑太陰犯南斗乙卯熒惑犯右執法丁卯太白犯井六月甲申歲星犯司怪癸巳太白犯輿鬼歲星犯井甲午太白犯輿鬼七月丙午歲星犯井辛亥太陰犯壘壁陣庚申辰星犯太白八月壬辰太陰犯軒轅御女乙未塡星犯太微上將九月乙酉自八月庚辰彗出井歷紫微垣至天市垣凡四十六日而滅十月癸未太陰犯東井辛卯夜有流星大如杯光燭地分爲二星沒于危宿十一月己亥歲星犯東井戊申太陰犯昴十二月甲戌歲星犯司怪辛卯太陰犯南斗　按天文志五年九月乙丑自八月庚辰彗出井二十四度四十分如南河大星色白長五尺直西北後經文昌斗魁南掃太陽又掃北斗天機紫微垣三公貫索星長丈餘至天市垣巴蜀之東梁楚之南宋星上長盈尺凡四十六日而滅辛卯夜有流星大如杯色赤尾長丈餘光燭地自北起近東徐徐而行分爲二星前大後小相離尺餘沒于危宿

大德六年星變

按元史成宗本紀六年正月壬戌塡星犯太微垣上將二月庚午太陰犯昴三月壬寅太陰犯輿鬼癸卯歲星犯井甲寅太陰犯鉤鈐四月乙丑朔太白犯東井戊寅太陰犯心庚寅太白犯輿鬼六月癸亥朔塡星犯太微西垣上將乙亥太陰犯斗七月癸巳朔熒惑塡星辰星聚井庚子太陰犯心戊午太陰犯熒惑八月乙丑熒惑犯歲星己巳熒惑犯輿鬼辛巳太陰犯昴壬午太白犯軒轅九月丙午熒惑犯軒轅癸丑太陰犯輿鬼丁巳太白犯右執法十月壬午熒惑犯太微西垣上將十一月辛卯塡星犯左執法乙未辰星犯房癸卯太陰犯昴己酉太陰犯軒轅十二月庚申朔熒惑犯塡星乙丑歲星犯輿鬼乙亥太陰犯輿鬼庚辰熒惑犯太微東垣上相癸未太陰犯房

大德七年星變

按元史成宗本紀七年正月戊戌太陰犯昴甲辰太陰犯軒轅二月戊寅太陰犯心四月癸亥太陰犯東井丙寅太陰犯軒轅乙亥歲星犯輿鬼太陰犯南斗甲申熒惑犯太微垣右執法丁亥歲星犯輿鬼五月壬辰辰星犯東井閏五月戊辰太陰犯心七月戊寅歲星犯軒轅己卯太陰犯井乙酉熒惑犯房八月癸巳太白犯氐甲午熒惑犯東咸太陰犯牽牛乙巳歲星犯軒轅辛亥熒惑犯天江九月丙寅太白晝見辛未熒惑犯南斗甲戌太陰犯東井乙亥太白犯南斗壬午辰星犯氐十月丁亥太白經天辛丑太陰犯東井十一月己未太白經天丙寅塡星犯進賢戊辰太陰犯井己卯太陰犯東咸十二月丙戌太白經天熒惑犯壘壁陣丙申太陰犯東井辛丑太陰犯明堂丁未太陰犯天江

大德八年星變

按元史成宗本紀八年三月乙丑自去歲十二月庚戌彗星見約盈尺在室十一度入紫微垣至是滅凡七十四日

大德九年星變

按元史成宗本紀九年正月丁巳太陰犯天關甲子太陰犯明堂己巳太陰犯東咸三月甲寅熒惑犯氐戊午歲星犯左執法四月庚辰太陰犯井壬辰太白犯井五月癸亥歲星掩左執法七月丙午熒惑犯氐甲寅太白經天丁卯熒惑犯房八月辛巳太陰犯東咸乙未熒惑犯天江九月丁巳熒惑犯斗十月丙戌太白經天十一月庚戌歲星太白塡星聚於亢癸丑歲星犯亢丙寅歲星晝見壬申太白經天十二月丙子太陰犯西咸庚寅熒惑犯壘壁陣己亥辰星犯建星

大德十年星變

按元史成宗本紀十年正月丁巳太白犯建星閏正月癸酉太白犯牽牛己丑太白犯壘壁陣二月戊午太陰犯氐三月戊寅歲星犯亢四月辛酉塡星犯亢六月癸丑太陰犯羅堰上星己未歲星犯亢七月庚辰太陰犯牽牛八月壬寅歲星犯氐熒惑犯太微西垣上將九月己巳熒惑犯太微垣右執法壬午熒惑犯太微垣左執法十月甲辰太白犯斗辛亥太陰犯畢甲寅太陰犯井十一月辛未歲星犯房壬申太陰犯虛甲戌熒惑犯亢戊子熒惑犯氐辛卯太陰犯熒惑十二月壬寅太白晝見乙巳歲星犯東咸戊午太陰犯氐

大德十一年星變

按元史成宗本紀十一年六月丙午太陰犯南斗杓星己巳太陰犯亢七月壬午熒惑犯南斗九月癸酉太白犯右執法己卯太白犯左執法十月乙巳太白犯亢甲寅太陰犯明堂十一月丁卯太白犯房丙子太陰犯東井乙酉太陰犯亢辛卯辰星犯歲星　按

天文志十一年十月己酉熒惑犯壘壁陣己未太陰犯太白十二月丁巳塡星犯鍵閉

武宗至大元年星變

按元史武宗本紀至大元年正月乙丑太陰犯井秋七月庚申流星起自勾陳南行圓若車輪微有鋭經貫索滅壬申太白犯左執法八月癸未大陰犯熒惑十月辛丑太白犯南斗十一月庚申太白晝見　按天文志至大元年正月辛未太陰犯井甲申太陰犯塡星二月丁未太陰犯亢甲寅太陰犯牛距星三月乙丑太陰犯井五月癸丑太白犯輿鬼七月庚申流星起自勾陳南至于大角旁尾跡約三尺化爲白氣聚于七公南行圓若車輪微有鋭經貫索滅壬申太白犯左執法八月壬子太陰犯軒轅太民九月壬申塡星犯房丙子太陰犯井癸未太陰犯熒惑十月辛丑太白犯南斗十一月庚申太白晝見癸亥熒惑犯亢己巳太陰掩畢甲戌熒惑犯氐乙亥辰星犯塡星閏十一月壬寅熒惑犯房丁未太陰犯亢十二月甲子太陰犯畢丙子太陰犯氐戊寅太白掩建星　按五行志元年七月流星起勾陳化爲白氣員如車輪至貫索始滅

至大二年星變

按元史武宗本紀二年二月己巳太陰犯亢辛未太陰犯氐三月戊戌太陰犯氐己亥熒惑犯歲星十月壬申太陰犯左執法十一月己亥太陰犯右執法庚子太陰犯上相十二月庚申太陰犯參　按天文志二年二月己巳太陰犯亢辛未太陰犯氐庚辰太陰犯太白三月戊戌太陰犯氐己亥熒惑犯歲星丙午熒惑犯壘壁陣五月辛卯太陰犯亢六月乙卯太白犯井癸酉辰星犯輿鬼乙亥太陰掩畢八月乙亥太陰犯軒轅丁丑太陰犯右執法九月丙午太陰犯進賢十月壬申太陰犯左執法十一月己亥太陰犯右執法庚子太陰犯上相辛丑熒惑犯外屏十二月庚申太陰犯參癸亥辰星犯歲星辛未太白犯壘壁陣

至大三年星變

按元史武宗本紀三年正月甲午太陰犯右執法二月辛亥熒惑犯月星壬戌太陰犯左執法乙亥太白犯月星（志作甲戌）三月庚寅太陰犯氐丙申太陰犯南斗丁未太白犯井甲寅太白犯軒轅御女戊辰太白晝見六月乙卯太陰犯氐七月戊寅太陰犯右執法己卯太陰犯上相九月辛巳太陰犯建星辛卯太陰犯天廩十月甲辰朔太白經天丙午太白犯左執法癸丑熒惑犯亢十一月甲戌朔太白犯亢丁亥太陰犯畢　按天文志三年正月壬辰太陰犯軒轅丙申太陰犯平道二月庚申熒惑犯天街太陰犯軒轅少民三月甲申太陰犯井甲寅太陰犯軒轅御女五月乙酉太陰犯平道癸巳熒惑犯輿鬼八月甲子太白犯軒轅太民乙丑太陰掩畢大星十二月甲辰朔太陰犯羅堰庚申太陰犯軒轅大星辛酉太白犯塡星丙寅太白犯氐

至大四年星變

按元史武宗本紀四年二月甲子太陰犯塡星三月丙戌太陰犯太微上相四月甲寅太陰犯亢熒惑犯壘壁陣癸未太陰犯氐六月丁未太陰犯太微東垣上相庚戌太陰犯氐七月癸巳太陰掩畢丁酉太陰犯鬼距星閏七月丙寅太陰犯軒轅九月乙卯太陰犯畢十月丙申太白犯壘壁陣十一月甲寅太陰犯輿鬼十二月庚辰太白經天癸未太白經天甲申太陰犯太微西垣上將壬辰太白經天

仁宗皇慶元年星變

按元史仁宗本紀皇慶元年正月癸丑太陰犯太微東垣上相二月壬午太陰犯亢三月丁酉朔熒惑犯東井壬寅太陰犯東井四月丙子太白晝見壬午熒惑犯輿鬼癸未熒惑犯積尸氣庚寅太白經天六月己巳太陰犯天關七月戊午太陰犯東井八月戊辰太白犯軒轅辛未太陰犯塡星壬午辰星犯右執法乙酉太白犯右執法九月丁巳太陰犯亢（志作太白）十月丁亥太陰犯平道戊子太陰犯亢十一月己亥太陰犯壘壁陣十二月甲申熒惑塡星辰星聚斗（志作井）戊子太陰犯熒惑　按天文志皇慶元年八月丁亥辰星犯左執法

皇慶二年星變

按元史仁宗本紀二年正月戊申太陰犯三公三月庚子熒惑犯壘壁陣丁未彗出東井壬子禿忽魯言臣等職專燮理去秋至春亢旱民間乏食而又隕霜雨沙天文示變皆由不能宣上恩澤致茲災異乞斥臣等以當天心帝曰事豈關汝輩耶其勿復言御史中丞郝天挺上疏論時政帝嘉納之七月己丑朔歲星犯東井辛卯太白晝見乙未太白晝見丙辰太白晝見丁巳太白經天八月戊午朔太白晝見壬戌歲星犯東井壬午太陰犯輿鬼

延祐元年星變

按元史仁宗本紀延祐元年二月癸酉熒惑犯東井三月壬辰太陰掩熒惑閏三月辛酉太陰犯輿鬼丙寅太陰犯太微東垣五月戊午辰星犯輿鬼六月乙未熒惑犯右執法十月庚戌辰星犯東咸十二月甲午太陰犯輿鬼癸卯太陰犯房甲辰太陰犯天江

延祐二年星變

按元史仁宗本紀二年正月乙卯歲星犯輿鬼己未太白晝見癸亥太陰犯軒轅丁卯太陰犯進賢二月戊子太白晝見癸巳太白經天丙午太白經天四月庚子太陰犯壘壁陣五月辛酉太陰犯天江庚午太白晝見六月甲申太白晝見是夜太陰犯平道癸卯太白犯東井丙午辰星犯輿鬼九月己酉太陰犯房辛酉太白犯左執法冬十月丙子朔客星見太微垣十一月丙午客星變爲彗犯紫微垣歷軫至壁十五宿明年二月庚寅乃滅辛未以星變赦天下減免各路差稅有差甲戌左丞相合散等言彗星之異由臣等不才所致願避賢路帝曰此朕之愆豈卿等所致其復乃職苟政有過差勿憚于改凡可以安百姓者當悉言之庶上下交修天變可弭也

延祐三年星變

按元史仁宗本紀三年九月癸丑太白晝見丙寅太白經天十月甲申太白犯斗

延祐四年星變

按元史仁宗本紀四年三月乙酉太陰犯箕六月乙巳太陰犯心八月丙申熒惑犯輿鬼壬子太陰犯昴九月庚午太陰犯斗

延祐六年星變

按元史仁宗本紀六年正月戊寅太陰犯心二月己亥太陰犯靈臺三月己巳太陰犯明堂癸酉太陰犯日星甲戌太陰犯心五月辛酉太陰犯靈臺丁卯太陰犯房丙子太陰犯壘壁陣六月己亥歲星犯東咸七月壬戌太陰犯心丙子太白犯太微垣右執法八月乙酉熒惑犯輿鬼閏八月丙辰辰星犯太微垣右執法癸亥熒惑犯軒轅甲子太陰犯壘壁陣乙亥太白犯東咸十月癸亥熒惑犯太微垣左執法乙丑太陰犯昴戊辰太陰犯東井庚午太白晝見辛未太陰犯軒轅十一月辛卯熒惑犯進賢十二月丙寅太陰犯軒轅壬申太陰犯心　按天文志六年閏八月丁巳太陰犯心十月庚子太陰犯明堂

延祐七年星變

按元史仁宗本紀七年正月乙未太陰犯明堂上星癸卯太陰犯斗二月辛丑（志作辛酉）太陰犯軒轅御女壬戌太陰犯靈臺丁卯太陰犯日星庚午太陰犯斗三月戊子太陰犯酒旗上星熒惑犯進賢庚寅太陰犯明堂四月甲寅太白犯塡星壬戌太陰犯房五月庚寅太陰犯心癸巳太陰犯天狗丙申太白犯畢六月庚申太陰犯斗癸亥太陰犯壘壁陣丁卯太白犯井辛未太陰犯昴七月丁亥太陰犯斗戊戌熒惑犯房己亥太陰犯昴八月丙辰太白犯靈臺乙丑熒惑犯天江丁卯太白犯太微垣右執法壬申太陰犯軒轅御女九月乙酉太陰犯壘壁陣丙戌熒惑犯斗癸巳太陰犯昴戊戌太陰犯鬼己亥太白犯亢十月庚戌太陰犯熒惑于斗癸亥太陰犯井十一月癸卯熒惑犯壘壁陣十二月乙卯太陰掩昴戊午太陰犯井庚申太陰犯鬼

英宗至治元年星變

按元史英宗本紀至治元年正月乙未太陰掩房甲辰辰星犯外屏水金火土四星聚奎二月壬子金火土三星聚于奎辛酉太白犯熒惑癸亥太陰犯心三月丁丑太陰掩昴四月戊午太陰犯心庚申太陰犯斗五月戊寅太白犯鬼宿積尸氣太陰犯軒轅庚辰太陰犯明堂六月己未太陰犯虛梁辛酉太白經天七月癸巳太陰犯昴八月丁未太陰犯心己酉太陰犯斗壬子熒惑犯軒轅九月乙亥熒惑犯靈臺壬午熒惑犯太微西垣上將丁酉熒惑犯太微垣右執法十月甲午太白經天戊申熒惑犯太微垣左執法十一月辛未熒惑犯進賢丙子太陰犯虛梁戊寅辰星犯房丙戌太陰犯井己丑太陰犯酒旗又犯軒轅辛卯太陰犯明堂己亥太白犯西咸十二月甲辰熒惑犯亢庚戌太陰犯昴辛酉熒惑入氐

至治二年星變

按元史英宗本紀二年正月丁丑太陰犯昴庚辰太白犯建星辛巳太白犯建星辛卯太陰犯心甲午熒惑犯房丁酉太白犯牛二月己亥朔熒惑犯鍵閉星丙午熒惑犯罰星戊申太陰犯井庚戌熒惑犯東咸辛亥太陰犯酒旗及軒轅壬子太白犯壘壁陣癸丑太陰犯明堂己未太陰犯天江壬戌太白犯壘壁陣五月丙子熒惑退犯東咸六月壬申熒惑犯心七月己亥熒惑犯天江戊午太陰犯井宿鉞星九月己未太陰犯明堂十月庚辰至辛巳太陰犯井己丑熒惑犯壘壁陣十一月甲辰太白犯壘壁陣乙巳熒惑犯

壘壁陣戊申太陰掩井己未太陰犯東咸庚申太陰犯天江辛酉熒惑犯歲星十二月己丑太白歲星熒惑三星聚於室太白犯壘壁陣乙亥太陰掩井戊寅太白犯歲星己丑熒惑犯外屏太陰犯建星

至治三年星變

按元史英宗本紀三年正月壬寅太陰犯鉞星又犯井癸卯太陰犯井二月癸亥朔熒惑太白填星三星聚于胃癸酉太白犯昴辛巳太陰犯東咸五月戊戌太白經天癸卯太陰犯房庚戌太白犯畢六月癸未填星犯畢十月己巳太白犯亢丙子太白犯氐十一月己丑朔熒惑犯亢庚寅太白犯鉤鈐乙未太白犯東咸壬寅熒惑犯氐十二月己巳辰星犯壘壁陣辛未熒惑犯房辛巳熒惑犯東咸　按天文志二年九月辛卯填星退犯畢

泰定帝泰定元年星變

按元史泰定帝本紀泰定元年五月丙午太白犯鬼丁未太白犯鬼宿積尸氣十月丙寅太白犯斗己巳太白入斗太陰犯填星庚午太白犯斗壬午熒惑犯壘壁陣十二月庚午熒惑犯外屏乙亥太白經天

泰定二年星變

按元史泰定帝本紀二年正月丙戌辰星犯天雞壬寅太白犯建星二月庚寅熒惑辰星（志作歲星）填星聚于畢六月丙戌填星犯井鉞星丙午填星犯井八月癸巳歲星犯天罇十月壬辰熒惑犯氐癸巳填星退犯井十一月戊午填星退犯井宿鉞星十二月乙酉熒惑犯天江辰星犯建星甲午太白犯壘壁陣

泰定三年星變

按元史泰定帝本紀三年正月辛酉太白犯外屏三月丙午填星犯井宿鉞星戊辰熒惑犯壘壁陣填星犯井庚午填星太白歲星聚于井四月戊戌太白犯鬼壬寅熒惑犯壘壁陣七月戊辰太白經天八月丁酉太白犯軒轅御女以星變下詔恤民九月癸亥（志作壬戌）太白犯太微垣右執法十月辛巳太白犯進賢十一月乙卯太白犯鍵閉　按天文志三年七月戊辰太白經天至于十二月

泰定四年星變

按元史泰定帝本紀四年正月己酉太白犯牛三月丁卯熒惑犯井九月壬子太白犯房閏九月己巳太白經天（按志作十二月）至壬申以災變赦天下十月乙巳晝有流星戊午辰星犯東咸十一月癸酉太白犯壘壁陣乙亥熒惑犯天江十二月己未歲星退犯太微西垣上將

致和元年星變

按元史泰定帝本紀致和元年二月壬戌太白晝見五月庚辰有流星太如缶其光燭地七月丙戌太白犯軒轅大星

文宗天曆元年星變

按元史文宗本紀天曆元年九月庚辰太白犯亢宿

天曆二年星變

按元史文宗本紀二年正月甲子太白犯壘壁陣二月己酉熒惑犯井宿五月庚申太白犯鬼宿積尸氣六月丁未太白晝見七月癸亥太白經天十一月癸酉太陰犯填星

至順元年星變

按元史文宗本紀至順元年七月庚午歲星犯氐宿八月戊辰太白犯氐宿九月己丑熒惑犯鬼宿甲午熒惑犯鬼宿積尸氣十一月甲申熒惑退犯鬼宿丙戌太白犯壘壁陣

至順二年星變

按元史文宗本紀二年二月壬子太白晝見乙卯太白犯昴三月丙子朔熒惑犯鬼宿五月丁丑熒惑犯軒轅左角甲午太白犯畢宿庚子太陰犯太白辛丑太白經天六月丁未太白晝見丁卯太陰犯畢太白犯井八月乙卯太白犯軒轅大星丙辰以星變命羣臣議赦庚申太白犯軒轅左角九月丙子太白犯填星　按天文志二年三月己卯熒惑犯鬼宿積尸氣十一月壬申朔太白犯鉤鈐

至順三年星變

按元史文宗本紀三年五月癸酉熒惑犯東井　按寧宗本紀九月丁丑填星犯太微垣左執法十月己酉太白犯斗宿

順帝元統元年星變

按元史順帝本紀元統元年七月己亥太陰犯房宿九月甲午太陰犯鎮星乙未太陰犯天江丁巳太陰犯填星己未太陰犯氐宿十月甲子太陰入犯斗宿十一月甲午太陰犯壘壁陣辛亥太陰犯太微東垣上相壬子太陰犯填星癸丑太陰犯亢宿癸酉太陰犯鬼宿乙亥太白犯壘壁陣太陰犯軒轅己卯太陰犯進賢癸未太陰犯東咸　按天文志元統元年正月癸酉太白晝見二月戊戌亦如之己亥填星退犯太微東垣上相丙辰太陰犯天江下星三月戊寅太

陰犯太微東垣上相五月丁酉熒惑犯太微垣右執法六月丁丑太陰犯壘壁陣西第二星七月己亥太陰犯房北第二星九月甲午太陰犯東咸第一星塡星犯進賢乙未太陰犯天江下星己未犯氐距星十月犯斗魁東北星十一月犯壘壁陣西第二星癸丑犯亢南第一星癸酉犯鬼東北星

元統二年星變

按元史順帝本紀元統二年正月戊戌太陰犯軒轅庚戌太陰犯房宿二月癸酉太陰犯太微上相丁亥太白經天三月辛丑太陰犯塡星四月丁丑太白經天戊寅太白晝見辛巳太白晝見壬午復如之壬午夜太白犯鬼宿積尸氣七月甲午太白晝見己亥太白經天甲辰太白經天丙午復如之己酉太白晝見夜有流星大如酒杯色赤長五尺餘光明燭地起自天津沒於離宮之南庚戌太白經天壬子復如之夜熒惑犯鬼宿癸丑甲寅太白復經天八月丙辰朔太白經天凡四日癸亥太白經天丙寅至戊辰太白復經天辛未赦天下自是日至甲戌太白經天丁丑己卯復如之夜犯軒轅庚辰至壬午太白復經天九月庚寅太白經天壬辰太陰入南斗癸巳太白犯靈臺甲午太白經天乙未太白經天己亥壬寅復如之乙巳太白犯太微垣壬子太白犯太微垣十月癸亥太白犯太微上相復犯進賢乙亥太陰犯軒轅太白犯塡星十一月乙未塡星犯亢宿庚戌熒惑犯太微垣

按天文志二年正月壬寅太陰犯軒轅夫人星庚戌太陰犯房宿北第二星二月癸酉太陰犯太微東垣上相丁亥太白經天三月辛丑太陰犯進賢又犯塡星四月丁丑太白經天戊寅太白晝見辛巳壬午皆如之壬午夜太白犯鬼宿積尸氣七月己亥太白經天甲辰亦如之丙午復如之己酉太白晝見夜流星如酒杯大色赤尾跡約長五尺餘光明燭地起自天津之側沒於離宮之南庚戌太白經天壬子熒惑入犯鬼宿積尸氣癸丑太白經天甲寅亦如之八月丙辰朔太白經天丁巳戊午己未亦如之癸亥丙寅戊辰辛未壬申癸酉甲戌丁丑己卯皆如之己卯夜太白犯軒轅御女星庚辰太白經天壬午亦如之九月庚寅太白經天壬辰太陰入南斗魁癸巳太陰犯狗宿東星太白犯靈臺中星甲午太白經天乙未亦如之己亥壬寅皆如之乙巳太白犯太微垣右執法壬子太白犯太微左執法十月癸亥熒惑犯太微西垣上將太白犯進賢乙亥太陰犯軒轅夫人星太白犯塡星十一月乙未塡星犯亢宿距星庚戌熒惑犯太微東垣上相

至元元年星變

按元史順帝本紀至元元年二月甲戌熒惑逆行入太微四月壬戌太陰犯左執法五月癸卯太陰犯壘壁陣六月壬戌太陰犯心宿七月乙未太陰犯壘壁陣八月辛亥朔熒惑犯氐宿九月丁亥太陰犯斗宿庚寅太陰犯壘壁陣十月甲寅熒惑犯南斗甲子太陰犯昴宿丁卯太陰犯斗宿戊辰太白晝見十一月丙戌太白經天己丑辰星犯房己亥太陰犯太微垣庚子太陰犯左執法辛丑下詔改元詔曰朕祗紹天明入纂丕緒於今三年夙夜寅畏罔敢怠荒茲者年穀順成海宇清謐朕方增修厥德日以敬天恤民爲務屬太史上言星文示儆將朕德菲薄有所不逮歟天心仁愛俾予以治有所告戒歟弭災有道善政爲先更號紀年實惟舊典惟世祖皇帝在位長久天人協和諸福咸至祖述之意良切朕懷今特改元統三年仍爲至元元年遹遵成憲誕布寬條庶格禎祥永綏景祚十二月壬子太陰犯壘壁陣辛酉太白犯壘壁陣乙丑太陰犯軒轅夫人星丙寅太白經天丁卯復如之夜太陰犯右執法庚午太白經天壬申復如之癸酉歲星晝見乙亥太白歲星皆晝見戊寅太白經天歲星晝見閏十二月乙酉熒惑犯壘壁陣庚子太陰犯心星壬寅太陰犯箕宿癸卯太陰犯南斗

按天文志至元元年二月甲戌熒惑逆行入太微垣四月壬戌太陰犯太微垣左執法五月癸卯太陰犯壘壁陣東方第四星六月壬戌太陰犯心宿大星七月乙未太陰犯壘壁陣西方第二星八月辛亥熒惑犯氐宿東南星九月丁亥太陰入魁犯斗宿東南星庚寅太陰犯壘壁陣西方第二星十月甲寅熒惑犯斗宿西第二星庚申太陰犯壘壁陣東方第二星甲子太陰犯昴宿西第二星丁卯太白犯斗宿魁第三星戊辰太白晝見十一月甲申太白經天丙戌亦如之己丑辰星犯房宿上星及鉤鈐星丙申太陰犯鬼宿東北星己亥太陰犯太微西垣上將庚子太陰犯太微垣左執法十二月壬子太陰犯壘壁陣西方第二星辛酉太白犯壘壁陣東方第六星甲子太白經天乙丑太陰犯軒轅夫人星丙寅太白經天丁卯亦如之太陰犯太微垣右執法庚午太白經天壬申亦如之癸酉歲星晝見乙亥太白歲星皆晝見戊寅太

白經天歲星晝見閏十二月乙酉熒惑犯壘壁陣西第八星庚子太陰犯心宿大星壬寅太陰犯箕宿距星癸卯太陰犯斗宿魁東南星

至元二年星變

按元史順帝本紀二年正月壬戌太陰犯右執法甲子太陰犯角宿丁卯太陰犯房宿二月辛巳太陰犯昴宿甲申太白經天三月壬戌太陰犯心宿甲子太陰犯箕宿乙丑太陰犯南斗四月丙戌太陰犯角宿五月庚戌太陰犯靈臺丙辰太白晝見丁巳亦如之六月戊子太白犯井宿七月己酉太白犯鬼宿乙卯太白犯熒惑八月己卯太陰犯心宿辛巳太陰犯箕宿九月庚戌熒惑犯太微垣十月丙子熒惑犯左執法丁酉太陰犯昴宿己亥熒惑犯進賢十一月己酉太陰犯壘壁陣己未太陰犯壘壁陣丁卯太陰犯房宿　按天文志二年二月己丑太陰犯太微西垣右執法十一月己酉太陰犯壘壁陣

至元三年星變

按元史順帝本紀三年三月辛亥太陰犯靈臺四月甲戌有星孛于王良至七月壬寅沒于貫索辛卯太陰犯壘壁陣庚子太白晝見五月壬寅太白犯鬼宿乙巳太陰犯軒轅戊申太白晝見壬子太陰犯心宿戊午太白晝見己未太陰犯壘壁陣辛酉太白晝見丁卯彗星見於東北大如天船星色白約長尺餘彗指西南至八月庚午始滅六月庚午太白經天辛未甲戌復如之乙亥太白犯靈臺己卯太白經天夜太白犯太微垣壬午太白晝見太陰犯斗宿丁亥太白犯太微垣己丑太白晝見庚寅復如之至七月辛酉方息七月癸卯太白經天乙巳復如之丙午太白復經天庚戌太白晝見甲寅太白經天辛酉太白晝見壬戌太白經天癸亥甲子復如之八月庚午彗星不見自五月丁卯始見至是凡見六十三日自昴至房凡歷一十五宿而滅甲戌太陰犯心宿九月己亥熒惑犯斗宿甲辰太白（志作太陰）犯斗宿丁未太陰犯壘壁陣己酉太陰犯壘壁陣辛亥太陰犯軒轅十月庚午太白晝見丙子太陰犯壘壁陣壬午太陰犯昴宿丁亥太白晝見太陰犯鬼宿庚寅太白晝見辛卯亦如之丙申復如之十一月丁酉太白經天戊戌太白犯亢宿己亥太白經天壬寅太陰犯熒惑癸卯太陰犯壘壁陣丁未填星犯鍵閉辛亥太陰犯五車甲寅太白（志作太陰）犯鬼宿丙辰太陰犯軒轅丁巳太白經天太陰犯太微垣戊午太白經天癸亥太白經天甲子乙丑復如之十二月己巳歲星退犯天罇填星犯罰星甲戌熒惑犯壘壁陣太白犯東咸　按天文志三年五月丁卯彗星見測在昴五度八月庚午彗星不見其星自五月丁卯始見戊辰往西南行日益漸速至六月辛未芒彗愈長約二尺餘丁丑掃上丞己卯光芒愈甚約長三尺餘入閣衞壬午掃華蓋杠星乙酉掃鉤陳大星及天皇大帝丙戌貫四輔經樞心甲午出閣衞丁酉出紫微垣戊戌犯貫索掃天紀七月庚子掃河間癸卯經鄭晉入天市垣丙午掃列肆己酉太陰光盛微辨芒彗出天市垣掃梁星至辛酉光芒微小瞻在房宿鍵閉之上罰星中星正西難測日漸南行至是凡六十有三日自昴至房凡歷一十五宿而滅

至元四年星變

按元史順帝本紀四年正月癸卯太白犯建星甲辰復如之丙午太白（志作太陰）犯五車辛亥太陰犯軒轅己未填星犯東咸庚申太陰入南斗太白犯牛宿二月戊寅太陰犯軒轅己卯太陰犯靈臺三月戊申填星退犯東咸六月辛巳填星退犯鍵閉閏八月己亥填星犯罰星太陰犯斗宿庚戌太陰犯斗（志作昴）宿乙卯太陰犯鬼宿九月丙寅太陰犯斗宿戊辰太白犯東咸癸酉奔星如杯大色白起自右旗之下西南行沒於近濁甲申太陰犯軒轅乙酉太陰犯靈臺庚寅太白犯斗宿十月辛亥太陰犯酒旗十一月辛未熒惑犯氐宿丁丑太陰犯鬼宿戊寅太白犯壘壁陣十二月庚子熒惑犯房宿癸卯太白經天己酉復如之庚戌太白經天辛亥復如之壬子熒惑犯東咸乙卯太白犯外屏太陰犯斗宿丙辰太白經天

至元五年星變

按元史順帝本紀至元五年正月庚午太陰犯井宿乙亥熒惑犯天江二月甲午太陰犯昴宿壬寅太陰犯靈臺四月壬寅太陰犯日星及房宿五月庚午太陰犯心宿壬申太白犯斗宿丙子太陰犯昴宿（志作畢宿）右股西第三星六月甲辰熒惑退入南斗七月辛酉壬戌熒惑犯南斗甲子熒惑犯南斗太陰犯房宿甲戌太白經天八月己丑太白復經天庚寅太白經天辛卯太白復經天甲午太陰犯斗宿丁酉太白犯軒轅戊戌己亥太白經天壬寅至甲辰太白復經天乙巳太陰犯昴宿九月戊午太白經天己未太白復經天十月己亥熒惑犯壘壁陣十一月丁巳熒惑犯壘壁陣十

二月甲午太陰犯昴宿癸酉熒惑犯外屏　按天文志五年七月甲戌太白經天乙亥丙子亦如之

至元六年星變

按元史順帝本紀六年正月丁卯太陰犯鬼宿乙亥太陰犯房宿二月己丑太陰犯昴宿丙申太陰犯太微垣癸卯太陰犯心宿丁未太陰犯羅堰戊申熒惑犯月星己酉彗星如房星大色白狀如粉絮尾跡約長五寸餘彗指西南漸往西北行三月癸亥太陰犯軒轅庚午太陰犯房宿壬申太陰犯南斗戊寅太白犯月星辛巳彗星見自二月己酉至三月庚辰凡三十二日四月乙巳太陰犯雲雨西北星五月丁卯太陰犯斗宿六月癸卯太白晝見己酉太白復晝見辛亥太白晝見夜犯歲星七月甲寅太白晝見丁巳太白復晝見庚申太陰犯心宿壬戌至癸亥太白晝見甲子太陰犯羅堰乙丑至丙寅太白復晝見癸酉太白晝見九月辛酉太白（志作太陰）犯虛梁丁卯太陰犯昴宿熒惑犯歲星甲戌太陰犯軒轅十月丁酉太白入南斗己亥太白犯斗宿十一月乙卯太陰犯虛梁戊午熒惑犯氐宿甲子（志作丙寅）辰星犯東咸戊寅辰星犯天江十二月癸未太陰犯虛梁乙酉太陰犯土公丁亥熒惑犯鉤鈐乙未熒惑犯東咸戊戌太陰犯明堂　按天文志六年二月己酉彗星測在房七度太陰犯虛梁南第二星三月丙子太陰犯虛梁南第一星四月辛未太陰犯虛梁西第二星六月辛亥太白歲星皆犯右執法

至正元年星變

按元史順帝本紀至正元年正月甲寅熒惑犯天江庚申太陰犯井宿辛未太陰犯心宿癸酉太陰犯斗宿甲戌太白晝見二月己卯太白晝見庚辰太白復晝見丙戌太白晝見癸巳太陰犯明堂六月庚午太陰犯井宿七月乙酉太陰犯塡星庚寅太陰犯雲雨九月庚辰太陰犯建星壬辰太陰犯鉞星又犯井宿十月乙卯歲星犯氐宿丁巳太陰犯月星十一月己亥太陰犯東井（志作東咸南第一星）庚子太陰犯天江十二月丁巳太白犯壘壁陣　按天文志至正元年正月甲戌太白晝見乙亥丙子丁丑皆如之三月癸酉太陰犯雲雨西北星

至正二年星變

按元史順帝本紀二年正月戊子太陰犯明堂甲午熒惑犯月星三月戊子太陰犯房宿四月庚申太陰犯羅堰五月甲申太白經天七月乙未太陰掩太白丁酉太白晝見八月丙午太白晝見九月丁丑太陰犯羅堰戊子太陰犯井宿十月癸卯太陰犯建星甲寅太陰犯天關十一月辛卯歲星熒惑太白聚于尾宿

至正三年星變

按元史順帝本紀三年二月甲辰太陰犯井宿鎮星犯牛宿熒惑犯羅堰乙卯太陰犯氐宿三月壬午太陰犯氐宿七月庚辰太白犯右執法

至正四年星變

按元史順帝本紀四年十二月壬戌太陰犯外屏

至正七年星變

按元史順帝本紀七年七月丙辰太陰犯壘壁陣十一月庚戌太陰犯天廩

至正八年星變

按元史順帝本紀八年二月庚辰太陰犯軒轅癸未太陰犯平道三月丙辰太陰犯建星八月丙子太陰犯壘壁陣九月己未太陰犯靈臺

至正九年星變

按元史順帝本紀九年正月庚戌太白犯建星辛亥太白（志作太陰）犯平道二月甲申太陰犯建星三月己亥太白犯壘壁陣七月丙午太陰犯壘壁陣癸丑太陰犯天關九月丙戌熒惑犯靈臺十一月戊辰太陰犯畢宿庚辰太白犯壘壁陣

至正十年星變

按元史順帝本紀十年正月壬申太陰犯熒惑甲戌隕石棣州色黑中微有金星先有聲自西北來至州北二十里乃隕二月辛丑太陰犯平道甲辰太陰犯鍵閉三月己卯熒惑犯太微垣四月丙午太白犯鬼宿六月壬子星大如月入北斗震聲若雷三日復還七月辛酉太陰犯房宿辛未太白晝見丁丑太白復晝見九月癸丑朔太白晝見壬戌熒惑犯天江十月癸巳歲星犯軒轅丙申太陰犯昴宿十一月戊辰太陰犯鬼宿是月三星隕于耀州化爲石如斧形削之有屑擊之有聲十二月乙未太陰犯鬼宿　按五行志十年正月甲戌棣州白晝空中有聲自西北而來距州二十里隕于地化爲石其色黑微有金星散布其上有司以進遂藏之司天監十一月冬至夜陝西耀州有星墜于西原光耀燭地聲如雷鳴者三化爲石形如斧一面如鐵一面如錫削之有屑擊之有聲

至正十一年星變

按元史順帝本紀十一年正月丙辰辰星犯牛宿丁卯蘭陽縣有紅星大如斗自東南墜西北其聲如雷二月庚寅太陰犯鬼宿乙未太陰犯太微丁酉太陰犯亢宿三月丁卯太陰犯東咸戊辰太陰犯天江七月己未太陰犯斗宿壬戌太陰犯右執法己巳太白犯左執法熒惑入鬼宿八月乙酉太陰犯天江九月乙卯辰星犯左執法丁巳太白犯房宿戊辰太陰犯鬼宿十月戊寅熒惑犯太微垣辛巳太陰犯斗宿乙酉太白犯斗宿己丑太白晝見熒惑犯歲星辛卯太白犯斗宿癸巳歲星犯右執法丙午熒惑犯左執法十一月癸丑有星孛于婁宿甲寅孛星見于胃宿乙卯丙辰亦如之丁巳太陰犯填星孛星徵見于畢宿十二月丙子朔太白晝見丁丑太白經天庚辰太白經天是夜犯壘壁陣甲申太陰犯填星丙戌太白復經天是夜復犯壘壁陣辛卯太白經天壬辰復如之丁酉太白晝見太陰犯熒惑庚子太白經天辰星犯天江辛丑太白經天壬寅太白晝見　按天文志十一年七月甲子太陰犯壘壁陣東方第一星十一月辛亥孛星見于奎宿丙辰孛星現于昴宿丁卯太白晝見庚午歲星晝見十二月辛卯太白經天甲午復如之

至正十二年星變

按元史順帝本紀十二年正月乙丑太陰犯熒惑乙巳歲星犯右執法二月庚寅太陰犯太微垣癸巳太陰犯氐宿三月戊午太陰犯進賢壬戌太陰犯東咸戊辰太白晝見五月癸酉朔太白犯填星六月辛亥太白犯井宿七月丁酉辰星犯靈臺八月丁卯太白犯歲星九月壬辰太陰犯軒轅十月戊午太陰犯鬼宿甲子太陰犯歲星乙丑太陰犯亢宿十一月庚寅太陰犯太微垣

至正十三年星變

按元史順帝本紀十三年正月乙酉太陰犯太微垣戊戌熒惑太白辰星聚于奎宿二月己酉太陰犯軒轅庚戌太白犯熒惑壬子太陰犯太微垣四月辛丑太白犯井宿辛亥太陰犯房宿五月乙亥太陰犯歲星七月戊辰太白晝見九月庚寅太陰犯熒惑壬辰太白經天熒惑犯左執法庚子太白經天十月甲辰歲星犯氐宿癸亥太白犯亢宿十一月壬申太陰犯壘壁陣十二月丁酉太白犯東咸庚子熒惑入氐宿丁巳太陰犯心宿

至正十四年星變

按元史順帝本紀十四年正月乙丑熒惑犯歲星丁卯太白犯建星癸酉熒惑犯房宿二月戊午太白犯壘壁陣六月甲辰太陰入斗宿七月乙丑太陰犯角宿壬午太陰犯昴宿十月壬子太陰犯太微垣十一月丙子太陰犯鬼宿十二月己亥太陰掩昴宿

至正十五年星變

按元史順帝本紀十五年正月戊辰太陰犯五車辛未太陰犯鬼宿閏正月丙午（志作丁未）太陰犯心宿丙辰太白經天三月庚寅太陰犯五車丙申太陰犯房宿癸丑太白經天六月癸亥太白經天八月戊寅太白經天九月己丑太白犯太微垣十月己未太陰犯壘壁陣癸酉太陰犯軒轅十一月甲申（志作乙酉）熒惑犯氐宿庚寅填星退犯井宿己亥太陰犯鬼宿十二月壬子朔（志作癸丑）熒惑犯房宿　按天文志十五年九月乙丑太白晝見庚寅太白晝見

至正十六年星變

按元史順帝本紀十六年正月己丑太陰犯昴宿五月壬辰太白犯鬼宿癸巳亦如之甲午太陰入斗宿丁酉太陰犯壘壁陣七月丁酉太陰犯壘壁陣八月丁卯太陰犯昴宿甲戌彗星見張宿色青白彗指西南長尺餘至十二月戊午始滅冬十月丁未大名路有星如火從東南流芒尾如曳彗墜地有聲火燄蓬勃久之乃息化爲石青黑色光瑩形如狗頭其斷處如新割者命藏于庫壬辰太陰犯井宿十一月丁亥流星如酒杯色青白尾跡約長五尺餘光明燭地起自東北東南行沒于近濁有聲如雷壬辰太陰犯井宿　按天文志十六年四月癸亥熒惑犯壘壁陣西方第四星八月甲戌彗星見于正東如軒轅左角大色青白彗指西南約長尺餘測在張宿十七度一十分至十月戊午滅跡西北行四十餘日　又按志冬十一月大名路大名縣有星如火自東南流尾如曳彗墜入于地化爲石青黑光瑩狀如狗頭其斷處類新割者有司以進太史驗視云天狗也命藏于庫

至正十七年星變

按元史順帝本紀十七年二月癸丑太陰犯五車三月甲申太陰犯鬼宿壬辰歲星犯壘壁陣七月癸未太白犯鬼宿甲申太陰犯斗宿丁亥填星犯鬼宿八月癸卯填星犯鬼宿太白犯軒轅己酉歲星犯壘壁陣西方第六星甲子太陰犯五車閏九月癸卯有飛星如盂青色光燭地尾約長尺餘起自王良沒于勾

陳丙午太陰犯斗宿庚申太陰犯井宿十月乙亥熒惑犯氐宿甲申太陰掩昴宿十二月庚午熒惑犯天江戊寅太白犯歲星甲申太陰犯鬼宿丁亥歲星犯壘壁陣庚寅太白犯壘壁陣（志作庚辰在甲申前）癸巳太陰犯心宿己亥流星如金星大尾約長三尺餘起自太陰近東而沒化爲青白氣

至正十八年星變

按元史順帝本紀十八年正月辛丑填星犯鬼宿丙午太陰犯昴宿二月乙亥填星犯鬼宿四月辛卯太白犯鬼五月壬寅太白犯填星壬子丁未太陰犯斗戊申太白晝見八月壬申太陰掩心甲申掩昴十月己卯十一月丙午太陰犯昴太白犯房辛酉太陰掩心十二月戊寅癸未太白經天戊子太陰犯房　按天文志十八年三月丁卯太白在井失行于北熒惑犯壘壁陣十二月戊寅癸未太白生黑芒

至正十九年星變

按元史順帝本紀十九年正月辛丑太陰犯昴癸丑流星如酒杯大有聲如雷三月庚戌太陰犯房五月丙申熒惑犯鬼丙午太陰犯天江丁未犯斗七月丁酉太白犯上將甲辰犯右執法己酉犯左執法九月甲寅犯天江十月壬申犯斗辛巳流星大如桃十二月戊辰太白犯壘壁陣　按五行志十九年四月己丑建寧路甌寧縣有星墜于營前其聲如雷

至正二十年星變

按元史順帝本紀二十年己亥太陰犯井三月彗星見四月丁卯太陰犯明堂癸酉犯東咸五月乙亥流星大如桃六月癸巳太白犯井戊戌太陰犯建星七月乙丑犯井宿戊戌犯建星八月辛卯犯天江壬辰填星犯太微甲辰太陰犯井

至正二十一年星變

按元史順帝本紀二十一年春正月庚申太陰犯歲星二月癸未朔填星退犯太微垣壬寅太陰犯天江三月丙辰犯井庚辰熒惑犯鬼宿五月壬戌太陰犯房癸酉太白犯軒轅甲戌熒惑犯太白六月乙未熒惑歲星太白聚于翼戊戌太陰犯雲雨甲辰太白晝見十一月庚戌太陰犯建星癸亥犯井壬申犯氐

至正二十二年星變

按元史順帝本紀二十二年正月戊申太白犯建星乙卯填星犯左執法二月己卯太白犯壘壁陣乙酉彗星見于危丁酉彗星犯離宮三月戊申彗星不見星形有白氣掃大角壬子彗星行過太陽前無芒在昴至戊午滅四月丙子長星見虛危四十餘日滅丁亥熒惑離太陽三十九度當出不出五月辛酉太陰犯建星六月辛巳彗星見紫微垣戊子彗星掃上宰七月乙卯彗星滅跡丙辰熒惑見西方成白氣移時乃滅八月癸巳太白（志作太陰）犯畢宿九月丁未太白犯亢宿己酉太陰犯斗宿丁亥歲星犯軒轅丙寅熒惑犯鬼宿己巳有流星如酒杯色青白光明燭地熒惑犯鬼宿積尸氣十月己卯太陰犯牛宿丁亥辰星犯亢宿戊子太陰犯畢宿十二月壬辰太陰犯角宿

至正二十三年星變

按元史順帝本紀二十三年正月庚戌歲星犯軒轅二月戊戌太白晝見庚子亦如之三月辛丑朔彗星見東方經月乃滅丙辰太白犯氐宿四月辛丑熒惑犯歲星庚申歲星犯軒轅五月壬午太白晝見甲午亦如之乙未熒惑犯右執法六月庚戌星隕于濟南乙卯太白犯井宿壬戌太白晝見夜犯井宿七月乙酉太白晝見有星隊于慶元路西北聲如雷光芒數十丈久之乃滅八月壬寅太白犯軒轅乙巳太陰犯建星丁未太白犯軒轅己酉太白晝見丙辰太陰犯畢宿己未太白晝見辛酉太白犯歲星乙丑太白犯右執法九月辛未太白犯左執法乙亥歲星犯右執法丁丑辰星犯填星丁亥太白犯填星辰星犯亢宿十月癸卯太白犯氐宿戊午太白犯房宿十一月癸未太陰犯軒轅歲星犯左執法　按天文志二十三年七月乙酉太白晝見丙戌辛卯皆如之八月己酉太白晝見壬子亦如之　按五行志二十三年六月庚戌益都臨朐縣龍山有星墜入于地掘之深五尺得石如磚褐色上有星如銀破碎不完

至正二十四年星變

按元史順帝本紀二十四年正月戊寅太白犯軒轅二月壬子歲星犯左執法癸丑太陰犯西咸池四月乙未太陰犯西咸池癸丑太白犯井宿甲戌太白犯鬼宿乙亥又犯積尸氣歲星犯左執法六月癸卯三星晝見白氣橫突其中甲辰河南府有大星夜見南方光如晝丁未大星隕照夜如晝及旦黑氣晦暗如夜丁巳太白犯右執法秋七月癸亥太白與歲星合于翼宿甲子歲星犯左執法八月熒惑犯鬼宿九月乙丑太白晝見甲申太陰犯軒轅冬十月丙午太陰犯畢宿己酉太陰犯井宿十二月乙卯太陰犯太白

按天文志二十四年正月癸酉太陰犯畢宿大星

戊寅太陰犯軒轅右角二月壬子歲星自去年九月九日東行入右掖門犯右執法出端門留守三十餘日犯左執法今逆行入端門西出右掖門又犯右執法太陰犯西咸南第一星四月丁未太陰犯西咸南第一星癸丑太白入犯井宿東扇北第一星五月甲戌太白犯鬼宿西北星乙亥又犯積尸氣歲星入犯右執法六月丁巳太白犯右執法七月癸亥太白與歲星相合于翼宿二星相去八寸餘甲子歲星犯左執法八月丁未熒惑入犯鬼宿積尸氣九月乙丑太白晝見甲申太陰犯軒轅右角戊子熒惑入犯軒轅大星十月丙午太陰犯畢宿大星己酉太陰犯井宿東扇南第一星丙辰太白犯斗宿西第二星十二月乙卯太陰犯太白　按五行志二十四年六月癸卯冀寧路保德州三星晝見有白氣橫突其中

至正二十五年星變

按元史順帝本紀二十五年正月丙寅(志作丁卯)太白晝見戊辰亦如之甲戌太白犯建星二月丙午太陰犯填星三月戊辰太白犯壘壁陣四月壬子熒惑犯靈臺五月辛酉熒惑犯太微垣七月丁丑填星歲星熒惑聚于角亢太陰犯畢宿己卯太陰犯畢宿八月乙未太陰犯建星己亥太白(志作太陰)犯壘壁陣九月丁丑太陰犯井宿十月辛卯熒惑犯天江己酉熒惑犯斗宿太陰犯右執法庚戌太陰犯太微垣閏十月戊辰太白辰星熒惑聚于斗宿太陰犯畢宿壬申太白犯辰星十一月己丑太白犯熒惑太陰犯壘壁陣丙申太陰犯畢宿癸卯太陰犯太微垣十二月癸亥太陰犯畢宿庚午歲星掩房宿辛未太陰犯右執法　按天文志二十五年正月太陰犯畢宿右股東第四星五月辛酉流星如酒杯大色青白光明燭地起自房宿之側緩緩西行沒于太微垣右執法之下十二月丙辰太陰犯太白

按明外史明玉珍傳玉珍僭即皇帝位於重慶國號大夏是歲元至正二十二年也越三年冬蜀中星隕如雨明年春玉珍病革遂卒凡立五年

至正二十六年星變

按元史順帝本紀二十六年秋七月辛巳大星如斗自西南而落甲午太白經天丙午太白經天九月辛丑孛星見東北方　按天文志二十六年正月戊戌太陰犯太微西垣上將辛丑太陰犯亢宿距星二月戊午太陰犯畢宿大星丁丑歲星退行犯房宿北第一星歲星守鉤鈐三月甲午太陰犯左執法四月己未太陰犯軒轅大星乙丑太陰犯西咸西第一星丙子太白入犯鬼宿積尸氣六月癸酉流星如酒杯大色青白尾跡約長尺餘起自心宿之側東南行光明燭地沒于近濁七月丁酉熒惑犯鬼宿積尸氣甲辰太白晝見丙午丁未戊申皆如之八月辛亥太白晝見己未太陰掩牛宿南三星庚午歲星犯鉤鈐乙亥太陰掩軒轅大星九月壬辰太白犯太微垣右執法庚子孛星見于紫微垣北斗權星之側色如粉絮約斗大往東南行過犯天棓星辛丑孛星測在尾十八度五十分壬寅孛星測在女二度五十分癸卯孛星測在女九度九十分甲辰孛星測在虛初度八十分太陰犯太微西垣上將乙巳孛星出紫微垣北斗權星玉衡之間在于軫宿東南行過犯天棓經漸臺輦道去虛宿壘壁陣西方星始消滅焉丙午熒惑犯太微西垣上將十一月乙酉太白犯填星丁亥太白犯房宿北第一星戊子熒惑犯太微東垣上相太白犯鍵閉己丑流星如酒杯大分爲三星緊相隨前星色青明後二星色赤尾跡約長二丈餘起自東北緩緩往西南行沒于近濁庚寅太陰犯畢宿右股北第四星丙申太白歲星辰星聚于尾宿庚子太陰犯太微東垣上相辛丑填星犯房宿北第一星甲辰太白犯歲星十二月戊子太陰犯畢宿大星庚申太陰犯井宿西扇北第二星乙丑太陰犯軒轅左角丙寅太陰犯太微西垣上將辛未太陰犯西咸西第一星甲戌太陰犯建星西第三星

至正二十七年星變

按元史順帝本紀二十七年秋七月丁酉絳州星隕光耀如晝　按天文志二十七年正月癸巳太陰犯太微西垣上將二月乙卯太陰犯井宿西扇北第二星三月辛巳填星退犯鍵閉星四月丙寅太陰犯壘壁陣西方第四星六月乙卯太陰犯氐宿東北星辛未太陰犯井宿西扇北第二星七月壬辰熒惑犯氐宿東南星丙申太陰犯畢宿大星己亥太陰犯井宿東扇南第二星八月庚戌熒惑犯房宿北第二星癸丑太陰犯建星西第二星九月丁丑填星犯房宿北第一星熒惑犯天江南第二星乙酉太陰犯壘壁陣東方第六星辛卯填星犯鍵閉太陰犯畢大星癸巳太陰犯井宿西扇北第二星丁酉熒惑犯斗宿西第二星十月戊午太陰犯畢宿右股西第二星辛酉太陰犯井宿東扇南第三星癸亥太陰犯鬼宿西南星

丁卯歲星太白熒惑聚于斗宿十一月戊寅太白晝見庚辰太陰犯壘壁陣東方南東第一星

至正二十八年星變

按元史順帝本紀二十八年正月庚寅彗星見于昴畢之間三月庚寅彗星見于西北是月有星流于東北衆小星隨之其聲大震

欽定古今圖書集成曆象彙編庶徵典

第五十五卷目錄

星變部彙考二十九

庶徵典第五十五卷

星變部彙考二十九

明一

太祖吳元年星變

按明昭代典則吳元年十月太白歲星熒惑聚斗

按明外史劉基傳陳友諒兵陷安慶太祖自將討之以問基基曰今天象金星在前火星在後此勝氣也太祖大喜即出師攻安慶吳元年以基爲太史令上戊申大統曆日中有黑子占東南失大將已而胡深戰歿熒惑守心請下詔罪己

按山東通志吳元年冬十月火逐金過齊魯分命徐達攻沂州拔之莒密等州皆降時金火二星會於齊分望從火逐金過齊魯之分謂宜大展兵威復命徐達進兵益都遣人諭其守將老保不聽因急攻之乃出降

洪武元年星變

按明昭代典則洪武元年春正月彗星見於昴畢三月彗星出昴北

按廣東通志洪武元年三月廣州彗星見舊志四月朔彗星沒蓋何真降附之兆

洪武二年星變

按河南通志洪武二年正月丙申夜太陰犯房熒惑入斗

按陝西通志洪武二年陝西大旱饑指揮徐呆斯出兵河套一日午聞有大星墜於河中火發延及岸土營中有被傷者

洪武七年星變

按大政紀洪武七年十一月壬午太陰犯軒轅左角諭中書省臣各告省衛官凡公務有乖政體者宜速改之

洪武八年星變

按廣東通志洪武八年冬十月有星孛於南斗

洪武九年星變

按明昭代典則洪武九年三月壬申太白晝見

按明外史徐司馬傳洪武九年遷鎮河南是時南北兩京並建汴梁號國家重地帝素賢司馬故特委任之宋國公馮勝方練兵河南會星象有變占在大梁乃使使敕勝且曰幷以此語馬兒知之爲帝所親暱如此既復敕勝與司馬曰天象屢見不可不警大梁軍民錯處尤宜愼防

按明通紀時欽天監奏五星紊度日月相刑下詔求言於是山東布政使吳印海州學正曾秉正監察御史孫化刑部主事茹太素等皆應詔上書上擇其可行者施行之

按河南通志洪武九年正月庚午夜太陰犯房宿

洪武十年星變

按明昭代典則洪武十年十月乙卯熒惑犯輿鬼

洪武十一年星變

按大政紀洪武十一年九月丙戌有星孛於天

按明昭代典則洪武十一年九月客星掃天井

洪武十七年星變

按明外史徐達傳洪武十七年太陰犯上將帝心惡之達在北平病背疽稍愈召還明年春疾篤遂卒

按河南通志洪武十七年九月夜彗星掃翼宿

洪武十九年星變

按大政紀洪武十九年七月丙寅三辰星見

按浙江通志洪武十九年四月熒惑入南斗

洪武二十年星變

按大政紀洪武二十年六月丁未太白經天

洪武二十一年星變

按大政紀洪武二十一年十二月丁卯三辰晝見

洪武二十二年星變

按浙江通志洪武二十二年六月辛巳彗星見紫微側在牛度九十分色白光長丈餘

洪武二十三年星變

按大政紀洪武二十三年正月熒惑入南斗

按明通紀二十三年五月賜韓國公李善長死先是善長坐他累削祿一千四百石既又有以胡惟庸黨類爲言者上亦未之究也是春榜列功臣猶前善長會有星變其占爲大臣災上疑之時大殺京民之怨逆者善長請免其黨數人上大怒遂賜善長死

洪武二十四年星變

按大政紀洪武二十四年四月彗星入紫微垣

洪武二十六年星變

按大政紀洪武二十六年四月太白經天求直言錄囚徒

洪武二十九年星變

按大政紀洪武二十九年十二月五星紊度

洪武三十年星變

按大政紀洪武三十年五月庚申夜有星大如雞子尾跡有光自天廚入紫微垣下有二小星隨之至游氣中沒十月熒惑犯南斗

按明外史楚昭王楨傳楨太祖第六子洪武五年封楚三十年熒惑入太微帝以太微楚分諭楨戒愼楨書十事以自警未幾楨子巴陵王卒帝復與勑曰舊歲熒惑入太微太微天廷居翼軫楚分也五星無故入災必甚焉爾子疾逝恐災不止此尚省愼以回天意至冬王妃薨

按四川總志洪武三十年九月長星西隕冬十月熒惑守心

洪武三十一年星變

按明通紀三十一年燕熒惑守心四川岳池教諭程濟通術數上書言北方兵起期在明年朝議以濟妄言名入將殺之濟叩頭曰陛下幸囚臣至期無兵殺臣未晚也乃囚濟於獄十一月以工部右侍郎張昺爲北平左布政使以謝貴爲都指揮使時燕齊皆有告變者帝以問黃子澄曰孰當先討子澄曰燕王久稱病而日操練軍馬且招異人術士使在左右此其機已彰露討之不可不亟帝名齊泰問曰燕王素善用兵討之計將安出泰對曰今邊報聲息甚警但以防邊爲名發軍戍開平其燕府護衛精銳悉調出塞去其羽翼無能爲矣不乘此時圖之噬臍無及也帝善之乃選用昺貴俾察燕府動靜徐爲之計

按正氣紀洪武三十一年皇太孫於閏五月十六日卽皇帝位九月長星西隕有聲如雷

惠宗建文二年星變

按廣西通志洪武三十三年熒惑犯南斗卽建文二年

建文四年六月成祖卽位八月星變

按明通紀建文四年八月旣望左僉都御史景清犯駕伏誅清陝西眞寧人洪武甲戌廷試第二人及第授翰林編修尋嘉其才能命署左僉都御史建文初改爲北平參議往察燕邸動靜上藏之清言論明爽大被稱賞尋還舊任及建文闔宮自焚清覘知其出亡也猶思輿復乃詣上自歸上喜曰吾故人也卽厚遇之仍以官清自是恆伏利劒衣衽中委蛇侍朝人疑焉至是入早朝清衣新緋衣而入朝畢上出殿門清奮躍而前將犯駕先是欽天監奏有星紅色犯帝座甚急至是清衣緋果獨鮮也

成祖永樂元年星變

按大政紀永樂元年正月丙戌夜木星犯建星西第三星

按明昭代典則永樂元年夏四月太白出昴北

永樂六年星變

按四川通志永樂六年八月丙申夜有星如大盞青白色尾跡有光出西方南行入游氣

永樂八年星變

按大政紀永樂八年正月夜有星大如盞青白色尾跡有光出文昌西北行至近濁甲午夜有星如雞子青白色有光出天廚西南行至雲中二月丁未夜有星大如雞子青白色尾跡有光出右攝提南行至近濁壬子夜有星大如雞子青白色有光出女牀西北行至游氣三月戊辰夜有星大如碗赤色光燭地出太微東垣外西南行入太微垣右執法星旁乙酉夜有星大如盞赤色有光出漸臺東北行至近濁四月庚子夜有星大如雞子青白赤色尾跡有光出紫微垣內后星旁西北行至北斗魁乙巳夜月犯靈臺上星五月丁卯夜有星大如雞子青白色有光出東南雲中東北行至近濁辛卯夜月犯昴宿六月壬寅夜有星大如雞子赤色光燭地出輦道東北行入貫索內丙午夜火星犯太微垣右執法八月丙申夜有星大如盞青白色尾跡有光出西方西南行入游氣辛酉老人星見丙位色赤黃甲子木星犯右執法乙卯夜月犯十二國之秦星九月乙亥夜木星犯靈臺上官乙丑夜月犯太微西垣上將星辛卯夜金星犯天二星戊辰夜有星大如盞青白色光燭地出正南雲中西南行至近濁輿鬼星戊申晝太白見未位壬子夜月犯五諸侯二星甲寅夜有星大如彈丸赤色尾跡有光出天關流五丈餘光如雞子大西南行入天桴十月戊午夜月犯太微垣右執法諭三法司宜加敬謹無罪不可枉有罪不可縱須得中道無纖毫輕重十二月壬子夜月犯木星

永樂九年星變

按大政紀永樂九年二月甲辰夜有星大如盞赤色

有光出陣車流丈餘乙未夜有星大如碗青白色出正西雲中西北行入雲中四月月犯木星庚戌夜有星大如盞赤色有尾光燭地出紫微垣內四輔旁北行出游氣

永樂十年星變

按大政紀永樂十年三月甲午夜月犯軒轅大星六月癸亥夜月犯心宿後星九月乙丑夜月掩犯昴宿十月甲午夜有星大如碗赤色有尾跡光燭地出司怪旁東北行近濁西北行至游氣

永樂十三年星變

按廣東通志永樂十三年秋八月有星孛於南斗

永樂十四年老人星見

按明昭代典則永樂十四年九月老人星見勅諭文武羣臣免賀

永樂十五年老人星見

按明昭代典則永樂十五年八月老人星再見勅文武羣臣免賀

永樂十六年老人星見

按明昭代典則永樂十六年老人星三見勅諭羣臣修職

仁宗洪熙元年星變

按明昭代典則洪熙元年夏四月南京有星變上問蹇義夏原吉楊榮楊士奇曰昨夜星變見否對曰未見上慘然曰天命也嘆息而起又明日召楊士奇及蹇義諭曰朕監國二十年讒慝交搆心之艱危吾三人共之賴皇考仁明得保全言已泣二人亦流涕懸上上曰卿吾不幸後誰知吾三人同心一誠

宣宗宣德三年星隕

按江南通志宣德三年邳州民高浩家晝落一星不踰月選其女入侍御

宣德五年星變

按明通紀宣德五年十一月二十日夜含譽星見於九斿大如彈丸色黃白光耀有彗羣臣表賀

宣德六年星變

按明昭代典則宣德六年夏四月有星孛於東井九月熒惑犯南斗

宣德八年星變

按明昭代典則宣德八年八月熒惑犯南斗閏八月彗出天倉

按明通紀宣德八年閏八月戊午景星見於天門少詹事兼侍講學士王直進頌

英宗正統十四年星變

按大政紀正統十四年七月熒惑入南斗時侍講徐珵知天文語其友劉溥以不祥久之不退含曰禍不遠矣按梁武帝中大通六年熒惑入南斗去而復還留止六日梁武帝以諺云熒惑入南斗天子下殿走乃跣而下殿以禳之時魏主爲高歡所迫自洛陽走長安梁主聞之嘆曰彼亦應象也蓋變不虛生類此

代宗景泰元年星變

按大政紀景泰元年正月彗星見

景泰三年星變

按明昭代典則景泰三年三月有星孛於畢八月熒惑晝見十一月癸未客星見輿鬼

景泰四年星變

按大政紀景泰四年五月歲星晝見

英宗天順元年星變

按大政紀天順元年六月彗孛連見御史張鵬率御史周斌等會本劾總兵官石亨招權納賄不法事上震怒收鵬及楊瑄并各御史下錦衣衛獄拷訊主使之人鵬等將糾亨不法兵科給事中王鉉知之潛以告亨亨疑徐有貞與李賢主使乃與曹吉祥合謀潛入遂同泣於上前訴其迎駕奪門之功有貞等欲加排陷悲哭不已且言鵬乃已誅姦臣內官張永從子故結黨誣臣及疏入上震怒召諸御史詰文華殿俾誦彈章而歷詰之有御史周斌且誦且對歷陳二凶罪狀明甚上意已主先入之譖竟莫能回遂下獄嚴刑逼鵬等誣引大臣刑甚慘酷數瀕死卒無一言他及

憲宗成化元年星變

按明昭代典則成化元年春正月己酉朔夜有流星光燭地自左攝提東南行至天市西垣二月彗星見西北長三丈餘三閱月乃沒十一月乙丑夜月犯太微垣上將星十二月丙子曉刻金星犯鍵閉星癸巳夜月犯右執法星

成化二年星變

按廣西通志成化二年太白曳入南斗

成化三年星變

按明昭代典則成化三年八月乙未夜火星犯壘壁陣東方第一星

成化四年星變

按明外史魏元傳成化四年九月彗星見元率諸給

事上言入春以來災異疊至近又彗星見東方光拂台垣皆陰盛陽微之證臣聞君之與后猶天之與地不可得而參貳也傳聞宮中乃有盛寵匹耦中宮尚書姚夔等向嘗言之陛下謂內事朕自裁置屏息傾聽將及半載而昭德宮進膳未少減中宮未聞少增夫宮闈雖遠而視聽猶咫尺衽席之微譴見懸象不可不懼且陛下富有春秋而震位尚虛豈可以宗社大計一付之愛專情一之人而不求所以固國本安民心哉願明伉儷之義嚴嫡妾之防俾尊卑較然各安其分本支百世之基實在於此四方旱潦相仍民困日棘荆襄流民所在告變陛下作民父母初無怵惕僅循故事付部施行而戶部尚書馬昂凡有奏報遇上意喜則曰移所司處置遇上意怒則曰事窒難行微有利害即乞聖裁首鼠依違民吏何望惟亟罷征稅發內帑遣官賑贍庶可少慰人心陛下崇信異教每遇生忌之辰輒重靡貲財廣建齋醮而西僧劄實巴等至加法王諸號賜予駢蕃出乘棕輿導用金吾仗搢紳爲避道奉養過於親王悖理亂紀孰甚於此乞革奪名號遣還其國追錄横賜用賑饑民仍勅寺觀永不得再請齋醮以蠹國用天下之財不在官則在民今公私交困由玩好太多賞賚無節或營立塔寺或購市奇珍一物之微累價鉅萬國帑安得不絀願屏絕淫巧停罷宴遊諸銀場及不急務悉爲禁止至兩京文武大臣不乏姦貪爭爲蒙敝陛下勿謂其位高而不忍遽去勿謂其舊臣而姑且寬容宜令各自陳免用全大體其貪位不去者則言官糾劾而臣等濫居言路無補於時亦望罷歸爲不職戒帝優詔褒答之然竟不能用　按憲宗貴妃萬氏傳憲宗未有子言者每勸溥恩澤然未敢顯言妃妒也成化四年秋彗星屢見大學士彭時尚書姚夔以爲言帝曰內事也朕自主之尋給事中魏元御史康永韶等疏入皆不聽　按項忠傳成化四年滿俊反乃命忠總督軍務討之適有星孛於台斗中朝多言占在秦分不利西師忠曰昔李晟討朱泚熒惑守歲此何害日遣兵薄賊城下焚芻草絕汲道賊益窘

按大政紀成化四年七月己未夜北方有流星青白色光明燭地自閣道旁西北行衝勾陳尾跡後炸散有星犯於台斗九月癸酉夜客星色蒼白光芒長三丈餘尾指西南變爲彗星大學士彭時以彗星見乞罷免不允時言比年以來地震水旱相仍民不聊生邇者彗星復見災異尤甚皆臣下不職所致乞賜罷免上曰朕自修省所辭不允吏部尚書李秉等以彗星見俱引咎乞免不允丁丑昏刻彗星犯七公等四星壬午昏刻彗星入天市垣御史左鈺言請發遣番僧不報鈺言比者科道因星變陳言欲革番僧名號陛下謂所言有理及吏部欲行發遣陛下又謂恐失遠人之心臣以爲陛下不忍失遠人心乃忍失邇人心乎乞發廷臣計議御史胡深等劾商輅程信姚夔馬昂乞能黜不從深等六人言邇者天出彗星示鑒皇上兢惕不寧臣等亦皆憂畏已略陳愚衷詔議行之竊惟應天以實不以文今日雖云上下修省亦徒爲虛文而已未得弭災之實伏望皇上總攬乾綱凡大賞罰大機務斷自宸衷毋令左右竊以市恩如兵部左侍郎商輅乃先帝親擢恩幸無比當皇上在青宮郕邸密謀廢立彼以內閣大臣略無一言正救方且自圖富貴徇其邪謀是乃賣國之姦也兵部尚書程信項承朝命督師四川聽嗾權豪之子弟多分首級以報功禮部尚書姚夔用私滅公貪財黷貨比因度僧受銀鉅萬故京師有反賊劉千斤贓官姚萬兩之謠戶部尚書馬昂不學無術妨政害民納餽送之女結勢要之人四方水旱賑濟無方三邊軍餉調度無策凡此數人皆足致變乞賜顯黜用答天意上曰如今急切用人之際豈宜求備所言不允翌日早朝兵科給事中王昱等三人具疏於御前面進上曰進疏自有舊規昱等紊亂朝儀本當治罪姑宥之十月甲寅彗星犯天屏西第二星十一月戊午彗星滅

按明昭代典則成化四年秋七月己未夜北方有流星赤白色光燭地自閣道旁西北行衝勾陳尾跡後炸散八月甲午夜月犯房宿南第二星九月戊辰彗星晨見東北方己巳彗星昏見西南方六科給事中魏元等十三道御史康永韶等皆以星變陳言嘉之九月丁丑昏刻彗星犯七宮西等四星壬午昏刻彗星入天市垣十月甲寅彗星犯天屏西第一星十一月戊午夜彗星滅南京十三道御史楊智等言妖彗示警災異迭至非進君子退小人不足以盡應天之實如南京守備成國公朱儀兵部尚書李賓吏部侍郎章綸刑部侍郎王恕工部侍郎范理大理少卿金紳皆當嚴加黜責庶足以答天戒安人心南京兵科給事中朱清等亦以爲言命葉盛往按之

按明通紀成化四年九月彗星掃三台先是英廟令宮人萬氏侍上於東宮司盥櫛諂智善媚及上登極

冊爲貴妃專寵居昭德宮太監段英掌其宮事父貴爲都城邑吏至是以妃貴授都督同知兄通亦爲錦衣衛都指揮萬喜萬達皆授官權寵震耀通妻王氏出入掖庭學士萬安認爲同宗與劉吉皆附之安陰使人結通之妻往來於家朝士無恥希進者羣趨其門彭時因彗見乞休不允因疏請修省謂外廷大政固所當先而宮中根本尤爲至急凡女子年過四十則無子雖有所生亦多不育諺云子出多母今宮嬪數多宜生子亦衆然數年無一生育者必愛其所專其所專者必過生育之期故也伏望含其舊而新是圖務正名分均恩愛以廣繼嗣爲宗社大計則人心安而災異息矣又言黜陟人才宜斷自宸衷不可專委近幸上優詔答之十月進商輅兵部尚書兼學士仍舊先是御史林誠因星變劾輅不職因及景泰中易儲事輅求退上曰朕用卿不疑何恤人言欲譴誠輅奏言臣嘗勸陛下優容言官已荷嘉納如修撰羅倫輩皆復收用今因論臣而斥責之如公論何上從之乃釋誠復其職戶部尚書馬昂罷以星變言者交章劾之故也

成化五年星變

按大政紀成化五年正月戊寅月犯心宿閏二月癸亥夜月犯積薪及木星甲子夜月犯軒轅御女星

按明昭代典則成化五年春正月乙丑夜月犯五諸侯南第一星己巳夜月入鬼宿犯積尸氣二月癸巳曉刻金星犯牛宿丙申夜月犯木星又犯鬼宿閏二月己未夜月犯昴星秋七月己酉曉刻木星犯軒轅大星

成化六年星變

按大政紀成化六年三月癸未昏刻月犯金星七月戊戌曉刻月犯昴宿八月己巳夜月犯天罇星九月丙子朔曉刻金星犯軒轅左角星甲午夜金星犯左執法己亥曉刻金星犯木星庚子曉刻金星犯左執法十月丙午夜東方流星赤色光明燭地自昴宿東北行至井宿

成化七年星變

按明外史悼恭太子祐極傳祐極憲宗長子成化七年立爲皇太子是年冬彗星見東方未幾太子薨

按大政紀成化七年二月丁卯曉刻月犯羅堰星三月有星孛於天田四月己卯夜木星入太微垣守端門閏九月辛亥曉刻土星犯天高星十一月彗見軒轅出天田入太微垣十二月丁丑夜彗星北行光芒著橫掃太微垣郎位星己卯夜彗星光芒長大東西竟天自十一日北行二十八度餘犯天槍尾掃北斗三公太陽守己卯大學士彭時上修德安民七事上納之時等言比者彗星見於天田西掃太微北近紫宮其譴告警懼之至卽漢董仲舒所謂天心仁愛之意也皇上憂切於心戒諭羣臣同加修省臣等備員近輔無以少裨實深愧懼謹采修德大端安民大要條陳如左一曰正心術二曰謹命令三曰親接見四曰愼賞罰五曰納諫諍六曰勵官守七曰恤軍民凡此七事伏望皇上鑒除舊布新之象斷自宸衷力行新政以正心爲修德之本以力行爲修德之助德修於上則羣臣咸知效職而善政皆次第舉行矣轉災爲祥莫切於此上曰具見所言事皆切實卿等宜勉力佐理以副朕懷上以星變避正殿撤樂丙戌立春昏刻彗星犯天江星諭德謝一夔因彗星之變上五事上怒斥之一曰正宮闈以端治本二曰親大臣以詢治道三曰開言路以決壅蔽四曰愼刑獄以廣好生五曰謹妄費以足財用忠懇剴切多人所難言者

按明昭代典則成化七年十一月彗出軒轅詔曰朕以涼德祇紹鴻圖敬天勤民罔敢或怠所冀臻於致治用名嘉祥乃者彗見天東光芒西指仰觀元象祇懼實深俯自修省罔知厥咎豈朕涉道尚淺燭理未明而刑政之不善與抑用人有未當而賢否混淆與聽言有不察而是非乖舛與將用度奢侈賞賜無節妄費府庫之財與營繕頻繁徵科無藝致傷軍民之心與有一於此悉朕之過方圖齋沐告天改過修德以消變異而爾文武羣臣皆居官食祿何不痛自修省與其有背公循私怠廢政事宜速改勵修庶政以匡朕不逮凡時政得失生民利病有可張弛興革者爾文武大臣幷科道公同會議停當以聞務在切實可行庶幾君臣上下同心協德盡交修之道則人心悅而天意回矣勉之懼之

按明通紀成化七年十一月彗星見出天田入太微垣廷臣諫言皆謂君臣懸隔情意不通請時名入內閣大臣面議政機彭時亦對司禮監言莫謂上不得見雖諸老太監亦不得見於是諸內臣乃約一二日間上御文華殿召見衆先生但初見時情未浹洽不宜多言姑俟再見可說時等諾之至期方入復約如初既見時言天變可畏上曰已知卿等宜盡心辦事

成化八年星變

按大政紀成化八年正月戊戌朔以星變免慶成宴夜月犯軒轅左角星福建左布政使劉敷遞職在京以彗星見上時務十二事下所司知之癸酉曉刻月犯金星二月甲申曉刻金星犯辰壘壁陣東第五星十一月癸丑曉刻木星犯鉤鈐

成化十一年星變

按明昭代典則成化十一年二月癸卯曉刻月犯牛宿火星四月乙卯昏刻月犯明堂中星己未辰時金星晝見於巳

成化十三年星變

按明昭代典則成化十三年閏二月壬子夜月犯進賢星

成化十六年星變

按大政紀成化十六年九月夜西方流星如大盞赤色光燭地自婁宿西北行至霹靂旁尾跡散

成化十八年星變

按大政紀成化十八年九月庚戌金星晝見於申

成化二十年星變

按大政紀成化二十年正月己丑星變敕諭羣臣同加修省指陳時政利病

成化二十一年星變

按明外史余子俊傳成化二十年命兼左副都御史總督大同宣府軍務其冬還朝明年正月星變陳時政八事帝多采納　按朱英傳英掌都察院事明年正月星變疏陳八事請禁邊將節旦獻馬鎮守中官武將不得私立莊田侵奪官地燒丹符呪左道之人當置重典四方分守監倉內官勿進貢品物罷撤倉場馬房上林苑增設內侍名還建言得罪諸臣清內府收白糧積弊治姦民投獻莊田及貴戚受獻者罪皆不便於權倖者執政多持之不行英造內閣力申前說竟不能盡從也　按李俊傳成化二十一年正月朔申刻有星西流化白氣聲如雷帝頗懼詔求直言俊率六科諸臣上疏曰今之弊政最大且急者曰近倖干紀也大臣不職也賞罰太濫也工役過煩也進獻無厭也流亡未復也天變之來率由於此夫內侍之設國初皆有定制今或一監而叢一二十人或一事而參五六七輩或分布藩郡享王者之奉或總領邊疆專大將之權或依憑左右援引憸邪或交通中外投獻奇巧司錢穀則法外取財貢方物則多端責賂兵民坐困官吏蒙殃殺人者見原僨事者逃罪如梁芳韋興陳喜輩不可枚舉陛下大施剛斷無令干紀奉使於外者悉爲名還用事於內者嚴加省汰則近倖戢而天意可回矣今之大臣其未進也非貪緣內臣則不得其既進也非依憑內臣則不安此以財貿官彼以官鬻財無怪其漁獵四方而轉輸權貴也如尚書殷謙張鵬李本侍郎艾福杜銘劉俊皆既老且懦尚書張鎣張瑄侍郎尹直大理卿田景暘皆清論不愜惟陛下大加黜罰勿爲姑息則大臣知警而天意可回矣夫爵以待有德賞以待有功也今或無故而爵一庸流或無功而賞一貴倖祈雨雪者得美官進金寶者射厚利方士獻煉服之書伶人奏曼延之戲掾史胥徒皆叨官祿俳優僧道亦玷班資一歲而傳奉或至千人數歲則數千人矣數千人之祿歲以數十萬計是皆國之命脈民之膏脂可以養賢士可以活饑民誠可惜也方士道流如左通政李孜省太常少卿鄧常恩輩尤爲誕妄此招天變之甚者乞盡罷傳奉之官毋令汙玷朝列則爵賞不濫而天意可回矣今都城佛刹迄無寧工京營軍士不復遺力如國師繼曉假術濟私糜耗特甚中外切齒願陛下內惜資財外惜人力不急之役姑賜停罷則工役不煩而天意可回矣近來規利之徒率假進奉以耗國財或錄一方書市一玩器購一畫圖製一簪珥所費不多獲利十倍願陛下洞燭此弊留府庫之財爲軍國之需則進獻息而天意可回矣陝西河南山西赤地千里屍骸枕藉流亡日多萑苻可慮願體天心之仁愛憫生民之困窮追錄貴倖鹽課暫假造寺貲財移賑饑民俾可存活則流亡復而天意可回矣夫天下譬之人身人主元首也大臣股肱也諫官耳目也京師腹心也藩郡軀幹也大臣不職則股肱痿痹諫官緘默則耳目塗塞京師不戢則腹心受病藩郡災荒則軀幹削弱元首豈能晏然而安哉伏望陛下聽言必行事天以實疏斥羣小親近賢臣咨治道之得失究前代之興亡以聖賢之經代方書以文學之臣代方士則必有正誼足以廣聖學讜論足以究天變而手足便利耳目聰明腹心安泰軀幹強健元首於是乎大明矣帝優詔答之　按彭韶傳成化二十年擢右副都御史巡撫應天明年正月星變上言彗星示災見於歲暮遂及正旦歲暮者天道之終正旦者歲事之始此天心仁愛欲陛下善始善終也陛下嗣位之初家禮正防微固儉德昭用人慎乃邇年以來進奉貴妃加於嫡后褒寵其家幾與先帝后家埒

此正家之道未終也監局內臣數以萬計利源兵柄盡以付之犯法縱姦一切容貸此防微之道未終也四方鎭守中官爭獻珍異動稱勅旨科擾小民此持儉之道未終也六卿並加師保監寺兼領祟階及予告而歸廩食輿夫濫加庸鄙爵賞一輕人誰知勸此用人之道未終也惟陛下愼終如始天下幸甚時方名爲大理卿帝得疏不悅命仍故官

按大政紀成化二十一年正月以星變赦天下

按明昭代典則成化二十一年春正月甲申朔申刻有火自中天西墜化白氣復曲折上騰聲如雷踰時西方復有大星赤色自中天西行近濁尾跡化白氣曲曲如蛇形久之如雷震地詔寬恤天下舊年糧米及坐派物料未徵者盡行蠲免已徵者糧米就留本處賑濟物料准作次年之數不許朦朧再徵

按畿輔通志成化二十一年東鹿西二星隕爲石

按四川通志成化二十一年春正月朔有火自中天西墜化白氣復曲折上騰聲如雷逾時西方有大星赤色自中天西行近濁尾跡化白氣曲曲如蛇形久之如雷震地

成化二十三年星變

按大政紀成化二十三年八月夜金星犯亢宿十月丙子五更星變下詔求言有大星飛流起西北亙東南光芒燭地蜿蜒如龍蛇朝宁之間人馬辟易庶吉士鄒智上疏言內閣萬安劉吉尹直皆小人不退王恕王竑彭韶皆君子不進由宦者陰主之不報

按四川總志鄒智回天變疏臣伏覩今月初十日五鼓有大星飛流起西北亙東南光芒燭地蜿蜒如龍蛇人馬辟易蓋陽不能制陰之象也臣竊惟陛下卽位以來慷慨奮發恭儉勤勞擯斥宦官黜遠左道根究浮費裁抑冗員痛懲法王佛子大放珍禽奇獸凡天下之人所欲而未得所患而未去者以次能行幾無遺憾宜其克享天心景星卿雲昭回霄漢今變異若此何哉反復思之無乃陰之當消者未消陽之當長者未長而陛下所以事天者猶未至昔孔子修春秋凡星變必書朱子修綱目凡星變必書所以垂萬世帝王之明戒也伏讀詔書內一款天下大小衙門政務如有利所當興有弊所當革者所在官員人等指實條具以聞臣有以見陛下知前日登極詔書爲姦臣所誤阻塞言路物論囂然故復下此條以自解耳夫不曰朕躬有過失朝政有闕遺而曰利所當興弊所當革不曰許諸人直言無隱而曰所在官員人等指實條具以聞陛下之求言已不廣矣然欲興天下之利當求利之所以興欲革天下之弊當求弊之所以革欲正天下之衙門當自大衙門始臣請遡流窮源爲陛下陳之夫內閣者天下之大衙門也以內閣之利言莫利於君子以內閣之弊言莫弊於小人小人不退欲弊之革不可得已君子不進欲利之興不可得已竊照少師萬安特祿怙寵殊無厭足少保劉吉附下罔上漫無可否太子少保尹直挾詐懷姦全無廉恥世之所謂小人也陛下留之則君德必不能輔朝政必不能修紀綱必壞風俗必偷天下之賢必有所觀望而不敢來天下之邪必有所盤結而不肯去上弊社稷下弊蒼生此弊之所當革者也臣願陛下諷之再辭以全其體給之餘祿以飽其欲放之田里以休其勞則天下之弊無不革矣再照南京兵部尚書致仕王恕託志忠勤可任大事兵部尚書致仕王竑秉節剛勁可寢大姦北直巡撫右副都御史彭韶學識醇正可決大疑世之所謂君子也陛下用之則君德必爲之開明朝政必爲之淸肅紀綱以振風俗以淳天下之賢必拔茅而來天下之邪必望風而去上利社稷下利蒼生此利所當興者也臣願陛下予之安車以優其禮賜之手詔以重其行置之左右以展其蘊則天下之利無不興矣然君子之所以不進小人之所以不退豈無自哉大抵宦官之權重也漢元帝嘗任蕭望之周堪矣一制於弘恭石顯則不得以行其志宋孝宗嘗任陳俊卿劉珙矣一間於陳源甘昇則不得以盡其才李林甫牛仙客與高力士相爲掎角而明皇之朝政不經賈似道丁大全與董宋臣相爲表裏而理宗之國勢不振自古君子小人進退之幾未嘗不決於此曹之盛衰也臣願陛下鑒其所既往謹其所未來大張英斷總攬天綱凡所以待宦官者一以太祖高皇帝爲法凡所以任內閣者一以太宗文皇帝爲法則君子可進小人可退而天下之論出於一矣陛下聰明冠絕百王神武震驚六合豈不知刑臣之不可以弄天綱哉然而一操一縱之間卒無一定之守者殆正心之功未之講也心者人之神明常爲一身之主以提萬事之綱者也但其所發不能無天理與人欲之異耳發於天理則耳自然聰目自然明言自然當理發自然中節可以對越上帝而無愧何宦官之能惑發於人欲則一身無主萬事無綱儀狄之酒或得以甘吾之飲易牙之味

或得以飽吾之慊蘭台閣須之美夾林强臺之樂或得以蕩吾之目彼必投間抵隙以施其蒙蔽撇弃之術於不知不覺之中雖有聰明神武之資亦將日消月化而寖失其本初矣欲進君子退小人興天下之利革天下之弊正天下之衙門豈易得哉陛下早朝後深居法宮其心之發於天理與臣不得而知也或天理人欲交戰於胷中與臣不得而知也此全在陛下自簡點自省察果天理耶則敬以養之如芝蘭之必生果人欲耶則敬以克之如荆棘之必盡則靜與天俱動與人合而宦官不敢惑矣蓋以君子對小人言之君子爲陽小人爲陰以羣臣對宦官言之羣臣爲陽宦官爲陰以天理對人欲言之天理爲陽人欲爲陰所謂陽者當力扶之使之日長所謂陰者當痛抑之使之日消陽日以長陰日以消則所以格天者在是所以配天者在是所以祈天永命者在是豈特天變之可弭而已哉臣又聞今日中外之論有謂三年無改於父之道者臣請論之君子之事天也如事親事親也如事天天者理而已矣順理所以事天也事天所以事親也豈有違天而可謂之孝哉古之聖帝明王莫如堯舜史臣贊舜之德曰重華協于帝宜其無一事不合于堯矣今以書考之舜去四凶堯之所未去也舜舉十六相堯之所未舉也舜之所以協堯者一順乎理而已舜之心豈異於堯之心哉苟徒泥聖人之言而不會其言外之意則前日之宦官亦不必擯斥左道亦不必黜遠浮費亦不必根究冗員亦不必裁抑法王佛子亦不必痛懲珍禽奇獸亦不必大放是誠何理也哉臣願陛下不惑於浮言不拘於淺見凡所以事先皇帝者一以事天爲法可也臣三尺微命一介書生非不知言發而禍應計行而身危顧以天變赫然可畏如此而中外小大之臣拱手熟視無一人敢爲陛下言之是人心天理可磨滅也天經地義可澌盡也天下以爲何如後世以爲何如臣之痛心實在於此昔朱雲以槐里令而論安昌侯張禹梅福以南昌尉而論大將軍王鳳孝宗諮監司郡守條具民間利病以聞而朱熹極論其故以爲宰相臺省師傅賓友諫諍之臣皆失其職而左右近習之臣陰執獨斷之柄也臣雖不肖蒙先皇帝採取收拾作養翰林固非一令一尉之可比豈敢汎汎若水中之鳧與波上下偷生以全吾軀乎惟陛下爲太祖二十年艱難辛苦之業千萬世弘大靈長之統一留意焉則天下幸甚萬民幸甚

按明昭代典則成化二十三年八月甲申夜金星犯亢宿冬十月丙子有大星飛流亘天求直言

孝宗弘治元年星變

按大政紀弘治元年三月南京欽天監奏白晝太白守辰歲星守巳

弘治二年星變

按明外史彭韶傳弘治二年彗星見上言宦官太盛不可不亟裁損因請午朝面議大政已又言濫授官太多乞嚴杜倖門痛爲釐正帝是其言然竟不能用

按江南通志弘治二年蘇州有星自西北至東南大如車輪光芒如晝隕地響振三百里鷄犬皆鳴吠

弘治三年星變

按何喬新本集奏爲致政以弭災變事邇者乾象示變彗星見於天津皆由臣等失職所致皇上不忍加罪特賜勑戒諭俾痛加警省修舉職業聖恩深厚天地莫量伏念臣以菲材叨掌邦禁明不足以察情僞剛不足以折姦慝刑罰失中上干天象彗星之變咎實在臣加以年老多病兩目昏眊僉署惟艱久玷班行實切慚懼伏望聖恩憐憫准臣致仕歸老田園另選賢能以理刑獄庶幾和氣所致災變可消臣不勝恐懼懇祈之至弘治三年十二月十一日具本十三日奉聖旨卿掌刑獄當勉盡職務以副委任不允所辭朝廷進退大臣自有公論以後各官不必紛擾自陳吏部知道

弘治八年星變

按畿輔通志弘治八年閏八月戊午夕景星見天門

弘治十一年星變

按異林弘治戊午溫州泰順縣左忽有一物橫飛曳空狀如箕尾如箒色雜粉紫長數丈餘無首吼若沈雷從東北去修武縣東岳祠北忽有黑氣聲如雷隱隱墜地村民李雲往視之得溫石一枚良久乃冷

按廣東通志弘治十一年秋七月儋州流星有聲自東南流於西北有聲如雷

弘治十二年星變

按山西通志弘治十二年夏五月朔州隕石是月二十日朔州城北園頭空中有聲如雷白氣冲天火光迸裂隕一石大如車輪入地七尺餘隨有碎石迸出二三十里外色青黑氣如硫黃屑甚堅膩又河曲有星如火落於西南

弘治十三年星變

按明昭代典則弘治十三年五月甲寅彗星見

按廣西通志弘治十三年秋八月十一夜融縣大星隕約長丈餘自西南隕於西北

弘治十六年星變

按江西通志弘治十六年元日昧爽廣信有星流於東北

弘治十八年武宗即位星變

按明昭代典則弘治十八年五月壬寅皇太子即皇帝位九月庚子恆星晝見

欽定古今圖書集成曆象彙編庶徵典

第五十六卷目錄

庶徵典第五十六卷

星變部彙考三十

明二

武宗正德元年星變

按大政紀正德元年七月彗星見參井掃太微垣太白經天八月大角星搖動

按明昭代典則正德元年三月隕星如雨秋七月彗星見參井掃太微垣太白經天十一月欽天監五官監侯楊源疏言占候得大角及心宿中星動搖天璇天機天權星不明乞安居深宮絕遠遊獵罷弓馬嚴號令毋輕出入闢除內侍寵倖遊逸小人節賞賜止工役親元老大臣日侍講習詩書疏下禮部禮部言源占候之言深切時弊

按濯纓亭筆記正德初彗星掃文昌臺官云應在內閣未幾逆瑾斥逐內閣大學士劉健謝遷自是而後一時在位九卿臺諫無不被其禍

正德二年星變

按明昭代典則正德二年秋八月欽天監五官監候楊源疏言自正德二年來一向占候得火星入太微垣帝座之前或東或西往來不一勸上宜思患預防劉瑾大怒罵源爾何官亦學爲忠臣遂矯旨逮送錦衣衛痛杖三十謫戍肅州行至懷慶卒

正德七年星變

按陝西通志正德七年五月漢中府西南起一紅星大如斗有光燄飛往東北

正德八年星變

按江西通志正德八年夏六月豐城縣西隕星如斗秋七月又隕星如盆

正德九年星變

按山東通志正德九年二月兗州有星如斗自東北徑往西南如彗天鼓響應如雷

按山西通志正德九年四月潞州星晝見有星如椀晝見于南

按江西通志正德九年秋八月晝星見

正德十一年星變

按湖廣通志正德十一年應山星隕有聲如雷

按廣西通志正德十一年夏五月慶遠西北方星隕有星長五六丈蜿蜒如龍蛇爛爍如掣電須臾而滅

正德十三年星變

按畿輔通志正德十三年雄州星隕爲石

按江西通志正德十三年夏六月有星自東南飛西北其光燭天有聲

正德十五年星變

按大政紀正德十五年正月彗星見

正德十六年星變

按陝西通志正德十六年四月涼州衛忽見一星紅光如火墜於西南隨生白氣天鼓即鳴

按福建通志正德十六年八月初一日未時將樂縣日暗星見禽鳥投栖

世宗嘉靖元年星變

按廣東通志嘉靖元年正月朔金星犯牛宿

嘉靖二年星變

按永陵編年史嘉靖二年六月有星孛于天市給事中周琅言紀元以來災祥迭見乃者星孛中天光芒特異陛下亦思自省乎曹嘉以彈劾過直置之不問可也乃奪級遠竄而連及疑似之閭閻獨不爲求言計乎李隆以私忿謀殺撫臣即軍中斬之可也乃淹肘經勘若將爲之地者獨不爲死者慮乎崔文厮養剝民付之廷議可也乃歸之鎮撫司獨不爲履霜戒乎入繼大統當先公義後私恩乃日討尊重之典冒擬名號安陸不擇親賢以主國祀人事一失于下天變遂應於上可不畏哉不報

按福建通志嘉靖二年七月初五日夜星入于月

嘉靖三年星變

按大政紀嘉靖三年春正月丙子五星聚營室初元日丙寅歲塡次營室丙子五星咸至辛巳日躔室初度月食於翼五星皆伏而太白獨先過壁

按明昭代典則嘉靖三年春正月五星聚營室欽天監掌監事光祿少卿樂護上疏曰臣等預算今年正月五星以次聚營室但太陽臨近當隱伏不見今候其象果然夫數不爽而象暗聚則其暗精流氣亦必成祥自古五星之聚莫不有大福大禍惟視人君德

政淑慝何如耳占書曰五星之聚是謂改易王者有德受慶子孫蕃昌無德受殃失其國家百姓流亡蓋天道無親福無常主故五星之聚有福有禍有德靡不受福無德靡不受禍聚房周祚以昌聚箕齊桓用霸漢興聚井宋盛聚奎是四者皆當更革之際一福一禍培栽覆傾昭然在德惟天寶聚於尾箕而唐德弗稱旋有祿山之亂唐業遂衰皇上聖德中興五星適聚可不益修聖德愛養黎元以承此大慶乎簡易寡慾修德之大儉用省財憂民之實伏乞陛下鑒此天數之大克己約躬又能以實行之使人心悅而天意孚眞所謂有德受慶矣臣職司占候竊惟禍福之祥莫大於此至於修德應天之實非臣等之言所能盡意更乞延訪文武羣臣博求修德愛民之道而實行之以及內外左右莫不修省協贊承此大慶不使天眷別有所顧則宗社生靈不勝幸甚占書又曰天下兵謀則五星聚於營室凡所以內修外攘以銷盜賊之謀者似亦不可不加之意也伏乞皇上亟與大臣圖之疏下禮部部言堯舜授受曰曆數在躬允執厥中四海困窮天祿永終皇上起自潛邸入承大統正德年間權奸用事冗濫靡費蠹耗無餘天下之財盡歸權室公私赤立國非其國皇上起而救之生理未復重以水旱非常之灾流移轉徙餓殍相望朝廷累議賑恤而在官無可發之廩在民無可貸之儲相顧錯愕計無所出所謂四海困窮者積漸至此遺大投艱付託甚重亨屯拯溺求望甚切伏望仰稽乾象俯順時宜圖任老成斥遠羣小崇敬畏戒逸欲嚴諸一心自足以爲祈天永命之本其他齋醮祈禳異端小說不宜輕信以啓倖門傷治體至於足國裕民則今日之務莫急於此必先儉約必端好尚必慎差遣必重爵賞必戒興作稍在得已即賜停止務求安靜休養生息假以數年天與之時人盡其力則生理庶可復而國用亦自有餘矣臣等待罪禮官星家之說素所未習不敢旁引曲證以瀆天聽至于惠迪吉從逆凶作善降祥作惡降殃天命靡常常於有德永言配命自求多福則歷聖言之若出一口傳曰畏聖人之言伏乞垂情經典堯舜爲師執一中以臨照百官賚四海以永綏天祿應天之實莫大於此其欲修禳以銷盜賊之謀者候命移咨兵部上議仍乞勅令百官同加寅畏勉修職業凡事有關國體民生至計者並許直言以共成嘉靖之治宗社幸甚生民幸甚

按明外史金獻民傳獻民爲兵部尚書五星聚營室其占主兵獻民因請勅天下鎭巡官預守戰之備且請用賢納諫罷土木屏玩好帝頗采納

按福建通志陳褒五星聚於營室奏疏臣褒頃聞欽天監奏本年本月十六日五星聚于營室傳示中外無不忻慶以千百年再覩之祥發自今日而國家億萬載無疆之休實昉于是矣臣忻忭之餘竊不自揆謹效狂愚以備採擇竊以天垂象見吉凶而象之見於天者大則爲日月次則爲星辰二十八宿隨天而行各有定度惟金木水火土之五星出入不齊蓋散者其常聚者其變也聚散之間吉凶生焉大抵五星之散各以其位而見吉凶而其聚罔有不吉蓋自劉項之際聚於東井而肇漢家四百年之長及周顯德之間聚於奎而啓後來宋室賢人之盛秦襄閏位雖有聚者未免傳疑不足信也陛下嗣登寶位以德動天劉趙之祥固宜再見然營室者天子之宮又非鶉首降婁之比則其應當不止於漢之四百宋之多賢矣是必有重明以麗正而聖人起於震宮或者玉燭以調和而太平兆自今日誠千古之罕儷也然臣竊聞之天有至吉之象而聖人無自吉之心蓋因祥瑞而修德則其應固無不徵或因祥瑞而自驕則其凶又無不應故先儒臣程顥以爲聖人不貴祥瑞良有以也况天道幽遠難知而陰陽不測爲神又安知其吉者不爲凶哉臣聞五星之在天惟木最祥而水土次之金火二星亦占家之所忌也今欽天監奏惟金星獨明其四星則隱伏而不見夫金之爲氣在秋其象爲兵秋以殺物而兵爲凶器意者謀用是作兵由此起未可知也况營室之次有壘壁陣及羽林聚爲皆干戈之府也在今日安得遂以爲喜哉陛下文足弭謀武足戡亂固萬無此慮然天下之大四方之廣甲兵之變又安能在在保無虞哉臣又聞之營室在娵訾之次雙魚之方於分野爲衛國爲并州今河南懷慶彰德等府及山西西北一派是也頃者水旱頻仍饑莩載道守臣之疏日至二麥成熟之期又尚數月雖有賑濟之命無舒目前之急又安知其應不在此且營室之上有天子之離宮以離宮之所而得金星之明則出入宴遊之處或有姦人厠乎其間不可以不慮也陛下今但當見凶而不見吉不問其福而問其災果爲異也必修德而禳之果爲祥也亦修德以應之修德之道多端惟當務之爲急耳昔太宗之諭臣下曰朕在宮中未嘗敢有暇逸雖夜必閱州郡

圖籍何郡饑荒當加優恤何郡騷擾當置守備出與羣臣議行之此陛下之家法也百千萬年未爲典刑近者賑濟之銀雖累至三十萬後又有納例賑濟之令憂民之意甚溢然民嗷嗷朝不謀夕迨其銀至則死者已十九矣又安濟哉承平日久民不知兵禁衛之兵既皆老弱而不足以禦患脫有變從中起或自外發竊不知何以備之臣願陛下計內帑之積以停不急之征度地方之處以爲守禦之備前者抄沒銀兩貯在內庫尚有多餘皆豪右之剝吮於民者今宜出以祿百官而盡蠲疲癃之處是乃以所取者而還之所謂弗損益之而百姓俱戴新澤矣此亦救荒之一策也各處衛所軍料每歲採辦不乏而皆以潤兇鑿之家上有徵者則云未納雖朽甲鈍戈亦並無之今宜專命一職清理軍局務使繕完有不足者即坐其主職至於一方有警則調兵以應有不效者貶其主職之秩如是則何敢侵漁而河上逍遙哉此亦奮武之一方也若夫國家織造雖不可無但當行於豐稔之歲而不可行於凶荒之年今不凶荒是急而織造是急至促相臣而勅之俾以貽害乎地方正所謂作無益而害有益也昔漢文帝後宮衣不曳地無害治平太宗澣濯以朝至今稱盛德即使不織造亦豈爲欠況以行於凶荒之歲而又委于饕餮之徒其爲害又勝言哉此尤不可不罷者也至于刑餘之徒古以供掃除之役而今以司綸綍之命彼自置其身於罪戾亦何有上裨聖聰哉陛下又日與親密所謂潛消默奪於冥冥之中而欲顯諫明諍於昭昭之際抑末矣願陛下審起居擇侍從必使此輩不得以市權則離宮之變亦或可杜矣況履端以來黃霧起於震宮又與前時黃霧四塞之兆默爲符契天心人意固亦可徵陛下誠宜恢張聖德清心寡欲納諫求賢採納而施行之則五星之聚罔有不吉而前此之變亦消弭於無形矣國家億萬年無疆之休曷有極哉

按春明夢餘錄嘉靖中五星聚營室余按嘉靖時五星聚營室其後改宮殿改郊壇改太廟紛紛改作海內虛耗此足應之欒監正不以頌而以規可謂良臣矣

嘉靖四年星變

按浙江通志嘉靖四年有星隕於杭州

嘉靖六年星變

按全遼志嘉靖六年三月壬午客星入月

嘉靖七年星變

按山西通志嘉靖七年冬十月星隕十二日流光燭地聲墜而復起入斗口至日出方滅

嘉靖九年星變

按湖廣通志嘉靖九年八月有星如月流西北聲如雷

嘉靖十年星變

按陝西通志嘉靖十年六月乙巳彗星見於東井

嘉靖十一年星變

按明外史張璁傳十年二月璁以名嫌御諱請更乃賜名孚敬明年三月擢禮部尚書八月彗星見東井帝心疑大臣專政孚敬因求罷　按方獻夫傳十年秋詔召還獻夫明年五月至京入閣輔政十月彗見東井御史馮恩詆獻夫兇姦爲龔大稔所訐妄肆巧辯以輔臣兼冢宰播弄威福將不利於國家故獻夫掌吏部而彗見帝怒下之獄獻夫亦引疾乞休優詔不允　按魏良弼傳十一年八月彗星見東井芒長丈餘良弼引占書言彗星晨見東方君臣爭明彗孛出井姦臣在側大學士張孚敬專橫竊威福致姦星示異亟宜罷黜孚敬奏良弼挾私帝已疑孚敬兩疏報聞給事中秦鼇疏再入孚敬竟罷去　按楊名傳十一年十月彗星見名應詔上書言帝喜怒失中用舍不當語切直帝銜之而答旨稱其納忠令無隱

按郭弘化傳十一年冬彗星見弘化言按天文志井居東方其宿爲木今者彗出於井則土木繁興所致也臣聞四川湖廣貴州江西浙江之採大木者勞苦萬狀應天蘇松常鎮五府方有造甎之役民間耗費不貲竈戶逃亡過半而廣東以採珠之故激民爲盜至攻訐會城皆足戾天和干星變請悉停罷則彗滅而前星耀矣戶部尚書許瓚等請聽弘化言帝怒曰採珠故事也朕未有嗣以是故耶責瓚等附和黜弘化爲民　按馮恩傳嘉靖十一年冬彗星見詔求直言恩以天道遠人道邇乃備指大臣邪正謂大學士李時小心謙抑解棼撥亂非其所長翟鑾附勢持祿惟事模稜戶部尚書許讚謹厚和易雖乏剸斷不經之費必無禮部尚書夏言多蓄之學不羈之才駕馭任之庶幾救時宰相兵部尚書王憲剛直不屈通達有爲刑部尚書王時中進退昧幾委靡不振工部尚書趙璜廉介自持制節謹度吏部左侍郎周用才學有餘直諒不足左侍郎許誥講論便捷學術迂邪禮部左侍郎湛若水聚徒講學素行未合人心右侍郎

顧鼎臣警悟疏通不局偏長器足任重兵部左侍郎錢如京安靜有操守右侍郎黃宗明雖擅文學匹人成事刑部左侍郎聞淵存心正大處事精詳可寄以股肱右侍郎朱廷聲篤實不浮謙約有守工部左侍郎黎奭滑稽淺近才亦有爲右侍郎林廷棉才器可取迴達不執而極論大學士張孚敬方獻夫右都御史汪鋐三人之姦謂孚敬剛惡兇險媢嫉反側近都給事中魏良弼已痛言之不容復贅獻夫外飾謹厚內實詐姦前在吏部私鄉曲報恩讎靡所不至昨歲僞以病去陛下遣使徵之禮意懇至彼方倨傲偃蹇入山讀書直俟傳旨別用然後忻然就道夫以吏部尚書別用非入閣而何此獻夫之病所以痊也今又使兼掌吏部必將呼引朋類播弄威福不壞國事不止若鋐則如鬼如蜮不可方物所讎惟忠良所圖惟報復今日奏降某官明日奏調某官非其所憎惡則宰相之所憎惡也臣不意陛下寄鋐以腹心而鋐逞姦務私乃至此極且都察院爲綱紀之首陛下不早易之以忠厚正直之人萬一御史銜命而出效其鍥薄以希稱職爲天下生民害可勝言哉故臣謂孚敬根本之彗也鋐腹心之彗也獻夫門庭之彗也三彗不去百官不和庶政不平雖欲弭災不可得已帝得疏大怒逮下錦衣獄究主使名恩日受搒掠瀕死者數語卒不變

按末陵編年史嘉靖十一年壬辰春正月星隕於衛八月彗復出東井命九卿投劾都御史汪鋐劾黜譴御史葉完等有差

按大政紀嘉靖十一年八月彗復出東井命九卿官自投劾時彗星三見禮部奏乞修省帝下諭曰彗星三見妖必有由上天垂愛朕祗承夙夜罔敢逸寧爾文武羣工責同翼贊可不懲艾匡予一人其九卿大臣宜各自投劾聽去留用彰盪滌之義仍各條陳所見共致消弭於是御史段汝礪等疏言四事一曰崇渾厚以敦治體二曰正體統以修職業三曰宥狂直以昭激勸四曰懲姦貪以卹軍民副都御史王應鵬亦言國是未定民生未遂以小大臣工奉職無狀義利不審名實不副爲之也乞於任職之臣選中正和平識治體者用之而申其經久之法修其畫一之政帝皆納之

按澤州志嘉靖十一年十月星隕如雨

嘉靖十二年星變

按明外史張璁傳十一年八月彗星見東井孚敬因求罷乃馳傳歸十二年正月帝復思之遣鴻臚少卿陳璋齎勅召四月還朝六月彗復見畢昴間乞避位不許　按郭宗皐傳嘉靖十二年十月星隕如雨尋哀冲太子薨大同兵亂宗皐勸帝惇崇寬厚察納忠言勿專以嚴明爲治帝大怒下詔獄廷杖四十釋之

按大政紀嘉靖十二年六月彗星出昴畢十月辛巳星隕如雨

按末陵編年史嘉靖十二年御史郭宗皐因星變言廣包涵之量隆虛受之懷崇寬平之政以防未然之患上怒其疑君欺罔逮治之

按山西通志嘉靖十二年五月祁縣隕石空中有聲如雷落一石如拳

按潞安府志嘉靖十二年冬十月十七日夜星隕如雨天邑遂赤是歲雲中有變

按江西通志嘉靖十二年秋七月吉安府西北隕星如雨

嘉靖十三年星變

按山西通志嘉靖十三年秋七月五日夜星貫月冬十月星隕如雨時有大同之變

按江南通志嘉靖十三年十月蘇州星隕如雨

按湖廣通志嘉靖十三年八月衡州星隕如雨

嘉靖十四年星變

按雲南通志嘉靖十四年八月有星隕於昆明官渡聲如雷

嘉靖十八年星變

按大政紀嘉靖十八年四月庚申彗見

按山西通志嘉靖十八年冬十月蒲縣星隕如雨是年大祲

按福建通志嘉靖十八年五月十三夜星隕如雨

嘉靖十九年星變

按大政紀嘉靖十九年九月壬子熒惑入南斗數日乃去冬十月水土金星聚於角十二月戊午太白經天

嘉靖二十年星變

按湖廣通志嘉靖二十年九月有星隕於興寧民舍化爲石

嘉靖二十一年星變

按大政紀嘉靖二十一年八月丁酉熒惑掩南斗帝以夏言罷進翟鑾少傅謹身殿乃以嚴嵩入武英殿同鑾辦事於是給事中沈良才等御史童漢臣等劾

嵩貪淫猾惡皇上所洞見而以爲輔臣是小人而乘君子之器也其背公營私變亂國是必將無所不至者南京給事中王煜等亦劾嵩險詐姦回貪婪久著若處以具瞻之地是樹天下之貪標也且其子世蕃兇頑狡猾同惡相扶關通苞苴動以千百計引握國柄何所不至南京御史陳絡等亦劾嵩比昵匪人貪黷貨賂言官屢形論列莫逃聖矚今以璣衡之重畀之必不能同心易慮公而忘私俱不報

按浙江通志嘉靖二十一年七月熒惑入南斗

按廣東通志嘉靖二十一年秋七月己亥火星犯南斗第二星占主東南大饑

按廣西通志嘉靖二十一年八月熒惑掩南斗杓按熒惑犯斗有作七月有作八月者並收以備考

嘉靖二十二年星變

按潞安府志嘉靖二十二年二月三十日屯留縣星隕

按浙江通志嘉靖二十二年七月熒惑入南斗

嘉靖二十三年星變

按大政紀嘉靖二十三年六月熒惑犯南斗

按廣東通志嘉靖二十三年七月熒惑犯南斗

嘉靖二十四年星變

按廣東通志嘉靖二十四年春閏正月戊寅金星晝見

按福建通志嘉靖二十四年十月十七日南平夜有星自西流大如斗墜地聲聞百里

嘉靖二十五年星變

按浙江通志嘉靖二十五年九月星隕瑞安海上

嘉靖三十年星變

按雲南通志嘉靖三十年三月熒惑入鬼四月有大星墜於南方光燭民屋其年征元江布政徐樾死之

嘉靖三十三年星變

按雲南通志嘉靖三十三年祿豐有星大如日隕於文廟

嘉靖三十四年星變

按山西通志嘉靖三十四年冬十月彗星見出昴北行漸至斗

按江西通志嘉靖三十四年春彗光燭於北斗

嘉靖三十五年星變

按廣西通志嘉靖三十五年彗星見於西方秋七月十四日夕星隕於西南光燭戶庭

按雲南通志嘉靖三十五年七月彗星見長數尺月終乃滅

嘉靖三十九年星變

按江南通志嘉靖三十九年夏隕石於華亭五舍鎮越數月其石自動一夕風雨失去

嘉靖四十二年星變

按廣西通志嘉靖四十二年夏六月十四日丙午夜有流星自東南過西北光芒如晝

嘉靖四十四年星變

按四川通志嘉靖四十四年夏四月有星隕於大足縣之東野入地三尺聲如雷色黑形如狗頭火氣逼人經宿方散

穆宗隆慶元年星變

按大政紀隆慶元年三月戊午夜木星逆行守亢宿六月乙亥夜月犯畢宿右股北第一星冬十月癸未夜金星入南斗

隆慶二年星變

按畿輔通志隆慶二年夏五月新城星隕二化爲石

按山西通志隆慶二年靜樂隕石樓煩砌石村晝星落入地掘出黑石重千斤奏聞

隆慶四年星變

按明昭代典則隆慶四年十一月金星晝見三日

神宗萬曆元年星變

按山西通志萬曆元年秋潞安太白經天

按廣東通志萬曆元年夏六月彗星見

萬曆二年星變

按山西通志萬曆二年壽陽隕星縣西星隕如碾觸石盡碎其色深黑明星熒熒

萬曆四年星變

按山東通志萬曆四年流星大如斗亙天西行光焰燭地如晝隨有天鼓三聲

按廣東通志萬曆四年秋彗星見

萬曆五年星變

按山東通志萬曆五年冬蒙陰彗星見長數丈出尾入室兩月方沒

按山西通志萬曆五年秋彗星見於西方其形如帚長數丈經月餘不滅

按潞安府志萬曆五年冬十月朔彗星見指東北長數丈經兩月始滅

按福建通志萬曆五年將樂彗星見西方八月二十七日有星如白氣長數丈至十一月沒

按廣西通志萬曆五年彗星見西方其長亙天尾直射月宮光芒燭天數日不滅冬又見

按雲南通志萬曆五年彗星見西南光芒燭天後緬寇入騰永

萬曆六年星變

按廣東通志萬曆六年秋彗星見於東流於西尾長五六丈白氣亙天至十一月終乃滅

萬曆七年星變

按山西通志萬曆七年滎河隕石於西頭村形圓色黑

按浙江通志萬曆七年五星聚於婺女

按福建通志萬曆七年七月沙縣太白晝見

按雲南通志萬曆七年彗星見

萬曆八年星變

按山西通志萬曆八年彗星見於東南約二丈月餘方息

按廣東通志萬曆八年九月彗星見西方

萬曆九年星變

按廣東通志萬曆九年秋九月啓明星不見至於十二月

按雲南通志萬曆九年八月彗見西方其光燭地匝三旬乃沒後有隴山之變

萬曆十年星變

按山西通志萬曆十年臨縣彗星見歲餘方滅凶荒五載

按福建通志萬曆十年九月彗星見長竟天其色蒼尾指西北凡四十九夜乃滅

萬曆十一年星變

按雲南通志萬曆十一年彗星見

萬曆十二年星變

按福建通志萬曆十二年九月十一日戌刻將樂有星光芒如斗自東南流入西北

按雲南通志萬曆十二年彗星見七月星隕於賓川有聲如雷

萬曆十四年星變

按廣東通志萬曆十四年秋八月星入月中

萬曆十五年星變

按陝西通志萬曆十五年正月有大星隕於紅山市

萬曆十六年星變

按山西通志萬曆十六年九月岢嵐天鼓鳴隕星鳴三日至四日隕星其聲如雷化爲石青黑色長三尺餘形如枕

萬曆十八年星變

按雲南通志萬曆十八年彗見東南經旬乃沒

萬曆十九年星變

按河南通志萬曆十九年七月二十七日未時裕州有星自乾入巽白氣如練經天移晷不散天鼓鳴

萬曆二十年星變

按福建通志萬曆二十年三月二十五日有星隕於閩縣東南者二

按雲南通志萬曆二十年彗星見

萬曆二十一年星變

按明外史王錫爵傳萬曆二十一年七月彗星見有詔修省錫爵因請延見大臣又言彗漸近紫微宜慎起居之節寬左右之刑寡嗜欲以防疾散積聚以廣恩逾月復言彗已入紫微非區區用人行政所能消弭惟建儲一事可以禳之蓋天王之象曰帝星太子之象曰前星今前星既耀而不早定故致此災誠速行冊立天變自弭帝皆報聞

按請儲瀝疏萬曆二十一年八月初五日臣王錫爵謹瀝血誠密奏臣今日有至危至急之事爲外廷所難言所諱言而臣不忍不言者臣連夜仰觀乾象見彗星已入紫微垣不知欽天監官及左右之人曾有以象占奏聞否臣以爲此非小災也非外災也皇上平日以腹心信臣之謂何以安危託臣之謂何豈有上天譴異驚人至此而尚敢避一身之斧鉞不爲皇上萬萬年福壽之計乎臣聞古帝王禳彗之法或改張新政或更用新人一切以上應星象除穢布新爲義若彗入紫微垣王者之宮則其咎乃在君身君身之咎必非區區用人行政之間所能消弭此歷代星占載在文獻通考諸書中者鑿鑿可驗皇上試自取而觀之其震驚恐懼當不待於臣言矣茲欲禳除非常切身之災則必當求莫大切身之事有可以改觀萬國厭勝不祥者竊惟天以皇上爲子皇上以太子爲子以一家倫序而言惟此可以相當天子之象曰帝星太子之象曰前星以三垣方位而言惟此最爲相近即今民間有壓災充喜之說往往借子孫之吉祥以禳父母之凶咎早婚幼冠不以爲嫌何况皇上萬萬年社稷之身目見天變赫然如此而顧可以災爲諱變身反出於庶民之下乎臣以此爲皇上中夜廢寢而思潔齋而禱斷以爲方今禳彗第一義無過

早行冊立之典朝廷之上有此大典章而後可以辟除大殲宮闈之中有此大喜慶而後可以鎭壓大災若稍遲時日舉行廷臣有言之後則臣代主受名子代父受福呼吸之氣豈能動天地安危之機間不容髮惟皇上密斷而早發之聖躬幸甚社稷幸甚設或以秋冬措處不及乞先降一諭斷在明春舉行使懽聲和氣先騰於天下則天意亦未有不可回者頃聞禁中方修醮事祈保萬安請將臣錫爵之姓名焚於各神之前有如臣之此言不出愛君憂國至忠至赤之誠而苟爲妖言游說附衆立名神如有靈將臣霹靂碎屍未無怨悔如其不然亦望皇上照依古災異策免三公事例使臣退伏失職干和之罪亦可少爲君父分災臣亦永無怨悔臣今方抱病喘喘而手書此揭密封奏上六十老人爲此將以何求不過望皇上身安於泰山祚鞏如磐石耳伏惟堯舜聖明何所不察請因臣言細思後宮歡愛與身孰親世上財寶與身孰重趁此天心仁愛之時專爲尊生永命之計速決大疑免貽後悔臣不勝飲血叩心危懼急切之至臨疏涕泣不知所云尋奉御札諭元輔自彗星示現朕心甚憂懼儆惕前者卿與二次輔所奏揭帖內言愼起居四事悉見攄忠至慮昨卿又上密揭意欲以大典爲禳解甚見卿愛君憂國之心卿之忠赤朕豈不知且夫冊立之事本欲早行朕怒羣小煩聒疑惑故屢改移況今春有旨候二三年與出講一併舉行朕意已定今又發旨是又無定言矣夫二三年亦未爲遲且星變之災乃朕之不逮咎在朕身非卿失職卿受朕心膂委託之重方今逆倭狂逞竊覘正賴卿運籌贊理卿可安心輔治其冊立之事還候旨行諭卿知之本日臣王錫爵謹復奏頃奉御札諭元輔自彗星示現朕心甚憂懼儆惕前者卿與二次輔所奏揭帖內言愼起居四事悉見攄忠至慮昨卿又上密揭意欲以大典爲禳解甚見卿愛君憂國之心卿之忠赤朕豈不知且夫冊立之事本欲早行朕怒羣小煩聒疑惑故屢改移況今春有旨候二三年與出講一併舉行朕意已定今又發旨是又無定言矣夫二三年亦未爲遲且星變之災乃朕之不逮咎在朕身非卿失職卿受朕心膂委託之重方今逆倭狂逞竊覘正賴卿運籌贊理卿可安心輔治其冊立之事還候旨行諭卿知之欽此臣之愚戇蒙皇上腹心相視答應如響且以咎歸己以忠歸臣捧誦之餘令人仰虛懷而銜知己不覺涕泗交下自誓此生必不敢留一毫不盡之懷以負千載非常之遇謹匍匐百拜再佈愚忠以復夫聖意之久定皇上自知之臣等亦共知之乃呶呶羣小無端煩聒疑惑怒之是矣然爲羣小而自輕父天母地九廟社稷之身不知天心仁愛其昭然示警者爲羣小乎爲皇上乎使星占萬一有驗果羣小當之乎皇上當之乎若以二三年舉行之旨難以驟更爲疑則屢年之旨獨非定言歟棄舊旨而信今旨欲以服人心而格天意難矣且皇上之怒羣小斥之逐之彼反得借以爲名而天之怒皇上一不解而其危機隱變有不可勝諱者臣有此犬馬之誠所以不得不嘔出心肝誓拚身命而必欲爲皇上禳解斡旋之計保福壽於萬年也至於狂妄憂雖叵測然其象原不應紫微垣防禦之事臣自當與在外諸臣儘力計處惟臣力之所不能及而臣之身所不能代者則不得不望皇上自修自補耳萬千之愛爲身無不可捐萬千之嗔爲身無不可遣有如今日本怒羣小而將來反貽羣小之口天變於上人譁於下臣爲誤國之首雖欲如聖諭安心輔治而不得矣惟皇上思之思之莫誤莫誤聖諭到臣宅臣閉無有知者幸翻然更賜裁決勿復以成命難改爲嫌臣不勝至忠至懇之切除御札尊藏外謹再用手書具復以聞

萬曆二十二年星變

按福建通志萬曆二十二年七月二十六日星流如火

萬曆二十三年星變

按廣東通志萬曆二十三年東　有大星小星羣繞

按四川總志萬曆二十三年六月望日有星隕於昭化縣之三堆初墜入地掘三尺許氣若蒸得黑石如斗大

萬曆二十四年星變

按山西通志萬曆二十四年夏四月沁州彗星見是月二十日夜赤星如斗自西南飛流東北次日雨雹其大如卵或如杵積三尺餘傷人無數北柳里尤甚

萬曆二十八年星變

按雲南通志萬曆二十八年八月大星隕於騰越城

萬曆三十年星變

按福建通志萬曆三十年八月二十五日夜長星亙天頭大紅色尾尖白色

萬曆三十一年星變

按山西通志萬曆三十一年冬十二月山陰隕大星有星隕於城東
按福建通志萬曆三十一年十一月二十八日申時有大星如毬自南墜有聲
萬曆三十三年星變
按四川通志萬曆三十三年秋七月二十八日戌時南方有星如燈籠墜下向西而沒
萬曆三十五年星變
按山西通志萬曆三十五年春潞安武鄉流星如斗自東北抵西南名曰枉矢秋八月彗星見於西南
按潞安府志萬曆三十五年二月二十一日初昏時有流星墜西方
按雲南通志萬曆三十五年夏彗星見十一月彗星見西方尾東指其色赤
萬曆三十六年星變
按山西通志萬曆三十六年春二月流星如斗是月初十日夜有一星大如斗自東南而西北
萬曆三十七年星變
按浙江通志萬曆三十七年星隕於海寧
萬曆四十三年星變
按山西通志萬曆四十三年秋八月彗星自五更見其形如帚
萬曆四十五年星變
按湖廣通志萬曆四十五年十一月太白經天
萬曆四十六年星變
按山東通志萬曆四十六年八月彗見東南光芒甚長
按山西通志萬曆四十六年冬白氣經天彗星見出於東南直沖紫微垣
按河南通志萬曆四十六年四月星隕有聲形如白石
按江西通志萬曆四十六年夏九江星隕有聲
按廣東通志萬曆四十六年秋九月癸丑彗星見出辰分角亢度其尾衝指奎婁壁度先數夜有白氣自東亙西如刀形與彗星並見鋒芒如帚兩月乃滅
按廣西通志萬曆四十六年八月至十月每夜東方見一巨星長丈餘空中懸有白氣形如刀鎗長矛又如白布自北而南竟天
按四川總志萬曆四十六年八月初九日寅時有星隕於東南光如火炬斜飛緩行入濁有尾跡白如匹練聲響踰數刻方止
萬曆四十七年星變
按四川總志萬曆四十七年川東有長星見於東經月
熹宗天啓元年星變
按浙江通志天啓元年夏熒惑入南斗
天啓三年星變
按廣東通志天啓三年夏六月熒惑入南斗是月十六日初昏守斗中十餘日乃從西轉東去
按雲南通志天啓三年有流星大如斗色如火自省城東南隕於西北聲如雷
天啓四年星變
按江西通志天啓四年六月景星入太陰七月熒惑入斗口八月太白入月蝕十二月太白亙東方
天啓五年星變
按山西通志天啓五年夏六月交津星晝見
按湖廣通志天啓五年夏六月熒惑入南斗
按廣東通志天啓五年夏六月有大星東流入於南是月八日夜有大星如毬光長數丈自東流入於南響震一聲散作十餘道照耀如日光櫪馬雞犬皆驚須臾乃滅
天啓六年星變
按潞安府志天啓六年夏日中見斗
按福建通志天啓六年八月二十日將樂有流星如虹光芒亙天
天啓七年星變
按山西通志天啓七年春三月五臺流星初昏有巨星自北來踰五臺橫飛有聲忽作霹靂而散
愍帝崇禎三年星變
按湖廣通志崇禎三年六月太白經天
崇禎七年星變
按山西通志崇禎七年夏星出參伐昏有流星出參伐有聲星尾紅光如縷直垂至地良久方滅
崇禎十年星變
按福建通志崇禎十年十一月十九日夜西南有物如流星下墜大如瓜至半空而滅其光熠燿
崇禎十一年星變
按春明夢餘錄崇禎十一年六月論提督東司房吳孟明今年火星逆度兩次猛烈慘酷深可驚悼夫刑罰所以誅不仁緝訪惟欲得眞事苟或誤加善良飾虛爲實大犯命官之戒必干天地之和近來人情作

姦者固多讎詐者亦不少今後凡有首報事件旗番止許拘人或爾親審叮嚀刑官虛公查質眞者據實參處誣者即時開釋仍將首報之人反坐示戒不許徑自拿人私行拷打彼卑官小卒以衙門爲活計唯知嗜利鮮有良心是以有錢者賣放無錢者方來呈稟所以眞者已不勝至狠狽若誣者即使放去亦人傷財盡矣甚至張冠李戴增少爲多或久禁暗處或苦打屈服砌成可惡情狀令人一見輒怒此時全憑爾心腹大臣以清嚴作標虛公爲準固不可避怨縱姦決不可疎忽偏聽若事偶誤縱成本上仍應檢舉改正若別衙門偶有平反亦虛心聽之舊例事多平反原問衙門無罪不必堅持初入之言偏執己見到底護短遂非輕視人命非惟有辜任使抑且自損陰功然亦不許因此推諉滋曠溺職戒之戒之特諭

崇禎十二年星變

按陝西通志崇禎十二年夏有星隕於鳳翔袁𦬊師家不及地旋轉如冶金良久漸高飛去光照數十里

崇禎十三年星變

按山西通志崇禎十三年夏四月星隕有聲自西北流東北星隕如雨

崇禎十四年星變

按河南通志崇禎十四年天狗星墜宋野占曰天狗所落殺人遍地天狗下食其血至次年三月流寇破宋曆城

崇禎十五年星變

按廣東通志崇禎十五年四月熒惑犯歲星五月犯鎭星

崇禎十七年星變

按畿輔通志崇禎十七年三月唐縣星隕大如輪

按陝西通志崇禎甲申年六月亭午隕大星

按廣東通志崇禎十七年秋太白經天

欽定古今圖書集成曆象彙編庶徵典

第五十七卷目錄

庶徵典第五十七卷

星變部總論

易經

繫辭上

天垂象見吉凶聖人象之集說見猶示也如常則是示人以吉有變則是示人以凶參義在於天而其象著則日月星辰者是也而其行有順逆則其應有吉凶故聖人又取其象以明人事焉會通日月五星天象也天不言示人以象吉凶見矣

史記

天官書

自初生民以來世主曷嘗不曆日月星辰及至五家三代紹而明之仰則觀象於天俯則法類於地天則有日月地則有陰陽天有五星地有五行天有列宿地有州域三光者陰陽之精氣本在地而聖人統理之幽厲以往尚矣所見天變皆國殊窟穴家占物怪以合時應其文圖籍禨祥不法是以孔子論六經紀異而說不書至天道命不傳傳其人不待告告非其人雖言不著昔之傳天數者高辛之前重黎於唐虞義和有夏昆吾殷商巫咸周室史佚萇弘於宋子韋鄭則裨竈在齊甘公楚唐眛趙尹皐魏石申夫天運三十歲一小變百年中變五百載大變三大變一紀三紀而大備此其大數也爲國者必貴三五上下各千歲然後天人之際續備太史公推古天變未有可考於今者蓋略以春秋二百四十二年之間日蝕三十六彗星三見宋襄公時星隕如雨天子微諸侯力政五伯代興更爲主命自是之後衆暴寡大幷小秦楚吳越夷狄也爲彊伯田氏簒齊三家分晉並爲戰國爭於攻取兵革更起城邑數屠因以饑饉疾疫焦苦臣主共憂患其察禨祥候星氣尤急近世十二諸侯七國相王言從衡者繼踵而皐唐甘石因時務論其書傳故其占驗凌雜米鹽二十八舍主十二州斗秉兼之所從來久矣秦之彊也候在太白占於狼弧吳楚之彊候在熒惑占於鳥衡燕齊之彊候在辰星占於虛危宋鄭之彊候在歲星占於房心晉之彊亦候在辰星占于參罰及秦幷吞三晉燕代自河山以南者中國中國于四海內則在東南爲陽陽則日歲星熒惑塡星占于街南畢主之其西北則胡貉月氏諸衣旃裘引弓之民爲陰陰則月太白辰星占于街北昴主之故中國山川東北流其維首在隴蜀尾沒于勃碣是以秦晉好用兵復占太白太白主中國而胡貉數侵掠獨占辰星辰星出入躁疾常主外國其大經也此更爲客主人熒惑爲孛外則理兵內則理政故曰雖有明天子必視熒惑所在諸侯更彊時菑

異記無可錄者秦始皇之時十五年彗星四見久者八十日長或竟天其後秦遂以兵滅六王并中國外攘四夷死人如亂麻因以張楚並起三十年之間兵相駘藉不可勝數自蚩尤以來未嘗若斯也項羽救鉅鹿枉矢西流山東遂合從諸侯西坑秦人誅屠咸陽漢之興五星聚于東井平城之圍月暈參畢七重諸呂作亂日蝕晝晦吳楚七國叛逆彗星數丈天狗過梁野及兵起遂伏尸流血其下元光元狩蚩尤之旗再見長則半天其後京師師四出越之亡熒惑守斗朝鮮之拔星茀于河戒兵征大宛星茀招搖此其犖犖大者若至委曲小變不可勝道由是觀之未有不先形見而應隨之者也夫自漢之爲天數者星則唐都氣則王朔占歲則魏鮮故甘石曆五星法唯獨熒惑有反逆行逆行所守及他星逆行日月薄蝕皆以爲占余觀史記考行事百年之中五星無出而不反逆行反逆行嘗盛大而變色日月薄蝕行南北有時此其大度也故紫宮房心權衡咸池虛危列宿部星此天之五官坐位也爲經不移徙大小有差闊狹有常水火金木塡星此五星者天之五佐爲經緯見伏有時所過行贏縮有度日變修德月變省刑星變結和凡天變過度乃占國君彊大有德者昌弱小飾詐者亡太上修德其次修政其次修救其次修禳正下無之夫常星之變希見而三光之占亟用日月暈適雲風此天之客氣其發見亦有大運然其與政事俯仰最近大人之符此五者天之感動爲天數者必通三五終始古今深觀時變察其精粗則天官備矣

後漢王充論衡

變虛篇

傳書曰宋景公之時熒惑守心公懼召子韋而問之曰熒惑在心何也子韋曰熒惑天罰也心宋分野也禍當君雖然可移於宰相公曰宰相所使治國家也而移死焉不祥子韋曰可移於民公曰民死寡人將誰爲也寧獨死耳子韋曰可移於歲公曰民饑必死爲人君而欲殺其民以自活也其誰以我爲君者乎是寡人命固盡也子毋復言子韋退走北面再拜曰臣敢賀君天之處高而耳卑君有君人之言三天必三賞君今夕星必徙三舍君延命二十一年公曰奚知之對曰君有三善故有三賞星必三徙三徙行七星星當一年三七二十一故君延命二十一歲臣請伏於殿下以伺之星必不徙臣請死耳是夕也火星果徙三舍如子韋之言則延年審得二十一歲矣星徙審則延命延命明則景公爲善天祐之也則夫世間人能爲景公之行者則必得景公祐矣此言虛也何則皇天遷怒使熒惑本景公身有惡而守心則雖聽子韋言猶無益也使其不爲景公則雖不聽子韋之言亦無損也齊景公時有彗星使人禳之晏子曰無益也祇取誣焉天道不闇不貳其命若之何禳之也且天之有彗也以除穢也君無穢德又何禳焉若德之穢禳之何益詩曰惟此文王小心翼翼昭事上帝聿懷多福厥德不回以受方國君無回德方國將至何患於彗詩曰我無所監夏后及商用亂之故民卒流亡若德回亂民將流亡祝史之爲無能補也公說乃止齊君欲禳彗星之凶猶子韋欲移熒惑之禍也宋君不聽猶晏子不肯從也則齊君爲子韋晏子爲宋君也同變共禍一事二人天猶賢宋君使熒惑徙三舍延二十一年獨不多乎一作晏子使彗消而增其壽何天祐善偏駮不齊一也人君有善行善行動於心善言出於意同由共本一氣不異宋景公出三善言則其先三善言之前必有善行也有善行必有善政政善則嘉瑞臻福祥至熒惑之星無爲守心也使景公有失誤之行以致惡政惡政發則妖異見熒惑之守心桑穀之生朝高宗消桑穀之變以政不以言景公卻熒惑之異亦宜以行景公有惡行故熒惑守心不改政脩行坐出三善言安能動天天安肯應何以效之使景公出三惡言能使熒惑守心乎夫三惡言不能使熒惑守心三善言安能使熒惑退徙三舍以三善言獲二十一年如有百善言得千歲之壽乎非天祐善之意應誠爲福之實也子韋之言天處高而聽卑君有君人之言三天必三賞君夫天體也與地無異諸有體者耳咸附於首體與耳殊未之有也天之去人高數萬里使耳附天聽數萬里之語弗能聞也人坐樓臺之上察地之螻蟻尚不見其體安能聞其聲何則螻蟻之體細不若人形大聲音孔氣不能達也今天之崇高非直樓臺人體比於天非若螻蟻於人也謂天非若螻蟻於人也謂天聞人言隨善惡爲吉凶誤矣人不曉天所爲天安能知人所行使天體乎耳高不能聞人言使天氣乎氣若雲煙安能聽人辭說災變之家曰人在天地之間猶魚在水中矣其能以行動天地猶魚鼓而振水也魚動而水蕩氣變此非實事也假使眞然不能至天魚長一尺動於水中振旁側之水不過數尺大若不過與人同

所振蕩者不過百步而一里之外澹然澄靜離之遠也今人操行變氣遠近宜與魚等氣應而變宜與水均以七尺之細形形中之微氣不過與一鼎之蒸火同從下地上變皇天何其高也且景公賢者也賢者操行上不及聖下不過惡人世間聖人莫不堯舜惡人莫不桀紂堯舜操行多善無移熒惑之效桀紂之政多惡有反景公脫禍之驗景公出三善言延年二十一歲是則堯舜宜獲千歲桀紂宜爲殤子今則不然各隨年壽堯舜桀紂皆近百歲是竟子韋之言妄延年之語虛也且子韋之言曰熒惑天使也心宋分野也禍當君若是者天使熒惑加禍於景公也如何可移於將相若歲與國民乎天之有熒惑也猶王者之有方伯也諸侯有當死之罪使方伯圍守其國國君問罪於臣明罪在君雖然可移於臣子與人民設國君計其言令其臣歸罪於國方伯聞之肯聽其言釋國君之罪更移以付國人乎方伯不聽者自國君之罪非國人之辜也方伯不聽自國君之罪熒惑安肯移禍於國人若此子韋之言妄也曰景公聽乎言庸何能動天使諸侯不聽其臣言引過自予方伯聞其言釋其罪委之去乎方伯不釋諸侯之罪熒惑安肯徙去三舍夫聽與不聽皆無福善星徙之實未可信用天人同道好惡不殊人道不然則知天無驗矣宋衛陳鄭之俱災也氣變見天梓慎知之請於子產有以除之子產不聽天道當然人事不能卻也使子產聽梓慎四國能無災乎堯遭洪水時臣必有梓慎子韋之知矣然而不卻除者堯與子產同心也案子韋之言曰熒惑天使也心宋分野也禍當君審如此言禍不可除星不可卻也若夫寒溫失和風雨不時政事之家謂之失誤所致可以善政賢行變而復也若熒惑守心若必死猶亡禍安可除修政改行安能卻之善政賢行尚不能卻出虛華之三言謂星卻而禍除增壽延年享長久之福誤矣觀子韋之言景公言熒惑之禍非寒暑風雨之類身死命終之祥也國且亡身且死妖氣見於天容色見於面面有容色雖善操行不能滅死徵已見也在體之色不可以言行滅在天之妖安可以治除乎人病且死色見於面人或謂之曰此必死之徵也雖然可移於五鄰若移於奴役當死之人正言不可容色肯爲善言之故滅而當死之命肯爲之長乎氣不可滅命不可長然則熒惑安可卻景公之年安可增乎由此言之熒惑守心未知所爲故景公不死也且言星徙三舍者何謂也星三徙於一舍乎一徙歷於三舍也案子韋之言曰君有君人之言三天必三賞君今夕星必徙三舍若此星竟徙三舍也夫景公一坐有三善言星徙三舍如有十善言星徙十舍乎熒惑守心爲善言卻如景公復出三惡言熒惑食心乎爲善言卻爲惡言進無善無惡熒惑安居不行動乎或時熒惑守心爲旱災不爲君薨子韋不知以爲死禍信俗至誠之感熒惑之處星必偶自當去景公自不死世則謂子韋之言審景公之誠感天矣亦或時子韋知星行度適自去自以著己之知明君臣推讓之所致見星之數七因言星七舍復得二十一年因以星舍計年之數是與齊太卜無以異也齊景公問太卜曰子之道何能對曰能動地晏子往見公公曰寡人問太卜曰子道何能對曰能動地地固可動乎晏子嘿然不對出見太卜曰昔吾見鉤星在房心之間地其動乎太卜曰然晏子出太卜走見公臣非能動地地固將自動夫子韋言星徙猶太卜言地動也地固且自動太卜言己能動之星固將自徙子韋言君能徙之使晏子不言鉤星在房心則太卜之姦對不覺宋無晏子之知臣故子韋之一言遂爲其是案子韋書錄序秦亦言子韋曰君出三善言熒惑宜有動於是候之果徙舍不言三或時星當自去子韋以爲驗實動離舍世增言三既空增三舍之數又虛生二十一年之壽也

北齊顏氏家訓

星宿

天地初開便有星宿九州未劃列國未分翦疆區野若爲躔次封建已來誰所制割國有增減星無進退災祥禍福就中不差乾象之大列星之夥何爲分野止繫中國昴爲旄頭匈奴之次西胡東越彫題交阯獨棄之乎以此而求迄無了者豈得以人事尋常抑必宇宙外也

星變部藝文一

詣闕疏節　後漢郎顗

順帝時災異屢見陽嘉二年正月公車徵顗乃詣闕拜章

比熒惑失度盈縮往來涉歷輿鬼環繞軒轅火精南方夏之政也政有失禮不從夏令則熒惑失行正月三日至乎九日三公卦也三公上應台階下同元首政失其道則寒陰反節節彼南山詠自周詩股肱良哉著于虞典而今之在位競託高虛納累鍾之奉忘

天下之變棲遲偃仰寢疾自逸被策文得賜錢卽復起矣何疾之易而愈之速以此消伏災眚興致升平其可得乎今選舉牧守委任三府長吏不良旣咎州郡州郡有失豈得不歸責舉者而陛下崇之彌優自下慢事愈甚所謂大網疎小網數三公非臣之仇臣非狂夫之作所謂發憤忘食懇懇不已者誠念朝廷欲致興平非不能面譽也臣生長草野不曉禁忌披露肝膽書不擇言伏鑕鼎鑊死不敢恨謹詣闕奉章伏待重誅

對尚書疏　前人

臣竊見皇子未立儲宮無主仰觀天文太子不明熒惑以去年春分後十六日在婁五度推步三統熒惑今當在翼九度今反在柳三度則不及五十餘度去年八月二十四日戊辰熒惑歷輿鬼東入軒轅出后星北東去四度北旋復還軒轅者後宮也熒惑者至陽之精也天之使也而出入軒轅繞還往來易曰天垂象見吉凶其意昭然可見矣禮天子一娶九女嫡媵畢具今宮人侍御動以千計或生而幽隔人道不通鬱積之氣上感皇天故遣熒惑入軒轅理人倫垂象見異以悟主上昔武王下車出傾宮之女表商容之閭以理人倫以表賢德故天授以聖子成王是也今陛下多積宮人以違天意故皇胤多夭嗣體莫寄詩云敬天之怒不敢戲豫方今之福莫若廣嗣廣嗣之術可不深思宜簡出宮女恣其姻嫁則自天降福子孫千億惟陛下丁寧再三留神於此左右貴倖亦宜惟臣之言以悟陛下蓋善言古者合於今善言天者合於人願訪問百僚有違臣言者臣當受苟言之罪

臣竊見去年閏十月十七日己丑夜有白氣從西方天苑趨左足入玉井數日迺滅春秋日有星孛於大辰大辰者何大火也大火爲大辰北辰又爲大辰北極亦爲大辰所以孛一宿而連三宿言北辰王者之宮也凡宮中無節政教亂逆威武衰微則此三星以應之也罰者白虎其宿主兵其國趙魏變見西方亦應三輔凡金氣爲變發在秋節臣恐立秋以後趙魏關西將有羌寇畔戾之患宜豫宣告諸郡使敬授人時輕徭役薄賦斂勿妄繕起堅倉獄備守衞選賢能以鎭撫之金精之變責歸上司宜以五月丙午遣太尉服干戚建井旟書玉版之策引白氣之異於西郊責躬求愆謝咎皇天消滅妖氣蓋以火勝金轉禍爲福也

又疏　前人

去冬十月二十日癸亥太白與歲星合于房心太白在北歲星在南相離數寸光芒交接房心者天帝明堂布政之宮孝經鉤命決曰歲星守心年穀豐尚書洪範記曰月行中道移節應期德厚受福重華留之重華者謂歲星在心也今太白從之交合明堂金木相賊而反同合此以陰陵陽臣下專權之異也房心東方其國主宋石氏經曰歲星出左有年出右無年今金木俱東歲星在南是爲出右恐年穀不成宋人饑也陛下宜審詳明堂布政之務然後妖異可消五緯順序矣

二氣合景星賦（以其狀無常出有道之國爲瑞）　唐裴度

星麗天中君居人上觀星文之高朗見君德之洪暢烈乎景以爲君氣之可望徙亘其二方之色靡知其千變之狀故隱不可思見無與期必潛拱而元感乃粲然而著之諒精誠之盡達若影響而相追且夫浩浩陰騭昭昭元吉匪乘運而生將俟時而出方今統三才而不爽叶一德而無失所以列其數而惟二等其色而如一旣參差而相比亦錯落而爲質非煙非霧相羃歷以氤氳散彩耀芒邃精明而成實懿其燭彼天衢同日月之列于三無瑞我元首旌號令之敷于九有不然何以渾青赤之悠揚掩牛斗之熒煌或助月于晦朔或偶聖而昭彰昔在周公之攝贊幼主周武之肆伐大商皆立功而本政亦效祉而垂光未若明庭而治國無事而降康斯時也豈慮其應斯瑞也則惟其常是以瑩霏微之中形璀璨之色仰嘉氣之來輝煥喻他方之歸道德陋虞舜之僅加於房小唐堯之纔出于翼瞻之踊躍如北面之事一人照之清明若南向之觀萬國豈同乎嘒彼躔次行諸歲時昏在昴中示春物之將蠢帘申爲斗建兆秋風之欲淒其躔窮運數于晷刻未甄邦國之清夷宵綿邈兮元造在休徵兮載考何煜煜于重霄信恢弘于治道手抃目駭兮載賡歌于大寶

二氣合景星賦　闕名

國家握乾符定天保禮樂修而叶德星辰行而軌道是以南方之氣共列色于少陽北斗之靈乃垂衣于元造是時玉燭調律攝提司方巽爲發生我則青而呈瑞離爲正位我則赤而啓祥其數也合三才而列耀其色也表一德而中黃雖感而匪遠亦見不于常所以合天地之貞觀明教化之昭彰應朱鳥之精生

而垂翼鸝跂鳥之道出則加房覩其氤氳映空光明在上乍元氣之肇分若連珠之遠狀是以覩天道因德而祐符我皇乘土而王乃知惟天爲大惟聖則之聖觀象以立極天應聖而無私故星合度于三統氣不姦于四時者也若乃鎭之所加歲之所守則合氣而出有精淪五老台坼六符則乘氣而入無豈惟縶隱見于虛賓定臃合之徐疾瞻賓王而非獨衛斗俾滂沱而徒云離畢所以掩萬代而莫類超百祥而獨出不然者何以表至化之文明見元象之陰騭于是天子占太史命有司諒修德而無怠在降福而不遲是必隱于凶孽是必耀于孝思嗚呼後代不敬曷其太史退乃書曰于時君臣同德聲夷率職道合上帝信乎下國于是二氣正而叶和三星黃而合色承渚問而載言俾洪裔而作則

天晴景星見賦 以有道之邦德星昭見爲韻　夏方慶

煥彼景星麗于蒼昊其隱也陰魄晦而氛霧作其見也夜景明而欃槍壞數大信以何言抑殊祥而是考祥所以叶天經符帝道既表應而無欺亦照臨而不私祚聖而德斯至奚懋象而人皆仰之向晦且殊于中見在天寧比乎明夷垂至精而契至理弘蕩蕩而播巍巍不然出房孰稱乎舜德居翼何貴乎堯時今我皇齊七政以作則泰三無以御極上天降祥景星昭德固云其道不遠孰謂其神不測晦明始見助皇化之惟明動息靡常類乾健而不息應陽精乃三其數彰土德乃黃其色既不孤而有鄰信元吉而柔克時也雲斂遙索天澄遠青纖塵不起微露斯零掩映孤月乘陵衆星回燭北辰似將朝乎帝座傍窺兩極疑欲覲乎天庭激高風以熠熠耿斜漢之熒熒青赤以辨其方合散以通其變運二氣而初叶混三光而乍見否泰之運式乎天地之心可見景星之瑞也曷與爲雙俾具瞻于萬邦景星之德也配乎悠久燦熒煌于九有于以贊高明于以示休咎懿無聲之載非我何知彰有道之邦非我何守不私其用胡繼明于月晦之時克保其謙故騰輝于日入之後是時天鑒匪遙德聲孔昭煥赫絪古光揚聖朝豈徒並連珠而邁同色流碧落而耀青霄

天晴景星見賦　陶拱

我皇以化洽四裔德應昌期能使嘉祥昭于國典景星耀于天維豈徒呈光芒而出矣遇精彩而見之于時元穹正清白日初匿烟景星之效質絪佳氣以競色起青方者紫瑞彩以葱蘢發赤位者統祥光而翕絕比懷珠而其狀匪異等抱珥而其儀不忒懿吐黃以爭光矧聚三而表德莫不熒煌于碧漢焜耀于青霄照下土而乍明掩繁星而自昭或乍虧其形類蟾魄而當晦朔或中虛其狀疑金環之在泬寥故德爲帝王之美作祥符之首信歷代之罕見旣今辰而方有稽往牒之隱見驗前經之休咎則天下和平域中殷阜佐朗月而其色惟盛臨安邦而其美不朽所以星祥帝宰效祉天庭表我皇之道泰彰我君之德馨豈比夫漢代稱奇空聞乎冉中之日堯年紀異徒傳乎入昴之星而已乎則知天贊巨唐神依至道必著明于元象實垂耀于蒼昊叶妙理於上德表鴻休於天造不然者何爲效靈莫匹具美無雙駭遠目于千里播英聲于萬邦是以綏厥黎庶垂諸史傳德非星而不著星非德而莫見蓋應運于英精亦叶時之靈變雖云瑞之衆祥之多未可比茲星之獨擅

天晴景星見賦　李蘭

君德惟馨天文效靈于是廓氛霧埽青冥發彼嘉氣浮茲景星南有光而霞赤東有色而煙青合彼氣之郁郁渾此色之冥冥昭然在天明乎有德仰其狀而可嘉究其靈而莫測君有至道不間元以覩光時無纖埃必在天而發色或出或處念茲在茲占莫知其常度出必應乎盛時所以當今夕而彰矣向青霄而仰之乘乎方色遵彼天逵泰階正其位五星守其維然後見茲星之昭燭經彼天以逶迤晴空寥寥列星炫炫紛乎二氣始若煙而非煙熠彼羣星初乍隱而乍見並我質之惟黃總彼氣而成絢靡徵類于呂之雲輝赫如繞樞之電星氣合會光華動搖二氣之色交至三星之狀孔昭瞻則惟明疑沐其雲露光芒振耀若擊大天隨明麗太極迥映青昊呈覡遙對乎三台效祥何慙于五老克表王德信由元造在覩常瑞于堯年居房水叶乎舜道誠美往牒今祥我邦覩茲瑞之尤異知景福之攸降當其玄天開歷牛斗旣應道而昭格豈越度于前後出無常處向樂土以是臨仰之彌高登靈臺而可偶是知景星之爲德也必得瑞一時光九有乃傳芳而永久

景星見賦 以垂象合符有道則見爲韻　闕名

皇天有知明命不疑旣何言而守默亦懸象而高垂彼星之見者下符曆哲上麗圓規將旌德之治亂必審時而推移故行藏克叶乎道盈縮不失其宜于是精其義覩其象色煥炳光炯晃挂青漢粲粲其輝連

白榆歷歷其狀天以祚聖垂元精而臨下聖以應天憑至誠而感上覩其貌美天文之昭昭原其本知王道之蕩蕩蓋以瑞本斯表祥光是含五緯知讓七紀儴慙與時俱明兮皇化齊美將聖共出兮元德相參豈同夫入蜀而使臣應其二在戸而詩人詠其三徒觀其象高而遠質明而微如曙燈之欲滅若秋螢之不飛夜則出爲麗乾元以發彩晝而隱也讓太陽而藏煇不然則安知國家無爲無事垂拱垂衣乎我唐至德可久立功不朽澤及四海化被九有緊彼景星契我元首俾千品萬類仰而知其太平四裔八蠻瞻而慕乎聖后若然則其驗可徵其事可考伊星之叶聖如風之偃草其靈也在乎或出或處其應也彰乎有道無道彼漢祖之聚五星唐堯之感五老未若帝命是錫生靈載造天祿無疆鴻業未保者也原夫莫大匪天莫明匪德天也惟德是輔德也惟天是則是以垂一星而呈萬國其明孔彰其儀不忒至若雲開天碧昭然可覩炳如金粟粲若銀礫煌煌其明爛爛其色九霄靜而載揚光芒千里望而不違咫尺客有觀天文察時變惟景星之所在信有道而則見美盛德之形容懷斯文而願薦

爲汝南公以妖星見賀德音表　李商隱

臣某言臣伏奉某月日德音以妖星謫見思答天戒者臣當時集軍州官吏丁寧宣示訖仁深覆載恩極照臨究祖宗之令圖極皇王之盛事則首方足圓不欣慶臣某中賀臣聞覆載莫大于天地而升降之氣或不接照臨莫大于日月而薄蝕之度或有差豈唯休咎之徵自是陰陽之事旋觀彗孛載考策書雖欲爲災曷嘗勝德伏惟皇帝陛下荆枝載茂棣萼重輝旣居正以體元亦觀文而察變仰窺星彩稍越天常于是深軫皇情重廻宸聽省躬之懼洞感于幽明及物之恩畢霑于華夏戒田游則成湯祝網之意釋寃滯乃大禹泣辜之慈罷去修營惜漢氏十家之産勸課耕耘復周邦九歲之儲德已厚矣仁已極矣然猶避寢自責撤膳貽憂以此延休何休不至以茲備患何患能爲足以高步三王平窺百古鞭撻守成之主粃糠中代之君抑臣又聞之昔貞觀之理也太宗文皇帝吞蝗而災沴息太岳之封也元宗明皇帝露坐而風雨銷炯戒猶存神靈未遠陛下永懷貽厥有切欽承爲其所不爲至其所不至佇見地泉流醴天酒凝甘人知朱草之祥家識白麟之瑞又豈芒角足懼晷度可憂者哉臣素乏器能謬當任使東雍西岳雖首化于百城日遠天高但心存于雙闕聽金石而慙殊舞獸無羽翼而恨異冥鴻宜當虔奉詔條頒宣德澤成陛下無偏之道畢微臣盡瘁之勤所冀不負簡書免拘司敗如其禮樂非臣所能無任感恩戀闕懇悃屛營之至

爲汝南公賀彗星不見復正殿表　前人

臣某言得本州進奏院狀報今月某日夜彗星不見宰臣某等奉表稱賀請御正殿復常膳者天道甚密聖心不遐感極而災亦爲祥誠至而妖寧勝德臣某中賀臣聞殷湯以六事責躬止七年之旱宋景以一言修德退三舍之星歷代以來咎徵常有苟君能克己則禍不移人伏惟皇帝陛下寅奉丕圖恭臨大寶尊符列聖酌憲前王昨者天象之開星文稱異載深歸咎爰用覃恩倉箱畢復于九年羅網併開其三面去營繕絶蕩心之巧申寃結除滅耳之俘而又正殿不居大庖盡減精誠昭達懇惻敷聞芒焰遽銷晷度如舊況蕞爾戎羯干犯疆場載思星見之徵恐是滅亡之兆伏惟稍寬聖慮以擁皇休遐九廟之降祥副兆人之欽屬臣又聞皇王之事業也雖至理之時不遺于憂畏雖至和之氣不忘于將迎是故神農焦勞軒帝顦顇堯旣癯瘠舜亦胼胝此四主側身于昔時陛下用心于茲日千載符契萬方懷柔臣嘗忝內朝今居近甸拱辰不及空瞻北極之尊就日無因忽覺長安之遠唯知抃躍莫可奮飛況時及初正禮當元會華夷畢至玉帛皆陳小國行人外藩下士皆得入趨鳳闕仰望獸樽臣獨限關河坐縈符竹戀旣深而詞懇慶已極而涕零無任感恩賀聖鬱戀屛營之至

論彗星　宋趙普

臣伏覩御批劄子云所爲妖星謫見引證古今莫知所措自旦及暮莫敢遑寧臣等伏捧眞蹤同承聖旨兢惶戰懼各不勝任其間老臣最負深過三十年之重位但愧叨塵一千載之明君將何輔弼忝列三台之首慙無一日之長自知政術疎遺寧免妖星謫見被苦者無由披訴偷安者不敢指陳雖衆議以明知奈皇情而莫惻隱蔽之咎惟臣最多甘俟嚴誅仰期待罪今則人心煩觱上象自差起征夫思亂之謀生醜虜犯邊之計天時人事不比尋常唯有今年倍須保護伏審陛下初知妖異親論德音便欲遍與恩澤優加賞賜旣發一言之善須增百福之祥令出惠物之心必有變災之望才經旬朔似有改移竊聞司天

臺內安陳邪佞之言深惑聖明之聽惟云妖異合滅契丹臣竊慮俱是諂諛未明眞僞乞加詢問須見實情乞問司天臺內所有前件奏未委按何經典逐件進呈伏望陛下親賜看詳便知可否臣聞五星二十八宿與五嶽四瀆皆在中國不在四夷而又尚書云萬方有罪罪在朕躬豈可契丹封疆下屬萬方之數臣今老邁豈會陰陽惟將正理參詳以前書證驗三墳五典必可依憑今錄到故事五件謹分析如後一按漢書天文志及諸書云歲星晨見東方行疾則不見不見則變爲妖星石氏云欃槍爲天棓又曰彗星所爲掃也其本類星其末類彗也小者數寸長或竟天彗狀如箕亦爲孛孛然如粉絮形狀雖異其殃一也皆是逆亂凶悖非常惡氣之所生也見則爲兵爲患除舊布新之狀不有大亂必有大兵天下合謀暗閉不明破軍流血死人如麻哭聲遍天下干戈並出四裔來侵餘災不盡下爲水旱饑疾凶惡之事不可具載又云凡關天象變異下方必有災殃如人臟腑有疾亦先形于面色象不虛發惟聖德可以消除一按左傳云齊有彗星齊侯使禳之晏子曰無益也祇取誣焉天道不諂不二其命若之何且天之有彗以除穢也君無穢德又何禳焉若德之穢禳之無益也詩云惟此文王小心翼翼昭事上帝聿懷多福厥德不回以受方國君無違德方國將至何患于彗詩曰我無所監夏后及商用亂之政民卒流亡若德回政亂民將流亡祝史之爲無能補也公說乃止其後齊國果有田氏篡奪之禍一按晉書天文志魏文帝黃初六年五月壬戌熒惑入太白一按蜀記魏明帝問黃權曰天下三分鼎立何地爲政對曰當驗天文郎可知也往昔熒惑守心而文帝崩吳蜀無事此其驗也一按梁書武帝大通元年熒惑犯南斗梁武帝跣足下殿走以厭之是年後魏孝明帝崩武帝歎曰索虜亦應天道一按唐書云高宗總章元年四月有彗星見于五車上避正殿減常膳令內外五品以上各上封事極言得失許敬宗上言星雖孛有光芒小此非國眚不足上勞聖慮請御正殿復常膳高宗不從敬宗又曰星孛而東北王師問罪此高麗將滅之徵上曰我爲萬國之主豈得推過小蕃哉二十日而星滅右具如前今檢尋故事聞達宸聰冀將師古之文聊證順情之說伏況陛下勤求理道獨出前王雖然彗星星妖自有皇天輔德臣所願者除舊布新之事事乞陛下親行變災爲福之祥乃謂陛下已有如此則商高宗之桑穀遂至中興周武王之資財須行大賚伏望陛下恭承天戒大慰物情明施曠蕩之恩更保延長之祚蓋緣凡關世事否泰相逐倚伏盈虛豈能常定聖朝開國三十年國富兵强近古無比諸方僭僞並受驅除無一國不亡無一人敢敵可謂鞭撻宇宙震懾華夏若非聖德神功終恐兆民未泰戰爭勞役寧有了期雖哲后修仁本意固無黷武而羣生造業隨緣有近于感招儻時運以相逢于聖賢而不免堯水湯旱乃是明徵臣又竊聞陛下自覩星文深勞帝念轉積動天之德思覃及物之恩則知多難興王傳聞於往昔殷憂啓聖實見于當今可謂何福不生何災不滅臣今誠懇思達冕旒仍須面具數呈不敢形于翰墨伏恨言詞蹇澀氣力衰羸步履猶難未任拜跪自從發動多有風涎如或一息不來便憂一詞難措以茲情抱實有感傷乞于閒暇之時略賜宣喚悉將微細皆具奏聞兼緣臣久負過愆因此合事陳首伏以臣謬將鄙拙虛受恩榮既不能致主安民又不能除奸殄寇叨據秉鈞之任忽招如彗之妖方抱恥于朝廷實難安於祿位伏況前代每逢災變必先冊免三公今遇盛時乞行嚴憲明加黜責用激忠良臣無任負愧懷怏戰懼兢惶待罪之至

論星變　　包拯

臣切見歲星逆犯房宿近鉤鈐之位于今月餘未順按天官云房四宿爲明堂天子布政之宮亦曰四輔股肱將相位也北二小星曰鉤鈐房之鈐鍵天之管籥主閉鍵天心房心于辰在卯主豫州宋之分野夫五星者五帝司命應王者號令爲之節度歲主歲事爲其統首好生惡殺安靜中度吉變色亂行則不爲福或有凌犯淹留不去咎在仁德未修誅罰未當若犯房宿亦責在將相之不稱職者伏況國家盛德在火歲火二曜俱爲福星房心又是宋之分野今歲德失度逆守于房復近鉤鍵之次徘徊未退本意亦謂人君指意欲有所爲而未得其節也乃上天之意所以篤佑聖宋丁寧陛下如是之至夫變異之來各象過失以譴告人主猶嚴父之明戒可不寅畏恐懼乎古之明王必正五事建大中以承天心能應以德則咎息不能應以善則災至要在所以應之應之之速非誠不立非信不行伏望陛下奮精剛之德挺獨斷之明內推至誠深思天戒以天下至大祖業至重不可謂承平無事而可以佚豫爲治外則邊防之大內

則機務之煩況今政失于寬而斂在姑息官弛于苟簡近下詔命澄汰流品而才者未之進不才者未之退蓋有司務在因循憚於甄選爾且方內治亂在陛下所任經曰亦惟先正克左右未有左右正而百官枉者也中外臣僚其有老懦貪殘苛刻奸佞不當居職者宜以時廢退益選溫良惇厚之士寘之于位令海內昭然知本朝之所貴豈不休哉然後掖庭之中簡去幽曠宦豎之內裁抑重任發號施令在乎必行賞德罰罪在乎不濫振舉綱目杜絕萌漸如此則災異消于上禍難息于下五緯循軌四時和順名天地之協氣致邦家于永寧願陛下力行而已臣本以孤危不知忌諱惟陛下不以位疏言賤留神省察則天下蒙幸

太乙宮申乞撰星辰不順保國安民內中後殿設醮青詞　眞德秀

伏以皇風丕洽五星連珠緯之光帝治郅隆七政順璿璣之度苟踐履有毫釐之爽斯災祥甚影響之隨臣猥以眇躬早膺休命雖陟降不忘于對越而精神或昧于感通比覽日官之言屢陳乾象之異火行壘壁歲犯明堂顧譴告之相仍皆非凉之所召夙宵自警震懼靡遑是用涓日陳儀洗心歸命冀鑒臨之赫赫消禍變于冥冥宋有善言星期必退齊無穢德彗或可禳庶憑悔艾之誠亟底和平之福

直前奏劄二　前人

貼黃臣切見九月丁巳流星晝隕占者以爲覆軍流血之象分雖在晉楚實在益故臣妄謂蜀之邊備尤宜致謹而儲蓄人材尤邊政之大者伏乞睿照臣恭聞淳熙間有大府丞勾昌泰者獻言蜀中制置使一員任六十州安危或疾病遷改自朝廷除授動經年歲始至一去一來之時至爲利害之機願于從臣中常儲一二人于蜀令作安撫一旦制置有闕便可就除實思患預圖之策孝宗皇帝諭輔臣曰此正在卿等留意今後欲除蜀帥須是選擇可備制置使用者庶幾臨時不至闕事大哉聖謨誠可爲萬世法惟陛下財察

擬含譽瑞星見輔臣楊士奇進賀詩表宣德四年　明程文嘉靖己未

伏以璇霄朗象上顯昭有道之符黼坐凝禧吉兆啓無疆之曆萬國之歡聲雷動九重之德諭天敷仰懋敬以緝熙善靈承乎帝祉敢摛辭而揚厲庸潤色于皇猷臣等誠懽誠忭稽首頓首上言竊惟大君與天地同流隨感輒應聖人以日星爲紀未占有孚是以德隆則晷星神理夙詮于往牒志壹則動氣曜靈每鏡于先幾雲見攝提實鼎契軒轅之策景明翼軫玉繩流河渚之圖若連貝若連珠總彰政舉或聚房或聚井竟驗邦興蓋圓穀秉陽臨鑒之明罔漏而渾儀測緯類從之應靡愆焰焰耀青竹之編歷歷顯白榆之種睠茲含譽標厥瑞輪白如玉而黃如金昂高格澤大比虛而芒比彗義掃欃槍間輝宋代以稱奇直俟明時而表治茲蓋伏遇皇帝陛下斗樞毓粹日角昂姿明晉德以自昭惟貞百度察賁文而觀化時撫五辰帝道大光天工丕亮能誠則形形則著九功敘以興歌不息則久久則徵七政齊而順軌茲者歲次閹茂辰會元枵瑞輝忽傍乎九游望舒迥映殊彩更璟乎八紘津界開蒙融顥顥之元晶麗蒼蒼之正色拱乎乾紐陸離呈十夕之祥助彼泰階璀璨增六符之焰緣聖化叶由庚之詠肆天文快宣夜之稽喙息跂行普樂春臺壽域雕題卉服各安桂海冰天匪今斯今已治益治保章騰奏岳呼允帳乎輿情馮相告祺時動彌崇乎睿志欽昊穹之簡眷戴宗祏之明靈閶闔頒綸歸茂功而不有典謨引訓勉篤棐以加勤此其聖不自聖之心所以優入聖域而新又日新之德允宜輻湊新禧者也臣士奇景賢慚聚頴之荀遇主愧起岩之傅叨聯四輔曳履局于微垣忝竊三台列殿班于華蓋有爛之祥躔夥見與視夜而雀躍奚勝無前之懿爍欣逢世如春而鴻聲合播爰模三頌美德盛之形容敬綴四言鋪休徵之昌奕秉闡奎章而載筆濆微日照以爲榮若被英韶當聞樂而知德以登史冊必未世其有辭矣詩不多傳信斯在伏願北辰注慶南極增齡戢井鉞偃參旗煥瑤華于壁府調其風和畢雨熙玉燭于璣衡臣等無任云云

星變陳言疏　趙用賢

奏爲星變陳言以維人紀以定國是以隆聖治事頃者天文示異彗出西南大內火警變徵屢出皇上兢惕不遑下勅臣工同加省惕一時言事者籍籍或以糾察大臣或以修舉庶務固犛然具矣然臣猶以爲詳于小而未覩其大者也臣請不避斧鉞之誅爲陛下一正言之臣聞賤臣叩心而飛霜庶女告天而風振夫以一人一事之微而猶足感動天變如此況事在君相之交而道屬倫理之重者乎頃者輔臣張居正以父憂請制疏至再三而陛下留之至再四臣每

讀其疏輸誠篤哀情涙竭盡無可復吐未嘗不爲之欷歔飲泣而獨不能以少囘陛下之聽陛下固以輔臣受先皇付托之寄繫社稷安危之機有不可一日而失所倚者是至公之心也輔臣至以藉苫處塊銜哀茹痛而不能不勉承陛下勤懇之命者亦至公之心也然臣以爲喪必三年自周公孔子以來未之有改世儒之所講說民俗之所習安而邇年以來亦未之有改是非小節常禮之云也自後卽乃有以金革之事起其臣于衰經之中此特權一時緩急而有不得曲顧其臣之私者非先王之法也臣自數日以來見輔臣瘠毀柴立形神摧敝有識者且爲憂之臣私竊計輔臣之心欲更有所請則拂陛下挽留之意欲遂聽陛下之留而不一往則父子乖離有抱恨于終天而不容頃刻安者夫輔臣能以君臣之義效忠于數年而陛下不能使父子之情少盡于一日臣不知陛下何忍爲此也臣查得楊溥李賢在先朝時亦嘗起復然溥先以省母還家賢亦以囘籍奉旨奪情固未有不出都而可謂之起復者也且陛下不允輔臣之請者豈非謂朝廷政令賴以參決四海人心賴以觀法乎今輔臣方負沈痛其精神之恍惚思慮之迫切必有不能如曩日之周且悉而四海之逖聽風聲者又且以拘曲尋常之見疑之亦何以如曩日信敬而承服是輔臣之勛望積之以數年而陛下顧敗之于一日臣又不知陛下何忍而爲此也臣以爲輔臣之抱痛抑鬱而不得伸是爲干天和動星象之大也莫甚于此矣陛下若垂憫輔臣不使之憂傷毀性則宜聽其所請暫還守制卽萬不得已請如先朝故事時敕禮部一員護送就道仍爲責限赴闕不得延誤如是則其父子音容之乖隔于十九年者庶幾洩其痛于悲棺之一慟輔臣之心旣可以少安天下之人心亦可以無疑而陛下所以處輔臣君臣父子之間者庶幾備道而無遺議矣然臣因是而慼夫士氣之日靡國是之不明也夫國家之設有臺諫所爲以紀法之司而任繩糾之寄者也固非謂其阿意順旨而將迎逢合之爲巳也今輔臣之留皇上主之亦旣有成命矣烏用是嘵嘵者哉臣竊意其始之遲廻而不言是猶以經常之見冀陛下之曲體乎輔臣而其旣且言之而不置者不過逐影附聲以希寵要榮之念而幸陛下之一俞其請而已背公誼而徇私請蔑至情而倡異論皆斯言之啓矣故今諸臣之所可自解者獨幸輔臣名行不至于大黷耳脫不幸異日有不肖者乘勢而竊位焉亦將循故事而爲此附和乎臣誠不知其可也臣以爲人紀之所以植國是之所以定者固不特一時治安之計而實萬世治安之計也陛下不可不垂警于此矣且陛下信輔臣之深而留之篤豈非以在廷諸臣未有稱陛下之任使如輔臣者乎然堯舜不聞以五臣之共職而替其知人之哲文武不聞以十亂之居列而隳其求賢之心亦願陛下擇而用之何如耳陛下誠于朝講之暇悉心體采自內閣講論以至部院大臣非時召對考之行以驗其心術之端邪委之事以稽其才猷之通塞使人人得以所長自見當必有如輔臣者踵出于其間以稱陛下之任使如是則輔臣卽去猶之其留陛下不至以孤注視輔臣而輔臣因是以褫推賢讓能之譽顧不恤於以憂勞萃輔臣之一身使其乖父子之性而傷天地之和也哉臣愚昧莫測於天人之際竊以爲當人心而合天意者其事莫大於此敢昧死爲皇上陳之惟聖明采納焉

星變求言疏　　張吉

工部營繕淸吏司主事臣張吉謹奏爲修德弭災以囘天意等事臣伏覩勅諭云云臣愚有以知陛下是心實悔過遷善之機宗社生靈之福聖子神孫萬世無疆之休臣聞救焚者不以杯水拯深溺者不以尺繩弭大患者不以小故塞鉅責者不以細談則臣之奉詔敢不悉心苦口力陳極諫以盡其愚而陛下聽臣所言亦宜虛心採納不以忤己難行而斥之可也陛下卽位以來二十一年於玆以聰明睿智之資備孝友慈仁之德存好生惡殺之心然而生民不被其澤四方不得其寧庸可不知所自歟良由近年以來儒臣疏隔政事廢弛每日退朝以後不過與左右近習之人群居狎處耽好逸遊以歌舞爲娛樂以珍寶爲玩適以佛老爲感孚以祈禱爲修省以工役爲備作以聚斂爲能事以妖書爲至言以邪術爲正道剝民效獻者名曰孝順迎合意旨者號爲忠款使諍臣杜口莫敢誰何而祖宗設立臺諫之意漫不加省凡上章奏者苟有片言隻字干涉時事則必罪其泛言攙擾否則曰事已處置胡爲再言甚至嚴加譴讁恨不置之死地而後已于是遠近相戒以言爲諱陛下孤立于上危如累卵而左右奸佞之徒兇威日熾略無畏忌薦用憸邪排擯正直招權植黨虎噬狼吠又乘陛下歡樂之餘造膝頓首甘言軟語以祈其欲

陛下偶未之察少從其請而天下之大事去矣如從其乞恩之請則倖進多而名器壞從其採辦之請則漁獵廣而民力殫似此之類不可枚舉其害可勝言乎又引妖僧繼曉贓罪吏典李孜省及一切亡命無賴之人扇爲邪法蠱惑聖心出入禁闥備極榮寵雖三尺童子皆知唾駡而陛下獨未之覺職此之故以致災異疊見曠世罕聞山西陝西河南等處連年荒旱居民十死七八横屍布野積骨成丘過者爲之掩鼻聞者爲之寒心此其可憂之極不待知者而後知也今上天垂象警告深切而陛下惕然憂懼降詔求言此眞知天意所在而力求所以挽回之道然臣聞之爲治顧力行何如苟踐履之功推行之實一有未至則雖有悔悟之心哀痛之詔亦託諸空言而已果何以允協天心而返其譴告之意乎伏乞自今以始盡絶前日所好盡棄前日所爲每退朝尚膳之後日就便殿宣名二三大臣將中外羣臣所上章奏次第檢閱考論是非以求至當歸一之論然後施行苟有未善許令給事中等官指陳得失直言無隱以俟更改不得仍前緘默以致釀成莫測之禍逮聖躬休暇之餘退居宮禁宜閲尚書春秋及宋儒朱熹所脩資治通鑑綱目眞德秀所撰大學衍義等書以鑑前代治亂興衰之迹及其稍倦則澄心靜慮涵養本原以爲應事接物之基使邪枉之念一毫不萌于内諂諛之言一語不經于耳淫巧之器一物不陳于前而陛下此心常如太空之不雲止水之無波以此照物何幽不燭以此應事何往非宜而政事之得失臣下之忠邪軍民之利病豈有不得其要而操縱予奪之權可以參之于衆而斷之於獨乎若其他蠹國害民之政則大臣科道必將備舉無遺無俟乎愚論之諄復然臣猶恐陛下狃于故常牽于浮議未能一一聽信舍其舊而圖其新也則當時所宜克己痛革至要而至切者又不可不姑舉一二以例其餘竊惟近年以來以傳奉得官者冗濫無算宜削其祿秩以紓供億之浩繁以賄賂求進者希望無厭宜嚴加禁約以塞奔競之門戶輟蓋寺之費以實内帑寬九門之稅以裕小民清鹽課以益邊儲謹刑獄以雪冤氣邊境之虞不可不議其備饑饉之地不可不拯其生貢獻之物不可不却其來誅求之使不可不絶其去賞賚之需不可不知其節服御之飾不可不抑其奢行伍之士不可不寬其力暴横之黨不可不戢其威强珍董旻成實于大節徐鏞何光輩凡以言事去職者不可不復其官張善吉李孜省繼曉之徒不可不正其罪夫繼曉孜省無足言者善吉本以明經出身備員諫位及其失職遭貶于分固宜爲善吉者正當自思薄劣無補聖明奉身求退可也顧乃哀訴乞憐謬仍故職爲人若此尚可望其拾遺補闕而有以格君心之非乎臣以善吉不去終無以勵廉恥之士而來忠諫之言乞正其罪狀放歸田里以抑貪冒無恥之風若夫林俊張黻既知其寃正宜特加顯擢以旌其直不當置之南京以示陛下本無求言納諫之實不過姑爲是舉以應天變而已臣所謂克己痛革至要至切若此數事是已然陛下誠能清心寡慾親近儒臣講求治道孜孜不倦則天下幽渺之義隱伏之情尚可觸類而長以爲民休況臣所言昭彰于人耳目而有不可舉行者乎若此而天意不回災異不息邊境不寧民困不蘇乞加臣重譴以懲欺罔臣伏覩勅諭恐大臣科道會本類陳未免詳于庶政而略于君德則陛下前日舉動之失何由得聞今日悔悟之機何由得遂臣聞古人有言曰臣寧言而死于鈇鉞不忍緘默以負吾君是敢忘其愚陋披瀝肝膽昧死爲陛下言之伏乞思祖宗創業之艱難念繼體守成之不易少延睿覽採而用之則臣雖萬死亦無所悔臣不勝戰慄悚懼之至

星變部藝文二 詩

星墜　明沈周

惟己酉十月五日立冬始鷄後涉黎明藉者稍稍起有星流西北而從東南止其大如車輪蓬然曳長尾撒星更拋簇遺落相蘂蘂其光白中黄燭地以晝比行旅盡驚仆吠犬鳴鶩雉墮地如砲聲引響久未已林閭皆籛撼約聞三百里七月昝示異不意復有此瞥過視莫諦墮處曷究擬至地當有化其形當何似其墮當何罹其罰當何理竊謂經與緯墮一天缺紀無乃金火餘其氣互合耳餘衍固非正謫罰自有旨菑祥符茫茫不敢扣太史

道路占事　傅汝舟

秋氣感長門出門覩列星東井聚五緯元象豈非明鳴鶴思晨集鵾鳩迅宵征徘徊白露下傷我美人情踽踽回空房彼彗見西方

岱宗諫議謫鎮遠時有星變　廖希顏

明堂再續周王禮宣室能容賈誼狂亢世有人還諫草清時憐汝獨遐荒龍吟鎮澤千峯雨鴈度偏橋八

月霜去住天涯各何意長星猶在太微旁

黃星行　趙汸

八月十五夜未央中天皓月懸清光大星稀少小星沒出門四顧山蒼蒼我生不讀甘石書但見一星明且黃今宵不見殊可怪應隨斗柄西山外石橋徙倚聞幽香荷葉團團大如蓋黃星明夜應復來清露爲酒荷爲杯舉杯漫與黃星壽自古昆明有劫灰

紀星飛　張星

亥年霜月半日晡過流星火鵲翎聲急金龍甲卸腥東南奔似箭西北響如鈴未卜先天數杞憂已涕零

欽定古今圖書集成曆象彙編庶徵典

庶徵典第五十八卷

星變部選句

漢司馬相如上林賦奔星更于閨闥 注 師古曰更歷也

揚雄反離騷帶鉤矩而佩衡兮履欃槍以爲綦 注 鄧展曰欃槍妖星也晉灼曰綦履跡也師古曰綦履下飾也

河東賦掉犇星之流旃彏天狼之威弧

星變部紀事一

獨異志周厲王時北斗與三台並流不知其所厲王沒後兩主星復見 此必繆之事志不足信

孝經左契周襄王不能事其母弟彗入斗亡其度

晏子齊有彗星景公使祝禳之晏子諫曰無益也祇取誣焉天道不諂不貳其命若之何禳之也且天之有彗以除穢也君無穢德又何禳焉若悳之穢禳之何益詩云維此文王小心翼翼昭事上帝聿懷多福厥德不回以受方國君無違德方國將至何患于彗詩曰我無所監夏后及商用亂之故民卒流亡若德之回亂民將流亡祝史之爲無能補也公說乃止

諫上篇景公之時熒惑守于虛期年不去公異之召晏子而問曰吾聞之人行善者天賞之行不善者天殃之熒惑天罰也今留虛其孰當之晏子曰齊當之公不說曰天下大國十二皆曰諸侯齊獨何以當晏子曰虛齊野也且天之下殃固于富彊爲善不用出政不行賢人使遠讒人反昌百姓疾怨自爲祇祥錄錄彊食進死何傷是以列舍無次變星有芒熒惑回逆孽星在旁有賢不用安得不亡公曰可去乎對曰可致者可去不可致者不可去公曰寡人爲之若何對曰盍去冤聚之獄使反田矣散百官之財施之民矣振孤寡而敬老人矣夫若是者百惡可去何獨是孽乎公曰善行之三月而熒惑遷

景公西面望睹彗星召伯常騫使禳去之晏子曰不可此天教也日月之氣風雨不時彗星之出天爲民之亂見之故詔之妖祥以戒不敬今君若設文而受諫謁聖賢人雖不去彗星將自亡今君嗜酒而并于樂政不飾而寬于小人近讒好優惡文而疏聖賢人何暇在彗茀又將見矣公忿然作色不悅

劉向新序宋景公時熒惑在心懼召子韋而問曰熒惑在心何也子韋曰熒惑天罰也心宋分野也禍當君身雖然可移於宰相公曰宰相吾所使治國也而移死焉不祥寡人請自當也子韋曰可移於民公曰民死將誰君乎寧獨死耳子韋曰可移於歲公曰歲饑民餓必死爲人君欲殺其民以自活其誰以我爲君乎是寡人之命固盡矣子無復言矣子韋還走北面再拜曰臣敢賀君天之處高而聽卑君有仁人之言三天必三賞君今夕星必徙舍君延壽二十一歲公曰子何以知之對曰君有三善故三賞星必三舍舍行七星星當一年三七二十一故曰延壽二十一年臣請伏於陛下以伺之星不徙臣請死之公曰可是夕也星三徙舍如子韋言老子曰能受國之不祥是謂天下之王也

越絕書吳王曰寡人晝臥夢見井嬴溢大與越爭彗越將掃我軍其凶乎孰與師還此時越軍大號夫差恐越軍入驚駭子胥曰王其勉之哉越師敗矣臣聞井者人所飲溢者食有餘越在南火吳在北水水制火王何疑乎風北來助吳也昔者武王伐紂時彗星出而與周武王問太公曰臣聞以彗鬬倒之則勝胥聞災異或吉或凶物有相勝此乃其證願大王急行是越將凶吳將昌也

博物志要離刺慶忌彗星襲月

史記越世家陶朱公中男殺人囚于楚朱公遣其長子爲一封書遺故所善莊生曰至則進千金于莊生所聽其所爲長男發書進千金如其父言莊生間時入見楚王言某星宿某此則害于楚楚王素信莊生曰今爲奈何莊生曰獨以德爲可以除之楚王乃使使者封三錢之府楚貴人驚告朱公長男曰王且赦朱公長男以爲赦弟固當出也重千金虛棄莊生無所爲也乃復見莊生取金持去莊生羞爲兒子所賣乃入見楚王曰臣前言某星事王言欲以修德報之今臣出道路皆言陶之富人朱公之子殺人囚楚其家多持金銀賂王左右故王非能恤楚國而赦乃以

朱公子故也楚王大怒令論殺朱公子明日遂下赦令

南越志秦二世五星會于南斗牛南海尉任囂知其偏霸之氣遂有志焉病且死召眞定人趙佗行南海尉事故今呼爲尉佗漢高帝遣陸賈爲南越王按此志亦不可信漢高祖入關五星會于東井距此不過數年安有五星再會之理

漢書陳餘傳甘公曰漢王之入關五星聚東井東井者秦分也先至必王楚雖彊後必屬漢耳

京房傳臣前白九年不改必有星亡之異臣願出任良試考功臣得居內星亡之異可去

獨異志京房列傳曰房臨刑之時謂人曰吾死之後客星入天井舉朝皆哀之

漢書李尋傳臣聞五星者五行之精五帝司命應王者號令爲之節度歲星主歲事爲統首號令所紀今失度而盛此君指意欲有所爲未得其節也又塡星不避歲星者后帝共政相留於奎婁當以義斷之熒惑往來亡常周歷兩宮作態低卬入天門上明堂貫尾亂宮太白發越犯庫兵寇之應也貫黃龍入帝庭當門而出隨熒惑入天門至房而分欲與熒惑爲患不敢當明堂之精此陛下神靈故禍亂不成也熒惑厥弛佞巧依勢微言毀譽進類蔽善太白出端門臣有不臣者火入室金上堂不以時解其憂凶塡歲相守又主內亂宜察蕭牆之內毋忽親疏之微誅放佞人防絕萌牙以盪滌濁濊消散積惡毋使得成禍亂辰星主正四時當效於四仲四時失序則辰星作異今出於歲首之孟天所以譴告陛下也政急則出早政緩則出晚政絕不行則伏不見而爲彗茀四孟皆出爲易王命四季皆出星家所諱今幸獨出寅孟之月蓋皇天所以篤右陛下也宜深自改治國故不可以戚戚欲速則不達經曰三載考績三考黜陟加以號令不順四時既往不咎來事之師也

劉向傳向字子政本名更生元帝初卽位太傅蕭望之爲前將軍少傅周堪爲諸吏光祿大夫皆領尚書事甚見尊任更生年少於望之堪然二人重之薦更生宗室忠直明經有行擢爲散騎宗正給事中與侍中金敞拾遺於左右四人同心輔政患苦外戚許史在位放縱而中書宦官弘恭石顯弄權望之堪更生議欲白罷退之未白而語洩遂爲許史及恭顯所譖愬堪更生下獄及望之皆免官其春地震夏客星見昴卷舌間上感悟下詔賜望之爵關內侯奉朝請

獨異志後漢劉聖公初得璽綬之夕有流星下降如繩繞聖公明日爲劉盆子將謝祿縊殺之亦繞星之象

後漢書郅惲傳惲字君章汝南西平人也明天文曆數王莽時寇賊羣發惲迺仰占乾象歎謂友人曰方今鎭歲熒惑並在漢分翼軫之域去而復來漢必再受命福歸有德如有順天發策者必成大功時左隊大夫逯並素好士惲說之曰當今上天垂象智者以昌愚者以亡昔伊尹自鬻輔商立功全人惲竊不遜敢希伊尹之蹤應天人之變明府儻不疑逆俾成天德並奇之使署爲吏惲不受署

廣陵思王傳廣陵思王荆建武十五年封山陽公十七年進爵爲王荆性刻急隱害有才能而喜文法光武崩大行在前殿荆哭不哀而作飛書封以方底令蒼頭詐稱東海王彊舅大鴻臚郭况書與彊曰君王無罪猥被斥廢而兄弟至有束縛入牢獄者太后失職別守北宮及至年老遠斥居邊海內深痛觀者鼻酸及太后尸柩在堂洛陽吏以次捕斬賓客至有一家三尸伏堂者痛甚矣今天下有喪弓弩張設甚備間梁松敕虎賁吏曰吏以便宜見非勿有所拘封侯難再得也郎官竊悲之爲王寒心累息今天下爭欲思刻賊王以求功易於泰山破雞子輕于駟馬載鴻毛此湯武兵也今年軒轅星有白氣星家及喜事者皆云白氣者喪軒轅女主之位又太白前出西方至午兵當起又太子星色黑至辰日輒變赤夫黑爲病赤爲兵王努力卒事高祖起亭長陛下興白水何况於王陛下長子故副主哉上以求天下事必舉下以雪除沈沒之恥報死母之讎精誠所加金石爲開當爲秋霜無爲檻羊雖欲爲檻羊又可得乎竊見諸相工言王貴天子法也人主崩亡閭閻之伍尚爲盜賊欲有所望何况王邪夫受命之君天之所立不可謀也今新帝人之所置彊者爲右願君王爲高祖陛下所志無爲扶蘇將閭叫呼天也彊得書惶怖卽報其使封書上之顯宗以荆母弟祕其事遣荆出止河南宮

蘇竟傳竟在南陽與劉龔書曰諸儒或曰今五星失晷天時謬錯辰星久而不效太白出入過度熒惑進退見態塡星繞帶天街歲星不舍氐房以爲諸如此占歸之國家蓋災不徒設皆應之分野各有所主夫房心卽宋之分東海是也尾爲燕分漁陽是也東海董憲迷惑未降漁陽彭寵逆亂擁兵王赫斯怒命將

並征故熒惑應此憲寵受殃太白辰星自亡新之末失行算度以至於今或守東井或沒羽林或裴回藩屛或躑躅帝宮或經天反明或潛藏久沈或衰微闇昧或煌煌北面或盈縮成鉤或偃蹇不禁皆大運蕩除之祥聖帝應符之兆也賊臣亂子往往錯互指麾妄說傳相壞誤由此論之天文安得遵度哉迺者五月甲申天有白虹自子加午廣可十丈長可萬丈正臨倚彌倚彌卽黎丘秦豐之都也是時月入于畢畢爲天網主網羅無道之君故武王將伐紂上祭于畢求天助也夫仲夏甲申爲八魁八魁上帝開塞之將也主退惡攘逆流星狀如蚩尤旂或曰營頭或曰天槍出奎而西北行至延牙營上散爲數百而滅奎爲毒螫主庫兵此二變郡中及延牙士衆所共見也是故延牙遂之武當託言發兵實避其殃

楊震傳延光三年東巡岱宗樊豐等因乘輿在外競修第宅震部掾高舒召大匠令史考校之得豐等所詐下詔書具奏須行還上之豐等聞惶怖會太史言星變逆行遂共譖震云自趙騰死後深用怨懟且鄧氏故吏有恚恨之心及車駕行還便時太學夜遣使者策收震太尉印綬

朱暉傳暉孫穆字公叔桓帝卽位順烈太后臨朝穆以梁冀埶地親重望有以扶持王室因推災異奏記以勸戒冀曰今年夏月暈房星明年當有小厄宜亟誅奸臣爲天下所怨毒者以塞災咎

襄楷傳楷字公矩平原隰陰人也桓帝時宦官專朝政刑暴濫又比失皇子災異尤數延熹九年楷詣闕上疏曰臣切見去歲五月熒惑入太微犯帝座出端門不軌常道其閏月庚辰太白入房犯心小星震動中耀中耀天王也旁小星天王子也夫太微天廷五帝之座而金火罰星揚光其中於占天子凶又俱入房心法無繼嗣今年歲星久守太微逆行西至掖門還切執法歲爲木精好生惡殺而淹留不去者咎在仁德不修誅罰太酷前七年十二月熒惑與歲星俱入軒轅逆行四十餘日而鄧皇后誅夫星辰麗天猶萬國之附王者也下將畔上故星亦畔天石者安類墜者失勢春秋五石隕宋後襄公爲楚所執秦之亡也石隕東郡今隕扶風與先帝園陵相近不有大喪必有畔逆書奏不省楷復上書曰臣伏見太白北入數日復出東方其占當有大兵中國弱四裔强臣又推步熒惑今當出而潛必有陰謀皆由獄多冤結忠臣被戮德星所以久守執法亦爲此也陛下宜承天意理察冤獄爲劉瓆成瑨虧除罪辟追錄李雲杜衆等子孫夫天子事天不孝則日食星鬬比年日食於正朔三光不明五緯錯戾前者宮崇所獻神書專以奉天地順五行爲本亦有興國廣嗣之術其文易曉參同經典而順帝不行故國嗣不興孝冲孝質頻世短祚臣又聞之得主所好自非正道神爲生虐故周衰諸侯以力征相尚於是夏育申休宋萬彭生任鄙之徒生於其時殷紂好色妲己是出葉公好龍眞龍遊廷今黃門常侍天刑之人陛下愛待兼倍常寵係嗣未兆豈不爲此天官宦者星不在紫宮而在天市明當給使主市里也今迺反處常伯之位實非天意

董卓傳邊章韓遂等大盛朝廷復以司空張溫爲車騎將軍假節執金吾袁滂爲副拜卓破虜將軍與盪寇將軍周愼並統于溫并諸郡兵步騎合十餘萬屯美陽以衞園陵章遂亦進兵美陽溫卓與戰輒不利十一月夜有流星如火光長十餘丈照章遂營中驢馬盡鳴賊以爲不祥欲歸金城卓聞之喜明日乃與右扶風鮑鴻等并兵俱攻大破之斬首數千級

風俗通司徒九江朱倀以年老爲司隸虞詡所奏耳目不聰明見掾屬大怒曰顚而不扶焉用彼相君勞臣辱何用爲于是東閤祭酒周舉曰昔聖帝明王莫不歷象日月星辰以爲鏡戒熒惑比有變異豈能手書密以上聞倀曰可自力也舉爲創草臣聞易曰天垂象見吉凶觀乎天文以察時變臣竊見九月庚辰今月丙辰過熒惑于東井辟金光曄合并移時乃出經術淺末不曉天官見其非常昭昭再見誠切怪之誠懣憤夫月者太陰熒惑火星不宜相干臣聞盛德之主不能無異但當變改有以供御孔子曰雖明天子熒惑必謀禍福之微愼察用之孝宣皇帝地節元年月蝕熒惑明年有霍氏亂孔子曰火上不可握熒惑班變不可息志帝應其修無極此言熒惑火精尤史家所宜察也楚莊曰災異不見寡人其亡今變異屢臻此天以佑助漢室覺悟國家也臣誠懼史官畏忌不敢極言惟陛下深留聖思按圖書之文鑒古今之戒名見方直極言而靡諱親賢納忠推誠應人猶影響也宋景公有善言熒惑徙舍延年益壽況乎至尊感不旋日書曰天威棐諶言天德輔誠也周公將沒戒成王以左右常伯常任準人綴衣虎賁言此五官存亡之機不可不謹也臣願陛下思周旦之言詳左右淸禁之內謹供養之官嚴宿衞之身申勑屢省

務知戒慎以退未萌以此無彊謹飭匐自力手書密
上上覽假表嘉其忠謨假目數病手能細書詡案大
臣苟肆私意詡坐上謝假蒙慰勞
三國魏志武帝本紀初桓帝時有黃星見于楚宋之
分遼東殷馗善天文言後五十年當有眞人起于梁
沛之間其鋒不可當至是凡五十年而公破袁紹天
下莫敵矣
晉書五行志魏明帝靑龍三年正月乙亥隕石于壽
光案左氏傳隕石星也
宣帝本紀帝遣將軍胡遵雍州刺史郭淮共備陽遂
與諸葛亮會于積石臨原而戰亮不得進還於五丈
原會有長星墜亮之壘帝知其必敗遣奇兵掎亮之
後斬五百餘級獲生口千餘降者六百餘人
景初二年帝伐公孫文懿時有長星色白有芒鬣自
襄平城西南流于東北墜於梁水城中震慴文懿大
懼乃使其所署相國王建御史大夫柳甫乞降請解
圍面縛不許執建等皆斬之
嘉平元年春正月甲午天子謁高平陵曹爽兄弟皆
從是日太白襲月帝于是奏永寧太后廢爽兄弟
蜀志後主傳景耀元年史官言景星見大赦改元
晉書五行志孫休永安三年將守質子群聚嬉戲有
異小兒忽來言曰三公鋤司馬如又曰我非人熒惑
星也言畢上昇仰視若曳一匹練有頃沒干寶曰後
四年而蜀亡六年而魏廢二十一年而吳平於是九
服歸晉魏與吳蜀並戰國三公鋤司馬如之謂也
大同志初王濬將征問靳普今行何如普對曰客星
伏南斗而太白歲星在西方占曰東方之國破必如

志矣
晉書五行志武帝太康五年五月丁巳隕石于溫及
河陽各二
六年正月隕石于溫三
梁孝王肜傳趙王倫輔政有星變占曰不利上相孫
秀懼倫受災乃著司徒爲丞相以授肜猥加崇進欲
以應之或曰肜無權不應也肜固讓不受
佛圖澄傳石宣將殺石韜宣先到寺與澄同坐浮屠
一鈴獨鳴澄謂曰解鈴音乎云胡子洛度宣變色曰
是何言歟澄謬曰老胡爲道不能山居無言重茵美
服豈非洛度乎石韜後至澄孰視良久韜懼而問澄
澄曰怪公血臭故相視耳季龍夢龍飛西南自天而
落旦而問澄澄曰禍將作矣宜父子慈和深以愼之
季龍引澄入東閤與其后杜氏問訊之澄曰脇下有
賊不出十日自浮圖以西此殿以東當有血流愼勿
東也杜后曰和尚耄邪何處有賊澄卽易語云六情
所受皆悉是賊老自應耄但使少者不昏卽好耳遂
便寓言不復彰的後二日宣果遣人害韜于佛寺中
欲因季龍臨喪殺之季龍以澄先誡故獲免及宣被
收澄諫季龍曰皆陛下之子也何爲重禍邪陛下若
含恕加慈者尚有六十餘歲如必誅之宣當爲彗星
下掃鄴宮季龍不從
張華傳華少子韙以中台星坼勸華遜位華不從曰
天道元遠惟脩德以應之耳不如靜以待之以俟天
命及倫秀將廢賈后秀使司馬雅夜告華曰今社稷
將危趙王欲與公共匡朝廷爲霸者之事華知秀等
必成簒奪乃距之雅怒曰刃將加頸而吐言如此不

顧而出華方晝臥忽夢見屋壞覺而惡之是夜難作
詐稱詔召華遂與裴頠俱被收
初吳之未滅也斗牛之間常有紫氣道術者皆以吳
爲強盛未可圖也惟華以爲不然及吳平之後紫氣
愈明華聞豫章人雷煥妙達緯象乃要煥宿屏人曰
可共尋天文知將來吉凶因登樓仰觀煥曰僕察之
久矣惟斗牛之間頗有異氣華曰是何祥也煥曰寶
劍之精上徹于天耳華曰君言得之吾少時有相者
言吾出六十位登三事當得寶劍佩之斯言豈效與
因問曰在何郡煥曰在豫章豐城華曰欲屈君爲宰
密共尋之可乎煥許之華大喜卽補煥爲豐城令煥
到縣掘獄屋基入地四丈餘得一石函光氣非常中
有雙劍並刻題一曰龍泉一曰太阿其夕斗牛間氣
不復見焉
大同志永康元年詔徵刺史趙廞爲大長秋遷成都
內史中山耿滕爲益州刺史折衝將軍因廞所服佩
初廞以晉政衰而趙星黃占曰星黃者主陰懷異計
蜀土四塞可以自安乃傾倉賑施流民以收衆心以
李特弟庠衞六郡人勇壯厚恤遇之流民恃此專爲
劫盜
晉書戴洋傳揚州刺史嘗問吉凶于洋答曰熒惑入
南斗八月有暴水九月當有客軍西南來如期果大
水而石冰作亂
祖約表洋爲下邑長太寧三年正月有大流星東南
行洋曰至秋府當移壽陽及王敦作逆約問其勝敗
洋曰太白在東方辰星不出兵法先起爲主應者爲
客辰星若出太白爲主辰星爲客辰星不出太白爲

客先起兵者敗今有客無主有前無後宜傳檄所部應詔伐之約乃率衆向合肥俄而敦死衆敗遂住壽陽

南中郎將桓宣以洋爲參軍將隨宣往襄陽太尉陶侃留之住武昌時侃謀北伐洋曰前年十一月熒惑守胃昴至今年四月積五百餘日昴趙之分野石勒遂死熒惑以七月退從畢右順行入黃道未及天關以八月二十二日復逆行還鉤繞畢向昴昴畢爲邊兵故置天弓以射之熒惑逆行司無德之國石勒死是也勒之餘燼以自殘害今年官與太歲太陰三合癸巳癸爲北方北方當受災歲鎭二星共合翼軫從子及巳徘徊六年荆楚之分歲鎭所守其下國昌豈非功德之徵也今年六月鎭星前角亢角亢鄭之分歲星移入房太白在心心房宋分順之者昌逆之者亡石季龍若與兵東南此其死會也官若應天伐刑徑據宋鄭則無敵矣若天與不取反受其咎侃志在中原聞而大喜會病篤不果行

陶回傳回性雅正不憚強禦丹陽尹桓景佞事王導甚爲導所昵回常慷慨謂景非正人不宜親狎會熒惑守南斗經旬導語曰南斗揚州分而熒惑守之吾當遜位以厭此譴回答曰公以明德作相輔弼聖主當親忠貞遠邪佞而與桓景造膝熒惑何由退舍導深愧之

五行志成帝咸和八年五月星隕于肥鄉一

石勒載記時有流星大如象尾足蛇形自北極西南流五十餘丈光明燭地墜于河聲聞九百餘里

石勒疾甚熒惑入昴星隕于鄴東北六十里初赤黑黃雲如幕長數十匹交錯聲如雷震墜地氣熱如火塵起連天時有耕者往視之土猶燃沸見有一石方尺餘青色而輕擊之音如磬

石季龍載記初慕容皝與段遼有隙遣使稱藩于季龍陳遼宜伐請盡衆來會及軍至令支皝師不出季龍將伐之天竺佛圖澄進曰燕福德之國未可加兵季龍作色曰以此攻城何城不克以此衆戰誰能禦之區區小豎何所逃也太史令趙攬固諫曰燕地歲星所守行師無功必受其禍季龍怒鞭之黜爲肥如長進師攻棘城旬餘不尅皝遣子恪帥胡騎二千晨出挑戰諸門皆若有師出者四面如雲季龍大驚棄甲而遁於是名趙攬復爲太史令

石宣淫虐日甚而莫敢以告領軍王朗言之于季龍曰今隆冬雪寒而皇太子使人斫伐宮材引于漳水功役數萬士衆吁嗟陛下宜因遊觀而罷之也季龍如其言既而宣知朗所爲怒欲殺之而無因會熒惑守房趙攬承宣旨言于季龍曰昴者趙之分也熒惑所在其主惡之房爲天子此殃不小宜貴臣姓王者當之季龍曰誰可當者攬久而對曰無復貴于王領軍也季龍既惜朗且猜之曰更言其次攬曰其次唯中書監王波耳季龍乃下書追波前議遣李宏及答楛矢之愆腰斬之及其四子投于漳水以厭熒惑之變尋愍波之無罪追贈司空封其孫爲侯

李勢載記晉康帝建元元年壽卒勢立改元太和太史令韓晧上言熒惑守心乃宗廟不修之譴

冉閔載記閔攻石祇于襄國署其子太原王引爲大單于驃騎大將軍以降胡一千配爲麾下光祿大夫韋謏啓諫切甚閔覽之大怒誅謏及其子孫閔攻襄國百餘日爲土山地道築室反耕祇大懼去皇帝之號稱趙王遣使詣慕容儁姚弋仲以乞師會石琨自冀州援祇弋仲復遣其子襄率騎三萬八千至自滆頭儁遣將軍悅綰率甲卒三萬自龍城三方勁卒合十餘萬閔遣車騎胡睦距襄于長蘆將軍孫威候琨于黃丘皆爲敵所敗士卒略盡睦威單騎而還琨等軍且至閔將出擊之衞將軍王泰諫曰窮寇固迷希望外援今強救雲集欲吾出戰腹背擊我宜固壘勿出觀勢而動以挫其謀今陛下親戎如失萬全大事去矣請慎無出臣請率諸將爲陛下滅之閔將從之道士法饒進曰太白經昴當殺胡王一戰百剋不可失也閔攘袂大言曰吾戰決矣敢諫者斬于是盡衆出戰姚襄悅綰石琨等三面攻之祇衝其後閔師大敗閔潛于襄國行宮與十餘騎奔鄴

苻健載記京兆杜洪竊據長安健遣其弟雄率步騎五千入潼關兄子菁自軹關入河東健執菁手曰事若不捷汝死河北我死河南比及黃泉無相見也既濟焚橋自統大衆繼雄而進杜洪遣其將張先要健于潼關健逆擊破之健雖戰勝猶修牋于洪并送名馬珍寶請至長安上尊號洪曰幣重言甘誘我也乃盡召關中之衆來距健筮之遇泰之臨健曰小往大來吉亨昔往東而小今還東而大吉孰大焉是時衆星夾河西流占者以爲百姓還西之象健遂進軍次赤水遣雄略地渭北又敗張先于陰槃擒之諸城盡陷菁所至無不降者三輔略定健引兵至長安洪奔司竹健入而都之

苻生載記僞中書監胡文中書令王魚言于生曰比頻有客星孛于大角熒惑入于東井大角爲帝座東井秦之分野于占不出三年國有大喪大臣戮死願陛下遠追周文修德以禳之惠和羣臣以成康哉之美生曰皇后與朕對臨天下亦足以塞大喪之變毛太傅梁車騎梁僕射受遺輔政可謂大臣也于是殺其妻梁氏及太傅毛貴車騎尚書令梁楞左僕射梁安未幾又誅侍中丞相雷弱兒及其九子二十七孫有司奏太白犯東井東井秦之分也太白罰星必有暴兵起于京師生曰星入井者必將渴耳何所怪乎太史令康權言於生曰昨夜三月並出孛星入于太微遂入于東井兼自去月上旬沈陰不雨迄至于今將有下人謀上之禍深願陛下修德以消之生怒以爲妖言撲而殺之

苻堅載記是歲有大風從西南來俄而晦冥恆星皆見又有赤星見于西南太史令魏延言於堅曰於占西南國亡明年必當平蜀漢堅大悅命秦梁密嚴戎備乃以王猛爲丞相以苻融爲鎭東大將軍代猛爲冀州牧融將發堅祖于霸東奏樂賦詩堅母苟氏以融少子甚愛之比發三至灞上其夕又竊如融所內外莫知是夜堅寢于前殿魏延上言天市南門屛內后妃星失明左右閽寺不見后妃移動之象堅推問知之驚曰天道與人何其不遠遂重星官其後天鼓鳴有彗星出于尾箕長十餘丈名蚩尤旗經太微埽東井自夏及秋冬不滅太史令張孟言于堅彗起尾箕而掃東井此燕滅秦之象因勸堅誅慕容暐及其子弟堅不納更以暐爲尚書垂爲京兆尹沖爲平陽太守

簡文帝本紀先是熒惑入太微尋而海西廢及帝登阼熒惑又入太微帝甚惡焉時中書郎郗超在直帝乃入謂曰命之脩短本所不計故當無復近日事耶超曰大司馬臣溫方內固社稷外恢經略非常之事臣以百口保之

謝敷傳敷入太平山十餘年鎭軍郗愔召爲主簿臺徵博士皆不就初月犯少微少微一名處士星占者以隱士當之譙國戴逵有美才人或憂之俄而敷死故會稽人士以嘲吳人云吳中高士便是求死不得死

前秦錄建元十三年太史奏有星見于外國之分當有聖人之輔中國得之者昌堅聞西域有鳩摩羅什襄陽有釋道安並遣求之

晉書苻堅載記新平王彫爲太史令言堅當滅燕平六州願徙汧隴諸氏於京師三秦大戶置之於邊地以應圖讖王猛以彫爲左道惑衆勸堅誅之彫臨刑上疏曰臣從京兆劉湛學明於圖記謂臣曰新平地古顓頊之墟吾嘗齋於室中夜有流星大如半月落於此地斯蓋是乎願陛下誌之

桓元傳元在姑熟將相星屢有變篡位之夕月及太白又入羽林元甚惡之

拾遺記懷帝末民間園圃皆生蒿棘狐兔遊聚至元熙元年太史令高堂忠奏熒惑犯紫微若不早避當無洛陽乃詔內外四方及京邑諸宮觀禁衞之內及民間園囿皆植紫微以爲厭勝至劉石姚苻之末此蒿棘不除自絕也

晉書沮渠蒙遜載記蒙遜聞劉裕滅姚泓怒甚門下校郎劉祥言於蒙遜蒙遜曰汝聞劉裕入關敢研研然也遂殺之其峻暴如此顧謂左右曰古之行師不犯歲鎭所在姚氏舜後軒轅之苗裔也今鎭星在軒轅而裕滅之亦不能久守關中

宋書符瑞志晉既禪宋太史令駱達奏陳天文符讖曰去義熙元年至元熙元年十月太白晝見經天凡七占曰天下革民更王異姓興義熙十一年五月三日彗星出天市其芒埽帝座天市在房心之北宋之分野得彗柄者興此除舊布新之徵十二年北定中原崇進宋公歲星裴回房心之間大火宋之分野與武王克殷同得歲星之分者應王也十一年以來至元熙元年月行失道恆北入太微中占月入太微廷王入爲主十三年十月鎭星入太微積留七十餘日到十四年八月十日又入太微不去到元熙元年積二百餘日占鎭星守太微亡君之戒有立王有徙王十四年五月十七日茀星出北斗魁中占曰星茀北斗中聖人受命十四年七月二十九日彗星出太微中彗柄起上相星下芒尾漸長至十餘丈進掃北斗及紫微中占曰彗星出太微社稷亡天下易政入北斗帝宮空一占天下得名人名人聖主也一曰彗孛紫微天下易主十四年十月一日熒惑從入太微鉤己至元年四月二十七日從端門出積屍留二百六日繞鎭星熒惑與鎭星鉤己天廷天下更紀十四年十二月歲太白辰裴回居斗牛之間經旬斗牛曆數之起占曰三星合是謂改立

傳亮傳高祖有受禪意而難于發言乃集朝臣燕飲

從容言曰桓元簒鼎命已移我首唱大義復興王室南征北伐平定四海功成業著遂荷九錫今年將衰暮崇極如此物戒盛滿非可久安今欲奉還爵位歸老京師群臣唯盛稱功德莫曉此意日晚坐散亮還外乃悟旨而宮門已閉亮于是叩扉請見高祖即開門見之亮入便曰臣暫宜還都高祖達解此意無復他言直云須幾人自送亮曰須數十人便足于是即便奉辭亮既出已夜見長星竟天亮拊髀曰我常不信天文今始驗矣

徐羨之傳羨之從兄履之拜司空守闕將入彗星晨見危南

沈攸之傳廢帝之殞也攸之欲起兵問其知星人葛珂之珂之曰自古起兵皆候太白太白見則成伏則敗昔桂陽以太白伏時舉兵一戰授首此近世明驗今蕭公廢昏立明政值太白時此與天合也且太白尋出東方東方利用兵西方不利故攸之止不反及後舉兵珂之又曰今歲星守南斗其國不可伐攸之不從凡同逆丁珍東孫同裴茂仲武宗儼之並伏誅

劉勔傳太宗顧命以守尚書右僕射中領軍如故給鼓吹一部廢帝即位加兵五百人元徽初月犯右執法太白犯上將或勸勔解職勔曰吾執心行己無愧幽明若才輕任重災眚必及天道密微避豈得免桂陽王休範爲亂奄至京邑加勔使持節領軍置佐史鎮扞石頭既而賊衆屯朱雀航南右軍王道隆率宿衞向朱雀聞賊已至急信名勔勔至命閉航道隆不聽催勔渡航進戰率所領于桁南戰敗臨陳死之

陳書周文育傳文育之據三陂有流星墜地其聲如雷地陷方一丈中有碎炭數斗俄而文育見殺

魏書禮志宮中立星神一歲一祭太祖初有兩彗星見劉后使占者占之曰祈之則當掃定天下后從之故立其祀

北史崔浩傳神䴥二年議擊蠕蠕朝臣內外盡不欲行保太后亦固止帝帝皆不聽唯浩讚成之尚書令劉潔左僕射安原等乃使黃門侍郎仇齊推赫連昌太史張深徐辯說帝曰今年己巳三陰之歲歲星襲月太白在西方不可舉兵北伐必敗雖克不利于上又羣臣共讚深等云深少時常諫苻堅不可南征堅不從而敗今天時人事都不和協如何舉動帝意不快乃召浩與深等辯之浩難深曰陽者德也陰者刑也故月蝕修刑夫王者之用刑大則陳之原野小則肆之市朝戰伐者用刑之大者也以此言之三陰用兵盡得其類修刑之義也歲星襲月年饑人流應在他國遠期十二年太白行蒼龍宿於天文爲東不妨北伐深等俗生志意淺近牽於術數不達大體難與遠圖臣觀天文比年以來月行掩昴至今猶然其占三年天子大破旄頭之國蠕蠕高車旄頭之衆也夫聖明御時能行非常之事古人語曰非常之原黎人懼焉及其成功天下晏然願陛下勿疑

魏書崔浩傳初姚興死之前歲太史奏熒惑在匏瓜星中一夜忽然亡失不知所在或謂下入危亡之國將爲童謠妖言而後行其災禍太宗聞之大驚乃名諸碩儒十數人令與史官求其所詣浩對曰案春秋左氏傳說神降于莘其至之日各以其物祭也請以日辰推之庚午之夕辛未之朝天有陰雲熒惑之亡當在此二日之內庚之與未皆主於秦辛爲西夷今姚興據咸陽是熒惑入秦矣諸人皆作色曰天上失星人安能知其所詣而妄說無徵之言浩笑而不應後八十餘日熒惑果出於東井留守盤旋秦中大旱赤地昆明池水竭童謠訛言國內諠擾明年姚興死二子交兵三年國滅於是諸人皆服曰非所及也按此史所載皆謬七政不容失行至此入匏瓜忽出東井皆謬不足信

張淵傳容城令徐路善占候世宗時坐事繫冀州獄別駕崔隆宗就禁慰問路曰昨夜驛馬星流計赦即時應至隆宗先信之遂遣人試出城候焉俄而赦至時人重之

隋書五行志後齊河清四年三月有物隕於殿庭色赤形如數斗器衆星隨者如小鈴四月婁太后崩

北史魏長孫晟傳晟遣降虜覘候雍閭知其牙內屢有災變夜見赤虹光照數百里天狗賁雨血三日流星墜其營內有聲如雷每夜自驚言隋師且至並遣奏知

隋書庾季才傳武成二年季才與王襃庾信同補麟趾學士累遷稍伯大夫車騎大將軍儀同三司其後大冢宰宇文護執政謂季才曰比日天道有何徵祥季才對曰荷恩深厚若不盡言便同木石頃上台有變不利宰輔公宜歸政天子請老私門此則自享期頤而受旦奭之美子孫藩屏終保維城之固不然者非復所知護沈吟久之謂季才曰吾本意如此但辭未獲免耳公既王官可依朝例無煩別參寡人也自是漸疏不復別見及護滅之後閱其書記武帝親自臨檢有假託符命妄造異端者皆致誅戮唯得季才

書兩紙盛言緯候災祥宜反政歸權帝謂少宗伯斛斯徵曰庾季才至誠謹慤甚得人臣之禮因賜粟三百石帛二百段遷太史中大夫

劉元進傳元進聚衆至十萬屯茅浦以抗官軍帝令江都郡丞王世充發淮南兵擊之有大流星墜于江都未及地而南逝磨拂竹木皆有聲至吳郡而落于地元進惡之令掘地入二丈得一石徑丈餘後數日失石所在

龍城錄吳嶠霅溪人也年十三作道士時煬帝元年過鄴中占其日中星不守太微主君有嫌而旺氣流卒于秦地子知之乎令不之信至神堯即位方知不誣嶠精明天文即袁天罡之師也

海山記煬帝未遇害前數日帝亦微識元象多夜起觀天乃召太史令袁充問曰天象如何充伏地泣涕曰星文大惡賊星逼帝座甚急恐禍起旦夕願陛下遽修德滅之帝不樂

唐書夏侯端傳端壽州壽春人梁尚書左僕射詳孫也仕隋爲大理司直高祖微時與相友大業中討賊河東表端爲副端邃數術密語高祖曰玉牀搖帝坐不安晉得歲眞人將興安天下之亂者其在公乎但上性沈忌內惡諸李今金才已誅次且取公宜早爲計帝感其言

傅奕傳奕相州鄴人隋開皇中以儀曹事漢王諒諒反問奕今茲熒惑入井果若何對曰東井黃道所由熒惑之舍烏足怪邪若入地上井乃爲災諒怒俄及敗

李君羨傳貞觀初太白數晝見太史占曰女主昌又謠言當有女武王者會內宴爲酒令各言小字君羨自陳曰五娘子帝愕然因笑曰何物女子乃此健邪又君羨官邑屬縣皆武也忌之出爲華州刺史

于志寧傳貞觀四年隕石十八于馮翊高宗問曰此何祥也朕欲悔往修來以自戒若何志寧對曰春秋隕石于宋五內史過曰是陰陽之事非吉凶所生物固有自然非一繫人事雖然陛下無災而戒不害爲福也

容齋隨筆貞觀十年使房喬裁定封禪禮將以十六年二月有事于泰山會星孛太微而罷

唐書崔義元傳睦州女子陳碩眞反義元乃署崔元籍先鋒而自統衆繼之至下淮戍擒其諜數十人有星墜賊營義元曰賊必亡詰朝奮擊左右有以盾鄣者義元曰刺史而有避邪誰肯死敕去之由是衆爲用斬首數百級降其賊萬餘賊平拜御史大夫

五行志永徽四年八月己亥隕石于同州馮翊十八光耀有聲如雷近星隕而化也庶民惟星在上而隕民去其上之象一曰人君爲詐妄所蔽則然

冊府元龜薛仁貴爲右威衛大將軍高宗咸亨元年吐蕃入寇帝以仁貴爲邏娑道行軍大總管爲吐蕃敗初仁貴謂人曰今年太歲庚午歲星在于降婁不應有事于西方軍行逆歲鄧艾所以死于蜀吾知其必敗也

唐書張道源傳儀鳳初彗見東井上疏陳得失高宗欽納賜帛二百段

韓思彥傳時太白晝見思彥勸帝修德答天譴帝護中書令李義府曰八品官能言得失而卿冒沒富貴主何事邪義府謝罪

五行志永隆二年九月萬年縣女子劉凝靜衣白衣從者數人升太史令廳問比有何災異令執之以聞是夜彗星見太史司天文曆候王者所以奉若天道恭授民時者非女子所當問

韋溫傳景龍三年溫以太子少保同中書門下三品遙領揚州大都督溫既見天下事在手欲自殖以牢其權引用支黨不相一公卿雖畏伏然溫無能不如諸武凶而熾也弟湑初兼修文館大學士時熒惑久留羽林后惡之方湑從至溫泉后毒殺之以塞變

裴光庭傳光庭同平章事知星者言上象變不利大臣請禳之光庭曰使禍可禳而去則福可祝而來也論者以爲知命

獨異志唐開元五年春司天密奏云元象有謫見其災甚重元宗大驚問曰何祥對曰當有名士三十八人同日冤死今新進及第進士正應其數內一人李蒙者貴主家壻上不得已言其事密戒主曰每有大遊宴汝愛壻可閉留其家主居昭國里時大合樂音曲遠暢曲江漲水聯舟數十艘進士畢集蒙聞之乃踰垣走赴羣衆悵望方登舟移就池中暴風忽起晝舸半沈聲伎持篙檝不知紀極三十八人無一生者

唐書五行志天寶三載二月辛亥有星如月墜于東南墜後有聲京師訛言官遣棖棖捕人取肝以祭天狗人頗恐懼畿內尤甚遣使安諭之

雲谿友議李筌爲鄧州刺史常夜占星宿而坐一夕三更東南隅忽見異氣明旦呼吏于郊市如產男女不以貧富悉取至過十餘輩筌視之曰皆凡骨也重

令于村落捜訪之乃得牧羊之婦一子李君慘容曰此假天子也座客勸殺之荅以爲不可曰此胡雖必爲國盜今殺之無難殺假恐生眞矣則安祿山生于南陽異人先知之矣

唐書王勃傳天寶中太平久上言者多以詭異進有崔昌者采勃舊說上五行應運曆請承周漢廢周隋爲閏右相李林甫亦贊佑之集公卿議可否集賢學士衛包起居舍人閻伯璵上表曰都堂集議之夕四星聚于尾天意昭然矣

李吉甫傳吉甫前卒一歲熒惑掩太微上相吉甫曰天且殺我再遜位不許

韋湊傳湊子見素天寶十三載拜武部尚書同中書門下平章事肅宗立十月丙申有星犯昴見素言于帝曰昴者胡也天道譴見所應在人祿山將死矣帝曰日月可知乎見素曰福應在德禍應在刑昴金忌火行當火位昴之昏中乃其時也既死其月亦死其日明年正月甲寅祿山其殪乎帝曰賊何等死荅曰五行之說子者視妻所生昴犯以丙申金木之妃也木火之母也丙火爲金子申亦金也二金本同末異還以相尅賊殆爲子與首亂者更相屠戮乎及祿山死日月皆驗

酉陽雜俎李白名播海內祿山反製詩言太白入月敵可摧及祿山死太白蝕月

唐書李晟傳始晟屯渭橋也熒惑守歲久乃退府中皆賀曰熒惑退國家之利速用兵者昌晟曰天子暴露人臣當力死勤難安知天道邪至是乃曰前士大夫勸晟出兵非敢拒也且人可用而不可使之知也夫惟五緯盈縮不常晟懼復守歲則我軍不戰自屈矣皆曰非所及也

李泌傳貞元四年八月月蝕東壁泌曰東壁圖書府大臣當有憂者吾以宰相兼學士當之矣昔燕國公張說由是以亡又可免乎明年果卒

李德裕傳德裕常謂省事不如省官省官不如省吏能簡冗官誠治本也乃請罷郡縣吏凡二千餘員衣冠去者皆怨時天下已平數上疏乞骸骨而星家言熒惑犯上相又懇丐去位皆不許

鄭注傳注擢通王府司馬右神策判官士議讙駭劉從諫惡其人欲因斥去之卽表副昭義節度至府不旬月文宗暴眩王守澄復薦注卽日名入對浴堂門賜賚至渥是夜彗出東方長三尺芒耀怒急俄進太僕卿兼御史大夫

令狐楚傳楚拜山南西道節度疾甚有大星隕寢上其光燭廷坐與家人訣乃終

東觀奏記吏部侍郎兼判尚書銓事裴諗左授國子祭酒吏部侍郎周敬復罰一月俸監察御史馮顓左授祕書省著作佐郎考院所送博學宏辭科趙秬等十人竝宜覆落不在施行之限初裴諗兼上銓主試宏技兩科其年爭名者衆應宏詞選前進士苗台符楊嚴薛訢李詢古敬翊已下一十五人就試諗寬豫仁厚有賦題不密之說前進士柳翰京兆尹柳憙之子也故事宏詞科只三人翰在選中不中者言翰於諗處先得賦題託詞人溫庭筠爲之翰旣中選其聲聒不止事徹宸聽杜德公爲中書舍人言於執政曰某兩爲考官未試宏詞先鏁考官然後考文書若自先得賦題者必佳糊名考文書得佳者考官乃公當罪止銓爲考官不合坐宏詞趙秬丞相令狐綯故人子也同列將以此事嫁患於令狐丞相丞相遂之盡覆去初日官奏文星暗科場當有事沈詢爲禮部侍郎聞而憂焉至是三科盡覆日官之言方驗

唐書王翊傳翊曾孫凝拜河南尹遷宣歙池觀察使王仙芝之黨大至凝儲蓄繕完以備賊賊至不能加會大星直寢庭墜術家言宜上疾不視事以厭勝凝曰東南國用所出而宣爲大府吾規脫禍可矣顧一方何賴哉誓與城相存亡勿復言旣而賊去未幾卒

北夢瑣言乾符中荊州節度使晉公王鐸後爲諸道都統時木星入南斗數夕不退晉公覩之問諸知星者吉凶安在咸曰金火土犯斗卽爲災唯木當爲福耳或然之時有術士邊岡洞曉天文精通曆數謂晉公曰唯斗帝王之宮宿唯木爲福神當以帝王占之然則非福于今必當有驗于後未敢言之他日晉公屏左右密問岡曰木星入斗帝王之兆木在斗中朱字也識者言唐世嘗有緋衣之讖或言將來革運或姓裴或姓牛以爲裴字爲緋衣牛字著人卽朱也所以裴晉公度牛相國僧孺每罹此謗李衞公斥周秦行紀乃斯事也安知鍾于碭山之朱乎

五代史唐六臣傳唐天祐三年梁王欲以嬖吏張廷範爲太常卿唐宰相裴樞以謂太常卿唐常以清流爲之廷範乃梁客將不可梁王由此大怒曰吾常語裴樞純厚不陷浮薄今亦爲此邪是歲四月彗出西北掃文昌軒轅天市宰相柳璨希梁王旨歸其譴于大臣於是左僕射裴樞獨孤損右僕射崔遠守太保

致仕趙崇兵部侍郎王贊工部尚書王溥吏部尚書陸扆皆以無罪貶同日賜死于白馬驛

冊府元龜乾化元年五月詔左右銀臺門朝參諸司使庫使已下不得帶從人出入親王許一二人執條牀手簡餘悉止門外闌入者抵律閽守不禁與所犯同先時門遍內無門籍且多勳戚車騎衆者尤不敢呵察至是有一客星凌犯上言者遂令止隔

幸蜀記蜀王衍咸康五年十月彗星見長丈餘在井婁之次司天言恐國家有大災宜修德以禳之詔于玉局北置道場以合天變右補闕張雲上疏言此是百姓怨氣上徹於天成此彗星彗者除舊布新之義此乃亡國之兆豈祈禳之可免衍怒流于秦州

五代史後蜀世家昶知祥第三子也昶明德三年三月熒惑犯積尸昶以爲積尸蜀分也懼欲禳之以問司天少監胡韞韞曰按十二次起井五度至柳八度爲鶉首之次鶉首秦分也蜀雖屬秦乃極南之表爾前世火入鬼其應多在秦晉咸和九年三月火犯積尸四月雍州刺史郭權見殺義熙十四年火犯鬼明年雍州刺史朱齡石見殺而蜀皆無事昶乃止

張希崇傳希崇拜靈武節度使希崇歎曰吾嘗老死邊徼豈非命邪希崇事母至孝朝夕母食必侍立左右徹饌乃敢退爲將不喜聲色好讀書頗知星曆天福三年月掩畢口大星希崇歎曰畢口大星邊將也我其當之乎明年正月卒

慕容彥超傳彥超爲隱帝戰敗奔兗州周太祖入立彥超不自安詔書慰之彥超乘間謀反是歲鎭星犯角亢占曰角亢鄭分兗州當焉彥超卽率軍府將吏步出西門三十里致祭迎于開元寺塑像以事之日常一至使民立黃幡以禳之

南漢世家劉晟自言知星末年月食牛女間出書占之歎曰吾當之矣因爲長夜之飮十六年卜葬域于城北運甓爲壙晟親臨視之是秋卒年三十九

稽神錄尚平王鍾傳在江西有衙門吏孔知讓新治第甚有一星隕於庭中知讓方甚惡之求典外戎以空其第歲餘御史中丞薛昭緯貶官至豫章傳取此第以居之後遂卒於是

馬令南唐書陳陶傳昇元中嘗有星孛陶歎曰國家其幾亡乎旣而果失淮甸陶所居幽邃性尤嗜鮓元宗南遷至落星灣欲有所問而恐陶不盡言因僞使人貨鮓至陶門陶果出啗鮓喜甚貨者曰官舟抵落星矣翁知之乎陶笑曰星落不還元宗至南都未幾殂不還之說果驗

遼史趙思溫傳會同初從耶律牒蠟使晉行冊禮還加檢校太師二年有星隕于庭卒

陸游南唐書元宗紀建隆二年六月己未國主疾革夕有大星隕于南都庚申殂於長春殿

欽定古今圖書集成曆象彙編庶徵典

庶徵典第五十九卷

星變部紀事二

宋史竇儼傳儼善推步星曆盧多遜楊徽之同任諫官儼嘗謂之曰丁卯歲五星聚奎自此天下太平二拾遺見之儼不與也

柳開傳開知代州諸將議多不協開謂其從子曰吾觀昴宿有光雲多從北來犯境上寇將至矣吾聞師克在和今諸將怨我一旦寇至必危我矣卽求換郡徙忻州刺史

楓窗小牘吳越忠懿王以天成四年八月二十四日四鼓生以端拱元年八月二十四日四鼓薨年政六十是夕大流星墜於正寢之上光燭滿庭

宋史陳堯咨傳堯咨徙天雄軍所居棟摧大星賈於庭散爲白氣已而卒

丁晉公談錄眞宗在儲貳時忽一日因乘馬出至朱雀門外方辰時有大星落於馬前迸裂有聲眞宗冏東宮驚懼時名司天監明天之文者詢之云不干皇太子事不煩憂慮自是國家災五年方應至第五年果太宗晏駕

晉公言眞宗卽位有彗星見於東方眞宗恐懼內愧涼德何以紹太祖太宗之德業是天禍也不敢詢於掌天文者唯俟命而已忽有先生王得一入見聖容似有憂色密詰于中貴中貴述以聖上憂懼彗星之事得一遂奏云此星主契丹兵動十年方應至十年果契丹兵寇澶淵聖駕親征

晉公被謫之初木掩房一日馮侍中拯薨背火守房王相公欽若薨背火拂著房而過因知公相大臣榮謝豈偶然哉

湘山野錄景德初車駕次北澶匈奴氈帳前一里星隕如巨石其聲鳴吼移刻始盡此最爲澶淵之先吉也

景德四年司天判監史序奏今年丁未六月二十五日五星當聚周分既而重奏臣尋推得五星自閏五月二十五日近太陽行度按甘氏星經曰五星近太陽而輒見者如君臣齊明下侵上之道也若伏而不見卽臣讓明於君此百千載未有也但恐今夜五星皆伏眞宗親御禁臺以候之果達旦不見大赦天下加序一官羣臣表賀

墨客揮犀有小兒夜戲溪旁見星墜視之得一石圓如雞卵因攜以歸是夕其家大火明日棄於道上爲一士人所得經數夕又火遂還棄溪中夜將半復化爲流星而去

澠水燕談錄柳三變景祐末登進士第少有俊才尤精樂章後以疾更名永字耆卿皇祐中久因選調入內都知史甚愛其才而憐其潦倒會教坊進新曲醉蓬萊時司天臺奏老人星見史乘機薦之仁宗大悅

宋史余靖傳慶曆中司天言太白犯歲星又犯執法靖上疏請責躬修德以謝天變

王曾傳曾以左僕射資政殿大學士判鄆州寶元元年冬大星隕於其寢左右驚告曾曰後一月當知之如期而薨

劉敞傳敞嘗夜視鎮星謂人曰此於法當得土不然則生女後數月兩公主生又曰歲星往來虛危間色甚明盛當有與於齊者歲餘而英宗以齊州防禦使入承大統

夢溪筆談治平中金火合於軫以崇眞宣明景福明崇欽天凡十一家大曆步之悉不合有差三十日以上者曆豈足恃哉縱使在其度然又有行黃道之裏者行黃道之外者行黃道之上者行黃道之下者有循度者有失度者有犯經星者所占各不同此又非曆之能知也

續明道雜志韓魏公帥太原以多病求鄉郡遂建相州之節知相州到郡疾亦未安一夕有大星隕寢堂之後家人大驚以謂不祥久之魏公方行而仆于地家人尤惡之而久之疾遂平了無一事而一日邸報至王貽永卒貽永亦建相州節星隕于相州爲貽永也貽永庸人方在位時言官百方撼之不能損豈知天上有物主之歟貽永所謂永興王駙馬者此事見魏公姪正彥說

東軒筆錄韓魏公以病乞鄉郡遂以使相侍中判相州既而疾革一夕星隕于園中櫪馬皆驚翌日公薨上爲神道碑具述其事按以上二說不同並存備考

聞見前錄元豐六年富公疾病五月大星隕于公所居還政堂下空中如甲馬聲公登天光臺焚香再拜知其將終也異哉

蒙齋筆談富鄭公薨之夕有大星隕於寢洛人皆共見

談苑神宗以星變祇懼許人上封事言得失於是王安禮上書語頗訐直上微不悅以示王珪珪曰觀安禮所言皆是臣等執政後來事無一字及安禮所爲者其意蓋怨望安石在外專欲譏切臣等耳安禮每對臣言云似爾名位我亦須做上笑曰大用豈不在朕而安禮狂妄如此後一年安禮自翰林學士遷尚書右丞

畫墁錄元符星變自三省樞密皆乞罷

朱子語類范某蜀公族人入宜州見黃魯直又見張懷素甚愛之一夜與之觀星曰熒惑入貫索東南必有獄范以告得官湯東野賚之入京亦得官

聞見後錄長安乾明寺唐太廟也庭中有星隕石狀如伏牛有手迹四足迹二如印泥然故老云武氏革命日隕又與平一道觀中有星隕石如牛柱滿其上皆繫痕豈果繫于空中邪殆不可知也旁有石記西晉時隕

同文之獄追逮后殿御藥宦張士良脇以刀鋸鼎鑊無所得又適有星變詔曰朕遵祖宗遺志未嘗戮誅大臣釋勿治

經外雜鈔唐丕遠字子猷登進士第崇寧五年除右正言乞謹天戒上曰龍驤豈能當天變丕遠皇恐未喻上曰廐馬也一夕無疾而斃或者便爲星茀之致應天止如是耶丕遠對此語欺甚不知陛下何從得之上作色曰京不遠對京大臣宜省愆引慝如此奏對大非昌言諫官陳瓘嘗劾京愚弄朝廷信有之也陛下知歸過於己天下幸甚上曰此語非欺則佞佞人殆丕遠對佞恐不足以盡京之過再進劄子乞罷修造及止絕諸司浮費幷非泛賜予及論當十錢與命學者讀史切中時病除左正言論家安國不合獻移尚書省議上曰曹郎豈當容此人丕遠對外人言京待欲作宅第上曰庸有此京欲崇麗移之耳外人不知也只兩月前鄭居中朱諤來留京要得賜第又爲京足疾乘騎難乞就近處踏逐朝廷亦未有指揮近處無以易省中居中莫意有所在否丕遠對外議謂陛下已許之矣上曰無但居中近亦來乞賜京第亦只欲得近便處且云以彗而罷京爲非若不還京相天將動威當復有大雷電之恐此語殆刼持朕冀其請之必從丕遠對居中人謂京腹心陛下何以語之上曰朕與他道星譴未久黜京以代朕責也銷災弭變尚未知所出遽復京相天下謂何若要賜第却待商量丕遠對觀此則昨來移省之請不無使之者皆人所不敢及者

老學庵筆記崇寧中長星出推步躔度長七十二萬里

雞肋編淵聖皇帝以星變責躬詔云常膳百品十減其七枚減宮女凡六千餘人則道君朝膳以百計矣見吳行承旨摛文集

聞見前錄大觀末上頗厭蔡京因星變出之

朱子語類徽宗因見星變卽令衛士仆黨碑云莫待明日引得蔡京又來炒明日蔡以爲言又下詔云今雖仆碑而黨籍却仍舊

程史建炎庚戌金騎飲海上躬御樓船次于龍翔秋駐蹕會稽時鹵初退師尚留淮泗朝議凜凜懼其反旆士大夫皆有杞國之憂范丞相宗尹薦朝散大夫毛隨有甘石學有詔赴行在所隨入對言按漢志歲星所在國不可伐昔湯之元祀歲星順行與日合於房房心宋亳分也周武王至豐之明年歲星順行與日合于柳酉于張柳張河洛分也故湯征無敵餘慶馳衍猶及微子武王定鼎郟鄏而周公迄營成周四方以無侮今年冬歲當躔而興宋自此金必不能南渡矣然禦戎上策莫先自治願脩政以應天道上大喜既而果不復來紹興辛巳逆亮渝盟有上封者言吾方得歲亮且送死詔以問太史考步如言陳文正康伯當國請以著之親征詔書故其辭有曰歲星臨于吳分冀收淝水之勳鬬士倍于晉師當決韓原之勝蓋指此是冬亮遂授首二事之驗不差毫釐蓋宋國之號而吳則今時巡之所都天意篤棐于是益昭昭矣隨家衢之江山後亦不顯

近世淸臺占候頗失其守雖試選甚嚴多筌蹄之學以故證應之驗視前世爲疏開禧丙寅二月丙子余在京口章以初居戎司薌風亭余泝事庚中歸過之小酌握手庭下日方申忽覺天半砰鍧有聲甚厲矯首正見一星南墜曳尾如帶透迤久之始滅相與歎異未幾而兵釁開江淮荐饑死者幾半嘉定己巳五月辛亥余里居晚浴散步西園暝色將至從行一僮忽卬而驚嘷視之亦一星大小如京口所見而色紺

靑尾襏熚熚自南徂北行頗迅亦隱隱鳴于空中時金易位蒙古闖其境兵禍糾結數年猶不解則所墜之方蓋有妖焉余不甚習占星二星所偶見皆白晝出太史且未嘗問亦不聞奏報其它躔度微忒意必不能詳也

揮麈後錄姚寬字令威問學詳博注史記行於世三乘九流無所不通紹興辛巳歲完顏亮舉國寇淮江浙震恐令威云木德所照當必無它故詔書云歲星臨于吳分者是也高宗幸金陵以其言驗令除郎名對奏事之際得疾仆於榻前徐五丈敦立戲云太史當奏客星犯帝座甚急上念之亟用其弟憲於朝

宋史龔茂良傳茂良之以首參行相事也踰再歲上亦不置相因論茂良史官近奏三台星不明蓋實艱其選耳

林大中傳大中爲侍御史馬大同爲戶部大中劾其用法峻上欲易置他部大中曰是嘗爲刑部固以深刻稱章三上不報又論大理少卿宋之瑞章四上又不報大中以言不行求去改吏部侍郎辭不拜乃除大中直寶謨閣而大同之瑞俱與郡初占星者謂朱熹曰某星示變正人當之其在林和叔耶至是熹貽書朝士曰聞林和叔入臺無一事不中的去國一節風義凜然當於古人中求之

容齋三筆予教授福州日因訪何大圭忽問君識天星乎答曰未之學日豈不能認南方中夏所見列宿乎曰此却粗識一二大圭曰君今夕試仰觀熒惑何在是時正見于南斗之西後月餘再相見時連句多陰所謂火曜已至斗魁之東矣大圭曰使此星入南斗自有故事予聞其語固已竦然明日相訪曰吾曹元不洞曉天文昨晚葉子廉見顧言及于此蹙額云是名魏星無人能識非熒惑也予曰十二國星只在牛女之下經星不動安得轉移圭曰乾象示變何所不可子廉云後漢建安二十五年亦嘗出蓋秦正封魏國公圭意比之曹操予大駭不復敢酬應他日與謝景思葉晦叔言之且曰使適爲小人告訐之舉有所不能萬一此段彰露爲之奈何謝葉曰可以言命矣與是人相識便是不幸不如靜以待之時歲在己巳又六年秦亡予知免禍乃始不恐

宋史黃度傳度字文叔紹興新昌人光宗以疾不過重華宮度上書切諫連疏極陳父子相親之義且言太白晝見犯天關熒惑勾芒行入太微其占爲亂兵入宮以諫不聽乞罷去

王信傳信加煥章閣待制徙知鄂州改池州初信扶其父喪歸自金陵草屨徒行雖疾風甚雨弗避也由是得寒濕疾及聞孝宗遺詔悲傷過甚疾復作至是寢劇上章請老以通議大夫致仕有星隕于其居光如炬不及地數尺而散數日信卒

謝深甫傳深甫爲右丞相以少傳致仕有星隕于居第遂薨

五行志慶元六年十月瓊州訛言妖星流墮民郭七家聲如雷通判曾丰暨瓊山縣令移文驚擾後皆坐黜

吉安府志嘉定間安福荆山民早出忽一星墜于前亟掘地得之光采燦燦毀爲數十片亦如之

貴耳集黃初年三月癸卯月犯心大星占曰心爲天王位王者惡之四月癸巳蜀先主殂于永安宮客星歷紫宮而劉聰殞彗星埽太微而苻堅敗熒惑守帝座而呂隆破晉庾翼與兄冰書曰歲星犯天關江東無他而季龍頻年閉關余甲子年侍親出蜀在荆南沙市見一星自東南飛在西北如世之火珠狀其光數丈長久而成一皂字丙寅冬吳曦叛丁亥年余爲儀眞錄參至十月二十二日夜因觀天象見一星入月算曆者鄒淮絕早相別云昨夜星入月恐兩淮兵動不可仕從嗅渡過建康余問之前有此否鄒云漢獻帝時曾一次星入月今再見也十一月十二日劉倬與兵傪李姑姑反戈一城狼狽倬以身免纔此兵禍未泯也

齊東野語景定五年甲子七月初二日甲戌御筆作初三日乙亥彗見東方柳宿光芒烜赫昭示天變太史占云彗出柳度爲兵喪爲旱爲亂爲大臣貶乾象占云彗妖星也所出形狀各異其殃一也彗本類除舊布新之象主兵疫之災一曰埽星小者數寸長或竟天兵起大水除舊布新按彗本無光借日爲光夕見則東指晨見則西指皆隨日光芒所及爲災丁丑避殿減膳下詔責己求直言大赦天下御史朱貔孫正言朱應元察官程元岳饒應龍合臺奏章乞消弭挽回皆常談也己卯賈丞相似道楊參政棟葉同知夢鼎姚僉書希得奏事上曰彗出於柳彰朕不德夙夜疚心惟切危懼宰臣奏陛下勤於求治有年於茲庸有闕失今謫見于天實臣等輔政無狀所致上貽聖憂臣見具疏乞罷免庶可以上弭天災上曰正當相與講求闕失上回天意庚辰賈右相第一疏乞罷

免以寒災咎五疏皆不允班行應詔言事者祕書郎文及甫首言公田之事云君德極珪璋之粹而玷君德者莫大于公田東南民力竭矣公田創行將以足軍儲救楮幣蠲和糴也奉行太過限田之名一變而爲併戶又變而爲換田耕夫失業以流離田主無辜而拘繫此彗妖之所以示變也大府丞楊巽殿講趙景緯吏部侍郎晉夢炎禮部侍郎直院馬廷鸞皆應詔上封事給事禮書牟子才疏援引漢唐以至本朝彗變災異極其詳贍起居郎太子侍讀李伯玉則援三說云咸平彗出室北呂端有兵謀不精之言今日當嚴邊備熙寧中彗出東井富弼張方平皆言新法不便今日當先罷浙西換田局崇寧彗出西方則詔除黨籍且復左降人官今開慶誤國之人罪惡滔天有一時風聞劾逐者則乞斟酌寬貸施行以昭聖主寬仁之量又云今言路既開中外大小之臣必將空臆畢陳惟陛下明聖大臣忠亮有以容受不以爲罪天下幸甚浙漕主管文字呂撫有上化地書祕監高斯得奉祠于霄有應詔既大槩以爲非朝廷大失人心何以致天怒如此之烈庚申辛酉之間大小之臣追勸遷放無慮曰忠厚之澤幾盡矣士大夫以仕進爲業今使刻薄小人吹毛求疵動觸新制公印肆擾陛下知其非計有待秋成舉行之旨而督促者悍然不顧市舶盡利而番夷怨鹽榷太密而商旅怨羣臣附下罔上虛美溢譽人怨天怒不至于彗星不止也且災異策免三公視爲常事丙申雷變陛下一日黜二相今彗見之與雷發相去何啻十百千萬哉王端明奉祠里居亦有疏言戚畹嬖倖遍居發輔借應奉之名肆誅剝之虐監司不敢誰何臺諫不敢論列民不勝苦起而弄兵三衢之寇是也公田之行本欲免和糴和糴數少而人已相安公田數少而人爲創見下弊萬竈田里騷然天筆載頒一則曰業已成一則曰當任且求言之詔甫頒而拒言之令已出皇天監臨可厚誣哉自是三學京庠投匭上書者日至太學生吳綺許求之等書有云雷霆天怒也驟擊而旋收日蝕天怒也俄晦而隨明暴風飄雨天怒也而不能以終日今彗之示變已踰浹旬陛下恐懼修省靡所不至而天怒猶未回非陛下不知省悟也抑誤陛下者未有所思也且併及市舶公田之害云又有陳夢斗陳紹中等書沈震孫范綸李極等書胡標與周必綸等書立禮齋生謝禹則獨爲一書大抵皆及公田市榷等事又有武學生杜士賢等書謂都司之職操壟斷之權以專使之遺奪番商之利百姓皆與蹙頞廟堂歌頌太平人不可欺天可欺乎今之秉鈞軸者前日之功固偉矣今日之過未盡掩閫外之事固優矣閫內之責未盡塞以戎虜待庶民不可也以軍政律士類不可也以肥家之法經國不可也盍亦退自省悟以回天變乎又京庠唐隸楊坩等一書謂大臣德不足以居功名之高量不足以展經綸之大率意紛更殊駭觀聽七司條例悉從更變世胄延賞巧摘瑕疵薪茗擱藏香椒積壓與商賈爭微利強買民田貽禍浙右自今天下無稔歲浙路無富家矣夾袋不收拾人才而遍儲賤妓之姓名化地不斡旋陶冶而務行非僻之方術縱不肖之騃弟以卿月而醉風月于花衢龍博奕之舊徒以秋壑而醫溪壑以淵藪踏青泛綠不思閭巷之蕭條醉釀飽鮮遑恤物價之騰涌劉良貴賤丈夫也乃深倚之以揚鷹犬之威董宋臣巨奸宄也乃優縱之以出虎兕之柙人心怨怒致此彗妖誰秉國鈞盍執其咎方且抗章誣上文過飾非借端拱禍敗不應之說以力解亂而至此怨而至此上干天怒彗星埽之未幾天火又從而災之其尚可揚揚入政事堂耶一時諸書獨此與京庠蕭規者言之太訐于是左司劉良貴申省力辨公田任事之謗且乞數奏令公卿士庶條具救楮免糴罷公田之策且作勘會免公田逃亡米三萬餘石賈相遂入奏云近者應詔所言公論交責若駕虛辭報私憾等語是非自不可掩獨類部法買公田同然一辭以爲犯大不韙詳叙顛末以聞欲望聖慈于臣所類部法則下之吏部長式詳加參定或有出己意側舊典之實則申明而刪除之于臣所買公田則乞下之公卿大夫更行博議必得足軍餉免和糴住造楮之策則采錄而施行之臣當委心以聽奉身以退徐請譴責以戒爲臣之謬千國者遂有旨宣諭檢院官星變求言照典故秖及中外大小臣僚見之詔書可攷近來諸學士人不體舊規以前廊爲首乃有懷私意動搖大臣者不知祖宗三百年間曾有士人上書而去宰相者乎今後切宜詳審然後投進檢院朱濬備坐宣諭指揮申國子監司成吳堅翁合委胄丞徐宗斗會學前廊轉諭諸生而前廊回申以爲上書以前廊爲首此出于丙辰方大猷之私意以爲鉗制之法非盛時所宜用也紛紛之議直至八月之末彗光稍殺應詔者方稍止丁未宰執拜表恭請皇帝御正殿復常膳

三表而後從九月以京學士人蕭規唐隸葉李呂宙之姚必得陳子美錢焴趙從龍胡友開等不合謗訕生事送臨安府追捕勘證議罪施行各自有差自是中外結舌焉孟冬朝享如常時十月乙丑忽聞聖躬不豫降詔求醫丁卯遺詔升遐而金銀關子之令乘時頒行換易十七界楮劵物價自此騰涌民生自此憔悴矣彗變首尾凡四月妖禍之應如響斯答孰謂天道高遠乎

江西通志胡洪範吉水人國學生因星變應詔上書論賈似道專權誤國似道怒欲置之死丞相江萬里抗疏力救獲免家居憂憤成疾卒

金史馬貴中傳貴中遷司天監海陵伐宋問曰朕欲自將伐宋天道何如貴中對曰去年十月甲戌熒惑順入太微至屏星留退西出占書熒惑常以十月入太微庭受制出伺無道之國十二月太白晝見經天占爲兵喪爲不臣爲更主又主有兵兵罷無兵兵起六年二月甲辰朔日有暈珥戴背海陵問近日天道何如貴中對曰前年八月二十九日太白入太微右掖門九月二日至端門九日至左掖門出並歷左右執法太微爲天子南宮太白兵將之象其占兵入天子之廷海陵曰今將征伐而兵將出入太微正其事也貴中又曰當端門而出其占爲受制歷左右執法爲受事此當有出使者或爲兵或爲賊海陵曰兵興之際小盜固不能無也及被害于揚州貴中之言皆驗

祁宰傳海陵將伐宋宰欲諫不得見會元妃有疾召宰診視既入見即上疏諫其略言間者晝星見于牛斗熒惑伏於翼軫巳歲自刑害氣在揚州太白未出進兵者敗此天時不順也

完顏寓傳草澤李棟在衛紹王時嘗事司天監李天惠依附天文假託占卜趨走貴臣俱爲司天官棟嘗密奏白氣貫紫微主京師兵亂幸不貫徹得不成禍既而高琪殺胡沙虎宣宗愈益信之

武禎傳哀宗至蔡州右丞完顏仲德薦其術召至屏人與語大悅除司天長行賞賚甚厚上書曰比者有星變於周楚之分彗星起于大角西掃軫之左軸蓋除舊布新之象又言鄭楚周三分野當亦地千里兵凶大起王者不可居也又曰蔡城有兵喪之兆楚有亡國之徵三軍苦戰于西前後有日矣城壁傾頹內無見糧外無應兵君臣數盡之年也聞者悚然奪氣哀宗惟嗟嘆良久不以爲罪

續夷堅志承旨党公初在孕其母夢唐道士吳筠來託宿爲人儀觀秀整望之如神仙在西掖三十年以承旨致仕大安三年九月十八終于家是夕有大星隕于居第籓入神李陽冰以後一人而已

孟內翰友之大定三年鄉府省御四試皆第一供奉翰林歷曹王府文學以疾尋醫久之授同知單州軍州事丁內艱哀毀致卒友之未第前夢中預知前途所至其後皆驗鄉人李生言友之死之年六月中連夕星隕于虛軒前汴人高公振時夫挽之曰見說平生夢前途盡目前又云人嗟埋玉樹天爲啓文星詩雖不甚工有以見友之出處之際死生之變造物者皆使之前知其有海內重名者爲不偶然也

元史木華黎傳黎還天祚于平陽八月有星晝見隱士喬靜眞曰今觀天象未可征進木華黎曰主上命我平定中原今河北雖平而河南秦鞏未下若因天象而不進天下何時而定耶且違君命得爲忠乎

吾也而傳憲宗八年秋九月辛亥夜中星隕帳前光數丈有聲吾也而日吾死矣明日卒

王玉汝傳玉汝爲叅議僅五六日八月既望有星隕庭中已而玉汝卒

郭寶玉傳寶玉字玉臣華州鄭縣人唐中書令子儀之裔也通天文兵法善騎射金末封汾陽郡公兼猛安引軍屯定州歲庚午童謠曰搖搖罟罟至河南拜闕氏既而太白經天寶玉歎曰北軍南汴梁即降天改姓矣

耶律楚材傳癸卯五月熒惑犯房楚材奏曰當有驚擾然訖無事居無何朝廷用兵事起倉卒后遂令授甲選腹心至欲西遷以避之楚材進曰朝廷天下根本根本一搖天下將亂臣觀天道必無患也後數日乃定

五行志大德二年六月撫州崇仁縣辛陂村有星隕于地爲綠色圓石邑人張椿以狀聞

癸辛襍識壬辰二月朔甲子更初有大星如五斗米栲栳大徐徐自東而西紅光照地有聲殷殷若雷越日乃知墜于宗陽宮火光滿室副宮陳悅道所目擊又聞是曉亦墜于陽墳之昇元觀村中皆見火光後亦無他

丙申十一月十七日冬至是夜三鼓有大聲如發火砲震動可畏雞犬皆鳴次日金一山自山中來云山中之聲九可畏雉皆鳴或云天狗墜故也

丁酉正月初二日乙丑夜二鼓天井巷張家金銀鋪遺漏是夕天中有如雲氣赤色其大如箕而微長或謂其大星余目昏視之不見疑此雲氣爲火氣所爍而然凝然不動殊爲可異不知何物也

是歲二月忽有傳夜後西北角有星光芒曳尾者余不之信數夕起觀皆無所見一夕于西邊見大星光芒正在胃昴間然考之則太白耳益疑小人妄傳繼而有自吳來者云船中見之甚的類景定彗星而尾短僅數尺耳余終未之信也及三月十七日詔書到杭改元大德有云星芒示變天象儆予始信前者爲信然也

元史許謙傳大德中熒惑入南斗句己而行謙以爲災在吳楚竊深憂之是歲大祲謙貌加瘠或問曰豈食不足邪謙曰今公私匱竭道殣相望吾能獨飽耶其處心蓋如此

五行志至大元年七月流星起勾陳化爲白氣員如車輪至貫索始滅

楮記室至治元年玉案山產小赤犬羣吠遍野占云天狗墜地爲赤犬其下有大軍覆

元史梁曾傳曾至治二年卒年八十一卒之前十日有大星隕于所居流光燭地人皆異之

五行志至正十年十一月冬至夜陝西耀州有星墜于西原光耀燭地聲如雷鳴三化爲石形如斧一面如鐵一面如錫削之有屑擊之有聲

輟耕錄松江孫元璘言至正乙未七月六日夜自平江歸泊舟城西柵口方掀篷露坐忽見一星大如栝碗色白而微青尾長四五丈光焰燭天戛然有聲由東北方飛入月中而止此時月如仰瓦正乘之無偏倚若人以手拾置其中者嘗記宋張端義貴耳集云丁亥年余爲儀眞錄參十月二十三日夜因觀天象見一星入月筭曆者鄒淮絕早相別云昨夜星入月恐兩淮兵動不可住徑喚渡過建康余問之古有此否鄒云漢獻帝時一次星入月今再見也十一月十二日劉倬舉兵修季姑姑反戈一城狼狽倬以身免繼此兵禍未泯也據此說則松江之禍亦非偶然松江自丙申二月十八日軍亂越三日苗來剋復首尾兩月之間焚殺擄掠十里之城悉化瓦礫之區視他郡尤可畏是則星入月不知此時在于何所分野顧乃松江獨應其兆與

元史五行志至正十六年冬十一月大名路大名縣有星如火自東南流尾如曳彗墜入于地化爲石靑黑光熒狀如狗頭其斷處類新割者有司以進太史驗視云天狗也命藏于庫

至正十九年四月己丑建寧路甌寧縣有星墜于營山前其聲如雷化爲石

至正二十三年六月庚戌益都臨朐縣龍山有星墜入于地掘之深五尺得石如磚褐色上有星如銀破碎不完

至元二十四年六月癸卯冀寧路保德州三星晝見有白氣橫突其中

明通紀太祖因改定書傳謂儒臣劉三吾等曰朕每觀天象自洪武初有黑氣凝于奎壁今年春暮其氣始消文運當興爾等宜考古證今有所述作以稱朕意于是禮遇諸儒甚厚各賜以綺縉衣被

明外史劉三吾傳洪武十八年擢文淵閣大學士論說多稱旨嘗講家人卦心箴帝大悅未幾請告歸卒年七十二卒之前有星如虹墜其舍正德中諡文恪

翦勝野聞洪武十一年元幼主崩六月詔部省國學文吏擬祭幼主文獻之先是星變詔求直言蘇民錢甦具封事謁丞相不拜旁或趣之甦曰豈有未拜天子而先拜宰相乎相紿之曰然太祖覽其奏詔甦於中書省試事丞相令校簿後湖至是甦聞詔乃爲文獻辭當上意即名見曰錢甦乃者何在對曰臣校簿後湖上悟曰丞相紿汝耶即欲官之甦謝病歸

明外史李善長傳洪武二十三年善長年七十七矣嘗欲營第宅從信國公湯和假衞卒三百人役和探得帝旨攘臂曰太師敢擅發兵耶密以聞四月京民坐罪應徙者善長數請免其親丁斌等帝怒按丁斌斌故給事胡惟庸家因言善長弟存義等往時交通惟庸狀命逮存義父子鞫之獄辭連善長云惟庸有反謀使存義陰說善長善長驚叱曰爾言何爲者審爾九族皆滅已又使善長故人楊文裕說之事成當淮西地封爲王善長驚不許然頗心動惟庸乃自往說善長善長猶不許居久之惟庸復遣存義進說善長嘆曰吾老矣吾死汝等自爲之或又告善長云將軍藍玉出塞至捕魚兒海獲惟庸所遣使沙漠者封績善長匿不以聞于是御史交章劾善長而善長奴盧仲謙等亦告善長與惟庸通賂遺交私語獄具謂善長元勳國戚知逆謀不發狐疑觀望懷兩端大逆不道會有言星變其占當移大臣遂并其妻女弟姪家口七十餘人誅之明年虞部郎中王國用上言善

長與陛下同心出萬死以取天下勳臣第一生封公死封王男尚公主親戚拜官人臣之分極矣藉令欲自圖不軌未可知而今謂其欲佐胡惟庸者則大謬不然人情愛其子必甚于兄弟之子安享萬全之富貴必不僥倖萬一之富貴善長于惟庸猶子之親耳于陛下則親子女也使善長佐惟庸成不過勳臣第一而已矣太師國公封王而已矣尚主納妃而已矣寧復有加于今日且善長豈不知天下之不可倖取取天下之百危當元之季欲爲此者何限莫不身爲虀粉覆宗絕祀能保首領者幾何人哉善長胡乃身見之而以衰倦之年身蹈之也凡爲此者必有深讎激變大不得已父子之間或至相挾以求脫禍今善長之子祺備陛下骨肉親無纖芥嫌何苦而忽爲此若謂天象大臣當災則尤不可天下聞之孰不解體臣亦知善長已死言之無益所願陛下作戒將來耳帝竟不罪也

胡深傳深久蒞鄉郡馭衆寬厚用兵十餘年未嘗妄戮一人太祖嘗問宋濂曰胡深何如人對曰文武才也太祖曰誠然浙東一障吾方賴之比伐閩有星變太祖曰東南必失一良將亟諭之深已被害

浙江通志周新字志新廣東南海人尋擢浙江按察使朝廷嘗命錦衣千戶如浙拿贓吏千戶擅作威福索詐賄賂新時進須知遇千戶于涿州即繫涿獄千戶逸走詣闕奏新上怒縛新至闕下新猶口口歷陳千戶罪狀不已上愈怒命肆諸市臨刑大呼曰生爲直臣死當作直鬼是夕太史奏文星墜上大悔不悅者久之即下千戶于獄論死

明外史韓宜可傳建文帝即位用儉討陳性善薦起雲南參政入拜左副都御史卒于官是夜大星隕櫪馬皆驚嘶人謂宜可當之云

方孝孺傳孝孺生時有大星墮其所

正氣紀景清傳清爲御史大夫燕兵入京淸欲爲圖度而計畫無奈乃詭自歸附恆伏利劍于衣袵中伺間發之八月望日早朝淸緋衣入先是靈臺奏文曲星犯帝座甚急色赤及見淸獨衣緋上心疑命搜之得匕首于懷詰之淸知事不成遂奮身直立張目自鳴曰吾之所以不死者欲爲故主報讎耳今爲此不成天也厲聲嫚罵抉其齒且抉且罵含血直前噀噴御袍聲徹廷陛舉朝臣震恐乃命醢其肉以草實皮

按文曲無犯帝座理恐係客星犯帝座耳

明通紀仁宗自少侍太祖明于星象監國時嘗以教楊士奇曰宋元儒者多曉習不可忽也及是月十四日甲寅蹇義偕夏原吉楊榮及士奇奏事承天門畢上問夜來星變曾見否皆對曰未上曰義等三人雖見不能知士奇知之對曰士奇愚昧亦不能知上曰天之命矣歎息而起

景泰元年三月初旬夜有大星墜于河南岸馬軾所以占告曰四旬內破賊必矣至是董與率官軍至大洲頭與賊遇大破之賊首中流矢被擒伏誅餘黨悉平與後封海寧伯天順中坐曹吉祥黨謫戍廣西

明外史張寧傳帝得疾適遇星變詔罷明年元會百官朝參如朔望寧言四方來覲不得一覩天顏疑似之際必至訛言相驚願勉循舊典用慰人心帝疾不能從而奪門之變作

懷獻太子傳思明土目黃竑窺景帝有易儲意遣千戶袁洪走京師上疏請廢太子代以見濟疏辭曰今皇儲未建人心易搖近日仰觀天象土星逆行入太微垣與諸災變皆可畏愕願早留意

春明夢餘錄成化間鄒公智入庶常星變抗章極斥宦官遂下詔獄其寫懷曰人到白頭終是盡事乖靑史定誰眞夢中不識身猶縶又逐東風入紫宸其辭朝日盡披肝膽知何日望見衣裳只此時但願太平無一事孤臣萬死更何悲

明外史魏元傳康永韶爲御史有直聲及是見帝惑左道權倖用事乃更迎合取寵占候多隱諱甚者以災爲祥陝西大饑永韶言今春星變當有大咎賴泰民饑死足當之誠國家無疆福帝甚悅中旨擢禮部右侍郎仍掌監事

陝西通志何棟巡撫大同時有星孛于井末度棟上言大同分野彗孛蒼赤兆主兵變期年後大同當有圍城覈將之災至大同申嚴紀律選將振險敵入高山站等處督兵力戰捷聞賜書予金帛乞歸

明外史李默傳萬鏜累遷右副都御史歷兵部侍郎右都御史皆南京彗星見應詔陳八事中言人邪正相懸而形迹易混其大較有四人主所取于下者曰任怨曰任事曰恭順曰無私而邪臣之恣強戾好紛更巧逢迎肆攻訐者其迹似之人主所惡于下者曰避事曰沽名曰朋黨曰矯激而正臣之守成法恤公議體羣情規君失者其迹似之察之不精則邪正倒置而國是亂矣此不可不愼也治天下貴實不貴文今陛下議禮制度考文至明備矣而于理財用人安

民講武之道或有缺焉願輟聲容之繁飾略太平之美觀而專從事于實用斯治天下之道得矣至大禮大獄得罪諸臣幽錮已久乞量加寬錄語多中帝諱帝大怒斥爲民令吏部錮勿用

雲中事記嘉靖癸巳冬十月大同卒殺總兵官李瑾距癸未甫十載蓋再變矣先是八月八日余受面命巡按宣大九月十三日辭闕又二日至居庸代其事又七日至宣大乃十月七日有大同之變是夜五鼓星隕如雨豈變不虛生耶

觚不觚錄六年一京察爲成化以後典章其它有以主上初卽位而考察者有以災異而考察者至于考察科道則或以輔臣去位而及其黨者惟嘉靖丙辰太宰李默治獄命輔臣李本掌部事悉取六部九卿自尚書以下至尚寶丞及六科十三道分別而去留之蓋上以星變欲除舊布新而分宜緣此用伸其恩怨也

豫章漫抄五日未至弋陽二十里已過龜峰溪下時新月在未位木星入之頃刻遂出西行是日月躔午二十度本星尚在初度七日方交一度當是太陰亢疾所致又明日過鉛山見費少師鵝湖首問及此彼以爲星與月相去才五度云

見聞錄萬曆二十五年八月二十七日巳時忽然天鼓轟轟聲響如雷一飯之頃飛降一星隨帶火光墜於河內縣常平鎮取出驗看外黑如鐵中白如銀見貯本省布政司

明外史鎮國中尉謀㙔傳㙔與諸子說易至夜分有星光大如斗墜里中棲鳥皆悲鳴越二日而逝

張居正傳居正父卒陽上書請守制而使馮保固留之時彗星從東南方起長亙天人情洶洶指目居正至懸謗書通衢帝詔諭羣臣再及者誅無赦謗乃已

顧涇陽集先弟季時行述先是十九日之夕有大星爍爍從空而下墜于小辨齋之後圃時河旁居人相攜乘涼咸見而異之二十一日之早弟謂其室華孺人曰大菩薩來訪且及門矣俗稱睢陽張公巡爲大菩薩云華孺人怪不敢問弟遂不復語彝然而逝家人聞和鸞之聲隱隱從空而上踰時乃已噫嘻信奇矣乃知弟之去來應不偶然矣

湖廣通志桂啓芳字叔開蘄水人崇禎辛未進士授海陽令落職益讀生平所未見書披衣挑燈焭焭達曙見太白經天有黑氣貫太陰歎曰天命不可爲矣時甲申八月也

星變部雜錄

春秋佐助期黃星騁海水躍宋均曰黃星土精土主安靜躍則失常

春秋潛潭巴柱矢黑軍士不勇疾流腫

孝經內事彗在北斗禍大起在三台臣害君在太微君害至在天獄諸侯作禍彗行所指其國大惡四彗在月中者君有德天下欣心大豐盛

呂氏春秋季夏紀其星有熒惑有彗星有天棓有天欃有天竹有天英有天干有賊星有鬭星有賓星

淮南子天文訓鯨魚死而彗星出賁星墜而渤海決丙子干壬子星墜

詮言訓失其所以治則亂星列于天而明故人指之

春秋繁露金有變畢昴爲迴三覆有武多兵多盜寇

京氏易略吉凶之義從無入有見災於星辰也

參同契熒惑守西太白經天殺氣所臨何有不傾

起世經瑞星曰景星亦曰德星妖星曰孛星彗星長星絕跡而去曰飛星光跡相連曰流星亦曰奔星星光日芒

管輅別傳輅言貴人有事其應在天則日月星辰也兵動民憂其應在物在物則山林鳥獸也夫雞者兌之畜金者兵之精雉者離之鳥獸者武之神故太白揚輝則雞鳴熒惑流行則雉驚各感數而動

續博物志皇覽曰蚩尤冢在東郡壽張縣闞鄉城中高七尺常十月祠之有赤氣出如絳名爲蚩尤旗

酉陽雜俎石鼓冀縣有天鼓山山有石如鼓河鼓星搖動則石鼓鳴鳴則秦土有殃

雲笈七籤天下有其官則上有其星下署置官失則上星爲其亂若露慢三光指斥七曜呵罵風雨欺罔元靈則致日月薄蝕星宿流飛常以十二月四日候天西北水母星長九丈大三圍本末正等見卽大水滿天下急走奔高山可逃也

聞見後錄梁武帝以熒惑入南斗跣而下殿以禳熒惑入南斗天子下殿走之讖及聞魏主西奔慙曰魏亦應天象耶當其時魏盡擅中原之土安得不應天象也

識遺古今論衡著周書紀異周昭王之二十四年甲

寅歲四月八日井泉溢宮殿震夜恆星不見太史蘇繇占爲西方聖人生乃周書紀佛生之異也則又安有前唐虞夏商預託生爲伏羲女媧等理乎况春秋書恆星不見於莊王十年甲午歲上去昭王甲寅三百四十年周紀亦附會無稽之談也陳太建五年恆星不見史占爲法度消天子失政諸侯暴橫國亡之象又豈生異人之祥乎

東坡志林天上失星崔浩乃云當出東井已而果然所謂億則屢中者耶漢十月五星聚東井金水嘗附日不遠而十月日在箕尾此浩所以疑其妄以余度之十月爲正蓋十月乃今之八月爾八月而得七月節則日猶在翼軫間則金水聚于井亦不甚遠方是時沛公未得天下甘石何意諂之浩之說未足信也

西溪叢語何敬祖詩云望舒離金虎五臣注云望舒月御也西方金也西方七宿畢昴之屬俱白虎也河圖云亡金虎喻秦居也陸士衡詩云大辰匿曜金虎習質甘石星經云昴西方白虎之宿太白金之精太白入昴金虎相薄主有兵亂

客齋隨筆石虎將殺其子宣佛圖澄諫曰陛下若加慈恕福祚猶長若必誅之宣當爲彗星下埽鄴宮虎不從明年虎死二年國亡晉史書之以爲澄言之驗予謂此乃石氏窮凶極虐爲天所棄豈一逆子便能上干元象起彗孛乎宣殺其弟韜又欲行冒頓之事寧有不問之理澄言既妄史氏誤信而載之資治通鑑亦失于不刪也

容齋三筆世之伎術以五星論命者大率以火土爲惡故有晝忌火星夜忌土之語土鎭星也行遲每至一宮則二歲四月乃去以故爲災最多然以國家論之則不然苻堅欲南伐歲鎭守斗識者以爲不利史記天官書云五潢五帝居舍火入旱金兵木水宋均曰不言土木者德星不爲害也又云五星犯北落軍起火金水尤甚木土軍吉又云鎭星所居國吉未當居而居已去而復還居之其國得土若當居而不居既已居之又西東去其國失土其居久其國福厚其居易福薄如此則鎭星乃爲大福德與木亡異豈非國家休祥所係非民庶可得倂耶

國朝星官曆翁之伎殊愧漢唐故其占測茫茫幾于可笑偶讀四朝史天文志云元祐八年十月戊申星出東壁西慢流至羽林軍沒主擢用文士賢臣在位紹聖元年二月丙午星出壁東慢流入濁沒主天下文章士登用賢臣在位元符元年六月癸巳星出室至壁東沒主文士入國賢臣用二年二月癸卯星出靈臺北行至軒轅沒主賢臣在位天子有子孫之喜按是時宣仁上仙國是丕變一時正人以次竄斥章子厚在相位蔡卞輔之所謂四星之占豈不可笑也子孫之說蓋陰諂劉后云

漢制攷司弓矢枉矢注枉矢者取名變星飛行有光今之飛矛是也疏案援神契云枉矢射慝考異郵曰枉矢精狀如流星蛇行有尾見天文志曰狀大流星是其妖變之星行時有光漢時名此矢爲飛矛故舉以爲說也

御龍子集日無掩犯陽道尊耶月有掩犯陰行定耶尊則臨定則常臨則不言休咎反常則有妖祥

凌犯去守五緯之失行也五氣之感觸固有類耶辨類而妖祥可察

飛流孛彗陽德之不固耶于占有咎而無休

景星不常見太和不常凝耶太和無形氣之本體故有之不爲多無之不爲少

恆星之外爲星二千五百微星萬一千五百二十豈盡萬物之數乎星隕如雨星落如雪衆矣未聞後之或闕也豈其隕落非星耶其有出于微星之外也耶

大忠生而休星結大姦生而咎星結及其亡也皆隕滅焉人其星之根星其人之華耶

天體淸通其懸鏡以照下土乎有一物則著一物之象有一事則著一事之象觀天者可得而指焉因象求形無或差爽天道其果遠乎哉

星其氣之精魄乎氣以育精精以充魄故活而受光氣盡則精枯而魄死故隕而成石汞死爲屑非耶

客星其人之精耶有斯人則有斯星其有凌犯皆其人爲之防之可不周乎

田家五行論星諺云一筒星保夜晴此言雨後天陰但見一兩星此夜必晴星光閃爍不定主有風夏夜見星密主熱諺云明星照爛地來朝依舊雨言久雨正當黃昏卒然雨住雲開便見滿天星斗則豈但明日有雨當夜亦未必晴

天爵堂筆餘客星非吉星亦非因子陵而見剡溪漫筆辨之最詳楊升菴先生無書不考有詩云半天高柳驛門青我是客星非使星亦作吉星用不知何說

日知錄星隕如雨乃宋閔公之五年言襄公者史文之誤正義以僖公十五年隕石于宋五註之非也

春秋書星孛有言其所起者有言其所入者文公十

四年秋七月有星孛入于北斗不言所起重在北斗也昭公十七年冬有星孛于大辰西及漢不言及漢重不在漢也

三十二年越得歲而吳伐之必受其凶解曰星紀吳越之分也歲星所在其國有福吳先用兵故反受其殃非也吳越雖同星紀而所入宿度不同故歲獨在越

星隕如雨言多也漢書五行志成帝永始二年二月癸未夜過中星隕如雨長一二丈繹繹未至地滅至雞鳴止谷永對言春秋記異星隕最大自魯莊以來至今再見此爲得之而後代之史或曰小星流百枚以上四面行或曰星流如織或曰四方星流大小縱橫百餘皆其類也不言石隕不至地也傳曰與雨偕然則無雨而隕將不爲異乎

漢書天文志魏地觜觿參之分野也其界自高陵以東盡河東河內南有陳留及汝南之召陵隱彊新汲西華長平潁川之舞陽郾許鄢陵河南之開封中牟陽武酸棗卷皆魏分也按左傳子產曰遷實沈於大夏主參故參爲晉星其疆界亦當至河而止若志所列陳留已下郡縣並在河南於春秋自屬陳鄭二國角亢氐之分也不當併入魏本都安邑至惠王始徙大梁乃據後來之疆土割以相附豈不謬哉

日知錄吳伐越歲在越故卒受其凶苻秦滅燕歲在燕故燕之復建不過一紀二者信矣慕容超之亡歲在齊而爲劉裕所破國遂以亡豈非天道有時而不驗耶是以天時不如地利

歲星固有居其國而不吉者其行有贏縮春秋傳歲棄其次而旅於明年之次史記天官書已居之又東西去之國凶淮南子當居不居越而之他處以近事考之歲星當居不居其地必有殃咎

史言周將代殷五星聚房齊桓公將伯五星聚箕漢元年十月五星聚東井唐天寶九載八月五星聚尾箕大曆三年七月五星聚東井宋乾德五年三月五星聚奎淳熙十三年閏七月五星聚軫元太祖二十一年五星聚見于西南明嘉靖三年正月丙子五星聚營室天啓四年七月丙寅五星聚張占曰五星若合是謂易行有德受慶改立王者奄有四方子孫蕃昌無德受殃離其國家滅其宗廟百姓離去被滿四方考之前史所載惟天寶不吉蓋元宗之政荒矣或曰漢從歲宋從塡唐從熒惑云

四星之聚占家不以爲吉驗之前代于張光武帝漢于牛女中宗紹晉于觜參神武王齊于危文宣代魏于東井肅宗復唐于張高祖王周皆爲有國之祥也故漢獻帝初韓馥以四星會于箕尾欲立劉虞爲帝唐咸通十年熒惑塡星太白辰星會于畢昴詔王景崇披袞冕軍府稱臣以厭之然亦有不同者如慕容超之滅四星聚奎婁姚泓之滅四星聚東井後晉天福五年術士孫智永以四星聚斗分野有災勸南唐主巡東都宋靖康元年太白熒惑歲塡四星合于張嘉熙元年太白歲辰熒惑合于斗詔避殿減膳以圖消弭此則天官家所謂四星若合其國兵喪並起君子憂小人流而不可泥于一家之占者矣

昔人言朔漠諸國唯占於昴北亦不盡然考之史流星入紫宮而劉聰死熒惑守心而石虎死星孛太微大角熒惑太白入東井而苻生弒彗起尾箕掃東井而燕滅秦彗起奎婁掃虛危而慕容德有齊地太白犯虛危而南燕亡熒惑在匏瓜中忽亡入東井而姚秦亡熒惑守心而李勢亡熒惑犯帝座而呂隆滅月掩心大星而魏宣武弒熒惑入南斗而孝武西奔月掩心星而齊文宣死彗星見而武成傳位彗星歷虛危而齊亡太白犯軒轅而周閔帝弒熒惑入軒轅而明帝弒歲星掩太微上將而宇文護誅熒惑入太微而武帝死若金時則太白入太微而海陵殺白氣貫紫微而高琪殺胡沙虎彗星起大角而哀宗滅其他難以悉數夫中國之有都邑猶人家之有宅舍星氣之失如宅舍之有妖祥主人在則主人當之主人不在則居者當之此一定之理而以中外爲限斷乃儒生之見不可語於天道也

珍珠船晉公被謫之初木掩房三日馮拯蕘時火守房王欽若蕘時火拂房

太平清話縮地法覩星飛流來時對其炁呪之足上便能頃刻百里

欽定古今圖書集成曆象彙編庶徵典

第六十卷目錄

庶徵典第六十卷

風異部彙考一

書經

洪範

曰休徵曰聖時風若　曰咎徵曰蒙恆風若

大全朱子曰聖是通明便自有爽快底意思所以時風順應之陳氏大猷曰聖之反則蔽塞不通而爲蒙蒙則冥其心思無所不入故常風若

庶民惟星星有好風星有好雨日月之行則有冬有夏月之從星則以風雨

蔡注好風者箕星月行東北入於箕則多風大全朱子曰箕是簸箕以其簸揚而鼓風故月宿之則風

禮記

月令

孟春行秋令則猋風暴雨總至

陳注扶搖謂之猋風風之回轉也此申金之氣所傷

孟夏行春令則暴風來格

陳注此寅木之氣所淫也格至也大全方氏曰春於方爲東東方生風故暴風來格

仲秋行冬令則風災數起

注此子水之氣所洩也

季秋行春令則煖風來至

注辰土之氣所應也

孟冬行夏令則國多暴風

注巳火之氣所損也

周禮

春官

保章氏以十有二風察天地之和命乖別之妖祥

訂義王昭禹曰十有二風風之生於十二辰之位者也蓋天地六氣合以生風艮爲條風震爲明庶風巽爲清明風離爲景風坤爲涼風兌爲閶闔風乾爲不周風坎爲廣莫風八風本乎八卦傳曰舞以行八風謂此也四維之風兼於其月故艮爲條風而立春亦曰條風巽爲清明風而立夏亦曰清明風坤爲涼風而立秋亦曰涼風乾爲不周風而立冬亦曰不周風故八風變而言之又謂十二風也李嘉會曰八卦主八風惟辰戌丑未之月有立春立夏立秋立冬在其中故風無定風今註云十二風意者立春在前月則兼前月之風在後月則兼後月之風立夏立秋立冬皆然或云於乾坤艮巽既有定名之風安得云四立無定風蓋四立有在前月法有在後月法以卦氣所屬參酌之則可知矣十二月之風各應其月爲天地之和不然則爲乖爲別而妖祥可得而命劉迎曰十二風以十二月占之如風自東來爲震名明庶南來爲離名景風風蓋有八以十二月占之則爲十二風先儒以十二辰皆有風吹律以知和否若吹十二律以知十二風則十二歲之相五雲之物又將吹何而觀之此穿鑿之說鄭鍔曰至治之世天地之氣合以生風風從律而不姦則氣和可知風氣不應由陰陽不和不和爲乖不應爲別見其乖別可以命其妖祥王昭禹曰命以告人使之知所備王氏曰乖別在人妖祥先見於風亦人與天地同流通萬物一氣故也豐荒之祲象言降乖別之妖祥言命皆

命而降之命謂名言之

史記

天官書

凡候歲美惡謹候歲始歲始或冬至日產氣始萌臘明日人衆卒歲一會飲食發陽氣故曰初歲正月旦王者歲首立春日四時之卒始也四始者候之日而漢魏鮮集臘明正月旦決八風風從南方來大旱西南小旱西方有兵西北戎菽爲小雨趣兵北方爲中歲東北爲上歲東方大水東南民有疾疫歲惡故八風各與其衝對課多者爲勝多勝少久勝亟疾勝徐旦至食爲麥食至日昳爲稷昳至餔爲黍餔至下餔爲菽下餔至日入爲麻欲終日有雨有雲有風有日日當其時者深而多實無雲有風日當其時淺而多實有雲風無日當其時深而少實有日無雲不風當其時者稼有敗如食頃小敗熟五斗米頃大敗則風復起有雲其稼復起各以其時用雲色占種其所宜其雨雪若寒歲惡

漢書

正月上甲風從東方宜蠶風從西方若旦黃雲惡

五行志

傳曰思心之不睿是謂不聖厥咎霿厥罰恆風厥極凶短折

京房易傳曰潛龍勿用衆逆同志至德乃潛厥异風其風也行不解物不長雨小而傷政悖德隱茲謂亂厥風先風不雨大風暴起發屋折木守義不進茲謂耄厥風與雲俱起折五穀莖臣易上政茲謂不順厥風大猋發屋賦斂不理茲謂禍厥風絕經緯止卽溫溫卽蟲侯專封茲謂不統厥風疾而樹不搖穀不成辟不思道茲謂無澤厥風不搖木旱無雲傷禾公常於利茲謂亂厥風微而溫生蟲蝗害五穀棄正作淫茲謂惑厥風溫螟蟲起害有益人之物侯不朝茲謂叛厥風無恆地變赤而殺人

翼奉傳上風角封事

臣聞之於師治道要務在知下之邪正人誠鄉正雖愚爲用若乃懷邪知益爲害知下之術在於六情十二律而已北方之情好也好行貪狼申子主之

注　孟康曰北方水水生於申盛於子水性觸地而行觸物而潤多所好則貪而無厭故爲貪狼也

東方之情怒也怒行陰賊亥卯主之

孟康曰東方木木生於亥盛於卯木性受水氣而生貫地而出故爲怒以陰氣賊害土故爲陰賊也

貪狼必待陰賊而後動陰賊必待貪狼而後用二陰並行是以王者忌子卯也禮經避之春秋諱焉

李奇曰北方陰也卯又陰賊故爲二陰王者忌之不舉樂春秋禮記說皆同賈氏說桀以乙卯亡紂以甲子喪惡以爲戒張晏曰子刑卯卯刑子相刑之日故以爲忌而云夏以乙卯亡殷以甲子亡不推湯武以興此說非也

南方之情惡也惡行廉貞寅午主之

孟康曰南方火火生於寅盛於午火性炎猛無所容受故爲惡其氣精專嚴整故爲廉貞

西方之情喜也喜行寬大巳酉主之

孟康曰西方金金生於巳盛於酉金之爲物喜以利刃加於萬物故爲喜利刃所加無不寬大故曰寬大也

二陽並行是以王者吉午酉也詩曰吉日庚午上方之情樂也樂行姦邪辰未主之

孟康曰上方謂北與東也陽氣所萌生故爲上辰窮水也未窮木也翼氏風角曰木落歸本水流歸東故木利在亥水利在辰盛衰各得其所故樂也水窮則無隙不入木上出窮則旁行故爲姦邪

下方之情哀也哀行公正戌丑主之

孟康曰下方謂南與西也陰氣所萌生故謂下戌窮火也丑窮金也翼氏風角曰金剛火强各歸其鄉故火刑於午金刑於酉酉午金火之盛也盛時而受刑至窮無所歸故曰哀也火性無所私金性方剛故曰公正

辰未屬陰戌丑屬陽萬物各以其類應今陛下明聖虛靜以待物至萬事雖衆何聞而不諭豈況乎執十二律而御六情於以知下參實亦甚優矣萬不失一自然之道也乃正月癸未日加申有暴風從西南來未主姦邪申主貪狼風以太陰下抵建前是人主左右邪臣之氣也

張晏曰初元二年歲在甲戌正月二十二日癸未也太陰在太歲後孟康曰時太陰在未月建在寅風從未下至寅南也建爲主氣太陰臣氣也加主氣是人主左右邪臣驗也晉灼曰癸未日風未辰也時加申張說是也

平昌侯比三來見臣皆以正辰加邪時辰爲客時爲主人以律知人情王者之祕道也愚臣誠不敢以語邪人

張晏曰平昌侯欲依上來學爲時邪也風日加甲申卯祕近也孟康曰謂乙丑之日也丑爲正日加未而來爲邪時晉灼曰奉以未爲邪時占知平昌侯爲邪人此當言皆以邪辰加邪時字誤作正耳下言大邪之見辰時俱邪是也翼氏曰五行動爲五音四時散爲十二律也

上以奉爲中郎召問奉來者以善日邪時孰與邪日善時奉對曰師法用辰不用日

孟康曰假令甲子日子爲辰申爲日用子不用甲也

辰爲客時爲主人見於明主侍者爲主人

張晏曰禮君燕見臣使臣爲主人故侍者爲主人

辰正時邪見者正侍者邪辰邪時正見者邪侍者正忠正之見侍者雖邪辰時俱正

孟康曰大正厭小邪也凡辰時屬南與西爲正北與東爲邪晉灼曰以上占推之南方巳午西方酉戌東北寅丑爲正西南申未北方亥子東方辰卯爲邪

大邪之見侍者雖正辰時俱邪

孟康曰大邪厭小正也

卽以自知侍者之邪而時邪辰正見者反邪

孟康曰凡占以見者爲本今自知侍者邪而時復邪則邪無所施故屬見者晉灼曰上言中正客見侍者雖邪辰時俱正然則小邪屬主人矣何以知之見者以大正來反我小邪故也

卽以自知侍者之正而時正辰邪見者反正

孟康曰已自知侍者正而時復正則正無所施辰雖邪而見者吏正也晉灼曰上言大邪客見侍者雖正辰時俱邪然則小正屬主人矣以此決占之卽以自知主人之正而時正辰邪矣何以知之見者以大邪來反我小正故也

辰爲常事時爲一行

孟康曰假令甲子日則一日一夜爲子時十二時也日加之行過也

辰疏而時精其效同功必參伍觀之然後可知故曰察其所由省其進退參之六合五行則可以見人性知人情難用外察從中甚明故詩之爲學情性而已五性不相害六情更興廢觀性以歷

張晏曰性謂五行也歷謂日也晉灼曰翼氏五性肝性靜靜行仁甲己主之心性躁躁行禮丙辛主之脾性力力行信戊癸主之肺性堅堅行義乙庚主之腎性智智行敬丁壬主之也

觀情以律

張晏曰情謂六情廉貞寬大公正姦邪陰賊貪很也律十二律也

明主所宜獨用難與二人共也故曰顯諸仁藏諸用露之則不神獨行則自然矣唯奉能用之學者莫能行

易緯

京房飛候

春冬乾王不周風用事人君當興邊兵治城郭行刑斷獄訟繕宮殿

何以知聖人隱也風清明其來長久不動搖物此有龍德在下也

太平時陰陽和風雨咸同海內不偏地有險易故風有遲疾雖太平之政猶有不能均同也唯平均乃不鳴條

觀象玩占

風角候風之法

凡候風必於高平遠暢之地立五丈竿以雞羽八兩爲葆屬竿上候風吹羽葆平直則占或於竿首作槃上作三足烏兩足連上外立一足繫下內轉風來則烏轉迴首向之烏口銜花花施則占之羽必用雞取其屬巽而能知時羽重八兩以象八風竿長五丈以法五音烏者日中之精巢居知風烏爲其首也今又按古書云三丈五尺竿以雞羽五兩繫其端羽平則占然則長短輕重惟取適宜不在過泥但須出衆中不被隱蔽有風卽動直而不激便可占候羽毛必須五兩以上八兩以下蓋羽重則難舉輕則易舉也時常占候必須用烏

凡風發初遲后疾者其來遠初急后緩者其來近動葉十里鳴條百里搖枝二百里落葉三百里折小枝四百里折大枝五百里飛沙走石千里拔大根三千里

凡發風一日爲其縣二日他縣三日其郡四日他郡五日其州六日他州各以日數知災所及

凡風二日二夜事及三千里外一日一夜周時事及二千里六時以上事及千里半日三時以上事及五百里一時以上事及百里

凡大風拔木事及三千里外折大枝事及二千里若風近城郭中有急事卒起宮宅爲左右

凡風起宮宅天子占千步諸侯去宅五百步庶人去家一百步

正月朔旦八方風占

漢魏鮮正月朔旦決八風風東北來爲上歲行兵主客俱不利一日利客南來大旱一日爲主吉西南來小旱有謀不成一日主客俱不利西來有兵起宜客西北來戎菽成小雨則有兵宜客北來爲中歲宜客東來大水宜主東南來人病歲惡宜主

八風各以其衝對課多勝少疾勝徐久勝急自旦至食時爲麥食至日昳爲稷昳至餔爲黍餔時至下餔爲菽下餔至日沒爲麻欲終日有雨有雲有風有日日當其時者深而多實無雲有風日當其時淺而多實有雲風無日當其時者深而少實有日無雲不風當其時者稼有敗如食頃少敗熟五斗米頃大敗則風復起有雲其稼復起

若風冷熱異常暴急昏濁又當以京房八卦暴風占之京房占曰正月朔候八風乾來有憂兵坎來大水艮來人疾疫歲內有蝗震來陽氣干歲大旱有喪巽來年內多風傷五穀離來歲旱大熟多火災坤來有災疫道多死人兌來有兵事

八節八方風占

立春正月節其日清明有雲歲熟陰則旱蟲傷禾豆風從乾來暴霜殺物穀卒貴坎來多寒邊兵內侵艮來五穀熟震來氣洩物不成巽來多風蟲生離來旱傷物坤來春寒六月大水愁土工兌來旱霜兵起

春分二月中其日東方有雲青色歲熟清明則物不成風從乾來歲多寒金鐵倍貴坎來豆菽不成民流疾艮來夏不熟米貴一倍震來五穀成亦兼盜賊巽來蟲生四月多暴寒離來五月先水後旱坤來小水人多瘧疾兌來春寒八月有變有兵

立夏日南方有赤雲歲豐清明則旱風從乾來其年凶饑夏霜麥不刈坎來多雨雷不時擊物艮來山崩地震人疫震來雷擊非時巽來大熟離來夏不旱焦坤來萬物夭傷兌來蝗大作

夏至日南方有赤雲則熟清明則旱風從乾來寒傷萬物坎來寒暑不時夏多寒多疾艮來山水暴出蟲傷禾震來八月人多疾旱潦不時巽來風落草木禾焦離來五穀熟坤來六月雨水兵旱兌來多雨霜

立秋日有白雲及小雨則吉清明則物不成風從乾來甚寒多雨坎來冬多陰寒艮來秋氣不和震來多暴雨人不和草木再榮秋雨雹巽來內兵猝起離來兵戎不利多旱坤來五穀大熟兌來兵起將行

秋分日西多白雲吉清明則物不成風從乾來人多相掠坎來多水艮來十二月多陰寒震來人疫再花不實巽來十月多風離來兵動國南七百里坤來土工興作兌來五穀大收

立冬日清明小寒人君吉天下喜風從乾來君令行天下安坎來冬寒殺走獸艮來地氣洩人多病震來行人不安居多寒巽來冬溫明年夏旱有雷蟄出離來明年五月大疫坤來水泛溢魚鹽倍多兌來妖言爲幻兵在山澤

冬至日有雲雪寒明年大豐清明則物不成風從乾來强國憂多寒坎來歲美人安艮來正月多陰震來雷發大雨作巽來百蟲害物離來冬溫乳母多死水旱人疫坤來蟲傷禾多水兌來明年秋多雨兵起

立夏巽卦王風乾來爲一逆小凶立春艮卦王風坤來爲二逆兵起立秋坤卦王風艮來爲三逆穀不實立冬乾卦王風巽來爲四逆人去其鄉秋分兌卦王風震來爲五逆帶刀入市冬至坎卦王風離來爲六逆人民潰散夏至離卦王風坎來爲七逆臣子爲亂春分震卦王風兌來爲八逆殿上有刺客以上逆風若帶刑殺昏寒日色白濁大凶

乙巳略例八節風附占

立春（以下原本闕）

立夏兌巽　　夏至震坤巽

風去地尺餘擺樹枝小有聲不動塵天氣和暖紫赤雲在日上下或徧天是謂祥風應火之氣則節令調和君明臣賢萬物阜成民安國昌若風先慢後急揚砂揚塵黑風漲天則萬物不成人多病

立秋乾震坤　　秋分兌巽艮

風去地尺餘擺樹鳴條不動塵蒼白雲滿天是謂和風應金之氣則時令調和民物阜安人主壽康兵戎不興若走石吹沙先慢後急日光沈沒天氣昏冥來年春人不安

立冬乾坤震　　冬至坎坤巽

風去地尺餘颯颯不動塵徧天白黑薄雲氣色和平是謂德風應水之氣則陰陽調和萬物成熟民安國昌四裔效順若走石揚沙先慢後急日色晦冥明年損麥蟲生五穀不實

又曰凡八節之風從三合及天門上來皆爲吉慶

歲月日時方位吉凶占

干德 年月日時方 甲乙丙丁戊己庚辛壬癸
甲庚丙壬戊甲庚丙壬戊
甲德在甲陽德自處也乙德在庚陰德在陽
干合 年月日時方 己庚辛壬癸甲乙丙丁戊
甲己化土乙庚金丙辛水丁壬木戊癸火
干德 日時方 寅申巳亥巳寅申巳亥巳
長生 年月日時方 亥午寅酉寅酉巳子申卯
祿 年月日時方 寅卯巳午巳午申酉亥子
長生沐浴冠帶臨官帝旺衰病死墓絕胎養陽順行陰逆行由帝旺而數之得長生之位又由長生數至臨官卽爲祿鄉
帝旺 卯寅午巳午巳酉申子亥
五行各如本性土與火同
墓 年月日時方 未戌戌丑戌丑丑辰辰未
干刑 年月日時方 戊己庚辛壬癸甲乙丙丁
取干所尅
七殺 年月日時方 庚辛壬癸甲乙丙丁戊己
取尅我者甲至庚第七位故謂七殺
死 年月日時方 午亥酉寅酉寅子巳卯申
絕 年月日時方 申酉亥子亥子寅卯巳午
死絕俱按長生順逆數
子丑寅卯辰巳午未申酉戌亥
天德 月方 巽庚丁坤壬辛乾甲癸艮丙乙
本月內之方
天德合 乙壬 丁丙 己戊 辛庚
取天德干之所合四卦在四隅無合
月德 壬庚丙甲壬庚丙甲壬庚丙甲

月內日時方
月德合 丁乙辛己丁乙辛己丁乙辛己
月內日時方皆取月德干之所合
支德 年月日時方 巳午未申酉戌亥子丑寅卯辰
本支順行前五位爲德
驛馬 年月日時方 寅亥申巳寅亥申巳寅亥申巳
取三合之對冲
三合 年月日時方 申巳午亥申酉寅亥子巳寅卯
三合 年月日時方 辰酉戌未子丑戌卯辰丑午未
六合 年月日時方 丑子亥戌酉申未午巳辰卯寅
取月建與月將相合
六冲 年月日時方 午未申酉戌亥子丑寅卯辰巳
三刑 年月日時方 卯戌巳子辰申午丑寅酉未亥
我所刑者爲刑下禍淺刑我者爲刑上禍深自刑者無上下尤深刑上刑下自刑曰三刑相刑自刑循環刑亦曰三刑循環刑者丑刑戌戌刑未未刑丑之類
支煞 年月日時方 未辰丑戌未辰丑戌未辰丑戌
呻吟煞 巳丑酉巳丑酉巳丑酉巳丑酉
月內日時方
支墓 年月日時方 辰丑戌未辰丑戌未辰丑戌未
用三合五行之墓
六破 未午巳辰卯寅丑子亥戌酉申
五音墓 宮 徵 羽 商 角
辰戌 戌 辰 丑 未
凡風從歲月日時德合方來或乘旺相而來日色清明風勢和緩去地稍高人心喜悅是謂祥風大抵爲天子親賢遠奸德令下施民安物阜之應
凡風類從歲月日時刑冲上來日冥氣昏風聲聒耳不調是謂妖風大抵爲天子親小人遠君子旱澇災凶之應
凡風從歲月日時刑冲四殺五墓上來或從休廢囚死方來日色白濁天氣寒慘風聲叫怒拔木發屋捲石揚砂是謂災風大抵爲盜賊暴兵謀害死傷之應
仍詳五音定八方觀其起止占之
假令徵風不動枝葉當從德合方來有喜亦小從刑冲方來有災亦小必鳴條以上至於發屋折木走石揚沙乃可以言大災禍
凡惡黑風從刑衝破殺方來當日有大雨及三日內有大雨揚砂轉石日光不變是謂吉風宜從吉占若刑風著地吹塵漲天轉石揚砂蓬蓬勃勃乍緊乍慢日光昏暗是謂凶風宜從凶占
凡暴風忽起擺樹鳴條風勢緊急未一二刻漸微而止其遠不過十里來其占在近當視風起之時若在刑冲方則有賊盜至在德方則有祥異至在合方則有人送信至
凡風驟起經半時止者此風從三百里來其占在民當視日辰若在刑冲方月內米貴若風色陰黑飛沙揚塵不出兩月民不安若在日辰德合方月內米賤在日辰本位上民間有火風所當處卽爲災
凡風驟起吹沙走石經一二時止此風在五百里以上千里以下來其占在大臣長吏當視月建若在刑冲方來其地長吏憂病出若風帶熱吹沙灰漲天天色陰慘爲長吏大臣死若在月德方及月建本位上

來一日內長吏有賞賜加職遷官之喜長吏者一郡一州之長官也

凡風驟起吹沙走石拔木半日一日而止其占在君當視其太歲干支所在若在刑冲上來若怒欲行誅殺不出三日米貴有旱澇之災若在德合方來不出三月有德令

凡風從歲刑來有大兵人馬死不出一年天下大喪從月刑來為兵起在郡從日刑來不出三日兵起從時刑來為賊若在夜主人兵敗

凡刑金刑為兵金日庚辛申酉時也木刑為喪木日甲乙寅卯是也火刑為火火日丙丁巳午是也水刑為水水日壬癸亥子是也

凡風從三刑上來百事皆凶兵戰尤重刑上來發疾刑下來發遲假令今日子時刑在卯風從子來為刑上來風從卯來為刑下來風從刑上來為客利從刑下來為主人利餘倣此辰午酉亥自刑之日風從其上來客勝若時加辰午酉亥則主勝

凡風從三刑上來坐者速起行者應走賊必至至必交戰有敗宜固守若戰將必死月刑不出月日刑不出日時刑不可不即備

凡風從日刑來猝暴者賊必夜來攻人風從刑上來相衝擊上起者半路有突兵為應風逆行者伏兵起軍中

凡風行風從歲月日時刑下來者必有死將若得王相客死囚廢主死

凡風從刑來時日循環三刑大寒尅者大戰流血客主俱傷假如丑日時加戌為丑刑戌風又從未來為戌刑未未又刑丑三刑俱會法主大戰流血也申日加寅風從巳來同占

凡風從歲月日時刑冲上來止於刑冲者大臣災蝗蟲生糴貴有火災以日占國

風從五音王相方來止於王相人主壽昌百姓不安

凡風從五墓上來若止墓上皆為死喪變事如宮墓在辰宮日風從辰來或止辰皆為疾病死喪以日干占其人官主長吏餘倣此

凡風從墓來或止墓皆為死喪若時加巳酉入止王相或帶合德皆為死者得生囚者遇赦他倣此

凡風從本墓上來或時加墓上來止皆主大臣有死喪疾病時或黜或火起若蓬勃有聲吹沙走石大凶三日內有雨則災不成

凡風從歲墓來人君不安刑上來后不安月建墓上來宰相大臣有病至死日墓上來以日占其分長吏死民不安米貴應在刑月本月內時墓上來受風之處小兒多死月建刑冲上來受風之處米貴人災若帶角徵日及時方又加火災以上蓬勃叫怒吹沙走石天色晦暝乃占若天清日明氣色溫和不揚塵走石者其風雖大未可以此斷

風角五音占法

京房占曰風角有推五音有納音木金水火土有以十二支配五音有聽聲配五音風所發各以五音之數期風之遠近宮風近十里中百里遠千里徵風近七里中七十里遠七百里羽風近六里中六十里遠六百里商風近九里中九十里遠九百里角風近八里中八十里遠八百里皆以五行成數推之變通其數觸類而長之風從來二十四處皆須明知發止審別支干八卦所發時早晚來從何處息在何時回止何辰皆須知之乃可以言

論五音次序

李淳風曰按五音所主以宮為體蓋五行之內土為最尊土即是地地與天敵體故宮於五音為君土者火子也君國者必立宗廟行號令徵為號令故次之土以水為妻故羽又次之妻必有子故商又次之物窮則變化而為鬼刑土者木也故以角終焉

一宮子午　三徵丑未寅申　五羽卯酉　七商辰戌　九角巳亥

李先生曰洪範傳五行之數水火木金土蓋順理自北徂南先經而後緯今五音則以宮徵羽商角宮為聲主以集五音形其尊卑故先緯後經自南徂北逆順先後蓋取聲形為質也情動者逆行性定者順入是以有逆順之理焉

形性定故順聲情動故逆此設言與洪範順逆不同之故

數兼奇偶陰偶陽奇聲為陽也

此言用一三五七九之故

徵者火也居南方體合二位戊己土同在南方五音之配故以二位成體所以均五多少遞標逆順猶六神之內火兼二將者也

此言一音二辰獨徵兼丑未寅申之故

五音不配五行而始子午者蓋子午為陰陽之始象宮為君日中夜半應在君后故子午屬之餘宮則以次而分也子丑午未皆宜屬宮因取子午最尊故丑未寄於徵陰陽家戊己與丙丁同宮蓋土

無定位分旺四季而季夏獨爲土之本位故土寄火亦子從母之義也以上泛論五音之序

五音所屬

五音所主宮爲君商爲臣角爲事徵爲令羽爲物宮數一爲君身徵數三爲宗廟先人爲鬼怪羽數五爲境界爲妻爲才商數七爲子爲臣爲僕角數九爲病爲死爲喪

論五音起例

五音有納音以金木水火土定五音（此日辰五音）有十二辰配音（此十二方位之音）有聽音配五音（此聽風聲而分五音）

求日辰五音法一

其法有三其日之五音皆同此以八卦六屬納甲法求之

庚屬震　辛屬巽　戊屬坎　己屬離　丙屬艮　丁屬兌　子午屬庚　丑未屬辛　寅申屬戊　卯酉屬己　辰戌屬丙　巳亥屬丁

乾主甲子壬午甲爲陽日之始壬爲陽日之終子爲陽辰之始午爲陽辰之終乾初在子則四在午乾主陽故內子外午內爲始外爲終

坤主乙未癸丑乙爲陰日之始癸爲陰日之終丑爲陰辰之始未爲陰辰之終坤初在未則四在丑坤主陰故內未外丑

震主庚子庚午震爲長男乾爲主甲對於庚故震主庚以父授子故主子午與父同也

巽主辛丑辛未巽爲長女坤爲主乙對辛則巽主辛以母授女故主丑未與母同也

坎主戊寅戊申坎爲中男故主戊寅戊申

離主己卯己酉離爲中女故主己卯己酉

艮主丙辰丙戌艮爲少男乾上對丙故主丙辰丙戌

兌主丁巳丁亥兌爲少女坤上主癸對丁故主丁巳丁亥

此乃八卦納音之法除乾坤爲大父母不用而用六子也附八卦納音圖於後

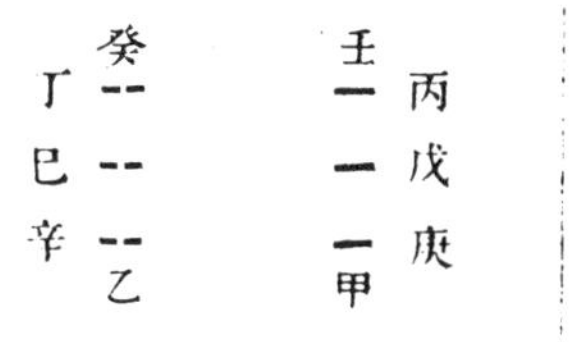

丙　戊　庚
壬 ⚊ ⚊ ⚊ 甲
癸 ⚋ ⚋ ⚋ 乙
丁　巳　辛

天干乾得甲壬坤得乙癸爲大父母不用震長男得乾初爻故屬庚餘倣此

乾　戌申午　辰寅子
戌申午　辰寅子
酉亥丑　卯巳未
坤　亥酉未　巳卯丑

地支乾本卦陽順坤本卦陰逆分爲六子則子丑陰陽相對震長得乾初四故屬子午餘倣此

又曰今月初分於庚見震象八日丁上見兌象十五日甲上見乾象十六日平旦辛上見巽象二十三日旦丙上見艮象晦日見離象朔日見坎象皆於戊己中宮此納音所由來也

按此論六子納甲之由取方月體盈虧昏旦所見方向今附其圖於後

月體盈虧昏旦所見方向圖

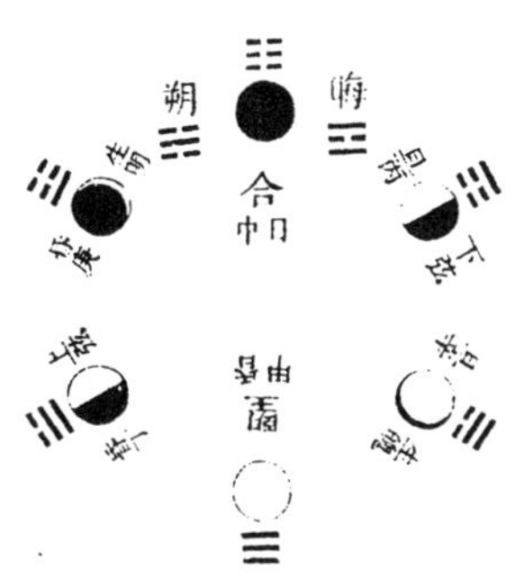

求日辰五音法二

以干支之數合而求之

以地支十二辰合十干以十干所屬者命之以其數納其音以主一日日辰相配共得一音此納音之法也

假令求甲子所屬則子屬庚便從甲數至庚得七七言商則甲子屬商矣乙丑亦屬商者陰從陽也兩干兩支相爲陰陽而干支自各有陰有陽然後備也若求丙寅則寅屬戊從丙數至戊得三三言徵故爲火

求戊辰則辰屬丙從戊數至丙得九九言角故爲木
餘倣此
陽宮日
庚午　丙戌　戊申　戊寅　庚子　丙辰
陰宮日
辛未　丁亥　己卯　己酉　辛丑　丁巳
陽徵日
丙寅　戊子　甲辰　甲戌　丙申　戊午
陰徵日
丁卯　己丑　乙巳　乙亥　丁酉　己未
陽羽日
甲申　壬辰　丙午　甲寅　丙子　壬戌
陰羽日
乙酉　癸巳　丁未　丁丑　乙卯　癸亥
陽商日
甲子　壬申　甲午　庚辰　壬寅　庚戌
陰商日
乙丑　癸酉　辛亥　乙未　辛巳　癸卯
陽角日
戊辰　庚寅　壬午　壬子　戊戌　庚申
陰角日
辛卯　癸未　癸丑　己亥　辛酉　己巳

求日辰五音法三

洪範納音之法
先分先天數　甲己子午九　乙庚丑未八　丙辛寅申七　丁壬卯酉六　戊癸辰戌五　己亥四
次分五音數　宮五十　徵二七　羽一六　商四九　角三八
求一日之音必合一陰一陽兩日干支之數得若干於大衍四十九數中減之餘若干又去其滿十之數取其零數視其合於五音何數又由所得之音取其所生卽爲本日納音
假如求甲子日納音卽合甲子乙丑兩日之數甲子十八乙丑十六共得三十四於大衍四十九數減之餘十五去十用五得宮音屬土土生金取其所生則商爲納音求乙丑日納音亦合甲子之數餘倣此

求方位五音法

李先生曰自子至巳皆爲陰律所生爲陽自午至亥皆爲陽律所生爲陰
子爲陽宮土主帝王主土工興造正北
丑爲陽徵火主旱主火災主宮寺口舌東北
寅爲陽徵火主旱主火主烽燧東北
卯爲陽羽水主霖雨主水主霧正東
辰爲陽商金主大水主發兵東南　一曰主大將軍主吏士
巳爲陽角木主疾病主憂患東南
午爲陰宮土主后妃主陰謀正南
未爲陰徵火主庶人主土工主蜚蟲主詔誥主書檄主旱西南
申爲陰徵火主郵驛主災火西南　一曰主尉候主旱
酉爲陰羽水主霜雪雷電主陰沈主雹正西
戌爲陰商金主小兵刃刀鐵西北　一曰主小將
亥爲陰角木主死喪哭泣西北
方位五音又分陰陽其陰陽與納音不同方位有二十四此統於十二支卽風所從起分別五音陰陽占其所主之事今仍附二十四山圖於後

二十四山方位圖

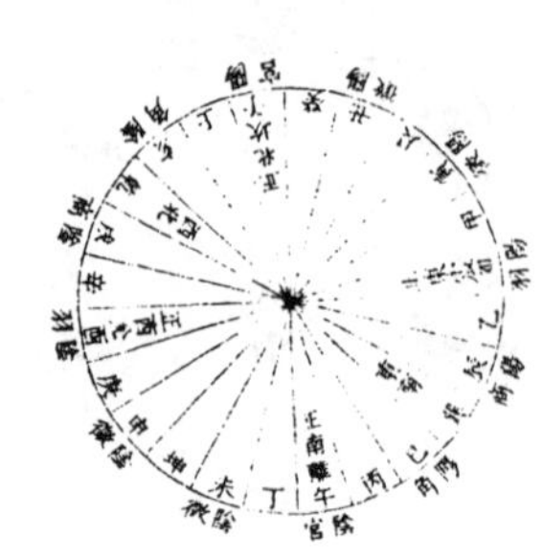

聽聲辨五音法

李淳風曰凡占風必知風之情風之聲五音者五行之聲皆出於黃鍾之管管長九寸聲最濁而爲宮其數九九八十一分增減以生上下故三分減一分餘五十四三分益一分爲七十二三分減一餘四十八三分益一爲六十四以成五音之數聽聲之法必須耳察大小清濁必以度數正之度數正則聲亦正不可以文載口論今言其梗槩云
宮聲風如牛鳴窌中隆隆如雷鼓

徵聲風如奔馬如炎火如縛鷄駭走

羽聲風如擊濕鼓如水揚波激氣相磋如麋鹿鳴

商聲風如離羣羊如扣鐘磬如蜚羽之聲如流水鳴咽感人

角聲風如千人叫嘯言語琅琅然如人悲如人叫啾啾唧唧如鳴雉伐木

宮風發屋折木有土工宮土人君內煩宮爲君怒則自動其心故內煩不出十日遠百日宮數也有所之風以動之不安故有所之且有急令風怒急也貴臣相捕斬內主不安有疑忌天下兵起上下不和兵起盜賊滿市人饑不救國亂不相恤車馳馬奔流亡不止宮土動故人君移也

徵風發屋折木有火災不出三十日吏憂自行四方告急事或有大火妖言爲幻百姓驚恐自亂凡言吏者理人之官上至三公皆是徵主烽燧故四方告急

羽風以下原本闕

商風發屋折木不出七日若七十日有急令兵大起羅貴國門四閉關梁塞兵從中起

商風發屋折木不出九日若九十日有急令賊鬭羅大貴民饑相食有死喪疫癘

已上槩風聲占與日辰五音不同然亦須以日辰來方相參課之

又五音占風

謂甲子乙丑商丙寅丁卯徵之類他倣此

宮日大風必有土功若從申酉上來有徵名事卯酉上來施恩事辰戌上來多疾病寅丑上來有山崩子上來有賊在北

徵日大風揚砂子上來爲符文書卯酉上來爲大火災辰上來爲驚巳亥上來人多死午上來土功與寅丑上來亦爲火災申上來爲賊亥上來爲客傷

羽日大風羅貴以下原本闕

商日大風子午上來大兵入界巳上來有歸義人未上來財物散申上來白衣會酉上來兵大戰戌上來大兵至亥上來大喪丑上來有大災辰上來盜賊公事卯上來有雨一日凡商日風邊將憂

角日風皆爲有兵動徵有大會聚斂人財動羽上爲土工若大雨動商爲大兵動角爲邊兵動宮有憂

諸宮日風起占

宮日風從子午宮來爲宮動宮主人君出行急風暴起有急令慢風有喜令以日干占知遠近

宮日風從陽宮來山陵崩壞人君出行地動旱有土工從陰宮來地震裂若后出行又爲旱一日陽宮之日風從子午宮來君出行陰宮之日風從子午宮來后出行

宮日風從子午宮來時加子午爲重宮君出行大臣走又爲風雨不調

宮日風從丑未寅申徵來爲宮動徵有火災有土工寶物出有兵時加徵爲重徵爲義兵行有土工有詔令謂之義風

宮日風從卯酉羽來爲宮動羽主大雨不則大臣出走又旱宮君羽臣君怒臣走宮上羽水土盛水衰則火起爲旱若時加羽爲重羽卽有雨五穀熟

宮日風從辰戌商來爲宮動商有兵行且有客兵來時加辰戌爲重商有兵殃

宮日風從巳亥角來爲宮動角主戰人主憂客兵傷有喪從陽角來有邊兵戰有大喪宮爲土爲君爲角爲木土動木不勝故君凶本主哭泣故有喪時加巳亥爲重角君不昌

宮日大風從乾來有暴雨湧水若風不揚塵氣和暢日光明盛不寒慘者國有喜令從艮來山陵崩壞人君出行水湧地裂從巽來蝗蟲生害五穀從坤來有土工鳥獸爲害

宮日風鳴條以上止於宮皆爲人君出從德鄉來以德事出從刑鄉來以刑事出溫和清明以喜事出寒慘白濁以憂事出宮風卒起宮宅中皆爲土工作若亂潰則爲聚衆

宮日風從徵羽上來皆爲民不安羽上來爲水澇商上來爲火須蓬勃叫怒吹砂走石日光昏慘乃占後同

諸宮日風頻起白日沈冥霧氣四塞或熱或寒邊境不寧臣下逆命

宮日寒風切切人懷戰慄人君用刑急刻誅罰不忠

宮日亂風啾唧有聲令人悲慘鳴條落葉冷氣逼人有大喪大臣殃

宮日瀟瀟習習擺樹鳴條去地稍高不揚塵土日色清明天氣和暢或從歲月日德及合上來謂之德風

天子有德大臣忠正天下太平

凡受宮之日風從乾上天門起鳴條以上至發屋折木風氣清凉止於合德日光明潔是謂王風諸宮日風起坤鳴條已上不揚塵土大氣清爽日光明盛是謂相風皆謂天子有德臣子忠孝歲熟民安四裔臣

服

庚子日陽宮之日夜半宮時大風從子來折木發屋止於辰此爲宮入墓天子有憂喪大臣死期九十若九十日

庚午陰宮之日日中夜半大風從子午起折木發屋止於辰此皇帝卒暴病期九日若九十日

庚子陽宮之日夜半風從酉上起止於午風調不怒不勃天子有喜若立皇后期三九日

丙戌陽宮之日有風從未上來止於戌民憂疾病以日占國此是刑例其餘依此占之

諸宮日時加子午風從四季上來有奸人來行間人君左右親客內亂若風勢勃怒吼亂寒慘吹沙漲天日色冥晦或無刑殺必有叛逆兵起

丙辰辛未丙戌辛丑此四日爲四季受宮之日風從四季上來折木揚砂五日以上至九日風止子午此爲外國君長萬里來朝或遣使貢獻近期五十日中百日遠百五十日天色和暖晴明乃至寒慘昏濁不至

諸陽宮之日風從陽徵上來爲詔書到欲知何詔書以風至之時占之時加寅午遷除詔時加巳酉寬大詔時加申子賦斂詔時加亥卯接章詔事君詔時加辰未嫁女詔（原闕）詔皆期九日遠四十五日

諸陽宮之日風從歲月刑上來冋止徵方風火迅急此上官收下官證對無罪

諸陽宮日風從帝旺上來或子午上來俱爲詔書以千支所加時日生死知書所謂若從相來爲公卿書春甲夏丙秋庚冬壬俱天子所在若風從其上來時加公正此天子令也時加姦邪書不可信

五嶽之宮

戊寅己卯東嶽之宮帝不安其都出行有善令以財物賜庶人

丁巳庚午南嶽之宮驚暴亂賞有功逐佞人封有德一曰水民移

戊申己酉西獄之宮臣爭財不恤國

丁亥庚子土工大起兵行

丙辰丙戌辛丑辛未有土工人流移牛羊疫

五嶽之宮以納音爲論若風發屋折木揚砂走石或至三日以上乃占不能發屋折木揚砂走石或不盈時而止者雖凶無害

諸徵日風起占

徵日風從陽宮來土工起大旱火災頻起宮寺從陰宮來太子有疾時加徵爲重徵有土工火災

徵日風從丑寅陽徵來有火災君有恐走獸爲人害宮寺多焚從王相來歲大旱又爲火災從未申陰徵來人君有憂走獸爲害火災一曰六畜多死

徵日風從陽羽來四鄰有事寶物至陰勝陽且有雷電霜雹諸侯大臣多火災四裔有兵從陰羽來寶物出多震雹四裔有事

徵日風從陽商來有急兵人主以兵自守期七日遠七十日從陰商來邊有急兵戰一曰風從陽商來輔臣强大臣死民有殃以日占國

徵日風從陽角來有急兵金尅木木子火反尅金故有兵亦爲有喪從陰角來邊兵大起有火驚春有喪

徵日風鳴條巳上發止於徵卒起宮宅之中皆爲失火口舌間事追名之憂若風徵來時加徵又止於徵者

徵日時加徵怒風勃風從商上來天色黃黑疾作火燒倉庫止於商徵者疾

徵日時加羽勃風從徵商角上來天昏暝爲燒市

諸徵日風從艮上起天氣清凉日色和暖赤黃雲滿天天下和平五穀豐熟君安國昌

徵日風炎炎熱氣逼人或在徵上來或止於徵或帶刑殺五墓皆有火災不出三日

諸徵日時加徵暴風猝起而天氣晴明者有書檄至爲風火事近期三日遠三十日以日占國

凡陽徵日風從陽徵來時加夜半爲都市中府寺火起風從陰徵來爲下停鄉市及人間火起

凡徵日起風三日以上天氣赤黃不解至七日此天火災起千里相望近期三日遠三十日若風止卽有大雨則解之占火與使者檄書同占

丙寅丁卯之日怒風從寅卯上來爲都市中火所以然者丙丁火寅卯木也火得木而然兩火共燒一木卯爲都市期三日或六日或丙丁日應之以日占其國期內大雨則止

凡暴風忽起東南巽方燒木悲鳴聲如搖火有火災不出三日風二三刻止火非遠半日止十里內一日止五十里二日止百里三日止千里外初疾後慢期近初慢後疾遠王相時方燒都市囚死燒牢獄廟宇休廢燒亭驛店舍鄉郭閭屋

凡占火得寬大之日時此謂燒也公正爲怨仇相燒廉貞因文書口舌相燒貪狠爲賊攻燒陰賊爲惡人

遇相燒或促賊燒姦邪爲陰私小盜相燒日辰王相有氣者人事相燒囚死無氣時加商角鬼神所燒

五嶽之徵

丙寅丁卯東嶽之徵有妖言鬼神之書作妖有火災

乙巳戊午南嶽之徵國有邊鄙之害遠人謀

丙申丁酉西嶽之徵內臣謀逆

乙亥戊子北嶽之徵皇后憂太子有暴喪

甲辰甲戌己丑己未中嶽之徵山賊出流言而民恐怖逃亡

諸羽日風起占

羽日風從陽宮來有財物聚君有使令邊兵起土工興將受命有集會有寒雪雹從陰宮來雹寒傷物有水有土工

羽日風從陽徵來主有兵有急令臣有憂關梁塞道路不通從陰徵來邊臣憂

羽日風從羽來有白衣聚有大喪大寒雪雹期五日遠五十日且有大雨從南方來國有憂人多病雨從北方來賊聚水中且有雪雹陽羽日興陰羽夜應

羽日風從商來有兵圍城不戰邊有急關梁不通大雨客軍不利金水相和故不戰羽爲商除害象臣爲君討賊故動必大雨不出戰故也

羽日風從角來以下原本闕

羽日風鳴條已上發止於羽及卒起宮宅之中皆爲聚衆若寶物出入船渡水物變之事若風從羽來時加羽又止於羽者有大雨水亦爲酒食

羽日時加羽風從徵商角上來以下原本闕

羽日時加羽風起羽有疾疫以風止處爲災止之月如止寅則正月止

羽日風從陽商角上來起時加徵者月內米貴人不安

諸羽日風從坤上來鳴條以上至發屋折木白氣溫和天色清爽白雲滿天天下安寧人主壽昌

羽日疾風天下人大疾疫多盜賊

羽日風起羽時又加羽有疾疫以風止處爲災止之月如寅則正月止也

羽日風從商角上起時加徵者月內米貴人不安

壬戌癸亥乙卯壬辰甲申丁未六受羽日有風從亥子申卯上來或辰未上來水中兵起相殺近期五日遠期五十日

諸羽日大風昏霧夜半從申子上來陰寒迅急當雨不雨水賊攻絕津梁道路不通期五日或十日

諸羽日風從卯酉上來天雲清潤人心悲慘連三日者必有暴雨大水驟至若風來帶刑殺及貪狼奸邪陰賊之日時則有水中賊起害人若風從卯酉來時加卯酉風氣蕭蕭調習潤氣流物者雨即止

五嶽之羽

甲寅乙卯東嶽之羽有暴霜雹水災蝗蟲

癸巳丙午南嶽之羽有江海賊或水中船害人

甲申乙酉西嶽之羽霜雹非時秋水災兵動水賊起民疾病五穀不熟

癸亥丙子北嶽之羽蝗蟲卒起霧傷萬物

壬戌壬辰丁丑丁未中嶽之羽民妖言有流移之災

諸商日風起占

商日風從陽宮來戒太子忌怨人臣有急兵宮土傷金母憂其子故爲太子亦爲人主有疾從陰商來庶子有憂有急變兵起北方

商日風從徵來國受命兵行將在外兵還不戰臣受兵令徵爲號令商爲兵受徵克故兵退且有旱時加徵爲重徵有大旱

商日風從羽來以下原本闕

商日風從陽商來有白衣聚且大雨關梁不通大將死出忌外兵邑有小寇小人君有憂國門閉兵在西方從陰商來國有大殃粟貴有兵風起期七日遠七十日有急令商爲金二金並行故有大喪

商日風從陽角來有猝兵有急令從陰角來有喪有土工

商日風鳴條已上發止於商及卒起宮宅之中皆爲宮宅內有兵傷若日納音尅時外人來傷主人時尅納音主傷客若風從商來時加商又止於商即宮宅中必有自傷者一曰陽商之月兵起於外陰商之日兵內起

商日風從徵角商起粟貴且火災

商日風從商角上來粟貴人疫

商日風從徵上起火災亦爲粟貴或時加商角或從他處起而止於商徵皆爲有災

諸商日風從巽上起鳴條已上天日清明氣色和好白雲偏天天下安寧人主壽昌

諸商日時在奸邪風從貪狼或陰賊上來日白濁若昏霧北連三日若七日盜賊屯聚攻城不出一月遠不過七十日

諸商日夜半風猝起大霧至日中不解兵起

四季受商之日怒氣四季上來時加子午外界民爲賊屯聚相攻關梁塞道路絕不出七十日

諸商角之日怒風從奸邪陰賊貪狠上來日光白濁昏迷比連三日以上必有大兵起以日辰占何方近三十五日遠七十日

庚辰乙未庚戌乙丑爲四季受商之日時加商風從亥卯辰未上來止於子午滿五日以上至九日風怒不解外國兵起風中止更轉巳酉上來賊必自解近期七十日中九十日遠百日若風來不滿者賊中道離散

四季受商之日怒風從四季上來此外國賊欲屯聚相攻不出七十日若風從四季上不滿日復從四季上轉從陰賊方來寒慘迅急日冥無光此外國兵中道自相殺不至近九十日遠一百二十日

奸邪公正受商之日大風勃怒暴亂從奸邪公正上來爲邊兵入塞十日不止千里來二十日不止三千里來期七十日

五嶽之商

壬寅癸卯東嶽之商國有大兵攻伐賊出燕趙

辛巳甲午南嶽之商國之大臣新用事人民强亂

壬申癸酉西嶽之商軍民內移出乘舟沒溺凶

辛亥甲子北嶽之商外兵爲患水中賊起

庚辰庚戌乙未乙丑中嶽之商五穀不熟民多死一曰風多災死

諸角日風起占

角日風從陽宮來兵從中起君憂國門四閉從陰宮來有大喪貴人多病有土工宮爲君角主死喪故有大喪

角日風從徵來大臣災亦防火蟲生穀貴一曰有兵倉粟寶物出

角日風從羽上來有大雨土工興邊有兵卿大夫多口舌病亦爲夷人相奪

角日風從商來有急兵一曰臣不忠

角日風從陽角來邊兵起人主憂有賊至戰不勝多死亡從陰角來有大喪一曰遠喪至時加角有喪有邊兵戰盜賊起粟貴民饑野多死人角主死喪重角尤甚

角日風鳴條已上發止於角及卒起宮宅之中皆爲疾不出八年削地奪國若風從角來時加角又止於角皆爲喪期九日若九十日若時加王爲君長相爲臣子及妻死休囚以下賤以風起止之方決其人及所在

角雜羽爲木死雜徵爲燒死雜商爲兵死雜宮爲四死雜角爲病死

諸角日風從乾上鳴條已上天氣清爽日色明盛黃雲徧天君令大行百姓安五穀熟

角日疾風天下昏兵大起期二十七日以日占其地舉此爲例凡五音之墓皆準此也

四季受角之日風從未上來連三日至九日人疾病若風從巳上來寒慘止於未者人死喪以日占國期九日若二十七日五音日皆準此

己巳受角之日風從巳亥上來止於亥酉巳者爲大夫長吏客喪亦爲民殃以日占國

角日風從商角上來火災亦爲粟貴或時加角徵或從他處起而止於角徵皆爲有火災

四季受角之日戊辰癸未戊戌癸丑是也時加日中夜半怒風從四季上來五日而止四季者中國有伐外國之事辰主東裔風從辰起或辰止五日以上東裔兵起期五十日未主南裔風從未起或未止五日以上南蠻內侵期七十日戌主西裔風從戌起或戌止五日以上西戎反叛期五十日丑主北裔風從丑起或丑止五日以上匈奴大入期二十四日遠八十日風勃怒叫吼則占風止有大雨不成

諸角之日暴風從丑未寅申徵上乍止乍疾時加夜半火起宮寺院廟

辰午酉亥四日爲自刑日其日受角而風從徵來辰日加辰燒左部二千石傳舍大臣將相之宅午日加午燒闕二字廷尉舍大夫官吏之宅酉日加酉燒官府傳舍廚庫貴人店肆亥日燒喪家幷牢獄若囚徒之家大寒迅急則燒殺人溫和但燒屋不殺人風止雨下有雷乃已不然雖期日有雨火亦必起

四季受角之日怒風從四季上來止子午者下停郷市火有文書三日至期內雨不發

諸亥卯受角之日怒氣從辰未上來時加申子此賊以火攻主人寒急者殺人財出若時加廉貞公正此怨仇相殺不出三日與六日

諸角日大風從亥上來二日止未二千石有死喪期九日或二十七日

壬午角日風從未上來三日止使者州刺史有喪

巳亥受角之日風從巳亥起止巳亥長史客喪近期三日遠九日

四季受角之日風從未上來比連三日民大疫若風巳亥上來止未民大死喪期二十七日

五嶽之角

庚寅辛卯東嶽之角國有大寇人疾疫

己巳壬午南嶽之角牛羊疫魚死水中民移動

庚申辛酉西嶽之角貴人有災使者至奸兵起

己亥壬子三公憂喪人疾疫北嶽之角

戊辰戊戌癸丑癸未中嶽之角外國兵起胡人作亂寶物出

風角六情占法

五音占定參之六情古注云二者必參而用之也

申子爲貪狠主貪財嗜利强奪橫欺詐騙攻刼盜竊之事

亥卯爲陰賊主陰謀陷害屈曲邪佞叛逆戰鬬暴戾殺傷之事

寅午爲廉貞主賓客禮儀嫁娶燕享圖議忠信擧用賢良遷官慶賞之事

巳酉爲寬大主福祿酒食施予貴人君子聚集宴會君恩賞賚之事

辰未爲奸邪主欺紿不信淫佚邪慝蔽善與惡奸私疾病之事

丑戌爲公正主報怨復仇諫諍驚恐興兵誅暴告訐之事

方位六情

北方之情好水也好行貪狠申子主之水生於申盛於子其情趨下浸淫漸漬觸物能潤故其情爲好好而無厭則爲貪婪故謂貪狠

東方之情怒木也怒行陰賊亥卯主之木生於亥盛於卯其性曲屈受水而生貫土而出陰映閉匿故其性爲怒而還賊所養故謂陰賊

南方之情惡火也惡行廉貞寅午主之火生於寅盛於午其情猛烈無所容納故其性爲惡惡則忿惡嫉邪不染汚穢故謂廉貞

西方之情喜金也喜行寬大巳酉主之金生於巳盛於酉其性剛利如刃加物無不寬大故其情喜悅主秋成乾天體大故謂寬大

上方之情樂樂行奸邪辰未主之上方北方與東也陽氣之所萌生故謂之上方辰窮水也未窮木也木落歸本水流歸東木利在亥水利在申利而無阻故樂水性智窘則奸木性上出窘則旁行故謂奸邪

下方之情哀哀行公正丑戌主之下方南與西也陰氣之所萌故謂下方戌窮火也丑窮金也金火各强各歸其鄉火行於午金行於酉午與酉火金之盛也盛時受制至窮而無所歸故哀火性無私金性至剛故謂公正

日辰六情

甲乙主本情用本日支辰　丙丁主合情用本日辰所合　戊己主刑情用本日支辰所刑　庚辛主冲情用本日支辰所冲　壬癸主鉤情陽日用支後第三辰陰日用支前第三辰

假如甲子日卽主本情則子用子卽爲貪狠丙寅日丙主合情寅與亥合用亥卽爲陰賊戊辰日戊主刑情辰午酉亥皆自刑用辰卽爲奸邪己巳日己用刑情巳刑申用申卽爲貪狠辛未日辛用冲情丑未冲用丑卽爲公正壬申日用鉤情陽日用支後三辰用巳卽爲寬大癸酉日用鉤情陰日用支前三辰用子卽爲貪狠餘倣此

六十甲子五音六情

甲子陽商貪狠　乙丑陰商公正

丙寅陽徵陰賊　丁卯陰徵公正

戊辰陽角奸邪　己巳陰角貪狠

庚午陽宮貪狠　辛未陰宮公正

壬申陽商寬大　癸酉陰商貪狠

甲戌陽徵公正　乙亥陰徵陰賊

丙子陽羽公正　丁丑陰羽貪狠

戊寅陽宮寬大　己卯陰宮貪狠

庚辰陽商公正　辛巳陰商陰賊

壬午陽角陰賊　癸未陰角公正

甲申陽羽貪狠　乙酉陰羽寬大

丙戌陽宮陰賊　丁亥陰宮廉貞

戊子陽徵陰賊　己丑陰徵公正

庚寅陽角貪狠　辛卯陰角寬大

壬辰陽羽公正　癸巳陰羽貪狠

甲午陽商廉貞　乙未陰商奸邪

丙申陽徵寬大　丁酉陰徵奸邪

戊戌陽角奸邪　己亥陰角陰賊

庚子陽宮廉貞　辛丑陰宮奸邪

壬寅陽商陰賊　癸卯陰商廉貞

甲辰陽徵奸邪　乙巳陰徵寬大

丙午陽羽奸邪　丁未陰羽廉貞

戊申陽宮廉貞　己酉陰宮寬大

庚戌陽商奸邪　辛亥陰商寬大
壬子陽角寬大　癸丑陰角奸邪
甲寅陽羽廉貞　乙卯陰羽陰賊
丙辰陽宮寬大　丁巳陰宮貪狠
戊午陽徵廉貞　己未陰徵公正
庚申陽角廉貞　辛酉陰角陰賊
壬戌陽羽奸邪　癸亥陰羽廉貞

貪狠日時之風

六情占法貪狠之日貪狠之時當視其風來方位貪狠之日貪狠方之風當視其風起之時風之所起或鳥鳴其方心怦怦動則皆有占時當王相事大休囚事小

風從貪狠上來則有盜賊刼奪人財禍起北方寒急昏慘則傷人不則小盜一日不出七日關梁驚或自兵往攻他界

風從公正上來則有報仇怨者揚兵相擊歲月在丑未大凶

奸邪上來有惡人持物而至

廉貞上來有人持物相賂

寬大上來有持物相候欲求財物者

陰賊上來有人以陰賊事相連不則出爲禽獸所傷

貪狠日風之時

時加申子王相當有羣賊攻刼休囚廢死當有言盜賊事

時加寅午有善人說攻刼事

時加巳酉有酒食言攻刼事

時加丑戌有盜賊詞訟或文書追盜賊

時加亥卯王相則有羣賊攻刼休囚則爲小盜

時加辰未有婦人說盜賊事

貪狠日之時風

貪狠之日時加奸邪陰賊或風從奸邪陰賊上來必有盜賊刼殺之事

陰賊日時之風

風從陰賊上來有賊格鬭在所部內必傷人又曰有陰賊入營斫寨

貪狠上來有賊自爭其財相殺

公正上來外謀內

寬大上來有告密行財與人

廉貞上來有巢穴之事爲人所刼一曰士人行刼

奸邪上來有婦人從東而來若東家婦人勾之伺隙而爲淫者

陰賊日風之時

時加亥卯王相羣賊大戰囚死吏逐賊相害有爭鬭相殺傷事

時加寅午有婦人鬭傷事

時加辰未有婦女奸事鬭傷

時加巳酉有酒食相傷

時加丑戌有吏逐賊相害

時加申子有兩賊自相攻刼

陰賊日之時風

陰賊之日時加貪狠風從奸邪上來或止貪狠陰賊必有陰賊逆亂殺人之事

陰賊之日時加公正風從陰賊上來止於奸邪或從奸邪上來止於陰賊皆爲賊勝長吏敗

陰賊日有飄風從四季辰戌丑未方來時加四季或羣鳥飛從四季上來時加四季皆有閉關搜索之事值休廢囚死卽在近道假令今日風起市中或羣鳥疾飛從其方來卽時搜索則賊可得若欲知所捕何事時加丑戌賊是仇怨辰未則是盜或殺人賊亥卯王相是大賊

廉貞日時之風

風從廉貞上來淸和條暢有貴人慶賀燕樂又曰有長者千里來相慶賀若帶刑殺或昏冥寒慘則因而生怨又曰有相辨怨之事

貪狠上來有人爭財一日有客來求其財物

寬大上來有遷官名命貴客酒食宴樂一日有以財物來求好

公正上來貴客人有事相問一日有報讎怨者

奸邪上來有人上符文名發事不則有奸人設計相給

陰賊上來有賊欲刼竊不帶刑殺無害

廉貞日風之時

時加寅午王相當言長吏休廢囚死當有諫諍事

時加巳酉有遠書至

時加申子有酒食爭財物事

時加辰未有婦私口舌

時加丑戌有酒食

時加亥卯有以酒食起相殺

廉貞日之時風

若廉貞之日時加寬大風從廉貞或寬大上來或止寬大有貴人以酒食來相樂也

寬大日時之風

風從寬大上來有喜飲食賜予又曰兵在外不戰

姦邪上來有妖人爲怪婦人欺夫一日有乘我不虞以爲欺者

貪狠上來有爭財者一日有惡人相遺物

廉貞上來有遷官賞賜

陰賊上來防陰謀詭計

公正上來貴人名問

寬大日之時風

寬大之日若時加廉貞或寬大風從廉貞寬大上來有貴客至有喜慶

寬大之日時加寬大風從帝旺方來止寬大或時加商風從寬大方來止四時詔獄方三日方止當有赦

諸陽宮寬大之日有大風從寬大上來止三公之位爲三公入賀近期一日或九日丙辰戌辰是

寬大日風之時

時加巳酉王相當主爲長吏休廢囚死當有喜一日有酒食

時加寅午有酒食辭讓者

時加丑戌有酒食口舌爭訟之事

時加亥卯有以酒食相謀害者

時加辰未有酒食女人口舌

時加申子有酒食爭財

姦邪日時之風

風從姦邪上來主人見謀若出遇疾病又曰七日內有賊若陰人誑詐虛驚又曰風晴和帶德則爲婚姻往來寒慘帶殺則爲陰爲賊

陰賊上來有宿怨者相攻有流血

公正上來有人來欲報仇怨

廉貞上來有文書若以姦盜相引

貪狠上來有賊謀持物而去

寬大上來有人相請因酒食生病

姦邪日風之時

時加辰未王相當有長吏來捕姦詐休死當有口舌事起

時加寅午有謙恭人言姦淫

時加巳酉有酒食陰私事

時加丑戌有吏來捕姦邪謀事

時加申子有陰爭鬬刧盜事

時加亥卯有賊兵來害事

姦邪日之時風

姦邪之日時加陰賊有風從寬大上來有人持酒禮相候謀賊害者

公正日時之風

風從公正上來吏人相爭仇怨又曰有忠臣直諫國有喜報有功兩軍相守大將來降不出七日敵兵自敗

陰賊上來下人凌上人

姦邪上來有人欲告言部吏之下私賂財物者

貪狠上來有已失逐蹤相牽引有吏人爭財物相傷

廉貞上來有遷官

寬大上來有酒食

公正日風之時

時加戌丑王相有長吏公正之事休囚當有文吏來慰問

時加巳酉公正酒食賜予

時加寅午有公正辭讓慶賞

時加辰未有吏來說陰私盜賊事

時加亥卯（原本闕）

時加申子（原本闕）

公正日之時風

公正之日時加廉貞風從姦邪上來有誠信之士報仇而來詐人

諸公正之日風從公正方來止於寬大爲長吏勝賊敗討賊則從此占

十干十二支大風占

巫咸曰諸甲日大風丙丁日必雨不則海中兵起

乙日大風粟貴邊裔內侵

丙日大風有猝兵來圍城

丁日大風人畜俱疫有旱有喪

戊己日大風土工興食物貴又曰邑遷

庚辛日大風蟲生人病宜急防邊兵起

壬癸日大風兵起水中一日北虜侵

子日大風兵起水中

丑日大風粟猝貴一日子丑爲得賢臣決寃獄

寅日大風黃氣四塞有水災又曰火災

卯日大風黃霧蝗蟲起又曰寅卯盜賊兵起

辰日大風人民移徙居集又曰大將出行

巳日大風蓬勃大旱又巳酉爲恩宥

午日大風暴賊攻刧穀貴又曰人民流散又亥子爲陰謀干上邊事急

未日大風百果不實水災又曰日無光土工大作
申日大風兵起金鐵米碎貴又曰盜攻
酉日大風大水災
戌日大風邊兵大起又曰塵霧
亥日大風兵賊相攻人民哭泣
以上不論五音六情但風起鳴條以上叫怒蓬勃揚沙走石折木發屋吹塵漲天日色昏沈天氣寒慘則依此占仍以久暫言其大小若三日內有雨則解

八方暴風占

北方坎風名曰廣莫風又曰大剛風主冬至四十五日京房曰四時暴風起於北方盜賊起兵動疾疫令人滯不能起居水中盜賊興

東北方艮風名曰條風主立春四十五日京房曰四時暴風起東北爲鬼門風鬼行人道多旱疫天下水令人疾洩變起冬春之交

東方震風名曰明庶風主春分四十五日四時暴風起東方人流盜賊起相攻天下旱早霜歲饑令人病節四肢不可動搖

東南巽風名曰清明風主立夏四十五日四時暴風起東南方人多病洩痢乳婦暴病死

南方離風名曰景風主夏至四十五日四時暴風起南方有災火爲害來年旱人多病熱生瘡目盲離爲目

西南坤風名曰凉風主立秋四十五日四時暴風起西南方天下兵動日月失色令人食不入口病腰脊膝肩背腫坤爲衆故兵動陽衰故日月失色

西方兌風名曰閶闔風主秋分四十五日四時暴風起西方主秋旱霜天下兵動日月食人多患疥瘡癬

西北乾風名曰不周風主立冬四十五日四時暴風起西北方天下大饑有盜賊相攻人流亡有神不起日月失色地動人多病疽疥瘑惡瘡疾疫死喪

以上八風折木發屋飛砂走石三日不雨則占大凡風爲陽雨爲陰陽怒得陰則解風怒得雨則解

乾爲折風一曰衝風坎爲大剛風艮爲凶風震爲嬰兒風巽爲弱風離爲大弱風坤爲陰謀一曰諫風兌爲小弱風

京房曰八方風候及八卦風氣春白夏黑秋赤冬黃皆爲下逆上兵革動各隨其節日辰占之

凡乾爲天門風起蓬勃乍緊乍慢天色黃黑爲火爲旱爲疾疫爲米貴又曰王相徵大旱百果不成王相角疾疫王相商兵動物貴王相羽蟲生人饑王相宮君有德令萬物成

巽爲地戶風起吹砂走石有聲如雷如牛吼有大水一日以上止西南方多疾疫東南方人半疫虎蟲傷人二日止來年國有大水災

坤爲人門風出地尺餘不動塵沙風氣清爽日光明潔徧天有黃赤雲國有大喜大抵坤上風吉多凶少有非常之風又當以五音六情刑德論

艮爲鬼門有風吹砂走石有聲如牛鳴萬人呼風氣昏黑天色晦暝人多疾疫牛馬疫死五穀不成應在本年西南爲坤方人病死鬼出人見之

凡戊己屬中宮無刑冲寄於乾坤艮巽皆有土位若戊己日發於乾坤艮巽辰戌丑未之時又止於辰戌丑未之方則爲天子有德令天下安寧歲美人樂

凡風常發坤方其氣暄熱主旱常發艮方其氣凄凉主陰雨

凡乾坎艮巽上風起颯颯鳴條拂樹落葉雜微雨或有一二聲雷者亦曰祥五穀成天下安

凡四季月風從乾坤來丙丁日風從乾庚辛日風從艮壬癸日風從巽戊己日風從坤來動葉鳴條去地尺餘不揚塵沙風氣清和民安國昌五穀蕃熟

欽定古今圖書集成曆象彙編庶徵典

第六十一卷目錄

風異部彙考二

庶徵典第六十一卷

風異部彙考二

觀象玩占

天門風占

天下多有出風之處名山大川皆有風穴惟天門所出風可占天門者乾方也戌亥同爲乾方

天門上發風擺落木葉而天氣晴明日光輝盛者天子有德令行天下臣民皆喜

天門上發風去地尺餘不動塵土拂拂然天色晴明黃赤雲徧天者謂之祥風天子欲有赦令囚人出獄

天門上發風先急後慢拂拂經時黃雲徧天忽爽微雨忠良在位民安君樂

天門上發風初慢後急吹沙走石折木發屋黑氣徧天經時而止謂之邪風佞臣在位天子憂病風止雨降則解

天門上風微而漸大擺樹有聲如雷吼聲經時乃止天子欲行急令有赦年豐熟半日止五穀成賢人來天下安一日止有大赦不出一年一日半止天子發大使出按邊行德令撫問之事二日止外國來朝貢天子國有大喜二日半止天子欲行南郊禮大赦天下三日止天下五穀成遠裔入貢若風帶熱氣天下穀蟲傷一分帶冷氣民勞若風色黑慘陰濁天子有憂

三辰八角風占

辱殺反吉抵誕忿爭
艮震巽離坤兌乾坎
巽離坤兌乾坎艮震
乾坎艮震巽離坤兌
坤兌乾坎艮震巽離

凡風從辱上來國家恥辱之事

從殺上來有暴相殺若行道逢之有相殺之事

從反上來有反逆不順之事

從吉上來有喜慶事行道逢之有貴人君子相食酒食燕樂

從抵上來有非理抵觸王貴人相中人休廢下人囚死罪人相連

從誕上來有妄誕之人相欺紿

從忿上來有非理忿爭之事

從爭上來有奸人來爭財物

巳上宮室之中旋風亦可用此占

此條所載八方之風各有性情不同立表於前疑四時之占各異每行上應有春夏秋冬之字而舊本缺今仍舊存之以待參考

四時干支所屬占

春三月寅皇后甲天子卯太子乙太子妃辰太子吏巳司空丙司徒午太尉丁太傅未九卿申司隸庚詔獄酉庶民辛卒徒戌外國亥宗廟壬內相子宮府癸內藏丑大將軍

夏三月巳皇后丙天子午太子丁太子妃未太子吏申司空庚司徒酉太尉辛太傅戌九卿亥司隸壬詔獄子庶民癸卒徒丑外國寅宗廟甲內相卯宮府乙內藏辰大將軍

秋三月申皇后庚天子酉太子辛太子妃戌太子吏亥司空壬司徒子太尉癸太傅丑九卿寅司隸甲詔獄卯庶民乙卒徒辰外國巳宗廟丙內相午宮府丁內藏未大將軍

冬三月亥皇后壬天子子太子癸太子妃丑太子吏寅司空甲司徒卯太尉乙太傅辰九卿巳司隸丙詔獄午庶民丁卒徒未外國申宗廟庚內相酉宮府辛內藏戌大將軍

春甲寅帝乙卯王庚申爲詔獄辛酉爲司空

夏丙午帝丁巳王癸亥爲詔獄壬子爲司空

秋庚申帝辛酉王丁巳爲詔獄丙午爲司空

冬壬子帝癸亥王戊戌爲詔獄戊辰爲司空

四季月戊戌帝己未王甲寅爲詔獄乙卯爲司空

又曰諸陽主長吏陰主民間

春寅爲皇后此日中暴怒勃亂之氣從午上來五日以上皇后有大憂其氣溫有乖近期九日遠九十日若風止大雨則不占餘倣此

春丑爲大將軍此日有大風發屋折木從丑上來四日以上丑有氣將軍賀賜無氣有罪迅急寒克大將軍有憂近期八日遠十日

春丁巳皆爲三公若風從丑上來止於三公座上天色晴明三公遷封受賀風氣寒急日色不明三公退免受誅丑者巳墓也

春三月天子在甲在內以占天子出入在外臨民則令長至二千石使者諸侯亦占之凡君人者上下同占假令春天子在甲有風從甲上來時加甲風止寅天子入皇后宮中甲來止丑天子入大將軍府止酉天子候白衣士止戌天子入都市止辛天子入人家甲來止四季天子出遊止四仲出百里止四孟出行城郭以占諸侯二千石令長同法從臣起止於君位皆爲臣上事假令春天子位在甲風從未上來止甲爲九卿上事入省從丑上來止申爲大將軍上事入省餘倣此

四時風從天子上來視所止爲詔書所加風清和爲遷官寒急昏濁爲憂罪止而雨爲事解雨後仍有寒風爲事不解風過一日半日從近期三日以上從遠期卒暴從近期遲緩從遠期

諸覓大廉貞公正之日有風從丑上來視所止爲君位所加主有遷官賞賜以四時位言其官若大寒迅急君有暴令視所止之位當其禍

凡大風折木從辰上來止君位皆爲臣上書奏事溫和清爽不寒慘爲喜若從刑殺上來日光昏濁爲有奸假令廉貞寬大公正之日其風清明自辰上來止君位其臣忠直所奏公正必受慶賞若奸邪陰賊貪狠之日風氣寒冥者必爲叛逆風一二時止近臣也半日止五十里內貴客也一日止百里內也二日止千里客也三日止外臺使也四日止外州使也五日止遠方使也

四時雜干支風起占

凡春甲夏丙秋庚冬壬四季月戊爲四時天子風在歲月日時德合上來止於德合時方鳴條擺樹不動沙石天氣溫和日色明朗者天子有德天下治安五穀豐登四裔聽順國有大喜

凡春甲子夏丙子秋庚子冬壬子四季月戊子謂之天甲子春甲子日風雨有赦夏丙子日風雨兵起刑獄與秋庚子日風雨有威賞之令冬壬子日風雨當進賢人四季戊子日風雨歲熟國安有赦

凡春丙丁夏戊己秋壬癸冬甲乙日有暴風急雨寒克者賊兵起已有賊必入界若風至夜不止必來圍城

凡春丙申丁酉日大風從西來夏戊申己亥日大風從北來秋壬申乙巳日大風從南來冬甲辰戊午日大風從四維來皆爲大賊方起若巳有賊必來相攻

凡乙卯日出時大風從卯上來爲暴水

凡春甲乙寅卯日夏丙丁巳午日秋庚辛申酉日冬壬癸亥子日有風鳴條帶雨不驟民安物阜

凡春庚辛申酉日夏壬癸亥子日秋丙丁巳午日冬戊己辰戌丑未日有風擺樹鳴條或夾雨雪揚沙吹塵叫怒有聲皆爲人民不安萬物不成

凡春甲寅夏甲子秋甲申冬甲戌日天門乾上有風鳴條落葉五穀熟

立春正月戊申二月己酉三月庚戌暴風從西方來立夏四月辛亥五月壬子六月癸丑暴風從北方來立秋七月甲寅八月乙卯九月丙辰暴風從東方來立冬十月丁巳十一月戊午十二月己未暴風從南方來凡以上諸日辰風七日夜不止者皆爲兵起即起於風起之方不出街爲吉

壬子壬申壬辰壬戌之日有風從子上來三日以上日色不明此水中賊起欲攻王國大寒慘則夜至從王相之日賊發疾從四死日賊發遲近期七日遠不出三十日

壬子壬辰之日風起夜半止夜半占皇后國兵大起起日中止日中占人君及大夫他倣此

庚子陽官之日日中夜半怒風從子上來止辰此爲宮動宮止辰爲入墓中宮爲君期九日遠九十日

庚午陰宮之日日中夜半怒風從午上來止午若辰後有暴卒子來爲喪午來爲黠上（此有訛字）辰爲入墓中期九日遠九十日風起三日以上至止者乃以此占不三日爲病

癸丑日風從未來一日止丑令長有喪

丙戌日風從未來止戌小尉有喪

凡六辛日風起宮宅中有人持酒食至

凡辰戌之日及諸受商之日風從戌上來巳亥及諸受商之日風從亥上來丑未寅申及諸受徵之日風從辰戌上來辰午酉亥之日風從辰午酉亥上來巳上諸風鳴條擺樹乍起乍止勃怒暴亂天色昏冥皆爲發火之候二三刻止火非遠也半日止十里內一日止五十里二日止百里三日止千里外初疾後慢非遠初慢後疾遠火王相時方燒都市宮室官舍第宅囚死燒牢獄廟宇休廢燒驛亭店舍鄉郭閭屋

凡占火得寬大之日時此誤燒也得公正日時此怨

鍊相燒得廉貞日時文書口舌相燒貪狼日時賊攻燒主人陰賊之日時惡人遞相燒或促賊燒奸邪日時小盜陰私相燒日辰王相有氣人事相燒囚死無氣時加商角鬼神所燒

戊子戊午甲辰甲戌四日以四時候使者州牧從事風從其上來有氣爲遷無氣爲退假令春甲辰日風從辰上來三日止甲使者徵拜尚書假令甲上來三日止辰使者遷二千石近期五日遠二十七日書到諸使者用事之日風從徵上來止辰使者遷二千石止丑使者公卿坐其風清和有遷賀吉若大寒迅急爲使者奏三公二千石令長當退受罪期二十日

五辰日爲府君其日有風從辰上來二日止午清和者二千石表使者寒急二千石表刺史更相奏上有氣者勝無氣者凶止辰上爲奏事不省還受罪近期九日遠期四十五日

五丑爲令長相奏日五丑之日有風從丑上來大寒急止辰丑有氣此令長奏府君止午奏使者止公座則奏公座此下與上官相奏以寒溫決勝負

五亥主諸丞凡亥日風從亥上來亥有氣丞遷賀無氣丞免官風半日止爲郡丞二日止爲府丞三日止爲州治中四日止爲公侯長吏五日止爲尚書正丞丁亥爲二千石

五戌日爲都尉日丙戌日有風從戌上來戌有氣都尉遷無氣免官風半日須臾爲小尉若溫和爲遷賀寒急爲免官

辰戌丑未爲四季日主關梁津渡道路主管鑰主遠方之客主外國外州外界外裔各以風起之遠近遲疾起止寒溫別之

諸四季日暴風卒起及遊風半日須臾止爲千里外兵來不則近界雜羌戎爲變事不成必在千里之外人亦可以應其占風小事小風大事大若滿九日則爲萬里外兵或羌戎居畿甸者有變

凡大風從四季上來止子午天色晴明天氣和煖者皆爲四方界分欲來求和隨日期占之

壬辰癸未壬戌癸丑四季之日有風從申子亥卯上來迅急寒慘比連三日至七日此外界羣賊屯聚與外國並勢侵犯郡國晝伏夜行不出七日十四日七十日

凡四季受宮之日風從四季上來止君位若太子位皆爲客候主人之應

以上雜干支占舊本各以類分或占三公或占長吏或云占疾病占火災占盜賊或以人或以事然占候之法多因時日以占事應非按事以稽時日也今凡五音六情不能分載者總爲雜干支占凡遇雜干支日風有異者即觀此占

四時候風知赦占

春甲寅帝乙卯王庚申爲詔獄辛酉爲司空

夏丙午帝丁巳王癸亥爲詔獄壬子爲司空

四季月戊午帝己未王甲寅爲詔獄乙卯爲司空

秋庚申帝辛酉王丁巳爲詔獄丙午爲司空

冬壬子帝癸亥王戊戌爲詔獄甲辰爲司空

四季以王相囚死分屬而四季月之帝不用戊戌冬司空不用己未壬癸丙丁先後不同或別有說或字之訛姑存以待參考

常以帝旺之月酉日獄日風從帝王上來加獄時或止獄皆有大赦必鳴條以上乃占之

凡風從詔獄上來大赦司空上來小赦

春甲寅日時加申風從庚上來三日止申其風溫和有大赦期六十日又云風從缺上來有大赦乙卯日時加酉風從申上來止申爲小赦期四十五日

夏丙午日時加亥風從丙上來止亥其風清和有大赦期六十日又云從壬上來有大赦丁巳日時加午風從丙上來止亥有小赦期四十五日

四季月戊己日時加寅風從寅上來止寅有大赦時加卯有小赦期六十日內四季王日時加辰風從辰上來有大赦卯上來有小赦卯日未上來亦有小赦

秋庚申日時加寅風從庚上來三日止於巳其風溫和有大赦期六十日時加申子爲小赦

冬壬子日時加巳風從壬上來其風調和有大赦時加申酉有小赦期六十日內

冬至後丙申日風從丙上來有大赦甲申戊申庚申日風從丙上來有赦丁巳日風從巳上來三日止大赦一日一夜止小赦

四時占赦只以帝王之日風從帝王之方止於詔獄司空分赦小大今支干同異不一冬至後一條尤恐多誤今姑存以備考

春甲日風從甲上來止於庚須臾止有贖書半日止府吏原罪一日一夜止州書原罪三日止使者原罪

軍中風占

凡出軍日風從五音相生之地來生我者爲母翊子我生者爲子扶母若天色清明風勢條暢不昏亂者

前行必有大功若天氣昏濁風勢滃勃寒慘者往必有戰以時方日辰分主客以歲月日時德刑分勝負仍五音六情詳之

凡兩軍相當先以時方日辰分主客次分八卦方位仍以五音六情歲月日時刑德決之

凡兩軍相當未知勝負以先舉入他人地爲客後舉自居其地爲主常以日納音占客以時及風起之方占主若有大風起以五行刑尅決之相刑則戰比和則不戰若時方俱爲納音所尅先動急擊之以應爲客時方尅其納音堅陳固守以應爲主

凡太歲月日支辰所在風起其方急暴寒慘者皆爲客勝主不勝如子年十一月子日子時風起子方之類他倣此

凡兩敵相當先分八卦之位乾爲折風起西北坎爲大罡風起正北艮爲小罡風起東北震爲宄風亦曰嬰兒風起正東巽爲小弱風起東南離爲大弱風起正南坤爲謀風起西南兌爲冲風起正西乾坎艮皆利客宜先舉震巽離皆利主利後舉坤有謀不成主客俱不利一曰主勝兌主客兵獲主得糧

凡欲知賊數多少視風所從來之方爲方期以所乘辰爲道里以起止時爲人數乘王氣十倍相氣五倍休廢如數囚死減半假令風從坎來起夜半止日中坎居子位建子爲十一月賊當以十一月來子數九在九十里或九百里內半夜日中爲子午數賊九人或九十人九百人九千人之類餘可類推支干之數卽甲己子午九乙庚丑未八之先天數也

初出軍日風從後來冲霧捲雲人壯馬斷旌旗前指鼓角響亮者勝

風從旁來而向前者得天之助獲敵資糧敵人來降

出軍三日內及行次風常逆來冲我旗幟不舉人氣怯馬不嘶或前或後或前後旁起飛塵揚砂滃滃勃勃人馬行無跡此名鬼風兵出必有挫便當且觀便宜

出軍三日內道逢急風雨沾濕人馬威不能振者不利出軍連日昏霧沈沈風聲錯亂密雲不雨皆防下人有謀

出軍之日風雲不興草木不動賊不可擊

出軍有飄風驟來牙旗吹折或繞旛杆不垂有交戰將死

軍行風吹旗指後者兵不利

出軍而風逆來雨不沾衣名曰天泣軍必敗

交戰風雨從前驟來者逆冲者謂之落尸當其衝者必敗

出軍初下營旗鼓方張而有暴風來掩軍幕徹干戈摧倒者大凶

出軍日風從五音相生之地來天氣晴和者吉

凡諸宮日以下原本闕

凡四季受宮之日丙戌丙辰辛未辛丑是也風從寬大或四季上來皆爲敵人來降

凡諸徵日風猝起午上來止於亥軍中左右必有謀反之人六甲窮月占同

凡徵日純徵風起時加寬大軍急退不退不疾疫死則自潰

凡諸羽日風從宮羽上來乍高乍下乍南乍北四面分散去復還者敵詐降因欲遁期七日若九日

凡諸羽日皆有大風折木風從申子亥卯上來日中夜半益急者期三七日大賊至一云諸商日亦如之

凡諸羽日風從商上起揚砂晝晦有兵來攻城邑若至日中夜半風怒此時攻城不下客軍必敗蓋商金羽水子午宮土生金制水日中夜半城中强可固守外兵自敗若冥冥昏霧大兵周圍城則客勝期五日中則十日遠一月

凡諸商日時加宮風從角上來止於陰賊大兵卒至主人軍中欲反勿信左右

凡諸商日大風折木從丑未寅申上起比連三日客軍大敗將死若主人力弱客亦自退

凡諸商日有兵圍城有風從丑上比連三日已上至七日客軍敗退丑墓也又爲徵商金遇之兵敗將死期七日中二十一日遠則七十日

商日怒風從陰賊上來賊自殺其主將

四季受商日陰賊之日風從陰賊上來大寒慘者賊自相攻

凡寬大之日時加丑戌風從寬大上來止寬大者賊軍解散

凡寬大之日時加巳酉風從寬大上來止於巳酉或時方者皆賊解散

凡寬大之日風從巳酉或丑未上來夜起晝止者賊衆欲解而主將不欲若風晝起夜止氣色溫和者上下同心解散凡遇解軍之風其發時天色晴明風氣和暢卽不戰而解若風氣寒慘日光昏濁此兵未解必戰若日辰受尅則以敗退

凡寬大受商之日癸酉辛亥壬申庚戌是也有風從酉上來連三日至五日天色晴明民間兵散不出四十日遠七十日

凡公正之日風從陰賊上來止於奸邪賊必破滅

凡廉貞之日風從巳酉寬大上來天氣晴明者敵兵以下原本闕

凡廉貞之日風從四激上來敵兵自退四激者春戌夏丑秋辰冬未也

凡奸邪日風從貪狠上來賊兵以下原本闕

凡奸邪受宮之日怒風從宮上來止於四季風氣寒慘城中兵亂殺長吏四出不禁期七日遠九十日

凡陰賊日時加貪狠風來寒急者敵軍夜來襲人急宜備之

凡陰賊日風從陽角上來賊欲來攻城期九十日或四十日

凡日中夜半風從亥卯申子上來夜發晝止日中大寒不解賊必夜來攻城刦營不避風雨主將忌之期五日若十日

凡四季之日風從巳酉來賊解散

凡兩軍相當風從歲月日時刑上來者勢大而遲緩者宜備賊來有大戰風勢急速乍起乍止者有狂賊至小戰以日納音與風時方占其勝負

兩軍相當暴風從三刑五墓上來昏塵蔽天鮮葉茂條皆落乍起乍止者後有伏兵掩人不備若天晴明風不寒克者不成

諸出軍行師兩軍相守有大風從三刑上來不可戰五墓上來避之依五音日數占

凡風從三刑來者百事皆凶兵戰尤重刑上者發疾刑下來發遲假風從子日發子刑在卯從子來爲刑上卯來爲刑下從子來爲刑上客利卯來刑下主利凡刑倣此

凡風從三刑上來坐者速起行者速走賊必至至必戰戰必敗月刑不出月日刑不出日時刑不出時

凡風從日刑來賊必夜來攻人從刑上來冲擊上起者半路有伏兵風若逆行伏兵起軍中

凡軍行風從歲月日時刑下來者必有死將得王相客死囚廢主人死

辰午酉亥自刑之日風從其上來客勝若時加辰午酉亥則主勝

凡風來時日從循環三刑方又大寒尅者大戰流血客主俱傷假如丑日時加戌爲丑刑戌風又從未來爲戌刑未未又刑丑三刑俱會法主大戰流血也申寅巳三刑倣此

凡軍相守未戰忽有風自軍方來初起蓬勃及至我軍而低小蕭條者兵止十里外不戰

凡軍行右畔有風動塵士者吏士多死傷

凡大風揚旗幟東西南北周旋四轉將死軍覆若風繞旗杆直而下垂者戰大敗

凡風驟從四維上來翻覆回轉城營中必有反者

凡風驟從四維上來乍高乍下寒迅者敵發山林有伏兵

凡風發屋折木從四維上來名曰賊風兵從風所來東北來不出八日八十日東南不出四日四十日西南不出二日二十日西北不出六日六十日

凡風從西北忽復東南四轉五復者主將貪虐士卒謀逆

凡兩軍相當風從離坎起挾刑殺者愼勿出戰必大敗

凡軍入敵境初下營攻刦未定若兩軍相當有八難風生必須迴避此時敵若來攻軍必敗八難風者徧歷八風回旋不定拔木發屋吹塵蔽天若在敵軍上宜急攻之在我軍上宜嚴備之若軍在途宜令弱兵先退奇兵漸退強弩勁騎向敵翼而迴之

凡坐營相守有急風從敵上來正射我軍之上上而復下止而復起必有大兵欲來攻擊宜早備之若攻人城邑未下而有此風則有救兵自外至若入敵界已得城池猶有未下邑壘必有兵來寒慘帶刑殺必須嚴備

凡軍來風起折旗鎗將有憂

凡大風黑雲綺錯臨軍者軍有憂五六日大憂七八日者軍破滅敵上有此急攻之

凡無兵之時風雲交爲雨有兵之時風雲交爲戰大交大戰風勝雲主勝雲勝風客勝風勢急大雲氣薄少主勝雲色濃後來急風微弱客勝

凡入敵境三日有風雲雷電在我軍上發入彼軍爲龍助戰我軍大勝

凡軍行敵境未遇敵人忽有急風來射我軍有雲乍西乍東迅速奔走者急防兵來

八卦風乾爲金折衝風主將憂死勿戰客小勝坎爲水大剛風主人不利爲客不勝艮爲土小剛風爲客大勝不利主震爲木元山風爲客不利主人小勝巽

爲木小弱風爲主勝客不利離爲火大弱風主勝客
不利坤爲土凉風主勝客不利兌爲金小弱風爲客
大勝前多伏兵宜備之
宮日占風子爲陽宮午爲陰宮辰戌陽丑未陰宮日
子上風來有賊欲來攻刼當備之申未之日丑卯辰
巳風來大賊必至當防邊境一云兵起戌上風來賊
擬攻城若從亥卯來大將戰死從歲刑上來用兵不
利
商日占風辰陽戌陰商日大風從丑上來三日七日
客軍退散解兵不來風從巳來必有大戰風從商來
兵起西北從亥來內有謀反損士警覺施德惠子午
風來日中夜半發屋折木軍當潰散日色無光主客
俱亂軍在王相之上者吉
商日大風折木從寅丑來三日七日賊各自解不用
交戰何以知之丑爲商墓他倣此從角上來寒慘急
者賊在吾軍有陰謀
徵日占風寅陽申陰風從巳來有賊將至欲擬攻城
徵日戌時戌上來必有兵亂從亥來奸相謀欲攻城
當備之
羽日占風卯陽酉陰風從辰巳卯來有戰有喪賞勞
穰之風從亥來有敵圍城申子上來雨寒者賊來欲
絕河糧城毀將死之兆
角日占風巳陽亥陰角日風從午來急兵暴起必有
喪亂戌上來亦有賊動宜當准備之甲子風來或從
亥地日中夜半寒冽賊來攻城將死城破風從角來
發屋折木日中夜半賊來圍城主人奔走
角日暴風卒起揚旗發屋必有大戰流血橫尸在九
日內
角日風從角地來時加子午若辰戌寒急者攻城必
下何以知之子午是宮辰戌亦宮宮爲土角木尅之
故攻城必下近期九日遠九十日
宮羽日風從宮上來乍南乍北或東或西七日兵逃
假令卯日寅時風從卯上來復轉從寅申上日無光
寒尅者賊有反間在吾軍不然欲叛
羽商日大風折木從商上來者日中夜半城宜固守
風若壯攻不下客敗何以知之羽商雖子母爲强水
畏土勢不利客自衰近期九日遠七十日應
秋壬午癸巳日有大風從南來冬甲辰乙卯日有風
從四維來而寒冽者皆爲賊起已有賊動必相攻擊
亦主謀反之事又云四時有上下八干日風賊入界
若晝夜三日內必有賊圍城
凡軍在外營陣卽成旗鼓旣張無故暴風卒起卷幕
傾斜旌旗頓倒此風不祥主將失位兵人叛散須犒
軍別擇吉地安之
凡守城風起西南來者主人急固守勿動
凡出軍之日風雲相冲必有大戰風雲先止處爲弱
風來逆者行而當止賊多伏匿戰而不勝風忽前後
相迎爭勝負在兩陣之間風隨其後徵吹旗幟前而
指敵軍必萬勝忽有迴風入城營先寒後溫必有疾
疫移營則吉
風從離坎與月殺同至不利出戰宜固守風從歲殺
上來軍必大敗風從月殺上來流血小破不可興兵
歲月德上風來敵强歲月刑上風來賊弱宜急攻之
六癸風來其賊可擒六甲風來賊不可擊擊必軍破
奸邪陰賊之日風急賊當立至不可以戰宜固守風
緩賊來遲風起王相賊來急日色昏暗賊可追之
敵上風來寒冽急者宜自固備必欲攻我若合三刑
賊擬攻我固守奇伏待來擊之歲刑風急大賊迅來
不利接戰出軍遇此不可前進王相不利客休囚主
凶月刑風急九日賊至日刑立至若無大戰必主殘
掠
風從卯巳轉至申午賊來必速時倂刑殺囚死休廢
吹砂走石必大戰
乾坎艮震風來客勝巽離坤兌風來主勝王相卽吉
休廢利亦不吉假令日是戌風從辰來必有大戰亦
主大災
辰日風從寅丑上來折木發屋有軍各迴兩自歸解
不利相守
卯日寅時風從卯上來轉從申起賊必有謀在我密
宜覺之
卯酉之日辰戌風來日中夜半賊擬圍城急宜固守
七十日內賊必自走有風無塵旗旛不動有征無戰
亦不可攻賊兵强士勇出寅之日倣此
風忽卒起忽動忽止來往相冲半道逢賊先宜准備
迴風急雨擊裂軍幕內有謀反急宜警覺
春丙丁夏戊己秋壬癸冬甲乙此日有風賊來侵境
兩軍相對風從四維上來軍營幕上者敗春在未夏
在戌秋在丑冬在辰也
凡風晝止夜起賊必夜至晝動夜止白日來至
歲上風急將軍死時加丑戌亥卯風起止於辰未客
軍潰散將死士亡

凡歲前五辰歲後五辰風來所攻必勝

春甲寅日風從申來國內有喜必有大赦風從敵來入吾軍營賊欲投降將軍加秩四方轉隨風動賊來軍宜警備固守

凡風乍來乍去賊欲退警風起忽東忽西賊有伏兵三日內有雨災兇

凡出軍日風雨逆人將士潰散宜別擇日進之

風雨相冲必有謀反士衆欲叛散奸人相間

風起西北却迴東南四轉五復將士貪欲謀將軍宜警覺之敵上風來寒冽迅急將軍不吉抽迴禍止

申日巳時特或加酉風起於戌或曰其賊欲降

乾上風來溫我捷坤上風冽賊來侵刦擬欲謀戰勿接之吉離風客勝賊不可攻宜自固守艮風卒起而合三刑十日賊至急宜准備

凡風忽起發於水時火日賊來敗之期土日賊到軍宜避之風止可以追賊諸風倣此

巳酉寅午丑戌之方風從上來賊必欲降

逆風蓬勃四方雨起或上來觸地不出月有賊三日內雨災消

諸奸邪陰賊貪狠受商之日有風從商上來白濁民宜速避三日巳上有大兵起期四十五日遠七十日

丙辰辛未丙戌辛丑此四季受宮之日風從四季上來折木五日以上至九日風止子午上者此外國君王萬里上貢近九十日遠百五十日

凡軍營卒有暴風惡風氣飛砂揚土旗竿偃極者當取四害上土作泥人長三大尺帶桃劍桃弓蘆箭披髮向風所起從來呪曰天有四狗以守四境吾亦有四狗以守四隅以城爲山以池爲河寇賊不得過來者不得避去者不得進呪訖勿顧若不能呪棄四達之道殃除矣

旋風占

飄風囘風扶搖羊角焚輪皆其類也自下而上值於天亦有自上而下者通謂旋風

旋風所占大抵應速事小靜而宮室之中動而行道之際大者在軍旅之間今各以類相從

旋風卒起宮宅之內或從外入揚人衣物發人屋宇皆爲有卒暴事若從歲月日時德合上來或止於德合之方或日辰值德合之時王相有氣則有吉事若從歲月日時刑冲墓殺上來或止刑冲墓殺之方或值貪狠陰賊奸邪日時方皆爲凶又曰以六情清和爲吉王相有氣亦吉囚死凶

凡宮宅之內西堂爲父東堂爲母邊爲長子房爲婦女庭爲衆牆壁爲少子井臼爲婢僕門爲賓客囘風暴起或外入皆以德刑言其所主之人吉凶一曰西堂爲父北堂爲母東堂爲子南堂爲孫

凡宮宅中庭爲大衆庭戶爲四鄰垣牆爲小口井竈爲婦人碓磑爲婢僕倉廐爲役隸客堂爲外人門爲賓客庭爲諸公客有風起止其地時加奸邪陰賊或從奸邪陰賊上來或從此起而止於奸邪陰賊之地各防其人有謀若風起寒慘帶刑殺剋害而來有所觸損者各言其人有災

凡宮宅中同坐非止一人或十餘人同行而有旋風相冲未知在誰當以風發之時及日辰推之風從宮來卽宮姓者當之若同音者非一人又以長幼別之孟爲長年寅申巳亥主之仲爲中年子午卯酉主之季爲少年辰戌丑未主之若長幼又同者非一人則以休王別之日辰王相事在尊長貴人休廢囚死則在卑幼賤人又陽日取男陰日取女陽左陰右若又同則取衣服之色宮黃徵赤羽黑商白角青或取其所執之物以決之卽知其事在誰若飄風起而止前者以時音占之後來逐人而過去者以日音期之假令今日音得角期九日餘可類推

宮日旋風起宅中爲鬭訟爲囚繫爲縣官事連引若起道路從內向外或衝上者吉

徵日憂火

羽日憂財物

商日有人持酒肉來不出三日

角日憂疾病

囘風暴風卒起宮宅諸商日時加寬大風從角上來止於囚死休廢爲賓客作奸風門外入門而止於商時亦然加奸邪不覺公正（以下原本闕）

商日時加申風從未上來囘入中門至堂邊爲長子作盜入井爲婦女作奸欲共讎人殺夫

商日日辰勝時下風從純商來爲怪害人

商日風純角入宅爲惡鬼入宅害人日辰主爲縣官從王鄉來爲家長相鄉來爲子孫休廢鄉來爲賓客囚死鄉來爲下賤貪狠來爲盜賊奸邪來爲淫婦小人公正來爲讎人餘各以類推之

陰賊之日時加申子風從奸邪來止陰賊婦女作奸欺夫

辛丑日時加午風入宮宅中從午上來後三日有酒

食

凡旋風入宮中一日再三名曰大傷戒不出一年兵起

凡宮宇廳院苑囿之中有旋風分明依道不急不惡清明和暢漸向前來多有賢人君子至或爲使者召命喜慶之事

旋風起坐席君子失官小人失財入室飄衣物有火災財物憂

凡旋風從帝旺方來入人家止訟獄方爲有赦事

凡旋風從歲月日時德上來皆爲有酒食喜慶事假令年在木鄉有木器物從北方來在火鄉有銅瓦物從東方來在土鄉有田宅物從南方來在金鄉有錢物從四季方來在水鄉有酒肉六畜物從西方來四孟之日從四孟之上來上官長吏有賜與四仲之日從四仲上來次官長吏有賜與從四季上來下官長吏有賜與若音商得商時或商日辰又加有金銀銅錫之物得徵時或徵日辰又加有文書采色之物得羽時或羽日辰又加有酒若水物得角時或角日辰又加有木石穀粟繒布衣服之物得宮時或宮日辰又加有土瓦陶器脯肉皮革之物王相其物良休廢囚死則濫惡

凡旋風從歲月日時墓上來行者急走坐者急起避之

凡旋風從人本命墓上來而值之爲疾病假令時加角爲從高墜下若災足竹木所傷時加徵爲火燒災若見血時加宮爲癰腫時加商爲金刃所傷時加羽爲沒溺壓死

凡旋風從歲刑上來爲縣官名月刑上來爲尉部鄉亭名日刑上來戒爭訟時刑上有卒急公事皆凶

凡諸陰賊日有飄風從四季上來時加四季或鳥飛從四季方來鬼風也必有捜捕之事欲知捕何人視時加丑戌爲捕敵又曰爲怨讎辰未爲捕盜以日時支干休旺期之

凡行道之次忽暴風旋風當以行年決之若風來欲突人從廉貞公正寛大上來與人本命相生則爲歡喜酒食相迎從奸邪陰賊貪很上來與人本命相妨有侵謀相害若逢寒冥又加刑殺大禍卽至

凡旋風起東方兩旁夾道隨人行者重吉

凡行道見旋風正南來有酒食若時加巳酉皆爲大吉又曰行道見旋風從西方來必有酒食

凡風從面來逆衝者勿前防伏匿相謀以時下五音占之

凡旋風急從後逐人者亦以其日支干納音時加刑德五音六情占之又以清和爲吉寒濁爲凶

凡旋風旁起前行或橫衝而過皆凶用日辰刑尅占之

凡行道有回風四面覆人宜避之

宮日行道遇回風災人戒田宅憂移徙有爭訟道上遇之宜爲客衝外則吉

徵日戒告訟文書凶若有失金錢事

羽日入舟行水防溺若失財物有聚衆事

商日戒爭財若入山墜下坡又曰防鬭傷

角日有疾病從角地來爲死喪哭泣

軍中旋風占

凡軍行有大旋風一日夜爲邑二日三日爲州四日五日爲國六日七日爲天下營中數有旋風不出三旬軍當破敗宜自固守勿侵他境

軍行有回風相觸者中道而退無功

旋風從地中出直注日下帥死

軍初出有旋風從旁起直至軍前飄轉引道者師必大勝若從敵上來宜急設備

出軍有大風隨後滅跡軍不廻亦名鬼風

凡扶搖獨鹿之風猝起軍營中有反者

旋風猝起敵軍上急擊之勝

旋風自敵上入營中敵欲降如挾刑殺而來者敵欲攻我軍宜備

旋風猝起而帶三刑五墓賊有伏兵

旋風直上沖天起我軍中急戰大勝將軍加賞獲敵糧增士卒

旋風從營中頻起而出者不可以戰急移營去之時刑利主日刑利客

凡與敵相守營寨有旋風歷過者隨所歷有寇至宜急備之

旋風入營寨捲土發屋倒戈徹幕急備不虞

旋風自外入彼城營急從入處攻拔之

旋風吹物入空中城營中不利固守爲要

旋風從三刑五墓上來有伏兵勿戰戰必不勝行者值之急走坐者起避

風起雜占

凡風入骨寒慘爲雨風作後雨者不占雨晴風起則占之

凡風聲如雷觸地而起者其地大兵起

凡風雨大雷皆爲天子有德令

凡風鼓塵連日不散如霧其色赤黑黃慘有火災

凡風聲怒鳴氣勢慘凄連日不止有兵則敗於所鳴之方無兵則其地主民者有憂喪亦爲有火災

凡大風發屋折木天色赤者兵大起行千里又曰蝗蟲大起

凡大風入舍發屋戶不出六十日有相殺者若入宮殿王者惡之

凡暴風入宮裂帷帳君有憂又軍幕折旗鎗將有憂

凡晝昏有風聲而無風凶外至臣欺君不出十日

凡風來色黑不見人面先緊後慢經刻止者主疾病推宮日直占在君其下四日以其日占其地大臣死民流亡期以干支合數假令甲子日二九之數近十八日遠百八十日更遠九年

諸風蓬勃四起或自上下來觸地名爲逆風有暴兵起平旦發人民逆食時發賓客逆日中發媚親逆晡時發臣下逆黃昏發賊隸逆夜半發同姓逆雞鳴發妃后逆皆大故不出三十日若風止有大雨則災不成風角相傳訛舛今皆訂正有昔合今分者五音六情區其條目以類相從是也有昔分今合者占火占疾占三公長吏之類今并入雜干支占是也占者先論四時八節所宜次較歲月日時方位刑德詳之以五音六情以支干方位起止所屬分其類應以風之大小定事之大小以風之緩急久暫定應之遠近以時日支干休四王相定人之老幼事之盛衰以日光明暗風之溫寒和慘決事之吉凶

管窺集要

總論

李淳風曰按占風之家多云發屋折木揚砂走石等語若每占中俱著此語則又至繁今輒以一家例之古云發屋折木揚沙走石今謂之怒風多爲不吉之象一日之內三傳移風古云四轉五復今謂之亂風亂風者狂風不定之象天無雲晴爽忽起大風不經刻而止止復忽起乍有乍無今謂之暴風暴主有卒暴事鳴條擺樹蕭蕭有聲今謂之飄風迅風觸塵蓬勃今謂之勃風迴旋羊角古謂扶搖羊角今謂之迴風迴風卒起而圓轉扶搖有如羊角向上輪轉有自上而下者或磨地而起者總謂之迴風亦專有占古云暗冥濁寒尅者今總謂之霾曀

凡風和暢清悅溫良適時塵埃不起人情恬淡是謂祥風天色晦冥風氣昏濁聲寒慘塵埃蓬勃是謂災風風勢紛錯交亂乍起乍止深藏難測其聲聒耳是謂小人魅惑風風勢暴起南北不定離合氛埃是謂上下不寧之風風勢凜冽人懷戰慄是謂刑罰慘刻風風聲啾唧慘切令人悲惜爲大喪風風聲如火奔馳乍起乍息爲旱火風

凡吉祥之風日色清明風勢和緩從歲月日時德上來或乘旺相而來去地稍高不揚塵沙人心喜悅是謂祥風人君德令下施之應凶災之風日色白濁天氣昏寒風聲叫怒飛沙捲塵乘刑殺而至當詳五音定八方觀起止占之今略諸家寒尅白濁爲例諸稱寒尅白濁今謂之災風諸稱大風寒尅冥冥日無光沈沒雹氣今云昏氣

占法

眊風惡風暴起拔木發屋主君蔽賢兵火興災

惡風暴風怒起天氣昏暈主國政昏亂急兵殺僇

邪風風鼓塵昏連日不散主國有兵災殺傷人民

寵風陰雲風急連日不止主天子偏愛人怒兵起

逆風旋風擾物倏飛上天主在朝防失土地在衙防失爵位在家防盜侵害在營防兵通敵

寃風旋風直冲連日不止下有寃枉民流兵起

哭風風聲哀鳴連日不止主火災損人兵敗將戮

敗風風陣暴惡急慢不均主敵兵大敗我收奇功

禍風風氣濕熱薰蒸煩躁主旱蝗兵亂

流風風疾吹木不搖吹禾不傷主君不正道民受困厄

亂風熱氣生虫食人衣禾主淫昏亂政民饑兵起

惑風風濕不常螟虫暴生主君變羣小政亂民災

叛風風急吹天雨血地水赤主奸邪謀逆兵起人流

不順風惡風逆吹發屋損物主國政橫逆人怨兵起

不澤風木不搖動水旱傷禾主私利蔽公民災國亡

報耳風暴風陡起昏塵蔽天主急兵卒至宜防冲襲

天根風旋風入營吹倒兵器急防冲襲縱火攻營

引兵風雲霧隨風旋繞入營宜備精兵隨入擊之

惡兆風風暴入營吹倒坐席主兵士謀叛重賞改過

紅風風氣搏陣紅赤可見主賢士繫獄强兵暴起

黃風風陣吹來昏黃團結主奸邪妒害强兵起亂

黑風風陣吹來昏黑結聚主國君失政蠻貊起兵

神風風氣急吹中有火光主寇敗兵起殺害賢良

賊風暴風急起災削損物主賊兵刼寨暗行冲襲

煖風風氣吹來如火烘熱主人災物傷兵敗將死

水風風氣寒逼如水澆透主國變兵起上下同災

占驗訣法

凡候風須明知八卦審及干支或上或下或高或卑

俱無乖起然後可驗若失之毫釐差之千里不可不慎今先定六十四卦十二支辰總二十四分遞相冲破卽知風之所發止然後占之

凡風從戌來須抵辰至丑至未直乙二十四方先定其冲則來處明白辰卦既明自無失誤

黃帝占曰凡風之動皆不安之象也若在山川海濱空穴之間風所出處皆不必占以爲常式若在宮宅營寨之內戰陣之所風勢異常揚砂走石日光昏濁則必占之

凡人君理順四時則春無淒風夏無苦雨先王之治以天下爲家兆民爲子風起異常用意察之如紛錯交橫乍起乍止儒墨深藏智者緘默

凡風暴疾南北無定交錯離合氛埃相經此風應在人主

李淳風曰巽爲風風占災異最驗

凡候風須築臺二十四尺于上設竿令其四達無隱則遠皆知期刻不爽

凡鳴條以上怒風起止皆詳其五音與歲月日時刑德合冲墓殺五行生尅王相囚死以占吉凶仍以六情推之大凡年月日時四殺五墓風從上來白濁昏塞皆爲凶風其日三刑最急坐不及起有暴賊至若行師卽防伏兵平時無兵防人謀害與兵動衆逢之急整武備

凡兩軍相當欲分主客以日辰所得納音爲客以時下十二辰與風所來方爲主若日辰納音能尅時辰及方則客勝時下支辰及風來方能尅納音則客敗主人勝尋常家居亦以此分內外

凡惡風黑雲三刑冲破墓殺風當日有大雨及三日大雨者其災散一曰宮風當日雨徵風二日雨羽風五日雨商風七日雨角風九日雨得雨則解

凡風自冲來者爲殃爲喪爲兵火爲大臣死以日占何國若當時有大雨卽不占凡風滾雨及風後降雨皆雨氣也不占

凡風從太歲上來鳴條擺樹而天色清爽日光明盛著體清凉溫和者祥風也天子有德令法不私親大臣畏懼國昌民安之象若風勢蓬勃揚塵蔽天著人寒慘日白無光三刑帶殺則國有暴令月建爲大臣日爲令長時來爲民

凡風溫熱逼人著地走石飛沙鳴條落葉爲囚風以日辰占何國饑荒人不安風勢和煖不揚塵土氣色清溫日光皓潔則以日辰占何國歲美人安

凡風起歲月日時德上來鳴條落葉及宮日宮時天時乾上來發風皆爲吉風五音之日風起歲月日時刑上黑色勃勃經刻冥冥不見人形是謂妖風宮日爲君以下四日爲大臣死不然其分民災以日占國

凡風起三刑而鄰於德不可分辨刑與德者以風言之德鳴條索索雖擺枝落葉乍起乍止而去地尺外不動塵埃不揚砂走石日光不變是謂吉風宜從吉占刑風著地吹塵漲天轉石揚砂蓬蓬勃勃乍緊乍慢日光昏暗是謂凶風宜從凶占

大凡風起止日時方位徵多爲火羽多爲水商多爲兵爲粟貴角多爲疾病宮多爲吉須鳴條已上落葉揚塵吹沙搖樹乃占

凡五音之日風來色黑不覩人而先緊後慢經刻止者主疾病惟宮日占在君其下四日以日占其地大臣死民流亡期以千支合數假令甲子日二九之數近十八日遠百八十日更遠九年

風聲悲鳴連日不止有兵則敗於所鳴之方無兵者則長民者有死喪憂戚亦爲有火災

暴風忽起東北其聲淒凉主水災起西南方而溫爲旱

暴風起音如破鼓有兵在外者敗

軍中忽有疾風勢如過箭便無蹤跡急防賊來夜中尤甚

軍出在外有風夜起晝止宜防賊人夜動偷刧營寨

海運八卦時刻候風

看定風旗風從何方來查驗防避吉凶先知

乾風辰未申巳午吉寅卯凶坎風辰未寅卯申吉巳午未凶艮風寅卯巳午吉辰未凶震風申午亥子吉辰戌丑未凶巽風寅卯辰吉申酉凶離風子丑寅卯辰吉申酉凶坤風寅卯巳午吉亥子凶兌風巳午辰戌未吉寅卯凶

占風歌

魁罡氣白黃隄防風勢狂早間日曬耳狂風卽時起早白與春赤飛砂及走石午前日忽昏北方風怒嗔午後日昏暈風起須當慎日月忽後圓風來不等閒雲掩日不動風勢如山重反照色黃光明朝風必狂天道忽昏慘狂風時下感天色赤與黃頃刻大風狂黑雲片片生眼底主狂風黑紫雲如牛狂風急似流雲勢若魚鱗來朝風不輕黑雲北方突暴頻風大毒黑雲半開閉大颶隨風至雲起亂行急風勢難當抵

原本闕五字狂風來不少辰闕電光飛大颷必可期連日雨朦朧必定起狂風星辰若晝見頃刻狂風變

田家五行

論風

夏秋之交大風及有海沙雲起俗呼謂之風潮古人名之曰颶風言其具四方之風故名颶風有此風必有霖淫大雨同作甚則拔木偃禾壞房室決堤堰其先必有如斷虹之狀者見名曰颶母航海之人見此則又名破帆風凡風單日起單日止雙日起雙日止諺云西南轉西北搓繩來絆屋又云半夜五更西天明拔樹枝又云日晚風和明朝再多又云惡風盡日沒又云日出三竿不急便寬大凡風日出之時必略盡謂之風讓日大抵風自日內起者必善夜起者必毒日內息者亦和夜半息者必大凍已上並言隆冬之風諺云風急雨落人急客作又云東風急備蓑笠風急雲起愈急必雨諺云東北風雨太公言艮方風雨卒難得晴俗名曰牛筋風雨指丑位故也諺云行得春風有夏雨言有夏雨應時可種田也非謂水必大也經驗諺云春風踏脚報言易轉方如人傳報不停脚也一云既吹一日南風必還一日北風報答也二說俱應諺云西南早到晏弗動草言早有此風向晚必靜諺云南風尾北風頭言南風愈吹愈急北風初起便大春南夏北有風必雨冬天南風三兩日必有雪

欽定古今圖書集成曆象彙編庶徵典

第六十二卷目錄

風異部彙考三

庶徵典第六十二卷

風異部彙考三

周

成王三年秋大風雷王迎周公於東出郊雨反風

按書經金縢武王旣喪管叔及其羣弟乃流言于國曰公將不利于孺子周公乃告二公曰我之弗辟我無以告我先王周公居東二年則罪人斯得于後公乃爲詩以貽王名之曰鴟鴞王亦未敢誚公秋大熟未穫天大雷電以風禾盡偃大木斯拔邦人大恐王與大夫盡弁以啓金縢之書乃得周公所自以爲功代武王之說二公及王乃問諸史與百執事對曰信噫公命我勿敢言王執書以泣曰其勿穆卜昔公勤勞王家惟予冲人弗及知今天動威以彰周公之德惟朕小子其新逆我國家禮亦宜之王出郊天乃雨反風禾則盡起二公命邦人凡大木所偃盡起而築之歲則大熟

蔡傳成王自往迎公天乃反風感應如此之速洪範庶徵孰謂其不可信哉大全新安陳氏曰成王未知周公則天爲之雷風偃禾旣知周公則天爲之反風起禾感應之速如影響然天豈在君心外耶

襄王八年春正月六鷁退飛過宋都

按春秋魯僖公十六年云云

按漢書五行志釐公十六年正月六鶂退蜚過宋都左氏傳曰風也劉歆以爲風發於它所至宋而高鶂高蜚而逢之則退經以見者爲文故記退蜚傳以實應著言風常風之罰也象宋襄公區霿自用不容臣下逆司馬子魚之諫而與彊楚爭盟後六年爲楚所執應六鶂之數云

漢

高帝二年楚軍破漢睢水上大風從西北起晝晦

按漢書高祖本紀漢二年項羽軍圍漢王三匝大風從西北起折木發屋揚砂石晝晦楚軍大亂漢王得與數十騎遁去

文帝二年壽春大風

按漢書文帝本紀不載　按五行志文帝二年六月淮南王都壽春大風毀民室殺人劉向以爲是歲南越反攻淮南邊淮南王長破之後年入朝殺漢故丞相辟陽侯上赦之歸聚姦人謀逆亂自稱東帝見異不寤後遷於蜀道死廱

五年吳暴風楚彭城大風

按漢書文帝本紀不載　按五行志五年吳暴風雨壞城府宮室時吳王濞謀爲逆亂天戒數見終不改寤後卒誅滅十月楚都彭城大風從東南來毀市門殺人是月王戊初嗣立後坐淫削國與吳王謀反刑僇諫者吳在楚東南天戒若曰勿與吳爲惡將敗市朝王戊不寤卒亡

景帝五年江都大暴風

按史記景帝本紀五年五月江都大暴風從西方來壞城十二丈

武帝建元四年夏有風赤如血

按漢書武帝本紀云云

元光五年大風

按漢書武帝本紀元光五年秋七月大風拔木征和二年夏四月大風發屋折木

按漢書武帝本紀云云

昭帝元鳳元年燕大風

按漢書昭帝本紀不載　按五行志昭帝元鳳元年燕王都薊大風雨拔宮中樹七圍以上十六枚壞城樓燕王旦不寤謀反發覺卒伏其辜　按燕王傳後左將軍上官桀謀發覺伏誅王自殺

成帝建始元年大風拔木

按漢書成帝本紀建始元年十二月作長安南北郊罷甘泉汾陰祠是日大風拔甘泉時中大木十韋以上注師古曰韋與圍同

河平元年大風

按漢書成帝本紀不載　按許皇后傳河平元年三月癸未大風時數有災異劉向等陳其咎在後宮后上疏言之上報書云三月癸未大風自西搖祖宗寢廟揚裂帷席折拔樹木頓僵車輦毀壞檻屋災及宗廟足爲寒心

平帝元始四年大風

按漢書平帝本紀元始四年冬大風吹長安城東門屋瓦且盡

王莽天鳳元年七月大風

按漢書王莽傳天鳳元年七月大風拔樹飛北闕直城門屋瓦

地皇元年大風

按漢書王莽傳地皇元年七月大風毀王路堂莽下書曰乃壬午餔時有烈風雷雨發屋折木之變予甚弁焉予甚栗焉予甚恐焉伏念一旬迷乃解矣昔符命文立安爲新遷王臨國雒陽爲統義陽王是時予在攝假謙不敢當而以爲公其後金匱文至議者皆曰臨國雒陽爲統謂據土中爲新室統也宜爲皇太子自此後臨久病雖瘳不平朝見挈茵輿行見王路堂者張于西廂及後閣更衣中室又以皇后被疾臨且去本就舍妃妾在東永巷壬午烈風毀王路西廂及後閣更衣中室昭寧堂池東南榆樹大十圍東僵擊東閣即東永巷之西垣也皆破折瓦壞發屋拔木予甚驚焉又候官奏月犯心前星厥有占予甚憂之伏念紫閣圖文太一黃帝皆得瑞以遷後世褒王當登終南山所謂新遷王者乃太一新遷之後也統義陽王乃用五統以禮義登陽上遷之後也臨有兄而稱太子名不正宣尼公曰名不正則言不順至于刑罰不中民無所措手足惟即位以來陰陽未和風雨不時數遇枯旱蝗螟爲災穀稼鮮耗百姓苦饑蠻夷猾夏寇賊奸宄人民正營無所措手足深惟厥咎在名不正焉其立安爲新遷王臨爲統義陽王幾以保全二子子孫千億外攘四裔內安中國焉

地皇四年立史氏爲皇后是日大風發屋拔木

按漢書王莽傳四年三月立杜陵史氏女爲皇后是日大風發屋拔木羣臣上壽曰穀風迅疾從東北來辛丑巽之宮日也巽爲風爲順后誼明母道得溫和慈惠之化也

後漢

和帝永元十五年五月戊寅南陽大風

按後漢書和帝本紀云云

安帝永初元年郡國二十八大風拔樹

按後漢書安帝本紀不載　按五行志永初元年郡國二十八大風拔樹是時鄧太后攝政以清河王子年少號精耳故立之是爲安帝不立皇子勝以爲安帝賢必當德鄧氏也後安帝信讒廢免鄧氏令郡縣迫切死者八九人家至破壞此爲瞀霿也是後西羌亦大亂涼州十有餘年

永初二年六月京師及郡國四十八大風拔樹

按後漢書安帝本紀不載　按五行志云云

永初三年五月癸丑京師大風

按後漢書安帝本紀云云　按五行志永初三年五月癸酉京都大風拔南郊道梓樹九十六枚按紀作癸丑志作癸酉互異

永初七年八月丙寅京師大風

按後漢書安帝本紀云云

元初二年二月癸亥京師大風

按後漢書安帝本紀云云

元初六年夏四月沛國勃海大風

按後漢書安帝本紀云云　按五行志元初六年夏四月沛國拔樹三萬餘枚勃海大風

永寧元年恆風

按後漢書安帝本紀永寧元年冬十月自三月至是月京師及郡國三十三大風

延光元年十二月京師及郡國二十七大風

按後漢書安帝本紀云云

延光二年春正月丙辰河東潁川大風夏六月壬午郡國十一大風

按後漢書安帝本紀云云　按五行志是時安帝信讒曲直不分按紀作正月丙辰志作三月丙申互異

延光三年京師及郡國三十六大風拔樹

按後漢書安帝本紀不載　按五行志云云

順帝陽嘉二年正月大風

按後漢書順帝本紀不載　按郎顗傳顗條便宜七事一曰今月十七日戊午徵日也日加申風從寅來丑時而止丑寅申皆徵也不有火災必當爲旱願陛下校計繕修之費未念百姓之勞罷將作之官減彫文之飾損庖廚之饌退宴私之樂易中孚傳曰陽感天不旋日如是則景雲降集災沴息矣

桓帝建和　年大風拔樹晝昏

按後漢書桓帝本紀不載　按楊秉傳桓帝即位秉遷侍中尚書帝時微行私過幸河南尹梁引府舍是日大風拔樹晝昏秉因上疏諫曰臣聞瑞由德至災應事生傳曰禍福無門唯人自召天不言語以災異譴告是以孔子迅雷風烈必有變動詩云敬天之威不敢驅馳王者至尊出入有常警蹕而行靜室而止自非郊廟之事則鑾旗不駕故詩稱自郊徂宮易曰王假有廟致孝享也諸侯如臣之家春秋尚列其誡況以先王法服而私出盤游降亂尊卑等威無序侍衛守空宮紱璽委女妾設有非常之變任章之謀上負先帝下悔靡及臣奕世受恩得備納言又以薄學充在講勸特蒙哀識見照日月恩重命輕義使士死敢憚摧折略陳其愚帝不納

靈帝建寧二年大風

按後漢書靈帝本紀不載　按五行志建寧二年四月癸巳京都大風雨雹拔郊道樹十圍已上百餘枚其後晨迎氣東郊道於雒水西橋逢暴風雨道鹵簿車或發蓋百官霑濡還不至郊使有司行禮迎氣西郊亦壹如此

熹平六年以大風詔羣臣各陳政要

按後漢書靈帝本紀不載　按蔡邕傳時頻有雷霆疾風傷樹拔木之害六年七月制書引咎誥羣臣各陳政要

中平二年夏四月庚戌大風

按後漢書靈帝本紀云云

中平五年六月丙寅大風

按後漢書靈帝本紀云云

獻帝初平四年六月右扶風大風

按後漢書獻帝本紀不載　按五行志云云

魏

廢帝正始九年大風

按魏志三少帝本紀正始九年冬十月大風發屋折樹

按宋書五行志魏齊王芳正始九年十一月大風數十日發屋折樹十二月戊子晦尤甚動太極東閤按魏紀作十月宋志作十一月十二月互異

嘉平元年大風

按魏志三少帝本紀不載　按宋書五行志魏齊王嘉平元年正月壬辰朔西北大風發屋折木昏塵蔽天按管輅說此爲時刑大臣執政之憂也是時曹爽區務自專驕僭過度天戒數見終不改革此思心不叡恆風之罰也後踰旬而爽等滅

吳

大帝太元元年八月朔大風江海涌溢

按吳志孫權傳太元元年秋八月朔大風江海涌溢平地深八尺吳高陵松柏斯拔郡城南門飛落

按宋書五行志孫權太元元年八月朔大風江海涌溢平地水深八尺拔高陵樹二株石碑蹉動吳城兩門飛落按華覈對役繁賦重區務不叡之罰也明年權薨

廢帝建興元年十二月朔丙申大風雷電

按吳志孫亮傳云云

按宋書五行志孫亮建興元年十二月丙申大風震電是歲魏遣大衆三道來攻諸葛恪破其東興軍二軍亦退明年恪又攻新城喪衆大半還伏誅

景帝永安元年大風霧

按吳志孫休傳永安元年十一月甲午風四轉五復蒙霧連日

按宋書五行志孫休永安元年十一月甲午風四轉五復蒙霧連日是時孫綝一門五侯權傾吳主風霧之災與漢五侯丁傅同應也十二月丁卯夜又大風發木揚沙明日綝誅

晉

武帝泰始五年五月辛卯朔廣平大風折木

按晉書武帝本紀不載　按五行志云云

咸寧元年五月下邳廣陵大風拔木壞廬舍

按晉書武帝本紀云云　按五行志咸寧元年五月下邳廣陵大風壞千餘家折樹木是月甲申廣陵邳司吾又大風折木

咸寧三年八月大風拔樹

按晉書武帝本紀云云　按五行志三年八月河間

大風折木

太康二年大風

按晉書武帝本紀太康二年六月大風拔樹壞百姓廬舍秋七月上黨又暴風　按五行志太康二年五月濟南大風折木傷麥六月高平大風折木壞邸閣四十餘區七月上黨又大風傷秋稼

太康五年九月大風

按晉書武帝本紀太康五年九月南安大風折木

太康八年大風

按晉書武帝本紀太康八年六月魯國大風拔樹木壞百姓廬舍　按五行志八年六月郡國八大風

太康九年正月京都風雹發屋拔木

按晉書武帝本紀不載　按五行志九年正月京師風雹發屋折木後二年宮車晏駕

惠帝元康四年六月大風拔樹

按晉書惠帝本紀不載　按五行志云云

元康五年大風

按晉書惠帝本紀元康五年秋七月下邳暴風壞廬舍九月鴈門新興太原上黨大風傷禾稼　按五行志五年四月庚寅夜暴風城東渠波浪殺人七月下邳大風壞廬舍九月鴈門新興太原上黨災風傷稼明年氐羌反叛大兵西討

元康六年夏四月大風

按晉書武帝本紀云云

元康九年十一月甲子大風發屋拔木

按晉書惠帝本紀云云　按五行志九年六月飄風吹賈謐朝服飛數百丈明年謐誅十一月甲子朔京都大風發屋折木十二月愍懷太子廢

永康元年大風

按晉書惠帝本紀永康元年二月丁酉大風飛沙拔木十一月戊午大風飛砂石　按五行志永康元年二月大風拔木三月愍懷被害己卯喪柩發許昌還洛是日大風雷電幃蓋飛裂四月張華第舍飄風起折木飛繒折軸六七是月華遇害十一月戊午朔大風從西北來折木飛沙石六日止明年正月趙王倫簒位

永寧元年正月大風八月郡國三大風十月風雹

按晉書惠帝本紀不載　按五行志即趙王倫建始元年也正月癸酉倫祠太廟災風暴起塵沙四合其年四月倫伏誅八月郡國三大風十月襄城河南高平平陽風雹折禾傷稼

永興元年正月乙丑西北大風

按晉書惠帝本紀不載　按五行志云云

懷帝永嘉四年五月大風折木

按晉書懷帝本紀云云

愍帝建興三年平陽烈風拔樹發屋

按晉書愍帝本紀不載　按劉聰載記云云

元帝永昌元年大風

按晉書元帝本紀不載　按五行志永昌元年七月丙寅大風拔木屋瓦皆飛八月暴風壞屋拔御道柳樹百餘株其風縱橫無常若風自八方來者是時王敦專權害尚書令刁協僕射周顗等故風縱橫若非一處也此臣易上政諸侯不朝之罰也十一月宮車宴駕　按戴洋傳洋吳興長城人善風角祖約代兄鎮譙請洋爲中典軍遷督護永昌元年四月庚辰禺中時有大風起自東南折木洋謂約曰十月必有賊到譙城東至歷陽南方有反者主簿王振以洋爲妖白約收洋付刺奸而絕其食五十日言語如故約知其有神術乃赦之至十月二日石勒騎果到譙城東梁國人反逐太守袁晏

明帝太寧元年劉曜境內大風

按晉書明帝本紀不載　按劉曜載記太寧元年大雨霖震曜父墓門屋大風飄發其父寢堂於垣外五十餘步曜避正殿素服哭于東堂五日使其鎮軍劉襲太常梁胤等繕復之松柏衆木殖已成林至是悉枯

成帝咸和三年大風

按晉書成帝本紀不載　按戴洋傳咸和三年五月大風雷雨西北來城內晦冥洋謂約曰雷鳴人上明使君當遠佞近賢愛下振貧昔秦有此變卒致亂亡約大怒收洋繫之約後奔于石勒勒誅約及親屬並盡約既敗洋往潯陽時劉引鎮潯陽問洋曰我病當差不洋曰不憂使君不差憂使君今年有大厄當忌十二月二十二日庚寅勿見客引曰我當解職還野中治病洋曰使君當作江州不得解職俄如其言九月甲寅申時迴風從東來入引船中西過狀如匹練長五六丈洋曰風從咸池下來攝提下去咸池爲刀兵大殺爲死喪到甲子日申時府內大聚骨埋之引問在何處洋曰不出州府門也引架府東門洋又曰東爲天牢牢下開門憂天獄至十二月十七日洋又曰臘近可開門以五十人備守井以百人備東北寅

上以却害氣引不從二十四日壬辰遂爲郭默所害

咸康四年成都大風

按晉書成帝本紀不載　按五行志咸康四年三月壬辰成都大風發屋折木四月李壽襲殺李期自立

按李壽載記壽以咸康四年僭卽僞位大風暴雨震其端門壽自悔責命羣臣極盡忠言勿拘忌諱

咸康五年大霧晏風

按晉書成帝本紀不載　按戴洋傳咸康五年庾亮令毛寶屯邾城九月洋言于亮曰毛豫州今年受死問昨朝大霧晏風當有怨賊報仇攻圍諸侯誡宜遠偵邏寶問當在何時答曰五十日內尋傳賊當來攻城洋曰不敢進武昌也賊果陷邾城而去

康帝建元元年七月大風

按晉書康帝本紀不載　按五行志建元元年七月庚寅晉陵吳郡災風

穆帝永和五年鄴城暴風拔樹

按晉書穆帝本紀不載　按石遵載記遵僭卽尊位暴風拔樹震雷雨雹

永和十二年長安大風

按晉書穆帝本紀不載　按苻生載記永和十二年長安大風發屋拔樹行人顚頓宮中奔擾或稱賊至宮門晝閉五日乃止未幾爲苻堅所殺

升平元年大風

按晉書穆帝本紀不載　按五行志升平元年八月丁未策立皇后何氏是日疾風後桓元篡位乃降后爲陵零縣君不睿之罰也

升平五年大風

按晉書穆帝本紀不載　按五行志五年正月戊午朔疾風

哀帝興寧三年長安大風

按晉書哀帝本紀不載　按苻堅載記堅改元爲建元長安大風震雷壞屋殺人堅懼愈修德政

海西公太和三年大風

按晉書海西公本紀太和三年夏四月癸巳大風折木

太和六年大風

按晉書海西公本紀不載　按五行志太和六年二月大風迅急是年被廢　按苻堅載記是歲有大風從西南來俄而晦冥恆星皆見太史令魏延言于堅曰于占西南國亡明年必當平蜀漢堅大悅

孝武帝寧康元年大風

按晉書孝武帝本紀不載　按五行志孝武帝寧康元年三月京都大風火大起是時桓溫入朝志在陵上帝又幼少人懷憂恐斯不睿之徵也

寧康三年大風

按晉書孝武帝本紀不載　按五行志三年三月戊申暴風迅起從丑上來須臾逆轉從子上來飛沙揚礫

太元元年大風

按晉書孝武帝本紀不載　按宋書五行志太元元年二月乙丑朔大風折木閏三月甲子朔暴風疾雨俱至發屋折木

太元二年大風

按晉書孝武帝本紀太元二年閏三月甲申暴風折木發屋六月己巳暴風揚沙石

太元三年大風

按晉書孝武帝本紀太元三年三月乙丑暴風發屋折木　按五行志三年六月長安大風拔苻堅宮中樹其後堅再南伐遂有淝水之敗身戮國亡

太元四年大風

按晉書孝武帝本紀太元四年八月乙未暴風揚沙石

太元十二年大風

按晉書孝武帝本紀太元十二年春正月壬子暴風發屋折木　按五行志十二年正月壬午夜暴風七月甲辰大風折木

太元十三年大風

按晉書孝武帝本紀太元十三年十二月乙未大風晝晦　按五行志十三年十二月己未大風晝晦其後帝崩而諸侯違命權奪于元顯禍成于桓元是其應也（按紀作乙未志作己未互異）

太元十七年大風

按晉書孝武帝本紀十七年六月乙卯大風折木（按五行志作乙未）

安帝隆安三年燕大風拔木

按晉書安帝本紀不載　按慕容寶載記寶在位三年被弒卽隆安二年也慕容皝之遷于龍城也植松爲社主及秦滅燕大風吹拔之後數年社處忽有桑二根生焉廃終而垂以與王中興寶之將敗大風又拔其一

元興二年大風

按晉書安帝本紀不載　按五行志元興二年七月夜大風雨大航門屋瓦飛落明年桓元簒位由此門入

元興三年大風

按晉書安帝本紀不載　按五行志三年正月桓元出遊大航南飄風發其轒輣蓋經二月而元敗歸江陵五月江陵又大風折木是月桓元敗于崢嶸洲身以屠裂十一月丁酉大風江陵多死者

義熙三年慕容超境內大風

按晉書安帝本紀不載　按慕容超載記超以義熙三年祀南郊大風暴起天地晝昏行宮羽儀皆震裂超懼而密問于太史令成公綏對曰陛下信用姦臣誅戮賢能賦役急促所致也超懼而大赦六年劉裕滅之

義熙四年冬十一月辛卯大風拔樹

按晉書安帝本紀云云　按五行志四年十一月辛卯朔西北疾風起

義熙五年大風

按晉書安帝本紀不載　按五行志五年閏十一月丁亥大風發屋明年盧循至蔡州

義熙六年大風

按晉書安帝本紀義熙六年五月景子大風拔木

按五行志六年五月壬申大風拔北郊樹樹幾百年也并吹瑯邪揚州二射堂倒壞是日盧循大艦漂沒甲戌又風發屋折木是冬王師南討

義熙九年大風

按晉書安帝本紀不載　按五行志九年正月大風白馬寺浮圖剎柱折壞

義熙十年大風

按晉書安帝本紀義熙十年秋七月淮北大風壞廬舍　按五行志十年四月己丑朔大風拔木六月辛亥大風拔木七月淮北大風壞廬舍明年西討司馬休之

宋

少帝景平二年暴風

按南史宋少帝本紀景平二年春二月乙巳大風天有雲五色占者以爲有兵執政使使者殺皇弟義眞于新安

按宋書五行志少帝景平二年正月癸亥朔旦暴風發殿庭會翻揚數十丈五月帝廢

文帝元嘉二十六年壽陽有回風

按宋書文帝本紀不載　按五行志元嘉二十六年二月庚申壽陽驟雨有回風雲霧廣三十許步從南來至城西回散滅當其衝者室屋樹木摧倒

元嘉二十九年大風

按南史文帝本紀元嘉二十九年三月壬午大風拔木

元嘉三十年大風

按宋書文帝本紀不載　按五行志元嘉三十年正月大風拔木雨凍殺牛馬雷電晦冥二月宮車晏駕

孝武帝大明七年大風

按宋書孝武帝本紀不載　按五行志大明七年風吹初寧陵隧口左標折鍾山通天臺新成飛倒散落山澗明年閏五月帝崩

前廢帝永光元年正月乙未朔京邑大風

按宋書前廢帝本紀不載　按五行志云云

明帝泰始二年三月丙申京邑大風四月甲子京邑大風五月丁未京邑大風乙酉京邑大風九月乙巳京邑大風

按宋書明帝本紀不載　按五行志云云

後廢帝元徽二年七月甲子京邑大風

元徽三年三月丁卯京邑大風六月甲戌京邑大風

元徽四年十一月辛卯京邑大風

元徽五年三月庚寅京邑大風發屋折木六月甲寅京邑大風

按以上宋書後廢帝本紀不載　按五行志云云

南齊

高帝建元元年大風

按南齊書高帝本紀不載　按五行志建元元年十一月庚戌風夜暴起雲雷合冥從戌亥上來

建元四年大風

按南齊書高帝本紀不載　按五行志四年十一月甲寅酉時風起小駛至二更雪落風轉浪津

武帝永明四年大風

按南史齊武帝本紀永明四年二月丙寅大風吳興偏甚樹葉皆赤　按五行志永明四年二月丙寅巳時風迅急十一月己丑戌時風迅急從西北戌亥上來

永明五年大風

按南齊書武帝本紀不載　按五行志五年五月乙酉子時風迅急從西北戌亥上來

永明七年大風

按南齊書武帝本紀不載　按五行志七年正月丁卯陽徵陰賊之日時加子風起迅急從北方子丑上來暴疾寅時止

永明八年大風

按南史齊武帝本紀永明八年六月乙酉都下大風發屋

按南齊書五行志八年六月乙酉加子時風起迅急暴疾發屋折木塵沙從西南未上來因雷雨須臾風微雨止

永明九年大風

按南齊書武帝本紀不載　按五行志九年七月甲寅陽羽廉貞之日時加亥風起迅急從東方來暴疾彭勃浪津至乙卯陰賊時漸微名羽動九月乙丑時加未雷驟雨風起迅急暴疾浪津從西北戌上來十月壬辰陽羽姦邪之日時加丑風起從北方子丑上來暴疾浪津迅急塵埃五日寅時漸微名羽動宮

永明十年大風

按南齊書武帝本紀不載　按五行志十年正月辛巳陽商寬大之日時加寅風從西北上來暴疾浪津迅急揚沙折木酉時止二月甲辰陽徵姦邪之日時加辰風起迅急從西北亥上來暴疾彭勃浪津至酉時止三月丁酉陽徵廉貞之日時加未風從北方子丑上來迅急暴疾浪津戌時止七月庚申陰角貪狼之日時加午風從東北丑上來迅急浪津至辛酉巳時漸微

永明十一年大風

按南齊書武帝本紀不載　按五行志十一年二月庚寅陽角廉貞之日時加亥風從西北亥上來迅疾浪津丑時漸微爲角動角七月甲寅陽羽廉貞之日時加巳風從東北寅上來迅疾浪津發屋折木戊夜漸微爲羽動徵己巳陽角寬大之日時加未風從戌上來暴疾良久止爲角動商及宮凡時無專恣疑陰陽相薄

鬱林王隆昌元年大風

按南齊書鬱林王本紀不載　按五行志隆昌元年三月乙酉未時風起浪津暴急從北方上來應本傳昏亂

明帝建武二年秋大風

建武三年秋大風

建武四年秋大風

按以上南齊書明帝本紀俱不載　按五行志建武二年三年四年每秋七月八月輒大風三吳尤甚發屋折木殺人京房占獄吏暴風害人時帝嚴刻

東昏侯永元元年大風

按南齊書東昏侯本紀不載　按五行志永元元年七月十二日大風京師十圍樹及官府居民屋皆拔倒

梁

武帝天監六年八月戊戌大風折木

按梁書武帝本紀云云

按隋書五行志梁天監六年八月戊戌大風折木京房易飛候曰角日疾風天下昏不出三月中兵必起是歲魏軍入鍾離

元帝承聖三年大風

按梁書元帝本紀承聖三年冬十月丁卯大風拔木十一月丁酉大風

按南史梁元帝本紀承聖三年冬十月輿駕出行城柵大風拔木十一月甲申幸津陽門講武置南北兩城主帝親觀閱風雨總集部分未交旗幟飄亂帝趣駕而回無復次序風雨暄息衆竊驚焉丁酉大風

按隋書五行志承聖三年十一月癸未帝閱武于南城北風大急普天昏闇洪範五行傳曰人君昏亂之應時帝既平侯景公卿咸勸帝反丹陽帝不從又多猜忌有昏亂之行故天變應之以風是歲爲西魏所滅

陳

文帝天嘉六年大風

按陳書文帝本紀天嘉六年秋七月癸未大風至自西南廣百餘步激壞靈臺候樓

按隋書五行志陳天嘉六年七月癸未大風起西南吹倒靈臺候樓洪範五行傳以爲大臣專恣之咎時太子沖幼安成王頊專政帝不時抑損明年崩皇太子嗣位頊遂廢之

宣帝太建十二年大風

按陳書宣帝本紀太建十二年六月壬戌大風壞皐門中闈

太建十三年大風

按南史陳宣帝本紀太建十三年秋九月癸亥夜大風從西北來發屋拔樹

按隋書五行志始興王叔陵專恣之應

後主至德　年大風吹倒朱雀門
按陳書後主本紀不載　按隋書五行志至德中大風吹倒朱雀門
禎明二年大風
按陳書後主本紀禎明二年六月丁巳大風至自西北激濤水入石頭城淮渚暴溢漂沒舟乘
按隋書五行志禎明二年六月丁巳大風自西北激濤水入石頭城是時後主任司馬申誅戮忠諫沈客卿施文慶專行邪僻江總孔範等崇長淫縱杜塞聰明暱亂之咎

北魏

太宗永興三年大風
按魏書太宗本紀不載　按靈徵志永興三年二月甲午京師大風五月己巳昌黎王慕容伯兒謀反伏誅十一月丙午又大風五年河西叛胡曹龍張大頭等各領部衆二萬人入蒲子
永興四年大風
按魏書太宗本紀不載　按靈徵志四年正月癸卯元會而大風晦暝乃罷
永興五年大風
按魏書太宗本紀不載　按靈徵志五年十一月庚寅京師大風起自西方
神瑞元年四月京師大風
按魏書太宗本紀不載　按靈徵志云云
神瑞二年京師大風
按魏書太宗本紀不載　按靈徵志二年正月京師大風三月河西饑胡反屯聚上黨推白亞栗斯爲盟主
世祖太延二年暴風
按魏書世祖本紀不載　按靈徵志太延二年四月甲申京師暴風宮牆倒殺數十人
太延三年大風
按魏書世祖本紀不載　按靈徵志三年十二月京師大風揚沙折樹
太平眞君元年黑風
按魏書世祖本紀不載　按靈徵志眞君元年二月京師有黑風竟天廣五丈餘四月庚辰沮渠無諱寇張掖禿髮保周屯于刪丹嶺
高宗和平二年三月壬午京師大風晦暝
按魏書高宗本紀不載　按靈徵志云云
高祖延興五年五月京師赤風
按魏書高祖本紀不載　按靈徵志云云
太和二年三月武川鎭大風雍州赤風
按魏書高祖本紀不載　按靈徵志太和二年七月庚申武川鎭大風吹去六家羊角而上不知所在壬戌雍州赤風
太和三年大風
按魏書高祖本紀不載　按靈徵志三年六月壬辰相州大風從西上來發屋折樹
太和七年相豫二州大風
太和八年三月冀定相三州暴風四月濟光幽肆雍齊六州暴風
太和九年六月庚戌濟洛肆相四州及靈丘廣昌鎭暴風折木
按以上魏書高祖本紀俱不載　按靈徵志云云
太和十二年五月壬寅京師連日大風甲辰尤甚發屋拔樹六月壬申京師大風
太和十四年七月丁酉朔京師大風拔樹發屋
太和二十三年八月徐州自甲寅至己未大風拔樹閏月庚申河州暴風大雨雹
按以上魏書高祖本紀俱不載　按靈徵志云云
世宗景明元年幽州暴風
按魏書世宗本紀不載　按靈徵志景明元年二月癸巳幽州暴風殺一百六十一人
景明三年閏月京師大風幽岐諸州暴風
按魏書世宗本紀不載　按靈徵志三年閏月甲午京師大風拔樹發屋吹折閶闔門闕九月丙辰幽岐梁東秦州暴風昏霧拔樹發屋
景明四年大風
按魏書世宗本紀不載　按靈徵志四年三月己未司州之河北河東正平平陽大風拔樹
正始元年大風
按魏書世宗本紀不載　按靈徵志正始元年七月戊辰東秦州暴風拔樹發屋
正始二年黑風拔樹
按魏書世宗本紀不載　按靈徵志二年二月癸卯有黑風羊角而上起于柔元鎭蓋地一項所過拔樹甲辰至于營州東入于海
正始四年五月甲子京師大風
按魏書世宗本紀不載　按靈徵志云云
永平元年大風

按魏書世宗本紀不載　按靈徵志永平元年四月壬申京師大風拔樹八月癸亥冀州刺史京兆王愉據州反

永平三年五月己亥南秦州廣業仇池郡大風發屋拔樹

按魏書世宗本紀不載　按靈徵志云云

延昌四年三月癸亥京師暴風從西北來發屋折樹

按魏書世宗本紀不載　按靈徵志云云

肅宗熙平二年瀛州暴風

按魏書肅宗本紀不載　按靈徵志熙平二年九月瀛州暴風大雨自辛酉至于乙丑

正光三年四月癸酉京師暴風大雨發屋拔樹

按魏書肅宗本紀不載　按靈徵志云云

正光四年四月辛巳京師大風

按魏書肅宗本紀不載　按靈徵志云云

孝昌二年京師大風

按魏書肅宗本紀不載　按靈徵志孝昌二年五月丙寅京師暴風拔樹發屋吹平昌門扉壞永寧九層撜折于時天下所在兵亂

前廢帝普泰元年夏大風

按魏書前廢帝本紀不載　按靈徵志普泰元年夏大風雨吹普光寺門屋于地

孝靜帝武定七年三月潁川大風

按魏書孝靜帝本紀不載　按靈徵志云云

北齊

武成帝河清二年大風

按北齊書武成帝本紀不載　按隋書五行志北齊河清二年大風三旬乃止時帝初委政佞臣和士開專恣日甚

後主天統三年大風

按北史齊後主本紀天統三年五月乙未大風晝晦發屋拔樹

按隋書五行志天統三年五月乙未大風晝晦發屋拔樹天變再見而帝不悟明年帝崩後主諂內外表章皆先詣和士開然後聞徵趙郡王叡馮翊王潤按士開驕恣不宜仍居內職反爲士開所譖叡竟坐死士開出入宮掖生殺在口尋爲琅邪王儼所誅

天統四年夏六月甲申大風拔木折樹

按北史齊後主本紀云云

武平七年三月大風

按北齊書後主本紀七年三月丙寅大風從西北起發屋拔樹五日乃止

按隋書五行志時高阿那瓌駱提婆等專恣之應

隋

文帝開皇二十年大風

按隋書文帝本紀開皇二十年十一月戊子京都大風雪　按五行志十一月京都大風發屋拔樹秦隴壓死者千餘人時獨孤皇后干預政事左僕射楊素權傾人主帝聽二人之讒而黜僕射高熲廢太子勇爲庶人晉王釣虛名而見立思心瞀亂陰氣盛之象也

仁壽元年大風

按隋書文帝本紀仁壽元年五月壬辰大風拔木宜君液水移于始平

仁壽二年西河胡人爲風所飄

按隋書文帝本紀不載　按五行志仁壽二年西河有胡人乘騾在道忽爲迴風所飄并一車上千餘尺乃墜皆碎焉京房易傳曰衆□德乃潛厥異風後二載漢王諒在并州潛謀逆亂外國乘騎之象也升空而墜顛隕之應也天戒若曰無稱兵叛逆終當覆敗而諒不悟及高祖崩諒發兵反州縣響應衆至數十萬月餘而敗

欽定古今圖書集成曆象彙編庶徵典

第六十三卷目錄

風異部彙考四

庶徵典第六十三卷

風異部彙考四

唐

高祖武德二年大風

按唐書高祖本紀武德二年十二月壬子大風拔木

太宗貞觀三年大風

按唐書太宗本紀貞觀三年六月己卯大風拔木壬午詔文武官言事

貞觀十四年六月乙酉大風拔木

按唐書太宗本紀云云

高宗咸亨二年大風

按唐書高宗本紀不載　按五行志咸亨二年四月戊子大風拔木落則天門鴟尾上

咸亨四年八月己酉大風落太廟鴟尾

按唐書高宗本紀云云

永隆二年七月雍州大風害稼

按唐書高宗本紀不載　按五行志云云

弘道元年十二月壬午晦宋州大風拔木

按唐書高宗本紀不載　按五行志云云

中宗嗣聖元年四月丁巳寧州大風拔木

按唐書中宗本紀不載　按五行志云云

嗣聖五年（即武后垂拱四年）大風

按唐書武后本紀垂拱四年十月辛亥大風拔木

嗣聖八年（即武后天授二年）大風

按唐書武后本紀天授二年五月丁亥大風折木（按五行志作永昌二年而月日皆同疑志有誤）

嗣聖十五年（即武后聖曆元年）大風

按唐書武后本紀聖曆元年六月乙卯大風拔木

嗣聖二十一年（即武后長安四年）大風

按唐書武后本紀長安四年五月丁亥大風拔木

神龍元年大風

按唐書中宗本紀不載　按五行志神龍元年三月乙酉睦州大風拔木崔元暐封博陵郡王也大風折其輅蓋

神龍二年六月乙亥滑州大風拔木

按唐書中宗本紀不載　按五行志云云

景龍元年大風

按唐書中宗本紀不載　按五行志景龍元年七月郴州大風發屋拔木八月宋州大風拔木壞廬舍

景龍二年十月辛亥滑州暴風發屋

按唐書中宗本紀不載　按五行志云云

景龍三年三月辛未曹州大風拔木

按唐書中宗本紀不載　按五行志云云

元宗開元二年京師大風

按唐書元宗本紀開元二年六月京師大風拔木

開元四年大風

按唐書元宗本紀開元四年六月辛未京師華陝二州大風拔木

開元九年暴風

按唐書元宗本紀不載　按五行志開元九年七月丙辰揚州潤州暴風雨發屋拔木

開元十四年大風

按唐書元宗本紀開元十四年六月戊午東都大風拔木　按五行志開元十四年六月大風拔木發屋

端門鴟尾盡落端門號令所出者也　按吳兢傳開元十四年六月大風詔羣臣陳得失兢上疏曰自春以來亢暘不雨乃六月戊午大風拔樹壞居人廬舍傳曰敬德不用厥災旱上下蔽隔庶位踰節陰侵于陽則旱災應又曰政悖德隱厥風發屋壞木風陰類大臣之象恐陛下左右有奸臣擅權懷謀上之心臣聞百王之失皆由權移于下故曰人主與人權猶倒持太阿授之以柄夫天降災異欲人主感悟願深察天變杜絕其萌且陛下承天后和帝之亂府庫未充冗員尚繁戶口流散法出多門賕謁大行趨競彌廣此弊未革實陛下庶政之闕也臣不勝惓惓願斥屏群小不為慢游出不御之女減不急之馬明選舉慎刑罰杜僥倖存至公雖有旱風之變不足累聖德矣

按舊唐書五行志十四年六月戊午大風拔木發屋端門鴟吻盡落都城內及寺觀落者約半七月滄州大風海運船沒者十一二失平盧軍糧五千餘石舟人皆死潤州大風從東北海濤奔上沒瓜步洲損居人

開元十七年大風

按唐書元宗本紀開元十七年四月乙亥大風震藍田山崩

開元十九年六月乙酉大風拔木

按唐書元宗本紀云云

開元二十二年五月戊子大風拔木

按唐書元宗本紀云云

天寶十載大風湧潮

按唐書元宗本紀不載　按舊唐書五行志天寶十載廣陵郡大風架海潮淪江口大小船數千艘

天寶十一載五月甲子東京大風拔木

按唐書元宗本紀云云

天寶十三載三月辛酉大風拔木

按唐書元宗本紀云云

代宗永泰元年三月辛亥大風拔木

按唐書代宗本紀云云

大曆二年大風

按唐書代宗本紀不載　按舊唐書五行志大曆二年三月辛亥夜京師大風發屋

大曆七年五月乙酉大風拔木

按唐書代宗本紀云云

大曆十年大風

按唐書代宗本紀大曆十年三月甲申大風拔木五月甲寅大風拔木震闕門

按舊唐書五行志十年四月甲申夜暴風拔樹飄屋瓦宮寺鴟吻飄失者十五六七月己未夜杭州大風

德宗貞元元年大風

按唐書德宗本紀貞元元年七月庚子大風拔木

貞元六年四月甲申大風雨

按唐書德宗本紀不載　按五行志云云

貞元八年大風

按唐書德宗本紀貞元八年五月己未大風發太廟屋瓦　按五行志八年五月己未暴風發太廟屋瓦毀門闕官署廬舍不可勝紀

貞元十年六月辛未大風拔木

按唐書德宗本紀云云

按舊唐書五行志十年六月辛丑晦夜暴風大雨拔樹（按新舊唐書所載日干互異故並存之）

貞元十四年八月癸未廣州大風壞屋覆舟

按唐書德宗本紀不載　按五行志云云

憲宗元和元年大風

按唐書憲宗本紀元和元年六月丙申大風拔木

元和三年大風

按唐書憲宗本紀不載　按五行志三年四月壬申大風毀含元殿欄檻二十七間占為兵起

元和四年大風

按唐書憲宗本紀不載　按五行志四年十月壬午天有氣如煙臭如燔皮日昳大風而止

元和五年大風

按唐書憲宗本紀元和五年三月甲子大風拔木

按五行志五年三月丙子大風毀崇陵上宮衙殿鴟尾及神門戟竿六壞行垣四十間（按舊志作八年事誤）

元和八年大風

按唐書憲宗本紀不載　按五行志八年六月庚寅京師大風雨毀屋飄瓦人多壓死者丙申富平大風拔棗木千餘株

元和十二年春暴風

按唐書憲宗本紀不載　按五行志十二年春青州一夕暴風自西北天地晦冥空中有若旌旗狀屋瓦上如蹂蹀聲有日者占之曰不及五年茲地當大殺戮

元和十五年正月穆宗即位三月大風

按唐書穆宗本紀元和十五年三月戊辰大風雨雹

穆宗長慶元年九月壬寅京師大風雨
按唐書穆宗本紀不載　按舊唐書五行志云云
長慶二年大風
按唐書穆宗本紀長慶二年六月乙丑大風落太廟鴟尾　按五行志長慶二年正月己酉大風霾十月夏州大風飛沙為堆高及城堞
長慶三年大風
按唐書穆宗本紀不載　按五行志三年正月丁巳朔大風昏霾竟日
長慶四年大風
按唐書穆宗本紀不載　按五行志四年六月庚寅大風毀延喜門及景風門
文宗太和二年大風
按唐書文宗本紀太和二年六月己巳大風拔木
太和八年暴風
按唐書文宗本紀不載　按五行志太和八年六月癸未暴風壞長安縣署及經行寺塔
太和九年大風
按唐書文宗本紀太和九年四月辛丑大風拔木落含元殿鴟尾壞門觀　按五行志九年四月辛丑大風拔木萬株墮含元殿四鴟尾拔殿庭樹三壞金吾仗舍發城門樓觀內外三十餘所光化門西城十數雉壞
開成元年大風
按唐書文宗本紀不載　按舊唐書五行志開成元年夏六月鳳翔麟遊縣暴風雨飄害九成宮及滋善寺佛舍壞百姓屋三百間死者百餘人牛馬不知其數
開成三年大風
按唐書文宗本紀開成三年正月戊申大風拔木
開成五年正月武宗即位四月五月七月皆大風
按唐書武宗本紀開成五年正月辛巳即位四月甲子大風拔木　按五行志五年四月甲子大風拔木五月壬寅亦如之七月戊寅亦如之
武宗會昌元年大風
按唐書武宗本紀不載　按五行志會昌元年三月黔南大風飄瓦
懿宗咸通六年大風
按唐書懿宗本紀不載　按五行志咸通六年正月絳州大風拔木有十圍者十一月己卯晦潼關夜中大風山如吼雷河噴石鳴羣鳥亂飛重關傾側十二月大風拔木
僖宗乾符二年黑風
按唐書僖宗本紀不載　按五行志乾符二年二月宣武境內黑風雨土
乾符五年大風
按唐書僖宗本紀乾符五年五月丁酉雨雹大風拔木
廣明元年大風
按唐書僖宗本紀廣明元年四月甲申京師東都汝州雨雹大風拔木
中和元年大風
按唐書僖宗本紀中和元年五月辛酉大風雨土
中和四年大風
按唐書僖宗本紀不載　按五行志四年六月乙巳太原大風雨拔木千株害稼百里
昭宗光化三年大風
按唐書昭宗本紀不載　按五行志光化三年七月乙丑洛州大風拔木發屋
天復二年大風
按唐書昭宗本紀不載　按五行志天復二年昇州大風發屋飛大木
天祐元年大風
按唐書昭宗本紀天祐元年閏四月甲辰大風雨土
按五行志天祐元年閏四月乙未朔大風雨土（按紀志日干互異故並存之）

後梁

太祖開平四年大風
按五代史梁太祖本紀不載　按冊府元龜開平四年十一月戊戌詔曰自朔至今暴風未息諒惟不德致此咎徵皇天動威罔敢不懼宜徧令祈禱副朕意焉差官分往祠所止風

後唐

莊宗同光三年蜀大風
按五代史唐莊宗本紀不載　按十國春秋蜀後主本紀咸康元年十月帝次梓潼大風發屋太史曰此風發當千里外有破國稱臣者帝不省

後漢

隱帝乾祐三年大風
按五代史漢隱帝本紀不載　按通鑑漢宮中數有怪大風發屋拔木吹擲門扉一十餘步而落漢主召

司天監趙延義問以祈禳之術對曰王者欲弭災異莫如脩德漢主曰何爲脩德對曰請讀貞觀政要而法之

遼

太宗天顯七年暴風

按遼史太宗本紀天顯七年八月壬戌捕鵝于沙柳湖風雨暴至舟覆溺死者六十餘人命存恤其家識以爲戒

聖宗開泰六年大風起德妃蕭氏冢上

按遼史聖宗本紀開泰六年六月戊辰朔德妃蕭氏賜死葬兔兒山後數日大風起冢上晝暝大雷電而雨不止者踰月

開泰七年大風

按遼史聖宗本紀七年五月丙申品打魯瑰部節度使勃魯里至鼻酒河遇微雨忽天地晦冥大風飄四十三人飛旋空中良久乃墮數里外勃魯里幸獲免一酒壺在地仄不移

宋

太祖建隆三年大風

按宋史太祖本紀不載　按十國春秋吳越忠懿王世家建隆三年七月壬戌大風拔木

乾德二年暴風

按宋史太祖本紀不載　按五行志乾德二年五月揚州暴風壞軍營舍百區

乾德三年暴風

按宋史太祖本紀不載　按五行志三年六月揚州暴風壞軍營舍及城上敵棚

開寶二年大風

按宋史太祖本紀不載　按五行志開寶二年三月帝駐太原城下大風一夕而止

開寶八年大風

按宋史太祖本紀不載　按五行志八年十月廣州颶風起一晝夜雨水二丈餘海爲之漲飄失舟楫

開寶九年大風

按宋史太祖本紀開寶九年五月庚辰宋州大風壞城樓官民舍幾五千間　按五行志九年四月宋州大風壞甲仗庫城樓軍營凡四千五百九十六區

太宗太平興國二年大風

按宋史太宗本紀不載　按五行志太平興國二年六月曹州大風壞濟陰縣廨及軍營

太平興國四年大風

按宋史太宗本紀不載　按五行志四年八月泗州大風浮梁竹笮鐵索斷華表石柱折

太平興國六年大風

按宋史太宗本紀不載　按五行志六年九月高州大風雨壞廨宇及民舍五百餘區

太平興國七年颶風

按宋史太宗本紀不載　按五行志七年八月瓊州颶風壞城門州署民舍殆盡

太平興國八年五月相州風

按宋史太宗本紀云云　按五行志八年九月太平軍颶風拔木壞廨宇民舍千八十七區十月雷州颶風壞廨庫民舍七百區

太平興國九年颶風

按宋史太宗本紀不載　按五行志九年八月白州颶風壞廨宇民舍

端拱二年暴風

按宋史太宗本紀不載　按五行志端拱二年京師暴風起東北塵沙曀日人不相辨

淳化二年大風

按宋史太宗本紀不載　按五行志淳化二年五月通利軍大風害稼

淳化三年黑風晝晦

按宋史太宗本紀不載　按五行志三年六月丁丑黑風自西北起天地晦暝雷震有頃乃止先是京師大熱疫死者衆及北風至疫疾遂止

至道二年颶風

按宋史太宗本紀不載　按五行志至道二年八月潮州颶風壞州廨營砦

真宗咸平元年大風

按宋史真宗本紀不載　按五行志咸平元年八月涪州大風壞城舍

咸平四年暴風

按宋史真宗本紀不載　按五行志四年八月丙子京師暴風

景德二年大風

按宋史真宗本紀二年六月颶風害稼遣使分賑　按五行志二年六月甲午大風吹沙折木八月福州海上有颶風壞廬舍

景德三年大風

按宋史真宗本紀三年秋七月丙寅大風遣中使視

稼

景德四年大風

按宋史眞宗本紀不載　按五行志四年三月甲寅夕京師大風黃塵蔽天自大名歷京畿害桑稼唐州尤甚

大中祥符二年大風

按宋史眞宗本紀二年秋九月乙亥無爲軍言大風拔木壞城門營壘民舍壓溺者千餘人詔內臣恤視蠲來年租收瘞死者家賜米一斛　按五行志二年夏四月乙未大風起京師西北連日夜不止秋九月無爲軍城北暴風晝晦不可辨拔木壞城門營壘民舍

大中祥符五年八月京師大風

按宋史眞宗本紀不載　按五行志云云

大中祥符七年大風

按宋史眞宗本紀不載　按五行志七年春三月戊辰京師大風揚砂礫是日百官習儀恭謝壇有陷仆者

大中祥符八年大風

按宋史眞宗本紀不載　按五行志八年六月辛亥京師風起巳位吹沙揚塵

天禧元年風害稼

按宋史眞宗本紀天禧元年春正月辛丑朔改元是歲諸路蝗民饑鎭戎軍風害稼詔發廩振之蠲租賦貸其種糧

天禧二年大風

按宋史眞宗本紀不載　按五行志天禧二年正月永州大風發屋拔木數日止

天禧三年大風

按宋史眞宗本紀不載　按五行志三年五月徐州利國監大風起西南壞廬舍二百餘區壓死十二人

天禧四年大風

按宋史眞宗本紀天禧四年夏四月丁亥大風晝晦

按禮志天禧四年四月大風飛沙折木晝晦數刻命中使詣宮觀建醮禳之　按五行志四年四月丁亥大風起西北飛沙折木晝晦數刻五月乙卯暴風起西北有聲折木吹沙黃塵蔽天占道主陰謀姦邪是秋內侍周懷政坐妖亂伏誅

仁宗天聖六年大風

按宋史仁宗本紀天聖六年二月庚辰大風晝晦

天聖九年大風

按宋史仁宗本紀天聖九年十二月辛酉大風三日

景祐元年常州大風

按宋史仁宗本紀景祐元年閏六月己巳常州無錫縣大風發屋　按五行志景祐元年六月己巳無錫縣大風發屋民被壓死者衆九月甲寅夜漏上風自丑起有聲攏木鳴條

景祐二年風自未來

按宋史仁宗本紀不載　按五行志二年六月戊寅平明風自未來占者以爲百穀豐衍之候

康定元年大風

按宋史仁宗本紀康定元年三月丙午大風晝暝

皇祐四年大風

按宋史仁宗本紀皇祐四年秋七月丁巳大風拔木八月癸未詔開封府比大風雨民廬摧圮壓死者官爲祭歛之　按五行志皇祐四年七月丁巳大風起西北方拔木

嘉祐二年正月元日有風東北來

按宋史仁宗本紀不載　按五行志嘉祐二年正月元日平旦有風從東北來徧天有蒼黑雲占云大熟多雨

嘉祐八年大風

按宋史仁宗本紀不載　按五行志嘉祐八年十一月丙午大風霾

英宗治平二年大風

按宋史英宗本紀治平二年二月甲辰大風晝暝　按五行志作乙巳

治平四年大風

按宋史英宗本紀不載　按五行志四年正月庚辰朔大風霾是日上尊號廷中仗衛皆不能整時帝已不豫後七日崩

神宗熙寧四年大風

按宋史神宗本紀不載　按五行志熙寧四年二月辛巳京東自濮州至河北旁邊大風异常百姓驚恐四月癸亥京師大風霾

熙寧六年黑風

按宋史神宗本紀不載　按五行志六年四月館陶縣黑風

熙寧九年大風

按宋史神宗本紀不載　按五行志九年十一月海陽潮陽二縣颶風潮害民居田稼

按夢溪筆談熙寧九年恩州武城縣有旋風自東南來望之插天如羊角大木盡拔俄頃旋風卷入雲霄中旣而漸近乃經縣城官舍民居略盡悉卷入雲中縣令兒女奴婢卷去復墜地死傷者數人民間死傷亡失者不可勝計縣悉爲丘墟遂移今縣

熙寧十年大風

按宋史神宗本紀不載　按五行志十年六月武城縣大風壞縣廨知縣李愈妻主簿寇宗奭之母壓死七月溫州大風雨漂城樓官舍

元豐四年大風

按宋史神宗本紀不載　按五行志元豐四年六月邕州颶風壞城樓官私廬舍七月甲午夜泰州海風作繼以大雨浸州城壞公私廬舍數千間靜海縣大風雨毀官私廬舍二千七百六十三楹丹陽縣大風雨溺民居毀廬舍丹徒縣大風潮飄蕩沿江廬舍損田稼

元豐五年颶風

按宋史神宗本紀不載　按五行志五年六月朱崖軍颶風毀廬舍

哲宗元祐八年大風

按宋史哲宗本紀不載　按五行志元祐八年二月京師風霾福建兩浙海風駕潮害民田

紹聖元年大風

按宋史哲宗本紀不載　按五行志紹聖元年秋蘇湖秀等州海風害民田

欽宗靖康元年大風

按宋史欽宗本紀靖康元年春正月壬午大風走石竟日乃止十一月丁亥大風發屋折木閏十一月甲寅大風自北起俄大雨雪連日夜不止　按五行志靖康元年正月望夜大風起西北有聲吹沙走石盡明日乃止二月戊申大風起東北揚塵翳空三月己巳夜五更大風乍緩乍急聲如叫怒十一月丁亥大風發屋折木閏十一月甲寅大風起北方雪作盈數尺連夜不止

靖康二年大風

按宋史欽宗本紀靖康二年春正月己亥陰曀風迅發夏四月庚申朔大風吹石折木辛酉北風大起苦寒　按五行志二年正月辛卯朔大風霾丁酉風霾己亥天氣昏曀陰風迅發竟日夜西北陰雲中如有火光長二丈餘闊數尺民時時見之庚戌大風雨二月乙酉大風折木晩尤甚丁酉汴京風霾日無光是日張邦昌僭位三月己亥大風四月庚申朔大風吹石折木辛酉北風益甚苦寒金人以帝及皇太子北歸

高宗建炎元年大風

按宋史高宗本紀不載　按五行志建炎元年正月丁酉大風吹石折木十二月乙酉大風拔木

建炎二年風

按宋史高宗本紀不載　按五行志二年七月癸未風雨晝晦是日東京留守宗澤死

紹興二十八年大風

按宋史高宗本紀不載　按五行志紹興二十八年七月壬戌平江府大風雨駕潮漂溺數百里壞田廬

紹興三十一年大風

按宋史高宗本紀三十一年正月丁亥夜風雷雨雪交作八月李寶舟師三千發江陰大風雨

紹興三十二年五月孝宗卽位七月大風

按宋史孝宗本紀紹興三十二年五月卽位秋七月戊申大風拔木　按五行志三十二年七月戊申大風拔木溫州大風壞屋覆舟

孝宗隆興元年風

按宋史孝宗本紀隆興元年八月丙子以飛蝗風水爲災避殿減膳　按五行志隆興元年浙東西郡國風水傷稼

隆興二年大風

按宋史孝宗本紀隆興二年冬十月丙子大風　按五行志二年八月大風雨漂蕩田禾

隆興三年大風

按宋史孝宗本紀不載　按五行志三年八月大風雨漂蕩田廬

乾道二年大風

按宋史孝宗本紀不載　按五行志乾道二年八月丁亥溫州大風雨駕海潮殺人覆舟壞廬舍

乾道四年大風

按宋史孝宗本紀乾道四年冬十月庚戌大風

乾道五年大風

按宋史孝宗本紀五年正月癸卯大風九月壬申大風十月戊戌大風十二月辛卯大風　按五行志五年十月台州大風水壞田廬

乾道七年二月壬申大風

按宋史孝宗本紀云云

乾道八年颶風
按宋史孝宗本紀不載　按五行志八年六月丙辰惠州颶風壞海艦二十餘時樞密院調廣東經略司水軍四艦覆其三死者百三十餘人
乾道九年正月辛酉大風
按宋史孝宗本紀云云
淳熙二年大風
按宋史孝宗本紀淳熙二年冬十月庚辰大風十一月癸丑大風
淳熙四年大風
按宋史孝宗本紀不載　按五行志四年九月明州大風駕海潮壞定海鄞縣海岸七千六百餘丈及田廬軍壘十月乙巳夜福清縣興化軍大風雨壞官舍民居倉庫及海口鎮人多死者
淳熙五年正月庚戌大風
按宋史孝宗本紀不載　按五行志云云
淳熙六年大風
按宋史孝宗本紀不載　按五行志六年十一月鄂州大風覆舟溺人甚衆
淳熙七年大風
按宋史孝宗本紀不載　按五行志七年二月江陵府大風火及舟焚溺死者尤衆
淳熙九年大風
按宋史孝宗本紀淳熙九年十一月戊子大風
淳熙十年大風
按宋史孝宗本紀不載　按五行志十年八月辛酉雷州颶風大作駕海潮傷人禾稼林木皆折

淳熙十六年黑風
按宋史孝宗本紀不載　按五行志十六年六月行都錢塘門啓黑風入揚沙石
光宗紹熙二年大風
按宋史光宗本紀二年三月癸酉瀘州大風雷雹田苗桑果蕩盡十一月辛未有事于太廟皇后李氏殺皇貴妃以暴卒聞壬申合祭天地于圜丘以太祖太宗配大風雨不成禮而罷　按五行志紹熙二年三月癸酉瑞安縣大風壞屋拔木殺人
紹熙四年風
按宋史光宗本紀不載　按五行志四年七月興化軍海風害稼
紹熙五年大風
按宋史光宗本紀不載　按五行志五年六月丙子大風七月乙亥行都大風拔木壞舟甚衆紹興府秀州大風駕潮害稼明州颶風駕海潮害稼十月戊戌行都大風拔木
寧宗慶元二年台州風
按宋史寧宗本紀不載　按五行志慶元二年六月壬申台州暴風雨駕海潮壞田廬
慶元六年二月甲子大風拔木
按宋史寧宗本紀不載　按五行志云云
嘉泰三年大風
按宋史寧宗本紀嘉泰三年冬十月丁未大風十一月癸未大風
嘉泰四年春正月大風
按宋史寧宗本紀嘉泰四年春正月乙亥大風

開禧元年大風
按宋史寧宗本紀開禧元年九月庚戌大風　按五行志開禧元年四月乙卯九月庚戌大風
嘉定元年大風
按宋史寧宗本紀不載　按五行志嘉定元年九月乙丑大風
嘉定二年大風
按宋史寧宗本紀不載　按五行志二年二月戊子大風七月壬辰台州大風雨駕海潮壞屋殺人
嘉定三年大風
按宋史寧宗本紀嘉定三年八月乙亥大風拔木　按五行志三年八月癸酉大風拔木折禾穗墮果實寧宗露禱至于丙子乃息後御史朝陵于紹興府歸奏風壞陵殿宮牆六十餘所陵木二千餘章
嘉定四年閏二月丁未大風
按宋史寧宗本紀云云
嘉定六年風
按宋史寧宗本紀不載　按五行志六年十二月餘姚縣風潮壞海隄亘八鄉
嘉定七年大風
按宋史寧宗本紀不載　按五行志七年正月庚辰江州放鐙黑雲暴風忽作遊人相踐死者二十餘
嘉定十年大風
按宋史寧宗本紀嘉定十年春正月乙未大風十一月丁丑大風
嘉定十一年大風
按宋史寧宗本紀嘉定十一年冬十月戊午大風

按五行志十一年二月甲寅大風十月戊午大風

嘉定十三年大風

按宋史寧宗本紀嘉定十三年十一月庚戌大風十二月戊午大風

嘉定十四年六月辛巳大風

按宋史寧宗本紀不載　按五行志云云

嘉定十六年大風

按宋史寧宗本紀不載　按五行志十六年秋大風拔木害稼

嘉定十七年大風

按宋史寧宗本紀不載　按五行志十七年秋福州颶風大作壞田損稼冬鄂州被風壞戰艦二百餘壽昌軍壞戰艦六十餘江州興國亦如之

理宗寶慶二年大風

按宋史理宗本紀二年七月雷電雨雹晦大風

嘉熙二年大風

按宋史理宗本紀二年七月以霖雨不止烈風大作詔避殿減膳徹樂令中外之臣極言闕失　按五行志嘉熙二年風雹

嘉熙三年大風雹

按宋史理宗本紀不載　按五行志云云

淳祐十一年泰州風

按宋史理宗本紀不載　按五行志云云

寶祐三年六月辛未大風

按宋史理宗本紀云云

景定四年十一月福州颶風

按宋史理宗本紀不載　按五行志云云

度宗咸淳四年大風

按宋史度宗本紀不載　按五行志咸淳四年閏正月丁巳大風雷雨居民屋瓦皆動

咸淳七年大風

按宋史度宗本紀咸淳七年六月丙申諸暨縣暴風　按五行志七年五月甲申紹興府大風按紀志月日互異故並載之

咸淳十年大風

按宋史度宗本紀不載　按五行志十年四月紹興府大風拔木

欽定古今圖書集成曆象彙編庶徵典

第六十四卷目錄

庶徵典第六十四卷

風異部彙考五

金

熙宗皇統九年大風

按金史熙宗本紀不載　按五行志九年四月壬申夜大風雨雷電震寢殿鴟尾壞有火入帝寢燒幃幔上懼徙別殿丁丑有龍鬬于利州榆林河上大風壞民居官舍十六七木瓦人畜皆飄揚十餘里死傷者數百同知州事石抹里壓死

海陵天德五年大風

按金史海陵本紀不載　按五行志五年二月辛未河東陝西地震鎮戎德順等軍大風壞廬舍民多壓死海陵問司天馬貴中等曰何爲地震貴中等曰伏陽逼陰所致又問震而大風何也對曰土失其性則地以震風爲號令人君嚴急則有烈風及物之災

正隆六年大風

按金史海陵本紀正隆六年六月壬戌夜大風壞承天門鴟尾

世宗大定四年大風

按金史世宗本紀大定四年七月辛丑大風雷雨拔木

章宗明昌六年大風

按金史章宗本紀不載　按五行志六年二月丁丑京師地震大雨雹晝晦大風震應天門右鴟尾壞

泰和二年十月己亥大風

按金史章宗本紀不載　按五行志云云　按徒單鎰傳鎰拜平章封濟國公淑妃李氏擅寵兄弟恣橫朝臣往往出入其門是時烈風昏曀連日詔問變異之由鎰上疏略曰仁義禮智信謂之五常父義母慈兄友弟敬子孝謂之五德今五常不立五德不興縉紳學古之士棄禮義忘廉恥細民違道畔義迷不知返背毀天常骨肉相殘動傷和氣此非一朝一夕之故也今宜正薄俗順人心父父子子夫夫婦婦各得其道然後和氣普洽福祿荐臻矣

泰和四年大風

按金史章宗本紀泰和四年三月丁卯大風毀宣陽門鴟尾

衛紹王大安三年大風

按金史衛紹王本紀三年二月有大風從北來發屋折木通元門重關折東華門重關折　按五行志衛紹王大安三年二月乙亥夜大風從西北來發屋折木吹清夷門關折是歲有男子郝贊詣省言上即位之後天變屢見火焚萬家風折門關非小異也宜退位讓有德有司問爾狂疾乎贊大言曰我不狂疾但爲社稷計宰相皆非其言每日省前大呼凡半月上怒誅之隱處

崇慶元年風

按金史衛紹王本紀崇慶元年七月有風自東來吹帛一段高數十丈飛動如龍形墜于拱辰門

宣宗貞祐三年大風

按金史宣宗本紀貞祐三年二月戊午大風隆德殿鴟尾壞　按五行志三年三月戊辰大風

興定元年河南大風

按金史宣宗本紀不載　按五行志興定元年五月

乙丑河南大風吹府門署以去

興定三年黑風起

按金史宣宗本紀興定三年夏四月癸未陝西黑風晝起　按五行志三年四月癸未陝右黑風晝起有聲如雷頃之地大震

興定四年大風

按金史宣宗本紀興定四年正月壬子晝晦有頃大雷電雨以風　按五行志四年四月丁丑大風吹河南府署飛百餘步戶案門鑰鬪文牘飄散不知所在

哀宗正大元年大風

按金史哀宗本紀正大元年正月戊午大風飄端門瓦　按五行志正大元年正月戊午上初視朝尊太后爲仁聖宮皇太后太元妃爲慈聖宮皇太后是日大風飄端門瓦昏霾不見日黃氣塞天

正大四年大風

按金史哀宗本紀正大四年八月己巳大風落左掖門鴟尾壞丹鳳門扉　按五行志四年八月癸亥大風吹左掖門鴟尾墜丹鳳門扉壞是日風霜損禾皆盡

元

太宗五年風霾

按元史太宗本紀五年十二月帝至阿魯兀忽可吾行宮大風霾七晝夜

憲宗六年大風

按元史憲宗本紀六年春大風起北方砂礫飛揚白日晦冥

世祖至元八年大風

按元史世祖本紀至元八年十月己未檀順等州風潦害稼

至元十六年大風

按元史世祖本紀十六年保定等二十餘路風雹害稼

至元二十年大風

按元史世祖本紀不載　按五行志至元二十年正月汴梁延津封丘二縣大風麥苗盡拔

至元二十四年風

按元史世祖本紀二十四年西京北京隆興平灤南陽懷孟等路風雹害稼

至元三十一年四月成宗卽位七月大風

按元史成宗本紀至元三十一年四月甲午卽位七月棣州陽信縣雹大風拔木發屋

成宗元貞二年風

按元史成宗本紀元貞二年十二月大都保定汴梁江陵沔陽淮安水金復州風損禾

大德元年風雹

按元史成宗本紀大德元年六月太原風雹

大德二年大風

按元史成宗本紀二年五月己酉衞輝順德大風損麥

大德八年大風

按元史成宗本紀八年五月蔚州之靈仙太原之陽曲隆興之天城懷安大同之白登大風九月癸酉潮州颶風起海溢漂民廬舍溺死者衆

大德十年大風

按元史成宗本紀大德十年二月大同路暴風大雪壞民廬舍七月辛巳平江大風海溢漂民廬舍

武宗至大四年三月仁宗卽位大風

按元史仁宗本紀至大四年三月庚寅卽位七月癸未甘州地震大風有聲如雷

按續文獻通考正月帝崩三月皇太子愛育黎拔力八達卽皇帝位遣官者李邦寧釋奠于孔子邦寧旣受命行禮方就位忽大風起殿上及兩廡燭盡滅燭臺底鐵鐏入地尺許邦寧悚息伏地諸執事皆伏良久風息乃成禮邦寧內慚悔累日

仁宗皇慶二年大風海溢

按元史仁宗本紀皇慶二年八月戊午朔揚州路崇明州大風海潮泛溢漂沒民居

延祐七年三月英宗卽位八月大風

按元史英宗本紀延祐七年三月庚寅卽位十二月癸酉汴梁延津縣大風晝晦桑多損　按五行志延祐七年八月延津縣大風晝晦桑隕者十八九

英宗至治元年大風

按元史英宗本紀不載　按五行志至治元年二月大同路大風走沙土壅沒麥田一百餘頃

至治二年風雹

按元史英宗本紀至治二年四月甲寅南陽西穰等屯風雹十二月辛卯大同衞輝江陵屬縣及豐贍署大惠屯風

至治三年大風

按元史英宗本紀三年五月庚子大風雨雹拔柳林行宮內外大木一千八百　按五行志至治三年三

月衛輝路大風桑彫蠶死五月庚子柳林行宮大木
風拔三千七百株
泰定帝泰定元年大風
按元史泰定帝本紀泰定元年四月庚辰以風烈月
蝕地震手詔戒飭百官五月壬辰御史臺臣禿忽魯
紐澤以御史言災異屢見宰相宜避位以應天變可
否仰自聖裁顧惟臣等爲陛下耳目有徇私違法者
不能糾察慢官失守宜先退避於是中書省臣兀伯
都剌張珪楊廷玉皆抗疏乞罷禿忽魯紐澤倒剌沙
言比者災異陛下以憂天下爲心反躬自責謹遵祖
宗聖訓修德愼行勅臣等各勤乃職手詔至大都居
守省臣皆引罪自劾臣等爲左右相才下識昏當國
大任無所襄贊以致災祲罪在臣等所當退黜諸臣
何罪帝曰卿等皆辭退而去國家大事朕孰與圖之
宜各相諭以勉乃職
泰定三年大風
按元史泰定帝本紀三年七月永平大都諸屬縣大
風雨雹八月鹽官州大風海溢大都昌平大風壞民
居九百餘家龍慶路大風損稼揚州崇明州大風雨
　按五行志泰定三年七月寶坻房山二縣大風折
木八月大都昌平等縣大風一晝夜壞民居九百餘
家
泰定四年大風
按元史泰定帝本紀泰定四年五月丁卯衞輝路大
風九日禾盡偃十二月揚州路通州崇明州大風海
溢
致和元年大風
按元史泰定帝本紀致和元年四月崇明州大風海
溢
文宗天曆二年大風
按元史文宗本紀不載　按五行志天曆二年二月
胙城縣新鄉縣大風
至順元年大風
按元史文宗本紀至順元年七月眞定路之平棘廣
平路之肥鄉保定路之曲陽行唐等縣大都之順州
東安州大風雨雹傷稼　按五行志至順元年二月
衛輝路胙城新鄉縣大風
至順二年大風
按元史文宗本紀二年二月鎭寧王那海部曲二百
以風雪損孳畜命嶺北賑糧兩月
順帝至元二年陝西暴風
按元史順帝本紀至元二年三月陝西暴風旱無麥
至元五年大風
按元史順帝本紀五年五月己未朔晃火兒不剌賽
禿不剌紐阿迭烈孫三卜剌等處六愛馬大風雪民
饑發米賑之
至元六年大風
按元史順帝本紀六年三月丁巳大斡耳朶思大風
雪爲災馬多死以鈔八萬錠賑之
至正元年赤風變黑
按元史順帝本紀至正元年四月戊寅彰德有赤風
自西北起晝晦如夜　按五行志至正元年四月戊
寅彰德有赤風自西北來忽變爲黑晝晦如夜七月
廣州雷州颶風大作湧潮水拔木害稼
至正二年颶風
按元史順帝本紀不載　按五行志二年十月海州
颶風作海水漲溺死人民
至正七年大風
按元史順帝本紀至正七年春正月甲辰朔大寒而
風朝官仆者數人
至正十三年大風
按元史順帝本紀不載　按五行志十三年五月乙
丑潯州颶風大作壞官舍民居屋瓦門扉皆飄揚七
里之外
至正十四年大風
按元史順帝本紀至正十四年七月甲子潞州襄垣
縣大風拔木偃禾
至正十七年大風
按元史順帝本紀至正十七年六月癸酉溫州路樂
清江中龍起颶風作有火光如毬
至正十八年大風
按元史順帝本紀至正十八年正月乙丑大風起自
西北益都土門萬歲碑仆而碎
至正二十一年大風
按元史順帝本紀至正二十一年正月癸酉石州大
風拔木六畜俱鳴
至正二十四年大風
按元史順帝本紀不載　按五行志二十四年台州
路黃巖州海溢颶風拔木禾盡偃
至正二十七年大風
按元史順帝本紀至正二十七年三月丁丑朔萊州

大風有大鳥至其翅如席庚子京師大風自西北起飛砂揚礫白日昏暗　按五行志二十七年三月庚子京師有大風起自西北飛砂揚礫昏塵蔽天逾時風勢八面俱至終夜不止如是者連日自後每日寅時風起萬竅爭鳴戌時方息至五月癸未乃止

明

太祖洪武二十二年海風起

按江南通志洪武二十二年七月海風自東北來拔木揚沙漂沒三洲

洪武二十三年大風

按浙江通志洪武二十三年蕭山大風海塘壞潮抵于市

成祖永樂七年大風

按浙江通志永樂七年台州颶風拔屋黃巖壞官舍案牘俱失

宣宗宣德二年大風

按浙江通志宣德二年諸暨大風江潮至楓溪

英宗正統五年暴風

按名山藏正統五年南京暴風雨北京烈風屢興遣官祭告於天地宗廟社稷山川諸神

正統六年大風

按名山藏正統六年二月癸亥南京大風折孝陵樹三百餘株壞官民舟溺死者五千餘人

代宗景泰元年閏正月京師烈風晝晦

按大政紀云云

英宗天順元年大風

按全遼志天順元年三月五日戊寅無雲而廟西南風聲如雷屋瓦皆飛揚沙拔木行者仆地

天順八年憲宗卽位大風

按明昭代典則天順八年春正月乙亥皇太子卽皇帝位五月大風雹拔郊壇木飄瓦

憲宗成化二年大風

按江西通志成化二年春三月豐城縣大風拔木壞屋

成化六年風霾

按山西通志成化六年三月朔石樓縣風霾

成化九年大風

按名山藏成化九年三月乙巳夜南京大風雨拔太廟社稷壇樹

成化十五年大風

按名山藏成化十五年九月孝陵大風拔木遣守備成國公朱儀祭告於孝陵

孝宗弘治元年大風

按大政紀弘治元年夏四月天壽山大風

按山西通志弘治元年陽城大風折木

弘治六年大風

按山西通志弘治六年大風析州晝晦十日潞州頹屋

按浙江通志弘治六年昌化風變

按福建通志弘治六年颶風大作海舟入平田官爲鑿渠乃出七月初三日大風雨自卯至申揚沙石開元寺西塔葫蘆傾覆林木折無數城堞頹十之九壞官私廬舍商船民船不可數計

弘治十年風霾

按大政紀弘治十年五月京師風霾詔求直言祠祭郎中王雲鳳因風霾踰旬陳修德弭災急務上納之大意納忠言罷左道齋醮採薪傳奉諸事

弘治十六年大風

按福建通志弘治十六年長樂馬江大風覆舟死者幾百人

武宗正德元年大風

按畿輔通志正德元年四月冀州大風晝晦

按全遼志正德元年春三月開原大風連日不止屋瓦皆飛晝晦如夜

正德五年秋屯留縣大風拔木

按潞安府志云云

正德六年長治縣大風頹屋

按潞安府志云云

正德八年大風

按山西通志正德八年六月榆次大風拔木是月旱忽風雷大作拔木百餘株

正德十年大風

按廣東通志正德十年瓊州大風風從東北來海水飛捲西南其東北岸約乾四十餘丈魚鼈堆積

正德十一年五月風霾

按明昭代典則云云

世宗嘉靖元年六月南康府大風拔木

按江西通志云云

嘉靖二年大風

按全遼志嘉靖二年夏四月大風連日不止折損禾苗大半

按山東通志嘉靖二年春二月諸城大風晝晦不辨物色人迷歸路樹間搏擊有火辰後方霽

按山西通志嘉靖二年春高平風沙無麥

按長洲縣志嘉靖二年七月三日大風拔木湖溢飄沒居民

嘉靖五年大風

按廣東通志嘉靖五年夏五月陽江恩平大風拔木

嘉靖七年大風

按福建通志嘉靖七年八月初九夜同安縣大風拔木發屋瓦至初十日晚雨下如注風乃止

嘉靖十一年大風

按陝西通志嘉靖十一年大風拔木三日

嘉靖十二年大風

按浙江通志嘉靖十二年金華大風敗稼

嘉靖十八年大風

按福建通志嘉靖十八年閏四月颶風大作屋瓦皆飛

嘉靖十九年風霾

按大政紀嘉靖十九年四月京師風霾砌黃霧四塞俄而紫赤色忽暴風從西北起勢如崩崖文德坊及西長安坊各城旗旛杆俱折帝曰風霾之變仰見上天示戒本朕自致群工百職亦宜同寅協心分贊治理勿得徒事文飾然災變有數亦莫可逃朕觀此異凡三見矣占書曰兵喪火西北邊防不可不慎兵部即會官集議以聞于是科道官交章劾尚書張瓚貪鄙誤國不宜居本兵之任不報

嘉靖二十年大風

按山西通志嘉靖二十年澤州大風傷稼

按廣西通志嘉靖二十年九月十四日瓊州大風宮室圮壞草木摧折殆盡是歲大饑再作歲復饑

嘉靖二十一年大風

按福建通志嘉靖二十一年五月十三日夜大風起屋瓦盡落巨木悉拔

按廣西通志嘉靖二十一年春三月十一日夜三更賀縣忽大風從西而東南颶沙飛瓦古樹大可十圍連根拔起所至有樓板甎砌吹疊成堆者夏四月全州暴風雨有飛石隕柳山應泉池

嘉靖二十六年大風

按山西通志嘉靖二十六年六月朔州大風霾晝晦如夜

按廣西通志嘉靖二十六年春二月夜風雷摧全州學宮松傷戟門梁柱

嘉靖二十七年赤風起

按山西通志嘉靖二十七年夏四月赤風是月初九日山西有赤風自北來須臾天地晦冥咫尺不辨夜一鼓始霽

嘉靖二十八年大風

按山西通志嘉靖二十八年秋八月平遠衛大風拔木壞屋傷牛羊

嘉靖二十九年風霾

按山西通志嘉靖二十九年夏四月保德州汾州風霾蔽日晝晦如夜秋平陸大旱風霾蔽日

嘉靖三十三年大風

按山西通志嘉靖三十三年廣昌大風拔木

嘉靖三十四年沁州大風

按山西通志嘉靖三十四年夏五月沁州大風雨大木折毀

嘉靖三十六年大風

按江南通志嘉靖三十六年二月蘇州洞庭兩山間大風從東南來太湖水爲所約壁立如峻崖東偏乾涸群趨得金珠器物及古錢至三日有聲如雷水返人盡沒

嘉靖三十七年大風

按潞安府志嘉靖三十七年六月屯留縣大風拔木雹如卵殺稼民饑

嘉靖四十二年大風

按大政紀嘉靖四十二年十二月京師大風時有風變占在土工工部尚書雷禮請建京師重城帝詢于徐階階言重城保障之效觀南城可見但不築則已築則必圖可守不然關係匪輕帝謂禮實爲之所謂永賴階不復言然而終不果築

嘉靖四十四年大風

按雲南通志嘉靖四十四年正月通海大風拔木數百株水中舟揭入雲中莫知所止

嘉靖四十五年大風

按福建通志嘉靖四十五年五月福州郡城大風雨城堞多壞清軍館前大榕拔起田禾多害

穆宗隆慶元年黑風起

按陝西通志隆慶元年九月劉家寨忽黑風自地來風過處失一老嫗尋三日不獲

隆慶三年大風

按山西通志隆慶三年交城代州大風拔木
按廣東通志隆慶三年秋九月廣州大風拔木九月無颶風書之志異也
隆慶五年大風
按明昭代典則隆慶五年春正月己丑京師大風揚塵四塞給事中笪東光請書朝儀時未奉旨而舉朝訕笑以爲迂東光憤懣遂發狂疾
隆慶六年赤風起
按明昭代典則隆慶六年閏二月癸酉赤風揚塵蔽天
按山西通志隆慶六年祁縣風霾晝晦如夜至六月不雨大風拔木
神宗萬曆二年大風
按畿輔通志萬曆二年七月壬辰薊三屯暴風起敎場西南飄戰車空中碎之如紙葉
按湖廣通志萬曆二年二月宣城大風拔木日晡始息
萬曆四年大風
按山西通志萬曆四年夏岳陽大風折木
萬曆六年大風
按山西通志萬曆六年太原府大風摧折振朔門譙東第二城樓一座
萬曆九年大風
按江南通志萬曆九年八月鎭江大風甘露寺鐵塔折
萬曆十年大風
按廣西通志萬曆十年十月興業縣大風拔木發屋

萬曆十一年暴風
按雲南通志萬曆十一年四月癸亥有風起於永昌西北聲如雷拔木無算
萬曆十三年風霾
按山西通志萬曆十三年二月大同風霾傷人畜是月二十九日也
萬曆十八年大風
按河南通志萬曆十八年汴城大風霾自西北來晝晦三月初三日汝寧黑風自西來揚沙拔木天日晝昏裕州亦然
萬曆十九年黑風
按太康縣志萬曆十九年三月三日黑風自京師來晝晦如夜其日清明掃墓者多墮坑塹
按雲南通志萬曆十九年二月辛卯臨安大風拔木揚沙翻屋瓦
萬曆二十二年大風
按山西通志萬曆二十二年陽曲大風北門外拔樹百株
萬曆二十四年颶風
按福建通志萬曆二十四年八月惠安颶風大作
萬曆二十五年怪風
按陝西通志萬曆二十五年楡林怪風拔木吹人有至三四十里者
萬曆二十六年大風
按山西通志萬曆二十六年秋七月山陰大風拔木傷稼
按馬邑縣志萬曆二十六年四月大風麥無苗

萬曆三十年黑風颶風
按河南通志萬曆三十年三月裕州黑風自北來途中人多吹墮溪中有火光如繩夜半乃止
按福建通志萬曆三十年七月颶風作長樂渡船覆溺死三十餘人
萬曆三十二年大風
按陝西通志萬曆三十二年夏四月大風雨毀東華門樹木皆折
按四川總志萬曆三十二年春正月成都城北閣爲大風隕北門夜開
萬曆三十四年大風
按山西通志萬曆三十四年秋霍州大風三晝夜近山穀熟大半頹落于地
按福建通志萬曆三十四年八月初七日颶風異常作一晝夜城中石坊飄折十餘座開西鎭國塔銅葫蘆鐵盔飄折崩壞陽岐江五舟並覆溺死千餘人是時與泉漳三郡生儒就試不得入急欲發舟舟人止之不從中流起風五舟俱覆乃訛以爲蛟江也
萬曆三十五年颶風
按福建通志萬曆三十五年八月二十八日颶風大作福州府儀門府學櫺星門頹東嶽帝殿壞城樓雉堞窩鋪傾圮殆盡洛陽橋梁折
萬曆三十六年大風
按山西通志萬曆三十六年春二月陽曲大風摧倒北城戍樓一座
萬曆三十九年大風
按福建通志萬曆三十九年大風雨雹拔木飄瓦

萬曆四十年大風

按福建通志萬曆四十年二月十一日大風馬江渡覆死者百餘人

萬曆四十五年颶風

按廣東通志萬曆四十五年吳川石城大颶風舟自水中飛架民屋上

萬曆四十七年風霾

按山西通志萬曆四十七年春二月陽曲廣昌蔚州風霾晝晦夏四月祁縣風霾晝晦

萬曆四十八年大風

按山西通志萬曆四十八年夏五月大風拔木

按雲南通志萬曆四十八年二月己卯有雲氣黃紅漸變黑霧昏晦如夜大風雨如注宜良瓦石皆飄曲靖城堞圮三丈吹一人去地丈餘方墜平彝折木無數哨兵舍吹去數里

熹宗天啓元年大風

按陝西通志天啓元年五月朔渭南大風拔木

天啓二年大風

按福建通志天啓二年四月十一日大風

天啓六年大風

按山西通志天啓六年夏五月聞喜大風吹倒教場牆垣折將臺旂杆

天啓七年大風

按安陽縣志天啓末年紅風從東北來天地人物皆變白色

愍帝崇禎四年風霾

按綏寇紀略崇禎四年六月臨潁縣雷風大霾傾樓拔木磚瓦磁器墮地無恙銅鐵者碎

崇禎六年正月朔大風霾

按綏寇紀略云云

崇禎九年黑風

按綏寇紀略崇禎九年七月二十日沔陽州長夏門外居民劉勅甫白日黑風揭一屋去柱壁囊粟未動四鄰如故

崇禎十年大風

按綏寇紀略崇禎十年三月十四日眞定晝晦大風拔木巡按李模以聞

崇禎十二年大風

按山西通志崇禎十二年六月沁州大風雨雹禾稼盡傷吹倒城樓三座樹木多拔打死頭畜甚衆

按福建通志崇禎十二年八月十七日大風飄屋拔木

崇禎十三年大風

按綏寇紀略崇禎十三年二月二十一日大名府濬縣等處東北見有黑黃雲氣一道忽分往西南二方頃刻四塞狂風晝晦黃埃中有青白氣及赤光隱隱時開時暗巡按韓文銓以聞是年冬河南府大風新安縣都御史呂孔學墓上石碣吹入雲中去四五里方墮

按河南通志崇禎十三年衞輝大風沙霾晝晦

崇禎十四年福建有異風

按綏寇紀略崇禎十四年十二月福建巡撫蕭奕輔奏異風

按福建通志崇禎十四年七月初一日大風拔木發屋官署民廬盡毀城樓皆傾倒水中覆舟無數

崇禎十五年有怪風

按綏寇紀略崇禎十五年七月保撫楊文岳奏怪風

按山東通志崇禎十五年二月大風拔木發屋

按山西通志崇禎十五年春正月朔潞安風霾晝晦如夜道絕往來

崇禎十六年大風

按綏寇紀略崇禎十六年正月二日大風晝晦五鳳樓前門拴風斷三截又風吹建極殿廡簷榱桷俱折殿瓦皆碎二月二十四日風霾晝晦

風異部藝文一

風異賦 有序　宋梅堯臣

庚辰歲三月丙子天大風壬午詔出郡縣繫獄死罪以下夫風者天地之氣也猶人之呼噓喘吸豈常哉若應人事之變則余不知故賦其大略云

吾因迓勞適于郊憩亭舍日昳時羣輩外囂曰火來火來喔呼噫嚱出屋遠望西北之陲亙天接地混混赫赫不見端涯逡巡則赤埃精霧突溢奔馳陽精失色白晝如晦號空吼穴揚砂走塊衆心驚惶廣衢闢

昧莫辨誰何執手相對其少頃也稍明故歸人未寧兮相與而爲豚順前者措足之不暇逆進者舉武而愈退睇山川兮安陳趣城郭兮安在所可視者五六步之內越翼日四方恬霽乾坤黯慘物色憔悴牛復馬還絕銜鼻草糜木折英實墜禽鳥擊死泥滿喙几案傾欹塵覆器皿廬毀壞商車顛躓既而衆曰此何景也伺彼往來兮問遠邇之所自或曰起浚都播許鄭歷洛汭以及唐鄧漢隋之地稽厥時厥狀無與此士異未逾旬浹德音遐暨是知本聞之不僞聊綴辭也若此言變咎則非愚者之能議

風異部藝文二

風不鳴條　唐章孝標

旭日懸清景微風在綠條入松聲不發過柳影空搖長養應潛變扶疎每暗飄有林時杳杳無樹暫蕭蕭慢逐清煙散輕和瑞氣饒豐年知有待歌詠美唐堯

冬至日祥風應候　穆寂

節逢清景至占氣二儀中獨喜登臺日先知應候風呈祥光舜化表慶感堯聰既與乘時叶還將入律同微微萬井遍習習九門通更繞鑪烟起殷勤報歲功

颶風　宋王安石

颶風摧萬物暴雨膏九州卉花何其多天闕亦已稠白日不照見乾坤莽悲愁時也獨奈何我歌無有求

紀變　明王寵

皇帝紀元年嘉靖秋七月盲風白晝號酣鬬互明發勢從西北來突過東南陬一鼓江河翻再鼓海岳拔黃沙暗中原白浪高觀闕古樹斬千圍虁罔逃百粵淮揚既澎湃吳楚轉突兀蚩尤掣長旂天吳豎危髮中宵抱屋柱股栗不得歇二儀莽蒼蒼色亂元黃汨飛廉應南箕祟繇伏金鉞神聖方膺圖地紀胡嶢屼元老滿巖廊燮理諒匪忽翻然萬家邑漂蕩魂惝怳蚪龍怒磨牙何處收爾骨翹首叫帝閽終思咎天罰

紀風變　張星

淸夜鳴金鐵驚雷忽破山攪江鱗介猛捲地屋茅刪宜若聞天籟孰歌壯士關或言妖氣勝虛浪駕浮鑾

紀大風詩　王鏊

去年七日颶風作駕海驅山勢何惡浴江濱海萬人家一半飄流餧蛟鱷今年七月仍颶風驅山駕海勢略同人家有備幸多免禾偃木拔歲則凶我聞有道唐虞世風不鳴條雨不破塊休徵五事來應時百穀用成民用乂當今公道如天開金縢既啓羣公來賓賢耆老天子聖風伯爾獨胡爲哉

風異部紀事

左傳隱公三年冬庚戌鄭伯之車僨于濟注既盟而遇大風傳記異也

後漢書任文公傳文公巴郡閬中人也父文孫明曉天官風星祕要文公少修父術辟州從事哀帝時有言越巂太守欲反刺史大懼遣文公等五從事檢行郡界潛伺虛實共止傳舍時暴風卒至文公遽起白諸從事促去當有逆變來害人者因起駕速驅諸從事未能自發郡果使兵殺之文公獨得免

楊由傳由少習占候爲郡文學掾有風吹削哺太守以問由由對曰方當有薦木實者其色黃赤頃之五官掾獻橘數包

李南傳南丹陽句容人明於風角永元中太守馬稜坐盜賊事被徵當詣廷尉吏民不寧南特通謁賀稜意有恨謂曰太守不德今當卽罪而君反相賀邪南曰旦有善風明日中時應有吉問故來稱慶旦日稜延望景晏以爲無徵至晡乃有驛使齎詔書原停稜事南問其遲留之狀使者曰向渡宛陵浦里斻馬踠足是以不得速稜乃服焉南女亦曉家術爲由拳縣人妻晨詣爨室卒有暴風婦便上堂從姑求歸辭其二親姑不許乃跪而泣曰家世傳術疾風卒起先吹竈突及井此禍爲婦女主爨者妾將亡之應因著其亡日乃聽還家如期病卒

樊英傳英善風角嘗有暴風從西方起英謂學者曰成都市火甚盛因含水西向潄之乃令記其日時後有客從蜀來云是日大火有黑雲卒從東起須臾大雨火遂得滅於是天下稱其藝術

董卓傳李傕等葬董卓於郿并收董氏所焚尸之灰合斂一棺而葬之葬日大風雨霆震卓墓流水入藏漂其棺木註獻帝起居注冢戸開大風暴雨水土流入抒出之棺向入輒復風雨水溢郭戸如此者三四冢中水半所稠等共下棺又風雨益暴甚遂閉戸戸閉大風復破其冢

北燕錄姚昭跋僭位元年署鎮南大將軍領司隷校尉封上黨公後爲征南大將軍與皇甫執率兵拒魏魏以有備引還跋之末年有飇風入於昭宅至司徒中山公弘宅而散昭家人問太史令閔尚尚曰風者天之號令所以吹塵去穢除奸慝之禍也君侯當修德以禳之庶可以免禍昭不聽及弘篡立以昭爲大司馬昭貪暴無已其子肇諫曰大人不聞飄風之怪乎亦不納未幾弘乃殺昭及子姪四十餘人

異苑義熙中劉毅鎮江州爲盧循所敗褊燥逾劇及徙荊州益復怏怏嘗伸紙作書約部將王亮儲兵作逆忽風轉紙不得書毅仰天大詬風遂吹紙入空須臾碎裂如飛雪紛下未幾高祖南討毅敗擒斬

南史宋孝武帝本紀元嘉三十年三月乙未建牙于軍門時自冬至春常東北風連陰不霽其日牙立之後風轉而西南景色開霽

唐書李密傳李密建號登壇疾風鼓其衣幾仆及將敗輩數有廻風發于地激砂礫上屬天白日爲晦

冊府元龜唐薛萬均爲右屯兵將軍沃沮道行軍副總管從李靖等擊吐谷渾攻青海與弟萬徹率軍先逼路還虜于赤海萬均將十數人擊走之追奔至青石山南大風折旗拔木萬均謂左右曰虜將至矣各爲備俄而虜至萬均直前斬一賊將於是大潰殺傷略盡進至圖倫磧而還與靖會於青海太宗聞而大悅璽書勉勞以功拜兼屯衛大將軍

隋唐嘉話李太史與張文收率更坐有暴風自南而至李以南五里當有哭者張以爲有音樂左右馳馬觀之則遇送葬者有鼓吹焉

唐書劉鄴傳豆盧瑑者字希真河南人仕歷翰林學士戸部侍郎與崔沆皆拜同中書門下平章事是日宣告于廷大風雷雨拔樹未幾及禍初咸通中有治曆者工言禍福或問比宰相多不至四五謂何答曰紫微方災然其人又將不免後楊收韋保衡路巖盧攜劉鄴于琮瑑與沆皆不得終云

陸游南唐書徐知諤傳知諤一日遊蒜山除地爲場連虎皮爲大幄號虎帳與賓僚會飲其中忽暴風至裂帳盡碎如飛蝶知諤懼而歸屬疾數日卒

十國春秋吳越武肅王世家王姓錢名鏐字具美杭州臨安人也鏐祖宙死將葬夜會大風拔樹于野吉旦術者謂鏐父曰此拔木之穴是天啓也宜以葬已而撫鏐背曰當貴此孫

閩景宗本紀永隆五年候官縣薛老峯一夕風雨如數千人讙譟狀旦則三字倒立

五代史前蜀世家蜀王衍自立歲常獵于子來山是歲又幸彭州陽平山漢州三學山以王承休妻嚴氏故十月幸秦州羣臣切諫衍不聽行至梓潼大風發屋拔木太史曰此貪狼風也當有敗軍殺將者衍不省行至綿谷而唐師入其境

十國春秋後蜀後主本紀明德二年七月閬州暴風飄船上民居

遼史蕭惠傳帝親征元昊惠麾先鋒及右翼邀之夏人千餘潰圍出我師逆擊大風忽起飛沙眯目軍亂夏人乘之蹂踐而死者不可勝計詔班師

葉隆禮遼志契丹人見旋風合眼用鞭望空打四十九下口中道坤不刻七聲

泊宅編陸軫云天禧元年四月五日中時京師黑風自北起天地陡暗市人咫尺不相見頃之大雨作天復明父老云往年疾疫起得黑風而人民安

丁晉公談錄武肅王左右算術醫流無非名士有葉簡李咸者善占筮武肅忽一日非常旋風南來遶案而轉召葉簡問之曰無妨事此是淮南楊渥已薨但早遣弔祭使去王曰生辰使方去未知端的豈可便伸弔祭簡曰不然此是必然之理但速發使往彼若問如何得知但言貴國動靜當道皆預知之令知本國有人泊依而遣之生辰使先一日到楊渥已薨次日弔祭使至由是楊氏左右皆大驚服其先見先是楊渥欲與兵取錢塘密遣人往聽鼓角聽者回告楊氏曰錢塘鼓角于子孫孫王爵不絕不可輕動

萊州府志膠有山曰小珠雙峯嶢峨高入雲際中間一水清泚可鑑爲團頂智金正隆三年秋雨民行山隈至智側見一卵在地可盛粟二石斑爛光彩異而觀之乃刈葛藟絆縛舁下山舉村來觀數少年攫取而去卽煮食之後旬日颶風夜作震撼天宇居者百餘家爲風掀舉躋於山巓施落團頂畔少年食卵者撲死餘老弱千計皆無所傷敗瓦朽木至今猶存

癸辛雜識續集或謂賈平章魯港之師嘗與北軍議

定歲幣講解約于來日各退師一舍以示信旣而西風大作北軍之退西者旗幟皆東指南軍都撥發孫虎臣意爲北軍順風進師遂倉忙告急于賈賈以爲北軍失信而相紿遂鳴鑼退師及知其誤則軍潰已不可止矣是南軍旣退之後越一宿而北軍始進蓋以此也嗚呼天乎

明外史孔克仁傳李善長婦兄曰王濂太祖克集慶渡江來歸大風晝晦詔求直言濂具陳民瘼太祖爲緩征

平安傳安於陣中縛樓高數丈戰酣輙升高望發强弩射燕軍矢集燕王旗如蝟毛忽大風起發屋拔樹聲如雷都指揮鄧戩陳鵬等陷敵中安遂敗入眞定

遜國正氣紀鄧戩傳鄧出師與燕兵遇於槀城突入奮擊矢下如雨箭集王所建旗如蝟毛擒殺甚衆忽大風起發屋折樹燕兵乘之戩師大潰

名山藏燕王還北平傳檄天下曰太孫卽位二月霹靂大風雨發屋拔木占書曰霹靂大風雨發屋拔木者讒言殺正士也

遜國正氣紀建文二年四月辛丑燕王遣衆渡馬駒南駐武清己未景隆胡觀郭英吳傑合兵燕王恐甚戰敗庚申燕王復率衆渡河南師戰勝王急走隄登高處景隆輩疑有伏不敢進王始率衆馳入陣陣動正倉皇間忽旋風四起折我大將旗南師大亂崩聲如雷瞿能父子力戰死俞通淵滕聚諸人相繼死燕王喜曰天贊我也命乘風縱火燔諸營于是郭英潰而西景隆潰而南委棄輜重器械孳畜萬萬計三年二月乙未燕兵南下盛庸帥師駐德州三月盛庸師至單家橋營於夾河燕王以十餘騎逼庸陣野宿明日穿營而去旣還營復嚴陣約戰燕陣東北庸軍西南自辰戰至未互有勝敗稍息復起相持庸兵氣正銳忽東北風起塵埃漲天沙礫擊面庸軍昏暗不辨咫尺燕兵大呼乘風縱左右擊庸軍大敗燕王又喜曰天贊我也追至滹沱河庸還德州

列朝詩集王越字世昌濬縣人景泰二年進士廷試日旋風掣其卷颺去逾年高麗貢使攜以上進占者曰此封侯萬里之徵也天順中以御史超拜右副都御史巡撫大同進太子太保兵部尚書成化十六年偕汪直朱永出塞大破賊於威寧海封威寧伯

明外史黃紱傳紱進左參政按部崇慶旋風起輿前不得行紱曰此必有冤吾當爲理風遂散至州禱城隍夢若有言州西寺者寺去州四十里倚山爲巢後臨巨塘僧夜殺宿者沈之塘下分其貲且多藏婦女于窟中紱發吏兵圍之窮詰得其狀誅僧毁其寺

龍泉縣志溫涼風在二十一都上管籠空原大山盤旋可八十里山南之坂人所常行徑側有一孔大如斗中有風起吹出甚急四時晝夜略無間斷惟春夏則溫秋冬則涼爲少變耳